U0196300

献给新中国第一代城市规划工作者！

国家自然科学基金资助项目（批准号：51478439，51378476，50978236）
中国城市规划设计研究院重大项目成果

城市规划历史与理论丛书

八大重点城市规划

THE PLANNING OF EIGHT KEY NEW INDUSTRIAL CITIES

新中国成立初期的城市规划历史研究

URBAN PLANNING HISTORY OF P.R.CHINA IN 1950S

（第二版）

李浩 著

中国建筑工业出版社

审图号：GS（2016）499 号

图书在版编目（CIP）数据

八大重点城市规划——新中国成立初期的城市规划历史研究／李浩著. —2 版 .— 北京：中国建筑工业出版社，2019.3
（城市规划历史与理论丛书）
ISBN 978-7-112-23106-5

Ⅰ.①八… Ⅱ.①李… Ⅲ.①城市规划－城市史－研究－中国 Ⅳ.① TU984.2

中国版本图书馆 CIP 数据核字（2018）第 288633 号

责任编辑：王莉慧　李　鸽　陈小娟　毋婷娴
书籍设计：付金红
责任校对：王　烨

“一五”时期的西安、太原、兰州、包头、洛阳、成都、武汉和大同等八大重点城市规划，是新中国成立后国家层面主导的首批最为重要的城市规划活动，对我国城市规划事业的创立起到了奠基性作用。本书从城市规划工作的时代背景、技术力量状况、规划编制内容、规划技术方法、规划方案特点，苏联专家的技术援助，规划的审批、实施和评价等多个方面，对八大重点城市规划工作进行了全方位的历史考察。书中首次披露大量极为珍贵的第一手图文档案资料，具有极高的史料和学术价值。

本书可供从事城市规划设计、教育、科研和管理等各方面工作的有关人员阅读参考，尤其对城市规划史、城市建设史、建筑史和国史研究等具有突出的参考价值，同时也是社会大众系统了解城市规划有关问题的科普读物。

城市规划历史与理论丛书
八大重点城市规划
——新中国成立初期的城市规划历史研究（第二版）
李浩　著
*
中国建筑工业出版社出版、发行（北京海淀三里河路9号）
各地新华书店、建筑书店经销
北京雅盈中佳图文设计公司制版
北京富诚彩色印刷有限公司印刷
*
开本：880×1230毫米　1/16　印张：42½　字数：1032千字
2019 年 3 月第一版　2019 年 3 月第一次印刷
定价：256.00元
ISBN 978-7-112-23106-5
（33188）

第二版修订说明

2nd Edition Revision

承蒙广大读者的厚爱，本书第一版于 2016 年首次发行后，受到规划学界及社会各方面的广泛好评，在国内图书市场很不景气的情况下，至 2018 年初已售罄。经与责任编辑李鸽博士商议，借重印之机做些修订，主要内容包括：

一、根据近两年来在各级档案和规划部门查档的情况，对书中的部分内容予以全面更新，并解答了第一版中的一些存疑之处。譬如：第一版中有关苏联专家巴拉金对武汉市规划进行技术援助的讨论，援引的是《武汉市城市规划志》这一间接文献，笔者赴武汉查档时，几经周折，终于发现了巴拉金所作报告的原始档案，特此对第 3 章中的有关内容予以全面更新；值得特别一提的是，这次查档时还发现了一张“武汉市规划草图（示意图）”。经过反复研究，笔者推断其正是苏联专家巴拉金在武汉作报告之前亲手所绘草图方案（详见第 3.5.3 小节的讨论）。

1954 年 12 月，国家建设委员会对西安规划和兰州规划的批复，是中华人民共和国成立后的首批规划批复，极具历史价值，但在赴西安市和兰州市查档过程中，在各个档案及规划部门均未查到其批复文件，后来笔者再次赴中央档案馆查档时，终于在原国家计委档案中发现了这两份文献，故对第 5 章的相关内容予以修订。第 5 章中，关于洛阳规划审查的讨论，增补了“李浩工作日记”这一新发现的特殊史料；对于“包头规划为何是由中央批准”这一问题，也结合新发现的史料而有新的解读。

此外，第一版中关于苏联专家穆欣 1953 年 3 月 20 日谈话的一些疑问，在查得西安市档案馆所藏的两份档案后，也得以迎刃而解（详见第 3 章的有关讨论）。关于参与八大重点城市规划工作的人员情况的讨论，特别增补了翻译人员的一些情况（第 12 章）。就图纸而言，原著中所援引个别城市的部分规划图件（如包头、武汉、洛阳等市在 1954 年前后的规划总图）系 1980 年代以后的重绘版本，在查得原始档案后，特予更换，同时这次修订也增加了不少新发现的规划图件。

二、根据规划史研究的进展、近两年来规划前辈访谈及广大读者的有关意见，对书中的部分内容进行了修正。譬如，对于第一版中“国家城市设计院”（中国城市规划设计研究院的前身）的提法（这一提法在1950年代的规划档案中实际也有，参见第7章中的有关讨论，但使用较少），根据两院院士吴良镛先生等专家的意见，修正为使用更多、更为严谨的“中央城市设计院”（1954年10月成立时的全称为“中央人民政府建筑工程部城市建设总局城市设计院”）；第一版有关“156项工程”列表中，有两个项目所在城市的信息有误（系援引参考文献本身有误，经有关读者指出并在地方调研时加以核实），特予修正。另外，原著中个别照片中个别人物信息的标注也有些偏差，这次一并修正。

三、为使广大读者对八大重点城市规划的技术成果有较完整的了解，根据部分专家的建议，以附录方式编入1954年12月首批获得国家建设委员会正式批复且各具鲜明特色的三个城市（西安、洛阳和兰州）的规划文件（说明书）。

四、为了降低图书的印刷成本，使更多读者（特别是广大学生）能够购买或收藏，本次修订特别将所有的彩色图件进行了相对集中的编排（彩图单独编号，在全书中连续排版），由此可能会给读者造成一些阅读不便（彩图与正文内容的呼应关系欠佳）；同时，本书的版面尺寸和装订方式也有所调整，敬请理解。

期望广大读者能够继续对本书提出宝贵意见或建议，以便日后作进一步的修订和完善。

2018年9月9日于北京

序一

Foreword Ⅰ

读罢李浩同志送来的《八大重点城市规划》书稿，内心久久不能平静。此书引发我对新中国建国初期城市规划建设工作的许多回忆。抚今追昔，令人感慨万千。

我是1952年7月从苏南工专（后并入南京工学院，即今东南大学）建筑学专业毕业，同年9月到刚成立的建筑工程部报到的，先是分配在人事司工作，几个月后调入新组建的城市建设局。建工部的第一任部长是陈正人，我曾听过他关于六条施政方针的报告，强调做好全国城市规划建设是建工部的重点工作之一，给我留下深刻印象（当时城市规划工作由第一副部长万里主抓）。60多年来，我的工作单位虽然经历过建工部、国家城建总局、城市建设部、国家计委、国务院环保办、城乡建设环境保护部和建设部等的变化，但一直未脱离城市规划建设战线，先后曾经历12任部长（指正部长），见证了我国城市规划事业跌宕起伏的发展过程。

本书所讨论的八大重点城市，代表了“一五”时期我国城市发展及其工业建设、城市规划工作总的概貌。这八座城市的规划建设主要围绕“156项工程”进行，重点为国家的工业化战略和发展服务。早期的城市规划工作主要由国家计委（1954年11月转入新成立的国家建委）和建工部共同负责，前者偏重于城市规划建设的方针政策，后者以具体的规划编制等业务工作为主。当时建工部城建局下设有3个处，每个处对口联系两个大行政区的城市规划工作，我所在的处主要负责西北和东北地区。为了切实加强规划设计工作，城建局于1954年10月专门成立了下属的城市设计院（中国城市规划设计研究院的前身）。此后城建局又经历从建工部下属的城市建设总局升格到国务院直属的城市建设总局以及城市建设部的不断变化。

在新中国成立之初，大规模的工业化建设以及相应的城市建设，都是全新的工作内容。八大重点城市规划主要是在苏联专家的具体帮助下，配合联合选厂工作，从城市现状调查和基础资料搜集开始，依据国民经济计划，研究城市的社会经济发展方针，预测人口和用地规模，编制用地布局（总图）方案，并安排各项公共服务设施，进行建筑总体设计，一步一步地摸索和推进的。现在来看，八大重点城市规划是相当成功的。尽管也有一些不成熟乃至缺陷之处，但它们更多地是由当时的实际条件所制约，是正常的现象。必须承认，新中国建国初期在经济基础薄弱、规划科学知识有限和信息闭塞的工作环境下，广大城市规划工作者以高度的使命感和责任意识，克服重重困难，“边学边做”，完成了相当繁重的专业任务，功不可没。

这份书稿是李浩同志历时数年，在进行了大量的档案查询、实地调研和专家访谈等资料搜集的基础上，通过后期大量的案头工作完成的，付出的心力实属不易。难能可贵的是，作者的研究态度与方法科学严谨，书中凡涉及对有关问题的分析、讨论及观点的确立，均有实据可查，并以当年参与其中的一些城市规划工作者的历史回顾加以相互佐证，研究成果具有相当的可信度。可以讲，本书是截至目前我所看到过的关于新中国建国初期城市规划工作的资料翔实、内容全面、分析系统、论点客观的一份重大研究成果，在不少方面填补了城市规划历史研究的空白，具有很高的史料和学术价值。尤其重要的是，由于历史认知的模糊，近些年来规划界和社会上对计划经济时期和借鉴苏联模式下的城市规划工作存在不少“误解”，相信本书的问世应能对澄清有关事实起到一定的积极作用。

城市规划的历史与理论研究具有学科基础工程的性质。这项工作的完成，堪称城市规划行业的一件大事。除了八大重点城市规划之外，需要认真回顾和总结的规划工作还有很多。规划界应从学科建设的高度，重视并做好城市规划的历史与理论研究工作。中国城市规划设计研究院具有独特的资源优势，应当将规划历史研究作为一项长期工作加以不断推进。

赵士修

2015 年 10 月 22 日

赵士修，原建设部城市规划司司长，中国城市规划设计研究院高级技术顾问

序二

Foreword Ⅱ

怀着对规划业界前辈的崇敬心情拜读了《八大重点城市规划——新中国成立初期的城市规划历史研究》(以下简称《八大城市》),这样的心情与三十多年前在同济大学图书馆阅读上海都市计划一、二、三稿的文件,听金经昌先生讲“三稿”的故事相似又不同。相似在于对前辈的敬佩与景仰,不同在于上海都市计划并没有实现,而八大城市规划成为了现实。八大城市后来在共和国城市体系中无可替代的地位,与那个时期的规划与建设历史须臾不可离开!

李浩同志请我为本书作序,我是犹豫的。虽然入院三十多年不断听到前辈们回忆、讨论那段历史,甚至为了其中的一些史实、细节争论不休,但毕竟自己的规划实践与那段历史相距甚远。读完《八大城市》,才欣然接受李浩同志之请。一是因为《八大城市》研究态度严谨,工作细致,史料翔实,内容系统丰富,不仅分析了八大城市规划的经济社会时代背景,梳理了当时的规划内容和技术方法,评价了规划审批与实施情况,更以客观的立场,以史实为依据,深入讨论了当时“学习苏联模式”与“反四过”这些后来饱受争议的重大问题。这些都是中国当代规划历史上无法回避的热点问题。二是因为《八大城市》详尽发掘了中国城市规划设计研究院的前身——中央“城市设计院”初创的历程与业绩,梳理了城市设计院成立的背景和过程;详述了城市设计院的技术特点与对八大城市规划所作出的历史性贡献;补充完善了中规院院史中重要而辉煌的篇章。作为中规院的一员,我为此甚感欣慰。三是因为《八大城市》的研究工作不仅注重文献、档案等史料的详尽收集、分析,还通过当年参与工作的二十多位老同志的访谈和审阅,补充、校验史料的不足与实际的变化,提高了研究成果的可信度和客观公正性。这里,我必须再重新提及这些可敬的前辈:万列风、赵士修、刘学海、赵瑾、吴纯、魏士衡、郭增荣、刘德涵、常颖存、张贤利,还有贺雨、夏宗玕、徐巨洲、金经元、石成球、迟顺芝等等。他(她)们都曾经是中规院和规划界的骨干栋梁,是新中国规划事业的奠基人和探路者,也是培育我成长的领导和前辈。

《八大城市》对“学习苏联模式”的讨论尤显特色。中华民族是一个善于学习的民族,中国的规划师也从不排外。在不同的历史环境和经济体制下，经历过学习西方、学习苏联、再学习西方的变化，每一次的学习都始于虔诚的模仿照搬，进而思考改进，最终都会走向寻找、探索本土化的道路，或称之为中国特色道路。多年来关于学习榜样的“社”与“资”，或先进与落后的争论，都是十分意识形态化或情绪化的。实际上，西方也好，苏联也罢，最终的差异并不仅是政治制度，更多的也许是深层次的文化差异。

《八大城市》的研究工作是在中规院老院长，我的老所长邹德慈先生指导下完成的。先生毕一生精力于规划事业，伴中规院走过不平凡的一个甲子。先生晚年关注新中国规划历史回顾和总结，展示了前辈对规划事业深厚的感情和厚重的历史责任感。

《八大城市》的研究也是中规院恢复建院创院院长周干峙先生非常关注的，他是当年西安总体规划中最重要的人物，负责了总体布局和文件撰写，晚年也时常谈起八大重点城市规划的故事。他长年在城市设计院、中规院和规划行政主管部门工作，是中国规划位处中枢时间最久、最连续的专家。我曾经多次促请先生腾出时间回忆总结历史，并安排了专业人员准备做速记和整理工作。可惜先生走得太匆忙，这成了中规院乃至规划行业的一大遗憾！所幸先生赠送给中规院的万余册图书和技术文献正在整理之中，将被周干峙院士图书馆收藏，成为研究新中国规划历史的宝贵财富。

李浩同志近年来甘于淡泊，潜心于新中国规划历史的研究。在如此纷繁的社会环境下能安心当代规划历史这样的“冷门”学问，实属难能可贵，也是一位中青年规划师对规划事业的拳拳之心。诚如规划前辈赵士修先生的评价，《八大城市》“在不少方面填补了规划历史研究的空白”。

中规院院友、厦门大学教授赵燕菁说过一句引人思考的话：“一个学科，是否能成为一个公认的伟大学科，首先取决于这一学科是否有自己的传奇，有自己的‘大师’”，“没有故事，也就没有历史和传承”。新中国建国初期的“梁陈方案”、1980 年代深圳特区总体规划等的传奇与故事相同，1950 年代八大重点城市规划就是我们行业的伟大而真实的故事！

《八大城市》是向共和国规划事业的庄严致敬，是向当年规划事业创业者和探路者的致敬，是向当年规划行业决策者、领导者的致敬，也是向对中国规划事业开创给予重要帮助的苏联专家的致敬。真诚希望有更多的老一辈和中青年规划师参与到规划行业传奇与故事的发掘之中，去书写规划行业的伟大历史。

李晓江

2015 年 12 月 20 日

李晓江，中国城市规划学会副理事长，中国城市规划设计研究院原院长

前言

Preface

城市规划是一门实践性学科并具有经验科学特征，对规划活动进行回顾与反思，总结实践经验，是提高规划工作自身认识水平的内在需要。城市的建设与发展是一个长期的过程，对城市规划有关问题及科学规律的认识，需要立足于较长的时间跨度，在大历史中把握大趋势。城市规划具有突出的综合性、复杂性和矛盾性，历史分析作为一种统筹各类复杂关系的综合方法，正是破解城市规划复杂系统难题的重要途径。正因如此，城市规划历史与理论研究的重要性逐渐被业界所认知。也如邹德慈先生所言：研究历史是一门学科走向成熟的重要标志。① 与当前规划工作联系最为紧密的新中国规划史研究，其独特价值不言而喻。

然而，城市规划历史与理论研究却是知易行难之事。单就工作特点而言，首先，城市规划工作以及历史研究的综合属性，要求研究者必须具备相当广博的知识储备，善于广泛了解城市自然、经济和社会发展等各方面情况，洞察规划编制、审批及建设实施和管理等全过程的影响因素，对各层次、多类型的城市规划体系也应有较系统的认知。其次，正如有学者曾经指出的，城市，从局部来看是技术问题，从整体来看则是“艺术”问题，城市规划建设相关论题十分宏大，这就要求研究者须具有站在一定高度（如市长、市委书记甚至更高层领导的视野）来换位思考有关问题的能力，特别是涉及全国或全行业发展的一些议题时尤其如此。否则，如若对一些规划行为尚不能获得某种“理解”，如何去加以描述或评判呢？再次，现代城市规划活动具有“国际互动”的显著特征，譬如我国城市规划工作在计划经济时期以学习苏联为主，改革开放后广泛引入欧美规划思想，这使得规划史研究也需要对国际城市规划发展情况有所了解。就本书研究主题而言，如果不对苏联本土的规划理论与实践有所探究，便很难较为客观地辨识八大重点城市规划工作与“苏联模式”的相互关系，而这又是本书各方面讨论的一个重要的认识前提。最后，“真正影响城市

① 2014 年 7 月 12 日，邹德慈先生与香港大学王缉宪先生、徐江女士及笔者座谈时首次提出。

规划的，是深刻的政治和经济的变革”（芒福德），对城市规划发展一些深层内因进行解析的任务，又向研究者提出须具备一定的政治经济学常识的知识素养要求。

不仅如此，就研究工作的具体展开而言，也面临诸多的挑战：众所周知，城市规划档案资料的搜集存在不少实际困难，在对一些问题进行深入讨论时，常常遭遇史料依据之不足；历史研究工作也是一项专门“技术”，需要研究者进行一定程度的专业学习和磨炼，如查档工作本身就有不少学问；作为史学领域较为特殊的当代史，新中国规划史研究中经常面对诸多的敏感问题，特别是对有关事件或人物的评价，应对起来相当棘手；历史研究必然需要相当的文字语言组织能力，而城市规划师则擅长在图纸表达方面。实际上，仅仅阅读有关档案资料所要耗费的大量时间和精力，即是相当大的挑战，就本书研究而言，需要加以精读的文献档案（页数）便数以万计。规划史研究工作的推进，是相当单调、枯燥乃至繁复的漫长过程，当面对一些繁体、竖排且潦草难辨的手写体档案时更加如此，一份简单的人员名单的校核与推敲，便常常耗去数日之功。对研究者的种种要求，绝非只是工作投入或技术方法层面，或者仅仅在于耐得住寂寞、经得住诱惑等科研态度，而是涉及对心智的重重考验。

正是由于这种种因素，由于“知”与“行”之间的巨大落差，一方面，规划史研究表现出强烈的专业性特点，既有的一些研究，鲜明地呈现出由规划专业人员主导的相对单一化局面，罕有其他学科那样的历史专业研究人员大规模“入侵”现象，如法律史研究领域的史学化倾向等。① 另一方面，规划史研究通常也很难形成一些成熟或较为经典的学术作品，研究者即便付出大量精力做出一些创造性贡献，其科学价值也常常处于不被理解的尴尬境地，如被反馈或评价为“该文不属于科技论文”；“内容较为陈旧”；“为当时的思维方式和语言模式所左右”；“停留在历史的故纸堆中，缺乏前瞻性思维”等等。规划史研究者在实际工作中所面对的种种困苦和煎熬，是没有从事过历史研究的人很难想象的。

近年来，在逐渐明确新中国规划史为主攻学术方向的过程中，实际研究工作中的一些经历和体会，使笔者日益认识到寻求规划史研究之突破口的极端重要性。本书的研究与写作，正是这一认识的产物。

对于新中国规划史而言，“一五”时期的八大重点城市规划是一个既广为人知，又不为人知的话题。之所以“广为人知”，因为这一概念流传甚广，但凡论及新中国特别是新中国建国初期的工业化发展、城市建设或城市规划工作，几乎无一例外都要提到八大重点城市规划。然而，对于八大重点城市规划的具体内容，譬如它们是在什么样的背景下编制的？当时的规划工作有什么特点？体现了什么样的理论思想？这些规划的实施情况如何？……却很少有人能够回答。甚至连一个最基本的问题——八个重点城市究竟包括哪几个城市？即便是专业规划师，能够准确回答的也十分有限。从这个角度讲，八大重点城市规划又是“不为人知”的。

需要强调的是，八大重点城市规划并非几个简单的城市规划编制工作任务而已。作为新中国成立后国

① 近年来，法律史研究领域出现大量历史专业的研究人员不断涌入，并逐渐占据主导性地位的“史学化”倾向，从而衍生出对法律史研究的“法学化或史学化”方向之争。参见：胡永恒．法律史研究的方向：法学化还是史学化［J］．历史研究，2013（1）：178-189.

家层面主导的首批最为重要的城市规划活动[①]，八大重点城市规划具有初步探索的性质，其规划编制工作的过程，既是在苏联专家的指导下，苏联城市规划建设的理论思想向我国的正式输入[②]过程，也是经过规划编制的具体实践，新中国城市规划工作的各项政策与制度得以逐步确立的过程。同时，作为当时规划工作的重点对象，八大重点城市规划对国内其他一些城市的规划活动也发挥了重要的示范作用。若就规划人员而言，通过八大重点城市规划等重要规划活动所培养和造就的专业技术人才队伍，已成为数十年来中国城市规划事业发展的中流砥柱，其影响则更为深远。因此，八大重点城市规划是全面认识新中国成立初期的城市规划工作的重要切入点，也是新中国规划史研究不可或缺的关键一环。

近年来，随着城市规划历史研究的兴起，已有学者对“一五”时期的新工业城市规划问题展开过一些相关讨论。如李百浩等（2006）从苏联援助的156项工程的选址布局入手，研究了新兴工业城市的建设模式及城市规划的类型与内容[③]；黄立（2006）选择1949～1965年作为相对独立的时间单元，考察了从近代城市规划的自发延续开始，到苏联规划理论的全面引入及规划的摸索与反思的发展历程[④]；彭秀涛（2006）梳理了新兴工业城市及其城市规划产生的历史过程，揭示了其发展脉络[⑤]；李益彬（2007）阐述了新中国成立初期城市规划的方针政策与原则方法的确立，以及城市规划的机构和制度建设[⑥]等等。然而迄今为止，尚未见专门针对八大重点城市规划的分析与探究，诸多情况有待进一步厘清。

有鉴于此，笔者在国家自然科学基金的资助和所在单位中国城市规划设计研究院（简称中规院）的支持下，在中央档案馆、住房和城乡建设部档案处、中规院档案室，大同、西安等地方城市的规划局、规划院、市档案馆、市城市建设档案馆等单位，广泛查阅了一批原建筑工程部、国家城市建设总局、城市建设部、中央城市设计院以及各地区、各城市和相关部门等的历史档案，结合对部分城市的实地调研和资料搜集，以及老一辈城市规划工作者的访谈和口述历史，试就八大重点城市规划的相关问题做相对系统的梳理。

本项研究工作的基本定位主要有三方面的考虑。首先，立足于历史研究。具体来说，也就是把相关规划史料的搜集、整理和甄别、分析作为研究工作的核心任务，并努力加以全景化呈现。这不仅是因为史学界历来即有“历史学就是史料学”的主张和流派[⑦]，更重要的是考虑到新中国规划史研究的现实状况：规

---

① 除了八大重点城市之外，首都北京的规划也是新中国建国初期较为重要的规划活动之一，且早在新中国正式成立之前业已开始（以1949年5月北平都市计划委员会的成立及其相关工作为主要标志），但是，首都城市的规划工作具有特殊性，早期的规划活动更多表现为苏联城市规划思想的初步输入，以及与中国本土（包括近代从欧美引入）的规划理论思想的“交锋”等特点（以“梁陈方案”的提出为代表），而北京市较为正式意义上的城市总体规划编制工作，直到1955年才大规模展开，这一时间是在八大重点城市规划之后。

② 早在1949年8月，即有一批苏联建筑和市政专家来华，对北京和上海等地的市政建设与城市发展计划提出指导意见，但因此时全国的城市规划工作尚未全面展开，有关规划思想与工作模式等也尚未取得认识上的统一，苏联专家的实际作用更多地表现为苏联规划思想的初步引入。

③ 李百浩等．中国现代新兴工业城市规划的历史研究——以苏联援助的156项重点工程为中心［J］．城市规划学刊，2006（4）：84-92.

④ 黄立．中国现代城市规划历史研究（1949-1965）［D］．武汉：武汉理工大学，2006.

⑤ 彭秀涛．中国现代新兴工业城市规划的历史研究［D］．武汉：武汉理工大学，2006.

⑥ 李益彬．启动与发展——新中国成立初期城市规划事业研究［M］．成都：西南交通大学出版社，2007.

⑦ 傅斯年是该方面的代表人物。1928年，他在《历史语言研究所工作之旨趣》中提出：“历史学和语言学在欧洲都是很近才发达的。历史学不是著史：著史每多多少少带点古世近世的意味，且每取伦理家的手段，作文章家的本事。近代的历史学只是史料学，利用自然科学供给我们的一切工具，整理一切可逢着的史料，所以近代史学所达到的范域，自地质学以致目下新闻纸，而史学外的达尔文论正是历史方法之大成”。关于傅斯年的学术思想及评价可参见：焦润明．傅斯年与“科学史学”派［J］．史学理论研究，2005（2）：44-53.

划档案和历史资料的发掘与整理尚十分薄弱，有关史料呈现出“一盘散沙”“层层遮掩”的“荒芜”局面，即便一些相当重要的问题或事件（如“苏联模式”、苏联专家技术援助和“反四过”等），许多最基本的事实尚不清晰，在基础层面的史实问题仍未解决的情况下，奢谈理论层面的历史研究。因而，本项研究在史料工作方面给予了相当的重视和投入，或者也可以说，试图尽量让史料说话。书中展示了一些极为珍贵的规划档案，相信读者也会有一定的阅读兴趣。为便于读者的进一步查询或研究，书中对所引用的档案资料均详细标注了具体来源。同时，为弥补档案资料之不足，笔者也在老一辈城市规划工作者的大力支持下，力所能及地开展了一些口述历史工作，部分内容已反映至相关议题的讨论之中，这方面的工作今后还会持续进行。

其次，在初步厘清有关史实的基础上，尝试进行一些理论层面的分析与探讨。即所谓“论从史出”，“史论结合”。应该讲，规划历史研究的终极目标是为更深入地认识城市规划工作的内在本质而服务，为发展城市规划的科学乃至建立城市规划哲学体系提供实践的支撑。作为晚生小辈，笔者自知履行这一使命之巨大难度，绝无完成之可能，但却也时刻不忘，作为一名史学研究者，应当有这样的追求和抱负，“虽不能至，然心向往之”。[①]

再者，注意研究成果的文字组织，在“信”“达”的基础上努力向“雅”的目标迈进[②]，也就是提高书稿的可读性。因为不少历史研究成果经常给人以晦涩、艰深而难以阅读的感受，希望本书给广大读者的印象并非如此。

在历史研究工作中，“史”与“论”的关系是一个重大问题。考虑到这一因素，本书在组织框架上特意划分为上、下两篇。上篇突出“史”的内容呈现，从规划工作背景、规划编制过程和内容、苏联专家的技术援助、规划设计方案、规划审批和规划实施6个方面，对八大重点城市规划工作进行较为全面的历史考察。下篇具有一些“论”的色彩，重点针对与八大重点城市规划密切相关的几个问题，如城市规划技术力量状况、苏联本土规划理论思想的来源、八大重点城市规划与“苏联模式”的关系、城市空间规划布局的理想模式问题、规划实施中的“反四过”事件以及对八大重点城市规划工作的评价等，展开一些分析和讨论。当然，“史”与“论”的关系也并非如此简单化，上篇各章在结尾部分也有一些总结讨论内容，下篇有关讨论同样是以史料为基础的。

本书中关于规划技术力量的讨论（第7章），有必要适当说明。可能会有人觉得，机构和人员似乎不属于专业技术研究或科学讨论范畴，不应纳入书稿，但人是规划活动的主体，正是这些人书写了新中国城市规划建设的历史，且人也是唯一“活”的内容，一旦回避了人的话题，历史研究也就黯然失色。可能也有人认为，中央城市设计院的成立似乎属于中规院一个单位的院史，但值得注意的是，早年的城市设计院只是一个平台或名义，建筑工程部城市建设局（及后来的国家城市建设总局、城市建设部等）的不

---

① 司马迁《史记·孔子世家》曰：“太史公曰：诗有之：‘高山仰止，景行行止’。虽不能至，然心向往之。余读孔氏书，想见其为人……”

② 所谓信、达、雅，本来是翻译工作的一些基本原则，笔者认为这些原则同样适用于规划史研究著作的撰写。

少人员，许多地方城市一些参与规划的工作者，都是以城市设计院为“阵地”投入和开展城市规划工作的，书中谈及的一些规划人员实际上也有多种复杂的身份。即使就以地方力量为主的一些城市而言，也有较长时间是在北京集中工作，以兰州市为例，其规划总图的原始文件中（即兰州市总体规划示意图，参见图 4–9）即明确注有“兰州市建设委员会制，一九五四年七月，北京”（图纸右上角），这里的“北京”，具体来讲即中央城市设计院。另外，新中国建国初期全国较薄弱的规划力量实际主要集中在城市设计院，长期作为唯一的“国家院”，国家层面规划技术力量的讨论不得不以城市设计院为中心；在城市设计院成立 10 年后，又曾经历十余年的撤销与恢复重建的坎坷[①]，长期受较频繁的隶属关系变化、机构调整以及“下放劳动”“干校学习”等因素影响，特别是 1964 年撤销院的建制时，曾将有关人员安排至国家 10 余个部委和事业单位以及 10 多个省（市、自治区）[②]，许多规划工作人员早已分散至全国各地或各行业、各部门，有些甚至早已离开城市规划行业，因此，早年城市设计院的技术力量在事实上也具有全国分布及代表性特征……专此赘述说明，希望能消除一些可能的误会。

本书在向专家征求意见的草稿阶段，采用的题目是“八大重点城市规划：新中国城市规划事业的奠基石”。为使一般读者能够从书名中更准确地了解到书稿的主要内容，特调整为现在的书名。

特别指出，本书只是八大重点城市规划研究的一份阶段性成果。八大重点城市规划所涉及的其他一些主题，如联合选厂和详细规划等，笔者尚未作专门讨论。对八大重点城市规划的更深入了解，有赖于对新中国建国初期城市规划工作情况的更全面和系统地梳理。对于八个城市在其他历史时期（如改革开放初、20 世纪末及 21 世纪初）的其他几版同样重要的城市总体规划，且待规划史研究工作推进到那一时期时再予详细讨论。另外，就本书的一些内容或观点而言，亦有大量不成熟或偏颇之处。作为从事新中国规划史研究的一份入门的习作，万望广大读者提出批评意见，俟时机成熟之日再作修订与完善。

---

① 1964 年 4 月，当时隶属于国家经委的城市规划研究院被撤销。1973 年 6 月，国家建委建筑科学研究院设立城市建设研究所，1979 年 3 月改名城市规划设计研究所并归国家城市建设总局领导。1982 年 5 月国家城市建设总局被撤销，新成立的城乡建设环境保护部在该所的基础上于 1982 年 7 月正式成立中国城市规划设计研究院。参见：中国城市规划设计研究院部分离退休老同志 . 艰苦创业，成绩卓越的十年——贺中国城市规划设计研究院建院五十周年［R］// 流金岁月——中国城市规划设计研究院五十周年纪念征文集 . 北京，2004：11–15.

② 具体包括“国家计委、建委、建工［部］、物资［部］、交通［部］、纺织［部］、商业［部］、中科院、设计局、建工出版社、建设报社等部委和事业单位”，以及“北京、上海、天津、山西、山东、辽宁、黑龙江、广东、广西、浙江、安徽、江苏、河南、江西、湖北、湖南等十多个省、市、自治区”。参见：中国城市规划设计研究院部分离退休老同志 . 艰苦创业，成绩卓越的十年——贺中国城市规划设计研究院建院五十周年［R］// 流金岁月——中国城市规划设计研究院五十周年纪念征文集 . 北京，2004：9.

凡例

Notes

本书主要反映新中国建国初期西安、太原、兰州、包头、洛阳、成都、武汉和大同八个重点新工业城市的首版城市总体规划工作（成果深度介于初步规划和城市总体规划之间）及其相关情况，时间主要限于第一个五年计划时期（1953 ~ 1957 年）。

本书各章节内容按照主题方式加以组织，排列次序并非依时间先后，而主要从逻辑关系（规划工作的背景情况、人员状况、工作过程、主要内容以及规划审批、实施和评价等）方面考虑。各章内容既构成统一体系，又相对独立。因论述的需要，部分章节的个别内容略有交叉，但从各章主题出发各有侧重。

本书所涉及的一些档案信息，某些内容存在多个不同的来源渠道，在引用时尽可能选择较为原始的版本，即未作编辑或较少修改加工的第一手资料。就规划图纸而言，也有一些不同的版本，引用时尽可能选择较为正规且质量较佳的版本。考虑个别图纸（如规划总图）的特别重要性，将其不同版本及过程文件适当一并予以展示。

由于规划图纸的尺寸一般较大，而书稿版面有限，为便于读者阅读，对部分图纸中的部分内容（如图例等）作了缩放处理，部分图纸内容的位置略有调整。早年原始规划图纸中大多没有文字内容，为便于读者图文结合地理解有关内容，对一些重要图纸（如现状图和规划总图）涉及的一些基本信息，如重要地名、重点工业项目分布、主要功能分区等，在图纸中增加标注相应文字。在八个重点城市中，个别城市因未查到当年原始版本的规划图纸（如武汉、包头等），特采用在其他历史时期复制或重绘过的一些规划图纸予以示意。有关图纸的版本信息、资料来源及本书所作编辑加工等情况，均在图纸下方予以注释说明。

本书所引用的档案资料，凡属于中央档案馆所藏的，一律采取中央档案馆的档案编号规则，即“全宗号 - 目录号 - 卷号：档案序号”；凡属于中国城市规划设计研究院所藏的，一律采取中国城市规划设计研究院的档案编号方式。因档案汇编情况复杂，档案页码统一采取档案收藏部门的编码系统（通常为铅笔手写体，按排列顺序统一编排页码）。由于种种原因，从地方城市搜集得到的个别档案资料，未能完整记载其详细编码信息。为精简文字并便于读者查阅起见，个别章节（主要是第3章中关于苏联专家谈话记录）采取了在引文后加括号标注页码的直观注释方式。

本书中对档案资料的连续多次引用，凡属同一文献来源的，仅在最后一处注明出处；凡属不同文献来源的，则分别注明出处。考虑到某些史料较为烦琐，部分信息在脚注中表述。

本书所引用档案资料，凡属档案原文的，均加引号标示。所引用内容中，凡出现方括号即“[ ]”的，该括号中内容系由本书作者所加，譬如增加一些标点符号、纠正一些提法等；凡出现其他类型括号的，如“( )”，则该括号中内容为档案原文，非本书作者所加。如遇原档案中使用方括号，而与本书编排规则产生冲突的个别情况，则采取脚注的方式予以特别说明。

本书所引用档案资料中，属于当时一些习惯用语的，凡不影响阅读的，尽可能维持原貌；凡属于有关年代、日期、数字和计量单位等提法的，一律保持档案原文；凡属残缺或模糊难辨的文字，用空格即“□”标示；凡属讹误字或存在疑问的内容，在该字后面加注方括号和问号，即“[?]”。为便于理解而需要增加或更正的有关内容，一般增加方括号，即采取“[ ]”的方式加以注释，如：“对那［哪］些项目放在那［哪］一点”，“农叶［业］、林叶［业］”等。凡属档案资料中的一些排版错误或影响理解的内容，使用删除线即“—”等更正方式，对原文中需要删除的内容加以标示，如：“否则建房子~~连房子~~[①]连钢筋水泥都没有”“还不是在很短时期内~~能~~所［能］办得到的”等。

① 原文中有“连房子”，应属口头语，特予删除。

概述

Summary

中华人民共和国成立后，在第一个五年计划时期（1953 ~ 1957 年）开始实施以苏联帮助援建的“156 项工程”为核心的大规模工业化建设。出于配合重点工业项目建设的实际需要，根据“重点建设、稳步推进”的城市建设方针，西安、太原、兰州、包头、洛阳、成都、武汉和大同 8 个城市，成为国家重点投资建设的一批新工业城市，即八大重点城市。

在新中国建国初期高度集中的计划经济条件下，我国借鉴苏联经验而大力开展了新工业城市的规划工作。城市规划工作具有“国民经济计划的继续和具体化”的鲜明特点，这与中国古代城市营建的“规画”传统、近代传入中国并产生重要影响的欧美自由市场条件下的城市规划和日本的“都市计划”等，有着显著的不同。八大重点城市规划是从零起步，在苏联专家的指导下，以中国本土的一批青年知识分子、行政干部和老工程师为主体力量，边学边做中摸索和完成的。

八大重点城市规划贯彻为社会主义工业化、为生产和劳动人民服务的政策导向，坚持适用、经济、美观的“社会主义城市”建设的指导思想，并积极落实国防安全和公共卫生等基本原则。城市规划工作的深度介于城市总体规划和初步规划之间，规划编制内容紧紧围绕工业区建设以及与之相配套的工人住宅区、各项公共服务和市政设施等“厂外工程”而展开。规划技术方法上强调深入开展各类基础资料的搜集和整理工作，落实工业项目建设和国民经济发展计划，遵循“劳动平衡法”分析城市人口并按定额指标确定用地规模，以道路广场、绿化水系和重要建筑物等布置为重点进行城市建筑艺术设计，编制多阶段的分期规划，开展郊区规划并估算城市造价等等。

苏联专家的技术援助是八大重点城市规划工作的鲜明特点。苏联专家对城市规划工作的指导和帮助，既有城市规划的基本依据和规划原则等指导思想的明确，也有城市规划的科学基础、标准定额、设计方法和成果规范等工作内容的指导，还有签订协议文件等制度建设方面的建议。苏联专家的技术援助是全面、系统而深入的，兼顾了理论和实践、远景和近期、苏联经验和中国实际等多方矛盾，体现了科学、严谨而务实的态度。同时，也不乏既尊重中国政府的一些方针政策，又具有敢于坚持规划原则，努力维护城市规划的权威性和严肃性等职业操守与精神。

尽管八大重点城市规划受到苏联城市规划理论思想的重要影响，但城市规划工作在学习借鉴苏联经验的肇始，即同步伴随着对中国现实国情条件的认识，在十分薄弱的技术力量状况和极为紧迫的形势要求下，还进行了一些有针对性的"适应性改造"，并且不乏根植于中国本土的创新性探索和努力。而为改善城市条件的科学规划愿景与极度困难的财政经济状况之间的矛盾对立，则是造成对这一时期规划工作产生"照搬'苏联模式'"或"高标准规划"等"误识"的症结所在。

八大重点城市规划在空间布局上颇具特色，如洛阳避开旧城建新区、兰州多中心组团结构、包头的分散式布局、西安保护旧城及汉唐遗址等，在城市规划界已广为传颂，并越来越多地被提升为具有普适价值的理论模式。就形成渊源而言，这些空间规划布局模式表现为联合选厂促成、自然现状制约、规划人员构思和苏联专家建议等基本类型，其中联合选厂是最为显著的影响因素。这反映出"一五"时期城市规划工作与工业建设相比较为滞后和被动的"初创"特征。

八大重点城市规划具有城市建设"蓝图"的特点，在总体上得到了良好的实现，但规划实施中的问题也是不胜枚举的。制约规划实施的突出矛盾，包括城市规划的整体性与建设实施的分散性之矛盾、近期建设与远景发展之矛盾、多部门配合与协调之矛盾，以及工业和国民经济计划多变之矛盾等。在影响规划实施的各种要素中，城市规划工作以外的因素，特别是计划多变和体制环境的制约，占据了主导性的地位。规划管理机构作为政府专业部门的实际角色，与其所承担的综合性规划管理事务职责之间存在权责与伦理错位，是影响规划实施的重要症结所在。

从新中国城市规划的发展来看，"一五"时期的八大重点城市规划工作，不仅保障了国家大规模工业化建设的顺利进行，为八个重点城市的长远发展奠定了基本框架，还创造出了新中国首批规划设计经典范例。更为重要的是，这一时期的规划工作，为新中国城市规划事业的建立和发展起到了至为关键的奠基性作用：在全社会初步建立了规划观念，积累了大量城市规划工作经验，逐步建立起一些城市规划制度；在苏联专家的帮助下，规划工作中培养出一大批具有实战能力的规划师队伍，奠定了新中国城市规划事业的人才基础；对适合中国国情的规划方法进行了尝试性探索，在借鉴苏联规划经验的同时，同步开启了"中国特色城市规划理论"的建设进程。不可避免地，八大重点城市规划也存在一些缺陷之处，如偏重于大工业而全面性不足、城市用地布局不尽合理以及存在一定程度的形式主义问题等，这是城市规划工作的时代局限性之所在。

回顾60年前的八大重点城市规划工作，规划工作中凝聚着一种奋斗奉献、乐观创业以及追求真理的科学实践精神，这种精神值得当代城市规划师永远铭记并发扬光大。同时，历史回顾也给我们以汲取规划实践经验与教训的重要启示：应当冷静认识城市规划的责任范畴，务实谋求城市规划工作的合理定位；应当加强城市规划的经济工作，提升城市规划科学论证和正确决策的能力；应当加强对城市规划工作的系统总结，尤其是规划管理经验的科学化提升，努力构建城乡规划的科学体系，等等。

After the founding of the People's Republic of China, with the help of the Soviet Union, the core 156 reconstruction Projects of the large-scale industrialization began to implement during the *First Five-Year Plan* period (1953~1957) . According to the actual needs and the urban construction guidelines of 'developing the key cities and pushing forward construction steadily', Xi'an, Taiyuan, Lanzhou, Baotou, Luoyang, Chengdu, Wuhan and Datong became the eight key industrial cities of national investment and construction.

At the early stage of its foundation, PRC formulated a lot of industrial cities' planning with the experience of Soviet Union under the planned economy. Urban planning has the distinct characteristic of 'national economic plan continuance and concretion'. That was significantly different from both the implications of planning under the conditions of free markets in Europe, the US or Japan, and even the traditional planning of ancient city construction. The eight key industrial cities' planning were finished under the guidance of the Soviet Union's experts. And they were started and completed from zero and learnt by doing with the main body of some local young intellectuals and administrative cadres in China.

The eight cities' planning has great influence on urban planning, by insisting on the polices of socialist industrialization and service for the laboring people, by following the applicable economical and aesthetic socialist urban construction ideas. And it was also to prevent the war threat of air defense, and keep the principles such as health service etc. The depth of urban planning was between the master planning and the preliminary planning. And its content preparation was closely around the construction of industrial zones, as well as the workers' residential areas, the public service and municipal facilities. The technics of planning developed on the basis of various basic data collection and arrangement, and implemented a series of industrial project construction and plans by national economic development. Besides, the analysis of urban population was followed by the *labor balance method*, and calculated the land use scale according to the fixed targets. The layout of road square, green water system and important buildings were as the core of city architecture and art design. Stage planning, suburban planning and the budget were also included.

The technical assistance of Soviet experts is the distinctive feature of the eight major cities' planning formulation. Apart from the basic principles of urban planning, their help also included the content of scientific foundation, standard quota, design methodology and achievement standard of urban planning, and the advice for signing agreement documents. Their technical assistance was comprehensive, systematic and in-depth, taking into account many aspects of contradiction between theoretical and practical conditions, long-term and short-term goals, and Soviet experience and Chinese practice. All reflected their scientific, rigorous and practical attitudes.

However, despite the deep influences by the Soviet Union planning theory, planners began to understand its realistic national conditions at the beginning of learning from the Soviets. Even the technical force was weak and the situation was urgent, the eight cities' planning was still seeking a series of adaptable reforms with innovative and continuous efforts. In addition, the scientific planning vison to improve urban conditions and the extremely difficult financial situation became a straight conflict. And that conflict finally led to the real crux of the false knowledge between *the copy of the Soviet model* and *high standard planning* at that period of urban planning.

In fact, the eight cities had their own characters with the spatial layouts, such as *Luoyang Mode* to avoid the old city district, Poly-center Spatial Structure in Lanzhou, Decentralized Layout in Baotou, Xi'an Conservation Plan for the Old City and the Han and Tang Dynasties site, etc. Those practices had a wide influence on planning professionals and gradually became a universal value of the theoretical model over time. In terms of formation mechanism, those layouts reflected several basic patterns, comprising the predominant factor *caused by mill-site selection*, and others such as *restricted by natural baseline*, *developed from ideas of planners* and *influenced by proposals of experts from the former Soviet Union* etc. Moreover, it suggested the hysteresis and comparatively passive *start-up* features of the planning work during the *First Five-Year Plan* period, compared with its industrial construction.

Urban planning of the eight key cities are featured by *blueprint for construction*, which have been accomplished well in general. However, there have been numerous problems in the process of implementation. Several contradictions restricting implementation of planning should be highlighted, including contradictions between integrity of planning and disparity of construction, short-term construction and long-term development, cooperation and coordination among various departments, and varying national economic and industrial plans. Among the factors influencing the implementation of urban planning, non-planning issues especially changing plans and institutional restrictions played the dominant role. Planning management institutions were responsible for comprehensive planning management affairs, while they acted as *professional departments* within governments. It is the dislocation of responsibilities that caused the crux of planning implementation.

With the perspective of new China's urban development, the eight key industrial cities' plannings during the *First Five-Year Plan* period were not only guaranteed the large-scale national industrialization proceeding, and laid a basic framework for the eight key cities' long-term development, but also created the first classic examples for new China's planning and design. Most importantly, planning in this period played a crucial role in the establishment and development of new China's urban planning profession. For instance, the awareness of planning, plenty of practical experience, the standard of urban planning and the Soviet experts' help, were all contributed to develop a planning team with practice as the foundation for new China's urban planning. As for the theoretical aspect, the Chinese characteristics of urban planning theory were opened at the same time with the exploring of suitable national conditions and the drawing experiences from the Soviet Union. Inevitably, there are some defects in the eight key cities' plannings, such as focusing too much on the large industry, making unreasonable land layout and creating 'formalism' problem to a certain degree, where the time limitation of urban planning work exists.

In retrospect of the eight key cities' planning works 60 years ago, we have learnt much practical planning experience and historical wisdom as inspiration and reference. On the one hand, we should calmly understand the responsibility category and seek the proper position of urban planning. On the other hand, we should strengthen the economic work and improve the scientific reasons and decision-making ability of urban planning. And last but not the least, we should strengthen systematic summarization of planning work, especially improve scientific management of urban planning, and try to build the scientific system of urban and rural planning, and so on.

目 录

Contents

下篇　专题讨论
Part II　Discussion Of Related Issues

上　篇
Part Ⅰ

八大重点城市规划的历史考察
Historical Review

第 1 章

规划工作背景

Background

“八大重点城市”是一个相对的概念，并具有突出的政策内涵。新中国成立初期国家确定以重工业为主的工业化战略，城市建设和城市规划工作因配合工业项目建设的实际需要而得以重视和开展。西安、太原、兰州、包头、洛阳、成都、武汉和大同 8 个城市，是苏联援建的“156 项工程”等重点工业项目分布比较集中的城市，急需城市建设与之配套，从而成为“一五”时期国家重点投资建设的八大重点新工业城市。从空间分布来看，八大重点城市主要集中在我国中西部地区，分别对应于华北、西北、华中和西南 4 个新的工业基地，这与“一五”计划关于全国工业基地的布局密切相关，既是推进生产力均衡布局的需要，也反映出防范战争威胁的指导思想。

钟山风雨起苍黄，百万雄师过大江。
虎踞龙盘今胜昔，天翻地覆慨而慷。
宜将剩勇追穷寇，不可沽名学霸王。
天若有情天亦老，人间正道是沧桑。

图 1–1 毛泽东在七届二中全会上作报告
资料来源：中央档案馆.《1949 年档案》第 10 集 中共七届二中全会召开［N/OL］. 2009-03-05［2015-08-20］. http：//www.saac.gov.cn/zt/2009-03/05/content_2765.htm

这首《七律·人民解放军占领南京》，是毛泽东诗词代表作之一，全诗既表达了革命者面对重大历史转折的澎湃激情，也寄托了汲取历史教训、推进人类社会发展进程的雄伟志向。该诗作于 1949 年 4 月南京解放之际，此时，经过辽沈、淮海和平津三大战役，中国国内革命战争的格局日趋明朗，全中国的解放已胜利在望。正是在这样的时代背景下，1949 年 3 月召开的七届二中全会作出了从乡村向城市进行战略转变、变消费城市为生产城市等重大决策（图 1–1），从而为新中国的城市发展、城市建设以及相关城市规划活动的产生，创造了必要的思想基础和政治条件。①

新中国成立后，面对百废待兴、百业待举的局面，国家采取了一系列措施，抑制通货膨胀，推行财经统一，消灭了封建土地制度；同时调整工商业政策，修缮市政环境，推进生产恢复与发展。经过 3 年左右的大力整顿，到 1952 年底，满目疮痍的国民经济得到基本恢复，并在一些方面超过了战前的最高水平。② 在此基础上，自 1953 年开始实施大规模的社会主义工业化建设战略，并以国民经济发展的第一个五年计划（简称“一五”计划）

① 李浩.从乡村向城市的战略转变［J］.北京规划建设，2014（4）：163-167.
② 金春明.中华人民共和国简史（1949-2007）［M］.北京：中共党史出版社，2001：37.

图 1-2　西安东大街庆祝新中国成立的游行队伍（1949 年）
资料来源：和红星．西安於我：一个规划师眼中的西安城市变迁（7 影像记忆）[M]．天津：天津大学出版社，2010：116.

为抓手。出于配合重点工业项目建设的实际需要，城市建设活动得以重视并大力开展城市规划工作，西安、太原、兰州、包头、洛阳、成都、武汉和大同 8 个城市，成为著名的“八大重点城市”。

准确地讲，所谓八大重点城市，也就是重点工业项目分布较多，急需城市建设与之配套，因而国家给予重点投资建设的 8 个相对比较重要的新兴工业城市。为便于讨论，本书简称“八大重点城市”。总的来看，八大重点城市是新中国成立初期特殊时代背景条件下的产物，它们承载着“变消费城市为生产城市”、建设国家重要的工业基地，进而实现提升国防实力、巩固新生政权和实现民族独立的重要国家使命，并与城市建设方面所实行的“与工业建设相适应，重点建设、稳步推进”的政策方针息息相关。

1.1　时代背景

1.1.1　国家经济基础薄弱，“一穷二白”

新中国刚刚成立之际（图 1-2），整个国家面临的是一个经过 1840 年鸦片战争后帝国主义长期侵略和掠夺，抗日战争、解放战争等连年战争破坏和消耗，农业衰败，工业停产，商业倒闭，物价飞涨，失学失业，民不聊生的烂摊子。资料显示，上海市在解放初期，人民政府掌握的大米、煤炭和棉花一度只能分别满足 15 天、7 天和 1 个月的最低需求。① 而在另一方面，人民政府却面临着十分庞大的财政支出压力。据统计，1949 年全国军费开支占财政收入的一半以上，1950 年仍占 41.1%。②

① 齐鹏飞．中华人民共和国史［M］．北京：人民大学出版社，2009：50.

② 郭德宏等．中华人民共和国专题史稿（第 I 卷）：开国创业［M］．成都：四川人民出版社，2004：166.

图 1-3　中国人民志愿军跨过鸭绿江
资料来源：姜廷玉. 首批中国人民志愿军部队跨过鸭绿江 [N/OL] . 中国共产党新闻网 . [2015-09-22] . http：//dangshi：people.com.cn/GB/151935/204945/205939/13022457.html

1953 年“一五”计划开始时，尽管经过三年国民经济恢复和整顿，社会经济得到一定的恢复，但经济基础薄弱、“一穷二白”的基本面貌却并未改变，中国在根本上仍然是一个贫穷落后的农业国。“这是帝国主义制度和封建制度压迫中国的结果，这是旧中国半殖民地和半封建社会性质在经济上的表现，这也是在中国革命的时期内和在革命胜利以后一个相当长的时期内一切问题的基本出发点。从这一点出发，产生了我党一系列的战略上、策略上和政策上的问题”。①

1.1.2　战争威胁仍较突出，新生人民政权亟待巩固

新中国成立后，除了国内大片国土尚未解放（西藏地区直到 1951 年 5 月才获得解放，彩图 1-1），匪患猖獗，台湾国民党政权试图“反攻大陆”等动荡局势以外，国际方面的形势也是极为严峻的。

第二次世界大战之后，国际上形成以苏联为首的社会主义阵营和以美国为首的资本主义阵营的相互对峙，新生的中国人民政权存在着尚未被国际社会广泛认可，甚至遭受战争打击和破坏的突出问题。特别是 1950 年 6 月 25 日，朝鲜战争爆发，美国武装介入，把战火烧向中国边境，并派第七舰队开入台湾海峡；1950 年 12 月，美国对中国实施禁运，1951 年 5 月又操纵联合国通过对中国实行禁运案……面对严峻的国际形势，在国内经济基础十分薄弱和社会亟待稳定的紧张局面下，中国政府毅然于 1950 年 10 月作出“抗美援朝、保家卫国”的重大决策（图 1-3）。这样的一种国际环境，对新中国建国初期社会经济发展和国家治理的一系列方针政策，具有极为深刻的内在影响，争取民族独立、维护国防安全成为国家最高利益取向。1950 年 11 月召开的第二次全国财经会议，即被迫提出“把财政经济工作放在抗美援朝战争的基础上，战争第一”和“边打、边稳、边建”的方针。②

---

① 毛泽东 . 在中国共产党第七届中央委员会第二次全体会议上的报告 [M] // 毛泽东选集（第四卷）. 北京：人民出版社，1991：1430.
② 金春明 . 中华人民共和国简史（1949-2007）[M]. 北京：中共党史出版社，2008：26.

图 1-4　中苏签订友好同盟互助条约（1950 年）
1949 年 12 月，毛泽东出访苏联。1950 年 2 月 14 日，中苏两国在克里姆林宫正式签订《中苏友好同盟互助条约》，并确定首批"156 项工程"共 50 个大型工业项目，图为周恩来代表中国政府在条约上签字。
资料来源：杨继红，朱大南．共和国的第一次：建国 60 年珍贵图录［M］．北京：中国大百科全书出版社，2009：225.

1.1.3　采取"一边倒"政治和外交战略，掀起全面向苏联学习的热潮

在新中国建国初期特殊的社会背景下，以 1949 年 6 月毛泽东发表的《论人民民主专政》一文[①]为标志，我国确定了向苏联"一边倒"的政治和外交战略。所谓"一边倒"，也就是在对外交往时，为了中华民族的利益、国家独立和主权，站在维护苏联和以苏联为首的社会主义阵营一边。[②] 1949 年 10 月 2 日，苏联与中国正式建交，成为最早宣布承认新中国的第一个国家。1949 年 10 月 5 日，中苏友好协会总会成立，朱德、刘少奇、宋庆龄等领导出席，会议通过《中苏友好协会章程》。1950 年 2 月 14 日，中苏两国签订《中苏友好同盟互助条约》和《关于苏联贷款给中华人民共和国的协定》[③]（图 1-4）。"一边倒"，与当时的"另起炉灶"和"打扫干净屋子再请客"等提法一起，成为新中国对外方针的形象概括。[④]

实际上，"一边倒"战略方针并非仅仅就政治和外交工作而言，新中国建国初期高度集中的计划经济体制、重工业优先的社会主义工业化战略在很大程度上都是借鉴了苏联的经验。同时，由于新中国科学技术的落后，在工业发展、基本建设和教育体制等诸多领域，均采取了全面向苏联学习的基本方针。在这种特定的政治和社会条件下，苏联有关"社会主义城市"规划建设的理论和实践经验，也就成为新中国城市发展和城市建设的思想指南。

---

① 该文是为纪念中国共产党成立二十八周年而写，主要论述了即将成立的中华人民共和国的国家性质，各阶级在国家中的地位及其相互关系，并明确提出将"倒向社会主义阵营"。促成毛泽东公开发表这一对外政策的契机，是 1949 年 6 月 28 日下午获悉苏联愿意援助中国的喜讯（1949 年 6 月 26 日，刘少奇率领中共中央代表团秘密到达莫斯科，向苏联提出军事和经济等援助要求），毛泽东只用两天时间便写就此文。文中旗帜鲜明地指出："一边倒，是孙中山的四十年经验和共产党的二十八年经验教给我们的，深知欲达到胜利和巩固胜利，必须一边倒。积四十年和二十八年的经验，中国人不是倒向帝国主义一边，就是倒向社会主义一边，绝无例外。骑墙是不行的，第三条道路是没有的"。参见：毛泽东．毛泽东选集（第四卷）［M］．北京：人民出版社，1991：1468-1482.

② 章猷才．新中国成立以来重大历史事件回顾与思考［M］．北京：中共中央党校出版社，2012：17.

③ 早在 1945 年 8 月，中华民国政府代表王世杰和苏联政府在莫斯科签订过一份《中苏友好同盟条约》，为了废除旧中国的一切不平等条约，塑造新型的中苏关系，特重新签订了新的条约。

④ 这三句话是毛泽东在 1949 年春夏之间提出的，具体时间不详。所谓"另起炉灶"，就是同半殖民地半封建的（包括国民党在内）旧中国外交一刀两断；所谓"打扫干净屋子再请客"，就是在彻底清除帝国主义在中国的特权、势力和影响之后再考虑同资本主义国家建交。这些方针的提出，有利于肃清帝国主义在中国的势力和影响，并使新中国一开始就在外交上处于主动地位。

1.1.4 明确从农业国向工业国转变的建国方略，实施重工业优先的工业化战略

不言而喻，1840 年鸦片战争以后的近百年内，中国之所以沦为半殖民地半封建社会并遭受西方列强的欺辱，根本原因正在于社会经济的贫穷落后。因此，实现国家工业化，就是中国历代先人志士的强国梦。① 这也是中国共产党早在民主革命时期就已开始考虑的一个根本问题。② 1945 年 4 月，毛泽东在中国共产党“七大”会议上所作报告中就曾指出：“没有工业，便没有巩固的国防，便没有人民的福利，便没有国家的富强。1840 年鸦片战争以来的一百零五年的历史，特别是国民党当政以来的十八年的历史，清楚地把这个要点告诉了中国人民”，“一个不是贫弱的而是富强的中国，是和一个不是殖民地半殖民地的而是独立的，不是半封建的而是自由的、民主的，不分裂的而是统一的中国相联接的”。③ 在 1949 年七届二中全会报告中，毛泽东进一步明确：“在革命胜利以后，迅速地恢复和发展生产，对付国外的帝国主义，使中国稳步地由农业国转变为工业国，把中国建设成一个伟大的社会主义国家。” ④

尽管建设工业国的基本方向早已明确，但在 1949 年以前，这还只是战略层面的粗略构想。新中国成立后，国家开始了对具体的工业化发展模式的摸索过程。在早期的认识思路中，农业和轻工业居于优先发展的首要地位 ⑤，但在进一步的讨论和决策过程中，这一思路却发生了转变，重工业发展被置于优先的地位。导致这一转变的，除了苏联经验的影响之外，一个至为关键的因素即 1950 年 6 月爆发的朝鲜战争，美国公然出兵干涉，直接威胁到新中国的领土和主权。面对西方国家在政治上孤立、经济上封锁、军事上包围的局面，新中国的国防建设问题提到了首要位置，而要尽快地建立起自己强大的国防工业，就必须采取优先发展重工业的模式。正如毛泽东的感慨：“现在我们能造什么？能造桌子椅子，能造茶碗茶壶，能种粮食，还能磨成面粉，还能造纸，但是，一辆汽车、一架飞机、一辆坦克、一辆拖拉机都不能造” ⑥（图 1-5）。因此，经过一段时期的反复讨论，在 1953 年前后，国家层面形成了统一明确的认识，即中国必须走以优先发展重工业为特征的社会主义工业化道路。⑦

1.1.5 形成高度集中的计划经济体制，编制国民经济发展第一个“五年计划”

新中国成立后，在国民经济恢复和发展过程中逐步确立了高度集中的计划经济体制。这一体制之所

---

① 郭德宏等 . 中华人民共和国专题史稿（第 I 卷）：开国创业［ M ］. 成都：四川人民出版社，2004：358.

② 以刘少奇为例，早在 1944 年 5 月，他就把实现工业化作为中国共产党的崇高使命：“我们中国之所以弱，也就是因为我们还只有很少的工业，我们还不是一个工业国。要中国强盛起来，也必须使中国变成工业国。我们将来的责任，就是要把中国由农业国变成工业国”，“使中国变成工业国是我们奋斗的远大目标”。参见：刘少奇选集（上卷）[M] . 北京：人民出版社，1981：302.

③ 毛泽东 . 论联合政府［ M ］// 毛泽东选集（第三卷）. 北京：人民出版社，1991：1080-1081.

④ 毛泽东 . 在中国共产党第七届中央委员会第二次全体会议上的报告［ M ］// 毛泽东选集（第四卷）. 北京：人民出版社，1991：1437.

⑤ 在 1950 年早期，经济方面的重要领导人刘少奇在一份手稿中对中国工业化发展的设想曾经是：“在完成国民经济恢复的任务以后，第一步，要以主要的力量来发展农业和轻工业，同时，建立一些必要的国防工业；第二步，要以更大的力量来建立重工业；最后，就要在已经建立和发展起来的重工业的基础上，大力发展轻工业”。参见：刘少奇论新中国经济建设［ M ］. 北京：中央文献出版社，1993：173.

⑥ 1954 年 6 月 14 日，毛泽东在中央人民政府委员会第三十次会议上作《关于中华人民共和国宪法草案》讲话。参见：毛泽东 . 关于中华人民共和国宪法草案［ M ］// 建国以来重要文献选编（第五册）. 北京：中央文献出版社，1993：254.

⑦ 以 1953 年 12 月中共中央宣传部编写出的《为动员一切力量把我国建设成为一个伟大的社会主义国家而斗争——关于党在过渡时期总路线的学习和宣传提纲》为主要标志。参见：郭德宏等 . 中华人民共和国专题史稿（第 I 卷）：开国创业［ M ］. 成都：四川人民出版社，2004：406.

图 1-5 抗战时期中国军队使用的武器

注：左图为抗战时期大量使用的两撅枪，连膛线都没有，只能装一发子弹。右图为工艺粗糙的大刀。

资料来源：大刀记，山东抗日文物展［N/OL］. 影响中国 http：//bbs.iqilu.com/thread-14682700-1-1.html

以形成，正是由于其显著的优点所决定的：能够把社会的资金、物资和技术力量集中起来，用于有关国计民生的重点项目、国民经济发展中的薄弱环节和经济落后地区，从而比较迅速地形成新的生产力，克服国民经济各个部门之间和各个地区之间发展的不平衡状态，促进国民经济有计划按比例地快速发展。① 而为了实现计划经济的发展目标，必然需要编制相应的具体计划，苏联于 1920 年代首创的“五年计划”制度正提供了宝贵的实践经验。② 早在解放战争时期，率先获得解放的东北地区即成立了国民经济计划委员会，并编制出以恢复为主、重工业为重点的第一个国民经济计划。③ 1949 年 10 月新中国成立时，中央人民政府设立了主管所有经济部门的财政经济委员会（简称中财委），1952 年 11 月正式成立国家计划委员会（简称国家计委）；与此同时，自 1951 年开始第一个国民经济发展五年计划（1953 ~ 1957 年）的编制工作。

自 1953 年开始，“一五”计划在编制过程中逐步实施，1955 年 7 月第一届全国人大二次会议正式通过，前后经历了 4 年时间，到正式公布时已经实施了大部分内容。“一五”计划的主要内容，即“集中主要力量进行以苏联帮助我国设计的一百五十六项建设单位为中心的、由限额以上的六百九十四个单位组成的工业

---

① 高度集中的计划经济体制的形成［M］// 国家经济贸易委员会 . 中国工业五十年——新中国工业通鉴（第二部）（1953-1957）. 北京：中国经济出版社，2000：87-92.

② 在人类历史上，苏联实行的“五年计划”制度可谓是开创性的，其动因值得进一步解析。在马列主义有关社会制度的构想中，实行有计划的社会调控为其核心思想之一：《共产国际纲领与章程》中提出“有计划地组织最科学的劳动；采用最完善的统计方法以及有计划的经济调度”；“苏联宪法”中规定“苏联之经济生活受国家所定国民经济计划之决定及指导，以期增进社会财富，一贯提高劳动民众之物质及文化水平，巩固苏联独立并加强其国防能力”。

1920 年，联共（布）第九次代表大会首次广泛地提出统一的国民经济计划问题，会议在“关于统一的经济计划的决议”中强调“我国国民经济复苏的基础，就是在国民经济中建立计划制度”，会后俄罗斯国家电气化委员会制订了一个“电气化计划”。1927 年 12 月，联共（布）在第十五次代表大会《关于拟定发展国民经济五年计划的指示》中指出：“经济计划是什么，它的真［精］髓在什么地方呢？它的真［精］髓在于培养经济上意志的统一”；“在国民经济的一切部门中还残留着许多过去的盲目性的残余。我们的口号是这样的：齐心协力地进攻这种盲目性，齐心协力地、有组织地、有计划地进攻……计划这个工具是在一切经济部门最后击破盲目性的决定性的工具”。

参见：［1］苏联中央执行委员会附设共产主义研究院 . 城市建设［M］. 建筑工程部城市建设总局译 . 北京：建筑工程出版社，1955：70.

［2］经济资料编辑委员会 . 苏联国民经济计划工作的实践［M］. 北京：财政经济出版社，1955：5.

［3］克尔日札诺夫斯基 . 关于拟定发展国民经济五年计划的指示［M］// 苏联国民经济建设计划文件汇编——第一个五年计划 . 北京：人民出版社，1955：23，30-31，50.

③ 该计划于 1949 年春季完成。房维中，金冲及主编 . 李富春传［M］. 北京：中央文献出版社，2001：357.

图 1–6　新中国第一批国产喷气式歼击机试制成功（1956 年）
资料来源：杨继红，朱大南．共和国的第一次：建国 60 年珍贵图录［M］．北京：中国大百科全书出版社，2009：199.

建设，建立我国的社会主义工业化的初步基础。"①具体而言，首要任务在于"建立和扩建电力工业、煤矿工业和石油工业；建立和扩建现代化的钢铁工业、有色金属工业和基本化学工业；建立制造大型金属切削机床，发电设备、冶金设备、采矿设备和汽车、拖拉机、飞机的机器制造工业。这些都是我国重工业的新建设"，"以重工业为主的工业基本建设的目的，是要把我国国民经济从技术极端落后的状况推进到现代化技术的轨道上，而为我国的工业、农业和运输业创造现代化的技术基础。"②

"一五"计划是新中国制定的第一个中长期计划，也是改革开放以前所制定并实施得最好的一个五年计划③（图 1–6）。到 1957 年底，"一五"计划超额完成，5 年内施工的工矿建设单位达 1 万个以上，其中限额以上的有 921 个④；我国钢材自给率达到 86%，机械设备自给率达 60% 以上⑤；飞机、汽车、重型机床、无缝钢管等代表性工业产品，中国都可以自行生产了⑥。"一五"计划的实施，开始逐步改变中国经济落后的面貌，并为实现社会主义工业化打下了初步基础。

1.2　重点新工业城市建设："变消费城市为生产城市"的时代要求

1.2.1　"变消费城市为生产城市"的战略决策

众所周知，中国共产党是采取由农村包围城市的方式取得人民政权的，但在自抗战胜利后的收复和接管城市的工作过程中，就已充分认识到城市工作的极端重要性，并积累起管理城市和组织生产的一些实践经验。早在 1948 年 6 月，时任东北局城市工作部部长的王稼祥所起草的《城市工作大

① 中华人民共和国发展国民经济的第一个五年计划（一九五三—— 一九五七）［M］// 中共中央文献研究室．建国以来重要文献选编（第六卷）．北京：中央文献出版社，1993：410.

② 同上．北京：中央文献出版社，1993：355，364.

③ 刘国光．中国十个五年计划研究报告［M］．北京：人民出版社，2006：54.

④ 金春明．中华人民共和国简史（1949–2007）［M］．北京：中共党史出版社，2008：47.

⑤ 刘国光．中国十个五年计划研究报告［M］．北京：人民出版社，2006：106.

⑥ 金春明．中华人民共和国简史（1949–2007）［M］．北京：中共党史出版社，2008：47.

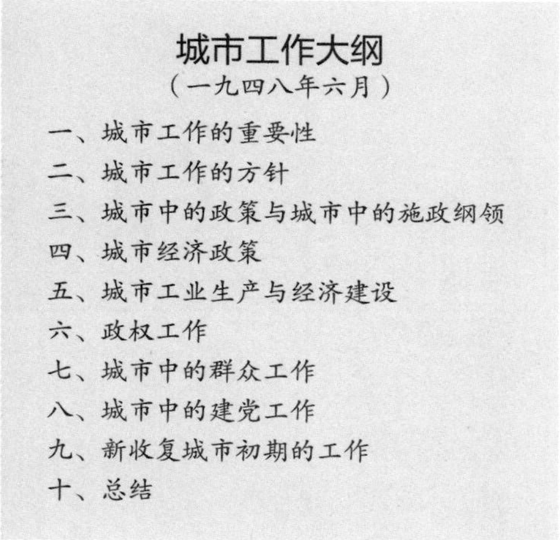

城市工作大纲

（一九四八年六月）

一、城市工作的重要性
二、城市工作的方针
三、城市中的政策与城市中的施政纲领
四、城市经济政策
五、城市工业生产与经济建设
六、政权工作
七、城市中的群众工作
八、城市中的建党工作
九、新收复城市初期的工作
十、总结

图 1-7　王稼祥（1906--1974）（左）
资料来源：王稼祥选集［M］. 北京：人民出版社，1989.
图 1-8 《城市工作大纲》的内容框架（右）

纲》，即系统阐述了城市工作的思想观念，以及变旧城市为新民主主义新城市的施政方法[①]（图 1–7、图 1–8）。

1949 年 3 月，毛泽东在七届二中全会报告中明确提出："从现在起，开始了由城市到乡村并由城市领导乡村的时期。党的工作重心由乡村移到了城市""从我们接管城市的第一天起，我们的眼睛就要向着这个城市的生产事业的恢复和发展""必须用极大的努力去学会管理城市和建设城市""必须用极大的努力去学习生产的技术和管理生产的方法""只有将城市的生产恢复起来和发展起来了，将消费的城市变成生产的城市了，人民政权才能巩固起来"[②]。1949 年 3 月 17 日，《人民日报》发表题为"把消费城市变成生产城市"的社论，社论指出："变消费的城市为生产的城市，是我们当前的重要任务。我们必须担负这个任务，完成这个任务"[③]（图 1–9）。

"变消费城市为生产城市"，既是对城市生产恢复和发展要求的一种形象描述，也与社会主义工业化建设的方针一脉相承，它鲜明地提出了工业生产活动在中国未来的城市建设活动中将会起到的核心职能。具体来讲，无非也就是要高度重视工业在城市发展中的重要地位，更形象地说，或许正如毛泽东主席曾在天安门城楼上对北京市市长彭真所说："将来从天安门上望过去，四面全是烟囱！"[④] 21 世纪的今天，当我们对全球工业化大发展所导致的环境污染和文化破坏等问题深恶痛绝之时，很难能够对 60 多年之前的时代

① 该《大纲》是为 1948 年 7 ~ 8 月即将召开的东北局城市工作会议而准备的一份文件，东北局曾于 1948 年 6 月 22 日将该《大纲》发给东北地区各省委、城市市委征求意见，但后来王稼祥因病而未能参加此次城市工作会议。《大纲》共包括 10 个方面的内容，长达 2 万多字。《大纲》对新民主主义新城市的设想集中体现为 3 大目标："新城市是生产的城市与劳动的城市""新城市是人民的城市与民主的城市""新城市是文化进步科学与教育发达的城市"，并从经济、政治和文化等 3 个方面，提出了推进城市中各项改革，变旧城市为新民主主义的新城市的总体要求和基本内容。参见：王稼祥 . 城市工作大纲［M］// 王稼祥选集，北京：人民出版社，1989：366–411.
此外，当时其他重要领导同志也提出过一些关于城市工作的重要报告，如陈云的《接收沈阳的经验》、李富春的《关于东北财经工作问题的报告》及张闻天的《关于东北经济构成及经济建设基本方针的提纲》等。

② 毛泽东 . 在中国共产党第七届中央委员会第二次全体会议上的报告［M］// 毛泽东选集（第四卷）. 北京：人民出版社，1991：1426–1428.

③ 把消费城市变成生产城市［N］. 人民日报，1949–03–17（1）.

④ 外国摄影师见证当年中国梦 从天安门上望去是一片烟囱［N/OL］. 凤凰网 . 2014–02–25［2015–08–20］. http ：//news.ifeng.com/history/gaoqing/detail_2014_02/25/34170185_0.shtml#p=1

人民日報

社論

把消費城市變成生產城市

平津被服總廠工人

展開競賽產量提高

工人積極學習生活愉快

根據勞資兩利原則

合理解决工資糾

華北大學啓事

通訊往來

图 1-9 《人民日报》社论
资料来源：把消费城市变成生产城市［N］.
人民日报，1949-03-17（1）.

背景和社会情景有较为真切的体会和想象。实际上，早年有关社会主义工业化建设的情景，甚至也被描绘进广为流传的儿童歌曲之中：

小燕子，穿花衣，
年年春天来这里，
我问燕子你为啥来？
燕子说："这里的春天最美丽！"
小燕子，告诉你，
今年这里更美丽，
我们盖起了大工厂，
装上了新机器，
欢迎你，长期住在这里。①

在新中国建国初期乃至此后相当长的一段时期内，我国社会发展、城市建设和城市规划的很多方面，正是紧紧围绕着社会主义工业化建设这一国家中心任务而展开的。1951 年 2 月 18 日，中共中央在《政治

① 这首广为传颂的《小燕子》是故事影片《护士日记》的插曲，1955 年词作者王路当时在湖北黄石工作，因有感于黄石秀美的风光和如火如荼的社会主义建设情景而创作，歌曲抒发了剧中人对新生活的热爱和歌颂。

局扩大会议决议要点》的党内通报中提出："在城市建设计划中，应贯彻为生产、为工人服务的观点"①；1954 年 6 月，第一次全国城市建设会议进一步明确指出，"城市建设应为国家的社会主义工业化，为生产、为劳动人民服务"②，这成为新中国城市建设发展的基本方针。

1.2.2 新中国成立之初的城市发展状况

截至 1949 年底，全国的总人口约为 5.42 亿（即常说的五万万四千万）。其中城镇人口约 5765 万，城镇化率约 10.64%。③ 全国各省区城镇化水平呈现东部沿海居高并向内地逐渐降低的格局（彩图 1–2、彩图 1–3）。

就城市发展情况来看，1949 年全国共有建制市 132 个，其中中央直辖市 12 个、地级市 54 个、县级市 66 个。④ 主要城市的情况大致如表 1–1 和彩图 1–4 所示。上海、北京、天津、武汉、广州等是城市人口相对较多的一些大城市，社会经济相对发达，城市发展和城市建设的矛盾也相对较为突出。

1.2.3 "重点建设、稳步推进"的城市建设方针

经过连年战争的破坏，新中国建国初期的各级城市必然普遍面临着加强基础设施建设、改善环境面貌等城市建设诉求。在三年国民经济恢复时期，各地城市不同程度地开展了以改善环境卫生、发展城市交通、整修市政设施和兴建工人住宅为主要内容的城市建设工作，如首都北京即在 1949 ~ 1952 年完成了清除垃圾粪便、改善自来水供应和整修下水道等十个方面的大事。⑤ 随着大规模工业化建设的启动，包括城市建设在内的基本建设工作逐步上升到至关重要的地位。1952 年 11 月 9 日，中财委党组发出关于迅速准备基本建设的指示，明确指出："基本建设工作在经济工作中已经占有头等重要的地位"。⑥ 1953 年 11 月 22 日《人民日报》发表了题为"改进和加强城市建设工作"的社论，指出："有计划地建设新城市和改建旧城市的重大任务，现在已迫切地摆在我们面前，成为当前经济建设中的一个重要问题"，"为了适应大规模建设事业的需要，我们必须迅速改进和加强城市建设工作，克服目前城市建设中的盲目、分散等混乱现象。"⑦

1952 年 8 月，国家成立中央人民政府建筑工程部（以下简称"建工部"，隶属中财委，又称中建部），并于 1953 年 3 月成立下属城市建设局（以下简称"城建局"）。此后，国家计委也于同年 7 月成立了城市

---

① 中共中央文献研究室 . 建国以来重要文献选编（第二册）[M] . 北京：中央文献出版社，1994：36–40.

② 城市建设部办公厅 . 城市建设文件汇编（1953–1958）[R] . 北京，1958：269.

③ 数据来源：国家统计局综合司 . 全国各省、自治区、直辖市历史统计资料汇编（1949–1989）[M] . 郑州：中国统计出版社，1990：2.

④ 陈潮，陈洪玲 . 中华人民共和国行政区划沿革地图集 [M] . 北京：中国地图出版社，2003：217.

⑤ 其他 7 个方面包括：疏浚河湖水系；发展城市交通；迁出威胁市民安全的工厂；大力绿化；增加发电量；努力解决住房问题；新建一批工厂和公共建筑。参见：建国初期对首都建设的设想 [R] // 北京建设史书编辑委员会 . 建国以来的北京城市建设资料（第一卷，城市规划）[R] . 1987：192–194.1–14.

⑥ 中财委党组关于迅速准备基本建设的指示 [M] // 中共中央文献研究室 . 建国以来重要文献选编（第三册）. 北京：中央文献出版社，1993：355–359.

⑦ 改进和加强城市建设工作 [N] . 人民日报，1953–11–22（1）.

新中国成立时全国的主要城市及其人口规模（1949 年底） 表 1–1

城市类型	编号	城市名称	城区人口规模（万人）	城市类型	编号	城市名称	城市人口规模（万人）
直辖市	1	上海	452.43*	地级市	22	太原	21.46
	2	天津	184.65		23	兰州	19.51*
	3	北京	165.00#		24	安东（丹东）	18.70
	4	沈阳	105.80		25	郑州	18.10
	5	广州	103.90		26	齐齐哈尔	17.60
	6	武汉	94.00#		27	厦门	16.94
	7	南京	91.33		28	温州	15.83*
	8	重庆	65.90*		29	营口	15.47+
	9	西安	39.76		30	锦州	15.00+
	10	抚顺	23.65		31	汕头	14.69+
	11	本溪	10.70+		32	芜湖	14.02*
	12	鞍山	9.30#		33	石家庄	12.60
地级市	1	哈尔滨	68.56#		34	归绥（呼和浩特）	12.33
	2	成都	60.86*		35	牡丹江	11.80#
	3	济南	60.40		36	南宁	11.06
	4	青岛	56.04		37	迪化（乌鲁木齐）	10.52
	5	大连	55.90#		38	蚌埠	10.52+
	6	杭州	47.38*		39	秦皇岛	10.46
	7	长沙	42.16+		40	保定	10.15*
	8	湛江	37.10+		41	佳木斯	9.80
	9	长春	36.60#		42	桂林	9.26
	10	福州	34.10		43	阜新	9.00+
	11	无锡	31.95		44	包头	9.00
	12	唐山	30.01		45	大同	8.91
	13	徐州	29.93*		46	辽阳	8.79#
	14	宁波	29.79		47	潍坊	8.33*
	15	自贡	28.66+		48	四平	7.70
	16	昆明	27.99		49	沙市	7.41*
	17	开封	25.30*		50	宜昌	6.83*
	18	南昌	24.87		51	合肥	6.20
	19	张家口	24.13*		52	安阳	5.29
	20	吉林	22.43		53	新乡	3.70#
	21	贵阳	21.99*		54	宣化	2.87+

注：1）本表仅对直辖市和地级市进行了统计，不同类别城市按人口规模从高到低排序。两类城市名单的资料来源为：陈潮，陈洪玲．中华人民共和国行政区划沿革地图集［M］．北京：中国地图出版社，2003：217.

2）由于统计口径存在差异及新中国建国初期城市人口流动频繁等原因，有关数据存在一定误差。笔者已通过多种口径数据对比及相关文献分析等方法加以校核，尽可能降低有关误差。数据来源分别为：［1］数字后未特别标注者，引自：国家统计局城市社会经济调查总队．新中国经济 50 年［M］．北京：新华出版社，1999：120–122.［2］数字后标注“*”者，引自：顾朝林．中国城镇体系——历史·现状·展望［M］．北京：商务印书馆，1996：154–157.［3］数字后标注“#”者，引自各个城市的城市规划志 / 建设志或规划说明书。［4］数字后标注“+”者，系通过查询网络等方式得到。

3）因数据缺乏，我国台湾、香港和澳门地区的城市不在统计之列。

建设计划局。然而，在新中国建国初期经济条件仍然十分薄弱的情况下，尽管城市建设的实际诉求较为突出，但实际的城市建设工作也是不可能全面铺开的。正因如此，“重点建设城市”就成为城市规划建设方面的一项重要方针。

1952年9月1日至9日，新成立的建工部以中财委名义组织召开首次全国城市建设座谈会，会议就“今后城市建设的方针问题”明确指出：“我们的经济建设是要集中力量发展工业，又以重工业为主，就不可能大量的搞城市建设工作。在三五年内使许多城市成为近代化的城市，也是不从实际出发。必须有重点地进行城市建设。而另一方面，人力也不足，规划设计力量不够，有了钱不一定用之得当，因此，就要重点建设。”① 1953年6月，周恩来总理就城市建设问题做出指示：“城市建设上要反对分散主义的思想……我们的建设应当是根据工业的发展需要有重点有步骤地进行。”② 1953年11月，《人民日报》发表的“改进和加强城市建设工作”社论中指出：“在国家建设的初期，我们在财政力量、技术条件和城市建设经验等方面，都还不能够对旧有的大城市很快地进行重大的改造，即使是一些重大的工业城市也只能有重点有步骤地进行建设，只有在保证国家工业不断发展的基础上，我们的城市建设才能逐步地向前发展起来。”③

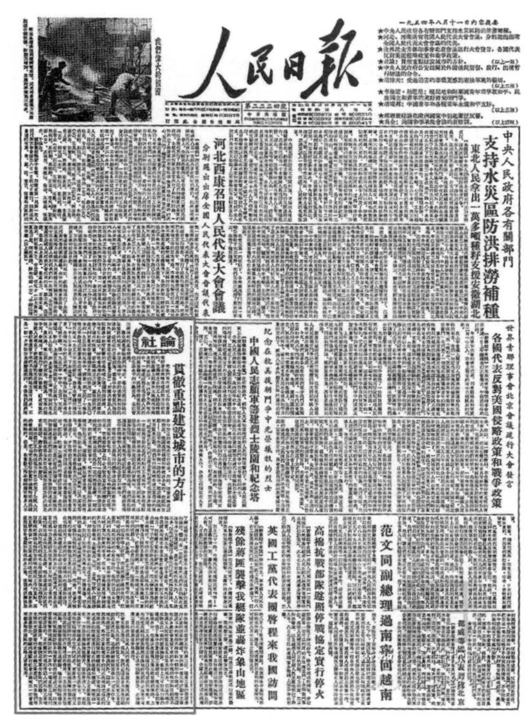
人民日報

社論 貫徹重點建設城市的方針

图1-10　关于重点建设城市方针的社论
资料来源：贯彻重点建设城市的方针［N］．人民日报，1954-08-11（1）．

1954年6月，建工部和国家计委共同主持召开全国第一次城市建设会议，国家计委副主席李富春④所作总结报告中强调：“有了工业基础，经济力量，才能建设城市，否则建房子~~连房子~~⑤连钢筋水泥都没有，就是没有基础是不行的，从全局观点，国家建设步骤来说，必需［须］围绕国家工业化，配合工业建设有步骤有重点的［地］建设……就是工业重点城市如兰州、西安、包头等也是有重点有步骤进行的，首先是建设工业区，这样力量才能够集中。”⑥ 1954年8月11日，《人民日报》头版发表“贯彻重点建设城市的方针”的社论（图1-10），社论指出：“按照社会主义城市的标准改造我国的旧城市和建设我国的新城市，是我们坚定不移的奋斗目标。但是，在具体步骤上却必须坚持重点建设稳步前进的方针……目前城市建设工作必须保证国家的工业建设、为社会主义工业化服务的方针。具体地说，就是必须首先集中力量建设那

① 周荣鑫．在中财委召集的城市建设座谈会上的总结（摘要）［R］// 城市建设部办公厅．城市建设文件汇编（1953-1958）．北京，1958：33.

② 董志凯．从建设工业城市到提高城市竞争力——新中国城建理念的演进（1949-2001）［J］．中国经济史研究，2003（1）：25-35.

③ 改进和加强城市建设工作［N］．人民日报，1953-11-22（1）．

④ 1954年9月起任国务院副总理兼国家计委主任。

⑤ 原文中有“连房子”，应属口头语，特予删除。

⑥ 李富春．在全国第一次城市建设会议上的总结报告（记录稿）［R］// 城市建设部办公厅．城市建设文件汇编（1953-1958）．北京，1958：280-281.

些有重要工程的新工业城市。这些城市过去没有工业基础，现在要建设大的近代工业，必须有近代的城市公用设施来与之相配合。”①

正是在“重点建设城市”方针的指导下，才出现了“八大重点城市”的概念。

1.2.4 “八大重点城市”的逐步明确

所谓“八大重点城市”，其实是一个相对的概念，并有一个逐步明确的过程。早在 1952 年 9 月的首次全国城市建设座谈会上，从全国城市建设的重要性出发，按照城市性质与工业比重等因素，将全国的城市划分为 4 种类型：重工业城市、工业比重较大的改建城市、工业比重不大的旧城市和其他一般城市。其中“第一类为重工业城市”，包括“北京、包头、大同、齐齐哈尔、大冶、兰州、成都、西安八个城市”②，这是国家政策层面首次出现的“八大重点城市”概念③。“此类城市是今后十年内城市建设的重点”④，应当“由中央帮助作规划设计工作，目前着重于调查、测量、准备资料工作。由下面做起，有计划的［地］进行，不怕慢一点。因为盲目发展看着是快了，实际上是更慢的，稳步的［地］有计划的［地］才可以发展。”⑤

然而，1952 年的这次会议只是座谈会的形式，具有研究讨论和凝聚共识的性质。由于全国大规模的工业化建设尚未全面铺开，“156 项工程”中的一大批项目尚未明确，各地城市的规划建设工作也尚未步入正轨，当时的城市分类和排队只是暂时性的提法。

1953 年“一五”计划开始后，1954 年的全国第一次城市建设会议，对全国的城市重新进行了分类排队。在这次会议上，“除北京系首都特殊重要外”⑥，全国其他城市又被划分为 4 种类型：有重要工业建设的

---

① 社论指出：“我们知道，任何一个城市都不可能凭空建设起来，它总是要依托于一定的物质基础。一般的说，在社会主义社会中，城市所赖以发展的物质基础可能是工业、运输业、卫生疗养事业、文化教育事业，也可能是行政管理机关的聚集以及其他等等。但是，其中最重要最基本的乃是工业。只有工业发展了，才能带动交通运输业、文化教育事业等等的发展，也才可能出现主要为这些事业服务的城市”，“因此，社会主义城市的建设和发展，必然要从属于社会主义工业的建设和发展；社会主义城市的发展速度必然要由社会主义工业发展的速度来决定。这个客观规律是决定我国城市建设方针必须是重点建设、稳步前进的根本原因”。参见：贯彻重点建设城市的方针［N］. 人民日报，1954-08-11（1）.

② 周荣鑫. 在中财委召集的城市建设座谈会上的总结（摘要）［R］// 城市建设部办公厅. 城市建设文件汇编（1953-1958）. 北京，1958：34.
另外，在周荣鑫、宋裕和《建筑工程部党组关于城市建设座谈会的报告》中，对这 8 个城市的具体表述略有差异：“新的重工业中心共八个：北京、包头、大同、西安、兰州、成都、齐齐哈尔、大冶—武汉区”。参见：周荣鑫、宋裕和. 建筑工程部党组关于城市建设座谈会的报告（1952 年 10 月 6 日）［M］// 中国社会科学院，中央档案馆. 1949-1952 中华人民共和国经济档案资料选编（基本建设投资和建筑业卷）. 北京：中国城市经济社会出版社，1989：612-613.

③ 关于其他几类城市的政策要求如下：“第二类为改建的城市，工业比重较大的：吉林、鞍山、抚顺、本溪、沈阳、哈尔滨、太原、武汉、石家庄、邯郸、郑州、洛阳、湛江、乌鲁木齐十四个城市”；“第三类为旧城市，工业比重不太大的：天津、唐山、大连、长春、佳木斯、上海、青岛、南京、杭州、济南、重庆、昆明、内江、贵阳、广州、湘潭和襄樊十七个城市”，对这类城市，“应着重于规划设计，其中配合生产的城市，可以逐步进行改建工作”；“第四类是除上面所提的三十九个城市以外的”，对这些“一般城市”，“采取维持方针，其中有些政治、文化、交通、经济中心城市（如省会），按实际情况，结合需要，在节约原则下，可以有一部分修建工作”。参见：周荣鑫. 在中财委召集的城市建设座谈会上的总结（摘要）［R］// 城市建设部办公厅. 城市建设文件汇编（1953-1958）. 北京，1958：34.

④ 周荣鑫、宋裕和. 建筑工程部党组关于城市建设座谈会的报告（1952 年 10 月 6 日）［M］// 中国社会科学院，中央档案馆. 1949-1952 中华人民共和国经济档案资料选编（基本建设投资和建筑业卷）. 北京：中国城市经济社会出版社，1989：613.

⑤ 周荣鑫. 在中财委召集的城市建设座谈会上的总结（摘要）［R］// 城市建设部办公厅. 城市建设文件汇编（1953-1958）. 北京，1958：34.

⑥ 李富春. 在全国第一次城市建设会议上的总结报告（记录稿）［R］// 城市建设部办公厅. 城市建设文件汇编（1953-1958）. 北京，1958：283.

新的工业城市、扩建城市、可以进行局部扩建的城市和一般的中小城市。其中第一类“有重要工业建设的新工业城市”，具体包括“太原、包头、兰州、西安、武汉、大同、成都和洛阳”①8个城市，这便是正式意义上的八大重点城市概念。对于这一类城市，会议指出：“这些城市过去没有工业基础［，］公用事业基础也没有，有了工业则近代化的设备必需配合格，这是第一个五年计划中的重点建设城市”，并特别强调：这类城市“必须首先积极进行城市规划。”②

1.3 “八大重点城市”的主要内涵

1.3.1 基本条件：利用现有城市、资源优势及铁路设施等

太原、包头、兰州、西安、武汉、大同、成都和洛阳等8个城市，之所以能够在新中国建国初期的诸多城市中“脱颖而出”，被纳入国家重点建设的行列，离不开它们所具有的良好基础条件，概括起来，如下3方面的因素有较为突出的影响。

1）城市发展历史悠久，建设条件相对较好，有利于节约国家建设投资

在八大重点城市中，洛阳、西安和大同均被誉为中国著名“古都”③，前两者是中国历史上建都时间最长、朝代最多的两大古都，早在1932年南京国民政府还曾一度决定迁都洛阳④。这3个城市以及成都和武汉，属于国务院确定的第一批和第二批“国家历史文化名城”。太原、兰州和包头三市虽未被列入“古都”或“国家历史文化名城”，但其城市建设的历史也是相对悠久的⑤（图1-11、图1-12）。

由于这些城市的发展历史较为悠久，在道路交通、住房和市政等方面的基础设施条件必然也相对较好，这样，就有利于工业项目建设与之相配合，从而节约国家的财政经济和投资计划。正如建工部城建局

---

① 《当代中国》丛书编辑部．当代中国的城市建设［M］．北京：中国社会科学出版社，1990：43.

② 李富春．在全国第一次城市建设会议上的总结报告（记录稿）［R］// 城市建设部办公厅．城市建设文件汇编（1953–1958）．北京，1958：283.

③ 明末，顾炎武在《历代帝王宅京记》中将南京、西安、洛阳和开封并称为四大古都。1920年代，中国学术界开始出现将中国著名古都称为“大古都”并将几大古都并称的说法。“四大古都”是提出最早且公众认知度最高的说法，为西安、南京、洛阳、北京。稍后正式形成了“五大古都”的说法，包括西安、南京、洛阳、北京、开封。1930年代，开始有把杭州纳入古都之列的六大古都说法。1988年，地理学家谭其骧提议安阳为大古都，后安阳被定为第七大古都，因此就有了“七大古都”之说。2004年11月5日，中国古都学会会长朱士光宣布，古都郑州可与西安、南京、洛阳、北京、开封、杭州、安阳七大古都一起并称为中国八大古都。2010年，中国古都学会认定大同为第九大古都，因此就有了西安、洛阳、南京、北京、开封、杭州、安阳、郑州和大同等九大古都之说。参见：http：//zh.wikipedia.org/wiki/%E4%B8%AD%E5%9B%BD%E9%A6%96%E9%83%BD

④ 1932年1月30日，南京国民政府发表《国民政府移驻洛阳办公宣言》，同年2月行政院成立洛阳行政设备委员会，3月国民党四届二中全会通过《确定行都和陪都地点案》（将洛阳定位“行都”，西安定为“西京”），5月通过《中央还都南京之后繁荣行都计划》，11月20日国民党中央决定“于12月1日由洛阳迁回南京”。参见：阎宏斌．洛阳近现代城市规划历史研究［D］．武汉：武汉理工大学，2012：49–50.

⑤ 就包头而言，包头为蒙古语“包格图克”的简称，原意是“有鹿的地方”，早期为蒙古族游牧之地，自18世纪初因商业贸易而逐步发展，1809年撤村设镇；1870年开始筑包头城（即包头东河区旧城），居民已达2800户；1922年6月京包铁路通车后，人口陡增至7.5万人左右，1926年改镇为县，至1929年城市人口增至12万余人，1930年开始有发电厂、面粉厂等几处小型工业；1938年11月日寇侵驻包头，改县设市，并修筑包头至石拐沟煤矿区的铁路（日寇投降前又予毁坏）；1949年9月随着绥远省和平解放。解放初包头主要为西北地区皮、毛的集散地，人口约10万，其中城市人口6万；经三年国民经济恢复，1952年底人口已增加到15.8万人。

参见：［1］内蒙古自治区包头市规划资料辑要［Z］// 包头市城市规划文件．中国城市规划设计研究院档案室，案卷号：0504：2，8.

［2］包头市总体规划设计说明书（1955年5月）［Z］// 包头市城市规划文件．中国城市规划设计研究院档案室，案卷号：0504：122.

图 1–11　昔日包头的城墙（左）和西阁（右）
资料来源：耿志强主编．包头城市建设志［M］．呼和浩特：内蒙古大学出版社，2007：15.

图 1–12　解放初期的汉口沿江风貌
资料来源：武汉市城市规划管理局，武汉市国土资源管理局．武汉城市规划志［M］．武汉：武汉出版社，2008：25（前彩页）.

的一份文件所指出的："旧城市新工业的发展，本身就包含着利用和改造旧城市的重要意义。充分利用原有一切能利用的设备，变消费城市为社会主义的生产城市，特别近期的旧城利用率问题，不仅在经济上而且在政治上也是有莫大意义的。"① 在新中国建国初期国家"一穷二白"、财政经济十分困难的局面下，这不能不说是一个十分现实的考虑因素。

2）拥有独特的资源优势（主要是矿产和水资源），便于工业生产与组织

工业建设对矿产资源和水资源等有着特殊的需求，这就要求项目布局所在的城市须具备相应的有利条件。在矿产资源方面，包头和武汉的周边地区分别拥有白云鄂博和大冶等大型矿山，这是国家选择建设大型钢铁工业基地的核心决定因素。以白云鄂博为例（图 1–13），1952 年时仅主矿体与东矿体已探清的储量即有 5.89 亿吨，完全能够满足建设一个新的钢铁工业基地所需要的矿物原料，而在其周围尚有许多矿体

① 规划处．关于参与建委对西安等十一个城市初步规划审查工作报告（1954 年 12 月 20 日）［Z］// 1953 ~ 1956 年西安市城市规划总结及专家建议汇集．中国城市规划设计研究院档案室，案卷号：0946：34.

图 1-13　1927 年“西北考察团”在包头第一次出发工作
注：考察团由北京大学教授徐炳昶、黄文弼和袁复礼等为首的中国学术团体协会和瑞典地理学家斯文赫定博士等联合组成，在这次考察中，年仅 28 岁的丁道衡首次独自发现了白云鄂博大铁矿。本图为中国团员留影。左起：丁道衡、黄文弼、詹蕃勋、袁复礼、徐旭生、白万玉、崔鹤峰、庄永成。
资料来源：姜刚杰．贵州第一位九三学社社员丁道衡［N/OL］．九三学社贵州省委员会网站．2009-01-31［2015-11-11］．http://www.gz93.gov.cn/Html/sshp/150536868.html

没有勘探①，这使得包头虽然不是历史古都，城市发展基础也相对一般，但仍然由于包钢等这样“重中之重”的工业项目建设而成为八大重点城市之一。就其他城市而言，也都有相当丰富的矿产资源，如太原和大同地处我国“煤铁之乡”——山西省，西安的渭北有储量约 719.5 亿吨的煤矿资源②，洛阳附近有南伊阳铁矿和宜洛煤矿③，成都附近铜、石英、石棉和云母产量较大④等等。另就水资源来说，八大城市大都毗邻黄河（如兰州、包头、洛阳）和长江（如成都、武汉）等重要河流或其支流，工业项目建设所需的水资源条件也可谓得天独厚。

3）交通运输特别是铁路条件较好

由于生产活动自身的特点，近现代的工业大都是依托于现代化的铁路设施而发展起来的。具体而言，兰州、西安和洛阳有陇海铁路贯穿，武汉是京广铁路⑤的重要枢纽，它们在全国具有承东启西、迎南送北

① 1927 年，西北科学考察团中方团员丁道衡发现白云鄂博的主矿体，认定是一个规模巨大的铁矿床。1934 年，何作霖受丁道衡委托，对其采集的白云鄂博矿石标本做实验室研究，发现了两种稀土类矿物。日本帝国主义发动侵华战争以后，曾先后有不少日本地质人员赴白云鄂博进行踏勘。新中国建立后，中共中央和政务院对开发白云鄂博的矿产资源给予了极大关注。1949 年 12 月 16 日至 25 日，重工业部根据财经委员会的指示，在北京召开了全国钢铁工业会议（后称全国第一次钢铁会议），会上确定对白云鄂博进行资源调查，并把包头列为“关内未来钢铁中心”的目标之一。1950 年 5 月，中央人民政府地质工作计划指导委员会派遣 241 地质调查队对矿区进行普查。经过三年的地面地质研究和矿床检查勘探工作，241 地质勘探队肯定了这个巨大新铁矿的工业价值。1953 年初，政务院根据该队报告，决定利用白云鄂博矿产资源，在绥远省（今内蒙古自治区）西部建设一个大型钢铁联合企业——“包钢”，作为我国第一个五年计划重点建设项目之一。重工业部钢铁工业管理局授命石景山钢铁厂（今首都钢铁公司）设计处准备建厂资料。参见：邱成岭．包头钢铁基地的创建与苏联的援助［J］．中国科技史料，2004（2）：153-164.

② 陕西省西安市规划资料辑要［Z］．中国城市规划设计研究院档案室，案卷号：0972：3.

③ 洛阳市人民政府城市建设委员会．洛阳市涧西区总体规划说明书（1954 年 10 月）［Z］．中国城市规划设计研究院档案室，案卷号：0834：32.

④ 成都市人民政府城市建设委员会．成都市总体规划草案说明书（1954 年 10 月）［Z］．中国城市规划设计研究院档案室，案卷号：0792：17.

⑤ 1957 年以前分为南（粤汉铁路［广州－武昌］）北（京汉铁路［北京－汉口］）两段，1957 年武汉长江大桥建成通车后 2 条铁路接轨，改名为京广铁路，全长 2324 千米。

图 1–14　成渝铁路通车典礼
1952 年 7 月 1 日，成渝铁路全线通车。图为西南军政委员会副主席贺龙在成都的通车典礼上剪彩。
资料来源：杨继红，朱大南．共和国的第一次：建国 60 年珍贵图录［M］．北京：中国大百科全书出版社，2009：84.

的纽带作用。20 世纪初修建的京包铁路、石太铁路 ① 和同蒲铁路 ② 等，使包头、大同和太原等一直与北京及华北地区其他城市联系便捷。新中国成立后于 1950 年 6 月动工修建的第一条铁路干线——成渝铁路和 1952 年 7 月动工的宝（鸡）成（都）铁路，使成都作为西南地区交通枢纽的地位得到强化（图 1–14）。

彩图 1–3 为新中国成立初期全国主要铁路线路的示意图，由图中不难看出，八大重点城市与国家主要铁路网的关系是十分密切的。

当然，除了上述因素以外，工业产品的销售和运输等因素在八大重点城市的布局方面也有一定影响。以洛阳为例，根据国家工业建设计划，第一拖拉机制造厂产品主要为农业机械，中原地区是我国主要的农业区和粮食主产区之一，工业机械的生产地与消费地临近，既便于产品运输，也有利于形成合理的生产力布局。

1.3.2　核心决定因素："156 项工程"等重点工业项目布局

以上所讨论的城市发展条件，还只是较为基础的影响因素。对八大重点城市起着核心决定性作用的因素，乃"一五"计划所确定的以"156 项工程"为标志的重点工业项目布局情况。

根据"一五"计划，国家工业化建设主要由限额以上的 694 个大中型建设项目 ③ 组成，其中又以苏联帮助援建的"156 项工程" ④ 为重点。它们主要于 1950 年 2 月、1953 年 5 月和 1954 年 10 月等分批次签订，

① 石家庄至太原，穿越太行山脉和山西、河北两省的咽喉地区。1903 年修建，1907 年 11 月通车。原称正太铁路，1938 年改称"石太铁路"。

② 分南北两段。北同蒲铁路建于 1933–1939 年，联系大同至太原，与京包铁路相连，是山西省境内南北交通主干道；南同蒲铁路建于 1933–1935 年，联系太原至陕西省华阴市，与陇海铁路相连，是沟通晋陕两省的交通大动脉。

③ 实际施工 921 个。

④ 实际施工 150 项。

1955年以后又商定增加16项、口头增加2项，前后5次共174项。在项目实施过程中，经反复核查调整，有的项目合并，有的项目推迟建设，有的项目取消，还有的项目由一个分为多个而未列入限额以上项目，最后确定为154项。这些项目实际进行施工的为150项，其中在“一五”期间施工的有145项（其余11项在“二五”期间施工）。[①] 但由于“一五”计划公布156个项目（即前3批项目的数量）在先，仍称为“156项工程”。从行业分布来看，“156项工程”的建设明确体现出重工业优先发展的指导思想（表1–2）。

“156项工程”的行业分布（按实际施工的150项统计） 表1–2

行业部门		重点工程项目数量（个）	占总项目数的比重
军事工业企业		44	29.3
其中：	航空工业	12	8.0
	电子工业	10	6.7
	兵器工业	16	10.7
	航天工业	2	1.3
	船舶工业	4	2.7
冶金工业企业		20	13.3
其中：	钢铁工业	7	4.7
	有色金属工业	13	8.7
化学工业企业		7	4.7
机械加工企业		24	16.0
能源工业企业		52	34.7
其中：	煤炭工业	25	16.7
	电力工业	25	16.7
	石油工业	2	1.3
轻工业和医药工业		3	2.0
总计		150	100.0

注：根据《若干重大决策与事件的回顾》整理。参见：薄一波.若干重大决策与事件的回顾［M］.北京：中共党史出版社，2008：209.

早在国民经济恢复时期，国家有关部门即开始在全国200多个城镇搜集资料和选择厂址，1953 ~ 1954年前后又组织了多部门参与的联合选厂，在宏观层面上确定了国家工业化建设的基本格局。因此，一系列重点工业项目在各地区的布局情况，也就直接决定了相配套的城市建设活动在国家投资计划中的地位（表1–3）。

通过“156项工程”在各城市分布情况的统计（图1–15），可以明显看出，包头、太原、兰州、西安、武汉、洛阳和成都等都是“156项工程”分布比较集中的一些城市。其中，西安和太原的项目数量居全国之最，包头和武汉因钢铁项目的特殊性而在投资额方面居于全国前列。

① 薄一波.若干重大决策与事件的回顾［M］.北京：中共党史出版社，2008：209.

“156 项工程”在各城市的分布情况（按实际施工的 150 项统计） 表 1–3

地区	省	城市	数量（个）	各批次的项目名单 第 1 批（1950 年）	第 2 批（1953 年）	第 3 批（1954年）	1955 年以后	计划投资（万元）	实际投资（万元）
东北	辽宁	抚顺	8	抚顺电站、抚顺铝厂（一、二期）	抚顺龙凤矿、抚顺老虎台矿、抚顺西露天矿、抚顺胜利矿	—	抚顺东露天矿、抚顺第二制油厂	84832	84673
东北	辽宁	沈阳	7	沈阳风动工具厂、沈阳电缆厂、沈阳第一机床厂	沈阳第二机床厂、辽宁 112 厂、辽宁 410 厂、辽宁 111 厂	—	—	60944	63364
东北	辽宁	阜新	4	阜新平安立井、阜新海州露天矿、阜新热电站、阜新新邱一号立井	—	—	—	31915	39312
东北	辽宁	鞍山	1	鞍山钢铁公司	—	—	—	228000	268500
东北	辽宁	本溪	1	本溪钢铁公司	—	—	—	31700	32137
东北	辽宁	大连	1	大连热电站	—	—	—	2800	2538
东北	辽宁	杨家杖子	1	—	杨家杖子钼矿	—	—	9346	11387
东北		葫芦岛	1	—	—	—	辽宁 431 厂	10000	5610
东北	黑龙江	哈尔滨	10	哈尔滨量具刃具厂、哈尔滨仪表厂、哈尔滨铝加工厂（一、二期）、哈尔滨锅炉厂（一、二期）、黑龙江 120 厂、黑龙江 122 厂	哈尔滨电机厂汽轮机发电机车间 哈尔滨汽轮机厂（一、二期） 哈尔滨碳刷厂	哈尔滨滚珠轴承厂	—	84813	89057
东北	黑龙江	富拉尔基	3	富拉尔基热电站、富拉尔基特钢厂（一、二期）	富拉尔基重机厂	—	—	66942	84403
东北	黑龙江	鹤岗	4	鹤岗东山一号立井、鹤岗兴安台十号立井、兴安台洗煤厂	兴安台二号立井	—	—	18757	22072
东北	黑龙江	佳木斯	2	佳木斯造纸厂	—	佳木斯造纸厂热电站	—	12249	13174
东北	黑龙江	鸡西	2	城子河九号立井、城子河洗煤厂	—	—	—	4500	4664
东北	黑龙江	双鸭山	1	—	双鸭山洗煤厂	—	—	1900	3113
东北	吉林	吉林	6	吉林热电站、吉林铁合金厂、吉林电极厂、吉林染料厂、吉林氮肥厂、吉林电石厂	—	—	—	62186	66648
东北	吉林	丰满	1	丰满水电站	—	—	—	9372	9634
东北	吉林	长春	1	长春第一汽车厂	—	—	—	56000	60871
东北	吉林	辽源	1	辽源中央立井	—	—	—	6000	5770
东北	吉林	通化	1	通化湾沟立井	—	—	—	3000	2587
西北	陕西	西安	14	西安热电站（一、二期）	西安开关整流器厂、西安电力电容厂、西安绝缘材料厂、西安高压电瓷厂、陕西 113 厂、陕西 114 厂、陕西 248 厂、陕西 786 厂、陕西 803 厂、陕西 804 厂、陕西 843 厂、陕西 844 厂、陕西 847 厂	—	—	105129	93880
西北	陕西	兴平	4	—	陕西 115 厂	—	陕西 514 厂、陕西 422 厂、陕西 408 厂	20423	19006
西北	陕西	宝鸡	2	—	陕西 212 厂、陕西 782 厂	—	—	7394	6643
西北	陕西	户县	2	—	陕西 845 厂、户县热电站	—	—	36440	36761

续表

地区		城市	数量（个）	各批次的项目名单				计划投资（万元）	实际投资（万元）
				第 1 批（1950 年）	第 2 批（1953 年）	第 3 批（1954年）	1955 年以后		
西北	陕西	铜川	1	—	铜川王石凹立井	—	—	5640	8372
		渭南	1	—	陕西 853 厂	—	—	7718	6741
	甘肃	兰州	6	—	兰州热电站、兰州石油机械厂、兰州炼油厂、兰州氮肥厂、兰州合成橡胶厂	—	兰州炼油化工机械厂	89646	96602
		郝家川	1	—	甘肃 805 厂	—	—	16437	8437
		白银	1	—	—	白银有色金属公司	—	40531	44697
	新疆	乌鲁木齐	1	乌鲁木齐热电站	—	—	—	3270	3275
华北	山西	太原	11	太原化工厂、太原第一热电站	太原第二热电站、太原氮肥厂、太原制药厂、山西 908 厂、山西 884 厂、山西 763 厂、山西 743 厂、山西 245 厂	山西 785 厂	—	102846	100335
		大同	2	—	山西 616 厂、大同鹅毛口立井	—	—	17485	13913
		侯马	1	—	—	—	山西 874 厂	10000	14378
		潞安	1	山西潞安洗煤厂	—	—	—	3200	3254
	河北	石家庄	2	—	华北制药厂、石家庄热电站（一、二期）	—	—	14837	14498
		峰峰	2	—	峰峰中央洗煤厂、峰峰通顺三号立井	—	—	8740	9126
		热河	1	—	热河钒钛厂	—	—	4500	4640
	北京	北京	4	北京 774 厂	北京 211 厂、北京 738 厂	—	北京热电厂	24356	25194
中南	河南	洛阳	6	—	洛阳矿山机械厂、洛阳拖拉机厂、洛阳滚珠轴承厂	洛阳有色金属加工厂、洛阳热电站	河南 407 厂	86309	83571
		三门峡	1	—	—	—	三门峡水利枢纽	167000	69324
		平顶山	1	—	平顶山二号立井	—	—	3100	3156
		郑州	1	郑州第二热电站	—	—	—	2008	1971
		焦作	1	焦作中马村二号立井		—	—	3187	1682
	湖北	武汉	3	—	武汉钢铁公司、武汉重型机床厂、青山热电厂	—	—	170178	154805
	湖南	株洲	3	—	株洲硬质合金厂、湖南 331 厂	株洲热电厂	—	11467	12753
		湘潭	1	—	—	—	湘潭船用电极厂	1750	1502
	江西	南昌	1	—	江西 320 厂	—	—	9680	8936
		虔南	1	—	江西大吉山钨矿	—	—	5500	6723
		大庚	1	—	江西西华山钨矿	—	—	5700	4782
		定南	1	—	江西岿美山钨矿	—	—	3817	4691

续表

地区		城市	数量（个）	各批次的项目名单				计划投资（万元）	实际投资（万元）
				第 1 批（1950 年）	第 2 批（1953 年）	第 3 批（1954年）	1955 年以后		
西南	四川	成都	5	—	四川 715 厂、四川 719 厂、四川 784 厂、四川 788 厂	成都热电站	—	25492	18521
		重庆	1	重庆电站	—	—	—	3064	3561
	云南	个旧	2	—	个旧电站（一、二期）、云南锡业公司	—	—	33283	30417
		东川	1	—	—	—	东川矿务局	19398	20300
		会泽	1	—	—	—	会泽铅锌矿	5000	4885
华东	安徽	淮南	1	—	淮南谢家集中央洗煤厂	—	—	1500	1486
内蒙古自治区		包头	5	—	包头四道沙河热电站、包头钢铁公司、内蒙古 447 厂、内蒙古 617 厂	包头宋家壕热电站	—	160897	159003
全国合计			150	—				2022178	1971335
八大重点城市		小计	52	—				757982	720630
		比重（%）	34.7	—				37.5	36.6

注：由于一些工业项目分期建设、统计口径不一致和保密等原因，156 项工程的具体名单存在一定的争议。譬如据郭增荣先生回忆（2015 年 10 月 6 日对本书初稿的书面意见），当时在绵阳建设的 4 个电子管厂（如 780 厂，即长虹电视机厂的前身）也属于 156 项工程。本表所列名单系依据较权威的《新中国工业的奠基石》一书进行整理，该书中的个别错误予以修正（如陕西 212 厂和陕西 115 厂实际应分别在宝鸡和兴平，而非兴平和宝鸡）。资料来源：董志凯，吴江．新中国工业的奠基石——156 项建设研究［M］．广州：广东经济出版社，2004.

从“156 项工程”的统计数字来看（按实际施工的 150 项统计），国家在八大重点城市共布局 52 个项目，所占比重为 34.7%；计划投资额共 75.8 亿元，所占比重为 37.5%；实际投资额共 72.1 亿元，所占比重为 36.6%。不论就项目数量或投资额而言，八大重点城市的“156 项工程”占全国的比重均在 1/3 以上。

1.3.3 战略内涵：建设国家重要工业基地，促进生产力均衡布局

不难理解，“一五”时期的八大重点城市，实际上是一种国家战略部署，其战略内涵突出体现在两个方面。

1）变消费城市为生产城市，建设国家重要的工业基地

尽管八大重点城市的建设项目各不相同，但却有一个共性特征，即无一例外均为工业城市，更准确地讲，是新兴的重工业城市。“工业城市”建设，是八大重点城市建设与发展十分明确的指导思想，同时也是城市规划工作的核心内容所在。八大重点城市所要担负的，正是为社会主义工业化建设服务这样一个较为特殊的时代使命与国家责任。这样的一种城市性质或城市发展方向，在根本上是由七届二中全会上所提出的“变消费城市为生产城市”的战略方针所决定的。

那么，毛泽东为何会在七届二中全会上提出“变消费城市为生产城市”呢？这属于政治经济学方面的

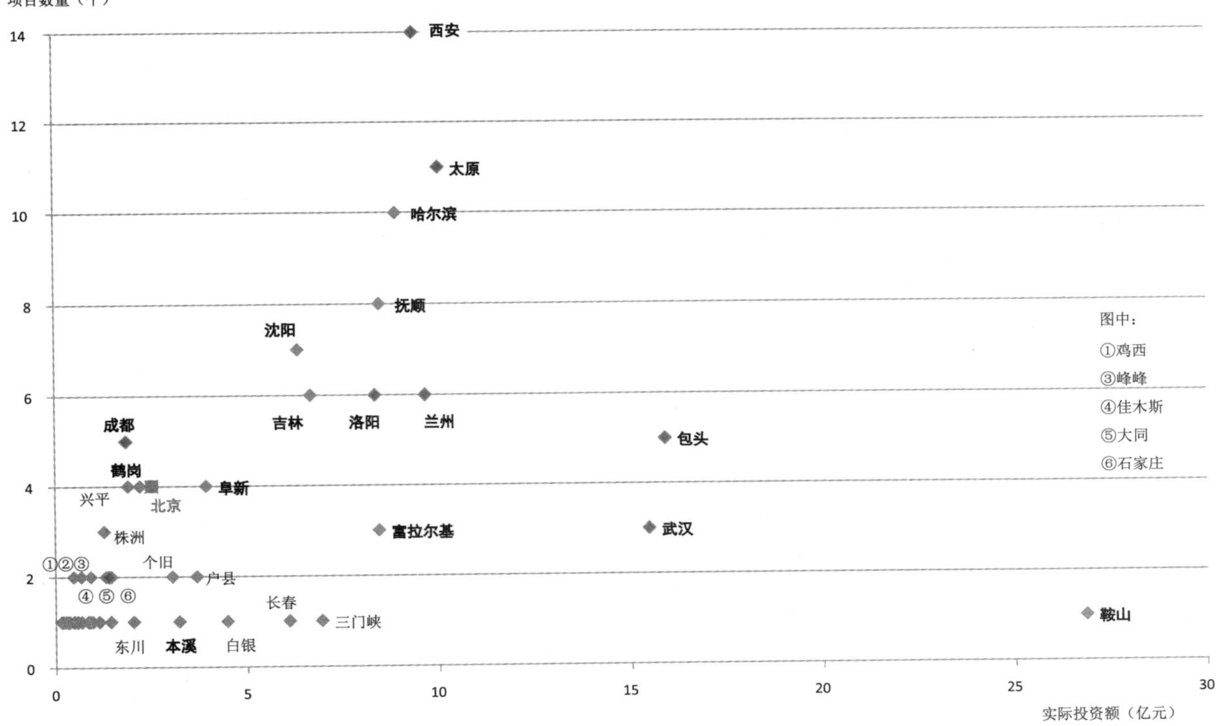

图 1-15 各城市“156 项工程”的实际投资额统计

注：左下角部分只有 1 个 156 项工程分布、投资额相对较低的城市，其名称未予列出；图中数据系根据《新中国工业的奠基石》所作统计。

资料来源：董志凯，吴江．新中国工业的奠基石——156 项建设研究［M］. 广州：广东经济出版社，2004.

一个重大命题，并非本项研究的中心内容。然而，一个相当浅显的道理在于，若非早年所实行的重工业优先的发展战略，若非新中国建国初期国家军事实力的增强，新生的人民共和国政权或许并不能够获得稳固和发展，那么，在 60 多年之后的今天，我们很有可能仍然生活在一个遭受列强侵略、时局动荡、民不聊生的黑暗时代。这是我们应当对八大重点城市的“工业城市”色彩抱有一种历史之同情的缘由所在。

2）防范战争威胁，促进生产力均衡布局

从空间分布来看，八大重点城市主要集中在中西部地区（彩图 1-5、彩图 1-6），近代工业相对发达、城市建设水平也相对较高的东南沿海并非城市建设的重点地区。这样的一种格局，是由“一五”计划所确定的工业基地的空间分布所决定的。

在新中国成立以前，中国仅有的一些近代工业 70% 左右集中在沿海地区[①]，工业分布不平衡的特点比较突出[②]。在三年国民经济恢复时期，由于基本建设规模较小，工业仍然主要集中在东北和沿海几个主要

① 郭德宏等．中华人民共和国专题史稿（第Ⅰ卷）：开国创业［M］. 成都：四川人民出版社，2004：412.

② 据 1949 年 11 月 15 日《中财委工业考察团报告》，新中国成立时各地区工业发展的基本情况是：“东北资源丰富，基本工业如电力燃料，钢铁、机械、化工等已有相当基础。铁路运输、工业用水和各种附属工业条件相当完备。加以背靠苏联，恢复发展的条件在全国范围内都是比较好的”，“华东地下资源丰富，但未开发，上海由于过去半殖民地的经济性质，工业虽有一定的基础，而原料依靠外来，生产发展极不平衡，私营企业占很大优势”，“华北情形在东北和上海之间，资源丰富，开发程度和工业规模不及东北，原料供应比上海条件好，但仍存在不平衡现象”，“华中西北条件又不及华东和华北，但华中的特殊金属矿如钨、锑、锰等，西北的石油矿都储藏丰富，并有相当的开发基础，是其他地区所没有的”。参见：国家经济贸易委员会．中国工业五十年第一部（1949.10-1952）［M］. 北京：中国经济出版社，2000：1690.

城市。对此，“一五”计划报告明确指出，“我国工业原来畸形地偏集于一方和沿海的状态，在经济上和国防上都是不合理的”，因此，“我们的工业基本建设的地区分布必须从国家的长远利益出发，根据每个发展时期的条件，依照下列原则，即：在全国各地区适当的分布工业的生产力，使工业接近原料、燃料的产区和消费地区，并适合于巩固国防的条件，来逐步地改变这种不合理的状态，提高落后地区的经济水平”。①

“一五”计划提出，新中国的工业基地建设主要采取新建和改扩建相结合的方式：“为着改变原来工业地区分布的不合理状态，必须建设新的工业基地，而首先利用、改建和扩建原有的工业基地，则是创造新工业基地的一种必要条件。”② 根据这一原则，“一五”计划关于全国工业基地的布局主要有三个方面的考虑：“第一，合理地利用东北、上海和其他城市已有的工业基础，发挥它们的作用，以加速工业的建设”③，“第二，积极地进行华北、西北、华中等地新的工业地区的建设，以便第二个五年计划期间在这些地区分别组成以包头钢铁联合企业和武汉钢铁联合企业为中心的两个新的工业基地”；“第三，在西南开始部分的工业建设，并积极地准备新工业基地建设的各种条件”。④

不难理解，八个重点城市的空间布局，与“一五”时期国家“新建”和“准备”建设的四大工业基地是分别对应的：包头、太原和大同属于华北工业基地，西安和兰州属于西北工业基地，洛阳和武汉属于华中工业基地，成都则属于西南工业基地（彩图 1–6）。

1.3.4 相关概念解析

1）关于“七大重点城市”之说

与“八大重点城市”概念密切相关的，有“七大重点城市”之说。上文中所提到的 8 个重点城市的名单（参见第 1.2.4 小节），是引自较权威的《当代中国的城市建设》一书。然而，如果翻阅早年较为原始的一些历史档案——1954 年全国第一次城市建设会议上李富春所作的总结报告，其关于城市分类方案的讲话内容实际为：“第一类：有重要工业建设的新的工业城市，如包头、太原、兰州、西安、武汉（包括大冶）[、] 洛阳、成都 [，] 这些城市过去没有工业基础。”⑤ 这里实际上只点到 7 个城市，并未提及大同。

另外，查阅“一五”时期的一些历史档案，也有较明确的“七大重点城市”之说。譬如，1954 年 7 月，苏联专家克拉夫秋克和巴拉金就建立规划设计机构（即中央城市设计院）的问题（第 7 章将就此问

---

① 中华人民共和国发展国民经济的第一个五年计划（一九五三——九五七）[M]// 中共中央文献研究室 . 建国以来重要文献选编（第六卷）. 北京：中央文献出版社，1993：365.

② 同上，1993：366.

③ “最重要的是要在第一个五年计划期间基本上完成以鞍山钢铁联合企业为中心的东北工业基地的建设，使这个基地能够更有能力地在技术上支援新工业地区的建设”，“除了对于鞍山钢铁联合企业作重大的改建以外，东北各工业区的原有工业，如抚顺、阜新和鹤岗的煤矿工业，本溪的钢铁工业，沈阳的机器制造工业，吉林的电力工业，也都将在五年内加以改建”。参见：中华人民共和国发展国民经济的第一个五年计划（一九五三——九五七）[M] // 中共中央文献研究室 . 建国以来重要文献选编（第六卷）. 北京：中央文献出版社，1993：366.

④ 中华人民共和国发展国民经济的第一个五年计划（一九五三——九五七）[M]// 中共中央文献研究室 . 建国以来重要文献选编（第六卷）. 北京：中央文献出版社，1993：366.

⑤ 李富春 . 在全国第一次城市建设会议上的总结报告（记录稿）[R] // 城市建设部办公厅 . 城市建设文件汇编（1953–1958）. 北京，1958：283.

题作专门讨论）与建筑工程部城建局孙敬文局长进行谈话时，谈到的正是七大重点城市的概念：“这个组织的任务在最初可能就是全面地搞七个重点城市的工作”[①]；从规划审批情况来看，八大重点城市的规划大都是由国家建委审批的（其中包头市规划甚至由中央批复），而大同的规划则是由国家城建总局批复的，其权威性显然要略低一些（详见第 5 章内容）；就中国城市规划设计研究院目前所藏原建筑工程部、国家城市建设总局、城市建设部和中央城市设计院等机构的历史档案而言，其他 7 个城市的规划档案均有一定程度留存，唯独大同市却几乎没有什么相关资料……那么，在八大重点城市之中，大同究竟为何会比较特殊呢？

分析起来，之所以有“七大重点城市”的说法，主要原因在于大同的重点工业项目相对较少。从表 1-3 中可以看出，在大同布局的“156 项工程”，只有山西 616 厂和大同鹅毛口立井这两个项目。无论就“156 项工程”的项目数量或投资额而言，均明显逊色于其他 7 个城市（图 1-15），因此其城市建设的重要性也就相对偏弱。不过，上文有关“156 项工程”的统计，只是基于“实际施工”的统计口径。如果追溯至“一五”计划的早期，就在大同市“156 项工程”的布局计划而言，却并非只有这么简单的两项。

查阅大同市的有关档案，“[19] 54 年 7 月 616 厂确定放在大同……12 月下旬国家又确定 785 厂、428 厂、425 厂、414 厂放在大同。”[②] 早年的大同市规划说明书中也明确指出：“国家已决定于第一个五年计划内，在大同市新建四个工厂，其中第一机械工业部两个厂，即四二八厂与四二五厂；第二机械工业部二［两］个厂，即六一六厂与七八五厂。以上四厂计划在［一九］五九年至［一九］六一年先后投入生产”，同时，“为了配合此四厂生产上的需要，电力工业部并新建一热电站。”[③] 在这两份文件所提到的 5 个项目中，至少有 3 项，即 616 厂（山西柴油机厂）、425 厂（第二拖拉机厂）和 785 厂（大众机械厂），均为“156 项工程”。

另外，查阅“156 项工程”的名单，仅第一批（1950 年）签约的 50 个项目中，布局在大同的就有大同鹅毛口竖井和大同土白窑竖井共两项[④]，这两个项目都不在大同城区范围，而是在西南方向距城区约 12.5 公里的口泉矿区——大同矿务局所在地。作为我国最大的煤炭能源基地[⑤]，早在 1929 年，阎锡山就在此开办晋北矿务局，次年出煤即达 10 万吨；1937 年 9 月，日军侵入大同，扶植成立伪晋北自治政府并定大同为伪“首都”，1938 年制定《大同煤田开发计划》，把大同列为六个重点掠夺的煤矿之一[⑥]，并于 1938 ~ 1939 年编制完成大同城市总体规划（图 1-16）。新中国成立后，煤炭资源也一直是最主要的基础性能源，在国家的整个经济系统和能源系统中具有短期内无法替代的地位[⑦]，大同在国家工业化建设中的重要地位是毋庸置疑的。

---

① 孙局长与巴拉金、克拉夫秋克谈话的记录（专家发言摘要）[Z]. 城市建设部档案，中央档案馆，档案号 259-1-31：11.

② 参见：大同市规划检查（设计工作检查第三次写出材料）(1957 年 12 月 23 日)[Z]. 大同市城市建设档案馆，1957：6.

③ 大同市城市规划说明书（1955 年）[Z]. 大同市城乡规划局藏，1955：23.

④ 董志凯，吴江. 新中国工业的奠基石——156 项建设研究［ M ］. 广州：广东经济出版社，2004：140.

⑤《大同矿务局志》编纂委员会. 大同矿务局志［ M ］. 太原：山西人民出版社，1996：3.

⑥ 同上，1996：6-7.

⑦ 马蓓蓓. 中国煤炭资源开发的潜力评价与开发战略［ J ］. 资源科学，2009（2）：224-230.

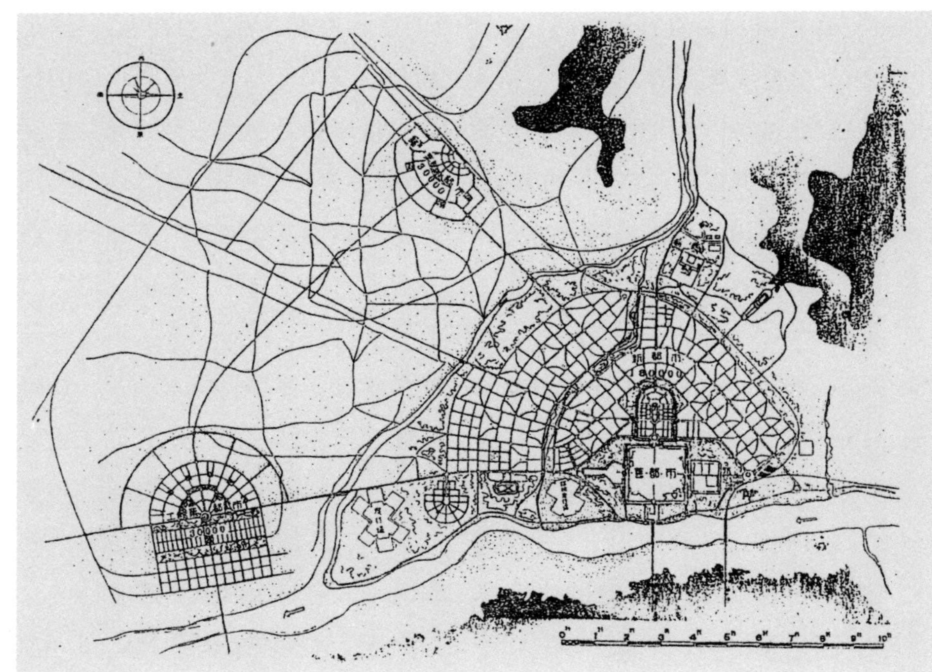

图 1-16　大同城市总体规划图（1939 年）

注：1938 年 7 月，东京帝国大学教授内田祥三、副教授高山英华和东京美术学校讲师关野克等来到大同承担规划编制任务，1939 年公布。规划遵循欧美当时的现代城市规划理念，保持旧城格局，在其外围规划 3 个卫星城和新市区，并用快速的干线道路联系各个卫星城，形成半月形放射环状城市形态。运用邻里单位原则进行居住区规划是该规划的主要特点之一。

资料来源：李百浩．日本在中国的占领地的城市规划历史研究［D］．上海：同济大学，1997：253.

综合上述两方面因素，在“一五”早期阶段，从“计划”（而非“实施”）的统计口径来看，国家拟在大同布局的“156 项工程”至少应有 5 项之多。如果以“计划”的口径统计，在图 1-15 所示的“156 项工程”分布格局中，大同至少应该处于和洛阳、兰州等城市大致相当的位置。反观前文所提及的 1952 年城建座谈会所列第一类城市名单，大同也被列于紧随北京、包头之后的显要位置。

但是，“计划”在实施的过程中却不断地发生着变化。就原计划在大同建设的“156 项工程”而言，据有关资料并结合老专家访谈①，大同土白窑竖井因地质问题②而实际未建，425 厂（即第二拖拉机厂）因“根据平衡结果和我国经济状况暂不需要建设”③而实际未建，785 厂（大众机械厂）因属精密仪器制造、大同风沙较大而改为迁去太原。这样一来，实际施工的“156 项工程”就只剩下 616 厂和大同鹅毛口立井。这正是造成大同在八大重点城市中各方面情况较为特殊的根本原因。

值得进一步追问的是，既然 1954 年李富春的讲话中并未提及大同，那么，大同究竟在不在八大重点城市之列，或者说八大重点城市的概念还是否成立呢？考察当时的一些历史档案，即能为我们揭开这一谜团。

① 2015 年 5 月 27 日，与大同市规划老专家李丁、张呈富、李东明、张瀹、张晓菲、孟庆华等座谈，地点在大同市城乡规划局。

② 参见：董志凯，吴江．新中国工业的奠基石——156 项建设研究［M］．广州：广东经济出版社，2004：153.

③ 同上．据大同市老专家回忆（2015 年 5 月 27 日座谈会），毛主席曾说，我国劳动力很多，农业机械化还有很长的路要走，第二拖拉机厂因此缓建。

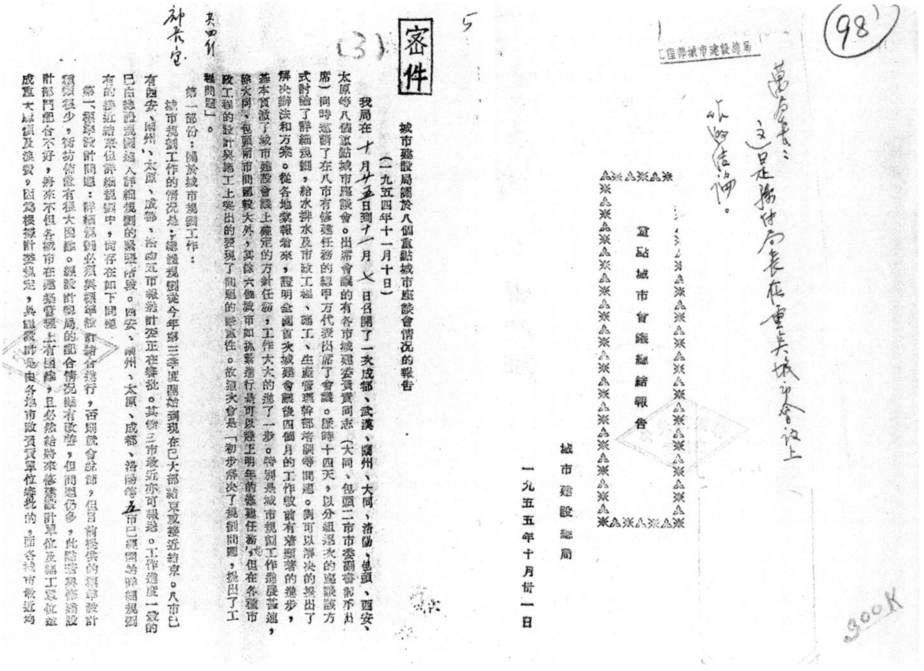

图 1-17　1954 年和 1955 年两次八大重点城市会议档案

注：左图为 1954 年会议报告的首页，右图为 1955 年会议报告的封面。

资料来源：[1] 建工部城建局．城市建设局关于八个重点城市座谈会情况的报告（1954 年 11 月 10 日）[Z]．建筑工程部档案．中央档案馆，案卷号：255-3-250：1.

[2] 城市建设总局．重点城市会议总结报告（1955 年 10 月 30 日）[Z]．城市建设部档案．中央档案馆，案卷号：259-1-8：2.

据 1954 年 11 月 10 日建工部《城市建设局关于八个重点城市座谈会情况的报告》，“我局［建工部城建局］在［1954 年］十月廿五日到十一月七日召开了一次成都、武汉、兰州、大同、洛阳、包头、西安、太原等八个重点城市座谈会。出席会议的有各市城建委负责同志（大同、包头二市市委副书记亦出席）[，] 同时邀请了在八市有修建任务的总甲方代表出席了会议。历时十四天……”①（图 1-17），这次会议还对八个城市的场外工程（市政设施）建设、给排水工程设计进度和设计力量等进行了统计，其中大同市初期市政投资的总概算位列成都之前，与洛阳较为接近（图 1-18）。另据 1955 年 10 月国家城市建设总局《重点城市会议总结报告》（图 1-17），“兰州、西安、洛阳、太原、包头、武汉、大同、成都八个重点工业城市会议于十月廿四日开会，十一月一日结束……”② 这些档案内容清楚地表明，八大重点城市的概念以及大同作为其中之一，都是毋庸置疑的。

与大同相关的还有另外一个问题，在八大重点城市中，为什么山西省会有两个城市（太原和大同），而其他省份则都只有一个城市？究其原因，一方面可能与山西在我国重工业发展特别是能源方面的重要地位有关，就煤炭而言，据 1950 年全国工矿调查，山西的煤炭储量为 1271 亿公吨，约占全国总储量之半数

① 建工部城建局．城市建设局关于八个重点城市座谈会情况的报告（1954 年 11 月 10 日）[Z]．建筑工程部档案．中央档案馆，案卷号：255-3-250：1.

② 城市建设总局．重点城市会议总结报告（1955 年 10 月 30 日）[Z]．城市建设部档案．中央档案馆，案卷号：259-1-8：2.

附表I　八個重點城市上水、下水、道路、橋樑工程初期投資概算表

計算單位：億元

城市名稱	總計	（上水及下水）合計	自來水 小計	自來水 其中 水源	水廠	管綫	長度（公尺）	其他	下水道 小計	下水道 其中 污水處理站	管綫	長度（公尺）	其他	道路	橋樑	備註
甲	1	2	3	4	5	6	7	8	9	10	11	12	13	14	15	16
總計	40,194	29,758	17,084	1,440	7,249	6,270	836,711	1,158	12,674	2,750	7,207	[illegible]	1,196	9,105	1,333	
太原	9,756	6,648	3,597	1,025	1,504	757	137,875	311	2,951	1,130	1,671	[illegible]	150	※2,699	509	
西安	5,511	4,211	2,286	84	667	1,535	182,790		1,925	887	663	[illegible]	275	※1,300		
蘭州	7,508	6,208	4,902	231	2,956	1,320	204,705	395	1,306		856	157,372	450	※1,300		
洛陽	2,897	2,415	1,078		476	502	40,120	98	1,339	473	712	57,300	154	※292	17°	
武漢	4,196	※2,483	※967						※1,521					※1,708		
大同	2,188	1,362	468			468	85,162		894		894	127,742		192	634	
成都	1,641	929	588		217	308	41,059	63	341	60	214	[illegible]	67	712		
包頭	6,497	5,597	3,200	100	1,430	1,380	145,000	290	2,397	200	2,197	[illegible]		※900		

說明：

1. 資料來源：「※」號者西安、蘭州、洛陽、成都四市根據初步設計，太原根據該市的第一期（1953—1958）公用事業概算表，大同根據該市的五年計劃，包頭根據該市的新市區給水排水工程設計規劃方案（草案）說明書。有「※」者根據[illegible]年計劃綱要草案中的數字。橋樑投資數不包括西安、蘭州、武漢、成都、包頭等市數。
2. 「水源」除太原為士金和蘭村水源投資外，其餘均為調節水庫投資，不包括[illegible]川水庫、[illegible]河水庫水源投資。
3. 「其他」項內包括管理費，預備費和雜費等。
4. 初期投資除包頭係指1955—1962年，蘭州係指1955—1958年外，其餘均為1955—1957年投資數字。
5. 蘭州市的部份數字係經過核算後而改正的，所以與初步設計上的數字有些不符，蘭州水源按第二方案計算，較第二方案多243億元。

图 1-18　八大重点城市市政工程初期投资概算

资料来源：建工部城建局．城市建设局关于八个重点城市座谈会情况的报告（1954 年 11 月 10 日）[Z]．建筑工程部档案．中央档案馆，案卷号：255-3-250：1.

弱（49.92%）。[1] 另一方面，或许与当时的行政区划也有关系，新中国成立之初，大同属于察哈尔省 [2]，与太原其实并不在一个省内。[3]

2）关于东北、沿海及内陆部分重要城市的建设

从“156 项工程”在各城市分布的统计情况来看（图 1-15、彩图 1-5、彩图 1-6），东北地区的一些城市如鞍山、哈尔滨、抚顺、沈阳等，也有相当数量的“156 项工程”分布（其中鞍山的投资额还居全国之最），它们为什么没有被列入重点城市行列？究其原因，东北地区在解放初期是全国工业最发达的地区，城市建设基础条件也相对较好，因此在城市建设方面所需的国家投资或支持相对不大。在全国城市的分类排队中，这些城市大多被列入扩建城市行列。

另就新中国建国初期的城市发展情况来看（彩图 1-4），东南沿海的上海、广州和青岛等大城市，它们本身在国家社会经济发展中的战略地位无疑是至关重要的，它们为什么没有被列入重点城市行列？这显然是由防范战争威胁的指导思想所决定。东南沿海的一些城市，因属于易遭敌人空袭范围，从国防安全出发而对工业发展和城市建设有所限制。尽管如此，这些城市中不少仍有相当数量的地方性工业项目建设。

---

① 交通银行总管理处 . 1950 年度全国工矿调查总结（1951 年 10 月）[M] // 中国社会科学院，中央档案馆 . 1949-1952 中华人民共和国经济档案资料选编（工业卷）. 北京：中国物资出版社，1996：50.

② 察哈尔省，建于 1912 年，中国旧省级行政区，简称“察”，以察哈尔蒙古族命名。1949 年中华人民共和国成立后，察哈尔省由中央直接领导，省人民政府驻张家口市，辖张家口、大同、宣化三市及雁北、察南、察北三专区。1952 年 11 月 15 日，根据察哈尔特殊的地理环境地广人稀、物产匮乏等原因，经原察哈尔省军区司令员王平将军的提议，中央人民政府政务院同意，决定撤销察哈尔省建制。雁北专区、大同市及察南专区之天镇县划归山西省。

③ 另据 1954 年 11 月《中共大同市委关于大同市城市规划向省委的报告》，将大同市城市规划的根据归纳 4 点，其中之一为：“他［大同］是雁北区的政治经济和文化中心，在当地起着沟通城乡物资巩固工农联盟的作用”，这里所谓“雁北区”，也是属于察哈尔省的习惯提法。参见：中共大同市委关于大同市城市规划向省委的报告（1954 年 11 月 26 日）[Z] . 大同市档案馆：1.

除此之外，内陆地区还有一些城市，如石家庄、重庆、郑州和株洲等，它们也有一定的重点工业项目分布（图 1–15、彩图 1–5、彩图 1–6）。对于这些城市而言，虽然并无八大重点城市之“名”，但在某种程度上也有一定的“重点城市”之“实”。

总之，八大重点城市的所谓“重点”，也是相对而言的。正是由于这一原因，加上国家工业发展计划多变等因素，在有关档案中，还可看到“十一个重点工业城市”① 等相关概念，也就不难理解了。

根据 1954 年全国第一次城市建设会议上李富春的讲话精神，除八大重点城市之外的其他几类城市，其具体名单及政策要求大致如下：

> 第二类：过去有一定的工业基础，过去也有些近代化设备的城市，现在有一些新的工业必需扩建的，如鞍山、沈阳、吉林、长春、哈尔滨、抚顺、富拉尔基、石家庄、上海、重庆、广州、郑州、株洲、青岛［，］它们随着工业建设作必要的扩建……第二类城市可进行全市或局部的城市规划，要看具体情况而定。
>
> 第三类：可以进行局部的扩建，如南京、济南、杭州、昆明、唐山、长沙（第三类城市比较多，不能一一例［列］举）［，］这些城市可能有个把工厂建设。在第一个五年计划中工业是不多的，随着国家工业化只能局部的进行改建或扩建，其他部分则进行维护修理，保持清洁卫生，加强城市管理工作。
>
> 第四类：一般的中小城市，第一个五年计划中没有工业建设的，基本上是进行维护工作，加强城市卫生，管理工作，必要时加以调整，如道路等，基本上是不动。②

---

① 1954 年 5 月，建工部在为中波和中德技术合作会议准备的介绍材料中指出：“规划方面：在国家计划委员会具体领导下，完成了西安、兰州、武汉、包头、郑州、洛阳六个工业城市的厂址选择工作，同时并制定了西安、兰州、武汉、郑州、包头、北京、富拉尔基、杭州、上海、邯郸、石家庄等十一个重点工业城市的规划示意图，或总平面布置图”。参见：关于目前中国城市建设情况的介绍（供中波、中德技术合作会议之用）（1954 年 5 月 5 日）［Z］. 建筑工程部档案，中央档案馆，档案号 255–3–220：11.

另外，1954 年 10 月，国家计委下发《关于办理城市规划中重大问题协议文件的通知》，对审查初步规划、办理协议文件等工作作出安排，其对象也是“十一个新工业城市”。（该通知中指出：“本委于十月份开始陆续组织审查十一个新工业城市的初步规划”。该文件抬头的发文单位为：“西安、兰州、太原、武汉、株洲、包头、成都、大同、洛阳、石家庄市政府并陕西、甘肃、山西、河南、湖北、湖南、河北、四川省政府、内蒙古自治区政府”，直接点名提到的城市有 10 个。据 1954 年 12 月 20 日建工部城建局规划处《关于参与建委对西安等十一个城市初步规划审查工作报告》，“为满足国家第一个五年计划中的一四一项主要工业企业厂外工程的迫切需要，国家计划委员会决定在今年第四季度开始重点城市的审查工作。因为目前审查力量不足又缺乏经验，故确定首先进行包头、富拉尔基、株洲、武汉、西安、兰州、成都、洛阳、太原、大同、石家庄等”。可见，国家计委通知文件所指的“十一个新工业城市”，未直接点到名字的另外 1 个即富拉尔基。这些城市为当时国家计委在城市规划工作方面的重点对象。）参见：［1］国家计划委员会 . 关于办理城市规划中重大问题协议文件的通知（1954 年 10 月 22 日）［Z］. 城市建设部档案，中央档案馆，档案号 259–3–256：4.

［2］规划处 . 关于参与建委对西安等十一个城市初步规划审查工作报告（1954 年 12 月 20 日）［Z］// 1953 ~ 1956 年西安市城市规划总结及专家建议汇集 . 中国城市规划设计研究院档案室，案卷号：0946：31.

② 李富春 . 在全国第一次城市建设会议上的总结报告（记录稿）［R］// 城市建设部办公厅 . 城市建设文件汇编（1953–1958）. 北京，1958：283–284.

第 2 章

规划编制过程及主要内容

Process And Main Contents

八大重点城市的规划编制工作大致是 1952 年下半年着手准备，1953 年正式启动，1954 年加快推进，并于 1954 年 9 月前后完成规划成果并上报审查。从组织方式看，规划编制工作突出体现出苏联专家指导、多方援助和以地方为主的特点。八大重点城市规划的编制内容，较为集中地体现了新中国建国初期城市规划工作的科学技术特征，主要表现在：广泛开展各类基础资料的搜集、整理和分析工作，使规划工作建立在比较可靠的现实根据的基础之上；落实工业项目建设和国民经济发展计划，作为城市发展和规划编制工作的主要依据；遵循“劳动平衡法”分析城市人口，推算近期、中期和远景城市发展规模；选用规划定额指标，确定各类城市用地的规模；围绕工业区建设及其配套服务，进行工人居住区和其他城市用地的合理布局；以道路广场、绿化水系和重要建筑物等的布置为重点，开展城市空间的建筑艺术设计；开展郊区规划，促进城市与乡村、工业与农业土地使用的综合协调；编制分期规划并估算城市造价，制定近期建设实施和投资计划等。八大重点城市的规划编制工作中始终贯穿着追求城市规划的科学性、合理性和现实性的基本意识，这也使新中国的城市规划自初创时期开始就形成了良好的科学传统。

伴随着国家大规模工业化建设的启动，重点新工业城市的规划编制工作被提到前所未有的高度。正如《人民日报》的社论所指出的："城市建设是百年大计，现在的建设不仅要满足今天的需要，而且更要为美好的未来打下基础。它的影响是长远的"，"只有认真编好城市总体规划，才能够密切配合工业建设的需要，使今后城市建设按照总的计划有步骤地进行，避免混乱和少犯错误。"[①] 具体而言，"已有一大批新建工业企业完成了厂址选择工作，工厂的初步设计已陆续完成，各种厂外工程即将开始，职工住宅区也急待进行建筑设计"，"如果不［做］好城市规划，对住宅建设的地点、街坊的布置、公共生活福利设施的分布等不能及早确定，厂外工程设计和住宅区的设计就会发生混乱现象"[②]，"过去有些城市因为缺乏统一的规划，盲目进行各项建设，曾经发生过很多弊病，例如房屋建设分散、公共生活福利设施重复浪费、公用事业配合不上、建筑混乱等等，以致造成了工业生产和职工生活的不合理和不方便，并且浪费了国家的资金。这些毛病，必须在今后工作中极力避免。"[③]

1952 年 9 月，全国城建座谈会提出"加强规划设计，克服盲目性"的要求。[④] 1953 年 9 月，中共中央《关于城市建设中几个问题的指示》中明确指示"重要工业城市规划工作必须加紧进行，对于工业建设比重较大的城市更应迅速组织力量，加强城市规划设计工作，争取尽可能迅速地拟订城市总体规划草案，报中央审查。"[⑤] 1953 年 11 月 22 日，《人民日报》发表题为"改进和加强城市建设工作"的社论，指出"必须迅速加强重要工业城市的总体规划设计工作"。

---

① 改进和加强城市建设工作［N］. 人民日报，1953-11-22（1）.

② "例如道路的修筑，需要在工厂和住宅区施工之前完成，如果城市规划不定，道路的走向、宽度及坡度就无法确定；盲目修建可能造成返工浪费；推迟建设又会给企业建设造成困难。又如供水、排水、供电、供热等各种管线工程的分布，上下左右相互间的距离，也必须预先作统一的合理的安排，否则就会发生相互干扰的现象"。参见：迅速做好城市规划工作［N］. 人民日报，1954-8-22（1）.

③ 迅速做好城市规划工作［N］. 人民日报，1954-8-22（1）.

④ 周荣鑫、宋裕和：建筑工程部党组关于城市建设座谈会的报告（1952 年 10 月 6 日）［M］// 中国社会科学院，中央档案馆 . 1949-1952 中华人民共和国经济档案资料选编（基本建设投资和建筑业卷）. 北京：中国城市经济社会出版社，1989：610-615.

⑤ 中共中央关于城市建设中几个问题的指示（1953 年 9 月 4 日）［M］// 中国社会科学院，中央档案馆 . 1953-1957 中华人民共和国经济档案资料选编（固定资产投资和建筑业卷）. 北京：中国物价出版社，1998：766-767.

1954 年 6 月，全国第一次城市建设会议指出："为了配合 141 个新建厂矿项目[①]，要完成重点城市的规划设计工作，其中完全新建的城市与工业建设项目较多的扩建城市，应在一九五四年完成总体规划设计"，"新建工业特多的个别城市还应完成详细规划设计"[②]；会议总结报告中强调，"第一类城市"（即八大重点城市）"必须首先积极进行城市规划"[③]。1954 年 8 月 22 日，《人民日报》头版刊发"迅速做好城市规划工作"的社论，再次强调"为了配合新工业区的建设，必须迅速做好城市规划工作"。在此情形下，八个重点城市的规划编制工作陆续展开。

2.1 规划编制过程与组织方式

档案资料显示，八大重点城市的规划编制工作大致是在 1952 年 9 月城建座谈会以后着手准备，1953 年正式启动，1954 年加快推进。在 8 个城市中，西安市的规划工作起步最早，具有试点的性质[④]，并率先完成；"1953 年第四季度，以计委李富春副主席为首的中央工作组最后肯定了西安城市总体规划方案，之后即与各有关部门就城市规划有关问题取得协议，并开始准备总图呈报工作。1954 年 9 月呈报［国家］建委。"[⑤]其他几个城市的规划工作进展不一（详见第 3 章的相关讨论），但均在 1954 年 9 月底前后完成了供上报审查的规划编制成果（图 2-1、图 2-2）。

从组织方式看，八大重点城市的规划编制工作突出体现出如下 3 个特点。

2.1.1 苏联专家指导

八大重点城市的规划工作在苏联专家的全面指导和实际参与下进行。由于八大重点城市规划编制的工作时间集中在 1953 ~ 1954 年[⑥]，对规划编制工作进行指导的主要是第二批[⑦]来华的苏联规划专家，特别是穆欣、巴拉金和克拉夫秋克等 3 人。部分城市（如太原、包头等）因规划获得审批较晚，在规划编制工作的后期，又曾受到 1955 年第三批来华的苏联专家（如什基别里曼、库维尔金、马霍夫和扎巴罗夫斯基等）的指导，但其具体影响相对较弱（图 2-3）。

---

① 即苏联帮助我国设计的 156 个重点工业建设项目（实际施工 150 项），这些项目于 1950 年 2 月 14 日、1953 年 5 月 15 日和 1954 年 10 月 12 日等时间分批次签订，截至 1954 年 6 月，前两批签订协议的项目数量为 141 项。

② 几年来城市建设工作的初步总结与今后城市建设工作的任务——中央人民政府建筑工程部城市建设局孙敬文局长 1954 年 6 月在第一次全国城市建设会议上的报告［R］// 城市建设部办公厅 . 城市建设文件汇编（1953-1958）. 北京，1958：261-280.

③ 李富春 . 在全国第一次城市建设会议上的总结报告（记录稿）［R］// 城市建设部办公厅 . 城市建设文件汇编（1953-1958）. 北京，1958：283.

④ 据赵瑾先生口述（2014 年 8 月 21 日赵瑾、常颖存和张贤利等先生与笔者的谈话）。

⑤ 西安市规划工作情况汇报［Z］// 1953 ~ 1956 年西安市城市规划总结及专家建议汇集 . 中国城市规划设计研究院档案室，案卷号：0946：171-217.

⑥ 部分城市（太原、包头、成都和武汉等）的规划在 1955 年得以修改和完善，但其规划内容和规划方案主要形成于 1954 年。

⑦ 第一批苏联规划专家于 1949 年 8 月底来华，由莫斯科市苏维埃副主席阿布拉莫夫任组长，曾于 1949 年下半年和 1950 年上半年对北京、上海等的市政建设和城市发展计划进行指导，但在这一时期，各地的规划工作尚未正式展开。

图 2–1　八大重点城市规划编制成果封面（部分）

资料来源：[1] 兰州市建设委员会．兰州市城市总体初步规划说明（1954 年 9 月）[Z]．中国城市规划设计研究院档案室，案卷号：1109.

[2] 洛阳市人民政府城市建设委员会．洛阳市涧西区总体规划说明书（1954 年 10 月 25 日）[Z]．中国城市规划设计研究院档案室，案卷号：0834.

[3] 成都市人民政府城市建设委员会．成都市总体规划草案说明书（1954 年 10 月）[Z] // 成都市 1954 ~ 1956 年城市规划说明书及专家意见．中国城市规划设计研究院档案室，案卷号：0792.

[4] 西安市人民政府城市建设委员会．西安市城市总体规划设计说明书（1954 年 8 月 29 日）[Z]．中国城市规划设计研究院档案室，案卷号：0925.

[5] 太原市人民政府城市建设委员会．山西省太原市城市初步规划说明书（1954 年 10 月 5 日）[Z] // 太原市初步规划说明书及有关文件．中国城市规划设计研究院档案室，案卷号：0195.

[6] 武汉市城市总体规划说明书（1954 年 10 月）[Z]．中国城市规划设计研究院档案室，案卷号：1046.

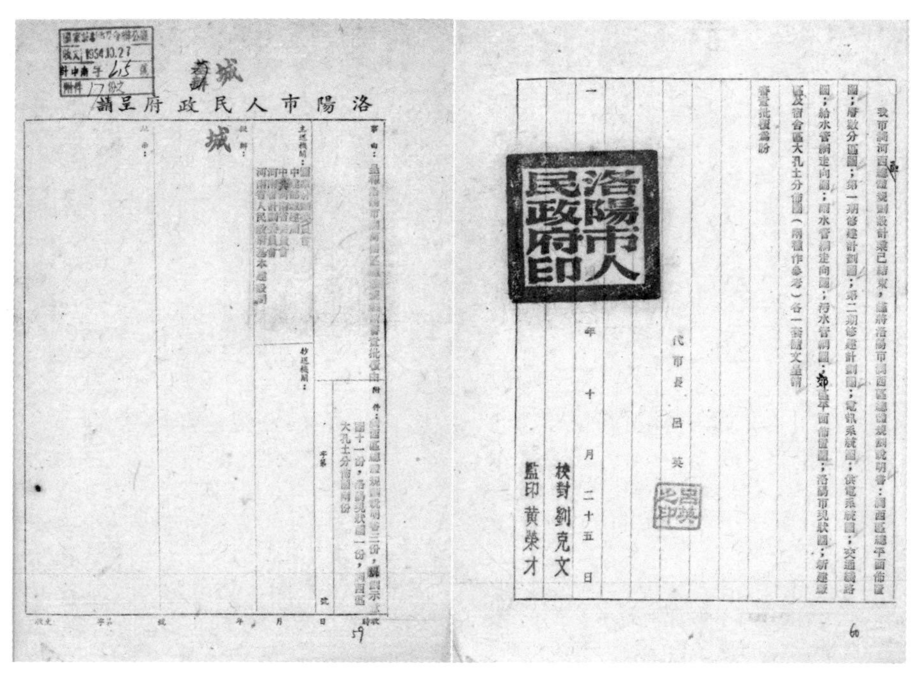

图 2–2　洛阳市人民政府向国家计委和建筑工程部等呈报城市规划成果的档案文件（1954 年 10 月 25 日）

资料来源：中国城市规划设计研究院图书馆，案卷号：L 豫 203：59 ~ 60.

图 2-3　苏联专家在中国同志陪同下游北海公园

注：1956 年 8 月 25 日于北京。前排左起：韩振华（左 1）、库维尔金（左 2）、史克宁（左 3）、扎巴罗夫斯基之女儿（左 4）、周润爱（左 5）、李蕴华（右 2）、高殿珠（右 1）。后排：扎巴罗夫斯基。

资料来源：高殿珠提供。

档案显示，A·C·穆欣（A.C.МУХИН）[①]，苏联建筑科学院通讯院士，于 1952 年 4 月来华，首先受聘于中财委，同年 8 月建工部成立后于同年 12 月转聘至建工部，于 1953 年 10 月前后回苏。德·德·巴拉金（德米特里·德米特里耶维奇·巴拉金［ДМИТРИЙ ДМИТРИЕВИЧ БАРАГИН］），原在列宁格勒城市设计院工作，于 1953 年 6 月来华，受聘于建工部，于 1956 年 6 月前后回苏。Я·Т·克拉夫秋克（Я.Т.КРАВЧУК），原为莫斯科城市设计院副院长，于 1954 年 6 月来华，首先受聘于国家计委，同年 11 月国家建委成立后转聘至国家建委，于 1957 年 6 月前后回苏。穆欣、巴拉金和克拉夫秋克三位苏联专家均相隔一年先后来华，穆欣在华时间 1 年半左右，巴拉金和克拉夫秋克在华时间为 3 年。三位专家的身份均为“顾问”，与来华苏联专家的另一种身份“技术援助专家”有所不同，更具权威性。

根据目前所掌握的有关档案资料，不完全统计，穆欣曾对西安、兰州和成都等市的规划编制工作进行过具体指导，克拉夫秋克曾对太原、兰州和成都等市的规划编制工作进行过具体指导，巴拉金对西安、太原、成都、洛阳、武汉、包头、兰州和大同 8 个城市的规划编制工作均进行过具体指导。苏联专家对规划编制工作进行指导的情况，将在第 3 章作进一步的具体解析。

2.1.2　多方援助

新中国建国初期，全国的规划设计技术力量十分薄弱且分布不平衡，八大重点城市的规划编制工作在中央有关部门的具体帮助和各地区之间的相互支援下进行。

在中央层面，八大重点城市的规划编制工作主要受到建筑工程部和国家计委的帮助，前者成立于 1952 年 8 月，后者成立于 1952 年 11 月，两者分别于 1953 年 3 月和 1953 年 7 月成立城市建设局，是主

---

① 资料显示，穆欣曾为苏联功勋大师、列宁墓设计人舒谢夫的助手，合作过苏联南方城市的规划；并曾为苏联北方军港摩尔曼斯克的总建筑师，对港口城市的规划建设有丰富经验。参见：陶宗震．新中国“建筑方针”的提出与启示［J］．南方建筑，2005（5）：4-8.

图 2-4　城市规划工作者在实地踏勘
注：1955 年 8 月在包头新市区。左起：常启发（城市设计院规划人员）、史书翰（包头市城建局人员）。资料来源：刘德涵提供。

管城市规划工作的两个主要部门。国家计委城建局对规划编制工作的帮助以政策指导为主，1954 年 9 月国家建委成立后调整至国家建委。建工部城建局曾成立西北、中南等多个规划工作组，实际参与了八大重点城市的规划编制工作，1954 年 10 月成立下属城市设计院后改以城市设计院的名义，继续帮助开展规划编制工作（有关规划工作组织及人员情况见第 7 章和第 12 章的相关内容）。在八大重点城市中，由于西安、太原等市的重点工业项目最多，包头基本没有规划设计力量，建工部城建局和城市设计院对它们的帮助力度最大（图 2-4）。

除了中央有关部门的帮助以外，全国各地区对八大重点城市也有对口支援机制。1954 年 6 月，在全国第一次城市建设会议上，李富春所作会议总结报告中指出："训练干部问题是非常重要的，但远水不能救近火，我建议目前这样解决：1. 相互支援，本钱大的任务少的城市应挺身而出，支援本钱小的工业任务大的城市，东北自力更生用沈阳、哈尔滨支援东北其他城市，西南以重庆支援成都，华东支援西北，华东很慷慨已经包下洛阳的任务，仍需包西安、兰州两个城市，中南区的武汉由广州支援，包头、太原由北京天津支援……"[①]

在八大重点城市中，洛阳是地区之间相互支援的典型代表，程世抚、谭璟等来自上海和天津等地的一批工程技术专家，于 1954 年 4 月前后加入洛阳规划编制工作团队，使洛阳技术力量原本十分薄弱的局面迅速改观，并在规划编制工作中取得一些相对较为突出的创新成果（参见第 9 章的相关内容），洛阳也成为 1954 年 12 月首批获得批复的 3 个城市之一（详见第 5 章的具体讨论）。此外，在兰州市规划编制工作中，由任震英从东北地区（哈尔滨等）邀请到数名中高级技术人员加盟[②]；西安市的详细规划则是由总甲方委托华东设计公司负责的。

---

① 李富春 . 在全国第一次城市建设会议上的总结报告（记录稿）[R] // 城市建设部办公厅 . 城市建设文件汇编（1953–1958）. 北京，1958：286.

② 包括杨正宇、周树人、叶先民、孟杰超、柳亚溪、范长荣、杨维衡和杨志远等。参见：唐相龙 . 任震英与兰州市 1954 版城市总体规划——谨以此文纪念我国城市规划大师任震英先生 [J] .《规划师》论丛，2014：205–212.

2.1.3 以地方为主

尽管有苏联专家的指导和多方的援助，但正如中央城市设计院的工作总结所指出的，八大重点城市的规划编制工作仍然是以地方为主的："一五"计划中第一批规划的城市，大都采取"省市出头、中央派工作组协助"的方式，具体问题的解决是由省市［做］主，"这个工作方式一方面适应了当时的机构和力量，另一方面也适应了规划工作必［须］由地方掌握的特点。"[①] 在了解当地情况、投入人力物力、与各方面及时沟通和组织协调等诸多方面，地方规划机构及有关城市领导具有不可替代的重要作用。同时，个别城市还有一些全国知名的工程技术专家，如担任兰州市城建局局长的任震英，他曾有一些规划工作的实践经验，在规划编制工作中发挥了重要作用。苏联专家巴拉金曾盛赞"任震英以其特殊的工作能力，以及对自己事业的热爱，［做］出了生动而有内容的城市规划设计。"[②]

另外，在时间紧、任务重的情况下，各个城市开展规划编制工作的方式也比较灵活，尤其是经常到北京集中工作。1953 年 5 月 9 日，苏联专家穆欣在北京对成都市规划工作进行指导时，即明确要求："成都留一部分同志搞经济设计工作，在国家计划委员会的帮助下把经济发展远景搞出，同时在局［建工部城建局］的帮助下修改或重作规划草图。"[③] 就兰州市规划而言，1953 年 5 月 16 日，任震英曾带领有关技术人员赶赴北京，接受苏联专家的指导和中央城市设计院的具体协助，对规划成果进行反复研究与修正。[④]

档案显示，其他几个重点城市也普遍都有到北京集中工作的经历。这一工作方式的优点，正如太原市所作的总结："（1）太原规划工作可排入中央领导机关和苏联专家的工作日程；（2）中央领导机关有关负责人可亲自参加解决重要问题，可派人参加我们的规划工作；（3）总甲方设计单位多在北京，可取得密切配合；（4）当时许多重点城市都在北京进行规划，可及时吸取各城市的经验。"[⑤]"这种以城市为主，组织起来进行规划的方法，是在当时期限紧迫、城市力量不足的情况下逼出来的。虽存在着统一性、组织性还不强等特点，但是从结果来看，优点是主要的"，"主要是可以迅速地、较好地把建设要求、使用需要、规划和设计结合起来，加强配合，保证质量，加快进度并有利于规划意图的贯彻。城市获得了进行规划的技术力量。"[⑥]

---

① 城市设计院第一个五年计划工作总结提纲（第一次稿）[Z]. 中央档案馆档案，档案号 259-3-17：7.

② 黄立. 中国现代城市规划历史研究（1949-1965）[D]. 武汉：武汉理工大学，2006：79.

③ 专家谈话记录（1953 年 5 月 9 日）[Z]. 成都市 1954 ~ 1956 年城市规划说明书及专家意见. 中国城市规划设计研究院档案室，案卷号：0792：108-109.

④ 魏娜. 我国《城市规划法》的产生原因研究 [D]. 上海：上海交通大学，2007：16.

⑤ 太原市城市建设管理局. 太原市城市建设概况（1956 年 8 月 30 日）[Z]. 太原市初步规划说明书及有关文件. 中国城市规划设计研究院档案室，案卷号：0195：123-124.

⑥ 太原市的总结同时指出"组织起来必须注意两个问题：1、为了真正作［做］到以城市为主，有统一的领导，统一的计划，城市必须有坚强的行政负责干部和技术核心力量；2、组织起来必须建立在各参加单位共同利益的基础上，在工作中，城市必须很好地照顾各单位的个体利益（在力量组织上，工作对象上及时间上等），违反了这一条就难以发挥各单位的积极性"。
参见：太原市城市建设管理局. 太原市城市建设概况（1956 年 8 月 30 日）[Z]. 太原市初步规划说明书及有关文件. 中国城市规划设计研究院档案室，案卷号：0195：123-124.

2.2 规划指导思想与编制程序

2.2.1 指导思想

八大重点城市的规划编制工作，突出体现出如下 3 个方面的指导思想：

1）为社会主义工业化，为生产和劳动人民服务

这主要是国家十分明确的政策导向。1951 年 2 月 18 日，《中共中央政治局扩大会议决议要点》中提出“在城市建设计划中，应贯彻为生产、为工人服务的观点”[①]，1954 年 6 月，全国第一次城市建设会议提出“城市建设应为国家的社会主义工业化，为生产、为劳动人民服务”的方针[②]。正如第 1 章的有关分析，八大重点城市之所以得以提出，就是为了配合国家的社会主义工业化建设，特别是华北、华中、西北和西南 4 个新建的工业基地的实际需要，八大重点城市的发展目标和城市性质，均为以重工业为主导的新工业城市。城市规划编制的各项工作，紧紧围绕一系列重点工业项目的建设而展开，特别是为工厂和工人住宅区提供配套服务，包括道路交通、公共福利设施和市政基础设施建设等。由于规划工作的这种性质，加上工厂内的建设多由企业或总甲方主导，城市规划又被称为“厂外工程”。

2）建设“适用 / 方便、经济、美观”的社会主义城市

这是苏联专家在指导规划工作时重点强调的规划原则。档案资料显示，早在 1953 年 3 月 20 日，苏联专家对西安市规划工作进行指导时，即强调了“社会主义城市”建设的“方便、经济和美观”三项基本原则[③]；1953 年 5 月 9 日，苏联专家对成都市规划工作进行指导时，又明确指出“在苏联的城市建设有三个原则：适用、经济、美观，我们就根据这三个原则来谈成都的规划。”[④] 概括而言，所谓适用 / 方便，就是要合理组织城市的各项生产活动和居民生活，确定科学的城市布局结构；所谓经济，就是要关注城市建设与经营的造价，着力解决土地利用、建筑分区、道路、绿地和市政网络等各类工程技术问题；所谓美观，就是要使城市空间具有一定的风貌形象和建筑艺术，从而展现新时代的一些精神风貌。

3）防范战争威胁，保障国防安全

新中国建国初期存在较突出的战争威胁（如抗美援朝战争），防空原则对城市规划工作具有重要的影响。早在 1952 年 9 月，首次城建座谈会的总结讲话中指出：“国防措施问题，当然要考虑。但国防是带有机密性的，不必放在前面，特别明显起来；列在后面，并不减低其重要性。”[⑤] 由于查阅军事类档案资料的困难，无法对这一指导思想作系统的阐述，但通过仅有的一些文献，仍可对其基本原则有所管窥。

---

① 中共中央文献研究室 . 建国以来重要文献选编（第二册）[M] . 北京：中央文献出版社，1994：36-40.

② 城市建设部办公厅 . 城市建设文件汇编（1953-1958）[R] . 北京，1958：269.

③ 专家对西安市规划工作的建议 [Z] // 1953 ~ 1956 年西安市城市规划总结及专家建议汇集 . 中国城市规划设计研究院档案室，案卷号：0946：137-138.

④ 专家谈话记录（1953 年 5 月 9 日）[Z] . 成都市 1954 ~ 1956 年城市规划说明书及专家意见 . 中国城市规划设计研究院档案室，案卷号：0792：103.

⑤ 周荣鑫 . 在中财委召集的城市建设座谈会上的总结（摘要）[R] // 城市建设部办公厅 . 城市建设文件汇编（1953-1958）. 北京，1958：37.

苏联规划专家B·L·大维多维奇的名著《城市规划：工程经济基础》一书（新中国建国初期翻译引入，流传较广）中指出："我们必须从两方面来研究对城市规划提出的防御要求：A. 把城市看作防御的枢纽。B. 把城市看作敌人空袭的对象"；"在防御战中具有重大意义的有：城市的位置，建筑的类型和规划的特点——市内及通向城市通道近旁的住宅、公共建筑、花园、公园等的布置"，"它们可能创造便于保护城市的条件［，］使敌人的攻击变得困难，反之也可能使得城市的防御能力削弱。"①"整个规划方案从大问题如选择人口分布的方式开始，一直到方案的细部——街道、广场和个别房屋的布置与形式——对城市的防御来说都具有重大意义"；"从防御能力的观点来比较人口分布的方式——集中式和分散式"，"分散的方式大都是比较有利的。"② 可见，分散、隐蔽是从国防安全出发对城市规划编制的主要要求。

另外，中央档案馆所藏建工部档案（1953年）中，存有一份题为"有关城市建设方面的三章规范"的材料（简称《规范》），推测应为建工部城建局所保存的其他部门的资料。所谓"三章"，其中之一即"城市及工业企业的总平面布置"，它对城市规划建设的相关要求有相对详细的阐述，具体内容可概括为防备、分散和伪装3个原则。以防备原则为例，《规范》要求"在规划城市道路系统时，当城市各区之间某一干线遭到破坏时，仍应保证它们有可靠的联系。通过市中心的重要干道的两旁，还应有分散交通用的线路或环形路。"③ 关于分散原则，《规范》明确："规划城市总平面时，在不失城市整体性的条件下，应该避免建筑物过分集中的市中心，有条件的城市应根据均匀分布的原则设置若干区中心"，"城市中主要动力站（如变电站、煤气站、热电站）、自来水厂、污水处理厂，应该分散布置"，"易燃、易爆和有毒的工业企业及物资仓库，必须远离市区分散布置，并布置在常年主要风向下和河流下游的地区内。"④"列级工业企业应该分散布置在郊区，一个城市中不得布置多于10–12个列级企业"⑤，"工业区之间的距离，应该保持4公里以上"，"一级工业企业和二级工业企业之间的距离，不得小于600公尺"，"一级工业企业的边界和附近的

---

① 就城市用地而言，"在选择城市用地时，最好遵守下列条件：(a) 城市位置应在敌人可能进攻方向的河的对岸。(б) 在通向城市的要冲应有防坦克的天然障碍物：河、湖、沼泽、旱沟、悬崖、陡坡。城市位于河曲、河流汇合处、湖泊或沼泽的隘口等地点是特别有利的。(в) 城市邻近地区宜空旷，没有隐蔽的要冲：谷地、森林、位于城市邻近而又不便于包括在防御系统中的居民点（例如位于天然障碍物前的居民点），因为这样的居民点可能被敌人利用作为进攻的隐蔽地点。(г) 在敌人的阵地上没有制高点（例如，位于城市河对岸的制高点）。(д) 在城市用地上应有保证对敌人进攻路线进行侧面射击的有利的火力阵地，特别是具有足以控制城市四周地区的制高点。(е) 城市用地的地形要保证有可能隐蔽地调动军火和部队，譬如，沿着火线和放射方向有谷地"。引自苏联规划名著《城市规划：工程经济基础》。该书由程应铨翻译，先是部分地被摘编入1954年上海龙门联合书局出版的《苏联城市建设问题》，1955–1956年分为上、下两册全部公开出版。参见：B·L·大维多维奇 . 城市规划：工程经济基础（下册）[M] . 程应铨译 . 北京：高等教育出版社，1956：356–357.

② "在几个居民点位置接近时（距离1～2公里），这种方式就有可能组织据点系统或防御枢纽系统，在据点或枢纽之间建立交叉的火力网"。参见：B·L·大维多维奇 . 城市规划：工程经济基础（下册）[M] . 程应铨译 . 北京：高等教育出版社，1956：356–357.

③ 另外，"在进行城市规划或设计工业企业总平面时，必须就近考虑留置足够的空地面积以满足修建单建式防空洞（因无条件结合上层建筑物修建，而需修建的单建式防空洞）和建造防空壕等简易掩体之用"，"每个居民所占用修建防空掩体的空地面积约为7～9公尺^2"。建工部城市建设局 . 有关城市建设方面的三章规范［ Z ］. 建筑工程部档案 . 中央档案馆 . 案卷号：255–2–115：8.

④ 建工部城市建设局 . 有关城市建设方面的三章规范［ Z ］. 建筑工程部档案，案卷号：255–2–115：8.

⑤ 另外，"一个工业区中，列级工业不得多于5～6个，其中只允许布置一个一级工业企业和二个二级工业企业"，"在进行厂址选择时，尽量使大、中、小工业搭配布置，避免同类性质的工业企业放在一个工业区内"。参见：建工部城市建设局 . 有关城市建设方面的三章规范［ Z ］. 建筑工程部档案 . 中央档案馆 . 案卷号：255–2–115：8.

住宅区，应该至少保持600公尺的距离”[①]等等。[②]

这些从国防安全的指导思想出发对城市规划建设的各种要求，在今天来看似乎很难理解，然而，这正是“一五”时期较为特殊的时代形势和实际条件，也是对八大重点城市的规划工作需要加以“领会”的重要方面。以成都市为例，当年的规划说明书中即明确国防安全的指导思想如下：“规划时应对生产企业、交通枢纽与居住地区保持合于防空要求的距离，尤其应使附近无显著目标，公用事业及交通干线应考虑有预备设施，使不因局部破坏而使整个系统受阻碍”[③]，就当年规划工作所确定的环状路网结构而言（详见第4章的讨论），实际也隐含着军事防备的要求。

2.2.2 规划编制程序

早在1952年9月的全国城建座谈会上，苏联专家穆欣曾帮助我国拟定《中华人民共和国编制城市规划设计与修建设计程序（草案）》，与会人员对其进行了讨论，这是对八大重点城市的规划编制工作具有重要指导意义的文件。在此基础上，1954年6月的全国第一次城市建设会议又进一步拟出并下发《城市规划编制程序试行办法（草案）》（会议文件“附件四”），八大重点城市的规划编制工作，即主要依据这一文件的有关要求而进行（图2-5）。

《城市规划编制程序试行办法（草案）》（以下简称《规划编制办法》）共包括5章内容：城市规划的任务和要求；调查、勘察、测量工作；城市规划的编制程序；城市总体规划的内容；总体设计未做出前的初步规划工作。《规划编制办法》指出：“在城市规划设计工作之前，应先进行详细的调查、勘察、测量”，其主要内容包括：“城市经济资料的调查”“城市现有建筑与公用事业设施的调查”“气候条件的调查”“地质及水文的调查和勘察”“卫生条件的调查研究”以及“进行地形测量并绘制精确地形图”。[④]

《规划编制办法》将城市规划的编制工作划分为“总体规划”“详细规划设计”和“建筑设计”等3个阶段。

在规划工作的第一阶段，总体规划的主要任务是：“根据国家长期建设的方针和自然条件，拟定城市规划远景，决定城市规模。并解决建设程序［，］区域分布，城市艺术结构、重要地区房屋层数与计划中

---

① 此外，“规模较大的国家粮食仓库和其他物资材料储备仓库，如果在列级城市附近时，应该至少保持15公里以上的距离”。参见：建工部城市建设局．有关城市建设方面的三章规范［Z］．建筑工程部档案，案卷号：255-2-115：8.

② 关于伪装原则，《规范》要求：“在进行城市规划或布置绿化时，应该尽可能地利用和结合当地自然条件（如河流、山谷、丘陵、原有树林等），使之将城市隔离成几个部分，以便形成防火、防爆的屏障，并使城市便于进行伪装措施”，“必须进行技术伪装的工业企业，选择厂址时，应该考虑周围的环境和地形要适宜于伪装，并应远离难于伪装的其他重大目标”。此外，“位于列级城市市区或与市区相连的工业企业，在生产过程中允许时，其平面布置和附近市区相类似。如果企业分成几部分布置时，应该尽量和周围街坊的大小和形式相适应”，“工业企业厂区内的绿化系统，应该与城市的绿化系统联系起来，并且和周围的环境相互配合，使在该企业的上空看来，减少其明显性”，“必须进行技术伪装的工业企业，选择厂址时，应该考虑周围的环境和地形要适宜于伪装，并应远离难于伪装的其他重大目标”。参见：建工部城市建设局．有关城市建设方面的三章规范［Z］．建筑工程部档案．中央档案馆．案卷号：255-2-115：8.

③ 成都市人民政府城市建设委员会．成都市总体规划草案说明书（1954年10月）［Z］// 成都市1954～1956年城市规划说明书及专家意见．中国城市规划设计研究院档案室，案卷号：0792：30.

④ 城市规划编制程序试行办法（草案）（全国第一次城市建设会议文件，附件四）［Z］．建筑工程部档案．中央档案馆．中央档案馆．案卷号：255-3-1：13：45-46.

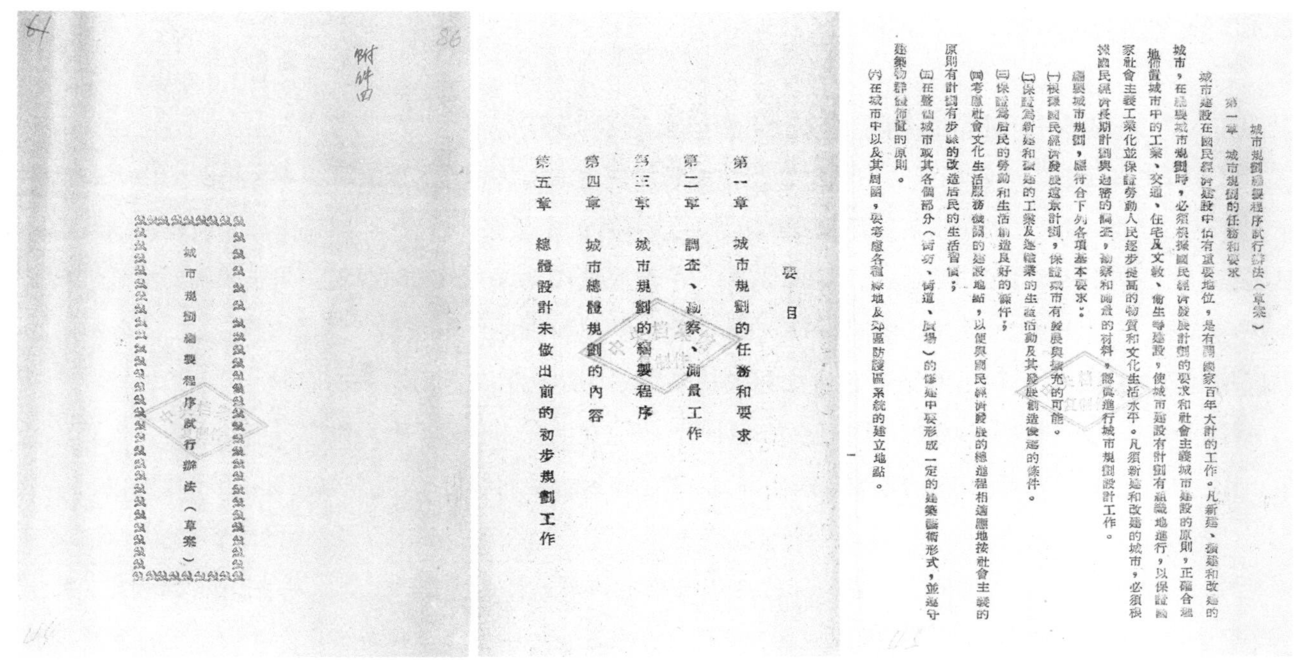

附件四

城市規劃編製程序試行辦法（草案）

要目

城市規劃編製程序試行辦法（草案）

第一章　城市規劃的任務和要求

城市建設在國民經濟建設中佔有重要地位，是有關國家百年大計的工作。凡新建、擴建和改建的城市，在編製城市規劃時，必須根據國民經濟發展計劃的要求和社會主義城市建設的原則，正確合理地佈置城市中的工業、交通、住宅及文教、衛生等建設，使城市建設有計劃有組織地進行，以保證國家社會主義工業化並保證勞動人民逐步提高的物質和文化生活水平。凡須新建和改建的城市，必須根據國民經濟長期計劃與適當的調查，勘察和測量的材料，認真進行城市規劃設計工作。

編製城市規劃，應符合下列各項基本要求：

(一)根據國民經濟發展遠景計劃，保證城市有發展與擴充的可能。

(二)保證為新建和擴建的工業及運輸業的生產活動及其發展創造便利的條件。

(三)保證為居民的勞動和生活創造良好的條件；

(四)考慮社會文化生活服務機關的建設地點，以便與國民經濟發展的總進程相適應地按社會主義的原則有計劃有步驟的改造居民的生活習慣；

(五)在整個城市或其各個部分（街坊、街道、廣場）的修建中要形成一定的建築藝術形式，並遵守建築物群組佈置的原則。

(六)在城市中以及其周圍，要考慮各種綠地及郊區防護區系統的建立地點。

一

图 2–5　第一次全国城市建设会议《城市规划编制程序试行办法（草案）》（1954 年）

资料来源：城市规划编制程序试行办法（草案）(全国第一次城市建设会议文件，附件四)［Z］. 建筑工程部档案 . 中央档案馆，案卷号：255–3–1：13.

的中心区，以及主要街道的走向等”。①

由于总体规划有着复杂的要求，《规划编制办法》对“总体设计未做出前的初步规划工作”进行了专门强调：“编制城市总体设计和进行地形测量及调查工作，需要较长的时间，在总体设计没有制定以前，为解决最近几年城市建设的需要，可先编制城市发展方针与市区分配图”，“同时，必须积极地进行勘察、测量工作和调查研究工作，准备必须［需］的资料，争取尽速的编制出城市总体设计。”②

在规划工作的第二阶段，详细规划设计的要求是：“根据城市的总体规划，分期编制城市各大区的详细规划设计”，“详细规划是总体规划的精确化和具体化，通常只包括最近时期要进行建设的区域”。③

---

① 城市规划编制程序试行办法（草案）（全国第一次城市建设会议文件，附件四）［Z］. 建筑工程部档案 . 中央档案馆 . 案卷号：255–3–1：13：46.

② 同上，案卷号：255–3–1：13：50.

③《规划编制办法》指出，详细规划要解决的主要问题为：“（一）确定规划区内街道、广场的界线及其标高；（二）确定公共建筑物、公用事业建筑物所占地段的布置及绿化系统的布置；（三）制定最主要建筑群的草图；（四）确定街道、广场的横断面；（五）制定建筑地段界线划分图，在此图中要表示出编制各种建筑物施工图所必需的材料”；“编制详细规划设计图的复杂程度及设计资料范围的大小，决定于规划地区在全城所处的地位，已有建筑物状况及各种自然条件。在大城市市中心地区的详细规划，需要许多辅助资料，如扩充街道、广场的经济计算并制定附近建筑物示意图及交通运输示意图，作为设计的根据”；“详细规划图的比例尺为二千分之一。详细规划设计图经批准后，如未经原批准机关同意，不得变更”。参见：城市规划编制程序试行办法（草案）（全国第一次城市建设会议文件，附件四）［Z］. 建筑工程部档案 . 中央档案馆 . 案卷号：255–3–1：13：46.

2.3 规划编制内容

2.3.1 苏联城市规划的编制要求及苏联专家的指导意见

就苏联的城市规划工作而言，由俄罗斯苏维埃联邦社会主义共和国人民委员会和全俄罗斯中央委员会于 1932 年 8 月 1 日通过的决议《关于俄罗斯苏维埃联邦社会主义共和国居民区的组织》（简称《俄罗斯居民区组织》），是具有"城市规划法"雏形意义的一个重要法规文件。该文件规定，苏联的规划体系包括区域规划草图、居民区规划设计、修建设计、技术设备设计和农业组织设计等 5 个主要层次，其中的居民区规划设计大致对应我国的城市总体规划或初步规划（详见第 8 章的有关内容）。

《俄罗斯居民区组织》规定："居民区的规划设计，应在生产、交通、电力供应、福利设施、生活、卫生、文化等部门相互联系、完全配合的基础上，并考虑发展远景而制定"，其规划设计的编制要求如下：

（1）在居民区的用地上，各种区的组织应根据该居民区的类型和性质，并按各区的性能（工业区、交通区、住宅区、防护区及农业区）而进行，在适当的条件下，确定生产企业的位置，制定发展现有交通枢纽站或建立新交通枢纽站的草图，并说明理由；

（注）：各种性能不同的地区的建立，首先应该为生产企业的业务活动和工作创造良好条件，为劳动者与生产地区之间建立距离最短而又方便的联系，以及为居民的生活和劳动创造必需的卫生条件。

（2）确定内部干线（街巷）的系统。这些干线能保证各性能不同的地区之间，其各组成部分之间，以及它们与周围地区之间的交通联系；

（3）根据建筑物的性质，以及建筑和居住密度，把居民区划成几个建筑区，并为了保证第一期建设的实施，把这些建筑区划分为建筑街区；

（4）建立居民福利设备系统的基础，这个系统包括人民食品网、商业网，以及各种机关网如：公共生活、社会文化、预防医疗、体育、公共行政等机关；

（5）建立居民区技术设备的一般基础，并同时制定下面各种草图：供水、净化、电力供应、排水、街道布置、立体规划、土壤改良（疏乾、疏浚河流、整理谷地）、防火等；

（6）确定绿化系统，如居民区周围和其各个区之间，各区各部分之间的防护区：公园、林荫路、街心公园等；

（7）确定生产、交通及住宅建设按其发展远景所需要的备用地段的面积；

（8）制定居民区附近，直接为居民区供应各种农业产品的农业区组织的总示意图；

（9）规定积极国防和地方性国防的措施；

（10）规定各种措施实现的次序和规划设计所拟定各种营造物的概略造价。①

---

① 俄罗斯苏维埃联邦社会主义共和国人民委员会和全俄罗斯中央委员会的决议：关于俄罗斯苏维埃联邦社会主义共和国居民区的组织（1932 年 8 月 1 日）[M] // 苏联中央执行委员会附设共产主义研究院．城市建设．建筑工程部城市建设总局译．北京：建筑工程出版社，1955：199-200.

另外，苏联专家在对八大重点城市的规划编制工作进行指导时，就规划成果的内容要求也提出过一些建议。以西安市为例，1953 年 7 ~ 8 月对规划工作进行指导时，巴拉金曾指出："关于呈请批准规划，在规划程序上有几个材料：（1）规划草图；（2）现状图；（3）建筑分区图；（4）区域规划图；（5）第一期建筑分区图。其它［他］是附带的材料，如自然现状，土壤，洪水，地下水位，下水道布置，交通干道网，电力供应图等"，"并都附写说明书。说明电力供应，煤气供应等说明书，这即经济资料"；"主要用五个图去申［请］批［准］。副图是按需要，文字说明详细的"，"市中心在前基础上发展的，还须准备些照片，如个别问题［看］图不方便时，即可用边看文字边看照片，更容易些，避免一卷卷图太累赘"。①

2.3.2 国家《规划编制办法》的有关规定

1）总体规划的编制内容

1954 年全国第一次城市建设会议文件《规划编制办法》指出，"城市总体设计要在某些方面都有根据的条件下，规定出廿五年到三十年内城市建设的各种基本原则［，］如经济发展方面、建筑艺术方面、工程技术方面、保健卫生方面以及国防等"。②

就规划成果的具体要求而言，"总体设计包括以下图表和资料：（一）城市总体设计说明书；（二）城市规划总平面图；（三）城市现状图；（四）城市近郊平面图；（五）城市建筑分区图；（六）关于城市建筑艺术布局方面的资料；（七）关于自然条件，市区工程准备的资料；（八）关于公用事业设备的资料"。③ 简言之，即"一书""四图""三资料"。

就"一书"（城市总体设计说明书）而言，《规划编制办法》明确"应包括城市现状特点与城市发展和建设的经济根据"，"一般应按下列项目编制"：

> 城市发展和建设（改建）的经济根据（该项资料必须与有关国家计划部门取得一致意见）；
>
> 城市现状的特点和设计根据的说明［，］如城市和郊区一般自然条件的特点；
>
> 城市现状和历史发展的概况；
>
> 选择城市发展地区的依据；
>
> 现有和规划中的市区土地使用平衡情况；

① 此外，巴拉金还讲述了有关规划图纸的一些技术性要求："［规划图］在呈请批准时，可以用 1/10000 的图。在苏联大城市用这比例是合法的。同时可以晒成蓝图，上面应该有地形。现状图是材料中的第一个，也是 1/10000，……建筑分区图也应该晒成很多份"；"中心广场鸟瞰图：……这种图应该是在现有建筑图上来画，比例可用 1/1000 或 1/2000。或者是把最中心地［做］出模型"；"各图在批准以前，应送技术委员会审查"。资料来源：专家对西安市规划工作的建议［Z］// 1953 ~ 1956 年西安市城市规划总结及专家建议汇集 . 中国城市规划设计研究院档案室，案卷号：0946：135，137，150：151，163，165.

② 城市规划编制程序试行办法（草案）（全国第一次城市建设会议文件，附件四）［Z］. 建筑工程部档案 . 中央档案馆 . 案卷号：255-3-1：13：46-47.

③ 同上 . 案卷号：255-3-1：13：47.

按使用性质划分市区（工业、交通、仓库、住宅、行政、文教、卫生、绿地等）；

城市交通系统——铁路、水运、航空、汽车、电车及其他。[；]

城市中广场、主要干道和市中心以及绿地等如何布置，并说明其布置在建筑艺术、交通运输、安全卫生等方面的根据；

城市建筑分区的划分以建筑物用途、层数、性质、及公共设施的不同程度，加以区分并说明其根据。[；]

说明住宅区建筑物的原则——如街坊的大小，公共建筑物的分布，建筑层数，建筑密度、人口密度[，]结构性质、建筑艺术、公用事业设施的程度等。[；]

说明城市公用事业设施——包括给水排水、电力电讯、煤气、汽车、电车、轮渡等的发展指标及建设步骤；

本地建筑材料（如砖、瓦、石灰、木材等）生产基地的建立。①

就“四图”中的城市规划总平面图而言，《规划编制办法》规定，“总体规划平面图应该成为整个城市空间建筑布局的总概念，作为编制城市各部分详细规划及建筑设计之依据”，“其范围应包括全城区，比例尺用万分之一或五千分之一，用一公尺的等高线图中表示下列各项”：

建成区及规划区的界限；

现有的及设计中的工业区及现有及设计中的住宅区；

现有及设计中的要求公用电力设备，应表明占地面积和线路布置；

现有及设计中的铁路，[、]水路及空运所占地段[，]并表明其路线及其主要的营造物的分布，如客站、货运站、编组站、技术站、港口——码头等；

现有及设计中的干道、广场、桥梁、涵洞、立体交叉等之分布以及与对外公路的联系。[；]

现有及设计中的独立仓库区；

现有及设计中的绿化系统以及河流系统的分布；

现有及设计中的社会中心的分布；

现有及设计中的重要的公共建筑物，如医院、体育场、学校等的分布；

现有[及]设计中的公用事业营造物所占地段：如电车、汽车停车场，水源建筑物，防洪处理厂等；

① 城市规划编制程序试行办法（草案）（全国第一次城市建设会议文件，附件四）[Z]. 建筑工程部档案. 中央档案馆. 案卷号：255-3-1：13：47.

现有及设计中的市场和公墓的分布。[①]

就“三资料”（城市建筑艺术布局、自然条件和市区工程准备、公用事业设备）而言，《规划编制办法》既提出一些说明性文字资料要求，也有相关的一些图纸要求。以城市建筑艺术布局资料为例，“其范围由设计机关决定之，这些资料列举如下：城市历史沿革平面图，现有城市的各种照片，现有设计中的远景画、风景画、全部或部分地区的模型以及其他资料。以说明一个城市过去、现在及将来面貌的特征”。[②]

2）初步规划的编制内容

根据《规划编制办法》，“总体设计未做出前的初步规划”的主要内容，具体包括城市发展方针和市区分配图两个方面。

关于城市发展方针，《规划编制办法》明确提出6项内容要求：

（一）形成城市的基本要素的各项基本指标——工业、交通运输、科学研究机关、高等学校及中等专业学校（包括高等中等及各种干部学校）、非地方性的行政机关（包括人民团体及军事机关）及文教机关的现有及将来的生产能力，现有及将来发展所需要的占地面积等等。这些材料应与有关部门取得一致的意见；

（二）五年及长期的人口计算或推算；

（三）考虑关于市区的发展规模，及市区土地使用的平衡；

---

① 就“四图”中的其他3张图纸而言，《规划编制办法》的规定如下：

城市现状图——“现状图要为总体规划图服务，应尽可能把规划中所需要的条件详细的表示出来”，“比例尺与城市总体规划平面图同”，具体内容包括：“现有建成区的界限；工业——仓库、发电站的地段，及其煤烟影响范围；铁路、水运、空运所占地段与主要建筑物的分布；各种性质的建筑物（住宅及公共建筑等）按不同结构不同层数分别表示，其中特殊的高层建筑或质量特好的建筑以及有历史意义、艺术价值的古迹等都应明显标出；绿化地带（包括住宅内大的花园及有价值的绿地）的分部；所有的广场、街道（要算出路面），以及桥梁、立体交叉等的分布；铁路运输所用地段，并表示出客站、货站、编组站及技术站等分布；水运、空运所用地段及其站房；对外公路及其停车厂［场］所用地段；电力、电讯、煤气、暖气等管道的分布；电车、无轨电车及公共汽车的路线，车场及大的公用停车场；给水、排水的营造物及主要线路（取水设备、抽水站、水塔、储水池、加压站及主要管道；污水处理场［厂］及抽水站，以及主要管道等）；不适于建筑及需要进行工程准备措施的地段”。

城市近郊规划平面图——“比例尺为两万五千或五万分之一，其中应表示：市界与规划区界；城市总体规划平面图的略图；郊区的村镇；现有工业区和规划工业区；现有及设计中的铁路、水运及空运所占地区的界限及其主要营造物；现有及设计中的公路；现有及设计中的高压输电线路；现有及设计中的郊区公园、森林公园、禁止狩猎区、苗圃等；现有［及］设计中的休养所及疗养院所占地段；现有及设计中的公用事业营造物及设备（水源地、主要的自来水营造物及其卫生保护区，污水处理场［厂］及垃圾的处理设备，灌溉的用地，墓地、牲畜埋葬地等），以及计划预留地段；设计中预备改善环境卫生的地区；利用作为供应城市蔬菜、水果、肉乳生产的农业地区；现有的名胜古迹”。

城市建筑层数分区图——“此图画在城市总体规划平面图的复本上，其比例尺与总平面图同，应按照计划中建筑物的层数、结构，以及设备程度划出不同的建筑区域”。

资料来源：城市规划编制程序试行办法（草案）（全国第一次城市建设会议文件，附件四）［Z］. 建筑工程部档案 . 中央档案馆 . 案卷号：255-3-1：13：47-48.

② 城市规划编制程序试行办法（草案）（全国第一次城市建设会议文件，附件四）［Z］. 建筑工程部档案 . 中央档案馆 . 案卷号：255-3-1：13：49.

（四）考虑城市建筑区性质时的根据；

（五）城市公用事业建设的各项基本指标：供水、排水、供电、市内交通、道路等；

（六）关于最近时期城市建设各项工作的总量（工业、交通、住宅、公共建筑、公用事业等）。其组成及分布的初步计算与考虑。①

《规划编制办法》中所谓的市区分配图，实际上也就是规划草图，或城市结构规划图。"市区分配图是城市发展方针用图案表示的部分"，"它应该表示出：现有的及计划的工业企业及仓库，使用的及准备使用的对外交通用地（如铁路、公路、车站、飞机场等），高等学校及中等专科学校，科学机关，行政机关，非地方性医疗机关，全市及各区的行政社会中心，展览会会场等"，"此外，还有特别区、住宅区，以及在建筑艺术上有特殊价值的古迹及建筑群，绿地，主要干路，主要公用事业设施，主要市区工程准备措施（指填土、整顿河床、运河、堤坝等工程）"。②

《规划编制办法》指出："市区分配图为万分之一的平面图，特别大的城市可用两万五千分之一的平面图，等高线距离二～五公尺"，"市区分配图还要附一张城市现状图，以表明上述各项城市要素的目前情况，要划出不适宜修建的地区及需要进行工程准备措施的地区。其比例同上"，"在市区分配图的基础上，编制短期内建筑地区的规划设计详图，施工时即依据这些规划设计详图在建设地区进行现场的土地划分工作"。③

《规划编制办法》特别强调："在划分市区及决定城市中社会中心区的分布和主要干道的走向时，应充分利用当地的各种自然特点，并使城市在规划及建筑艺术方面有最好的布局。"④

2.3.3 各城市的规划编制成果与内容

八大重点城市的规划编制成果，大致按照上述《规划编制办法》的相关要求进行，但也并不完全一致。

以规划编制工作起步较早、具有试点性质的西安市为例，其规划编制成果包括说明书、规划图和附件等 3 大部分。规划说明书包括"西安市现况""西安市发展的经济根据""市区人口发展计算与推算"和"市区用地面积计算"等 12 章内容。在图纸方面，《规划编制办法》所列的 4 张图全部完成，其中将规划图细分为 3 个不同的规划期限加以分别表达，此外还完成了历史沿革图、一系列的交通和市政设施规划图、中心区和近期工人住宅区的详细规划，共 22 张图纸。附件则包括西安地区的自然资料、经

---

① 城市规划编制程序试行办法（草案）（全国第一次城市建设会议文件，附件四）[Z]. 建筑工程部档案 . 中央档案馆 . 案卷号：255-3-1：13：50.

② 同上 . 案卷号：255-3-1：13：50.

③ 同上 . 案卷号：255-3-1：13：51.

④ 城市规划编制程序试行办法（草案）（全国第一次城市建设会议文件，附件四）[Z]. 建筑工程部档案 . 中央档案馆 . 案卷号：255-3-1：13：51.

西安市总体规划技术文件内容一览表　　表 2–1

说明书（文本）目录	附件目录	附图目录
一、西安市现况 工业 / 商业 / 交通运输 / 居民情况 二、西安市地理气候特点 区位 / 气候 / 河流 / 地质及地下水 / 地震 三、西安市发展的经济根据 经济资源概况 / 五年工业发展计划 / 未来发展估计 四、西安市发展的基本指标 工业 / 交通运输事业 / 非地方性机关干部 / 中等事业以上学校 / 建筑工业 五、市区人口发展计算与推算 现有人口情况 / 五年人口增长情况 / 二十年人口推算 六、市区用地面积计算 生活用地 / 工业用地及其他用地 七、市区发展地区选择的根据 八、工业区与土地使用分区 厂址选择与工业区 / 工业发展备用地区 / 交通运输地区 / 居住用地区 / 仓库及砖窑用地 九、总平面布置及其建筑艺术的根据 道路系统 / 广场系统 / 水道系统和绿地系统 / 建筑街坊 / 总平面布置中的建筑艺术问题 十、居住地区建筑分区 十一、市郊规划 十二、城市造价估算 附件 附图	一、西安地区自然资料一份 二、西安地区经济资料一份 三、西安市给水工程计划说明书一份 四、西安市排水工程计划说明书一份 五、西安市交通运输计划说明书一份 六、西安市电讯管线计划说明书一份 七、西安市供电计划说明书一份 八、西安市居住区第一期实施计划说明书一份 九、西安市人口发展平衡表一份 十、西安市造价估算表一份 十一、西安市与有关单位协议文件一份	一、西安市远景规划图一份 二、西安市第二期规划图一份 三、西安市第一期实施计划图一份 四、西安市建筑层数分区图 五、西安市郊区规划图一份 六、西安市现状图一份 七、西安市历史沿革图一份 八、西安市给水系统现状图一份 九、西安市给水管道系统总平面布置图一份 十、西安市排水系统现状图一份 十一、西安市雨水系统平面布置图一份 十二、西安市污水系统平面布置图一份 十三、西安市交通运输现状图一份 十四、西安市交通运输线路图一份 十五、西安市人口流动方向图一份 十六、西安市电讯管线现状图一份 十七、西安市电讯管道布置图一份 十八、西安市电力线现状图一份 十九、西安市配电管线布置图一份 二十、西安市中心广场及主要大街设计示意图 二十一、西安市东、西郊新建区详细规划示意图 二十二、西安市现有建筑物密度图一份

注：根据西安市规划说明书的内容整理。

资料来源：西安市人民政府城市建设委员会．西安市城市总体规划设计说明书（1954 年 8 月 29 日）[Z]．中国城市规划设计研究院档案室，案卷号：0925.

济资料，各项市政设施规划说明，住宅区第一期实施计划，造价估算表以及与有关单位的协议文件等（表 2–1，图 2–6）。

洛阳、兰州和包头 3 个城市的规划说明书的内容如表 2–2 所示。总的来讲，八大重点城市的规划内容虽然略有差异，但基本上都主要包括现状分析、城市发展依据与规模预测、用地总体布局、工程福利设施、郊区规划和分期建设安排等几个主要方面。规划说明书既反映了规划工作的过程、依据和要求等相关内容，也是对最核心的规划成果——规划总图的配套解释。同时，规划编制成果中还有大量的附图和附件，如部门规划协议等。

值得注意的是，在八大重点城市中，西安、成都等城市还对城市规划工作的过程及有关情况进行了总结，作为附件材料一并提交（图 2–7）。

总的来看，尽管八大重点城市的规划还算不上正式的城市总体规划，但就规划成果的内容而言，显然要比《规划编制办法》所规定的“初步规划”的工作内容和深度（即城市发展方针和市区分配图），要

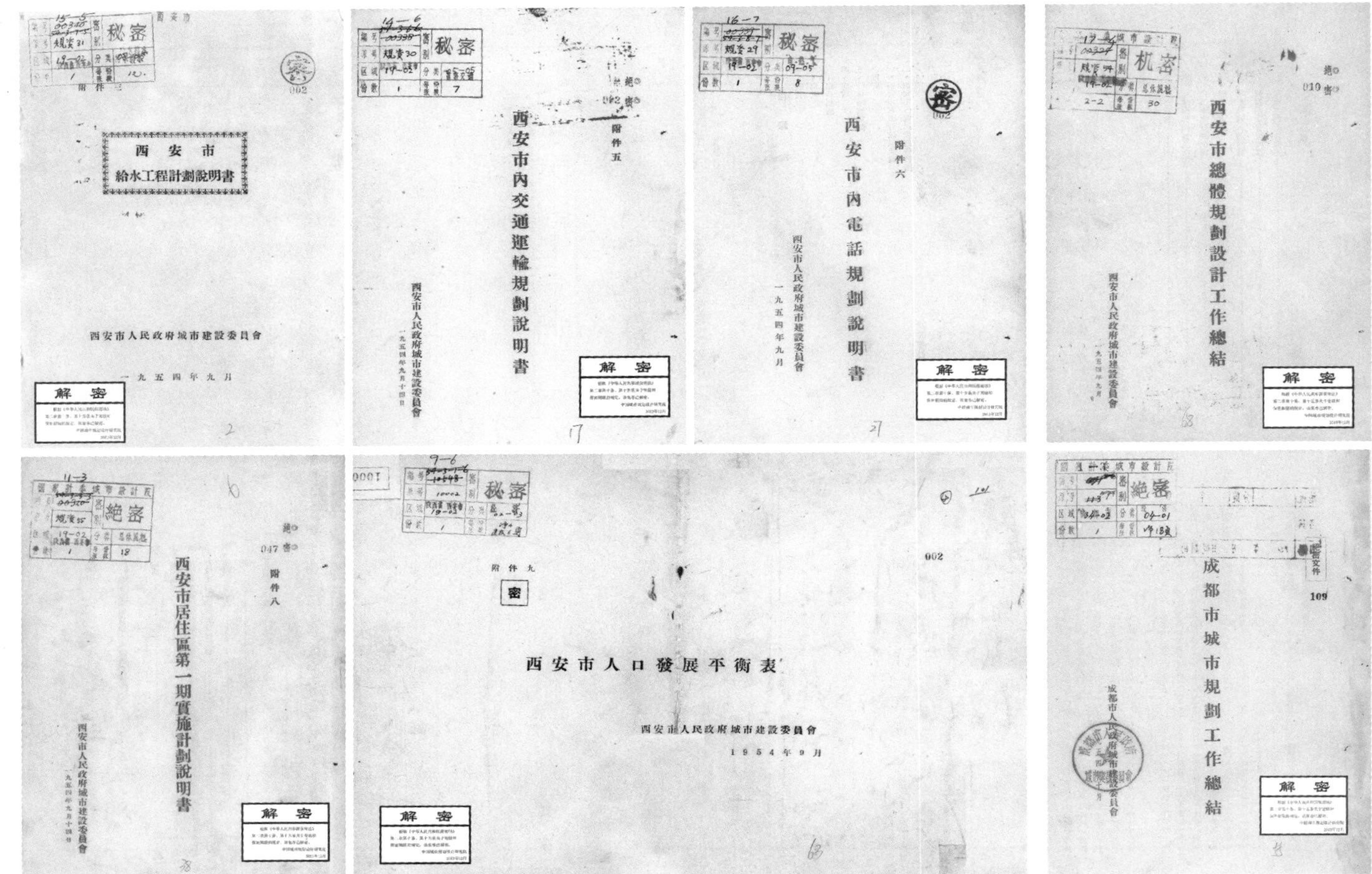

图 2-6 西安市规划编制成果的附件材料（部分）（左、中列）

资料来源：西安市人民政府城市建设委员会．西安市总体规划设计说明书附件［Z］．中国城市规划设计研究院档案室，案卷号：0970：2，17，27，38，63.

图 2-7 西安和成都两市的城市规划工作总结（右列）

资料来源：［1］西安市人民政府城市建设委员会．西安市总体规划设计工作总结（1954 年 9 月）［Z］// 西安市总体规划设计说明书附件．中国城市规划设计研究院档案室，案卷号：0970：68.

［2］成都市人民政府城市建设委员会．成都市城市规划工作总结（1954 年 10 月）［Z］// 成都市 1954 ~ 1956 年城市规划说明书及专家意见．中国城市规划设计研究院档案室，案卷号：0792：55.

更进一步。换言之，八大重点城市规划编制成果的工作深度，实际上介于“总体规划”与“初步规划”之间。

此外，八大重点城市的建设和发展条件也各不相同，尤其是从城市建设与旧城关系的角度，包括两种不同情况：西安、太原、成都、武汉和大同等城市的工业建设与旧城的关系更为紧密，常被归入“大规模扩建”类型；洛阳、包头和兰州等城市的工业建设，在旧城之外开辟了新市区（洛阳涧西区、包头新市区、兰州西固区和七里河区），又可称为“新建城市”类型。由于这种情况，各个城市的规划编制工作的主要内容和工作重点也有所差异。

“一五”时期洛阳、兰州和包头的城市总体规划说明书目录　　表 2-2

洛阳		兰州		包头	
目录	页数	目录	页数	目录	页数
一、洛阳市历史沿革及	12	现状简述		一、序言	10
城市现状		一、沿革	1	城市总体规划设计的基本情况/总体规划设计中所存在的主要	
历史沿革及名胜古		二、市区土地面积	2	问题/各单位对总体规划（初步设计）所提的意见及协议情况	
迹/城市现状/人口分		三、地理位置	1	二、城市现状及历史沿革	
析/公用事业设施		四、地形	1	地理地形/自然条件/历史沿革/市区现状	36
二、自然条件		五、地质	1	三、城市发展的经济基础	
地形和位置/地质及	16	六、气候	2	矿产资源/建筑材料资源/农产/畜产/土特产	24
地下水/气象水文/河流		七、水文水质	3		
		八、山洪	2		
三、城市发展根据	2	九、资源	1	四、城市发展的经济根据	2
厂址选择/经济发		十、特产	1	工业发展/对外交通运输发展	
展根据/发展人口与用		十一、交通	1	五、城市规模——人口发展指标	6
地计算		十二、工商业	1	城市基本人口的确定/城市人口比重的确定	
四、总平面图布置	6	十三、文教	1	六、城市居住用地的各项用地指标	5
全市性规划示意图/		十四、卫生设施	1	居住用地/公共建筑用地/绿化用地/街道广场用地/人口密度	
涧西区总平面图		十五、名胜古迹	2	七、厂址选择及市区划分的确定	10
五、总平面图中的区域	10	规划说明		厂址选择/工业区的划分/居住地区的确定/对外交通运输用地	
组织设计		一、规划原则	1	的划分/仓库用地的确定/学校用地的确定/城市发展［备］用	
洛阳市用地定额/人		二、规划区土地面积	2	地的确定	3
口计算/层数分区		三、具体规划与土地利用	10	八、城市规划过程及建筑艺术布局	
六、工程福利设施	2	四、交通系统		规划过程/城市总体规划设计建筑艺术布局	2
道路/给水/排水/		五、街坊建设的原则	10	九、建筑层数分区设计	1
邮电/供电		六、河湖建设	1	十、近期修建范围设计	3
七、分期发展计划	1	七、绿化系统	1	十一、绿化系统平面布局设计	
八、造价	2	八、城市公用事业	1	绿地的分布/河湖系统与绿地功能的分布/绿地的艺术布局	6
九、洛阳市郊区规划	5	九、规划的实施	2	十二、城市近郊平面布局设计	
十、涧西区厂外工程修	1		1	市外交通/公共设施的地点及用地/关于建筑材料的用地/菜园、	
建原则				果园、牧场、牛奶厂的布置/绿地及苗圃/其他	缺
				十三、各项工程网道的规划设计	
				供水设计/排水设计/煤气设计/邮电设计/电力设计/供热设	
				计/防洪设计	

注：洛阳和兰州的规划说明书为 1954 年 9 ~ 10 月版本（同年 12 月国家建委批复）；包头的规划说明书按照 1955 年 5 月版本（同年 11 月中共中央批复），现有档案中实际缺少第十三章“各项工程网道的规划设计”的内容。

资料来源：

［1］洛阳市人民政府城市建设委员会 . 洛阳市涧西区总体规划说明书（1954 年 10 月 25 日）［Z］. 中国城市规划设计研究院档案室，案卷号：0834.

［2］兰州市建设委员会 . 兰州市城市总体初步规划说明（1954 年 9 月）［Z］. 中国城市规划设计研究院档案室，案卷号：1109.

［3］包头市总体规划设计说明书（1955 年 5 月）［Z］// 包头市城市规划文件 . 中国城市规划设计研究院档案室，案卷号：0504：82-196.

2.4 主要技术特点

从各个城市当年完成的城市规划编制成果来看，八大重点城市的规划编制工作体现出如下 8 个方面的技术特点。

2.4.1　广泛开展各类基础资料的搜集、整理和分析工作，使规划工作建立在比较可靠的现实根据的基础之上

各类基础资料是开展城市规划工作的前提，这似乎是无须赘言的常识。然而值得注意的是，在新中国成立之初，我国大部分城市的各种基础资料都是相当缺乏甚至“一穷二白”的，就最为基础的地形图而言，大部分城市都只有精度相当有限的军用地图，一些城市甚至连军用地图也没有。在八大重点城市的规划编制过程中，均大力开展了基础资料的搜集和整理工作，8 个城市的规划说明书中也均有相当篇幅的资料分析和现状说明[①]，如武汉的规划说明书中基础资料部分即有 68 页之多，西安、洛阳、兰州和成都等城市还专门将各类基础资料汇集成册，作为城市规划的附件材料一并提交（图 2–8）。

城市基础资料的搜集和整理，是一项相当烦琐且十分复杂的工作。譬如，工程地质情况的调查就是技术水平要求相当高的一项专业工作[②]，而地形勘测则存在着突出的精度要求以及各控制系统的相互衔接问题[③]，基础资料的搜集和整理工作凝聚着规划人员和有关调查人员的大量心血。

通过基础资料的调查、搜集和研究分析，八大重点城市基本掌握了城市的地形地貌、水文气象、工程地质、地震等自然条件，矿产资源、能源、产业基础、建筑材料等经济条件，历史沿革、人口状况、文物古迹等社会条件，从而为城市规划设计工作提供了比较可靠的现实根据。其中，地形图无疑是绘制现状图和规划图必备的、最基础的工作底图，风玫瑰图的资料搜集和正确绘制，则为掌握城市的主导风向、合理进行功能分区、减少工业区对居住区的干扰和污染等，提供了重要依据，而人口和工业方面的统计资料则又是确定城市发展远景的基本依据（图 2–9 ~ 图 2–13）。

八大重点城市规划编制中对基础资料工作的高度重视，与苏联专家指导规划工作时对城市现状掌握情况的极高要求是密不可分的。正如穆欣的一句广为传颂的名言：“规划工作者对一个城市现状的了解，要像主妇对家庭琐事了解得那样清楚和细致，这决定着城市规划工作的效率。”[④] 也正是由于大量基础资料的

---

① 翻阅西安市的规划说明书，第 1 章“西安市现况”从西安古城的历史和现状谈起，重点分析了工业（大工业和手工业）、商业、交通运输及居民情况等 4 个方面。第 2 章“西安市地理气候特点”包括地理、气候、河流、地质与地下水及地震等 5 个方面；其中气候方面包括雨量、温度、湿度、霜 – 雪 – 冰期、日照与降雾、风向与风速及地层冻结深度等 7 项，河流方面分述了渭河、灞河、浐河、沣河和潏河等主要河流情况。另外第 3 章中则对矿藏、农作物和经济作物等经济资源概况进行了分析。其他几个城市的规划也都对基础资料相当重视。

② 以工程地质工作为例，成都市自 1953 年 10 月开展此项工作，“由于［是］为城市规划而进行的钻探，主要在于确定该地适宜建筑的可能性，所以我们采取钻距一〇〇〇公尺方格式的布置法，一般深度在十公尺左右，而只在具有代表性的地区和须得了解岩层时，才进行深钻，深钻占钻孔总数百分之二四，并选择了约占钻孔总数百分之五九的钻孔，进行了土样和水样的物理化学试验以求了解地耐力及地下水的侵蚀性”，“到一九五四年四月总共完成了四六个钻孔，深度为六〇二公尺，面积为二七点六平方公里”，然而，“由于我们不懂此项工作，加以钻探队技术水平较低，因而在一九五三年所取之原状土搅动很大，化验也不精确［，］得不出结论或得出错误的结论”。参见：成都市人民政府城市建设委员会．成都市城市规划工作总结（1954 年 10 月）［Z］// 成都市 1954 ~ 1956 年城市规划说明书及专家意见．中国城市规划设计研究院档案室，案卷号：0792：58.

③ 以兰州的城市勘测工作为例，“兰州的城市测量，一开始未建立全市的控制系统，就采用军事测图法进行测量，先后由几个测量队分年分区的进行测量，所造成的结果是：在市区内就有三个高程控制系统（即道路网测量的大沽标高，地形测量的坎门标高，铁路测量的海州标高）并且还有五个平面控制系统（即西固总甲方座［坐］标，七里河总甲方座［坐］标，兰州市座［坐］标，铁路座［坐］标和八四五厂安宁区座［坐］标）”，各个系统“精度低而且不一，相互不能吻合衔接。为了给各单项工程提供设计资料，还需往返重测，换算，浪费了不少人力财力，往往发生错误一时还检查不出”。参见：兰州市城市建设工作报告（1956 年 9 月）［Z］// 兰州市城市建设文件汇编（一）．中国城市规划设计研究院档案室，案卷号：1114：40.

④ 刘诗峋．启蒙老师不能忘［M］// 中国城市规划学会．五十年回眸——新中国的城市规划．北京：商务印书馆，1999：142–147.

图 2-8　西安市基础资料调查成果——自然资料和经济资料汇编报告

资料来源：[1] 西安市人民政府城市建设委员会．西安地区自然资料（1954 年）[Z]．中国城市规划设计研究院档案室，案卷号：0973．[2] 西安市人民政府城市建设委员会．西安地区经济资料（1954 年）[Z]．中国城市规划设计研究院档案室，案卷号：0974．

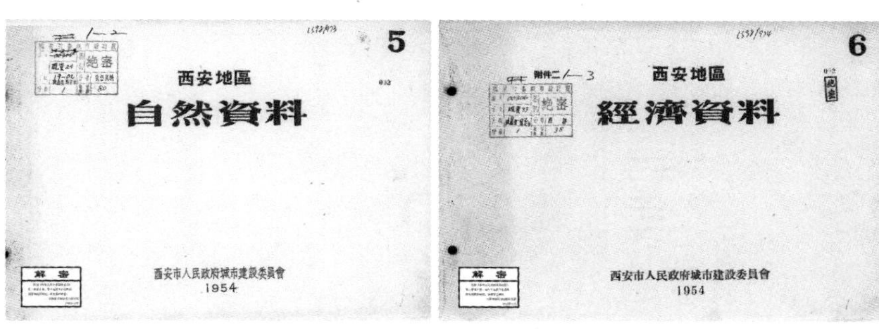

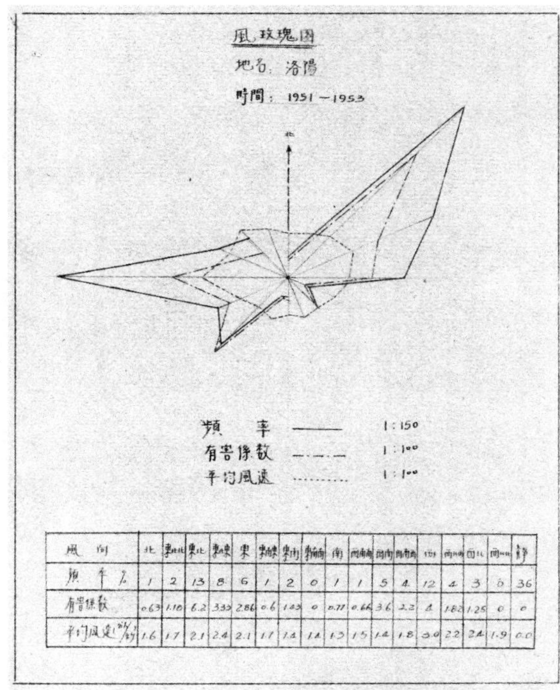

風向	北	東北北	東北	東北東	東	東南東	東南	南南東	南	南南西	西南	西南西	西	西北西	西北	北北西	静
頻率%	1	2	13	8	6	1	2	0	1	1	5	4	12	4	3	0	36
有害係数	0.63	1.10	6.2	3.33	2.86	0.6	1.43	0	0.77	0.66	3.6	2.2	4	1.82	1.25	0	0
平均風速(公尺/秒)	1.6	1.7	2.1	2.4	2.1	1.7	1.4	1.4	1.3	1.5	1.4	1.8	3.0	2.2	2.4	1.9	0.0

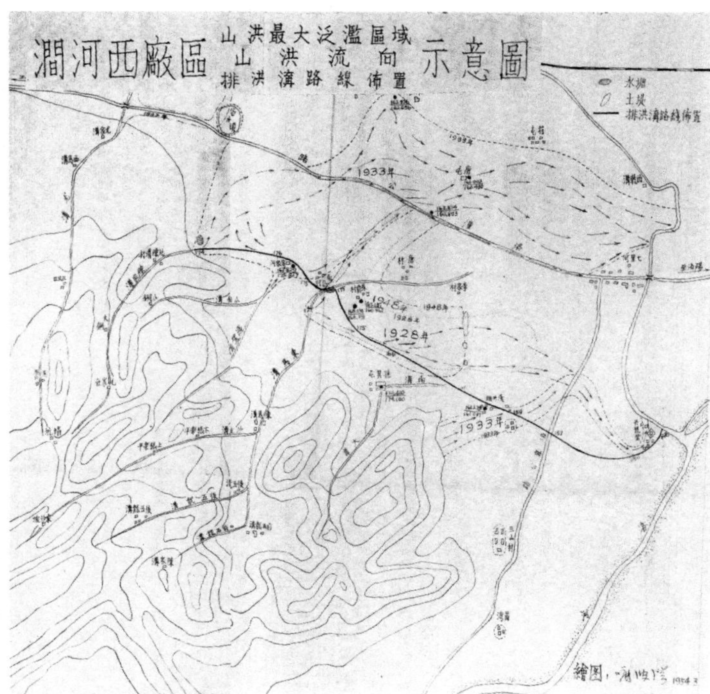

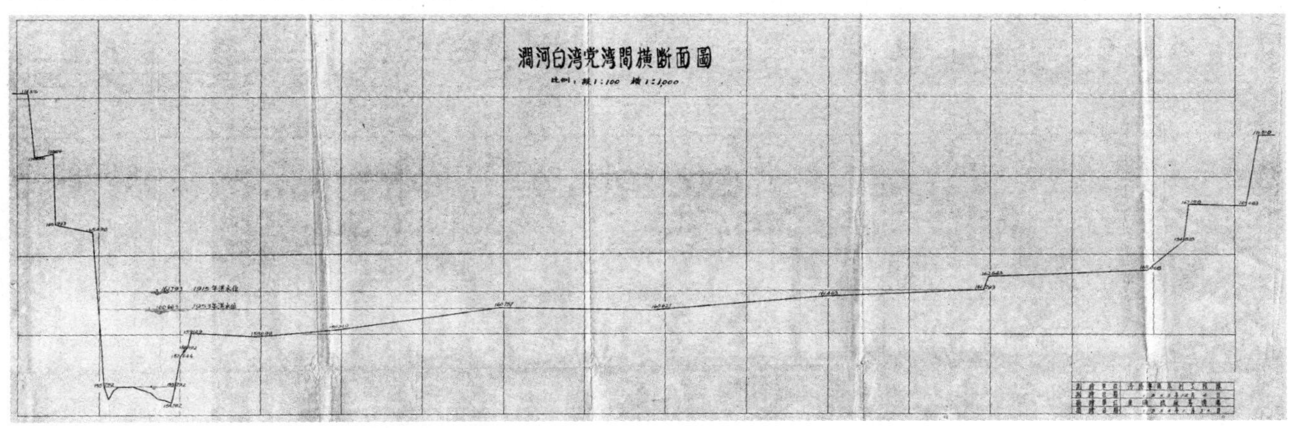

图 2-9　洛阳市基础资料调查成果——风玫瑰图（左上）

注：洛阳市规划编制工作中，对 1951 ～ 1953 年期间各个月份的风玫瑰图均有统计和绘制。本图为汇总结果。

资料来源：洛阳市人民政府城市建设委员会．洛阳市涧西区总体规划说明书（1954 年 10 月 25 日）[Z]．中国城市规划设计研究院档案室，案卷号：0834：28．

图 2-10　洛阳市基础资料调查成果——洪水分析图（右上）

资料来源：洛阳市规划资料汇集 [Z]．中国城市规划设计研究院档案室，案卷号：0828：131．

图 2-11　洛阳市基础资料调查成果——涧河白湾党湾间横断面图（下）

资料来源：洛阳市规划资料汇集 [Z]．中国城市规划设计研究院档案室，案卷号：0828：138．

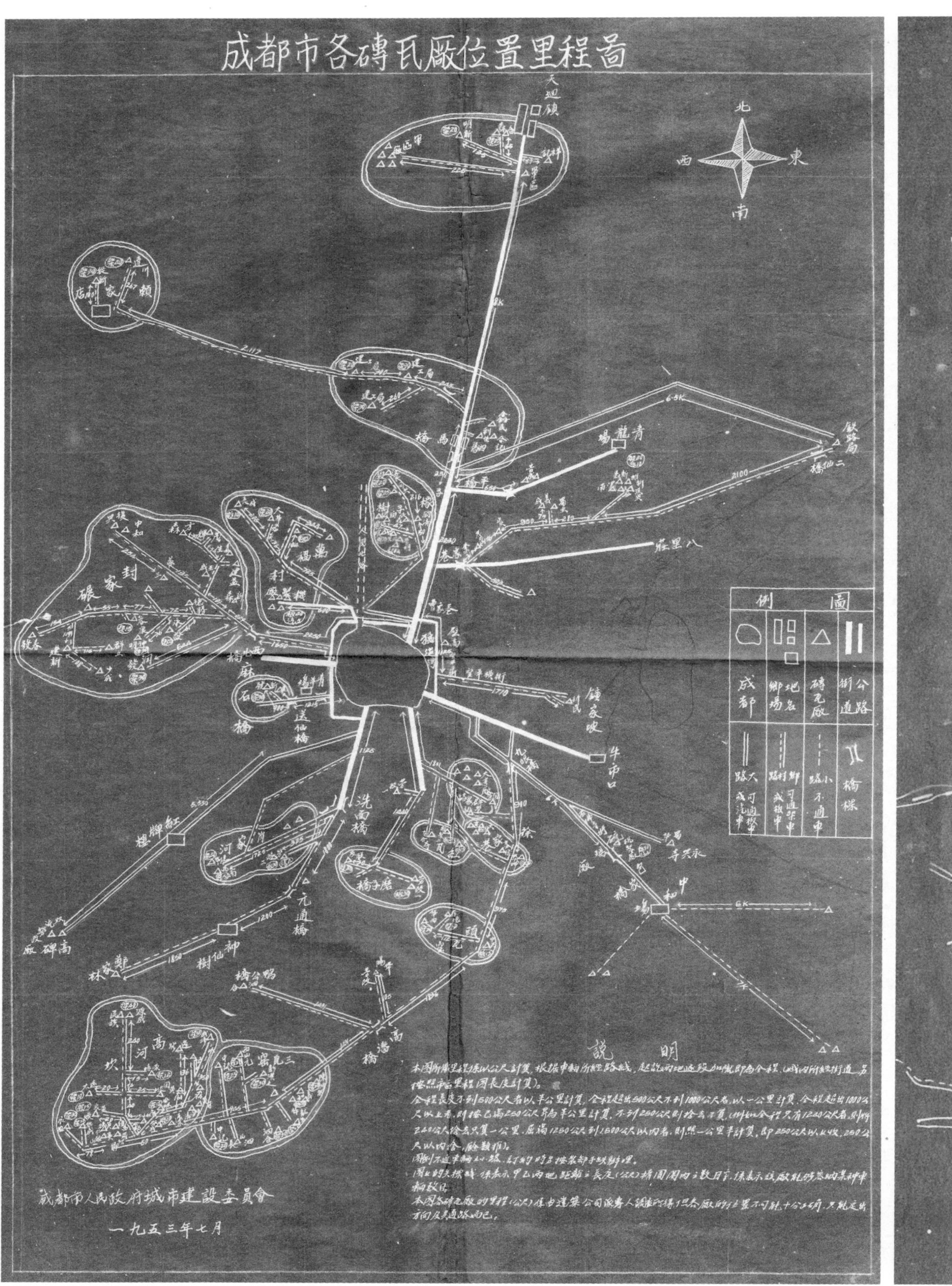

图 2-12　成都市基础资料调查成果——各砖瓦厂位置里程图

资料来源：成都市人民政府城市建设委员会．成都市城市规划资料第二集：经济情况［Z］．中国城市规划设计研究院档案室，案卷号：0789：111.

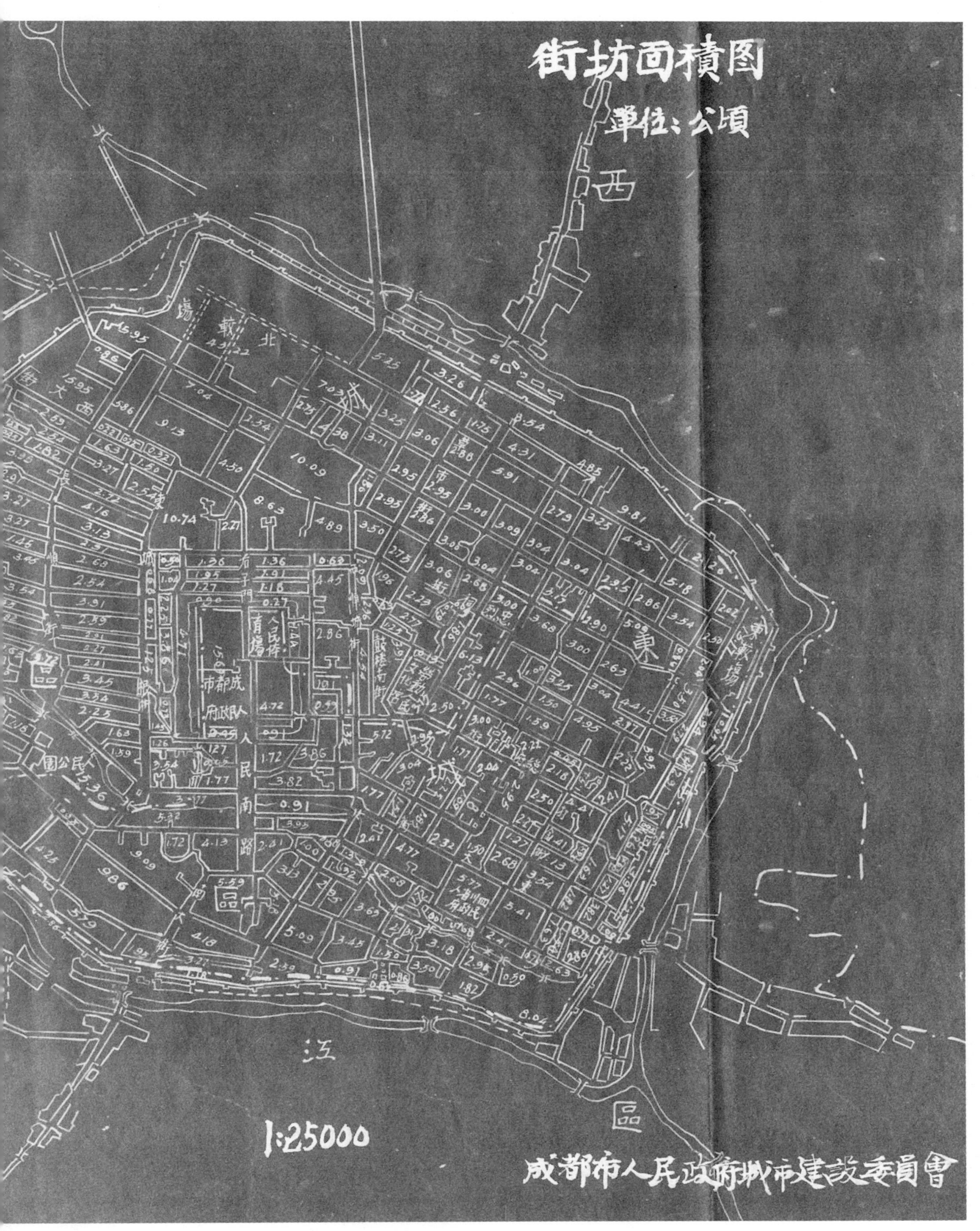

图 2-13　成都市基础资料调查成果——街坊面积图

资料来源：成都市人民政府城市建设委员会.成都市城市规划资料第二集：经济情况[Z].中国城市规划设计研究院档案室，案卷号：0789：57.

搜集和整理分析工作，使“一五”时期的城市规划工作显著有别于三年恢复时期各地自主开展的城市规划工作探索。① 同时，通过基础资料工作，也使规划工作者对基础资料的重要性有了充分的认识，并强化了对各地区、各城市发展实际情况等“基本国情”的深入了解。城市设计院“一五”工作总结中明确指出：“在各城市工作中，都收集了资料，积累了若干现状资料，使我们对中国城市的特点有较为进一步的认识。”②（彩图 2–1 ~彩图 2–3）。

2.4.2 落实工业项目建设和国民经济发展计划，作为城市发展和规划编制工作的主要依据

在八大重点城市的规划编制中，以国家计划部门提供的工业项目和国民经济发展计划作为城市发展的基础，由各地区、各城市提出相应的配套项目，再由国家计划部门进行综合平衡，确定具体的工业建设项目清单之后，就成为编制城市规划方案的主要依据。以西安市为例，第一机械工业部、第二机械工业部和燃料工业部所属的 21 个重点项目（其中 156 项工程共 14 项），以及大量的地方性工业项目建设和一系列手工业发展计划，是西安城市发展及规划编制工作最为直接的经济根据（表 2–3）。正是由于这样的一种工作性质，“一五”时期的城市规划工作又被称之为“国民经济计划的继续和具体化”。

作为规划编制工作依据的国民经济计划和工业建设项目，虽然是明确和具体的，但却是经常发生变化的，这就给规划编制工作带来严重的影响。就 156 项工程而言，它们于 1950 年 2 月、1953 年 5 月、1954 年 10 月、1955 年 3 月份多批次陆续签订，后还有口头协议补充，截止到八大重点城市规划成果上报审查的 1954 年 9 月底，还有不少项目尚未最终确定，这些项目的变化对重点城市的规划工作有着直接的乃至于颠覆性的影响，如第二汽车制造厂的计划变更（原计划在武汉建设，1955 年初决定改在成都选址）即导致了武汉、成都两市的总体规划的重大调整。

八个重点城市具体的工业建设项目的明确，特别是以“156 项工程”为代表的重点项目情况，基本上也就决定了各个城市的性质和主要职能（表 2–4）。

2.4.3 遵循“劳动平衡法”分析城市人口结构，推算近期、中期和远景城市发展规模

对城市人口结构的分析和规模预测是八大重点城市规划编制工作的一项重要内容。在具体方法上，主要遵循“劳动平衡法”，即将城市的各种居民依据职业、年龄等的不同，划分为基本人口、服务人口和被抚养人口等不同类型，通过分析各类人口的比例关系来揭示城市发展状况，进而推算远景发展规模。其

① 其实早在三年经济恢复时期，西安、兰州、太原等城市早就编制过不少城市规划方案，但这些规划方案大多由于对现状情况的掌握不够全面深入等原因而缺乏现实可操作性，正如 1951 年 8 月中财委对西安、兰州两市城市规划方案的意见：“因目前关于西安、兰州二市都市建设的自然和经济条件方面的资料，还很不够，尚须进一步作详细而深入的研究和踏勘，经过相当时期，拟出一个较为完善而具体的都市建设计划，再行从长商讨核定”。也正是根据这一指示，兰州市自 1952 年 3 月开始，邀请兰州大学、西北师院等高校的师生，开展了大规模的调查研究工作，于 1953 年 6 月完成《兰州市都市计划汇编（上卷）》，为正确编制兰州市城市规划提供了重要支撑。参见：兰州市地方志编纂委员会，兰州市城市规划志编纂委员会 . 兰州市志 · 第 6 卷 · 城市规划志 [M] . 兰州：兰州大学出版社，2001：75.

② 城市设计院第一个五年计划工作总结提纲 [Z] . 城市建设部档案，中央档案馆，档案号 259–3–17：7.

西安市工业项目建设计划一览表（1954 年） 表 2–3

项目类别		厂名	建设年限（年）/ 类型	职工人数（人）	厂区用电量（千瓦 / 日）	厂区用水量（吨 / 日）	厂区排水量（吨 / 日）	运输量（吨 / 年）
中央工业部门建厂计划	第一机械工业部	开关整流厂	1956 ~ 1957	5700	10000	4810	4600	95000
		绝缘材料厂	1956 ~ 1957	1500	1150	700	670	34500
		电力电容器厂	1956 ~ 1958	600	1350	350	330	20000
		高压电瓷厂	1956 ~ 1958	1850	1800	900	900	70000
	第二机械工业部	844 厂	1955 ~ 1958	16500	5000	8100	3200	770000
		803 厂	1955 ~ 1957	5100	5200	8180	3580	130000
		843 厂	1955 ~ 1958	5500	12000	27050	9050	210000
		853 厂	1955 ~ 1958	3900	1500	3000	—	350000
		786 厂	1955 ~ 1957	8300	2700	2300	900	70000
		248 厂	1955 ~ 1957	7200	2300	1300	700	—
		847 厂	1955 ~ 1957	3000	1600	900	500	90000
		804 厂	1955 ~ 1958	6600	1800	6000	—	140000
		113 厂	1955 ~ 1956	2500	7600	1300	450	15000
		114 厂	1955 ~ 1956	3700		1500	550	25000
	燃料工业部	国棉三厂	1952 ~ 1954	3116	3300	1930	—	23412
		国棉四厂	1953 ~ 1954	6480	6500	1870	—	41900
		国棉五厂	1954 ~ 1955	6480	6000	2140	—	41900
		国棉六厂	1955 ~ 1956	6480	6000	2140	—	41900
		国棉七厂	1956 ~ 1957	6480	6000	2140	—	41900
		印染厂	1954 ~ 1956	2026	2000	1082	—	198312
		印染厂	1955 ~ 1956	2026	2000	1082	—	198312
地方工业建厂计划		黄河棉纺厂	新建	900	—	300	—	3200
		小五金厂	新建	60（干部）	—	13	—	3600
		水暖卫厂	新建	690	—	20	—	10000
		热水瓶厂	新建	120	—	—	—	—
		西秦机器纸厂	新建	245	—	1184	261	16000
地方工业建厂计划		人民搪瓷厂	扩建	1093（增加）	—	120		158400
		玻璃制造厂	新建	600	—	—	—	—
		西北金属结构厂	新建	1610	—	—	—	—
		西安纺织厂	扩建	750（增加）	—	—	—	—
手工业计划		需要发展类	共 15 个行业，3375 户，具体名单略					
		暂时维持类	共 24 个行业，1364 户，具体名单略					
		淘汰类	共 10 个行业，1631 户，具体名单略					

注：根据 1954 年版西安市规划说明书整理。表中“燃料工业部”列出两个“印染厂”，系档案原文如此，推测应为两个不同的工厂，或建设年限略有差异。资料来源：西安市人民政府城市建设委员会．西安市城市总体规划设计说明书（1954 年 8 月 29 日）[Z]．中国城市规划设计研究院档案室，案卷号：0925：11–16.

八大重点城市的重点工业项目和城市性质 表 2-4

城市	重点工业项目（156 项工程）	城市性质
西安	西安热电站（一、二期）、西安开关整流器厂、西安电力电容厂、西安绝缘材料厂、西安高压电瓷厂、陕西 113 厂、陕西 114 厂、陕西 248 厂、陕西 786 厂、陕西 803 厂、陕西 804 厂、陕西 843 厂、陕西 844 厂、陕西 847 厂	以轻型精密机械制造和棉纺织工业为主的新工业城市
太原	太原化工厂、太原第一热电站、太原第二热电站、太原氮肥厂、太原制药厂、山西 908 厂、山西 884 厂、山西 763 厂、山西 743 厂、山西 245 厂、山西 785 厂	以冶金、机电、煤炭和化工为主的新工业城市
包头	包头钢铁公司、包头四道沙河热电站、内蒙古 447 厂、内蒙古 617 厂、包头宋家壕热电站	以钢铁工业和机械制造为主的新工业城市
兰州	兰州热电站、兰州石油机械厂、兰州炼油厂、兰州氮肥厂、兰州合成橡胶厂、兰州炼油化工机械厂	以石油化工和机械制造为主的新工业城市
洛阳	洛阳矿山机械厂、洛阳拖拉机厂、洛阳滚珠轴承厂、洛阳有色金属加工厂、洛阳热电站、河南 407 厂	以机械工业为主的新工业城市
武汉	武汉钢铁公司、武汉重型机床厂、青山热电厂	以钢铁工业和机械制造为主的新工业城市
成都	四川 715 厂、四川 719 厂、四川 784 厂、四川 788 厂、成都热电站	以精密仪器、机械制造和轻工业为主的新工业城市
大同	山西 616 厂、大同鹅毛口立井	以煤炭和电力工业为主的新工业城市

注：由于一些工业项目分期建设、统计口径不一和保密等原因，156 项工程的具体名单存在一定的争议。本表所列名单系依据较权威的《新中国工业的奠基石》一书进行的整理。资料来源：董志凯，吴江 . 新中国工业的奠基石——156 项建设研究［M］. 广州：广东经济出版社，2004.

中，基本人口是指在服务范围不是限于地方性的企业部门以及机关中的从业人员，服务人口是指为当地人口在文化福利方面服务的人员，被抚养人口是指未成年的以及没有劳动力的人口。[①] 工业生产、交通运输、建筑业和非地方性行政机关工作人员等直接从事劳动生产的基本人口，是人口分析的中心环节，也是推断远景城市发展规模的主要依据。通过分析人口结构，可以评判城市的“生产性”或“消费性”特征，而“变消费城市为生产城市”的发展方针则为远景城市人口规模的预测提供了明确的目标导向。

在规划编制过程中，八大重点城市大多以现状人口结构的分析为基础（彩图 2-4、图 2-14），将未来的规划期限划分为 3 个时期：第一期（近期，一般 5 年）、第二期（远期，一般 15 ~ 20 年）和远景（20 年以后），按照“近细远粗”的原则推算各时期的城市人口规模。

其中，第一期为人口计算的重点，通常依据国民经济计划及有关部门的发展计划，首先按人口构成[②] 对基本人口的发展情况进行分类预测，然后考虑一定的带眷系数（通常为 2.5 左右），测算相应的服务人口和被抚养人口增量，从而得出城市总人数量。第二期人口的计算，大多是在对基本人口发展形势进行分析预测的基础上，通过选定一定的城市人口结构（三类人口的比例关系），推算得出城市总人口数量。远景

① 雅・普・列甫琴柯 . 城市规划：技术经济指标及计算（原著 1952 年版）［M］. 岂文彬译 . 北京：建筑工程出版社，1954：16.

② 如工业职工、建筑业职工、手工业职工、对外交通运输职工、高等学校及中等技术学校师生员工、非地方性行政机关工作人员和军事系统工作人员等。

洛陽市各階層人口職業統計表

分類		項目	合計 小計	合計 男	合計 女	十八歲以下者 小計	十八歲以下者 男	十八歲以下者 女	十八歲至六十歲 小計	十八歲至六十歲 男	十八歲至六十歲 女	六十歲以上者 小計	六十歲以上者 男	六十歲以上者 女
		總計	110304	62653	47651	41533	22004	19529	62183	37850	24333	6588	2799	3791
獨立人口	基本人口	小計	17327	16442	885	177	122	55	17115	16287	828	35	33	2
		佔總計 %	15.7											
		工業職工	1010	822	188	12	7	5	998	815	183			
		建築業職工	1650	1644	6	4	4		1646	1640	6			
		手工業職工	1374	1218	156	37	31	6	1316	1168	148	21	19	2
		对外交通運輸業職工	2116	1992	124	9	1	8	2097	1987	116	10	10	
		高等學校教職員生	1041	959	82	96	69	27	944	889	55	1	1	
		非地方性行政机関工作人員	1100	1009	91	4	3	1	1096	1006	90			
		非地方性企業机関工作人員	1367	1272	95	6	4	2	1360	1267	93	1	1	
		非地方性医療衛生工作人員	659	516	143	9	3	6	648	511	137	2	2	
		軍事机関工作人員	7010	7010					7010	7010				
	服務人口	小計	9205	8094	1111	158	113	45	8779	7732	1047			
		佔總計 %	8.3											
		服務性工業職工	298	281	17	1		1	297	281	16			
		市內搬運工人	961	961					961	961				
		服務性手工業職工	1631	1497	134	52	45	7	1482	1364	118	97	88	9
		中小學校教職員工	700	527	173				699	526	173	1	1	
		市級行政机関工作人員	1004	917	87	1	1		1003	916	87			
		市級企業机関工作人員	1040	966	74	2	1	1	1038	965	73			
		地方性医療衛生工作人員	353	284	69	4	1	3	321	255	66	28	28	
		城市公共事業工作人員	275	206	69	17	7	10	241	182	59	17	17	
		商店店員	2773	2338	435	81	58	23	2567	2165	402	125	115	10
		公安部隊；人民警察	128	117	11				128	117	11			
		其它	42		42				42		42			
	其它人口	小計	51501	21282	30219	13295	6904	6391	35306	13114	22282	2810	1264	1546
		佔總計 %	47.0											
		家庭婦女	14795		14795				14795		14795			
		宗教職業者	57	48	9				42	37	5	15	11	4
		無固定職業者												
		失業人員	3868	3868		278	278		3536	3536		54	54	
		市區農民	22719	11694	11025	9283	4723	4560	11445	6085	5360	1991	886	1105
		市區菜農	8574	4184	4390	3734	1903	1831	4090	1968	2122	750	313	437
		其它	1488	1488					1488	1488				
被撫養人口		小計	32271	16835	15436	27903	14865	13038	893	717	176	3475	1253	2222
		佔總計 %	29											
		十八歲以下者	27903	14865	13038	27903	14865	13038						
		六十歲以上者	3475	1253	2222							3475	1253	2222
		殘廢失去勞動力者	73	53	20				73	53	20			
		十八歲以上的中小學生	820	664	156				820	664	156			

備註：1.表中所列基本人口、服務人口及其它人口中的宗教職業者、市區農業失業人員、被撫養人口中的殘廢失去勞動力者、十八歲以上的中小學生等人數係according調查數字。2.其它人口及被撫養人口中其餘人口係以普選人口調查基礎推算數字。3.無固定職業者的界綫不易劃分故未作調查。4.調查整理時間1954年1月下旬至4月上旬

12

图 2-14　洛阳市各阶层人口职业统计表（1954 年）

资料来源：洛阳市人民政府城市建设委员会．洛阳市涧西区总体规划说明书（1954 年 10 月 25 日）[Z]．中国城市规划设计研究院档案室，案卷号：0834：12.

城市人口计算相对简单，往往采取对第二期城市总人口增加一定比例（通常为 10%）[①] 而得出。

1）采用“劳动平衡法”分析城市人口的具体步骤——以太原市为例

以太原市（1954 年 10 月版初步规划）为例，采用“劳动平衡法”分析城市人口结构并预测 3 个规划时期 [②] 城市发展规模的具体步骤如下：

---

① 兰州市规划说明书指出：“1973 年以后增加 10% 的人口作为初步的城市发展的饱和人口数字”。参见：兰州市建设委员会．兰州市城市人口发展计划平衡表（1954 年 9 月）[Z]．中国城市规划设计研究院，案卷号：1105：3.

成都市规划说明书对这一经验系数的更进一步解释为：“根据工业均衡分布的原则，城市不可能无限地发展。因此远景人口之估计即以第二期 770000 人口为基础，估计将来增加为其 10%”，“届时城市之基本人口应符合社会主义城市之比例”。参见：成都市城市建设委员会．成都市城市初步规划说明书（1956 年 5 月）[Z] // 成都市 1954 ~ 1956 年城市规划说明书及专家意见．中国城市规划设计研究院档案室，案卷号：0792：24.

② 3 个规划时期的具体含义即第一期为新建工厂大部分建成时，第二期为 15 ~ 20 年，远景为居住面积定额达到 $9m^2$/ 人时。参见：太原市人民政府城市建设委员会．山西省太原市城市初步规划说明书（1954 年 10 月 5 日）[Z] // 太原市初步规划说明书及有关文件．中国城市规划设计研究院档案室，案卷号：0195：70.

a. 分析现状人口结构

主要根据有关部门或相关单位提供的资料，分类汇总各类人口的现状规模。在分析现状人口时，除了基本人口、服务人口和被抚养人口之外，还有一些比较特殊的人口，如有劳动能力但无固定职业的人员等，他们通常被单独归为“其他人口”，这一类人口主要在近期存在。基本人口、服务人口和其他人口统称为独立人口[①]（表 2–5）。

太原市现状人口结构分析（1953 年）　　表 2–5

项目				人口数量（人）	比例（%）
独立人口	基本人口			142007	32.3
	其中：	（1）中央直属工厂职工		45418	—
		（2）地方国营工厂职工		9586	—
		（3）建筑业职员及固定工人		23178	—
		（4）手工业职工		7148	—
		（5）交通运输业职工		15604	—
		（6）省级机关及贸易系统工作人员		13282	—
		（7）大学学校教职员工学生		12791	—
		（8）军事机关及部队		15000	—
	服务人口			52267	11.9
	其中：	（1）市行政机关工作人员		7332	—
		（2）文教卫生公用机关工作人员		8093	—
		（3）城市公用事业工作人员		1989	—
		（4）服务性工业及手工业职工		10808	—
		（5）商业人员		24045	—
		其中：	①国营和合作社商业	4673	—
			②私营商业	10617	—
			③行商摊贩	8755	—
	其他人口			68205	15.5
	其中：	（1）无固定职业者		5769	—
		（2）劳动妇女		50295	—
		（3）菜农		6000	—
		（4）劳改人员		6141	—
被抚养人口				177363	40.3
城市总人口				439842	100

注：根据太原市规划说明书有关数据进行整理。资料来源：太原市人民政府城市建设委员会．山西省太原市城市初步规划说明书（1954 年 10 月 5 日）[Z] // 太原市初步规划说明书及有关文件．中国城市规划设计研究院档案室，案卷号：0195：69–70.

b. 计算第一期（至新建工厂大部分建成时）人口发展规模

首先，按照基本人口的分类，分别计算工业项目建设及有关单位发展计划所导致的人口增加。具体包括 4 种情况：

① 各个城市对“其他人口”的具体分类和统计口径略有不同。如兰州市将基本人口和服务人口这两类统称为独立人口，与独立人口并列的包括被抚养人口、其他人口和流动人口，其中其他人口包括失业工人、依靠国家救济、迷信职业、宗教职业及其他人员。参见：兰州市建设委员会．兰州市城市人口发展计划平衡表（1954 年 9 月）[Z]．中国城市规划设计研究院，案卷号：1105：1–15.

（1）中央直属工厂职工——从各有关单位搜集工业和人口发展计划，分类汇总基本人口计划数；按照带眷系数 2.5，计算应有居民数量；计算人口增加数量。如表 2-6 所示，合计共增加 15.18 万人；

太原市中央直属工厂职工第一期人口增加情况预测（单位：人） 表 2-6

地区或单位	现有基本人口数（a）	基本人口计划数（b）	基本人口增加数（c）	应有居民数（d）	现有居民数（e）	应增加居民数（f）
计算公式	—	—	c= b − a	d=b × 2.5	—	f=d − e
①北郊工业区	0	20942	20942	52355	0	52355
②河西北部工业区	9729	21910	12181	54775	18200	36575
③南部化工区	0	13000	13000	32500	0	32500
④纺织工业区	0	7600	7600	19000	0	19000
⑤城北工业区太原钢铁厂及 247 厂	23063	25000	1937	62500	53600	8900
⑥城北城区其他工业	10000	11000	1000	—	—	2500
合计	42792	99452	56660	221130	71800	151830

注：1）本表系根据档案资料整理；2）表中“现有基本人口数（a）”一栏系根据“基本人口计划数（b）”和“基本人口增加数（c）”相减得到，与现有人口结构分析（表 2-5）中的 45418 略有出入；3）表中“城北城区其他工业”的“应增加居民数（f）”为估算数字，并非按带眷系数计算。

资料来源：太原市人民政府城市建设委员会 . 山西省太原市城市初步规划说明书（1954 年 10 月 5 日）[Z] // 太原市初步规划说明书及有关文件 . 中国城市规划设计研究院档案室，案卷号：0195：70–71.

（2）地方国营工厂职工、手工业职工、交通运输业职工、省级机关及贸易系统工作人员——在对人口发展形势进行分析的基础上，预计这 4 类职工基本人口的增加数量分别为 5400 人①、3850 人②、4400 人③、1700 人④，推算相应地分别增加居民数量为 13500 人、9625 人、11000 人、4250 人⑤；

（3）大学学校教职员工学生——根据教育部门的计划材料，第一期内学生增加 14200 人，教职员工增加 3000 人⑥；考虑教育发展所需的服务人口，学生以及相应的服务人口增加数量共 16000 人，教职员工以及相应的服务人口增加数量共 7500 人；

（4）建筑业职员及固定工人、军事机关及部队——第一期内这两类人口按维持现状考虑，其中建筑业职员及固定工人主要参考包头、鞍山等城市的经验。以上 4 种情形的 8 类人口增加（实际为 6 类人口增加），相应的居民数量增加合计为 213705 人。

---

① 为配合在太原市的重要企业的新建、对农业的社会主义改造以及逐步改善人民生活的需要，将有所发展；同时考虑到现状（1953 年）正在新建线材厂、制管厂和纺织厂等。

② 由于大量建厂活动和生产的增加，以及农业的发展，带来手工业人口相应的增加。

③ 由于太原、包头、大同等工业建设的发展，太原将新建一个规模较大的编组站；同时太原市基本建设和生产发展的需要，也会使交通运输职工相应增加。

④ 在第一期内将增加部分计划机关、工业和贸易机构等，除由精简编制解决一部分外，还需增加一部分人口。

⑤ 太原市的规划说明书中未对该 4 类基本人口的增加所导致的居民数量增加的计算方式进行说明，据笔者测算，这 4 类人口均以基本人口增加数为基础、按带眷系数 2.5 进行计算。

⑥ 太原工学院、山西师范学院、山西医学院等将增加 7000 人，新建第五工业学校 2500 人，其他中等技术学校增加 7000 余人。这些数据为学生和教职员工的总数量。

其次，分析现有人口中将来会产生的带眷人口。在工业职工和建筑业固定工人的现有人口（共约70000人）中，尚有相当大的部分未带眷属，预计第一期内将有大量职工会继续提出带眷要求，同时考虑到工龄3年以上的职工将予解决住宿问题的用工政策，判断随着工业生产的发展，职工的带眷问题将有一定程度的解决。预计工业职工和建筑业固定工人的现有人口中有10000人左右可带来眷属，带眷系数按2.0计算，则增加居民数量为20000人。

最后，考虑新建单位对现有城市人口的吸纳。估计新建单位在现有城市人口中吸纳的基本人口职工数量约6000人，按照带眷系数2.5，推算在现有城市人口中吸纳的居民数量为15000人。

上述前两项居民数量增加因素，扣除后一项居民数量减少因素，即为第一期末城市居民的增加数量：213705+20000-15000=218705（人）。因此，到第一期末太原市城市人口的总数量为：439842［现状］+218705［增加］=658547（人）。其中基本人口约为228630人，占城市总人口的34.8%。①

c. 推算第二期（15 ~ 20年）人口发展规模

首先，预测第二期末城市基本人口总数量。这一步骤主要根据重工业部、第二机械工业部、高等教育部等有关单位提供的经济资料，并进行综合分析得出。如表2-7所示。其中，地方国营工厂职工人口主要考虑随着工业发展和社会需要的增长，将要扩建、改建和新建部分地方国营工厂，如农业机器厂、炼焦厂（利用钢铁厂废煤、化工区二氧化碳）、织造厂及毛织厂等；大学学校教职员工学生系根据高等教育部等单位所了解的材料，太原工学院、山西医学院、师范学院等在第二期内将增加6000人，另外随着太原工业的发展将有一些专科技术学校获得进一步发展。

其次，确定第二期末基本人口比例。据太原市规划说明书："根据计算，现在太原市人口中基本人口占总数的32.3%，第一期末为34.8%；长远的参考苏联城市规划资料应为31%左右，第二期末城市基本人口占城市人口总数的比例应比长远的为高、较第一期为低，因此采用33%"。②

最后，根据基本人口数量（26.3万）及占城市总人口的比例（33%），即可计算出第二期末太原市的城市总人口数量约为80万（79.7万）人。

d. 估算远景（居住面积定额达到9m²/人时）人口发展规模

据太原市规划说明书："远景发展规模按第二期末城市人口［增］加10%，因此拟订太原市远景发展规模为900000人"。

总的来看，太原市三期人口规模的计算体现出以基本人口的分析和预测为中心，但各期人口计算的详略程

① 1）该数据系对部分类别第一期末的基本人口数据作了取整处理，即将地方国营工厂职工数量（14986人）按15000人计，手工业职工数量（10998人）按11000人计，交通运输业职工数量（20004）按20000人计，省级机关及贸易系统工作人员数量（14982人）按15000人计；2）该数据未考虑新建单位对现有城市人口的吸纳这一因素，即如果与居民数量的计算采取统一口径，则还应减去新建单位在现有城市人口中吸纳的基本人口职工数量约6000人。见"表2-7 太原市第二期基本人口数量预测"的统计。

参见：太原市人民政府城市建设委员会．山西省太原市城市初步规划说明书（1954年10月5日）［Z］．太原市初步规划说明书及有关文件．中国城市规划设计研究院档案室，案卷号：0195：71-73.

② 太原市人民政府城市建设委员会．山西省太原市城市初步规划说明书（1954年10月5日）［Z］// 太原市初步规划说明书及有关文件．中国城市规划设计研究院档案室，案卷号：0195：74.

太原市第二期基本人口数量预测（单位：人） 表 2-7

类型或地区		第二期基本人口（人）	第一期基本人口（人）
（1）中央直属工厂职工		123100	99452
其中：	①北郊工业区	21000	20942
	②河西北部工业区	23000	21910
	③南部化工区	18100	13000
	④纺织工业区（估计新建两个纺织厂）	20000	7600
	⑤城北工业区太原钢铁厂及 247 厂	28000	25000
	⑥城北城区其他工业	13000	11000
（2）地方国营工厂职工		25000	15000
（3）建筑业职员及固定工人		20000	23178
（4）手工业职工		5000	11000
（5）交通运输业职工		20000	20000
（6）省级机关及贸易系统工作人员		15000	15000
（7）大学学校教职员工学生		40000	29991
（8）军事机关及部队		15000	15000
合计		263100	228621

注：根据太原市规划说明书有关数据进行整理；第一期基本人口中地方国营工厂职工、手工业职工、交通运输业职工数量、省级机关及贸易系统工作人员 4 类人口按取整处理。

资料来源：太原市人民政府城市建设委员会 . 山西省太原市城市初步规划说明书（1954 年 10 月 5 日）[Z] // 太原市初步规划说明书及有关文件 . 中国城市规划设计研究院档案室，案卷号：0195：73–74.

度各不相同：第一期人口计算最为复杂，主要在分析各类基本人口增加情况的基础上，分类测算相对应的服务人口增加；第二期人口计算，在分析各类基本人口增加情况的基础上，根据基本人口的合理比例推算相应的城市总人口，较第一期人口计算相对概略；第三期人口计算，则直接选用经验系数直接计算得出。

纵观其他几个重点城市的人口计算，其基本原理和方法步骤等与太原市较为接近，同时在具体的人口计算方法和人口分类等一些细节上，各个城市也略有差异。譬如，在各时期人口计算方面，西安市主要通过基本人口、服务人口和被抚养人口等人口大类的分析对人口规模作相对宏观的估算[①]；兰州、成都等市则根据基本人口和服务人口等的具体构成，分别对各时期各类别的人口规模作相应的估算（图 2–15）。

① 以第二期（1960 ~ 1972 年）人口计算为例："根据二十年后对工业发展估计与基本指标，制定出基本人口、服务人口、被抚养人口间相互比例关系，推算出全市人口总数将增至一二二〇〇〇〇人左右。

1. 基本人口：估计中国经济发展至一九七二年还不会接近苏联一九五二年水平。苏联城市规划专家巴拉金建议：中国城市规划定额五年内可采用苏联四七［1947］年标准，二十年可采用苏联五二［1952］年最低标准，即基本人口占全市人口百分之三〇至三三。我们采用了占全市人口百分之三〇，约增至三六七〇〇〇人。

2. 服务人口：二十年内由于城市发展已趋于正常，市政公用事业机构、文化、生活服务设施已按计划建立起来。苏联城市建设实践已证明了这点。因而确定二十年内服务人口占百分之二十二，约增至二六八〇〇〇人。

3. 被抚养人口：估计因人民生活显著提高，职工家属日渐增多，社会主义人口迅速增长等因素，确定被抚养人口为百分之四八，约增至五八五〇〇〇人。

4. 其他人口：由于社会主义工业不断增长，有劳动条件的人已全部就业，不能就业者已转为被抚养人口，所以不再有其他人口存在"。

参见：西安市人民政府城市建设委员会 . 西安市城市总体规划设计说明书（1954 年 8 月 29 日）[Z] . 中国城市规划设计研究院档案室，案卷号：0925：23–24.

附表(一) 工業職工

類別	現有數	計劃數		所在地	說明
		1960年	1972年		
一、國營					
生物製藥廠	86	133	366	城關區鹽場堡	1960年人數是該廠根據西北區控制數字計算的1972年發展數是估計的
生物製品所	174	500	500	〃　〃	1960年1972年數所入數係根據中央衛生部指示而列。
水電籌備處	400	500	700	七里河區	
蘭州電廠	300	1,000	1,000	〃　〃	
鐵路工廠		2,400	2,400	〃　〃	
煉油設備		1,000	3,000	〃　〃	
石油機械廠		3,000	5,000	西固區	
煉油廠		3,500	8,000	〃　〃　〃	
人造橡膠廠		2,000	4,000	〃　〃　〃	
氮肥廠		3,000	8,000	〃　〃　〃	
熱電廠		800	1,200	〃　〃　〃	
油槽清洗站及陳管編車站		250	350	〃　〃　〃	
西固車站		250	350	〃　〃　〃	
西固旅客昇降所		10	20	〃　〃　〃	
給水站污水處理場		300	500	〃　〃　〃	
錦綸廠		3,260	4,000	將來擬設於安寧區	
電石廠		900	1,000	〃　〃	
毛紡廠			15,000	將來擬設於大洪溝以東地帶	
銅鉛鋅加工廠			4,000	將來擬設於安寧堡	
小計	960	22,793	59,336		
二、地方國營					
甘肅機器配件廠	184	500	1,500	七里河區	將來擬改爲農具廠，爲各省農業生產農具。
蘭州機器廠	145	500	800	市中心區（東車站附近）	爲蘭州各廠機器修配。
蘭州鐵工廠	239	800	1,200	〃　〃（將來在東車站附近）	以金屬結構爲主。
汽車修理廠			1,000	安寧區（十里店）	
蘭州皮毛廠		300	800	廟灘子	
蘭州汽車配件廠	262	450	500	安寧區（十里店）	專做汽車零件，不做修理工作。
蘭州骨肥廠		300	500	廟灘區（并擬在其他區設分廠）	

—4—

图 2–15　兰州市基本人口估算表（部分工业职工）

资料来源：兰州市建设委员会．兰州市城市人口发展计划平衡表（1954 年 9 月）[Z]．中国城市规划设计研究院，案卷号：1105：5.

2）八大重点城市的人口规模推算情况

八大重点城市的现状人口、各规划期的人口规模推算及规划审批情况如表 2–8 所示。八个城市的现状城市人口从不足 10 万（大同）到 150 万左右（武汉）规模不等，规划确定的人口规模大多有翻倍增长，其中基本人口普遍提高到了 30% 左右（表 2–8）。

不难理解，八大重点城市各时期人口规模的推算，主要依据于国民经济计划及有关部门的发展计划等经济资料。与城市远景发展依据的确定一样，国民经济计划和部门发展计划的多变，是导致城市人口规模推算经常调整，进而对城市规划工作产生重大影响的核心因素。正如成都市对规划工作进行的总结——"规划［工作］中的主要问题是：成都市的经济发展资料，长时间不能肯定，因而规划亦无法肯定，由于经济发展资料的变更而引起规划工作不断的反［返］工更改。虽然规划未肯定，但为了工业建设的急需，只得按未定的规划局部实施，造成既成事实，因而使由经济发展的改变而改变规划时，引起一定的矛盾，造成某些不合理的现象"。[①] 也正是这种原因，在八大重点城市编制工作的后期，出现了首先由国家建委

① 成都市城市建设委员会．成都市城市初步规划说明书（1956 年 5 月）［ Z ］// 成都市 1954 ~ 1956 年城市规划说明书及专家意见．中国城市规划设计研究院档案室，案卷号：0792：126.

八大重点城市现状及各规划期的人口规模一览表　　表 2-8

城市		西安	太原	包头	兰州	洛阳	武汉	成都	大同
现状（1953 年）	城市总人口（万）	68.7	44.0	11.1	35.8	11.0	144.7	59.8	9.7
	基本人口（万）	14.4	14.2	1.13	8.3	1.7	31.2	9.2	1.1
	比例（%）	22.2	32.3	11.2	23.0	15.7	21.5	15.5	11.8
第一期	期限	1957 年	1958 年	1962 年	1960 年	1960 年（涧西区）	1960 年	1959 年	1972 年
	城市总人口（万）	100.0	66.0	31.0	63.6	7.5	176.0	66.1	29.8
	基本人口（万）	27.8	22.8	12.9	17.2	3.29	40.5	14.2	8.6
	比例（%）	27.8	34.8	41.7	27.0	40.0	23.0	21.5	29.0
第二期	期限	1972 年	15~20 年	1962 年以后	1972 年	1972 年（涧西区）	1972 年	1967 年	1992 年
	城市总人口（万）	122.0	80.0	60.0	81.6	13.3	197.7	77.0	32.0
	基本人口（万）	36.7	26.3	19.8	24.5	4.4	47.4	21.4	9.6
	比例（%）	30.0	33.0	33.0	30.0	33.0	24.0	28.0	30.0
远景	期限	1972 年以后	远景	—	1973 年以后	—	—	远景	—
	总人口	—	90.0	—	88.0	—	—	85.0	—
国家批准远景城市人口规模（万）		120.0	70.0（草案）	60.0	80.0	15.0（涧西区）	—	85.0	32.0（考虑 50.0）

注：1）本表中包头市数据采取 1955 年 5 月版规划说明书，其他均采用 1954 年 10 月上报审查版规划说明书；2）国家批准远景城市人口规模一栏中，包头市数据引自 1955 年 11 月 19 日中共中央电报同意并转发的国家建委党组审查意见（1955 年 10 月 7 日向中央报告）"城市远期人口发展规模暂定为六十万人"，洛阳、成都两市的数据引自国家建委的批复文件，西安市数据引自《西安市规划工作情况汇报》，兰州市数据引自《兰州市城市建设工作报告》，太原市数据引自 1955 年 5 月 30 日国家建委审查意见草案。

参见：[1] 中央 . 对包头城市规划方案等问题的批示 [Z]. 城市建设部档案 . 中央档案馆，案卷号：259-1-20：2.

[2] 国家建设委员会 . 国家建设委员会对洛阳市涧河西工业区初步规划的审查意见（1954 年 12 月 17 日）[Z] // 洛阳市规划综合资料 . 中国城市规划设计研究院档案室，案卷号：0829：21.

[3] 国家建设委员会 . 国家建设委员会对成都市初步规划的审查意见（1955 年 12 月）[Z] // 成都市 1954 ~ 1956 年城市规划说明书及专家意见 . 中国城市规划设计研究院档案室，案卷号：0792：83.

[4]《当代西安城市建设》编辑委员会 . 当代西安城市建设 [M]. 西安：陕西人民出版社，1988：34.

[5] 兰州市地方志编纂委员会，兰州市城市规划志编纂委员会 . 兰州市志・第 6 卷・城市规划志 [M]. 兰州：兰州大学出版社，2001：84.

[6] 国家建设委员会 . 对太原市初步规划的审查意见（草稿）[Z]. 太原市初步规划说明书及有关文件 . 中国城市规划设计研究院档案室，案卷号：0195：19-28.

[7] 大同市城市规划说明书（1955 年）[Z]. 大同市城乡规划局藏，1955.

对城市规模进行核定，进而再按指定的人口规模编制规划方案的情况。①

---

① 以包头市为例，早在 1953 年 9 月，包头市绘制出"包头市二十年发展草图"，并作出《包头市二十年发展计划草图说明》，估算 20 年城市基本人口增加到 66 万人，推算总人口达 200 万人。

1954 年 1 月，建工部城建局和包头市建委联合组成包头市城市规划工作组，工作组根据有关工业指标及市领导意见，提出城市规模为 100 万人及 150 万人两个规划方案。1954 年 3 月间，根据建工部城建局领导意见，研究了城市规模（100 万人口以内）和城市几项用地指标，并按包钢厂址的三个初步方案（宋家壕、万水泉和徐白头窑子）提出城市位置选择的五个规划示意草图。

1954 年 4 月，中共中央华北局由刘秀峰主持召开会议，内蒙古分局、包头市委、华北财委及中央有关单位负责同志参加，根据国家计划安排，研究估计第一期（1962 年以前）和第二期（15 ~ 20 年）的总人口规模分别为 41.7 万和 77.6 万，将城市规模初定为 80 万人。1954 年 6 月，在包钢和二机部两个厂的厂址均已确定后，规划工作组作出了城市规模为 80 万人、三条干道直通包钢大门的规划示意图及简要说明书。

1954 年 12 月 2 日，国家建委规划局包头市城市规划审查小组对规划进行了审查，认为包头规模过大，应缩减为 70 万人。包头市按照远景 70 万的人口规模对城市规划进行了修改，于 1954 年 12 月 30 日完成《包头城市总体规划初步设计简要说明书》。

1955 年 3 月，国家建委修改了包头市的规划经济指标，城市规模调整为 60 万人，城市用地相应缩减。1955 年 12 月中共中央批准的包头市规划方案，即依据这一规模而编制。

参见：[1] 包头市城市规划文件 [Z]. 中国城市规划设计研究院档案室，案卷号：0504：9-10，29-31，53-54，75-80.

[2] 包头市城市规划经验总结 [Z]. 中国城市规划设计研究院档案室 . 案卷号：0505：3-4.

2.4.4 选用规划定额指标，确定各类城市用地的规模

在城市用地规模方面，八大重点城市规划工作主要涉及工业区用地、生活居住用地、市政设施用地（如对外交通设施和污水处理设施）、工业配套服务用地（如仓库区、服务性工业用地和工业发展备用地）等4大类用地安排。其中，工业区用地和市政设施用地，大多由国家计划或部门要求加以确定；工业配套服务用地通常采用与生活居住用地相对的一些“相对指标”加以研究和确定。[①] 城市规划编制工作的重点，实际主要集中在生活居住用地规模的确定方面。

生活居住用地主要由居住街坊用地[②]、公共建筑用地[③]、绿化用地[④] 和道路广场用地[⑤] 等4类构成。各类用地规模的确定，主要是在人口规模预测的基础上，选用一些具有“国家标准”性质的人均规划定额指标，具体计算较多参考苏联的《城市规划：技术经济指标和计算》一书[⑥] 并结合城市特点选用。以规划工作中最核心的一项规划定额——人均居住面积（属建筑面积范畴的概念）为例，它是决定城市居住用地面积，进而影响城市规模大小的一个重要指标；通过选用人均居住面积定额，辅以平面系数[⑦]、层数分配比例[⑧]、建筑密度和人口密度等指标，即可推算出居住街坊用地面积。

此外，考虑到用地范围内实际存在的一些“不可建设”因素，居住街坊用地还有一定的备用地指标（通常为10%左右）[⑨]；为了强调对旧城的充分利用，生活居住用地的计算还涉及城市利用率的概念，如

---

① 就仓库区而言，西安市的规划说明指出：“仓库防护带用地：是指国家基本仓库、工厂防护地带、自来水［水］源、污水处理厂防护带用地。西安大部为机械、纺织工厂，对居民有害影响不大，根据苏联经验研究后，制定仓库防护带用地约占生活［居住］用地面积百分之八，共计面积七点四平方公里。”参见：西安市人民政府城市建设委员会．西安市城市总体规划设计说明书（1954年8月29日）［Z］．中国城市规划设计研究院档案室，案卷号：0925：26.

就服务性工业用地而言，太原市的规划说明是：“关于服务性的工业用地因没有现状的详细调查，在远景规划上拟按［19］52年列甫琴柯著‘城市规划’规定一般为每人5m²，全市共用地4.5平方公里并包括备用地在内”。参见：太原市人民政府城市建设委员会．山西省太原市城市初步规划说明书（1954年10月5日）［Z］// 太原市初步规划说明书及有关文件．中国城市规划设计研究院档案室，案卷号：0195：76.

另外，查阅苏联《城市规划：技术经济指标和计算》，书中指出：“为了规定属于城市发展计算期的未来期限建筑界限内的总用地面积，在缺少更准确资料的情况下，可以使用与生活居住用地面积对比的相对指标”，“在拟设的工业无需［须］特大面积的城市中，这种指标大概介于百分之十五至二十之间。在城市用地建筑界线内，铁路运输地带的面积，在大城市可以大致定为生活居住用地的百分之八至十”，“其他非居住部分使用的土地可计算至百分之十”。参见：雅·普·列甫琴柯．城市规划：技术经济之指标及计算（原著1952年版）［M］．岂文彬译．北京：建筑工程出版社，1954：63-64.

② 又称居住用地、住宅用地。

③ 又称公共福利设施用地或公共机关用地。

④ 又称公共绿地。

⑤ 又称街道广场用地。

⑥ 雅·普·列甫琴柯著。该书有1953年版［1947年俄文原著］和1954年版［1952年俄文修订版］两个版本，是当时传播相当广泛的规划工作者使用手册。

⑦ 住宅内除了居住功能外，还有厨房、卫生间等其他功能，平面系数及居住面积占住宅建筑面积的比重。

⑧ 即低层（通常为一层）、二层和高层（三层以及上）住宅所占比重。

⑨ “应该注意，在建筑中的许多情形下，必须考虑当地用地的自然特点（地形、土壤承重力、喀尔斯特现象等）。这一点将使与上表［各类居住建筑的用地面积与建筑性质的关系表］所举的指标多少有些出入。因此，实际上对于居住街坊应保留大致为百分之十的备用地”。参见：雅·普·列甫琴柯．城市规划：技术经济之指标及计算（原著1952年版）［M］．岂文彬译．北京：建筑工程出版社，1954：52.

洛阳和武汉两市第一期（1953 ~ 1960 年）的城市利用率分别为 7% 和 10%①。为了避免机械地只对某一部分用地进行计算和设计，而忽视对整体情况的把握②，居住街坊用地计算中还普遍采用了用地平衡表的工具，它对于更全面地安排各类用地，评价规划设计方案的经济性和用地分配的合理性等具有重要意义（表 2–9）③。兰州和武汉等城市的规划编制工作中还将用地平衡表拓展至城市整体层面（表 2–10）。

太原市生活居住用地平衡表

表 2–9

项目		居住街坊	公共建筑	公共绿地	街道广场	合计（居住生活用地）
第一期（1958 年）	总面积（公顷）	288	144	144	168	744
	比重（%）	39.0	19.5	19.5	22.0	100
	人均指标（m^2/ 人）	12	6	6	7	31
第二期（15 ~ 20 年）	总面积（公顷）	1600	640	640	800	3680
	比重（%）	44.0	17.0	17.0	22.0	100
	人均指标（m^2/ 人）	20	8	8	10	46
第三期（远景）	总面积（公顷）	2970	1080	1080	1440	6570
	比重（%）	45.2	16.4	16.4	22.0	100
	人均指标（m^2/ 人）	33	12	12	16	73
苏联标准（50 万人）	比重（%）	43.0	16.0	16.0	25.0	100
	人均指标（m^2/ 人）	33	12	12	19	76

注：1）第二期的用地包括建成区的用地在内；2）“苏联标准”一栏为笔者所加，对应人口规模为 50 万的城市（太原市的人口规模在 50 万以上）。

资料来源：[1] 太原市人民政府城市建设委员会 . 山西省太原市城市初步规划说明书（1954 年 10 月 5 日）[Z] // 太原市初步规划说明书及有关文件 . 中国城市规划设计研究院档案室，案卷号：0195：83.

[2] 雅 · 普 · 列甫琴柯 . 城市规划：技术经济之指标及计算（原著 1952 年版）[M] . 岂文彬译 . 北京：建筑工程出版社，1954：57.

在八大重点城市的规划编制过程中，大都对规划定额指标进行过一些专门研究。以包头市为例，据 1954 年《包头市规划 80m^2/ 人用地定额说明》，“包头市是新建的社会主义的重工业大城市，城市规划定额是根据以城市规划的合理性与中国具体经济条件的可能性相结合而制订的”，“定额中最关键的问题是居住面积的问题，根据苏联规定每人最低的卫生标准居住面积应为 9m^2/ 人，并以居住面积约占建筑面积 45% 的比例计算，每人住宅建筑面积为 20m^2。照目前中国经济条件及 15 ~ 20 年内我国经济发展的

① 两市在第二期（1961 ~ 1972 年）的城市利用率均采用 5% 的标准。参见：

[1] 洛阳市人民政府城市建设委员会 . 洛阳市涧西区总体规划说明书（1954 年 10 月 25 日）[Z] . 中国城市规划设计研究院档案室，案卷号：0834：40–41.

[2] 武汉市城市总体规划说明书（1954 年 10 月）[Z] . 中国城市规划设计研究院档案室，案卷号：1046：72.

② 由于生活居住用地的各组成部分之间存在着一定的相互关系，其中一部分的变动不可避免地会引起其他部分的变动。

③《城市规划：技术经济指标和计算》指出：“合乎法则的正确编制的用地平衡表具有很大的意义，它一方面可以引导工作入于正规，另一方面可以从用地部分在全市平面总结构中是否适当的观点来检查已做出的规划方案”；“生活居住用地平衡表可以分为下列数种：(一) 现有的——亦即在制定改建设计前反映实际情况的；(二) 标准的或预计的——在初步规划工作阶段按标准数字编成涉及的任务；(三) 设计的——由于测量已完成总平面图中各组成部分的结果而制定出来的”。参见：雅 · 普 · 列甫琴柯 . 城市规划：技术经济之指标及计算（原著 1952 年版）[M] . 岂文彬译 . 北京：建筑工程出版社，1954：59–60.

兰州市规划区土地使用分类计算表（1954 ~ 1972 年）　　表 2-10

<table>
<tr><th>序号</th><th colspan="2">分类及摘要（亚类）</th><th>面积（公顷）</th><th>比重（%）</th></tr>
<tr><td rowspan="3">1</td><td colspan="2">工厂用地</td><td>2501.30</td><td>19.75</td></tr>
<tr><td rowspan="2">其中：</td><td>已确定之计划工厂用地</td><td>1151.79</td><td>—</td></tr>
<tr><td>保留计划工厂用地</td><td>1349.51</td><td>—</td></tr>
<tr><td rowspan="3">2</td><td colspan="2">铁路用地</td><td>581.75</td><td>4.59</td></tr>
<tr><td rowspan="2">其中：</td><td>铁路场站及沿线用地</td><td>531.95</td><td>—</td></tr>
<tr><td>铁路专用线用地</td><td>49.80</td><td>—</td></tr>
<tr><td rowspan="4">3</td><td colspan="2">居住用地</td><td>4549.03</td><td>35.92</td></tr>
<tr><td rowspan="3">其中：</td><td>住宅及公共建筑</td><td>2807.80</td><td>—</td></tr>
<tr><td>公共绿地</td><td>1242.84</td><td>—</td></tr>
<tr><td>道路及广场</td><td>598.39</td><td>—</td></tr>
<tr><td>4</td><td colspan="2">仓库用地</td><td>93.90</td><td>0.74</td></tr>
<tr><td>5</td><td colspan="2">自来水水源地</td><td>78.00</td><td>0.62</td></tr>
<tr><td>6</td><td colspan="2">污水处理厂</td><td>99.00</td><td>0.78</td></tr>
<tr><td>7</td><td colspan="2">保留菜园</td><td>674.00</td><td>5.32</td></tr>
<tr><td>8</td><td colspan="2">已确定之计划工业区道路</td><td>195.70</td><td>1.55</td></tr>
<tr><td>9</td><td colspan="2">保留计划工业区道路</td><td>124.22</td><td>0.98</td></tr>
<tr><td>10</td><td colspan="2">全市性联系道路（走廊地带的道路）</td><td>5.31</td><td>0.04</td></tr>
<tr><td>11</td><td colspan="2">蔬菜供应区</td><td>730.03</td><td>5.76</td></tr>
<tr><td>12</td><td colspan="2">公墓区</td><td>71.26</td><td>0.56</td></tr>
<tr><td>13</td><td colspan="2">防护带</td><td>1160.68</td><td>9.16</td></tr>
<tr><td>14</td><td colspan="2">砖瓦制造区</td><td>614.00</td><td>4.85</td></tr>
<tr><td>15</td><td colspan="2">各区边缘空沟道及崎零地区</td><td>1187.82</td><td>9.38</td></tr>
<tr><td colspan="3">总计</td><td>12666.00</td><td>100.00</td></tr>
</table>

资料来源：兰州市建设委员会．兰州市城市总体初步规划说明（1954 年 9 月）［Z］．中国城市规划设计研究院档案室，案卷号：1109：29.

情况，人民的居住水平是难以达到这个标准的。并同样在城市建设其他方面的各项建设投资如绿化、道路、公共建筑等等，也是不能赶上苏联城市规划定额中的合理标准的，因此为了我们城市修建的可能性，根据中国具体经济情况［，］参考苏联各项用地定额相应地制出包头市城市规划近期修建的各项定额及 15 ~ 20 年远景的各项定额”。① “关于近期与 15 ~ 20 年远景中绿地、公共建筑［、］道路广场等用地定额，是参考苏联的定额比例，以近期居住面积 4.5m^2/ 人［、］15 ~ 20 年远景定额居住面积 6m^2/ 人为基础，相适应的留出空地，以免与将来的合理发展发生矛盾”，“所留出的空地在近期或 15 ~ 20 年内是否能完全修建起来［，］则决定于国家经济发展的情况”；同时，“为了城市 15 ~ 20 年后能够继续合理的发展，故在城市规划中按每人 9m^2 居住面积的定额标准，适当的保留空地以保证城市将来发展的合理性” ②（图 2-16，表 2-11）。

---

① 包头市规划用地定额说明（1954 年）［Z］// 包头市城市规划文件．中国城市规划设计研究院档案室，案卷号：0504：46-47.

② 同上．案卷号：0504：46-47.

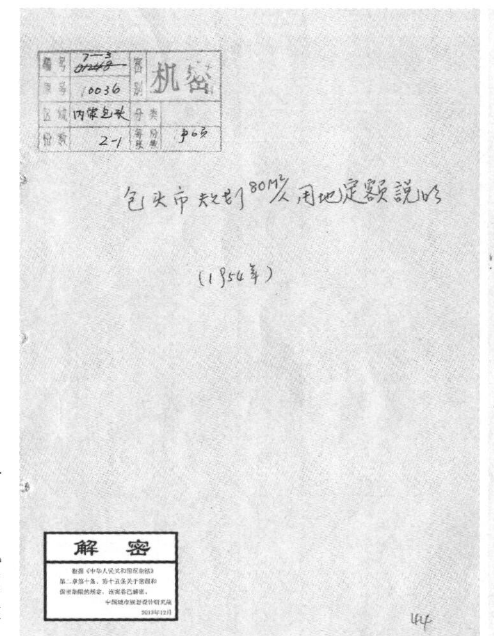

包頭市規劃用地定額說明

包頭市是新建的社會主義的重工業大城市，城市規劃定額是依據以城市規劃的合理性與中國具體經濟條件的可能性相結合而製[illegible]的。

定額中最關鍵的問題是居住面積的問題，根據蘇聯規定每人最低的衛生標準居住面積應爲9 M²／人，並以居住面積約佔建築面積45%的比例計算，每人住宅建築面積爲20 M²。照目前中國經濟條件及15—20年內我國經濟發展的情況，人民的居住水平是難以達到這個標準的。並同樣在城市建設其他方面的各項建設投資如綠化、道路、公共建築等等，也是不能趕上蘇聯城市規劃定額中的合理標準的，因此爲了我們城市修建的可能性，根據中國具體經濟情況參考蘇聯各項用地定額相應[illegible]製出包頭市城市規劃近期修建的各項定額及15—20年遠景的各項定額。

近期修建定額，居住面積以4.5M²／人計算，居住用地15M²／人公共綠地爲8M²／人，公共建築用地6M²／人，街道[illegible]場用地10M²／人（因街道穿過未建區的空地故道路面積與生活用地面積比例較建成後爲大）共39M²／人。（詳見附件）

15—20年遠景定額是以居住面積爲6M²／人爲基礎，其他各項用地相應計算。則生活用地爲22M²／人公共綠地爲12M²／人，公共建築用地爲8M²／人街道[illegible]場用地爲12M²／人共計生活用地54M²／人（詳見附件）

關於近期與15—20年遠景中綠地，公共建築道路[illegible]場等用地定額，是參考蘇聯的定額比例，以近期居住面積4.5M²／人15—20年，遠景定額居住面積6M²／人爲基礎，相適應的留出空地，以免與將來的合理發展發生矛盾。所留的空地在近期或15—20年內是否能完全修建起來則決定於國家經濟發展的情況。

爲了城市15—20年後能夠繼續合理的發展，故在城市規劃中按每

图 2-16 《包头市规划 80m²/人用地定额说明》档案

注：左图为封面，右图为首页。

资料来源：包头市规划用地定额说明（1954 年）[Z] // 包头市城市规划文件．中国城市规划设计研究院档案室，案卷号：0504：44，46.

包头市初步规划各项定额一览表（1954 年）　　表 2-11

项目	15 ～ 20 年远景定额		近期 7 年修建定额		连同保留地规划定额	
	用地面积（m²/ 人）	比例（%）	用地面积（m²/ 人）	比例（%）	用地面积（m²/ 人）	比例（%）
居住面积	6	—	4.5	—	9	—
居住用地	22	41	15	38	33	41
公共绿地	12	22	8	22	18	23
公共建筑用地	8	15	6	15	12	15
道路广场	12	22	10	25	17	21

资料来源：包头市规划用地定额说明（1954 年）[Z] // 包头市城市规划文件．中国城市规划设计研究院档案室，案卷号：0504：46-47.

关于规划定额指标的有关问题，第 9 章将作进一步的具体讨论。

2.4.5　围绕工业区建设及其配套服务，进行工人居住区和其他城市用地的合理布局

“一五”时期国家确定“变消费城市为生产城市”的方针，工业建设在城市各项功能中居于十分突出的地位，“工业为城市的基础，没有工业就没有城市”①。八大重点城市的用地布局贯穿了为工业化建设服务的思想观念，工人居住区、仓库区、对外交通和预留用地等的布局，均紧紧围绕工业区建设这一中心环节而

① 包头市新市区初步规划工作总结（初稿）（1956 年 7 月 28 日）[Z] // 包头市城市规划经验总结．中国城市规划设计研究院档案室，案卷号：0505：10.

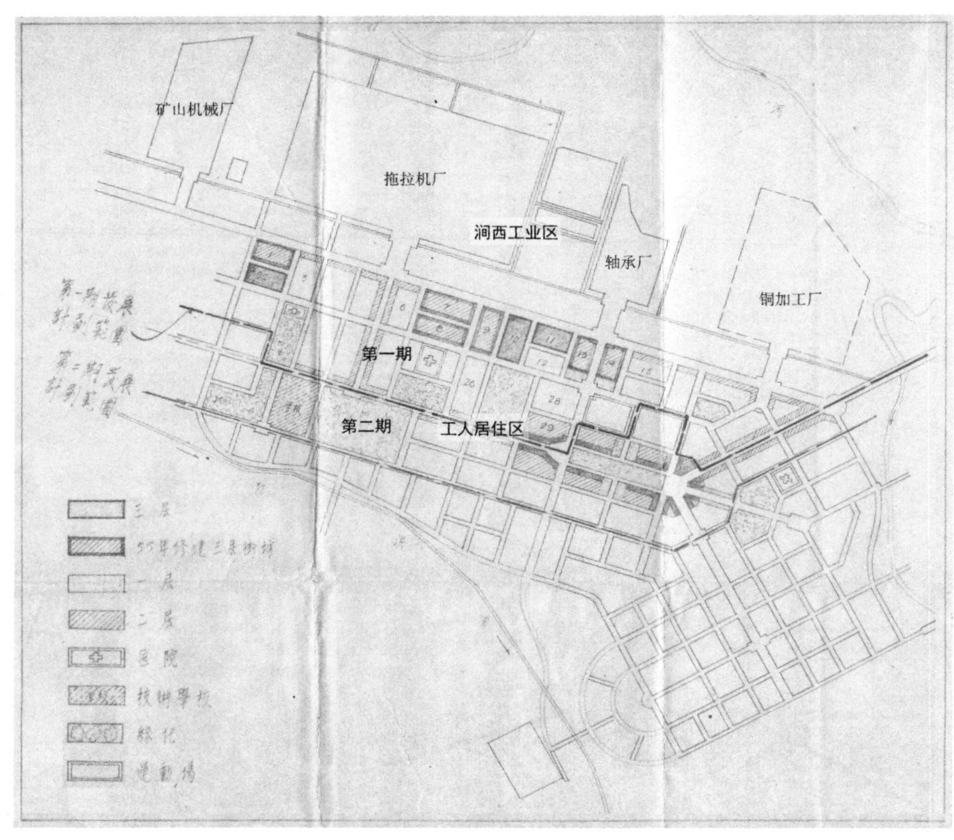

图 2-17　洛阳涧西区的工人居住区布置

注：图中部分文字为笔者所加。资料来源：城市设计院洛阳工作小组．洛阳涧西区根据中央节约精神规划修改总结报告（1955 年 8 月 25 日）［Z］．洛阳市规划综合资料．中国城市规划设计研究院档案室，案卷号：0829：80.

展开，重点考虑与工业区的便捷联系和服务配合，以取得良好的协作关系。① 由于重点工业项目的厂址选择大都在规划工作之前进行，如洛阳的拖拉机厂、滚珠轴承厂、矿山机械厂和铜加工厂等布置在旧城以西的涧西地区，包头的钢铁厂和二机部两个重型机械厂分别布置在宋家壕地区和城市东北部，成都的一系列工厂主要布置在东北郊地区，这些重要工厂位置的先行确定，基本上也就决定了城市工业区布局的基本格局。

工人居住区的布局是八大重点城市规划编制工作的一项重点任务，主要依据临近相应的工业区以方便工人的交通联系，并强调对旧城的利用规划原则。如洛阳涧西区的工人居住区紧邻工业区并平行布置，包头新市区的居住区主要包括包钢住宅区和二机部住宅区两大部分，西安、成都、太原等城市的居住区均以旧城边缘为基础并向工业区方向发展。根据防空安全和卫生健康等要求，各类用地布局体现了功能分区和防护隔离的特点，在工业区和工业区之间、工业区和居住区之间等，均有相当宽度的防护距离。同时，各类用地的综合布局还考虑到了交通流量等问题，而公共服务设施的规划则体现了相对均衡的布置原则（图 2-17 ~ 图 2-23、彩图 2-5 ~ 彩图 2-18）。

---

① 譬如，对外交通用地的布局重点考虑与工业区的交通组织，同时考虑对城市的客运服务功能并尽可能减少对城市的分割等不利影响；仓库区的布置则主要体现出与对外交通用地相结合，以便合理的运输组织。工业备用地的布局通常有两种方式，一种方式是布置在工业区附近，如包头钢铁厂、洛阳拖拉机厂附近地区均有工业备用地，这种布局有利于不同工厂之间的生产协作，另一种方式是从城市整体结构考虑，通常选择现有工业区的一些相对方向，如成都的东北郊为近期工业区、西南郊和东南郊则布局了工业备用地，这种布置大多是出于工业区性质不同和分散布局的目的，而一些无污染类的工业则大多在旧城的居住区内布局。

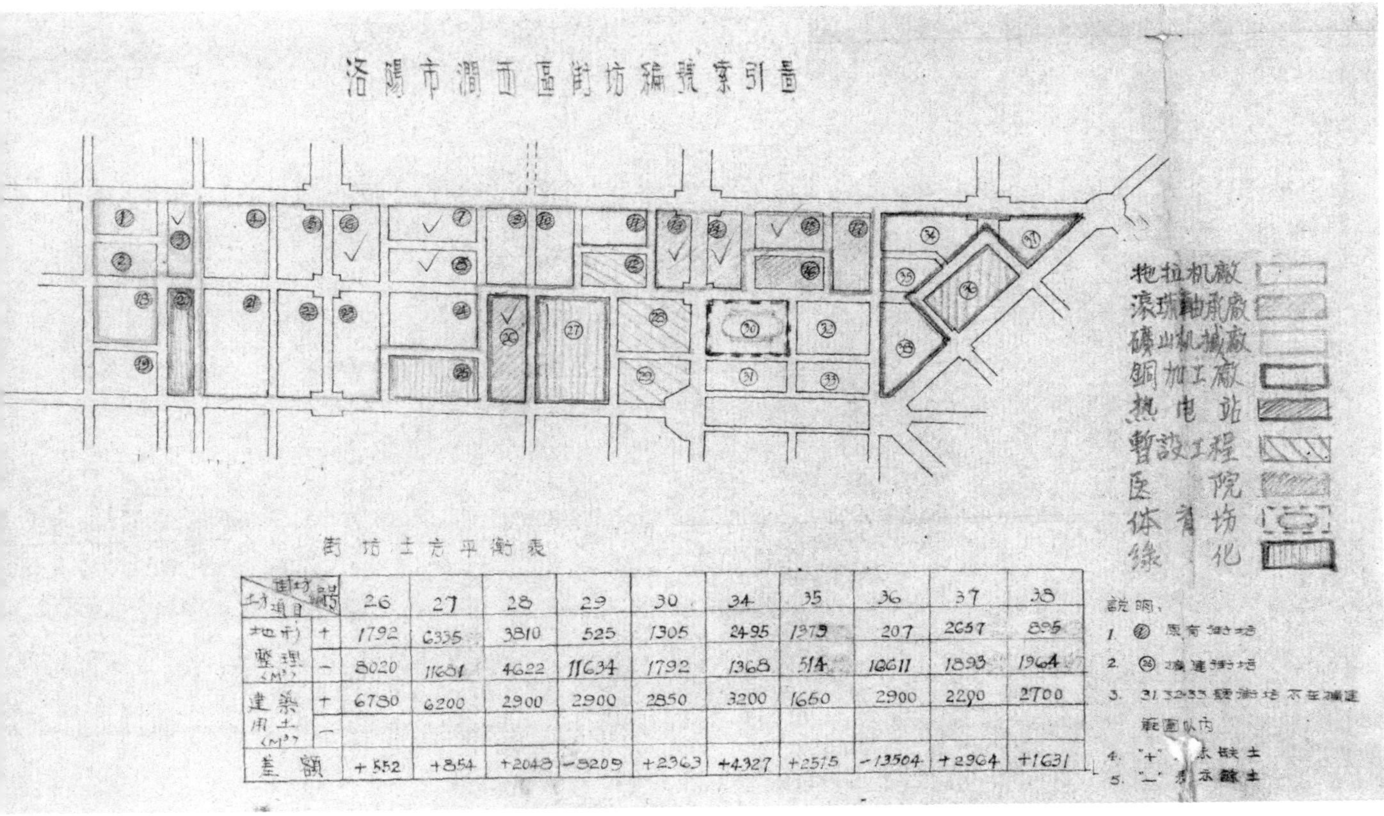

洛陽市澗西區街坊編號索引圖

拖拉机廠
滚珠軸承廠
礦山机械廠
銅加工廠
热电站
暫設工程
医院
体育场
绿化

街坊土方平衡表

街坊編號 / 土方項目		26	27	28	29	30	34	35	36	37	38
地形整理〈M³〉	+	1792	6335	3810	525	1305	2495	1379	207	2657	895
	—	8020	11681	4622	11634	1792	1368	514	10611	1893	1964
建築用土〈M³〉	+	6780	6200	2900	2900	2850	3200	1650	2900	2290	2700
	—										
差額		+552	+854	+2048	-8209	+2363	+4327	+2515	-13504	+2964	+1631

説明：
1. ⑦ 原有街坊
2. ㉖ 擴建街坊
3. 31.32.33號街坊不在擴建範圍以内
4. "+" 表示缺土
5. "—" 表示餘土

图 2-18　洛阳市涧西区街坊编号索引图
资料来源：洛阳市涧西区规划修改说明书（1955 年 9 月 6 日）[Z]. 洛阳市规划综合资料. 中国城市规划设计研究院档案室，案卷号：0829：54.

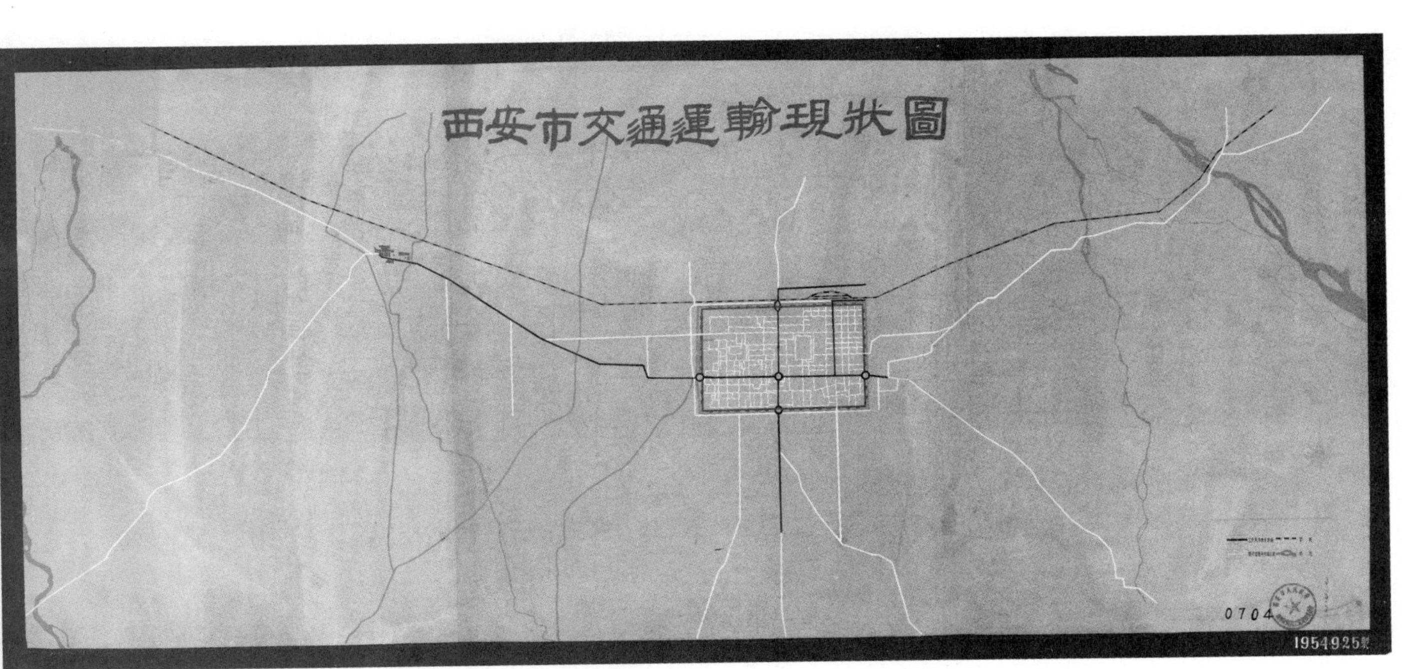

图 2-19　西安市交通运输现状图（1954 年 9 月 25 日）
资料来源：西安市城市规划设计研究院档案室，案卷号：89.

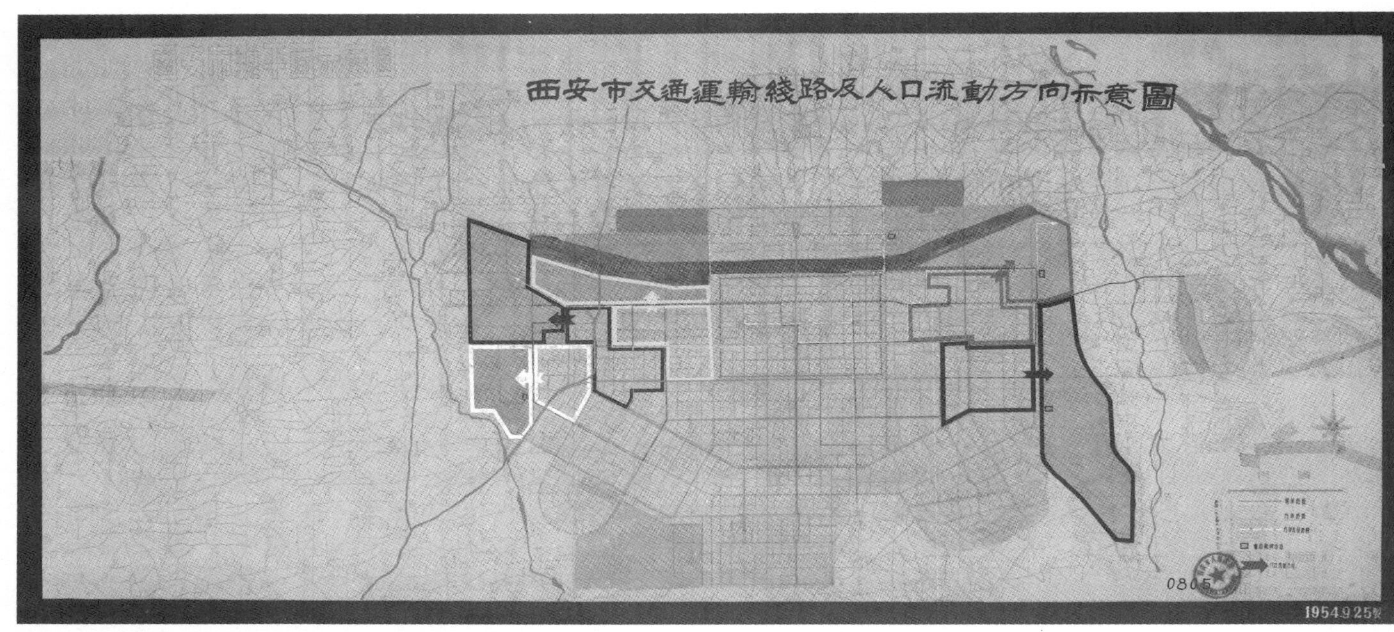

图 2-20　西安市交通运输线路及人口流动方向示意图（1954 年 9 月 25 日）

资料来源：西安市城市规划设计研究院档案室，案卷号：136.

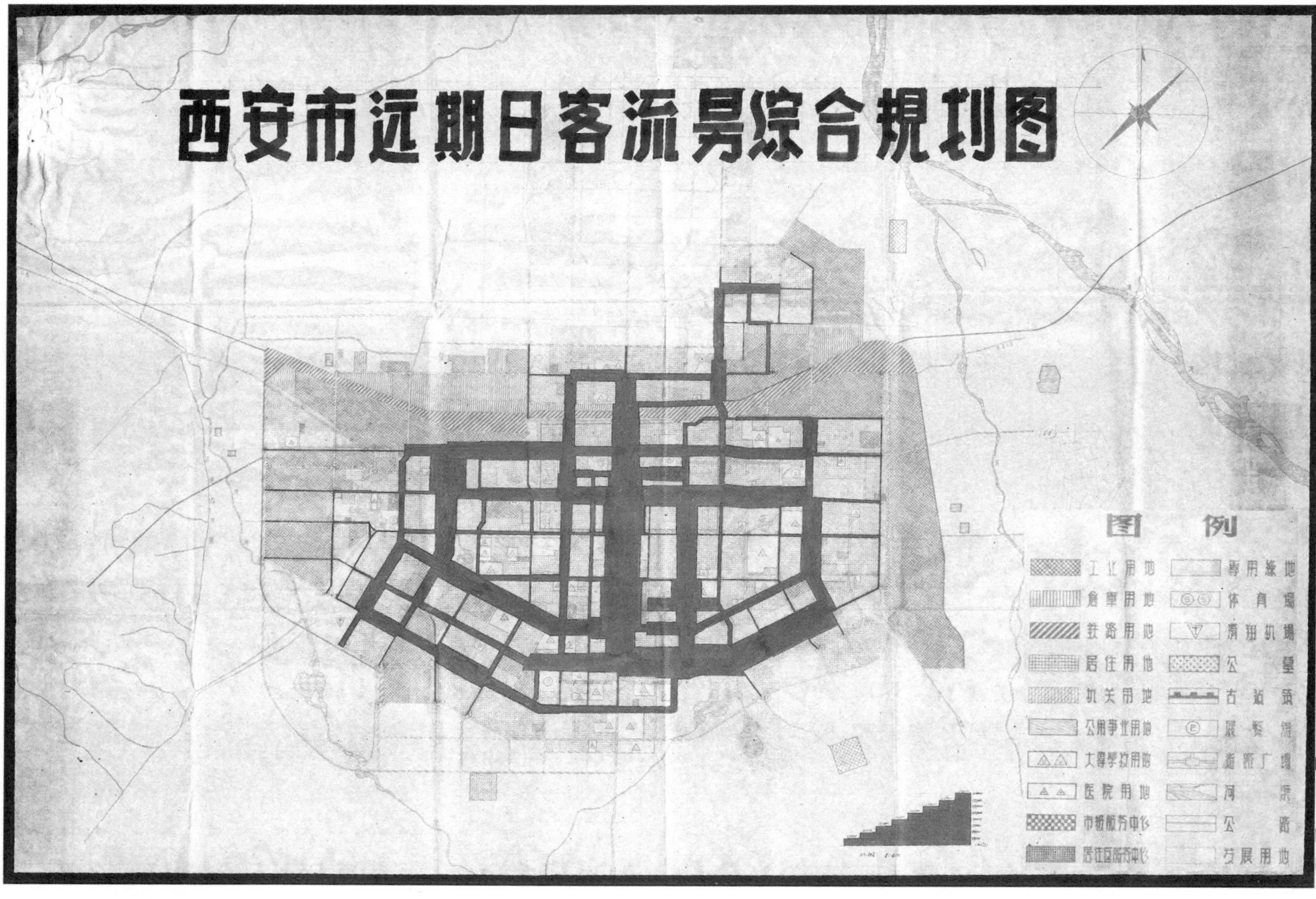

图 2-21　西安市远期日客流量综合规划图

资料来源：西安市远期日客流量综合规划图［Z］. 中国城市规划设计研究院档案室，案卷号：0983.

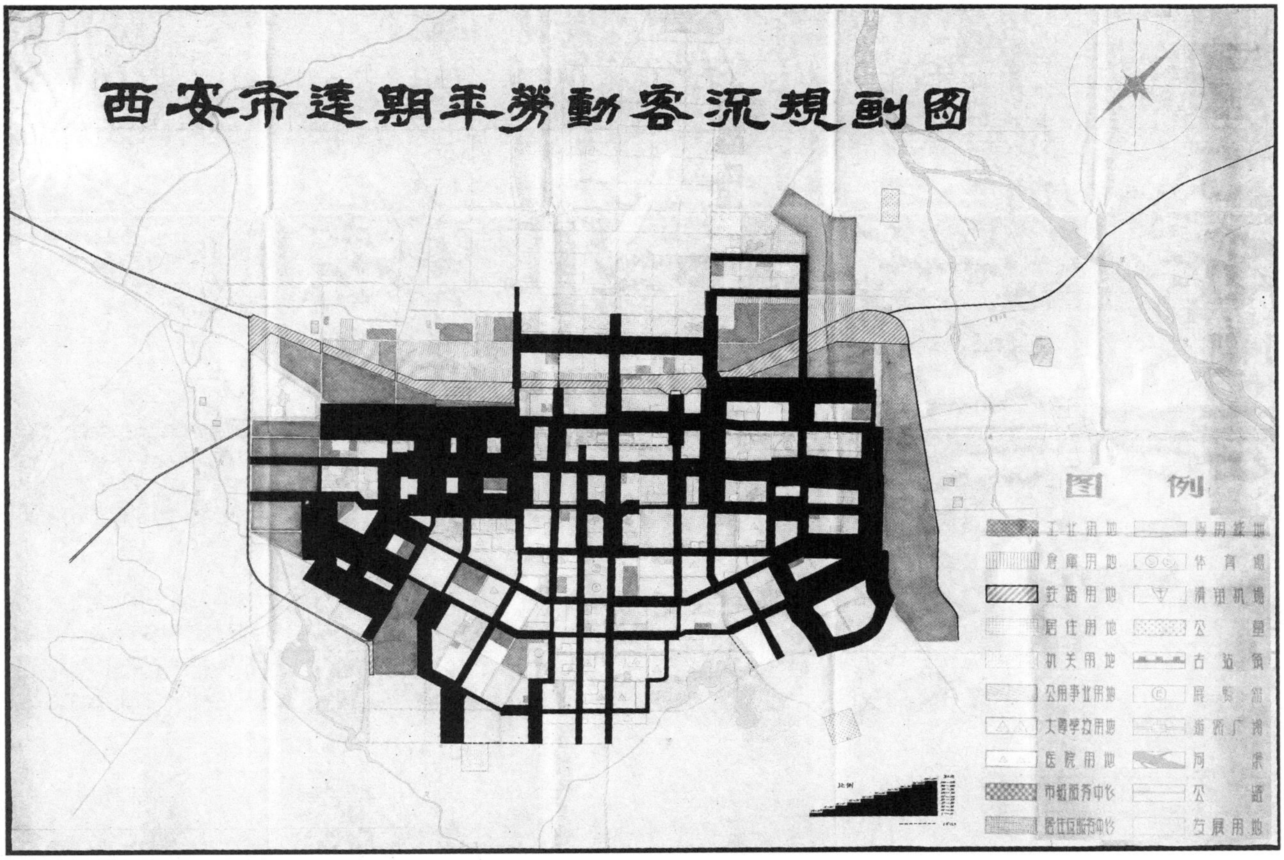

图 2-22　西安市远期年劳动客流规划图

资料来源：西安市远期年劳动客流规划图［Z］. 中国城市规划设计研究院档案室，案卷号：0982.

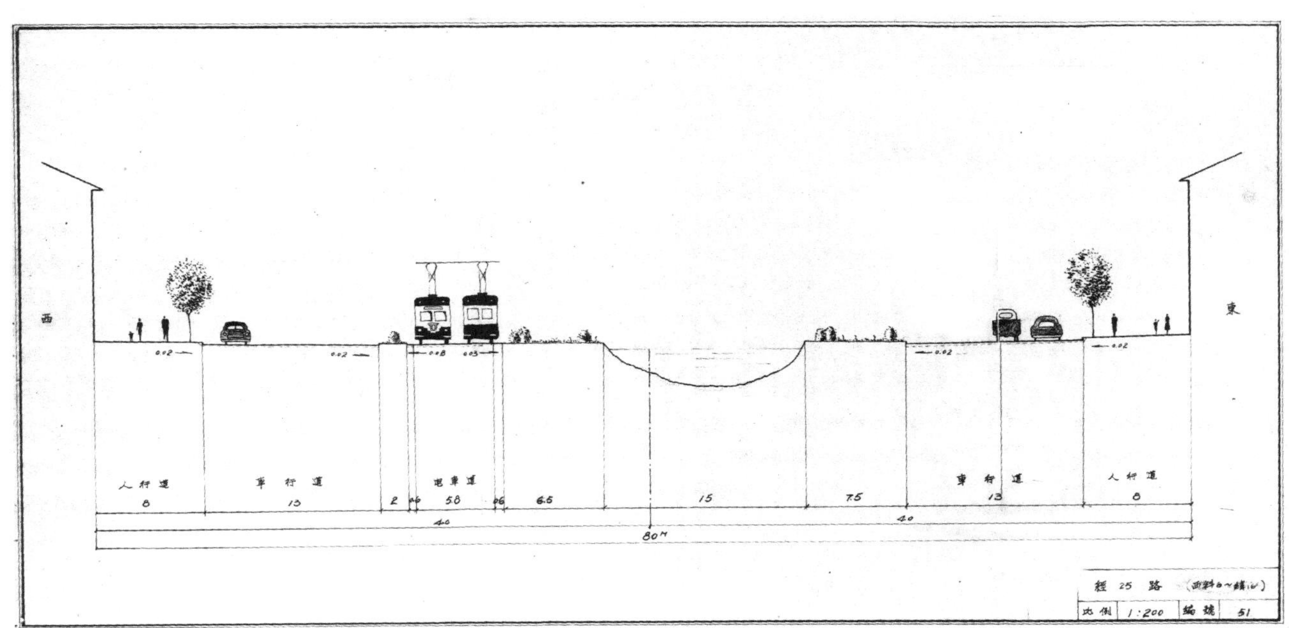

图 2-23　西安市道路横断面设计（部分）

资料来源：西安市西郊住宅区道路横断面图（1955 年）[Z]. 中国城市规划设计研究院档案室，案卷号：0966：2，4.

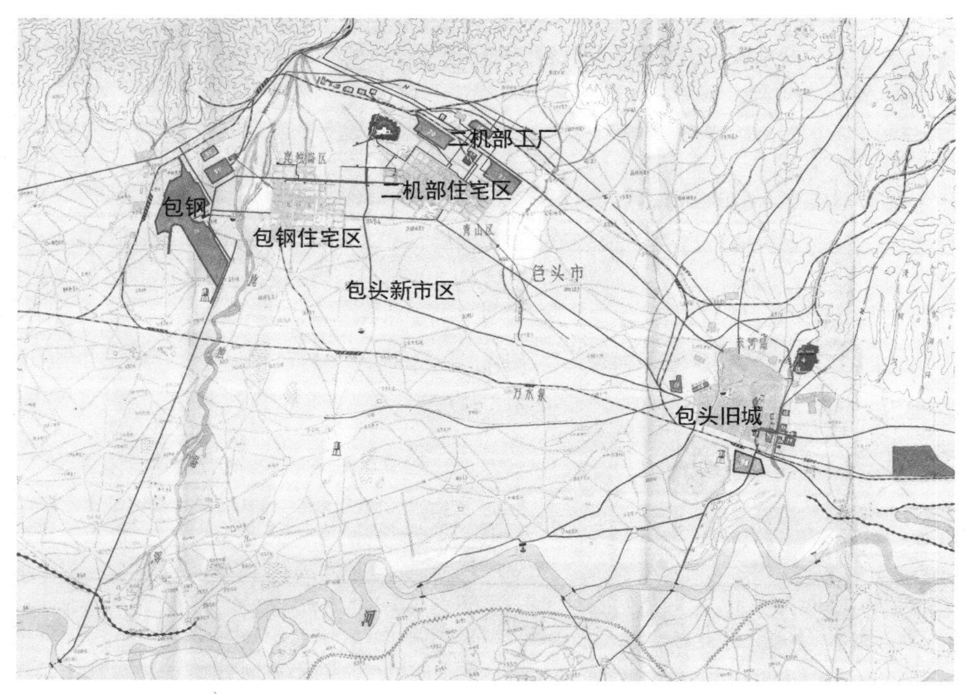

图 2-24　包头市规划的用地布局结构

注：工作底图为“包头地区现状图”（1959年），图中文字主要为笔者所加。资料来源：包头地区现状图［Z］．中国城市规划设计研究院档案室，案卷号：0526.

就城市整体的用地布局而言，重点工业项目的厂址和城市自然条件是两项最主要的决定因素。作为一个新建城市，包头市的规划布局相对简单，但却鲜明地体现了当时用地布局的技术特点：城市基本上由东部的旧城、西侧的包钢以及东北方向二机部（第二机械工业部）的工厂 3 大板块构成，在包钢和二机部工厂之间相对集中地布置了既临近各工业区但又相对独立的工人居住区（图 2-24）。

2.4.6　以道路广场、绿化水系和重要建筑物等的布置为重点，开展城市空间的建筑艺术设计

规划总图是八大重点城市规划最为重要的技术文件，其核心工作内容在于城市空间的建筑艺术设计，具体包括道路、广场、公共绿地、河湖水系和重要建筑物的布置等多个方面。道路系统以公交和步行为主，通常设置有贯穿城市各功能片区的主要街道；广场设计较多结合城市中心和片区中心的设置进行，中心广场一般具有游行、集会和群众活动等功能。公共绿地和河湖水系既具有改善环境、休闲娱乐功能，也和道路、广场等一样具有城市景观的营造功能。在城市中心、主要街道和绿化水系的组织中，强调与铁路客运站（城市大门）、重点工厂、重要机关等的相互联系，并于广场、干道和公园等的关键位置布置大型公共建筑和高等学校的主要建筑，从而形成内容丰富、有机统一而又重点突出的城市公共开敞空间和建筑艺术体系。八大重点城市的建筑艺术设计，实用价值和艺术功能相统一，是塑造城市面貌、展现“社会主义城市”新形象的重要途径。

在城市空间的建筑艺术设计上，城市中心干道发挥着关键性的骨架作用，“设计过程中和其他城市规划的经验证明，在进行城市建筑艺术布局时，应该按照城市规模，集中的、有重点的形成一条或几条建筑艺术干道，因为对一般的建筑来说，好的，经过个别设计的公共建筑物和高层住宅毕竟有限，因此，如此更为有效的［地］运用这些建筑物，集中的、有重点的美化一个地区的重要部分——例如中心干道，这就

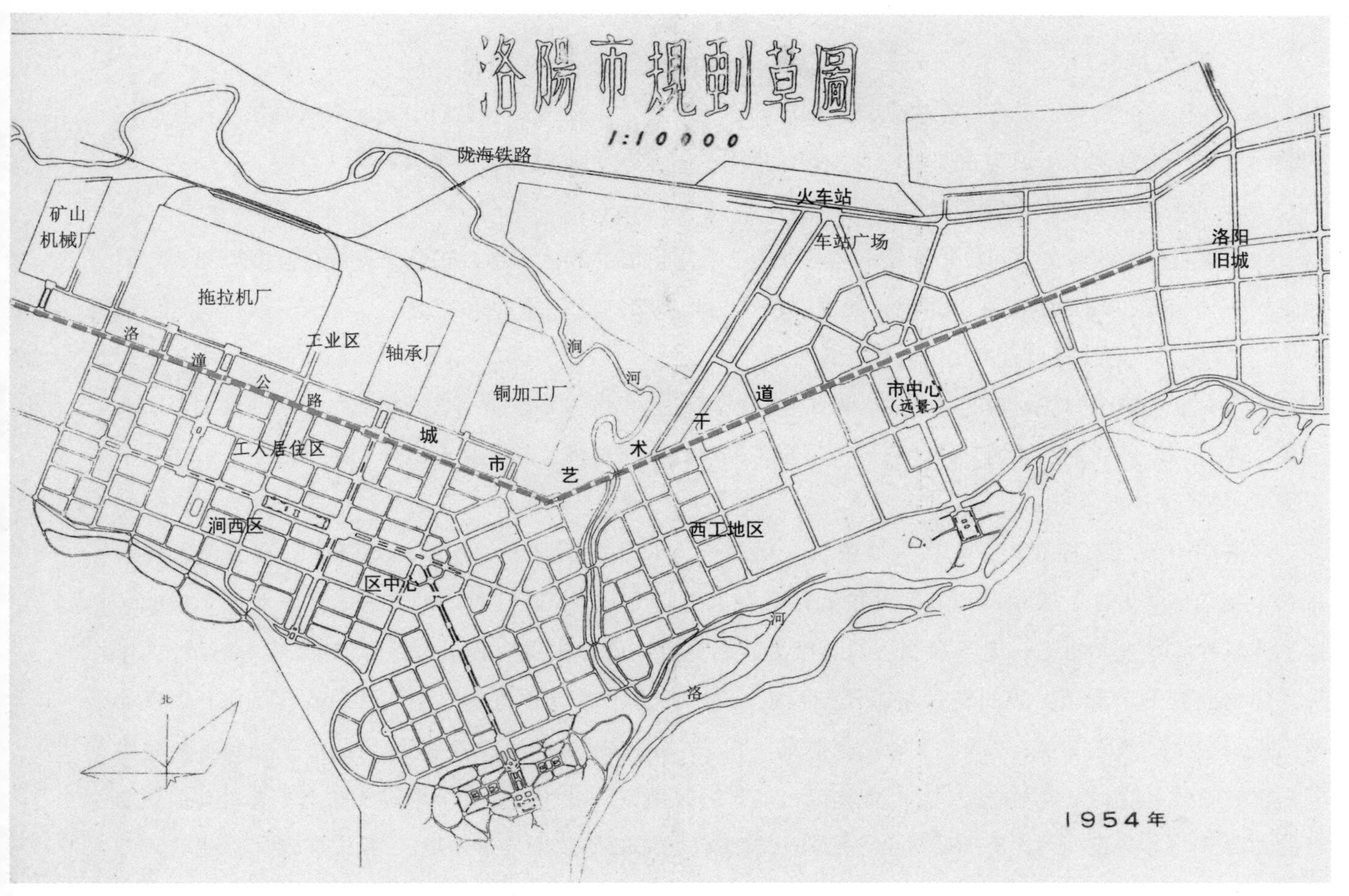

图 2-25 洛阳市规划草图（1954 年）

注：图中城市艺术干道及部分文字为笔者所加，工作底图为 1954 年“洛阳市规划草图”。资料来源：洛阳市城市规划委员会．洛阳市城市规划基础资料汇编（1981 年 9 月）[Z]．中国城市规划设计研究院档案室，案卷号：1371：116.

是更重要的”，“任何的分散的‘遍地开花’的设计思想是会减低城市建筑艺术效果的”。①

以洛阳市为例，一条既使西侧的涧西工业区、中部远景规划的市中心与东部保留的旧城取得便捷联系，又对涧西区北部的工业用地和南部的居住生活用地具有隔离作用的东西向干道，即为城市的建筑艺术干道（图 2-25）。据洛阳规划说明书，“东西向的为工厂区前的交通干道和穿过区中心的全区性的建筑艺术干道”，“以后城市生活中厂前区的干道，每天将有三、四万人，以及这些人所使用的交通工具交通往来，因此首先满足交通要求，对这条道路来说具有重要意义”，“具体在涧河上的建筑艺术布局中 [,] 选择横贯全区中心的这条干道作为全区建筑艺术干道 [,] 把公共建筑物重点的 [地] 分布在这条干道上，并利用绿化把这条干道装饰起来”；“全市的市中心地区建立在西工地区”，“涧河东的市中心、涧河西、西工、旧城区的区中心及车站广场、重要公园前的广场等是洛阳重要的建筑规划中心，这些建筑规划中心

① 洛阳市人民政府城市建设委员会．洛阳市涧西区总体规划说明书（1954 年 10 月 25 日）[Z]．中国城市规划设计研究院档案室，案卷号：0834：37.

以及与之相连系的重要干道基本上决定着洛阳市的建筑面貌"[①]。在西安市规划中，保留城墙并开辟环状的护城河水系，建筑艺术干道与主要城门有便捷的联系，是建筑艺术设计上的重要特色（彩图 2-11）。彩图 2-12 为兰州市规划的建筑艺术设计。

八大重点城市的城市空间设计和建筑艺术处理，实用价值[②]和艺术功能相统一，是对城市规划"美观"原则的具体落实，也是塑造城市面貌、展现"社会主义城市"新形象的重要途径。而这一点，同时也使"一五"时期的城市规划具有突出的设计工作性质。

在八大重点城市的规划编制过程中，城市空间的建筑艺术设计并非是一帆风顺的，为了使规划总图取得较为理想的布局效果，规划工作往往经历了艰苦的设计创作过程，一些具有设计天赋的规划人员在其中发挥了关键性作用。

以洛阳市为例，规划工作起初进展很快，1954 年 4 月底前后已开始绘制规划草图，在城市发展远景和定额指标等方面，很快取得共识并得到苏联专家的认可，但是在"总图的方案向苏联专家汇报的时候，苏联专家却老是批评，老不接受，老不满意"[③]，同时"专家也没有提出过什么方案"[④]。在设计工作进入焦灼状态的情况下，当时担任洛阳规划组组长的刘学海先生（程世抚先生加入后改任副组长）发动洛阳规划组全体规划人员，"每个人做一个方案"[⑤]，早期未参与总图绘制的规划组成员，如魏士衡先生等，也响应号召绘制出规划草图[⑥]。与此同时，刘学海报请城市设计院史克宁副院长同意，邀请其他规划组的人员共同参与设计[⑦]，其中就找到了刚好从包头赶回来的何瑞华寻求帮助，"我说何瑞华，我们洛阳组的总图有点出不了手，专家不满意，领导当然也不会满意，我说你是不是给我们看看总图上的问题在哪，或者你给我搞一个草图？"[⑧]"第二天她就拿出来了"[⑨]。当时发动各方面的规划人员所作出的总图方案，达 26 个之多。[⑩]

档案显示，就当时的 20 多个规划设计方案而言，主要有两种基本类型：一类设计方案"规划平面图轮廓为棋盘式，街坊多为巨［矩］形"，这一类方案"可以大量反复使用标准设计，有经济意义"，"但若从整个市区着眼，该轮廓就不能令人满意，因为整个市区为狭长地带，照此而作将来整个市的中心

---

① 洛阳市人民政府城市建设委员会．洛阳市涧西区总体规划说明书（1954 年 10 月 25 日）［Z］．中国城市规划设计研究院档案室，案卷号：0834：35-37.

② 以太原为例，"旧城区的街道大体上是南北向与东西向的，主要的街道多系丁字形，不能直通，必须绕行，且狭窄［，］已不能适应目前之交通情况，欲解决目前与今后的交通问题，必须根据太原市发展的规模［，］结合具体情况，适当加以改造"。参见：太原市人民政府城市建设委员会．山西省太原市城市初步规划说明书（1954 年 10 月 5 日）［Z］// 太原市初步规划说明书及有关文件．中国城市规划设计研究院档案室，案卷号：0195：87.

③ 2014 年 8 月 27 日刘学海先生与笔者的谈话。

④ 2015 年 10 月 14 日刘学海先生与笔者的谈话。

⑤ 据赵瑾先生口述（2014 年 8 月 21 日赵瑾、常颖存和张贤利等先生与笔者的谈话）。

⑥ 2015 年 10 月 9 日魏士衡先生与笔者的谈话。

⑦ 2015 年 10 月 14 日刘学海先生与笔者的谈话。

⑧ 2014 年 8 月 27 日刘学海先生与笔者的谈话。

⑨ 2015 年 10 月 14 日刘学海先生与笔者的谈话。

⑩ 洛阳市城市建设工作总结（草稿）（1956 年 7 月 28 日）［Z］// 洛阳市规划综合资料．中国城市规划设计研究院档案室，案卷号：0829：95.

不能发生紧密联系，给人以独立区域之感，同时从图面上看也较呆板，不能起到艺术上［的］功能的作用”；另一类方案“在区中心向南的突出部分，放射出三条放射线”，它们“虽然改变了艺术部［布］局上的死板状态，但仍不能起到与市中心的联系作用，同时放射线也没有目的，不能起功能作用，仅是好看而已”①。对于这两类规划方案，苏联专家巴拉金明确表达了不满意的意见：“（1）总图的艺术结构较生硬，中心广场设计一般化。（2）涧河东西两块联系的不够自然［，］没有很好的［地］解决两块的联系问题。”②

据刘学海先生回忆，当时洛阳规划总图设计中的症结，“主要在于西工是一个西南－东北的走向，涧西又是东跟西的走向，是这样一个急转弯”③，‘涧东到涧西的路直不了，要直的话要斜角，要斜角的话路又不是正的”④，“在交通上老处理不好”⑤。

另据魏士衡先生回忆，干道网间距偏小是早期规划方案存在的问题之一，“不到500米一条干道”，而《城市规划》一书⑥则规定“干道的间距800米左右”，因此他绘制的草图“拿掉了一条干道，间距扩大，整个布局就活了”。⑦

后来，洛阳规划组向苏联专家汇报时，把所有方案都拿了出来，“专家看中了两个方案”，即何瑞华和魏士衡的方案，“最后采纳了何瑞华的方案”⑧。据魏士衡回忆，两个方案“一致的地方就是都是三条路”，之所以采纳了何瑞华方案，关键在于总图西南角一带的路网，何瑞华方案“是圆的，我的方案［魏士衡方案］是根据地形采取自由曲线的，从图面看不如圆的好看”⑨（参见图2-25）。

档案显示，何瑞华所作方案“在保证该区功能分区合里［理］的原则下，一方面改变了部［布］局上的死板，另方面利用放射线有力地紧密地把东西二区连在一起，同时与市中心发生了直接联系。这样放射线不但起到功能作用，同时在艺术部［布］局上给人以灵活、协调、完整之感”。⑩正是在何瑞华方案的基础上，洛阳市涧西区的规划工作得以顺利展开。

据老专家回忆，何瑞华是周干峙先生早年在清华大学营建系的同班同学，是一个大高个、不太修边幅的女同志，她是苏联专家巴拉金最欣赏的规划人员之一，不仅对洛阳市规划的设计方案作出突出贡献，还参加了西安、太原和包头等城市的规划编制工作并发挥了重要作用。

---

① 洛阳市城市建设工作总结（草稿）（1956年7月28日）［Z］// 洛阳市规划综合资料．中国城市规划设计研究院档案室，案卷号：0829：95-96.

② 城市建设局洛阳规划组．洛阳涧河西区域规划工作五月上半月情况简报（1954年5月17日）［Z］．中国城市规划设计研究院档案室，案卷号：2340：1.

③ 2014年8月27日刘学海先生与笔者的谈话。

④ 2015年10月14日刘学海先生与笔者的谈话。

⑤ 2014年8月27日刘学海先生与笔者的谈话。

⑥ 即雅·普·列甫琴柯所著《城市规划：技术经济之指标及计算》。

⑦ 2015年10月9日魏士衡先生与笔者的谈话。

⑧ 同上．

⑨ 同上．

⑩ 洛阳市城市建设工作总结（草稿）（1956年7月28日）［Z］// 洛阳市规划综合资料．中国城市规划设计研究院档案室，案卷号：0829：96.

2.4.7 开展郊区规划，促进城市与乡村、工业与农业土地使用的综合协调

八大重点城市的规划编制对城市附近地区的发展相当重视，一般设立专门的“郊区规划”篇章（西安、洛阳、包头、武汉等），或进行相对独立的郊区规划（如成都）。“因为郊区除了负有一般的国民经济任务以外，它还是市区规划的延伸部分，它补充和完成在市区范围内所无法满足的规划要求”，“更具体的，是为市区的卫生，居民的休息，准备条件和创造环境，为居民所需食品组织供应，并满足居民和市政经济的其他需要。”①

在规划编制工作中，郊区的范围通常按市区面积的4倍左右②进行控制，大体上包括农业用地（蔬菜、瓜果和畜牧业等）、城郊农村居民点、工业区、建材供应和仓储区、对外交通和市政设施、休疗养用地、风景园林和绿化用地以及城市发展备用地等主要功能（彩图2-19～彩图2-26）。

在某种程度上，郊区规划具有粗线条的区域规划的性质，其目的主要“在于制定一个轮廓，避免建设时因无计划而引起的不合理现象”③，技术重点则在于充分考虑各类用地性质和生产活动的特点并作出一定的规划安排。

譬如就畜牧业用地的选择而言，“畜牧以牛、羊为限，猪及家禽虽然是食用肉的重要来源，但在今后主要为农业生产合作社或集体农庄所饲养，因为涉及更大的农业组织问题［，］故不论及”，“牧场以地形略微起伏，水草茂美的场地为佳［，］土壤以沙质壤土最好［，］土地不宜太肥，因为肥土除了因不能作为物产地［、］在经济上不例外，还因为这种土壤□［颗］粒密实，不能吸收粪便，因此污染牛、羊蹄而引起疾病”，“牧场取水要便利，但又不能太近水源”，“羊的牧地大体同放牧牛的牧地，羊的习性可以放牧在山地，牧地不宜有灌木，因为灌木对羊毛不利”。④

再以墓地为例，其选择原则为“地势高爽，地下水位低（在过去已经是因为这些条件而形成为地下古墓很多的地区）”，“将来经过很好的绿化及布置以后，使居民因对埋葬其中的亲人的怀念和附近那些埋葬在其中的对社会有卓越的贡献的人的崇敬，而达到教育的效果”。⑤至于郊区各类用地规模的确定，则主要考虑供需关系并参考一些人均指标加以计算。

2.4.8 编制分期规划并估算城市造价，制定近期建设实施和投资计划

八大重点城市的规划总图大多以城市发展远景为基础，具有“终极蓝图”的色彩；同时，为了保证城市规划的分步骤有序实施，进行各阶段的多期规划，估算各时期的城市造价，并针对近期的建设项目作出相应的规划实施安排。

---

① 洛阳市人民政府城市建设委员会.洛阳市涧西区总体规划说明书（1954年10月25日）[Z].中国城市规划设计研究院档案室，案卷号：0834：55.

② 这一比例主要借鉴苏联经验：“苏联城市郊区的面积与建成区的比例一般为四比一或五比一”。参见：西安市人民政府城市建设委员会.西安市城市总体规划设计说明书（1954年8月29日）[Z].中国城市规划设计研究院档案室，案卷号：0925：47.

③ 西安市人民政府城市建设委员会.西安市城市总体规划设计说明书（1954年8月29日）[Z].中国城市规划设计研究院档案室，案卷号：0925：45.

④ 洛阳市人民政府城市建设委员会.洛阳市涧西区总体规划说明书（1954年10月25日）[Z].中国城市规划设计研究院档案室，案卷号：0834：57.

⑤ 同上，案卷号：0834：59.

以西安市为例，规划工作针对第一期（1953 ~ 1959 年）、第二期（1960 ~ 1972 年）和远景（1972 年以后）等 3 个不同的规划期，不仅确定了各时期的重点建设内容，还分别绘制了 3 个时期的规划总图。第二期和远景的城市规划安排，保证了城市有发展余地，以免将来继续发展受到阻碍，对于“使规划的城市成为‘进能攻、退能守’的富有伸缩性的城市规划”[①]具有重要意义；而近期（第一期）建设实施计划的确定则保证了规划的现实性和较强的实施性（彩图 2-27 ~ 彩图 2-29）。

八大重点城市规划的近期实施计划大多以工业项目为中心，采取重点建设的方针，“有重点有组织的集中建设”“‘成群’‘成片’‘成条’的发展”[②]。譬如，太原市即“着重解决新建北郊及西郊工业区的需要，适当的照顾到城北旧工业区及旧城区急待解决的地区。”[③]西安市在规划工作中指出，“正确处理城市规划中第一期修建实施计划是减少城市建设造价，增加城市建筑美观的一个关键问题”，为此提出了“在原有基础上由内向外逐步发展”等 4 项应对措施。[④]

在估算城市造价方面，估算的项目内容主要针对民用建筑和城市公用事业——相对于工业生产而常被称为“生活性设施”，大多采取区分不同建设项目类别（如住宅建设、公共建筑、绿地、街道广场、桥梁、公共汽车、给水、排水等），对各类建设项目分别确定相应的造价标准加以估算，城市造价的估算大都也针对不同的规划期分别进行。成都等城市还对近期建设和投资计划进行了分年度安排（图 2-26）。

此外，为保证规划的有效实施，兰州市规划专门明确了规划实施的原则和步骤[⑤]，洛阳市规划则提出了厂外工程修建的原则[⑥]，太原市则针对城市规划上的重点问题提出了一些实施建议[⑦]。当然，各项市政设施规划也是深化各项规划内容及保障规划实施的重要工作内容（彩图 2-30 ~ 彩图 2-40）。

---

① 规划处 . 关于参与建委对西安等十一个城市初步规划审查工作报告（1954 年 12 月 20 日）[Z] // 1953 ~ 1956 年西安市城市规划总结及专家建议汇集 . 中国城市规划设计研究院档案室，案卷号：0946：36.

② 兰州市建设委员会 . 兰州市城市总体初步规划说明（1954 年 9 月）[Z] . 中国城市规划设计研究院档案室，案卷号：1109：55.

③ 太原市人民政府城市建设委员会 . 山西省太原市城市初步规划说明书（1954 年 10 月 5 日）[Z] // 太原市初步规划说明书及有关文件 . 中国城市规划设计研究院档案室，案卷号：0195：94.

④ “（1）城市建设首先应为工业服务，建设重点是工人住宅区，进行城市规划工作中采取的方针应该是‘填实、留空、宽打窄用’以适应国民经济的逐步发展，有计划的解决近期内城市建设与发展远景的矛盾问题，在具体实施步骤上应在原有基础上由内向外逐步发展。但在特殊情况下，由于工业的布局，工人住宅不能与旧城衔接时，也集中修建由小到大向旧市区相衔接，以保证城市建设用地的紧凑并减少城市各项建设造价的投资。（2）第一期工人住宅修建应搜集各有关部门的修建计划以便在城市建设部门的集中统一计划下，进行住宅的合理布置，住宅区内大型的公共福利设施，应力争统一修建共同使用，以提高建筑物的使用效能，降低建筑费用，反对各自为政各搞一套，各自保留发展余地的分散主义倾向。改建区在最经济的条件下有计划的开拓一条街道，集中形成一条街道，避免到处拆房到处乱建，和远景计划发生矛盾，造成国家财产损失。（3）在城市建设的整体观念和增加城市建筑艺术的思想指导下，进行街坊的合理设计及临街建筑的街道设计，个别建筑物必须服从整体的布置，以增加城市的美观，反对只顾个别不顾整体，把经济适用和美观对立起来的错误思想和作 [做] 法。（4）要保证实现上述措施必须建立和充实城市建设机构，加强城市建设的领导和城市建设的监督”。参见：建筑工程部城市建设局西安工作组 . 关于西安市城市规划中住宅定额的意见（1954 年 2 月 18 日）[Z] // 1953 ~ 1956 年西安市城市规划总结及专家建议汇集 . 中国城市规划设计研究院档案室，案卷号：0946：27-28.

⑤ 兰州市建设委员会 . 兰州市城市总体初步规划说明（1954 年 9 月）[Z] . 中国城市规划设计研究院档案室，案卷号：1109：55.

⑥ 洛阳市人民政府城市建设委员会 . 洛阳市涧西区总体规划说明书（1954 年 10 月 25 日）[Z] . 中国城市规划设计研究院档案室，案卷号：0834：60.

⑦ 太原市人民政府城市建设委员会 . 山西省太原市城市初步规划说明书（1954 年 10 月 5 日）[Z] // 太原市初步规划说明书及有关文件 . 中国城市规划设计研究院档案室，案卷号：0195：97-98.

——38——

第一期(1953——1957年)市政建設投資財務計劃

項目	投資額（百萬元）	分年投資數（百萬元）					備註
		1953年	1954年	1955年	1956年	1957年	
總計	367,581	50,000	36,000	110,873	102 120	68,588	
道路	118,159	18,731	28,198	12 050	26,650	32 530	另有分年投資詳細表
排水工程	41,131	3,231	900	20,000	13 000	4,000	初步設計爲34,000百萬元另加機器製管設備1,500百萬元污水處理廠1.500百萬元
橋樑	5,459	2,759	2,700				
給水工程	63,989	3,989		40,000	20,000		初步設計爲58,788百萬元
公共汽車	24,779	3,428		5,823	6,470	9,058	55——57年估計增加汽車33輛，每輛647百萬元
沙河整修	51,000			26,000	20,000	5,000	
其他	63,064	17,862	4,202	7,000	16,000	18,000	
勞動人民住宅		4,316	1,200				
公園綠地		3,325					
機械工具		1,684	1,500				
防洪及整理御河		7,331					
調查研究		772					
材料庫房		434					
河道整理籌備費			1,000				
設備費			502		8,000	10,000	
道路、下水道培修、城市規劃測量				7,000	8,000	8,000	

附註：表中所列排水、給水兩項工程投資數，建設局前報五年投資計劃修改意見分年投資數係在初步設計未做出前編製的。本表所列分年投資數係依據初步設計提出數修改的，故有差異。（原排水工程1955年爲18,400百萬元，1956年爲18,800百萬元，1957年爲4,000百萬元；給水工程1955年爲35,000百萬元，1956年爲22,000百萬元。）

42

图 2–26　成都市第一期市政建设投资财务计划表

资料来源：成都市人民政府城市建设委员会．成都市总体规划草案说明书（1954 年 10 月）[Z] // 成都市 1954 ~ 1956 年城市规划说明书及专家意见．中国城市规划设计研究院档案室，案卷号：0792：42.

2.5　规划编制工作的科学传统

回顾八大重点城市的规划编制工作，不难注意到，规划工作中始终贯穿着追求城市规划的科学性、合理性和现实性的基本意识，这也使新中国的城市规划工作，自初创时期开始就形成了良好的科学传统。这些科学传统，迄今仍有着积极的反思意义。

以规划编制工作中较为突出的人口分析方法为例，这主要借鉴自苏联的经验。而从苏联规划理论与实践的发展来看，则又受到法国学者的重要影响。以雅·普·列甫琴柯的名著《城市规划：技术经济指标和计算》为例，该书在讨论城市的性质与分类问题时，曾明确指出："从城市建设的观点上来看，法国学者米里奥（一八九七［年］）的提议是值得注意的，这个提议已被推荐为大都市的主要特点，即城市与其他的居民区的分别是在于居民的密度。"① 概括起来，采用"劳动平衡法"对城市人口进行分析、研究和预测的科学逻辑基础在于：1）在反映城市的性质和特点方面，人口状况是最具主导性和综合意义的一个指标；2）人口的职业结构和年龄结构对于表征城市人口的状况具有突出意义；3）城市的发展在理论上应当有较

① 雅·普·列甫琴柯．城市规划：技术经济指标和计算（原著 1947 年版）[M]．刘宗唐译．北京：时代出版社，1953：14.

为合理的人口结构，直接从事劳动生产的基本人口是推动城市发展和增长的主要动力[①]。在“劳动平衡法”所划分的三种人口类型中，基本人口是决定城市规模的先决条件，服务人口直接决定着城市人口的大小，三类人口的比重，在城市发展的不同时期具有不同的规律特征。

从现在来看，采用“劳动平衡法”分析城市人口，似乎“已经有点过时了”，“别人很容易拿一个‘市场经济’概念就把你否定掉了，市场经济条件下你去研究人口，研究的那么细有什么用?”但是，“缺乏研究，人口也很难完全靠‘市场’来设置和调剂，让他‘自发’发展也不完全对”[②]。反观近些年来我国城市规划工作中对城市规模的预测，固然已有趋势外推法、“联合国法”、综合平衡法等多种技术方法，但在实际操作上却常常空谈理论方法而流于形式，或“按需”选择某一方法为“大发展”“造势”，或仅凭领导“拍脑袋”决策。作为城市规划中一项核心内容的人口分析、研究和预测工作，已经很难讲还有什么科学内涵。

再就人均规划定额指标而言，在“一五”时期的八大重点城市规划工作中，人均规划定额仅是针对城市生活居住用地的范畴而言，即城市的居住、绿化、公建和道路广场等几项功能，并非针对整个城市进行计算。而城市的居住、绿化、公建和道路广场等几项功能，显然都具有人类使用或与人类活动密切相关的属性，因而可以用人均指标加以衡量，并通过人口规模加以推算。与之相比，1990 年我国曾颁布《城市用地分类与规划建设用地标准》（GBJ137-90，1991 年 3 月 1 日实施），2010 年 12 月再次修订（GB50137-2011,2012 年 1 月 1 日实施），该标准将人均规划指标从早年的生活居住用地拓展至整个城市建设用地范围，从而发展出“人均 $100m^2$ 建设用地”这一迄今已广为人知的概念。这一规划标准虽然简明扼要，但却存在值得反思之处：在许多情况下，某一城市地域内的工业、仓储和对外交通等用地，其规模大小与城市的人口规模是没有逻辑关联的[③]，那么，能否采用人均城市用地标准加以规范呢？在城市区域化和区域城市化深入发展的今天，城市内外部职能的交叉更加复杂化，并深刻反映在城市和区域的用地分布上，这对城市用地标准更是巨大的挑战。

总之，回顾历史，应当给予我们以继承城市规划的科学传统、推动规划工作健康发展的反思与启发。正如邹德慈先生的感慨：“我认为要比较起来的话，当年我们的规划工作在这些方面做的其实非常细，还是有根据的，比现在好像要更有根据一些”，“现在视野都很开阔，站得很高，看得很远，说起宏观来有很多大话，可是往往又把我们最核心的东西丢了”，“哪一些我们原来做的［得］还是对的，并且是应该继承的，哪一些要变化，……在今天也仍然需要思考研究的，不是通通都变了，都没有用了。”[④]

当然，这里所谓八大重点城市规划编制工作中的科学传统，并不是要回归到早期规划工作方法，而是一种对城市规划科学精神的重新倡导的呼吁。在当前的社会经济和城市发展条件下，如何合理地确定并调控城市的人口和规模，显然是一个十分复杂的重大问题，值得在科学精神的指引下进行深入探讨。

---

① 雅·普·列甫琴柯．城市规划：技术经济指标和计算（原著 1947 年版）［M］．刘宗唐译．北京：时代出版社，1953：12-22.

② 邹德慈．口述历史之“苏联模式”［R］．北京，2014-12-11.

③ 譬如，一些旅游城市根本没有工业，一些交通枢纽城市实际需要相当比例的物流用地等。

④ 邹德慈．口述历史之“苏联模式”［R］．北京，2014-12-11.

第 3 章

苏联专家的技术援助

Technical Assistance From Soviet Experts

苏联专家的技术援助是八大重点城市规划工作的鲜明特色。以西安、成都、太原、包头和武汉等城市为重点，通过对规划编制工作中苏联专家谈话记录文件的系统整理，对有关谈话内容进行深入解析，再现了苏联专家对我国城市规划工作进行技术援助的鲜活事实。苏联专家对我国城市规划工作的帮助，既有城市规划的基本依据和规划原则等指导思想的明确，也有城市规划的科学基础、标准定额、设计方法和成果规范等工作内容的指导，还有签订协议文件等制度建设方面的建议。苏联专家对规划工作的帮助是全面、系统而深入的，兼顾了理论和实践、远景和近期、苏联经验和中国实际等多方矛盾，体现了科学、严谨而务实的态度。在对新中国建国初期城市规划事业创立和发展的认识方面，应对苏联专家的重要贡献予以客观评价。

对于新中国城市规划事业的创立以及八大重点城市规划的编制工作而言，苏联专家是一关键因素。周干峙先生和赵瑾先生曾明确指出，“一五”时期国家之所以重视并开展城市规划工作，主要是由于苏联专家的建议及配合“156 项”重点工业项目建设的需要 ①；赵士修先生通过回忆跟随苏联专家学习城市规划工作的难忘经历，积极评价“苏联专家们在对开创新中国的城市规划事业、指导重点城市规划的编制、合理安排重点建设项目的厂址等方面，提供了有益的帮助，发挥了重要的作用”②；刘诗峋先生在《启蒙老师不能忘》一文中以亲身经历和体会，批驳了“动辄将‘计划经济体制下’或‘苏联规划理论沿袭下’的某些做法，当成反面教材”的错误认识 ③。在不少城市（如北京、上海、兰州等）的城市建设或城市规划志书中，也不乏苏联专家帮助城市规划工作的相关记载。

苏联专家对新中国城市规划工作的帮助，似乎是一个无须赘言的话题。在新中国建国初期“一边倒”政治和外交格局下，各行各业都在“全面向苏联学习”，城市规划自然不能例外。然而，就既有的相关论述来看，大多属于总结、回忆或缅怀性质，往往较为笼统或概括，对于未曾经历过那段岁月的中青年规划师而言，尚难以产生相对具体、清晰的概念：苏联专家是在什么时间、什么场合下提出要开展城市规划工作的？具体是如何建议的？苏联专家对城市规划工作的帮助有哪些具体的表现？对此，尚鲜见有第一手史料提供直接“证据”，必然也就难以获得相对深入的认识。

令人感到惊喜的是，近来在搜集和整理八大重点城市规划历史档案的过程中，笔者发现了西安、成都、

---

① 2010 年 11 月 7 日，周干峙先生在与笔者的一次谈话中指出：“那个时候为什么重视城市规划？就恰恰跟苏联的积极方面的影响有关系。那时候一提搞‘五年计划’，重点在‘156 项’工业的安排，苏联人马上就提了，要搞城市规划。是这样来的。所以那个时候就成立了规划机构，能够转行的就转到这个行业上来。”

2014 年 8 月 21 日，赵瑾、常颖存和张贤利等先生与笔者谈话时，赵瑾先生也指出：“这些厂子［重点工业项目厂址］出来以后就出来了一个问题，厂外工程需要统一安排，这就牵扯到城市建设，就必须做城市规划，苏联专家建议的就是做城市规划，城市规划的任务就被突出出来”。

② 赵士修 . 我国城市规划两个“春天”的回忆［M］// 中国城市规划学会 . 五十年回眸——新中国的城市规划 . 北京：商务印书馆，1999：15-32.

③ 刘诗峋 . 启蒙老师不能忘［M］// 中国城市规划学会 . 五十年回眸——新中国的城市规划 . 北京：商务印书馆，1999：142-147.

图 3-1　苏联专家穆欣与中国同志合影（约 1953 年）
左起：梁思成（左 1）、汪季琦（左 2）、穆欣（右 2）、王文克（右 1）。资料来源：吕林（陶宗震先生的夫人）提供。

图 3-2　规划工作者与苏联专家在一起（1955 年）
左起：王文克（左 1）、高峰（左 2）、巴拉金（右 2，苏联专家）、靳君达（右 1，翻译）。张友良提供。资料来源：中规院离退休办 .

太原、包头和武汉等城市的一些苏联专家谈话记录[①]，这些极为珍贵的原始档案无疑为我们深入认识苏联专家的技术援助提供了难得的一手史料支撑。尽管这些记录文件反映的只是苏联专家无数次谈话中的极小一部分内容，且八个城市的情况不一、个别城市尚未发现有关记录文件，但是，它们却记载着一个个鲜活、生动的具体细节，从一个侧面向我们展示了苏联专家对我国城市规划工作进行技术援助的诸多事实。

同时，尽管八个城市的相关档案参差不齐，但各个城市的记录文件却也呈现出各自的特色——从时间来看，有的是在规划编制工作的前期，有的是在规划方案的研究和讨论过程中，有的是在规划准备报批之时，有的则是在规划进行重大修改的阶段；从内容来看，有的属于规划编制工作的指导思想，有的属于规划内容和定额指标，有的属于规划方案优选等技术方法，有的则属于成果规范和制度建设……这些单一的城市和个别次谈话的一个个片断，汇集起来，却也构成一个相当系统化的整体，能够在一定程度上为我们认识苏联专家指导规划工作的情况提供基本的参考。图 3-1~ 图 3-3 为苏联专家穆欣、巴拉金、克拉夫秋克与中国同志的合影以及和规划工作者一起工作的场景。

---

① 除了这 5 个城市之外，兰州、洛阳和大同等三市均有关于苏联专家指导规划工作的明确记载。如据 1955 年 5 月《兰州市城市规划工作的基本情况》："从 1953 年到今天，我们遵照上级党和政府的具体指示，在苏联专家穆欣、巴拉金、克拉夫秋克同志的热情无私的帮助和指导下，……经过最近两年来在北京和兰州反复研究修正，我们兰州城市规划工作大为开展。"参见：兰州市城市规划工作的基本情况（兰州市城市规划工作的基本情况）[Z] // 兰州市城市建设文件汇编（一）. 中国城市规划设计研究院档案室，案卷号：1114：3.
洛阳市的初步规划在巴拉金指导下进行，管线综合工作在苏联专家马霍夫的指导下进行。参见：洛阳市规划资料辑要 [Z] // 洛阳市规划综合资料 . 中国城市规划设计研究院档案室，案卷号：0829：1.
另，1954 年 11 月，《中共大同市委关于大同市城市规划向 [山西] 省委的报告》中明确指出："设计工作是在苏联专家巴拉金的直接指导下进行的。"参见：中共大同市委 . 中共大同市委关于大同市城市规划向省委的报告（1954 年 11 月 26 日）[Z] . 大同市档案馆：4.
但是，笔者迄今尚未发现苏联专家对这 3 个城市的规划工作进行指导的谈话记录档案。就兰州和洛阳而言，在中央档案馆和中规院档案室查档过程中，并未发现有关苏联专家谈话记录，本书第一版发行后，笔者专门赴这两个城市查档，令人遗憾的是，两市的市档案馆、城建档案馆、规划局档案室等均未发现苏联规划专家的谈话记录。就大同而言，据笔者在中央档案馆、中规院档案室以及大同市档案馆和大同市城建档案馆等单位的查档，未发现苏联城市规划专家的谈话记录，但有个别水源和工程综合方面的苏联专家的谈话记录。如 1955 年 6 月 10 日，苏联专家阿拉诺维奇谈大同水源问题，现存有《关于大同市城北水源区勘探测验工作向苏联专家阿拉诺维奇同志汇报请示谈话记录》，1955 年 9 月 30 日，该苏联专家再次就大同水源问题谈话，现存有《专家建议记录摘要：与阿拉诺维奇专家谈大同水源勘测问题》（给水排水设计院第五十号），两份记录文件均为打印稿，现藏大同市档案馆；另外，中国城市规划设计研究院所藏档案中有一份《马霍夫专家对大同市初步规划图送审前所提的意见》（打印稿），隐藏在题为"太原市初步规划说明书及有关文件"（编号 0195）的科技档案之下。该谈话记录共 1 页，谈话时间为 1955 年 11 月 10 日，由城市建设总局城市设计院整理。

图 3-3　国家建委领导及各局局长与苏联专家克拉夫秋克等的合影（1955 年）

第 1 排左起：曹言行（左 1）、李斌（左 2）、苏联专家（左 3）、苏联专家（左 4）、孔祥祯（左 5，国家建委副主任）、克里沃诺索夫（左 6，国家建委苏联专家组组长、斯大林奖金获得者）、薄一波（右 5，国家建委主任）、克拉夫秋克（右 4，苏联城市规划专家）、安志文（右 3）、苏联专家（右 2）、梁膺庸（右 1）。

第 2 排左起：薛宝鼎（左 1）、金熙英（左 2）、孙立余（左 3）、康宁（左 4）、隋云生（左 5）、蓝田（右 3）、杨振家（右 1）。

第 3 排左起：杨永生（左 1）、田大聪（左 3）、王大钧（左 5）、罗维（右 5）、智德鑫（右 1）。

资料来源：杨永生口述，李鸽、王莉慧整理．缅述［M］．北京：中国建筑工业出版社，2012：69.

苏联专家谈话的记录文件，内容涉及城市总体规划、详细规划、标准设计、厂外工程综合和竖向设计等多个方面。从本书讨论主题出发，本章主要就城市总体规划等宏观层面的有关问题进行解读。

另外，在正式讨论之前，有必要对专家谈话记录的档案文件加以说明。苏联专家对规划工作的指导，需要经过现场的翻译、记录，会后对现场记录进行整理、与苏联专家校核以及有关领导审定等多个环节的"转换"，才是今天所能看到的记录文件。据曾担任苏联专家巴拉金和萨里舍夫的翻译达 7 年之久的靳君达先生回忆，"专家讲的是口语，口语和书面语言有区别，有时候反反复复的，而翻译的人又在一两秒钟内甚至几分之一秒内就要决定怎么翻，很可能在措辞上、翻译上不那么通顺，甚至语法都不通顺"，因而记录文件往往会比较乱，"如果记录人员回来跟其他参会人员的记录进行过核对，那么整理下来的结果就会比较好"，"看得出来有的是整理的，有的就没有经过这一道工序，原原本本拿下来了"①。由于这样的原因，下文将要解读的一些记录文件中，部分内容存在一些词不达意或错别字等情况，是完全正常的。

对此，靳君达先生和高殿珠先生（当时担任苏联专家马霍夫的翻译）曾向笔者建议，不妨对有关记录文字直接予以修改或加工②，这当然是为了使读者阅读流畅的良好愿望。但是，从史学研究的'求真'原则

① 2015 年 10 月 12 日靳君达先生与笔者的谈话。

② 2015 年 10 月 12 日靳君达先生与笔者的谈话，2015 年 10 月 14 日高殿珠先生与笔者的谈话。

考虑，笔者又无权对有关档案内容擅自作修改，因此，本书仍然维持了增加注释这一阅读起来显得凌乱的处理方式（详见书前“凡例”中的有关说明），特请广大读者予以理解。

3.1 对西安规划编制工作的技术援助

西安是苏联援建的“156 项”重点工程项目分布最多的一个城市，城市规划工作开展相对较早，并具有“试点”性质[①]，其规划成果也是国内其他城市学习参考的重要“范例”，因而成为苏联专家对城市规划工作进行指导的重点对象。就现有谈话记录文件而言，西安市规划的有关档案资料也较其他城市相对完整。因此，这里首先对西安的有关情况加以讨论。

3.1.1 专家谈话记录的档案情况

以下所讨论的苏联专家关于西安市规划的谈话记录，现存于中国城市规划设计研究院档案室，隐藏在一份题为“1953 ~ 1956 年西安市城市规划总结及专家建议汇集”（案卷号：0946）的科技档案之下。谈话记录档案共 35 页，除了标有“专家建议汇集”的封面之外，共有 6 份记录文件，全部为手写稿；从笔迹来看，系由两人分别记录完成，其中 1 名记录者可能是徐文如（首页右上角所注）。[②] 从记录稿上专家谈话时间和记录 / 整理时间不尽一致，而记录内容又颇具条理等情况推测，这些记录稿应该是记录员根据会议记录的草稿，在会后又作过进一步的整理或抄录而成（图 3–4、表 3–1）。

在 6 份记录文件中，第 2 份记录的谈话时间、地点及专家姓名等基本信息齐全，其余几份谈话记录的背景信息尚需进一步解析。根据谈话记录的内容、相互间的印证关系，参考其他相关文献[③]，可作出如下推断：1）第 3 份记录文件并非苏联专家的谈话[④]，而是有关部门（如建工部城建局）或西安市的某位领导的讲话记录，并且是一位相当重要的领导，以至于需要和苏联专家一样进行详细的记录[⑤]；2）第 4 份记录

---

① 据赵瑾先生口述（2014 年 8 月 21 日赵瑾、常颖存和张贤利等先生与笔者的谈话）。

② 建筑工程部城市建设局档案显示，徐文如，男，毕业于同济大学，1953 年 8 月参加工作，1954 年 3 月时的职别为实习生（参见：城市建设局技术干部登记表（1954 年 3 月 20 日）[Z]. 建筑工程部档案，中央档案馆，档案号 255–3–255 : 9）。另查同济大学建筑与城市规划学院网站，徐文如为同济大学 1953 届城市建设与经营专业毕业生，其同班同学包括胡开华、张友良、孙栋家、刘茂楚、蒋天祥等，均在城建局工作（参见：http : //old.tongji–caup.org/student/news_detail.asp?id=442）从这些信息判断，尽管第 1 份记录档案的谈话时间相对较早，但记录文件的实际整理时间很可能与其他几份记录文件较为接近，也就是说，徐在 1953 年 8 月参加工作后迅即接受了为西安总规报批所需要的整理专家谈话记录的任务。

③ [1] 周干峙 . 西安首轮城市总体规划回忆 [C] // 城市规划面对面——2005 城市规划年会论文集 . 2005：1–7.
[2] 西安市人民政府城市建设委员会 . 西安市总体规划设计工作总结（1954 年 9 月）[Z] // 西安市总体规划设计说明书附件 . 中国城市规划设计研究院档案室，案卷号：0970：68–99.
[3]《当代西安城市建设》编辑委员会 . 当代西安城市建设 [M] . 西安：陕西人民出版社，1988：31.
[4] 苏联专家来华登记表 [Z] . 建筑工程部档案，中央档案馆，档案号 255–9–178：1.

④ 主要依据其中的一些提问性内容来判断，如“墓地的定额应多少?”“牧场的定额应多少?”“郊区范围如何确定?”“段落的大小。如何划分?”“道路拉直或弯曲是否迁就?”“如何处理砖窑窑坑?”“下一步是否作更具体的段落设计？”等。

⑤ 主要依据其中的不少指示性内容判断，如：“要作出市中心和现状中心鸟瞰图。注明要拆哪些建筑? 使成为一呈请文件。而且应注意市中心多半在第一期施工”，“医院要减少些，并且要集中些。原打算最大不超过 400 床，服务半径不超过 1.5km”，“给水系统……就地打井解决”，“第一 [个] 五年计划 [期间] 不能盖二层房子”等。

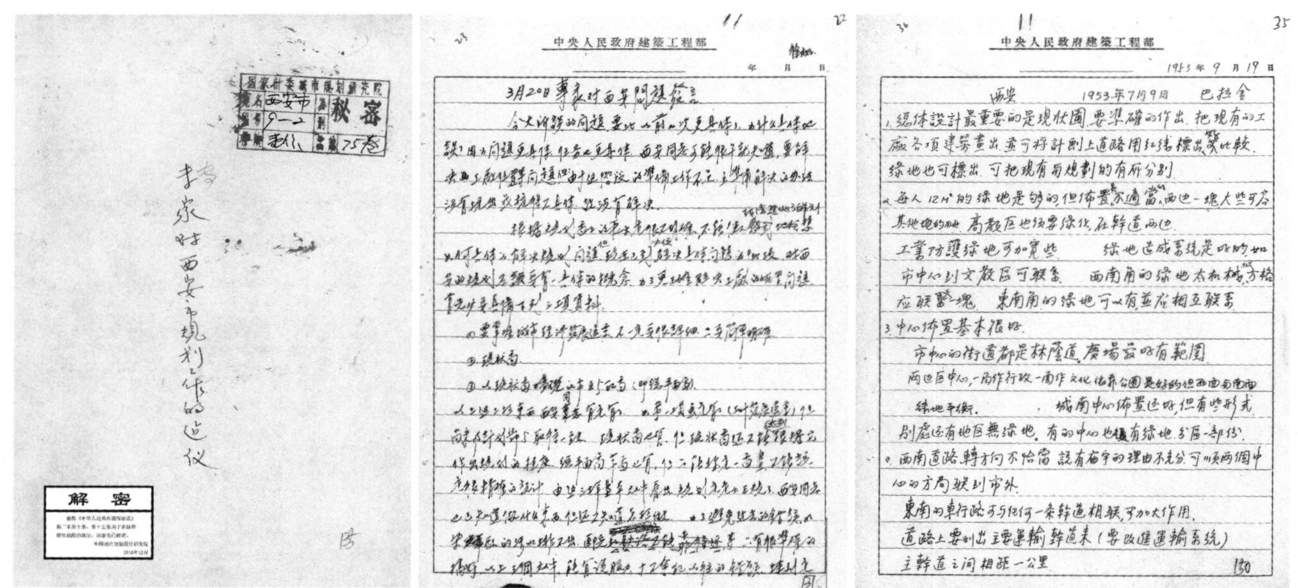

图 3-4 西安市规划的专家谈话记录档案

注：左图为档案封面；中图和右图为第 1、2 份记录文件的首页。

资料来源：专家对西安市规划工作的建议［Z］// 1953 ~ 1956 年西安市城市规划总结及专家建议汇集．中国城市规划设计研究院档案室，案卷号：0946：135，137，150.

西安市规划专家谈话记录的档案概况　　表 3-1

序号	文档标题	页数	记录 / 整理时间	记录者	备注
1	3 月 20 日专家对西安问题发言	13	—	记录员 A	推断时间应为 1953 年，专家为穆欣；记录整理者可能是徐文如（首页右上角所注）
2	西安，1953 年 7 月 9 日，巴拉金	4	1953 年 9 月 19 日	记录员 B	—
3	1953 年 8 月 28 日	2	1953 年 9 月 21 日	记录员 B	并非专家的谈话，推断为某位重要领导的提问
4	巴拉金，结合总平面图解答所提出之问题	6	1953 年 9 月 21 日	记录员 B	推断谈话时间应为 1953 年 8 月 28 日
5	合后工作，1953 年 8 月 29 日	3	1953 年 9 月 22 日	记录员 B	推断专家应为巴拉金
6	8.28 西安小组专家发言（巴拉金）	6	—	记录员 A	字迹与第 1 份记录稿极为接近，推断整理者为徐文如；内容与第 4 份记录稿极为接近，应属同次谈话的不同记录

与第 6 份记录是针对第 3 份记录中的有关提问进行的回答，系两名记录人员针对同一次专家谈话分别进行的不同记录，谈话时间均为 1953 年 8 月 28 日[①]；3）第 1 份谈话记录的苏联专家是穆欣，谈话时间的具体年份为 1953 年，第 5 份谈话记录的苏联专家为巴拉金[②]。因此，尽管档案中一共有 6 份记录文件，但准确

① 第 4 份记录文件的标题“巴拉金，结合总平面图解答所提出之问题”，其记录内容一一针对第 3 份记录文件中所提问题，而第 4 份记录与第 6 份记录的内容极为接近。

② 主要依据：1）西安市首轮总体规划工作开始于 1952 年 9 月第一次全国城市建设座谈会之后，对规划工作进行指导的苏联专家主要是穆欣和巴拉金；2）穆欣和巴拉金的来华时间分别为 1952 年 4 月（“1952 年 4 月，苏联城市规划专家穆欣来华”，参见：中国城市规划设计研究院四十年（1954 ~ 1994）［R］. 北京，1994：3.）和 1953 年 6 月（参见：苏联专家来华登记表［Z］. 建筑工程部档案，中央档案馆，档案号 255-9-178：1.），穆欣于 1953 年下半年回苏，巴拉金实际上是穆欣的接任者；3）从专家谈话中涉及的规划内容及工作进度来看，第 1 份记录文件的谈话时间要早于其他几次谈话，其谈话风格与之相比也略有差异。

来讲，它们所记载的则是4次专家谈话的内容。

就专家谈话地点而言，第2份记录的标题已清楚表明1953年7月9日的这次谈话是在西安进行的。就8月28日和8月29日的谈话内容进行分析，这两次谈话的地点也极有可能仍在西安。较难以判断的是1953年3月20日的谈话。据周干峙先生的回忆，1953年2～3月中财委曾派工作组到兰州、西安、银川等西北地区联合选厂，苏联专家穆欣同行；选厂项目确定后即要求尽快编制城市总体规划，具体落实项目位置。①3月20日的这次谈话，极可能是在选厂工作期间、总体规划工作启动之时进行的。但是，这次谈话记录中多次提到“我没到过西安……”，“我虽没到过西安……”等（145页—指档案中的页码，下同），谈话地点似乎又并不在西安。

本书第一版写作时笔者的这一疑问，在赴西安补充调研和查档后得以消除。在西安市档案馆中，收藏有一份中共西安市委于1953年3月27日《关于苏联城市专家意见的报告》，其中记载：“本月二十日，万毅部长领导的中央西北厂址勘察团，因当日气候影响不能赴兰，暂住西安。即由兰州建设局长任震英同志陪同苏联城市专家穆欣同志游赏了本市车站、革命公园和南新街一带。翌日，我们才接到中央建筑部城市建设局长孙景［敬］文同志的电告，当即着本市建设局长李廷弼同志前往陪同苏联专家勘察了灞河东一带地势，次日六时该团即飞往兰州，同时告约两周后可返西安，拟逗留一周，再行踏勘……”②。另外，该档案馆中还收藏有一份《苏联城市建设专家穆欣同志在西安视察后的报告》，档案内容显示，穆欣在西安作报告的时间为“一九五三年四月廿一日”，地点为“西安市府大楼下会议室”，出席人员包括“西安市府、西安市委、西北财委、西北建筑局等各单位领导及负责同志”③。由此不难推断，中规院档案室所藏穆欣3月20日谈话，是其初到西安、尚未实地踏勘，因而对西安的有关情况缺乏了解的时候，针对承担西安市初步规划的有关技术人员进行的一次谈话（侧重于技术层面）。而其之后于4月21日的报告，则是其在对西安进行实地踏勘后，针对大量高级领导干部所作的城市规划建设工作的宣讲和动员报告（侧重于政策层面）。

综上，本小节讨论所针对的4次谈话，时间上分别是1953年3月20日、7月9日、8月28日和8月29日。其中第1次谈话的专家是曾担任苏联建筑科学院通讯院士的亚历山大·穆欣，其他3次谈话的专家为原工作于列宁格勒城市设计院的特·特·巴拉金。为便于讨论，以下将4次谈话分别简称为3月谈话、7月谈话、8月28日谈话和8月29日谈话。

3.1.2 西安市规划编制工作进展

就西安市的总体规划工作而言，其实早在1950年就已开始。“当时组织测量队进行市区地形测量，并邀请社会民主人士、大学教授、工程技术人员、有关机构组成城市建设计划委员会，研究制定总体规

---

① 周干峙．西安首轮城市总体规划回忆［C］// 城市规划面对面——2005城市规划年会论文集．2005：1-7.

② 这份档案的日期为“三月二十七日”，具体年份不详，据相关史料推定为1953年。资料来源：关于苏联城市专家意见的报告［Z］．中共西安市委档案，西安市档案馆．

③ 资料来源：苏联专家穆欣同志在西安视察后的报告［Z］．中共西安市委档案，1953，西安市档案馆．

图 3–5 西安市规划工作组人员留影
前排：胡开华（右 1）。
后排：周干峙（左 1）、线续生（左 4）、唐天佑（左 5）、万列风（右 1）。背景为大雁塔。
资料来源：瞿雪贞提供。

划。"[①] 然而，"因无专门城市规划技术人员，仅有市建设局两位土木水利工程师负责规划设计，以无经验与最低限度的知识，也未进行过认真的经济调查研究，模仿着资本主义英、美、日城市规划，便着手制定总平面图，前后计制成十多个方案。其规划原则是非常错误的，技巧也非常落后，如工业与住宅混杂，城市以商业区为中心；没有必须的公园绿地、街道、广场，且不成系统等。五一年［1951 年］到北京中财委请示，并请北京都委会和清华大学教授指教，均未得到完好的结果。" [②]

西安市城市总体规划工作取得突破，大致是在首次全国城市建设座谈会以后。"一九五二年九月中财委召开城市工作座谈会后，得到苏联专家穆欣同志的多次指教，城市规划工作的方向、原则明确了"，"一九五三年第一个五年计划经济建设开始，工业建设任务紧迫，在苏联专家穆欣、巴拉金同志耐心的具体帮助和中央建筑［工程］部城市建设局大力支援下，经过将近一年时间的反复研究，规划工作开始大为开展" [③]，"1954 年 9 月呈报［国家］建委" [④]（图 3–5）。

不难理解，本小节所讨论的 4 次专家谈话发生在西安市总体规划工作十分关键的中间阶段。此时，城市规划的指导思想和基本理论等宏观层面问题已经明确，规划编制工作开始走向具体的深化阶段。

---

① 西安市人民政府城市建设委员会 . 西安市总体规划设计工作总结（1954 年 9 月）［Z］// 西安市总体规划设计说明书附件 . 中国城市规划设计研究院档案室，案卷号：0970：68–99.

② 同上，案卷号：0970：68–99.

③ 同上，案卷号：0970：68–99.

④ 西安市规划工作情况汇报［Z］// 1953 ~ 1956 年西安市城市规划总结及专家建议汇集 . 中国城市规划设计研究院档案室，案卷号：0946：171–217.

3.1.3 苏联专家谈话的主要内容

3月谈话中提到“十二日来的汇报，比九月有很大进步，这次则很少看出有改进之处”（139页）。这里所指“九月”，显然是1952年9月的首次全国城市建设座谈会，西安市很可能在这次会议期间进行了规划工作的汇报。从“十二日来的汇报”分析，在3月20日之前（很可能是3月12日）已经汇报过一次（地点应在北京）。3月的这次谈话是在前几次汇报的基础上，就规划设计的具体问题进行的指导：“今天所谈的问题，要比以前几次更具体了。为什么具体地谈？因为问题更具体，任务也更具体。……现在已到必须解决具体问题的阶段，对西安的规划应该要有一具体的概念”（137页）。

3月谈话所谓的具体问题，核心是工厂布置：“西安同志可能很早就知道，要解决工厂位置等问题，但由于这阶段的准备工作不足，且准备解决的办法没有提出或提得不具体，故没有解决。根据规划图上的表示还不明确，不能使人很清楚地了解到如何具体的解决规划问题”（137页）。谈话中指出：“为了更正确解决工厂的位置问题，首先必要具备下列三项资料：①要掌握城市经济发展远景。不一定要很详细，只要简单明确。②现状图。③以现状图为基础的市区分配图（即总平面图）”（137页）。这次谈话的内容，即主要围绕“城市规划经济发展方针”“现状图”“总平面图”以及与总图工作密切相关的“城市艺术结构”4个议题进行讲述。

就7月谈话而言，主要包括两方面的内容。专家首先对规划人员的工作汇报进行了点评，主要涉及现状图、绿地布置、城市中心、道路设计、工业布置和住宅区布置6个方面。随后，专家从规划图纸和说明书等两个方面，指明了准备规划审批材料的具体内容和相关要求。

在8月28日的谈话中，苏联专家首先对规划人员前一阶段的图纸及说明书工作进行了总体评价，重申了呈请批准规划所需的图纸和附件材料等相关要求，接着重点对规划图纸工作中的相关问题进行了指导，最后逐一回答了前一环节（即第3份记录文件）中有关领导所提的诸多问题。

8月29日谈话题为“合后工作”，从内容来看，这次谈话应该是在规划相关工作（经济分析、图纸绘制、说明书起草等）进行汇总整合后进行的指导。谈话重点讲解了与有关部门的协作关系及与总图相配合的说明书问题，对前一天（8月28日）所谈的五个重要图纸作了进一步指导，再次明确了申请批准规划的相关材料要求，并对近期建设造价问题进行了强调，最后又讲解了一些街区布局方式和空间处理手法。

8月29日的谈话记录中明确指出：“总图还好。目前重点是如何作［做］好其他的准备工作，争取今年批准工作”（163页）。可见，随着这次谈话的结束，西安市的总体规划工作已从编制阶段逐渐转入审批环节（图3–6）。

3.1.4 穆欣和巴拉金对西安规划编制工作的指导意见

四次专家谈话的记录中清楚地记载了苏联专家对西安市规划编制工作进行帮助的诸多细节，归纳起来，其指导内容主要包括以下3个方面。

1）树立“社会主义城市”的规划思想，落实“方便、经济和美观”的三项原则

在3月谈话中，苏联专家穆欣用相当多的精力讲述了城市规划的指导思想问题。穆欣指出，城市规划

图 3-6　西安市规划的两位重要参与者留影
注：左为万列风，右为周干峙。背景为昭陵六骏图。
资料来源：瞿雪贞提供。

建设工作“是有阶级性的”，“不是抽象绝对的东西”（141 页），因此，必须树立“社会主义城市”的规划思想，为国家的社会主义工业化建设服务。为了贯彻这一思想，在城市规划工作中重点是要把握好“方便、经济和美观”三项基本原则。

穆欣指出：“[在] 资本主义国家，资本家也是争取方便，如修工厂尽可能修的便宜，如何能更方便的多榨取利润，修住宅也是为自己方便”（141 页），但“在社会主义国家中，对这几个原则理解是不同的”，“社会主义制度中的方便，首先是对人民方便，因为社会中一切是为了满足人民之方便，这很重要”，“经济是 [指] 对整个国家来讲是经济的”，“经济、方便首先是对人，并不是对某一国家机关或经济单位”，而“新民主主义的制度对这些问题的解决是相近的”（142 页）。“美观可能有不同的看法，但有个基础，即有一定内容的形式，表现思想创造美观的形式，而不是为美观而美观。这适用于每个建筑物，也适用于城市计划”，“任何时代都喜欢美观，艺术也为统治阶级服务，因而好多东西遗留下来成为人民的遗产”（145 ~ 146 页）。图 3-7、图 3-8 为新中国建国初期西安市的旧貌。

关于城市规划的三项原则，穆欣的讲述并不仅停留在理念层面，而是强调要加以具体落实。“方便、经济、美观，是对的。但图上表现在哪里，如何在西安城来实现，是一个很大问题”（141 页）。“在建设新西安时，是处在完全新的社会意识形态之下，比过去搞城市规划条件优越得多。但另一方面讲，任务是很艰巨的，故需更好利用这些可能性。解放后，今天是要满足人民各方面的需要，如生活、休息、工作、审美等，这是不简单的”（146 页）。在谈到行政中心设置问题时，穆欣对方便原则也有所强调：“在新时代中，社会生活是成为全人民的了，如开和平大会、游行等。因为有社会生活，故必须有社会生活之场所。首先是行政中心……现在最主要的中心是西北行政委员会的办公所及省区级机关，这些门前需要有集会、阅兵、广场，但你们考虑得不恰当，中心太大，不方便（游行）”，“不管中心在哪里，主要能便于进行 [游行]。次要干路 [是] 不能进行游行的”（147 页）。

为了实现城市的美观原则，穆欣重点强调采取“人工化”的建筑艺术设计与对天然条件的利用相结合的处理方法。“建筑艺术，不是空的，即用建筑物达到美观：①规模宏大的；②要与社会生活有意义”

图 3-7　西安钟楼地区鸟瞰（1965 年）
资料来源：和红星．西安於我：一个规划师眼中的西安城市变迁（8 城建纪事）[M]．天津：天津大学出版社，2010：53.

图 3-8　西安永宁门南门旧貌（1949 年）
资料来源：和红星．西安於我：一个规划师眼中的西安城市变迁（7 影像记忆）[M]．天津：天津大学出版社，2010：41.

（145 ~ 146 页），“从车站到大雁［塔］的干路原则是可以的，车站对古迹。但最好是能看到城市的最大建筑物，最好是把主要轴心再强调一下，把文教区中心，移至中心”（148 页），“北京不单用了建筑艺术，而更利用了自然条件，如三海”（146 页）。针对西安市，穆欣特别强调了城墙、城楼等文化遗产的利用：“西安城有一点很特别的，城墙与城楼。苏联建筑师认为西安的城墙与城楼是最有力、最雄伟的，比北京都好。护城河可以挖，以后可能成为滨河路”（145 页）(图 3-9）。

在苏联专家巴拉金的谈话中，对城市规划的方便、经济和美观原则也有所强调：“电车仅一内环，还是不够的，与工厂的联系不方便，下车后还得走四里地。所以，电车道还需要稍微深入工业区。但问题还得与有关部门联系，如管理电车、汽车之部门，或工程师商量”（167 页）；“布置绿地的原则，是如何使市民能方便的［地］享受到公园的休息。街心花园主要是美化街道，方便行人停下休息，没有一定的根据的”（169 页）；“大商店、好的建筑对着大街”（169 页）；等等。

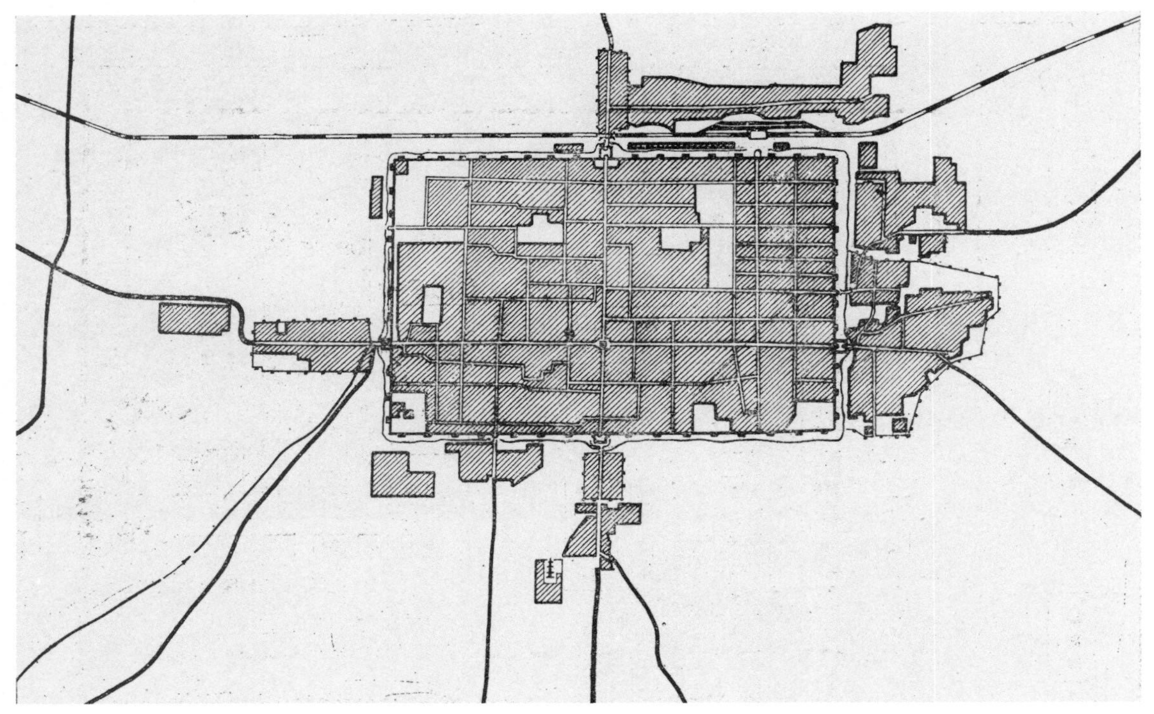

图 3-9　西安建成区示意图（1949 年）

资料来源：《当代西安城市建设》编辑委员会．当代西安城市建设［M］．西安：陕西人民出版社，1988：26.

2）强调城市规划的科学基础，明确规划工作的严密程序和方法

穆欣明确指出："整个城市规划工作，必须要有科学基础"（140 页）。针对这一问题，苏联专家从基础资料的搜集、经济发展方针的研究、规划设计总图的绘制、多方案的比选和近远期发展的统筹等方面，详细阐述了规划工作的各项程序及应掌握的科学方法。

a. 重视基础资料的搜集整理，为规划工作提供基本的依据

在谈话中，苏联专家强调要重视对城市各项基础资料的搜集整理，加强对地理、气候等自然条件的分析，为科学制定城市规划提供基本的依据。例如，在 3 月谈话中，穆欣即专门强调："讲些自然条件的材料，没有它［们］，正确的设计是搞不出来的。如风向，还没有个确实的风向图，风的频率与速度（频率是风向的次数，特别是夏季的）。有了这几项资料，才能搞出有害系数之图，才能决定厂址"（139 页），"自然条件之材料，应在另一图上表示出来：①地形——矿产，深坑。②水——大小河，湖泊，湿地等③水淹地应表示出。很重要的发电厂位置也要示出"（141 页）。

b. 加强经济发展方针的分析研究，确保城市规划与国民经济计划的协调统一

除了对自然方面的资料和条件的重视，苏联专家还强调要加强社会经济资料的搜集以及经济发展方针的分析研究。穆欣指出："城市规划经济发展方针，即定城市现在与将来的内容，这是城市基本特征的东西，如人口，工厂，土地，学校。经济发展方针是能简要说明这些内容"，"材料达到 100% 的正确是不可

能的，现在材料虽然是没有确实的，但这点轮廓是应当知道的，使我们设计不致会有盲目性。且这种计划不可能完全改变，如今后西安不［可］能没有纺织厂。这些材料不是要任何人都知道，但设计人员就应该知道”（138 页）。

穆欣强调，“社会经济发展方针，不单纯是技术问题，而且包含着国家政策方针。在苏联是设计部门与计划部门一起来搞，最后请政府批准”（138 页）。“关于社会经济发展方针内容，去年中财委画出了一些表格，西安同志是采用了，但有好多是自己想出来的。工业是有根据的，对手工业和机关人员是否有足够的根据?”（138 ~ 139 页），“关于人口问题，本部经济工作者可帮助搞得更明确些，再去征求国家计划委员会意见，现在马上需要动手”（139 页）。

穆欣不仅指出了研究城市经济发展方针的技术性要求，还设身处地地提出了搜集相关资料的工作性建议：“西安关于工业的内容，五年内或五年后的发展情况还不知道，这些材料你们讲要不来，是对的，因此种材料人家不会随便给的。一定要经过手续，去争取，李局长应负责去收集”，“西安同志们是有困难的，需要城市建设局与国家计划局［委］来协助”（138 页）。

c. 以高度负责的态度绘制好规划“总图”，切实发挥对各项建设活动的指导作用

在穆欣和巴拉金的谈话中，大量篇幅涉及规划图纸如何具体绘制，尤其是最为重要的现状和规划两张“总图”，其具体指导内容首先针对规划图纸的性质与内涵。在 3 月谈话中，穆欣评价：“现状图还不能达到根据它作出规划的程度。总平面图草图也有，但只能称是一图画，不能说是很精确的设计”（137 页）。穆欣指出：“什么叫现状图？是城市规划重要文件之一。要最正确、最全面反映城市的全貌，使我们能很快判断任何一种规划上的建设的现实性，也是判断规划之现实准确情况，另一点是画现状图不能客观地来反映现状，必须加上我们对他价值之估计而表现在图上。当然另一方面来讲也不是随心所欲，可画可不画，还是要很客观地看问题”（139 页）。巴拉金在谈话中也强调：“总体设计最重要的是现状图，要准确的［地］作［做］出。把现有的工厂各项建筑画出，并可将计划上道路用红线标出，好比较。绿地也可标出，可把现有与规划的有所分别”（150 页），“审查时先看现状图，再看总图（苏联审查时是这样的）”（157 页）。

苏联专家对城市规划图纸工作的指导，有较大篇幅涉及有关图纸的一些具体画法。穆欣强调：“在现状图上，过去有的、现在没有，不应该画上去，不然即认为是工厂。……更不能把某块土地属于某厂，在图上以工厂颜色画出。这不是证明所有权，而是［表］示出用地情况，不能用资本主义私有观点来对待，应以国家观点来处理。假使认为土地已卖了，别人不能用，可划［画］一个圈或［用］另一种图来表示之”（140 页）；“等高线应隔 10 公尺表示之，太多反不清楚”；“图上的绿地是否都有树木？菜园应分为私人经营的与公共享用的，和树林用二种颜色分别表示出来”；“高压线电压多少？黄线是什么？表示不明确。照理像这种高压线很重要，应表现得很明显”（141 页）。

关于道路交通系统，穆欣指出：“道路不应画得这样宽，好像有路面似的。水泥路与土路面应分别表示出。这不值钱之路不需要这样明确，因必要时可搬移”（141 页），“外地道路未划［画］出。有的是可通出，有的是到此为至［止］。写字代替不了规划，一定要划［画］到边界为止”（144 页）；“铁路用地应

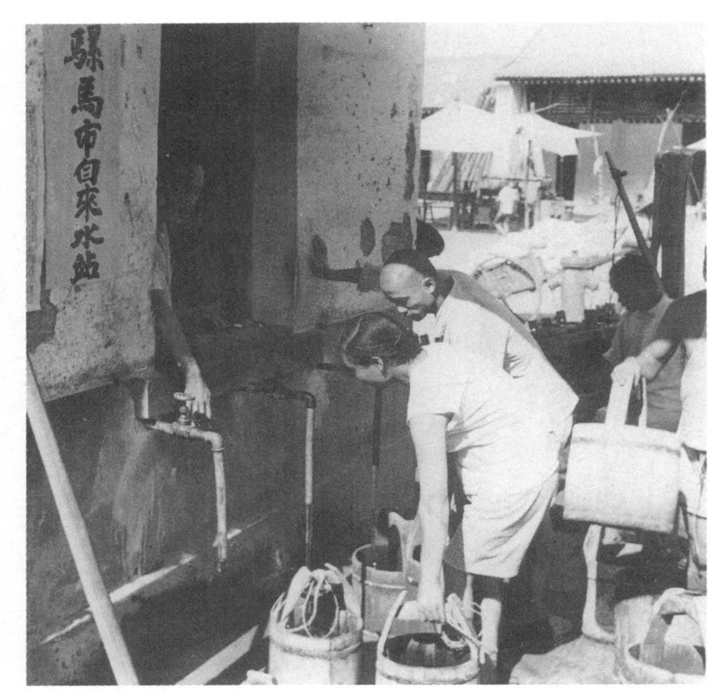

图 3-10　1950 年代西安市供水场景
资料来源：本书编委会．新中国城乡建设 60 年巡礼［M］．北京：中国建筑工业出版社，2010：22.

表示出铁路实际占用的地区，如它要求 11km² 土地，可用画线表示在图上”（140 页），“铁路用地没有这样方块形［的］，都是二头尖梭形（编组站）。在没有具体东西的地方，铁路用地是成带形，通常宽度是 50m ～ 60m”（143 页）。图 3-10 为 1950 年代西安市供水场景。

巴拉金对规划图纸的表达问题也有具体的指导：“风向玫瑰图应划［画］在规划图上，以便看出其有害范围，好考虑工厂与住宅区的方位。河流之流向应以箭头表示之，同时应将名称写出”（156 页），“［规划图］上面应该有地形”（166 页），“将来发展的工业区用地，不要都涂上颜色，只要以红线圈出即可”（165 页）。

仔细观察西安市首轮总体规划的一些图纸成果，可以看到苏联专家对规划图纸进行指导的一些痕迹，而以上谈及的不少问题，在正式的规划图纸成果中已经得到了纠正（参见彩图 2-1、彩图 2-2、彩图 2-26 ～彩图 2-29）。

d. 注重对现实条件的分析论证，通过多方案比选增强规划方案的科学性

在谈话中苏联专家反复强调，要深入考虑各种实际情况和地方发展条件来进行规划设计工作，不能将其简单理解为画图工作，要注意避免“形式主义”和“主观主义”的倾向。穆欣强调：“我们不要有这种顾虑，东部画得很详细，西部则盲无所知，因而有不平衡之感，这没关系。应尽量利用现有材料，把东部工业区尽可能画得详细”，“西安的规划似乎在绘图，故设计出来是不可实现的”，“如把估计工厂和现实工厂加上去，图已没那样单纯，更复杂了。然而这是更现实”（142 ～ 144 页）。

在道路交通和广场设计方面，穆欣指出：“干道：几个环，两条辐射，划［画］法像几何图案。二条放射路对准村庄有何用处？另有一条路，高低起伏不平，只能成为纸上的计划。中间一条干路往南，到哪

里不明确。一般讲城内干路是有一定目的的”（148 页），“干路系统不是单纯的抽象的几何图案，要结合自然情况搞。现在需要继续地搞，因为脱离了实际”（149 页）。巴拉金在谈话中指出：“西南道路，转方向不恰当。说有庙宇的理由不充分，可顺两个中心的方向联到市外”（150 页），“公共汽车路线，不一定全都在图上表示出来，因为公共汽车什么路都可以走”（167 页）。

在谈话中，苏联专家还多次强调多方案比较的重要方法。以工业区与住宅区的布置为例，穆欣强调：“东郊工业区摆纺织厂，原则讲是好的，但从具体条件看即有问题，但联系到河东之电厂，以后要它搬过来是不现实的。根据我们方便与经济原则来看，可以产生几种不同方案。假使就纺织厂来讲，最好摆在电厂附近，在 1.5km 以内，利用发电是最有效的”，“目前纺织厂位置只有二个可能，一个是西安同志建议，一是纺织局建议。为了正确解决，即需要作二个方案”（142 页）。另外，“西部作住宅区还可以，所提解决运输困难都还不是大问题。坡度也不大，桥梁今后也还需要架空，这都不是理由。主要理由是离市区太远了，与整个市区隔离开来。这问题解决需要二个方案，要很具体……具体计算与电厂的距离。可能是河西较好，但不能肯定。应作出最终决定，必须要具有说服力的方案”（142 ~ 143 页）。

e. 加强对近远期发展的综合统筹，提升城市规划的可行性

从谈话记录中，可以体会到苏联专家考虑城市发展问题的一些长远观念。在 3 月谈话中，穆欣指出：“昨天西安同志讲的发展远景是很不明确的，局[①]里应帮助他们搞清楚。如局里不清楚，可请中财委与计划委员会帮助。工作立刻要作［做］，不能一直等着，否则工作会搞不下去”（138 页）。在 7 月谈话中，巴拉金强调：“工业发展不能设临时性房子，一定用长远打算的房子。苏联在未发展工业时，每户一间，而以后发展［到］每户三间”（153 页）。

同时，苏联专家所提的长远观念又是与近期建设的重点安排相结合的，且非常强调对城市造价和投资计划的关注。在 7 月谈话中，巴拉金指出：“第一期建设的图表一定表示出来，并可看出远景”（152 页）；“制经济资料同时要：a. 城市概况……b. 第一期造价。各种工程设备及分层。每年多少钱算出，即提出投资任务。上下水道，道路，绿地等，主要［道］路［的建设］标［准］。如此才能被批准”（153 页）。在 8 月的两次谈话中，巴拉金强调：“与计委联系不只是 20 年中的指标，而更重要的是最近几年中的各种建设，而来进行造价，好提出作批准的依据”（163 页），“第一期的建设应包括住宅、绿地、上下水道、道路等在内（都在一个图上），同时要将其造价标出，根据这个计划然后才能向政府提出投资申请”（167 页）。

3）规范规划编制审批的基本制度，保障城市规划的实施性

在谈话中苏联专家强调城市规划的严肃性，必须系统、周密准备有关规划文件。巴拉金指出：“关于呈请批准规划，在规划程序上有几个材料：（1）规划草图；（2）现状图；（3）建筑分区图；（4）区域规划图；（5）第一期建筑分区图。其他［他］是附带的材料，如自然现状，土壤，洪水，地下水位，下水道布置，交通干道网，电力供应图等”（165 页），“并都附写说明书。说明电力供应，煤气供应等说明书，这即经济

① 指建筑工程部城市建设局。

图 3–11　西安市的无轨电车（1960 年）
资料来源：和红星．西安於我：一个规划师眼中的西安城市变迁（8 城建纪事）［M］．天津：天津大学出版社，2010：47.

资料”（151 页）；“主要用五个图去申［请］批［准］。副图是按需要，文字说明详细的”；“市中心在前基础上发展的，还须准备些照片，如个别问题［看］图不方便时，即可用边看文字边看照片，更容易些，避免一卷卷图太累赘”（163 页）。图 3–11 为西安市的旧貌。

除此之外，巴拉金还讲述了有关规划图纸的一些技术性要求：“［规划图］在呈请批准时，可以用 1/10000 的图。在苏联大城市用这比例是合法的。同时可以晒成蓝图，上面应该有地形。现状图是材料中的第一个，也是 1/10000，……建筑分区图也应该晒成很多份”（166 页）；“中心广场鸟瞰图：不能说是十分好，这种图应该是在现有建筑图上来画，比例可用 1/1000 或 1/2000。或者是把最中心地作出模型”（167 页）；“各图在批准以前，应送技术委员会审查”（152 页）。

随着规划编制工作的逐步推进，在专家谈话的后期（重点是 8 月 29 日），苏联专家巴拉金特别强调了城市规划工作与其他相关部门配合关系的问题。“昨天准备材料已谈过，今天谈主要与有关部［门的］联系。铁道部、卫生部（国家卫生监督机关）、防空单位、防火单位、公路局（城市对外交通），水道方面，交通部、民航局，等等”（162 页）。为实现城市规划与相关部门之间良好的协作关系，苏联专家所提出的一个行之有效的办法，即在规划编制工作的过程中及时与有关部门积极沟通，并签署相关协议文件：“即凡在草图上有关问题，应与之取得协议”，“工业今后发展计划的经济指标，应向国家计划委员会联系，以及发展步骤。经济技术指标一册送计委。高等学校［方面］应与高教部了解发展计划，如何布局和发展。医院［方面］和卫生部去联系”；“有关部门当然不是看全部草图，而是看有关部分，如卫生部看绿化、工厂污水、净化、城市清洁、垃圾处理，铁道部看有关铁道方面”；“另外各工厂要给［征］得各主管部门的同意，如皮革厂和鞋厂的搬家，应与军委后勤部取得同意，或取得回答，以备在批准时可决定”(162 页)。

城市规划与相关部门签订协议，旨在“免去与各有关部门计划矛盾，另外可以作准备批准的基础”(162 页)。巴拉金特别强调：“规划与各部门联系是很重要的，否则脱节即会发生很多困难。这个过程是很长，我们应先准备，再协议，反复订正，在批准时即会很顺利。这些工作还可能谈得不具体，但在工作进行中即可取得经验，取得有关部门的文字答复”；“审查过程比编制过程还重要，在思想上应有准备”；“在工作当中有问题再提出。与各部门应排出日程”(162 ~ 163 页)。

3.2 对成都规划编制工作的技术援助

3.2.1 专家谈话记录的档案情况

以下所讨论的成都市规划的专家谈话记录，现藏于中国城市规划设计研究院档案室，隐藏在一份题为“成都市 1954 ~ 1956 年城市规划说明书及专家意见”(案卷号：0792)的科技档案之下。谈话记录档案共 24 页[①]，包含 4 次谈话的记录文件，其中 2 份为手写稿，2 份为打印件(图 3–12，表 3–2)。

成都市规划专家谈话记录的档案概况　　表 3–2

序号	文档标题	页数	谈话时间	整理时间	备注
1	专家发言(成都)	9	1953 年 5 月 9 日	1953 年 9 月 21 日	推断谈话专家为穆欣
2	专家对成都第一次规划草图	3	1953 年 7 月 2 日	1953 年 10 月 13 日	推断谈话专家为穆欣、整理者为徐文如
3	巴拉金专家对第二汽车厂厂址问题的意见	3	1955 年 7 月 27 日	1955 年 8 月 3 日	专家谈话地点为城建总局会议室，史克宁主持，靳君达翻译
4	巴拉金、马霍夫专家对成都市厂外工程综合设计及修改规划问题的意见	9	1955 年 11 月 11 日	1955 年 12 月 6 日	专家谈话地点为马霍夫专家办公室，李蕴华主持，高殿珠翻译

资料来源：专家谈话记录[Z]// 成都市 1954 ~ 1956 年城市规划说明书及专家意见．中国城市规划设计研究院档案室，案卷号：0792：101–119.

两份手写稿中，第一份首页注有“刘茂楚整理”，另一份并无整理者的相关信息，但从其字迹来推断(图 3–13)，应与西安市规划的 3 月 20 日谈话记录及 8 月 28 日谈话的其中一份记录稿的整理者为同一人，即徐文如。手写稿中记载有苏联专家的谈话时间和记录整理时间，但却没有专家身份及谈话地点的直接信息，从苏联专家的来华时间以及成都市规划工作总结，可推断这两次谈话的专家均为穆欣。[②]从谈话中提到的“昨天成都同志因为没有发展资料而要把这些作为第二步的工作”(105 页)，可推测有关规划人员于

① 按档案所编页码共 19 页，其中部分记录文件中，在 1 页的版面上实际上有两页的记录内容。

② 主要依据：1)穆欣和巴拉金的来华时间分别为 1952 年 4 月和 1953 年 6 月。2)1954 年 5 ~ 7 月前后，苏联专家穆欣对成都的规划工作进行过指导。参见：成都市人民政府城市建设委员会．成都市城市规划工作总结(1954 年 10 月)[Z]// 成都市 1954 ~ 1956 年城市规划说明书及专家意见．中国城市规划设计研究院档案室，案卷号：0792：56.

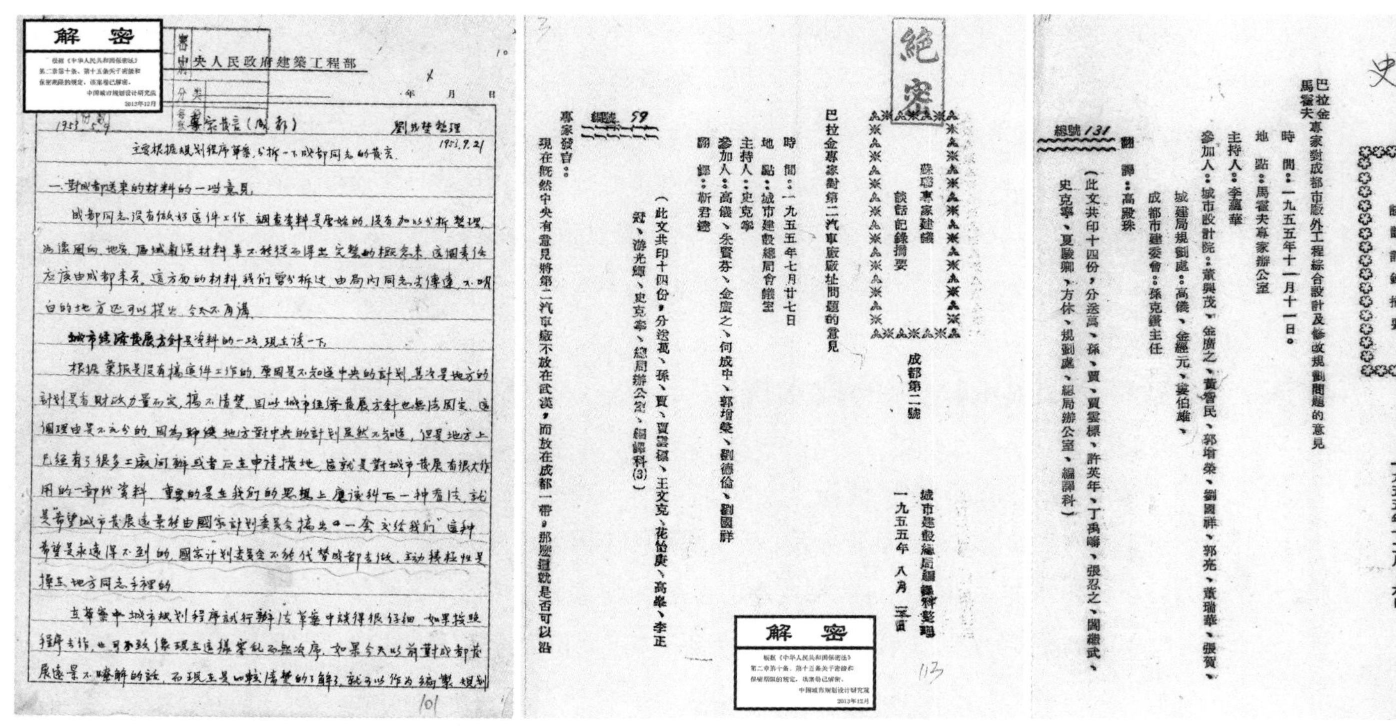

图 3–12　成都市规划的专家谈话记录档案

注：左图、中图和右图分别为第 1、3、4 份记录文件的首页。

资料来源：专家谈话记录［Z］// 成都市 1954 ~ 1956 年城市规划说明书及专家意见．中国城市规划设计研究院档案室，案卷号：0792：101，113，115.

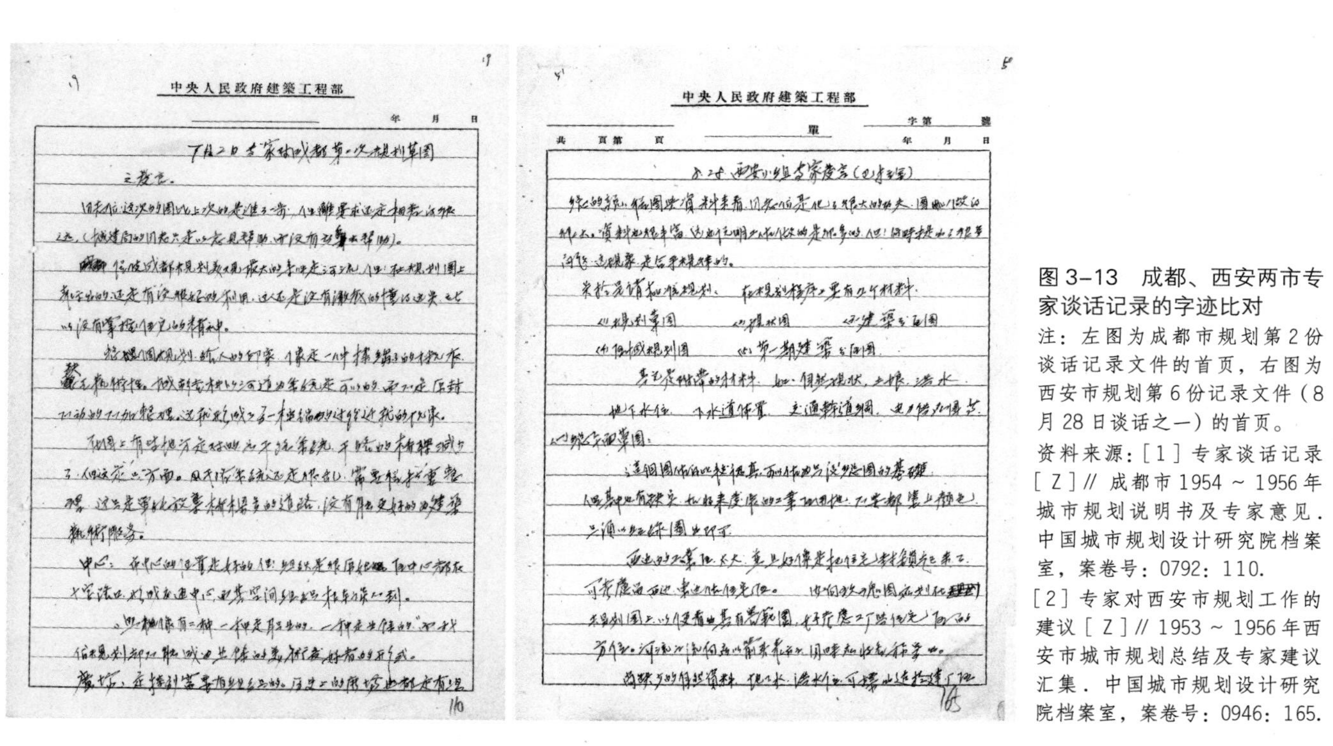

图 3–13　成都、西安两市专家谈话记录的字迹比对

注：左图为成都市规划第 2 份谈话记录文件的首页，右图为西安市规划第 6 份记录文件（8 月 28 日谈话之一）的首页。

资料来源：［1］专家谈话记录［Z］// 成都市 1954 ~ 1956 年城市规划说明书及专家意见．中国城市规划设计研究院档案室，案卷号：0792：110.

［2］专家对西安市规划工作的建议［Z］// 1953 ~ 1956 年西安市城市规划总结及专家建议汇集．中国城市规划设计研究院档案室，案卷号：0946：165.

5 月 8 日向穆欣进行了规划工作汇报。另从谈话内容“我又没去看过”（105 页）、“以后有可能我愿意去成都一趟，以作一些具体帮助”（109 页）等来判断，谈话地点并不在成都。

两份打印件均系城市建设总局编译科整理，由于其时间相对较晚（1955 年），这两份记录文件在形式上已相当规范，谈话时间、地点、专家名称、会议主持人、翻译和参加人员等各方面的信息均有完整记载。另从两份记录文件上分别标注的“成都第二号”“成都第三号”等信息来看，在 1955 年 7 月 27 日之前，苏联专家已经进行过一些谈话。

综上，成都市规划的 4 份记录文件，分别记载了 1953 年 5 月 9 日、1953 年 7 月 2 日、1955 年 7 月 27 日和 1955 年 11 月 11 日等共 4 次专家谈话的有关内容。其中，1953 年两次谈话的苏联专家均为穆欣；1955 年 7 月谈话的苏联专家为巴拉金，1955 年 11 月谈话的苏联专家为巴拉金和马霍夫（工程方面）。

3.2.2 成都市规划编制工作进展

据 1954 年 10 月的《成都市城市规划工作总结》，“成都市的城市规划工作是一九五二年末开始的，当时成立了一个规划工作组开始收集资料，并开始研究城市的规划图，到一九五三年四月收集了一部分资料，做出了成都市的第一张规划草图，并到北京向中央建筑工程部作了汇报。这一阶段的工作，正如苏联专家穆欣所说的：资料很不完整，决定城市发展最重要的经济资料完全没有……”。[①] 可见，1953 年 5 月和 7 月的两次谈话，是在成都市规划的草图阶段——即规划编制工作的前期，也正是规划工作人员在北京集中工作期间，苏联专家穆欣对规划工作进行的指导（图 3-14）。

“一九五三年七月回来，便根据中央建筑工程部的指示，按照规划程序与搜集资料的提纲，逐条逐步的进行工作”[②]，这表明在穆欣的 7 月谈话之后，规划工作人员便从北京赶回成都继续工作。“[1954 年] 三月份我们按照规划程序做出了成都市总体规划草案。这一阶段的工作正如苏联专家巴拉金所说，资料工作基本上是正确的，但经济发展资料只有五年的，还应该有十五年的，规划图在原则上是正确的，但非常‘干燥’，还须艺术加工。采用的定额不够妥当，有些定额在认识上也有错误”[③]；“根据 [国家] 计委城市建设局与中央建筑工程部城市建设局的指示，我们便留在北京，在原有基础上继续进行规划工作”，“于七月十五日初步完成了成都市总体规划草案。这期间，苏联专家克拉夫秋克和巴拉金对我们的工作有五次发言，使规划图不断的 [地] 加以修改和逐步完善。”[④] 这表明，在 1954 年前后，苏联专家对成都市规划也有过多次指导，但遗憾的是，迄今尚未发现关于这一阶段的专家谈话记录的有关档案资料。

1954 年 10 ~ 12 月期间，国家建委和建工部曾联合有关部门共同对成都等八大重点城市的规划成果

---

① 成都市人民政府城市建设委员会 . 成都市城市规划工作总结（1954 年 10 月）[Z] // 成都市 1954 ~ 1956 年城市规划说明书及专家意见 . 中国城市规划设计研究院档案室，案卷号：0792：56.

② 同上，案卷号：0792：56.

③ 同上，案卷号：0792：56-57.

④ 同上，案卷号：0792：56-57.

图 3-14　陪同苏联专家游园的中国同志留影

注：1956 年 6 月 10 日，颐和园。前排：什基别里曼次子斯拉瓦（左 2）、高殿珠（左 3）、贺雨（右 4）、李增（右 2）；后排左起：韩振华（左 1）、周润爱（左 2）、王进益（左 3）、董 ××（右 2，司机）、陈子春（右 1）。

资料来源：高殿珠提供。

进行审查，但 1954 年 12 月首批批准的初步规划只有西安、洛阳和兰州等 3 个城市。1955 年 7 月巴拉金的谈话中提到，“中央有关意见将第二汽车厂不放在武汉，而放在成都一带”（113 页），重点工业项目第二汽车制造厂（简称“二汽”）从武汉迁往成都等的工业计划调整，正是成都市规划未能在 1954 年 12 月获得批准的重要原因之一。档案显示，国家建委于 1955 年 12 月正式下达对成都市规划的审查意见。① 可见，1955 年 7 月和 1955 年 11 月的两次专家谈话，发生在规划编制工作进行较大修改、接近获得批准的后期阶段。

从内容来看，1955 年 7 月的谈话是巴拉金主要就“二汽”的厂址选择问题展开的，同年 11 月的谈话则涉及巴拉金和马霍夫两位苏联专家对规划工作的共同指导（地点在马霍夫专家办公室），考虑到两位专家的专业角色不同，而谈话记录内容又明确分为“管道综合设计方面”和“规划方面”两部分，可推断其中“规划方面”的记录为巴拉金的谈话内容。从本书主题出发，以下分别就穆欣和巴拉金对规划工作的指导意见加以讨论。1955 年 11 月马霍夫关于工程综合设计的谈话内容，以及巴拉金谈话中的详细规划和竖向设计等内容，暂不予以讨论。

3.2.3　穆欣对成都市规划编制工作的意见

在对“一五”时期规划工作进行指导的苏联专家中，亚历山大·穆欣曾担任苏联建筑科学院的通讯院士，地位相当显赫。同时，由于其来华时间相对较早、在华工作时间相对较短（与巴拉金相比：穆欣 1952

---

① 国家建设委员会 . 国家建设委员会对成都市初步规划的审查意见（1955 年 12 月）[Z] // 成都市 1954 ~ 1956 年城市规划说明书及专家意见 . 中国城市规划设计研究院档案室，案卷号：0792：82-86.

年 4 月来华，在华约 1 年半时间；巴拉金 1953 年 6 月来华，在华 3 年时间），目前所留存的有关穆欣的谈话记录资料极少，成都的两份手写稿显得格外珍贵。其中，5 月 9 日的谈话记录篇幅相对较长，所谈内容较为丰富，主要包括“对成都送来的材料的一些意见”“关于成都的规划”“关于干道、中心、广场”“如何利用自然条件”和“今后如何作的问题”等 5 个部分（以下简称 5 月谈话），而 7 月 2 日谈话则较为简略（以下简称 7 月谈话）。就两次谈话而言，穆欣对成都市规划编制工作的技术援助可概括为如下几个方面。

1）对草图阶段规划工作的批评，明确规划编制工作的严格要求

与西安 3 月谈话相比，穆欣的成都 5 月谈话中出现了许多比较刺耳的批评性语言：“成都同志没有做好这件工作”“城市经济发展方针是资料的一项，……根据汇报是没有搞这件工作的”（101 页），“在分区来讲是希［稀］奇古怪、毫无根据的”“在区域规划[①]中有好多计算是不合理的”（102 页），“平面结构答复太一般化”（103 页）。在 7 月谈话时，穆欣又指出：“同志们，这次的图比上次的是进了一步，但离要求还是相差得很远”（110 页），“规划图，应该重新作”（111 页）。

之所以出现这种“不和睦”的状况，分析起来可能有如下因素。首先，有些指导内容在 1 个多月前对西安市规划工作进行指导时已经谈过，苏联专家不愿意再重复赘述，如关于调查资料，穆欣指出“这方面的材料，我们曾分析过，由局内同志去传达，不明白的地方还可以提出，今天不再讲”（101 页）。其次，规划人员身份有所不同——西安市规划作为试点，直接由建工部城建局具体帮助，而成都市规划以地方为主，“城建局的同志只是以意见帮助，而没有动手去帮助”（110 页），由于穆欣受聘于建工部[②]，对西安市规划进行指导时，人员也较熟悉，可能会显得“客气”些。除此之外，更重要的原因则在于，成都市规划工作起步相对较晚，本身尚未步入正轨，加上规划人员以地方为主，自然造成对苏联规划理论和方法的认识存在一定的局限性，前期草图阶段的缺点或错误在所难免，就记录文件中的一些谈话内容而言，也明确反映出这样的情况；与之形成鲜明对比的是，苏联专家对待城市规划工作十分严谨，城市规划是相当严肃的工作，必须以尽可能高的质量来严格要求。在谈话中，穆欣反复强调基础资料是搞好城市规划工作的重要前提，在规划工作中要始终贯彻认真、严谨的高度负责态度，同时也必须要掌握正确的规划工作方法。

关于基础资料，穆欣评价“调查资料是原始的，没有加以分析整理，如像风向、地质、区域气候材料等，不能从而得出完整的概念来。这个责任应该由成都来负”（101 页）。关于历史资料，穆欣指出，“搜集有关成都之平面结构及建筑艺术特征等的材料，其目的是为了了解现在城市上有价值的东西，作今后规划的根据”，“在规划程序中讲，需要城市沿革草图及照片，但成都材料是不够的，还应该在 1/2500 的图上表示出发展过程来，如旧城、皇城、□［少］城三城在明朝时有多大、有何建筑等，这样才可看出沿革和发展来，这样使规划者能了解城市的发展、特殊的风格和面貌，才能利用和保持其风格和面貌，以与其他城市区别，这一点应特别注意，特别是规划的同志”（103 页）。图 3-15 为成都市旧貌。

---

① 指城市各功能区的组织而言。

② 1952 年 4 月来华时，穆欣受聘于中财委，1952 年 12 月转聘至建筑工程部。参见：邹德慈等．新中国城市规划发展史研究——总报告及大事记［M］．北京：中国建筑工业出版社，2014：88.

图 3-15　成都早期的商场——劝业场

资料来源：《成都》课题组．成都（当代中国城市发展丛书）[M]．北京：当代中国出版社，2007：33.

关于经济发展方针，之所以没有及时开展，规划人员解释的“原因是不知道中央的计划，其次是地方的计划是看财政力量而定，搞不清楚，因此城市经济发展方针也无法固定”(101 页)，穆欣则提出“这个理由是不充分的，因为即使地方对中央的计划虽然不知道，但是地方上已经有了很多工厂开办或者正在申请拨地，这就是对城市发展有很大作用的一部分资料”，“在城市规划程序试行办法草案中谈得很仔细，如果按照程序去作［做］，也可不致像现在这样零乱而无次序”（101 页）。穆欣强调，“重要的是在我们的思想上应该纠正一种看法，就是‘希望城市发展远景能由国家计划委员会搞出一套交给我们’，这种希望是永远得不到的，国家计划委员会不能代替成都去做，主动积极性是操［持］在地方同志手里的”，“如果今天以前对成都发展远景不了解的话，而现在是比较清楚的［地］了解了，就可以作为编制规划意见的材料，这个工作必须在最近搞出来，当然是在国家计划委员会和建筑工程部的指导下进行”(101 ~ 102 页)。

对于规划工作的一些具体内容，穆欣也进行了指导。以用地计算为例，穆欣指出：“成都总面积是 8252 公顷，按 84 万人计算是比较恰当的，但稍为［微］小了些”，“各区的面积计算在不知道具体资料时，还是可以计算的，按每人 75 ~ 80m^2 再乘以各区的人口数目就可以得出各区土地面积大小。在由此求出的面积中还包括住宅用地、公共建筑用地、街道广场、绿地”，“详细算法可参考列夫千可‘城市规划’［列甫琴柯著《城市规划：技术经济指标及计算》］①”；“土地计算中看不见铁路用地，而铁路在成都是将有很大发展，现在却忘掉了”（102 页）。关于水文材料，穆欣谈道：“在成都四面有河，但是在图上河流划出，水位没有标出，把夏、冬二季和历史上最高水位标出，这样可以看出与绿地的关系”，“可能被水淹地面，

① 这是新中国建国初期引入苏联方面的重要城市规划著作之一，当时有两个翻译版本：原著 1947 年版由刘宗唐翻译，时代出版社（北京）于 1953 年出版；原著 1952 年修订版由岂文彬翻译，建筑工程出版社（北京）于 1954 年出版。

用虚线表示是不正［准］确的，看去像是在虚线间都是被淹地，予人概念不清。可以除了虚线以外还要应用斜线表示具体被淹地区”（103 页）。

在对规划工作进行指导时，穆欣突出强调了掌握正确规划方法的重要性。如在人口计算方面，穆欣指出：“成都的人口估计是根据苏联几个城市的人口增长数字搞出来的，这种方法在万不得已的时候才用的”，“同时还应该找到类似的城市的资料数据才能用，而这些我们是可以知道的，因为五年计划我们知道了就可能计算得较准确的人口数字”（102 页）。关于各功能区的组织，穆欣谈道：“住宅区比文教区小，这是从来没有的事”，“当然密度不对，人口在每公顷面积上还可以多住些人，但是还不能解决问题的”，“这是方法上有错误，这种首先划［画］图而从后得出数字的方法是不对的，而应该先确定数字再划［画］图”（102 页）。

除此之外，在 5 月谈话中，穆欣还提出了编制用地平衡［分配］表的要求：“规划设计应把界线［限］划清，面积算明，现状图也要把界限划出，土地面积分类计算，这样就可以和发展作比较。这个工作在以后还需继续。还需要市区内土地使用分配表，这就可以看出建筑物占多少”（103 页）。

2）从“方便、经济、美观”到“适用、经济、美观”的城市规划三项原则

在穆欣的 5 月谈话中，和西安的 3 月谈话一样，再次讲到了城市规划的三项原则，不过这一次在提法上略有不同：“在苏联的城市建设有三个原则：适用、经济、美观，我们就根据这三个原则来谈成都的规划”（103 页），3 月谈话时的“方便”变成了“适用”。从笔迹判断，这两次谈话记录的整理者为同一人，而当时苏联专家的翻译是相对固定的，两次谈话的相隔时间只有 1 个多月，因而翻译人员也很可能是同一个人。这就是说，从“方便”到“适用”的用语变化，不大可能是翻译或记录、整理等因素，而应当是穆欣在讲话时使用了一些近义词所致。在 5 月谈话接下来的内容中，穆欣很快又回到“方便”一词上：“方便。首先是劳动人民、工作干部生活工作是否方便。必须声明一点，工作地点与居住地点的方便，不是就说是要放在一处，而是说工厂与城市之间要布置得很好，在考虑问题时，不能单独提出先摆工厂好或先摆住宅好，根据苏联的经验应该是同时考虑的”（104 页）。

值得注意的是，穆欣对于“适用、经济、美观”三项原则的强调，时间上要明显早于其成为新中国基本建设 / 勤俭建国的一项重要方针——1954 年 1 月，《人民日报》刊发《按照经济、适用、美观的原则建设城市》的文章，此时这些原则尚未成为官方的说法，文章也只是被刊发在第 3 版[①]；1955 年 6 月 13 日，国务院副总理兼国家计委主任李富春在中央各机关、党派、团体的高级干部会议上作“厉行节约，为完成社会主义建设而奋斗”的报告，对“适用、经济、在可能条件下注意美观”的方针作出了权威性解说[②]。

---

① 蓝田 . 按照经济、适用、美观的原则建设城市［N］. 人民日报，1954-01-07（3）.

② 在报告中李富春指出：“所谓适用，就是要合乎现在我们的生活水平，合乎我们的生活习惯，并便于利用。所谓经济就是要节约，要在保证建筑质量的基础上，力求降低工程造价，特别是关于非生产性的建筑，要力求降低标准。在这样一个适用与经济的原则下面的可能条件下的美观，就是整洁，朴素，而不是铺张，浪费”。参见：李富春 . 厉行节约，为完成社会主义建设而奋斗——1955 年 6 月 13 日在中央各机关、党派、团体的高级干部会议上的报告［R］// 城市建设部办公厅 . 城市建设文件汇编（1953–1958）. 北京，1958：52.

据老专家回忆，正是在穆欣的支持并结合苏联经验所作分析[①]的基础上，建工部提出"适用、经济、美观"的建筑方针上报中央，最后提法修正为"适用、经济，在可能条件下注意美观"。这一方针，不仅仅指向建筑业、基本建设或勤俭建国，对于城市规划建设工作同样具有重要指导意义。西安的3月谈话和成都的5月谈话，是苏联专家影响我国城市规划建设方针的一条重要佐证线索。

3）干道、中心和广场系统

从篇幅上看，关于干道、中心和广场是穆欣5月谈话较为突出的一项内容。穆欣对这一问题的阐述，具有相当的理论高度："什么是社会中心？社会中心是城市居民进行社会生活的重要场所，其数目、大小、规模、性质是取决于社会生活和规模，而其社会生活和规模又取决于社会性质"；"同志们知道历史唯物论的最简单的原则，即某个社会的城市是适应于当时社会要求的"，"在人类社会发展的各个阶段上，城市发展是取决于当时的社会性质的"（105页）。尽管立足于很高的理论层次，但穆欣的谈话却并没有在理论上过多停留，而是很快转移到"实证分析"内容上。有意思的是，穆欣所举实例并非苏联的一些城市，而是中国的北京和天津。

a. 北京、天津的案例剖析

穆欣指出："例如北京，北京是封建社会帝王权利［力］极盛时代形成的（15 ~ 17世纪），当时城市建筑者的任务首先是防御，要有城墙，另外是表现皇帝的威严，所以当时修了很多城楼和层层叠叠的城墙，并且把皇城、紫禁城放在城市中心"，"帝王是天子，是非凡的人，不单要使北京人、中国人，同时要使外来的使节也能震慑于他的威风之下，所以需要采取方法来达到这项目的"（105页）。为此而"采取的办法是，走进皇宫是一条大道，成为北京的建筑轴线"，"如从城门到天安门要走很久，下几次车，换几次衣服，使他们产生了威迫的情绪，这正是皇帝所需要的，这就完成了第一步"，"到天安门以后穿过午门、端门，过桥到太和殿才是正式接见的地方，这种建筑艺术和规划使进［觐］见者在当时已经发抖了"（106页）。不仅如此，"封建社会除去上层统治者外，还有宗教在当时在麻醉［痹］人民。宗教也有许多手段，如天坛、雍和宫等，都是用建筑规划手段在人的思想、情绪上起着精神作用的"（106页）。而与统治者形成鲜明对比的则是普通民众的生存状况。"城市中普通人民居住［条件］很坏，被剥削的人民也没有力量修好房子。此外当时的内城、外城也可看出民族歧视来"（106页）。据此，穆欣提出："当时为统治者服务的城市规划是好的，封建社会的社会活动是非常有局限性的"（106页）。

穆欣所列举的天津是另一类型城市："天津的旧城是封建时代遗留下来的，而其他部分是在资本主义社会下发展起来的，从19世纪末叶开始发展，殖民者按着他的掠夺中国的需要而建立起来，在义和团起义八国联军之后，帝国主义者各修租界，自成系统，工［公］用事业设施、上下水道等各不联系，互相隔

① 建工部讨论建筑方针时，原来的提法是"适用、坚固、经济"，大家争论不休。最后，由穆欣发言，他概括了一下大家的意见（大致是：建筑界通行的"适用、坚固、美观"三原则［两千年前罗马建筑师维特鲁威在他的《建筑十书》中首先提出］和中国勤俭建国原则是可以统一的），并且介绍说在苏联现在已不再提"适用、坚固、美观"而是"适用、经济、美观"。因为现代的物质技术条件和古代有很大不同，"坚固"现已不应成为问题。但是进行大规模的社会主义建设，"经济"是普遍应该注意的问题。中国即将开始第一个五年计划，所以他认为在中国"经济"问题也是应该普遍注意的问题。参见：陶宗震．新中国"建筑方针"的提出与启示［J］．南方建筑，2005（5）：4-8.

绝”，“天津看不出任何统一性，只有一个是统一的，就是掠夺中国的目的，但选择的方法不同，所以也不能说是统一的”（106 页）。穆欣指出：“如果说北京是反映封建专制的威风和力量，则天津是反映资本主义的无政府状态和满清［政府］当时的腐败”（106 页）。

在指导规划工作时，使用一些受众对象比较熟悉的本土城市作为案例，自然要比介绍那些绝大多数中国人都缺乏实际体验的苏联城市更具感染力。穆欣的 5 月谈话发生在他来华 1 年左右的时间点，在经过了一段并不算长的中国生活体验后，他已经能够相当娴熟地大谈中国的城市文化，这不仅表明了穆欣“与时俱进”“活学活用”的专业态度，也展示出其较为高超的演讲水平。不仅如此，这一档案还向我们提供了一份例证，在新中国建国初期苏联规划理论向中国的“输入”过程中，除了“外国理论→中国实践”和“外国实践→中国实践”等基本影响关系之外，还存在着经由苏联专家之手，“中国实践→中国实践”乃至于“中国理论→中国实践”等响应逻辑，这对于城市规划理论思想的来源地考察具有重要的解析价值。

b. 新时代的形势和要求

不论北京或天津的案例分析，都必然旨在为新中国的城市规划建设所服务。“现在我们处在什么时代呢？我们都市建设者的任务呢？我们现在处在空前的建设时代，任务要如何完成呢？是否只把工厂和住宅安排一下就算了呢？要是那样，我们就会造成天津那样”，“现在中国人民获得解放，全体人民达到空前未有的团结，建设任务日益千里，社会生活也是大大发展的，而我们的城市如何去适应呢？天津直到现在还没有好游行的地方。当然，社会生活不仅只是游行”（106 ~ 107 页）。穆欣指出：“现在政府机关是代表人民［的］政权，人民和政府的联系是很多的，政府机关应该放在中心”，“现在机关迁就旧房子，而今后即不同，一定在市中心，并且设有广场”；“大的城市必须有区域的行政中心，区政权与人民的联系是很多的，区苏维埃、区委、工会都在区中心，有些文化机关等也在区中心”（107 页）。

除了城市中心和区中心之外，各类广场也是社会活动的重要载体：“其次，在大工厂或者在数个工厂的大门前也［应］有广场，工厂办公楼、俱乐部、餐厅、合作社、邮电局设在那里，就形成了社会中心”；“在社会主义和新民主主义社会的城市，必须保证工人的休息。在大公园门外也［应］有广场，除停车场外也有服务性机关”；“大的学校门前如莫斯科大学门前有广场，不光是为了学生，而且还为了市民来参观，使自己感到是处于共产主义时代”；“车站也应有广场，已不是运输性的，而是社会活动的场所”；“大的体育场也是如此的”（107 页）。穆欣强调，“苏联和中国都是如此的，在规划中应有表示，这即是社会主义和新民主主义城市的社会中心”（107 页）。

c. 干道、中心和广场的规划设计

在 5 月谈话中，以上述理论性阐述为基础，穆欣进而讲解了相应的规划设计要求：“中心与干道的关系就应该考虑到干路如何来服务于中心，而中心的布置在某种程度上要考虑到现有路线，二者是要相互考虑的”，“中心的布置与联系它们的干路，事实上决定了并且构成了城市的平面结构。一般说好的建筑都在中心和干道上，而商店是分散的”（107 页）。穆欣强调，“干道、中心、广场必须在一开始就要解决。昨天成都同志因为没有发展资料而要把这些作为第二步的工作，我认为是要同时考虑的”（105 页）（图 3–16）。

图 3-16　成都中心区鸟瞰
资料来源：《成都》课题组．成都（当代中国城市发展丛书）[M]．北京：当代中国出版社，2007：78.

针对成都市的规划草图，穆欣指出："我们根据这些原则看规划草图，可以了解同志们是考虑到这些问题，但没有很好的［地］解决"；"首先［谈］行政中心，地址是对的，如果市区发展是那样大的话，并且在历史上也已形成了，它是中心的位置"，"文教区为什么要有两个中心？任务要明确起来，并且应该很好的［地］和学校联系起来"，"区域性的中心找不到"，"公园前广场看不出来，数目少，而每个广场规模［很］大，这样布置不好"（107 页）。在谈到这些问题时，穆欣再次介绍到中国的一些实践案例："工业区的中心好似公园中心，但又不像，工厂区附近的广场应考虑，如像哈尔滨的亚麻厂的广场是按照苏联设计的，是小型的，成都可以学习"（107 页）。

在 7 月谈话时，穆欣再次对干道、中心和广场的规划设计进行了指导。关于干道，穆欣指出："在图上有些地方是对的，如干路系统，干路的桥梁减少了，但这只是一方面。干路系统还是很乱，需要重新整理，这只是单纯放弃桥梁多的道路，没有能更好的［地］为建筑艺术服务"（110 页）。关于中心，穆欣评价："市中心的位置是好的，但组织是很原始［的］。区中心都在十字路口，形成交通中心，而其空间组织根本谈不到"（110 页），"最好区中心都能看到市中心，从市中［心］引一干道向南，直到河边，靠近文化中心，所谓朝市中心是指区中心的主要建筑物对着市中心"（111 页）。关于广场，穆欣强调它"是特别需要有组织的"，"历史上的广场也都是有组织的，如：希腊是长方形，不复杂；罗马是有主次；意大利是逐步形成，而不对称。形状是可以千变万化的，但需要有组织"；"而成都除市中心外，其他［他］区中心都是无组织的，而广场四周的建筑形式都像梳子式的千篇一律，这在中国历史上也是没有的"（110 ～ 111 页）。

在7月谈话中，穆欣还就干道、中心和广场的规划问题打了一个颇为生动形象的比喻："'照像［相］有两种，一种是职业的，一种是业余的'。而我们规划却不能成为业余的"（110页）。

4）对成都市规划方案的意见

在5月谈话和7月谈话中，除了干道、中心和广场以外，穆欣对成都市整体层面的空间规划布局也进行了指导，具体意见主要集中在两个方面。

a. 从实际出发，多方案比较，合理进行各功能区的组织

关于工人住宅区，穆欣指出："成都的工人住宅区布置是对的，但并不等于问题的解决，如像西面的一大块，为了使之与东边平衡，但又因为没有内容而勉强凑合的［放］疗养区是不对的。为了维持旧城区为新城区的中心，愿望是好的，现在我的办法是使西边的内容充实起来"（104页）。关于工业区，穆欣评价："东边作为工厂区是对的，其有利条件是距离铁路近，运输便利，风向无害，用水便利，排水良好，但在考虑其他条件之下，如像在经济上，交通过于集中，在国防上工业过于集中也是不利的，这都要考虑"（104页）。

穆欣对功能区组织的建议是："根据上述理由，将工业区分为两个，一个放在东北，一个放在西南，就风向、排水、和住宅区的关系等说来都无问题"，"第一期工业放在东北，第二期放在西南，运输可由洛［乐］山的铁路相联系"，"也许有人会说，这样把住宅区侵占了文教区，其实把文教和机关集中在一起是没有这个必要的，将来可以把文教机关摆在西北方，即现在的疗养区，这样就保持了原有的环状"（104页）。关于中心区的位置，"假如成都的经济发展远景不大，工业区不可能发展到西南方面的话，行政中心会向东靠，如有大的发展则中心就可维持在旧行政区，而我认为成都是有发展的"（104页）。穆欣强调指出："上面仅是方案之一，最好作出几个方案来作比较"，"要多方考虑，决定时还需要计算，之后，再作决定"；"不过，这种为了几何上的对称、平衡而拼凑成的区域是不可靠的，今后不能如此"（105页）。

通过这些谈话记录的文字，不仅能够了解到苏联专家对成都市规划进行指导的一些具体意见，进一步讨论，这对于成都城市空间规划结构形成原因的认识也提供了一条重要的线索。众所周知，当今成都市的空间结构与北京市极为相像，均表现出"以旧城为中心圈层拓展、环状放射路网格局"的鲜明特点，实际上，这也正是新中国建国初期成都市空间规划方案的重要特点。就"一五"时期成都市的城市建设重点——工业项目和工人住宅区建设而言，其实都主要集中在东北郊的第一期建设范围，但整个城市的空间规划方案却呈现出以旧城为中心、各个方向均衡发展的格局（参见第4章中的有关图纸），究其原因，除了应对当时旧城三大系统（皇城、少城和大城）的对立矛盾以及借鉴莫斯科规划经验等因素之外（此乃另外的话题，详见第4章的有关讨论，这里不予赘述），规划设计人员追求城市空间布局的完整性[①]以及"几何上的对称、平衡"等"形式"方面的思想意识，也应当是不容忽视的重要因素之一。

---

① 据成都市规划工作总结，"保持城市的整体性"是当时规划工作所确定的两个"规划方针"之一。参见：成都市人民政府城市建设委员会．成都市城市规划工作总结（1954年10月）[Z]//成都市1954～1956年城市规划说明书及专家意见．中国城市规划设计研究院档案室，案卷号：0792：64.

图 3–17　成都望江楼
资料来源：成都旧影三张［N/OL］. 照片中国 . 2009-06-28［2015-11-16］. http：//www：picturechina.com.cn/bbs/thread-10230-1-1.html

b. 加强对自然条件的利用，提高城市规划的艺术性

在 5 月谈话中，穆欣专门讲述了“如何利用自然条件”的问题：“在成都什么是影响城市规划的呢？可以肯定的说是河流。在规划上应该很好的［地］表现出来”，“在苏联靠河边是修筑公共建筑和住宅的好地方，在改建莫斯科决议中曾明白指出，把莫斯科河两岸的仓库都搬出去，滨河路搞得很好，高层建筑都在河岸”（108 页）。穆欣强调：“成都的平面图上，四周都是河流，这是非常特殊的，在中国来讲都是少有的，所以应该很好的［地］利用它。但是在图上我们就没有看到［滨］河浜路，图给我的印象是［河流］妨碍着我们，而就画出很多的横竖线来准备消灭它”（108 页）。在谈论这一问题时，穆欣还就传统城市营建方式加以引证：“过去的建筑是利用它的，例如：城的走向和河的方向是相应的”，“不利用浜［滨］河的地方作道路，工程师是可以的，而建筑师则不可以”，“我们的祖先是善于利用他［的］，如‘望江楼’等，由此可见成都的规划对自然条件利用不够”（108 页）（图 3–17）。

在 7 月谈话时，穆欣再次强调了对河流等自然条件的利用问题，并上升到了城市规划的艺术性这一高度。“促使成都规划美观最大的条件是河流，但在规划图上表示出的，还是有［又］没很好的利用，这还是没有彻底的懂得这点，所以没有掌握住它的精神”，“整个规划给人的印象，像是一种揉扁了的衬衣，缺乏艺术性。城市结构以河道为系统是可以的，而不［该］是原封不动的不加整理。这就形成了另一［种］极端的过分迁就的现象”，“规划图，应该重新作”（110 ～ 111 页）。穆欣指出：“先把环城河作出，西北角河太小，应该把它挖大，使它连接起来”，“滨河路要很好的搞一下，但不一定全都依着河，有的地方是可以把它拉直的。使河道成为环状放射形的”，“第二环状也可以，但要把它搞得更有组织些”（111 页）。关于公园系统，穆欣提出：“公园的设计，应利用现有绿地作为基础之发展。例如是没有树木的地方要重新载［栽］，就需要十几年”，“好的公园，应具备三个条件：（1）水，（2）树林；（3）建筑艺术”（112 页）。

穆欣特别强调：“在城市规划中，要尽量利用现有东西，能少花钱产生出大的效果，所以，要侦查各个可利用于建筑艺术的据点，而于规划中利用之”。（112 页）

5 月谈话和 7 月谈话结束时，穆欣分别提出："成都留一部分同志［在京］搞经济设计工作，在国家计划委员会的帮助下把经济发展远景搞出，同时在局的帮助下修改或重作规划草图，同时在规划草图中解决今年建筑房屋、地皮问题，免得因规划延迟建筑任务"（108 ~ 109 页）；"下一步工作：（1）需要了解成都的实际情况。（2）经济与规划工作，都要重搞"（112 页）。这些谈话内容，显然是一种不容置疑的"命令"式语气和"指示"式工作部署，这反映出苏联专家对规划编制工作的指导，显然只是并非提供单纯的技术层面的意见而已，而是深刻影响到实际工作的具体安排。由此也不难体会到，正如老一辈规划专家所指出的，在新中国建国初期的规划工作中，苏联专家对规划工作的指导具有显著的"权威"领导地位，并呈现出一定的"专制"色彩。

3.2.4　巴拉金对"二汽"选厂及成都市规划修改的意见

巴拉金在 1955 年 7 月的谈话，虽然针对的是重点工业项目的联合选厂问题，但谈话内容与城市规划工作是密切相关的，且"二汽"选厂的波折也是鲜为人知的一个话题；同年 11 月的谈话，则是在中央作出"厉行节约"指示后关于规划修改问题的指导意见，由此可以窥得苏联专家对于中国建设方针调整问题的一些基本态度，也具有重要的解析价值。以下就这两方面的内容分别加以讨论。

1）对"二汽"选厂的意见：在规划总图范围内选址，维护城市规划的权威性

a."二汽"选厂背景

在解读巴拉金 7 月谈话之前，首先需要对二汽选厂工作的背景情况有所了解。作为 156 项工程的计划项目之一，二汽最初的厂址选在武汉市武昌的徐家棚地区，据 1954 年版武汉规划说明书所载，在第一期（1960 年）时间内，"汽车厂职工（包括技工学校 1200 人）"的基本人口计划为 2.58 万人，"汽车厂职工住宅区"的"区域总人口"计划约为 6.94 万人[①]（图 3-18）。1955 年初，根据一机部（第一机械工业部的简称）的意见，认为"武汉厂址介于两湖之间，空中目标显著"[②]，改为在四川地区重新进行选厂。1955 年 3 月起，二汽筹备处先后派工作组到成都及周边一带进行考察，到 6 月中旬共查勘成都郊区、温江、简阳、华阳、德阳及绵阳等 12 个市（县）的具体地点共 24 处，经过比较，确定成都—华阳、德阳和绵阳为厂址选择的三个对象。

1955 年 6 月 23 日至 7 月 7 日，由国家建委邀集中央各有关部门组成选厂工作组，对三个地区进行实地踏勘和联合选厂。选厂工作组包括 7 位苏联专家（无规划专家）[③]、中央各部门人员 29 人及二汽筹备处工作人员 23 人等共 59 人，在综合组及专家组的领导下设秘书组、勘测建筑组、交通组、水电供应组和城市规划组。城市规划组由国家建委城市局规划处孙茂甲处长和卫生部卫生监督室谢世良主任任组长，成员包

---

① 武汉市城市总体规划说明书（1954 年 10 月）[Z]. 中国城市规划设计研究院档案室，案卷号：1046：74.

② 十堰市地方志编纂委员会. 十堰市志 [M]. 北京：中华书局，1999：265.

③ 专家组组长为古萨科夫（一机部选厂专家），成员包括雅克波夫斯基（二汽设计单位总工程师）、斯巴斯基（一机部总平面布置专家）、西道夫（一机部上下水专家）、西洛夫（铁道部铁路专家）、亚尔琴科（中建部电气专家）和阿尔洛夫（中建部地质专家）。

（二）徐家棚汽車廠職工住宅區人口及用地計算指標

項目	單位	第一期 1960		第二期 1972年		遠景期	
一、人口分析		人數	佔總人口%	人數	佔總人口%	人數	佔總人口%
區域總人口	人	69,425	100	90,900	100	100,000	100
1.基本人口	人	27,770	40	30,000	33	30,000	30
汽車廠職工（包括技工學校1200人）	人	25,770		28,000		28,000	
建築職工	人	1,200		1,200		1,200	
黨團工會等幹部	人	800		800		800	
2.服務人口	»	8,330	12	17,270	19	22,000	22
3.被撫養人口	»	33,300	48	43,630	48	48,000	48
二、城市利用率	%	10		5			
三、區域總用地	公頃	62,480×31.7=198.1		86,355×44.1=380.8		100,000×66.8=668	
其中：居住街坊	»	62,480×13.2=82.5		86,355×16.1=139		100,000×23.8=238	
公共建築	»	62,480×5=31.3		86,355×8=69.1		100,000×12=120	
綠地	»	62,480×5=31.3		86,355×8=69.1		100,000×12=120	
街道廣場	»	62,480×8.5=53.0		86,355×12=103.6		100,000×19=190	

74

· 82 ·

图 3-18　武汉市 1954 年版规划说明书中有关“二汽”的发展指标

资料来源：武汉市城市总体规划说明书（1954 年 10 月）[Z]．中国城市规划设计研究院档案室，案卷号：1046：74.

括卫生部 1 人、城建总局 4 人[①]、橡胶局 1 人、国家建委 1 人和二汽筹备处 4 人。这次厂址布置方案主要是由专家组提出，共作了 6 个方案，其中成都—华阳共 3 个方案、德阳 2 个方案、绵阳 1 个方案，经选择比较，选厂工作组共提出 3 个建议方案依次是：成都—华阳第三方案、成都—华阳第一方案、德阳第一方案。

成都—华阳地区的 3 个方案是争论的焦点，其具体位置如图 3-19 所示。第一方案在成都旧城正东偏北方向，距旧城约 10km，住宅区只能布置在新旧厂组之间；第二方案的厂组布置与第一方案基本相同，但考虑到第二汽车厂的运输量及用水量均较其他［他］厂（橡胶新厂等）大，故将二汽与其他［他］厂的位置对换，使其更加靠近铁路接轨及水源地；第三方案更加接近旧城和成都热电站，因此可由成都热电站供热。3 个方案的优缺点如表 3-3 所示。

1955 年 7 月 7 日，联合选厂工作组向国家建委进行了汇报，提出建议主要包括两点：“如果中央认为成都附近还可以而且应该适当的布置一定的工业，我们建议可以考虑采用成都—华阳第三方案，因为它是

---

① 据《成都选厂工作小组工作汇报》，“汇报小组：金广之、何成中、陈声海、郭增荣”，应该就是城建总局参与二汽选厂的 4 人。参见：成都选厂工作小组工作汇报［Z］// 成都市 1955 ~ 1956 年厂址选择报告 . 中国城市规划设计研究院档案室，案卷号：0797：10.

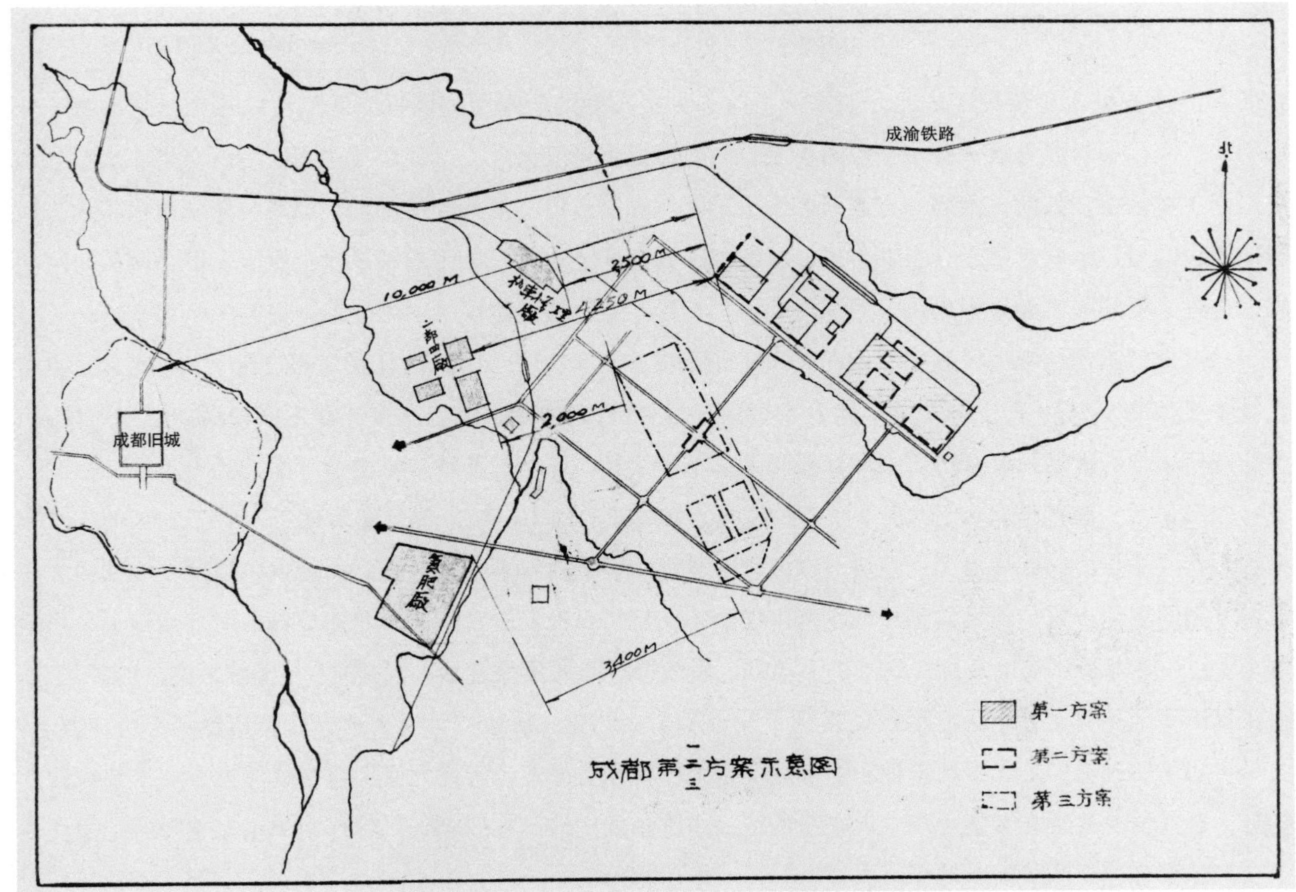

图 3–19 “二汽”成都 – 华阳 3 个厂址方案位置示意图

注：图中部分文字为笔者所加。资料来源：成都市 1955 ~ 1956 年厂址选择报告［Z］. 中国城市规划设计研究院档案室，案卷号：0797：10.

成都 – 华阳厂址方案优缺点比较　　表 3–3

方案	优点	缺点
第一、二方案	（1）建设投资在 6 个方案中比较经济。 （2）城市利用率大。 （3）可利用原有公用设施及公共福利设施。 （4）施工条件好。 （5）建设速度快	（1）新旧工厂过于集中，防空条件很不利。 （2）住宅区在下风方向，卫生条件不利。 （3）工厂、住宅区互相分割，工人进城必须穿过二部几个厂的铁路专用线。 （4）铁路专用线穿过军用仓库。 （5）土方工程大，第二汽车厂以外的几个工厂没有必要在丘陵地带上选择厂址
第三方案	（1）建设投资在 6 个方案中最经济。 （2）城市利用率大。 （3）可利用原有公用设施及公共福利设施。 （4）住宅区可与城市连在一起。 （5）施工条件好。 （6）建设速度快	（1）新旧工厂过于集中，所以防空条件较好。 （2）土方工程大，第二汽车厂以外的几个工厂都没有必要在丘陵地带上选择厂址

注：本表中有关方案优缺点的描述引自档案内容，未予编辑加工。

资料来源：成都选厂工作小组工作汇报［Z］// 成都市 1955–1956 年厂址选择报告 . 中国城市规划设计研究院档案室，案卷号：0797：18–19.

在所有上述方案中比较最经济的。如果认为这一方案布置的厂间距离嫌近，我们建议考虑采用成都 – 华阳第一方案。如对此方案仍嫌防空距离不足，可否考虑将橡胶新厂、杂品厂等剔出，另行布置在成都规划的西南工业区中。如此，则第一方案只剩下了第二汽车制造厂，虽在原位不动，但其与第二机械工业部所属四个厂的最近距离已延至五点五公里。虽然这一方案比上述第三方案的建设投资要多，但为服从防空要求，这是必要的"，"如果中央认为成都附近不再布置工业，我们建议采用德阳第一方案……"①

二汽选厂工作结束后，城建总局的选厂工作小组曾于 1955 年 7 月 23 日在局内进行了工作汇报（出席人员中无苏联专家），而巴拉金谈话的日期则是 7 月 27 日，由此推测，这次苏联专家谈话的背景可能是，参加选厂工作的规划人员对选厂方案有疑问并拿不定主意，从而向苏联专家进行汇报并征求意见。

档案显示，在四川联合选厂期间，"研究六个方案的过程中，城市规划组对成都—华阳地区的三个方案感到有些缺点。因此提出了：是否可以考虑在成都南郊或西郊再找几处合适的地方，以便在成都多考虑几个方案的意见。这个意见立刻得到成都市建委的支持。在他们的帮助下果然在成都东南郊找到了一块地方（另外在南郊及北郊也各自找到了一块地方，后来因时间关系没有深入研究）。"② 也就是说，"选厂工作组在提出了上述三个建议方案的同时发现了在成都东南郊有一块地方可以把这一厂组布置到那块地方上。但因时间不够，选厂工作组决定把东南郊这一方案作为预备方案，等回北京后再行具体布置。"③ 值得注意的是，这些情况只是在城建总局 4 人小组的汇报文件中的内容，在联合选厂工作组向国家建委的汇报文件中，却并没有关于这些情况的介绍。④

b. 巴拉金的谈话意见

1955 年 7 月 27 日，在城市设计院史克宁副院长的主持下，在城建总局的会议室，巴拉金谈了对二汽厂址问题的意见，参加这次会议的人员包括高仪、朱贤芬、金广之、何成中、郭增荣、刘德伦和刘国祥等，翻译为靳君达。⑤

在谈话中，巴拉金开门见山："现在既然中央有关意见将第二汽车厂不放在武汉，而放在成都一带，那么这就是否可以沿着成渝路来随便选厂呢？当然，那一带是有好多地方可选的，但问题主要是要看当地是否有基础，可做［作］为选厂的条件"（113 页）。巴拉金提出："我认为成都是有基础的（当然要是提出防空问题来反对的话，那另当别论）。因此我也认为应当把第二汽车厂放在成都，其理由：（1）从经济上看是比较合理的，现在同志们做的比较数字尚未包括住宅，如果包括则会更便宜；（2）从地质条件上来看也没有理由来反对将厂子放在成都。另外建委意见第二汽车厂与二部工厂的距离应保持五公里以上，我们可以考虑"（113 页）。

---

① 选厂工作组．选择第二汽车制造厂、橡胶新厂等厂址工作报告（1955 年 7 月 7 日）［Z］// 成都市 1955 ~ 1956 年厂址选择报告．中国城市规划设计研究院档案室，案卷号：0797：6–7.

② 成都选厂工作小组工作汇报［Z］// 成都市 1955 ~ 1956 年厂址选择报告．中国城市规划设计研究院档案室，案卷号：0797：16.

③ 同上：0797：20.

④ 参见：选厂工作组．选择第二汽车制造厂、橡胶新厂等厂址工作报告（1955 年 7 月 7 日）［Z］// 成都市 1955 ~ 1956 年厂址选择报告．中国城市规划设计研究院档案室，案卷号：0797：1–9.

⑤ 苏联专家建议谈话记录摘要（成都第二号）：巴拉金专家对第二汽车厂厂址问题的意见（城市建设总局编译科 1955 年 8 月 3 日整理）［Z］// 成都市 1954 ~ 1956 年城市规划说明书及专家意见．中国城市规划设计研究院档案室，案卷号：0792：113–114.

巴拉金明确表示了对联合选厂组所提几个厂址方案的反对意见："这几个方案并不是在成都。现有的方案中可以说都是想建起一个独立的工人村，工厂和铁路使它与成都分割开来，因此也就不能算做［作］是一个城市。对于居民很不方便，同时城市的利用率并没有达到应有的高度"，"第三方案中各厂都要有隔离地带，因而所余之用地无几，不够住宅区占用。但产生这个方案我们也并不奇怪，因为工业部门只考虑自己的工厂，而不愿顾全局这是常有的事"（113 页），"从规划上考虑，选厂小组提出的那些方案是不能接受的"（114 页）。在谈话中，巴拉金提到"我认为克拉夫秋克同志提出另考虑方案的意图是对的"，这表明受聘于国家建委的苏联专家克拉夫秋克对几个厂址方案同样持的是反对意见。

巴拉金的反对意见，显然主要集中在联合选厂工作对成都市已编制的城市规划草图方案上："老实讲，这些方案我那［哪］个也不同意，只同意克拉夫秋克同志的意图，再明确点讲，只同意我们的总图"（113 页）。巴拉金强调："应该讲：成都市在总局帮助下很早就搞出了规划总图，假如这个总图要是被批准了的话，那就是法律，任何人也无权变动它。假如有人违反总图精神，我们有权制止"，"至于谈到第二汽车厂的厂址，既然准备要在成都，那么为什么又不想放在总图范围内呢？坦白的讲：那样的话实际上就不是在成都，而是放在成都东北角方向的一个地方。从这点看，我们真无法理解为什么还要做城市规划总平面图"，"假如有人提出在总图规划范围内没有适当位置，我们可以打开总图帮助考虑位置（目前可能尚无人这样提出）"（113 页）。

在巴拉金的谈话中还谈到了"第四方案"："第四方案若只从工厂考虑，造价可能贵些，但不应只考虑工厂本身造价，要综合考虑。那样第四方案就显得便宜了。假如第四方案工厂本身造价不比其他方案贵，那就更便宜了。计算铁路支线的造价，应由纺织厂处起算之，电亦取自灌县，给水排水也都可以解决。除此之外还要考虑城市今后公用事业之经营，使用费，这样第四方案显然是便宜，住宅也很方便。因此在总图范围内建厂并不会贵，而且又是合适的"（113 ~ 114 页）。这里所谈的第四方案，很可能是参与选厂的规划人员另外所提出的一个在成都东南郊地区的选址方案。

巴拉金在谈话中指出，规划人员应当坚持规划原则，勇于提出不同意见。"既然我们（指城建总局城市设计院[①]）不同意就应当提出我们的意见。在苏联总图批准后任何人也无权改变它。工业部选厂应先到市里请求指出选厂地区，不能像他们这样随便选，结果和总图有矛盾还坚持自己意见"，"只有在南郊（只举个例子［，］用意是想说明只有在总图范围内）选厂址才能说是建在成都"（114）。为了增强说服效果，巴拉金还注意从政策方面进行强调："从最近李富春报告及国务院的指示中都可以看出［，］我们总局有权把这种工作统一起来。这个厂（第二汽车厂）的厂址在成都来讲是一件大事"，"富春同志报告中也提到：既要考虑目前的经济条件，又要考虑与远景的结合。我们是要考虑这一点的。因为城市并不能在过渡时期完了就寿终正寝。因此，我们应当在东南地区来考虑该厂厂址，这是统一改建与扩建成都的唯一办法"（114 页）。

---

① 引文中圆括号中的内容为城建总局翻译科整理所注。下同。

另外，巴拉金对参与选厂工作的规划人员的规划设计工作也提出了改进要求："我们做方案时不要脱离经济基础。在图上把防护带、住宅区都画出来，斯大林同志说过，工业是国家经济发展的基础，也是城市建设中的主要项目，但也不能忘记一个更重要的资本［，］这就是人，我们必须关怀人民的健康，关怀人民的生活、劳动条件"（114 页）。如果把住宅区、防护隔离带等和厂址方案完整表达，显然能更好地反映城市规划方面的意图。

关于二汽选址的最终决策，目前尚未找到明确依据。但从 1955 年 11 月 11 日巴拉金谈话中的"东北郊与东郊的规划基本上无大变动，只是有两个厂搬家，而又来了一个新厂"，"东北郊的临时污水处理厂，从卫生上来看是不合适的，各部门一定会提出意见来，事实上汽车厂已经提出意见来了，城市应首先不同意这种做法"等内容来看，很可能仍然是选择了联合选厂小组所提方案，规划人员争取另外选址方案的努力未曾实现。

然而，二汽的选址并未就此结束。1957 年 3 月，由于当时的国情和来自苏联方面的原因，二汽筹建工作宣布下马；1958 ~ 1959 年期间，二汽建设计划被重新提出，并在湖南开展选厂工作，但由于国家当时正处于经济困难时期，一直未能付诸实施；1964 年后，二汽的筹建又再次被提上议事日程，并随着川汉铁路线修建计划的变更，改在湖北西北部地区选址，直到 1967 年才开始在十堰进行正式建设。①

巴拉金对于二汽选址问题的"据理力争"，虽然并未能"扭转大局"，或对成都市的规划建设发挥实质性作用，但这一事件却明确反映出，在重大问题方面苏联专家坚持原则的勇气以及维护城市规划权威性的科学精神，这对于新中国的第一代城市规划工作者而言，必然也是实际的垂范和良好的教育。除此之外，通过这一案例也不难体会到，在"一五"早期的联合选厂工作中，规划人员的参与其中实际上是一种什么样的真实角色，城市规划工作虽然受到重视并得以开展，但却处于一种并未被各方面充分理解的被动局面。

2）对成都市规划修改的意见：以尊重城市规划的科学性为前提

巴拉金在 1955 年的 11 月谈话，主要针对成都市规划的修改工作而言，其背景，除了二汽选址等重点工业项目变化的影响，更主要的则是贯彻中央"厉行节约"的指示要求——1955 年 7 月 3 日和 7 月 4 日，国务院和中共中央相继发出《国务院关于一九五五年下半年在基本建设中如何贯彻节约方针的指示》和《中共中央关于厉行节约的决定》，掀起增产节约运动的一个高潮。

在 11 月谈话中，巴拉金首先对规划修改的工作程序提出了质疑："规划工作本来应该先做总图，批准后再做局部设计，但成都是先做部分的后做总的，其结果：将使总图服从局部，这是反常现象"（116 页）。紧接着，他对道路宽度的压缩等规划修改的具体内容提出了自己的意见："道路总宽缩窄是否符合远景需要，要研究道路宽度的决定"（116 页）。这里所谓"道路宽度的决定"，显然就是之前规划编制工作的依据。巴拉金指出："在做总图时我们即已考虑到它的决定性因素，我们是按实际需要来决定的，如交通量、人

① 十堰市地方志编纂委员会．十堰市志［M］．北京：中华书局，1999：265-266.

流、客流、植树等。特别是成都，它是南方城市，就要考虑植树，因此三十二与三十六公尺的宽度将不可能满足实际需要”（116 页），据此，巴拉金提出了“是否可按原五十公尺不动”的意见（116 页）。

巴拉金进一步解释：“不动是有根据的，国务院有明文规定，在精简节约时原来的骨架不动，街道宽度不动，但在第一期路面可以窄一些，到以后再按规划的路面修”，“国务院规定干路是三十至五十公尺，因此可以按原五十公尺修，此五十公尺还不包括林荫路，文件中规定如有林荫路则街道要相应增加林荫路的宽度。或再研究一个较合理的宽度”（116 页）。巴拉金明确强调：“在第一期无论如何要留出将来的位置，否则以后就无法办了”。为此，巴拉金还用北京为案例提出警示：“若目前不考虑远景需要，就会重演有三千多年历史的古老城市——北京的现象。北京在以前就是没有考虑到现在发展的情况，才会形成了数不尽的小胡同，造成了长期的不合理现象”（116 ~ 117 页）。

在这次谈话中，巴拉金还谈到了对其他一些节约措施的意见。以灌溉渠问题为例，巴拉金指出“三道沟能否马上设法填平？你们考虑节约，而决定目前临时保留下来，以后填平，如果这样也可能会造成更不经济的结果，这是非常不好的”（117 页）。巴拉金提出：“三道沟能否考虑沿道路改建，而将来再填平，将来不需要该沟的时候，可在上面种树，这样才不致影响修建”（117 页）。另外，“关于其他的灌溉系统在建设之前应考虑逐渐的分别填平，以节省桥涵等工程费用”。

巴拉金 11 月谈话中对成都市规划修改的意见，内容并不是很多，但却明显反映出他对为实现节约目的而缩减道路宽度、减少建设项目等规划修改内容的一些不同意见。这一点，也正是苏联专家对中国城市规划建设问题出现思想分歧的开端。

值得注意的是，这份谈话记录中还有 1 份关于苏联专家谈话总结和执行计划的表格，具体包括 3 个方面（图 3-20）：“本次谈话中专家主要意见或重大建议”“对此次谈话中专家意见或建议拟作如何处理”和“首长批示”。这表明在当时的条件下，苏联专家的指导意见或建议已经居于很高的地位，乃至于需要在工作程序方面给予专门的规范化。关于第 1 项内容，谈话记录整理者总结中指出：“成都市为节约用地曾把原总图的道路宽度改窄，修改后的宽度如从远景需要来看是不够用的。为此专家建议道路宽度是否可以不变，仍保留总图中的规划宽度。这是专家对我们修改规划时的具体指示，即：在修改规划时，不要单从近期的节约出发，也要适当的照顾到远景发展的需要”（119 页）。

关于这一表格，有几个细节颇值得品味：（1）整理者对这些情况的总结并未直接写在表格中相应位置，而是以“见附页”的方式另附，并置于谈话记录文件的尾页；（2）在第 2 项“对此次谈话中专家意见或建议拟作如何处理”一栏中，对于苏联专家关于修改道路等意见只字未提；（3）第 3 项“首长批示”一栏的内容为：“该谈话记录很好［，］应发综合设计负责单位参考。宁，十一月二十日”（115 页），这里的“宁”，显然即城市设计院副院长史克宁，据老专家回忆，史院长在对苏联专家谈话意见进行总结时，往往只有两个字——“同意”，目前所查到的档案中，很多文件上只批了一个字——“宁”，而在这份文件上，“居然”写了这么多字。由此，是否可以作出这样的推断：在应对节约指示的规划修改问题上，史克宁副院长对苏联专家的意见持更为明确的支持态度。

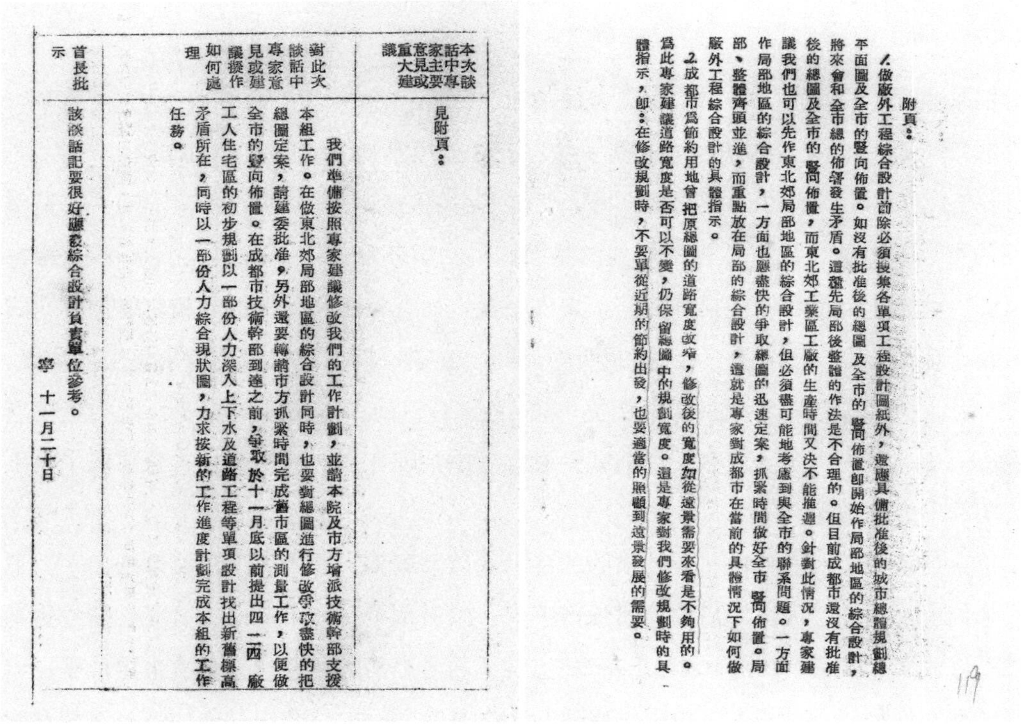

本次談話中專家主要意見或建議	見附頁：
對此次談話中專家意見或建議擬作如何處理	我們準備按照專家建議修改我們的工作計劃，並請本院及市方增派技術幹部支援本組工作。在做東北郊局部地區的綜合設計同時，也要對總圖進行修改爭取儘快的把總圖定案，請建委批准，另外還要轉請市方抓緊時間完成舊市區的測量工作，以便做全市的豎向佈置。在成都市技術幹部到達之前，爭取於十一月底以前提出四一○、四一西廠工人住宅區的初步規劃以一部份人力深入上下水及道路工程等單項設計找出新舊標高矛盾所在，同時以一部份人力綜合現狀圖，力求按新的工作進度計劃完成本組的工作任務。
首長批示	該談話記要很好，應發綜合設計負責單位參考。 寧 十一月二十日

附頁：

1.做廠外工程綜合設計前除必須搜集各單項工程設計圖紙外，還應具備批准後的城市總體規劃總平面圖及全市的豎向佈置。如沒有批准後的總圖及全市的豎向佈置卽開始作局部地區的綜合設計，將來會和全市總的佈署發生矛盾。這種先局部後整體的作法是不合理的。但目前成都市還沒有批准後的總圖及全市的豎向佈置，而東北郊工業區工廠的生產時間又決不能推遲。針對此情況，專家建議我們也可以先作東北郊局部地區的綜合設計，但必須儘可能地考慮到與全市的聯系問題。一方面作局部地區的綜合設計，一方面也應儘快的爭取總圖的迅速定案，抓緊時間做好全市豎向佈置。局部、整體齊頭並進，而重點放在局部的綜合設計，這就是專家對成都市在當前的具體情況下如何做廠外工程綜合設計的具體指示。

2.成都市爲節約用地曾把原總圖的道路寬度改窄，修改後的寬度如從遠景需要來看是不夠用的。爲此專家建議道路寬度是否可以不變，仍保留總圖中的規劃寬度。這是專家對我們修改規劃時的具體指示，卽：在修改規劃時，不要單從近期的節約出發，也要適當的照顧到遠景發展的需要。

119

图 3–20　关于贯彻执行巴拉金 1955 年 11 月谈话有关情况的档案

资料来源：专家谈话记录［Z］// 成都市 1954 ~ 1956 年城市规划说明书及专家意见．中国城市规划设计研究院档案室，案卷号：0792：115，119.

3.3　对太原规划编制工作的技术援助

3.3.1　专家谈话记录的档案情况

在中央档案馆和中国城市规划设计研究院所藏档案中，同样有一些苏联专家对太原市规划的谈话记录，并且达 8 份之多，数量上要比其他几个城市更为丰富。其中：1 份记录文件现藏于中央档案馆，为原国家城市建设总局的档案；其余 7 份记录文件藏于中规院档案室，隐藏在一份题为“太原市初步规划说明书及有关文件”（案卷号：0195）的科技档案之下（图 3–21）。这些谈话记录反映了 1954 年 4 月至 1955 年 12 月期间苏联专家对太原市规划的 8 次谈话的有关内容，具体的谈话时间在档案中均有明确记载，谈话地点则基本上都是在北京。8 次谈话的相关信息如表 3–4 所示。

在 1954 年 4 月 28 日的谈话中，巴拉金谈到“太原的问题是谈第二次了。上一次在计委谈过一次北郊工业区的布置问题，那时还有许多问题没有解决，今天送来了许多图，说明工作进了一大步”（2 页）。这表明，在 1954 年 4 月 28 日之前，巴拉金已经对太原市规划进行过一些指导。

就上述有记录可查的这 8 次专家谈话而言，其中有一部分是苏联专家针对详细规划、厂外工程设计和管线综合等工作进行的指导，与本书讨论内容不甚密切。从本书主题出发，以下重点针对 1954 年 4 月 28 日、10 月 14 日，1955 年 9 月 27 日、10 月 20 日等 4 次专家谈话，主要就城市总体规划层面的有关问题加以讨论。

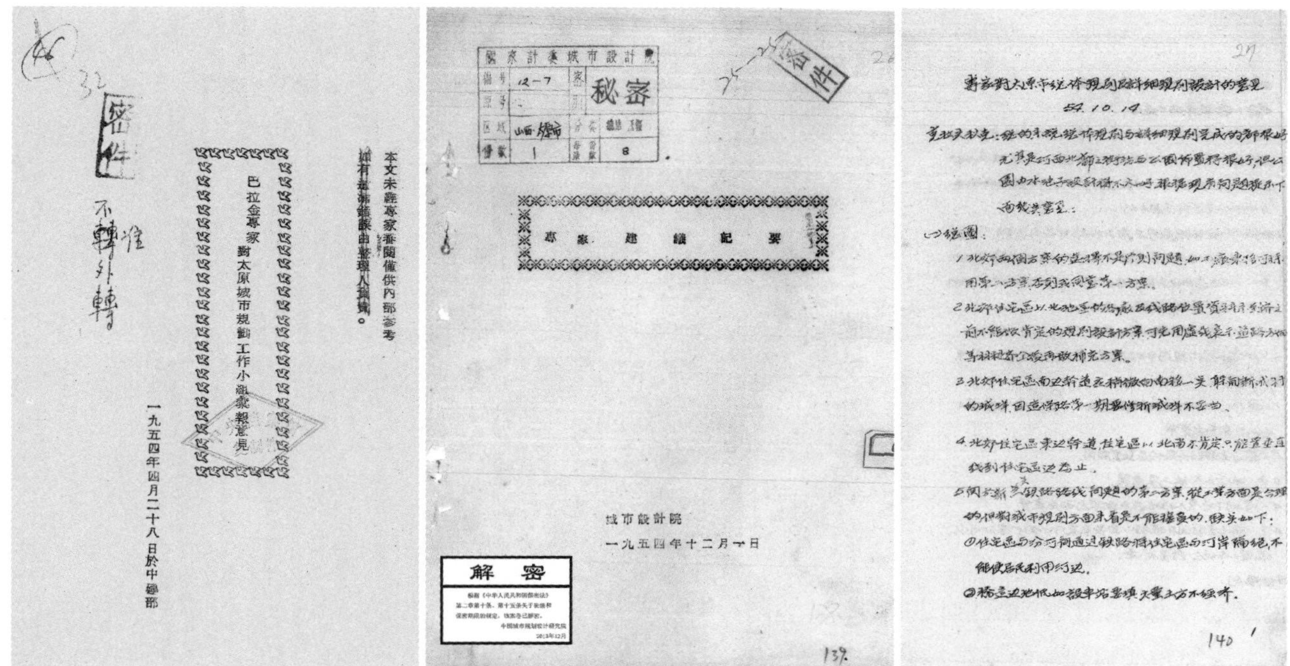
本文未經專家審閱僅供內部參考 如有錯誤應由整理人負責。

巴拉金專家對太原城市規劃工作小組彙報意見

一九五四年四月二十八日於中建部

專家建議記要

城市設計院

一九五四年十二月一日

解密

图 3-21 太原市规划的专家谈话记录档案

注：左图为 1954 年 4 月谈话记录的封面，中图和右图为 1954 年 10 月谈话记录的封面和首页。

资料来源：[1] 巴拉金专家对太原城市规划工作小组汇报意见（1954 年 4 月 28 日于中建部）[Z]. 城市建设部档案. 中央档案馆，案卷号：259-1-31：10.

[2] 专家建议记录 [Z] // 太原市初步规划说明书及有关文件. 中国城市规划设计研究院档案室，案卷号：0195：139-140.

太原市规划专家谈话记录的档案概况 表 3-4

序号	文档标题	页数	谈话时间	整理时间	备注
1	巴拉金专家对太原城市规划工作小组汇报意见	7	1954 年 4 月 28 日	不详	独立文件，打印稿，谈话地点在建筑工程部
2	专家对太原市总体规划及详细规划设计的意见	8	1954 年 10 月 14 日	1954 年 12 月 1 日	手写稿（封面为打印稿），城市设计院整理，两位苏联专家（克拉夫秋克和巴拉金）谈话
3	巴拉金专家对太原市详细规划的意见	4	1954 年 10 月 27 日	1954 年 12 月 1 日	手写稿，城市设计院整理
4	专家对太原市详细规划的意见	4	1954 年 11 月 10 日	1954 年 12 月 1 日	手写稿，城市设计院整理，两位苏联专家（克拉夫秋克和巴拉金）谈话
5	巴拉金专家对太原市规划工作的意见	5	1955 年 9 月 27 日	1955 年 11 月 1 日	打印稿，地点在城建总局巴拉金专家办公室，史克宁主持，靳君达翻译
6	苏联专家建议谈话记录摘要	4	1955 年 10 月 20 日	1955 年 10 月 30 日	打印稿，巴拉金专家向贾云标局长介绍 10 月 19 日 15 位苏联专家集体讨论会议的结论性意见，地点在城建总局巴拉金专家办公室，靳君达翻译
7	马霍夫专家对太原市北郊工叶［业］区厂外工程综合设计工作的意见	5	1955 年 12 月 9 日	1955 年 12 月	打印稿，地点在城市设计院专家会议室，史克宁主持，高殿珠翻译
8	马霍夫、扎巴罗夫斯基专家对太原市北郊工叶［业］区厂外工程管线冲突情况及修改管线走向的意见	5	1955 年 12 月 23 日	1956 年 1 月 14 日	打印稿，地点在城市设计院专家会议室，李蕴华主持，高殿珠翻译

资料来源：[1] 巴拉金专家对太原城市规划工作小组汇报意见（1954 年 4 月 28 日于中建部）[Z]. 城市建设部档案. 中央档案馆，案卷号：259-1-31：10.

[2] 专家建议记录 [Z] // 太原市初步规划说明书及有关文件. 中国城市规划设计研究院档案室，案卷号：0195：139-177.

图 3-22　中国同志陪同苏联专家游北海公园
1956 年 8 月 25 日，北京。前排为高殿珠，后排左起：马霍夫（左 1）、什基别里曼夫人（左 2）、扎巴罗夫斯基之女（左 3）、周润爱（右 2）、韩振华（右 1）。
资料来源：高殿珠提供。

3.3.2　太原市规划编制工作进展

太原市的规划编制工作，大致经历了两个主要阶段。1952 ~ 1953 年“是选厂和为正式进行规划作准备的阶段”。在此期间，“集中主要力量收集整理了地质、水文、气象、地震资料，确定了地震等级，收集了矿藏［、］水源资料，初步勘察调查了人口、用地、建筑等的现有及发展情况”，“并组织干部学习苏联城市规划，到京、津、沈阳、旅大［今大连］等市进行参观，得到了很大的启示，在缺乏经济根据、技术幼稚的条件下边学边作，进行过编制初步规划的工作”，“上述工作主要为五三［1953］年底的选厂工作提供了必要的条件，而这批新厂厂址的确定又成为了以后规划的前提条件”。①

1954 ~ 1955 年“是正式开展城市规划工作的阶段”。在此期间，“组织了工作组到北京进行规划，在中建部②及［苏联］专家的领导帮助下，在省的关怀和各有关总甲方和设计部门的协作和支援下，经过九个多月的突击，作出了初步规划，于五四［1954］年十一月份呈报到［国家］建委；开始进行了总体规划工作，并作出了新工叶［业］区第一期发展范围的详细规划和厂外工程管线的初步综合”；“五五［1955］年中央贯彻全面节约精神后”，“以反浪费为中心，同时结合最近新的发展情况，在新测地形图上，进行了修改”③。图 3-22 为中国同志与苏联专家的合影。

由上可见，从太原市规划编制工作情况来看，1954 年 4 月 28 日的谈话（以下简称 4 月谈话），发生在太原市规划正式开展的前期阶段，同年 10 月 14 日的谈话（以下简称 1954 年 10 月谈话），发生在 1954 年初步规划成果上报审查前后；而 1955 年 9 月 27 日和 10 月 20 日的两次谈话（以下分别简称 9 月谈话和 1955 年 10 月谈话），发生在中央提出“厉行节约”指示后规划成果的修改和完善阶段。

---

① 太原市城市建设管理局 . 太原市城市建设概况（1956 年 8 月 30 日）［Z］// 太原市初步规划说明书及有关文件 . 中国城市规划设计研究院档案室，案卷号：0195：117.

② 中央人民政府建筑工程部的简称，即建工部。

③ 太原市城市建设管理局 . 太原市城市建设概况（1956 年 8 月 30 日）［Z］// 太原市初步规划说明书及有关文件 . 中国城市规划设计研究院档案室，案卷号：0195：118-119.

图 3-23　太原鼓楼旧貌
资料来源：太原市城市建设管理委员会．太原城市建设 1949 ~ 1989［M］．太原：山西科学教育出版社，1989：22.

3.3.3　巴拉金对太原市规划前期工作及规划修改的意见

1954 年的 4 月谈话主要包括 3 个环节：首先，"太原市沈重局长报告了太原的自然条件、经济情况、城市人口发展计划以及最近所作的规划示意图的三个方案"（2 页）；其次，巴拉金发言，对规划工作进行了评价并提出一些意见和建议；最后，规划工作者及有关人员提出问题，巴拉金逐一进行解答①。1955 年的 9 月谈话，内容主要是规划修改问题，但也有相当的篇幅在讨论分期 / 阶段规划问题，而这一问题，在 1954 年的 4 月谈话中也有所提到。考虑到这两次谈话的内容有所交叉，以下从 5 个方面，对两次谈话一并加以解读（图 3-23）。

1）对前期规划工作的肯定和意见

在 4 月谈话中，巴拉金对太原市规划工作给予了相当的肯定。以人口计算为例："人口发展的估计。五年末六六万，十五年末八〇万，远景计划九〇万人［，］可以说是现实的，是完全可能的。这又是中央国家计委城市建设计划局及中建部城市建设总局的同志和太原的同志一齐［起］搞的，因此对这没甚怀疑。可以根据这些数字进行规划。这些数字的肯定是作规划的有利条件"（2 页）。② 这一情形与成都市规划前期阶段备受批评显著不同。究其原因，一方面正如巴拉金的谈话中所讲，太原市规划受到了中央的大力支援和帮助；另一方面，成都市受到批评是在 1953 年 5 月初，而这次太原谈话的时间则是 1954 年 4 月底，两

---

① 譬如，针对"建筑业临时工人是否应算为城市人口，应列入基本人口内？"巴拉金回答："建筑工人中很大一部分和一般工人差不多的［，］应算作基本人口"，"临时工人可以修临时性房屋，但苏联现在有一句流行的话，'再没有比临时性房屋存在得更久了'，苏联已不修临时性房屋了。在苏联建筑工人的固定工人是算作基本人口的。而其中临时工人可以不算基本人口"，"在苏联建筑工人也不修临时性房屋，修建住宅时，建筑工人先住在里面，然后，工人搬出来，生产方面的工人及家属再搬进去住"（6 页）。

② 另就定额问题而言，巴拉金明确表示："同意关于定额的意见，对于居住面积定额五年末 4.5m^2/ 人［、］十五年末 5.5m^2/ 人，远景 9m^2/ 人同意。对于新建层次［数］比例三层以上七〇［70］%，二层二〇［20］%，独院式一〇［10］% 是可以的，这能保证在将来发展上更紧凑更经济"（2 页）。

者相隔近 1 年时间。经过这 1 年的时间差，想必城市规划工作者已经积累起不少实践经验，同时，国家对城市规划编制的政策和制度要求等，也必然已经趋于明朗化，这就为城市规划工作走上正轨创造了更加有利的条件。当然，成都谈话的苏联专家是穆欣，他与巴拉金的性格差异，也可能是其中的影响因素之一。

在对规划工作进行肯定的同时，巴拉金也提出了一些需要注意的问题，主要集中在有关定额指标方面。譬如，“关于现有房屋的拆除率：太原的意见在十五年内拆除一五［15］%，在一五［计划］年［限］内尽量地拆除得少些［,］这个方针是对的。但拆除一五［15］% 是不够的，还需要按规划示意图把拓宽道路，建设市中心需要拆除房屋的数量计算后加以校正”（2 页）。① 为了增强定额指标确定的科学合理性，巴拉金在谈话中所强调的改进方法，即进行一些具体的规划布置和设计实验。“建筑密度：根据沈局长谈已经考虑到几种因素，比列甫琴柯一九五二年版所列的［标准］降低了（按沈局长谈到为四层二七［27］%，三层二九［29］%，二层三二［32］%），但是否降低得够还应当加以考虑”，“可以具体布置几个街坊，看看是否摆的下，并注意要保证街坊中有足够的绿地”（2 页）。②

除此之外，与对西安的指导一样，巴拉金在谈话中明确指出了部门协议的重要性③，并强调：“这些问题是下一步工作的前提，必须首先搞好。这些工作没有搞好，规划工作则不可能顺利进行”（3 页）。

2）规划设计的多方案比选，充分利用汾河的设计建议

在 4 月谈话中，巴拉金首先谈到了工业布局对太原市规划的不利影响。“首先谈一点，太原已经形成的状况有许多缺点。现状，历史上所形成的，自然条件和新工业的特殊要求对规划造成许多困难。工业分布得很分散与城市建设原则有违背，有许多厂在太原非那样摆不可。工业布局是规划的前提。现在不能讨论工业的布局，因此规划不能不以现在工业的布局为出发点”（2 页）（图 3–24）。正是由于这一情况，巴拉金对太原市规划设计工作的指导，并没有对工业区布局问题展开具体讨论，而是把重点放在了汾河两岸城市居住生活用地的规划布局上。

在这次谈话中，巴拉金首先对沈局长介绍的 3 个规划方案中的前两个方案进行了点评。“第一方案是基本方案，各方面是健康的，但只能看作一个草图”，“这个方案正如沈局长所谈是极不成熟的，而且是很粗糙，有很多缺点，第一方案的缺点，正如沈局长所谈，汾河西岸死板，应当活泼一些。南面现已形成的

---

① 另外，“公共绿地的定额：对于一五［计划］年［限］内每人 $8m^2$ 没有意见。但远景计划每人 $12m^2$ 较少，专家［推测很可能是苏联专家克拉夫秋克］已建议中国城市应增加为 $15m^2$，因为中国气候热，许多城市处于黄土层地带灰尘多，但尚未批下［应该是指尚未获得国家建委的正式同意］。太原可考虑比 $12m^2$ 提高一些”，“关于第一期公共绿地的指标没有定出来是不对的，而且在第一期还应该注意苗圃的工作，以保证第二期公共绿地每人 $8m^2$ 的标准能够顺利实现”（3 页）。

② 另外，“生活居住总用地：对一五［计划］年［限］末生活居住用地每人 $44.7m^2$ 无意见，但远景计划每人 $67m^2$ 要保证绿化，及高层建筑的实现能否办到［,］需要考虑”，“在城市经济上来讲是对的，但每人 $67m^2$ 是否装得下是一个问题。大城市居住用地定额用 $80m^2$/ 人，西安包头都是这样”，“希望太原作街坊布置图，看 $67m^2$/ 人够不够”（3 页）。

③ “现在有一个重要的工作，把［规划］示意图拿去和国家卫生监督机关联系，取得协议，因为太原有很多对卫生妨碍很大的工厂。不然可能使规划的处理大受影响。如北郊住宅区四周为工厂、铁路所包围，环境很不好，不管风从那［哪］个方向吹来都不好。应先去联系［,］把隔离区标出和加以处理”；“谈到卫生又想到另一个问题。太原是否已和人民防空委员会取得协议，特别对太原来说这个问题很重要，必须和人民防空委员会取得协议。西安因为这个问题耽搁的时间很久”；“此外关于防火问题，图上未把仓库区标出，危害性大的仓库，应当标出，并应考虑防火问题，铁道问题也应取得协议”，“关于城市工程设备问题：供水排水问题今天未谈到。与卫生机关联系，协议时上下水道如何布置也是协议的内容”（3–4 页）。

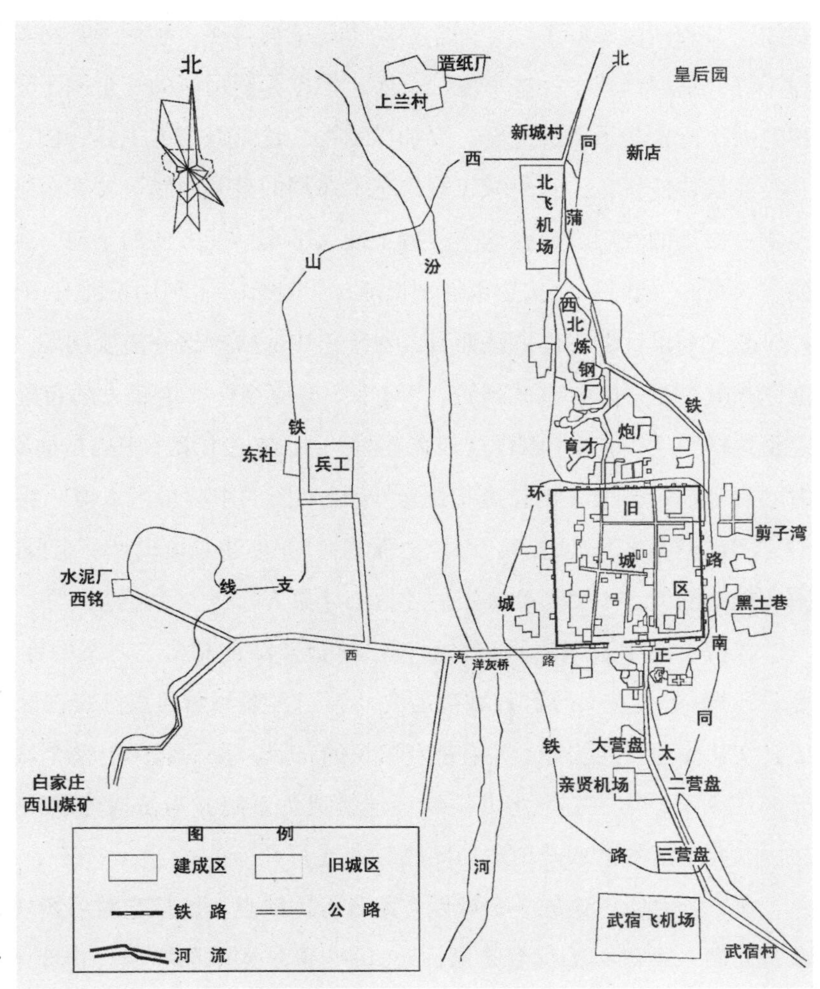

图 3-24　太原市建成区现状图（1949 年）
资料来源：乔含玉．太原城市规划建设史话［M］．太原：山西科学技术出版社，2007：236.

文教区应在远景中连起来［，］包括进去”；“第二方案的优点是：1、中心是比较发展的，河东向河西发展是很可能的。2、河西两条放射路是有它的优点的，在交通上是经济的［、］便利的”（4 页）。

在对两个方案加以评价的基础上，巴拉金提出了市中心规划的相关要求，并明确提出了以汾河为主轴并加以利用的建议。“市中心，首先谈市中心建筑的方向问题。市里的意见是朝南，朝南是较好的［，］但不是必要的”，“旧规划图［市］中心朝南看起来与汾河不发生关系，对汾河表示冷淡而偏在一边”（4 页）。巴拉金指出，“汾河是城市纵轴线”，“汾河治理后应当很好地加以利用，以美化城市”；“第一方案的另一缺点是对汾河没有很好的［地］利用”，而“第二方案是考虑到了这一点的”（4 页）。巴拉金建议：“太原汾河是纵轴（长）［，］西汽路是横轴（短）［。］市中心区主要建筑物的方向应放在横轴上，即面向汾河。如果一定要朝南也可以，但有许多不好处理”（4 页）。

关于“如何利用汾河的问题”，巴拉金在提问环节作出了一些解答：“从建筑艺术布局上利用它，沿河修滨河路，沿河布置好的建筑物［，］面向河，大学图书馆，也可以放在河边”，“建筑物朝着河造成好的视线，背着河就不好了"，"列宁格勒［现圣彼得堡］利用涅瓦河就是一个好的例子。中国的汉口虽然处理得不好，沿河修建了一些房屋，仓库，但也算利用河的一个例子"（6页）。另外，"下一步工作中，对沿河建筑层次配置是紧要的问题。要加以重视。这是城市的主体、侧影，主要是汾河两岸要造成城市好的侧影和美丽愉快的气象，这是城市规划艺术布局的重要问题"，"客车站放在原来位置为最恰当，车站这个大建筑物是城市的大门。放在这个位置上使人下车后能方便的［地］到市中心，并且经西汽路到汾河西岸也方便"（5页）。同时，巴拉金也特别提醒，"当然［，］利用汾河有一个前提，［必须］治理好汾河"（6页）。

就规划设计的工作方法而言，对于市中心规划这一重要问题，巴拉金强调，应当通过绘制规划布置示意图来开展进一步的深入研究。"对市中心应当作一个较大的布置图。这个图是示意图，将来实际的不一定是这样"，"［如果］不作这个布置图［，］讨论［市］中心是抽象的，看不出来好不好"（4页）。针对当时的规划设计方案，巴拉金指出："小规划图的中心地带太宽，将来是否有那样多的建筑物"，"第二方案的比例还差不多"（4页）。巴拉金强调："在苏联总体设计一定要附市中心的布置图"，"这种图现在就搞，附在规划图上，不要等到决定后才搞"（4页）。

在谈了市中心规划问题之后，巴拉金又结合对第三方案的评价，提出了区中心和绿化系统的规划问题。"对区中心在太原这种城市需要，第三方案河西西南部表现区中心较好，城市的中心，区中心，省中心，文化中心（剧院等）等应是有组织的布置，在平面图上整个城市是一个有机体"，"绿化系统：主要是要形成系统。第三方案将九块绿地连接成为系统并与汾河连起来是好的。文化休息公园可以放在汾河两岸。因此汾河的治理是个迫切问题"（4~5页）。

由于当时所讨论的3个规划方案各有优缺点，巴拉金对后续规划工作的指示是，要整合各个方案的优点，提出一个最终的综合方案。"总的印象是太原前一段工作作［做］得很多，拿出的规划方案也很多，每个方案都有优缺点的，不能说那［哪］个比那［哪］个好"；"下一步要把优点都集中起来，作［做］出一个经济［、］适用［、］美观的社会主义的城市规划"，"如第二方案中心的布置比例，汾河西岸的放射路好。第三方案的区中心好，车站前的放射路也可能是好的因素，但也不等于这个车站位置好，第一方案由中心到北郊工业区的干道的功能很好，但还［应］适当往下延伸到文教区"（5页）。

史料表明，在这次4月谈话之后，巴拉金曾于同年5月19日亲自手绘过一份太原市规划草图，建工部城建局太原规划小组何瑞华根据该图绘制出太原市城市初步规划图（图3-25），"1954年8月30日，由山西省长裴丽生、太原市长王大任主持的太原规划组汇报会议确定，以此图作为定稿方案，上报国家建委审批。"①

另外，观察太原市后续较为正式的一些规划图（图3-26，彩色规划图参见彩图4-12、彩图4-13），也可以看出，巴拉金所提出的充分利用汾河为城市纵轴以及加强东西向城市干道设计的规划建议，得到了认真的落实（图3-27）。

---

① 乔含玉．太原城市规划建设史话［M］．太原：山西科学技术出版社，2007：310.

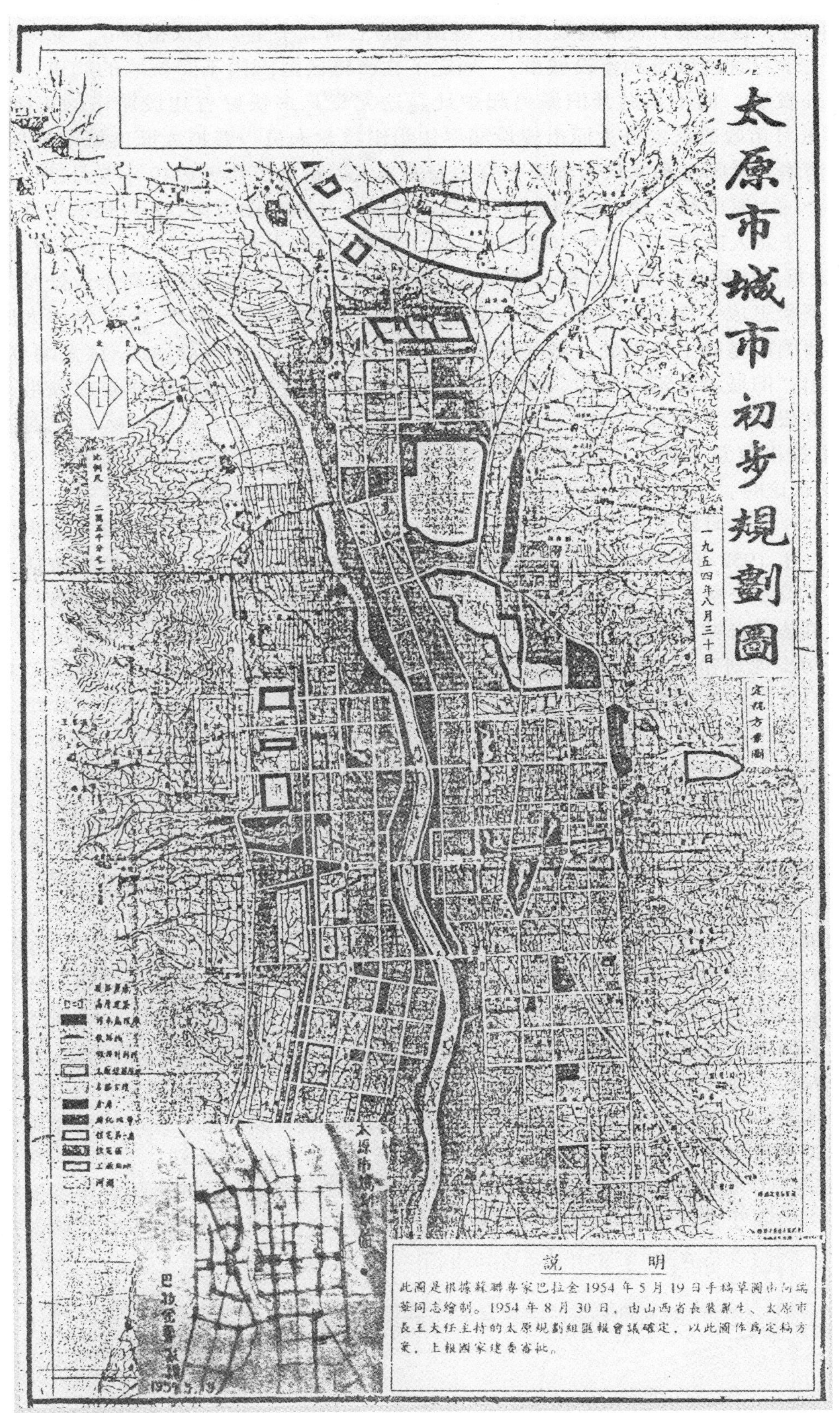

图3-25　太原市初步规划图（1954年8月）

注：左下角的小图为巴拉金的手稿草图。转引自：乔含玉．太原城市规划建设史话［M］．太原：山西科学技术出版社，2007：310.

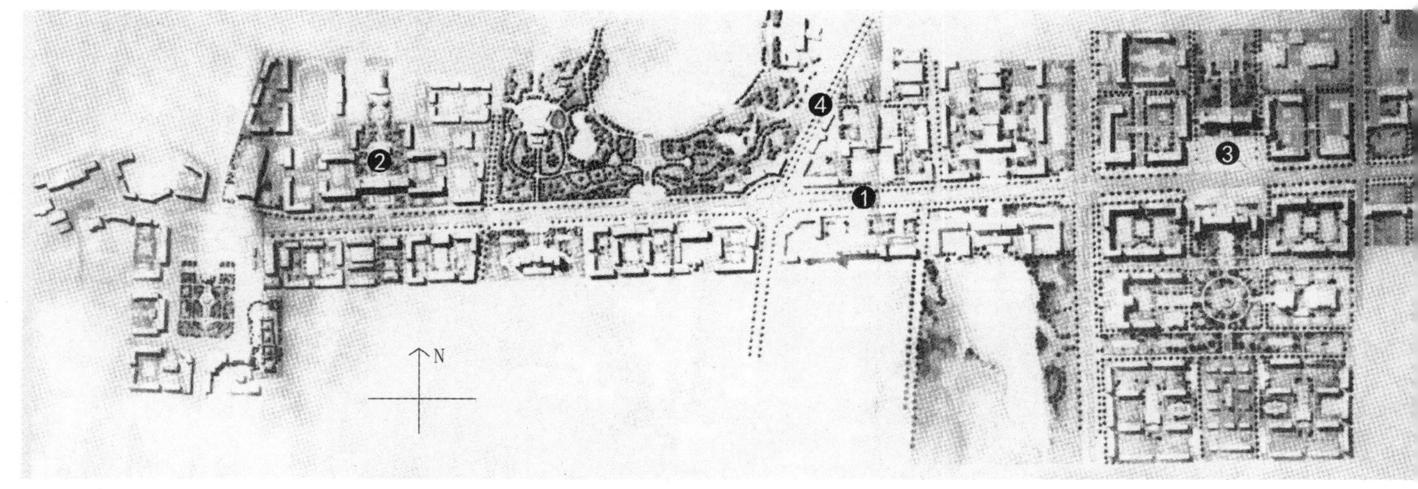

图 3-26　太原市城市干道（西汽路，今迎泽大街）规划图（1955 年版）
注：1. 迎泽大街，2. 市中心（省城中心广场），3. 五一广场，4. 解放路。图中编号及指北针系笔者所加。
资料来源：乔含玉．太原城市规划建设史话［M］．太原：山西科学技术出版社，2007：310.

图 3-27　太原市城市干道——西汽路（今迎泽大街）风貌（1960 年前后）
资料来源：太原市城市建设现状图集（1961 年）［Z］．中国城市规划设计研究院档案室，案卷号：0189：43.

3）在文教区规划问题上巴拉金与穆欣的意见分歧

在 4 月谈话中，巴拉金谈到了对文教区规划的意见。这一点，为他和穆欣在此问题上的意见分歧的认识，提供出重要线索。

作为一个城市功能分区的概念，文教区与工业区、居住区、仓库区、休养区等概念常常并提，是新中国建国初期城市规划工作中的重要内容之一。但是，文教区规划也存在着不少的争议，如《人民日报》就曾于 1957 年 1 月刊登过《谈城市建设中的“文教区”》一文，文中指出“建立文教区违反了两条重要的原则，即节约建校的原则和学校教育必须密切联系社会生活实践、师生必须密切联系人民群众的原则。”①

在查阅西安市规划档案的过程中，笔者曾了解到穆欣和巴拉金在此问题上的意见分歧。譬如，在1956年前后的《西安市规划工作情况汇报》文件中，曾记载：“文教区问题，在开始作规划时规划了文教区，并已建成［一］部分，后产生了是否需要文教区的争论”，“在这个问题上，穆欣专家与巴拉金专家意见不一致。”② 该档案中列出了两种不同意见的基本观点：“赞成划分文教区的理由是：（1）学校集中［，］管理方便；（2）学校集中［，］某些设施（运动场［、］礼堂［等］）利用率高；（3）学校集中［，］先生［教师］兼课方便；（4）环境安静”；“反对的理由是：（1）学校集中［，］使学生脱离社会生活；（2）学校距住宅较远，学生上课不方便；（3）学校分散在干道［旁］或街坊内［，］可丰富市容；（4）某些专叶［业］学校可接近实习地点”；同时，档案中还记载有“后巴拉金专家建议，已经形成的不动，将来建设的则分散处理。”③ 然而，仅从这些文字，尚不能辨别出两位苏联专家的具体倾向。

太原市专家谈话的记录文件表明，在1954年4月谈话的提问环节，有关人员曾提出“关于文教区问题”的疑问。对此，巴拉金的解答是：“今后不要再修建集中的文教区，集中搞文教区没有什么好处，文教区为的建筑分散在住宅区内，能使住宅区，更生动起来”，“关于规划中如何与现已形成的文教区连［联］系的问题，要用道路，上下水道等市政工程连［联］系起来。使［其］成为城市的一个组成部分，太原市市长和建设局局长不要忘记了这些青年他们是共产主义的建设者”（7页）。这些谈话内容清楚地表明，巴拉金是不主张设置集中的文教区的。与之相反，穆欣则应该是主张设置文教区并进行文教区规划的。

关于文教区规划的这一案例表明，在对城市规划有关问题的认识上，苏联专家的认识也并不是僵化的，而是存在着“见仁见智”的“个性化”一面。

4）关于分期规划的指导意见

制定多阶段的分期规划，是城市规划工作中处理城市近、远期发展矛盾的重要规划方法，而运用好这一规划方法的前提，则需要正确把握各期规划的定位及其衔接关系。在太原市规划的专家谈话记录中，记载了巴拉金对此问题的指导意见。

在1954年4月谈话中，巴拉金谈道：“规划设计的程序：现在采用三个时期的办法是对的，即第一期，第二期和远景。这规划三种文件同样重要。是结合的［。］要同时拿出［，］缺一不可”，“三个时期的作［做］法是经过很长时间讨论的，从经验上来看也是对的”，“太原作的基本上是十五年的”（3页）。在之后回答有关人员的提问环节，巴拉金又指出：“远景是奋斗目标，保证居民正常生活条件。主要的标志就是居住面积定额为达到最低每人9m^2”；“至于远景达到的时间［，］是和许多问题有关的，如国家的建设情况［、］国际形势等等”，“大家对于远景的年限可以不必过于关心。目前国家投资主要用于工业，但在今

---

① 方玄初等．谈城市建设中的“文教区”［N］．人民日报，1957-01-11（2）．

② 西安市规划工作情况汇报［Z］// 1953 ~ 1956年西安市城市规划总结及专家建议汇集．中国城市规划设计研究院档案室，案卷号：0946：206．

③ 同上．

后城市建设的投资是会逐渐增多的”；另外，“在苏联远景规划的期限是一五年至二〇年至二五年”，“在中国可以按三〇年，将来也许是三十五年，五〇年也不一定”（6页）。

在1955年的9月谈话中，巴拉金再次对分期规划的问题阐述了具体意见：“同意作三张图：（阶段规划）即远景、过渡时期、近期（或第一期、第二期、第三期均可）”，“不过近期与过渡时期基本上是一张图，所不同者，只是两个阶段”（175页）。对于三期规划的划分方法，巴拉金提出：“至于每期的具体时间多长，应看各城市的情况，一般的说可按两方面来划分”，“即一方面是根据国家的五年计划来划分：也就是第一个五年计划为第一期，二、三个五年计划为第二期，以后为远期”，“另一方面是根据每个城市的工业建设情况来决定，如近期就是按第一批［工］厂建成时为止”（175页）。针对太原市规划，巴拉金的具体意见是：“按太原的情况第一期可定为一九五九年［，］过渡时期可按情况定十五到二十年”（175页）。就各期规划的规划编制要求而言，巴拉金指出：“各期的要求就是［：］近期规划要具体详细，过渡时期虽有伸缩性但也要多加考虑，应有一定程度的具体性。远景的伸缩性可以大一些，主要是控制一个轮廓，现时不必过多的［地］考虑，应多留保留地，以便随时修正”（175页）。巴拉金同时表示，“目前图［纸］的名称叫的很乱，我将和克拉夫秋克专家商量统一［措施］”（175页）。

值得注意的是，巴拉金在1955年9月谈话中特别指出：“近期即是第一阶段——也是最重要的。它是保证实现城市规划的基础”（175页）。在时隔1年半左右的时间之后，这里的提法，与1954年谈话（即“三种文件同样重要”）已有所不同。这反映出，在1955年中国作出“厉行节约”指示后，苏联专家对近期规划工作的重要性也更加予以突出强调。

5）对太原市规划修改工作的意见

巴拉金1955年9月谈话中的另一个重要内容，与1955年11月的成都谈话一样，都是规划修改问题。对照两次时间较为接近的谈话的具体内容，可以发现其可以相互印证但却又不尽相同的的一些方面。

太原市9月谈话的记录，反映出巴拉金对因节约而修改规划工作的一些保留态度。如对规划定额问题，巴拉金指出：“住宅面积远景按9m^2/人是有根据的，而且也合理。现在不考虑建委批准与否，我们先按这一个数字考虑。同志们要知道中国在十五年以后是要建设社会主义的城市，建委提出6m^2/人是值得考虑的”，“远景六六.六［66.6］m^2/人的生活总用地太小了，应该采用七六——八〇m［76～80m^2］/人的标准。（按太原情况）过渡时期也不应过小”，“近期与过渡时期四.五［4.5］m^2/人，这是建委的意见，我同意。不过四.五［4.5］m^2/人的期限到底多长，应该很好的考虑”（176～177页）。这次谈话中，也流露出巴拉金对于规划频繁变动的不耐烦态度：“同意北郊建高层的意见。这里本来也应建高层，但现在市里又在这儿建了几个街坊的低层，这样有高有低不好处理，不应翻来覆去的变动”（176页）。这些观点或态度，与对成都市规划的11月谈话是一致的。

与11月的成都谈话有所不同的是，在9月的太原谈话中，巴拉金对规划工作各方面的规划修改情况均发表了指导意见。譬如，在宏观问题方面，巴拉金指出：“旧城区的改建近期与过渡时期基本上不动，当然空白地带可以修建房子，改建工作等到远景再作”，“汾河的治理，因目前不能拿出大批的钱来，所以现在可按现状来划［画］，以后等水利部作了决定，我们再划［画］上去”（175 ~ 176 页）。针对一些具体问题，巴拉金强调：“车站问题，在近期与过渡时期如果够用即可以不搬家，但远景一定要搬家，应与铁道部取得联系，同时现在应将规划的位置表示出来”；“编组站的位置，同意第二方案（北面的一个），该方案无论对工业或对城市等都有好处，同时北郊住宅区里的铁路专用线也可拆掉。如采取第一方案时一定要有人防部门的意见”；“飞机场的搬家要与机场协议，近期搬我们没有意见，远景搬也可以”（175 ~ 176 页）。

对太原的这些谈话，时间上要早于成都的 11 月谈话。就谈话内容而言，可以体会到巴拉金在某些问题上态度尚较缓和的一面，并且存在着希望规划工作对各方面的修改最好能够兼顾近、远期城市发展要求这一坚持规划原则并“努力争取”的心态。另外，太原和成都的两次谈话内容，在繁简程度上也表现出显著的差异，稍后的成都谈话要较稍早的太原谈话明显更为精简。究其原因，除了两个城市的规划修改工作本身可能存在一些差异这一可能性之外，是否可以作出这样的大胆推测：在经过几个月的规划修改指导、政策形势的不断变化，以及各方面的争论和“博弈”之后，对于某些规划修改问题，巴拉金是否已经不愿意再多费口舌了呢？

3.3.4 克拉夫秋克和巴拉金对太原市规划成果的共同指导

就笔者目前所查阅的档案资料而言，苏联专家对城市规划工作的指导，大多是单独进行的，即便有一些共同指导的情形，也较多是由于专家的专业不同，出于“多工种配合”的需要而一起指导。而 1954 年 10 月 14 日的专家谈话，则是专业较为接近，均可称为规划专家的克拉夫秋克和巴拉金在一起，共同对太原市规划工作进行的指导，尚较少见。之所以如此，很可能是由于这次谈话的性质有所不同——自 1954 年 10 月 10 日开始，国家计委（同年 11 月国家建委成立后以国家建委名义）开始组织对包括太原在内的各个重点城市的规划成果进行集中审查（详见第 5 章具体讨论）①，10 月 14 日的这次谈话，很可能只是这次审查活动的其中一个环节，那么，共同指导也就很可能是规划审查的一种工作需要。

从谈话记录来看，两位专家的谈话中，巴拉金的谈话内容在篇幅上要明显多于克拉夫秋克；就具体内容而言，克拉夫秋克重点对总体规划提出一些意见，对详细规划所谈内容不多，而巴拉金则对总体规划所谈不多，更多的精力放在了对详细规划的指导上，具体到对各个住宅区的各个街坊都提出一些评价或指导意见。这一情况，一方面可能与专家发言的先后有关，后发言的巴拉金可能会出于避免重复等考虑，有意识的“错位”指导；另一方面也可能与两位专家的职业背景有关，克拉夫秋克有较多兴趣在宏观问题及政策层面（国内曾于 1980 年翻译出版过其专著《新城市的形成》一书②），当时的受聘部门也是在国家计委，而巴拉金较偏重于规划设计的实务工作。据当年担任巴拉金翻译的靳君达先生回忆：“克拉夫秋克，从他

---

① 规划处 . 关于参与建委对西安等十一个城市初步规划审查工作报告（1954 年 12 月 20 日）［Z］// 1953 ~ 1956 年西安市城市规划总结及专家建议汇集 . 中国城市规划设计研究院档案室，案卷号：0946：31.

② ［苏］克拉夫秋克 . 新城市的形成［M］. 傅文伟译 . 北京：中国建筑工业出版社，1980.

的工作作风及说话的语气来看是领导干部，不像巴拉金，张口闭口都是业务，是业务挂帅的。”[①]

1）克拉夫秋克的主要意见

就总体规划工作而言，克拉夫秋克在谈话中主要针对北郊住宅区规划、新兰铁路线路问题、城市轴线设计和层数分区等阐述了意见。

关于北郊住宅区规划，克拉夫秋克指出：“北郊两个方案的选择不是原则问题，如工厂东移可采用第二方案，否则我同意第一方案”，“北郊住宅区以北地区的各厂及线路位置资料未到齐之前不能做肯定的规划设计方案，可先用虚线表示道路方向，等材料齐全后再做补充方案”（140页）。另外，“北郊住宅区南边干道应稍微向南移一点，躲开新城村的城墙，因这条路第一期要修拆城墙不妥当”，“北郊住宅区东边干道，住宅区以北尚不肯定，只能置垂直线到住宅区边为止”（140页）。

针对新兰铁路线路问题，克拉夫秋克指出：“关于新兰铁路路线问题的第二方案，从工业方面是合理的，但对城市规划方面来看是不能接受的。缺点如下：①住宅区与汾河间通过铁路将住宅区的河岸隔绝，不能使居民利用河边。②桥这边地低，如设车站要填大量土方，不经济。③铁路过了桥立刻拐弯不方便。④过了桥设车站不合适”；“关于兰新［新兰］支线修改线路，第一方案我完全同意，只是二部运输方面远了些，但编组站北各铁路交叉不好，路线组织应与铁道部研究后再决定，新兰支线东移后的线路要与北郊住宅区干道相平行”（140 ~ 141页）。太原市北郊住宅区与周边的汾河、铁路线路等位置关系如图3-28所示。

关于城市轴线设计，克拉夫秋克指出：“横轴北端通向钢厂现在废品堆积地区有问题，这里能否设钢厂大门及改善这里环境？应与钢厂取得协议，不然若不可能改造此地区，则就要及早结束处理这条路。此路南端到公园前广场的结束，处理［的］还可以”（141页）。这里谈到的钢厂，即太原钢铁厂（现状）。

关于层数分区，克拉夫秋克的意见具体是：“河东靠河三角地为何设高层（四层以上）建筑？靠河基础不好，不应建高层建筑”，“河东河西相对位置的层数要相同”，“中心地区不应放二层建筑”，“河东北部地质不好地区，应改设为两层建筑”，“第一期修建范围在横轴上以西发展是可以的，但要与河流疏浚工作结合，避免水淹”（114页）。

2）巴拉金的主要意见

就总体规划而言，巴拉金在谈话中主要强调了部门协议问题：“［与］各单位联系的问题要有书面文件，协议各方面的问题，如□□［北郊］住宅区，钢厂铁道位置，北郊各厂位置及厂前区，卫□［生］防护范围及人防等问题，应向卫生部、铁道部、总甲方及□［其］他有关单位接头”（142页）。

针对克拉夫秋克谈话中所提出的“河西南部为何规划中不利用现有道路？可再考虑一个方案”（141页），巴拉金在谈话中也指出“利用河西南部旧路问题可再作一方案”（143页），这显然是对克拉夫秋克意见的一种支持。另外，巴拉金还提出：“应将现状标示上去”，“城区边阶梯状形［状］不自然”，“市中心方向向东西的方案希［望］要拿来一看”（143页）。

---

① 2015年10月12日靳君达先生与笔者的谈话。

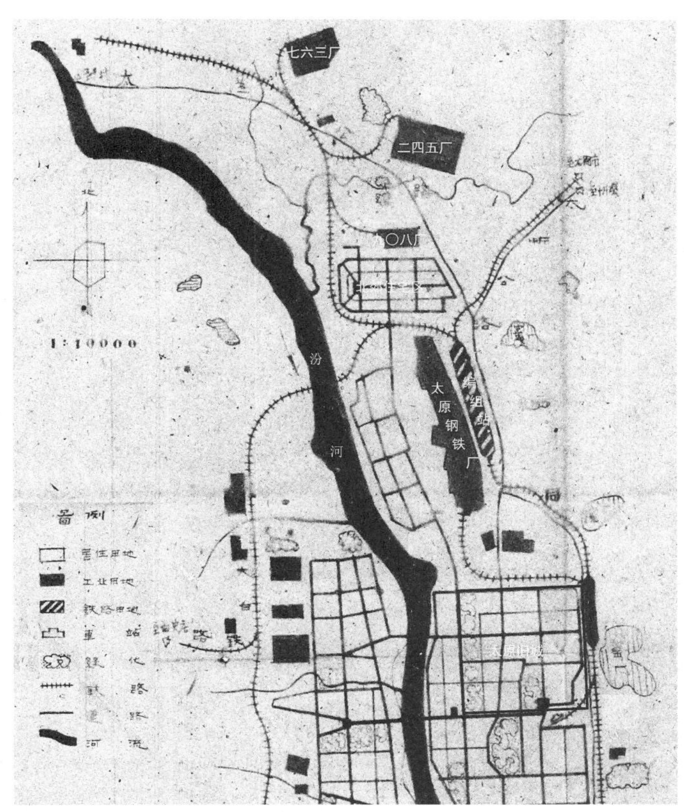

图 3–28　太原北郊住宅区周边关系示意图

注：工作底图为“太原市总体规划图（1956年）”。图中部分文字及旧城范围为笔者所加。

资料来源：太原市规划辑要［Z］// 太原市初步规划说明书及有关文件．中国城市规划设计研究院档案室，案卷号：0195：14.

总的来看，克拉夫秋克和巴拉金的 1954 年 10 月谈话，所提意见并不是很多。在谈话中，两位专家也都明确表示了对太原市规划成果的认可态度。克拉夫秋克指出：“总的来说总体规划与详细规划完成的［得］都很好，尤其是对河西北部之街坊与公园布置得很好”（140 页）。巴拉金则评价“总的说比以前好多了，可作为一个结论性的东西”（142 页）。

3.3.5　多领域苏联专家对重点项目选址问题的“联合会诊”

在太原市规划的专家谈话记录文件中，1955 年 10 月 20 日的专家谈话是另一个相当独特的案例。就像医学领域常见的“会诊”方式一样，或者说与重点工业项目的联合选厂以及规划工作的多部门联合调研（如包钢住宅区案例，详见第 5 章的有关讨论）一样，由苏联规划专家牵头，也发起过多领域的苏联专家集中对有关规划问题进行“联合会诊”的情况。

1955 年 10 月 20 日的这次谈话，发生在国家城建总局巴拉金专家办公室，是巴拉金向国家城建总局城市规划设计局贾云标局长进行的情况汇报，汇报的具体内容，则是前一日由 15 位苏联专家集体讨论会议的一些结论性意见。

档案表明，1955 年 10 月 19 日，应国家城建总局的邀请，受聘于卫生部、公安部、铁道部、二机部、轻工业部和电力部等有关部门的共 15 位苏联专家，在位于山老胡同二号的国家城建总局，由巴拉金主持，召开了一次研究讨论会议（图 3–29）。

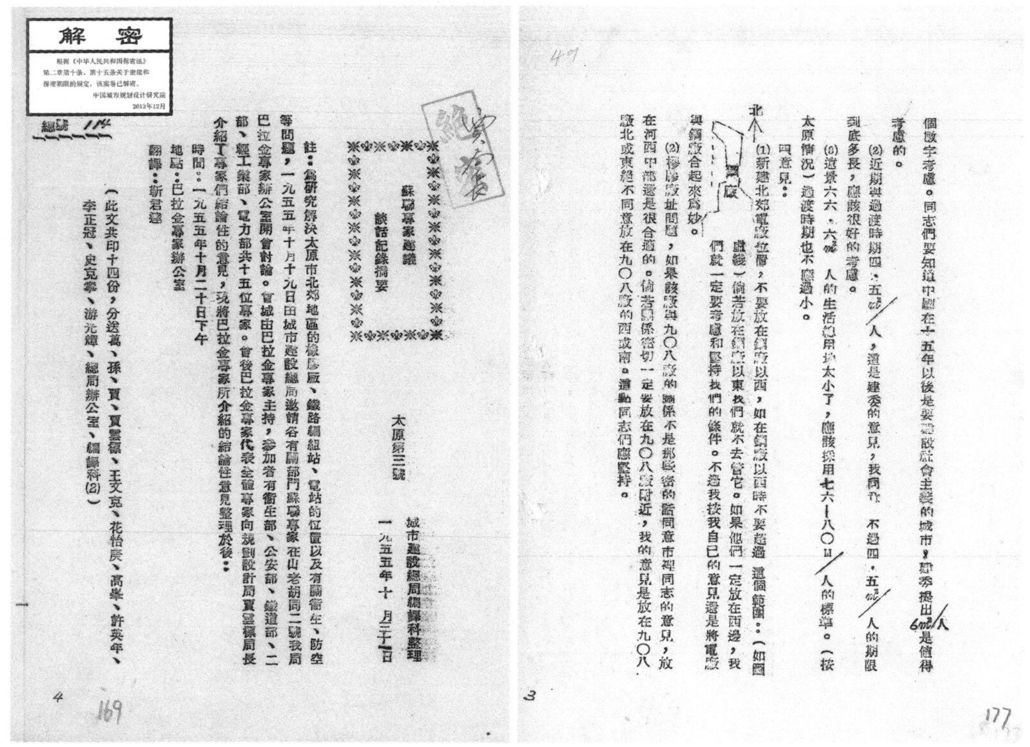

解密

根据《中华人民共和国保密法》第二章第十条、第十五条关于密级和保密期限的规定，该案卷已解密。

中国城市规划设计研究院 2013年12月

總號 114

蘇聯專家建議

談話記錄摘要

太原第三號

城市建設總局編譯科整理

一九五五年十月二十日

註：為研究解決太原市北郊地區的橡膠廠、鐵路編組站、電站的位置以及有關衛生、防空等問題，一九五五年十月十九日由城市建設總局邀請各有關部門蘇聯專家在山老胡同二號我局巴拉金專家辦公室開會討論。會議由巴拉金專家主持，參加者有衛生部、公安部、鐵道部、二部、輕工業部、電力部共十五位專家。會後巴拉金專家代表全體專家向規劃設計局賈雲標局長介紹了專家們結論性的意見，現將巴拉金專家所介紹的結論性意見整理於後：

時間：一九五五年十月二十日下午

地點：巴拉金專家辦公室

翻譯：靳君達

（此文共印十四份，分送萬、孫、賈、賈雲標、王文克、花怡庚、高峯、許英年、李正冠、史克寧、游元輝、總局辦公室、編譯科(2)）

個數字考慮。同志們要知道中國在十五年以後是要建設社會主義的城市，建委提出6m²/人是值得考慮的。

(2)近期與過渡時期四．五m²/人，這是建委的意見，我同意不過四．五m²/人的期限到底多長，應該很好的考慮。

(3)遠景六六．六m²人的生活居用地太小了，應該採用七六—八〇m²/人的標準。（按太原情況）過渡時期也不應過小。

四意見：

(1)新建北郊電廠位置，不要放在鋼廠以西，如在鋼廠以西時不要超過這個範圍：（如圖虛綫）倘若放在鋼廠以東我們就不去管它。如果他們一定放在西邊，我們就一定要考慮和堅持我們的條件。不過我按我自己的意見還是將電廠與鋼廠合起來為妙。

(2)橡膠廠址問題，如果該廠與九〇八廠的關係不是那麼密的話同意市裡同志的意見，放在河西中部還是很合適的。倘若關係密切一定要放在九〇八廠附近，我的意見是放在九〇八廠北或東絕不同意放在九〇八廠的西或南。這點同志們應堅持。

图 3-29　1955 年 10 月 20 日专家谈话记录

资料来源：城市建设总局编译科整理．苏联专家建设谈话记录摘要（太原第三号）[Z] // 太原市初步规划说明书及有关文件．中国城市规划设计研究院档案室，案卷号：0195：169，177.

10 月 19 日的研讨会，其目的是为了“研究解决太原市北郊地区的橡胶厂、铁路编组站、电站的位置以及有关卫生、防空等问题。”[①] 而这些问题，其实早在之前巴拉金的一些谈话（如 1955 年 9 月）中已有所表露：“新建北郊电厂位置，不要放在钢厂以西，如在钢厂以西时不要超过这个范围：（如图虚线［见图 3-29，右图中部上方文字中穿插的示意图］）倘若放在钢厂以东我们就不去管它。如果他们一定放在西边，我们就一定要考虑和坚持我们的条件。不过我［若］按我自己的意见［，］还是将电厂与钢厂合起来为妙”，“橡胶厂［厂］址问题，如果该厂与九〇八厂的关系不是那些［么］密［切］的话［，］同意市里同志的意见，放在河西中部还是很合适的。倘若关系密切［，］一定要放在九〇八厂附近，我的意见是放在九〇八厂北或东［，］绝不同意放在九〇八厂的西或南。这点同志们应坚持。”[②]

因档案资料的局限，10 月 19 日研讨会的详细谈话内容已经无从得知。但是，透过 10 月 20 日巴拉金代表全体苏联专家向贾局长所作汇报的谈话记录，仍可对 19 日谈话的基本情况和主要结论有所了解。在 19 日，苏联专家集体讨论了铁路编组站、橡胶厂和电站 3 个问题。它们所涉及的太原钢铁厂、北郊工业区和九〇八厂等及其与太原旧城的位置关系可参见图 3-26。

① 城市建设总局编译科整理．苏联专家建设谈话记录摘要（太原第三号）[Z] // 太原市初步规划说明书及有关文件．中国城市规划设计研究院档案室，案卷号：0195：169.

② 城市建设总局编译科整理．苏联专家建设谈话记录摘要：巴拉金专家对太原市规划工作的意见（太原第一号）[Z] // 太原市初步规划说明书及有关文件．中国城市规划设计研究院档案室，案卷号：0195：177.

1）关于铁路编组站问题

太原北郊属于“上风上水”地区，铁路编组站的布置存在着与重点工业项目、工人住宅区及汾河的制约矛盾。档案表明，“在讨论中，铁道部认为从使用上和建设上讲，第三方案（即编组站位于钢厂北端之东部）是经济的”，“但是人防专家要求保留一千五百公尺的防空距离，而现在该方案内编组站的位置与钢厂间的距离只是三百公尺，这不符合防空要求”，如果落实防空要求，“编组站放在钢厂的东北角在建设上是不经济的（土方大），使用上也不方便，但是这个位置符合防空要求”（170 页）。从城市规划方面来看，巴拉金提出，“两个方案对城市规划都没有影响，但是防空问题应该考虑，我们难以表示具体意见，最后须请中央来解决”（170 页）。

对于争议性问题，由上级来决定，这是巴拉金的一贯立场。实际上，早在 1 年半前（1954 年 4 月 28 日）太原市规划工作进行指导时，就曾有人针对“编组站的位置问题”进行提问，巴拉金当时的回答是：“同意市里的意见，即编组站位置往东靠”，“城市方面和有关方面意见不同，常争执，在苏联这种情况也常有。争执不下时由上级解决，一般是按城市方面的意见解决。在城市规划呈请部长会议批准前，最好各方面取得一致意见，如果某些问题一定不能取得一致意见，则把两方面的意见同时呈报。”① 可见，铁路编组站问题是太原市规划编制过程中的一个长期悬而未决的问题。

1955 年 10 月 19 日苏联专家的集体研讨，对这一问题的最终意见是：“现在让铁道部把两个方案都做出来，作好经济比较。由上级领导来解决这个问题，方案作好［，］在上报之前，要公安部［、］人民防空委员会和卫生部提意见签字。然后把我们［国家城建总局］的意见附上一起上报”（170 页）。

2）关于橡胶厂问题

对于这一问题，巴拉金汇报指出：“这个问题主要是组织问题”。“轻工业部提出两个方案，一个是橡胶厂在九〇八厂之间西北部，一个是在九〇八厂之东南部”，而“放在东部是不可能的，因为九〇八厂东部是该厂的厂前区”（170 页）。

经专家讨论，明确“橡胶厂与九〇八厂基本上是一个厂，生产上有密切联系，现在的问题是把橡胶厂放在什么地方”，这样就有两种可能：“如果这两个厂算作一个厂，那么设计时就请［得］要一起考虑（上下水、供暖、供电……都一起计算之），而可有两个甲方”，“如果看作两个厂，那么干脆把它们放在两处而且得按要求办事，因为橡胶厂是个列级的厂。在太原须把它放到河西去（规划之化工区），而且要有一定的隔离地带”（170 ~ 171 页）。对此，“人防和卫生部专家的意见［是］：同意两个厂在一起建。假如两厂分开，就要考虑卫生和防空距离”（171 页）。

经研究讨论，“专家们的［最终］意见［是］，如把两个［厂］合在一些，橡胶厂用地也不能越过九〇八厂南部之界线，（特别是卫生部专家更是这样主张）”，因此，应该“想办法放到九〇八厂里边去，或九〇

① 巴拉金还介绍：“关于大编组站的位置的一般原则：大编组站在防空上是第一级，是城市第一个［遭］轰炸的目标，需要离开市区 60cm^2［km］以外（而客车站甚至可以放在市中心）”。参见：巴拉金专家对太原城市规划工作小组汇报意见（1954 年 4 月 28 日于中建部）［Z］. 城市建设部档案. 中央档案馆，案卷号：259-1-31：10.

八厂北边”，“如果甲方愿意一起搞，那么两厂的供水、供电……等都得在一起考虑，统一安排”（171 页）。可见，这是一个需要橡胶厂和九〇八厂的两个甲方共同协商，或者也同样需要由上级进行决定的问题。

3）关于电站问题

就这一问题而言，“起初是中国同志提出两个电站放在一起的方案”，“经过计算，不可否认这个方案是经济的”，“但是原电站已进行了设计，如果再将两个电站放在一起，那么选厂工作就得重新开始，重新设计，建设的时间就要推迟，也要影响到工厂的生产”（171 页）。经集体讨论，“专家们的意见［是］必须建两个电站，原电站不动，另一个电站放在钢厂附近”（171 页）。因此，集体讨论的成果首先是：“电力部的问题是解决了”，因为“原电站已定案”（171 页）。

就其他部门的意见而言：“电站放在两个地方，从防空上讲是能满足要求的，因为可保证有两个电源”，但“人防和卫生部不同意把钢厂的电站放在西边，而放在钢厂内还可以”，“卫生部和我局［国家城建总局］都不同意把一个联合电站放在北郊住宅区内”（117 页）。另外，电站问题还涉及设计工作：“建两个电站也没有经济基础，因为钢厂发展问题迄今尚未完全确定，那么根据什么来设计钢厂所需的电力呢？这样只会影响已经开始设计的原北郊电站的设计工作”（117 页）。

综上，电站问题实质上主要是“另一个为钢厂而修的电站尚未定案”（117 页）。对此，专家集体讨论的结论性建议是：“钢厂的电站，要和鞍山黑色冶金设计院联系一下，叫他们在做钢厂的发展设计时考虑安排电站的位置”（117 页）。

在 10 月 20 日谈话的最后，巴拉金提出了另一个疑问[①]：“另外，北郊的情况已很复杂了，是否还值得在这里发展钢厂呢？中国同志是需要考虑的”（172 页）。

3.4 对包头规划编制工作的技术援助

3.4.1 专家谈话记录的档案情况

关于包头市规划，在中国城市规划设计研究院所藏档案中也有一些苏联专家的谈话记录，它们隐藏在一份题为“包头市城市规划文件”（案卷号：0504）的科技档案之下。记录文件共 23 页（包括封面在内），系三次谈话的记录文件，全部为打印稿（图 3-30、表 3-5）。根据记录文件的内容，前两次谈话的苏联专家均为巴拉金，谈话时间分别是 1954 年 12 月 2 日和 12 月 13 日，翻译均为靳君达，但谈话地点及整理者信息不详（其中一份注有“中建部城市建设局编印”）；最后一次谈话的苏联专家为什基别里曼，谈话时间为 1957 年 10 月 25 日，谈话地点在包头，系由包头市城市规划管理局整理，谈话记录中同时附有包头市城市规划管理局的 1 份文件（《为送“苏联专家什基别里曼同志关于包头市城市规划若干问题的意见”的函》，［57］城规秘字第 73 号）。

① 当然，这一问题也可能是 10 月 19 日苏联专家集体讨论时提出的。

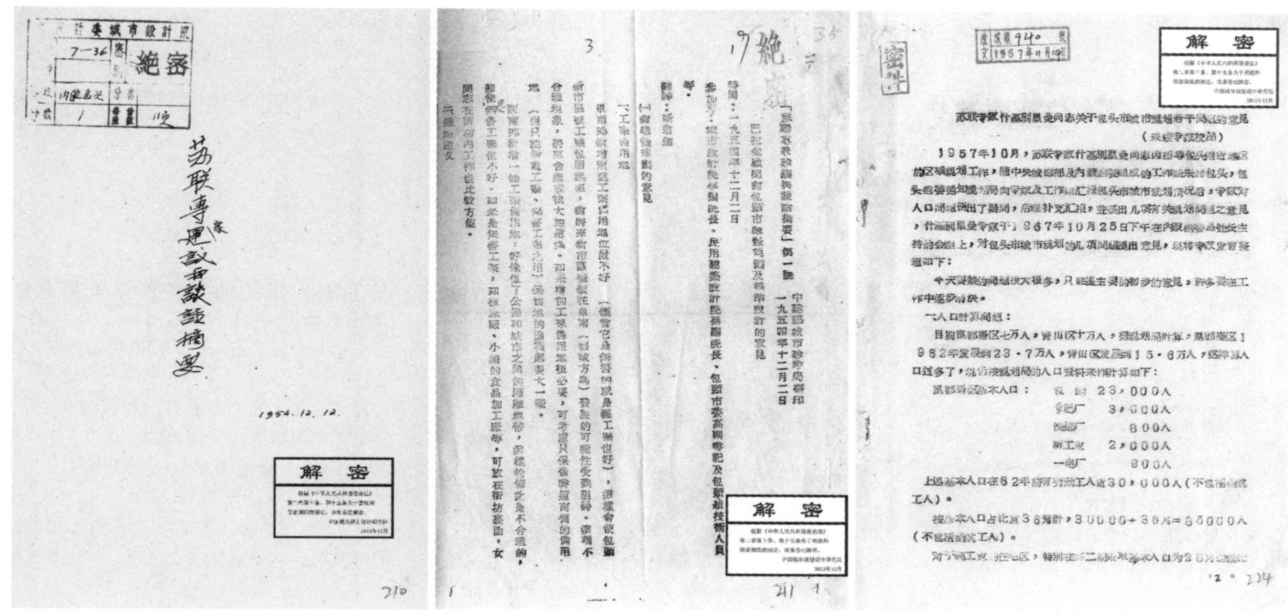

图 3–30　包头市规划的专家谈话记录档案

注：左图为谈话记录的封面，中图和右图分别为两次谈话记录的首页。

资料来源：苏联专家建议与谈话摘要［Z］// 包头市城市规划文件 . 中国城市规划设计研究院档案室，案卷号：0504：210–211，217.

包头市规划专家谈话记录的档案概况　　表 3–5

序号	文档标题	页数	谈话时间	整理时间	备注
1	巴拉金顾问对包头市总体规划及标准设计的意见	6	1954 年 12 月 2 日	1954 年 12 月 12 日	靳君达翻译，建工部城建局编印
2	巴拉金顾问对包头市城市近期详细规划和道路横断面布置的意见	5	1954 年 12 月 13 日	不详	李正冠副院长主持，靳君达翻译
3	苏联专家什基别里曼同志关于包头市城市规划若干问题的意见	9	1957 年 10 月 25 日	1957 年 11 月 8 日	谈话地点在包头，内蒙古建委马处长主持，包头市城市规划管理局整理；附有包头市城市规划管理局呈报公函 1 份

资料来源：苏联专家建议与谈话摘要［Z］// 包头市城市规划文件 . 中国城市规划设计研究院档案室，案卷号：0504：210–221.

3.4.2　包头市规划编制工作进展

包头市的规划编制工作，是在包头地区联合选厂工作过程中逐步推进的。1953 年初国家提出在内蒙古地区建设钢铁联合企业计划，1953 年 9 月决定厂址设在包头，国家计委及华北城建处即开始协助包头市城建委开展规划准备工作，根据包钢及二机部工厂的几个不同方案，作出 4 个城市初步规划示意方案。① 1954 年 1 月，建工部城建局和包头市建委联合组成包头市城市规划工作组，提出城市人口规模 100 万和 150 万两个规划草图方案。② 1954 年 3 月，根据建工部城建局领导意见，研究了城市人口规模（100

① 内蒙古自治区包头市规划资料辑要［Z］// 包头市城市规划文件 . 中国城市规划设计研究院档案室，案卷号：0504：9.

② 同上，案卷号：0504：9.

图 3-31　包头规划工作组人员合影（1954 年 10 月）
注：地点在山老胡同城市设计院办公室（平房）前。
前排（3 位下蹲者）左起：曹振海（左 1，包头方面的联系人）、王信恒（右 1）。
中排左起：赵师愈（左 1）、范天修（左 2）、余庆康（左 3）、贺雨（右 1）。
后排左起：杨谷华（右 2）、刘德涵（右 4）。
资料来源：刘德涵提供。

万以内）和几项用地指标，并按包钢厂址的 3 个初步方案（宋家壕、万水泉、徐白头窑子）提出新城区位置选择的 5 个规划示意草图。①

1954 年 4 ~ 5 月包头市联合选厂确定包钢在宋家壕地区后，建工部城建局（城市设计院成立后以城院的名义）于 1954 年 6 月正式开始协助包头市进行新市区的总体规划②，作出了规划示意图及简要说明书③。1955 年 3 月，国家建委指示包头市人口规模压缩为 60 万，包头市规划进行了修改，于 1955 年 4 月完成总体规划。④ 1955 年下半年，根据中央勤俭建国精神，对规划方案又进行了不断修改，主要内容是"降低了一些定额指标，重新布置和补充了一些中小企业。"⑤ 1955 年 11 月 19 日，中共中央以电报方式批准包头市规划⑥（图 3-31）。

由上分析可见，就包头市规划的 3 次谈话记录而言，前两次（1954 年 12 月）巴拉金对包头市规划的谈话，与 1954 年 10 ~ 11 月期间对太原市规划工作进行指导的情况较为类似，也是发生在国家建委对各重点城市规划进行集中审查期间（1954 年 10 ~ 12 月），属于在规划编制"成果阶段"对规划工作的指导；而什基别里曼 1957 年 10 月的谈话，则是在"一五"计划末期，发生在中央对包头市规划作出批复之后，属于"规划实施"过程中对规划工作的指导。鉴于本章主要对各城市规划编制工作过程中（而非规划审批后）的有关情况进行讨论，以下主要对 1954 年 12 月的两次谈话加以简要解读。

---

① 内蒙古自治区包头市规划资料辑要［Z］// 包头市城市规划文件 . 中国城市规划设计研究院档案室，案卷号：0504：9.
② 同上，案卷号：0504：3.
③ 同上，案卷号：0504：10.
④ 同上，案卷号：0504：3.
⑤ 同上，案卷号：0504：3.
⑥ 中央 . 对包头城市规划方案等问题的批示［Z］. 城市建设部档案 . 中央档案馆，案卷号：259-1-20：2.

3.4.3 巴拉金对包头市规划编制工作的指导意见

1954 年 12 月 2 日和 12 月 13 日巴拉金的两次谈话，涉及城市总体规划、详细规划、标准设计和道路交通规划等 4 方面的内容，从本书主题出发，这里重点就城市总体规划和道路交通规划这两方面的情况进行讨论。

1）关于成果阶段规划编制工作的意见

在 12 月 2 日的谈话中，工业用地布局、第一期修建范围和层数分区是巴拉金谈话的重点。关于工业用地布局，主要是针对规划工作所确定的备用地而言："东南郊新增两处工业备用地位置不好（尽管它是无害的或是轻工业也好），这样会使包头新市区被工业包围起来，对将来新市区继续往东南（旧城方向）发展的可能性受到阻碍"（211 页）。巴拉金指出，"这种不合理现象，将来会造成很大的遗憾［？］"，"如果增加工业备用地很必要，可考虑只保留干道南侧的备用地"（211 页）。另外，"西南郊新增一条工业备用地，好像做了公园和城市之间的隔离地带，这样的布置是不合理的，即便是无害工业也不好。如果是无害工业，如被服厂、小型的食品加工厂等，可放在街坊里面，女同志在街坊内工作也比较方便"（211 页）。

关于第一期修建范围，巴拉金指出："包头第一期有十三万工人，如果这个数字可靠，则第一期修建范围完全可以修建起来，建设的步骤，可从东西两边工业区开始修建，到第一期末，便可连接起来"，"现在的问题是要拟出一个具体的第一期修建项目表，包括住宅及公共福利设施在内，这样才可看出第一期修建计划的现实性"（212 页）。由于包钢和二机部工厂的住宅区建设都是从与工厂较近的方向（即新市区的西部和东北部）先行推进，巴拉金重点指出了新市区中心地带的建设问题："第一期修建范围的中间部分很大，单独由城市方面来修建，不可能"，"应将钢厂及第二机械部两厂的住宅区范围具体划出来，使他们的修建范围尽可能接近市中心"（212 页）。巴拉金建议，"城市中心附近的街坊要修建的特别好，这□［些］街坊将来工厂可以分给斯达哈诺夫工作者[①]居住，他们有交通工具，到工厂上班也不困难"（212 页）。图 3-32、图 3-33 为包头规划工作组现场踏勘场景。

在谈到第一期修建范围时，巴拉金专门强调了"集中紧凑"的城市建设和规划管理原则。"关于第一期建设，市里要掌握集中紧凑的原则"，"一定要有计划的修建，不能乱建，因为城市建设的好坏，是全体劳动人民的利益，是整个国家的利益"（212 页）。巴拉金明确指出："按［安］排第一期修建的权利不应掌握在总甲方，而要掌握在市里，因为工厂企业究竟是个体，他们往往一块块分散建设"，"这个集中紧凑的修建原则主要由市长［、］市委书记来掌握，中建部城市建设局也有责任"（212 页）。

关于层数分区，巴拉金指出"层数分区规划基本上没有大问题"，"关于东南郊一层建筑区，对三、四十年后城市往东南发展来说虽然有缺点（城市中心部分出现低层建筑区）［，］但如果处理得很好，也可以与东南郊文化休息公园取得协调"（213 页）。另外，"城西北部层次［数］逐渐降低的原则是正确的"，

---

① 1935 年 8 月 31 日，苏联采煤工人 A.Г.斯达哈诺夫（1905/1906–1977）在顿巴斯伊尔明诺中心矿井（现称苏共二十二大矿井）一班工作时间内采煤 102 吨，超过定额 13 倍多，创造了当时世界上采煤的新纪录。斯达哈诺夫的范例，为其他部门工人所仿效，涌现出成批先进生产工作者，形成群众性的劳动竞赛运动。1935 年 11 月，苏联在莫斯科克里姆林宫举行第 1 次全苏斯达哈诺夫工作者会议，斯大林发表了重要讲话。

图 3–32　包头规划工作组现场踏勘留影（1955 年 8 月）

注：地点在包头新市区，这里当初正放着羊群，数十年后成为包头的市中心。

前排左起：方仲源（左 1）、杨谷华（左 2）、余庆康（左 3）、常启发（右 3）、史书翰（右 2）、刘德涵（右 1）。

后排左起：孔令依（左 1）、迟顺芝（右 1）。

其中余庆康、史书翰、杨谷华、孔令依、迟顺芝等为包头市城建局人员。

资料来源：刘德涵提供。

图 3–33　在包头新市区踏勘留影（1955 年 8 月）

左起：刘德涵、常启发、王信恒、余庆康（站立者，因抢拍照片而未来得及蹲下）。

资料来源：刘德涵提供。

图 3–34　包头市 1950 年代的楼房住宅（青山路）

资料来源：耿志强主编．包头城市建设志［M］．呼和浩特：内蒙古大学出版社，2007：85.

但是，“城东南部及西南部，三层以上建筑区及一层建筑区变化太突然，这样不仅建筑艺术布局不好，而且上、下水干道只能为干道的一边高层建筑区服务（一层建筑区不需要上下水干管）也不经济，需要修改”（213 页）。对此，巴拉金颇感疑惑：“关于这两部［分的］层数分区，新图没有旧图好，为什么反而修改坏了［？］”（213 页）。图 3–34 为包头市旧貌。

另外，12 月 2 日谈话中，巴拉金还谈到了铁路道岔、现状河流的处理、交通广场和工厂大门位置等有关内容①，并就标准设计问题作了详细阐述。

2）关于道路交通问题的意见

1954 年 12 月 13 日巴拉金谈话的主要内容是详细规划，同时对道路交通问题也发表了一些意见。值得注意的是，在这部分谈话之前，巴拉金特别说明：“首先需要强调一下，我还不是交通专家，对交通问题还不完全内行，若比起方才汇报交通问题的那位交通运输工程师来讲还是要差得多的，所以我的意见是不是成熟的，只供同志们参考”（220 页）。

巴拉金这次就道路交通问题的谈话，主要针对的是道路横断面设计问题，而道路横断面的设计又涉及了城市交通方式的选择：“同志们在汇报中谈到，将来包头市的公共交通工具，除公共汽车以外，采用无轨电车呢？［，］还是采用有轨电车呢？”（220 页）。对此，巴拉金简要比较了各种交通方式的一些差异：“一般的说来采用有轨电车是比较经济的。根据最近莫斯科交通量的统计，乘有轨电［车］的每天有 400 万次 / 人，……而乘无轨电车的就比较少得多”，“另外从价格上来看，在莫斯科乘地下电车每人每次的起码价格是五十个哥［戈］比，而有轨电车每人每次的起码价格仅五个哥［戈］比”；“从以上两个统计的数字来看，虽然地下电车比较舒服，但还是坐有轨电车的人数来得多，特别是我们现在，我［中］国尚不能制造无轨电车，当然采用有轨电车是比较经济和实用的”（220 页）。

另外，从苏联的经验来看，“在苏联十五万人口左右的城市，一般是采用有轨电车的”，“直到现任莫斯科和列宁格勒的有轨电车线路才开始拆除，而这些线路是已经使用了几十年的”；“像包头这样大的城市，可以考虑采用一部分无轨电车，但也要注意到今天中国还没有制造无轨电车的工厂，采用无轨电车需要从国外输入”（220 ~ 221 页）。

据此，巴拉金建议：“根据包头的情况，近期的交通工具，可采用公共汽车，不用电车”；“远期采用的交通工具可作出两个方案，一个方案是采用汽车［、］有轨电车、无轨电车三种；另一个方案是采用汽

---

① 关于铁路道岔，巴拉金指出：“城东北郊第二热电站及工业备用地的铁路道叉［岔］走向与工人上下班交通干道成垂直方向，使工人上下班交通不便，一个完全新型的城市造成这种不合理现象是不对的，解决的办法是，在第二机械部两厂东北铁路上增设一调车站，铁路道叉［岔］的走向要与工人上下班交通方向平行”（212 页）。

关于现状河流，巴拉金谈道：“市区内两条小河希望能够保留下来，虽然包头水源困难，但包头气候干燥，非常需要水面，况具［且］原来就有一段河床，河里还有水，因为河流不但可以美化城市，而且还可调节气候，帮助绿化，对人对绿地都有好处”（212 ~ 213 页）。

关于交通广场，巴拉金指出：“几条放射路交叉的广场布置（见图）本身没有什么缺点，交通完全可以解决，广场中间可以修建街心花园，1、2 两条小路只是街坊小巷，好像人行道一样，没有必要去掉”（213 页）。

关于工厂大门位置，巴拉金提出：“钢厂大门是否已得到坐标［？］”，“应该与钢厂联系一下，告诉他们我们已开始进行详细规划，需要确定钢厂厂前区的具体坐标”，另，“第二机械部的设计人潘克维奇已到北京，第二机械部两厂的大门坐标需要去订正一下”（214 页）。

图 3-35　包头新市区街道旧貌
资料来源：耿志强主编．包头城市建设志［M］．呼和浩特：内蒙古大学出版社，2007：41（彩页）．

车和无轨电车二种（即不采用有轨电车［ ）”，“然］后将两方案加以比较）”，作出选择。图 3-35 为包头市新市区旧貌。

除此之外，巴拉金还特别强调了如下注意事项：“在中国自行车是一种较重要的交通工具，因此在道路断面中要考虑，自行车道”，“中国的土质大部［分］是黄土，在道路设计上要特别处理一下，不致使雨水流入住宅内的地下室”，“设有□［街］心花园的道路断面，应该采用在两侧交通量比较小的道路上。因为如果两侧交通是很大，那就不会有多少人到当中去走（行人是难以通过交通量很大的车行道而过渡到街心花园上面去的）”（221 页）。

在这次谈话的最后，巴拉金对规划工作者以精神鼓励：“总的说来，同志们的工作，已大大地向前跨进了一步，愿同志们继续努力”（221 页）。

3.5　对武汉规划编制工作的技术援助

3.5.1　专家谈话记录的文献来源

在中央档案馆和中规院档案室的档案中，未曾发现苏联专家对武汉市规划工作进行指导的有关材料。但是，《武汉市城市规划志》一书在对 1953 年武汉市城市规划草图工作进行介绍时，却附有一份“前苏联城市规划专家巴拉金在‘一五’初期对武汉市城市总体规划的一些看法和建议”[①]，基于这份文件，本书第一版对苏联专家技术援助武汉市规划的有关情况进行了讨论。

据《武汉市城市规划志》，巴拉金“于 1953 年中应邀来武汉时，曾由原市长王任重陪同在汉口江边四

① 武汉市城市规划管理局．武汉市城市规划志［M］．武汉：武汉出版社，1999.

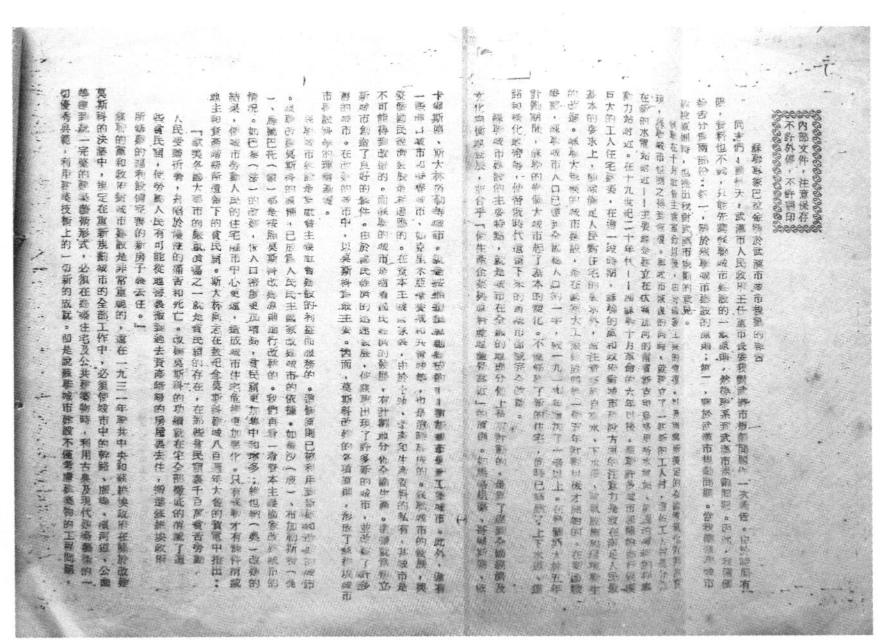

图 3-36 “苏联专家巴拉金关于武汉市城市规划的报告”记录稿档案（1953 年）
资料来源：苏联专家巴拉金关于武汉市城市规划的报告［Z］. 1953，武汉市国土资源和规划局档案室（武汉市国土资源和规划档案馆），案卷号：2- 规其 2.

官殿［原曹祥泰大楼］屋顶俯瞰武汉三镇后，并结合了解到武汉城市一些现状情况后曾勾画了一份武汉市总体规划草图”，“同时巴拉金应王任重市长的要求，对武汉市城市规划问题做了一次报告。”① 巴拉金的这次报告究竟是何种面貌？

带着这样的期待，本书首版发行后，笔者专门赴武汉市补充调研和查档，在武汉市档案馆、武汉市城建档案馆、湖北省档案馆、武汉市城市规划设计研究院档案室和武钢（中国宝武武钢集团有限公司）档案室等，反复查找，均未找到苏联专家技术援助武汉市规划的有关档案，几经周折，最后终于在武汉市国土资源和规划局的大力支持下，在该局档案室（武汉市国土资源和规划档案馆）找到了巴拉金报告的原始档案——“苏联专家巴拉金关于武汉市城市规划的报告”（图 3-36）。

然而，在这份档案文件中，却也并未记载巴拉金所作报告的具体时间。不过，报告中的一些内容却提供了一些重要线索。报告中指出：“在不久以前，北京曾召开一个全国各大城市市委书记的座谈会，在会上，许多同志对城市建设提出了很好的意见，有些同志讲：现在还没有一个调剂全国城市建设的中央机构；有些同志希望城市建设不要过于分散，要集中些；有些同志认为：我们应该为提高现有建筑艺术水平而斗争，不仅使城市建设满足居民的需要，也要反映出新民主主义社会制度的优越性……”（4 页）。据有关档案分析，这次大城市市委书记座谈会的准确时间为 1953 年 7 月 4 日至 8 月 7 日。② 巴拉金的报告中还指出：“最近，党中央有个关于城市规划问题的指示，这个指示的精神与上面所指大城市市委书记座谈会的内容是差不多的”（6 页）。这里所讲的党中央的指示，显然就是 1953 年 9 月 4 日中共中央发出的《关于城市建设中几个问题的指示》。若进一步分析，巴拉金之所以受邀到武汉指导规划工作，与中共中央的这

① 武汉市城市规划管理局 . 武汉市城市规划志［M］. 武汉：武汉出版社，1999：104 ~ 105.

② 城市建设工作座谈会纪要及城市工作问题简报［Z］. 中国城市规划设计研究院档案室，案卷号：2326：1，31.

个指示也有着一定的渊源。[①]

另外，据当年担任建工部城建局中南规划组（负责武汉、洛阳两市）组长（早期）的刘学海先生，以及后来接替其担任武汉规划组组长吴纯先生回忆，巴拉金的这次报告，其实他们并不知情；同时，武汉规划工作组是1953年9月前后赴武汉开展工作的，规划人员在开展工作时曾看到巴拉金手绘的规划草图[②]。

根据以上这些信息综合分析，不难推测，巴拉金到武汉的时间应大致在1953年9月中旬前后。

3.5.2 武汉市规划编制工作进展

武汉市规划编制工作始于1953年。1953年9月前后，建工部城建局成立“中南规划组”，支援洛阳、武汉两市开展规划编制工作。[③] 1953年12月23日，武汉市城市建设委员会提出武汉市城市规划草图及其说明，经由武汉市人民政府上报中南行政委员会审查批示，并请转报中央人民政府国家计划委员会审核。[④] 1954年，随着国家决定在武汉建设一些重点工程项目，为了配合这些项目建设的具体安排，对1953年制订的城市规划草图进行了必要的调整和补充完善，于1954年10月重新编制完成武汉市城市总体规划，[⑤] 并上报国家计委 / 建委审核。由于“二汽”从武汉前往四川等重大项目计划调整等原因，武汉市规划未及时获得批准。

1955年11月，根据中央“厉行节约”指示，武汉市城市规划委员会对武昌地区的规划进行了修改，修改内容主要是道路系统和道路宽度等方面[⑥]，经审查后报送国家建委。[⑦] 1956年，由于武汉地区国家建设项目增加，武汉市城市规划委员会又编制出“武汉市城市建设12年规划”“汉阳地区总体规划”和“解放大道规划”。

可见，1953年巴拉金对武汉市规划工作的指导，大致发生在武汉市规划编制工作的前期草图阶段。在这一时期，武汉市的重点工业项目安排计划尚未定案，城市规划工作的有关指导思想和规划思路等也尚未明朗化。

---

① 1953年7月12日，中共中央中南局（驻地在武汉）向中共中央报告《中南局对城市建设工作几项建议的请示》，反映因缺少城市规划而造成的城市建设混乱局面。针对中南局的报告，中共中央于1953年9月4日下发《关于城市建设中几个问题的指示》，指出“中南局所反映的城市建设工作中的混乱情况很值得注意……为适应国家工业建设的需要及便于城市建设工作的管理，重要工业城市规划工作必须加紧进行”。武汉市应该是在收到中共中央的重要指示后，特意邀请城市规划专家巴拉金到武汉指导规划工作的。参见：中共中央关于城市建设中几个问题的指示（1953-9-4）[M] // 中共中央文献研究室 . 建国以来重要文献选编（第四卷）. 北京：中央文献出版社，1993：338-340.

② 据刘学海先生回忆（2014年8月27日与笔者的谈话）和吴纯先生回忆（2015年10月1日与笔者的谈话），规划工作的早期，刘学海任建工部城建局中南规划组组长，主要负责武汉和洛阳两个城市，后期刘学海先生赶去洛阳，改由吴纯先生任武汉规划组组长。

③ 这里所说的时间“1953年9月前后”，主要参考成立洛阳规划组的时间。《当代洛阳城市建设》编委会 . 当代洛阳城市建设 [M] . 北京：农村读物出版社，1990：68.

④ 武汉市城市规划管理局 . 武汉市城市规划志 [M] . 武汉：武汉出版社，1999：96.

⑤ 武汉市城市规划管理局 . 武汉市城市规划志 [M] . 武汉：武汉出版社，1999：112.

⑥ 武汉市城市规划管理局 . 武汉市城市规划志 [M] . 武汉：武汉出版社，1999：112-113.

⑦ 武汉市城市建设12年规划（草案）[Z] // 武汉市历次城市建设规划 . 中国城市规划设计研究院档案室，案卷号：1049：5.

3.5.3 巴拉金为武汉规划所绘草图方案的重要发现

在武汉作报告之前，苏联专家巴拉金曾亲手勾绘出一张武汉市规划的草图，这一草图是体现巴拉金对武汉市规划思想的重要技术文件，也是表明其对中国城市规划工作技术援助的重要贡献的珍贵文献。据《武汉市城市规划志》，该图“于1957年在举办城市规划展览中展出后下落不明”[①]，这不免令人倍感遗憾。然而，在武汉市国土资源和规划局档案室查档时，笔者意外地发现了一张“武汉市规划草图（示意图）”，其图名及图中文字均有对应的俄文翻译（图3-37，完整幅面见彩图4-15），笔者推断：这张图，很可能与巴拉金的规划草图有关。

另一有力旁证是，在“武汉市规划草图（示意图）”的同一案卷内，还有一份《武汉市城市规划草图说明》（图3-38），档案显示其形成时间为1953年12月。由这份规划说明尾页（图3-38右图）“结语”中的文字[②]，不难判断其正是上文所提到的武汉市城市建设委员会于1953年12月23日提出，并经由武汉市人民政府上报中南行政委员会审查批示的规划编制成果。这份规划说明文件，也为推断“武汉市规划草图（示意图）”的背景提供了重要依据。

《武汉市城市规划草图说明》指出：“根据最近中央选厂小组的意见，业已决定在青山附近石山一带为新厂设立地区。又经苏联专家巴拉金同志亲自替我们在二万五千分之一的地形图上绘出了武汉市的规划草图。初步决定了中南、湖北省和武汉市的行政中心及轴线干路、居住区等布置方案。这样就确定了武汉市未来新的发展方向和新的面貌”，“由于苏联专家所用的二万五千分之一的地形图精度很差，我们从［重］新将他拓绘在万分之一的地形图上，根据地面上的实际情况，作了局部的校正。所以这次提出的万分之一的规划草图，在实质上是和苏联专家的意图完全符合的”（图3-38左图和中图）。同时，“在校正的过程中，由于原有汉口地区自北来及西去的铁路计划线，限制了市区的扩展，而按照汉口估计的未来人口数字，居住面积又嫌不够。因此我们把原计划铁路线略作修正，向远郊北移，增扩了居住面积。同时把新规划的地方工业区移辟在汉口西面边郊。此外对于干路布置也修正了几条比较直达畅通的新线。这样修正的一个草图，我们打算作为汉口的第一方案。至于按照原计划草图上的铁路线暨工业布置以及大部分循着旧有道路发展的干路系统所绘制的草图则作为汉口的第二方案。因此现在所提出的万分之一规划草图，汉口是两个方案，武昌、汉阳各一个方案”（图3-38中图）。

---

① 参见：武汉市城市规划管理局．武汉市城市规划志［M］．武汉：武汉出版社，1999：105.

② “由于苏联专家巴拉金同志最近帮助我们绘制规划草图，指出了武汉今后发展的远景和方向，为今后的总体设计工作奠定了一定的基础。武汉是一个重点建设的城市，城市建设的各个方面发展很快，在某些进行近期建设的地区有提前着手总体设计的必要，同时对建筑设计审查的工作必须加强，而这些工作需要懂建筑设计的人才能进行，我们会［武汉市城市建设委员会］里正缺少这样的干部，除了我们打算在自己优秀的青年干部中加以培养外，希望能从［其］他方面抽调建筑师级的干部一两人，否则不仅我们自己的工作会受到影响，整个城市建设方面也将会受到一定的影响。

城市规划工作是一项长期的、细致的、艰巨的工作，既要从现状出发，又要照顾到远大的将来，我们对这一工作的经验还很缺乏，虽然由于苏联专家的指导，今天能够提出初步的规划草图，其中一定有许多意见不很正确，希望各方面能加以指正。正和苏联专家所说的，规划不是一成不变的，将来在实践中我们还要反复审查，必要时作局部的和适当的修正。规划工作是一方面，如何具体实现这一规划是另一方面，这就有待各个有关部门的大力合作和支持”。

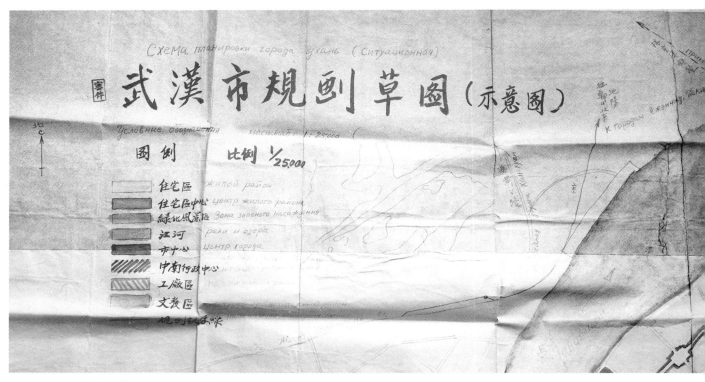

图 3-37　武汉市规划草图（示意图）（苏联专家巴拉金方案）局部放大（1953 年）

资料来源：武汉市规划草图（示意图）[Z]. 1953，武汉市国土资源和规划局档案室（武汉市国土资源和规划档案馆），案卷号：规总 3.

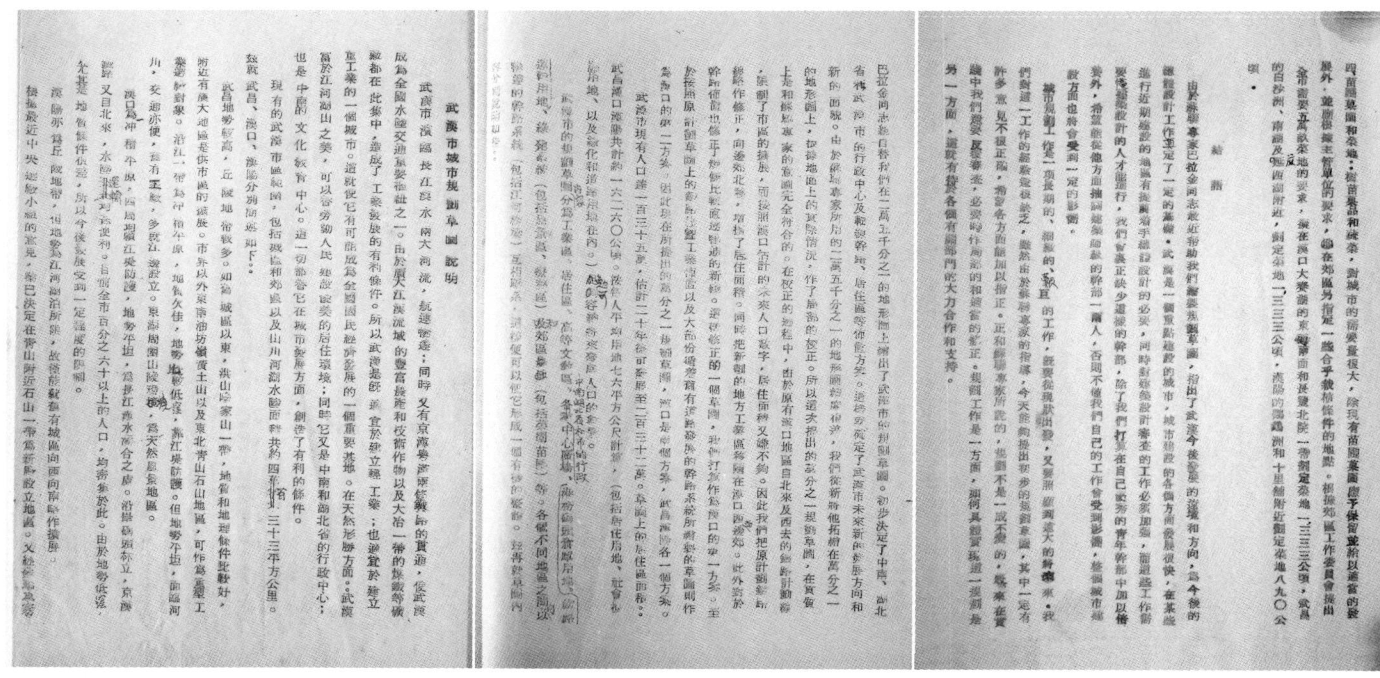

图 3-38 《武汉市城市规划草图说明》档案首页（左图）、第二页（中图）及尾页（右图）（1953 年 12 月）

资料来源：武汉市城市规划草图说明 [Z]. 1953，武汉市国土资源和规划局档案室（武汉市国土资源和规划档案馆），案卷号：规总 3.

根据这些信息，笔者作出一个大胆的判断："武汉市规划草图（示意图）"（以下简称"示意图"），实际上就是巴拉金方案，并且有极大可能就是巴拉金亲笔所绘！

作出这一判断的依据主要是：

1）"示意图"的比例为 1/25000，与《武汉市城市规划草图说明》中"在二万五千分之一的地形图上绘出了武汉市的规划草图"一致；

2）"示意图"中所绘内容较为粗糙，有关道路、城市中心的尺度与实际比例存在明显出入，规划草图的这一情况，与《武汉市城市规划草图说明》中"苏联专家所用的二万五千分之一的地形图精度很差"，在逻辑上形成呼应关系；

3）从图纸比例、绘图内容的精细程度、未标注"第一方案"或"第二方案"等角度考虑，"示意图"并非是与《武汉市城市规划草图说明》相配套的上报中南行政委员会审查批示的规划方案；

4）如果"示意图"并非巴拉金方案或其所绘，那么该图中的图名及有关文字则没有必要按照中俄双语的方式加以标注。当然，根据笔者的规划史研究阅历，规划图中采取中俄双语标注方式还有另外一种可能性——中国的"156 项工程"项目大多是由苏联援助并由苏联方面直接作出初步设计的，在这些工业项目设计初期，作为其初步设计工作所需要的基础资料之一，中国方面需要向苏联方面提交工业项目所在城市的初步规划方案；但是，从这份"示意图"的详细程度不难判断，其尚未达到向苏联方面提交配套文件所应达到的一定的规划深度。

至于"示意图"中的一些中文字体，当然不可能是由巴拉金亲笔所写，其来历也不难推断——很有可能是参加规划工作的中国技术人员，遵照巴拉金的意图，配合其所写。

3.5.4 巴拉金关于武汉市规划问题的报告和建议

在亲笔绘出规划草图之后，巴拉金针对武汉市规划问题发表了长篇报告（作为报告记录的档案共约 7500 字）。报告开篇指出："同志们！前几天，武汉市人民政府王任重市长要我对武汉市规划问题作一次报告。由于时间有限，资料也不够，只能先讲苏联城市建设的一般原则，然后联系到武汉市规划问题。因此，我这个报告分为两部分：第一，关于苏联城市建设的原则；第二，关于武汉市规划问题。当我讲苏联城市建设原则时，也提出我对武汉市规划的意见"（1 页）。由于在就武汉市规划发表具体意见之前，巴拉金还简要讲述了中国城市建设的一些方针政策，因而实际上主要是 3 部分的内容。

1）苏联城市建设的基本原则

在报告中，巴拉金首先简要介绍了"十月革命"以后苏联城市建设和发展的基本情况。巴拉金指出，苏联"对城市建设方面的注意力是放在满足人民最基本的要求上，即除满足人民对住宅的要求外，要注意修建自来水、下水道、电气设施和环境卫生的改进"，"苏联城市建设是为社会主义社会建设的利益而服务的。这条原则已被利用到新建和改建的城市"，"主要特点，就是城市在全国的地理分布上是有计划的，是为了达到全国经济及文化均衡地发展，并合乎「使生产企业与原料产地尽量靠近」的原则。如马格里德、歌尔斯德、依卡尔斯德、斯大林格勒等城市，就是按照这个原则建成的——这些城市是新工业城市。此外，还有一些港口城市和疗养城市，如克里米亚疗养城和共青城等，也是这时建成的。苏联城市的发展，与整个国民经济发展是相适应的。在资本主义国家里，由于土地、矿产和生产资料的私有，其城市是不可能得到改造的。而苏联的城市是随着国民经济的发展，有计划地分布全国生产。这样就为建立新城市创造了良好的条件”（1 ~ 2 页）。

巴拉金指出，苏联城市建设活动对建筑艺术非常重视，“现在苏联的城市建设工作者、工程师和建筑师们，对于城市建筑的设计，不是个别的孤立的来看待，而是按群体来设计的，即是说一个中心广场、一个区或一个地方的许多建筑物彼此之间要互相和谐、互相协调，在艺术上构成一个建筑群、一个整体”，“远在一九三一年联共中央和苏维埃政府在关于改建莫斯科的决议中，规定在重新规划城市的全部工作中，必须使城市中的干路、广场、滨河道、公园等达到统一完整的建筑艺术形式，必须在建住宅及公共建筑物时，利用古典及现代建筑艺术的一切优秀典范，利用建筑技术上的一切新的成就。即是说苏联城市建设不仅考虑建筑物的工程问题，也着重考虑建筑艺术问题”（2 ~ 3 页）。

在介绍苏联城市建设活动时，巴拉金对首都莫斯科改建的情况也作了适当介绍。“改建莫斯科的任务，首先在于为劳动人民修建良好的住宅和文娱场所”，“在卫国战争以后，莫斯科建设的特点是出现了许多高层建筑物。这些建筑物的布局是新创的，它们的风格与历史上遗留下的建筑物的风格是相联系而且是很协调的。这些高层建筑物的层次和体积都是很高大的。它利用了俄罗斯古典艺术的传统，建筑物的比例协调，轮廓显明，它形成建筑群的中心。这样就使莫斯科的建筑艺术，提高到新的水平。由于这些建筑物分布的很紧凑，因此，更为居民创造了优良的生活条件，工程费用合乎经济标准，也达到了建筑艺术的完整性”（3 页）。

在介绍苏联情况的最后，巴拉金专门介绍了苏联城市建设活动的八项基本原则[①]，在第 8 章对苏联本土城市规划思想源头进行考察时，我们将会了解到巴拉金所介绍这八项原则的实际来源。

2）中国城市规划建设的一些方针政策

在谈到中国城市规划问题时，巴拉金首先谈了他对中国有关问题的总体评价：“历史上遗留下的中国城市建筑艺术质量，是有很高造诣的，在北京和西安就有不少艺术价值很高的建筑——这主要是指过

---

① “归纳起来说，苏联的党和政府根据城市建设的实践为基础，规定了城市建设的基本原则，其中主要有下面八点：

（1）在城市规划设计中，保证城市在将来有发展与扩大的可能，这种发展与扩大乃是与苏联国民经济发展总的远景计划相适应的；但也不可使城市过分的扩大；（因为城市的发展是有其限度的。如莫斯科、列宁格勒、斯维尔格勒、基辅等大城市，苏联的党和政府对于这些城市决定不再增设新的工厂，不再扩大。如果城市过分的扩大，就会造成劳动人民的不便）。

（2）保证各种工业及运输企业（包括现有的、扩建的及新建的）有进行生产业务的良好条件和有利的发展条件；

（3）保证为居民的工作与生活创造良好的条件，特别是环境卫生条件；

（4）保证建立各种社会文化及生活服务机构，以便于与苏联国民经济发展总的进程相适应，有计划地把居民的生活习惯改建在社会主义的基础上；

（5）保证整个城市及其各个个别部分（街道、房屋、广场等）要按照群体布置的方式进行建筑，并具有一定的艺术形式；

（6）保证在城内及城郊建立互相连贯的绿地系统——如中央绿地公园、街心公园、工厂隔离地带（即卫生安全地带）的绿地等；

（7）保证建立直接为城市服务的郊区农业基地，以便布置供应城市的蔬菜、水果、肉乳的生产；

（8）保证有关人民防空及消防措施的实施”（3 ~ 4 页）。

图 3-39　1950 年代的汉口沿江大道
资料来源：武汉市城市规划管理局，武汉市国土资源管理局．武汉市城市规划志（1980-2000）[M]．武汉：武汉出版社，2008：23.

图 3-40　1950 年代的武昌武珞路阅马场
资料来源：武汉市城市规划管理局，武汉市国土资源管理局．武汉市城市规划志（1980-2000）[M]．武汉：武汉出版社，2008：28.

去的建筑；但中国建筑师还未创造出适应新材料、新技术、新内容的建筑艺术”（5 页）。巴拉金指出：“关于中国现有城市的改建问题，它的原则应该是要满足人民日益增长的物质和文化方面的需要”（5 页）（图 3-39 ~ 图 3-41 为武汉市旧貌）。

接着，巴拉金介绍了全国各大城市市委书记座谈会及中共中央关于城市规划问题指示的情况，强调“党中央的指示以及大城市市委书记座谈会的决议，是城市建设部门进行工作所应遵循的正式文件，只有遵循这些决议，才能胜利地完成任务”（108 页），并就前者（座谈会）的主要精神进行了重点传达。

关于建筑艺术，巴拉金传达：“谈到建筑艺术方面，不仅要适于居住，而且要反映出中国社会制度的伟大与壮丽。在会上也谈到在建筑艺术上如何利用民族遗产的问题，这些建议都是很中肯的”（5 页）。

关于城市建设中的经济问题，巴拉金指出：“在城市建设中作为衡量建筑物的质量的标准，也包括建筑是否经济在内。我们的建筑物一方面要经济，一方面也要美观，而美观并不一定要多花钱。在会上也有同志提到这样的建议，即在设计中要考虑到在现有条件下修建的建筑物，等到国民经济好转时，有再加以

图 3-41　建国初期的汉阳钟家村（左）
资料来源：武汉市城市规划管理局，武汉市国土资源管理局．武汉城市规划志［M］．武汉：武汉出版社，2008：26（前彩页）．
图 3-42　1957 年通车的武汉长江大桥（拍摄于 1959 年前后）(对页)
资料来源：中华人民共和国建筑工程部，中国建筑学会．建筑设计十年（1949-1959 年)[R]．1959：94.

修饰和改建的可能。以上这些意见，在制定城市总体规划时，是应该予以考虑的”（5 页）。

另外，巴拉金还着重强调：“在会上又谈到［道］：城市不但要有总体计划，还要有第一期即最近施工的规划设计，这个规划要根据城市现状，但它与城市建设远景并不相矛盾。在会上特别强调城市建设的集中性，要求紧凑，反对分散，因为这样可以减轻城市公用事业的投资，在城市建设的经济上很合算［；］如果采取重点建设，集中起来建设，更可使城市在短期内有一个新区域出现”（5 ~ 6 页）。

巴拉金转达的上述几个要点，基本上反映了“一五”初期国家层面对城市建设的一些基本指导思想。

3）关于武汉市规划的建议

在谈到武汉规划问题时，巴拉金首先指出：“我们在规划这个城市时，首先应考虑为劳动人民创造工作和居住的良好条件。我们知道：形成一个城市的基本要素，首先是工业，依次是运输、机关和学校——这是城市的基础。根据武汉市基本人口的推算，武汉市将来要发展到二百三十万人。为保证使二百三十万人有必要地［的］和良好地［的］居住条件，除对旧区进行改造外，并要开拓一些新的居住区”（6 页）。巴拉金重点从 3 个方面讲述了其具体意见：

a. 武汉选厂意向及工业区布置

在工业方面，巴拉金首先介绍了武汉选厂工作情况。“根据武汉市的自然条件，中央选厂小组的意见，决定在市东北的青山一带为武汉新建工厂地区”，“为什么要选择在这里呢？除了工厂本身的技术要求外，还有下述理由：因为青山在市的长江下游，污水、废水易于排出，这对市区居民是有利的。当我们选择厂址时，不能完全从工厂本身所需条件去考虑，还要考虑到这些工厂工人和家属住宅的分布，在青山地区建厂，就可在其附近徐家棚地带建立居住区，这个地区有宽广的空地，可以发展为新市区。因为它合乎新市区和居住区的要求，它前面滨江，可以修建滨江林荫大道和公园，以便居民游赏，又与旧市区的干道相连接，交通很方便，右边与已有的绿化区接近，把大型工厂摆在青山一带，不仅东湖风景区、东湖疗养区和高等文化区不致受工业区的烟尘影响，还可使这些地区充分地为劳动人民所享受”（6 ~ 7 页）。

针对地方工业的布局，巴拉金提出：“另外，也考虑到部分地方工业、［，］主要是烟尘、污水、燥［噪］音较少的轻工业的厂址。这些工业的厂址，可以考虑摆在冷水铺。这个工业区建起后，可把珞珈山

一带作为新的居住区。此外汉阳十里铺，可以划作保留工业区”（7 页）。巴拉金提醒：“同时，每个工业，（包括现在已有的几个工业区在内）应有保留地带，使有可能得到发展，在工厂附近还要有为其服务的居住区”（7 页）。

b. 以交通建设为中心，促进武汉“三镇”整合发展

针对武汉旧市区的改造问题，巴拉金首先强调了交通系统建设的重要性。“我们把三镇作为是一个城市”，“对武汉旧市区进行改造，必须使武汉三镇的交通运输连系起来，三镇的交通，将来主要依靠武汉大桥——这条桥上为公路，下为铁路。另外，有三条跨汉水的公路桥，作为城市交通之用。在汉水上，还有条铁路桥，连结武汉大桥”（7 页）（图 3-42）。在报告中，巴拉金明确提出了修建第二长江大桥的建议：“武汉是个大城市，是有其发展前途的，将来有二百多万人口，专靠一个铁桥是不够的。因此要考虑到第二个长江大桥。虽然这个桥要等武汉获得相当发展之后，在遥远的将来，再行修建，但在城市远景计划中是应予考虑的。并且这个桥从战略上和国防上来看也都是很重要的”（109 页）。

武汉是一个被长江、铁路分割较为严重的城市。对此，巴拉金提出了结合交通建设对用地布局进行优化调整的建议。“在市区的铁路将来必须有很大的改变，但这要逐步地、分期地实现。现在京汉路自北穿过市区又往南，另一条是粤汉路由南穿过市区至徐家棚，南上和北下的火车是靠轮渡过江，武汉大桥修起后，就把这两条铁路连接起来，汉口地区的铁路可向北移，这样就使市区扩大了——这项措施是第一期改建计划”；“在武昌方面，沿江有条铁路（粤汉铁路武徐段）可以拆除，以便徐家棚地带的居住区趋于完整。在徐家棚未改线前，因青山建有工厂，可从徐家棚引条支线到厂区——但这是临时性的”；“等到武昌油坊岭等处建厂后，武昌地区旧有铁路可完全拆除。另由汉口过天星洲建第二武汉大桥至青山，再由青山、王家店筑条铁路连接粤汉路。这样也可使武昌市区不为铁路所切断——这是连接京汉与粤汉线的远景计划”（7 页）。

c. 中心、广场和干路的规划

与对其他一些城市的指导情况相近，关于中心、广场和干路的规划也是巴拉金武汉报告的一项重点内容。报告中指出，“首先谈汉口方面，现有的整个汉口市区是非常没有组织的，没有中心，也就是说没有

图 3-43　武汉黄鹤楼
资料来源：中国城市规划学会等．城市奇迹——新中国城市规划建设 60 年［M］．北京：中国建筑工业出版社，2009：123.

一个面貌”（7 页）。巴拉金强调：“当我们考虑一个城市的改建，不论它是资本主义制度给我们遗留下来的怎样的一个乱摊子，在改建时，我们不能采取粗暴的办法，因为这里面有住的人，必须慎重地考虑”，“武汉市规划开辟的干路，是依照现有的基础，我们应该沿着干路进行改建”（8 页）。

巴拉金结合所绘规划草图作进一步分析：“现在同志们看着这幅规划草图（举手指点讲解的地区），将来的武汉市是以中山公园前面的人民广场为中心区，是草图上平面布局的中心，也就是市中心。从武汉现状图看来，这个地区有现成的人民广场，东西向则为解放大道”，据此，“可以由人民广场开辟一条大道直通襄河边的集家嘴，这就构成市中心的中轴线。这里两旁并没有高大建筑物，现有房屋的质量很差，拆迁较容易”（8 页）。巴拉金强调，“建立这个中心区的时机现在已经成熟了。据了解市委大楼预备建在这里。这样规划是对的，同时，我建议市府大楼也建在这个地区，一南一北，中心区就有了内容”，“作为中轴线通往市中心干路的两侧，可以修建一些高大的建筑物，使成为富有艺术价值的建筑群”，“干路的对面襄河对岸是汉阳的南岸咀，在这里可以遥望武昌的黄鹤楼，这样就可以使市中心通过它的中心干道，到达襄河岸的集家咀，和汉阳的南岸咀以及武昌的黄鹤楼联系起来，这就使得这条中轴线更富有艺术意义”（8 页）（图 3-43）。

针对武昌地区，巴拉金指出：“武昌的自然条件是很好的，我们可以充分利用起来，它有两条干路，一为通往珞珈山的武珞路，一为通过徐家棚的武青线”，“武昌有两个中心区，一为湖北省委和省府中心区，一为中南机关中心区。湖北省委和省府中心区在阅马厂，公路由武汉大桥南端下来后，可直接通往这里。修建这个中心区有优越的条件，因为在省委门前已有一个广场”，“中南机关中心区在小洪山地带，中南办公大楼可修在小洪山上，前面广场作为住宅区，在山前有条路直通武珞路，其两侧各修一条横贯的马路，一边通东湖，一边通武昌民主路。通往武珞路的干线南端，也可修建一些高大建筑物，并联系起来成为一个建筑群”(8页)。另外，“自徐家棚至青山一带为武昌新市区，新市区的中心广场是一个或两个，因为现有资料还不充分，不能作最后决定，如果设一个可摆在徐家棚，设两个可摆在新市区的两侧”(8页)。

讲完这些内容后，巴拉金对规划草图及报告建议进行了特别说明：“在规划草图上的建议，是我初步提出的，它不是一成不变的，有些问题尚待工程上校正，如需要进行工程准备等问题均须考虑，一俟研究确定后，才可作为武汉市发展的总体方针”，“另外，武汉还有一个特殊问题，即武汉排水工程的问题，因为长江水位有时较市区地势要高，排污、防洪和排除积水等问题，都应该很好的[地]研究。不然，以上所讲的城市规划都是白费的”，“关于城市交通运输问题（市区是使用有轨或无轨电车？还是使用公共汽车）、关于绿化系统的分布问题、关于街道的宽狭问题，都要很好地考虑，因为这些方面都是相互影响的。这些问题要等规划草图确定后，在进行总体规划时才能进一步肯定。在最近期间重点建设的区域，应立即提前进行详细的规划设计”（9页）。此外，在武汉报告的最后，巴拉金还谈了他对武汉房屋建筑的布局和设计的建议。①

总的来看，巴拉金1953年在武汉所作报告体现出较强的系统性和针对性。这主要是与他对西安、成都等市规划编制工作进行指导的情况有所不同的原因所致。从对象来看，对西安等市规划编制工作的指导主要针对规划工作人员，以专业技术人员为主并包括一些地方干部，范围较小、人数较少；就在武汉所作报告而言，其听众情况虽然无从查证，但从建国初期苏联专家在北京、上海等市作报告的情况类推，应当是以各级干部为主，范围较广、人数较多。从指导方式而言，对西安等城市的谈话记录所反映的情况，大多是苏联专家在听取了规划人员或地方干部的工作汇报（或方案介绍）后，所发表的一些评价意见和改进建议，并且对成都、太原等市的指导仅仅只是在北京进行的远程的“纸上谈兵”；而在武汉所作报告，是苏联专家听取了情况介绍、对武汉进行了实地踏勘后进行的，因而具有鲜活的实际体验。不仅如此，巴拉金在作报告之前还亲手勾绘了一张规划草图，从而“深度参与”到规划编制工作之中，因而报告所讲内容更加具体和生动，更贴近于“规划说明书”或规划解说等逻辑体系。

上述苏联专家对各个城市的规划编制工作进行指导的谈话内容，在“一边倒”战略及其强有力的体制保障下，大都得到了有效的落实。

---

① 关于房屋建筑的布局，“房屋的布局采取南向是有利的，尤其武汉是比较热的地方”，“设计时可把办公室和住宅等主要部分摆在南向，不能把所有房屋一齐向南，因为在干路上，如果房屋都是南北向，便不免要把山墙面向大街。这样城市就不像个样子”，“在设计整个建筑物时，对街坊的布置，可采取东西短南北长的形式，这样面南的房屋就增多了。除了采取上述方法以外，还可在房间的安排上，弥补以上的缺陷。主要的房间可以向南（如办公室、卧室），次要的房间（如厨房、厕所、储蓄室）和楼梯等向西或向北”(9页)。

关于房屋的设计，巴拉金指出：“在中国有些建筑物不是建立在科学的经济指标上面的。目前，中国正进行大规模的经济建设，必须很好地考虑这个问题”(9页)。巴拉金介绍，“在苏联，衡量房屋设计质量是否经济，是以每一平方公尺的纯居住面积的造价来计算的，不包括厨房、厕所、楼梯等服务设备。在北京也是如此。在拨款时是以纯居住面积作为依据，而不是根据全部建筑面积拨款”，“如果有两栋住宅的服务部门设备相同，其中一栋的纯居住单位面积要大些的话，才算造价低，才算经济，才是真正设计质量高。为什么要以纯居住面积作为经济指标呢？因为，建筑一栋房屋整个只有七公尺进深，在表面看来，建筑面积的单位造价最低，但纯居住面积并不大，这是顶不经济的”（9页）。针对武汉的有关情况，巴拉金指出：“最近，武汉市新建起很多的房屋，但进深都很小，不过六、七公尺，其他地区像这样的建筑也很多，这些房子排列起来好像一栋栋的兵营——我所指的兵营是沙皇式的或日本式的兵营，现在苏联的兵营已不是这样的。这样兵营式的建筑是不能使劳动人民产生愉快的感觉的。但这个现象在中国城市改建中很普遍。由于过去没有重视，中央也没有提出一套很好的办法，如果这样布局，施工再好些也要算是城市中的一个损失，希望此地设计部门和工程师特别注意这个问题”(9～10页)。

3.6 讨论与小结

3.6.1 值得讨论的几个问题

1）关于“苏联模式”——规划工作的基本原理与中国的实际条件相结合

对于新中国建国初期的城市规划工作，在不少文献中常常用“照搬苏联的规划建设模式”加以评价。[①]从西安市首轮总规的谈话记录来看，苏联专家对规划工作的指导，如规划的指导思想、规划内容、规划程序和方法等，固然是基于苏联城市建设的一些实践经验和规划工作模式，苏联专家的指导过程也是“苏联规划模式”向中国的“输入”过程。然而值得注意的是，苏联专家的谈话并非处处以“苏联”自居，而大多是从规划工作本身的一些基本原理出发，既指导“怎么做”，又讲述“为什么”，还传授“如何做得更好”，由浅入深，层层剖析，很好地做到了“以理服人”。

苏联专家谈话中直接谈论苏联经验主要是在规划定额方面，各专家对此介绍时又特别强调了应与中国的实际情况和当地的现实条件相结合。以 1953 年对西安市规划工作进行的指导为例，在谈话中，穆欣指出：“苏联的定额，城市内各地人民到大公园之距离不得超过 1.5km。这当然不是用几何方法以 1.5km 为半径作公园位置。而是要看实际情况，利用现有条件：①现有树林、绿地等；②有水的地方；③地形有起伏之处；④有名胜古迹之处。在这四点是可利用之条件 ”[②]；巴拉金指出：“人口分析适合中国情况的不好提”，“公共建筑 12m^2 的用法，不能［照］搬，应该结合中国实际情况定出”[③]。穆欣反复强调：“我没到过西安，不了解什么地方好与不好”，“再重复声明一点，在这里搞中心，没有根据说可能或不可能。这样大的变动需要慎重考虑。”[④]

在谈到其他问题时，苏联专家也表示出谨慎的态度：1955 年 11 月，巴拉金对成都市竖向规划设计工作进行指导时，明确要求“成都市的竖向设计应请中国专家审查一次。”[⑤] 1957 年 10 月，什基别里曼在对包头市规划问题发表意见时，明确声明“今天要谈的问题很大很多，只能是主要的初步意见”，“对具体情况了解不够，有些问题可留作争论”，“许多要在工作中逐步解决”[⑥]。由此可见，苏联专家对规划工作的指导更多是从如何做好规划工作出发，其立足点主要在规划的科学体系方面而非“教条主义”，简单用照搬“苏联模式”加以评价并不够准确。图 3-44、图 3-45 为规划工作者与苏联专家合影。

---

① 张宜轩，侯丽．计划经济指标体系下的“生产”与“生活”关系调整：对 1957 年反“四过”的历史回顾［M］// 董卫．城市规划历史与理论 01，南京：东南大学出版社，2014：119-137.

② 专家对西安市规划工作的建议［Z］// 1953 ~ 1956 年西安市城市规划总结及专家建议汇集．中国城市规划设计研究院档案室，案卷号：0946：144.

③ 同上，案卷号：0946：159.

④ 同上，案卷号：0946：145，147.

⑤ 专家谈话记录［Z］// 成都市 1954 ~ 1956 年城市规划说明书及专家意见．中国城市规划设计研究院档案室，案卷号：0792：117.

⑥ 苏联专家什基别里曼同志关于包头市城市规划若干问题的意见（包头市城市规划管理局整理）［Z］// 包头市城市规划文件．中国城市规划设计研究院档案室，案卷号：0504：222-232.

图 3-44　规划工作者与苏联专家在一起
1958 年秋，规划人员陪同苏联专家游览。左起：赵允若、什基别里曼长子伊戈尔、库维尔金夫人、韩振华、什基别里曼次子斯拉瓦、库维尔金。韩振华提供。
资料来源：中规院离退休办．

2）关于节约问题——更加综合、全面的经济观念

新中国建国初期财政经济十分困难，国家为此而多次开展增产节约运动并倡导诸多节约措施，如在建筑层数方面倡导多建一层房屋以实现节约。通过当年的谈话记录可以认识到，苏联专家指导规划工作时对节约问题也是十分重视的，在著名的城市规划三项原则中就有“经济”的原则。具体而言，以建筑层数为例，其实苏联专家早有敏感的预见。仍以 1953 年对西安市规划工作进行的指导为例，巴拉金在谈话中明确指出：“层数比例，一层经计委会同意，今后是会有争论的。”① 苏联专家的意见是要考虑到多种因素：“高层每公顷可容 500 人，低层每公顷可容 100 人”，“单纯谈建筑的经济观点是不对的。地区特大，增长管道也是很贵的”；“不能说没有钱即坏些。如一层房占 20%，城区即扩大。首先应经济的确定层数的百分比”，“从现在开始即应注意经济资料计算，以免返工。但必须经计委［审查同意］，今后会有争执。”②

在规划设计工作方面，苏联专家也十分重视“经济”原则的具体落实。以广场为例，针对西安市规划工作，穆欣指出：“广场的大小也有一个问题。12 公顷的广场是世界第一。莫斯科红场是 5 公顷，列宁格勒、北京是 6 公顷。我看 3 ～ 4 公顷已够了。常言说‘事情大，麻烦多’。广场大了，吹风，扬土，怎样考虑铺路面与下水道等，且四周建筑物显得很小了。”③ 包头市规划档案显示，“市中心区中心广场，在开始时曾作的过大，市中心广场约 16.8 公顷，且性质不合乎行政广场的要求，经苏联专家提出后，才得修

① 专家对西安市规划工作的建议［Z］// 1953 ～ 1956 年西安市城市规划总结及专家建议汇集．中国城市规划设计研究院档案室，案卷号：0946：153.
② 同上，案卷号：0946：153.
③ 同上，案卷号：0946：147.

图 3-45　中央城市设计院欢送苏联专家米·沙·马霍夫回国留影
注：1957 年 6 月于北京。
前排左起：安永瑜（左 1）、李蕴华（左 2）、玛娜霍娃（左 3）、扎巴罗夫斯基（左 4）、王天任（左 5）、什基别里曼（左 6）、鹿渠清（左 7）、马霍夫（右 7）、史克宁（右 6）、库维尔金（右 5）、程世抚（右 4）、谭璟（右 3）、姚鸿达（右 2）、归善继（右 1）。
后排左起：赵允若（左 1）、王慧贞（左 3）、夏素英（左 4）、杜松鹤（左 5）、高殿珠（左 6）、王进益（左 7）、刘达容（左 8）、陶振铭（左 9）、王乃璋（左 10）、凌振家（右 5）、黄树（右 4）、徐道根（右 3）、陈卓铨（右 2）、冯友棣（右 1）。
资料来源：高殿珠提供。

正。”① 兰州市对规划工作进行总结时，也曾指出：“我们在广场设计上几乎都过大了，比北京天安门广场还大，经专家几次提意见，领导几次批评才修正过来。” ②

在其他很多方面，苏联专家也都注意强调经济的观念。针对西安市的道路建设规划，巴拉金强调：“道路与现状。改不改的问题不能机械的谈，而是经济问题。要考虑拆房子、上下水、路面，经过计算看损失多少，才能决定。要从经济上考虑而不是从构图上考虑。” ③ 1955 年 11 月对成都市规划修改工作进行指导

① 包头市新市区初步规划工作总结（初稿）（1956 年 7 月 28 日）［Z］// 包头市城市规划经验总结 . 中国城市规划设计研究院档案室，案卷号：0505：5.

② 兰州市城市规划工作的基本情况（1955 年 5 月）［Z］// 兰州市城市建设文件汇编（一）. 中国城市规划设计研究院档案室，案卷号：1114：9.

③ 专家对西安市规划工作的建议［Z］// 1953 ~ 1956 年西安市城市规划总结及专家建议汇集 . 中国城市规划设计研究院档案室，案卷号：0946：159-160.

时，巴拉金又专门强调："我们若不考虑整体，单从一角上来谈节约是不行的，若不然将来就会造成不统一的局面，那样浪费就更大了。"① 不难理解，与增产节约运动相对单一的"节约"导向相比，苏联专家的指导体现出更加综合和全面的经济观念。

3）关于规划工作的内涵——以建筑学和工程经济学的知识体系为主导的"设计"性质

新中国建国初期的规划工作是新中国规划事业"初创"的重要基础，也是60多年来城市规划不断发展和演变的"源头"所在。从苏联专家对西安市规划工作的指导来看，来源于建筑学和工程经济方面的知识体系占据了主导性地位，如有关土地利用、空间布局、建筑艺术、设计绘图方法，以及城市规划的经济原则、经济发展方针及投资和造价计算等，这是借鉴苏联经验、城市规划作为"国民经济计划的延续和具体化"的业务工作特点所决定的。在规划工作方法方面，苏联专家不仅讲述了规划设计的基本程序及各环节应关注的主要问题，更突出地介绍了设计绘图的原则和技法，甚至包括一些设计工作的"科学规律"。

以住宅区（谈话中称"段落"）设计为例，苏联专家巴拉金就曾指出地块面积大小及形状不同等设计方面的一些因素对住宅区建设投资的不同影响："段落之面积越大，道路之建设费越少。如：1公顷（段落）道路是400m^2，4公顷（段落）道路是800m^2，9公顷（段落）道路1200m^2"，"段落之形状也有关系。四方形比长方形的要节省。如四方形要800m，长方形则要1000m。"② 从事过城市规划绘图工作的人们应能体会到，对于这些规划设计的规律，只有在设计工作的阅历和经验积累到一定程度的情况下，方能获得相应的认识和"觉悟"；而通过改进规划设计便可起到节省投资的"功效"，这在当时经济十分困难的局面下无疑是相当"先进"的设计理念。对建国初期规划工作的这些特点的认识，将有助于更准确地把握新中国城市规划工作的演化脉络。另外，就苏联专家穆欣、巴拉金等而言，也是建筑学专业教育出身的城市规划专家，是以建筑学为主导的一种知识体系结构。

由此可见，在苏联专家的指导下，新中国建国初期的城市规划工作，或许称之为"城市设计"要更为贴切——城市规划工作必然要考虑相关的政治、政策因素及复杂的社会条件，但其核心任务和专业使命，则集中在为城市的土地利用提供科学合理的设计方案，以及与之密切相关的道路交通系统组织和城市公共空间设计等3个主要方面。正是这样的"有限规划"模式，起到了与国民经济计划有效配合的作用，以及对城市建设的指导和服务效果。这一点，不妨可总结为新中国城市规划发展"第一个春天"的历史经验之一。

3.6.2 对苏联专家技术援助的总体评价

综上所述，苏联专家对八大重点城市规划工作的指导，是全方位、多层次、系统而深入的，其中既有大量的专业性内容，又有一些政治性内容（如"社会主义城市"规划思想），还有一些规划业务工作的方

---

① 专家谈话记录［Z］// 成都市1954～1956年城市规划说明书及专家意见．中国城市规划设计研究院档案室，案卷号：0792：117.

② 专家对西安市规划工作的建议［Z］// 1953～1956年西安市城市规划总结及专家建议汇集．中国城市规划设计研究院档案室，案卷号：0946：168.

法、态度等事务性内容（如基础资料搜集建议等）。就专业内容而言，既有规划指导思想、科学依据和基本原则等宏观性概念，又有规划文件、编制内容、定额标准和技术方法等操作性内容，还包括签订部门协议等深层次的制度建设问题，乃至于一些绘图方法和表现手法等繁缛细节。苏联专家的指导做到了不厌其烦、事无巨细，并兼顾了理论与实践、远景和近期、苏联经验与中国实际等多方矛盾，是严谨而务实的。不仅如此，在面对重大问题或规划成果遭遇严峻"挑战"时，苏联专家又十分鲜明地做到了既尊重中国政府的一些方针政策，又具有城市规划师的职业操守，敢于坚持规划原则，努力维护城市规划的权威性和严肃性。对于正在成长中的新中国第一代城市规划工作者而言，这无疑具有更为重要的垂范意义。

正是在苏联专家的大力帮助下，八大重点城市的规划编制工作得以顺利推进。以西安市为例，正如《西安市总体规划设计工作总结》所指出的，西安市在解放初期的规划探索曾一度"方针任务仍不明确，仍无科学方法可循，规划工作仍然停留在瞎摸瞎撞的阶段，长时期无任何进展"，正是"在苏联专家穆欣、巴拉金同志耐心的具体帮助和中央建筑［工程］部城市建设局大力支援下，经过将近一年时间的反复研究，规划工作开始大为开展。"① "1953 年第四季度，以计委李富春副主席为首的中央工作组最后肯定了西安城市总体规划方案，之后即与各有关部门就城市规划有关问题取得协议"②，1954 年 9 月，人大常委会委员长刘少奇和国务院总理周恩来听取规划汇报。同年 12 月，国家建委予以正式批准。③

另外，苏联专家针对八大重点城市规划工作的指导，不但影响了八个城市的建设发展，还为其他城市的规划工作积累了宝贵的实践经验，并有力推动了国家层面的城市规划制度建设。以部门规划协议制度为例，正是在西安等地实践经验的基础上，国家计委为了加强对新工业城市初步规划的组织审查，于 1954 年 10 月发出《关于办理城市规划中重大问题协议文件的通知》，分三种情形对城市规划与有关部门取得协议的问题作了明确规定。④ 这样，就将苏联专家建议的规划协议制度，上升到了国家制度层面。更为重要的是，通过苏联专家的具体指导和言传身教，还在较短的时间内为我国培养出了一大批逐渐能够独立承担规划编制任务的"实战型"专业技术人才——新中国的第一代城市规划师，这是规划事业得以蓬勃发展的重要技术力量保障。

总之，在对八大重点城市规划以及建国初期城市规划事业的创立等相关问题的认识上，我们绝不能忘记"恩师"——苏联专家们所曾做出过的不可磨灭的重要贡献。

---

① 西安市人民政府城市建设委员会 . 西安市总体规划设计工作总结（1954 年 9 月）［Z］// 西安市总体规划设计说明书附件 . 中国城市规划设计研究院档案室，案卷号：0970：68–99.

② 西安市规划工作情况汇报［Z］// 1953 ~ 1956 年西安市城市规划总结及专家建议汇集 . 中国城市规划设计研究院档案室，案卷号：0946：171–217.

③ 《当代中国》丛书编辑部 . 当代中国的城市建设［M］. 北京：中国社会科学出版社，1990：49.

④ 国家计划委员会 . 关于办理城市规划中重大问题协议文件的通知（1954 年 10 月 22 日）［Z］. 城市建设部档案，中央档案馆，档案号 259-3-256：4.

第 4 章

规划设计方案特点及其形成渊源

Design Scheme And Its origin

八大重点城市规划不仅在规划技术方法上具有鲜明特征，在城市空间布局方面也颇具特色，譬如兰州的多中心组团结构、包头的分散式布局、洛阳的避开旧城建新区等，并越来越多地被提升为具有普适价值的理论模式。本章对八大重点城市规划的空间布局特点及其形成渊源进行相对系统的梳理。从来源来看，八大城市规划的空间布局包括联合选厂促成型、自然现状制约型、规划人员构思型和苏联专家建议型等 4 种基本类型，其中联合选厂是最为显著的影响因素，这反映出新中国建国初期城市规划工作与工业建设相比相对滞后和被动的“初创”特征。加强城市规划的经济工作，开展城市规划的经济评价与多方案比选，是促进城市规划空间布局模式与城市规划的科学性有机统一的根本途径。

作为城市总体规划的一项核心任务，城市空间布局（或称总体布局）是从城市整体空间和结构层面安排各项城市功能，促进城市土地合理利用与资源有效配置的重要手段，它反映着城市各项用地之间的内在联系及城市规划工作的思想意图，是对城市建设和发展的战略部署，也是一项为城市长远合理发展奠定基础的全局性工作。[①]关于城市规划的历史研究，必然离不开城市规划空间布局问题的相关探讨。

“一五”时期的八大重点城市规划，是新中国成立后国家层面主导的首批城市规划活动的典型代表，它们不仅在规划技术方法上具有鲜明特征[②]，在城市空间布局方面也颇具特色，譬如兰州的多中心组团结构、包头的分散式布局、洛阳的避开旧城建新区等，已成为规划界传颂的佳话。同时，由于这一批规划活动发生在国家大规模工业化建设的肇始，城市规划所确定的空间布局对城市长远发展的实际影响，要比一般意义上的城市总体规划工作更为突出和深刻。不仅如此，规划界对各个城市空间布局特色的认识和讨论，已经超越单个城市或规划方案本身，而越来越多地关注其理论层面的普适价值，从而提出一个又一个的“规划模式”：除了洛阳避开旧城建新区的规划模式被誉为“洛阳模式”并写入城乡规划教科书[③]之外，近年来又有学者将包头市的规划布局概括为的“一市两城、绿地分隔”双组团的“包头模式”[④]，西安市在对历史文化保护及规划工作进行梳理的基础上，也提出“创造出中国大遗址保护的‘西

---

① 李德华主编 . 城市规划原理［M］. 北京：中国建筑工业出版社，2001：193，241.

② 学习借鉴苏联城市规划工作的经验与方法。

③ 朱兆雄 . 脱开旧城建新城——洛阳模式［M］// 中国城市规划学会 . 五十年回眸——新中国的城市规划 . 北京：中国建筑工业出版社，1999：344-348.

④ 包头市规划院将“一五”时期包头市的城市规划形态概括为“一市两城、绿地分隔”的双组团模式，其优点主要为：城市新区的发展空间广阔，受老城区现有地形及地上物的影响小；各组团之间相互独立，自成系统；“一市两城”之间的大面积隔离绿地，为各个城市组团输送新鲜的空气，成为城市最重要的空气调节设备，客观上缓解和延长了由于城市用地过于集中而出现的交通拥挤、资源匮乏、人口密集以及环境恶化等诸多社会问题的出现。参见：包头市规划院 . 城市形态中“包头模式”的创新——对新都市中心规划的一点思考［N］. 包头日报，2010-01-01（03）.

另外，工作单位均为包头市规划局的苏浩将包头市规划概括为“开辟新城区”，“新老城区的结构明显不同，形成多中心、开敞式的城市空间模式”（参见：苏浩 . 包头城市空间结构动态演变及发展趋势［J］. 内蒙古电大学刊，2005（9）：2-4.）；李峰（城乡建设档案馆）提出“一五”时期的包头市规划“体现出了城市分散主义、功能分区思想与新古典主义的特色”，“有机的城市道路系统支撑了今天包头市的城市骨架”（参见：李峰 . 包头城市规划历程的规划思想解读［J］. 山西建筑，2011（2）：17-18.）。

安模式'" 的设想[①]……

然而，尽管八大重点城市的空间规划布局已备受赞誉，但却有一个相当基本的问题仍亟待理清：这些独具特色的空间规划布局模式究竟是怎么形成的？是规划设计人员刻意的设计构思吗？如果是，那么规划设计人员又是如何获得设计灵感的？是否还有其他方面的一些影响因素？如就西安市规划而言，曾有研究指出，"一五"时期西安市的"第一次总体规划充分运用了法国建筑师戈涅在 1917 年提出的工业城市理论及 1933 年《雅典宪章》中的理性主义思想"[②]，对此不免让人感到疑惑的是：在新中国建国初期相对封闭以及向苏联"一边倒"的时代背景下，规划设计人员怎么会了解到法国的工业城市理论？戈涅的理论式构想又怎么会切合西安市的实际情况而被规划编制工作所采纳的？……如果对八大重点城市规划的空间布局情况缺乏一定程度的历史了解，关于空间规划模式的理论探讨也就缺少了必要的逻辑基础，同时也必然会制约着对规划工作的认识走向深入。

有鉴于此，本章通过对当年规划技术成果及工作总结材料进行深入研读，并结合一些规划老专家的历史回顾，试就八大重点城市规划的空间布局特点及其形成渊源进行相对系统的梳理，期望对空间规划布局模式问题及建国初期城市规划工作情况的科学认识有所贡献。

城市规划工作是一项具有突出的综合性和复杂性的社会实践活动，其有关理论思想或空间布局方案的形成，必然会受到自然、社会和政治、经济等各方面因素的种种影响，表现出错综复杂的响应关系和渊源脉络，这是对八大重点城市的规划理论思想进行解析的一个重要认识前提。然而，从理论研究的角度，仍然可以对其最为核心的主导性因素加以识别，从而实现理论认知的科学研究目的。本章将八个城市划分为 3 个小组，分别加以讨论。

另外，需要说明的是，本章对有关规划方案特点的分析，如包头市的分散式布局、兰州市的组团结构、成都市的圈层拓展等，大多并非当年城市规划工作中的一些术语，而只是笔者基于科学研究的讨论目的而作出的一种概括，属于"当前"的一些提法。早年在八大重点城市规划的工作过程中，尽管促进城市各类用地的合理布局是城市规划工作者的重要工作内容和"天然使命"，但在当时的社会条件下，实际上并没有所谓的分散式布局的主导思想或组团、圈层拓展等概念。

4.1 包头、洛阳和兰州

在八大重点城市中，包头、洛阳和兰州这 3 个城市都是以新区建设为主导的新工业城市，同时，它们的城市空间结构具有各不相同的分散布局特点。

---

① 马昭．构建大遗址保护西安模式——"大遗址保护高峰论坛"明在我市开坛［N］．西安日报，2008-10-20（4）．

② 龙小凤．西安历次城市总体规划理念的转变与启示［J］．规划师，2010（12）：40-45.

4.1.1 包头：分散式布局，以包钢为主的空间艺术

1）空间布局特点

就包头市规划而言，从当时社会上所流传的“三怪”说法，即可生动地体会到其分散式布局的规划特点：“一个城市规划三大块，火车站建在荒郊，文化宫建在野外”——三大块是指包头新市区的昆都仑区、青山区以及旧城（今东河区），当时互相都不连接；火车站在新市区南部，距离市中心约7km左右，那里人烟稀少，人们感到很不方便；第一文化宫位于3条城市干道的交汇处①，周围没有任何建筑，距市民生活区较远②（图4-1 ~图4-3）。包头市规划采取了远离旧城建设新市区的规划模式，同时新市区又相对独立地分为西部（以包钢为主的昆都仑区）和东北部（第二机械工业部工厂所在的青山区）两大板块，其工业用地相对分离、生活区则相向发展，它们与旧城之间的“直线距离都有几十公里，中间由此形成一片广袤的无人区。”③

然而，“恰恰就是这个貌似‘怪异’的规划为后人预留了发展的空间，才得以在城市规划方案基本不改变的情况下，成就包头如今这样疏朗开阔的北方城市风格”④，直到今天，“包头的城市格局、路网系统和绿化系统基本保留［了］当初的骨架。”⑤经过几十年的城市建设，昆都仑区的包钢住宅建设与青山区的二机部住宅建设已连成片，再不是三大块了；火车站也不是荒郊，而是进入城市市区的南大门；第一文化宫则成为包头新市区的中心。⑥包头市“1955版的规划圆润方阔、气势磅礴，不仅很好地指导了当时城市建设，而且也为未来的城市规划提供了一系列的技术细节和参考依据，是一部科学、超前，富有预见性的规划。”⑦

除了分散式布局以外，“以包钢为主”的城市空间艺术是包头市规划的另一突出特点。“城市总体规划设计是以充分体现以包头钢铁公司为主的重工业城市，以及采用中国正南正北传统的城市布局，并根据地形、地质及其他［他］自然条件，市内外交通联系条件等进行设计。”⑧“城市以纵横两条轴线为骨架”⑨，“纵

---

① 即城市钢铁大街横轴东端与呼德木林大街及通向旧城的建设路的交会处。

② 由于当时的新市区建设从零开始，分散发展，加上工业项目和城市规划较强的保密要求，群众对城市规划了解较少，从而出现“三怪”的说法。参见：王遂．包头市城市规划“三怪”现象始末［M］// 中国城市规划学会．五十年回眸——新中国的城市规划．北京：商务印书馆，1999：489-496.

③ 袁树勋．包头：城市规划里的历史和细节［N］．东莞日报，2009-11-06（A05）.

④ 包头市规划局副局长黄建华的观点。参见：高海峰．四版规划与一座城市的“本色”［J］．中国城市经济，2009（4）：70-73.

⑤ 包头市规划局副局长黄建华的观点。参见：高海峰．四版规划与一座城市的“本色”［J］．中国城市经济，2009（4）：70-73.
另外，1961年前后的“包头市规划资料辑要”总结包头市规划分散布局的优点如下：“①避免人口过于集中；在生活供应、交通运输等方面，压力都可以减轻；②各项建设发展，便于留有余地；③便于城乡相互支援；有利于工农结合；④适合于原子时代的国防要求”。参见：内蒙古自治区包头市规划资料辑要［Z］// 包头市城市规划文件．中国城市规划设计研究院档案室，案卷号：0504：17.

⑥ 王遂．包头市城市规划“三怪”现象始末［M］// 中国城市规划学会．五十年回眸——新中国的城市规划．北京：商务印书馆，1999：489-496.

⑦ 包头市规划局副局长黄建华的观点。参见：高海峰．四版规划与一座城市的“本色”［J］．中国城市经济，2009（4）：70-73.

⑧ 包头市总体规划设计说明书（1955年5月）［Z］// 包头市城市规划文件．中国城市规划设计研究院档案室，案卷号：0504：186.

⑨ “城市总体规划设计的艺术布局主要是干道、广场系统的平面布置”，“城市干道系统布置乃本着解决分区间、居住区内及通往市外——主要是通往旧城有便利的交通条件；使工业区与居住区、交通门户——车站与市中心区，以及各个主要社会活动中心相互联结，形成有机的整体”。参见：包头市总体规划设计说明书（1955年5月）［Z］// 包头市城市规划文件．中国城市规划设计研究院档案室，案卷号：0504：186-187.

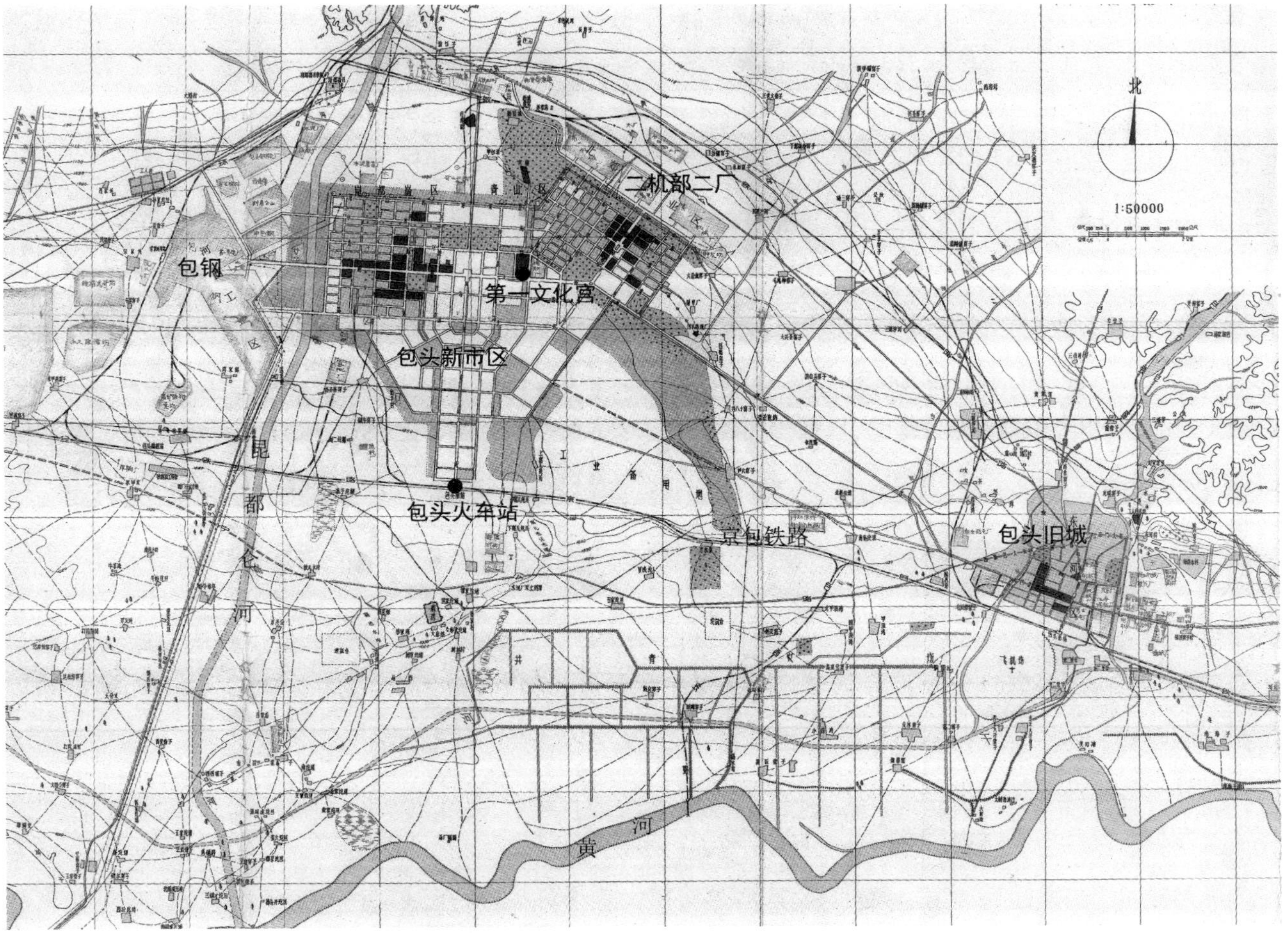

图 4-1　包头市用地格局示意图

注：图中部分文字为笔者所加，工作底图为“包头市现状图（1959 年）”。资料来源：包头市城市建设局．包头市现状图［Z］．中国城市规划设计研究院档案室，案卷号：0509.

图 4-2　包头市火车站

资料来源：耿志强主编．包头城市建设志［M］．呼和浩特：内蒙古大学出版社，2007：39（彩页）．

图 4-3　包头市第一文化宫

资料来源：黄建华主编．包头规划 50 年［R］．包头市规划局，2006：36.

轴全长七公里，为全市的中心轴线"[①]，"横轴西自包头钢铁公司大门往东经市中心达城市东部之主要交通广场，并由此分出东北、东南两条放射路，分别抵达东北部工业区中心和旧城"，"与横轴平行另有两条干道东西贯串全市"，"这三条横轴不但大大便利了工人上下班，有利地为包头钢铁公司服务，也便利了居住区内的东西交通。"[②]

2）形成渊源

包头市规划的分散布局特点，主要是联合选厂工作过程中所形成的一种结果。在包头市用地布局方面，除了旧城这一现状因素外，重点工业项目包钢及二机部工厂（主要是617厂和447厂）的厂址选择实际上对"三大块"用地格局的形成起着决定性的作用。档案显示，1953年"一五"计划开始后，包头地区的选厂工作随即展开。二机部工厂从1953年在"万水泉、韩庆坝、韩家店等地选择厂址"[③]，"经苏联专家设计组反复研究"[④]，到"1954年2月［最终］确定［在］包宁公路以北当铺窑子一带"[⑤]，这样，在"包头市厂址选择中城市主要企叶［业］——包头钢铁公司未确定前，就先确定了六一七厂与四四七厂厂址"[⑥]（图4-4）。在1953年9月包头市规划曾形成过一个"包头市"廿年发展计划草案（彩图4-1）。

作为一个大型钢铁联合企业，包钢的厂址选择问题显然要更为复杂。1953年早期，包钢厂址"初步定在乌梁素海东部、包头和萨拉齐等三处选择"[⑦]，"从交通、地质、建筑材料和利用城市原有基础等方面考虑，都以包头条件较好，决定钢厂设在包头"[⑧]（图4-5）。1953年9月，"以中央财政经济委员会为主，成立了工作组，研究钢铁联合企业的厂址问题"[⑨]，经过反复选择，"考虑在包头市区西昆独［都］仑河以东万水泉台地，包宁公路以南徐白头窑子、六合成窑子一带及安北县乌梁素海附近三个地方作为厂址初步方

---

① "由城市南端的总旅客车站往北直抵市中心，并可越市中心抵城市中央文化休息公园"，"由于本地地形南低北高，故自总［旅］客车站向北眺望颇有'步步登高'之感，并且越过丰富的建筑物轮廓线可遥望巍峨高耸的大青山"。同时，"由纵轴上之交通广场有两条放射路，分别通达南部工业区及西南郊公园。这两条放射路不但便利了市中心与四郊的联系，辅助轴线之不足，而且也大大加强了中心轴线"。参见：包头市总体规划设计说明书（1955年5月）[Z] // 包头市城市规划文件．中国城市规划设计研究院档案室，案卷号：0504：187.

② 同时，"由四四七厂、六一七厂和第二热电站均有干道直达住宅区，并能密切地联系市中心区"；"除骨架匀称的轴线和放射路外，另外三道环路联接各主要社会活动中心，使城市形成一个完美的整体"。参见：包头市总体规划设计说明书（1955年5月）[Z] // 包头市城市规划文件．中国城市规划设计研究院档案室，案卷号：0504：187.

③ 包头市总体规划设计说明书（1955年5月）[Z] // 包头市城市规划文件．中国城市规划设计研究院档案室，案卷号：0504：178

④ 同上，案卷号：0504：178.

⑤ 包头市新市区初步规划工作总结（初稿）（1956年7月28日）[Z] // 包头市城市规划经验总结．中国城市规划设计研究院档案室，案卷号：0505：3.

该"厂址虽近山麓但地势平坦，平均下降坡度约千分之八。距离旧城仅9公里，并可利用现有包宁公路为基建时期运输之纽带。尤其是附近可作为的企叶［业］附属工程地带距离较近，位置和地形等都特别理想"。参见：包头市总体规划设计说明书（1955年5月）[Z] // 包头市城市规划文件．中国城市规划设计研究院档案室，案卷号：0504：178.

⑥ 包头市总体规划设计说明书（1955年5月）[Z] // 包头市城市规划文件．中国城市规划设计研究院档案室，案卷号：0504：179.

⑦ 内蒙古自治区包头市规划资料辑要［Z］// 包头市城市规划文件．中国城市规划设计研究院档案室，案卷号：0504：9.

⑧ 同上．

⑨ 同上．

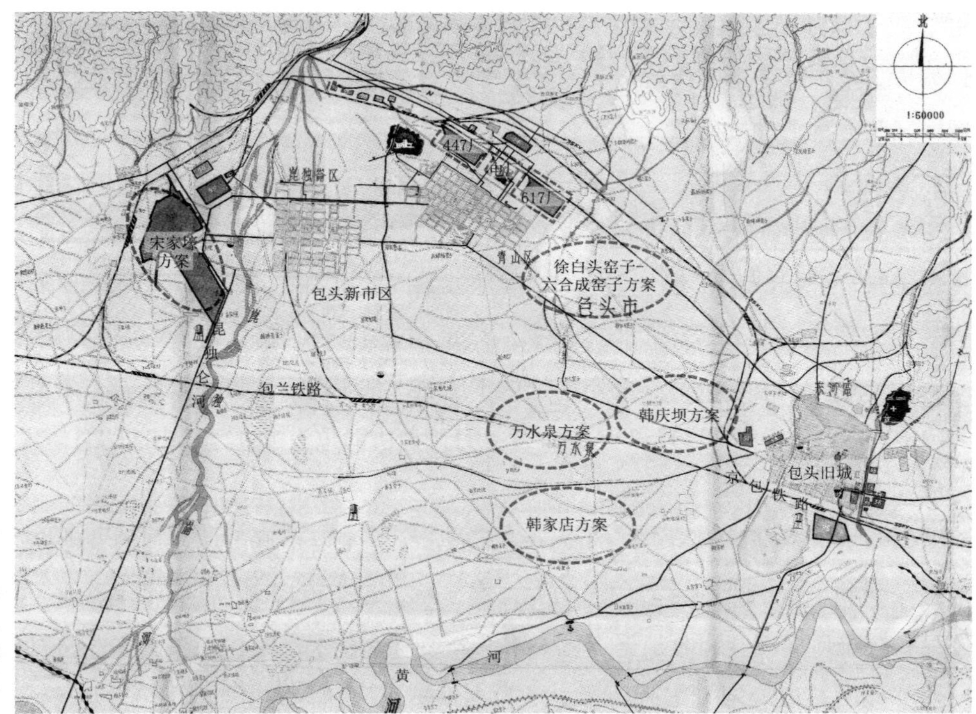

图 4-4　二机部及包钢选址方案位置示意图

注：根据有关档案信息绘制，工作底图为“包头市现状图（1959 年）”。

资料来源：包头市现状图（1959 年）[Z]. 中国城市规划设计研究院档案室，案卷号：0509.

图 4-5　包钢早期选址方案位置示意图

注：根据有关档案信息绘制，工作底图为“包头地区现状图（1958 年）”中的“区域位置图”。

资料来源：包头地区现状图（1958 年）[Z]. 中国城市规划设计研究院档案室，案卷号：0525.

案”，经实地踏勘后，徐白头窑子、六合成窑子及乌梁素海附近厂址方案被否定[①]。“1953 年 10 月由国家计划委员会组织有关部门进行包头地区水源勘测，并同时进行了万水泉台地及昆独［都］仑河以西宋家壕附近地区两方案厂址选择。”[②]

“1954 年 4 月间［，］包头钢铁公司苏联专家设计组抵包头”[③]，在国家计委主持下，组织了包头联合选厂工作[④]，“经过实地踏勘选择了三个厂址方案——万水泉方案、宋家壕方案、南牌地方案，并会同各有关单位联合进行厂址方案比较”[⑤]，“南牌地方案因地质不好，没有建厂可能而放弃”[⑥]。在宋家壕和万水泉两个基本方案中，联合选厂工作组根据从厂址条件、城市条件、供水条件等多方面对两个方案的对比分析（表 4–1），“经反复研究后，确定厂址位于昆独［都］仑河以西、宋家壕东南段家梁附近。”[⑦] 在包钢厂址最终确定以后[⑧]，建工部城建局于 1954 年 6 月开始协助包头市进行新市区的总体规划[⑨]，由此，包头市规划的分散式布局基本定案（彩图 4–2 ~ 彩图 4–4）。

就包头市“以包钢为主”的空间艺术而言，它主要是城市规划师的一种设计构思，而这样的一种设计构思又受到了政治方面因素的影响。资料显示，包头市规划的空间设计方案主要形成于 1954 年 4 ~ 5 月包钢联合选厂期间，当时根据“包头钢铁公司厂址在宋家壕、包头城市规模为八十万人口及其它［他］事项”，“提出城市规划方案有两个：一为主轴偏东南，一为主轴偏西南”，“经华北局包头工业基地建设委员会研究，认为……城市规划方案在表现以包头钢铁公司为主体的思想不够明确”；为此，“根据中共包头市委提议，作出城市规划第三方案［：］主轴正南正北，并于一九五四年七月一日上报国家计划委员会审查。”[⑩] 最终的规划方案“确定城市规划基本布局——主轴正南正北，横轴正对包头钢铁公司大门。”[⑪] 不难

---

① “经实地踏勘后［，］认为厂址在徐白头窑子和六合成窑子一带是不恰当的：因为厂址楔入城市，不但障碍城市发展［，］而且也影响工业本身发展，所以这［个］方案没有进一步的踏勘。乌梁素海附近厂址方案因其距城市太远，距现有交通运输线太远，一切都要动手新建，并且附近即为河套地区的震源——狼山（估计本地地震烈度可达 8 级）［，］所以这［个］方案也被否定了”。参见：包头市总体规划设计说明书（1955 年 5 月）［Z］// 包头市城市规划文件．中国城市规划设计研究院档案室，案卷号：0504：175.

② “至 1954 年重工叶［业］部前后于宋家壕附近地区进行了约 10 平方公里钻探”。参见：包头市总体规划设计说明书（1955 年 5 月）［Z］// 包头市城市规划文件．中国城市规划设计研究院档案室，案卷号：0504：175.

③ 包头市总体规划设计说明书（1955 年 5 月）［Z］// 包头市城市规划文件．中国城市规划设计研究院档案室，案卷号：0504：175.

④ “中共华北局内蒙古分局、包头市计委，重工业部钢铁工业局包头钢铁公司、建工部城建局、二机部、铁道部、公安部、卫生部等部门，都有负责同志和苏联专家参加，会同踏勘”。参见：内蒙古自治区包头市规划资料辑要［Z］// 包头市城市规划文件．中国城市规划设计研究院档案室，案卷号：0504：10.

⑤ 包头市总体规划设计说明书（1955 年 5 月）［Z］// 包头市城市规划文件．中国城市规划设计研究院档案室，案卷号：0504：175.

⑥ 包头市新市区初步规划工作总结（初稿）（1956 年 7 月 28 日）［Z］// 包头市城市规划经验总结．中国城市规划设计研究院档案室，案卷号：0505：10.

⑦ 包头市总体规划设计说明书（1955 年 5 月）［Z］// 包头市城市规划文件．中国城市规划设计研究院档案室，案卷号：0504：175.

⑧ 在此之前，1953 年 9 月包钢厂址确定设在包头后，城市规划方面“经与中央建厂单位、铁路部门及市领导共同商讨后，根据包钢及二部工厂的几个不同方案，作出了四个城市初步规划示意方案”；1954 年 4 月包钢进行联合选厂工作前后，城市规划方面“按包钢厂址的三个初步方案（宋家壕、万水泉、徐白头窑子）提出城市位置选择的五个规划示意图”。参见：内蒙古自治区包头市规划资料辑要［Z］// 包头市城市规划文件．中国城市规划设计研究院档案室，案卷号：0504：9.

⑨ 内蒙古自治区包头市规划资料辑要［Z］// 包头市城市规划文件．中国城市规划设计研究院档案室，案卷号：0504：3.

⑩ 包头市总体规划设计说明书（1955 年 5 月）［Z］// 包头市城市规划文件．中国城市规划设计研究院档案室，案卷号：0504：185.

⑪ 同上，案卷号：0504：186.

宋家壕和万水泉包钢厂址方案比较　　表 4-1

项目＼城市		厂址方案情况	
		宋家壕方案	万水泉方案
1	位置	位于昆独［都］仑河西岸，宋家壕西南，段家梁附近。距旧城约 26 公里	位于旧城西 5 公里，万水泉村北台地上
2	地形	地形平坦，略有小起伏。东滨昆独［都］仑河，河岸虽陡坡，高差 5 ~ 20 公尺。发展不受限制	地形平坦，东、南临台地边沿，高差约 15 ~ 20 公尺。北部发展不受限制，南部发展受地形限制
3	坡度	平均下降坡度千分之四，呈单向倾斜	平均下降坡度不足千分之四，呈单向倾斜
4	土壤	砂质黏土，部分为砂质垆坶 *，无沈［沉］陷可能	砂质垆坶及砂，上有覆沙层易随风移动。
5	地质	黏土类土壤与砂□［？］大块碎石类土壤层层相间。地层构造不很均匀，可能呈不均匀下沈［沉］	大块碎石类土壤、黏土类土壤、砂类土壤相间出现［。］部分地区地表下 10 ~ 12 公尺见淤积层，层厚 20 ~ 40 公尺
6	土壤承压力	土壤承压力的基本数值：粉砂 1.5 公斤 / 平方公尺，细纱 1.5 公斤 / 平方公尺［，］中砂 2.0 公斤 / 平方公尺，粗砂及砾砂 3.5 公斤 / 平方公尺，砂质黏土含淤泥 1.8 公斤 / 平方公尺，黏土类土壤 2.0 公斤 / 平方公尺	
7	地下水	埋藏深度北部 8 ~ 10 公尺，南部 3–5 公尺。对混凝土无侵□［蚀］性	埋藏深度 2 ~ 3 公尺。对混凝土无侵蚀性
8	土壤冻结	冻结深度 1.0 ~ 1.3 公尺	冻结深度 18 公尺左右
9	洪水威胁	无淹没危险	无淹没危险
10	土地使用	现大部［分］为耕地	现少部［分］为耕地
11	住宅区关系	住宅区位于河东，近期很难和城市连接	住宅区联系方便，近期可和城市连接，紧凑发展
12	城市条件	城市位置良好，地势平坦。发展不受限制	城市位置亦好，地势略有起伏，靠山地区坡度较大。发展仅限于东，然城市东部北依山，南濒河，地形狭窄，发展略受限制
13	卫生条件	卫生防护距离 1000 公尺，位于城市下风方向，将不污染城市	卫生防护距离 1000 公尺，将不污染城市
14	水源条件	距主要水源地昭君坟约 15 公里，高差 37 公尺	距主要水源地昭君坟约 21 公里，高差 45 公尺

* 垆坶：黑色的土壤。

注：本表内容为档案原文。

资料来源：包头市总体规划设计说明书（1955 年 5 月）［Z］// 包头市城市规划文件 . 中国城市规划设计研究院档案室，案卷号：0504：176–177.

理解，“以包钢为主”的空间设计理念，在很大程度上是受重点工业项目至上的政治观念影响所致，而这样的政治观念又是与“变消费城市为生产城市”的城市建设方针一脉相承的。

4.1.2 洛阳：避开旧城建新区，工业和居住平行发展

1）空间布局特点

洛阳市规划最显著的特点即避开旧城建设新的工业区。在用地布局方面，整个城市呈东西绵长、南北狭窄的带状①，由东部的旧城、西部的涧西区以及中间的西工地区三部分组成，三者之间用两条 50 ~ 60m 宽的干道相联系。“其中涧河西部份［分］，是城市新建部份［分］；旧城是改建部份［分］；而西工是远景

① 东西长约 12km，南北最宽处约 2.9km、最窄处约 1km 左右。

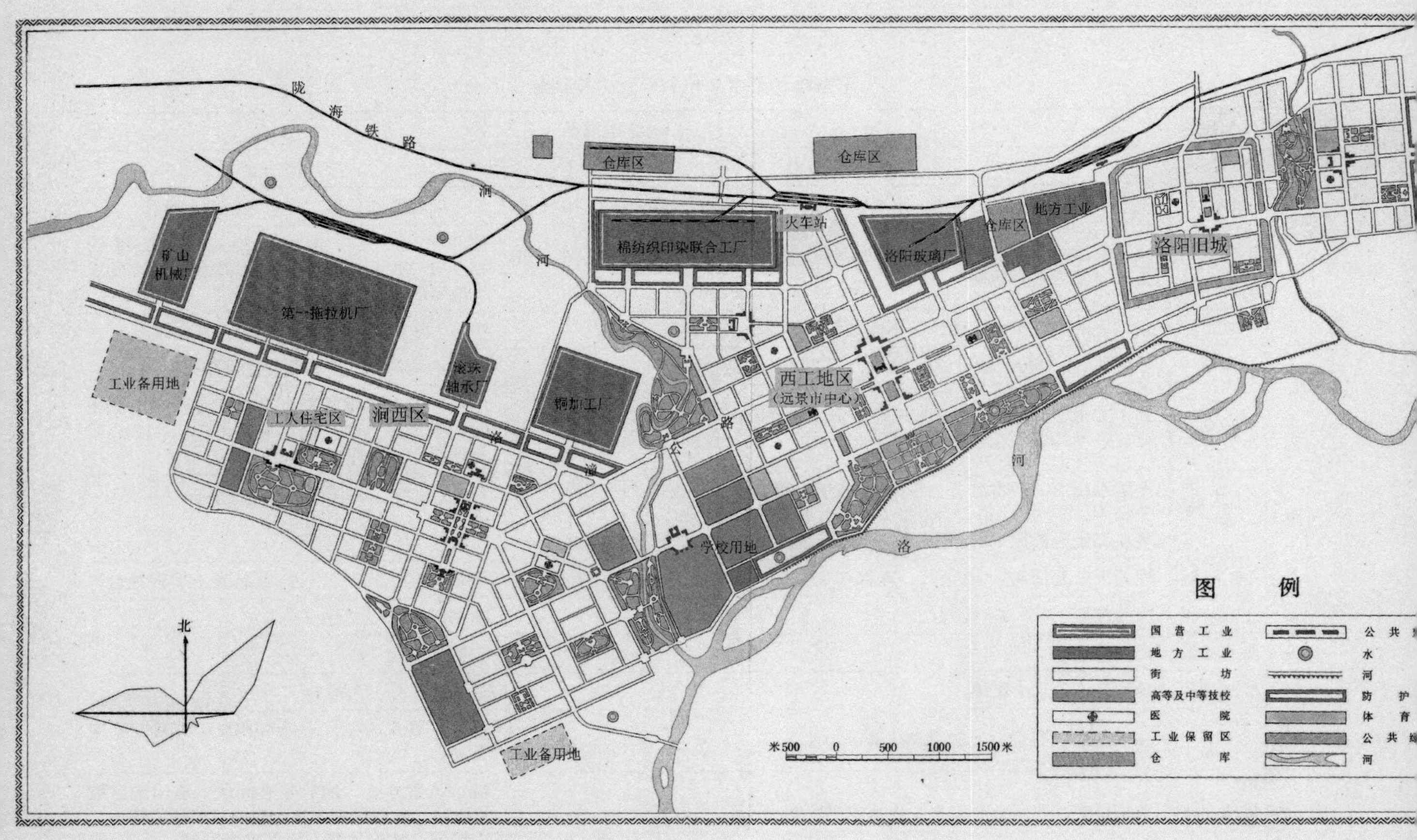

图 4-6 洛阳市 1956 年总体规划图

注：图中文字主要为笔者所加，为便于阅读，对图例和指北针作了放大处理。资料来源：洛阳市 1956 年总体规划图［Z］// 洛阳市城市规划委员会．洛阳市总体规划（1981－2000）．中国城市规划设计研究院档案室，案卷号：1867：9.

中的城市用地部份［分］。三部份［分］各有其建筑规划上的区域中心；而全市的市中心地区建立在西工地区"①；"涧河西总图规划与涧河东系成一个建筑艺术严整的整体，但在涧河东规划有改变时［，］涧河西的规划在建筑艺术上又不能依附河东部份［分］而独立存在"②。这一规划布局模式，"采用了在离开老城 8km 的涧西区新建工业区、逐渐再与老城连成一个完整城市的做法"，"正确处理了新区与老城的关系，生产与生活的关系"③，受到国内外城市规划专家、学者的好评，是"新中国建国以来文化遗产保护的最突出范例之一"④（图 4-6）。

工业和居住平行滚动发展是洛阳市规划的另一显著特点。在涧西、涧东等新规划地区，均采取工业用地在北侧、南侧为居住生活用地的布局方式，东西向的城市干道（洛潼公路）则贯穿其中，"规划中的南

① 洛阳市人民政府城市建设委员会．洛阳市涧西区总体规划说明书（1954 年 10 月）［Z］．中国城市规划设计研究院档案室，案卷号：0834：35.
② 同上，案卷号：0834：36.
③ 《当代洛阳城市建设》编委会．当代洛阳城市建设［M］．北京：农村读物出版社，1990：64.
④ 杨茹萍等．"洛阳模式"述评：城市规划与大遗址保护的经验与教训［J］．建筑学报，2006（12）：30-33.

北向道路的主要作用在于联系工厂与住宅区，而东西向的道路是联系各区，并且把所有的南北道路沟通起来"[①]。城市规划的这一特点，使城市发展具有生产和生活既明确分割又紧密联系的特点，"生产与生活统一规划，把生产区和生活区分开"，"使住宅尽量靠近工厂，方便职工上下班……群众生活方便，减轻了城市公共交通流量"。[②]

2）形成渊源

在第 10 章中，笔者将就洛阳避开旧城建新区的规划模式及其渊源进行具体分析，总的来讲，它是在联合选厂的过程中，由于地下文物探查、保护与城市建设活动存在客观的制约性矛盾而形成的，是一种自然而朴素的现实选择，其形成过程甚至早先于专门的城市规划工作的具体展开。[③]

就洛阳市规划的工业和居住平行发展的特点而言，同样主要是由联合选厂决定的：由于陇海铁路在城市北部，为了给工业生产和运输提供便利条件，拖拉机制造厂等几个重点工业项目选址在涧西地区的偏北方向；当进行涧西区规划时，居住生活用地自然而然地被布置在邻近工业区的偏南方向。在涧西区规划定案以后，1956 年进行涧河东地区规划时，与涧西区一致的工业居北、居住生活用地在南侧布置，显然符合城市整体上的功能分区的基本原则，这样的布局方式同样也便利于涧东区的一些工业项目（棉纺织印染联合工厂、洛阳玻璃厂等）的生产和交通运输。[④]

4.1.3 兰州：多中心组团结构，带状发展的"线形城市"

1）空间布局特点

兰州市规划的鲜明特征是形成了多中心的组团结构：旧城被规划为市中心区，主要承担居住生活以及行政、教育和文化等公共服务功能；城市西部的西固区（距旧城约 20km）为新建设的石油化工基地，"自然的地形已将这块重工业基地与其他地区自然地隔离"[⑤]；在西固区和旧城之间是以机械工业为主[⑥]的七里河区；旧城的东部是以机械制造为主的工业备用地[⑦]。"市区长达 40 公里，沿黄河南北两岸，规划成一带形城市。"[⑧]与这种组团布局相适应的，同样是一条贯穿东西的城市干道："这是黄河南岸连串起三块河谷平原

---

① 洛阳市城市建设委员会．洛阳市涧东区总体规划说明书（1956 年 12 月）[Z]．中国城市规划设计研究院档案室，案卷号：0835：62.

② 《当代洛阳城市建设》编委会．当代洛阳城市建设［ M ］．北京：农村读物出版社，1990：65.

③ 李浩．"梁陈方案"与"洛阳模式"——新旧城规划模式的对比分析与启示［ J ］．国际城市规划，2015（03）：104–114.

④ 另外，考虑到在 1954 年对涧西区进行规划时，已经对涧河东地区进行了示意性规划布局，因此，也可理解为涧河东的工业和居住平行发展与涧西区一样形成于 1954 年规划工作时期。

⑤ 该地区"北有广大河面，对河是安宁堡的广大园林，南依高山，东有崔家大滩计划绿化区"。参见：兰州市建设委员会．兰州市城市总体初步规划说明（1954 年 9 月）[Z]．中国城市规划设计研究院档案室，案卷号：1109：30.

⑥ 铁路运输、食品、建材和地方工业等为辅，大部分为新建工业项目。

⑦ 此外，在黄河北岸以及七里河区以南的浅山地带等还有若干规模较小的组团，主要包括：黄河北岸、与七里河区邻近的安宁堡计划工业区，在现状教育用地（师范学院、省党校等）的基础上，规划作为第二期工业建设基地；黄河北岸、与旧城邻近的庙滩子工业区，承担生物制药、地方工业和行政等职能；高坪居住区，即市中心附近的地势较低的、交通便利的高坪地带（包括华林山坪、龙尾山坪、兰工坪、晏家坪、娘娘庙等坪），规划为居住用地。参见：兰州市建设委员会．兰州市城市总体初步规划说明（1954 年 9 月）[Z]．中国城市规划设计研究院档案室，案卷号：1109：36–38.

⑧ 兰州市建设用地"东起东岗镇，西迄西柳沟［，］东西长 40 公里［，］南北最宽处为 10 公里，最窄处为 1 公里"。参见：甘肃省兰州市规划资料辑要［ Z ］// 兰州市西固区建设情况及总体规划说明．中国城市规划设计研究院档案室，案卷号：1110：32，40.

的唯一主干林荫路”，“全长约33公里，宽度为30 ~ 50公尺”，“可通行各种车辆和行人［，］保证市内各区间的联系”①（彩图4–5、彩图4–6）。

从空间形态来看，兰州市规划与洛阳市规划颇为相像，它们与国际上著名的线形城市理论概念②具有异曲同工之妙，其优点在于“可以为开辟通畅的线性交通提供条件，又具有两极自由发展的灵活性，既可保持城市的完整性，又便于控制沿线各个城市单元的规模，因地制宜，去创造相对独立，有利生产，方便生活的适宜环境”③。正是这一极具特色的规划模式，为兰州市规划赢得了诸多声誉：1958年7月，兰州和北京、杭州等城市的规划图纸在莫斯科国际建筑师协会第五次会议上展出，这是新中国成立后首次在国际上展出城市规划；1956年6月，国家城市建设部给兰州市拨出专款，在国内首次制作了电动的规划模型；1959年9月，兰州市规划又参加了新中国建国“十年大庆成就展览”。④

2）形成渊源

档案显示，西固区和七里河区等作为兰州市规划建设的新工业区，同样是在联合选厂过程中确定的⑤，然而，这一因素却并非兰州市多中心组团结构得以形成的深层原因。只要对兰州的实际情况有所了解便可认识到，对兰州市城市建设和发展影响最为深刻的，乃自然条件的限制因素：“兰州处在黄土高原东西窄长的河谷盆地，受山川分割成一串葫芦形的地区；地形起伏较大，工程和水文地质也比较复杂；土壤属大孔性土，黄河水流混浊；化学、石油等工业污染性大，管道很多，互相干扰也比较突出”（图4–7），“在规划设计中根据这些复杂情况，在苏联专家指导下，采取了分区分片相对独立的规划布局，既是一个城市的整体又是一组分散的城市群，既可以减少各种工程建设费用也便于分期分片的形成”⑥。兰州市规划说明书中关于规划原则的说明，自然条件方面的因素甚至居于政治性要求之前⑦，原因也正在于此。对兰州市而言，不论联合选厂或城市用地规划布局，都是其特殊自然条件限制下的一种必然结果。

---

① 兰州市建设委员会．兰州市城市总体初步规划说明（1954年9月）[Z]．中国城市规划设计研究院档案室，案卷号：1109：40.

② 西班牙工程师索里亚·玛塔（Mata）于1882年提出。参见：孙施文．现代城市规划理论[M]．北京：中国建筑工业出版社，2007：96.

③ 任致远．兰州城市的几大特征[J]．兰州学刊，1984（2）：48–53.

④ 兰州市地方志编纂委员会，兰州市城市规划志编纂委员会．兰州市志·第6卷·城市规划志[M]．兰州：兰州大学出版社，2001：100–101.

⑤ “1953年3月到6月，由当时的二机部、建委、建工部、城建局与苏联专家组成西北地区选厂工作组，实地踏勘，选择‘一五’期间重点工业项目的厂址，确定先期建设6个，主要项目分别布置在兰州的西固区（有热电厂、炼油厂、化工厂等四个）和七里河（二个机[械]制[造]工厂）。接着由甘肃省城建局，在苏联专家的指导下，进行城市总体规划设计工作”。参见：甘肃省兰州市规划资料辑要[Z]//兰州市西固区建设情况及总体规划说明．中国城市规划设计研究院档案室，案卷号：1110：44.

⑥ 甘肃省兰州市规划资料辑要[Z]//兰州市西固区建设情况及总体规划说明．中国城市规划设计研究院档案室，案卷号：1110：45.

⑦ “根据自然条件和社会主义标准[，]正确的[、]合理的[、]本[着]经济用地的原则布置工厂、住宅、交通运输、[公]共会建筑[，]使之相互配合”。兰州市建设委员会．兰州市城市总体初步规划说明（1954年9月）[Z]．中国城市规划设计研究院档案室，案卷号：1109：27.

另外，1955年5月兰州市城市规划工作的总结报告中也明确指出，“兰州的地形、地质、气候、水文等情况比较复杂，因而它的发展就不能不考虑到这些自然条件的限制”。参见：兰州市城市规划工作的基本情况（1955年5月）[Z]//兰州市城市建设文件汇编（一）．中国城市规划设计研究院档案室，案卷号：1114：4.

图 4-7　兰州地区地貌环境示意图
注：底图取自百度地图。

4.2　西安、成都和大同

西安、成都和大同这 3 个城市在规划上的共同特点是，城市规划发展用地紧紧依托旧城而展开，从而在旧城利用、文化保护、旧城和外围地区的相互关系等方面形成一定的规划特色。

4.2.1　西安：保护旧城和文化遗产，继承传统城市格局

1）空间布局特点

西安市规划的显著特点是保护旧城以及北部的汉唐遗址，形成以旧城行政和商贸居住区为中心，东西两翼发展工业的格局。规划将"保留旧城区与充分利用现有铁路、公路等市政设施"作为首要的规划原则，"确定市区在原有基础上首先在铁路与城区以南发展，东自浐河西至皂河[①]之间为扩建地区，城北则作为发展备用地区"[②]。西安市规划"总体布局高屋见［建］瓴，保护了文物古迹的用地和环境"，"给古城保护奠定了良好基础"[③]（图 4-8）。

① 档案中"皂"字有三点水旁。参见：西安市人民政府城市建设委员会 . 西安市城市总体规划设计说明书（1954 年 8 月 29 日）［Z］. 中国城市规划设计研究院档案室，案卷号：0925：27.

② 西安市人民政府城市建设委员会 . 西安市城市总体规划设计说明书（1954 年 8 月 29 日）［Z］. 中国城市规划设计研究院档案室，案卷号：0925：27.

③ 韩骥 . 西安古城保护［J］. 建筑学报，1982（10）：8-13.

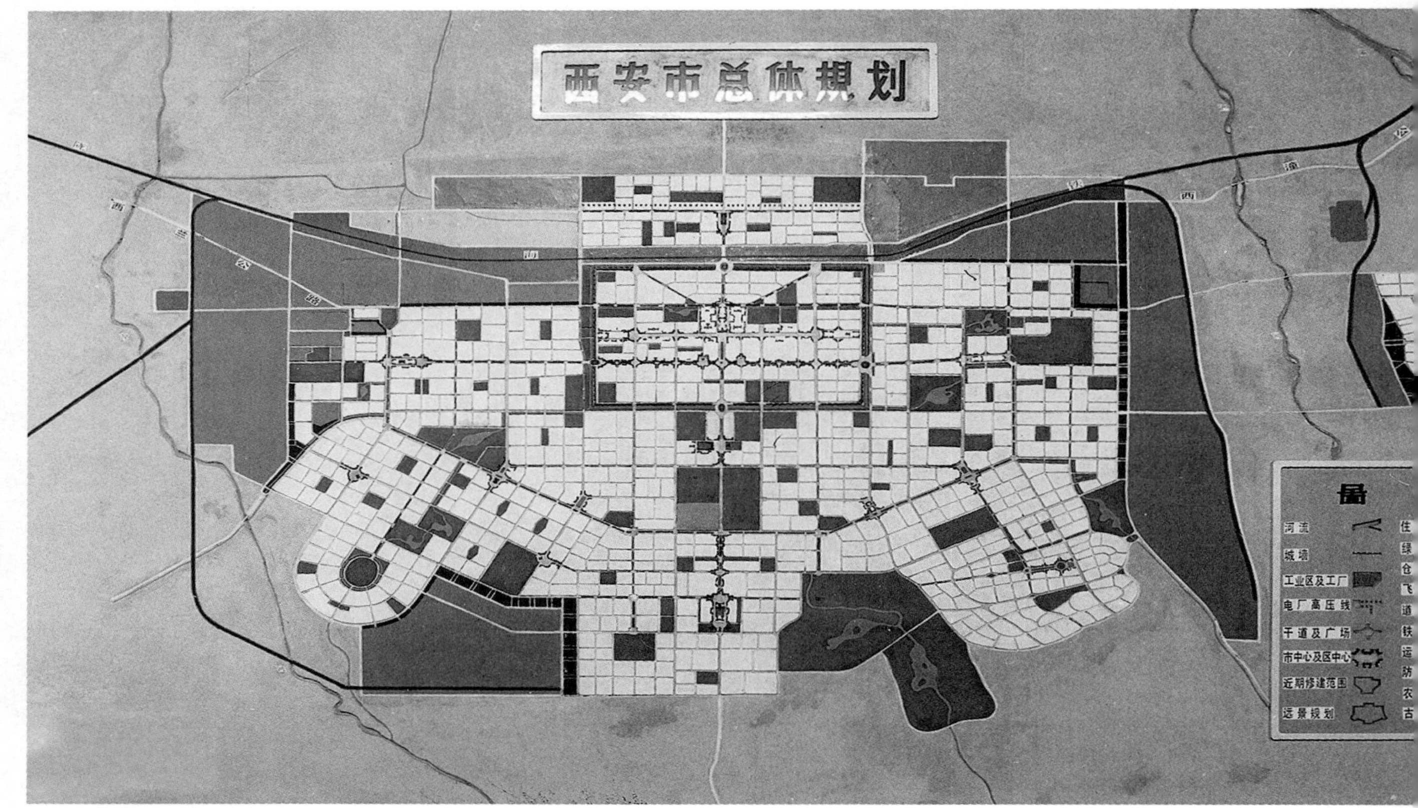

图 4-8　西安市总体规划图

资料来源：周干峙．西安首轮城市总体规划回忆［J］．城市发展研究，2014（3）：1-6（前彩页）．

同时，西安市规划延续了历史上形成的均衡对称和棋盘式的传统路网格局。“规划中的干路网以旧城区为中心”，“保留与引伸城内的东西与南北向的十字大街，并将南北大街作为全市中轴线大街”[①]，“除东西向与南北向干道外并在市区中部计划有若干环路以连［联］系各区，在大环路以外东南地区有斜向干道直指大雁塔。干道均连［联］系着各个广场社会活动场所”[②]，“城东南角是黄土塬，地形变化大，有高岗。路网随地形而改变”[③]，“在规划道路时特别注意到街道建筑的艺术布置”[④]。西安市规划的这一特点，“沿用唐长安井字型［形］结构，城市干道采用宽大平直的线型，再现了唐长安严整的格局”；“在道路规划中保持传统的格局、尺度，以及建筑艺术特色，收到了既不墨守成规，又神形兼备的效果”[⑤]。

---

① “东有从客站经解放路至大雁塔的干道，西有从计划的公路总站经西北三路甜水井街至烈士陵园的干道，两条干路有起有终，遥遥相对”。参见：西安市人民政府城市建设委员会．西安市城市总体规划设计说明书（1954 年 8 月 29 日）［Z］．中国城市规划设计研究院档案室，案卷号：0925：35.

② 西安市人民政府城市建设委员会．西安市城市总体规划设计说明书（1954 年 8 月 29 日）［Z］．中国城市规划设计研究院档案室，案卷号：0925：35.

③ 周干峙．西安首轮城市总体规划回忆［J］．城市发展研究，2014（3）：1-6（前彩页）.

④ “在全市的道路系统中着重美化几条街道，给人以直接的印象。这样的街道有：市中心的行政大街，两旁的建筑物一定要有整条街道的协调的设计，保持一定的艺术水平。南北的中轴线大街要布置多种多样的建筑物”。参见：西安市人民政府城市建设委员会．西安市城市总体规划设计说明书（1954 年 8 月 29 日）［Z］．中国城市规划设计研究院档案室，案卷号：0925：35.

⑤ 韩骥．西安古城保护［J］．建筑学报，1982（10）：8-13.

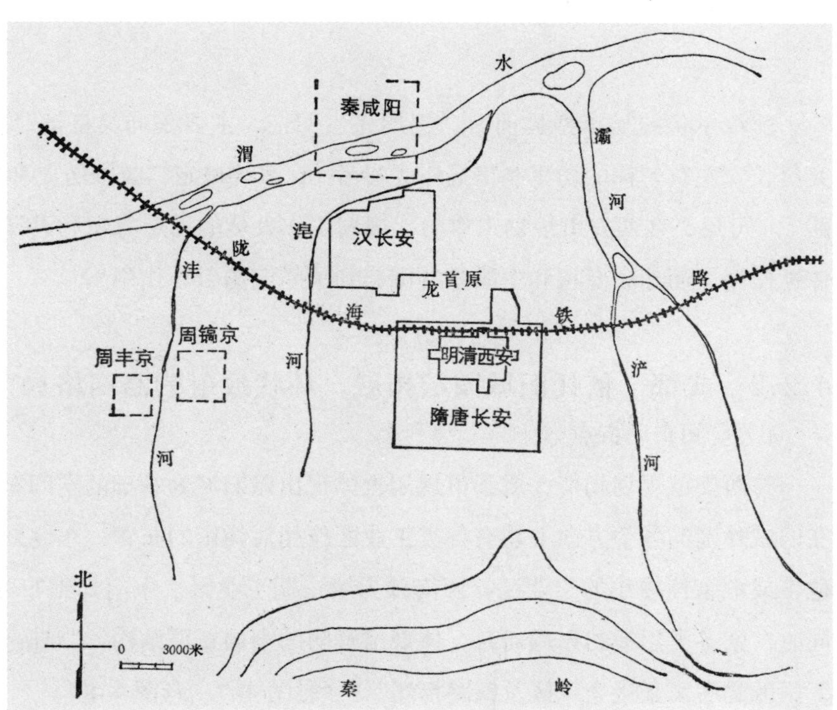

图 4–9　西安附近古代都城位置变迁图
资料来源：《当代西安城市建设》编辑委员会．当代西安城市建设［M］．西安：陕西人民出版社，1988：18.

2）形成渊源

西安是规划工作开展最早的“试点”城市，也是苏联专家对规划工作指导的重点对象，这一情况使得西安市规划具有与联合选厂工作“同步推进”、相互配合较好的特征。① 正因如此，西安市空间规划布局的形成，并没有出现像包头、洛阳等为联合选厂所主导的局面。通过早年参加规划并负责总图工作的周干峙先生的回忆，可对西安市空间规划布局特点的形成过程产生较清晰的认识。

就保护旧城和文化遗产的观念而言，据周先生的回忆，一方面，“苏联专家指出，要深入了解城市的历史、非常熟悉城市的状况，这是做好城市总体规划的基础条件”，另一方面，“当时，政务院曾发出要保护历史及革命文物的指示；中央文化部也明确要求对汉城遗址‘在未发掘清理前不得进行建筑’”，这就使规划工作者“脑子里明确了安排新建工业区时，要避开旧城以及旧城北面那些汉唐遗址”②（图 4–9）。于是，通过研究西安城市发展方面的历史资料，结合对铁路分割城市问题的理论认识，城市规划“总体布局的大体设想清晰了：保留老城格局，利用旧城，参考唐城，工业区放在旧城东西两侧，旧城作为行政中心，南郊作为文教区，铁路北作为仓库区和发展备用区。用半个八角形的环状放射型道路系统把上述用地联系起来。”③

---

① “一九五三年开始配合中央工业部门进行厂址选择工作，根据一般厂址要求及城市总平面图，综合各企业单位意见，作出几种厂址布置方案”，“经过实际踏勘，反复多次研究，就取得了初步一致的方案”。参见：西安市人民政府城市建设委员会．西安市总体规划设计工作总结（1954年9月）［Z］// 西安市总体规划设计说明书附件．中国城市规划设计研究院档案室，案卷号：0970：82–83.

② 周干峙．西安首轮城市总体规划回忆［J］．城市发展研究，2014（3）：1–6（前彩页）.

③ 同上．

就继承传统城市格局而言，据周先生回忆，主要是向吴良镛、莫宗江等先生进行了请教，并通过研究唐长安左右匀称的坊里制格局作为参考[①]，最终确定"兼顾历史和地形，保留了棋盘式格局"[②]的规划思路[③]。可见，在西安市规划工作中，规划工作人员的思想意识和设计构思对空间规划布局的形成发挥了主体性作用，而苏联专家和中国学者则起到了一定的引导作用。

4.2.2 成都：依托旧城圈层拓展，环状放射的路网格局

1）空间布局特点

与西安市规划相似，成都市规划也体现出以旧城为基础的空间布局特点。所不同之处则在于，成都市在旧城外围的各个方向上均有各类工业区作相对均衡的布置：东北郊为第一期发展的工业区，西北郊为无危害或危害性较小的工业区，西南郊为第二期工业区，东南郊则布置了一些对居民卫生有危害的工业。[④]同时，就各类用地的布局而言，体现出鲜明的圈层布局结构："新居住区紧靠旧城，工厂又紧靠新居住区，工厂区之后又紧接仓库区及铁路枢纽"[⑤]（彩图 4–7、彩图 4–8）。

与圈层结构相适应，环状放射的路网格局是成都市规划布局的另一特点。在成都市规划中，建于明朝的皇城被规划为城市中心区，其中设置中心广场及南北向的纵轴和东西向的横轴，在皇城周围规划了 50m 宽的内环路，并向外规划了多条放射状的城市干道，为加强各方向上功能片区的交通联系，内环路的外围又规划了若干条环形城市干道。"新［规划的］街道系统以皇城区作中心向四周放射，再加环形道路作周围的联系。"[⑥]

成都市的圈层结构及环状放射的路网格局，与首都北京的空间结构有很大的相似性，时至今日，它仍然是成都城市空间结构最为突出的特征。

2）形成渊源

就成都市空间布局特点而言，与莫斯科的规划结构具有相像之处；从规划文本中的一些语言，也可判

---

① 周干峙先生回忆："据文献记载，唐长安采用的是坊里制，左右匀称的棋盘式格局。108 个坊实际是 108 个村落，每个 $20hm^2$ ~ $40hm^2$。每个坊的东西南北四面都有坊门，早开晚闭。坊与坊之间相隔挺大，南北相隔 70m ~ 80m，东西相隔 130m ~ 150m。北面宫殿后面有很大的后花园，里面还养着外国进贡的非洲狮子。从大明宫到曲江，还有夹城"。参见：周干峙．西安首轮城市总体规划回忆［J］．城市发展研究，2014（3）：1–6（前彩页）．

② 周干峙．西安首轮城市总体规划回忆［J］．城市发展研究，2014（3）：1–6（前彩页）．

③ 西安市规划说明书中指出："在规划道路网时，曾研究过唐长安的布局，根据文献记载唐长安城在南北八点四公里，东西九点七公里的广大地区内，街道的布置是左右均称的棋盘格局，主要干路的宽度自七一公尺至一五〇公尺，这些南北及东西向的极度宽广的街道将市区分割成面积约二十公顷至四十公顷的一一〇个街坊。整个布局是为统治阶级服务的，表现着封建帝王的权威。社会主义城市不能和古长安采取同样的形式。但古时城市布局和建筑群体布置得雄伟气魄是应该被保留和发展的"。参见：西安市人民政府城市建设委员会．西安市城市总体规划设计说明书（1954 年 8 月 29 日）［Z］．中国城市规划设计研究院档案室，案卷号：0925：33.

④ 成都市人民政府城市建设委员会．成都市城市规划工作总结（1954 年 10 月）［Z］// 成都市 1954 ~ 1956 年城市规划说明书及专家意见．中国城市规划设计研究院档案室，案卷号：0792：64–65.

⑤ 成都市城市建设委员会．成都市第一个五年计划［期间］城市规划管理工作的总结（初稿）（1958 年 6 月）［Z］// 成都市"一五"期间城市建设的情况和问题．中国城市规划设计研究院档案室，案卷号：0802：57.

⑥ 成都市人民政府城市建设委员会．成都市总体规划草案说明书（1954 年 10 月）［Z］// 成都市 1954 ~ 1956 年城市规划说明书及专家意见．中国城市规划设计研究院档案室，案卷号：0792：32.

断出苏联城市规划建设思想对成都市规划的重要影响。① 然而，从有关历史档案来看，成都市空间布局的形成，更突出地是受到了当时较为复杂和特殊的现状路网格局的影响。

解放初期的成都旧城呈现出三大街道系统的混杂和“对立”：“1. 大城系［，］旧城的北、东、南三部分，系明朝以前形成的街道系统，基本上为非正南北向的方格式系统。2. 皇城系［，］在旧城中央，系明朝建蜀王府时改建的正南北向系统。3. 少城系，在旧城西部，系清朝改建的西北至东南向的并排胡同”（彩图 4–8），“由于旧有的三个系统很不调和，造成街道系统的混乱，而使新街道系统的规划受到一定的困难和限制，新的道路网难于形成整齐的方格网”②，而“新的工厂区皆处于旧街系统的对角线方向，为了联系方便，开辟对角线方向的街道甚属必要”③。因而，“当时根据旧城街道及河流的分布和考虑尽量利用现状少拆迁的办法，采用一种基本上是放射环形的混合形式，并以旧皇城系的边沿作内环路以分散中心拥堵的交通。”④ 当然，军事防备的原则可能也是影响成都市环状路网结构之所以形成的另一潜在因素（详见第 2.2.1 小节的有关讨论）。

除此之外，考察成都市规划的技术成果及专家谈话记录，规划设计人员追求城市空间布局的完整性以及“几何上的对称、平衡”等“形式”方面的思想意识⑤，也是成都市规划向四周均衡发展、圈层拓展格局之所以形成的影响因素之一。

---

① 成都市规划说明书中指出：“城市规划设计，不是摒弃历史上已经形成的城市基础，而应在现有基础上，实行改造和扩建，保留原有优点，改造存在缺点，即主要以改造街道、广场系统，改造建筑和文化生活服务系统的方法来根本改造旧市区。”对比 1935 年苏联人民委员会和联共（布）中央关于改建莫斯科的总体计划的决议中指示：“必须保留历史上已经形成了的城市基础，同时籍彻底地改造城市的街道网和广场系统的方法来根本改造市区。”成都市规划说明书中的语言风格及内容与其极为相像。

参见：［1］成都市人民政府城市建设委员会 . 成都市总体规划草案说明书（1954 年 10 月）［Z］// 成都市 1954 ~ 1956 年城市规划说明书及专家意见 . 中国城市规划设计研究院档案室，案卷号：0792：30.

［2］H · 贝林金 . 斯大林的城市建设原则［M］// 苏联城市建设问题 . 程应铨译 . 上海：龙门联合书局，1954：82.

② 成都市几年来在城市规划和城市建设中的情况和问题（1959 年 8 月 3 日）［Z］// 成都市“一五”期间城市建设的情况和问题 . 中国城市规划设计研究院档案室，案卷号：0802：90.

③ 成都市人民政府城市建设委员会 . 成都市总体规划草案说明书（1954 年 10 月）［Z］// 成都市 1954 ~ 1956 年城市规划说明书及专家意见 . 中国城市规划设计研究院档案室，案卷号：0792：32.

④ 成都市几年来在城市规划和城市建设中的情况和问题（1959 年 8 月 3 日）［Z］// 成都市“一五”期间城市建设的情况和问题 . 中国城市规划设计研究院档案室，案卷号：0802：90.

⑤ 1953 年 5 月，苏联专家穆欣在对成都市规划进行指导时，曾指出：“成都的工人住宅区布置是对的，但并不等于问题的解决，如像西面的一大块，为了使之与东边平衡，但又因为没有内容而勉强凑合的［放］疗养区是不对的。为了维持旧城区为新城区的中心，愿望是好的，现在我的办法是使西边的内容充实起来”（104 页），“这种为了几何上的对称、平衡而拼凑成的区域是不可靠的，今后不能如此”（105 页）。从这些内容推测，当时规划设计人员应当是有“几何上的对称、平衡”等“形式”方面的思想意识的。参见：专家谈话记录［Z］// 成都市 1954 ~ 1956 年城市规划说明书及专家意见 . 中国城市规划设计研究院档案室，案卷号：0792：101–119.

另据成都市的规划说明书，当时规划工作所确定的“规划方针”主要有两方面的内涵：“根据为工业服务的精神，选择最有利于建设工业的地区做［作］为工业区，同时保持城市的整体性”。从前者出发，东北郊地区“除地质、水源、靠近城市等条件最好外，而且距铁路货站最近”，因此被确定为第一期重点建设的工业区。而成都又是一种四面平坦开阔的自然地貌特征，考虑到“保持城市的整体性”的方针，加上工业种类繁多、要求不一，规划工作人员自然会产生在各个方向均衡布置各类工业的意识：“东北郊因为除地质、水源、靠近城市等条件最好外，而且距铁路货站最近，因此做［作］为第一期发展的工业区，这样不仅自然条件优良，而且也最经济”；“东南地区处于城市下风下游方向虽然曾被洪水淹没，地下水位较高，但洪氾［泛］问题，在第一期即可解决，因此布置一些对居民卫生有危害的工业也是合适的”；“西南郊地势平坦而辽阔，对将来布置工厂甚为便利，因此可做［作］为第二期工业区”；“西北郊在城市上风上游方向［，］可布置无危害或危害性较小的工业”。参见：成都市人民政府城市建设委员会 . 成都市城市规划工作总结（1954 年 10 月）［Z］// 成都市 1954 ~ 1956 年城市规划说明书及专家意见 . 中国城市规划设计研究院档案室，案卷号：0792：64–65.

4.2.3 大同：以旧城为中心，“星罗棋布”

1）空间布局特点

与西安和成都一样，大同市规划也体现出以旧城为中心的特点。规划“以旧城为基础向南和西南发展，市中心规划在城市内的南门，近期的建设［范围］大部［分］在旧城的西周，并规定旧城、近期等改造的原则，这样不但在近期的发展中可以充分利用旧城，就是在稍远一些时期内，旧城仍是政治、经济的中心。”①

大同市规划布局的另一特点，主要表现在城市中最重要的工业用地方面，借用大同市规划工作总结检查材料的提法，即“星罗棋布”②。除了大同煤矿位于城区西南方向的口泉地区，远在城市规划区范围之外，规划区范围内的一些工业用地也呈现“星云”状的散点分布：在城市东部有425厂（第二拖拉机厂）及其配套的电厂，御河将其与城市分割而形成独立地块；428厂（大同机车厂）布置在城市西南部，距旧城约5km左右；616厂（山西柴油机厂）布置在较428厂更远的西南方向，两者之间也有河流（十里河）分割。③值得注意的是，这一“星罗棋布”的状况是发生在一个基本工业用地只有4km^{2}左右④的中等城市之中（彩图4-9～彩图4-11）。

2）形成渊源

正如1933年梁思成和刘敦桢的名著《大同古建筑调查报告》⑤所传递的信息，大同的历史文化遗产在民国时期就有较高的知名度（图4-10、图4-11）。1954年11月，大同市委向山西省委报告大同市的城市规划工作，关于“大同市城市规划的根据”中明确指出：“他［大同］是全国闻名的文化古迹区之一，有云冈石窟、上下华严寺、九龙壁等古代优美的建筑，外宾游览者络绎不绝，三、四个月以来就有六起外宾来此参观（有工作顺便参观者不算在内）。”⑥另外，1955年版规划说明书中也明确指出“［大同］为我国有名古城之一”，“北魏曾建都于此。遗留古迹很多”，“云冈的石窟、上下华严寺，均为我国杰出的古代雕刻艺术，也是世界有名的古迹之一，中外人事来此参观的很多，是有历史意义与艺术价值的名胜古迹，在城市规划中都要保存下来”⑦。因此，尽管尚未有直接证据，但也可推断：规划工作者历史文化保护的观念，是大同市以旧城为中心的规划布局得以形成的主要因素。

就“星罗棋布”的特点而言，显然是由工业项目的选厂工作所造成的。“大同市城市规划从［19］53

---

① 大同市规划检查（设计工作检查第二次写出材料）(1957年12月23日)［Z］.大同市城市建设档案馆，1957：38.

② 同上，1957：10.

③ 除了这3大块工业用地之外，在旧城的西、北、西南和东南部也都有相应的工业用地分布。

④ 大同市规划确定的“基本工业用地4.4平方公里，工业备用地13.76平方公里，地方工业用地1.10平方公里”。参见：大同市城市规划说明书（1955年)［Z］.大同市城乡规划局藏，1955：34.

⑤ 这次调查的时间始于“本岁［1933年］秋九月四日”，同行的还有林徽因（中国营造学社社员）、莫宗江（绘图员）及“仆役一人”。报告载1933年《中国营造学社汇刊》第四卷第二、四期。参见：梁思成全集（第二卷)［M］.中国建筑工业出版社，2001：49.

⑥ 中共大同市委.中共大同市委关于大同市城市规划向省委的报告（1954年11月26日)［Z］.大同市档案馆：1.

⑦ 大同市城市规划说明书（1955年)［Z］.大同市城乡规划局藏，1955：1，10-11.

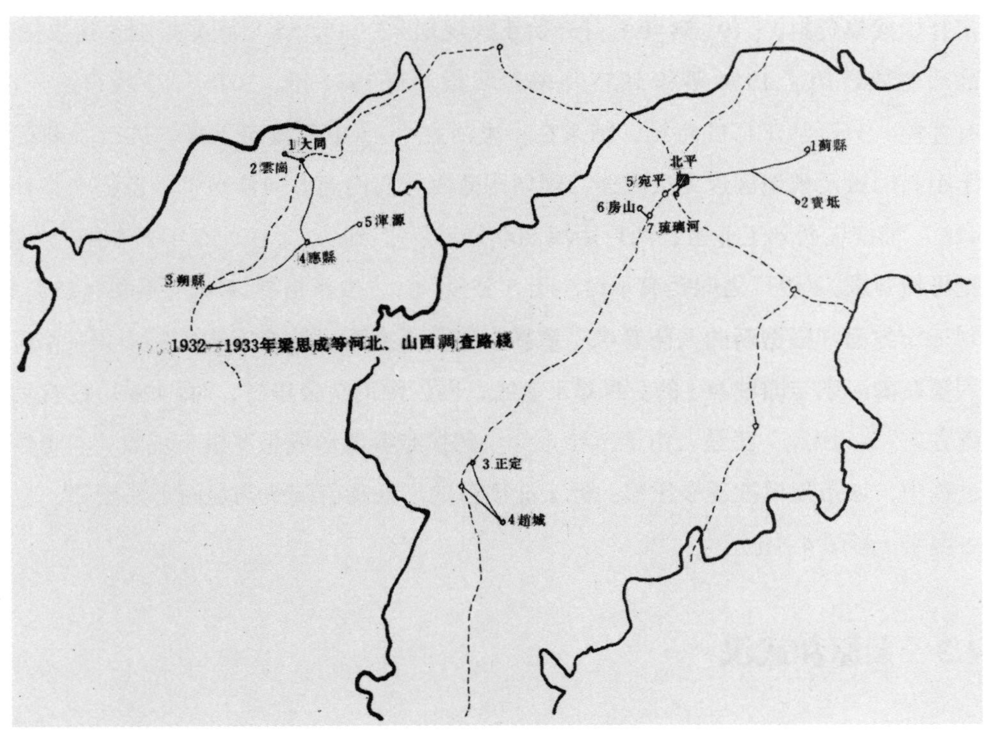

图 4–10　1932 ~ 1933 年梁思成等赴河北与山西调查路线图
资料来源：林洙．梁思成、林徽因与我［M］．北京：中国青年出版社，2011：80.

图 4–11　到云岗去
左起：莫宗江（左 1）、林徽因（左 2）、刘敦桢（左 3）。
资料来源：林洙．梁思成、林徽因与我［M］．北京：中国青年出版社，2011：80.

年开始搜集资料，[19]54 年 8 月开始正式规划[①]，[19]55 年底呈报国家建委批准进行建设”[②]，规划工作前后主要经历了 1954 年和 1955 年两个阶段。在 1954 年，“616 厂在我市第一次选厂，由于当时我们没有经验，只听从工厂的意见，结果在十里河西 [、] 电厂南定下来，进行了勘察设计，当开始规划时，由于距离旧城及规划区远无法接连，规划用地因此向西南方向伸出了一条腿来弥补这一缺陷”[③]，“把 425 厂、428 厂都摆在西郊工业区，两厂距离 800 公尺”[④]。到了“[19]55 年下半年，人防 [部门] 根据新的规范，提出新要求：1 级厂之间距离不得小于 5 公里”[⑤]，“按新精神，428 厂不动、425 厂搬到东郊工业区内”[⑥]，规划工作方面“根据新的人防要求 [重新] 制订了方案，这个方案的特点是，425 厂和 428 厂两个一级厂分别摆在御河东与旧城西 [的] 西郊工业区，两厂距离 7 公里”[⑦]，“而 428 厂没有动，住宅拉到了规划区的西南方向”[⑧]。因此，正是“由于工叶 [业] 的摆布零散形成星罗棋布现象。”[⑨] 当然，在大同市规划编制工作过程中，城市规模被逐步压缩，但工业项目的厂址却已陆续确定而不易变更，也是导致“星罗棋布”的另一因素（彩图 4–10）。

4.3 太原和武汉

太原和武汉这两个城市规划的共性特点是，城市用地被河流或铁路等重大限制要素分割的问题十分突出，城市规划工作在如何应对这些城市分割问题方面体现出一些较为鲜明的应对思路，并形成城市规划结构和布局的特色。

4.3.1 太原：分散式布局，跨河整体发展

1）空间布局特点

作为一个历史古城，太原与洛阳、西安等同样面对着文化遗产保护的问题。然而，太原的城址在不同历史时期有显著的变迁，其中：唐晋阳城和宋平晋城因地处郊区，未与工业项目和城市建设发生“交集”

---

① “[19] 54 年 7 月 616 厂确定放在大同，……12 月下旬国家又确定 785 厂、428 厂、425 厂、414 厂放在大同”。参见：大同市规划检查（设计工作检查第三次写出材料）(1957 年 12 月 23 日)[Z]. 大同市城市建设档案馆，1957：6.

② 城市规划、管理、土地使用情况（设计工作检查第一次写出材料）：大同市城市建设初步检查意见（1957 年 12 月 23 日)[Z]. 大同市城市建设档案馆，1957：7.

③ “最初住宅定在十里河东，并修了新十里河桥”，“后来由于该厂嫌距离住宅远，由建委批准住宅在工厂南相距 300 公尺处建设，住宅的一切设施由该厂负责建设，造成了许多不便”。参见：大同市规划检查（设计工作检查第三次写出材料）(1957 年 12 月 23 日)[Z]. 大同市城市建设档案馆，1957：10–12.

④ “住宅区在旧城的基础 [上] 向西发展，集中紧凑”。参见：城市规划、管理、土地使用情况（设计工作检查第一次写出材料）：大同市城市建设初步检查意见（1957 年 12 月 23 日)[Z]. 大同市城市建设档案馆，1957：8.

⑤ 大同市规划检查（设计工作检查第三次写出材料）(1957 年 12 月 23 日)[Z]. 大同市城市建设档案馆，1957：11.

⑥ 同上 .

⑦ 城市规划、管理、土地使用情况（设计工作检查第一次写出材料）：大同市城市建设初步检查意见（1957 年 12 月 23 日)[Z]. 大同市城市建设档案馆，1957：9.

⑧ 大同市规划检查（设计工作检查第三次写出材料）(1957 年 12 月 23 日)[Z]. 大同市城市建设档案馆，1957：10–12.

⑨ 大同市规划检查（设计工作检查第二次写出材料）(1957 年 12 月 23 日)[Z]. 大同市城市建设档案馆，1957：24.

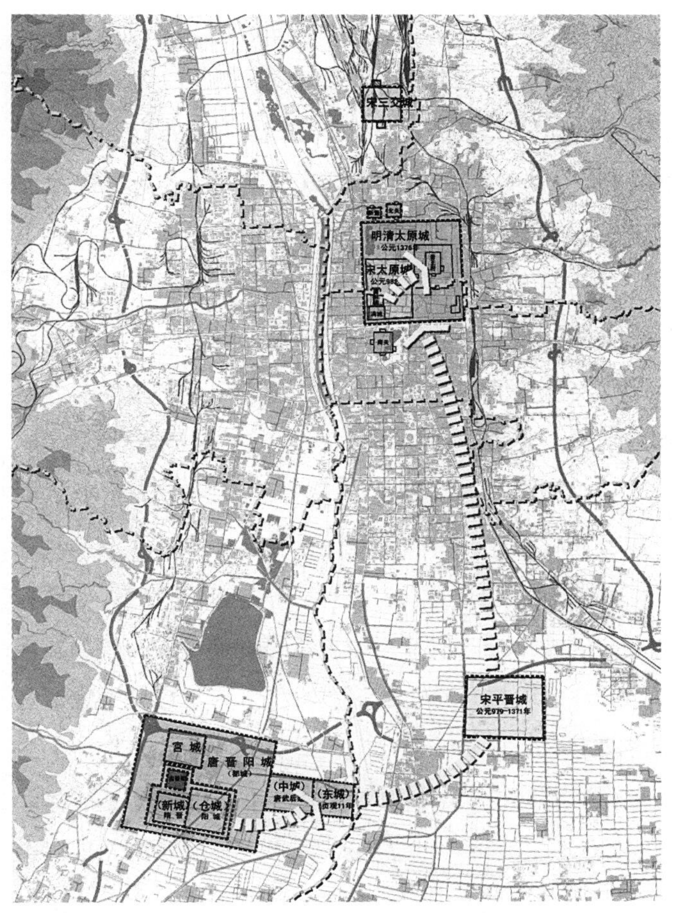

图 4–12　太原市历史沿革城址变迁分析图

资料来源：城市空间演变分析图［R］// 中国城市规划设计研究院 . 太原市城市总体规划（2012–2020），2012.

而得以自然留存；宋朝和明清时期的太原城，即当时的太原旧城，基本上予以保留，城市规划空间布局体现出以旧城为基础的发展特点（图 4–12）。就此而言，太原市规划同样具有旧城和文化遗产保护的思想，然而，这只是其较为平常的一个特点。比较而言，太原市规划在分散式布局、跨河整体发展方面的特点则更为突出。

太原市规划的分散式布局，首先体现在工业用地方面：在旧城北部，有以钢铁机械工业为主的城北工业区 ①；在城北工业区以北更远的郊区，有为国防工业为主的北郊工业区 ②；在汾河以西也有两大片工业区，西北方向的河西北工业区和西南方向的河西南工业区，前者被铁路分割为东西两部分 ③，后者又分为南北两个不同板块 ④。其次，居住用地也较为分散，"现有居住区比较零散，如钢厂、二四七厂、重型机器厂、工业厅、铁路局宿舍区及部分学校等分散在旧市区以外，分布于东、西、南、北各方" ⑤；就规划而言，在城北、河西北和河西南工业区等附近，以及城北工业区和北郊工业区之间的地带，也都安排有相应的居住区（彩图 4–12、彩图 4–13）。

太原市规划布局的另一个特点，与其分散式布局有所相悖，即跨越汾河两岸谋求整体发展的规划结构。首先，"以汾河作为绿化系统的中心轴线，所有全市性的区域性的公园绿地连以绿带，林荫路建［成］后均与汾河两岸的绿地取得关系，这样就构成河东河西统一的绿化系统" ⑥；其次，通过规划东西向的城市主轴（西汽路，今迎泽大街），将汾河两岸紧密联系为统一整体，"其中以全市中心、车站广场、工人文化宫为重点，全市中心居中，车站广场及工人文化宫东西相互呼应，构成内容丰富完整［，］有好的艺术布

---

① 包括太原钢铁厂、矿山机器厂、247 厂等重点工业项目。

② 包括 245 厂、763 厂、908 厂和 432 厂等重点工业项目。

③ 铁路东侧为兵器工业用地（743 厂、884 厂和重型机器厂等），铁路以西为工业备用地。

④ 南侧为化学工业用地，北侧为纺织工业用地和工业备用地。参见：太原市人民政府城市建设委员会 . 山西省太原市城市初步规划说明书（1954 年 10 月 5 日）［Z］// 太原市初步规划说明书及有关文件 . 中国城市规划设计研究院档案室，案卷号：0195：63，85.

⑤ 太原市人民政府城市建设委员会 . 山西省太原市城市初步规划说明书（1954 年 10 月 5 日）［Z］// 太原市初步规划说明书及有关文件 . 中国城市规划设计研究院档案室，案卷号：0195：85.

⑥ 同上，案卷号：0195，91.

局的主轴线”①。太原规划的这些处理措施，无疑使汾河分割城市的问题得到了一定程度的解决。

2）形成渊源

太原市规划的分散式布局，是城市现状条件和工业项目选厂工作两方面因素共同作用的结果。太原属于南北狭长的河谷地带，地处上风、上水的城市北部，为各方面建设条件最佳的地区（图 4–13），然而，城北一带早就有近代工业的建设，从而“抢占了先机”：“城北工业区：这个工业区处于城市上风［向］，位置是不合理的，但由于这［是］个伪时代所建的工业，必须加以利用与保留，其中钢厂、矿山机器厂、二四七厂等移动是不可能，故仍作为工业区”②（图 4–14）。

另一方面，太原市“规划是［19］54 年正式开始的，但在［19］53 年国家已确定有十项工程在太原修建，各厂即分别开始进行了选厂工作”③，“厂址的确定在先，规划在后”，由此“造成了我们五四［1954］年进行城市规划很大的被动和困难”，“如北郊住宅区，选厂单位所确定的位置夹在工厂［和］铁路之间，卫生条件不良，五四［1954］年进行规划时，卫生和城市方面的专家不同意这个位置，工叶［业］方面却又坚持原来意见”④。1954 年 4 月苏联专家巴拉金对太原市规划工作进行指导时，也明确指出：“首先谈一点，太原已经形成的状况有许多缺点。现状，历史上所形成的，自然条件和新工业的特殊要求对规划造成许多困难。工业分布得很分散与城市建设原则有违背，有许多厂在太原非那样摆不可。工业布局是规划的前提。现在不能讨论工业的布局，因此规划不能不以现在工业的布局为出发点。”⑤

就跨河整体发展的特点而言，显然是规划工作者具有明确设计意图的一种结果，其中苏联专家的指导又起到了重要的引导作用。档案显示，1954 年 4 月巴拉金对太原市规划进行指导时，曾对规划人员提出的 3 个规划方案进行点评，并明确提出了利用汾河并强化整体布局的建议：“旧规划图中心朝南看起来与汾河不发生关系，对汾河表示冷淡而偏在一边”，“第一方案的另一缺点是对汾河没有很好的［地］利用。汾河治理后应当很好地加以利用，以美化城市［。］汾河是城市纵轴线。第二方案是考虑到了这一点的”，“太原汾河是纵轴（长）［，］西汽路是横轴（短）［。］市中心区主要建筑物的方向应放在横轴上，即面向汾河。如果一定要朝南也可以，但有许多不好处理”，“城市的中心，区中心，省中心，文化中心（剧院等）等应是有组织的［地］布置，在平面图上整个城市是一个有机体”⑥。观察太原市规划图不难发现，巴拉金的这些意见最终得到了落实。

---

① “主轴的主要布置自东起为：车站广场，贸易地区的小广场，文娱地区的小广场，全市中心，迎泽大桥，太原工学院，交通小广场，绿化地带及工人文化宫”。参见：太原市人民政府城市建设委员会．山西省太原市城市初步规划说明书（1954 年 10 月 5 日）［Z］// 太原市初步规划说明书及有关文件．中国城市规划设计研究院档案室，案卷号：0195，88.

② 太原市人民政府城市建设委员会．山西省太原市城市初步规划说明书（1954 年 10 月 5 日）［Z］// 太原市初步规划说明书及有关文件．中国城市规划设计研究院档案室，案卷号：0195：84.

③ 太原市规划资料辑要［Z］// 太原市初步规划说明书及有关文件．中国城市规划设计研究院档案室，案卷号：0195：10.

④ 太原市城市建设管理局．太原市城市建设概况（1956 年 8 月 30 日）［Z］．太原市初步规划说明书及有关文件．中国城市规划设计研究院档案室，案卷号：0195：121–122.

⑤ 巴拉金对太原规划的意见（1954 年 4 月 28 日）［Z］．中国城市规划设计研究院档案室，案卷号：2350：2.

⑥ 同上，案卷号：2350：4.

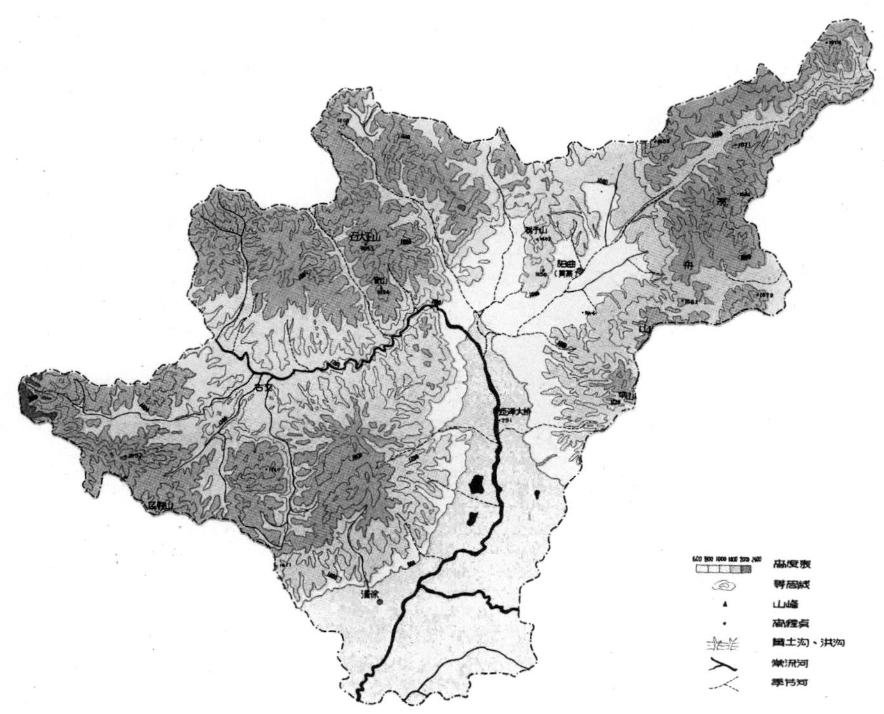

图 4-13　太原地区地势图

资料来源：太原城市建设现状图集（1961 年）[Z]. 中国城市规划设计研究院档案室，案卷号：0189：71.

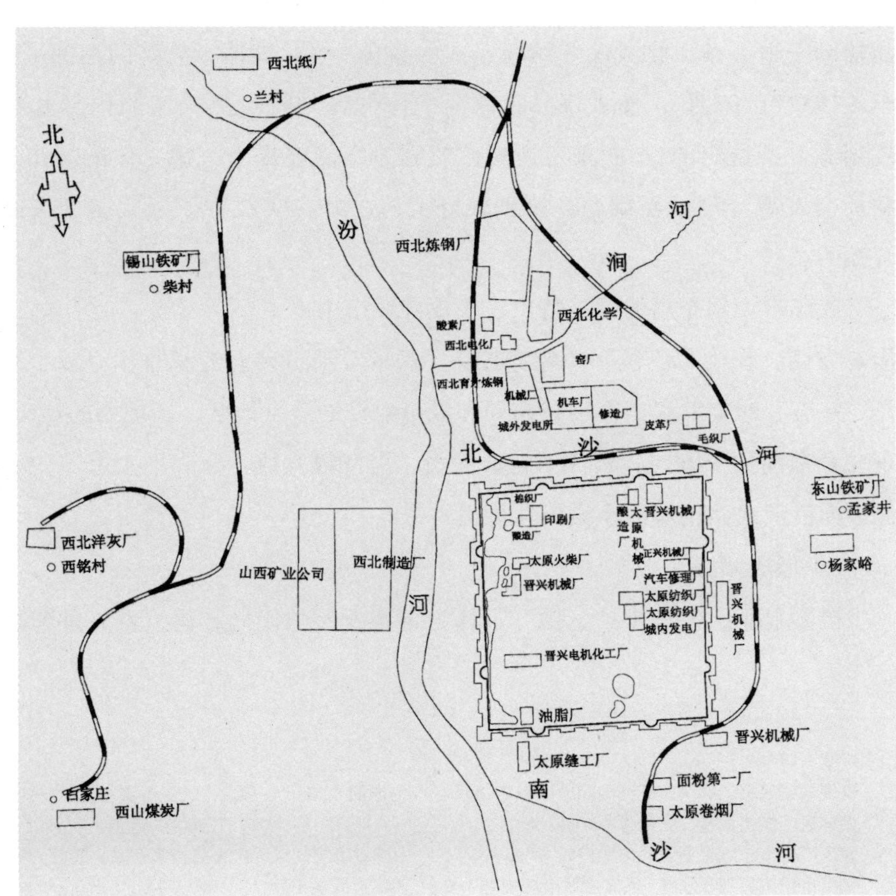

图 4-14　解放前太原市工厂位置示意图

资料来源：乔含玉．太原城市规划建设史话 [M]. 太原：山西科学技术出版社，2007：244.

4.3.2 武汉："三镇"一体，带状发展

1）空间布局特点

在八大重点城市中，武汉是相当特殊的一个城市：作为现状人口规模最大的一个特大城市，在城市功能系统方面具有更为突出的复杂性及规划组织难度；作为一个沿江的开埠城市（主要指汉口而言），在旧城及历史文化方面与西安、洛阳等存在显著差异。除此之外，武汉还面对着较太原更为严重的城市分割问题。

首先，长江对城市具有天然的分割效应，这种分割作用显然较汾河更为显著，在长江北岸还有其支流——汉水的进一步分割；其次，作为国家运输系统的大动脉，京汉铁路和粤汉铁路[①]对城市的分割也十分突出，譬如原川汉铁路即长期限制着汉口的发展；再者，武汉地区分布着为数众多、面积庞大的湖泊系统[②]（彩图 4–14），它们对城市用地的分割也是显而易见的。不仅如此，该地区在历史上长期分为汉口、武昌和汉阳等不同区域，即所谓的武汉"三镇"，3 个区域的自然地理、建设条件和历史文化等情况各不相同，城市规划建设活动也长期"各自为政"。

正是在这个意义上，武汉市规划最突出的特点可概括为将"三镇"作为统一整体进行系统规划的观念（彩图 4–15 ~ 彩图 4–17）。如在道路交通方面，"以长江为主轴，使与旧有道路相适应，并在武昌洪山中心辟垂直长江道路一条，遥对汉阳南岸嘴，折转与汉口解放大道人民广场相接。两旁各加辅助干道一条，将武汉三镇联系成一整体"[③]；铁路、公路两用的武汉长江大桥的规划建设和顺利通车（1957 年 10 月），使武汉"三镇"一体的规划特点更具实质内涵和标志性意义。正如《武汉市城市规划志》所指出的："武汉三镇城市规划方案能够提出三镇一体的城市总体规划，以及与国家国民经济和社会发展计划紧密结合，得到较好实施，并在实践中不断完善和提高其科学技术水平，还是建国后开始的。"[④]

武汉市规划布局的另一特点，表现在城市用地主要平行或垂直于长江、呈现出带状发展格局这一城市形态方面。作为"三镇"中地势较高（意味着洪涝灾害的威胁相对较小）、建设条件相对好的区域，武昌是"一五"时期武汉工业项目布局和城市建设的重点地区，新规划的城市发展空间主要集中在武昌旧城的东北和东南两个方向：长江下游方向沿"沿江第三线［今和平大道］"发展的徐家棚—青山地区，垂直长江方向沿武珞路拓展的小洪山—关山一带。

2）形成渊源

档案显示，武汉市"三镇"一体、带状发展的规划结构，主要是苏联专家巴拉金所提出的规划建议。

---

① 广州至武昌。

② 据规划说明书，武汉市范围内陆地面积 330km^2，江河湖泊 125km^2。参见：武汉市城市总体规划说明书（1954 年 10 月）［Z］. 中国城市规划设计研究院档案室，案卷号：1046：84.

③ 武汉市城市总体规划说明书（1954 年 10 月）［Z］. 中国城市规划设计研究院档案室，案卷号：1046：93.

④ 武汉市城市规划管理局 . 武汉市城市规划志［M］. 武汉：武汉出版社，1999：94.

1953 年 9 月中旬前后[①]，巴拉金曾应邀到武汉指导规划工作，在实地踏勘的基础上，勾画了一份武汉市总体规划草图（彩图 4–16），并对武汉市规划问题做了一次报告。在报告中，巴拉金明确指出："我们把三镇作为是一个城市"，"对武汉旧市区进行改造，必须使武汉三镇的交通运输连［联］系起来"，"可以由人民广场开辟一条大道直通襄河边的集家嘴，这就是构成市中心的中轴线"，"干路的对面襄河对岸是汉阳的南岸嘴，在这里可以遥望武昌的黄鹤楼，这样就可以使市中心通过它的中心干道，到达襄河岸的集家咀［嘴］[，] 和汉阳的南岸咀［嘴］以及武昌的黄鹤楼联系起来，这就使得这条中轴线更富有艺术意义"[②]（彩图 4–17、彩图 4–18）。除此之外，巴拉金还提出了建设第二长江大桥以及汉口、武昌地区铁路线路调整等规划设想[③]，也反映出其"三镇"一体的规划观念。

就建设方式而言，巴拉金也明确强调："武汉市规划开辟的干路，是依照现有的基础，我们应该沿着干路进行改建"，"武昌的自然条件是很好的，我们可以充分利用起来，它有两条干路，一为通往珞珈山的武珞路，一为通过徐家棚的武青线"[④]。正如《武汉市城市规划志》及有关专家所指出，巴拉金所勾画的城市规划图是"'一五'初期武汉城市总体规划得到前苏联有关专家提出的最早的一份建议草图"[⑤]，"它对此后的武汉市城市总体规划的构思和布局发展产生了较大的影响"[⑥]，"这份建议草图中的很多内容都被吸收到当年底形成的［19］53［年］版城市规划草案中[⑦]"。

之所以将巴拉金的规划建议作为武汉市规划布局结构得以形成的主导因素，另一原因在于当时受聘于国家建委的另一位苏联专家克拉夫秋克，他对于武汉市规划则持有另一种完全不同的规划思路，"他主张城市规模不宜过于集中发展，武汉新建的工业区尽量向远离既有城区的方向发展，如青山和白沙洲的工业组团向南北两端偏移，形成独立的工业新城，这样不仅可以控制单个城市规模，还可以根据自然条件组织工业、交通、生活等功能区的布局。"[⑧] 作为八大重点城市中规模最大的一个特大城市（现状人口规模约 145 万），不得不承认，克拉夫秋克关于武汉市规划的思路具有一定的科学价值。但是，由于巴拉金的规划思路更贴近于当时国家所倡导的依托旧城、利用旧城的城市建设方针，因此而得以采纳。[⑨]

---

① 《武汉市城市规划志》中未记载巴拉金到武汉的具体时间，只是提到"于 1953 年中应邀来武汉"。根据巴拉金的讲话内容，如"不久以前，北京曾召开一个全国各大城市市委书记的座谈会"，"最近中共中央有个关于城市规划问题的指示"——这里所指大城市市委书记座谈会的准确时间为 1953 年 7 月 4 日至 8 月 7 日（参见：城市建设工作座谈会纪要及城市工作问题简报［Z］. 中国城市规划设计研究院档案室，案卷号：2326：1，31.），中共中央的指示即 1953 年 9 月 4 日中共中央发出的《关于城市建设中几个问题的指示》。据此，推断巴拉金到武汉的时间应大致在 1953 年 9 月中旬前后。参见：武汉市城市规划管理局 . 武汉市城市规划志［M］. 武汉：武汉出版社，1999：104–108.

② 苏联专家巴拉金关于武汉市城市规划的报告［Z］.1953，武汉市国土资源和规划局档案室（武汉市国土资源和规划档案馆），案卷号：2– 规其 2.

③ 参见第 3.5.4 小节的讨论。

④ 苏联专家巴拉金关于武汉市城市规划的报告［Z］.1953，武汉市国土资源和规划局档案室（武汉市国土资源和规划档案馆），案卷号：2– 规其 2.

⑤ 据《武汉市城市规划志》，该草图于 1957 年在举办城市规划展览中展出后下落不明。参见：武汉市城市规划管理局 . 武汉市城市规划志［M］. 武汉：武汉出版社，1999：105.

⑥ 武汉市城市规划管理局 . 武汉市城市规划志［M］. 武汉：武汉出版社，1999：105.

⑦ 董菲 . 武汉现代城市规划历史研究［D］. 武汉：武汉理工大学，2010：42.

⑧ 同上，2010：43.

⑨ 同上，2010：43.

4.4 小结与讨论

以上对八大重点城市独具特色的空间规划模式及其形成渊源进行了解析，这些分析和讨论仅仅是依据笔者目前所掌握的一些档案资料所提供的线索，且限于个人的认识水平，因此不可避免地具有一定的主观性。然而，立足于这些尚嫌粗略的分析线索，仍可对城市规划的空间布局及相关问题的认识提供一些有益的思考与借鉴。

4.4.1 城市规划空间布局的渊源及其复杂影响机制

就“一五”时期的八大重点城市规划而言，其空间布局的特色得以形成的主导性因素主要表现为如下几种情况：

（1）重点工业项目厂址选择工作过程的一种结果，洛阳的避开旧城建新区、工业和居住平行发展，大同的“星罗棋布”，包头和太原的分散式布局等，均属于这一情况；

（2）由于城市的自然环境或现状条件对空间布局形成严重的制约所致，典型案例即兰州的多中心组团结构和带状发展，就成都的依托旧城圈层拓展和环状放射路网格局而言，尽管与规划设计人员的构思有密切联系，但导致规划设计人员产生这种构思的深层次原因，仍然在城市现状条件方面，因此也应归入这一类型；

（3）规划设计人员存在较明确的设计构思或有明确规划观念（如历史文化保护）的产物，西安的保护旧城和文化遗产、继承传统城市格局，包头的以包钢为主的空间艺术以及大同的以旧城为中心可归入这一类型；

（4）根据苏联专家绘制的规划草图或对规划工作的指导意见所编制的规划方案，就目前所掌握的档案分析，太原的跨河整体发展、武汉的“三镇”一体和带状发展属于这一情况。

据此，可以将八大重点城市规划空间布局的来源划分为联合选厂促成型、自然现状制约型、规划人员构思型和苏联专家建议型等 4 种基本类型（表 4–2）。

以上对八大重点城市空间规划布局特点及其形成渊源的讨论，只是基于主因子分析的方法。进一步讨论，规划理论思想的形成，在实际上必然要受到更多因素的各种影响，从而表现出错综复杂的响应机制。

八大重点城市空间规划布局渊源的基本类型　　表 4–2

序号	基本类型	空间规划布局特点
1	联合选厂促成型	洛阳的避开旧城建新区、工业和居住平行发展，包头的分散式布局，大同的“星罗棋布”，太原的分散式布局
2	自然现状制约型	兰州的多中心组团结构、带状发展的“线形城市”，成都的依托旧城圈层拓展、环状放射的路网格局，武汉的带状发展
3	规划人员构思型	西安的保护旧城和文化遗产、继承传统城市格局，包头的以包钢为主的空间艺术
4	苏联专家建议型	太原的跨河整体发展，武汉的“三镇”一体

以洛阳的避开旧城建新区为例，尽管主要是联合选厂工作过程中的一种结果，但是，时任文化部社会文化事业管理局局长的郑振铎先生的文化保护思想及对洛阳选厂工作的干预，是“洛阳模式”得以形成不应忽视的重要线索之一①，另据早年参与主持洛阳规划工作的刘学海先生回忆，在洛阳旧城和涧西区之间、与旧城联系更为紧密的西工地区，规划工作起初之所以未被占用，很重要的一个原因在于那里是一片隶属于军委系统的机场用地：“西工是旧飞机场，而且在国民党时代，那个旧飞机场还想扩建”，“解放以后旧飞机场的地产是属于总后［勤部］的，开始我们就攻不动。”②

在洛阳规划说明书中，也曾对西工地区的复杂情况和建设难度有所描述：“目前西工仍为军事驻地及仓库，有上水及下水设施，地下情况较城区更为复杂，有防空洞，地下室，隧道，埋炮弹大坑及埋人坑等，据说西工东面靠洛潼公路附近有一个地下室，能容一师人，再者日本投降时及蒋匪逃跑时曾将大批军用品埋置地下，现因洞口倒塌，不易寻找。”③可见，城市现状条件也是影响到洛阳模式的形成的另一项重要因素。

另就对规划工作进行指导的苏联专家而言，他们的思想观念显然也并非只是从苏联的规划理论和规划实践出发，中国城市规划建设的方针、政策，各地区、各城市的自然、经济和社会条件，乃至于中国城市营建的传统文化以及本土规划实践等等，都可能是影响到苏联专家指导意见的重要方面。以苏联专家穆欣1953年5月对成都市规划工作的指导为例，在谈话中，他通过北京、天津等城市建设特点的剖析，借以论证其关于“社会主义城市”规划建设的思想④，将苏联设计的哈尔滨亚麻厂广场介绍给规划人员学习⑤，并谈及古代城市建设对自然条件的利用⑥，这表明在苏联专家将苏联规划理论向中国的‘输入’过程中，除

---

① 洛阳第一拖拉机厂早期选厂中，曾提出西工地区选址方案，但却遭到文化部的坚决反对，郑振铎先生明确指出：“你们要在洛阳涧河东边建工厂是不行的，郭老（郭沫若）也不会同意，因为在那里，地下有周王城的遗迹，是无价之宝。”郑振铎先生的意见得到了国务院（时称政务院）领导的支持，拖拉机厂筹备处因此放弃在此处建厂。
资料来源：第一拖拉机制造厂厂志总编辑室．一拖厂志［R］．1985：46，20.
转引自：杨茹萍等．“洛阳模式”述评：城市规划与大遗址保护的经验与教训［J］．建筑学报，2006（12）：30-33.

② 2014年8月27日刘学海先生与笔者的谈话。
史料显示，早在1920年9月前后，直系军阀吴佩孚便开始在西工地区的金谷园修建军用飞机场，1927年国民三军（即1925年成立的国民革命军第三军）进驻洛阳并将西北航空署设于西工地区。参见：1987年春，波音737从洛阳起飞［N］．洛阳日报，2009-09-11（5）.
另据洛阳规划说明书，“西工军事区不宜设在市区内［，］应移至谷水镇以西与第八步兵学校附近的军事区内”，这也表明了西工地区的用地性质。参见：洛阳市人民政府城市建设委员会．洛阳市涧西区总体规划说明书（1954年10月）［Z］．中国城市规划设计研究院档案室，案卷号：0834：60.

③ 说明书中还描述：“西工镇系一九一七年军阀段祺瑞所建，面积有二平方公里，地势平坦，道路较宽阔，建筑结构全为砖墙瓦面的兵营式排列，营房与营房之间及营房内的道路结构为水泥及碎石两种路面”。参见：洛阳市人民政府城市建设委员会．洛阳市涧西区总体规划说明书（1954年10月）［Z］．中国城市规划设计研究院档案室，案卷号：0834：6.

④ 穆欣指出：“北京是封建社会帝王权利［力］极盛时代形成的……当时为统治者服务的城市规划是好的”，“天津的旧城是封建时代遗留下来的，而其他部分是在资本主义社会下发展起来的”，“如果说北京是反映封建专制的威风和力量，则天津是反映资本主义的无政府状态和满清［政府］当时的腐败”。参见：苏联专家谈话记录：专家发言（成都）（1953年5月9日）［Z］//成都市1954～1956年城市规划说明书及专家意见．中国城市规划设计研究院档案室，案卷号：0792：105-106.

⑤ 穆欣指出：“像哈尔滨的亚麻厂的广场是按照苏联设计的，是小型的，成都可以学习”。参见：苏联专家谈话记录：专家发言（成都）（1953年5月9日）［Z］//成都市1954～1956年城市规划说明书及专家意见．中国城市规划设计研究院档案室，案卷号：0792：108.

⑥ “在图上我们就没有看到河浜路”，“过去的建筑是利用它的”，“我们的祖先是善于利用他［它］，如‘望江楼’等，由此可见成都的规划对自然条件利用不够”。参见：苏联专家谈话记录：专家发言（成都）（1953年5月9日）［Z］//成都市1954～1956年城市规划说明书及专家意见．中国城市规划设计研究院档案室，案卷号：0792：108.

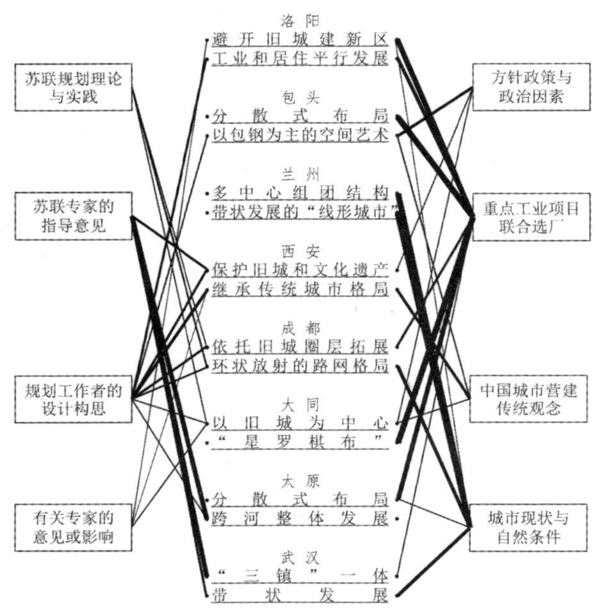

图 4–15　八大重点城市空间规划布局渊源脉络示意

注：图中线条的粗细代表对规划理论思想的形成的影响程度的不同。

了“外国理论→中国实践”和“外国实践→中国实践”等基本影响关系之外，还存在着经由苏联专家之手，“中国实践→中国实践”乃至于“中国理论→中国实践”等响应逻辑。

再以苏联专家巴拉金为例，1953 年在武汉所做报告中，除了对苏联城市规划建设经验的介绍以外，还对当年全国各大城市市委书记座谈会及中共中央关于城市规划问题指示等基本精神进行了宣讲①，这是中国城市规划建设的方针政策通过苏联专家之口“间接”对中国规划工作产生影响的案例。就武汉“三镇一体”的规划思想而言，早在 1945 ~ 1947 年期间，武汉开展的中国近代史上第一个区域规划实践，即有类似的整体规划观念②；而对“三镇一体”规划思想具有重要实质性影响的武汉市行政管理体制的统一和武汉长江大桥的建设，前者是 1949 年 5 月武汉三镇相继解放后军管会对三地进行统一管理的结果③，后者则是 1949 年 9 月中国人民政治协商会议第一届全体会议所通过的一项议案④。在巴拉金 1953 年对武汉市规划发表意见之前的实地调研和了解情况等环节，有关人员极有可能已将这些情况如实相告，从而成为促使巴拉金提出“三镇一体”规划建议的重要影响因素。

由此，如果考虑到多方面制约因素对城市规划空间布局的影响程度的差异，可以将八大重点城市规划的渊源绘制出如图 4–15 所示的影响关系脉络。当然，该图中各方面要素的影响程度，仍然主要依据笔者较主观的认识和判断，尽管如此，它还是有助于我们对八大重点城市规划的空间布局特点产生一些整体性的宏观认识。

---

① 巴拉金在报告中指出：“不久以前，北京曾召开一个全国各大城市市委书记的座谈会，会上许多同志对城市建设提出很好的意见”，“最近中共中央有个关于城市规划问题的指示”，“党中央的指示及大城市市委书记座谈会的决议，是城市建设部门进行工作所应遵循的正式文件，遵循［它们］才能胜利完成任务。根据指示精神，来研究武汉城市规划问题，提出如下一些建议……”。参见：武汉市城市规划管理局 . 武汉市城市规划志［M］. 武汉：武汉出版社，1999：107–108.

② 李百浩等 . 武汉近代城市规划小史［J］. 规划师，2002（5）：20–25.

③ 董菲 . 武汉现代城市规划历史研究［D］. 武汉：武汉理工大学，2010：25.

④ 新中国成就档案：武汉长江大桥正式通车［N］. 成都日报，2014–10–05（5）.

4.4.2 建国初期城市规划工作与工业建设的关系

通过以上对八大重点城市规划的空间布局及其渊源的梳理，不难发现，重点工业项目的联合选厂是其中最为显著的影响因素。换言之，重点工业项目的联合选厂情况，在一定程度上主宰了八大重点城市的空间规划方案。究其原因，这主要是建国初期以工业建设为中心的战略方针以及“选厂在前、规划在后”的工作机制特点所决定。

实际上，从建国后整个城市规划工作的创立和发展来看，也是在重点工业项目厂址选择从早期（三年国民经济恢复时期）的单独选厂及相关问题不断出现，逐渐发展到多部门的联合选厂的过程中，才提上议事日程的。正如周干峙先生所指出：“那个时候为什么重视城市规划？就恰恰跟苏联的积极方面的影响有关系。那时候一提搞‘五年计划’，重点在‘156 项’工业的安排，苏联人马上就提了，要搞城市规划。是这样来的。”① 这是建国初期城市规划工作与工业建设的一个基本关系，也是城市规划事业发展相对滞后和被动等“初创”特征的一个重要反映。

同时，这样的一种“外部”工作机制的关系，也使规划工作者对于如何处理规划工作与选厂工作的关系有着深刻的体悟。以太原市为例：“几年来我们体会到厂址的确定对于城市规划和城市的发展有着决定性的作用”②，“城市规划必须和选厂紧密配合，才能保证工业建设顺利的进行”③。

4.4.3 关于城市规划空间布局模式的再认识

在城市规划工作中，规划工作者显然是规划工作的主体，然而，八大重点城市规划的案例分析表明，在作为城市规划工作核心任务的空间布局方面，规划设计人员的自主创造性空间却是相当局限的。就八大重点城市而言，虽然西安的保护旧城和文化遗产、继承传统城市格局以及大同的以旧城为基础等空间布局主要反映出规划工作者的思想观念，但更确切地说，它又是尊重和顺应历史文化的一种结果；最能体现出规划工作者创造性设计意图的，或许只是包头以包钢为主的空间艺术而已，但它又是迫于政治方面的意见或压力的一种产物。这不免让人产生一种无可奈何的沮丧感。

然而，这一情形却也折射出城市规划的实践性特征：城市规划工作并非一种像建筑设计或文学艺术等以个人的思想创造为主要指向的智力工作，而更加体现出一种实际的，对各方面因素进行综合统筹、提供协调应对方案的实务工作。尽管城市规划属于主观世界的认识、思想、精神范畴，但城市规划的指导思想是否正确，方案的优劣，必须以对客观世界的城市发展规律的准确把握为基础。④ 同时，城市规划的空间布局，是城市的历史演变、社会发展、经济盛衰、生态环境以及工程技术和建筑空间组合等的综合反

---

① 李浩 . 周干峙院士谈“三年不搞城市规划”[J] . 北京规划建设，2015（2）：166–171.

② 太原市城市建设管理局 . 太原市城市建设概况（1956 年 8 月 30 日）[Z] . 太原市初步规划说明书及有关文件 . 中国城市规划设计研究院档案室，案卷号：0195：122.

③ 太原市规划资料辑要 [Z] // 太原市初步规划说明书及有关文件 . 中国城市规划设计研究院档案室，案卷号：0195：10.

④ 邹德慈 . 城市发展根据问题的研究 [J] . 城市规划，1981（4）：8–13.

映[①]，城市规划工作的内在使命，仅在于对城市土地使用进行科学、合理的配置，努力对城市建设的多方关系和各项矛盾加以统筹协调。尽管从实践案例到规划模式的理论提升有着积极的科学价值，但在实际上，受到各方面的因素所制约，相对理想的空间规划模式又是可遇而不可求的。

另一方面值得注意的是，某一城市的建设和发展条件的不同，对城市规划的空间布局必然也有深刻的内在影响。就八大重点城市规划而言，其地理区位、地貌特征、人口规模、建设方式和主导职能等方面的情况也是各不相同的（表 4–3）。考虑到这一因素，上文所归纳的八大重点城市的空间规划布局特点，其实也具有各不相同的内涵指向，正所谓"相似的形态背后，有各不相同的故事"。

八大重点城市规划建设的主要特点　　表 4–3

城市	现状及规划人口规模(万人)	建设方式	主要职能	自然地理条件
包头	大城市型（11.1 → 60.0）	新区建设为主（新市区）	钢铁工业	华北地区，黄河以北的缓坡地，昆都仑河在西侧南北穿越
洛阳	中等城市型（11.0 → 40.0）	新区建设为主（涧西区）	机械制造	中原地区，以平地为主，西、南向有浅山，涧河在中部穿越
兰州	大城市型（35.8 → 80.0）	新区建设为主（西固区）	石化机械	西北地区，东西狭长的河谷地带，黄河在中间穿越
西安	特大城市型（68.7 → 120.0）	依托旧城改建	机械纺织	西北地区，平原地貌，东、北向分别有灞河和渭河
成都	大城市型（59.8 → 85.0）	依托旧城改建	精密仪器与机械	西南地区，平原地貌，东南向有浅山
大同	中等城市型（11.1 → 32.0）	依托旧城改建	能源工业	华北地区，西高东低的山前平原地带，东向为御河
太原	大城市型（44.0 → 70.0）	依托旧城改建	冶金能源	华北地区，南北狭长的河谷地带，汾河自中部南北穿越
武汉	特大城市型（144.7 → 197.7）	"三镇"整合发展	钢铁工业	中原地区，水网密集，被长江、铁路等分割

注：1）城市规模分类依据建国以来长时期较主流的概念（如建设部门对设市城市人口的统计），即城市人口 20 万人以下为小城市，20 万～50 万为中等城市，50 万～100 万为大城市，100 万以上为特大城市。

2）1954 年版洛阳市初步规划所确定的人口规模仅指涧西区范围，为了与其他城市保持统一口径，特采取 1956 年版洛阳市总体规划所确定的人口规模（约 40 万人以上）。

此外，城市规划空间布局模式的实施代价也是一个值得讨论的话题。在人们通常的观念中，空间布局模式往往是科学、先进的代名词，但八大重点城市规划的案例却提醒我们，对城市规划的空间布局模式应有更加全面的认识。在洛阳的避开旧城建新区和兰州的多中心组团结构等这些独具特色、广为传颂甚至被写入教科书的"经典规划模式"的背后，却常常还存在着不少缺陷之处，或者需要付出相应的庞大代价，这又往往是不为人知的。

以洛阳为例，"洛阳市的主要风向为东北风和西风。由于在厂址选择时受当地古墓分布的限制，规划中住宅区位于工业区的下风，使部分住宅区的卫生条件不够好。"[②] 就兰州而言，"由于带状盆地地形的限制和多年来不合理布局所带来的结果，各个城市单元中人口居住不能就地平衡，造成了大约有三万人的远距

① 中国城市规划学会，全国市长培训中心．城市规划读本［M］．北京：中国建筑工业出版社，2002：261.

② 国家建设委员会．国家建设委员会对洛阳市涧河西工业区初步规划的审查意见（1954 年 12 月 17 日）［Z］// 洛阳市规划综合资料．中国城市规划设计研究院档案室，案卷号：0829：20–24.

离上班，即乘公共汽车从城关区到西固区来回通行，不仅增加了交通运输量，而且给职工的生产与生活带来不便。有的工厂企业远距离地分散在两处或多处，也同样造成了交通运输方面的迂回往返和浪费，给生产带来不便。”[①] 这些情况表明，城市规划的空间布局模式，与城市规划的科学性是一个完全不同的概念。当然，城市规划不可能是完美无缺的，某些规划模式所具有的一些缺陷是无法妥善解决的，如兰州的长距离运输即更多地出于自然条件的限制，这是需要承认的。但是，也有一些规划模式，其某些缺陷则是可以通过改进规划工作方法的途径加以避免的，这正是值得规划工作者加以反思的。

4.4.4 规划方案经济评价的极端重要性

在八大重点城市规划的空间布局方案中，包头的分散式布局是一个存在争议的论题。一方面，包头市的规划是非常超前、具有前瞻性的；但在另一方面，它也造成“原有旧城基础不能充分利用”[②]，“使近期很难形成一个城市，造成工程管网及福利设施上的浪费”[③] 等，在规划实施前期曾一度被批判为“贪大求洋”的典型代表[④]。即使从更长远的眼光来看，“在建设初期，包钢、一、二机厂及基建等大企业，基地放在旧区，新区与旧区相距 14 ~ 20 公里，职工成年累月往返奔跑，大量物资长期往返运输，耗费极大。据粗略估算，三十年来仅运输费用就多化［花］约 3.5 亿元，而三十年间包头市累计住宅投资为 3.13 亿元。”[⑤] 那么，究竟该如何认识这一问题呢？

显然，包钢的选址是导致包头分散式布局的主要因素，其中地质条件的因素又对包钢的选址起到了核心作用，“万水泉方案因厂址地质条件不如宋家壕的好也放弃了”[⑥]。然而，正如 1956 年 7 月包头市关于规划工作的总结报告所指出的：“曾经地质方面苏联专家实地观察研究，结果认为万水泉地质条件不是不能放钢厂，只是次于宋家壕”[⑦]，这就是说，地质条件并非包钢选址的绝对限制性因素。在此情形下，如果在包钢选址时，未对地质条件过分苛求，或者从城市整体发展的宏观视角综合考虑，那么万水泉方案的优点是无疑的，因为“从城市方面看，万水泉方案在满足人防要求下，新旧城联成一片，两个工业区住宅区在近期就可能连成一片，集中紧凑，优点很多，可以躲开昆独［都］仑河，省略很多工程设施，旧市区也可以在建筑器材、公共设施方面，便利地支援新市区”[⑧]（图 4-16）。

同时，即使就城市规划的前瞻性而言，如果采用万水泉方案，城市规划方面完全可以设计出同样能够适应城市长远发展要求的前瞻性规划方案。这一点，并不难理解，也不存在多大的技术难度。但遗憾的

---

① 任致远．兰州城市的几大特征［J］．兰州学刊，1984（2）：48-53.

② 内蒙古自治区包头市规划资料辑要［Z］// 包头市城市规划文件．中国城市规划设计研究院档案室，案卷号：0504：17.

③ 包头市总体规划设计说明书（1955 年 5 月）［Z］// 包头市城市规划文件．中国城市规划设计研究院档案室，案卷号：0504：179.

④ 高海峰．四版规划与一座城市的“本色”［J］．中国城市经济，2009（4）：70-73.

⑤ 沈复芸．“一五”时期包头规划回顾［J］．城市规划，1984（5）：26-28.

⑥ 包头市新市区初步规划工作总结（初稿）（1956 年 7 月 28 日）［Z］// 包头市城市规划经验总结．中国城市规划设计研究院档案室，案卷号：0505：10.

⑦ 同上．

⑧ 同上．

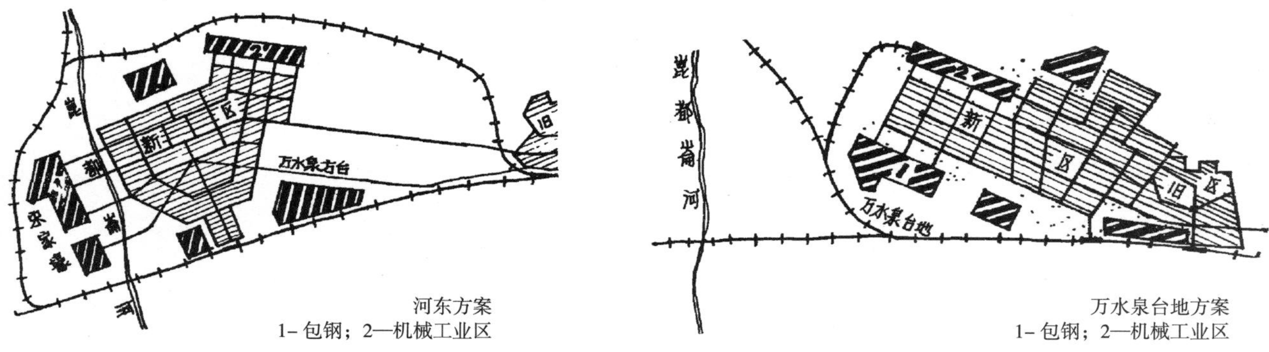

河东方案
1- 包钢；2—机械工业区

万水泉台地方案
1- 包钢；2—机械工业区

图 4-16　配合包钢两个选址方案的城市规划方案
资料来源：沈复芸．"一五"时期包头规划回顾［J］．城市规划，1984（5）：26-28.

是，"宋家壕及万水泉两个方案城市规划方面当时虽亦作了经济比较，但对在建设时期旧市区支援新市区的作用估计不够。"[①] 由此，造成数十年来包头市建设发展的庞大代价。

在包头的联合选厂工作中，宋家壕厂址方案的采用，似乎是从工厂利益出发，"工业至上"的指导思想——较好的地质条件于包钢有利；而在实际上，远离旧城则造成了其住宅建设、市政配套和公共服务等一系列的困难，尤其是大量职工的长距离往返"折腾"，反而是于包钢自身不利的一种结果，正所谓"得虚名而招实祸"。

更为重要的是，包头市规划的案例应该给我们以改进规划工作的历史教训。正如 1956 年包头市的总结："关于此问题城市方面应该要求厂方对厂址方案也进行经济比较［，］与城市规划同时考虑，提出最经济最合理的方案"，"配合选厂工作［，］城市方面应积极的多提出工业区与居民区合理分布的功能分区图，对不同的方案的优缺点要作认真切实地比较，尤其重要的是经济比较，在进行经济比较时应与工厂厂址方案的经济比较同时进行，使更全面的统筹的考虑问题"，"由于过去没有作［做］到这一步［，］因之在思想上总存在疑问，在此问题上城市规划工作中是存在有缺欠的"。[②]

在其他几个城市的规划工作中，同样也深刻认识到城市规划经济工作的重要性："要重视经济工作，没有经济工作为基础的规划图，是没有实际意义的。"[③] 加强城市规划的经济工作，开展城市规划的经济评价与多方案比选，正是提高城市规划科学性的重要手段，也是促进城市规划的空间布局模式与城市规划的科学性有机统一的根本途径。自 1955 年开始，援助中国的苏联专家队伍中开始出现经济工种方面的规划专家，由此，在"一五"时期后一阶段的规划实践中，我们将能观察到规划理论思想和规划事业发展的一些全新变化。

① 包头市新市区初步规划工作总结（初稿）（1956 年 7 月 28 日）［Z］// 包头市城市规划经验总结．中国城市规划设计研究院档案室，案卷号：0505：10.

② 同上，案卷号：0505：9-10.

③ 规划处．关于参与建委对西安等十一个城市初步规划审查工作报告（1954 年 12 月 20 日）［Z］// 1953 ~ 1956 年西安市城市规划总结及专家建议汇集．中国城市规划设计研究院档案室，案卷号：0946：36.

第 5 章

规划审批

Examine And Approve

在“一五”早期工业项目建设极为紧迫的形势下，国家有关部门仍然投入大量精力，于 1954 年第 4 季度对重点新工业城市的规划编制成果开展了为期 2 个月的集中审查。1954 年 12 月，国家建委率先批准西安、兰州和洛阳等市的规划。1955 年 11 ~ 12 月，中央、国家建委和国家城建总局又分别相继批准了包头、成都和大同等市的规划。在八大重点城市规划的审查和批准工作过程中，始终贯穿了实事求是、直面城市规划问题和矛盾的基本科学精神。通过城市规划的审查工作以及相应的规划修改和完善，不仅大大提高了城市规划工作的科学性，也保证了城市规划的严肃性，树立了城市规划的权威，为城市规划的实施和管理创造了良好的条件。

回顾“一五”时期八大重点城市的规划编制工作，一直处在一种相当紧张的形势之中。1954 年 6 月，在全国第一次城市建设会议上，李富春的总结报告中指出：“这次会议还应该开得早些，现在是开得晚了，但还可以赶快争取时间来补救。”① 会议结束两个多月之后，国家计委即于 1954 年 9 月 8 日下发《关于新工业城市规划审查工作的几项暂行规定》（五四计发申十二号）（以下简称《规划审查规定》），明确指出：“各新工业城市的初步规划多已作出，有的正在编制总体规划。但这些初步规划草案尚未经过审查。为不影响厂外工程与工人住宅区设计工作的进行，并便利城市规划下一步工作的顺利进行，本委确定在今年九、十两个月内组织审查以下各新工业城市的初步规划。”②

《规划审查规定》要求：“请各市人民政府按下列时间报送初步规划草案，初步规划草案尚未编制出来的城市，应抓紧进行，并由建筑工程部给以帮助”，“西安市：九月廿五日以前送到；兰州市：九月廿五以前送到”，“太原市：九月卅日以前送到；包头市：九月卅日以前送到”，“成都市：十月十日以前送到；武汉市：十月廿日以前送到。”③ 按照这一文件的通知精神，八大重点城市在 1954 年 10 月前后上报了规划编制成果。规划审查和审批工作迅即展开。

5.1 国家对规划审批的有关要求

1954 年 6 月，全国第一次城市建设会议提出《城市规划批准程序（草案）》，作为会议文件“附件三”印发。《城市规划批准程序（草案）》（以下简称《规划批准程序》）共 10 条内容，对规划审查、批准的有关问题进行了简要规定（图 5-1）。

---

① 李富春 . 在全国第一次城市建设会议上的总结报告（记录稿）[R] // 城市建设部办公厅 . 城市建设文件汇编（1953-1958）. 北京，1958：284.

② 国家计划委员会 . 关于新工业城市规划审查工作的几项暂行规定给陕西省等人民政府的电（1954 年 9 月 8 日）[Z] . 建筑工程部档案，中央档案馆，案卷号：255-3-256：3.

③ 该文件中未指明洛阳、大同两市的规划成果报送时间。参见：国家计划委员会 . 关于新工业城市规划审查工作的几项暂行规定给陕西省等人民政府的电（1954 年 9 月 8 日）[Z] . 建筑工程部档案，中央档案馆，案卷号：255-3-256：3.

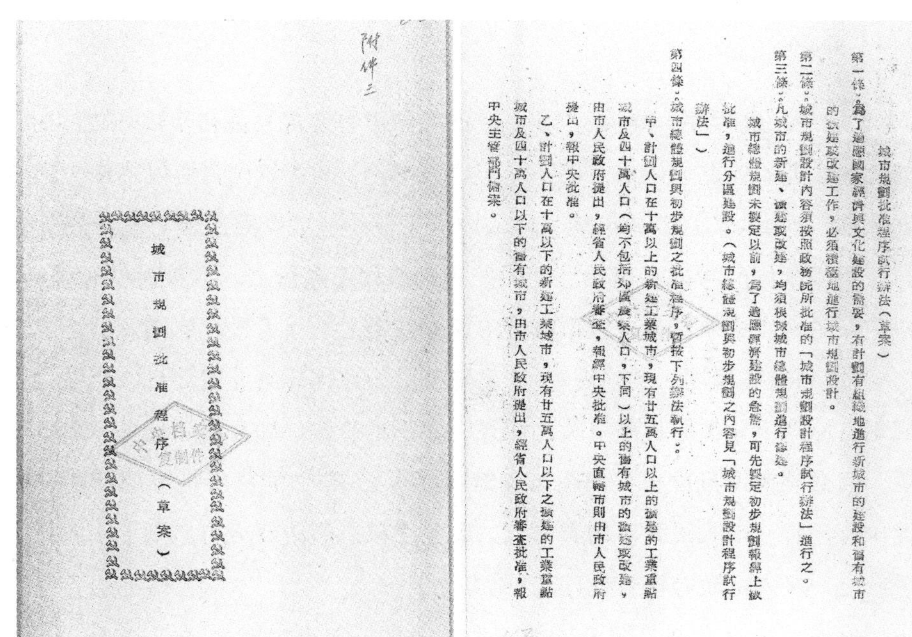
附件三

城市規劃批准程序（草案）

城市規劃批准程序試行辦法（草案）

第一條：為了適應國家經濟與文化建設的需要，有計劃有組織地進行新城市的建設和舊有城市的擴建或改建工作，必須積極地進行城市規劃設計。

第二條：城市規劃設計內容須按照政務院所批准的「城市規劃設計程序試行辦法」進行之。

第三條：凡城市的新建、擴建或改建，均須根據城市總體規劃進行修建。

城市總體規劃未製定以前，為了適應經濟建設的急需，可先製定初步規劃報經上級批准，進行分區建設。（城市總體規劃與初步規劃之內容見「城市規劃設計程序試行辦法」）

第四條：城市總體規劃與初步規劃之批准程序，暫按下列辦法執行：

甲、計劃人口在十萬以上的新建工業城市，現有廿五萬人口以上的擴建的工業重點城市及四十萬人口（均不包括郊區農業人口，下同）以上的舊有城市的擴建或改建，由市人民政府提出，經省人民政府審查，報經中央批准。中央直轄市則由市人民政府提出，報中央批准。

乙、計劃人口在十萬以下的新建工業城市，現有廿五萬人口以下之擴建的工業重點城市及四十萬人口以下的舊有城市，由市人民政府提出，經省人民政府審查批准，報中央主管部門備案。

图 5-1 《城市规划批准程序（草案）》（1954 年）

注：左图为档案封面，右图为档案内容的首页。资料来源：城市规划批准程序（草案）（全国第一次城市建设会议文件“附件三”）（1954 年 6 月）[Z]．建筑工程部档案，中央档案馆．案卷号：255-3-1：12.

《规划批准程序》指出：“为了适应国家经济与文化建设的需要，有计划有组织地进行新城市的建设和旧有城市的建设或改建工作，必须积极地进行城市规划设计”（第一条）；“城市规划设计内容须按照政务院[①]所批准的《城市规划设计程序试行办法》[②]进行之”（第二条）；“凡城市的新建、扩建或改建，均须根据城市总体规划进行修建。城市总体规划未制定以前，为了适应经济建设的急需，可先制定初步规划报经上级批准，进行分区建设”（第三条）。

根据《规划批准程序》，城市规划的审查与批准，按照城市人口规模的不同实行分类管理。“城市总体规划与初步规划之批准程序，暂按下列办法执行”：

> 甲、计划人口在十万以上的新建工业城市，现有廿五万人口以上的扩建的工业重点城市及四十万人口（均不包括郊区农业人口，下同）以上的旧有城市的扩建或改建，由市人民政府提出，经省人民政府审查，报经中央批准。中央直辖市则由市人民政府提出，报中央批准。
>
> 乙、计划人口在十万以下的新建工业城市，现有廿五万人口以下之扩建的工业重点城市及四十万人口以下的旧有城市，由市人民政府提出，经省人民政府审查批准，报中央主管部门备案（第四条）。[③]

---

① 1949 年 10 月 21 日，中华人民共和国中央人民政府成立政务院，1954 年 9 月 15 ~ 28 日，第一届全国人民代表大会第一次会议通过《中华人民共和国宪法》《中华人民共和国国务院组织法》等重要法律，原政务院改称国务院。参见：苏尚尧主编．中华人民共和国中央政府机构（1949 ~ 1990 年）[M]．北京：经济科学出版社，1993：19，25.

② 即《城市规划编制程序试行办法（草案）》，参见第 2 章的有关讨论。

③ 《规划批准程序》对详细规划和建筑设计的批准也进行了规定：“城市详细规划与建筑设计（见《城市规划设计程序试行办法》）之批准，暂按下列办法执行：第四条甲乙两项所列城市的详细规划均由省人民政府批准。建筑设计由市人民政府批准。中央直辖市的详细规划及建筑设计，均由市人民政府批准。”参见：城市规划批准程序（草案）（全国第一次城市建设会议文件“附件三”）（1954 年 6 月）[Z]．建筑工程部档案，中央档案馆，案卷号：255-3-1：12.

《规划批准程序》要求："在呈请批准城市总体规划或初步规划之同时，须将在该城市各建设部门（例如工业企业、铁路、港口、码头、卫生等部门）的建筑位置协议书作为附件报送批准机关，作为审查批准之依据"（第八条）。"城市规划区域内的工业企业或铁路运输、港口码头等新建、扩建用地之选择，均应与城市规划同时考虑和确定，并须按照批准程序进行之。如果尚没有统一的规划设计而建设任务紧急时，所建设的地点必须与所在城市取得协议，并经上一级人民政府同意后，方得进行建设。"（第七条）

《规划批准程序》明确规定："已经批准的总体规划非经原批准机关之同意不得修改。已经批准的初步规划，原则上非经原批准机关之同意，亦不得修改，如在修建任务紧急情况下，可作某些非主要部分的变更，但必须向原批准机关说明与备案"。（第五条）"对已经批准的新建、扩建或改建城市的规划设计之具体执行，省、市人民政府均有检查、监督之权。假使双方有原则上不同意见不能解决时，应报请原批准机关或上一级人民政府审查处理。"（第九条）

另外，1954 年 9 月国家计委下发的《规划审查规定》，进一步明确了初步规划的审查要求："总体规划按正常的审批程序报请中央正式批准，初步规划审查的暂行办法如下：1. 城市初步规划草案经市人民政府讨论通过后，按前项规定时间[①]同时报送省人民政府、中央建筑工程部与本委各乙份（说明书各送三份）；2. 省人民政府收到初步规划草案后，应即研究提出审查意见，并准备派主管负责干部参加本委的审查会议；3. 由本委城市建设计划局组织有关部门进行审查，并综合提出审查意见；4. 本委召开审查会议，请有关的市、省政府及中央各有关部门派代表参加，讨论前项审查意见；再由本委发一审查意见书，以便有关方面据此进行下一步的工作。"[②]

5.2 规划编制成果的集中审查

在八大重点城市规划工作的前期，国家层面关于城市规划方面的一些重要通知文件等，如 1954 年 9 月的《规划审查规定》，大多是由国家计委发出的，但到了 1954 年 11 月前后，情况却有所变化。1954 年 9 月，根据第一届全国人民代表大会第一次会议通过的《中华人民共和国国务院组织法》的规定，决定成立国家建设委员会；同年 11 月 8 日，国家建设委员会正式成立，薄一波任国家建委主任。[③]由于机构调整，原国家计委城市建设计划局调整至国家建委。八大重点城市规划的审查工作，正是发生在这一机构调整时期。

1954 年 10 ~ 12 月，在国家计委 / 国家建委城市建设计划局和建工部城建局的共同组织下，对一批重点新工业城市的城市规划编制成果进行了为期两个月的集中审查。

---

① 详见本章开头部分内容。

② 国家计划委员会 . 关于新工业城市规划审查工作的几项暂行规定给陕西省等人民政府的电（1954 年 9 月 8 日）[Z] . 建筑工程部档案，中央档案馆，案卷号：255-3-256：3.

③ 住房和城乡建设部历史沿革及大事记 [M] . 北京：中国城市出版社，2012：15.

根据国家计委城市建设计划局于10月5日所写的一份《审查城市初步规划工作计划要点》①，首批进行规划审查的，除了八大重点城市之外，还有3个重要城市：富拉尔基、株洲和石家庄。这一批城市的规划审查工作的时间安排大致如表5-1所示。

重点城市初步规划审查工作的时间安排 表5-1

城市	报送日期	初步审查	中心组审查	召开审查会议
富拉尔基	已送	9月底	10月4～6日	10月7～8日
西安	9月25日	10月4～14日	10月15～18日	10月19～20日
石家庄	9月25日	10月4～14日	10月15～18日	10月19～20日
兰州	9月25日	10月4～20日	10月21～23日	10月25～26日
太原	9月30日	10月7～23日	10月25～27日	10月28～29日
包头	9月30日	10月15～30日	11月1～3日	11月4～5日
株洲	10月10日	10月21日～11月1日	11月2～4日	11月5～6日
成都	10月10日	10月21日～11月5日	11月13～16日	11月17～18日
武汉	10月20日	10月27日～11月12日	11月13～16日	11月17～18日
洛阳	10月30日	11月6～14日	11月15～18日	11月20～22日
大同	10月30日	11月4～14日	11月15～20日	11月22～25日

注：根据档案整理。资料来源：计委会城市建设计划局（10月5日）. 审查城市初步规划工作计划要点［Z］. 国家计委档案，中央档案馆，档案号：150-2-132-11.

1954年12月20日，建工部城建局规划处曾形成过一份《关于参与建委对西安等十一个城市初步规划审查工作报告》(图5-2，以下简称《规划审查报告》)，对这次规划审查工作进行了较详细的总结。透过这份《规划审查报告》，可对当年的规划审查情况有一定程度的了解。

5.2.1 审查工作的组织及程序

《规划审查报告》指出："为满足国家第一个五年计划中的一四一项主要工业企业厂外工程的迫切需要，国家计划委员会决定在今年在第四季度开始重点城市的审查工作。因为目前审查力量不足［，］又缺乏经验，故确定首先进行包头、富拉尔基、株洲、武汉、西安、兰州、成都、洛阳、太原、大同、石家庄等十一个重点城市的审查。"② 可见，首批进行规划审查的，除了八大重点城市之外，还有富拉尔基、株洲、石家庄3个重要城市。

在规划审查工作的组织方面，"为了作好这一工作，以计委城市局（后隶属建委［ ）］为主［，］我局参加，组成了中心小组（由局长组成），成立了专门办公室，并以城市为单位连环建立了检验小组"，"于

① 计委会城市建设计划局（10月5日）. 审查城市初步规划工作计划要点［Z］. 国家计委档案，中央档案馆，档案号：150-2-132-11.

② 规划处. 关于参与建委对西安等十一个城市初步规划审查工作报告（1954年12月20日）［Z］// 1953～1956年西安市城市规划总结及专家建议汇集. 中国城市规划设计研究院档案室，案卷号：0946：31.

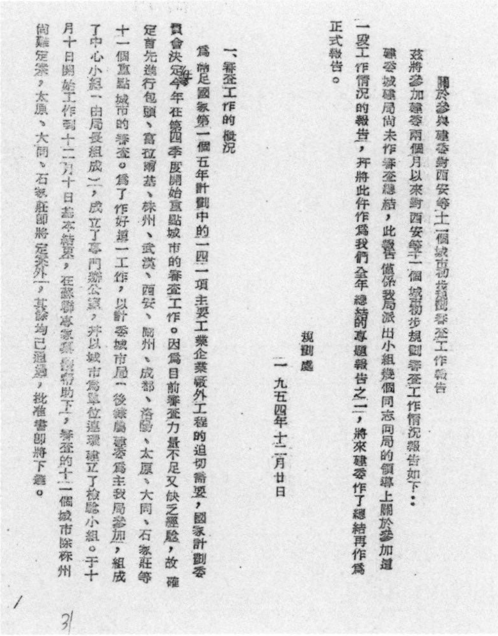

關於參與建委對西安等十一個城市初步規劃審查工作報告

茲將參加建委兩個月以來對西安等十一個城市初步規劃審查工作情況報告如下：

建委城建局尚未作審查總結，此報告僅係我局派出小組幾個同志向局的領導上關於參加這一段工作情況的報告，并將此作為我們全年總結的專題報告之一，將來建委作了總結再作為正式報告。

規劃處

一九五四年十二月廿日

一、審查工作的概況

為滿足國家第一個五年計劃中的一四一項主要工業企業廠外工程的迫切需要，國家計劃委員會決定今年在第四季度開始重點城市的審查工作。因為目前審查力量不足又缺乏經驗，故確定首先進行包頭、富拉爾基、株州、武漢、西安、蘭州、成都、洛陽、太原、大同、石家莊等十一個重點城市的審查。為了作好這一工作，以計委城市局（後隸屬建委為主我局參加，組成了中心小組（由局長組成），成立了專門辦公室，并以城市為單位連環建立了檢驗小組。于十月十日開始工作到十二月十日基本結束，在蘇聯專家具體幫助下，審查的十一個城市除株州尚難定案，太原、大同、石家莊即將定案外，其餘均已通過，批准書即將下達。

31

图 5-2　建工部城建局《关于参与建委对西安等十一个城市初步规划审查工作报告》

资料来源：规划处．关于参与建委对西安等十一个城市初步规划审查工作报告（1954 年 12 月 20 日）[Z] // 1953 ~ 1956 年西安市城市规划总结及专家建议汇集．中国城市规划设计研究院档案室，案卷号：0946：31.

[1954 年] 十月十日开始工作 [,] 到十二月十日基本结束，在苏联专家具体帮助下，审查的十一个城市除株州 [洲] 尚难定案，太原、大同、石家庄即将定案外，其余均已通过，批准书即将下达。”①

就审查工作程序而言，以城市为单位连环进行，大致包括 5 个步骤：首先，“检验小组先行研究资料，检查协议文件”；其次，“召开预备会议”，“各有关单位主管负责人参加，由 [城] 市 [方面] 介绍规划情况，各单位提出问题”；第三步，“审查小组将预备会议暴露的问题加以分类整理，督促协议，索要协议文件 [,] 并逐一开始图纸及说明书的审查工作”；第四步，“根据协议文件及审查出的问题起草审查意见书，提请中心组研究，向 [苏联] 专家和领导上汇报”；最后，“召开审查会议 [,] 通过审查意见书，上报核准后下达。”②

5.2.2　对各城市规划编制成果的评价

据《规划审查报告》，“这次审批 [查] 的十一个城市规划在各市报送前都经过当地党委和行政领导上数次的研究，在设计过程中也大都是在苏联专家的亲自指导下进行的，一般的来说这些规划是合理的，是符合于社会主义城市建设原则的，在工作中一般的也是贯彻了第一次全国城市建设会议所确定的方针和政策的。”③ 这是对各重点城市规划编制成果的整体评价，总体上给予了充分肯定。

同时，《规划审查报告》也指出了在贯彻全国城市建设会议方针政策方面，各城市的规划所存在的一些不足之处，主要表现在如下方面：

---

① 规划处．关于参与建委对西安等十一个城市初步规划审查工作报告（1954 年 12 月 20 日）[Z] // 1953 ~ 1956 年西安市城市规划总结及专家建议汇集．中国城市规划设计研究院档案室，案卷号：0946：31.

② 同上，案卷号：0946：32.

③ 同上，案卷号：0946：32.

1）"大城市思想尚未完全克服"

"各城市远景发展的经济根据，国家还不能确定，远景规模只有根据各市的经济发展可能，加以估算［，］而估计时往往看到城市有利于经济发展的一面多，对不利于发展一面分析少，因而一般城市对远景发展规模都估计偏大。"① 例如，"兰州市从地理、运输和资源等条件来看是有利于发展的，但从自然地形条件来看平地少，则不宜于发展过大，在这种情况之下为了容纳更多的人口，采取了不合理的计算用地方法，每人生活居住用地定额按六十八平方米计算外，（专家意见兰州特殊可以同意），将百分之七的人口计划住在工厂和公共建筑内，相对的［地］降低了用地定额。"②

另外，"有的城市为使远景人口多一些，则提高基本人口数字或降底［低］基本人口的百分比。如武汉市基本人口中的军事人员就多算了三万人，并把十五——二十年的基本人口百分比降底［低］到百分之二十四。"③

2）"某些城市对重点建设、稳步前进的方针和紧凑发展的原则还贯彻不够"

"有些城市在近期重点建设上为工业服务的观点尚不明确，因此仍有'百废具［俱］兴'现象，想在近期把城市一切都改头换面变成社会主义城市。"④"表现在对近期建设用地不加周密计算，严格控制，近期用地计划远远超过实际需要，把近期不必要修建的或由于现状限制不可能修建的道路也都列入了近期建设计划。"⑤

譬如，"洛阳近期居住用地超过实际需要百分之四十，兰州几乎超过一倍，武昌近期修建的道路占远景规划中的百分之七十五，而兰州竟达百分之八十"，"这样［的］计划一旦批准，必然要使国家在城市近期建设上过多的增加投资，影响了重点工程建设，这是在目前经济情况下不能允许的。"⑥

3）"有些规划根据不充分"

有些城市在"作规划时考虑尚不全面。考虑住宅区多，对工业区则考虑少。规划图仍有不切合实际的现象存在。"⑦ 譬如，"包头规划的住宅区六十四平方公里，而工业用地只十八平方公里。不相适应。也即是考虑规划的物质基础差。"⑧

另外，"在工业备用地分布上，不考虑自然条件和运输作业的便利"，"如太原把沙沟作成了工业备用地"；"有的对'可能'条件考虑不足"，"如武昌近期建设道路穿过了现有的农学院，并未取得协议，同时在经济条件上也是不可能的"，"西安市立体交叉太多，跨度太长（有的跨过五百公尺的编组站）［，］技术

① 规划处．关于参与建委对西安等十一个城市初步规划审查工作报告（1954年12月20日）［Z］// 1953～1956年西安市城市规划总结及专家建议汇集．中国城市规划设计研究院档案室，案卷号：0946：32-33.

② 同上，案卷号：0946：33.

③ 同上，案卷号：0946：33.

④ 同上，案卷号：0946：33.

⑤ 同上，案卷号：0946：33.

⑥ 同上，案卷号：0946：33.

⑦ 同上，案卷号：0946：33.

⑧ 同上，案卷号：0946：33-34.

条件困难且妨碍铁路的运输作业。”①

4）“规划图和经济计算结合不够”

关于这一问题，首先“表现在计划的经济技术指标和图中所表示的不相符合。”② 譬如，“洛阳每人生活居住用地计划的是七十六平方米，而实际表示的是六十八平方米”，“武昌绿地定额计划是十二平方米，而实际表示的仅为六．六［6.6］平方米。”③

另外，这一问题“也表现在规划图只考虑全市人口和用地的平衡而没有注意分区的平衡”。譬如，“武昌总用地是符合实际需要的，但其中徐家棚区按该地人口的发展情况尚有十二平方公里填不满”，“兰州也有同样情况，西固、七里河人口拥挤，而旧城区一带则用地有多。”④

5）“对旧城市的利用，改造考虑不足”

《规划审查报告》指出：“旧城市新工业的发展，本身就包含着利用和改造旧城市的重要意义。充分利用原有一切能利用的设备，变消费城市为社会主义的生产城市，特别近期的旧城利用率问题，不仅在经济上而且在政治上也是有莫大意义的。”⑤ 然而，“一般城市对这一点的认识是不足的，对现有的其他人口过分强调其文化底［低］，参加工业建设有困难，因而在近期城市利用率的计算上宁低勿高”，“如武昌原在厂外工程计划任务书审查会议记录中规定旧城利用率百分之二十五，而他们计算时则取百分之十”，“兰州市也是对该因素考虑不足，而使近期人口激增。”⑥

据《规划审查报告》，“在审查的十一个城市中［，］武汉、包头、太原、石家庄、富拉尔基、大同、株洲等城市要求铁路或车站搬家，西安、兰州、太原要求机场搬家，还有仓库与其它［他］现有设备等。”⑦《规划审查报告》认为，“对这些要大批花钱的事，在今后尤其在近期，除造成工业建设与重大建设有不可克服的困难可考虑外，一般应加利用。即使远景要搬而现在能利用的还应充分利用。只有这样才能为社会主义工业化而积累充分的资金。”⑧

6）“对协议工作不够重视”

据《规划审查报告》，“这次审查的十一个城市所报的材料很少有协议文件，但在规划中某些未经协议的问题都已纳入了计划（如机场、铁路、仓库等等的迁移问题）［，］有的城市想以中央领导的决定来代替协议，就是在审查过程中对协议也有的表现不够主动。”⑨《规划审查报告》提出，“城市规划是一个复杂的

① 规划处．关于参与建委对西安等十一个城市初步规划审查工作报告（1954 年 12 月 20 日）［Z］// 1953 ~ 1956 年西安市城市规划总结及专家建议汇集．中国城市规划设计研究院档案室，案卷号：0946：34.

② 同上，案卷号：0946：34.

③ 同上，案卷号：0946：34.

④ 同上，案卷号：0946：34.

⑤ 同上，案卷号：0946：34.

⑥ 同上，案卷号：0946：34–35.

⑦ 同上，案卷号：0946：35.

⑧ 同上，案卷号：0946：35.

⑨ 同上，案卷号：0946：35.

综合性的设计工作，它涉及到各个方面的问题很多，不重视协议工作便会减低规划的全面综合性与现实性。今后必须从设计开始即应注意协议工作，否则图虽作好，正如专家所说只是完成了工作的一半，且存在有返工的危险。如石家庄便是这样的例子。”①

上述6个方面的问题，有些属于规划编制工作的一些不足之处，有些则是客观存在的现实条件所致。在《规划审查报告》中，明确指出了“规划设计工作中的两项困难”，即：“（1）国家对远景经济计划未定，故规划图的远景根据不充分”；“（2）缺乏我国规划工作中统一的规划定额指标”，“使规划工作无所遵循。”②

5.2.3 规划编制工作中存在的几个主要矛盾

《规划审查报告》对“规划中应加以研究并需适当解决的几个主要矛盾问题”进行了分析，主要包括3个方面。

1）“集中与分散的矛盾”

“在近期建设中［，］城市从国家经济利益与便利生产和劳动人民生活［，］促使城市面貌早日形成出发，要求集中修建”，“而工业企业主要为照顾工人上下班的便利，尤其工厂选择较远的则要求住宅区靠近工厂”；“二者往往发生矛盾”，“一般城市均遇到此问题，严重者如包头、武汉近期建设，工厂要求分成四、五块。”③

针对这一矛盾，《规划审查报告》“认为近期建设‘集中紧凑’的原则是完全正确的，必须坚持，这样能够节约公用事业投资，便利居民生活。”④但在另一方面，也要“视具体情况而定”，“如工厂分布的特别分散，过分强调集中［，］完全修建在市区内也是不妥当的，因为这样不仅造成工人上下班的严重困难，且相对的增加了公用事业的投资。”⑤对此，《规划审查报告》提出：“一般情况下，工厂离居住地不宜超过三、四公里，否则工厂可就近修建，或修建一部分”，“苏联专家曾提出，工厂在厂前区可修建百分之二十五工人的住宅。”⑥

同时，《规划审查报告》也指出了这一矛盾产生的根源——选厂工作，并提出一些工作改进建议。“这种矛盾的产生是很难避免的，但如果在厂址选择时，能有计划的［地］使工厂紧凑布置，这个矛盾是会减少的。”⑦《规划审查报告》指出：“在解决这个矛盾的过程中，首先必须反对工厂的本位主义”，“事实证明，这种观点不论对城市的完整和经济都是不利的，就是对工厂本身也会带来莫大的困难。如西安纺织区现在

---

① 规划处．关于参与建委对西安等十一个城市初步规划审查工作报告（1954年12月20日）［Z］// 1953 ~ 1956年西安市城市规划总结及专家建议汇集．中国城市规划设计研究院档案室，案卷号：0946：35.

② 同上，案卷号：0946：35.

③ 同上，案卷号：0946：37.

④ 同上，案卷号：0946：37.

⑤ 同上，案卷号：0946：37.

⑥ 同上，案卷号：0946：37.

⑦ 同上，案卷号：0946：37.

自动要求把部分工厂迁往市区的事实，就是明显的例子”；“同时也必须照顾到离城过远的工厂工人上下班的实际困难。”①

2）“铁路与规划的矛盾”

关于这一矛盾，《规划审查报告》归纳主要有 3 种情况：“（1）由于现状存在，城市的发展即被铁路分割，如武昌徐家□［棚］现有铁路线，［武汉］市内要求将来封闭，汉口现有铁路要求迁出等”；“（2）由于计划不周，造成铁路和规划的不合理现象”，如“包头二部某工厂，工人上下班要通过电厂的专用线等”；“（3）由于本身的经济利益和技术条件的限制，使计划的铁路与规划发生矛盾。如西安八五三厂专用线将影响北部发展用地的完整，太原四四七厂专用线将分割规划的住宅区。”②

《规划审查报告》指出：“对于上述三种情况应按节省投资，技术可能，居民方便的原则加以分别处理。”③“属于现状（或设计已经定案）者并严重影响居住区的安宁，则可与铁道部研究协议，考虑迁移，但须不影响工业建设为原则”；“属于技术上的问题，如确有困难，只得迁就。”④

3）“卫生与规划的矛盾”

对于这一矛盾，也主要有 3 种情况：“（1）由于自然条件的限制而不能满足卫生的要求，如洛阳由于铁路运输的便利和地质条件，使工业区位于住宅上风，又如兰州市主要风向向西，而河流向东，造成□［排］水上的困难”；“（2）由于现状而造成的卫生上不合理现象。主要是现有分布于住宅区的有害工厂”，“如西安皮革厂，武汉电厂”等；“（3）由于考虑不周，防护距离不合规定。如武汉鲇鱼套住宅区临近铁路编组站，兰州编组站没有防护地带，西安开关蒸［整］流厂防护距离不合规定等等。”⑤

就规划工作的应对而言，《规划审查报告》指出：“上列属于自然条件的限制或现状存在并变动确有困难者，只能采取措施，设法减轻其有碍卫生的影响（如留出防护地，加强工厂烟污密闭设备）”，“但对住宅区有严重危害性的工厂如皮革厂，炼焦厂等［，］必须在将来经济可能时迁出住宅区，现在亦应加强防护措施”；“属于计划不周者应按卫生要求加以修正。”⑥

在工作报告的最后，《规划审查报告》还提出了一些改进规划工作的建议。⑦

---

① 规划处 . 关于参与建委对西安等十一个城市初步规划审查工作报告（1954 年 12 月 20 日）［Z］// 1953 ~ 1956 年西安市城市规划总结及专家建议汇集 . 中国城市规划设计研究院档案室，案卷号：0946：37.

② 同上，案卷号：0946：38.

③ 同上，案卷号：0946：38.

④ 同上，案卷号：0946：38.

⑤ 同上，案卷号：0946：38-39.

⑥ 同上，案卷号：0946：39.

⑦ 主要包括 3 点：“1、为加强审查工作的组织领导［，］建议成立审查委员会，并请有关苏联专家为委员会顾问，经常提供其资料，以便提出意见。建议明确我局［建工部城建局］与［国家］建委城市局审查工作的范围与作法，以明确关系，制订今后工作计划。2、建议制订规划中各种试行定额，搜集有关规范标准（如防空、防护地带等），并请计委尽早明确城市远景发展的经济根据，以作设计与审查工作的依据。3、建议指示各市主管单位呈报规划资料时必须同时报送协议文件”。参见：规划处 . 关于参与建委对西安等十一个城市初步规划审查工作报告（1954 年 12 月 20 日）［Z］// 1953 ~ 1956 年西安市城市规划总结及专家建议汇集 . 中国城市规划设计研究院档案室，案卷号：0946：41-42.

5.3 西安、兰州和洛阳的1954年版规划：率先批复

1954年12月的《规划审查报告》中指出："审查的十一个城市除株州［洲］尚难定案，太原、大同、石家庄即将定案外，其余均已通过，批准书即将下达。"① 实际上，1954年12月首批获得国家建委正式批准的，只有西安、兰州和洛阳3个城市的规划。

5.3.1 国家建委对西安市规划的批复

在重点新工业城市规划的集中审查期间，国家计委/国家建委于1954年10月29日召开了西安市规划的审查会议。经审查，西安市的规划获得通过。② 在西安市规划审查过程中，全国人大委员会委员长刘少奇、国务院总理周恩来曾听取西安市城市总体规划的汇报③，并作出过重要指示。④ 1954年12月11日，国家建委正式批准西安市初步规划。

在本书第一版中，曾借助《当代西安城市建设》一书，就国家建委对西安市总体规划的审查和批复意见进行过一些讨论。本书第一版发行后，笔者专门赴西安市进行补充调研和查档，遗憾的是，在西安市档案馆、西安市城建档案馆、西安市规划局档案室和西安市城市规划设计研究院等单位，均未查到1954年国家建委对西安市规划的批复文件。后来，笔者又赴中央档案馆查档时，终于在国家计委档案中发现了这一珍贵文献，全文如下：

国家建设委员会对西安市初步规划的审查意见

*［发文号］⑤

一九五四年十月二十九日我们召开了西安市初步规划的审查会议。出席会议的有陕西省计委副主任鲁直同志、中共西安市委副书记冯直同志、西安市副市长杨晓初同志和建筑工程部、卫生部、公安部、水利部、交通部、第一机械工业部、第二机械工业部、纺织工业部、军委空军修建部等部门以及国家计划委员会有关单位的同志。现将审查会议的意见综合于下：

（一）

国家第一个五年计划决定在西安市新建及扩建大批工业企业，西安市将由一个工业基础薄弱的城

---

① 规划处.关于参与建委对西安等十一个城市初步规划审查工作报告（1954年12月20日）［Z］// 1953～1956年西安市城市规划总结及专家建议汇集.中国城市规划设计研究院档案室，案卷号：0946：31.

② 《当代西安城市建设》编辑委员会.当代西安城市建设［M］.西安：陕西人民出版社，1988：34.

③ 《当代中国》丛书编辑部.当代中国的城市建设［M］.北京：中国社会科学出版社，1990：49.

④ 《当代西安城市建设》编辑委员会.当代西安城市建设［M］.西安：陕西人民出版社，1988：34.

⑤ 本档案系手抄记录，文件的发文号因故未能记录。

市发展为一个机械制造工业与纺织工业的城市。

西安市的远景发展规模因远景发展经济指标还未明确，故尚难最后肯定。为便利西安市进行规划工作，同意西安市远景发展规模控制在一百二十万人以内。

西安市的规划布局，在历史形成的基础上，对于工业区与住宅区的布置、街坊建设的原则、市区中心的位置，干道、广场及绿化系统，仓库、铁道线路和车站的位置，自来水厂和污水处理场以及第一期修建范围等，基本上符合社会主义城市建设的原则。因此我们基本同意西安市的初步规划，可以作为安排当前厂外工程和第一期住宅区修建的依据，并作为进一步编制总体规划的基础。

（二）

根据西安市报来的初步规划，其中尚有若干问题需要加以研究：

一、按西安市的人口发展规模，除渭滨、洪庆、浐河东纺织工业区三个工人村外，西安市的规划区居住人数约有一百十三万人。生活居住用地定额如按西安市拟定的远景计划每人七十六平方公尺计算，则全市居住用地总面积应为八十六平方公里左右，而初步规划中西安市规划区的生活居住用地面积共约一百零一平方公里，较远景需用面积尚超过十五平方公里。为使城市发展紧凑，便利控制建设用地，对现规划图中西南角的绿地、东南部的绿地和高地上的居住用地，以及陇海铁路以北的居住用地，可加以控制，作为将来发展的保留用地，暂不作具体规划。

二、市区南郊已有的“文教区”，今后不宜继续发展。因为学校建筑原则上应有计划地分布于住宅区内，若干工业技术学校则可靠近于性质相同的企业，但也不应脱离住宅区。这样对节约国家资金、城市的美观、学校的教学活动、活跃城市生活以及机关与企业工作人员的兼课等各方面都有好处。因此，建议除原有学校外，今后新建的学校一般不应再集中在此地区修建。至于该区内的空地，可布置一些住宅、公共建筑或卫生上无害、运输量不大的中小型工厂，以便逐步与旧城区连接起来。

三、防护隔离地带的宽度，原则上应符合防空和卫生的要求。初步规划图中防护隔离地带的设置，基本上是合理的。其中除西南郊保留工业地区与住宅区的防护隔离地带宽度，应视今后所布置的工厂性质及级别具体确定外，西郊开关整流器厂与住宅区的隔离地带，应该按厂国外设计要求，具体确定之。其他已布置的工厂，若其性质、级别及厂区布置等有变更时，亦应根据工厂技术设施情况和卫生的要求，适当调整其防护地带的宽度。

东郊韩森塚公园的高地，距东郊工业区较近，为考虑工厂防空及保密的要求，不宜修建目标显著的建筑物，将来在公园管理上亦应适当控制。

四、关于设置立体交叉问题。规划图中陇海铁路与道路的交叉共有七处，其中第二、六号（按自西而东的顺序）两个立体交叉各横跨东、西郊编组站，影响运输作业，且跨度较大，工程技术上也有一定困难，可不修建；第七号交叉处在交通运输上并不繁忙，可改作平面交叉；其他四个交叉，除第四号立体交叉已修建外，其余三个则视今后铁路南北交通发展的需要，再考虑逐步修建。

西郊西兰公路与工业的专用铁路线相交处建立立体交叉问题，由于目前公路交通量不大，又处市区边缘，可暂不考虑。以后视交通发展情况再具体确定。

五、浐河东的纺织工业区远离市区，其住宅区形成一个独立的工人村，不仅引起工人生活上的不便，且造成了城市的分散和公用事业投资的增加。除国棉「五」厂及一印染厂可在原有基础上继续修建外，今后新建的纺织厂则应移建于西安市规划区内，具体位置可由纺织工业部会同西安市及有关部门研究确定。

六、南郊现有军委所属的制革厂，因影响周围居民卫生，原则上应予迁移。在未迁移前，该厂的生产污水，应予处理排除。并尽可能在工厂附近留出卫生防护地带。至于今后具体迁移时间、地点等问题，由西安市会同制革厂与卫生部协议解决。

七、初步规划中提出的拟将西关外的飞机场迁离市区，保留为居住用地问题，待西安市与飞机场主管部门取得协议后，另行决定。在飞机场未决定迁移前，飞机跑道附近的房屋建筑层数，应暂适当控制，以免影响飞行的净空条件。

八、西安市适当地增加一些水面是需要的，但水道（河湖）系统的分布，应结合水源的可能性作进一步考虑，建议西安市在总体规划中会同水利部及有关部门作缜密的研究。

九、西安市的生活污水与工业生产水，根据地形的条件及今后工业发展的需要，原则上可分区排除。渭滨区、洪庆区、浐河东的纺织工业区可单独处理排除，规划区东西两郊工业区的生产废水，也可分别处理排除。规划区的生活污水应用暗渠排至西郊污水处理场，处理后经皂河排入渭河。必要时皂河应加疏浚，以利污水的排除。

东郊工业区的生活废水，如对生活污水的处理没有影响，则近期内为节省国家投资，可以排入城市生活污水管道集中到西郊统一处理后排除之。

十、北郊八五三厂专用铁路线的走向问题，请第二机械工业部会同铁道部并西安市进一步研究决定。在铁路运输技术和经济条件许可的情况下，应尽量照顾城市规划的完整性。

（三）

为适应工业建设和城市发展的需要，建议西安市和有关部门在今后工作中注意以下几点：

一、西安市近期内应以扩建为主，并随着工业发展的需要，再有重点地逐步改建旧市区。北郊由于陇海铁路站场的阻隔，交通不便，基本上不宜继续发展，今后应严加控制。

在第一期内应集中力量重点建设东、西郊工业区，以保证国家工业建设的顺利进行。西郊住宅区离市区较近，应由近及远，逐步发展；东郊住宅区距离市区稍远，应紧凑建设，逐步向旧市区靠拢。对市区，根据需要与可能，经过慎重考虑后可集中在市中心区或一、二条街道上作有计划有重点的改建，以便使城市完整地发展。对渭滨、洪庆、浐河东三个工人村，西安市亦应加强合理规划和建筑管理，以免产生建设上的混乱现象。

……[①]

同时，各有关部门亦应根据西安市的初步规划和签订的协议，安排厂外工程设计及住宅区的建设。

三、西安市今后应在此规划的基础上全部完成总体规划的编制工作（诸如按交通量的大小、建筑物的情况具体确定道路的宽度，作出道路系统图；根据地形条件，计算土方平衡，作出垂直布置图……）。

四、在工作进行中，如发现初步规划有不合理处，省政府可以作必要的修改，并报国家建设委员会备案。

对上述审查意见，各有关单位如有不同意见时，应迅速通知本委，以便考虑作适当修改。

国家建设委员会

一九五四年十二月十一日[②]

5.3.2 国家建委对兰州市规划的批复

兰州市规划于1954年9月完成，经甘肃省委和兰州市讨论通过，上报国家计委。1954年10月29日，国家计委/国家建委主持召开了兰州市初步规划的审查会议。1954年12月11日，国家建委正式批准兰州市规划。

兰州市初步规划审查会议的召开日期，以及国家建委对规划的批复日期，与西安市都是在同一天。之所以有这样的日期重叠，可能是因为西安和兰州同属西北行政区、地理位置接近、工业建设项目有某些联系，因此国家建委有意将两市的初步规划特别安排在一起，一并加以统筹研究。本书第一版发行后，笔者也专门到兰州市补充调研和查档，令人遗憾的是，与西安市一样，也未能找到国家建委的批复意见。但同样令人惊喜的是，后来笔者又赴中央档案馆查档时，也在国家计委的档案中发现了这一珍贵文献。也将其全文转录如下：

国家建设委员会对兰州市初步规划的审查意见

*［发文号］[③]

一九五四年十月二十九日我们召开了兰州市初步规划的审查会议。出席会议的有：中共甘肃省委高健君副书记、兰州市孙剑峰副市长、任震英局长，以及建筑工程部、卫生部、铁道部、公安部、水

① 本档案系手抄记录，这里的一段话（两行文字）因故未完整提供。

② 国家建设委员会对西安市初步规划的审查意见［Z］. 国家计委档案，中央档案馆，案卷号：150-2-132-12.

③ 本档案系手抄记录，文件的发文号因故未能记录。

利部、交通部、燃料部、重工业部、第一机械工业部、军委空军修建部、国家计划委员会等有关单位的负责同志。现将审查会议的意见综合于下：

（一）

国家第一个五年计划将在兰州市开始新建石油、化学、机械等工业企业。今后还可能再增加一些工厂。因此兰州市将发展成为一个以石油工业、化学工业和机械制造工业为主体的重工业性质的城市。兰州市所拟的兰州市初步规划，在历史形成的基础上，对于工业区与住宅区的布置，省、市及区中心的位置，干道、广场及绿化系统，交通运输系统和车站的位置等基本上符合社会主义城市建设原则。

因此，我们基本同意兰州市的初步规划，可以作为有关建设单位安排当前厂外工程和第一期住宅区建设的依据，并作为兰州市进一步编制总体规划的基础。

（二）

兰州市初步规划中尚有若干问题，需要继续加以研究：

1．远景发展规模和居住用地问题

兰州市附近的资源、交通运输及国防等条件，是有利于兰州市的发展的；但由于自然条件的限制，又不宜发展过大。由于兰州市远景发展经济指标还不明确，远景发展规模尚难最后肯定，为便利兰州市进行规划工作，兰州市的远景发展规模可暂控制在八十万人以内。

按兰州市八十万人口的发展规模，生活居住用地如以兰州市所提每人六十三平方公尺计算，则全市居住用地面积约需五十平方公里左右，而兰州市初步规划中的生活居住用地面积仅约四十平方公里，尚差十平方公里左右（如按苏联居住定额每人七十六平方公尺计算，则尚差二十平方公里左右）。因此，兰州市对远景发展规模和居住用地面积，尚需再结合兰州市工业远景发展情况与地形条件作进一步的核算和规划。

在居住用地的分配上，需要根据人口发展和地形等具体情况，对旧城区、七里河、西固、安宁堡以及庙滩子五个区分区进行研究。西固住宅区因受地形和铁路站场限制，没有更大的发展条件，规划中的居住用地约可供四万人左右居住之用，远不足远景发展的需要，因此，将来可考虑根据需要向安宁堡发展。七里河住宅区亦仅够供该区第一期人口居住之用，将来如需增加居住用地，可向旧城区发展，或必要时也可适当向安宁堡发展。安宁堡区除部分作为西固、七里河两工业区将来发展的居住备用地外，主要部分应留作工业用地。此外，高坪地区因地形条件较差，目前可暂不建筑，但必需［须］加以控制，以备将来必要时再适当向高坪发展。

2．第一期修建问题

（1）兰州市所提的第一期人口由现有三十五万人（如减去流动人口，实有三十二万余人）发展至六十三万人。由于兰州市在人口分析中对工业职工、高等学校等人数的增加计算偏多，且基本人口所占百分比较小，因而人口增加比例较大。我们认为国家在进行社会主义建设和改造时期内，工业职工应尽可能争取由旧城市现有人口中吸收。同时初期内外来职工携带家属的比例亦不会太大，加以国家限于财政力量，文化福利设施的发展不可能很快，服务人口不会大量增加。因此，基本人口的百分比可稍予提高，第一期人口总数估计可能比原拟定的要少些。建议兰州市根据第一期经济发展资料进一步加以分析计算。

（2）从第一期修建计划示意图看来，对旧城区的扩建较为第一期修建范围偏大，重点不够明确。我们认为第一期修建范围应根据工业建设的需要，分别不同地区具体计算用地，以便严格控制。

根据国家第一个五年在兰州工业建设的需要和国家的经济条件，兰州市在第一期内应集中力量建设西固和七里河两个工业地区；旧城区可暂维现状，只有在十分需要和可能的条件下，也在周密规划谨慎考虑后才对个别街坊和建筑物进行必要的改建，避免铺的面大宽，严格防止分散建设与浪费国家资金的现象。

（3）据规划局表示：第一批拟修建的道路占全市规划道路的百分之八十左右。数量太大，不论从经济条件或工程技术条件来看，均不可能实现。因此对于道路的新建或改建，均应视工业建设的实际需要和可能条件，作出具体计划后，再予确定。

（4）在西固、七里河两工业区的建设中，应充分注意利用旧城市。各企业部门应尽量吸收该市劳动力参加工业建设，以便与改造旧城市相结合，逐步转变兰州市现有人口比例的不合理状况。此外，并须尽量利用该市现有住宅及公共设施，以节省国家投资。

3．给水问题

（1）西固区、七里河区和旧城区的生活用水可统一由西固区水厂供给。为安全供水计，各区现有的取水设备和取水地，应保留备用。

（2）黄河北岸生活供水问题，可统一考虑，以经济、安全、卫生等条件做出比较方案后再定。

（3）各地区的生活用水定额，远景发展原则上应采取统一指标。但第一期可结合不同地区的具体情况由建筑工程部给水排水设计院会同兰州市与卫生部研究后确定。

（4）为保证水源地，自西固区西柳沟水源地沿黄河上游两岸，应根据卫生要求在一定距离内，不再修建往河内排入毒物的工厂。

（5）西固和七里河的工业用水，可根据国家计划委员会对「西固和七里河区厂外工程总体设计计划任务书的审查会议记录」办理。

4．排水问题

兰州市的生活污水，原则上应采取分区处理、就地排出的办法。

（1）炼油厂污水的排除问题，待审查炼油厂初步设计时再一并研究确定。

（2）七里河的工业污水与生活污水的排除问题，待做出比较方案后再定。

（3）旧市区、安宁堡、庙滩子等地区的生活污水的排除问题，亦应根据分区处理、就地排出的原则，由兰州市与各有关部门具体研究后决定。

5. 建筑的层数和管理问题

原则上同意兰州市提出的住宅区的建筑层数分配。由于兰州市地形狭窄，生活居住用地面积受一定限制，为节省用地，争取容纳较多的人口，兰州市住宅区的建筑层数，可考虑在经济和地震烈度许可的条件下，适当向高层发展，初步规划图表示拟在河谷平原修建一、二层建筑的地方，可基本上修改为三、四层建筑。

兰州是兰新、包兰、西兰铁路的连结点，为增加市容美观，今后车站和铁路附近建筑应注意合理布置，并加强建筑管理工作，避免建筑的混乱现象。

6. 兰州市东郊飞机场净空条件较差；同时，由于地形限制，将来发展亦有困难。兰州市初步规划中拟于将来废除该机场作为工业保留用地的问题，待兰州市与机场主管部门取得正式协议后，再行决定。在飞机场未决定迁移前，飞机跑道附近的房屋高度，应适当控制，以免影响净空条件。

7. 关于西固、七里河两工业区基建时所需用的建筑材料，如砂、石、砖瓦以及石灰等多赖西固区对岸的沙井驿地区供给，需要解决交通运输的问题，待与有关方面研究后，另行解决。

8. 几个具体问题

（1）兰州市初步规划的仓库用地面积太少，而且集中于七里河地区，为适应实际需要，仓库用地应相应增加，并应合理分布。

（2）随着交通事业的发展和黄河的治理，黄河上游将来有通航的可能，因此兰州市进一步编制总体规划时，应考虑保留河连码头的位置。

（3）规划中西固区的主要排洪道——寺沟走向问题，仍照计委会「对西固区厂外工程设计计划任务书的审查意见」办理。即尽可能减少弯度，以便减少对热电站的威胁。

（4）关于电厂的高压线、供热管道等走向问题，可由兰州市与有关单位具体研究决定。

（5）西固住宅区远离市中心区，规划中附近又无公园，为便利劳动人民的游憩，建议在西固区附近开辟一个小公园。

（6）为保证铁路附近居民的生活安宁和卫生条件，在铁路或车站与住宅区之间，规划中未按卫生标准设置隔离地带的地段应予修正。

（三）

在今后工作中，建议兰州市和有关部门注意以下几点：

1. 兰州市在今后分配建设用地中，应特别注意紧凑发展，节省城市用地。对于七里河、东岗镇和安宁堡的土地，要严格控制，合理使用。今后凡不需要在兰州市建设的地方工业应尽量不建或少建，而将空地完整地保留起来，以备将来工业发展的需要。

2. 为适应当前工业建设的迫切需要，兰州市应依据初步规划和上述审查意见，抓紧进行以下工作：

（1）迅速作出西固和七里河住宅区的详细规划。目前该两区在住宅区详细规划工作中存在的问题，请兰州市及总甲方组织有关部门的力量，具体解决。

（2）各有关部门应即根据兰州市的初步规划，安排各项厂外工程的建设。兰州市对各项工程的标高和坐标，尤其是今、明年必须修建的各项工程，更需迅速确定。

（3）迅速修正第一期修建计划。按照“重点建设，紧凑发展”的原则，分区具体计算。明确修建范围，并根据需要与可能，拟定各项工程的修建计划，以便施行。

3．建议兰州市在这个初步规划基础上，并参照上述审查意见，进一步完成总体规划的编制工作（诸如按照城市发展人口，拟订蔬菜、水果、肉类的供应地和疗养所的分布，作出郊区规划图；根据地形条件计算土方平衡，作出垂直布置图，以及上下水道系统图等等）。对于城市经济资料，亦须进一步详查核算。在编制总体规划过程中，凡与城市规划有关问题，应与各有关单位办理协议文件。

4．在工作进行中，如发现初步规划有不合理处，省、市政府可以作必要的修改，报国家建设委员会备案。

对上述审查意见，各有关单位如有不同意见时，应迅速通知本委，以便考虑作适当修改。

国家建设委员会

一九五四年十二月十一日[①]

5.3.3 国家建委对洛阳市规划的批复

在重点新工业城市规划的集中审查期间，国家建委于1954年11月13日召开了洛阳市涧河西工业区初步规划的审查会议。1954年12月17日，国家建委下达《国家建设委员会对洛阳市涧河西工业区初步规划的审查意见》（[54]建城王字第四三号），正式批准洛阳市（涧西区）规划。目前，中国城市规划设计研究院档案室保存有该审查意见（图5-3），特将该审查意见全文转录如下：

国家建设委员会对洛阳市涧河西工业区初步规划的审查意见

[54]建城王字第四三号

一九五四年十一月十三日我们召开了洛阳市涧河西工业区（以下简称涧河西区）初步规划的审查会议。出席会议的有河南省基本建设局局长齐文川同志，中央[共]洛阳市市委副书记李浩同志，洛阳市城市建设委员会副主任孔筒涛同志和卫生部、公安部、铁道部、水利部、第一机械工业部、重工业部、燃料工业部以及国家计划委员会和本委各有关局的同志。现将审查会议的意见综合于下：

① 国家建设委员会对兰州市初步规划的审查意见[Z]. 国家计委档案，中央档案馆，案卷号：150-2-132-13.

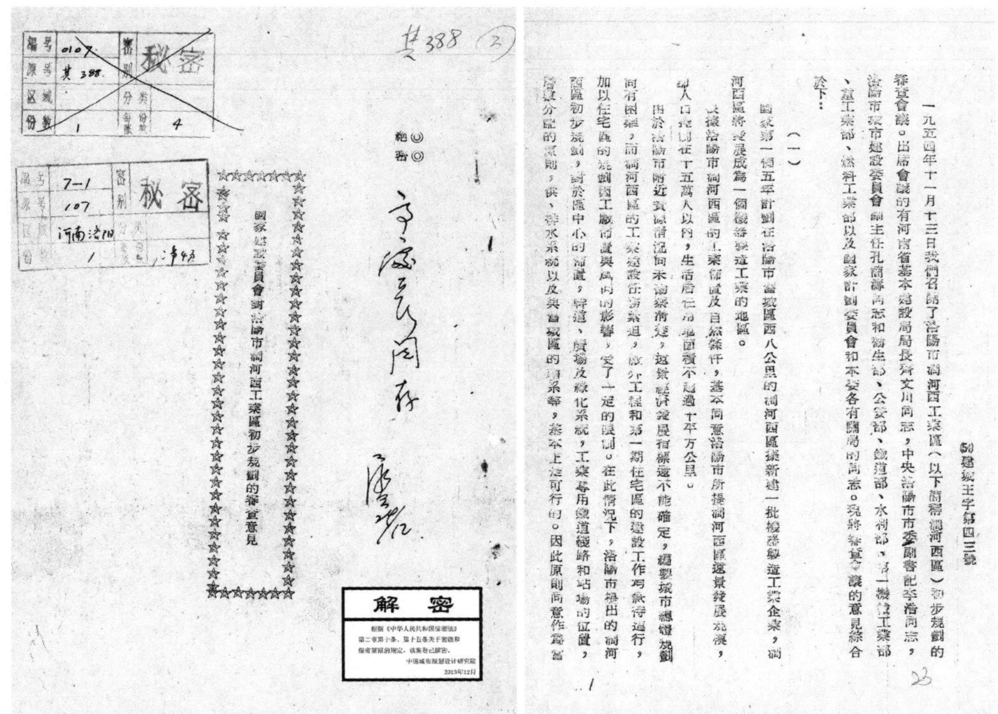

(54)建城王字第四三號

一九五四年十一月十三日我們召開了洛陽市澗河西工業區（以下簡稱澗河西區）初步規劃的審查會議。出席會議的有河南省基本建設局局長脊文川同志，中央洛陽市市委副書記李濬同志，洛陽市城市建設委員會副主任孔繁鑄同志和衛生部、公安部、鐵道部、水利部、第一機械工業部、重工業部、燃料工業部以及國家計劃委員會和本委各有關局的同志。現將審查會議的意見綜合於下：

（一）

國家第一個五年計劃在洛陽市舊城區西八公里的澗河西區擬新建一批機器製造工業企業，澗河西區將發展成為一個機器製造工業的地區。

根據洛陽市澗河西區的工業佈置及自然條件，基本同意洛陽市所提澗河西區遠景發展規模，即人口控制在十五萬人以內，生活居住用地面積不超過十平方公里。

由於洛陽市附近資源情況尚未勘察清楚，遠景經濟發展指標還不能確定，編製城市總體規劃尚有困難，而澗河西區的工業建設任務緊迫，廠外工程和第一期住宅區的建設工作均急待進行，加以住宅區的規劃因工廠佈置與風向的影響，受了一定的限制。在此情況下，洛陽市提出的澗河西區初步規劃，對於區中心的佈置，幹道、廣場及綠化系統，工業專用鐵道綫路和站場的位置，層數分配的原則，供、排水系統以及與舊城區的聯系等，基本上是可行的。因此原則同意作為當

图 5-3　国家建委对洛阳市规划的批复文件

注：左图为档案封面，右图为档案内容的首页。资料来源：国家建设委员会．国家建设委员会对洛阳市涧河西工业区初步规划的审查意见（1954 年 12 月 17 日）[Z] // 洛阳市规划综合资料．中国城市规划设计研究院档案室，案卷号：0829：23-24.

（一）

国家第一个五年计划在洛阳市旧城区西八公里的涧河西区拟新建一批机器制造工业企业，涧河西区将发展成为一个机器制造工业的地区。

根据洛阳市涧河西区的工业布置及自然条件，基本同意洛阳市所提涧河西区远景发展规模，即人口控制在十五万人以内，生活居住用地面积不超过十平方公里。

由于洛阳市附近资源情况尚未勘察清楚，远景经济发展指标还不能确定，编制城市总体规划尚有困难，而涧河西区的工业建设任务紧迫，厂外工程和第一期住宅区的建设工作均急待进行，加以住宅区的规划因工厂布置与风向的影响，受了一定的限制。在此情况下，洛阳市提出的涧河西区初步规划，对于区中心的布置，干道、广场及绿化系统，工业专用铁道线路和站场的位置，层数分配的原则，供、排水系统以及与旧城区的联系等，基本上是可行的。因此原则同意作为当前厂外工程和第一期住宅区修建的依据，并作为将来编制总体规划的基础。

（二）

根据洛阳市报来的涧河西区初步规划，其中尚有若干问题需要加以研究：

1. 洛阳市的主要风向为东北风和西风。由于在厂址选择时受当地古墓分布的限制，规划中住宅区位于工业区的下风，使部分住宅区的卫生条件不够好。为此建议卫生部商同工业企业建设部门根据涧河西区工业企业布置的具体情况和保护居民健康的原则，对有关的工业企业提出必需的卫生上的具体要求，以便采取必要措施，改善工厂有害车间对住宅区居民的影响。

2. 涧河西区第一期修建计划图上标明生活居住用地面积共达二百四十公顷，较所报第一期修建计划需用面积一百七十四公顷，超出实际需要六十六公顷之多，约计百分之四十左右，为节省用地，减少国家投资，住宅区建设应贯彻集中修建紧凑发展的原则，成片、成群、有步骤有计划地发展。各修建单位应从整体利益出发，根据第一期人口发展的实际需要，确定修建范围，应切实避免分散建设，盲目占用土地以至过多保留用地的办法。为此建议洛阳市会同有关修建单位，根据实际需要，对第一期建设用地详加计算，进一步修正第一期修建计划。

3. 原则上同意所拟定的涧河西区自来水厂的位置。至于水源及饮水方案，由水利部会同洛阳市及其他有关部门作进一步的技术经济比较后另行核定。

同意工业及生活污水通过管道排至旧城下游瀍河与洛河汇合处，经处理后排出。现在国家财政情况还困难，洛阳也还在建设初期，为适应目前的需要，可在涧河下游与兴隆寨附近修建临时化粪池[，]消毒处理后排出。

4. 报来的初步规划图中涧河西区及其附近没有仓库用地和垃圾堆积场，建议洛阳市根据实际需要，在便于铁路专用线按［接］轨处布置一些仓库用地，并在符合卫生和运输的条件下适当地考虑垃圾堆积场的位置。

5. 涧河西区的干道系统，若主要工业企业的厂前区位置有所变更时，为考虑艺术结构的完整性，南北向的主要干道可作相应的修正。

（三）

为配合工业建设和城市发展需要，建议洛阳市在今后工作中注意下列几点：

1. 根据国家第一个五年计划内在洛阳市的工业建设，洛阳市近期内应集中力量重点建设涧河西区，对于旧城区，除为配合工业建设需要，可整修联系涧河西的主要干道外，应维持现状。

为避免城市发展过于狭长，今后涧河西区基本上不宜再向谷水镇以西发展，而应当向东靠拢，以期将来条件具备时逐步与旧城区联成一片。

2. 为避免今后新建工厂对居住区的有害影响，在滚珠轴承厂东和矿山机械厂南的工业保留用地，今后不宜于设置有碍居民健康的工业企业。

铜加工厂和热电站的位置目前尚未肯定，建议以上两厂主管部门在确定厂址时，应会同有关单位(如人民防空委员会、卫生部等)，实地选择，取得协议，以便合理布置。

3. 建议洛阳市积极作好总体规划的准备工作：（1）对于可能建设工业或住宅的保留地区，作好勘察、测量、钻探工作；（2）进一步了解古墓分布情况，并建议文化部拟订发掘地下古墓的具体计划，以便为将来工业建设准备用地；（3）进一步搜集与研究城市现状、自然资料及经济资料。

4. 在编制总体规划时，对于飞机场的位置，应作合理的布置，并取得航空部门的同意。

5. 为适应当前工业建设的迫切需要，洛阳市及各有关部门应即根据涧河西的初步规划和签订的协议，安排厂外工程和第一期住宅区的建设。在建设中洛阳市应特别注意建筑管理工作，以防止建设上的分散和混乱现象。

6. 鉴于报来的涧河西初步规划，因铜加工厂、热电站及其他有关附属企业的位置尚未确定，郊区规划亦不够明确，建议洛阳市在条件许可时对涧河西区初步规划作适当的修正和补充。

7. 在工作进行中，如发现初步规划有不妥当之处，省、市政府可作必要的修改，报国家建设委员会备案。

对上述审查意见，各有关部门如有不同意见时，请通知本委，以便考虑作适当修改。

国家建设委员会

一九五四年十二月十七日①

图 5-4　原洛阳市委副书记兼城市建设委员会主任李浩（1920 ~ 1977 年）

资料来源：http://www.xhw.gov.cn/Item/Show.asp?m=1&d=3095

在上述审查意见中，一位领导的名字——“李浩”引起了笔者的兴趣，因为和笔者重名。经查，该领导在新中国成立初期曾任中共洛阳市委书记，当时的洛阳市还是县级市，后来洛阳市升格为省辖市（地级市），他于 1954 年 4 月任中共洛阳市委副书记、书记处书记②，兼任于同月成立的洛阳市城市建设委员会主任③，是与“一五”时期洛阳市城市规划工作密切相关的一位重要领导（图 5-4）。本书第一版发行后，笔者也曾专门赴洛阳市补充调研和查档，令人兴奋的是，在洛阳市档案馆居然发现了“李浩工作日记”，他在洛阳工作期间的多个年份的日记均有系统及妥善的保存。不仅如此，翻阅其 1954 年 11 月 13 日的日记内容，可以发现与国家建委审查意见的高度吻合之处（图 5-5）。这也同时表明，国家建委对洛阳市涧西区的审查意见，其实早在 1954 年 11 月 13 日的审查会议上已经基本形成，只不过后来于 1954 年 12 月 17 日才正式下发而已。

以上国家建委对洛阳市规划的批复意见，与西安和兰州有所不同，即主要针对的是涧河西工业区（同时对旧城建设等问题也有指示）。除此之外，1956 年 7 月洛阳市涧东区涧西区城市总体规划完成后，洛阳市向省、市有关领导作了汇报，获得一致同意。随即又向国家建委汇报。

① 国家建设委员会 . 国家建设委员会对洛阳市涧河西工业区初步规划的审查意见（1954 年 12 月 17 日）[Z] // 洛阳市规划综合资料 . 中国城市规划设计研究院档案室，案卷号：0829：21-24.

② 李浩（1920.03.07 ~ 1977.10.03），又名李承春，河南孟县（今洛阳）人。1938 年 6 月加入中国共产党，1938 年 10 月参加革命工作。新中国成立前，历任村党支部书记、区委书记、县委宣传部长、组织部长、县委书记等职。中华人民共和国成立后，于 1951 年 10 月调任中共洛阳市委（县级）书记，1953 年 1 月任洛阳地委常委、工业部长，1954 年 4 月任中共洛阳市委（地级）副书记、书记处书记。1957 年 4 月，调任三门峡市书记处书记，同年 5 月任三门峡市代理市长，1958 年 2 月任三门峡市市长、中共三门峡市委第二书记，1960 年 3 月任三门峡市委书记；1961 年 4 月任河南省机械工业厅办公室主任，1963 年 4 月任开封化肥厂党委第一书记，1965 年 8 月任开封市委书记，“文化大革命”期间受到残酷迫害，1977 年 10 月 3 日逝世，享年 57 岁。

③《当代洛阳城市建设》编委会 . 当代洛阳城市建设 [M] . 北京：农村读物出版社，1990：428.

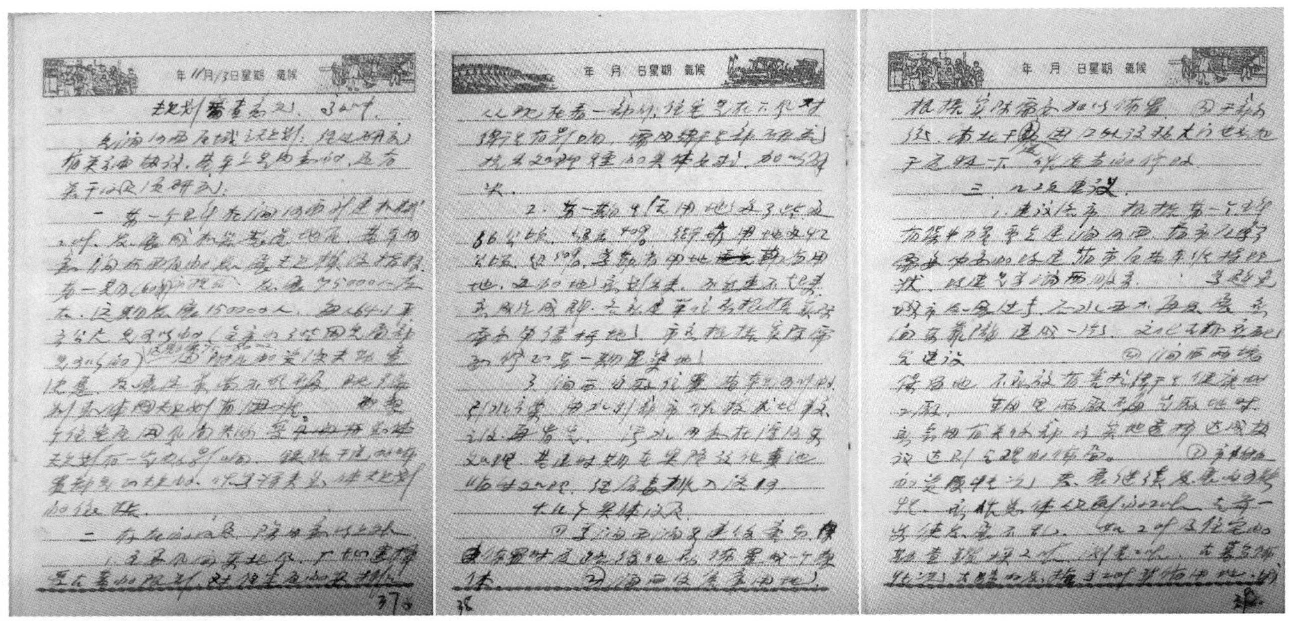

图 5-5 李浩工作日记：国家建委对洛阳涧西区初步规划审查会议的有关记录（1954 年 11 月 13 日）

注：从左至右依次为本次会议记录的前 3 页（部分文件）。

资料来源：李浩工作日记（1954 年）[Z]. 洛阳市档案馆，案卷号：1-3-128.

国家建委邀请文化部、卫生部、公安部、国家城建总局等有关部门负责同志，审查鉴定，其主要意见是：基本同意涧东暨城市总体规划；市中心在玻璃厂下风向，与该厂生产区要有 600 米以上的距离；洛阳玻璃厂西和厂南要规划一定宽度的防护绿带。①

综上所述，在“一五”初期城市规划工作“初创”的阶段，国家即高度重视城市规划的审批问题，即便在工业建设十分紧迫的形势下，仍然投入大量精力，历时两个月之久，对各个重点新工业城市的规划成果进行了相当细致、深入和严谨的审查和研究。通过城市规划的审查工作，以及相应的规划修改和完善，不仅大大提高了城市规划工作的科学性，也保证了城市规划的严肃性，树立了城市规划的权威，为城市规划的实施创造了良好的条件。

另外，回顾历史，也可明显感受到“一五”时期规划审查工作的科学意识和科学精神。尤其可贵的是，规划审查并非只是“通过审批”这样的简单目的，而是把城市规划中的一些尚需研究和改进的主要问题作为审查批复意见的主体。显然，各个城市的规划都不是完美无缺的，有些规划问题甚至还相当“严重”，但规划依然能够获得通过，同时又明确予以指出，要求改正。这样的做法，一方面使城市规划并没有“高高在上”的“神秘色彩”，而是实事求是，客观、实在地应对和解决一些突出矛盾。另一方面，在明确“原则同意作为当前厂外工程和第一期住宅区修建的依据”，并严格要求取得规划协议、必须遵守规划等规划严肃性的同时，有关规划修改的机制设计，特别是批复文件中“在工作进行中，如发现初步规划有不妥当之处……”和“对上述审查意见，各有关部门如有不同意见时……”等意见，又赋予城市规划工作以适当的灵

① 《当代洛阳城市建设》编委会. 当代洛阳城市建设 [M]. 北京：农村读物出版社，1990：79.

活和弹性，使城市规划随着城市发展新情况的出现，不至于因过度的严肃和刚性，而丧失其应有的合理性、科学性的基础和前提。

5.4 包头、成都和大同的 1955 年版规划：审批中的“一波三折”

5.4.1 中共中央对包头市规划的批复

在重点新工业城市规划的集中审查期间，国家建委曾于 1954 年 11 月 8 日[①]召开了包头市初步规划的审查会议。但是，1954 年 12 月获得国家建委率先批复的，却并没有包头市的规划。其中，包头市新市区作为“新建城市”，城市规模频繁变动为一重要影响因素：在 1953 ~ 1954 年规划编制工作期间，城市人口规模从早期的 200 万到随后的 150 万和 100 万两个方案，后又调整为 100 万，进而又明确为 80 万，不断变化；在 1954 年第四季度规划集中审查期间，国家建委指示将原规划规模 80 万压缩至 70 万；1955 年 3 月又进一步压缩为 60 万（详见第 3.3.3 节的有关讨论）。除此之外，包钢住宅区的争议是对城市规划审批产生重大影响的另一因素：“因对于包钢住宅区究竟放在昆独［都］仑河以东或以西[②]有不同的意见，致［城市规划］迟迟未能定案。”[③]

早在 1954 年 4 ~ 5 月包钢选厂时，联合选厂工作组已明确城市生活居住区在昆都仑河以东等事项[④]，此后的规划方案即遵循这一原则进行。但到了 1954 年 10 月，在国家建委召开的重点城市建设会议上，包钢却提出将住宅区建在昆都仑河以西建设的建议。[⑤]其缘由不难理解：包钢的厂区在昆都仑河以西，住宅区靠近工厂区，对于职工上下班等比较便利；但是，这样的做法，与城市集中紧凑发展的原则却是相悖的，因此并未得到城市规划方面的支持。

1954 年 11 月 8 日，在国家建委召集的包头市规划审查会议上，包钢又重新提出了这个建议。[⑥] 1955 年 1 月，国家建委召集有关单位研究估算、比较，最后提出分散建设比集中在河东建设投资要多，因此仍采用原集中方案。[⑦] 1955 年 5 月国家建委批准包头市人口规模的规划指标后，包钢于 1955 年 6 月间又再次重新提出包钢住宅区建在昆都仑河以西的建议。[⑧] 1955 年 6 月，朱德副主席到包头市视察，对包头城市规划问题作了“按厂区分区建设，利用旧包头做为新工业区建设的支援点”[⑨]等原则上的重要指示。

---

① 耿志强主编 . 包头城市建设志［M］. 呼和浩特：内蒙古大学出版社，2007：21.

② 原档案中在此处注有“(以下简称河东、河西)”。

③ 中共包头市委 . 请审核包头城市规划的请示（1955 年 9 月 24 日）［Z］// 中央 . 对包头城市规划方案等问题的批示 . 城市建设部档案 . 中央档案馆，案卷号：259-1-20：2.

④ 内蒙古自治区包头市规划资料辑要［Z］// 包头市城市规划文件 . 中国城市规划设计研究院档案室，案卷号：0504：10.

⑤ 耿志强主编 . 包头城市建设志［M］. 呼和浩特：内蒙古大学出版社，2007：21.

⑥ 同上 .

⑦ 内蒙古自治区包头市规划资料辑要［Z］// 包头市城市规划文件 . 中国城市规划设计研究院档案室，案卷号：0504：10.

⑧ 同上 .

⑨ 中共包头市委 . 请审核包头城市规划的请示（1955 年 9 月 24 日）［Z］// 中央 . 对包头城市规划方案等问题的批示 . 城市建设部档案 . 中央档案馆，案卷号：259-1-20：2.

为了使包钢住宅区选址问题尽快得到妥善解决，1955 年 8 月，由国家建委孔祥祯副主任和城市建设总局万里局长牵头，组织联合工作组[①]，经过实地勘察、研究分析资料和共同讨论[②]，对 9 项市政工程[③]及房屋建筑造价进行估算，结果表明，分散建设（河西 23 万人、河东 37 万人）比集中在河东建设（60 万人）要多投资 4001 万元[④]，因此取得了对包头城市规划方案的一致意见，认为包钢住宅区放在河东的方案是正确的，建议仍维持原规划的集中建设方案。

1955 年 8 月 13 日，孔祥祯和万里在包头联名向国家建委党组和薄一波主任提出《关于在包头市工作情况的报告》。[⑤]报告分"建筑基地的建设问题""水源及北郊防洪问题"和"城市规划问题"3 个方面，对联合工作组的工作情况和建议作了报告。报告指出："在苏联专家的帮助下，经过了五天反复比较的结果，一致认为在河东建立城市的方案是正确的"，报告提出的观点如下："在河东建立城市的好处，主要是：（1）风向较好，污染系数较小，可以为劳动人民创造健康的生活条件；（2）便于逐步建立一个统一的城市，集中使用各种公用事业设备和文化生活福利设施。便利居民生活，投资也较经济；（3）市政管理集中方便，管理费用较节省；（4）便于包钢与二部居民的联系，包钢职工家属就业也较方便；（5）比较靠近旧包头市，对利用旧包头也较便利；（6）可以避免因在河西建设城市，必须改变钢厂大门和铁路专用线，而需修改包钢初步设计影响包钢的建设进度"[⑥]

报告同时分析并指出："我们对于在河东建设城市的若干具体问题也作了研究：（1）人防问题：一致认为在河东或河西建设城市，钢厂与住宅区都要有一定的隔离，没有很大差别，因为在河东建设城市，十年内包钢的住宅区与二部工厂的住宅区分散建设，相距四、五公里；而包钢住宅区与钢厂距离可以加宽至二公里。这样，对于防卫原子弹的破坏基本上是够了。同时，也认为：防卫原子弹不是仅靠加宽防空距离所能完全解决，还必须采取一定的防空措施，才能保证避免或减少空袭的损失。（2）工人上下班过昆独［都］仑河问题：根据苏联专家的分析，认为：昆独［都］仑河流量少，每次洪水持续不过几小时，洪水威胁并不严重，过去把昆独［都］仑河的洪水危险夸大了，该河的下游平时是一条干河，不需要修很多桥，而包钢工人数比前计算已有减少，因此，原先拟修建的三座桥，可以减少两座，只修一座桥和两条过水路面就可以解决工人上下班的问题。（3）河东部分住宅区的浮沙问题：确定河东住宅区与钢厂的人防和卫生隔离两公里后，住宅建筑基本上已避开了浮沙地带。（4）河东风沙较大问题：认为将来把城市绿化起来以后，风沙的情况是可以逐步改变的"，"上述这些，均说明了在河东建设城市的若干缺点，

---

① 中央重工业部、公安部、卫生部、水利部、国家建委、城市建设总局、内蒙党委及内蒙城市建设局、包钢、包头市政府和市委等单位，以及城市规划、建筑、人防、卫生、供排水、铁路、鞍钢和包钢的 15 位苏联专家参与。

② 中共包头市委．请审核包头城市规划的请示（1955 年 9 月 24 日）［Z］// 中央．对包头城市规划方案等问题的批示．城市建设部档案．中央档案馆，案卷号：259-1-20：2.

③ 包括道路桥梁，公共交通、给水、污水、雨水、土方平整、防洪、邮电、供电等。

④ 内蒙古自治区包头市规划资料辑要［Z］// 包头市城市规划文件．中国城市规划设计研究院档案室，案卷号：0504：10.

⑤ 孔祥祯，万里．关于在包头市工作情况的报告（1955 年 8 月 13 日）［Z］// 中央．对包头城市规划方案等问题的批示．城市建设部档案．中央档案馆，案卷号：259-1-20：2.

⑥ 同上．

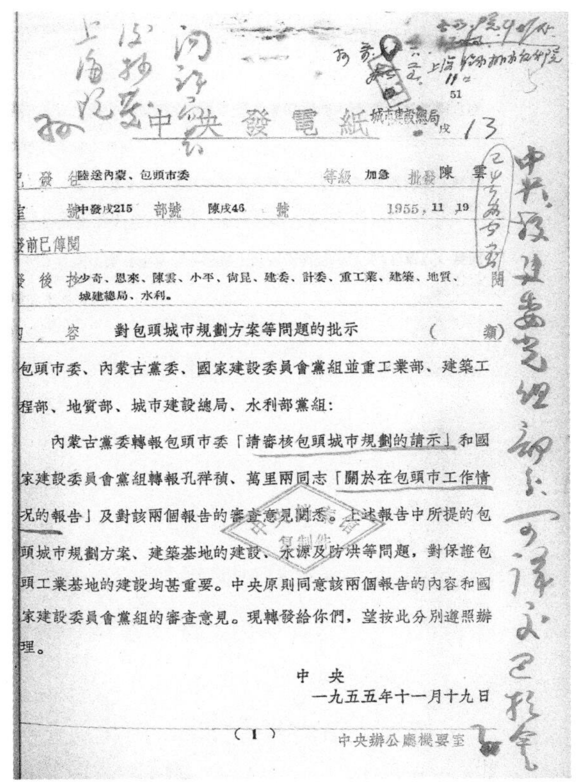

中央發電紙 城市建設總局

發 往 陸送內蒙、包頭市委　等級 加急　批發 陳 雲

號 中發戌215　部號 陳戌46 號　1955，11 19

發前已傳閱

發後 抄少奇、恩來、陳雲、小平、尙昆、建委、計委、重工業、建築、地質、城建總局、水利。

內 容　對包頭城市規劃方案等問題的批示

包頭市委、內蒙古黨委、國家建設委員會黨組並重工業部、建築工程部、地質部、城市建設總局、水利部黨組：

內蒙古黨委轉報包頭市委「請審核包頭城市規劃的請示」和國家建設委員會黨組轉報孔祥禎、萬里兩同志「關於在包頭市工作情況的報告」及對該兩個報告的審查意見閱悉。上述報告中所提的包頭城市規劃方案、建築基地的建設、水源及防洪等問題，對保證包頭工業基地的建設均甚重要。中央原則同意該兩個報告的內容和國家建設委員會黨組的審查意見。現轉發給你們，望按此分別遵照辦理。

中 央

一九五五年十一月十九日

（1）　中央辦公廳機要室

图 5-6　中央对包头规划批示的电报

资料来源：中央．对包头城市规划方案等问题的批示［Z］．城市建设部档案，中央档案馆，案卷号：259-1-20：2.

基本上是可以解决的[①]。”

1955 年 9 月 24 日，中共包头市委向中共内蒙古党委呈报《请审核包头城市规划的请示》，明确表示赞同河东方案。[②] 9 月 26 日，中共内蒙古党委向中央发出《转报包头市委“请审核包头城市规划的请示”》，表示“同意该电所提包头市城市规划的意见”。

1955 年 10 月 7 日，国家建设委员会党组向中央呈报《对包头市委“请审核包头城市规划的请示”的审查意见并转报孔祥祯、万里两同志“关于在包头市工作情况的报告”》。1955 年 11 月 19 日，中共中央以电报方式对包头市城市规划等问题作出重要批示。从档案信息辨认，该电报由陈云批发（图 5-6）。电报的全文如下：

① 孔祥祯，万里．关于在包头市工作情况的报告（1955 年 8 月 13 日）［Z］// 中央．对包头城市规划方案等问题的批示．城市建设部档案．中央档案馆，案卷号：259-1-20：2.

② 请示提出“包钢住宅区放在河东的主要好处是：(一) 不影响包钢的设计与建设进度——因国外的包钢初步设计已近完成，厂区平面布置，厂外的铁路站场、线路，选矿场等，均［是］按住宅区在河东布置的；且苏方认为住宅区放在河东是正确的，不赞成移到河西，如决定改变，则设计——建设进度均要推迟。(二) 河东卫生条件较好，尤其是风向优于河西，河东污染系数较小，建立为包钢规模的钢铁工业，这方面是很重要的。(三) 河东便于工业及城市的发展，便于城市管理与共同使用某某公用事业与公共福利设施，当前的投资与长期的管理费较省。(四) 便于包钢与二机部厂区居民的联系，便于逐步解决职工家属就业问题。(五) 距旧市较近，利用旧包头支援新市区的建设较便利，根据历次经济比较与苏联经验，将来在若干年代之后发展成为一个城市，比永久的分散在河东、河西建立两城市投资是经济的”。参见：中共包头市委．请审核包头城市规划的请示（1955 年 9 月 24 日）［Z］// 中央．对包头城市规划方案等问题的批示．城市建设部档案．中央档案馆，案卷号：259-1-20：2.

包头市委、内蒙古党委、国家建设委员会党组并重工业部、建筑工程部、地质部、城市建设总局、水利部党组：

内蒙古党委转报包头市委《请审核包头城市规划的请示》和国家建设委员会党组转报孔祥桢、万里两同志《关于在包头市工作情况的报告》及对该两个报告的审查意见阅悉。上述报告中所提的包头城市规划方案、建筑基地的建设、水源及防洪等问题，对保证包头工业基地均甚重要。中央原则同意该两个报告的内容和国家建设委员会党组的审查意见，现转发给你们，望按此分别遵照办理。

中央

一九五五年十一月十九日[①]

由中共中央直接批复城市规划方案，这在全国还是首次。[②]包头为何会有如此“特殊待遇”呢？在本书第一版研究时，笔者认为，除了包钢作为国家重点工业项目的“重中之重”，国家予以特别重视之外，还与当时的行政区划和管理体制有关。因为在建国初期，全国设立有华北、东北、西北、华东、中南和西南等六大行政区，而内蒙古自治区则在六大行政区之外直属中央管辖[③]，由于行政管理体制原因，城市规划方面的问题直接由中央做出决定，也属正常现象。当然，中华人民共和国副主席朱德曾于1955年6月到包头视察并作出重要指示，与之相关的有关问题，也需要中央层面的有关决定或权威指示加以进一步的明确。

本书第一版发行后，笔者也曾专门赴包头查档，在包头市档案馆查到的一份档案，为我们认识包头市城市规划为何由中央审批这一问题提供了重要线索。这份档案的全文如下：

关于包头城市规划问题请转报中央

内蒙党委：

昨（廿三日）李红自京来电话称，国家建委孔祥祯副主任找李红谈：关于包头城市规划问题应由包头市委急速电报内蒙党委转并［并转］党中央，内容大致同八月上旬在包头关于城市规划方案讨论的记［纪］要，俾便由党中央批示交国家建委审办，则问题便于处理并能争取迅速，并嘱此电报越快发来越好，因十月一日以后建委主持城市规划的诸负责同志因公外出，会延缓处理时日。

我们估计孔副主任之所以对李红同志有此指示恐主要是由于包头城市规划问题，中央负责同志已

① 中央.对包头城市规划方案等问题的批示［Z］.城市建设部档案.中央档案馆，案卷号：259-1-20：2.

② 改革开放后北京市于1982年3月正式提出的《北京城市建设总体规划方案（草案）》，于1983年7月14日得到中共中央和国务院的共同批复。

③ 内蒙古自治区与绥远省（属华北行政区管辖）人民政府在归绥合署办公。1954年6月19日，中央人民政府委员会第32次会议通过《中央人民政府关于撤销大区一级行政机构和合并若干省、市建制的决定》，撤销全国六大行政区，各省、自治区、直辖市、地方、地区等改由中央直辖。从时间上来看，中央对包头市规划作出批复，是在六大行政区撤销之后，但行政管理方式的改变相对滞后或存在“惯性”，也属正常现象。

加过问，如有建委审查后再报中央，则会延误时日。故按孔副主任指拟出下述的电报（另报），请予审核，同意时请速转报中央。

中共包头市委

一九五五年九月廿四日[①]

这份档案中提到的李红，时任包头市城建委副主任。由这份档案内容不难理解，包头市城市规划之所以由中央审批，其实是国家建委的提议，其主要考虑是“包头城市规划问题，中央负责同志已加过问，如有建委审查后再报中央，则会延误时日”，如由中央批示“则问题便于处理并能争取迅速”。

另外，也应注意到，中央对包头市规划的批示，并非直接作出有关指示内容，而是明确“中央原则同意该两个报告的内容和国家建设委员会党组的审查意见”，因此，对于包头市规划的审查意见，实际意义上仍然是由国家建委予以明确的。

查阅 1955 年 10 月 7 日国家建设委员会党组向中央呈报《对包头市委“请审核包头城市规划的请示”的审查意见并转报孔祥祯、万里两同志“关于在包头市工作情况的报告”》，其中关于包头市城市规划审查意见的部分内容如下：

包头的城市规划，一年来曾经各有关方面多次研究，但因包钢住宅区究应放在昆独［都］仑河以东或以西的问题，存在过不同意见，迟迟未能定案。最近经过十五位苏联专家和各有关部门实地踏勘研究的结果，对城市规划方案的意见已完全取得一致。这次包头市委正式上报中央审批的城市初步规划方案，也已经取得各有关部门的一致同意，我们认为基本上是可行的，因此建议中央对该初步规划方案的几个问题予以原则批准：（1）把包头新的城市建设在昆独［都］仑河以东；（2）城市远期人口发展规模暂定为六十万人；（3）城市布局，如工业区、住宅区、市中心等位置；（4）近期内钢厂住宅区与第二机械部工厂住宅区分开两处进行修建，暂不连成一片；近期内房屋建筑，除面临干道广场可以修建楼房外，其它［他］地方基本上修建平房。

该初步规划方案尚有若干问题待继续研究，如城市生活用地的轮廓，因采用远期每人平均居住面积九平方公尺的定额，规划面积过大，尚须按照每人平均居住面积六平方公尺计算，进行适当缩小，以及远期的建筑层数、各种工程管道的布置等，可责成城市建设总局协同包头市在编制总体规划时再进一步研究解决。

包钢住宅区选址问题之争，生动反映出建设单位从自身的局部利益出发，对城市规划建设和发展的整体利益所形成的巨大制约与影响，由此折射出城市建设的分散性和城市规划要求的整体性之间的内在矛盾。

---

① 关于包头城市规划问题请转报中央［Z］. 包头市档案馆，案卷号：001-001-167.

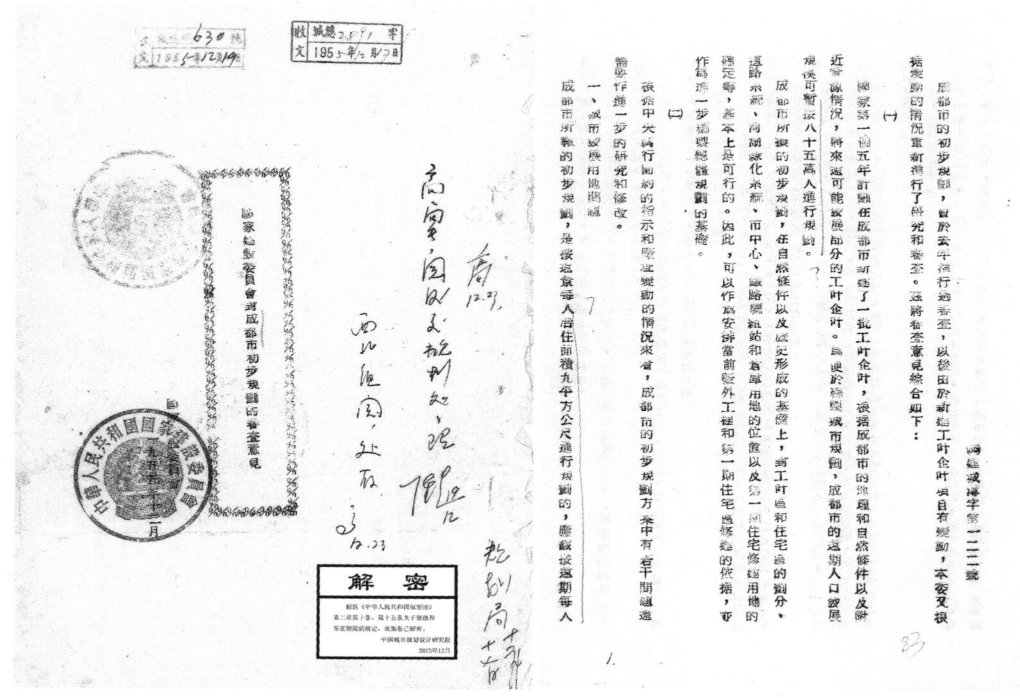

收文 城總2591 字 1955年12月17日

國家建設委員會對成都市初步規劃的審查意見

中華人民共和國國家建設委員會 一九五五年十二月

解密

根据《中华人民共和国保密法》第二章第十条、第十五条关于密级和保密期限的规定，该案卷已解密。

中国城市规划设计研究院 2015年12月

建城審字第一二二一號

成都市的初步規劃，曾於去年進行過審查，以後由於新建工廠企業項目有變動，本委又根據變動的情況重新進行了研究和審查。茲將審查意見綜合如下：

(一)

國家第一個五年計劃在成都市新建了一批工廠企業，根據成都市的地理和自然條件以及附近資源情況，將來還可能發展部分的工廠企業。為便於編製城市規劃，成都市的遠期人口發展規模可暫按八十五萬人進行規劃。

成都市所擬的初步規劃，在自然條件以及歷史形成的基礎上，對工業區和住宅區的劃分、道路系統、河湖綠化系統、市中心、鐵路編組站和倉庫用地的位置以及第一期住宅修建用地的確定等，基本上是可行的。因此，可以作為安排當前廠外工程和第一期住宅區修建的依據，並作為進一步編製總體規劃的基礎。

(二)

根據中央厲行節約的指示和廠址變動的情況來看，成都市的初步規劃方案中有若干問題還需要作進一步的研究和修改。

一、城市發展用地問題

成都市所擬的初步規劃，是按遠景每人居住面積九平方公尺進行規劃的，應該按遠期每人

图 5-7　国家建委对成都市规划的批复文件

资料来源：国家建设委员会．国家建设委员会对成都市初步规划的审查意见（1955 年 12 月）［ Z ］// 成都市 1954 ~ 1956 年城市规划说明书及专家意见．中国城市规划设计研究院档案室，案卷号：0792：82-83.

这一案例也同时说明，对于因体制问题而产生的城市规划问题，其有效解决的途径，也必然要着眼于体制方面的工作方式创新和应对举措。1955 年 8 月孔祥祯和万里《关于在包头市工作情况的报告》，曾对当时的工作经验总结指出：“经过这次深入的研究，坦率提出问题，暴露矛盾，认真讨论批判，包钢同志虚心考虑了苏联专家和各方面的意见，最后把局部利益与整体利益、当前利益与长远利益密切结合起来”，“在思想上，统一了包钢与包头市在城市规划问题上长期的分歧”，“使长时期没有解决的问题得到完满的解决，对于保证今后建设的顺利进行，将起一定作用。”①

5.4.2　国家建委对成都市规划的批复

如果说包头市的规划审批主要是受到了工业单位的影响，那么成都和武汉的规划审批则更主要是受到了国家计划的影响。

在“一五”初期武汉市的工业项目建设计划中，由第一机械工业部筹建的第二汽车制造厂为“156 项工程”之一，筹备组在武昌徐家棚地区选择了厂址，并编制完成规划方案。但到了 1954 年底前后，国家有关部门却对二汽的厂址方案产生了争议：“二汽厂址定在武汉，从经济条件讲，城市利用率大，投资较为节省；武汉位于全国中心，产品好销好运”，“但从国防条件看，武汉离海岸线约 800 公里，工厂比较集

① 孔祥祯，万里．关于在包头市工作情况的报告（1955 年 8 月 13 日）［ Z ］// 中央．对包头城市规划方案等问题的批示．城市建设部档案．中央档案馆，案卷号：259-1-20：2.

中，万一发生战争，正处于敌人的空袭圈内”，“武汉厂址介于沙湖与东湖之间，空中目标显著。”① 因而，“二汽”在武汉的厂址方案得到否决，并由此产生迁往四川地区选址的意向。这是影响成都和武汉的规划未获得较早审批的主要因素。

1955 年，成都市对城市规划方案进行了修改。此后（1956 年前后），“二汽”厂址确定在成都东郊的保和场一带，并在成都郊区牛市口附近建了近 2 万平方米的宿舍。② 档案显示，1955 年 5 月期间，国家建委曾形成过一份《国家建设委员会对成都市初步规划的审查意见（草稿）》。③ 然而，国家建委正式批准成都市规划，却是在 1955 年 12 月——国家建委正式下发《国家建设委员会对成都市初步规划的审查意见》（图 5-7）。与 1954 年 12 月国家建委率先批准西安、兰州和洛阳三市规划相比，虽然只相差 1 年时间，但此时国家的社会经济发展形势却有了一些重大变化，特别是针对建筑和基本建设领域的“厉行节约”的重要指示。因此，对于此时国家建委关于成都市规划的批复意见，也有详细了解的必要。

1955 年 12 月国家建委下发的《国家建设委员会对成都市初步规划的审查意见》，全文如下：

国家建设委员会对成都市初步规划的审查意见

国家建设委员会

一九五五年十二月

［55］建城薄字第一二二号

成都市的初步规划，曾于去年进行过审查，以后由于新建工叶［业］企叶［业］项目有变动，本委又根据变动的情况重新进行了研究和审查。兹将审查意见综合如下：

（一）

国家第一个五年计划在成都市新建了一批工叶［业］企叶［业］，根据成都市的地理和自然条件以及附近资源情况，将来还可能发展部分的工叶［业］企叶［业］。为便于编制城市规划，成都市的远期人口发展规模可暂按八十五万人进行规划。

成都市所拟的初步规划，在自然条件以及历史形成的基础上，对工叶［业］区和住宅区的划分、道路系统、河湖绿化系统、市中心、铁路编组站和仓库用地的位置以及第一期住宅修建用地的确定

① 中国汽车工业 60 周年：二汽选址十堰前后［N/OL］. 凤凰网汽车频道 . 2013-06-23［2015-08-29］. http：//auto.ifeng.com/baogao/20130623/865576.shtml

② 另外，由于高层领导对“二汽”的厂址和规模方面的争论一直未达成共识，1957 年 3 月，第二汽车厂项目被宣布暂时下马。后来，“二汽”于 1965 年 9 月改至湖北十堰建设。参见：中国汽车工业 60 周年：二汽选址十堰前后［N/OL］. 凤凰网汽车频道 . 2013-06-23［2015-08-29］. http：//auto.ifeng.com/baogao/20130623/865576.shtml

③ 国家建设委员会对成都市初步规划的审查意见（草稿）（1955 年 5 月）［Z］// 成都市 1954 ~ 1956 年城市规划说明书及专家意见 . 中国城市规划设计研究院档案室，案卷号：0792：74-81.

等，基本上是可行的。因此，可以作为安排当前厂外工程和第一期住宅区修建的依据，并作为进一步编制总体规划的基础。

（二）

根据中央厉行节约的指示和厂址变动的情况来看，成都市的初步规划方案中有若干问题还需要作进一步的研究和修改。

一、城市发展用地问题

成都市所报的初步规划，是按远景每人居住面积九平方公尺进行规划的，应该按远期每人居住面积六平方公尺的标准，重新计算规划用地的范围。

东北郊远景生活居住用地，位于编组站下风，有碍居民的居住卫生，建议改为隔离地带或摆少数对居民卫生无害的工叶［业］保留用地。

第二和第三个五年计划内，在成都市还可能放一部分工厂，因之，对西郊和西南郊的工叶［业］备用地，应作进一步的勘察工作，以集［积］累有关选厂的资料。

二、第一期修建计划问题

第一期住宅修建计划，除第二机械部四个工厂的住宅区已确定外，汽车厂的住宅区位置亦应迅速确定。为考虑卫生和防空距离要求，汽车厂和住宅区之间应留出一千二百公尺的隔离地带。近期住宅区可先靠近府河由西向东进行修建。

近年来，成都市内已拓建了相当数量的道路和广场，拆迁了一些民房。但成都市第一期工叶［业］建设的重点在东郊地区，因此，应集中力量建设东郊工叶［业］区和住宅区，以保证工叶［业］建设的顺利进行。旧市区在近期内应基本上维持现状暂不进行改建，并对原有的建筑和市政工程设施，加以充分利用。

三、建筑层数问题

成都市土地肥沃，农作物产量较大，为节省土地，成都市的房屋层数，在不超过中央规定的建筑造价指标下，可以修建楼房为主，并适当地修建一部分平房，具体层数比例和房屋修建标准，请成都市根据当地土地使用及建筑材料供应情况，与建设单位协商后报四川省人民委员会决定。

四、道路宽度问题

成都市初步规划中市中心区的东西、南北干道宽度为七十公尺，放射路及环形路均为四十至五十公尺，似嫌过宽，请再根据实际交通流量、通行车辆种类，两旁建筑物的高度等情况，作具体计算后，适当缩减。除已拓建的七十公尺宽的南北轴线外，东西横轴线宽度以不超过五十公尺为宜，其他干道宽度可再相应地缩减一些。

五、电厂住宅区位置问题

东郊电厂现有的职工住宅区，位于东郊工叶［业］区内，影响工人居住卫生，因此，今后不宜继续扩大。

（三）

为适应当前各项建设和城市发展的需要，建议成都市在今后城市规划工作中注意以下几个问题：

1. 为了保证近期工叶［业］建设的进度，首先应集中力量，编制第一期修建地区的详细规划，对近期的住宅及公共建筑和公用事叶［业］工程作具体合理的布置。详细规划由成都市报四川省人民委员会审查批准，并报国家建设委员会及城市建设总局备案。

2. 为使成都市的初步规划方案更加完善合理，请成都市根据中央厉行节约的指示，参照上述意见，结合当地具体情况，对成都市的初步规划进一步加以修改。修改后的初步规划经四川省人民委员会和城市建设总局提出意见后，报国家建设委员会审核。

3. 在修改初步规划的同时，并应着手准备总体规划的编制工作，在编制总体规划的过程中，凡与城市规划有关的问题，均应与有关部门协商，并取得正式协议文件，作为将来报送总体规划的附件。

在进行上述规划工作中，各建设单位应积极配合，以保证城市规划编制工作迅速完成和各项建设的安排更加合理。

有关部门如对上述审查意见有不同意见时，请通知本委，以便作适当修正。①

对比 1955 年 12 月和 1954 年 12 月国家建委对有关城市的批复意见，除了行文风格略有不同外，主要的变化，突出表现在对 1955 年中央厉行节约指示精神的落实上。尤其是将人均居住面积从原来的 $9m^2$ 明确规定须调整至 $6m^2$，对道路宽度也提出了压缩要求。同时也值得注意，国家的有关批复中仍然延续了科学精神的传统，如对成都市的建筑层数，考虑到其实际情况，明确"可以修建楼房为主"。这也表明，在对厉行节约指示精神的贯彻方面，国家有关部门的有关决策也并非是简单或粗暴的。

5.4.3　国家城建总局对大同市规划的批复

1955 年 8 月 13 日，由国家建委孔祥祯副主任和城市建设总局万里局长牵头的联合工作组在研究解决了包头市的包钢住宅区位置等一系列问题之后，并未直接回京，而是转去了大同，针对大同市城市规划问题，尤其是第二拖拉机厂的选址问题，再次进行联合调查和研究。

对比大同市在 1954 年和 1955 年的两版规划总图（参见第 4 章中的彩图 4–9、彩图 4–10），可以直观地发现其十分显著的一些变化，尤其是城市规划的用地范围大为缩减。其中原因，除了国家在大同市建设的重点工业项目有减少或调整（详见第 4 章的有关讨论）、1955 年国家提出厉行节约要求等原因之外，1954 年版规划提出的将位于大同旧城西侧的铁路（两者最近处距离不足 1km）向西迁移的设想，未能获得铁道

① 国家建设委员会 . 国家建设委员会对成都市初步规划的审查意见（1955 年 12 月）［Z］// 成都市 1954 ~ 1956 年城市规划说明书及专家意见 . 中国城市规划设计研究院档案室，案卷号：0792：82-86.

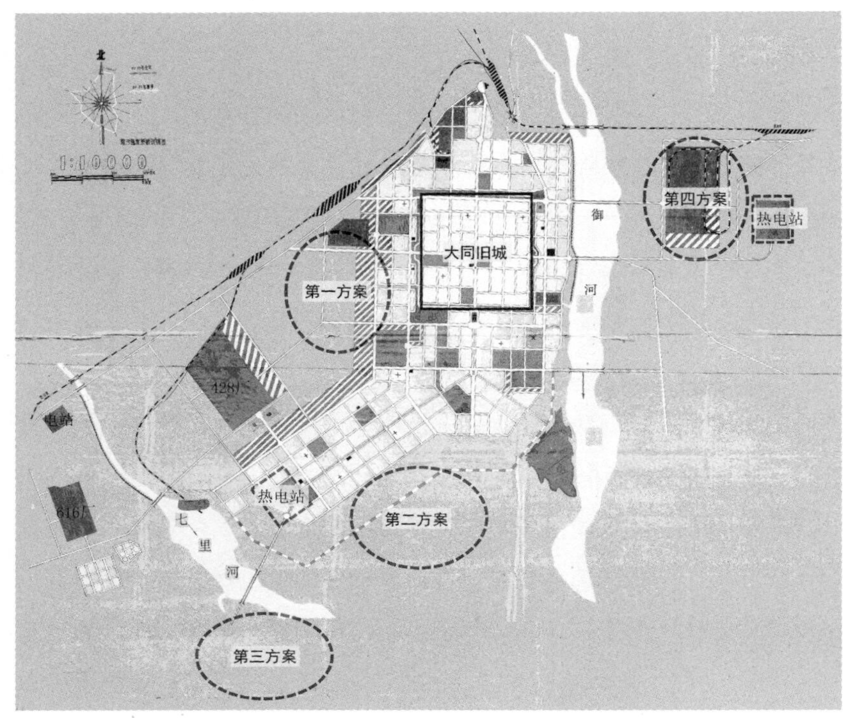

图 5-8 “二拖”厂址方案位置示意图

注：根据有关档案信息绘制，工作底图为“大同城区规划总平面图（1955 年）”。

资料来源：大同市城建局．大同城区规划总平面图（1955 年）[Z]．大同市城乡规划局藏，1955.

部的支持并取得协议，也是重要影响因素之一。①也正因如此，城市中心区在 1954 年版规划中设置在旧城以西的方案（值得注意的是，该方案与“梁陈方案”颇具相似之处），到了 1955 年的规划方案，则被迫调整至旧城南门一带。

除此之外，第二拖拉机厂的选址问题，也是影响大同市规划审批的另一个重要因素之一。

1）“二拖”厂址问题

第二拖拉机厂（又称小型拖拉机厂，以下简称“二拖”），即 425 厂，为 1954 年 10 月中苏两国共同确定的第 3 批“156 项工程”之一。②在大同市早期的规划方案中，“452 厂、428 厂都摆在西郊工业区，两厂距离 800 公尺。”③但到了 1955 年，人防部门提出新的规范，按照新的防护距离要求，“二拖”的布置即出现了争议。

档案显示，“二拖”的厂址曾有四个方案：“第一方案在西郊工业区”；“第二方案在南郊七里村附近，热电站则放在机车厂、拖拉机厂之间”；“第三方案在十里河以西，六一六厂东南，热电站仍放在十里河以东两厂之间”；“第四方案在御河东，热电站也放在御河东。”④这四个选址方案如图 5-8 所示。

---

① 据 1957 年 12 月大同市《城市规划、管理、土地使用情况》，“第一阶段即刚开始规划的时候”，“规划图上……铁路向西移动很远，线路坡度很大，并多次与铁道部联系［，］没有取得同意［，］致使规划反［返］工重作”。参见：城市规划、管理、土地使用情况（设计工作检查第一次写出材料）：大同市城市建设初步检查意见（1957 年 12 月 23 日）[Z]．大同市城市建设档案馆，1957：7.

② 董志凯，吴江．新中国工业的奠基石——156 项建设研究［ M ］．广州：广东经济出版社，2004：148.

③ “住宅区在旧城的基础［上］向西发展，集中紧凑”。参见：城市规划、管理、土地使用情况（设计工作检查第一次写出材料）：大同市城市建设初步检查意见（1957 年 12 月 23 日）[Z]．大同市城市建设档案馆，1957：8.

④ 大同市委．关于工业区布置与城市规划的请示（1955 年 8 月 19 日）［ Z ］// 大同市城市规划问题．国家城建总局档案．中国城市规划设计研究院档案室，案卷号：2341：4-7.

如果不考虑新的防空规范要求，“二拖”的早期厂址方案，亦即在西郊工业区的第一方案，显然是较合理的。1955 年 6 月 23 日，大同市委向山西省委报告并转中央及国家建委“关于大同市城市规划问题的请示”，内容如下：

> 大同市城市规划中关于工业区的布置问题亟待解决。我们意见人防问题固很重要，但争取建厂工作早日开始、完成、投入生产亦不容忽视。我们同意机车厂与拖拉机厂均放在城西的方案，也同意六一六厂宿舍放在河西的意见，详情由蓝田局长回京后国家建设会员会汇报，并请中央和国家建设委员会速予决定。①

1955 年 6 月 27 日，山西省委向中央及国家建委转报大同市委“关于大同市城市规划问题的请示”，转报电文中明确：“我们同意大同市委关于大同市城市规划问题的请示的意见。兹将原电转给你们。”②

2）国家建委和城建总局的联合调研

对于大同市和山西省的有关意见，国家建委显然尚存顾虑。因此，在结束包头市联合调研工作的次日，1955 年“八月十四日［，国家］建委孔副主任［、］城市建设总局万局长率领［国家］建委专家三名、城市建设总局给水排水设计院专家三名，检查了大同市的工业建设与城市规划，并于十七日召集了有市委、市人民委员会及各新建工厂负责人参加的会议，讨论了存在的问题。”③

这次国家建委和城建总局联合调研工作，所形成的关于“二拖”厂址及大同市城市规划问题的意见，反映在 1955 年 8 月 19 日大同市委向山西省委报告并转中央的《关于工业区布置与城市规划的请示》之中：

> ……［前文省略］经过大家实地勘察之后，一致认为第二方案害多利少。因为：1. 该地区受两条河的限制［，］工厂发展余地很小。2. 限制了城市的向南发展。3. 与理想中的炼油厂厂址（在十里河西）太近，不合乎防空的要求。4. 两个电站太近，不能解决第二电源的问题，也不合乎防空的要求，大家认为第三方案也不好，因为不但与理想中的炼油厂厂址太近，两个电站太近，热电站的热管道要通过十里河，不经济，而且当地水位太高，建厂困难较大。大家一致认为第一方案是最经济的，因为他首先集中的把一个工业区建设起来。对铁路编组站、供电、供热、供水、建筑的附属企业，采砂采石场都可以集中建设［，］减少投资，也便于几个工厂协作。但对防空的要求是不适合的，为了合乎

---

① 大同市委 . 关于大同市城市规划问题的请示（1955 年 6 月 23 日）［Z］// 大同市城市规划问题 . 国家城建总局档案 . 中国城市规划设计研究院档案室，案卷号：2341：1-2.

② 山西省委 . 转报大同市委“关于大同市城市规划问题的请示”（1955 年 6 月 27 日）［Z］// 大同市城市规划问题 . 国家城建总局档案 . 中国城市规划设计研究院档案室，案卷号：2341：1.

③ 大同市委 . 关于工业区布置与城市规划的请示（1955 年 8 月 19 日）［Z］// 大同市城市规划问题 . 国家城建总局档案 . 中国城市规划设计研究院档案室，案卷号：2341：4-7.

防空的要求，只有第四方案较好，因为不仅与机车厂距离较远（七至八公里）[，] 而且两个电站也距离在十公里左右，解决了城市的第二电源问题。这一方案对城市的发展也是好的。其缺点主要是不太经济，因为，这样等于分开又建设了另一个工业区。工业编组站 [、] 铁道专用线均须单独建设，供水、供电、供热的投资也将增加（据专家估计比第一方案各方面的投资要多花三千万元左右，详细的帐 [账] 还需再算一下[①]）。当然，假如这一工业区今后再放几个工厂时，就可以节约投资了，因之大家一致认为为了适合防空的要求，拖拉机厂厂址放在御河东是比较恰当的。如考虑到当前的经济问题，则第一方案仍有极大的优越性，究竟如何合宜，希中央速予决定。

第二，假如拖拉机厂确定在御河东时，对有关的具体问题有如下的意见：

1. 拖拉机厂住宅区位置 [，] 大家一致同意放在御河东距厂区一公里左右的地方，因御河西没有适宜地点。

2. 机车厂供热、供电问题均须由现在的电站解决，建议现在的电站在扩建中加以考虑。至于七八五厂可由现在的电站供电，供热问题需自己单独解决。

3. 应在西郊工业区及东郊工业区分设两个工业编组站，其具体布置建议由总甲方、各厂、城市与铁道部共同研究确定；报建委最后定案。

4. 供水问题，在水文地质勘探方面已作了不少工作，并找到了丰富的水源，但水源集中在一处，距厂区较远。根据现在了解的资料，大同市地下水是很丰富的，并有不少的泉水。因之应该考虑更经济的供水方案，在接近两个工业区的附近，分散建设水源地。为此需扩大水文地质的普查面积，在市区南部进行水文地质调查并在西郊工业区附近和御河东进行钻探。这样就需要今年再增加一些水文地质勘察 [查] 的投资，现在虽然多花点钱，但将来建设时可以节省许多的钱，至于勘察力量希省水利局和城市建设总局给以更多的帮助和指导。至于理想中的炼油厂供水问题，因需要的水量很大，大家认为在孤山建筑水坝是可以的。

5. 建筑的附属企业之建设 [，] 中建部[②] 已搜集了有关资料，回京研究确定。

第三，关于城市规划的方案 [，] 大家意见是由省、市人民委员会、城市建设总局城市设计院与各工厂、铁道部、人防、卫生部取得协议，并与上下水设计院和建筑工程部共同研究制定方案，作出经济比较再报建委和中央。希望省委、省人民委员会给以具体的指导。[③]

---

① 1955 年 9 月 10 日，山西省委向中央报告《请速复大同市工业分布和城市规划问题》："据九月四日大同市委电称：八月下旬第一机械工业部选厂组及苏联专家到大同 [，] 经过计算比较，认为第四方案将拖拉机厂放在东郊比第一方案多花一千一百八十七万元（上次专家估算为三千万元左右），对防空及第二电源和今后发展均合乎要求，大家一致同意第四方案。"参见：山西省委．向中央报告《请速复大同市工业分布和城市规划问题》(1955 年 9 月 10 日)[Z]// 大同市城市规划问题．国家城建总局档案．中国城市规划设计研究院档案室，案卷号：2341：8.

② 即中央人民政府建筑工程部，又简称建工部。

③ 大同市委．关于工业区布置与城市规划的请示（1955 年 8 月 19 日）[Z]// 大同市城市规划问题．国家城建总局档案．中国城市规划设计研究院档案室，案卷号：2341：4–7.

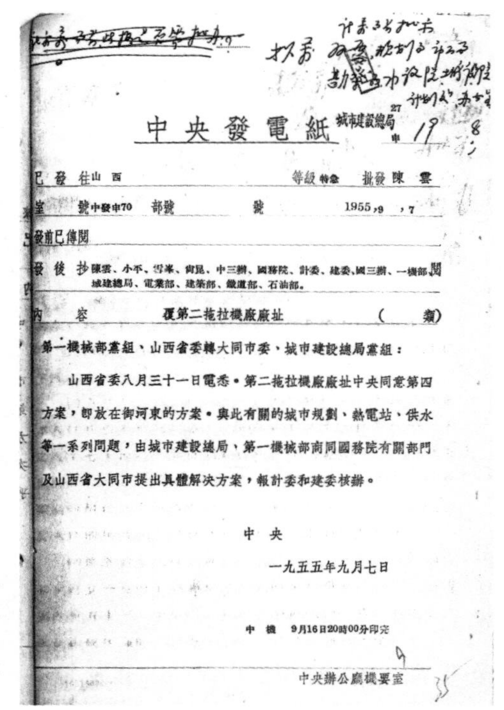

中央發電紙 城市建設總局

已發往山西　等級特急　批發陳雲

室　號中發申70　部號　號　1955，9，7

發前已傳閱

發後抄陳雲、小平、雪峯、尙昆、中三辦、國務院、計委、建委、國三辦、一機部、城建總局、電業部、建築部、鐵道部、石油部。閱

內容　覆第二拖拉機廠廠址　（　類）

第一機械部黨組、山西省委轉大同市委、城市建設總局黨組：

山西省委八月三十一日電悉。第二拖拉機廠廠址中央同意第四方案，即放在御河東的方案。與此有關的城市規劃、熱電站、供水等一系列問題，由城市建設總局、第一機械部商同國務院有關部門及山西省大同市提出具體解決方案，報計委和建委核辦。

中央

一九五五年九月七日

中機　9月16日20時00分印完

中央辦公廳機要室

图 5-9　中央对“二拖”厂址批示的电报

资料来源：中央．复第二拖拉机厂厂址（1955 年 9 月 7 日）［Z］// 大同市城市规划问题．国家城建总局档案．中国城市规划设计研究院档案室，案卷号：2341：9.

3）中央对“二拖”厂址的批示

1955 年 8 月 31 日，山西省委将大同市委的上述请示报送中央。电文中指出：“兹将大同市委《关于工业区布置与城市规划的请示》转上。我们同意将第二拖拉机厂的厂址，由原来确定的第一方案即放在西郊工业区，改为第四方案即放在御河以东。为了适应防空的需要，这样变更是必要的。但如此变更后，城市规划方案亦需随之变更，我省城市建设部门的力量非常薄弱，请国务院城市建设总局及中央其他有关部门予以大力指导和帮助，以便迅速定案，保证大同市工业建设的顺利进行。”①

1955 年 9 月 7 日，中央对“二拖”厂址问题正式作出电报批示。从档案信息辨认，该电报和中央对包头市规划的批示电报一样，也是由陈云批发（图 5-9）。批示的全文如下：

第一机械部党组、山西省委转大同市委、城市建设总局党组：

山西省委八月三十一日电悉。第二拖拉机厂厂址中央同意第四方案，即放在御河东的方案。与此有关的城市规划、热电站、供水等一系列问题，由城市建设总局、第一机械部商同国务院有关部门及山西省大同市提出具体解决方案，报计委和建委核办。

中央

一九五五年九月七日②

---

① 山西省委．向中央转报大同市委《关于工业区布置与城市规划的请示》（1955 年 8 月 31 日）［Z］// 大同市城市规划问题．国家城建总局档案．中国城市规划设计研究院档案室，案卷号：2341：3.

② 中央．复第二拖拉机厂厂址（1955 年 9 月 7 日）［Z］// 大同市城市规划问题．国家城建总局档案．中国城市规划设计研究院档案室，案卷号：2341：9.

透过“二拖”的厂址选择问题，可深刻体会到在“一五”时期的城市规划工作中，防空原则的极端重要性。在建国初期国家财政经济极为薄弱的情况下，以及1955年极为严峻的“厉行节约”形势下，为了达到相应的防空距离要求，国家依然对“二拖”的厂址确定了极高经济代价的选址方案。

4）国家城建总局对大同市规划的正式批复

中央对“二拖”厂址作出最终决策后，中央城市设计院等单位即抓紧开展了大同市城市规划的修改工作，同时积极准备规划报批材料。大同市的规划修改工作大致于1955年10月前后完成。

1955年10月12日，国家城建总局召集有关部门讨论了大同市的规划方案及有关问题，获得一致同意。① 1955年11月中旬，大同市规划委员会向国家城建总局正式呈报大同市初步规划设计文件及有关协议文件。②

1955年11月30日，山西省人民委员会向国家建委和国家城建总局报送“关于大同市城市初步规划方案的意见”。在这份文件中，主要提出了对大同市规划的3个方面的意见：“大同市城市初步规划方案，本委基本同意。现提出以下三点意见请参考：(一) 近期人口总数中基本人口比例显低。该规划近期基本人口中由于新建厂矿增加的占近期基本人口总数的百分之八十七，因此，该市属于扩建的工业城市类型，按城市规划暂行定额（草案）规定：凡扩建工业城市基本人口系数应采用百分之卅五至四十。故应将近期服务人口和被抚养人口的比例适当压缩，以提高基本人口的比例；(二) 远景发展人口按卅二万人计算偏小。该市近期即可初步建立一定的工业基础和必要的公用事业，同时规划方案内留有十三点七平方公里的工业备用地，今后再摆［建］摆些工厂是比较合理的，因此，远景人口须增加为五十万人；(三) 远景规划中郊区面积规划稍大。居住区用地面积为一六六四公顷，郊区面积为六万公顷，两者为一比卅六，应进行缩减。”③

1955年12月16日，国家城建总局提出《对大同市初步规划的意见》(［55］城建总字第13号)，以此为主要标志，大同市初步规划获得正式批准。④

笔者在中国城市规划设计研究院档案室查档过程中，发现在一份题为“大同市城市总体规划说明书”（文件时间为1979年11月，案卷号为2082）的科技档案之下，隐藏有该批复文件的一份手抄本（图5-10）。在八大重点城市中，大同市是唯一一个由国家城建总局批复规划的城市，情况也较特殊，兹将该批复文件的内容全文转录如下：

---

① 城市建设总局规划设计局．对大同市初步规划的意见（［55］城建总字第13号）(1955年12月16日)［Z］// 大同市城市建设局．大同市城市总体规划说明书（1979年11月）．中国城市规划设计研究院档案室，案卷号：2082：1.

② 同上，案卷号：2082：1.

③ 山西省人民委员会．关于大同市城市初步规划方案的意见（1955年11月30日)［Z］// 大同市城市规划问题．国家城建总局档案．中国城市规划设计研究院档案室，案卷号：2341：10-11.

④ 据《当代中国的城市建设》，“一九五五年十二月，国家建委批准了成都市总体规划，城市建设总局批准了大同市总体规划和成都圣灯寺区的详细规划”。另据1956年11月6日国家城市建设部办公厅印发的《全国城市建设基本情况资料汇集》，大同市规划的审批单位为“本部”。参见：［1］《当代中国》丛书编辑部．当代中国的城市建设［M］．北京：中国社会科学出版社，1990：50.

［2］城建部办公厅．给各局、司负责同志送去全国城市建设基本情况资料汇集的函（1956年12月14日)［Z］. 城市建设部档案．中央档案馆，档案号259-2-34：1.

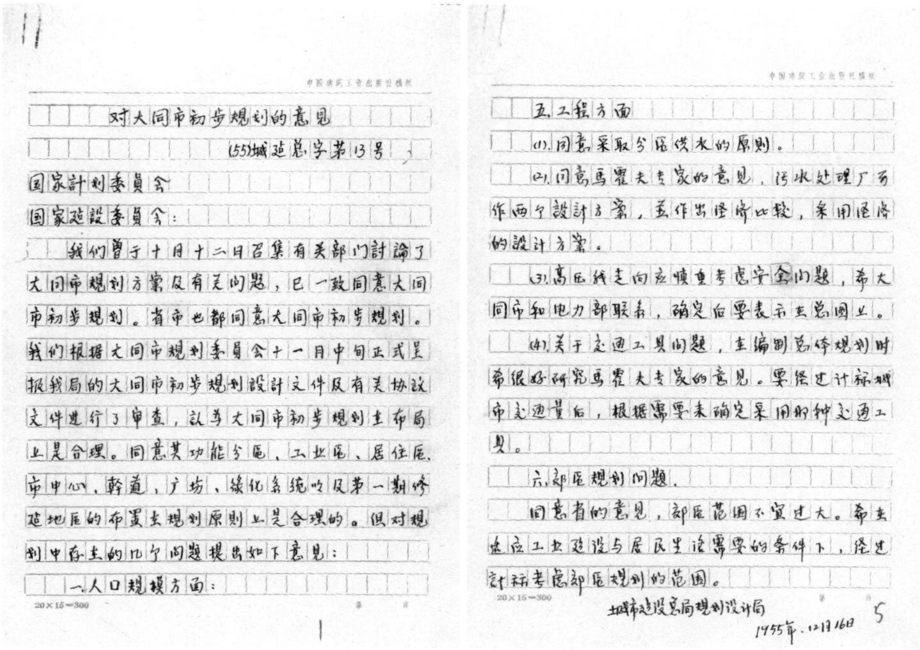

图 5-10 国家城建总局对大同市规划的批复（手抄本）

注：左图为首页，右图为尾页。

资料来源：城市建设总局规划设计局．对大同市初步规划的意见（[55]城建总字第 13 号）（1955 年 12 月 16 日）[Z]// 大同市城市建设局．大同市城市总体规划说明书（1979 年 11 月）．中国城市规划设计研究院档案室，案卷号：2082：1，5.

对大同市初步规划的意见

[55] 城建总字第 13 号

国家计划委员会

国家建设委员会：

我们曾于十月十二日召集有关部门讨论了大同市规划方案及有关问题，已一致同意大同市初步规划。省市也都同意大同市初步规划。我们根据大同市规划委员会十一月中旬正式呈报我局的大同市初步规划设计文件及有关协议文件进行了审查，认为大同市初步规划在布局上是合理的。同意其功能分区、工业区、居住区、市中心、干道、广场、绿化系统以及第一期修建地区的布置在规划原则上是合理的。但对规划中存在的几个问题提出如下意见：

一、人口规模方面：

（1）大同市近期人口将发展到二十九万，根据大同市的动力、交通及其它［他］资源等条件，将来有可能增加新的工业项目，因此远期的人口可能超过三十二万，请计委在研究确定大同市远期人口规模时，考虑山西省人民委员会所提的大同市远期人口为五十万的意见。

（2）近期基本人口占百分之二十九是比较少的，这将相对的提高服务人口数，但在工业建设初期，公共服务机关还不可能发展的很快。远期基本人口可按百分之三十三的比例考虑。

二、定额方面：

大同市规划中的生活居住用地定额所采取的与每人居住面积六平方公尺相应的各项定额，我局苏联专家认为这一定额是缺乏科学根据的，目前看此问题需要作考虑，请大同市在今后工作中进一步研究定额问题。

三、用地方面：

（1）工业保留用地应在总图上划出其范围。对保留用地周围的道路、上下水道及高压线等的走向应有合理的规划，避免混乱，使保留用地有实际意义。

（2）六一六厂的居住区的位置是不合理的。既没有考虑居住区在卫生、防空及文化福利上的要求，而且这样分散建设是极不经济的。因此我们建议：该厂再建住宅时，应内［当］在市内修建。

（3）层数问题，同意省市的意见，根据上下水等公用设备的条件，以及节省城市用地的原则，在远期将高层建筑的比例适当提高是经济合理的。

（4）四二八厂与七八五厂之间的空地，经卫生、防空部门同意［，］在不妨害城市卫生、防空的条件下，可加以充分利用，是否可考虑放些建筑附属企业加工厂。

（5）集二线通车后开始国际联运，大同市交通运输将更发展，希大同市将专用仓库用地范围在总图上划出。

（6）麻黄素制药厂的位置问题，［应］与卫生部门研究取得协议，至于传染病院的位置，希和卫生部门联系，确定其与住宅区的距离。

四、第一期建设方面：

（1）第一期修建的道路、桥梁过多。希根据第一期工业与住宅建设的需要考虑要修建的道路和桥梁的数目。

（2）拆除城墙问题，我们同意。可与中央文化部加以协议。

五、工程方面：

（1）同意采取分区供水的原则。

（2）同意马霍夫专家的意见，污水处理厂可作两个设计方案，并作出经济比较，采用经济的设计方案。

（3）高压线走向应慎重考虑安全问题，希大同市和电力部联系，确定后要表示在总图上。

（4）关于交通工具问题，在编制总体规划时希很好研究马霍夫专家的意见。要经过计算城市交通量后，根据需要来确定采用那［哪］种交通工具。

六、郊区规划问题：

同意省的意见，郊区范围不宜过大。希在适应工业建设与居民生活需要的条件下，经过计算考虑郊区规划的范围。

城市建设总局规划设计局

1955年12月16日①

① 城市建设总局规划设计局．对大同市初步规划的意见（［55］城建总字第13号）（1955年12月16日）［Z］//大同市城市建设局．大同市城市总体规划说明书（1979年11月）．中国城市规划设计研究院档案室，案卷号：2082：1–5.

对于以上这份批复文件，可以发现其与国家建委批复意见的一些不同之处。一方面，从行文方式来看，文件抬头标明有“国家计划委员会、国家建设委员会”等字样；另一方面，从行文内容来看，文件中也没有出现国家建委对其他城市批复文件中经常出现的“可以作为安排当前厂外工程和第一期住宅区修建的依据”等明确的指示。这应该是国家城建总局和国家计委、国家建委等的行政体制关系所致，大同市规划虽然由国家城建总局作出批复，但有关批复意见还需要上报国家计委、国家建委等部门 备案，因此在行文方面又有一定的“汇报”属性。

此外值得关注的是，在该文件关于规划定额的批复意见中，出现了国家城建总局苏联专家对人均居住面积 $6m^2$ 的不同意见，这与国家建委对包头和成都等市规划批复中“尚须按照每人平均居住面积六平方公尺计算”“应该按远期每人居住面积六平方公尺的标准，重新计算规划用地的范围”等明确的指示显然是不同的。这一方面印证了苏联专家巴拉金等 1955 年下半年指导成都、太原等市规划编制工作时的相似态度（见第 3 章的相关分析），另一方面也表明了国家不同主管部门在落实增产节约指示修改规划问题上的分歧态度。

5.5 太原和武汉的规划审批

5.5.1 关于太原市规划审批的疑问

关于太原市规划的审批时间，不少文献中列为 1954 年 10 月。譬如：《当代中国的城市建设》一书中指出“国家建委于一九五四年十月，批准了太原市的城市总体规划”①；《中华人民共和国史编年（1954 年卷)》记载“同月［10 月］，国家建委批准太原和西安的城市总体规划，”② 这一说法很可能是以较权威的《当代中国的城市建设》为依据的。另外，山西省内所编《当代山西城市建设》中也指出“1954 年国家批准的太原市总体规划。”③

查阅历史档案，这些文献关于太原市规划批准时间的记载并不准确。譬如，1954 年 12 月建工部城建局《关于参与建委对西安等十一个城市初步规划审查工作报告》中即明确指出：“审查的十一个城市除株州［洲］尚难定案，太原、大同、石家庄即将定案外……”④ 这清楚地表明，截至 1954 年 12 月时，太原市的规划尚未定案。

在中国城市规划设计研究院所藏档案中，存有一份 1955 年 5 月 30 日的《国家建设委员会对太原市初步规划的审查意见（草稿)》(简称《太原意见草稿》)，该意见为手写体，所用纸张及行文方式与 1955 年 5

① 《当代中国》丛书编辑部 . 当代中国的城市建设［M］. 北京：中国社会科学出版社，1990：49.

② 当代中国研究所 . 中华人民共和国史编年（1954 年卷)［M］. 北京：当代中国出版社，2009：816.

③ 《当代山西城市建设》编辑委员会 . 当代山西城市建设［M］. 太原：山西科学教育出版社，1990：21.

④ 规划处 . 关于参与建委对西安等十一个城市初步规划审查工作报告（1954 年 12 月 20 日）［Z］// 1953 ~ 1956 年西安市城市规划总结及专家建议汇集 . 中国城市规划设计研究院档案室，案卷号：0946：31.

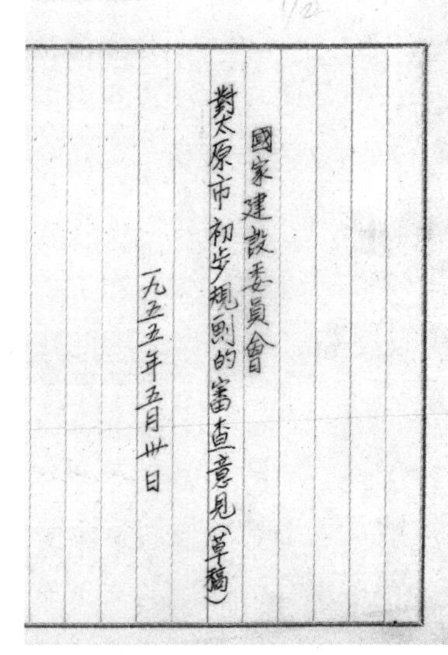

國家建設委員會

對太原市初步規劃的審查意見(草稿)

一九五五年五月卅日

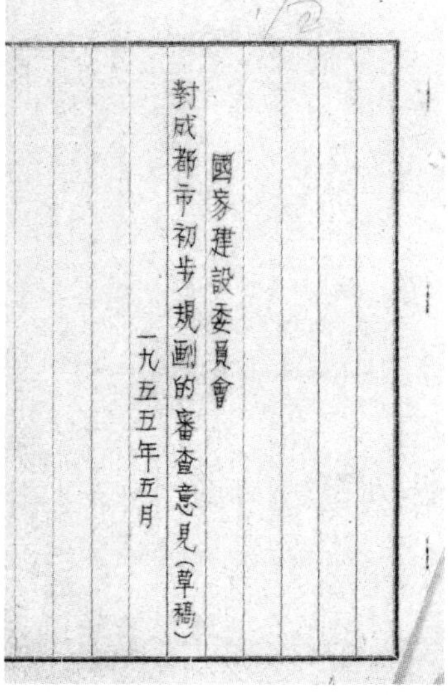

國家建設委員會

對成都市初步規劃的審查意見(草稿)

一九五五年五月

图 5-11 国家建委对太原和成都两市规划的批复意见草稿

资料来源：[1] 国家建设委员会．国家建设委员会对太原市初步规划的审查意见（草稿）(1955年5月30日)[Z]．太原市初步规划说明书及有关文件．中国城市规划设计研究院档案室，案卷号：0195：20.

[2] 国家建设委员会对成都市初步规划的审查意见（草稿）(1955年5月)[Z]// 成都市1954～1956年城市规划说明书及专家意见．中国城市规划设计研究院档案室，案卷号：0792：74.

月《国家建设委员会对成都市初步规划的审查意见（草稿）》十分相像（图 5-11）。《当代中国的城市建设》一书中关于太原规划批复的误会，大概正是由此《太原意见草稿》而产生。关于城市发展规模，《太原意见草稿》提出“太原市过去已有相当的工业基础，国家第一个五年计划中又在太原市新建、扩建和改建了一批工业企业，太原市的工业已很集中，今后不应再摆［建］大的工厂。按现有的技术经济指标计算，太原市远景人口发展规模可控制为七十五万人。”① 关于较为敏感的北郊工人住宅区，意见中指出：“原则上同意太原市与第二机械部、卫生部对太原市北郊工人住宅区签订的协议，即在现有新兰铁路以东以北，九〇八厂以南，新城村以西地区，做［作］为七八三、九〇八、二四五、热电站及铁路编组站等五个单位的第一、二期工人住宅修建地区。以后因生产任务扩大和工人生活水平提高，原居住地区须向外发展时，可根据汾河治理与实际情况，再由太原市与有关单位协商新兰铁路是否东迁或西移的问题。”②

然而，与同月国家建委对成都市规划的批复意见草稿一样，1955 年 5 月 30 日的《太原意见草稿》却并未正式执行。其原因不难理解——1955 年 6 月前后，国家掀起一场以基本建设领域为重点的增产节约运动：1955 年 6 月 13 日，国务院副总理兼国家计委主任李富春在中央各机关、党派、团体的高级干部会议上作“厉行节约，为完成社会主义建设而奋斗”的报告；同年 6 月 19 日，《人民日报》发表《坚决降低非生产性建筑标准》；7 月 3 日和 7 月 4 日，国务院和中共中央相继发出《国务院关于一九五五年下半年在基本建设中如何贯彻节约方针的指示》和《中共中央关于厉行节约的决定》。在此情形下，“五五［1955］年中央贯彻全面节约精神后”，太原市规划“以反浪费为中心，同时结合最近新的发展情况，在新测地形图上，进行了修改。”③

① 国家建设委员会．国家建设委员会对太原市初步规划的审查意见（草稿）(1955 年 5 月 30 日)［Z］．太原市初步规划说明书及有关文件．中国城市规划设计研究院档案室，案卷号：0195：22.

② 同上，案卷号：0195：21-22.

③ 太原市城市建设管理局．太原市城市建设概况（1956 年 8 月 30 日)［Z］// 太原市初步规划说明书及有关文件．中国城市规划设计研究院档案室，案卷号：0195：118-119.

据 1956 年 8 月 30 日太原市城市建设管理局所作《太原市城市建设概况》："当前我市规划工作已进入总体规划阶段，我们准备在最近时期作出并报请上级审批。"[①] 可见，一直到 1956 年 8 月底时，太原市的规划尚未获得批准。

在"一五"时期，太原市规划是否获得了正式批准？如果获得批准，其批准时间和具体内容等如何？这些疑问，且留待今后作进一步研究和考证。

5.5.2 武汉市规划："一五"期间未获正式批复

由于"二汽"厂址从武汉迁往成都等重大项目建设计划的调整，不仅影响到成都的规划审批，自然也牵涉武汉的规划未能及时获得批准。

档案显示，1955 年，武汉市城市规划委员会根据重点工业建设项目的调整，以及中央"厉行节约"的指示，对武昌地区的规划进行了修改，修改内容主要是道路系统和道路宽度等方面，规划于 1955 年 11 月完成，经省、市政府审查后，报送国家建委[②]，但未获正式批准[③]。

1956 年中，由于武汉地区国家建设项目增加，同时国家下达各地方要编制国民经济和社会发展 12 年计划的要求[④]，武汉市城市规划委员会又编制出"武汉市城市建设 12 年规划（草案）""汉阳地区总体规划（1956–1967）"和"解放大道中段（黄浦路至利济北路）干道规划"3 个规划。就其中的《武汉市城市建设 12 年规划（草案）》而言，据该规划的说明书，"武汉市城市建设 12 年规划是根据［1954 年的］武汉市初步规划方案制定的"，"武汉市初步规划是武汉市的远景规划，'武汉市城市建设 12 年规划'是按国家计划制定的城市建设分期实施的计划。同时根据实际发展情况对初步规划作了相应的补充和修改。"[⑤]

1956 年 9 月 30 日，武汉市委批转武汉市城市规划委员会关于 3 个规划的说明书，明确指示："市委同意'武汉市城市建设 12 年规划说明书''汉阳地区总体规划说明书''解放大道规划说明书'，望即上报中央城市建设委员会，请求审查批示"，"在未得中央批示之前，可以按此规划执行"[⑥]（图 5–12）。

然而，在"一五"期间，武汉市规划一直未获得国家层面的正式批准。究其原因，笔者推断应该是类似于"二汽"厂址的"正处于敌人的空袭圈内""空中目标显著"等国防安全的因素始终存在，出于慎重考虑，国家有关部门较难作出明确的批复意见。另外，早年担任武汉规划组组长的刘学海先生和吴

---

① 太原市城市建设管理局 . 太原市城市建设概况（1956 年 8 月 30 日）［Z］// 太原市初步规划说明书及有关文件 . 中国城市规划设计研究院档案室，案卷号：0195：120.

② 武汉市城市规划管理局 . 武汉市城市规划志［M］. 武汉：武汉出版社，1999：112–113.

③ 中共武汉市委 . 市委批转武汉市城市规划委员会关于"武汉市城市建设 12 年规划说明书""汉阳地区总体规划说明书""解放大道规划说明书"［Z］// 武汉市历次城市建设规划 . 中国城市规划设计研究院档案室，案卷号：1049：5.

④ 武汉市城市规划管理局 . 武汉市城市规划志［M］. 武汉：武汉出版社，1999：94.

⑤ 中共武汉市委 . 市委批转武汉市城市规划委员会关于"武汉市城市建设 12 年规划说明书""汉阳地区总体规划说明书""解放大道规划说明书"［Z］// 武汉市历次城市建设规划 . 中国城市规划设计研究院档案室，案卷号：1049：5.

⑥ 中共武汉市委员会 . 市委批转武汉市城市规划委员会关于"武汉市城市建设 12 年规划说明书""汉阳地区总体规划说明书""解放大道规划说明书"［Z］// 武汉市历次城市建设规划 . 中国城市规划设计研究院档案室，案卷号：1049：2.

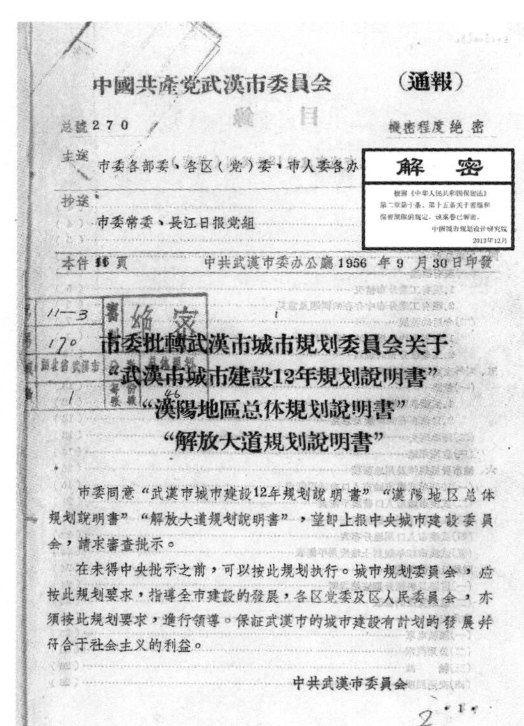

中國共產党武漢市委員会　（通報）

总號270　機密程度絶密

主送　市委各部委、各区（党）委、市人委各办

解密

根据《中华人民共和国保密法》第二章第十条、第十五条关于密级和保密期限的规定，该案卷已解密。

中国城市规划设计研究院
2013年12月

抄送　市委常委、長江日报党組

本件16頁　中共武漢市委办公廳1956年9月30日印發

市委批轉武漢市城市規划委員会关于
“武漢市城市建設12年規划説明書”
“漢陽地區总体規划説明書”
“解放大道規划説明書”

市委同意“武漢市城市建設12年規划説明書”“漢陽地区总体規划説明書”“解放大道規划説明書”，望即上报中央城市建設委員会，請求審查批示。

在未得中央批示之前，可以按此規划执行。城市規划委員会，应按此規划要求，指導全市建設的發展，各区党委及区人民委員会，亦須按此規划要求，進行領導。保証武漢市的城市建設有計划的發展并符合于社会主义的利益。

中共武漢市委員会

图 5–12　武汉市委建委对武汉市城市建设 12 年规划等的批复文件

资料来源：中共武汉市委员会．市委批转武汉市城市规划委员会关于“武汉市城市建设 12 年规划说明书”“汉阳地区总体规划说明书”“解放大道规划说明书”[Z]// 武汉市历次城市建设规划．中国城市规划设计研究院档案室，案卷号：1049：2.

纯先生，也提出了其他一些推断，主要是规划部门的责任意识①以及巴拉金建议方案的现实操作性②的影响。

随着国家有关部门陆续对西安、兰州、洛阳、包头、成都和大同等城市的规划作出批复，这些城市的规划编制成果即具有了指导各项城市建设活动的法律效力。而在八大重点城市规划的审查和批准的过程中，一系列重点工业项目以及工人住宅区和“厂外工程”等的建设业已陆续展开。由此，八大重点城市规划工作由前期的编制和审批阶段，而逐步进入规划实施和管理环节。

① 刘学海先生认为：“之所以没有批准，也可能是武汉市本身对这个批不批准无所谓，比如西安的规划李廷弼就抓得很紧，他是建设局局长”，“李廷弼就是这样，要求方案做得好一点，上报的规划一定要批，不批就执行不了”。2015 年 10 月 14 日刘学海先生与笔者的谈话。

② 吴纯先生指出：“为什么审批的时候审批不了？专家［巴拉金］所提方案中好大一部分是旧城改造，可是我们根本没碰旧城改造，那个地方都改不了，像汉口那条铁路线要向外推，也不可能在一二十年就解决”，方案中还“要求中心都要遥遥相对，要在武昌洪山地区建省中心，当时的现状已经有省的单位在那个地方了，它的地形比较高，好像高高在上，现状已经有了，关键是那条直通长江的道路，跟现状道路完全违背，现有道路都是沿着江发展，平行于长江过来的，它是垂直的，还有几条放射的，一条放射到徐家棚，一条放射到珞珈山，跟现有的道路完全不一样，这个要实现起来困难比较大”，“都超过了现实能力，他的方案要实现的话都超过了远景规划的年限”，“艺术布局非常理想化”。2015 年 10 月 11 日吴纯先生与笔者的谈话。

第 6 章

规划实施

Implementation

八大重点城市规划作为城市各项建设的“蓝图”和依据，在总体上得到了良好的实现。但是，规划实施中的问题也是不胜枚举的。这一方面受到边规划、边实施的工作特点的影响，另一方面，规划管理工作具有较强的专业性和复杂性，而社会各方面对规划管理重要性的认识明显不足。同时，与极为繁重的管理任务相比，规划管理的力量甚为薄弱；建设单位的“本位主义”和规章制度缺失，加剧规划管理难度，违法建设呈多发态。制约规划实施的突出矛盾，包括城市规划的整体性与建设实施的分散性之矛盾、近期建设与远景发展之矛盾、多部门配合与协调之矛盾以及工业和国民经济计划多变之矛盾等等。在影响规划实施的各种要素中，城市规划工作以外的因素，特别是计划多变和体制环境的制约，占据了主导性的地位。规划管理机构作为政府“专业部门”的实际角色，与其所承担的“综合性”规划管理事务职责之间存在权责及伦理错位，是影响规划实施的重要症结所在。高度重视规划管理工作的经验积累与科学总结，是保障规划实施及促进规划学科发展的关键所在。

城市规划在根本上是为城市建设实践所服务，规划实施对于城市规划工作的重要性是不言而喻的。也可以说，只有通过规划实施，城市规划的目的和意图才能得到具体落实，城市规划工作的科学价值和社会作用才能得到真正实现。关于城市规划的历史研究，不仅要关注于规划编制的工作过程、主要内容和审批情况等，必然也要对城市规划技术文件具体如何实施的有关情况加以探讨，这是整体化、系统性地认识城市规划活动的内在要求。

近年来，在我国城市规划学科不断发展的过程中，有关城市规划实施的问题早已引起规划界的高度重视，并取得一系列的研究成果，尤以张兵、孙施文、张庭伟等学者的持续性研究[①]最为瞩目。张兵博士专著《城市规划实效论》正是专门针对这一命题而作，孙施文教授《现代城市规划理论》一书中也有城市规划实施方面的系统性阐述。此外，2009年4月，住房和城乡建设部颁布《城市总体规划实施评估办法（试行）》，将城市规划的实施评估纳入制度性安排；2014年12月，中国城市规划学会成立专门的“城乡规划实施学术委员会”。这些，都标志着规划实施研究的繁荣发展。

就目前关于规划实施的既有研究来看，主要呈现为两大类型：理论层面，以规划实施的理论或评价方法的探讨为主，包括对有关国际经验的引介；实践层面，以服务于规划修编或规划管理为宗旨，对新近付诸实施的一些规划编制项目进行实效或动态评估。除此之外，笔者认为，历史研究也应当是规划实施研究的一个重要方法，乃至于必不可缺的重要手段，因为城市的建设、发展和变化是一个漫长的过程，只有立足于较长的时间跨度，才能更加客观、理性地审视规划实施的有关问题。“一五”时期的八大重点城市规划，就是可供选择的重要研究案例。

---

① [1] 张兵 . 城市规划实效论——城市规划实践的分析理论 [M]. 北京：中国人民大学出版社，1998.
[2] 张兵 . 城市规划编制的技术理性之评析 [J]. 城市规划汇刊，1998 (1)：13-19，2.
[3] 孙施文．现代城市规划理论 [M]. 北京：中国建筑工业出版社，2007.
[4] 孙施文，王富海 . 城市公共政策与城市规划政策概论——城市总体规划实施政策研究 [J]. 城市规划汇刊，2000 (6)：1-6.
[5] 孙施文，周宇 . 城市规划实施评价的理论与方法 [J]. 城市规划汇刊，2003 (2)：15-20，27.
[6] 孙施文 . 有关城市规划实施的基础研究 [J]. 城市规划，2000 (7)：12-16.
[7] 张庭伟 . 城市发展决策及规划实施问题 [J]. 城市规划汇刊，2000 (3)：10-13，17.
[8] 张庭伟 . 技术评价，实效评价，价值评价——关于城市规划成果的评价 [J]. 国际城市规划，2009 (6)：1-2.

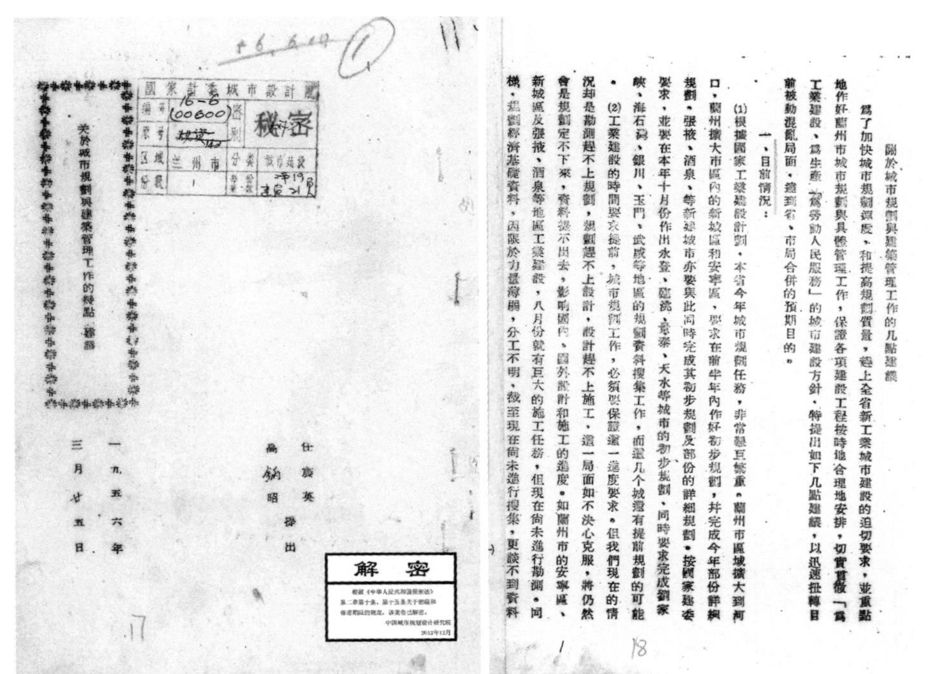

国家计委城市设计院 编号 16-6 (00600) 密别 秘密 区域 兰州市 分类 城市建设

关於城市規劃與建築管理工作的几點建議

任震英
高鈉昭 提出

一九五六年
三月廿五日

解密

根据《中华人民共和国保密法》第二章第十条、第十五条关于密级和保密期限的规定，该案卷已解密。

中国城市规划设计研究院
2013年12月

關於城市規劃與建築管理工作的几點建議

為了加快城市規劃進度，和提高規劃質量，趕上全省新工業城市建設的迫切要求，並重點地作好蘭州市城市規劃與具體管理工作，保證各項建設工程按時地合理地安排，切實貫徹「為工業建設、為生產、為勞動人民服務」的城市建設方針，特提出如下几點建議，以迅速扭轉目前被動混亂局面，達到省、市局合併的預期目的。

一、目前情況：

(1)根據國家工業建設計劃，本省今年城市規劃任務，非常艱巨繁重。蘭州市區域擴大到河口，蘭州擴大市區內的新城區和安寧區，要求在前半年內作好初步規劃，并完成今年部份詳細規劃。張掖、酒泉、等新建城市亦要與此同時完成其初步規劃及部份的詳細規劃。按國家建委要求，並要在本年十月份作出永登、臨洮、景泰、天水等城市的初步規劃，同時要求完成劉家峽、海石灣、銀川、玉門、武威等地區的規劃資料搜集工作，而還几个城還有提前規劃的可能。

(2)工業建設的時間要求提前，城市規劃工作，必須要保證這一進度要求。但我們現在的情況却是勘測趕不上規劃，規劃趕不上設計，設計趕不上施工，這一局面如不決心克服，將仍然會是規劃定不下來，資料提不出去，影響國內、國外設計和施工的進度。如蘭州市的安寧區、新城區及張掖、酒泉等地區工業建設，八月份就有巨大的施工任務，但現在尚未進行勘測。同機、規劃經濟基礎資料，因限於力量薄弱，分工不明，致至現在尚未進行搜集，更談不到資料

图 6-1 任震英和高鈉昭《关于城市规划与建筑管理工作的几点建议》

资料来源：任震英，高鈉昭．关于城市规划与建筑管理工作的几点建议（1956 年 3 月 25 日）[Z] // 兰州市城市建设文件汇编（一）．中国城市规划设计研究院档案室，案卷号：1114：17.

“城市‘一次规划’（即总体规划、详细规划、竖向设计、管线宗［综］合等）作［做］完了是否就算规划工作结束了呢？”这是参与 1954 年版兰州市规划工作的任震英先生在 1956 年 3 月发出的疑问①（图 6-1）。在人们的一般印象中，建国初期高度集中的计划经济体制，本身就已经为城市规划的实施创造了根本性的保障条件，八大重点城市偏重于物质空间设计、具有“终极蓝图”性质的规划成果，在当时的计划经济体制下，必然是一种“获得良好实施”的局面。那么，实际的情况是否如此？八大重点城市精心描绘并签订有不少部门协议的“规划蓝图”，能否全面协调城市建设和城市发展方面的各种问题？

在经过一年多的规划实施管理工作实践以后，任先生对这一问题的回答是：“根据兰州市几年来的城市规划的实践及包头、太原、西安等城市的经验证明［，］从‘一次城市规划’的作出、到具体的规划实施，是规划设计和规划管理工作中最复杂最细致，同时是要用继续不断的全面综合的政治性、经济性、思想性、艺术性和技术性来处理的一项巨大工作。并且这项工作的‘可变性’是经常不断的，因此说‘一次规划’作［做］完了并不等于万事大吉了。”② 这一回答所蕴含的丰富含义，只有在对八大重点城市的规划实施情况有所了解之后，方能深刻体会。

纵观城市规划历史方面的既有研究，通常都会对规划实施情况有所涉及，但其讨论内容较多以“城市建设情况”方面为主，专门以历史研究方法来探讨规划实施问题的成果尚较少见。之所以如此，一个重要原因便在于史料搜集上的困难，一般情况下不少城市规划编制成果的搜集已属不易，更奢谈规划实施情况

① 任震英，高鈉昭．关于城市规划与建筑管理工作的几点建议（1956 年 3 月 25 日）［Z］// 兰州市城市建设文件汇编（一）．中国城市规划设计研究院档案室，案卷号：1114：22.

② 同上，案卷号：1114：22.

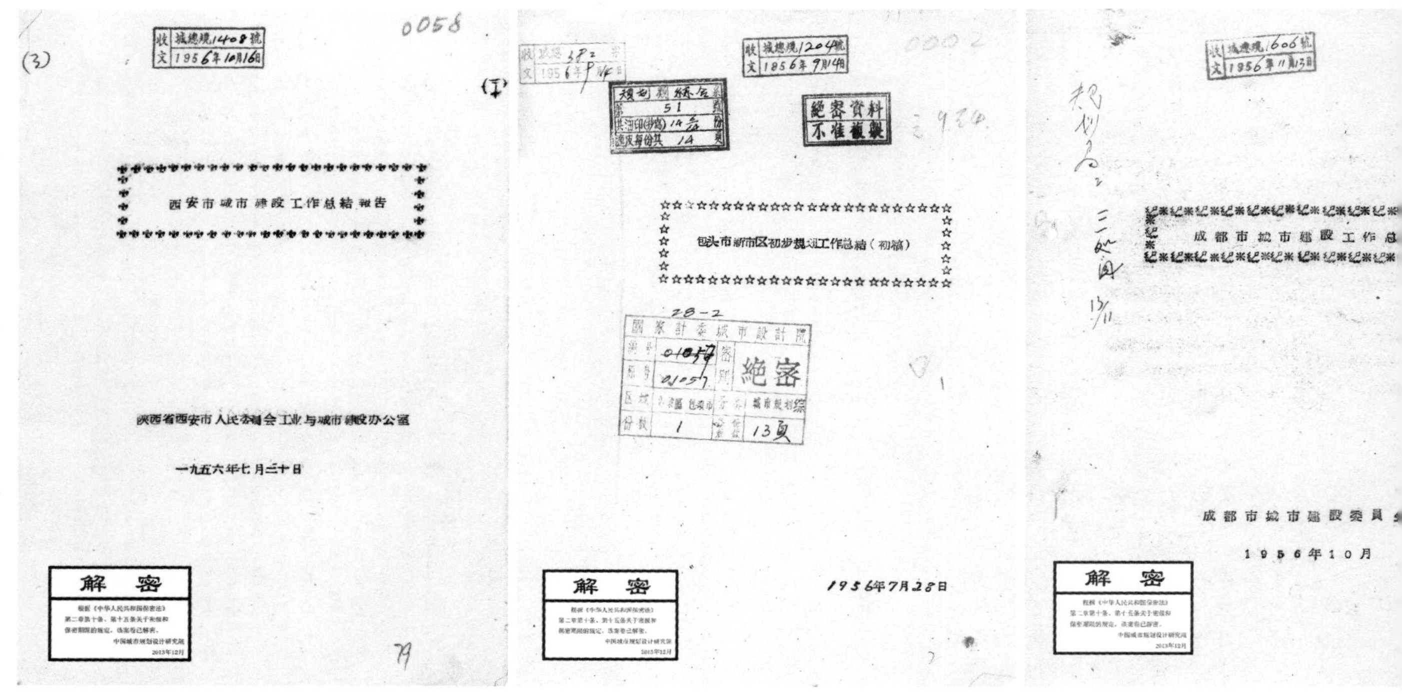

图 6–2　西安、包头和成都关于规划实施情况的总结报告（部分）

资料来源：[1] 陕西省西安市人民委员会工业与城市建设办公室．西安市城市建设工作总结报告（1956 年 7 月 30 日）[Z] // 1953 ~ 1956 年西安市城市规划总结及专家建议汇集．中国城市规划设计研究院档案室，案卷号：0946：80.

[2] 包头市新市区初步规划工作总结（初稿）（1956 年 7 月 28 日）[Z] // 包头市城市规划经验总结．中国城市规划设计研究院档案室，案卷号：0505：14.

[3] 成都市城市建设委员会．成都市第一个五年计划 [期间] 城市规划管理工作的总结（初稿）（1958 年 6 月）[Z] // 成都市“一五”期间城市建设的情况和问题．中国城市规划设计研究院档案室，案卷号：0802：54.

的丰富史料。令人欣慰的是，建国初期由于对城市规划工作极为重视等原因，在八大重点城市规划的实施过程中，国家有关部门和各个城市都对规划实施及管理的有关情况进行过认真的总结，加之早年城市规划工作中对于档案资料工作的高度重视，从而使当年的不少总结报告得以留存至今，这就为八大重点城市规划实施情况的历史还原提供了可能（图 6–2）。

6.1　规划实施的基本情况

6.1.1　“按规划蓝图施工”：八大重点城市规划实施的鲜明特点

八大重点城市规划旨在为一批新工业城市的各项建设提供配套服务。在“一五”时期，由于国家的各项工作紧紧围绕工业建设这一中心任务，重点工业项目的组织实施得到一系列强有力的体制保障，这就为与之相关联的城市规划的实施提供了良好的环境条件。因而，八大重点城市规划作为城市各项建设的“蓝图”和依据，在总体上得到了良好的实现。从各个城市在规划实施各阶段所绘制的现状图上，也可明显看出其“按规划蓝图施工”的鲜明特征（彩图 6–1）。这是关于八大重点城市规划实施问题的首要认识。

作为 1954 年 12 月首批获得规划批复的城市之一，洛阳市自 1954 年开始大规模的工业建设和城市建设，据《洛阳市城市建设工作总结（草稿）》，截至1956年7月，拖拉机制造厂、矿山机器厂、滚珠轴承厂和热电厂等厂房修建已先后开工，个别厂房车间即将投入使用；同时兴建起13个街坊的房屋建筑，兴建道路15条，中州和洛河两座桥梁，并已修好全长5000m、宽度21m的大明沟，铺设雨、污水管45条，给水管7条[①]（彩图6–2 ~彩图6–6）。

就城市规划工作开展较早并具有试点性质的西安市而言，据统计，1953年至1956年6月期间，共新建大型机械制造厂10个，电机制造厂4个，纺织印染厂7个，仪表厂1个，电站1处；新建与扩建西大、动力、工业、交通、建筑、航空、医学、体育、通讯等大学院16所，煤矿、地质等中等技术学校34所，机械、建筑等技工学校16所，政法、粮食等干部学校25所[②]（彩图6–7）。同时，为配合工业建设和文教建设发展的需要，城市公用事业建设也大规模的开展："在新建区新辟道路111.5公里，路面1618000平方公尺；在城区修筑了道路4603公里，铺路面523000平方公尺"，"在新建区修建排水明渠30.48公里，污水管道13.22公里；建成自来水厂三个，供水能力平均35000吨/日，埋设配水干支管102公里"，"并完成了地下水初步勘察与辋川水[③]工程初步设计，其他电话线路等也在大规模的［地］建设中。"[④]

再以"156项工程"分布较多的太原为例，截至1957年底的统计，"一五"时期新建扩建限额以上的项目达40个，其中工业建设占26个，并有14个单位先后投入生产；全市新建房屋面积4.1万余m^2，职工住宅213万余m^2，相当于原有住宅的121%；学校建筑30万余m^2，其中高等学校3座，中等专业学校10座，示范及普通中学9座，小学10座；医院12座，建筑面积6.4万余m^2；影剧院、礼堂和俱乐部等20座，建筑面积3.4万余m^2；商店、旅馆、仓库和托儿所等125万余m^2。[⑤]在城市公用事业方面，与1952年相比，道路长度增长2.43倍，公园面积增长9.6倍，供水能力增长5.74倍，下水管道增长3.32倍；公共汽车自1952年创建，到1957年底已达67部，乘客人数全年达1970万人次[⑥]（彩图6–1）。

彩图6–8至彩图6–12为包头、兰州、成都、武汉和大同5市不同时期的现状图。

6.1.2 规划实施中存在的一些主要问题

尽管八大重点城市规划在总体上得到了较好的落实，但进一步具体分析，规划实施中所存在的问题也是不胜枚举的。这些问题体现在不同的层面，并表现出各不相同的形式。

---

① 洛阳市城市建设工作总结（草稿）(1956年7月28日)［Z］// 洛阳市规划综合资料．中国城市规划设计研究院档案室，案卷号：0829：92.

② 陕西省西安市人民委员会工业与城市建设办公室．西安市城市建设工作总结报告（1956年7月30日）［Z］// 1953 ~ 1956年西安市城市规划总结及专家建议汇集．中国城市规划设计研究院档案室，案卷号：0946：80.

③ 辋川水，即辋谷水。源出秦岭北麓，北流至县南入灞水，诸水会合如车辋环凑，故名。并有一地名辋川镇，在陕西省西安市蓝田县境内。参见：http：//baike.baidu.com/link?url=2eN3YIOGievag–qIvRvUwAHlQV5pewxYczPQ2RwccwsziXASPI89tLpTTpsRNF4PiUXUCpbzjGUKL8vomSqQVK

④ 陕西省西安市人民委员会工业与城市建设办公室．西安市城市建设工作总结报告（1956年7月30日）［Z］// 1953 ~ 1956年西安市城市规划总结及专家建议汇集．中国城市规划设计研究院档案室，案卷号：0946：81.

⑤ 山西省设计工作太原检查组关于太原市第一个五年计划［期间］非生产性建设设计工作检查总结报告（草稿）(1958年1月13日)［Z］. 1957年关于太原市城市建设的检查报告．中国城市规划设计研究院档案室，案卷号：0188：22.

⑥ 同上，案卷号：0188：22–23.

就相对微观的问题而言，以西安市的道路建设为例，“一九五四年修建的纬二十路（东头），长三点八公里，宽有四十公尺，投资二十点二万元，修建时只考虑按规划路线打直，在路线上的房屋决定全予拆除，对现状未作充分研究”，“开工后共拆除房屋二百多间，但由于路的西端，北边碰上农具厂，南边碰上发电厂，路面无法拓宽，形成了仅有六公尺宽路面的一段盲肠，因此自修成以后工业运货不能利用，其他交通也少”[①]。另外，包头市城市规划方案的一个重要意图即“城市三条干道直通钢厂大门［以］使包钢与住宅区的交通很方便”，但在规划实施过程中，“附属加工厂压在马路上”，城市干道不得不调整线路绕行，由此造成“城市到包钢三大门的巨［距］离总的增加了3.75公里［、］使职工们上下班以及城市与河西的联系永远要多走歪路的缺陷。”[②]

就各类城市用地的规划布局而言，也有不少问题。例如：太原市在旧城西侧规划了市中心，但省、市各类政府机关等市中心职能的建设却长期在旧城内发展[③]；洛阳市旧城与涧西区之间的西工地区，在1954年规划中本来确定的是远景发展用地，但1956年前后即开始了较大规模的近期建设[④]；大同市在旧城和御河以东规划了工业用地，但规划获批之后的数十年时间内一直未曾实施（彩图6-12）；等等。

就城市规划较为重要的发展规模而言，规划实施中也有迅速被突破的倾向。以兰州市为例，国家建委批复中明确要求在1972年以前将人口规模严格控制在80万人以内，但据1956年9月时已确定的各类项目计算，“基本人口已接近四十万人”，“如果以基本人口30%，服务人口20%，被扶养的人口50%的定额计算，总人口数已达到了140万了”，“如果再加上20%或25%的城市人口发展保留数（包括自然人口增长率）将会靠近180万余左右了”；另一方面，“再从几年来兰州市人口的实际增加数字来看”，“一九五三年是34万人”，“一九五五年为52万人，到一九五六年八月底已经上60万人了。”[⑤]

再以西安为例，1954年规划所确定的20年以后的远景城市规模，总人口为120万，总用地为131km，其中第一期（至1959年）全市人口增至100万人，用地面积扩大至46.05km^2；但截至1956年7月时，全市人口已达87.6万人，城市用地面积已达72.1km^2，其中工业用地已达23km^2，超过第一期53.5%，生活区用地已达49.1km^2，超过第一期45.7%。[⑥]

除此之外，在八大重点城市规划的实施中，还有大量的违法建设和临时建筑等相关问题。据成都市对1956～1957年间170个建设单位用地情况的检查，“其中就有37个单位采取了‘先斩后凑［奏］’‘边斩

---

① 中共中央工业交通工作部．关于西安市城市建设工作中若干问题的调查报告（1956年5月4日）［Z］．中国城市规划设计研究院档案室，案卷号：0947：5.

② 包头市新市区初步规划工作总结（初稿）（1956年7月28日）［Z］// 包头市城市规划经验总结．中国城市规划设计研究院档案室，案卷号：0505：14.

③ 山西省设计工作太原检查组．关于在城市规划管理工作上贯彻勤俭建国方针的检查报告（1958年1月11日）［Z］// 1957年关于太原市城市建设的检查报告．中国城市规划设计研究院档案室，案卷号：0188：66.

④ 城市设计院．洛阳涧西区根据中央节约精神规划修改总结报告（1955年8月25日）［Z］// 洛阳市规划综合资料．中国城市规划设计研究院档案室，案卷号：0829：78.

⑤ 兰州市城市建设工作报告（1956年9月）［Z］// 兰州市城市建设文件汇编（一）．中国城市规划设计研究院档案室，案卷号：1114：45.

⑥ 陕西省西安市人民委员会工业与城市建设办公室．西安市城市建设工作总结报告（1956年7月30日）［Z］// 1953～1956年西安市城市规划总结及专家建议汇集．中国城市规划设计研究院档案室，案卷号：0946：86-87.

边凑［奏］’甚至‘斩而不凑［奏］’恶劣的作法［，］侵占土地 69 次计 347.59 亩”，“在检查中还有 16 个单位共荒芜土地 701.64 亩。”①

就临时建筑而言，在包头等“新建城市”中表现得尤为突出。“1955 年［包头］新市区开始建设时，首先建起的是大批‘临时建筑’共有 8 处，约 45000m^2，以后又建了 23000m^2，每平方米造价 10.40 元，大半为建筑、筑路工人和商业服务系统的建筑，并修建了六条土路；包钢还由总客站出岔修了一条所谓临时铁路［，］通过绿带直插入西部居住区内。”②“这些所谓‘临时建筑’有的建在防护林内，有的在公园内或高层楼房区，还有压在规划中马路位置上的，房屋的形状、大小、造价、布置、性质都不统一，建设混乱。修建的土路与规划位置出入颇大”，由此形成的严重后果是：“推迟了防护林及公园的绿化，如西部住宅区在近期修建地区内最适中的公园由包钢盖上了临时建筑，于是不得不绿化另一个稍偏一些的公园，这样不仅影响了居民到绿地的距离，也降低了居民们绿地的面积”，“在高层区内的市政设施很全，但所建的是所谓‘临时建筑’［，］浪费了设施及用地。”③

仅就以上所举的个别情况，足以令人产生这样的感觉：八大重点城市规划的实施居然出现了这么多问题，有些问题似乎还相当严重！

那么，这些问题究竟又是怎么产生的？规划实施中为何没有控制好呢？是否都是原来规划的问题呢？对此如若不能正确认识，也就必然会招致对于八大重点城市规划的否定性评价。

首先需要指出，八大重点城市规划实施中各类问题的出现，与当时“边规划、边审批、边实施”的工作特点和形势要求是密不可分的。以包头市为例，“当包头市的初步规划尚未获［得］批准［时］，由于任务急，于 1955 年春即在包开始建设，青山区（城市东北区）即开始建设楼房街坊。因之包头市的初步规划是和详细规划、修建三者同时进行的。”④

再就西安市而论，“1954 年底批准了总体规划，工人住宅区详细规划由于几次返工，于 1956 年春才完成，而建设则于 1953 年已经开始，便形成一面规划，一面建设的情况，因而在全市建设当中产生了一些混乱与困难”，“如已建成的居住街坊不太合理，密度稀，用地大；已架设成的电力、电讯杆线因互相干扰［，］局部不得不返工。因南郊住宅区详细规划与旧城改造规划无力进行，机关、学校临时选择地址，进行规划设计，时间仓促，考虑不周，在建设过程中不得不经常修改，往返磋商，结果耽误了工期，布局仍然不甚合理。”⑤

然而，从规划实施的整体情况来看，边规划、边实施的特点，只是影响八大重点城市规划实施的诸多

---

① 成都市城市建设委员会．成都市第一个五年计划［期间］城市规划管理工作的总结（初稿）（1958 年 6 月）［Z］// 成都市“一五”期间城市建设的情况和问题．中国城市规划设计研究院档案室，案卷号：0802：82.

② 包头市新市区初步规划工作总结（初稿）（1956 年 7 月 28 日）［Z］// 包头市城市规划经验总结．中国城市规划设计研究院档案室，案卷号：0505：11.

③ 同上，案卷号：0505：11.

④ 同上，案卷号：0505：4.

⑤ 陕西省西安市人民委员会工业与城市建设办公室．西安市城市建设工作总结报告（1956 年 7 月 30 日）［Z］// 1953 ~ 1956 年西安市城市规划总结及专家建议汇集．中国城市规划设计研究院档案室，案卷号：0946：82.

因素之一，并且是其中作用相对较小的一项因素。对于八大重点城市规划实施问题的正确认识，需要对规划实施的具体途径、手段、人员和制度条件，规划实施的内外部相关因素以及城市规划工作的内在属性等，进行全方位的认知和判断。

6.2 城市用地和建筑事务管理：规划意图“落地”之艰难

上文中所讲包头附属加工厂占压城市干道的问题，究竟是怎么产生的？从史料来分析，这其实主要是由规划管理部门与建设单位之间信息沟通不畅所造成的。“城市方面按重点城市会议所订协议早在1954年12月底即向包钢送出城市规划总平面草图及包钢三个大门的座［坐］标，以后包钢又先后两次向城市方面要图提交国外”，“城市方面以为该项城市规划已提交国外，包钢在审查初步设计及附属加工厂之初步设计时，城市方面不知［，］未参加，但风闻包钢厂址变动。直到要求拨地时才发现，附属加工厂压在马路上，也才知包钢尚未将城市规划提交国外，国外在决定工厂初步设计及加工厂位置时未见任何城市规划图。”[①] 包头市总结认识到：“这件事使我们得到的教训是对主要的工厂更要加紧联系，督促并且一定要参加工厂的初步设计审查会议。”[②]

包头的这一案例，生动表明了规划实施中管理工作的极端重要性，规划管理上的“失之毫厘”，便会造成城市建设活动的“谬以千里”。同时，规划实施管理也并非一项简单工作，而是一个充满问题与挑战的艰难过程。图6–3、图6–4为西安市东郊工业区旧貌。

6.2.1 规划实施管理工作的复杂性和专业技术性

城市规划的各项内容和内在意图，必然要通过城市建设的具体活动，方能实现从规划编制技术成果向社会实践的转化和“落地”。在这一规划实现的过程中，不可能寄希望于各建设单位自觉遵守城市规划，而只能通过必要的规划管理的手段，积极引导、控制并监督建设单位落实城市规划的各项要求。“实施规划的管理工作，由审核建设用地到依据初步规划、详细规划及公共福利设施的分布，研究平面布置乃至实地放线、核发建筑执照等一系列的具体业务”，“这一庞杂细散的管理工作是保证体现城市规划的权力工作，需要一定的力量，和适应的机构，才能达到监督管理的目的，同时也才能保证建设的进度和精度。”[③]

城市规划实施的这种特点，决定了规划管理必然是一项复杂、烦琐而又充满“技术内涵”的工作。“从表面上来看，规划已经定了，就可按‘方格’拨地了吧”，“实际上划拨基地倒是一项认真细致的工

① 包头市新市区初步规划工作总结（初稿）(1956年7月28日)[Z]// 包头市城市规划经验总结．中国城市规划设计研究院档案室，案卷号：0505：14.

② 同上：0505：14.

③ 任震英，高鉚昭．关于城市规划与建筑管理工作的几点建议（1956年3月25日）[Z]// 兰州市城市建设文件汇编（一）．中国城市规划设计研究院档案室，案卷号：1114：20.

图 6-3　西安东郊工业区第一栋厂房的建设工地
资料来源：和红星．西安於我：一个规划师眼中的西安城市变迁（7 影像记忆）[M]. 天津：天津大学出版社，2010：422.

图 6-4　西安东郊工业区旧貌
资料来源：和红星．西安於我：一个规划师眼中的西安城市变迁（7 影像记忆）[M]. 天津：天津大学出版社，2010：422.

作，基建单位向我们要基地，我们就得要有专人研究他们的要求，根据城市详细规划总意图和定额指标，提出拨地方案 [,] 最后会同基建单位实地勘查 [,] 取得同意才予决定"，"一块基地的决定要经过多次的现场勘察，反复研究考虑给水排水，供电供热供暖、交通、建筑材料运费运距等因素和基建单位的具体修建规模 [、] 时间及城市造型等，关连 [联] 问题作系统的考虑后才能肯定下来。这项工作 '扯皮' 的事情最多。" ①

同时，"在城市规划进行过程中，不可能对各个基建单位的所有特殊要求，一次考虑周全，因此城市规划工作，必须要重视和照顾这一特点" ②；"要把这些工作作 [做] 好，使所有拨地都能合理地予以解决，必须要按规划原则和要求并得照顾其各种不同的设计。因此布置每一家建筑物和构筑物都需进行反复研

① 任震英，高鍼昭 . 关于城市规划与建筑管理工作的几点建议（1956 年 3 月 25 日）[Z] // 兰州市城市建设文件汇编（一）. 中国城市规划设计研究院档案室，案卷号：1114：25-26.

② 同上，案卷号：1114：24.

图 6-5 建设中的洛阳第一拖拉机制造厂
资料来源：杨继红，朱大南．共和国的第一次：建国 60 年珍贵图录［M］．北京：中国大百科全书出版社，2009：83.

究，必要时还得进行不同程度的修改。”①

然而，在建国初期的时代背景下，八大重点城市规划实施之初，实际却并非这样一种认识水平。就建设单位而言，“一些建设单位对这一点了解不够，只认为划拨城市建筑用地是一种简单的手续问题，象［像］到商店里选讲［购］商品一样，一手交款，一手就能拿货。因此有不少建设单位，却一手拿着用地申请或上级批准文件，一手就想拿到正式拨地文件，立即准予用地。”②

就规划管理部门而言，其实同样如此。以洛阳市为例，“由于对调拨土地的政治意义与经济意义了解不够，错误地认为此项工作只是办里［理］一下使用土地的手续。因此，在调拨土地时只凭建设单位来文，不考虑建设单位的上级机关是否批准了该项建筑，就划拨土地，可以说是：‘有求必应’；结果有些建设单位已购买了土地而上级没批准，造成人力与物力的很大浪费。这是个教训。”③这还没考虑到规划管理工作的技术性特点：“应该考虑到基建工作的复杂性，许多新调搞基建工作人员不知道实情应该怎么办，更不了解规划的作用。”④图 6-5 为洛阳“一拖”建设场景。

6.2.2 规划管理力量之薄弱

不难理解，在大规模工业化发展的时代条件下，城市建设任务是十分庞大的。“西安市的民用建筑［19］55 年以前建筑了近 300 万平方公尺，而［仅 19］56 年一年［就］将近 250 万 m^2，兰州市［19］55

① 任震英，高鋕昭．关于城市规划与建筑管理工作的几点建议（1956 年 3 月 25 日）［Z］// 兰州市城市建设文件汇编（一）．中国城市规划设计研究院档案室，案卷号：1114：20.

② 关于建筑管理工作的总结（1956 年 8 月 24 日）［Z］// 包头市城市规划经验总结．中国城市规划设计研究院档案室，案卷号：0505：33-34.

③ 洛阳市城市建设工作总结（草稿）（1956 年 7 月 28 日）［Z］// 洛阳市规划综合资料．中国城市规划设计研究院档案室，案卷号：0829：100.

④ 关于建筑管理工作的总结（1956 年 8 月 24 日）［Z］// 包头市城市规划经验总结．中国城市规划设计研究院档案室，案卷号：0505：26.

年以前计新建了250余万平方公尺，而今年［1956年］的任务近150万 m^2。”①

由于工业建设和城市建设任务的庞大，相应的规划管理工作必然也是相当艰巨的。据1956年8月时城市建设部的报告，“西安、兰州两市规划部门的当前工作除进行部分地区的规划及详细规划的修改外，规划实施管理工作的工作量很大。现在两市在管理的内容上仅是建筑地段、房屋的层数及立面，但已每天‘门庭若市’，每一建设单位与规划部门打交道的次数五至二十次不等。”② 另据兰州市的统计，仅在1956年1月至3月中旬期间，“就核发了九十三处计五四五．七公顷的基建用地”，截至3月下旬时“来文正式申请的还有96家，预计还有很多单位要求拨地。”③

然而，与规划管理的任务要求相比，实际从事城市规划管理的技术力量却又是甚为薄弱的。以成都市为例，“［19］52年原市人民政府下设有市政建设计划委员会，［19］53年初在该会技术室下设一规划组，开始［规划管理］工作，［19］53年下半年机关改称城市建设委员会。”④

“一五”时期成都市的机构和干部情况如表6–1所示。从该表中可以明显看出，成都市的技术力量是相当薄弱的，“由于技术力量不足，五年来对一般高初中水平的干部采取在工作中实习与上课的办法，对大专程度的技术干部，则采用向专家学习与向中央及其他城市学习的办法进行培养”，“我们不会作竖向规划，及管线综合，就是向城建部城市设计院学会的。”⑤

由于管理力量的薄弱，实际的规划管理工作呈现出疲于应付的状况。就兰州市而言，“我们目前［1956年3月］把大部［分］力量就纠缠在这一工作上，但仍不适应实际要求，规划处每天还是门庭若市，对此基建单位反映说：‘规划处好象［像］一个门诊部’［，］实际确系如此。但我们认为以我们现有力量来应付这些日常工作，只有‘招架之功［’］，没有［‘］还手之力’，长此下去，势必延误兰州市的工业建设。”⑥

除了力量不足，信息沟通的困难和管理手段的相对落后，也是影响规划管理工作成效的重要因素。包头市在规划管理工作总结中指出：“拨地工作原按中央与地方系统分别由专人管理，又没有修建现状图作考虑，这一个人拨的地，另一个人就不知道，有时要互相对照，又因经常外出只得等待查找，很耽误时

---

① 关于西安、兰州两市规划与建设情况的资料汇报提纲（1956年8月15日）［Z］// 1953 ~ 1956年西安市城市规划总结及专家建议汇集．中国城市规划设计研究院档案室，案卷号：0946：112.
另据统计，包头“旧市区由［19］54年即开始大批修建，当年完成总的建筑面积有222000m^2［，］至［19］55年新旧市区修建了438000m^2，今年新旧市区计划修建130万 m^2（截止［至］今年［1956年］六月底已修建了70余万㎡）”，“三年来新旧市区总的建筑量可超过200万 m^2，较之旧市区建立300余年的建筑总量还超出将近一倍”。参见：关于建筑管理工作的总结（1956年8月24日）［Z］// 包头市城市规划经验总结．中国城市规划设计研究院档案室，案卷号：0505：18.

② 关于西安、兰州两市规划与建设情况的资料汇报提纲（1956年8月15日）［Z］// 1953 ~ 1956年西安市城市规划总结及专家建议汇集．中国城市规划设计研究院档案室，案卷号：0946：112.

③ 任震英，高鉌昭．关于城市规划与建筑管理工作的几点建议（1956年3月25日）［Z］// 兰州市城市建设文件汇编（一）．中国城市规划设计研究院档案室，案卷号：1114：20.

④ 成都市城市建设委员会．成都市第一个五年计划［期间］城市规划管理工作的总结（初稿）（1958年6月）［Z］// 成都市“一五”期间城市建设的情况和问题．中国城市规划设计研究院档案室，案卷号：0802：52.

⑤ 同上，案卷号：0802：54.

⑥ 任震英，高鉌昭．关于城市规划与建筑管理工作的几点建议（1956年3月25日）［Z］// 兰州市城市建设文件汇编（一）．中国城市规划设计研究院档案室，案卷号：1114：20–21.

成都市城市建设委员会规划与建设管理机构及干部情况表　表 6–1

年份	机构名称	干部人数					
		一般干部	技术干部			总计	合计
			工程师	技术员	练习生		
1953 年	规划科	5	2	—	—	7	29
	资料科	17	—	—	—	17	
	建筑监督科	5	—	—	—	5	
1954 年	规划科	9	2	—	—	11	35
	资料科	16	—	—	—	16	
	建筑监督科	8	—	—	—	8	
1955 年	规划处（共两个科）	16	1	5	—	22	37
	建筑管理处（共两个科）	14	—	1	—	15	
1956 年	规划处（共两个科）	11	1	5	39	56	90
	建筑管理处（共三个科）	31	—	3	—	34	
1957 年	规划处（共两个科）	8	2	12	32	54	94
	建筑管理处（共三个科）	32	—	6	2	40	

注："合计"一栏系笔者所加。

资料来源：成都市城市建设委员会 . 成都市第一个五年计划［期间］城市规划管理工作的总结（初稿）（1958 年 6 月）［Z］// 成都市"一五"期间城市建设的情况和问题 . 中国城市规划设计研究院档案室，案卷号：0802：53.

间"，"如给铁道部第三工程局划拨防腐厂用地时，因无用地现状图参考，使防腐厂压在飞机场用地的一角，因而引起机场飞行净空问题。"① 另外，"拨地与建筑审核之间互不通气，审核的人不知道拨地的情况，就需要现找人问，再找图查对，很麻烦，也耽误时间，工作中经常化［花］费在找公文的时间很多，整天显得忙乱，再加上各建设单位办理申请的手续不清楚，而跑得次数很多，还有的为了赶着完成申请工作，就天天来坐催，承办人还得每天应付，耽误的时间也很多，因此就更加忙乱。"②

不仅如此，即便在当时十分薄弱的技术力量状况下，各级政府的规划管理机构之间还存在着一些制约性矛盾，尤其是省级和市级存在"争夺"规划技术力量的现象，这就加剧了规划管理工作的困难。以兰州、西安两市为例，"兰州市今年［1956 年］二月将［市规划］机构合并到省，七月份省、市又分开；西安市的城市建设机构省委已决定与省［建设］局合并（省、市局均不同意）"，"两市虽然均进行完了初步规划，但规划及规划实施的任务仍很繁重，详细规划不断修改，规划管理门庭若市。他们反映比进行初步规划时还忙，需要的人力还多"，"兰州的例子证明市的机构合并到省，对市的工作照顾无暇，问题不能及时解决。"③

① 关于建筑管理工作的总结（1956 年 8 月 24 日）［Z］// 包头市城市规划经验总结 . 中国城市规划设计研究院档案室，案卷号：0505：22–23.

② 同上 .

③ 关于西安、兰州两市规划与建设情况的资料汇报提纲（1956 年 8 月 15 日）［Z］// 1953 ~ 1956 年西安市城市规划总结及专家建议汇集 . 中国城市规划设计研究院档案室，案卷号：0946：130.

图 6–6　兰州炼油厂施工现场（1950 年代）
资料来源：兰州市规划建设及现状（照片）[Z]. 中国城市规划设计研究院档案室，案卷号：1113：2.

6.2.3　建设单位“本位主义”及规章制度缺失对规划实施管理的冲击

以上所讨论的只是规划管理机构方面的情况，对于规划实施而言，更为关键的影响因素是规划管理的相对方——量大面广的各类建设单位的有关情况。除了上文提及的不理解规划意图及规划管理的重要性之外，建设单位只从自身需要或自身利益出发的“本位主义”，是八大重点城市规划实施中面对的突出问题。以住宅区建设为例，“修建单位却是各家强调各家的要求，根本不考虑城市规划，在选择位置上多要求选择风景幽美，安静舒适，交通便利，便于将来自已有很大的发展余地，地形尽量对比挑选，不愿有一点起伏，至于增大各项投资，造成规划布局上的困难和不合理，则不考虑。”①

强调自身的特殊性，无根据的要大、要多、要好，不符合规划要求的挑选建筑地点，平面布置与规划方面的意见不一致，是建设单位“本位主义”的典型表现。“如兰州大学要地 1500 亩，审查的结果只需 400 亩就够了”；“有些单位虚报定额及计划 [,] 如兰州军校 [,] 上级批准为 3000 学生，而虚报 4000 人，以达到多要地的目的”；“许多单位要了超出其实际需要的用地 [便] 马上打了围墙，根据兰州市 37 个单位的初步统计就这样的荒废了 1500 亩好地，甚至有的单位打上围墙荒废了 4 年。”② 图 6–6 为兰州火车油厂施工现场。

再以包头为例，“粮食局建国家储备库时，只在口头上提出要 280000 到 360000 平方公尺的土地，虽经城建办公室三、四次会议研究，但每次都拿不出具体任务，光说储备库带面粉加工厂，需要土地很多。

① 成都市城市建设工作总结（1956 年 10 月）[Z] // 成都市“一五”期间城市建设的情况和问题 . 中国城市规划设计研究院档案室，案卷号：0802：42–43.

② 关于西安、兰州两市规划与建设情况的资料汇报提纲（1956 年 8 月 15 日）[Z] // 1953 ~ 1956 年西安市城市规划总结及专家建议汇集 . 中国城市规划设计研究院档案室，案卷号：0946：113.

后来该局拿出国家储备库标准定额的总平面布置用地才需 125000 多平方公尺。但是他们还坚持要 220000 到 280000 平方公尺的土地，但是仍无正式计划与批准文件，即要拨地，后经李市长决定［，］予以拨地 130000 多平方公尺，才算初步定下来”，“就这样专门研究，召开会议，该局每天有专人坐催，我局［包头市规划管理局］抽出一人专办，先后整纠缠了半个多月，至今仍无批准文件与正式计划，反而还在陆续要地。”①

由于建设单位的“本位主义”，自然形成无视规划甚至违反规划的结果。“不少单位在规划的高层区建设一层的房子。这是管理部门与建设单位‘扯皮’最多的一个问题，不少情况下由于建设单位投资的限制而被迫同意在高层区内修建一层。在兰州市这一问题比较突出，因为［如若］大量建筑低层土地更感不够用”；“有些单位的建筑密度违反规划的要求，如三层建筑密度只达到 17% ~ 18%，也有的高层房子的密度达到了 45%”；“有些高等学校为了照顾高级知识分子［，］要求在规划的高层区内建设田园式的一层住宅，也有的要求在规划的滨河路上修建［住宅］。”②

此外，“还有的单纯的为了自己内部的方便，极不洽［恰］当的集中了不应集中的建筑，兰州的盘旋东路形成了医疗街（一个医学院，三、四个医院）；兰州东市区，有些地方只集中大量修建办公楼，而不考虑在这些地方也建些宿舍”；“许多单位建了一小块地方，［却］打了大片的围墙，甚至电影院的门前也加了围墙，还建了传达室”；“有些用地单位不按政策办事，不经正式手续随便多占用农民的土地。也有的先占用后办手续，造成事实。引起农民群众不满。”③

除了建设单位的“本位主义”之外，各个城市的规划管理机构建立较晚，工作程序不健全、规章制度缺位、管理要点不明确，是导致规划管理经常陷入忙乱，进而影响规划实施的重要方面。“划拨用地时牵联很多工程问题［，］如管线的相互跨越、人防、卫生等问题的措施，都应在划拨用地前得到妥善解决，但往往由于建设单位缺乏经验，而管理要点又没有明确，有时在发生问题后拖延了进度，并引起了争执，因而增加了管理工作的困难。”④“诸如此类的问题非常多，因为管理要点不明确，不全面，不具体［，］再加上作管理工作人员因无统一办法［，］向外解释的也不统一，于是建设单位因事先没有准备，一旦任务紧急，就什么都不管的干起来，当发现后制止，就借口规定不明确，要我们拿出规定来，工作非常被动。”⑤ 包头市“日常拨地工作的大部分时间都纠缠于因要地过多，讨价还价的事务中，使拨地时间无形中拖延下去。”⑥

此外，规划管理工作还不只是拨地而已，在土地划拨之后的建设施工环节，有关单位任意变更建设行

---

① 关于建筑管理工作的总结（1956 年 8 月 24 日）［Z］// 包头市城市规划经验总结 . 中国城市规划设计研究院档案室，案卷号：0505：35–36.

② 关于西安、兰州两市规划与建设情况的资料汇报提纲（1956 年 8 月 15 日）［Z］// 1953 ~ 1956 年西安市城市规划总结及专家建议汇集 . 中国城市规划设计研究院档案室，案卷号：0946：115.

③ 同上，案卷号：0946：114–115.

④ 关于建筑管理工作的总结（1956 年 8 月 24 日）［Z］// 包头市城市规划经验总结 . 中国城市规划设计研究院档案室，案卷号：0505：23.

⑤ 同上，案卷号：0505：24.

⑥ 同上，案卷号：0505：36.

图 6-7 武汉青山区武钢施工准备
资料来源：从未忘记的青山时光［N/OL］. 大楚网 . http：//hb.qq.com/

图 6-8 武汉青山区耐火材料厂
资料来源：从未忘记的青山时光［N/OL］. 大楚网 . http：//hb.qq.com/

为，形成与城市规划的矛盾，也是规划管理中的常见现象。以兰州市为例，“西北总公司把宿舍建在了计划修的小水库上”，“有的单位则不通知规划部门自行建筑，结果把数栋 3 层楼房建在了 11 万［伏］的高压线下边，造成非拆不可的极大的浪费”，“也有的单位用临时堆料的理由申请土地，而执照到手后，即进行永久建筑。”①

正因如此，宣传规划管理的方针与检查工作相结合，也是管理工作中的关键问题，因此，必须要经常下现场检查，及时纠正不符合规划布置的工程事件，并及时向各建设单位宣传整体规划思想。但是，由于“人少事多工作忙，［实际］很少下现场检查，结果经常陷于事务圈子里不能摆脱，因此问题发生的更多。”②图 6-7、图 6-8 为武汉青山区建设场景。

就包头市而言，“根据［19］55 年不完全的统计（有很多漏掉），全市违章建筑共达 55 件之多”，“其绝大部分即［已］造成现状不能挽回”，“其中较严重的如华建［19］55 年度内在新区修建临时工程中几乎全部未经我局［包头市规划管理局］审批，即自行搭建。甚至在对其违章建筑予以通报、简报批评后，

① 关于西安、兰州两市规划与建设情况的资料汇报提纲（1956 年 8 月 15 日）［Z］// 1953 ~ 1956 年西安市城市规划总结及专家建议汇集 . 中国城市规划设计研究院档案室，案卷号：0946：114.

② 关于建筑管理工作的总结（1956 年 8 月 24 日）［Z］// 包头市城市规划经验总结 . 中国城市规划设计研究院档案室，案卷号：0505：25.

仍不顾规章而擅自开工"，"又如二电厂的施工单位华北基建局包头施工站，为了急赶开工领到执照，竟把实际已开工的并与实际建筑不符的总平面图送来审批。"[①]"这些单位所以这样不顾规章的办事，主要是由于我们经常不检查工作，不宣传规划管理，致使各修建单位滋长了只顾本单位完成任务，忽视城市建设整体利益的思想。"[②]

兰州市总结指出，"国家截至目前［1956年9月］未颁发建筑法规，因此我们无法制定实施办法，对到处乱建的现象不能严肃对待，如有的单位取得土地后，修得过密，街坊内非常紊乱，甚至连消防车也开不进去；有的在高层建筑的位置上修了锅炉房，使得其他建筑无法布置；很多单位自行过多的退入建筑调整线修建；有的要在计划中的高压线路上修房子，更有的单位不经设计部门同意就拆除有价值的古建筑物，有的不经过征用土地手续，就使用农田。不少基建单位取得土地后，拿出很糟糕的设计图纸要我们审批同意修建，管理部门说'这样的设计太不好'［，］他说'反正就是这个东西，准修就修，不准修还是修'，象［像］这样进行社会主义建设，没有社会主义秩序的现象，多不胜举。"[③]

6.3 "实践检验"：建设实施与管理对规划编制成果的反馈

城市规划实施的过程，并非单向的从规划编制成果向建设项目"落地"的执行过程，反过来，城市建设与发展的一些实际情况，也"反作用"地形成对以往规划编制成果的检验。在八大重点城市规划的实施过程中，既自然暴露出原有规划成果的一些不足之处，也揭开了规划理论思想与现实情况条件之差距。

6.3.1 原有规划的若干不足

原有规划的考虑不周，首先体现在规划编制工作中的一些具有"形式主义"特征的规划内容上，这也是所有设计工作的"通病"所在。以包头市为例，原规划方案"在干道系统上有强调对称的偏向，如城市南部两条放射线完全对称"，规划实施过程中体会到："实际上两方面［放射道路］对城市的作用大不相同，东南边为主要工业区之一，西南［方向］只有一个公园，以后又布置地方工业，没有必要布置放射线以及与东南［方向］相等的居住区"，"这样硬使两边对称的形式是不适用的。"[④]

规划实施中，也反映出原有规划的布局安排存在一些不成熟之处。"兰州原来规划时考虑的仓库区不能用，而且考虑的仓库数量也很少，原考虑放在南山脚下（在铁路南），现在发现铁路出线在技术上不允许而不能用，现在兰州市找不到能开拓为仓库区的地方"；"地方工叶［业］发展用地几乎已被大厂占完，

---

① 关于建筑管理工作的总结（1956年8月24日）[Z]//包头市城市规划经验总结．中国城市规划设计研究院档案室，案卷号：0505：25.

② 同上．

③ 兰州市城市建设工作报告（1956年9月）[Z]//兰州市城市建设文件汇编（一）．中国城市规划设计研究院档案室，案卷号：1114：58.

④ 包头市新市区初步规划工作总结（初稿）（1956年7月28日）[Z]//包头市城市规划经验总结．中国城市规划设计研究院档案室，案卷号：0505：5.

图 6–9　兰州西固区建设场景（1957 年）
资料来源：兰州市规划建设及现状（照片）[Z]. 中国城市规划设计研究院档案室，案卷号：1113：10.

将来为工叶［业］及为城市居民生活服务的小型厂子如何放置在兰州则还是个没有解决的问题。"① 太原市"对太钢［太原钢铁厂］发展的估计不足，对'继续扩大冶金工业，充分发挥原有设备生产的潜力'，认识不足，曾在它的北边附近安置了 432 厂，正值该厂基础部分施工中，太钢决定扩建，432 厂不得不另觅厂址，结果造成了损失。"②"西安市在规划中考虑的合理分布的小公园，被许多学校的建设用地占了，原来规划没考虑而现在增加的五个用地较大而又必须靠近工厂的技工学校，第一期范围内安置困难；而在第一期范围以外［安置］则又离工厂较远。"③ 图 6–9 为兰州西固区建设场景。

再以包头市规划为例，"远景的仓库用地是在总客站附近，但总客站在近期的后期才开始建设，离目前修建区较远，既无水又无电。目前［1956 年 7 月前后］随着城市建设而来的有粮库、煤栈、油库等，由于事先缺乏统一的考虑，事到临头才解决问题，使油库与木材加工厂、煤栈放在一起［，］以后又来了粮库，于是又叫煤栈搬家［，］让给粮库，给工作带来不少困难。"④ "另外在考虑工业用地时，要统一的考虑除了工业本身外其附属用地，如包钢除本身约 7km^2 用地外，其附属尾矿场、除灰场、爆破部等等约

① 关于西安、兰州两市规划与建设情况的资料汇报提纲（1956 年 8 月 15 日）[Z] // 1953 ~ 1956 年西安市城市规划总结及专家建议汇集 . 中国城市规划设计研究院档案室，案卷号：0946：107.

② 山西省设计工作太原检查组 . 关于在城市规划管理工作上贯彻勤俭建国方针的检查报告（1958 年 1 月 11 日）[Z] // 1957 年关于太原市城市建设的检查报告 . 中国城市规划设计研究院档案室，案卷号：0188：49.

③ 关于西安、兰州两市规划与建设情况的资料汇报提纲（1956 年 8 月 15 日）[Z] // 1953 ~ 1956 年西安市城市规划总结及专家建议汇集 . 中国城市规划设计研究院档案室，案卷号：0946.

④ 包头市新市区初步规划工作总结（初稿）（1956 年 7 月 28 日）[Z] // 包头市城市规划经验总结 . 中国城市规划设计研究院档案室，案卷号：0505：6.

$26km^2$，其他如二部两厂、热电站等厂，也每厂都有废渣场等附属用地。”①

此外，由于工业和城市建设的大规模用地拓展，所引发的郊区农业和农村发展问题，也是早期规划编制成果较普遍的欠成熟之处。“随着工叶［业］与城市的建设，侵占了农村及耕地，农民搬家，新农村的规划是主要问题。当问题紧迫时才开始新农村的规划，发现具体问题很多，如农田灌溉用水问题、地质能否耕种问题等，这些都需要组织人力，进行调查及试验工作，但是当问题［到了］再不搬家［就会］影响建设时，没有资料也只得进行规划”②，“因之在与初步规划同时应组织人力与郊区主管机构一起统一的考虑农民搬家问题，这问题稍一失慎则将影响千万农民生产及生活。”③

6.3.2 规划理论设想与现实情况条件的差距

在八大重点城市规划的实施过程中，原规划中的一些偏于理论性的设想或规划指标等，也受到了现实情况的检验，从而暴露出一些差距之处。就旧城利用率而言，以成都市为例，“新建工业对旧城的利用率，成都东北郊第二机械工业部的四个厂确定为30%，东郊第一机械工业部的424厂确定为25%”，“从第二机械工业部四个厂1955年吸收工人的情况看，在本市吸收职工数仅占其吸收总数的12.2%，而这些人都是青年学生，在旧城所占的房屋面积很小。目前旧城居住房屋已很紧张，约14%的职工缺房、少房住，很多单位长期包用旅馆。这些青年今后成家立业，旧城房屋是否还能容纳他们已是一个问题，如果按照上述旧城利用率，将来要再安置大量外来工人住进旧城原有房屋是不可能的。”④

另外，“从交通上看，一般的工厂与旧城边沿均有2～3公里以上的距离，工厂在城市吸收的工人原是分散居住的，不可能全部集中在靠近工厂的一边，这就会有很多工人住地与工厂的距离很远，住在城西的工人，由城西到东郊的工厂则远达6公里以上［，］照现在的交通条件与工人生活水平看来，这些工人每天上下班是相当困难的。”⑤据此，成都市认为“过去所订的25%～30%的旧城利用率应予适当降低，至于降低多少，以及其他工厂采用多大的利用率为宜，则尚待进一步的研究。”⑥

就人均居住面积指标而言，据城市建设部的总结，“西安、兰州两市均反映以$4.5m^2$（居住面积）定额而进行的第一期规划用地均已突破，原因是：A、定的单身与带眷的比例较低，原定带眷的70%，单

---

① 包头市新市区初步规划工作总结（初稿）（1956年7月28日）［Z］// 包头市城市规划经验总结．中国城市规划设计研究院档案室，案卷号：0505：11.
包头市“在初步规划中根本没考虑到地方工业用地。以后随着建设的需要，曾考虑在昆独［都］仑区西南放一块地方工业用地。但对地方工业的特点‘厂小投资少’的特点估计不够，目前［1956年7月前后］该地区尚无水、电，因受投资限制，地方工业不愿去，影响了有些地方工业不能及时迁至新市区”。参见：包头市新市区初步规划工作总结（初稿）（1956年7月28日）［Z］// 包头市城市规划经验总结．中国城市规划设计研究院档案室，案卷号：0505：6.

② 包头市新市区初步规划工作总结（初稿）（1956年7月28日）［Z］// 包头市城市规划经验总结．中国城市规划设计研究院档案室，案卷号：0505：13.

③ 同上，案卷号：0505：13.

④ 成都市城市建设工作总结（1956年10月）［Z］// 成都市“一五”期间城市建设的情况和问题．中国城市规划设计研究院档案室，案卷号：0802：46.

⑤ 同上，案卷号：0802：46-47.

⑥ 同上，案卷号：0802：47.

身 30%，实际超过这一比例。B、带眷系数原定 2.5（平均带家眷 1.5 人）实际也超过。C、建设单位以 4.5［m^2］的定额建起的房屋分配的结果平均超过 4.5m^2，对单身的分配好按定额，而对带眷属者的分配一般都超过”，因此，“西安西郊根据人口以 4.5［m^2］的定额计算建 20 万 m^2 就够用了，但结果建了 26 万 m^2（人数没增加）。原规划第一期用地范围扩大。”[①]“兰州市也有类似现象。另外，兰州市由于人口大量增加，根据其初步计算，按远景人口房屋层数比例平均要提高到 4.2 层才能容纳下。”[②]

再就居住面积指标中所涉及的带眷系数而言，其实际情况较原规划设想之所以偏高，包头市分析主要包括以下原因：“第一，过去认为建筑工人流动性大，因此单身汉多，情况固然如此，但长期流动，有的五年不能与家属团圆也是很有问题，因此一到包头后要长期建设了，就都要考虑接家眷了。第二，过去认为新的工业城市青年人多，有家眷的少，可是目前是整个的机构全体调包工作，因此有眷属的还是不少，加之工人的薪金较低，如由天津调来的工人，在天津时在家吃饭可以够用，单身到此后分两处过就不能了。家里人也有困难，不来就生活不下去。第三，包头市新市区生活供应目前还很困难，文化福利设施一时还赶不上，单身工人枯燥，有家的工人如能把家接来，在安定情绪上会起很大作用。第四，自从政府提出关心职工生活住宅问题后，工人住宅问题的解决是刻不容缓的。目前我市新区一间房子住四家人或三代同堂的并不稀奇了。”[③]

就规划实施所涉及的失地农民安置问题而言，兰州市“由于大规模的工业建设和城市建设，四、五年来已划拨了将近六万余亩土地，仅去年至今年上半年共划拨了 38488 亩，其中农田是 30482 亩［。］这就形成了工业建设与农业发展的矛盾问题。我们在工作中即向农民进行了深入细致的社会主义建设思想教育工作［，］在征购中基本上照顾了农民生产与生活上的利益。由于向外地迁移农民困难很多，迁出的很少，我们采取了就地安置的办法，有转业条件的帮助转业，并帮助农民引水上坪改良高坪土地，提高单位面积产量；在平地及滩地留出一定数量的土地种植蔬菜瓜果等经济作物等”，但“还感不足”。[④]这些问题，显然是早期规划编制工作中未曾深入考虑的。

除上述情况之外，在用地布局结构等宏观方面，规划实施中也有一些与原规划设想不一致之处。以包头市为例，由于其城市空间“三大块”的基本格局，不论从谋求城市整体发展的角度，或者是从旧城区支援新市区的角度，各大块用地都必然应当是“相向”发展的，但规划实施中却存在着实际的困难。就东部的旧城区而言，“今年［1956 年］因各厂要求扩建或新建”，但“旧市区城里基本上无地可建”，“由总的旧城规划发展方向来看，为了更接近新市区［，］应向西发展”，然而，“目前西面隔有四四七厂环城铁路后，地形不好，水电又很远”，而“南门外扩建规划区共 486 公顷，目前（截止［至 1956 年］七月底）除

---

① 关于西安、兰州两市规划与建设情况的资料汇报提纲（1956 年 8 月 15 日）［Z］// 1953 ~ 1956 年西安市城市规划总结及专家建议汇集．中国城市规划设计研究院档案室，案卷号：0946：108.

② 同上．

③ 关于建筑管理工作的总结（1956 年 8 月 24 日）［Z］// 包头市城市规划经验总结．中国城市规划设计研究院档案室，案卷号：0505：29.

④ 兰州市城市建设工作报告（1956 年 9 月）［Z］// 兰州市城市建设文件汇编（一）．中国城市规划设计研究院档案室，案卷号：1114：61–62.

已划拨及为三工程局保留之用地外，仅干余［下］约 32.7 公顷。这些土地还是分散的”，“因此多愿向东发展”，“已发展至河东以东划拨 25.6 公顷的建筑用地”，“这样发展下来，原来设想的远景新旧城市相连就增加了困难。”① 显然，城市规划的一些理论性设想的实施和落地，需要广泛地考虑到各方面的具体情况。

6.3.3 城市规划的“灰色地带”：临时建设问题

规划实施对早期规划编制成果的考验，还突出表现在为数众多的临时建设方面。各种临时建设都有着各不相同的复杂原因，是早期规划编制工作所始料未及的。这一现象在包头新市区等新建地区尤为显著。

“因为包头是一个平地起家的新建城市，第一个特点是新规划区什么也没有。为了临时房屋这一问题，有的建厂单位与施工单位订了合同，乙方的办公及住房可先使用甲方的房子，可是这样也不能完全解决问题，由于实际要［需］要势必出现很多临时建筑，如工人宿舍、食堂等”，“一年半以来［1955 年及 1956 年］施工单位在新市区住宅区内修建了十万平方公尺的临时房屋，连同现已拨地即将修建的共有十三万平方公尺。”② 此外，“在新城市的建设中，各种临时性的管线也是必不可少的。因为城市公用设施开始时往往跟不上实际建设的需要，如在施工时没有永久性的供电线，只好架设临时电压线、电讯线，在道路上纵横交错的架设起来。如果事先没有管线综合图纸就很难安置，有些临时性电讯、电力线已经架上了，会给永久性管线的设置增加很多拆迁纠纷。有时电线杆子立在了路上，给修路时也增加了拆迁纠纷”，“更大的还有占地 70 余公顷，建筑面积 52635 平方公尺的临时加工厂；长约 7 公里而直入住宅区的临时铁路……”，“这样下去，不久也许就要修临时仓库、货栈等数不尽的其他临时性东西。”③ 图 6-10、图 6-11 为包头市建设场景。

包头市总结指出：“造成以上情况的原因主要是城市规划对新建城市近期特点考虑不够，为赶施工进程，而以前又无现成房屋可利用，于是不能不建一‘临时建筑’”④；“任何临时性的工程都不能轻易处理，要承认临时性工程的存在，并慎重的给予考虑适当位置。否则，不仅会给城市管理工作带来难以估计的困难，更会影响建设进度及［造成］投资浪费。”⑤

总而言之，规划编制成果所经受的现实考验，突出体现在对城市发展的预见不足这一问题上。正如 1956 年 9 月《兰州市城市建设工作报告》所指出：“检查我们原来的初步规划，预见性是不足的，从城市性质上来看，原来只认为兰州是石油、化学、机械工业为骨骼的城市，但现在加上了国防工业，又是国家科学文化中心之一。原来知道兰州附近电力资源丰富，但没有认识到［兰州］是我国电气化较早的城市之一，原来虽然认识到兰州是工业城市和交通运输枢纽，但对需要的大量仓库用地和大量的建筑基地估计不

---

① 关于建筑管理工作的总结（1956 年 8 月 24 日）[Z] // 包头市城市规划经验总结 . 中国城市规划设计研究院档案室，案卷号：0505：38.

② 同上，案卷号：0505：28.

③ 同上，案卷号：0505：30-31.

④ 包头市新市区初步规划工作总结（初稿）（1956 年 7 月 28 日）[Z] // 包头市城市规划经验总结 . 中国城市规划设计研究院档案室，案卷号：0505：11-12.

⑤ 关于建筑管理工作的总结（1956 年 8 月 24 日）[Z] // 包头市城市规划经验总结 . 中国城市规划设计研究院档案室，案卷号：0505：30-31.

图 6–10　包头第一文化宫施工准备
资料来源：黄建华主编．包头规划 50 年［R］．包头市规划局，2006：34.

图 6–11　建设中的包头市青山区人民政府
资料来源：黄建华主编．包头规划 50 年［R］．包头市规划局，2006：34.

足，现在有很多仓库用地尚未得到很好安排，建筑基地的建立也问题百出。同时对轻重工业和现有的及准备新建的地方国营工业和卫生工厂，在初步规划中，也安排的很不够。”①

6.4　制约规划实施的几个突出矛盾

以上从规划成果向城市建设的落实，以及建设实践对原规划的反馈正反两个方面，对八大重点城市规划的实施情况进行了讨论，涉及内容众多，问题繁芜复杂。为了对规划实施问题的清醒认识，有必要对其中的一些主要问题和突出矛盾作进一步的梳理。概括起来，主要表现在 4 个方面。

6.4.1　城市规划的整体性与建设实施的分散性之矛盾

城市规划编制强调的是城市建设与发展的整体观念，但建设实施却只能一个一个的，局部的和分散的落实与推进。城市规划工作的这一特点，决定了从规划编制到规划实施的巨大风险，单个的、局部的建设

① 兰州市城市建设工作报告（1956 年 9 月)［Z］// 兰州市城市建设文件汇编（一）. 中国城市规划设计研究院档案室，案卷号：1114：48.

行为，存在着对整体的规划观念进行“肢解”的可能。[①]

以包头市为例，“当前管理工作中的关键问题是城市规划的整体性与建设单位的分散性存在着巨大的矛盾”，“由于各单位在编制计划时先后不一致，都是围绕着本单位的需要进行考虑，都是各有各的想法，各有各的地点，为了完成各自任务，谁也不管谁。”[②]“在选择建筑地段时，一方面建厂单位总是要求居住街坊最大限度的靠近厂区，按此发展下去，在建筑地段上东一块西一块的分散修建，连一个区也形不成，而且工程管线［、］文化福利设施的利用，都不经济。”[③]

另外，“由于分别计划投资，象［像］是一些为了便利居民的楼房底层公共建筑都被个建设单位的批款上级消减了。结果是两年来所修建的二十几万楼房居住建筑当中，竟没有一幢附有公共建筑的，使住在楼房街坊里［的］居民，在购买日用生活必需品上很不方便。”[④]“由于分散做计划，一些公共建筑物，其本身从营业点到办公室、宿舍［都］要分散计划，就是食堂、汽车库、厕所也要自己考虑一套全的。这样不仅标准图纸很难利用推广，而且靠在一起的重复建筑物很多”，“本来可以和其他房屋接起来建造的小面积房屋，因投资分散也必须单建。”[⑤]“由于上述的分散占地情况，使管理工作经常纠缠在‘讨价还价’的事务中，非常浪费时间”，“其次在详细规划及建筑管理工作方面，也因各单位的计划编制及下达时间不一致，或因批准后的变更与追加，很难全盘的考虑规划，只好来一个安排一个，失去了整体规划的意义。”[⑥]

兰州市对规划工作进行总结时也曾指出：“住宅、公共建筑和公共服务设施的统一规划与分散投资，分散设计，分散建筑，分散管理，分散分配的矛盾，未得到迅速解决，不少地方已经造成了长期的不合理。由于分散投资，好多单位从本位出发，不顾整体，大单位要一片，小单位要一块，家家修礼堂，户户开运动场，使土地不能按规划修建，也造成公共福利设施无法布置，或布置得不合适，很长的街道没有商店，规划上沿街底层是商店，但是投资问题没有解决，成片的街坊快要修成了，一个底层商店也没有修起来，规划上有四层，五层的建筑位置，但是现在修建的标准设计一律三层，标准设计都是长条子，弯角修不起来，显得街坊紊乱，不整齐。由于分散管理，按规划拨土地需要拆迁公家的房子时，就长期纠缠不

---

① 譬如住宅建筑和公共福利设施的建设，大多是各个基建单位分年投资，经济指标不一，修建时间不一，“各自为政”进行建设。以兰州市的商业网布置位为例，“本来在详细规划中按人口定额及服务半径，基本上安排好了，可以在此基础上进行修建设计。但商业系统却系分年投资［，］要求全面照顾，在此情况下，势必要修改规划，不能如期体现社会主义城市面貌。结果使我们原先考虑的统一修建方案，不能实现规划意图。为了妥善安排服务设施，三翻［番］五次地修改详细规划”，“要进行这项工作，需要付出很大力量，才能完成”。参见：任震英，高鈵昭 . 关于城市规划与建筑管理工作的几点建议（1956 年 3 月 25 日）［Z］// 兰州市城市建设文件汇编（一）. 中国城市规划设计研究院档案室，案卷号：1114：19.

在住宅区规划方面，以成都市为例，“由于各厂过去人防间距大，各厂又要求居住区尽量靠近工厂，因而很不容易把居住区凑在一起，加以几年来各厂修建任务还不很大，至今成都上没有形成一片完整的居住区”。参见：成都市城市建设委员会 . 成都市第一个五年计划［期间］城市规划管理工作的总结（初稿）（1958 年 6 月）［Z］// 成都市“一五”期间城市建设的情况和问题 . 中国城市规划设计研究院档案室，案卷号：0802：67.

② 关于建筑管理工作的总结（1956 年 8 月 24 日）［Z］// 包头市城市规划经验总结 . 中国城市规划设计研究院档案室，案卷号：0505：39.

③ 同上，案卷号：0505：41.

④ 同上，案卷号：0505：39.

⑤ 同上，案卷号：0505：39-40.

⑥ 同上，案卷号：0505：41.

图 6-12 兰州东火车站站前干道（1957 年）
资料来源：兰州市规划建设及现状（照片）[Z]. 中国城市规划设计研究院档案室，案卷号：1113：20.

清，有人说‘不拨是一家坐催，拨了是几家吵’[。]特别是公共服务设施因投资划分不明而不能及时修建[，]严重的不能满足群众的需要”①（图 6-12）。

成都市对规划工作进行总结时认识到：“在整个[规划管理]工作中，集中与分散，个体与整体的矛盾是比较突出的，原因是一方面由于我们对建筑管理工作中的矛盾关节和这些矛盾的不可避免性认识不足，执行规划考虑建筑布置有些机械片面，本来有些建设对规划没有影响或影响不大，可以照顾的而没有加以照顾。某些建筑对规划本来没有影响不应该管的也管了”；“另一方面对这些矛盾不是采取积极的办法解决，而是采取了畏缩，躲避的态度。因而对某些修建单位不合理的要求对规划影响很大的，又做了无原则的迁就。而某些修建单位也过分强调本单位的要求，很少从整体考虑，甚至不管城市规划不规划”，“这样就引起了很多争执，虽然大部分经过解释、说服、协商的办法得到了解决，但也给工作带来了不少困难。有时争得面红耳赤，相持不下，影响了相互关系和建设进度。”②

6.4.2 近期建设与远景发展之矛盾

八大重点城市规划是以远景城市发展目标为基本框架而编制的，规划确定的近、中、远期发展阶段的划分，以及近期（第一期）建设用地范围，在规划实施中存在着难以协调的困难。以包头市为例，“包头市原定 1962 年前修建范围，在今年[1956 年]就突破了，由于市政设施、工程设计都是按近期范围作的，一突破范围，则工程设计跟不上，给城市管理工作造成很多困难”③；根据这一特点，包头市“重新搜集与计算了近期指标，并提出近期修建扩充范围”，“为防不可意料的变化，同时又提了一个比近期修建扩充范围稍大的管线设计范围，要求设计单位注意将来能分段施工，灵活运用，投资仍按修建范围计。”④

① 兰州市城市建设工作报告（1956 年 9 月）[Z] // 兰州市城市建设文件汇编（一）. 中国城市规划设计研究院档案室，案卷号：1114：58-59.

② 成都市城市建设工作总结（1956 年 10 月）[Z] // 成都市“一五”期间城市建设的情况和问题. 中国城市规划设计研究院档案室，案卷号：0802：40-41.

③ 包头市新市区初步规划工作总结（初稿）（1956 年 7 月 28 日）[Z] // 包头市城市规划经验总结. 中国城市规划设计研究院档案室，案卷号：0505：11-12.

④ 同上，案卷号：0505：12.

近远期的矛盾还特别体现在市政建设和公共设施建设方面。“[由于]近期人口少，用水也少，西安南郊去年[1955年]铺了8吋[寸]管[，]今年就不够用了。按近期建设主要感到时间不好划分。下水道只能按远景搞，在一条管道上如[果]分期是没办法的。”①“学校发展用地保留多少不好预料，如按其现在计划挤着排起来[，]则其稍一发展就无余地。留出余地则产生零乱现象，看起来也不紧凑。”②

再就洛阳市规划而言，1954年在进行涧西区的城市规划时，曾把涧东区以及旧城作了示意布置，提出在涧东区的西工地区建设市中心，并明确“西工是远景中的城市用地部分”，“全市的市中心地区建立在西工地区”③，同时，西工地区近期建设也存在着一些实际条件上的困难④，但在1955年8月前后，洛阳“洛阳涧东现已有很多地方国营企业在旧城西部开始修建，如汽车修配厂、劳改木工厂、印刷厂、汽车运输总站、木材公司、煤建公司仓库等，在涧河和洛河交叉处有水泥制管厂、采石厂”，“中央高教部的动力学院以洛阳为第一方案，有一万学生”，“另外中央有电报，上海一些轻工业厂要搬到洛阳，洛阳至郑州铁路要改变轨，洛阳车站改建扩大，铁路人口达1～2万人”，“现涧东南部洛河桥已施工，市委、市府今年准备在涧东中心地区修建宿舍。”⑤到1956年，又“增建了各行政及企业的领导机构及全市性的体育场”，国家又“确定在涧东区兴建棉纺织印染联合工厂及玻璃制造厂，涧东区规划的基本条件已经成熟。”⑥种种现实因素，使得西工地区作为远景发展用地的规划设想逐渐落空。

此外，如何处理旧城改建问题，也是城市近远期矛盾的一个重要体现。根据国家有关指示精神及规划批复要求，八大重点城市的旧城区大多采取维持的方针，以使近期建设的精力主要集中在工业区、工人住宅区及配套建设方面，但这一方针在规划实施中却存在着具体执行上的困难。

以西安市为例，“有些应当在城内建的建筑，由于不能拆除旧城内的旧房而不得不建在城外，造成很大的不方便与不合理，如一个儿童医院建在了南郊，城内机关的干部宿舍建在了城外，电叶[业]局机关在北大街而宿舍盖在城西南角”，“由于旧城不改建[、]新区扩大产生的另一个情况是：城内原有的一些福利设施用不上（如电影院、戏院等），而新区又没有，新建得增加城市投资。”⑦另外，“西安市新建的工厂学校及职工宿舍都集中在旧城以外，沿着城郊有许多新的楼房建筑群已经建设起来，但在旧城区内新建筑物仍是很少的，城市建设部门某些负责的同志对这种现状是有意见的，他们说：‘城外社会主义，城内

---

① 关于西安、兰州两市规划与建设情况的资料汇报提纲（1956年8月15日）[Z]// 1953～1956年西安市城市规划总结及专家建议汇集．中国城市规划设计研究院档案室，案卷号：0946：117.

② 同上，案卷号：0946：117.

③ 洛阳市人民政府城市建设委员会．洛阳市涧西区总体规划说明书（1954年10月25日）[Z]．中国城市规划设计研究院档案室，案卷号：0834：35.

④ 1955年8月中央城市设计院的报告中指出：“实际现涧东地区中部有大片营房，东南部是洼地，地下水位很高，不宜建筑，旧城西已开始修建，局面是较乱的，短期内不会形成城市的面貌”。参见：城市设计院．洛阳涧西区根据中央节约精神规划修改总结报告（1955年8月25日）[Z]// 洛阳市规划综合资料．中国城市规划设计研究院档案室，案卷号：0829：79.

⑤ 城市设计院．洛阳涧西区根据中央节约精神规划修改总结报告（1955年8月25日）[Z]// 洛阳市规划综合资料．中国城市规划设计研究院档案室，案卷号：0829：78.

⑥ 洛阳市城市建设委员会．洛阳市涧东区总体规划说明书（1956年12月）[Z]．中国城市规划设计研究院档案室，案卷号：0835：7.

⑦ 关于西安、兰州两市规划与建设情况的资料汇报提纲（1956年8月15日）[Z]// 1953～1956年西安市城市规划总结及专家建议汇集．中国城市规划设计研究院档案室，案卷号：0946：132.

图 6-13　兰州旧城区风貌
注：从西北民族学院鸟瞰，右中部为甘肃日报社。
资料来源：兰州市规划建设及现状（照片）[Z]. 中国城市规划设计研究院档案室，案卷号：1113：25.

破破烂烂，不象［像］话！'，旧城无疑地是需要改造的。"[①]

就其他一些城市而言，也存在着旧城改建的现实需求。[②] 譬如，"兰州市旧城区在第一个五年计划内根据国家规定采取维持方针，但近来人口增长太快，旧城原有住房已破乱不堪，新建的东市区机关学校已有初步规模，而仍一再向外发展，将来旧城区不易形成中心区，由于发展快，新建高层建筑多，供排水问题就日益显得突出，每个单位单独搞取水工程（临时的）又单独解决排水（渗坑）在技术上不能适当得到解决，往往都是就地排泄，造成影响居民健康，城市卫生环境很坏，在这种分散解决上下水问题上也造成许多分散投资，不够经济亦不合理。旧城和东市区的雨水排除更有问题，无排水系统，雨水乱流，影响建筑物寿命（大孔土，怕渗水）"[③]（图 6-13）。

再以包头市为例，"旧市区大部分住宅建在高地的坡上，自南门转盘至东门之间高差 46 公尺。后面是黄土高地，每逢雨后泥沙顺坡从街道冲刷而下，虽然还有排洪的下水道，仍是不能彻底解决问题。街道愈冲愈底［低］，两边的房子基础都露在外面，泥沙冲到下面，很多淤泥在财神庙街、东门大街、后街等处。每逢雨后还要用大车拉马路上淤泥。"[④]"总之，旧市区的问题，从规划上的改建、扩建原则问题，到具体的房屋修建问题，长期没有引起重视，今后为更好的支援新区发挥旧市区的作用，对旧市区的规划问题应适

---

① 中共中央工业交通工作部 . 关于西安市城市建设工作中若干问题的调查报告（1956 年 5 月 4 日）[Z] . 中国城市规划设计研究院档案室，案卷号：0947：8-9.

② 太原市总结规划工作时也指出，"太原历史上遗留下［的］多部［分］是丁字形，弯曲狭窄的街道，不适于现代交通工具，并且公共建筑分布也不合理，因此就需要部分地加以改造"。参见：山西省设计工作太原检查组 . 关于在城市规划管理工作上贯彻勤俭建国方针的检查报告（1958 年 1 月 11 日）[Z] // 1957 年关于太原市城市建设的检查报告 . 中国城市规划设计研究院档案室，案卷号：0188：52.

③ 关于西安、兰州两市规划与建设情况的资料汇报提纲（1956 年 8 月 15 日）[Z] // 1953 ~ 1956 年西安市城市规划总结及专家建议汇集 . 中国城市规划设计研究院档案室，案卷号：0946：132-133.

④ 关于建筑管理工作的总结（1956 年 8 月 24 日）[Z] // 包头市城市规划经验总结 . 中国城市规划设计研究院档案室，案卷号：0505：38.

图 6–14　包头旧城区（东河区）旧貌
资料来源：黄建华主编．包头规划 50 年 [R]．包头市规划局，2006：21.

当的进行考虑，提出各项问题的解决具体办法或方案，以免影响建设进度”[①]（图 6–14）。

城市建设部的调研报告分析认为：“从几年的实际情况看来，象［像］西安、兰州这类城市（新建任务很大，而旧城的建筑一般年限很久，质量很低……）旧城完全不动确应加以考虑，事实上也不可能根本不动，如西安今年计划修建的中苏友好宫是不应当建在城外的，而建在城内就要拆房。”[②]

6.4.3　多部门配合与协调之矛盾

由于城市规划工作突出的综合性，规划实施中面对着较为突出的与一系列不同专业部门之间的相互协调问题。除了加强总甲方和地方的领导等必要措施外，对于各项工程的配合协作，还应当预先在城市规划设计中加以安排和规定，因此规划实施中的部门协商工作十分重要。就此而言，各个主管部门和不同工业部门类似于建设单位的仅从自身利益出发的各自为政的现象，是规划实施中产生问题的重要矛盾所在。

据成都市的统计，截至 1956 年 10 月，“确定的已经是三个工业区，平均每月都有几次较大的协商会议，解决铁路、输电线、河道整理等许多关系和矛盾问题。”[③] 任震英先生 1956 年 3 月的报告中也指出：“要作好城市规划，必须要重视各部门的协作配合工作。但［从］兰州市的情况来看，与铁路、总甲方及各基建单位‘扯皮’事情太多。因一个问题常常花费时间较具体设计时多几倍，甚至多几十倍，经与各处

① 关于建筑管理工作的总结（1956 年 8 月 24 日）[Z] // 包头市城市规划经验总结．中国城市规划设计研究院档案室，案卷号：0505：39.

② 关于西安、兰州两市规划与建设情况的资料汇报提纲（1956 年 8 月 15 日）[Z] // 1953 ~ 1956 年西安市城市规划总结及专家建议汇集．中国城市规划设计研究院档案室，案卷号：0946：133.

③ 成都市城市建设工作总结（1956 年 10 月）[Z] // 成都市“一五”期间城市建设的情况和问题．中国城市规划设计研究院档案室，案卷号：0802：40.

接洽，付出很大力量和时间才能解决。常为一个问题提出几个方案，才能决定下来，甚至提了很多方案至今还没有定下来的问题，如西固区十二号路与铁路交叉点座［坐］标问题［，］派了四、五个技术干部［，］经过数次的勘测查对［，］用了二十多天的工夫才解决了。”①

在兰州市规划实施中，与铁路部门的矛盾是相当尖锐的。“除了因铁路修建在先［，］过去在铁路穿过市区所造成的一些不合理现象外”，“目前在七里河区因缺乏预见，铁路大枢纽站西端正在石炭子沟洪沟上要建驼峰站”，“除了因火车头要碰到高压线，已建好的高压线铁塔要拆除外，铁路岔道有两条要穿过已修好的仓库区。把面粉厂的扩建基地也完全占了去”，“铁路通过西固工业区的主线，由于要降低坡度，要求改线，要从正在建设中的西固第三建筑基地、旧城、迁建区和技术地质学校穿过。这个问题尚未解决”，“横贯新城川和古城川的铁路，把这两块小平原切成了四块。”② 铁路部门较多考虑线路经济，不去考虑对城市规划产生的影响，是这些问题之所以产生的重要原因所在。

除了铁路部门之外，人防部门是对城市规划实施影响较大的另一部门。建国初期由于战争威胁的存在，国防安全是对城市规划有重大影响的一项因素，但“人防部门考虑厂与厂之间人防距离时很少考虑工厂之间的配合协作，也很少考虑城市规划布置是否合理以及国家各方面建设投资是否经济，而单纯的机械的考虑人防距离，甚至于与规定相差十多公尺距离也要争论，这样的作［做］法给工厂的生产协作和城市规划的布局造成了很大不合理。”③

除此之外，各个部门在建设用地等方面的定额标准不统一，也是影响规划实施的一个突出因素。以成都市为例，“铁道部［‘］铁办程滕［56］④ 字第 132 号文［’］批准铁路技术、技工两所中等技术学校（共有学生 1880 人）用地 108000m^2，［但］根据国家建委定额只需拨 87000m^2 左右”，“再如地质部［‘］［56］⑤ 地教字第 211 号文［’］批准成都地质学院用地 584800m^2，［但］照［国家］建委定额只需拨地 490000m^2（水塘与不能供建筑的用地除外）。最近该院又提出：‘按照上级（指部）指示体育场不够。房屋布置过密’要求再扩大用地到 1139000m^2，超出定额 50 余万平方公尺。”⑥

6.4.4 工业和国民经济计划多变之矛盾

在八大重点城市的规划实施中，除了上述突出矛盾之外，最为重要的影响因素实际上是工业发展和国民经济计划的复杂多变——亦即城市规划工作最为根本的技术经济依据的“现实性”改变。“计划变动

① 任震英，高鋕昭．关于城市规划与建筑管理工作的几点建议（1956 年 3 月 25 日）［Z］// 兰州市城市建设文件汇编（一）．中国城市规划设计研究院档案室，案卷号：1114：24–25.

② 兰州市城市建设工作报告（1956 年 9 月）［Z］// 兰州市城市建设文件汇编（一）．中国城市规划设计研究院档案室，案卷号：1114：46.

③ 成都市城市建设工作总结（1956 年 10 月）［Z］// 成都市“一五”期间城市建设的情况和问题．中国城市规划设计研究院档案室，案卷号：0802：41–42.

④ 该处方括号为档案原文中的括号。

⑤ 同上．

⑥ 成都市城市建设工作总结（1956 年 10 月）［Z］// 成都市“一五”期间城市建设的情况和问题．中国城市规划设计研究院档案室，案卷号：0802：42.

图 6-15　包钢建设场景（1959 年前后）(左)
资料来源：中华人民共和国建筑工程部，中国建筑学会 . 建筑设计十年（1949-1959）[R] . 1959：27.
图 6-16　包钢一号高炉（1950 年代）(右)
资料来源：中华人民共和国建筑工程部，中国建筑学会 . 建筑设计十年（1949-1959）[R] . 1959：27.

大，建筑事务管理摸不到计划的底，工作忙乱被动，有人说‘计划赶不上变化，变化跟不上电话’”，“有的单位一再的追加计划，划拨了土地又要划拨，如石油技校，原计划是 1200 人，后来变成 1600，又变成 2000，现在［1956 年 9 月前后］又要 4000 人土地”，“许多学校机关，在初步规划，详细规划上根本没有，现在都来了，一来就派二、三人专门坐催和尽量挑选”，“也有的划了土地不修建了，也有的要大了建小了，如有些单位上半年没有基建计划，下半年提出计划并要全部完成任务。”① 图 6-15、图 6-16 为包钢建设场景。

就成都市东郊的工业区而言，本来规划面积就有限，在规划编制和实施过程中，却“增加了一个纺织联合企业，一个氮肥厂，城市规划就将一片住宅区改为工业区，1955 年纺织联合企业取消了，氮肥厂换了第二汽车制造厂，人防又提出工厂要距离住宅 1200 公尺，我们又再度修改城市规划”；“由于工业的变动，城市规划设计不能不时常修改。规划修改，不仅引起规划设计返工，勘测、市政工程设计等等都要返工。城市建设本来已落后于工业建设，再加几次返工，就更跟不上了。”②

再以兰州市为例，“例如甘肃省农具厂，在一九五四年九月和一九五五年七月两次计划中均为小型畜力农具厂，计划发展人数至一九七二年为一五〇〇人，用地面积也不过是二四市亩，其产品供应范围仅为

① 兰州市城市建设工作报告（1956 年 9 月）[Z] // 兰州市城市建设文件汇编（一）. 中国城市规划设计研究院档案室，案卷号：1114：59-60.
② 成都市城市建设工作总结（1956 年 10 月）[Z] // 成都市“一五”期间城市建设的情况和问题 . 中国城市规划设计研究院档案室，案卷号：0802：38-39.

甘肃”，“但在毛主席关于农业合作化问题报告[①]以后，情况显著变化，国家随［遂］确定将此厂改为中型畜力农具厂并计划向机引农具厂发展，人数在今年［1956年］发展到八〇〇人，一九六九年为二四〇〇人，厂址占地面积为二七三市亩，今年已确定暂拨二二〇市亩，其产品供应范围也随着除担负本省外还要供应青海一部分地区”，“由于情势的发展，急转直下的用地面积扩大了十一倍，由于这情况的变化必然引起基本人口与服务人口的增加，城市规划也必须要随着这一发展变化而变更，以适应其要求。”[②]

工业和国民经济计划的变化包括调整、取消和追加等不同情形。大同市1955年版规划中御河以东的工业用地为实际建设，就是国家取消（推迟）“二拖”这一项目的结果。然而，更多的情况却出现在有关项目或计划的不断追加上。

正是由于国民经济和工业发展计划的不断追加，对城市规划最基础的人口规模问题形成严峻的挑战。据中共中央工业交通工作部1956年5月《关于西安市城市建设工作中若干问题的调查报告》，“在总体规划以后，西安市最近新增加了十所大学，计有交大（一万二千人）、北京师大分校（七千人）、建筑学院（八千人）、动力学院（一万人）、通讯学院（一万二千人）、航空学院（八千人）、音乐学院（二千人）、机械学院（一万人）、美术学院（人数不详）、公安学院（人数不详）等十［个］单位共计七万人以上；另外还增加三个研究所及三十几个中等技术专科学校。”[③]不仅如此，“最近中央各部有的仍继续向西安市增添新厂”，“据了解已确定在西安建厂的有：原北京仪表厂，建筑［工程］部的混凝土加工联合企业，水暖卫生用具厂，养［氧？］气厂，商业部的机械化屠宰场与冰冻厂”，“正在向西安市进行交涉的有：一部的两个小电机厂，轻工业部的棉子［籽］油加工厂，铁工铸工厂，汽车修配厂等共十个工厂。”[④]

之所以西安市的各类项目不断增加，很大原因在于“中央各部新增的建设项目，都希望摆在市政建设较有基础的城市，既可节省投资，又可提前投入生产，如从北京迁西安的仪表厂，据说如在武功建厂，一九六〇年投入生产也有困难，在西安建厂，一九五八年即可投入生产。”[⑤]报告分析指出，“今后西安市仍有继续增加新的工厂与大专学校的可能。”[⑥]

另据1956年7月西安市人民委员会工业与城市建设办公室所作《西安市城市建设工作总结报告》，西安市人口和用地规模较原规划有较大增加的原因有如下方面：“原定大工业任务增大了，且新增了大工业两个，地方工业五个，建筑加工企业七个，大型仓库五个”；“随着工业建设，文教建设也增大了，在规划批准后，另增加大学院十所，科学研究所四个，中等专业与技工干部学校等49所”；“西安系西北区经济

---

① 1955年7月31日，毛泽东在中央召开的省、市、自治区党委书记会议上作《关于农业合作化问题》的报告，全面阐述了我国农业社会主义改造的问题。同年10月，中共七届六中全会（扩大）通过了《关于农业合作化问题的决议》。

② 任震英，高鉐昭．关于城市规划与建筑管理工作的几点建议（1956年3月25日）［Z］// 兰州市城市建设文件汇编（一）．中国城市规划设计研究院档案室，案卷号：1114：22-23.

③ 中共中央工业交通工作部．关于西安市城市建设工作中若干问题的调查报告（1956年5月4日）［Z］．中国城市规划设计研究院档案室，案卷号：0947：3.

④ 同上，案卷号：0947：3-4.

⑤ 同上，案卷号：0947：4.

⑥ 同上．

建筑基地之一，有不少有关西北区的事、企业与行政管理机构也增加了”；“由于建筑任务加大，建筑工人由 2.85 万人增至 8 万余人，临时居住用地也就增加了”；“由于民用建筑平房比例较大，约占 30.8%。用地面积就更加扩大了。”①

正因如此，“国家提出的方针是发展中小型城市，而西安、兰州的实际趋势仍在大城市的基础上继续发展。”② 1956 年 9 月的《兰州市城市建设工作报告》指出，“截至目前［1956 年 9 月］，仍有很多建厂单位要到兰州来。由于这种情况，不但兰州的土地不够用，就是给水、排水、供电、供热、交通等单项设计，也都失去了可靠的依据”③；因此提出：“城市规模问题是兰州城市规划和城市建设中最基本、最严重、最突出的问题。”④ 而中央工业交通工作部 1956 年的报告也发出这样的疑问：“西安市的发展规模是否需要控制？城市远景规划人口是否仍然需要控制在一百二十万人左右？［这］是目前西安市城市发展方针上急待考虑确定的问题。”⑤

6.5 小结与启示

6.5.1 影响城市规划实施的复杂关系网络

以上对八大重点城市规划的实施情况进行了简要讨论，这些讨论尚主要基于目前所掌握的一些档案资料。尚显粗略、凌乱的分析，却也勾勒出八大重点城市规划实施的一些“历史图景”。实际有关情况，即便使用“乱象纷生”一词来加以形容，也并不为过。时过境迁，60 多年后的今天，各地城市的规划管理工作已经有了巨大变化，但从规划实施的实际情况而言，如建设单位的本位主义、相关部门的各自为政、违法建设的层出不穷等，与 60 多年之前的情况呈现出惊人的相似。这似乎也可表明，城市规划实施管理的内在属性，特别是深刻影响规划实施的复杂的关系网络的基本格局，数十年来未曾发生巨变。

对规划实施具有各种影响的相关要素，大致如图 6-17 所示。总的来看，八大重点城市规划的实施受到“上、下、左、右”等各方面因素的共同牵制和作用：居于规划之“上”，作为规划依据的工业发展和国民经济计划不断变化；规划编制成果向“下”的落地，受到建设单位不理解规划意图及普遍的本位主义的冲击；作为规划实施的“左膀右臂”，相关部门与规划部门沟通困难，而规划管理的体制和执法手段又十分局限。良好的规划实施，得益于“上、下、左、右”各方关系的有机配合，需要编织好一个“网络”；而网络中任何一个方面的工作失误或受掣肘，则必然会造成规划实施的扭曲或变形。这一点，不妨可归纳

---

① 陕西省西安市人民委员会工业与城市建设办公室 . 西安市城市建设工作总结报告（1956 年 7 月 30 日）[Z] // 1953 ~ 1956 年西安市城市规划总结及专家建议汇集 . 中国城市规划设计研究院档案室，案卷号：0946：87.

② 关于西安、兰州两市规划与建设情况的资料汇报提纲（1956 年 8 月 15 日）[Z] // 1953 ~ 1956 年西安市城市规划总结及专家建议汇集 . 中国城市规划设计研究院档案室，案卷号：0946：106.

③ 兰州市城市建设工作报告（1956 年 9 月）[Z] // 兰州市城市建设文件汇编（一）. 中国城市规划设计研究院档案室，案卷号：1114：46.

④ 同上，案卷号：1114：45.

⑤ 中共中央工业交通工作部 . 关于西安市城市建设工作中若干问题的调查报告（1956 年 5 月 4 日）[Z] . 中国城市规划设计研究院档案室，案卷号：0947：4.

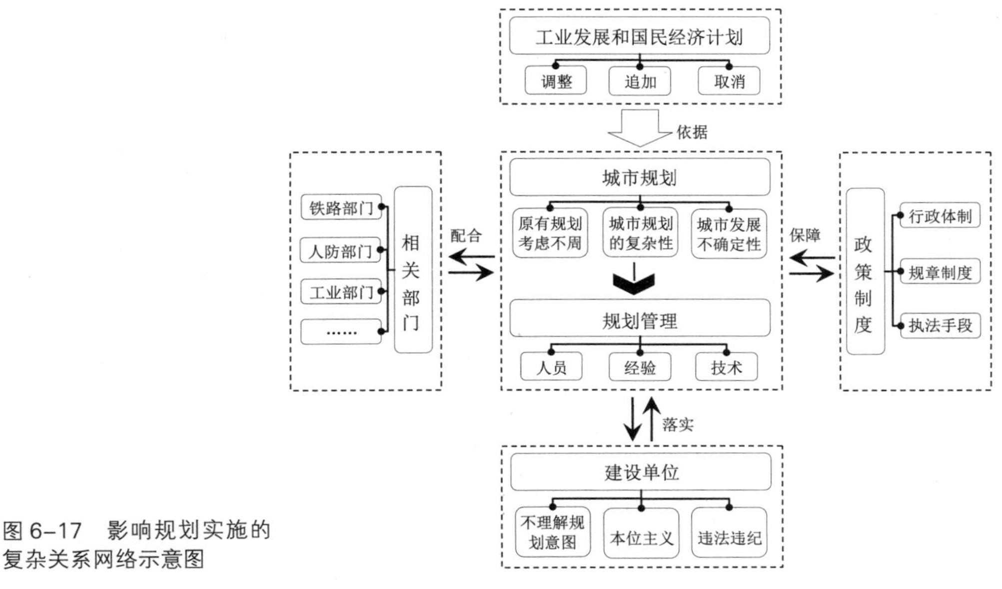

图 6–17　影响规划实施的复杂关系网络示意图

为规划实施的"木桶定律"或"短板理论"。

值得特别强调的是，规划管理部门在这一复杂关系网络中的特殊角色。在规划编制阶段，规划工作者考虑的是城市建设与城市发展的方方面面，即所谓综合性和整体性，在规划实施中，方方面面的问题和矛盾必然也都要集中到规划管理这条线上来，这正是规划管理不堪重负之所在；而规划管理部门只是政府的一个专业部门，却要肩负起综合性突出的规划管理事务，这是规划管理中内在的"权责"逻辑或伦理的缺陷之处。尤其是，在讲究行政权力的管理体制格局下，当规划管理部门面对同级别的"特权部门"、重点企业乃至上级部门之时，规划管理的软肋也就暴露无遗——譬如："陕西省人民委员会准备修的一个十万多 m^2 的办公大楼［，］决定建筑的地段要占用规划市区中心附近的大公园 1/3，且要拆除新建不久的数栋两层楼房，同时基地下面尚有直径约一公尺余的下水道。规划部门不同意，但省人民委员会作了硬性规定"①；"包钢在［19］55 年内修建的工程，全部是在早已开工甚至竣工后在我局［包头市规划管理局］的催促下才补报图纸，而且图纸多数不全，最后在年终给该公司经理发出一件亲启的公函［后，］才派专人把全年所缺图纸送来"②；兰州"陆军医院把建筑时多征的 90 亩地开了菜园"，"甘肃省工会开了果园"。③

另就太原市而言，"规划的市中心，是 1954 年在北京做规划时确定的，对位置上已经中央、省、市同意的，到现在［1957 年底］已空了四年多未放一砖一瓦，依然是个空心区。在交通便利、位置适中，又不需要拆迁大片土地，一直为省市机关保留了几年，而省级机关这几年来在城内外共建了廿余万 m^2 的房

① 关于西安、兰州两市规划与建设情况的资料汇报提纲（1956 年 8 月 15 日）［Z］// 1953 ~ 1956 年西安市城市规划总结及专家建议汇集 . 中国城市规划设计研究院档案室，案卷号：0946：114.

② 关于建筑管理工作的总结（1956 年 8 月 24 日）［Z］// 包头市城市规划经验总结 . 中国城市规划设计研究院档案室，案卷号：0505：25.

③ 关于西安、兰州两市规划与建设情况的资料汇报提纲（1956 年 8 月 15 日）［Z］//1953 ~ 1956 年西安市城市规划总结及专家建议汇集 . 中国城市规划设计研究院档案室，案卷号：1946：144.

屋，市级机关在西门外也建了 2 万余 m^2。而原来规划的中心区，体量也不过是 25 万平［方］米，如果早下决心的话，市中心也形成了，还可少拆旧房 5000 余平［方］米，也不致使旧城省府附近的交通拥挤”① (有关规划图可参见第 4 章的有关内容)。

这些问题之所以出现，与其说是规划实施管理不力的一种责任，倒不如说是扭曲的规划管理体制的一种必然结果。我们如何去期望在体制内生存的规划管理部门针锋相对地去对抗上级的一些决定？这其中固然也有一些特殊的“管理艺术”或“公关技巧”等应对途径，但能否完全寄希望于此呢？这或许也是规划实施管理的悲哀之处。

6.5.2 规划管理工作的经验积累与科学总结

通过上述分析，不难注意到，在影响规划实施的各种要素中，城市规划工作以外的因素，特别是计划多变和体制环境的制约，占据了主导性的地位。这给我们的重要启示在于，从规划实施的角度考虑，尽管规划编制成果的不完善也是各种问题出现的诱发因素之一，但若想规划获得良好的实施，则必然不能仅仅寄希望于规划编制工作的自我完善，而应当更加关注规划管理工作的研究与改进。“如使城市规划起到应有的作用，必须加强规划实施的管理工作，否则规划就会有落空的危险”，“另外，通过规划实施的管理还可以修正规划［的］不合理部分，因为在规划时不可能把每一个地区都考虑地［得］完全周到，如兰州医学院按照规划的要求要填土 40 余平方，经管理部［门］到现场放线核对的结果，发现稍一平整即可，不必大动土方”②。图 6–18 为西安西郊工业区旧貌。

实际上，即便在规划实施后三两年的短短时间内，各个重点新工业城市已经积累起来了相当丰富的管理工作经验。成都市在规划实施管理工作中体会到，“这些矛盾的发生与存在［，］说明了我们某些工作方法是不够恰当，也反映了个体观念与集体观念在城市建设上的矛盾［，］这些矛盾在当前来说是不可能完全避免的，也是不可能在短时期内完全解决的。我们应该承认矛盾的现实存在，应该正视这些矛盾，而不应该采取逃避的态度。这就要求我们建筑管理部门，必须尽量采取说服协商的办法，原则性和灵活性很好的运用。同时建议中央在可能条件下能统一的尽可能统一。”③

关于城市规划工作与建筑事务管理的关系，兰州市体会到：“城市规划和建筑事务管理部门能否分开?”“我们考虑在当前具体情况下，城市建筑事务管理部门，离开规划是难于单独进行管理工作的，它必须和规划部门结合起来，统一管理，它们是互相辅助、互为因果的，规划的实现在于严密的管理，没有规划根本谈不到管理，管理是在规划总意图下进行的，这就是说规划不是纸上画画，一定［要］从纸上实现

① 山西省设计工作太原检查组．关于在城市规划管理工作上贯彻勤俭建国方针的检查报告（1958 年 1 月 11 日）［Z］// 1957 年关于太原市城市建设的检查报告．中国城市规划设计研究院档案室，案卷号：0188：66.

② 关于西安、兰州两市规划与建设情况的资料汇报提纲（1956 年 8 月 15 日）［Z］// 1953 ~ 1956 年西安市城市规划总结及专家建议汇集．中国城市规划设计研究院档案室，案卷号：0946：116.

③ 成都市城市建设工作总结（1956 年 10 月）［Z］// 成都市“一五”期间城市建设的情况和问题．中国城市规划设计研究院档案室，案卷号：0802：44–45.

图 6–18　西安西郊“电工城”厂区
资料来源：和红星．西安於我：一个规划师眼中的西安城市变迁（7 影像记忆）[M]．天津：天津大学出版社，2010：424.

到地上，同时最后又有把实现在地上的具体建筑又要正确的画在图上，如果把它们截然分开，会产生层次繁多［的问题］，互相脱节，发生错误，造成损失。”[①] 图 6–19 为太原焦化厂旧貌。

关于拨地工作，洛阳市在管理工作中积累的经验包括：“划拨土地前，要求兴建部门一定要报送经其上级批准的计划任务书或文件，结合规划要求与现状的具体情况，初步指定用地范围。经兴建单位勘察钻探，认为符合要求时，即进行平面布置。然后根据规划进行审查［，］并确定其平面布置后正式划拨土地，同时进行定界定线，办里［理］购地手续。土地划拨后，应及时地检查建设单位对土地使用是否合里［理］，对群众安置是否妥善；如发现有暂时不同或多批而荒芜的土地，立刻通知建设单位将多余土地交给原主耕种。这样既保证了建设用地，也增加了国家粮食收入，也会得到农民的满意。”[②]

对于包头市拨地管理中的一些问题，如工厂压在道路上等，“在制定了内部工作程序和随时有专人绘制现状图后，前述现气［象］基本上避免了。”[③] 关于公共建筑的管理，“在拨地的管理工作当中，我们深刻体会到城市公共建筑是多样的，而且是变化多端的”，“为了便于管理工作，规划必须先有灵活性”，“应该避免把公共建筑物分别的单个的插在街坊中，如果这样作［做］就定死了它的用地面积，因发展或特殊情况有所改变或移到其他地方时，用地就难以划拨了”，“为此，将公共建筑用地连结［接］起来，再加上一些备用地集中在每个街坊的一端，同时要照［考］虑服务半径，这样在实践当中如有变化就可以相互调剂使用了。”[④]

---

① 任震英，高鈵昭．关于城市规划与建筑管理工作的几点建议（1956 年 3 月 25 日）［ Z ］// 兰州市城市建设文件汇编（一）．中国城市规划设计研究院档案室，案卷号：1114：25.

② 洛阳市城市建设工作总结（草稿）（1956 年 7 月 28 日）［ Z ］// 洛阳市规划综合资料．中国城市规划设计研究院档案室，案卷号：0829：100.

③ 关于建筑管理工作的总结（1956 年 8 月 24 日）［ Z ］// 包头市城市规划经验总结．中国城市规划设计研究院档案室，案卷号：0505：23.

④ 同上，案卷号：0505：18.

图 6-19 太原焦化厂

资料来源：《当代中国城市》丛书编委会．当代中国城市·太原［M］．北京：改革出版社，1990：253.

针对街坊修建的问题，洛阳市提出了进行城市设计控制的观念："为要使街坊修建既好又符合规划要求，使规划能完美的实现，还必须在作［做］好街坊总平面布置图的同时，根据规划设计要求，在沿街道处绘制好修建立面图，并提出对建筑物的空间和艺术造型的要求，以控制规划的实现。"①

就临时建设的管理而言，包头市提出："在城市建设初期，因为对发展估计不足或因其他因素［，］商业性的永久建筑建不起来，而必须建临时性的供应点或摊贩，我们不能认为它是临时的而轻易划拨地点，因为这些服务点一旦安置以后，它是为群众服务的，具有群众性"，"当形成一种群众性市场之后，如因修建永久性房屋而要求这些临时市场搬家时就困难了"，"根据这种情况，我们最近在考虑这些临时性的建筑或摊贩时［，］就布置在它自己的永久性用地位置后面，一旦有了投资就可以在前面盖永久性房子，腾出来的临时房子还可以当作仓库用一时期。"②

针对拨地之后施工环节的检查工作，洛阳市总结指出："经验证明，检查工作应全面管里［理］规划，注意检查重点工程的质量，在方法上采取点面结合，深入一点取得经验，推动全盘的方法进行工作，现在以检查市政工程为中心，抽调测量力量住市政工程工地，及时定出每条道路、管线的中线和标高、并需反复检查，以保证规划的实现。"③"对一般建筑的管里［理］是：①验线检查，每项工程在开工前进行验线检查，检查的内容：位置、标高、建筑物与红线关系，平面布置与管线走向——这是执行规划带有决定性的一环；②定期检查是否按图施工；③参加竣工验收。"④

① 洛阳市城市建设工作总结（草稿）（1956 年 7 月 28 日）［Z］// 洛阳市规划综合资料．中国城市规划设计研究院档案室，案卷号：0829：97.
② 关于建筑管理工作的总结（1956 年 8 月 24 日）［Z］// 包头市城市规划经验总结．中国城市规划设计研究院档案室，案卷号：0505：21-22.
③ 洛阳市城市建设工作总结（草稿）（1956 年 7 月 28 日）［Z］// 洛阳市规划综合资料．中国城市规划设计研究院档案室，案卷号：0829：101.
④ 同上．

图 6-20　兰州北塔山全景（1950 年代）
注：左边为古三关之一的金城关，右侧为兰州黄河铁桥。资料来源：兰州市规划建设及现状（照片）[Z]．中国城市规划设计研究院档案室，案卷号：1113：20.

关于规划监督检查中的宣传教育，包头市总结认为："城市规划工作既是一件新的复杂的工作。为了搞好它[，]宣传对象就不仅仅是建设单位，其中也包括领导我们的上级机关及负责同志，因此要把工作中发生的问题及其所引起的损失，不要等到年终一次总结上报，而是要经常的及时的上报，争取他们了解我们的工作，进一步支持我们工作的推行。"① 另外，"如果只有宣传没有检查，就无法鉴定我们管理工作所提出的要求各单位是否正确执行，也无法发现规划当中的问题，从而提高与改进我们的工作。从另一方面来看，只有通过检查发现问题，才能使宣传工作具有说服力的内容。"②

简要列举以上内容，足以表明建国初期规划实施管理工作的经验积累已相当丰富，甚至也可以说，改革开放后以"一书两证"为标志的规划管理的基本制度，其实早在"一五"时期就已经有相当实际经验积累，只不过经验的总结与制度建设未能及时跟进罢了。实际上，即使就今天而言，相对于规划编制工作的理论研究和实践探索的"繁荣"局面而言，关于规划实施管理的科学仍然是非常欠发达的。特别是，各地区、各城市虽然有着广泛的、丰富的规划管理实践经验，但较多限于规划管理机构的内部范畴，或者只属于管理人员的个人智慧，并未形成科学意义上的规划管理的知识体系。这一点，正是今天的规划学科发展需要加以努力改进的一个重要方面。

此外，值得反思的另一个问题在于，八大重点城市规划实施中的各种问题及其产生的内在原因也表明，城市规划编制工作在服务城市建设和社会发展方面的作用也是有局限的。以规划实施中较普遍的临时建设问题而言，尽管在规划编制工作中应当有所预见和应对，但更准确地讲，其本质在于管理工作乃至体制问题，规划控制的作用是有限的。那种寄希望于在规划编制工作中周密安排，试图"一劳永逸"地解决所有问题、"包治百病"的想法，显然是不现实的，也是不可能实现的。图 6-20 为兰州市北塔山旧貌。

① 关于建筑管理工作的总结（1956 年 8 月 24 日）[Z]// 包头市城市规划经验总结．中国城市规划设计研究院档案室，案卷号：0505：27.
② 同上．

6.5.3 对城市规划工作特点认识的逐步深化

在经过了一定程度的规划实施的“检验”之后，八大重点城市规划工作的前期准备、规划编制、审查批准和实施管理，算得上初步完成了“第一个回合”。经历这一回合的“较量”，必然也会使广大规划工作者对于城市规划工作的认识有一定程度的提高。

以任震英先生为例，在 1956 年的总结报告中指出：“社会主义城市规划工作，是依据社会主义基本经济法则进行的，它是一个活的创造工作。这个活的创造力量，首先就是规划设计者的思想性的问题，这个思想性的提高是在于规划设计工作者深入钻研新的内容，其内容是包含社会主义城市建设的特点即是‘对人民的高度关怀’[。]像我们这些规划设计工作者的政治视野至今还有它一定局限性，对城市新形象的创造探索还很肤浅。但是我们都在逐步提高中。因此，我们所做的规划，尤其是详细规划和修建设计，随着我们政治思想和技术水平的提高随时在改正着，这就是说做[作]出了所谓城市规划并不是万事大吉了，是要跟着设计者的思想和技术的提高而改变着，因此我们不可能就会把一个具有高度综合性的科学技术性的艰巨复杂的城市规划一次考虑完备齐全，实际上一个完美的规划是经过继续不断的修改，一步一步的[地]提高，才能达到较合理的境地。”①

就城市规划的人口规模而言，1956 年 7 月西安市人民委员会工业与城市建设办公室所作《西安市城市建设工作总结报告》指出，“在编制总体规划与近期详细规划时，对西安市经济情况与国家经济政策，缺乏具体分析研究，没有得出发展规模的适当结论，对文教建设、轻工业与地方服务性企业发展特别估计不足，而是从主观愿望出发，盲目限制人口与用地发展，违背了经济发展的规律。因此，看起来紧凑合理的规划设计实际上是不合理的，脱离实际的规划，是不能完全实现的，必然要有较大的修改，而造成城市建设中的种种困难与混乱。”② 城市建设部的报告中也提出：“由此看来，在进行城市规划时对人口的发展扣的[得]太紧是不现实的。对城市的规模特别在多山的西郊[部]地区，在规划时应当根据国家的经济区划原则[，]结合当地可能发展的条件对该地区的远景发展规模，作充分的估计，留出足以可能发展的用地，同时在布置各要素时适当考虑这一问题，以免陷于被动。”③

就城市规划的紧凑发展观念而言，城市建设部的报告中认识到：“在近期发展范围上，工叶[业]区离旧城较远，而其住宅区则不能建在旧城附近，这就显得城市不紧凑，而各种管线也要长了。因此紧凑发展的问题应与以前有不同的理解。只能从局部区域中谈紧凑，而在全市在建设初期达到紧凑是不可能的。”④

---

① 任震英，高鍁昭．关于城市规划与建筑管理工作的几点建议（1956 年 3 月 25 日）[Z]// 兰州市城市建设文件汇编（一）．中国城市规划设计研究院档案室，案卷号：1114：24.

② 陕西省西安市人民委员会工业与城市建设办公室．西安市城市建设工作总结报告（1956 年 7 月 30 日）[Z]// 1953 ~ 1956 年西安市城市规划总结及专家建议汇集．中国城市规划设计研究院档案室，案卷号：0946：88.

③ 关于西安、兰州两市规划与建设情况的资料汇报提纲（1956 年 8 月 15 日）[Z]// 1953 ~ 1956 年西安市城市规划总结及专家建议汇集．中国城市规划设计研究院档案室，案卷号：0946：105.

④ 同上，案卷号：0946：117.

在“一五”时期，先后担任建筑工程部副部长（1952.11 ~ 1955.4）、国家城建总局局长（1955.4 ~ 1956.5）、城市建设部部长（1956.5 ~ 1958.2）的万里同志，是建国初期城市规划工作的主要领导人之一，他在 1955 ~ 1956 年前后的一些讲话，从一个侧面反映出在八大重点城市规划逐步实施过程中，规划行业对于城市规划工作特点及内在规律的认识的不断深化。兹摘录 1956 年 4 月万里在城市规划训练班上讲话的部分内容，作为本章的结语：

城市是一个整体，它综合了各种矛盾，城市规划要善于认识与解决这些矛盾。如工厂与工厂、宿舍与宿舍间的矛盾，安全与经济、方便的矛盾，高层与低层、道路宽窄的矛盾，美观与适用、经济的矛盾等。矛盾要统一，就要求我们具有整体观念，善于听取各方面的意见，分析矛盾，使之服从整体利益。过去我们常常不从全面出发，而是站在矛盾的一个方面，因而有些意见，建设单位就不服。因此，我们不能片面，不能逃避扯皮，只有主动扯皮，才能把“皮”扯清。

有的城市已作［做］好了规划，又来了新工厂，打乱了原来的规划。有些人因此就希望等资料齐全了再作规划，这是不现实的。工厂来齐了，许多房子也盖完了，规划就起不了建设的作用。所以近期和远期都要照顾，从近期出发，结合考虑远景，留出发展余地。

面对这些困难和矛盾，我们应该怎样作呢？我认为应该作［做］到以下几点：

第一、实事求是，从实际出发，这是规划工作的基本态度。没有任何抽象的城市规划，必须重视当地的实际情况，从实际出发，进行规划的编制和若干原则问题的处理。举例说，市中心可以放在城市中心，也可以不放在中心；布局可以对称，也可以不对称；绿化面积，有的可大，有的可小，可以成系统，也可以不成系统，一切要看当地条件而定。

第二，坚持原则，灵活掌握。要有整体观念，近期与远期要适当的结合。规划程序要有，但要变通执行；要有定额，但要灵活掌握。原则性要与灵活性互相结合，不能限得太死。

第三，规划工作者必须多作实际的调查研究工作，这是我们的根本工作方法之一。没有详细调查研究，就不可能把城市规划作的正确合理。理论是要的，苏联的经验要学，图要画，但还必须切实的深入现场进行调查研究，不调查研究就是没有出息的规划工作人员。

第四，多商量，多协作，勤修改，争取主动。规划修改的多少，与我们调查研究的好坏，商量协作的好坏有直接关系。调查深入，主动协作，矛盾统一得好，就可以少修改。主动协作，多商量，不仅在规划工作中应当如此，任何工作都必须这样作［做］。

第五，边学边作［做］，边作［做］边学。不能把人才培养起来以后再搞规划，只有在规划中培养。①

① 城市规划工作中的几个问题——城市建设总局局长万里在城市规划训练班上的讲话（1956 年 4 月 11 日）［R］// 城市建设部办公厅 . 城市建设文件汇编（1953 ~ 1958）. 北京，1958：341-346.

下　篇
Part Ⅱ

专题讨论
Discussion Of Related Issues

第 7 章

规划技术力量状况：中央“城市设计院”成立过程的历史考察

Technical Fore Status

城市规划是一项技术内涵突出的专业工作，对技术力量有着特殊的要求。60 多年前成立中央“城市设计院”这一大事件，对于认识“一五”时期八大重点城市规划工作的技术力量状况具有重要价值。从成立背景与动因、前期筹备、正式成立以及早期机构和人员情况等方面，对中央“城市设计院”的成立过程进行了相对系统的梳理。城市设计院是国家城市规划主管部门为应对规划设计力量薄弱且不平衡和不统一的被动局面，并借鉴苏联经验而成立的。城市设计院的成立过程，反映出新中国建国初期城市规划技术力量极为薄弱的基本事实，以及其鲜明的“学习型特征”；由建筑专业主导的知识体系结构，则揭示了早期城市规划活动脱胎于建筑学的科学技术特征。

人才是事业发展的根本。新中国成立之初，我国不仅面临着经济薄弱、社会动荡及受战争威胁等严峻困难，同时也存在着科学技术人才十分匮乏的突出问题。据统计，建国初期全国人口中的文盲率高达90%[①]。就工程技术人员而言，人才不足的问题更为突出。经济建设方面的重要领导人陈云和李富春曾分别指出："恢复国民经济的一个严重障碍是缺少懂专业而又忠于人民政府的技术干部，新中国从国民党那里接收下来的工程师和专家总共只有2万人"[②]；"我们自己太土包子了，科学人才少，科学技术差"。[③]

城市规划工作具有突出的综合性和复杂性，城市发展及其规划建设的对象又十分宏大，必然对相关技术人员的配备有着重要而特殊的内在要求。然而，在新中国成立前，我国并没有专门的城市规划学科门类，而只有一些建筑设计、市政工程和道路桥梁等"相关专业"。在近代的一些城市规划活动中，从欧美等国家留学归来的工程技术人员，乃至于外国的一些建筑师和工程师，成为规划工作的主要技术力量。以1945年前后的上海市都市计划（一稿）为例，在总图草案上正式署名的8人[④]中，即有两位英籍开业建筑师[⑤]、1位美籍华人开业建筑师[⑥]，另5位中国技术人员则主要是伦敦英国建筑学会建筑学院和哈佛大学的教育背景[⑦]。然而，这样的一些留学人员在数量上又是十分有限的，面对规模空前的工业建设和城市规划工作，必然存在着技术力量不相匹配的突出问题。

不仅如此，"一五"时期的城市规划工作与高度集中的计划经济体制有着密切的联系，即所谓"国民经济计划的继续和具体化"，城市规划工作的指导思想、理论方法和定额指标等，都借鉴自苏联经验。即便就在建国前曾有过一些规划实践经历的工程技术人员而言，对苏联城市规划理论与实践的了解都是极为有限的。这就使得以八大重点城市为代表的城市规划工作，在很大程度上表现为一种全新的工作。那么，

---

① 郭德宏等．中华人民共和国专题史稿（第Ⅰ卷）：开国创业［M］．成都：四川人民出版社，2004：360.

② 1949年10月28日罗申与陈云的谈话记录。转引自：沈志华．冷战中的盟友［M］．北京：九州出版社，2013：25.

③ 房维中，金冲及主编．李富春传［M］．北京：中央文献出版社，2001：363.

④ 《上海市城市规划志》编纂委员会．上海市城市规划志［M］．上海：上海社会科学院出版社，1999：76-78.

⑤ 即甘少明（Eric Cumine）和白兰德（A. J. Brandt）。

⑥ 即梅国超。

⑦ 这5人中，陆谦受、甘少明、黄作桑、白兰德毕业于伦敦英国建筑学会建筑学院，钟耀华毕业于哈佛大学。另外，后来参与上海市都市计划总图三稿工作的程世抚和金经昌，分别毕业于美国康奈尔大学和德国达姆斯塔特工业大学。

当时八大重点城市的规划技术力量状况究竟如何？实际的城市规划工作又是如何应对规划技术人员的庞大需求的？就此问题而言，60多年前中央“城市设计院”（中国城市规划设计研究院的前身）的成立，就是一个颇具研究价值的大事件。

7.1 透视规划技术力量之大事件：中央“城市设计院”的成立

中央“城市设计院”的成立具有边规划、边筹建的特点，其成立过程，也是同步推进八大重点城市规划编制工作的过程。当然，在“城市设计院”正式成立以前，实际上主要是以其所属的上级机构——建工部城建局的名义开展工作，两者是一种“局院一家”的特殊关系。在“城市设计院”正式成立以后，建工部城建局的一些同志仍然参与了不少城市设计院承担的规划编制工作任务，包括八大重点城市的规划编制工作在内。因此，成立中央“城市设计院”的有关情况，可以在一定程度上反映出“一五”时期八大重点城市规划工作的专业技术力量状况。

实际上，作为计划经济时期屈指可数的规划设计单位之一，中央“城市设计院”的成立，也是新中国城市规划发展历程中一个具有里程碑意义的大事件。通过对中央“城市设计院”成立过程、技术人员配备等情况的了解，也可在一定程度上对建国初期我国城市规划技术力量的整体状况有所管窥。另外，作为新中国成立最早、当今规模居全球前列的规划设计机构，中国城市规划设计研究院（以下简称“中规院”）也是中国城市规划行业颇具影响力及代表性的一个设计机构，其发展进程在全国具有一定的“风向标”意义，对其成立过程的研究于行业发展的认识而言也是不可或缺的。

在40周年、50周年和60周年院庆之时，中规院曾组织力量对院的发展历史进行过概貌式的整理①，但对“一五”时期的建院情况，尚缺乏相对具体、深入的专门研究。为此，本章选择中央“城市设计院”的成立这一大事件，作为规划技术力量状况研究的一个重要切入点，通过在中央档案馆仔细查阅了一批原建筑工程部、国家城市建设总局和城市建设部的历史档案，结合中规院所藏资料文件及对部分老职工、老院友的访谈②，试图对这一事件的来龙去脉加以耙梳，期望对“一五”时期八大重点城市规划工作技术力量状况的深入认识有所贡献。

7.2 中央“城市设计院”的成立背景与动因

7.2.1 国家迎来大规模工业化建设的高潮，迫切需要加强规划设计工作

在三年国民经济恢复期接近尾声之际，随着大规模工业化建设工作的逐步启动，新工业城市的规划

① [1] 中国城市规划设计研究院四十年（1954-1994）[R]. 北京，1994.

[2] 流金岁月——中国城市规划设计研究院五十周年纪念征文集[R]. 北京，2004.

② 本章初稿完成后，曾呈送万列风、刘学海、赵瑾、吴纯、魏士衡、张贤利、刘德涵、郭增荣、常颖存、邹德慈等老专家审阅指导。

工作便亟待开展起来。1952 年 9 月召开的首次全国城市建设座谈会提出“加强统一领导，加强规划设计，克服盲目性，以适应大规模建设和逐步提高人民的物质文化生活状况的需要。”① 1953 年 3 月和 7 月，建工部和国家计委相继成立城市规划主管机构。② 1953 年 9 月 4 日，中共中央发出《关于城市建设中几个问题的指示》，明确要求“为适应国家工业建设的需要及便于城市建设工作的管理，重要工业城市规划工作必须加紧进行，对于工业建设比重较大的城市更应迅速组织力量，加强城市规划设计工作，争取尽可能迅速地拟订城市总体规划草案，报中央审查。”③

到 1954 年，在重点工业项目厂址逐步确定的过程中，各新工业城市勘察测量、编制城市规划和进行市政工程设计等的任务更加紧迫。1954 年 2 月，国家计委在《关于对建工部党组召开城市建设会议的报告的几点意见》中指出：“对全国重点工业城市的规划设计，应适应工业建设的需要，及早开始进行，以便做到总体规划有计划的逐步建设，克服目前在城市建设当中的盲目现象和分散现象。”④ 1954 年 6 月，全国第一次城市建设会议明确提出：“为了配合 141 个新建厂矿项目⑤，要完成重点城市的规划设计工作，其中完全新建的城市与工业建设项目较多的扩建城市，应在一九五四年完成总体规划设计”，“其中新建工业特多的个别城市还应完成详细规划设计”；“已有初步规划的城市，为应建设需要，应于最近拟定第一期修建计划，并计算造价”，“旧有工业城市与大城市亦应积极搜集各种资料，积极进行城市规划工作。”⑥ 1954 年 8 月 22 日，《人民日报》头版刊发“迅速做好城市规划工作”的社论（图 7-1）……这样，城市规划设计工作成为十分紧迫的国家战略任务。

7.2.2 实际工作中技术力量薄弱的突出问题，严重制约城市规划活动的有效开展

尽管城市规划工作的重要性日益凸显，但正如全国第一次城市建设会议所指出的，“城市规划设计工作赶不上大规模经济建设的需要”却成为城市建设工作的头号问题：“原则上城市规划应比工厂建设走前一步，许多重大的工厂企业、交通运输、文教事业，以及相应的各种福利建筑，应在进行建设之前，规划出来”，“目前这项工作就作得十分不够。今年已是五年计划的第二年，但还没有一个城市的规划定案，有

---

① 周荣鑫、宋裕和．建筑工程部党组关于城市建设座谈会的报告（1952 年 10 月 6 日）[M] // 中国社会科学院，中央档案馆．1949 ~ 1952 中华人民共和国经济档案资料选编（基本建设投资和建筑业卷）．北京：中国城市经济社会出版社，1989：610-615.

② 即建工部城市建设局城市规划处和国家计委城市建设计划局城市规划处。

③ 中共中央关于城市建设中几个问题的指示（1953 年 9 月 4 日）[M] // 中国社会科学院，中央档案馆．1953 ~ 1957 中华人民共和国经济档案资料选编（固定资产投资和建筑业卷）．北京：中国物价出版社，1998：766-767.

④ 国家计划委员会．关于对建工部党组召开城市建设会议的报告的几点意见（李富春批）[Z]．建筑工程部档案，中央档案馆，档案号 255-3-249：3.

⑤ 即苏联帮助我国设计的 156 个重点工业建设项目（实际施工 150 项），这些项目分批次签订：1950 年 2 月 14 日，中苏两国在签订《中苏友好同盟互助条约》《关于苏联贷款给中华人民共和国的协定》的同时，签订了由苏联援助中国建设和改造 50 个大型企业的协定；1953 年 5 月 15 日，中苏两国签订《关于苏维埃社会主义共和国联盟政府援助中华人民共和国中央人民政府发展国民经济的协定》，增加 91 个援建项目；1954 年 10 月 12 日，中苏两国又签订了《中苏关于帮助中华人民共和国政府新建十五项工业企业和扩大原有协定规定的一百四十一项企业设备的供应范围的议定书》等文件。截至 1954 年 6 月时，前两批已签订协议的项目数量为 141 项。

⑥ 几年来城市建设工作的初步总结与今后城市建设工作的任务——中央人民政府建筑工程部城市建设局孙敬文局长 1954 年 6 月在第一次全国城市建设会议上的报告 [R] // 城市建设部办公厅．城市建设文件汇编（1953 ~ 1958）．北京，1958：261-280.

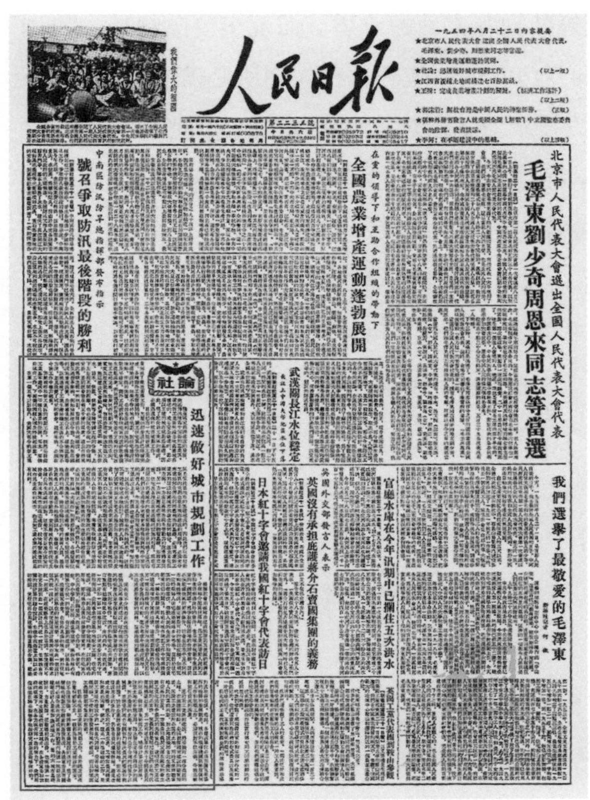
人民日報

北京市人民代表大會選出全國人民代表大會代表
毛澤東劉少奇周恩來同志等當選

在黨的領導下和互助合作組織的帶動下
全國農業增產運動蓬勃展開

中南區防汛指揮部發出指示
號召爭取防汛最後階段的勝利

社論
迅速做好城市規劃工作

武漢關長江水位穩定

官廳水庫在今年汛期中已攔住五次洪水

英國外交部發言人表示
英國沒有承擔庇護蔣介石賣國集團的義務

日本紅十字會邀請我國紅十字會代表訪日

我們選舉了最敬愛的毛澤東

图 7-1　迅速做好城市规划工作的社论

资料来源：迅速做好城市规划工作［N］. 人民日报，1954-8-22（1）.

的城市规划工作还没有进行；有的城市虽已进行很久，但因国家经济指标未定，必要的勘察测量资料不全，城市经济资料及现状调查不够，或生产要求不明，应协作的问题尚未协议，致未能拟定一个草案。这就或多或少的［地］影响了经济建设的时间，影响了住宅及交通运输方面的合理部署和建筑用地的正确分配。"①在华北区 1953 年城市建设工作总结中，也指出了规划滞后的问题："城市规划设计，跟不上建设的需要。华北几个重点城市都是厂址选择、工业建设在前，城市规划在后，不能及时供给有关城市规划方面的各种资料，影响工业的建设……比［譬］如北京东郊轻工业部修盖楼房，原规划道路四〇公尺，后来又须展宽至七〇公尺，已盖一层，不得不令其停止，造成损失。"②

就八大重点城市而言，国家计委本来要求"规划总体布置，洛阳市在今年［1954 年］九月初交出，而成都市工业区在八月底，西安市西郊在八月廿五日，东郊在八月廿日交出图来"，可是到 1954 年 9 月时，"根据现在情况，规划设计工作没有能保证时间完成，有的已推迟将近一个月，但有的问题如不能即使［及时］解决，还有继续拖延的危险。"③

造成这一被动局面的原因，无疑是城市规划的综合性和复杂性所造成的规划设计工作的极高难度，以及与之形成鲜明对比的规划技术力量的极度薄弱。正如建国初期首都规划工作者的一句口头禅："人、地、房、水、电、交"，它生动地表明城市规划是一门综合性很强的科学，涉及自然科学和社会科学的多个领域，讲究城市发展各种要素的有机结合。④ 1955 年北京市为制定城市总体规划而开展城市现状调查分析，为期半年之久，其中工业调查工作的参与人员达六、七千人，公共交通流量的调查则在三天内动员了上万人。⑤城市规划工作的这种特点，要求规划设计工作者不仅要有比较熟练的专门技能，还要有比较广博

① 几年来城市建设工作的初步总结与今后城市建设工作的任务——中央人民政府建筑工程部城市建设局孙敬文局长 1954 年 6 月在第一次全国城市建设会议上的报告［R］// 城市建设部办公厅 . 城市建设文件汇编（1953 ~ 1958）. 北京，1958：261-280.

② 华北区一九五三年城市建设工作总结（提纲）(1954 年 5 月 20 日)［Z］. 城市建设部档案，中央档案馆，档案号 255-3-260：2.

③ 城市建设局 . 关于重点城市规划工作进度和当前存在的问题的报告及给陈主任的函（1954 年 9 月 20 日）［Z］. 城市建设部档案，中央档案馆，档案号 259-1-31：13.

④ 黄昏 . 城市规划需要有理想有知识的专业人才［R］// 北京市城市规划管理局，北京市城市规划设计研究院党史征集办公室 . 规划春秋（规划局规划院老同志回忆录）(1949-1992）. 北京，1995：50-56.

⑤ 陈干 . 以最高标准，实事求是地规划和建设首都［R］// 北京市城市规划管理局，北京市城市规划设计研究院党史征集办公室 . 规划春秋（规划局规划院老同志回忆录）(1949-1992）. 北京，1995：12-21.

的知识面，要懂政治，对政策有较强的把握能力，以便统筹处理各方面的矛盾。而现实情况却是："旧中国基本上都没有规划设计［专业］，缺乏城市规划的经验和专门人才，缺乏进行规划所必需的一般基础资料"①，这就更奢谈具有各方面综合素质的优秀规划人才。以技术力量相对雄厚的首都北京为例，虽然早在1949年5月即成立了都市计划委员会，但这只是一个领导和决策层面的议事机构，具体的技术工作则要由北平市建设局企划处来承担②；1950年1月经市政府批准企划处划归都委会领导，但由于缺乏工作经验以及必要的材料，城市规划方案编制（时称"总图"工作）一度难以开展。③

就全国而言，早在1953年7月，建工部党组在《关于目前工作情况和今后任务向中央的报告》中，便将"设计工作领导薄弱、质量低劣"列为突出问题之一。④截至1953年6月，建工部城建局"搞规划的技术人员只有几个人，均系新毕业不到一年的大学生，［苏联］专家来了一年多未培养出一个能独立工作的干部。"⑤到1954年3月时，"中央计委的城市建设计划局和建筑工程部的城市建设局的力量也非常薄弱，两局合计学技术的新毕业的大学生仅有四、五十人［，］对廿几个重点城市的城市规划与上下水道的设计工作实在无法担负。"⑥面对这样的被动局面，城市规划工作的主管部门必然要积极思考其应对之策。

7.2.3　高度集中的计划经济体制和重点建设城市的方针，要求对全国各地规划技术力量不平衡和不统一的状况加以改变

在建国初期，我国借鉴苏联经验而形成了高度集中的计划经济管理体制，在这一体制下，"城市建设是国家经济建设的一部分，它的方针任务应根据党在过渡时期的总路线、总任务和具体结合第一个五年建设计划的基本任务来确定，全力保证国家工业建设的需要"，"由于城市建设工作是复杂的综合性的工作，就必须强调计划性，克服盲目性；由于旧社会遗留下来的不合理状态还不可能在短期完全改造，而国家投资有限，就必须强调重点建设、稳步前进，克服贪多冒进、分散乱建的现象；也还由于城市建设工作项目繁多，关系复杂，牵涉到各个建设单位与广大劳动人民的要求，这就要强调党的集中统一领导。"⑦但就建国初期极为薄弱的规划设计力量而言，其分布则又是极不平衡的："新的工业城市根本一点技术力量没有，如包头、洛阳、大冶、株州［洲］、富拉尔基等城市连一个技术干部都没有……各个大区的城市建设处则

---

① 城市设计院第一个五年计划工作总结提纲（第一次稿）[Z].中央档案馆档案，档案号259-3-17：7.

② 北京市都市计划委员会的成立［R］// 北京市城市规划管理局，北京市城市规划设计研究院党史征集办公室.党史大事条目（1949-1992）.北京，1995：1-4.

③ 王栋岑.我在都委会工作的回顾［R］// 北京市城市规划管理局，北京市城市规划设计研究院党史征集办公室.规划春秋（规划局规划院老同志回忆录）(1949-1992).北京，1995：119-128.

④ 中共建筑工程部党组.关于目前工作情况和今后任务向中央的报告（1953年7月22日）[Z]// 中共中央关于中央建筑工程部工作的决定（总号0137建第82号）.建筑工程部档案，中央档案馆，档案号255-2-1：8.

⑤ 建筑工程部.关于城市座谈会议的报告[Z].建筑工程部档案，中央档案馆，档案号255-3-1：7.

⑥ 国家计委办公厅.关于如何建立规划设计院、上下水道设计院等问题给城建局的通知（［54］计基城王字第廿三号）[Z].城市建设部档案，中央档案馆，档案号259-1-1：20.

⑦ 建筑工程部党组关于城市建设的当前情况与今后意见的报告（1953年12月3日）[Z].建筑工程部档案，中央档案馆，档案号255-3-1：8.

刚刚成立，只有少数行政干部，没有技术力量”[①]，“而某些技术力量较大的城市（如上海、天津等地）又非建设重点……中央城建局本身有一部分技术力量，但不够强大。”[②] 这种状况显然不能适应实际工作的需要。

除了分布不平衡之外，规划工作相关设计力量组织的不统一也是实际工作中的突出问题之一。“如西安东西郊，西安市忙于作总图呈报，详细规划是由总甲方委托华东设计公司负责，而华东设计公司是根据干道不动、街坊道路可以变化的原则在北京进行设计的，而牵制的道路系统坐标与标高，西安尚在测量定标，因而产生边定线，边设计，而双方联系电报电话座［坐］标数字往往弄错，使华东设计公司五十多干部工作［增加］半个多月的设计量，西安市不同意要反［返］工。”[③]“这种情况所有城市无例外，如兰州，七里河区委托西北设计公司，西固区石油管理局准备自己组织力量亲自搞，而与兰州市都不易取得联系，即现在总图有无变化尚不敢定。”[④]“除住宅设计力量外有关工程设计也不统一，如包头规划工作在北京［，］而上下水系统初步设计在上海，互无联系，各搞一套，有的城市如大同、株州［洲］，上下水究由那［哪］里设计尚未委托出去”，“这种情况使规划中一些非原则问题，特别是艺术布局问题上的认识分歧［，］而使设计成为僵局，坚持不下，浪费了时间。”[⑤] 这样，集中有限的技术力量加以重点使用，并强化统一管理，也就成为应对各地区规划技术力量不平衡、不统一问题的现实选择。

当然，关于规划设计人员还有另一因素，即在建设社会主义的政治形势下所谓“旧知识分子”的思想改造问题。建工部城建局在成立后两个月的工作总结中指出：“虽然在苏联专家热情帮助下作了许多工作，但在某些旧技术人员甚至一些老干部的思想上，对苏联专家的意见或多或少的受到抗拒，或不能完全接受。在某些旧技术人员来说是资本主义思想和社会主义思想的抵触，在一些老干部的思想上则认为目前中国经济条件和技术条件的限制不能完全接受专家的建议。”[⑥] 如果能够建立国家层面统一领导的规划设计机构，显然更利于有关社会主义城市建设方针及规划指导思想的贯彻落实。

7.2.4 苏联设计机构的设置及运行状况，为新中国规划设计机构的建立提供了有益经验

在建国初期“一边倒”的形势下，苏联的有关理论思想与实践模式成为我国各项建设行动的指南。已有大量资料显示，在我国城市规划建设有关制度设计、理论方法、程序内容和体制机制等诸多方面，苏联的经验及专家建议都发挥了重要引导作用。就设计机构而言，在 1953 年 6 月份前后，建工部设计院和城建局根据部党组扩大会议的指示，先后访问了建工部苏联专家穆欣、巴拉金及重工业部的苏联专家克里奥诺索夫等，深入了解了苏联设计组织系统情况，于同年 8 月 18 日提出《关于苏联设计组织系统与分工及

---

① 国家计委办公厅 . 关于如何建立规划设计院、上下水道设计院等问题给城建局的通知（［54］计基城王字第廿三号）［Z］. 城市建设部档案，中央档案馆，档案号 259-1-1：20.

② 中央建筑工程部城市建设局 . 一九五三年工作总结（1954 年 2 月 26 日）［Z］. 建筑工程部档案，中央档案馆，档案号 255-2-93：11.

③ 城市建设局 . 关于重点城市规划工作进度和当前存在的问题的报告及给陈主任的函（1954 年 9 月 20 日）［Z］. 城市建设部档案，中央档案馆，档案号 259-1-31：13.

④ 同上 .

⑤ 同上 .

⑥ 建筑工程部城市建设局 . 城市建设局两个月工作的基本总结（1952.12-1953.1）［Z］. 建筑工程部档案，中央档案馆，档案号 255-2-93：1.

我们的意见的报告》。[①] 在此报告的基础上，建工部党组于 1953 年 10 月 23 日向国家计委和中央上报“关于设计机构调整方案”[②]，经批准而成立了设计总局及中央、华东、中南、华北、东北等五个设计院。1954 年 7 月份前后，城建局专门就规划设计机构的建立问题向苏联专家请教，譬如孙敬文局长即在 7 月 16 日亲自与苏联专家巴拉金和克拉夫秋克等进行了深入交流（后文详述）。苏联规划设计机构的设置运行情况，成为影响我国规划设计机构建设的关键因素之一。

苏联是世界上的第一个社会主义国家，其城市建设和城市发展取得巨大成绩的原因之一，正在于城市规划体制和管理制度的有效保障。[③] 1950 年代时苏联的设计组织系统主要由军事工程设计系统、工业建筑设计系统和城市建设设计系统三部分组成[④]，其中城市建设的设计机构包括几个层次：“中央国家建设事业委员会下设若干设计院”，如中央莫斯科城市规划设计院[⑤]、中央列宁格勒城市设计院和中央城市建设科学研究设计院等[⑥]；“各大城市均有总建筑师事务局，局下设数目不等之设计院”；“更小的城市连总建筑师也没有，而有［由］属于加盟共和国之国家城市设计院[⑦]设计。”[⑧] 苏联工业化时期新工业城市的规划工作，绝大部分是由莫斯科和列宁格勒［今圣彼得堡］等国家级的城市设计院负责完成的。经过自 1928 年开始的几个五年计划的连续实施，苏联成功建设起来一大批新型工业城市，如汽车工业城市陶里亚蒂、聂伯罗德尼、采思，石油化工城安加尔斯克、新波罗斯克以及科学城新西伯利亚等，城市规划工作起到了对社会主义工业化建设的有效配合作用。苏联设置技术力量相对集中的国家级城市设计院的实践经验，无疑为我国规划设计机构的建立提供了鲜活的现实“范例”。这样，新中国的国家级城市设计院也就呼之欲出了。

7.3 中央“城市设计院”的成立过程

7.3.1 早期城建局承担规划设计工作的实践体会

1953 年 10 月建工部党组“关于设计机构调整方案”中明确“中央设计院即以本部原有设计院为基础组成，内部暂分设工业、民用、勘察及总平面布置和运输、采暖通风、上下水道、电器照明、施工组织设

① 设计院、城建局 . 关于苏联设计组织系统与分工及我们的意见的报告（1953 年 8 月 18 日）［Z］. 建筑工程部档案，中央档案馆，档案号 255-2-45：2.

② 中央批转建工部党组关于设计机构调整方案的报告［Z］// 国家计委 . 国家计委会请中央批转建工部党组关于设计机构调整方案的报告（［53］建发西字 24 号）(1953 年 11 月 3 日）. 建筑工程部档案，中央档案馆，档案号 255-2-35：1.

③ 徐巨洲 . 苏联的城市［J］. 国外城市规划，1988（2）：1-9.

④ 设计院、城建局 . 关于苏联设计组织系统与分工及我们的意见的报告（1953 年 8 月 18 日）［Z］. 建筑工程部档案，中央档案馆，档案号 255-2-45：2.

⑤ 又称莫斯科总体规划设计院、莫斯科总体规划科研设计院。

⑥ 徐巨洲 . 苏联的城市［J］. 国外城市规划，1988（2）：1-9.

⑦ 这里所谓“加盟共和国之国家城市设计院”，如阿塞拜疆国家城市设计院、亚美尼亚国家城市建设院等。参见：苏联建筑师代表团应邀来我国访问［J］. 建筑学报，1956（6）.

⑧ 设计院、城建局 . 关于苏联设计组织系统与分工及我们的意见的报告（1953 年 8 月 18 日）［Z］. 建筑工程部档案，中央档案馆，档案号 255-2-45：2.

计室（组），俟人员充实后，经过苏联专家的培养与实际工作的锻炼，逐步形成独立的专业设计机构"①，其中"勘察及总平面布置设计室（组）"正涉及城市规划设计工作。但是，由于种种原因，1953 年组建的中央设计院并未承担起新工业城市的规划设计任务。作为"一五"初期城市规划工作的两个主管部门，国家计委城市建设计划局和建工部城建局分别担当着城市规划方面"领导机构"和"业务机构"的角色②，早期新工业城市的规划设计工作实际上主要由后者来承担。

建工部城建局是在中财委基建处的有关基础上，于 1953 年初成立的③，在成立后的第一年，开展了一些重点新工业城市（如西安、兰州、包头等）的规划设计工作，实际工作的经历使他们深切感受到缺乏城市规划设计机构的各种问题和困难。早在 1953 年 8 月，城建局参与起草的《关于苏联设计组织系统与分工及我们的意见的报告》中提出："本部城建局拟只负责城市建设的行政工作，如城市规划的排队与审查，工业布置意见，城市建筑检查及制定城市建筑中若干定额工作（标准设计审查管不了）。局下另设一城市设计院（室）负责重点城市总体规划设计，重点城市的重要广场、街道设计。"④

1954 年 2 月，城建局在"一九五三年工作总结"中指出："根据一年经验，城市建设缺乏各种设计机构：主要是城市规划的设计机构和城市工程设施（特别是上下水道）的设计机构。"⑤根据实际工作体会，城建局认为，"城市规划的行政领导部门与城市规划的设计组织按其性质应该分开。前者代表国家，领导与组织全国各城市的规划，制定各项政策、法令、指示、定额、规章，审查或批准城市规划设计等。后者是实行经济核算制的设计组织，接受一定的设计任务"，但"目前的情况是：少数城市有极薄弱的设计力量，自己搞规划设计，重点工业城市则由中建部［中央人民政府建筑工程部的简称，即建工部，下同］城建局直接帮助设计，中建部城建局以微小力量又管行政领导，又搞设计工作，这样不但使设计工作不能走向企业化（经济核算制）的正规，主要还是'自己搞出来自己审查'的毛病……关于这一点苏联专家曾屡次提出，建议建立独立的设计机构。"⑥该总结中明确提出："随着国家工业建设项目的逐渐摆定，重点工业城市的规划工作日益重要紧迫……不如集中力量重点使用，成立中央城市规划设计院，以配合工业建设作重点城市的规划设计。"⑦

---

① 中央批转建工部党组关于设计机构调整方案的报告［Z］// 国家计委 . 国家计委会请中央批转建工部党组关于设计机构调整方案的报告（［53］建发西字 24 号）（1953 年 11 月 3 日）. 建筑工程部档案，中央档案馆，档案号 255-2-35：1.

② 国家计委办公厅 . 关于如何建立规划设计院、上下水道设计院等问题给城建局的通知（［54］计基城王字第廿三号）［Z］. 城市建设部档案，中央档案馆，档案号：259-1-1：20.

③ 建筑工程部城市建设局 . 城市建设局两个月工作的基本总结（1952.12-1953.1）［Z］. 建筑工程部档案，中央档案馆，档案号 255-2-93：1.

④ 设计院、城建局 . 关于苏联设计组织系统与分工及我们的意见的报告（1953 年 8 月 18 日）［Z］. 建筑工程部档案，中央档案馆，档案号 255-2-45：2.

⑤ 中央建筑工程部城市建设局 . 一九五三年工作总结（1954 年 2 月 26 日）［Z］. 建筑工程部档案，中央档案馆，档案号 255-2-93：11.

⑥ 同上 .

⑦ 同上 .

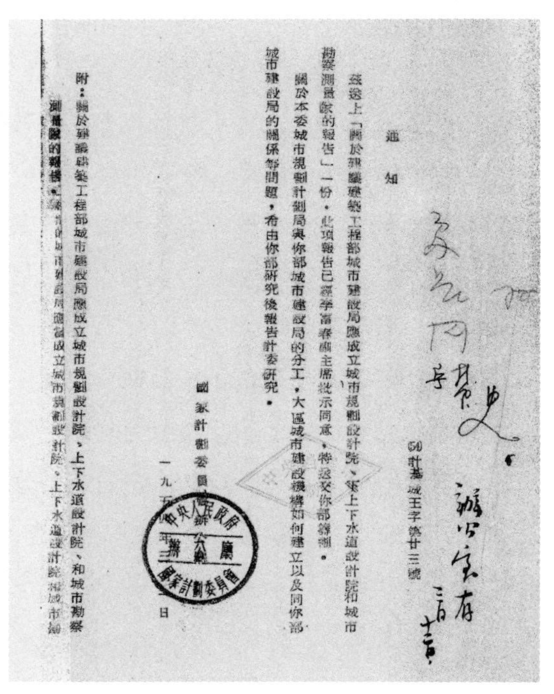

通知

(54)計基城王字第廿三號

茲送上「關於建議建築工程部城市建設局應成立城市規劃設計院、和上下水道設計院和城市勘察測量隊的報告」一份。此項報告已經李富春副主席批示同意，特送交你部籌劃。

關於本委城市規劃計劃局與你部城市建設局的分工，大區城市建設機構如何建立以及同你部城市建設局的關係等問題，希由你部研究後報告計委研究。

國家計劃委員會

一九五[illegible]年三[illegible]日

中央人民政府國家計劃委員會辦公廳

附：關於建議建築工程部城市建設局應成立城市規劃設計院、上下水道設計院、和城市勘察測量隊的報告。[illegible]

图 7-2　国家计委办公厅的建议通知

资料来源：国家计委办公厅．关于如何建立规划设计院、上下水道设计院等问题给城建局的通知（[54] 计基城王字第廿三号）[Z]．城市建设部档案，中央档案馆，档案号 259-1-1：20.

7.3.2　国家计委的建议通知

1954 年 3 月 1 日，国家计委办公厅以通知形式将该委城市建设计划局《关于建议建筑工程部城市建设局应成立城市规划设计院、上下水道设计院和城市勘察测量队的报告》[①] 批转给建工部（图 7-2），报告中指出："一四一个项目，近已陆续确定，城市规划和市政建设，感到特别落后，存在的问题很多，我们感到非常被动……洛阳、包头以及其它［他］工业城市的厂址很快就要定下来，但规划尚未着手，因此建厂的工作，就受到很大影响"，"这个问题如不解决，将大大的［地］影响国家的工业建设"；"根据现在的情况来看，各个新工业城市的技术力量一时培养不起来，不如集中力量重点使用。因此，我们建议建筑工程部的城市建设局应当成立城市规划设计院、上下水道设计院和城市勘察测量队"，"城市规划设计院的任务是专门配合工业企业的建设作重点城市的规划。"[②] "此外，应聘请一部分关于城市规划和上下水道设计的苏联专家指导建工部城市建设局两个院工作。"[③] 通知中还指明"此项报告已经［国家计委］李富春副主席批示同意，特送交你部筹划。"[④]

7.3.3　城建总局筹建过程中的统筹考虑

建工部城建局成立后，随着业务工作的迅速拓展，经历了从建工部城建局到建工部城市建设总局、国务院直属的城市建设总局及城市建设部的逐步发展过程，而城市设计院正是其重要的内设机构之一。1954

---

① 该报告署名曹言行，时任国家计委城市建设计划局局长。

② 国家计委办公厅．关于如何建立规划设计院、上下水道设计院等问题给城建局的通知（[54] 计基城王字第廿三号）[Z]．城市建设部档案，中央档案馆，档案号 259-1-1：20.

③ 同上．

④ 同上．

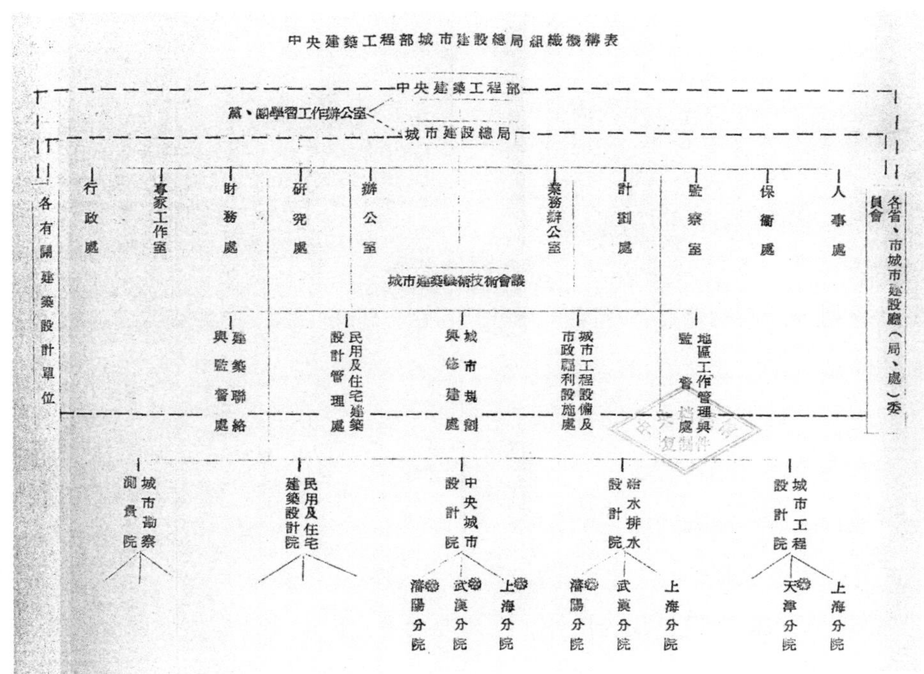

图 7-3　建工部城市建设总局组织机构方案
资料来源：中央建筑工程部城市建设总局组织机构表及说明（全国第一次城市建设会议文件［附件一］）［Z］. 建筑工程部档案，中央档案馆，档案号 255-3-1：10.

年 4 月 30 日，城建局在向建工部周荣鑫副部长的报告中提出：“由于最近业务加多，任务紧迫，我局组织机构在五月—六月以前必须加以调整和加强。”[①] 早期《关于建立中央城市建设机构的问题》中提出：“建立中央设计组织，以进行中华人民共和国重点城市的规划设计工作，编制规划与修建设计、详细规划与修建设计，大规模修建的标准设计，以及公共建筑和文化生活建筑设计；中央设计组织可以做［作］为培养城市建设专家的实际学校和城市建设方面科学研究工作的集中地点。”[②]

1954 年 6 月，全国第一次城市建设会议将《中央建筑工程部城市建设总局组织机构表及说明》作为会议文件之一提交大会讨论；在城市建设总局组织机构方案中，“城市规划与规划修建处”下设有“中央城市设计院”，其下又设上海、武汉、沈阳 3 个分院[③]（图 7-3）。

此后，《关于建立中华人民共和国城市建设总局的建议》中进一步提出：“城市建设总局的最主要职能应该是通过设计机构完成城市建设的设计预算文件，首先是城市规划和修建设计（总平面图）”；“根据工作的性质和工作量，在城市建设总局的组织机构中应设六个符合于本身活动方向的局……”，“‘城市规划及修建局’，它的职责是组织计划，进行并监督全国城市建设规划设计文件的编制工作[④]”，“在‘城市规划

① 城市建设局．关于城市建设局组织机构在五月至六月前必须加以调整和加强的报告［Z］. 建筑工程部档案，中央档案馆，档案号 255-3-244：3.
② 关于建立中央城市建设机构的问题（1954 年）［Z］. 建筑工程部档案，中央档案馆，档案号 255-3-243：3.
③ 中央建筑工程部城市建设总局组织机构表及说明（第一次全国城市建设会议文件［附件一］）［Z］. 建筑工程部档案，中央档案馆，档案号 255-3-1：10.
④ 文件中指出：“该局以自己的主管设计机构和地方设计机构的力量来组织并进行下列文件的编制工作：甲、区域规划草图；乙、城市规划与修建设计（‘城市总体规划’）；丙、城市中最主要地区和市中心的详细规划设计和修建设计；丁、城市工程设备和福利设施的全市性措施草图；戊、全国主要城市中重要建筑艺术规划建筑群的设计”。

与修建局’下面设有设计机构——国家城市设计院及其在各城市的分院。”[①]

7.3.4 苏联专家的急切建议

1954年[②] 7月16日，建工部城建局孙敬文局长与苏联专家巴拉金和克拉夫秋克等就重点工业城市规划及规划设计机构建立等相关问题进行谈话。苏联专家克拉夫秋克在谈话中指出："这个组织的名称很多，有的叫做［作］国家城市建设设计院，或者叫城市规划与城市建筑设计院，这个组织是综合地解决各方面的问题"，"城市设计院中除规划的工作外还要有研究工程问题的组织如：交通组、工程组等"，"这个组织内，有建筑师，经济学家、工程师、运输专家、卫生专家，绿化、测量等方面的人材［才］，这样就更能全面地解决城市规划问题。"[③]

克拉夫秋克提出，"这个组织的任务在最初可能就是全面地搞七个重点城市的工作"，"现在也有必要明确国家城市建设设计院的任务。在初期如下：1. 规划设计。规划设计中又包括：甲、区域规划；乙、总体规划；丙、详细规划；2. 测量工作；3. 解决与城市规划有关的工程问题"，"在设计院中另外还要有一个‘建筑艺术及技术委员会’或者叫‘建筑艺术及技术会议’。这样一个组织的任务是研究讨论一些个别部门或个别专家解决不了的问题。这些问题，就是在建筑艺术方面或者工程方面的重大问题，审查一个城市的规划设计或一项重要的建筑设计需要开会解决。"[④] 克拉夫秋克指出："关于成立这样的组织问题，不是我的新发明，中国同志已有这个打算，而且是巴拉金早已提过的问题了。"[⑤]

从专家谈话记录中，可以充分体会到苏联专家对此问题十分急切的心情："建立城市建设设计院是那样迫切，是那样急，已到了不能再拖的地步，如果不成立，将造成不良的后果"，"这个问题已是提到日程上的问题，是今天明天马上就要办的问题，而不是讨论的问题了，而且现在也有这样的条件。随便举一个例子（这可不是说建议你们这样做）譬如：现在我们可以利用华北的基础，或调一部分干部；或者调一部分东北的干部，就可以作为成立这样一个组织的底子。现在可以找一个人担任临时的筹备工作，成立起来

---

① 此处"国家城市设计院"的说法系档案原文。参见：关于建立中华人民共和国城市建设总局的建议（草案）（1954年）［Z］. 建筑工程部档案，中央档案馆，档案号 255-3-243：1.

② 关于这份谈话的时间，档案原稿中只有"七月十六日"的字样，并无具体年份。城市建设部档案目录将其编入1955年档案，并将其日期明确标注为"1955.7.16"，笔者仔细分析后认为其年份有误。作出这一判断的依据主要是：1）城市设计院是1954年成立的，谈话时间如果是在1955年，此时城市设计院业已成立，就没必要去大费口舌建议成立城市建设设计院或类似机构；2）根据中央档案馆所藏"苏联专家来华登记表"，苏联专家巴拉金的来华工作时间是1953年6月，其来华后必然要经过一段了解中国情况和实际问题的适应时间，而这份谈话中则明确提到"是巴拉金早已提过的问题了"，巴拉金显然不可能在1953年6月至7月16日刚到中国、对各方面情况尚不熟悉之时，即已提出过建立城市设计机构的建议，因此这次谈话的时间也不应该是在1953年。
这类错误，应系档案整理过程中缺乏深入研究而形成。类似情况又如责任者为"城建局设计院"的一份内容完全相同的报告，在建筑工程部和城市建设部的档案中均有收录，但其题名分别为"关于苏联设计组织系统与分工及我们的意见的报告"和"关于苏联设计组织系统与分工，及我们的意见给陈部长并党组的报告"（档案号分别为 255-2-45：2 和 259-1-2：3），在档案目录中的日期分别为"1953.8.18"和"1955.8.18"（经分析，应为前一时间）。

③ 孙局长与巴拉金、克拉夫秋克谈话的记录（专家发言摘要）［Z］. 城市建设部档案，中央档案馆，档案号 259-1-31：11.

④ 同上.

⑤ 同上.

以后再任命院长、副院长。我举这个例子只是说明问题的现实性。”① 克拉夫秋克提出：“至于筹备小组可以在一小时内成立，马上就可以开始工作。应该采取革命的手段，首先解决下面五个问题：（1）确定工作任务。譬如，首先就是搞七个重点城市的设计；（2）立刻调集现在在北京的干部；（3）调外地的干部（指东北、上海等地的干部）；（4）找到办公地点；（5）制定工作件［条］例。以上的工作搞好之后，三天以后就可以马上办公。”②

值得一提的是，这次专家谈话中还提到：“如果我局设计工作分出去了，也还是有工作作［做］。一方面是日常的行政领导工作，另一方面就是组织审查和批准设计的工作，这两项工作也不轻于设计院的工作。第二方面具体来说，就是要组织对重要设计的综合性的‘检验’，组织‘检验委员会’来检验规划设计。”③ 由此可见，关于成立相对独立的规划设计机构，在城建局内部其实是有一定争论或顾虑的。

7.3.5 建工部向中央的报告和提议

1954 年 8 月 25 日，建工部党组就全国第一次城市建设会议情况向国家计委及中央和毛主席提交总结报告，报告中明确提出建议：“根据苏联专家建议及目前城市建设工作的实际情况，在我部城市建设总局下立即成立几个设计院；并根据需要与可能在上海、武汉、沈阳设立分院，以加强设计力量。这些设计院是：负责城市规划及重大建筑物设计的中央城市设计院，负责给水排水、煤气等设计的城市卫生技术研究院（目前我部给水排水设计院可作为基础），负责城市道路、桥梁、防洪等工程设计的城市工程设计院，负责城市地质勘察［查］、地形测量的城市勘测院。同时并请燃料工业部及早成立热力管道设计机构”，“为建立这些设计机构，除我部自行调集一部分力量外，请中央批准由旧的大城市中抽调一批技术力量。”④

7.3.6 前期筹备

1954 年 4 月 30 日，城建局向建工部领导的报告中提出“因业务开展提出变动如下：……成立城市规划设计院筹备处。负责对规划设计院进行筹备组织工作，干部全部新配。”⑤ 1954 年 7 月 16 日的苏联专家谈话中曾提到：“希望孙局长回去⑥之后，把今天的谈话记录给两位负责筹备的同志看一下，其次是要初步决定选两个人之中有一个，或者是另外找一个人，作将来的代理院长，以便现在明确他们的责任”，而“孙局长说：同意专家们的意见，我回去后即把今天谈话的情况建议告诉贾震和史克宁同志，请他们准备意见，下周和专家们再详细谈一次。”⑦ 这些内容表明，早在 1954 年 7 月 16 日之前，城市设计院的筹备工

---

① 孙局长与巴拉金、克拉夫秋克谈话的记录（专家发言摘要）[Z]. 城市建设部档案，中央档案馆，档案号 259-1-31：11.

② 同上 .

③ 同上 .

④ 中央建筑工程部党组小组 . 关于第一次城市建设会议总结给国家计委并中央、主席的报告（1954 年 8 月 25 日）[Z]. 建筑工程部档案，中央档案馆，档案号 255-3-1：9.

⑤ 城市建设局 . 关于城市建设局组织机构在五月至六月前必须加以调整和加强的报告［ Z ］. 建筑工程部档案，中央档案馆，档案号 255-3-244：3.

⑥ 当时苏联专家巴拉金和克拉夫秋克的聘任单位分别为建筑工程部和国家计委，此次谈话应当是在国家计委进行的。

⑦ 孙局长与巴拉金、克拉夫秋克谈话的记录（专家发言摘要）[Z]. 城市建设部档案，中央档案馆，档案号 259-1-31：11.

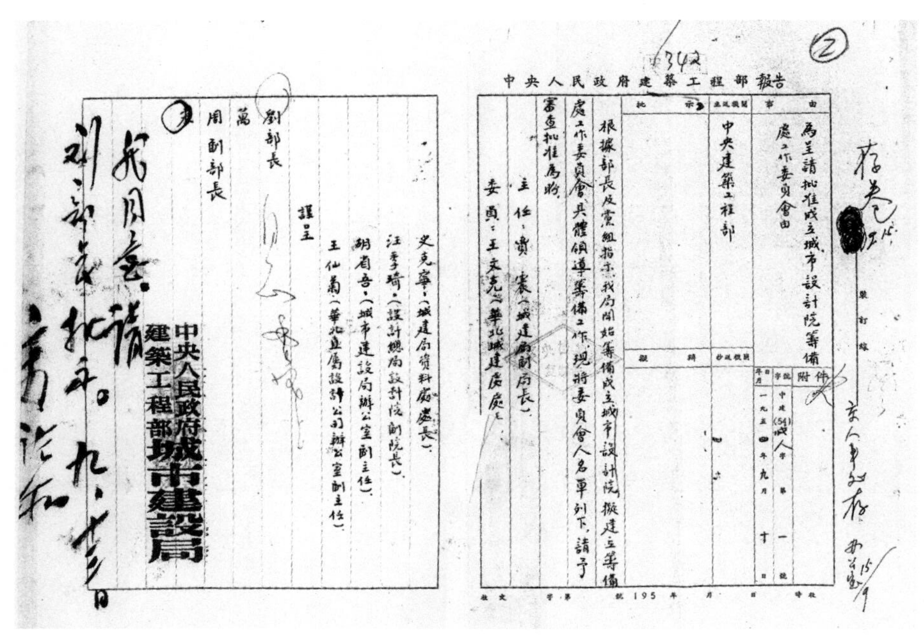
中央人民政府建築工程部報告

事由：為呈請批准成立城市設計院籌備處工作委員會由

中央建築工程部

根據部長及黨組指示我局開始籌備成立城市設計院擬建立籌備處工作委員會具體領導籌備工作現將委員會人名單列下，請予審查批准為盼。

主任：賈震（城建局副局長）

委員：王文克（華北城建處處長）、史克寧（城建局資料處處長）、汪季琦（設計總局設計院副院長）、胡省吾（城市建設局辦公室副主任）、王仙菊（華北直屬設計公司辦公室副主任）

謹呈

劉部長

萬

周副部長

宋

中央人民政府建築工程部城市建設局

我同意，請劉部長批示。九月十三日 宋裕和

图 7-4 成立城市设计院筹备委员会批复文件

资料来源：建工部城市建设总局．关于呈请批准成立城市设计院筹备处工作委员会给建工部的报告（1954 年 9 月 10 日）[Z]．建筑工程部档案，中央档案馆，档案号 255-3-245：1.

作已在进行中。

1954 年 8 月，建工部第四十一次部务会议正式决定在城建局下设立城市设计院。[①] 1954 年 9 月 10 日，城建局向建工部提交《呈请批准成立城市设计院筹备处工作委员会》的报告（中建［54］城人字第 1 号）。报告全文如下：“根据部长及党组指示，我局开始筹备成立城市设计院，拟建立筹备处工作委员会具体领导筹备工作。现将委员会人［员］名单列下，请予审查批准为盼。主任：贾震（城建局副局长）。委员：王文克（华北城建处处长）、史克宁（城建局资料处处长）、汪季琦（设计总局设计院副院长）、胡省吾（城市建设局办公室副主任）、王仙菊（华北直属设计公司办公室副主任）。谨呈刘［秀峰］部长，万［里］、周［荣鑫］、宋［裕和］副部长。”[②] 从档案文件上可以看到两位领导的批示：“我同意，请刘部长批示。九月十三日，宋裕和”；“同意。秀峰”（图 7-4）。据老专家回忆，城市设计院的筹备工作实际由史克宁处长具体牵头，刘学海和朱贤芬两位同志主要参加。[③]

经建工部领导批示同意，城市设计院筹备处工作委员会于 1954 年 9 月 13 日正式成立。9 月 13 日下午，史克宁处长主持召开筹备会议，布置了筹备城市设计院临时组织机构与各组具体工作。[④] 9 月 14 日下午，全体筹备工作人员来到山老胡同（今美术馆后街北京中医医院斜对面），安置了筹备人员办公地点，建立了办公室、总务组、财务组、人事组、保卫组和收发室等临时机构。[⑤] 随后，各临时机构即投入紧张

---

① 中国城市规划设计研究院四十年（1954–1994）[R]．北京，1994：42.

② 建工部城市建设总局．关于呈请批准成立城市设计院筹备处工作委员会给建工部的报告（1954 年 9 月 10 日）[Z]．建筑工程部档案，中央档案馆，档案号 255-3-245：1.

③ 据赵瑾先生口述（2014 年 8 月 21 日赵瑾、常颖存和张贤利等先生与笔者的谈话）。

④ 建工部城市建设局人事处．城市设计院筹备工作第一次汇报（1954 年 9 月 16 日）[Z]．建筑工程部档案，中央档案馆，档案号 255-3-245：2.

⑤ 分别暂由王仙居和朱贤芬、张增富和刘兆泉、张国印、刘学海、李英、石春发等同志负责。参见：建工部城市建设局人事处．城市设计院筹备工作第一次汇报（1954 年 9 月 16 日）[Z]．建筑工程部档案，中央档案馆，档案号 255-3-245：2.

图 7-5　城市设计院旧址（山老胡同 7 号）

资料来源：刘德涵．中国城市规划设计研究院创建前后办公宿舍的回顾［R］．流金岁月——中国城市规划设计研究院五十周年纪念征文集．北京，2004：46.

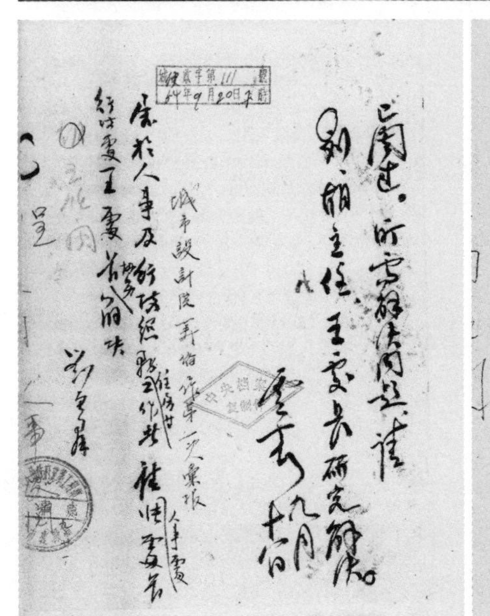

城市设计院筹备工作第一次汇报

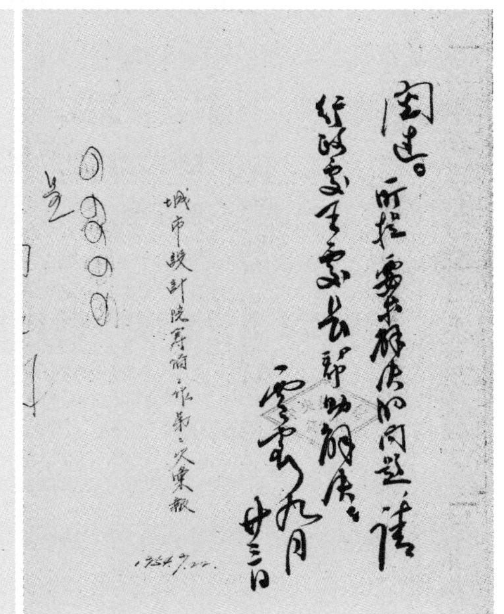

城市设计院筹备工作第二次汇报

1954.9.22

图 7-6　城市设计院筹备委员会的两次汇报

资料来源：1）建工部城市建设局人事处．城市设计院筹备工作第一次汇报（1954 年 9 月 16 日）[Z]．建筑工程部档案，中央档案馆，档案号 255-3-245：2. 2）建工部城市建设局人事处．城市设计院筹备工作第二次汇报（1954 年 9 月 22 日）[Z]．建筑工程部档案，中央档案馆，档案号 255-3-245：3.

的筹备工作，如召开组长联席会议、购买办公设备、接洽财务关系和建立食堂等，并及时研究和解决了干部住宿、文印工作、缺少警卫及公务人员等相关问题①（图 7-5）。

筹备处工作委员会于 9 月 16 日和 9 月 22 日就各项筹备工作向城建局进行过两次专门的书面汇报（图 7-6）。

7.3.7　正式成立

经过一个月左右的紧张筹备，1954 年 10 月 18 日，建工部城建局下发《关于许英年、王文克、李正冠三同志职务给局属各院处的通知》（中建［54］城人字第 11 号）。通知内容如下："兹接刘［秀峰］部

① 建工部城市建设局人事处．城市设计院筹备工作第二次汇报（1954 年 9 月 22 日）[Z]．建筑工程部档案，中央档案馆，档案号 255-3-245：3.

长 10 月 13 日通知：'议定许英年、王文克二同志任本局副局长，李正冠同志任本局城市设计院副院长，上列同志在中央未批示前先行到职视事'"[①](图 7–7)。同日，城建局人事处下发《关于对到城市设计院工作的人员的通知》，经孙敬文局长同意，城建局规划处、资料处及公用建筑设计院共 43 人调入城市设计院。[②] 以这两份文件为主要标志，城市设计院正式成立。筹备工作中的主要负责人之一史克宁也于同年被任命为城市设计院副院长。[③]

城市设计院是作为建工部城建局的下设机构并经其筹备和批准而成立的，而在城市设计院成立的同时，建工部城建局也已升格为建工部城市建设总局，因此，城市设计院成立时的准确名称即中央人民政府建筑工程部城市建设总局城市设计院，简称中央城市设计院"城院"。

城市设计院成立后，其上级主管部门处于频繁调整之中：1955 年 4 月，城市建设总局从建工部划出，作为国务院的直属机构；1956 年 5 月，国务院直属的城市建设总局改组为城市建设部；1958 年 2 月城市建设部又被撤销，与建筑材料工业部一道并入建筑工程部。相应地，城市设计院也经历了从建工部城建总局城市设计院，到国家城市建设总局城市设计院，再到城市建设部城市设计院，后又回到建筑工程部城市设计院等的隶属关系和称谓变化。

7.4 中央"城市设计院"的机构设置与人员情况

7.4.1 早期设想方案

在城市设计院筹备过程中，形成过一份《关于建立城市规划设计院机构的初步意见》。[④] 该意见中提出："设计院初步估计将来编制应为 300 上下人。但由于干部抽调会是困难，当前以现在规划处为基础，争取组织到 150 ~ 160 人，以城市为单位编组。在工作条件未成熟前，仍与规划处共同组织指导各城市规划工作。经费由事业费开支。"[⑤] 以此认识为基础，"根据当前工作需要和干部抽调可能，提出如下方案"[⑥]，这一方案即图 7–8 所示。

在该方案中，城市设计院的院领导包括院长 1 名、总建筑师 1 名、副院长 2 ~ 3 名、秘书长 1 名；职能部门包括秘书科、会计科、人事科、财务科、合同科、晒图室和技术审定科等 7 个科室，并设机要秘书

---

① 建工部城建局 . 关于许英年、王文克、李正冠三同志职务给局属各院处的通知（1954 年 10 月 18 日）[Z] . 建筑工程部档案，中央档案馆，档案号 255–3–252：17.

② 建工部城建局人事处 . 关于对到城市设计院工作的人员的通知（1954 年 10 月 18 日）[Z] . 建筑工程部档案，中央档案馆，档案号 255–3–252：18.

③ 中国城市规划设计研究院四十年（1954–1994）[R] . 北京，1994：4.

④ 该文件归在题为"城市设计院编制情况与现有干部配备的初步意见"的档案之下，其时间似乎为档案封面所载时间（即 1954 年 11 月 23 日），但从其文件标题中的"城市规划设计院"，以及有关内容（如"计划在建筑工程部城市建设局下设城市规划设计院""争取于一九五五年前半年正式成立"等）判断，该文件的起草时间应在城市设计院成立之前。

⑤ 城市设计院人事组 . 城市设计院编制情况与现有干部配备的初步意见（1954 年 11 月 23 日）[Z] . 建筑工程部档案，中央档案馆，档案号 255–3–245：4.

⑥ 同上 .

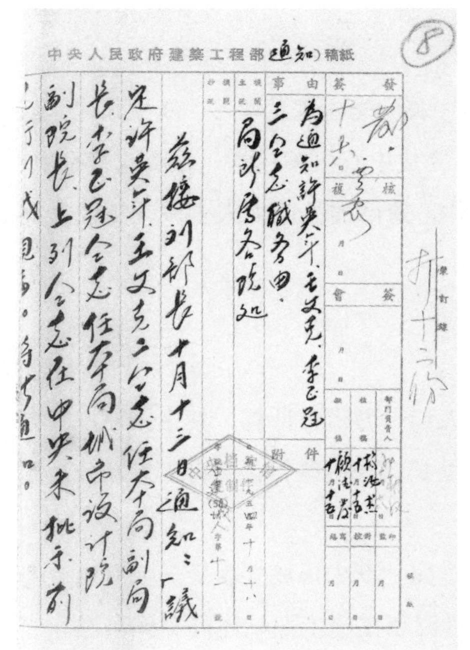

图 7-7　李正冠副院长任职通知

资料来源：建工部城建局．关于许英年、王文克、李正冠三同志职务给局属各院处的通知（1954 年 10 月 18 日）[Z]．建筑工程部档案，中央档案馆，档案号 255-3-252：17.

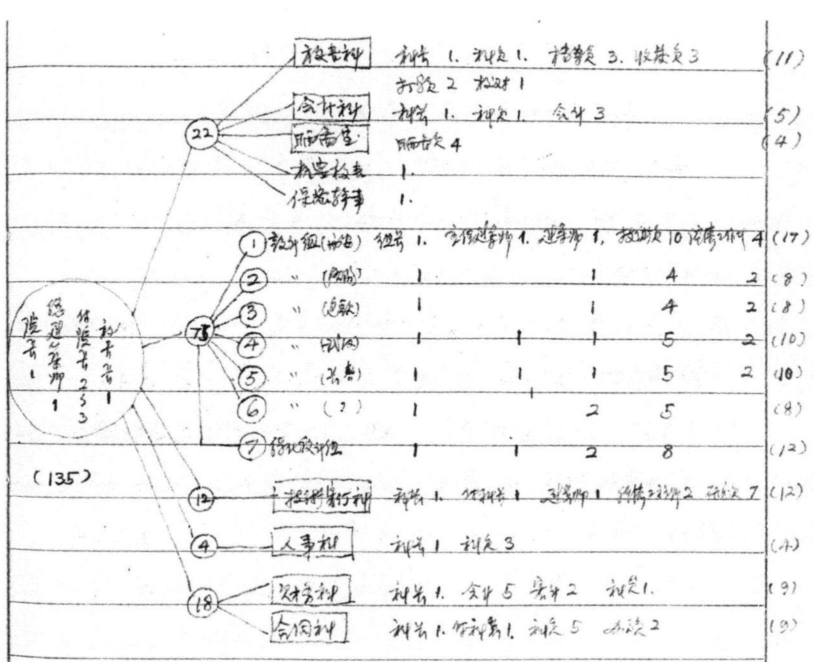

图 7-8　关于城市设计院机构设置的早期设想

资料来源：城市设计院人事组．城市设计院编制情况与现有干部配备的初步意见（1954 年 11 月 23 日）[Z]．建筑工程部档案，中央档案馆，档案号 255-3-245：4.

和保密干事各 1 人。业务部门主要针对各个重点工业城市，组织西安、洛阳、包头、武汉、长春等多个规划设计组，并单列 1 个绿化设计组；各组内配备组长、主任建筑师、建筑师、技术员和经济工种等。"以上机构编制共需干部 135 人。其中：地委级以上 5［人］，县委干部 12［人］，县级干部 3［人］，区委干部 13［人］，一般干部 15［人］，总建筑师 1［人］，主任工程师 4［人］，建筑师 10［人］，技术员 41［人］，经济工程师 2［人］，经济技术员（或研究员）19［人］，会计 10［人］。"①

《关于建立城市规划设计院机构的初步意见》对人员组织的考虑主要是："干部来源，除以现在城市建设局规划处人员为基础，并有局内适当调剂外，要求由建筑工程部设计总局筹调技术干部 50 人（必须是政治可靠、来历清楚），并可配为骨干等"，"此外，希望将清华大学建筑设计科今年寒假毕业生 79 人、苏南工专毕业生 57 人、重庆土建学院毕业生 92 人中，作为补充。"② 该意见中还着重强调："特别是建议将设计院建筑师戴念慈调任总建筑师"，"此外还须由人事部调地委以上的院长、副院长 2 ~ 3 人，秘书长 1

① 城市设计院人事组．城市设计院编制情况与现有干部配备的初步意见（1954 年 11 月 23 日）[Z]．建筑工程部档案，中央档案馆，档案号 255-3-245：4.

② 同上．

人，科长级干部 15 人。”[①] 戴念慈先生[②]是我国著名建筑学家，早年在中央大学建筑系学习，新中国成立后经梁思成先生推荐调京，担任中央直属机关修建办事处设计室主任，完成中直机关礼堂、香山双清别墅、中南海菊香书屋等工程设计任务，1953 年 5 月起到建工部设计院工作。遗憾的是此项人事调动提议最终未能实现。

7.4.2 批准成立时的“班底”

1954 年 10 月 18 日城市设计院批准成立时，建工部城建局将 43 人调入城市设计院，其中：原规划处 28 人，包括万列风科长、贺雨副科长；原资料处 14 人，包括史克宁处长、陈明科长；另有 1 人从公用建筑设计院调入（图 7–9）。

在这份名单中，可以看到程世抚先生[③]，程先生是我国著名园林学家，新中国成立后历任上海市政府工务局园林管理处处长、上海市建委委员兼规划处处长，1954 年 5 月调京在建工部城建局工作，在相当长的一段时间内，程先生是城市设计院唯一的一名“一级工程师”。另外，改革开放后中规院重新组建时的首任院长周干峙先生也在这份名单之中，周先生于 1951 年 12 月从清华大学建筑系毕业后，1952 年 8 月调入建工部工作，在城市设计院批准成立时他的职别为“五级技术员”。

图 7–9 中的这 43 人堪称城市设计院最早的“班底”，由此也可见城市设计院与城建局十分密切的“血缘”关系。也正是由于城建局与城市设计院这种特殊的“局院一家”关系，据老专家回忆，图 7–9 中的个别人员（如担任贾震副局长［后任城建部副部长］秘书的赵瑾先生等）实际上是以城建局人员身份参加城市设计院的一些具体工作。

城市设计院批准成立时的机构设置方案如图 7–10 所示。除职能部门外，就专业技术方面而言，在院领导下特别设置了“建筑艺术及技术委员会”（副院长兼总工程师主管），下设勘察测量处、规划处、工程处、建筑处、卫生技术处、标准设计处和预算及施工组织设计处等 7 个业务处室，另设 1 个附属工作室（负责晒图、描图、模型及摄影）及若干分院。按照这一设想，城市设计院的编制达 390 人左右。

7.4.3 人员和干部的进一步充实

城市设计院成立后，有关技术力量得到进一步加强。档案资料显示，到 1954 年 11 月时，城市设计院总人数已达到 190 余人，其中工程师 12 人、技术员 31 人、实习生 81 人、处长级干部 4 人、科长级干部

---

① 城市设计院人事组 . 城市设计院编制情况与现有干部配备的初步意见（1954 年 11 月 23 日）［Z］. 建筑工程部档案，中央档案馆，档案号 255–3–245：4.

② 戴念慈（1920–1991），1920 年 4 月 2 日生于江苏省无锡市，1942 年中央大学建筑系毕业获工学士学位后留校任教，1944 ~ 1948 年在重庆、上海兴业建筑师事务所任建筑师。改革开放后曾任城乡建设环境保护部副部长、中国建筑学会理事长等职，第四至六届全国人大代表，1990 年获建筑设计大师荣誉称号，1991 年当选中国科学院学部委员（院士）。

③ 程世抚（1907–1988），1907 年 7 月 12 日生于黑龙江，1929 年毕业于金陵大学园艺系，1932 年获美国康奈尔大学风景建筑及观赏园艺硕士学位后回国。曾任广西大学、浙江大学、福建农学院、金陵大学教授，1965 年任建筑工程部城市建设局副总工程师，1972 ~ 1979 年任国家建委建研院顾问、总工程师，1979 年任国家城市建设总局城市规划设计所顾问、总工程师。

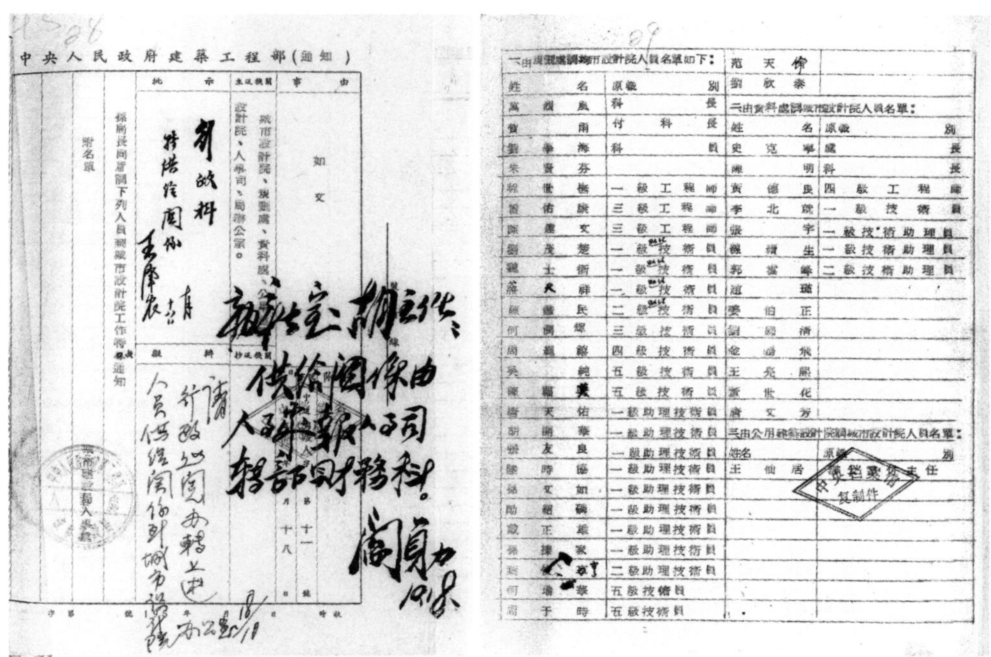

图 7-9　城市设计院批准成立时的 43 人调令及人员名单

注：1）规划处 28 人包括万烈［列］风（科长）、贺雨（副科长）、刘学海（科员）、朱贤芬、程世抚（一级工程师）、雷佑康（三级工程师）、陈达文（三级工程师）、刘茂楚（一级助理技术员）、魏士衡（一级助理技术员）、蒋天祥（一级助理技术员）、陈鉴民（二级助理技术员）、何润辉（三级技术员）、周绳禧（四级技术员）、吴纯（五级技术员）、陈福镁（五级技术员）、唐天佑（一级助理技术员）、胡开华（一级助理技术员）、张友良（一级助理技术员）、陆时协（一级助理技术员）、孙文如（一级助理技术员）、励绍磷（一级助理技术员）、戴正雄（一级助理技术员）、孙栋家（一级助理技术员）、叶俊亨（二级助理技术员）、何瑞华（五级技术员）、周干峙（五级技术员）、范天修、刘欣泰；

2）资料处 14 人包括史克宁（处长）、陈明（科长）、黄德良（四级工程师）、李北就（一级技术员）、张宇（一级技术助理员）、线续生（一级技术助理员）、郭云峰（二级技术助理员）、赵瑾、姜伯正、刘国清、金鹏飞、王亮熙、董世花、唐文芳；

3）公用建筑设计院的 1 人即王仙居。据老专家回忆核对，这里的“王仙居”与 1954 年 9 月城市设计院筹备处工作委员会中“王仙菊（华北直属设计公司办公室副主任）”为同一人，华北直属设计公司是公用建筑设计院的前身。

资料来源：建工部城建局人事处．关于对到城市设计院工作的人员的通知（1954 年 10 月 18 日）［Z］．建筑工程部档案，中央档案馆，档案号 255-3-252：18.

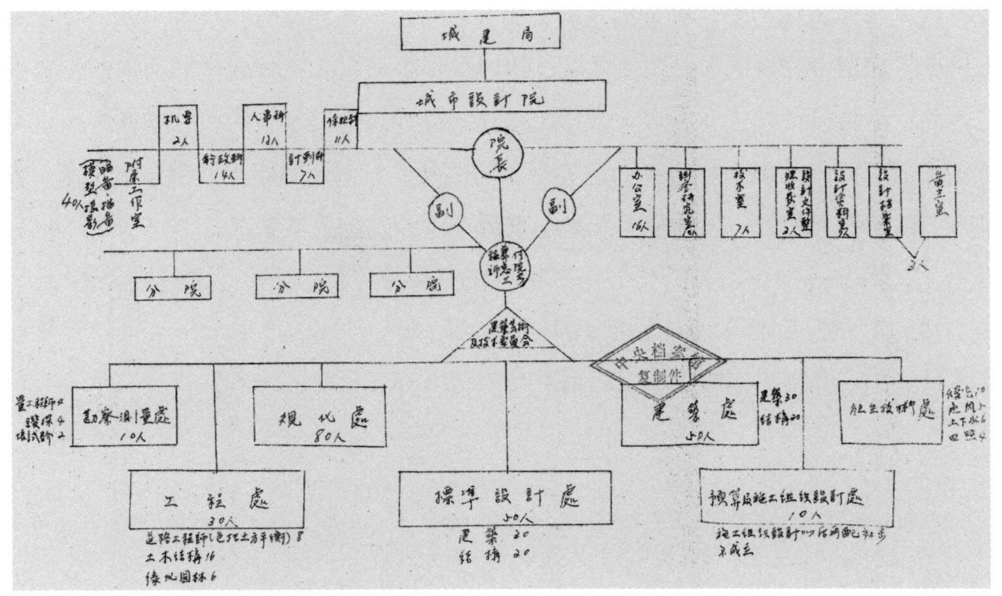

图 7-10　城市设计院批准成立时的机构设置方案

资料来源：城市设计院人事组．城市设计院编制情况与现有干部配备的初步意见（1954 年 11 月 23 日）［Z］．建筑工程部档案，中央档案馆，档案号 255-3-245：4.

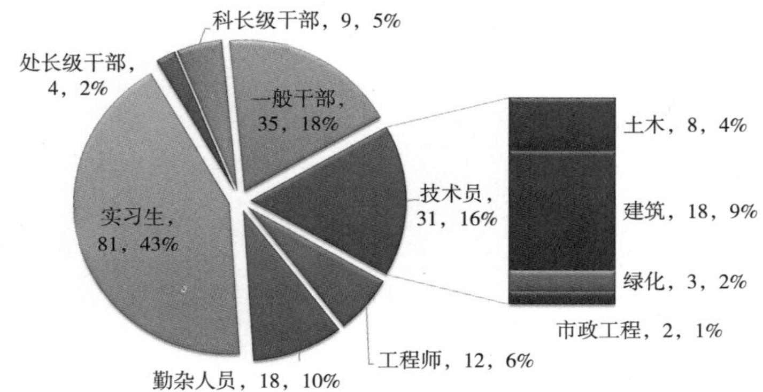

图 7-11　城市设计院的人员结构（1954 年 11 月）
注：根据档案整理，两位副院长未计算在内。资料来源：城市设计院人事组 . 城市设计院编制情况与现有干部配备的初步意见（1954 年 11 月 23 日）［Z］. 建筑工程部档案，中央档案馆，档案号 255-3-245：4.

9 人、一般干部 35 人、勤杂人员 18 人。[①] 这时的城市设计院，实习生和一般干部占较大比例，而工程师与技术员合计只有 43 人，占全院总人数的 1/5 左右，其中又以建筑和土木专业的工种为主导（图 7-11）。

就档案所提供的信息而言，这时城市设计院的组织机构，技术系列以规划处为主导，下设 4 个规划设计工作组，另有标准设计处、工程处、资料组及附属工作室（均为实习生）；行政系列则包括秘书科、人事科、计划科、行政科和保卫科共 5 个科室，具体的组织机构及主要人员情况见表 7-1。与城市设计院批准成立时的机构设置方案相比，规划处、工程处、标准设计处和附属工作室等均已实现，并根据工作需要增设了资料组，但勘察测量处、建筑处、卫生技术处、预算及施工组织设计处和地方分院等的有关设想未得到落实。

需要说明的是，表 7-1 中的组织机构及人员情况主要是一种设想方案或以反映其人事关系信息为主。据老专家回忆，这一组织机构方案实际上似乎并未正式执行。[②] 究其原因，一方面是当时重点城市规划的业务工作压力极大，城市设计院的人员组织实际上以服务于各城市具体规划任务为宗旨，且多有临时安排或变动；另一方面，城市设计院成立没多久就与民用建筑设计院进行了合并，以至该组织机构方案刚经提出即已需要重新考量。但就人员本身而言，据老专家回忆并核对中规院职工及院友名录[③]，表 7-1 中的名单绝大部分是与实际情况相符的，大体能够反映早期城市设计院的人员状况。[④]

另外，在上述档案文件中还附有一份各业务组的组长名单（表 7-2），它在一定程度上反映了城市设计院实际业务工作的组织领导情况。但据老专家回忆，“一五”时期的规划工作大多较为紧急，规划任务常常临时指定人员参加，规划工作的实际组织情况与表 7-2 存在一定的出入。

① 城市设计院人事组 . 城市设计院编制情况与现有干部配备的初步意见（1954 年 11 月 23 日）［Z］. 建筑工程部档案，中央档案馆，档案号 255-3-245：4.

② 譬如，据本表中列于“附属工作室”的常颖存先生回忆，他入院时（实习生身份）并没听说过“附属工作室”一说。

③ 中国城市规划设计研究院四十年（1954-1994）［R］. 北京，1994：193-199.

④ 据刘德涵先生回忆（2014 年 8 月 15 日与笔者的谈话），在 1954 年 11 月之前已经进入城市设计院，但表 7-1 中却未列出的人员主要有：车维元、陈慧君、黄世珂、张孝纪、徐美琪等。

城市设计院组织机构及主要人员（1954 年 11 月）　　表 7–1

系列		机构及负责人		主要成员
副院长：李正冠、史克宁	技术系列	规划处（副处长：万列风、贺雨）	总图设计组（组长：赵师愈）	唐天佑、黄世珂、张贤利、康树仁、王乃璋、郑续华、龚全涛、常启发、马熙成、夏宗玕
			第一组（组长：周干峙）	张恩源、李士达、蒋天祥、赵光谦、孙志聪、谢维荣、胡泰荣、郭耀铨
			第二组（组长：王良）	何瑞华、陆时协、张友良、胡开华、励绍磷、李金融、丁百齐、宁钟琳、黄克心、胡绍英
			第三组（组长：刘学海）	雷佑康、潘家镕、吴纯、张如梅、廖舜耕、谭华、陈慧君、潘志英
			第四组（组长：朱贤芬）	孙栋家、陈文治、魏士衡、栗清干、李玮然、吴明清、曹云森、李月顺、耕欣、刘正、刘欣泰、刘玉丽、沈远翔、余宗爱
		标准设计处（副处长：陈明；副组长：李北就）		陈福镁、周绳禧、何润辉、刘茂楚、石镜磷、黄德良、莫之、方仲沅、王留庆、刘德涵、黄采霞、张全生、谢正平、陈映龙、刘兰萌
副院长：李正冠、史克宁	技术系列	工程处（处长：程世抚，副处长：柴桐风）	第一组	谭璟、陈达文、李宝英、陈广涛、聂悦煤、王福庆、沈振智
			第二组	王学博、曹鸿儒、黄丕德、高益民、赵淑梅、刘荣多、赵永清
			第三组	戴正雄、黄智民、郑士彦、归善继、谢维荣
		资料组（副组长：赵瑾、范天修）		金鹏飞、王亮熙、曹润田、姜伯正、线续生、郭云峰、张宇
		附属工作室		李济宪、孙东生、郑嘉风、刘锡印、陶冬顺、刘国祥、徐华明、吴孔范、赵垂齐、迟文南、王申正、刘德纶、赵砚州、倪国元、郭增荣、杜振安、李择武、常颖存、丁永文、何其中、申文成、董绍统、孙希珍、赵德琼、朱浩全、崔保坤、施平浩、吕长清、姚焕华、何金根、蔡文台、任端阳、利存仁、黄介荣、赵凤翔、张文才、徐德荣、李德契
	行政系列	秘书科（副科长：王仙居）		董瑞华、方薇、王文池、石春茯、宋风湘
		人事科		李光路、丁俊山、李玉珍、王毓兰、刘颖、王景秀
		计划科（副科长：张国印）		陈良玉、龚如春
		行政科（副科长：张增富、刘兆泉）		陈子春、马维良、田增磷、刘港生、郑全喜、周文勋、白玉辉、凌盛兰、王淑贞、康文芬
		保卫科（科长：李英）		厉敏、周桂枝

注：根据档案整理。

资料来源：城市设计院人事组．城市设计院编制情况与现有干部配备的初步意见（1954 年 11 月 23 日）[Z]．建筑工程部档案，中央档案馆，档案号 255–3–245：4.

城市设计院业务组组长名单（1954 年 11 月）　　表 7–2

部别	职别	姓名	性别	专业	毕业学校	原单位	参加工作时间
第一组	组长	万列风	男	（非技术）	—	建工部城建局	1942 年
	副组长	周干峙	男	建筑	清华大学	建工部城建局	1952 年 8 月
第二组	副组长	何瑞华	女	建筑	清华大学	建工部城建局	1953 年
第三组	副组长	刘学海	男	（非技术）	—		1947 年
	副组长	朱贤芬	女	（非技术）	—		1946 年
第四组	组长	贺雨	男	历史	北京大学		1948 年
第五组	代理组长	马熙成	男	建筑	清华大学	清华大学	1954 年
第六组	副组长	吴纯	女	园林	清华大学	建工部城建局	1953 年 8 月
第七组	组长	王良	男				1939 年
	代理组长	蒋天祥	男	城市建设与经营	同济大学	建工部城建局	1953 年 8 月
工程组	组长	柴桐风	男	（非技术）	—		1939 年
标准设计组	副组长	陈福镁	男	城市建设与经营	同济大学	建工部城建局	1953 年 4 月

注：根据档案整理，其中专业和毕业学校两栏的部分信息等系咨询老专家予以补充。据万列风先生和刘学海先生回忆，他们参加工作的时间应为 1938 年和 1945 年。

资料来源：城市设计院人事组．城市设计院编制情况与现有干部配备的初步意见（1954 年 11 月 23 日）[Z]．建筑工程部档案，中央档案馆，档案号 255–3–245：4.

7.4.4 民用建筑设计院的并入与分出

1955 年 1 月，民用建筑设计院并入城市设计院，院的名称仍沿用城市设计院，院址迁至西直门内桦皮厂。在这一时期，城市设计院的院长为贾云标（城市建设总局规划设计局局长兼任），副院长包括花怡庚、李正冠、李阴篷、史克宁和陈立庭等共 5 位。① 这一时期的机构设置如图 7–12 所示。

从图 7–12 中可以看出，由于民用建筑设计院的并入，之前有关勘察测量、建筑设计、卫生技术、预算及施工组织设计等的设想已得以实现，并增设了研究室和技术室。职能部门方面，主要增加了监察室，办公室统管秘书、财务、总务、档案 4 个科，计划科则细分出计划、统计、业务、调度等 4 个组。在这一时期，城市设计院总人数达 620 多人，院的技术力量得到进一步充实和加强（表 7–3）。改革开放后中规院第二任院长邹德慈先生，就是在 1955 年暑期时和 14 名同班同学 ② 一起来京入院的，当时邹先生被分配到了预算及施工组织设计室。

1956 年 2 月，城市设计院又分为城市设计院和民用建筑设计院。民用建筑设计院分出后，鹿渠清被任命为城市设计院的院长，副院长包括史克宁、李蕴华和易锋等 ③，院址迁至阜外大街新楼。这一时期院的机构设置见图 7–13 所示，此时院的机构设置大致又回归到城市设计院筹备时以地区（重点城市）为主要原则组织规划技术力量的组织结构，院的编制调整为 400 人左右。④

在这一时期，城市设计院成立了以城市规划经济专家什基别里曼为组长的苏联专家组，成员包括建筑专家库维尔金、工程专家马霍夫和电力专家扎巴罗夫斯基等（之前城市设计院的苏联专家主要是巴拉金，于 1953 年 6 月来华，1956 年 6 月结束协议回苏）⑤；城市设计院的机构随之有所调整，为配合苏联专家工作需要而成立了专家工作科，为每位专家配备了专职翻译，编译了一些苏联专家讲稿和资料，并增设了经济室（图 7–14）、区域规划室和工程室。⑥ 此后数年间，城市设计院的人员情况保持了相对的稳定。

7.4.5 早期的业务工作

国家计委关于成立城市规划设计院的建议通知中明确“城市规划设计院的任务是专门配合工业企业的建设作重点城市的规划。”⑦ 1954 年 6 月全国第一次城市建设会议明确“‘城市设计院’，其任务：（1）规

---

① 李正冠副院长改调民用建筑设计院任领导职务。

② 高星鸿、胡康珠、黄养明、孔繁德、李锡然、陆寿元、钱林发、屈福森、孙承元、王世豪、魏祖基、夏宁初、张绍梁、张惕平，均为同济大学 1955 届城市建设与经营专业毕业生。参见：同济大学建筑与城市规划学院本科生名录（1953 届）［ E/OL ］. 同济大学建筑与城市规划学院本科生网。http：//student.tongji–caup.org/news/detail/827

③ 据万列风先生回忆（2015 年 11 月 26 日与笔者谈话），1950 年代末时城市设计院还有另一位副院长王峰（仍健在，已 90 多岁），但其任职时间不详。

④ 城市设计院 . 城市设计院任务机构及编制的初步意见（1955 年 12 月 13 日）［ Z ］. 城市建设部档案，中央档案馆，档案号 259–1–65：7.

⑤ 对建国初期城市规划工作有重要贡献的苏联专家穆欣，其在华工作时间为 1952 年 4 月至 1953 年 6 月（先在中财委工作，1952 年 12 月转聘至建筑工程部），城市设计院筹备成立时已结束协议回苏。资料来源：苏联专家来华登记表［ Z ］. 建筑工程部档案，中央档案馆，档案号 255–9–178：1.

⑥ 中国城市规划设计研究院四十年（1954–1994）［ R ］. 北京，1994.

⑦ 国家计委办公厅 . 关于如何建立规划设计院、上下水道设计院等问题给城建局的通知（［ 54 ］计基城王字第廿三号）［ Z ］. 城市建设部档案，中央档案馆，档案号 259–1–1：20.

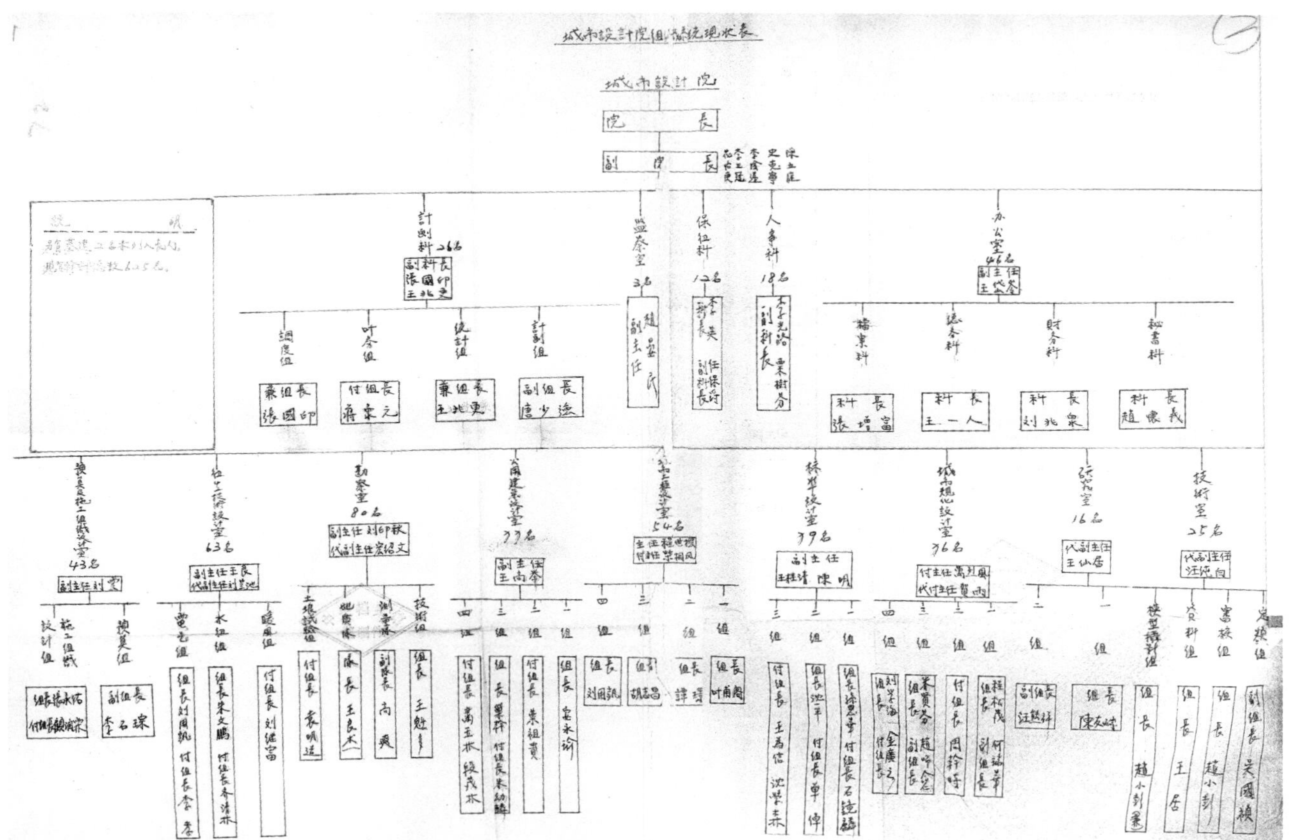

图 7-12　城市设计院组织系统现状表（1955 年）

资料来源：城市设计院．城市设计院组织系统现状表（1955 年）[Z]．城市建设部档案，中央档案馆，档案号 259-1-65：1.

城市设计院人员基本情况统计表（1955 年 5 月）　　表 7-3

项目		行政人员	工程技术人员							其他人员	勤杂人员	合计
			工程师	技师	技术员	助理技术员	实习生	练习生	小计			
文化程度	大学	9	49		42	30	9		130	1		140
	专科		5		8	7	32		52			52
	中等技术学校	33	1		10		71		82			82
	高中	72	7		14	39		3	63	3		99
	初中	28		3	17	44		4	68	4	3	147
	小学			3	11	8		3	25	2	60	115
	文盲									1	2	3
技术工龄	15 年以上		27	2	5				34			34
	11–15 年		18	2	13				33			33
	6–10 年		14	1	33				48			48
	3–5 年		3	1	35				62			62
	3 年以下				16	23	112		243			243
总计		142	62	6	102	128	112	10	420	11	65	638

注：根据档案整理。

资料来源：城市设计院．城市建设总局城市设计院工作人员基本情况统计表（1955 年 5 月 19 日）[Z]．城市建设部档案，中央档案馆，档案号 259-1-65：3.

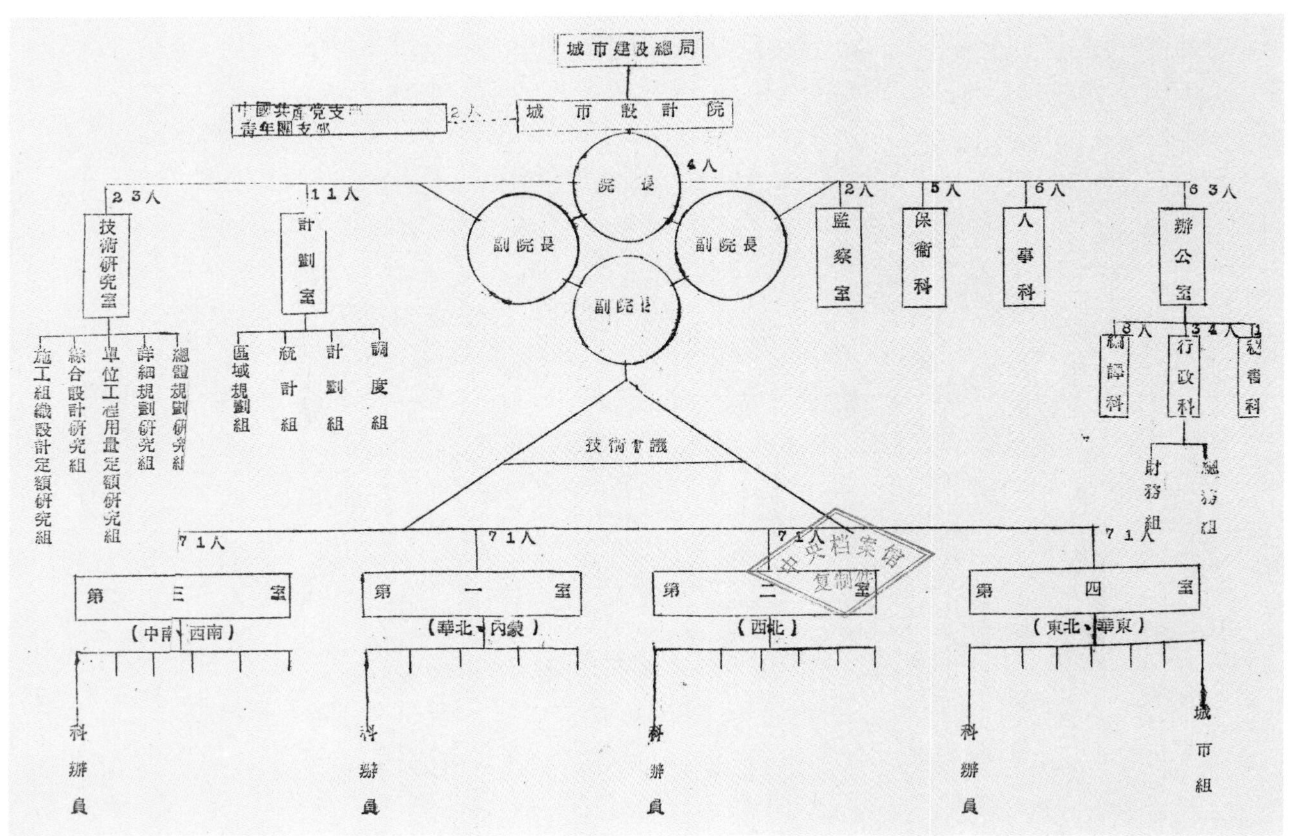

图 7–13　城市设计院组织机构方案（1955 年 12 月）

资料来源：城市设计院．城市设计院任务机构及编制的初步意见（1955 年 12 月 13 日）[Z]．城市建设部档案，中央档案馆，档案号 259-1-65：7.

划城市；（2）重大建筑师［物］的设计；（3）标准设计。”[①]《关于建立城市规划设计院机构的初步意见》中提出：“该院的建立，估计须有一年或更长时间的过渡过程。在这个期间，准备先以包头、太原、石家庄、哈尔滨、吉林、鞍山、本溪、抚顺、富拉尔基、长春、西安、洛阳、武汉、大冶、株州［洲］、成都等十六个城市为对象。当前由于力量不足，选择包头、洛阳、武汉、长春[②]四个城市为工作的第一步，对以上城市根据主观力量和工作需要作适当配合”，“由于工作基础、主观力量和工作需要的不同，规划设计工作的程度目前仅限于总平面布置，详细规划与最近期建设计划尚须在一些城市取得经验后再全面开展。”[③]

城市设计院成立后，1955 年 5 月《关于城市设计院的任务、机构及编制问题的初步意见》中提出院的任务主要是 3 个方面：“（一）承担重点城市的规划设计，包括总体规划及详细规划；这是城市设计院经常的、首要的中心任务。为了确切地组织这一任务的实现，必须同时进行下列工作：1. 与城市建设有关的工程规划、某些重要工程项目的设计及重点工业区的厂外工程综合设计；2. 重要的民用建筑设计，并争

① 中央建筑工程部城市建设总局组织机构表及说明（第一次全国城市建设会议文件［附件一］）［Z］. 建筑工程部档案，中央档案馆，档案号 255-3-1：10.

② 据老专家回忆，城市设计院成立早期并未参与长春市的规划工作。

③ 城市设计院人事组 . 城市设计院编制情况与现有干部配备的初步意见（1954 年 11 月 23 日）［Z］. 建筑工程部档案，中央档案馆，档案号 255-3-245：4.

图 7–14　城市设计院经济室成立时的留影（1956 年）

注：据邹德慈先生回忆，经济室成员以同济大学 1955 届和 1956 届城市建设与经营专业毕业生为主体，当时他也在经济室（但未在本照片中）。本照片中还有苏联经济专家什基别里曼及翻译。

第 1 排左起：朱红春（左 1）、吴今露（左 2）、吴翼娟（左 3）、胡康珠（左 4）、王华曜（左 5）、钱丽娴（右 2）、陶家旺（右 1）。

第 2 排左起：夏宁初（左 1）、范天修（左 2）、刘达容（左 3）、什基别里曼（左 4）、贺雨（左 5）、张达初（左 6）、嵇侠云（右 2）、钱林发（右 1）。

后排：姜伯正（左 1）、张绍梁（左 2）、顾立三（左 3）、孙承元（左 4）、王进益（左 5）、郭振业（右 4）、高星鸿（右 3）、李行修（右 2）、赵瑾（右 1）。

资料来源：夏宁初提供。

取成区成片地进行修建设计；3. 大规模修建的住宅及与住宅密切相联的公共建筑（如托儿所、幼儿园、学校、食堂等等）的标准设计；4. 贯彻国家关于城市建设的各项定额及经济指标，进行有关工程造价及城市总造价的概算和预算，严防浪费，厉行节约；5. 为贯彻并监督总图的实现，参加与进行施工组织设计工作。（二）与各省市，首先是正在进行重要工业建设的省市的规划设计机构，建立必要的联系，交换资料，交流经验，努力在全国范围内，从业务上、技术上树立示范和指导作用。（三）在实际工作中，锻炼一批有一套比较完整经验的进行城市规划设计的领导骨干及各有关专门人才，以适应日益发展的国家建设的需要。”①

据不完全统计，自 1954 年 10 月成立至 1957 年“一五”计划结束时，城市设计院参与完成的规划任务主要包括如下几个方面：西安、洛阳、太原、武汉、包头、成都、大同、湛江、株洲、宝鸡、咸阳、德

① 城市设计院 . 关于城市设计院的任务、机构及编制问题的初步意见（1955 年 5 月）[Z] . 城市建设部档案，中央档案馆，档案号 259–1–65：8.

图 7-15 “一五”时期规划工作者工作场景（1956 年）

注：侯马规划工作组在城市设计院阜外大街办公室讨论规划方案。前排左起：王有智（左 1）、刘德涵（右 2）、黄彩霞（右 1）。

后排左起：廖可琴（左 1）、李富民（左 2）、张全生（左 3）、夏宗玕（左 4，组长）、李桓（右 1）。

资料来源：刘德涵提供。

阳、绵阳、金堂、湘潭、呼和浩特、富拉尔基、无锡、昆明、贵阳、乌鲁木齐、西宁、秦皇岛、平顶山等城市的初步规划，侯马、武功、酒泉、张掖、北戴河等的规划设计；洛阳、武昌、湛江、呼和浩特、咸阳等地的详细规划、施工组织设计或近期建设规划；兰州、包头、成都等城市的管线综合，宝鸡防洪工程等市政规划；河北、甘肃、青海、湖北、陕西、四川、大同、贵阳、侯马等地区的联合选厂，昆明、包头等地区的区域规划；参与新中国第一个《1956 年 ~ 1967 年科学技术发展远景规划纲要》中“城市规划、城市建设和建筑创作问题的综合研究”课题研究及《新工业城市规划定额》《城市规划编制暂行办法》等法规文件的起草[①]（图 7-15）。

根据《城市设计院第一个五年计划工作总结提纲》(以下简称《城院“一五”总结》)，按照“重点建设、稳步推进”的城市建设方针，城市设计院主要是配合重点工业城市进行规划，而当时重点城市多数是在内地、资料不全，工业项目也相对集中，因此形成以大城市、新建或扩建城市、工业城市主导的业务格局，后来配合“一五”计划的补充工业项目及“二五”计划，开始进行若干中小城市的规划。因此，“城市规划［工作］在全国不是普遍开花，而是解决部分城市的需要，并从中吸取经验。”[②] 从运作模式来看，由于机构和力量的限制，在“一五”计划中第一批规划的城市，大都采取“省市出头、中央派工作组协助”的方式，“这个工作方式一方面适应了当时的机构和力量，另一方面也适应了规划工作必需［须］由地方掌握的特点”；第二批城市的规划曾有一部分采取承包设计的方式，“省市定规划基本原则、城市设计院收集资料做设计”，“甲乙方关系”，“但实际工作过程中，具体问题的解决仍是省市作［做］主的。”[③] 与此同时，“在城市设计院内部试行了一些单项设计单位的制度。在院的工作方法摸索过程中，提出了如何适应规划

① 中国城市规划设计研究院四十年（1954-1994）[R]. 北京，1994.

② 城市设计院第一个五年计划工作总结提纲（第一次稿）[Z]. 中央档案馆档案，档案号 259-3-17：7.

③ 同上 .

图 7–16　规划工作人员正在研究规划方案模型（1958 年）
注：左 2（正在举手讲话者）为王文克（时任建筑工程部城市规划局局长），左 3 为史克宁（城市设计院副院长），左 5 为鹿渠清（身体前倾者，城市设计院院长）。正在讨论天安门广场改建规划的场景。王文克收藏。
资料来源：王大矞（王文克女儿）提供。

工作的地方性和综合性问题。”[①]《城院“一五”总结》“对今后工作的建议”中提出“城市设计院今后的方针任务，以研究指导为主，协助地方进行规划工作。”[②]

正如《城院“一五”总结》所指出的，城市设计院的业务工作是在“遗产不多、白手起家”的情况下，“从无到有、从小到大”逐步发展起来的。在城市设计院成立的早期，“参与规划工作的是以建筑工种为主，随着工作中问题的发生，配备了各工程工种，随后再建立了经济工种。”[③]到“一五”计划末期，大体具备了必需的若干基本工种。由于各工种的建立和各工种对规划业务的逐渐熟悉，规划质量有了提高[④]（图 7–16）。

7.5　城市规划技术力量状况

7.5.1　成立中央“城市设计院”的重大意义

综上，城市设计院是在国家对城市规划工作非常重视、规划任务压力极大的情况下，国家计委和建筑工程部等城市规划主管部门为应对规划设计力量薄弱且不平衡、不统一的被动局面，配套服务于重点

---

① 城市设计院第一个五年计划工作总结提纲（第一次稿）[Z]. 中央档案馆档案，档案号 259-3-17：7.
② 同上.
③ 同上.
④ 同上.

工业城市建设，并借鉴苏联经验而成立的。简言之，城市设计院的成立出于国家战略的需要，是自上而下的推进过程。

以上对城市设计院成立过程的回顾，对于中规院的深入认识显然具有重要意义[①]，对于当前推进的事业单位改革也有一定的启发价值。[②]不仅如此，作为新中国城市规划发展过程中的“大事件”之一，值得进一步思考的问题是：究竟为什么会成立城市设计院？这一事件的发生对于新中国规划史而言有何意义？

上文就城市设计院成立背景的讨论，已经表明了其成立的主要诱因，然而，这还只能算是表层原因而已。应该讲，城市设计院的成立，并没有从数量上改变全国规划设计技术力量的“总和”状况，但通过这一“国家院”的成立，却极大改变了中央政府层面对规划设计技术力量的直接动员力度及组织调控能力，是“国家意志”主导下对全国规划设计人力资源的一种重组和再分配。而城市规划工作本身，也正是“国民经济计划的继续和具体化”。从这个角度不难理解，对城市设计院的成立起着决定性作用的，无疑主要是高度集中的计划经济体制和“一边倒”的苏联模式；而高度集中的计划经济体制，在很大程度上也是借鉴苏联的经验。这样，成立城市设计院的深层原因，也就集中到苏联模式这一条主线上。城市设计院的成立，是苏联模式深刻影响新中国城市规划发展的例证之一。

正是由于城市设计院的成立，建国初期新工业城市的规划设计工作得以迅速推进，到 1957 年国家共批准 15 个重点工业城市的总体规划和部分详细规划[③]，这些规划成为指导各地城市建设的重要文件，起到了对工业化建设的重要配合作用，它们虽然并非全部由城市设计院完成，但城市设计院无疑发挥了重要的骨干作用。由此可见，城市设计院的成立，标志着国家层面的城市规划设计工作开始从分散、被动状态，逐步转向有计划和主动性的统一秩序（图 7-17）。

建国初期承担过大量翻译任务的杨永生先生回忆起他所接触到的苏联专家，曾经评价克拉夫秋克“总是很慎重，遇到重要问题，他总说，一时难以回答，请允许我研究后再说”[④]，而本章所述及克拉夫秋

---

① 经过 60 年的发展，今日之中规院与早期的城市设计院已有很大的不同，特别是在城市规划服务市场化的条件下，中规院的规划业务中服务于地方需要的工作内容逐渐占据了相当大的比重。从这一认识出发，当前正在推进的事业单位改革工作，一方面要充分认识到“地方”和“市场”的需要在中规院改革发展中所处的重要角色，并积极谋划与之相适应的体制机制环境；另一方面，也要加大服务于国家战略需要的工作力度，如涉及新型城镇化战略和社会公共利益等重大议题的城乡规划基础科学和战略问题研究，承担跨省区城镇密集地区规划、国务院审批城市总体规划及贫困、受灾等特殊地区的指令性规划编制任务，这既是早期城市设计院的历史传统所在，也是中规院所特有的核心竞争力的重要方面。

② 正如上文所述，成立城市设计院的一个重要初衷正在于改变国家城市规划主管部门“既管行政领导、又搞设计工作”，集“球员”“裁判”等角色于一体的状况，“走向企业化（经济核算制）的正规”（参见：中央建筑工程部城市建设局 . 一九五三年工作总结（1954 年 2 月 26 日）[Z]. 建筑工程部档案，中央档案馆，档案号 255-2-93：11.）。考察同一时期苏联科研和设计机构的运行体制，建立科研合同制和经济核算制等也是其“企业化”改革的主线之一，如 1961 年苏联部长会议颁布《关于部属科研和设计机构实行经济核算的决议》，1963 年苏联国家科委、计委和科学院等提出《确定科研工作的经济效率的基本方法原则》，1967 年苏联部长会议批准《关于改变科研工作消耗费用计划的程序和扩大科研机构领导人权力的决议》，1970 年又颁布《科研、设计和工艺机构工作条例》(参见：蔡汝魁 . 苏联的科研合同制 [J]. 科学管理研究，1984（5）：18-22）。由于 1960 年代中苏关系的恶化，我国对苏联设计体制的进一步交流无从谈起，但苏联设计体制的改革实践则表明，具有计划经济特征的“事业单位”体制，与进行独立核算、追求经济效益的“现代企业”体制，似乎又是并行不悖的，关键则在于适应规划业务需求的体制机制的建立与完善。在处理“事业”和“企业”关系的问题上，这或许具有一定启发意义。

③《当代中国》丛书编辑部 . 当代中国的城市建设 [M]. 北京：中国社会科学出版社，1990：49-50.

④ 杨永生 . 我眼中的苏联专家 [M]. 杨永生口述，李鸽，王莉慧整理 . 缅述 . 北京：中国建筑工业出版社，2012：74-76.

图 7–17 中央城市设计院先进生产工作者合影（1956 年 5 月）
前排：李蕴华（左 4）、鹿渠清（左 5）、高峰（左 6）、史克宁（左 7）、陶振铭（左 8）、赵师愈（右 2）、王凡（右 1）；第二排：郭亮（左 2）、谭璟（左 4）、张贺（左 11）；后排：归善继（左 2）、董兴茂（左 4）、柴桐风（左 5）、张国印（左 7）。中规院离退休办提供。转引自：经天纬地，图画江山——中国城市规划设计研究院六十周年（1954-2014）[R]. 北京，2014：14.

克的谈话内容，竟是那样的急切，那样的不厌其烦，甚至还到了“采取革命的手段”的地步。这足以表明，在苏联专家看来，国家规划设计机构的建立对于城市规划工作而言是何等的重要。城市设计院的成立这一大事件，与国家城市规划主管部门的建立、地方城市规划建设管理机构的建立①，以及城市规划学科专业的建立等一样，都是新中国城市规划“初创”的重要内容，堪称新中国城市规划发展的一个重要里程碑。

① 1953 年 10 月，国家计委向中共中央建议在同时有 3 个及以上新厂建设的城市中组织城市规划与工业建设委员会，11 月中共中央批准该建议，此后北京、西安、兰州、包头、太原、郑州、武汉、成都等城市都成立了城市规划与工业建设委员会。

7.5.2 城市规划技术力量状况之管窥

城市设计院的成立过程表明，正是在全国各地区的大力支援下，才汇集到一批相关技术力量，从而建立起新中国的国家级规划设计院。城市设计院成立后，有关技术力量获得进一步的增长，就现实情况而言，却依旧是日益增长的规划力量跟不上日益增长的规划任务的需要。

1955 年 2 月，史克宁副院长在建工部设计及施工工作会议的发言中指出："城市规划不能满足设计要求。城市建设设计力量虽然发展很快，但城市规划工作仍不能满足修建设计的需要。无论是从选厂到拨地，由建筑设计到工程配合，由初步设计到技术设计等，一直都很紧张"，"技术力量薄弱。现有人员根据需要还相差三、四倍。"[①] 据《城院"一五"总结》，到"一五"末期，城市设计院"总的情况仍是经验不多、技术不高、分布不均、赶不上工作任务的需要。"[②] 由此，反映出建国初期我国城市规划技术力量状况极为薄弱的一个基本事实。在对建国初期城市规划工作特点的认识上，对此应予充分的关注。就城市规划工作的成绩、问题等"实效性"评价而言，这也是不能对其过分苛求的重要客观因素所在。

进一步讨论，就早期极为薄弱的规划设计技术力量而言，刚从学校毕业的实习生又占了相当大的比例。1954 年 11 月的统计数字表明，实习生占城市设计院总人数（含各类干部、勤杂人员在内）的比重高达 43%；在 22% 的工程师和技术员中，也有相当一部分人员是刚脱离实习生身份。再就城市设计院批准成立时的 43 人"班底"而论，在原城建局规划处的 28 人中，仅属于同济大学 1953 届毕业生的就有戴正雄、蒋天祥、孙栋家、徐文如、张友良、胡开华、叶俊亨、厉绍麟、刘茂楚、唐天佑等 10 余人之多。[③] 借用史克宁副院长的话："干部情况基本上是转业干部加大学生。技术最高的是四级技术员。用离开学校还不到两年的这些学生来担任综合艺术布局的城市规划工作，确实是有困难的。"[④]（图 7–18）《城院"一五"总结》指出："由于缺乏知识、缺乏经验，而工业建设刻不容缓，参加工作的大学生、老干部和工程师就必需［须］由一点不懂或懂的［得］不多就开始工作，一边建设、一边学习，向苏联专家学习，整个工作过程就是学习过程。"[⑤] 可见，建国初期的城市规划技术力量具有鲜明的"学习型特征"。

另外，早期城市设计院有关技术人员的学科专业背景，对于认识建国初期城市规划技术工作特点也有重要价值。1954 年 11 月时，在城市设计院的 31 名技术员中，建筑专业共 18 名，占 58.1%；12 名工程师中，建筑专业共 7 名，占 58.3%[⑥]；另就各规划业务组组长的信息（表 7–2）而言，也反映出建筑专业占主

---

① 建筑工程部设计及施工工作会议秘书处 . 城市建设局城市设计院史克宁副院长汇报纪要［Z］. 建筑工程部档案，中央档案馆，档案号 255-4-54：7.

② 城市设计院第一个五年计划工作总结提纲（第一次稿）[Z]. 中央档案馆档案，档案号 259-3-17：7.

③ 同济大学建筑与城市规划学院本科生名录（1953 届）［E/OL］. 同济大学建筑与城市规划学院本科生网。http：//student.tongji-caup.org/news/detail/827

④ 建筑工程部设计及施工工作会议秘书处 . 城市建设局城市设计院史克宁副院长汇报纪要［Z］. 建筑工程部档案，中央档案馆，档案号 255-4-54：7.

⑤ 城市设计院第一个五年计划工作总结提纲（第一次稿）[Z]. 中央档案馆档案，档案号 259-3-17：7.

⑥ 城市设计院人事组 . 城市设计院编制情况与现有干部配备的初步意见（1954 年 11 月 23 日）［Z］. 建筑工程部档案，中央档案馆，档案号 255-3-245：4.

图 7-18　中央城市设计院部分职工在阜外大街院办公楼后院合影
前排：徐国伟（右 4）；第二排：张祖刚（左 1）、张作琴（左 2）、李蕴华（左 5）、万列风（左 6）、姚鸿达（左 7）；第三排：张惕平（左 2）、廖可芹（左 3）、王有智（左 5）；后排：陶冬顺（左 4）、张友良（左 5）、刘德涵（左 6）。张友良提供。
资料来源：中规院离退休办。

导的特点。这表明，新中国成立初期的城市规划技术工作，主要是一种以建筑专业的知识体系来支撑的智力结构。换言之，新中国的城市规划活动，与城市规划的学科发展及历史研究活动①等一样，都是脱胎于建筑学的母体。这样的一种知识体系特征，对城市规划职业技术活动的思想认知、理论方法乃至规划工作的价值论，必然有着潜移默化的内在影响。它一方面很好适应了新中国成立初期偏重于物质空间规划的规划工作属性，有利于发挥其对大规模物质环境建设的规范作用，同时也必然决定了其固有的局限性：作为"工程技术的规划"，绝不可能像我们今天所讨论的"公共政策的规划"那样发挥对社会经济发展的综合调控作用。这一点，恐怕也是周干峙先生所言"对规划的科学性认识不足"的应有之义。而今已升格为国家一级学科的城乡规划学，则已经远远跨出了原来的建筑学的学科范围。②进一步认识不同时期规划技术工作者知识体系构成及发展演化，解析其与城市规划技术活动的响应关系，对于新中国规划史及学科发展研究均有积极意义。

---

① 张兵．我国近现代城市规划史研究的方向［M］．城市与区域规划研究，北京：商务印书馆，2013（1）：1-12.
② 赵万民等．关于"城乡规划学"作为一级学科建设的学术思考［J］．城市规划，2010（6）：46-54.

7.6 全国及八大重点城市的规划技术力量之概貌

上文对于“一五”时期城市规划技术力量状况的讨论，主要是以中央“城市设计院”的成立为讨论中心。由于相关史料搜集上的困难，很难对全国及八大重点城市的城市规划技术力量状况作详细的统计分析。然而，现存于中央档案馆的一份题为《全国城市建设基本情况资料汇集》的档案资料，却有助于我们对全国及八大重点城市的相关情况产生一些概要的印象。

这份《全国城市建设基本情况资料汇集》(简称《汇集》)，由城市建设部办公厅于 1956 年 11 月 6 日整理印制（图 7–19）。同年 12 月 14 日，城建部办公厅以通知方式将该《汇集》下发给部属各司局，通知中有如下说明：“全国城市建设几个主要方面的基本情况，各局和教育司进行了初步整理，现汇集成册，印发给你们，供参考”，“表中所列某些数字，还不够确切，起止日期也不一致。”[①] 可见，该《汇集》有关信息并不完全准确，尽管如此，这份档案文件的重要价值仍然是毋庸置疑的。

《汇集》的内容主要包括 7 个部分：城市规划基本情况统计；各省市自治区及部直属勘测机构基本情况统计；一九五六年度各省、市、自治区及部直属院（室）设计力量、任务情况统计；地方国营建筑企业基本情况统计；各省、市、自治区市政工程施工力量统计；城市公用事业基建投资、设备情况历年资料统计；城市建设中等技术学校基本情况统计。其中，第一部分“城市规划基本情况统计”又具体包括“城市规划工作进度”“全国各省市规划力量统计”和“几个主要城市发展远景的基本指标”等 12 个方面内容。关于“全国各省市规划力量统计”的信息，如表 7–4 所示。

在表 7–4 的统计中，个别城市的情况较为特殊。以兰州市为例，该市城市建设委员会于 1956 年 2 月合并至甘肃省城市建设局[②]，因此从表中来看，兰州市的技术力量是十分薄弱的，实际情况则应考虑到甘肃省城市建设局的有关情况。另外，还有个别较为重要的规划机构未被列入，如据郭增荣先生回忆，四川地区即有四川省城市规划设计院，该院 1955 年边筹建边配合中央部委在四川地区的选厂工作及成都市的规划工作，1956 年正式成立，1961 年中央城市设计院曾集体下放 60 余人到该院工作。[③]

从表 7–4 的统计情况来看，在“一五”时期，我国的城市规划专业技术人员，主要集中在中央“城市设计院”以及北京、上海、哈尔滨、广州等部分大城市，八大重点城市的规划技术力量处于次之的第二梯队。在八大重点城市中：武汉、西安和太原等 3 个城市的规划人员总数量和高层次技术力量（工程师）最为突出；考虑到部分规划人员在省级规划机构任职等原因，兰州和成都的技术力量也是相对较强的；包头、大同和洛阳的规划技术力量则是相对较弱的。

---

① 城建部办公厅 . 给各局、司负责同志送去全国城市建设基本情况资料汇集的函（1956 年 12 月 14 日）[Z] . 城市建设部档案 . 中央档案馆，档案号 259–2–34：1.

② 同年 7 月，甘肃省和兰州市的规划机构又分开。关于西安、兰州两市规划与建设情况的资料汇报提纲（1956 年 8 月 15 日）[Z] // 1953 ~ 1956 年西安市城市规划总结及专家建议汇集 . 中国城市规划设计研究院档案室，案卷号：0946：129.

③ 郭增荣先生 2015 年 10 月 6 日对本书初稿的书面意见。

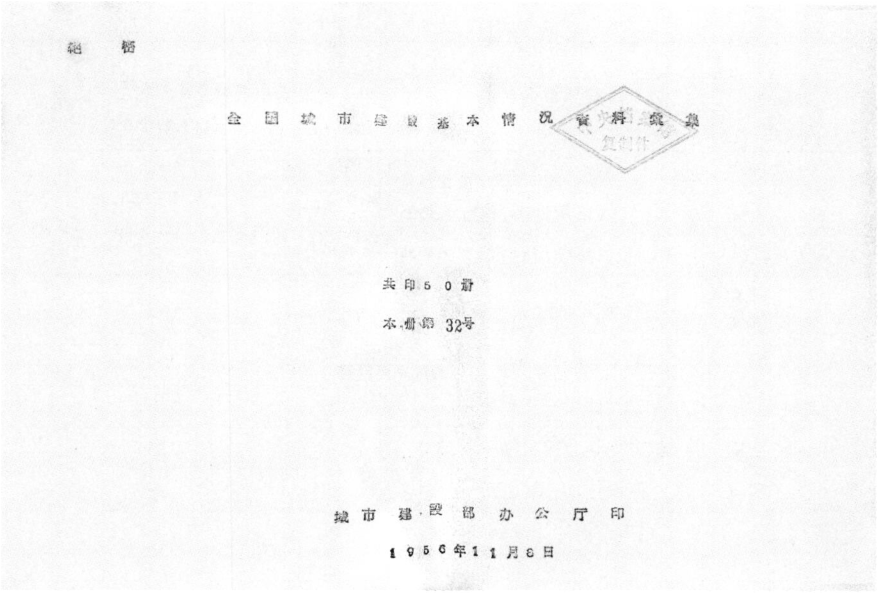

全国城市建设基本情况资料汇集

共印50册

本册第32号

城市建设部办公厅印

1956年11月8日

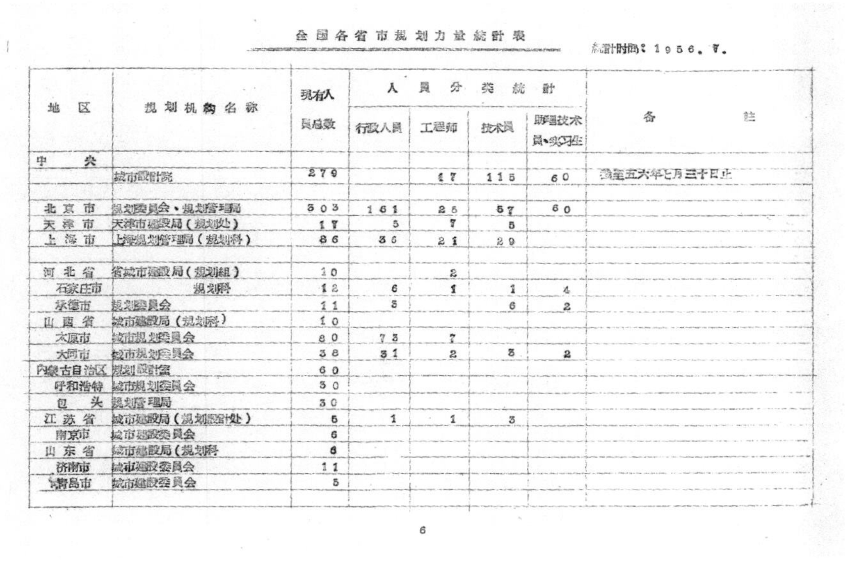

全国各省市规划力量統計表

統計时間：1956.Ⅶ.

地区	规划机构名称	現有人員总数	人員分类統計				备註
			行政人員	工程师	技术員	助理技术員、实习生	
中央							
	城市設計院	279		17	115	60	截至五六年七月三十日止
北京市	规划委員会、规划管理局	303	161	25	57	60	
天津市	天津市建設局（规划处）	17	5	7	5		
上海市	上海规划管理局（规划科）	86	36	21	29		
河北省	省城市建設局（规划組）	10		2			
石家庄市	规划科	12	6	1	1	4	
承德市	规划委員会	11	3		6	2	
山西省	城市建設局（规划科）	10					
太原市	城市规划委員会	80	73	7			
大同市	城市规划委員会	38	31	2	3	2	
内蒙古自治区	规划設計室	60					
呼和浩特	城市规划委員会	30					
包头	规划管理局	30					
江苏省	城市建設局（规划設計处）	5	1	1	3		
南京市	城市建設委員会	6					
山东省	城市建設局（规划科）	6					
济南市	城市建設委員会	11					
青島市	城市建設委員会	5					

6

图 7-19 《全国城市建设基本情况资料汇集》档案

注：上图为《汇集》封面，下图为其中的“全国各省市规划力量统计”首页。

资料来源：城建部办公厅．给各局、司负责同志送去全国城市建设基本情况资料汇集的函（1956年12月14日）[Z]．城市建设部档案．中央档案馆，档案号259-2-34：1．

全国各地区及部分城市的城市规划力量统计表（1956年7月）　　表 7-4

地区	规划机构名称	现有人员总数	人员分类统计				备注
			行政人员	工程师	技术员	助理技术员、实习生	
中央	城市设计院	279	—	17	115	60	截至1956年7月30日
北京市	规划委员会、规划管理局	303	161	25	57	60	
天津市	天津市建设局（规划处）	17	5	7	5	—	
上海市	上海规划管理局（规划科）	86	36	21	29	—	
山西省	城市建设局（规划科）	10	—	—	—	—	

续表

地区		规划机构名称	现有人员总数	人员分类统计				备注
				行政人员	工程师	技术员	助理技术员、实习生	
	太原	城市规划委员会	80	73	7	—	—	
	大同	城市规划委员会	38	31	2	3	2	
内蒙古自治区		规划设计室	60	—	—	—	—	
	呼和浩特	城市规划委员会	30	—	—	—	—	
	包头	规划管理局	30	—	—	—	—	
陕西省		城建局（规划处）	14	4		5	5	
	西安	城市规划与建筑事务管理局	66	35	4	22	5	
	宝鸡	城建局（规划组）	3	—	—	3	—	
甘肃省		城市建设局（规划处），设计院	77	16	6	24	31	
	兰州	城市建设委员会	3	—	—	—	—	
河南省		规划设计室	19	9	2	8	—	
	郑州	城市建设委员会（规划室）	16	2	3	10	1	
	洛阳	城市建设委员会（规划处）	17	7	1	8	1	技术员内包括助理技术员
四川省			60	—	—	—	—	
	成都	城市建设委员会（规划设计处）	23	17	1	2	3	
	重庆	城市建设委员会（规划设计科）	17	2	3	12	—	
湖北省	武汉	城市建设委员会	53	29	7	4	13	工程师中有化验工程师 2 人
黑龙江省		城市建设局	7	4	2	—	—	
	哈尔滨	城市建设委员会	130	38	7	25	60	
	齐齐哈尔	城市建设委员会	29	10	4	15	—	
	佳木斯	城市建设委员会	9	3	—	3	3	
辽宁省		城市建设局（规划管理科）	7	3	—	4	—	
	沈阳	城市建设局（规划科）	18	4	5	8	1	
	旅大	城市建设局（规划科）	26	3	4	18	1	
	鞍山	城市建设委员会办公室	18	4	1	7	6	
	抚顺	城市建设局	22	8	2	7	5	
	本溪	城市建设局（规划科）	10	6	1	3		
	锦州	城市建设局（规划科）	3	—	1	1	1	
	安东	建设局（城市管理科）	4	3	—	1		
吉林省		城市建设局（市政建设科）	13	12	1	—	—	
	长春	城市规划委员会（规划科）	24	7	3	8	6	
	吉林	城市规划委员会（规划科）	10	4	1	—	5	

续表

地区		规划机构名称	现有人员总数	人员分类统计				备注
				行政人员	工程师	技术员	助理技术员、实习生	
河北省		城市建设局（规划组）	10	—	2	—		
	石家庄	规划科	12	6	1	1	4	
	承德	规划委员会	11	3		6	2	
江苏省		城市建设局（规划设计处）	5	1	1	3	—	
	南京	城市建设委员会	6	—	—	—	—	
山东省		城市建设局（规划科）	6	—	—	—	—	
	济南	城市建设委员会	11	—	—	—	—	
	青岛	城市建设委员会	5	—	—	—	—	
安徽省		城市建设局	5	—	—	—	—	
	合肥	市政建设委员会	9	7	—	2	—	没有专门规划机构
	淮南	城市建设局	10	6	—	1	1	没有专门规划机构
	蚌埠	城市建设局	17	3	2	12	—	没有专门规划机构
	芜湖	城市建设局	5	4	1	—	—	没有专门规划机构
浙江省			5	—	—	—	—	
	杭州	城市建设委员会	19	11	4	4	—	
福建省			5	—	—	—	—	
江西省	南昌	建设局（规划科）	47	—	7	40	—	
广西壮族自治区		城市建设局（规划处）	5	2	—	3	—	
	柳州	建设局	10	—	—	—	—	
	南宁	城市建设局（建设科）	11	—	—	—	—	
	桂林	城市建设局（建设科）	12	—	—	—	—	
广东省		城市建设局	80	—	—	—	—	
	广州		45	15	12	15	3	
湖南省			15	5	5	3	2	
	长沙	城市建设委员会（规划科）	7	3	1	3	—	
	株洲	城市建设委员会（规划组）	9	4	1	2	2	
	湘潭	城市建设委员会（规划组）	4	2	—	1	1	
	衡阳	建设局（规划设计科）	6	1	3	2		
青海省		城建局（规划处）	38	10	—	5	23	
新疆维吾尔自治区	乌鲁木齐	城市建设委员会	37	5	—	24	6	省市合并

续表

地区		规划机构名称	现有人员总数	人员分类统计				备注
				行政人员	工程师	技术员	助理技术员、实习生	
云南省		城建局（城建处）规划设计室	14	11	—	2	1	
	昆明	建设局	65	50	4	8	3	全局人数，规划科只知道有12名技术员
贵州省		建筑工程局（设计处）	18	—	—	—	—	
小计			2195	685	182	544	317	

注：（1）本资料根据1955年底各市上报资料及1956年初到各市了解的资料统计而成，统计时间为1956年7月，统计口径不尽一致。（2）本表内容严格依据原始档案，为便于阅读，按“中央→直辖市→八大重点城市所在省份→其他省市”的顺序排列。（3）原档案中并无全国合计数据，最后一栏“小计”系根据上列各栏数据直接相加得到，因个别省市未对人员总数进行细分等原因，“人员分类统计”总数与“现有人员总数”汇总数据不尽一致。

资料来源：城建部办公厅．给各局、司负责同志送去全国城市建设基本情况资料汇集的函（1956年12月14日）[Z]．城市建设部档案．中央档案馆，档案号259-2-34：1.

当然，这里所解读的八大重点城市的规划技术力量情况，统计时间是在1956年7月，也就是在八大重点城市的规划编制工作基本完成以后。此时，八大重点城市的城市规划工作已经得到相当的发展，规划技术力量也已经得到相应的充实。但是，在八大重点城市的规划编制工作刚开始启动的时候，自然不会有表7-4中所展现的相对乐观的统计数据。

第 8 章

1930 年代苏联的“社会主义城市”建设：“苏联规划模式”探源

Origin Of Soviet Pattern Of Urban Planning

八大重点城市规划工作主要借鉴自苏联经验，厘清苏联本土规划理论思想的渊源，是认识八大重点城市规划工作与“苏联规划模式”相互关系的必要前提。采取“寻根探源”的研究思路，对 1930 年代苏联“社会主义城市”规划建设思想的提出过程及其主要内容进行了相对系统的梳理，初步揭示了“苏联规划模式”的历史渊源与脉络。苏联“社会主义城市”建设的有关理论思想，是以国际特别是欧洲城市规划的技术发展为基础，将有关科学社会主义的理论思想与苏联城市建设的具体实践进一步相结合的产物。在较为突出的意识形态特征之下，苏联规划模式仍有一些科学技术方面的内容值得城市规划理论研究和借鉴。

以八大重点城市规划工作以及苏联专家的技术援助为标志，新中国的城市规划工作是借鉴苏联经验创立和发展起来的，苏联有关城市规划建设的理论思想对我国城市规划发展具有深刻影响。这种影响不仅发生在作为中苏两国“蜜月期”的1950年代，甚至一直延续至今，在中国城市规划的思想、理论及方法体系等方面留下或深或浅的烙印，成为当代城市规划的一个重要文化基因。因此，回顾八大重点城市规划及新中国城市规划的发展历程，对“苏联规划模式”的总结反思为其十分必要之基础所在。近年来，随着“苏联研究热”的兴起，城市规划方面的相关研究成果也不断涌现①，并有该领域课题申请获得国家自然科学基金资助②等可喜现象。然而，既有相关研究，大多是以新中国成立后引入苏联规划模式等有关问题的探讨为主，有待回答的疑惑是：新中国城市规划工作中的“苏联规划模式”，无论如何都已受到我国社会经济发展、文化背景或管理体制等方面的种种影响，那么，苏联本土“原汁原味”的城市规划思想和工作模式究竟如何？它们又是在什么样的情况下得以产生和发展的？与欧美等规划理论之间是一种什么样的关系？

新中国对苏联规划模式的引入和借鉴主要有两个关键时期，即1950年代和1980年代，两者分别受1960年中苏关系恶化和1991年苏联解体等重大政治事件的影响而中断。就1950年代而言，以苏联专家的指导和有关文献的翻译引入为主要方式，因工作目标主要聚焦于重点新工业城市的规划设计等实际业务工作的开展，对苏联规划模式的渊源未曾产生过多的关注。到1980年代，在计划经济色彩仍一定程度存在的社会背景下，受当时的改革思潮，以及对之前一段时期内对苏联情况了解“中断”而产生某种“渴望”的影响，兴起有关苏联城市规划研究的“第二波”高潮，重点主要集中在1960 ~ 1970年代（即中苏关系恶化期间）苏联城市规划发展的一些新动向方面，对苏联规划模式的源头问题仍未开展专门的探讨。新近

---

① ［1］李百浩等．中国现代新兴工业城市规划的历史研究——以苏联援助的156项重点工程为中心［J］．城市规划学刊，2006（4）：84-92.
［2］赵晨等．“苏联规划”在中国：历史回溯与启示［J］．城市规划学刊，2013（2）：109-118.

② 譬如：“‘一五’时期苏联援华新兴工业城市规划史研究：以穆欣指导的兰州市1954版城市总体规划为重点”（批准号：51268024）和“中国当代城市规划体系与思想的形成研究：以苏联专家和‘一五’时期为切入点”(批准号：51108324）等。

的一些研究论文①，对苏联规划模式渊源的认识具有重要参考价值，但仍未能窥其全貌。

有鉴于此，本章尝试采取寻根探源的研究思路，将讨论对象仅限于苏联范畴、以剔除其在引入中国过程中所可能发生的种种“变异”，并以苏联规划模式得以形成的1930年代为讨论重点，通过广泛查阅相关文献资料，对苏联有关城市规划建设理论思想的形成脉络加以梳理。本章研究实际涉及两方面的论题：苏联“社会主义城市”规划建设的指导思想和主要原则，它们在根本上决定了苏联城市规划工作的性质、内容及特点；就具体的城市规划工作而言，苏联城市规划与欧美等其他国家的差异，即相对狭义的苏联规划模式。这两个主题又是密切联系的。

8.1 1930年代：苏联“社会主义城市”建设的时代背景

作为一种社会治理手段，现代城市规划是人类进入工业社会后得以产生和发展的，工业化发展本身及其各类城市问题的特点，使现代城市规划工作鲜明有别于之前封建或奴隶社会的城市规划活动。而工业化发展所同时伴生的社会制度思想的萌芽，也正是促成现代城市规划产生出社会主义城市建设思想分支的根本源头所在。

8.1.1 社会经济背景：世界上第一个社会主义国家的建设

自16世纪开始，随着资本主义生产方式的产生和发展，开始出现关于未来理想社会的美好向往和改革探索。19世纪初，空想社会主义思潮达到一个高峰，以C·H·圣西门、C·傅立叶和R·欧文等为代表，如欧文在苏格兰几个纺织厂内所开展的公有制基础上的“协和村”实验②(图8-1)。1848年马克思和恩格斯共同起草的《共产党宣言》的发表，标志着科学社会主义的诞生。1871年3月18日，法国巴黎举行武装起义，建立了世界上第一个工人政权——巴黎公社。③但到了19世纪末20世纪初，随着世界资本主义由自由竞争阶段进入垄断阶段（即帝国主义阶段），第二国际④内部出现思想混乱，工人运动出现了分化并陷入低迷。

正是在这一危急关头，列宁（原名弗拉基米尔·伊里奇·乌里扬诺夫［Влади́мир Ильи́ч Улья́нов］，

---

① ［1］侯丽．社会主义、计划经济与现代主义城市乌托邦——对20世纪上半叶苏联的建筑与城市规划历史的反思［J］．城市规划学刊，2008(1)：102-110.

［2］(英) 凯瑟琳·库克．社会主义城市：1920年代苏联的技术与意识形态［J］．郭磊贤译，吴唯佳校．城市与区域规划研究，2013(1)：213-240.

② 欧文于1799年与他人一起买下了包括4个大纺织厂、一个大机器制造厂和占地150亩在内的新拉纳克工厂，开始他对未来理想社会的改革探索。参见：中共中央宣传部理论局．世界社会主义五百年［M］．北京：党建读物出版社，学习出版社，2014：1-31.

③ 巴黎公社（la Commune de Paris）是一个在1871年3月18日（正式成立日期为3月28日）到5月28日的2个月中，短暂地统治巴黎的政府。到后来它宣布要接管法国全境。由于公社卫队杀死了两名法国将军，加上公社拒绝接受法国当局的管理，终于导致了被称为“血腥一周”的严厉镇压。

④ 第二国际即“社会主义国际”（1889～1916），是一个工人运动的世界组织。1889年7月14日在巴黎召开了第一次大会，通过《劳工法案》及《五一节案》，决定以同盟罢工作为工人斗争的武器。

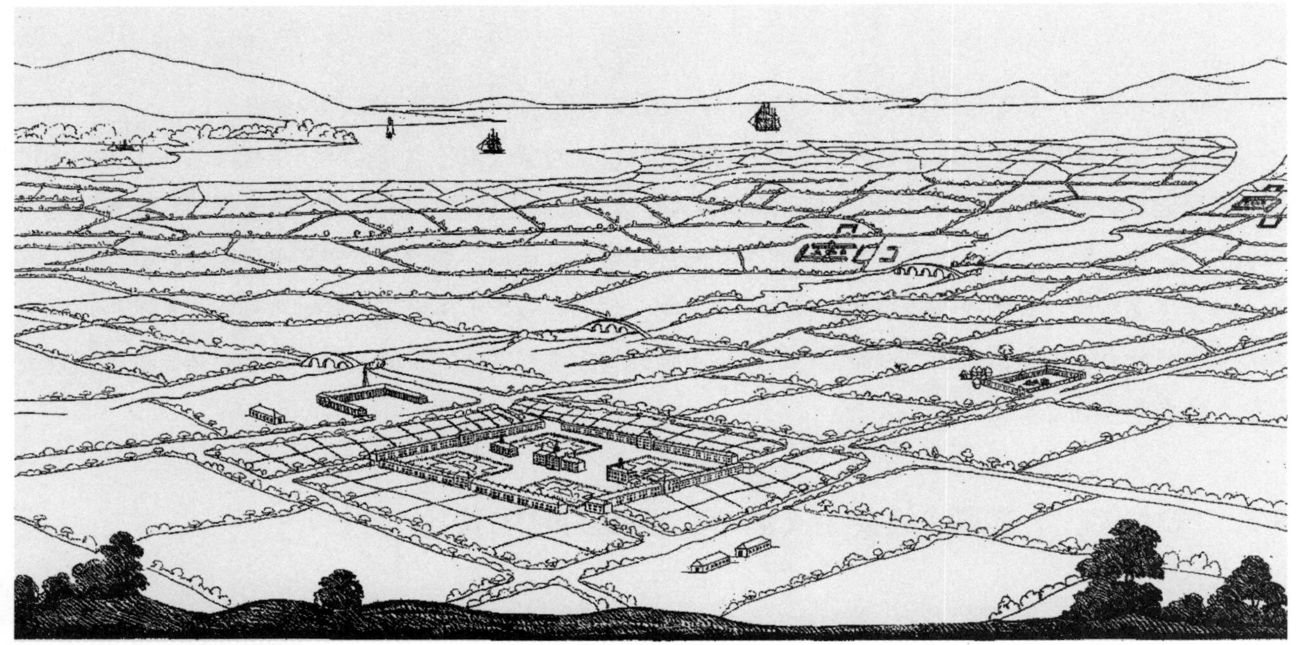

图 8-1　R·欧文的协和村构想
1817 年，R·欧文（Robert Owen）在《致工业和劳动贫民救济协会委员会报告》中所提出的协和村（the villages of unity &mutual co-operation）构想。
资料来源：http：//urbanplanning.library.cornell.edu/DOCS/owen_17.htm

1870.04.22 ~ 1924.01.21）领导俄国人民于 1917 年 11 月 7 日（俄历 10 月 25 日）发动十月革命，推翻资产阶级临时政府而建立了苏维埃政权。受其鼓舞，在 1918 年至 1919 年期间，德国爆发十一月革命[①]，匈牙利爆发无产阶级革命[②]，中国爆发五四运动[③]，朝鲜爆发三一运动[④]……世界范围内迅速掀起一场社会主义运动的高潮。1922 年 12 月 30 日，世界上第一个社会主义国家——苏维埃社会主义共和国联盟（简称苏联）正式成立[⑤]，从而使人类对理想社会的憧憬达到前所未有的一个顶峰（图 8-2）。

---

① 通称"德国革命"，是德国在 1918 年与 1919 年发生的一连串事件，致使德意志帝国威廉二世政权被推翻以及魏玛共和国的建立。1918 年 11 月 9 日，威廉二世被迫退位，德意志帝国灭亡。11 月 11 日德国宣布无条件投降，第一次世界大战结束。

② 1919 年 3 月 21 日，匈牙利无产阶级勇敢地拿起枪杆子，用革命暴力推翻资产阶级的统治，建立了匈牙利苏维埃共和国。这是继俄国十月社会主义革命胜利后，在世界上建立的又一个无产阶级专政的国家。

③ 1919 年 5 月 4 日发生在北京以青年学生为主的一场学生运动，广大群众、市民、工商人士等中下阶层共同参与的一次示威游行、请愿、罢工、暴力对抗政府等多种形式的爱国运动。五四运动是中国新民主主义革命的开端，是中国从旧民主主义革命到新民主主义革命的转折点。

④ 1919 年 3 月 1 日处于日本殖民统治的朝鲜半岛爆发的一次大规模的民族解放运动，又称独立万岁运动。此次运动为朝鲜宗教界人士组成的"民族代表"33 人和青年学生发起，并以朝鲜高宗李熙的葬礼为契机于 3 月 1 日在京城（今韩国首尔）举行民众集会，宣读《己未独立宣言》，进行示威、请愿活动要求独立。

⑤ 1922 年，在俄国大地上先后成立了俄罗斯联邦（苏俄）、乌克兰、白俄罗斯和外高加索联邦（阿塞拜疆、亚美尼亚、格鲁吉亚）四个苏维埃社会主义共和国。为了保卫革命成果，粉碎国内外敌人的进攻，把新生的各共和国联合起来，成立一个多民族的无产阶级专政国家成为当务之急。1922 年 10 月 6 日俄共（布）中央全会上，列宁提出成立新国家的建议得到通过。1922 年 12 月 30 日晚，苏维埃社会主义共和国联盟首次苏维埃代表大会在莫斯科召开。斯大林在会上作关于成立苏联的报告。列宁因病未出席大会，被推为大会的名誉主席。大会通过了苏联成立宣言。当时加入苏联的有俄罗斯、南高加索、乌克兰和白俄罗斯 4 个加盟共和国。苏联成为横跨大部分东欧以及几乎整个中亚和北亚，世界上国土面积最大的国家。1991 年 12 月 25 日，以时任苏联领导人戈尔巴乔夫宣布辞职为标志，苏联最高苏维埃于次日通过决议宣布苏联停止存在。苏联解体后，15 个加盟共和国相继获得独立，成为主权国家。

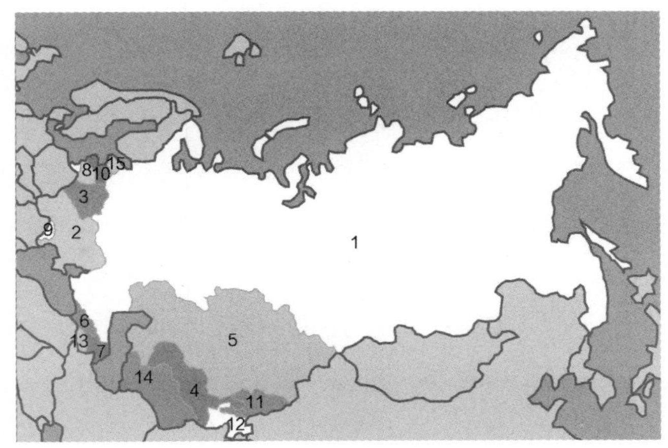

图 8-2 苏联解体前的各加盟共和国示意图
注：根据资料改绘。
原图来源：维基百科 . http：//zh.wikipedia.org/wiki/%E8%8B%8F%E8%81%94

《共产党宣言》及相关著作，明确了对社会生产进行有计划的指导和调节，通过无产阶级专政，最终实现向消灭阶级、消灭剥削、实现人的全面而自由发展的“共产主义社会”过渡的政治发展目标和方向，而“社会主义社会”正是“共产主义社会”的一个初级阶段。① 1917 年十月革命以后，苏俄首先实行了 3 年左右的“战时共产主义政策”② 后又进行“新经济政策”③ 的调整（同样为期 3 年左右），社会经济基本恢复到第一次世界大战之前（1913 年）的水平。1924 年列宁逝世、斯大林（约瑟夫 · 维萨里奥诺维奇 · 斯大林［ Ио́сиф Виссарио́нович Ста́лин ］，1878.12.18 ~ 1953.03.05）成为最高领导人以后，苏联逐渐开始了大规模引进先进技术的工业化与农业社会主义集体化相结合的社会主义现代化建设道路探索。

苏联社会主义建设的一个重要经验在于实施“五年计划”，即按照预先编制的详细计划进行各项建设的安排和实施，以政府行政计划代替市场经济调节分配社会资源，集中国家所有力量发展工农产业。自 1928 年起，经过几个五年计划的连续实施，20 世纪中叶时的苏联已发展到很高的工业化水平，成为代表社会主义阵营与代表资本主义阵营的美国相抗衡的两大世界强国之一。1928 ~ 1932 年的第一个“五年计划”时期，既是苏联由农业国向工业国转变的奠基时期，也是高度集中的计划经济体制、大规模工业化和农业集体化等相关的政治经济政策得以形成的制度建构期。城市规划建设方面也大抵如此，有关“社会主义城市”建设的理论思想，同样是在“一五”计划的实施过程中逐步孕育和形成的，并在“二五”和“三五”计划时期得到进一步的发展与完善。苏联城市规划建设方面有关理论思想的提出，与整个国家的政治发展方向及建设社会主义社会的制度探索是不可分割的。

8.1.2 城镇化发展背景：快速城镇化的“起飞”期

历史上的俄国，城市发展一直相当缓慢，直到 19 世纪后半叶以后，由于农奴制度的废除和商业资本的剧增，城市发展逐渐起步。据统计，1851 年俄国城市人口约 348.2 万人，1867 年增长至 815.7 万人，

① 中共中央宣传部理论局 . 世界社会主义五百年［ M ］. 北京：党建读物出版社，学习出版社，2014：54-61.

② 其核心内容包括：实行余粮收集制；把大中企业收归国有，对小企业实行监督；取消一切商品贸易；一切生活必需品均由国家集中分配；强制劳动，实行“不劳动者不得食”的原则。

③ 即以粮食税代替征收，允许农民自由出卖余粮，允许私商自由贸易，并且将一部分小工厂还给私人。

1914 年达 2680 万人。[①] 由于自然地理环境及资本主义生产力的特点，俄国的城市人口呈现不平衡的分布特征，一战前夕（1912 ~ 1914 年）仅圣彼得堡和莫斯科这两个城市的人口占全国城市人口的比重就高达 19%。[②] 在“战时共产主义政策”和“新经济政策”时期，苏联的城镇化发展仍然是相对缓慢的：1914 年的城镇化率为 14.6%，1926 年达到 17.9%。[③]

正如图 8-3 所显示的，苏联城镇化的快速发展，大致是在 1920 年代末以后伴随着连续多个“五年计划”的实施而得以实现的。1932 年，苏联的城镇总人口已达 3870 万人，城镇化率为 23.3%[④]，“一五”时期的城镇化率年均增幅达 1 个百分点左右。到 1950 年，苏联的城镇化率达到 44.2%，并于 1957 年前后城镇化率首次超过 50%。在 1932 ~ 1950 年的 18 年时间内，即使忽略第二次世界大战期间城镇化发展相对停滞这一负面影响因素不计，苏联城镇化率的年均增幅也高达 1.16 个百分点，这一城镇化发展速度甚至高于中国实行改革开放后 30 多年内的城镇化发展速度（见彩图 8-1 中城镇化曲线的斜率）。1920 年代末和 1930 年代初，是苏联城镇化发展从相对较慢的阶段走向快速提升阶段的重要转折点，促成这一转折的影响因素主要有两个方面：（1）大规模的工业项目建设，产生大量的新工业城市；（2）大规模的农业集体化和机械化[⑤]，导致农业地区聚居行为的集中，产生大量的“农业城镇。”[⑥] 苏联有关“社会主义城市”建设的理论思想，正诞生于这一快速城镇化发展的“腾飞”期。

值得关注的是，在 1930 年前后，苏联的城镇化率只有 20% 左右，但就英、法、德、美等率先工业化发展国家而言，其代表性城市规划理论则较普遍地形成于城镇化率达到 50% 前后（即快速城镇化发展的中间期）——这一时期往往既是城镇化的持续发展期，也是城市建设矛盾凸显期和城市病集中爆发阶段，这就迫切需要发展模式的转变，通过区域政策、城市规划等有效的政府干预和综合调控手段，促进城镇化与社会经济的健康协调发展，现代城市规划由此得以创立并不断发展，而各国国情条件的差异，又使其城市规划理论和实践各具特色。[⑦] 换言之，苏联城镇化的这种动力机制特点，使其 1930 年代开始推进的“社会主义城市”规划建设工作，具有显著的国家主导特征，相对于城镇化发展阶段而具有一定的“超前”特征。

---

① B·L·大维多维奇 . 城市规划：工程经济基础（上册）[M] . 程应铨译 . 北京：高等教育出版社，1955：20.

② 这里的“全国”是就 1939 年的苏联范围而言。参见：B·L·大维多维奇 . 城市规划：工程经济基础（上册）[M] . 程应铨译 . 北京：高等教育出版社，1955：21.

③ 雅·普·列甫琴柯 . 城市规划：技术经济指标和计算（原著 1952 年版）[M] . 岂文彬译 . 北京：建筑工程出版社，1954：5.

④ 苏联国民经济建设计划文件汇编——第一个五年计划 [M] . 北京：人民出版社，1955：520.

⑤ 据统计，苏联 1932 年时参加集体农庄的农户占全国总农户数的比例高达 93%，集体化耕地面积占总耕地面积的 99.1%。参见：周尚文 . 苏联兴亡史 [M] . 上海：上海人民出版社，2002：352.

⑥ 正如联共（布）的决议所指出的：“国家工业化，在农业区建立新工业基地，按照社会主义原则改造整个农业，这不但引起人口的增加，特别是旧城市中无产阶级的增加，而且将产生新城市并使所谓城市型工人村和现有的区中心改变为社会主义城市”。参见：一九三一年联共（布）中央委员会六月会议的决议 [M] // 苏联中央执行委员会附设共产主义研究院 . 城市建设 . 建筑工程部城市建设总局译 . 北京：建筑工程出版社，1955：161.

⑦ 如英国是具有鲜明“公共政策”特征的现代城市规划的起源地，法国的规划活动体现出激进主义色彩的“现代城市”观念，德国开创以“区划法规”为特色的一个重要分支，而美国则形成了私权至上的城市规划制度。参见：李浩 . 城镇化率首次超过 50% 的国际现象观察——兼论中国城镇化发展现状及思考 [J] . 城市规划学刊，2013（1）：43-50.

8.1.3 诱发因素：关于“社会主义”聚居方式的“一场前所未有的思想交锋”

苏联“一五”计划开始后，108个新城市建设已经开工、大量其他城市正在迅速扩展，但“充满赞誉”的“一五”计划却显露出两个基本的缺陷：“第一，它实际上并不基于任何清晰的社会目标，也就是说它是一份没有任何关于人们将如何生活，或将以怎样的生活方式（byt）进行生活的计划。第二，作为一个巨大的建设计划，它缺乏有关怎样塑造‘新城’，尤其是有关新城应该怎样有别于苏联接手的资本主义城镇的基础性理论探讨。”[①] 就城市规划工作而言，虽然早在1926～1927年即曾颁布过两项相关法令[②]，但法令十分简单的要求和包括基础调查在内的缓慢速度，并不能指导城市规划工作的有效展开，而“为市政部门的工作人员”编写的规划培训手册在表达上或多或少又是文化中性的[③]……种种因素促成了“始于1929年的施工季”的“一场高度政治化的激烈讨论”。

正如英国学者C·库克（Catherine Cooke）指出的，这场讨论比当时西方国家对类似问题的任何探索都要广泛，讨论以提出横跨所有相关领域的一系列基本问题为起始，不仅填补了城市规划的空白，而且通过将那些迄今为止极为有限的专业议题重新放在更大的社会目标和技术手段系统中的方式，来推翻它们，并将之重构；人们关注的焦点也从之前的绿色开敞空间标准和建筑高度控制等，转向了全苏联境内人类聚落的社会主义模式应当采取的形式，更为确切和关键的是，整个方法从对构成城市的技术的规范化关注转移到了如何利用这些技术来实现社会主义环境目标的积极关注上。[④] 借用苏联社会学家M·奥希托维奇（Mikhail Okhitovich）的话，这是“一场前所未有的思想交锋”。[⑤]

由于这场讨论的特殊性质，完全被那些参与者的常识性问题、被那些问题自身的固有逻辑以及那些因信仰或需要被马克思主义整体论和系统方法塑造的人们提出的理论问题所主导；讨论的严格之处在于，它要使来自相关领域的人回到基本原则上去，而不是从前人那里挑些形式出来拼凑。[⑥] 这一情形促成了两大理论流派的产生，即所谓“城市集中主义”与“城市分散主义”。

“城市集中主义”提出社会主义聚落应该具备最高的技术标准和服务标准，主张按照劳动人民全部日常生活（饮食、居住、教育孩子等）立刻实现完全公共化，如废除私人厨房、建立生活公社等[⑦]，而“城市分散主义”通过思考电气化、机动化等未来技术的影响，主张以技术的离心倾向为基础、有节奏地分布

---

① （英）凯瑟琳·库克．社会主义城市：1920年代苏联的技术与意识形态［J］．郭磊贤译，吴唯佳校．城市与区域规划研究，2013（1）：213-240.

② 1926年10月4日，苏维埃中央委员会对俄罗斯苏维埃联邦社会主义共和国国防人民代表的命令称“城市聚落和乡村有责任制定规划和规划项目”；1927年11月4日，《法律汇编》(Sobranie zakonov)(1926年）第512条指示“要考虑城市聚落和乡村已有分布和项目规划编制、审查和批准的进度和规则”。

③ （英）凯瑟琳·库克．社会主义城市：1920年代苏联的技术与意识形态［J］．郭磊贤译，吴唯佳校．城市与区域规划研究，2013（1）：213-240.

④ 同上，2013（1）：213-240.

⑤ 这一短语来自奥希托维奇的《聚落理论笔记》(Zametki po teoril rasseleniia)，《当代建筑》(Sovremenna Arkhitektura)，1930年1～2期，第7～16页。转引自：（英）凯瑟琳·库克．社会主义城市：1920年代苏联的技术与意识形态［J］．郭磊贤译，吴唯佳校．城市与区域规划研究，2013（1）：213-240.

⑥ （英）凯瑟琳·库克．社会主义城市：1920年代苏联的技术与意识形态［J］．郭磊贤译，吴唯佳校．城市与区域规划研究，2013（1）：213-240.

⑦ B·L·大维多维奇．城市规划：工程经济基础（上册）［M］．程应铨译．北京：高等教育出版社，1955：30.

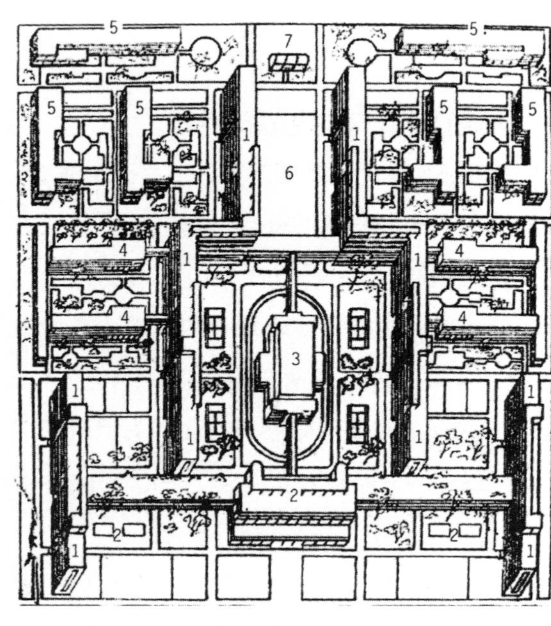

图 8-3 构成主义的“紧凑型社会主义城镇”轴测图
资料来源：[英]凯瑟琳·库克．社会主义城市：1920 年代苏联的技术与意识形态[J]．郭磊贤译，吴唯佳校．城市与区域规划研究，2013（1）：213-240.

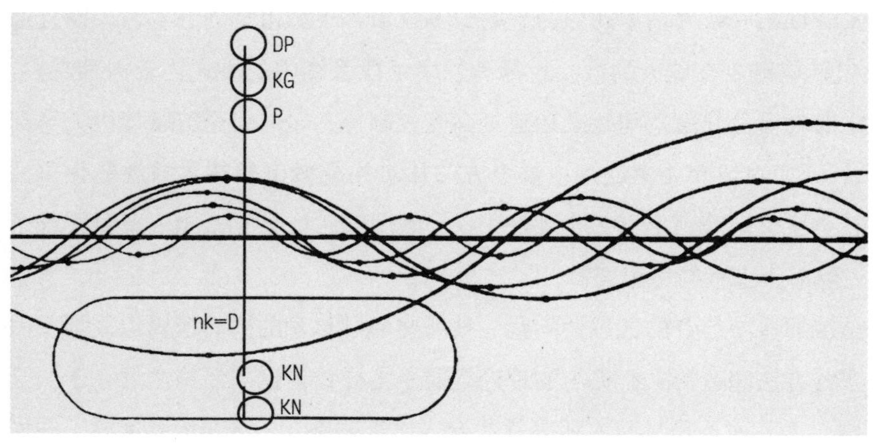

图 8-4 反城市主义的“定居带”概念
这些曲线表示“有节奏地”分布服务设施的概念，频率由低到高依次为：邮政、电报和电话中心；报纸和出版单位；卫生中心；托儿所、幼儿园和学校；水站。
资料来源：[英]凯瑟琳·库克．社会主义城市：1920 年代苏联的技术与意识形态[J]．郭磊贤译，吴唯佳校．城市与区域规划研究，2013（1）：213-240.

在交通线路上的、“接近自然”的、“非节点性”的社区①。两者分别产生了各具代表性的设计方案：构成主义的“紧凑型社会主义城镇”和反城市主义的“定居带”（图 8-3、图 8-4），两套方案都给出了令人激动的建设解决方案，也都提出了经济可行性和社会主义可能演化的生活方式。但毫无疑问，两者均较为激进，这就不免形成社会舆论思想的混乱局面。

1929 年 11 月 4 日，苏联共产党（布）党刊《真理报》发起了一场反对“城镇中的无政府主义与规划缺失”及“城市政府中典型的机会主义无能现象”的运动；11 月 26 ~ 29 日，苏联国家计划委员会在莫斯科召开了为期两天的“论社会主义城市建设问题”多学科讨论会（图 8-5）；同时，内政部则成立了国家城市设计院的新机构，“以确保规划建议在技术上的充分性，并合理利用这一领域中可以利用的极少量的技术人员和专家。”② 然而，在 1930 年的前几个月，每份期刊里无论是政治的还是技术的文章都

① （英）凯瑟琳·库克．社会主义城市：1920 年代苏联的技术与意识形态［J］．郭磊贤译，吴唯佳校．城市与区域规划研究，2013（1）：213-240.
② 同上．

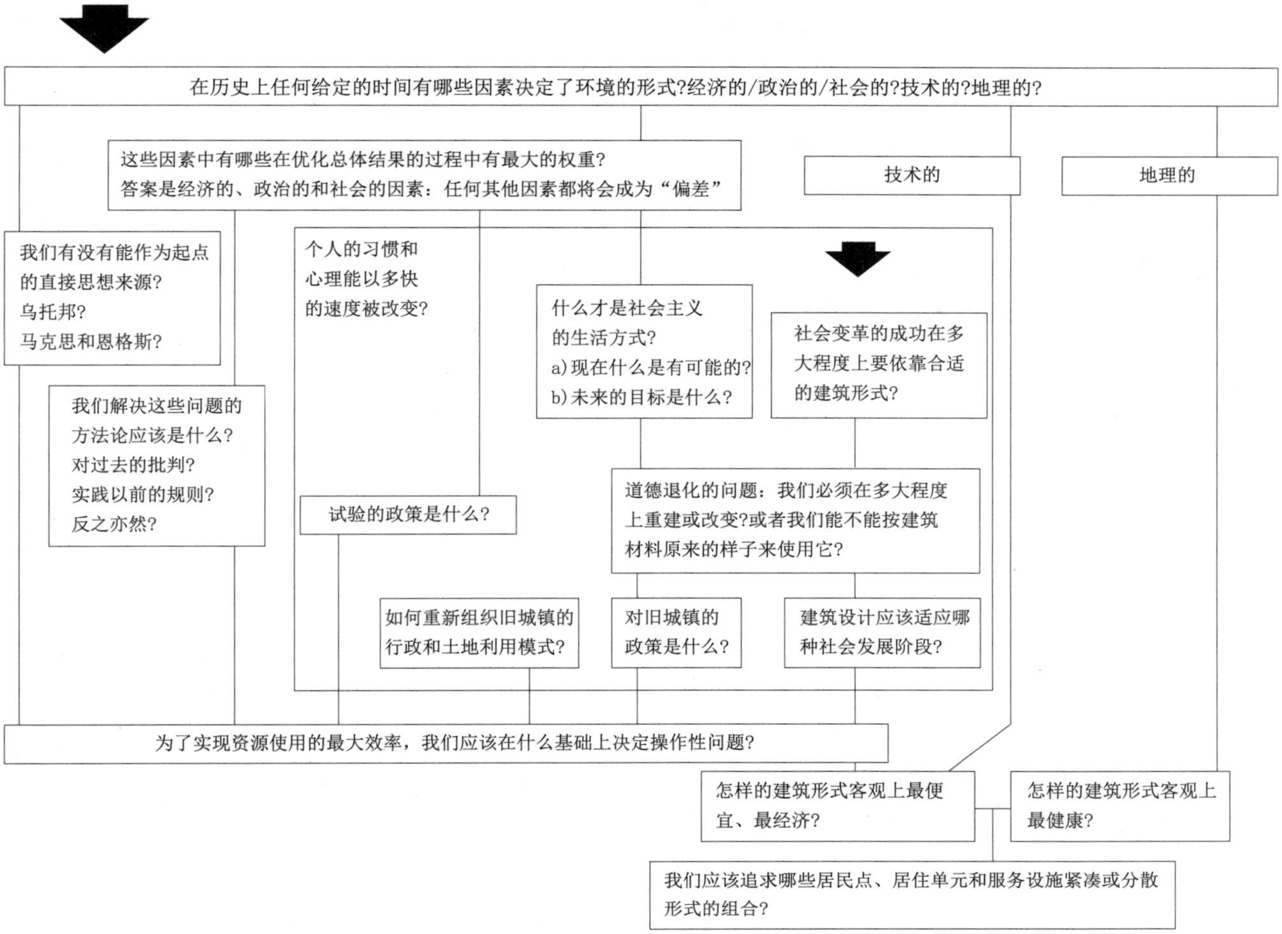

在历史上任何给定的时间有哪些因素决定了环境的形式?经济的/政治的/社会的?技术的?地理的?

这些因素中有哪些在优化总体结果的过程中有最大的权重?
答案是经济的、政治的和社会的因素：任何其他因素都将会成为“偏差”

技术的

地理的

我们有没有能作为起点的直接思想来源?
乌托邦?
马克思和恩格斯?

个人的习惯和心理能以多快的速度被改变?

什么才是社会主义的生活方式?
a)现在什么是有可能的?
b)未来的目标是什么?

社会变革的成功在多大程度上要依靠合适的建筑形式?

我们解决这些问题的方法论应该是什么?
对过去的批判?
实践以前的规则?
反之亦然?

试验的政策是什么?

道德退化的问题：我们必须在多大程度上重建或改变?或者我们能不能按建筑材料原来的样子来使用它?

如何重新组织旧城镇的行政和土地利用模式?

对旧城镇的政策是什么?

建筑设计应该适应哪种社会发展阶段?

为了实现资源使用的最大效率，我们应该在什么基础上决定操作性问题?

怎样的建筑形式客观上最便宜、最经济?

怎样的建筑形式客观上最健康?

我们应该追求哪些居民点、居住单元和服务设施紧凑或分散形式的组合?

图 8-5　1929 年 11 月苏联国家计划委员会关于“社会主义城市建设问题”讨论主题的逻辑关联

资料来源:[英]凯瑟琳·库克.社会主义城市:1920年代苏联的技术与意识形态[J].郭磊贤译，吴唯佳校.城市与区域规划研究,2013(1):213-240.

在表明，讨论正濒临失控。[①]

针对这一形势，联共（布）中央委员会于1930年5月召开紧急会议，并于5月16日做出《关于改造生活习惯工作》的决议。决议指出：“只有国家工业化才能为根本改造生活习惯创造出真正的物质前提”，“最近在报刊上所出现的完全由国家担负的重新规划现有的城市和建设新城市的设计，要求立即把劳动者各方面的生活全部社会化，如像饮食、居住、使儿童脱离父母的儿童教育、消灭家庭成员间的生活关系、以行政的方式禁止独家厨房等；这些设计反映了那些‘在左的词句下’掩盖其机会主义本质的工作人员的意图。实行这些有害的、空想的、不考虑我国物质资源和居民的觉悟程度的计划，结果就不仅造成大量资财的浪费，而且对‘生活习惯社会主义改造’这一思想本身，也是一个粗暴的侮辱。”[②]决议明确指示“在

① （英）凯瑟琳·库克.社会主义城市：1920年代苏联的技术与意识形态［J］.郭磊贤译，吴唯佳校.城市与区域规划研究，2013（1）：213-240.

② 联共（布）中央委员会“关于改造生活习惯工作”的决议（1930年5月16日）[M]// 苏联中央执行委员会附设共产主义研究院.城市建设.建筑工程部城市建设总局译.北京：建筑工程出版社，1955：216-218.

建设大型新企业[①]的工人村时，应保证生产地区和居民地区之间有足够的绿化地带、道路及交通工具，并且要考虑到使这些工人村有自来水、电灯、澡堂、洗衣房、公共食堂、儿童机构、俱乐部、学校及医疗站等设备。在新的建筑中，应最大限度地保证能力所能办到的卫生条件和各种设备。”[②]

8.2 苏联“社会主义城市”规划建设思想的主要内容

8.2.1 “社会主义城市”规划建设思想的提出过程

联共（布）《关于改造生活习惯工作》的决议“打击了要用行政方式‘立刻’实现生活公共化的类似建议”，“但在另一方面却还有一种阻止建设学校、俱乐部、食堂、托儿所、幼儿园、洗衣房网的企图存在”[③]，对实际的城市建设工作产生不利影响。这种局面迫使苏联最高当局不得不来对“社会主义城市”建设的指导思想和原则做出权威的指示，以终止各方的争论，使各项城市建设活动步入正轨。

图 8–6 卡冈诺维奇（1893–1991）
资料来源：http：//www.liveinternet.ru/users/dejavu57/post300527714/

1931 年 6 月，联共（布）中央委员会再次召开全体会议，明确指出要进行两条路线的斗争：一方面与反对改造居民文化福利服务设施的主张斗争，另一方面与各种空洞的建议作［做］斗争。[④]在这次全会上，时任联共（布）中央政治局委员兼莫斯科市委第一书记的卡冈诺维奇（拉扎尔·莫伊谢耶维奇·卡冈诺维奇［Ла́зарь Моисе́евич Кагано́вич］, 1893.11.22–1991.07.13）[⑤]（图 8–6）作了题为《莫斯科和苏联其他城市的社会主义改造》的报告[⑥]（以下简称《1931 年卡冈报告》）。

报告在对十月革命以来的城市建设工作进行回顾和评价的基础上，旗帜鲜明地指出：“落后的城市建设是社会主义计划经济发展中的一个障碍”，“当我们在现阶段的社会主义建设中，在工业建设和农业社会主义建设的前线获得了接二连三的胜利，当我们已经进入了社会主义建设时期，我们认为在工业化和农业集体化更进一步发展的同时，还有一件重大的工作，这就是提高城市建设的水平，迎头赶上国民经济的一般

① 斯大林格勒建设工程、德涅泊尔建设工程、马克尼托哥尔斯克建设工程、齐略宾斯克建设工程等。

② 联共（布）中央委员会“关于改造生活习惯工作”的决议（1930 年 5 月 16 日）［M］// 苏联中央执行委员会附设共产主义研究院 . 城市建设 . 建筑工程部城市建设总局译 . 北京：建筑工程出版社，1955：216–218.

③ B·L·大维多维奇 . 城市规划：工程经济基础（上册）［M］. 程应铨译 . 北京：高等教育出版社，1955：30.

④ 同上 .

⑤ 卡冈诺维奇出生在俄国基辅省卡巴纳村一个贫苦犹太人家庭，十月革命期间任俄罗斯苏维埃社会主义联邦共和国全俄执委会委员，1925 ~ 1928 年任乌克兰共产党中央委员会第一书记，1930 年初任莫斯科市委第一书记和中央政治局委员，领导了莫斯科的住宅建设、地铁工程等重大市政建设，在城市建设方面具有丰富的实践经验。1934 年 7 月，卡冈诺维奇曾在莫斯科市苏维埃全体会议上作了“关于莫斯科地铁建设和城市规划”的报告。1957 年 6 月，卡冈诺维奇同莫洛托夫、马林科夫、布尔加宁等试图解除赫鲁晓夫的领导职务，被定为“反党集团”成员而开除出主席团和中央委员会。

⑥ 该报告又有译作《为莫斯科和苏联其他城市的社会主义改造而斗争》，参见：苏联中央执行委员会附设共产主义研究院 . 城市建设［M］. 建筑工程部城市建设总局译 . 北京：建筑工程出版社，1955：162.

水平，并在新工业中心、大机器拖拉机站、苏维埃农场和集体农庄实施旧城市的基本的社会主义重建和新城市的建设工作。”[①] 在报告中，卡冈诺维奇深入阐述了“苏联城市建设的路线”和“苏联城市的社会主义建设”等论题。

1931 年 6 月 15 日，联共（布）中央委员会全体会议根据卡冈诺维奇的报告，作出了《关于莫斯科市政建设和苏联市政建设的发展》的决议（以下简称《1931 年全会决议》）。关于莫斯科市政建设，全会做出了住宅建设、公共厨房与面包房、动力系统、城市运输、街道和与地下工程、自来水、城市环境卫生以及莫斯科的计划等 8 个方面的一系列部署。关于苏联的市政建设，全会提出加紧开展住宅和城市建设的计划、推行标准化的新建筑、增加市政建设设备的生产计划、改善公用事业管理和经营、改善市政机构的工作、强化苏维埃的领导与监督、改进市政建设中的经济和技术领导、在苏联中央执行委员会下成立住宅和城市建设委员会，以及建立科学的城市建设统计工作等 9 项决议。《1931 年卡冈报告》和《1931 年全会决议》等文献，集中体现了苏联“社会主义城市”规划建设思想的主要内容。

8.2.2 “社会主义城市”规划建设思想的主要内容

1）废除资产阶级私有制，着力改善工人阶级的居住生活状况

在苏联的城市建设活动中，工人阶级的住宅建设是一项核心内容。“住宅严重缺乏的现象，首先而且主要会影响到广大工人的生活状况，因为工人的生活条件在颇大程度上，决定于他们的居住条件。”[②] 而“十月革命废除了旧的资本主义的城市行政政策，使那些从前住在最悲惨最肮脏的地区——如地下室、营房式建筑、出租住宅或下等客栈等等——的男女工人快乐地搬进那些以前是资产阶级居住地区的现代化或贵族式的住宅去。例如仅仅在莫斯科［1931 年前后］就已经有 50 万工人迁入市中心的现代化住宅中，而革命前的沙多瓦区的人口中，工人只占 3% ~ 5%，现在已增加到 40［%］–50% 了”。[③] 考察 1920 年代末苏联的“一五”计划，“住宅建设纲领”正是其重要内容之一。[④]

---

① 莫斯科和苏联其他城市的社会主义改造——卡冈诺维奇在 1931 年 6 月苏联共产党（布）中央委员会全体会议的报告［M］// 苏联城市建设问题 . 程应铨译 . 上海：龙门联合书局，1954：4.

② 联共（布）中央委员会“关于住宅合作社”的决议（1925 年 7 月 17 日）［M］// 苏联中央执行委员会附设共产主义研究院 . 城市建设 . 建筑工程部城市建设总局译 . 北京：建筑工程出版社，1955：248–250.

③ 莫斯科和苏联其他城市的社会主义改造——卡冈诺维奇在 1931 年 6 月苏联共产党（布）中央委员会全体会议的报告［M］// 苏联城市建设问题 . 程应铨译 . 上海：龙门联合书局，1954：3.

④ 1927 年 12 月联共（布）《关于拟定国民经济五年计划的指示》中明确：“拟定计划时应特别注意工人住宅建筑问题。由于住宅恐慌极端严重，因而必须扩大工人住宅建筑，以便保证于最近五年内扩大对工人底［的］住宅面积的供应”。参见：关于拟定国民经济五年计划的指示［M］// 苏联国民经济建设计划文件汇编——第一个五年计划 . 北京：人民出版社，1955：12.

《苏联第一个五年国民经济建设计划》中提出“目前城市住宅面积（包括工业厂房）共约一亿六千万平方公尺……按照五年建设纲领，住宅面积将增加到二亿零四百万（最低方案）或二亿一千三百万（最高方案）平方公尺……这个建设纲领的目的，在于增加工业工人的平均住宅面积，使在五年期内从五点六平方公尺增至六点九平方公尺（最低方案）或七点三平方公尺（最高方案）”。参见：苏联第一个五年国民经济建设计划［M］// 苏联国民经济建设计划文件汇编——第一个五年计划 . 北京：人民出版社，1955：164.

就“一五”计划的实施情况而言，“在过去 5 年［1926 ~ 1930 年］中，我们在全苏联建造新住宅的事业中就已投资 35 亿卢布，建造了 3000 万平方公尺面积的住宅。到 1931 年就有约 100 万户工人搬进这些新住宅居住……在工人阶级住宅区中，都已增加了电车、自来水和下水道的设备”。参见：莫斯科和苏联其他城市的社会主义改造——卡冈诺维奇在 1931 年 6 月苏联共产党（布）中央委员会全体会议的报告［M］// 苏联城市建设问题 . 程应铨译 . 上海：龙门联合书局，1954：4.

《1931 年卡冈报告》指出："今天任何一个资本主义国家的市政建设工作都披上'民主'的外衣了。即使资产阶级曾经做过一点点改善工人住宅区的工作，那也不过是为了他们自己的利益而被迫如此的。譬如城市中的传染病是会蔓延到资产阶级的居住地区的"，"至于城市管理只不过是一种对工人阶级进行额外剥削的手段而已"，"工人阶级只能居住在最悲惨的环境中。"① 而"毫无疑问，在我们的城市建设和城市管理的工作中，基本上是有着完全相反的政策"，"在苏维埃国家里，住宅区早就社会化了，它们已是完完全全为工人阶级服务的了"，"对于我们，管理城市的唯一目的是给予工人阶级以可能的和最好的公用设施，为工人们生活的地区进行最好的和可能的改善。"② 报告充满激情地宣告："自从十月革命那一刻起，当我们打退了资产阶级并使生产资料社会化的那一刻开始，我们的城市就已经是社会主义的城市了"③，"从工人阶级生活上日益增加的需要的观点上来看，我们已做的工作虽然远嫌不足，但让那些资产阶级的诽谤者们瞧瞧吧：在欧洲，只有这么一个国家在短短的 5 年间进行了那么大规模的住宅建设。"④

1934 年 1 月 26 日，在联共（布）第十七次代表大会上，斯大林也讲话指出："我国各大城市和工业中心底［的］面貌已经改变了。资产阶级国家各大城市不可避免的特征，就是那些破烂矮屋，即城郊一带的所谓工人住区，黑暗的潮湿的破落不堪的处所，大半都是地窖，那里的居民照例都是一些辗转于污泥中、埋怨厄运、吞声叫苦的穷人。在我们苏联，由于革命的结果，这种破烂矮屋已经绝迹，而由那些新建的美丽光亮的工人住区，往往比城市中心还要美观得多的工人住区代替了。"⑤

2）积极推动文化福利设施建设，加强对社会主义生活习惯的改造

《1931 年卡冈报告》指出："马克思和恩格斯……认为无产阶级取得政权后，人们会在社会主义社会的改造过程中体验到需要并创造每一种特殊的新的生活方式"；"我们的城市，无论是从它的社会政治的特点和趋势来看，还是从它中间的生产关系来看，无疑都是无产阶级的社会主义城市"，"我们必须在物质上和技术上担当起改造城市的任务，使得它们能适合新的生活情况和需要，适合社会主义时期的要求，适合在文化和政治上日渐增长的工农群众的需要。"⑥

所谓社会主义生活习惯的改造，妇女的解放是一重要指导思想。"社会主义城市必须保证广大劳动人民的文化的提高，保护劳动人民的身体健康，提高劳动生产率，并将妇女、女工从家务的枷锁中解放出来。"⑦《1931 年卡冈报告》指出："目前我们主要的任务是为工人建造住宅，但是我们必须建造一些可以做

① 莫斯科和苏联其他城市的社会主义改造——卡冈诺维奇在 1931 年 6 月苏联共产党（布）中央委员会全体会议的报告［M］// 苏联城市建设问题．程应铨译．上海：龙门联合书局，1954：4.

② 同上，1954：5.

③ 同上，1954：9.

④ 同上，1954：4.

⑤ 斯大林．在第十七次党代表大会上关于联共（布）中央工作的总结报告［M］．北京：人民出版社，1953：47.

⑥ 莫斯科和苏联其他城市的社会主义改造——卡冈诺维奇在 1931 年 6 月苏联共产党（布）中央委员会全体会议的报告［M］// 苏联城市建设问题．程应铨译．上海：龙门联合书局，1954：9.

⑦ 一九三一年联共（布）中央委员会六月会议的决议［M］// 苏联中央执行委员会附设共产主义研究院．城市建设．建筑工程部城市建设总局译．北京：建筑工程出版社，1955：161.

[作]为改变居住者的社会生活习惯的模范住宅”，“我们必须建造洗衣房和餐馆，并设立大规模的公共厨房、餐厅和咖啡馆系统。我们的餐馆必须建造得富丽堂皇，对工人及其家庭要富有吸引力。外国工人和他的家庭到咖啡店去，餐馆和沙龙以资产阶级文化来麻醉他们。我们必须为自己建设餐馆和咖啡馆，它们不但供应工人以良好的食物，而且要成为文化水平很高的社会主义的宏伟的建筑物。”①

此外，“社会主义社会生活习惯的改造不能只局限于厨房和餐馆的问题”，“儿童之家——托儿所和游戏场的创立，俱乐部的创立以及学校的改造都是‘文化革命’和旧人改造成新人过程中的一个环节”，“在建造新住宅时，我们必须要考虑到托儿所、幼儿园、游戏场、餐馆和洗衣房等公共设施，如果不是每家住宅都如此，最少每数家应考虑到有这些设备”②；“电车系统和自来水系统在工人的生活上和生产进行中都是很重要的项目，如在产煤地区，这些需要就更明显了，在大城市像莫斯科也是如此。要是工厂附近没有住宅，而电车又不便当，那么，工人一早起来就得在路上花费掉好多时间，而当他跑进工厂时，他已经精[筋]疲力尽了。”③

3）促进生产力发展和新城市建设的相对均衡布局，努力消灭城市与乡村之间的对立

《1931年卡冈报告》提出，“在资本主义制度下，城市的发展是很混乱的，正如他们在工业方面是毫无计划的混乱发展一样。资本主义国家的城市反映出资本主义的本质和发展规律；反映了那良好的和进步的特点，同时也反映了不良的特点和衰退的因素。当它们发展到帝国主义阶段，这些不良的特点和因素表现得特别突出。”④与此不同，“苏联城市发展的道路和资本主义的城市是完全相反的”，“我们社会主义城市发展方向的特点是：生产力的适当分布和全国自然资源、动力、原料的充分使用，引导我们走向消灭城乡对立的道路；那就是在从前那些没有工业的、落后的、野蛮的地区，发展现代化的工厂并创造高度的社会主义城市文化。”⑤

为了促进生产力的相对均衡布局和消灭城乡之间的对立，苏联在城市发展方面所采取的一项重要方针，即在落后和边远地区加强城市建设。《1931年卡冈报告》指出：“我们的任务不仅仅是改进并基本上重建我们城市中的各种设施，如住宅、自来水、下水道、运输等等，同时还有更巨大的任务，那就是列宁所说的在遥远偏僻野蛮的地区建设许多新城市”，“除了在工业中心出现了许多新城市外，我们也有由于大规模的社会主义农业建设而出现的新城市。成千的大型苏维埃农场和集体农庄和成万的机器拖拉机站变成了农业地区中新城市的基础，因为这些农业地区正在‘自觉地应用科学和集体的劳动联合’的基础上不断地改变中”，“我们的目的是消灭城乡对立，不是消灭城市，而是改造城市与从事农村社会主义建设，提高农村的文化使其达到城市的水平。”⑥

---

① 莫斯科和苏联其他城市的社会主义改造——卡冈诺维奇在1931年6月苏联共产党（布）中央委员会全体会议的报告[M]// 苏联城市建设问题. 程应铨译. 上海：龙门联合书局，1954：10.
② 同上，1954：9-11.
③ 同上，1954：7.
④ 同上，1954：15-16.
⑤ 同上，1954：16-17.
⑥ 同上，1954：20-21.

就城市建设的相对均衡布局而言，对不同规模城市的发展方针是一项不可或缺的内容。《1931 年卡冈报告》指出："在全国范围内，有系统的工业分布和'新的人口分布'（列宁语）可以避免人口过度集中于大城市的毛病，扬弃那些在城市大小上'赶上甚至超过资本主义国家'的想法，这种想法要我们的城市的大小和居民的数目赶上并超过资本主义国家"，"为了改造我们的城市，我们必须学习外国比较进步的城市建设技术，但是在城市大小的问题上，我们却要走与资本主义不同的路线"，"我们决不要像资本主义国家的大城市如纽约和伦敦那样的将大量人口集中在小块地面上。"①《1931 年全会决议》进一步明确："中央委员会全体会议认为大量的企业集聚在现今的大城市中心是不合理的，因此建议今后不应在大城市中建设新工业企业，首先是从一九三二年起不应在莫斯科和列宁格勒建设新工业企业。"②

就城市均衡布局的实现途径而言，除了分散布置新企业、广泛建设中小企业以外，还包括"电气化"铁路网建设，加强各类企业合作、促进经济综合发展，燃料、电力、国防工业等分布与地方资源相结合，在各部门均衡发展相关企业，促进东部和远东的经济发展等。这些指导思想在苏联得到了长期的坚持，如 1939 年 3 月召开的联共（布）第十八次代表大会即再次申明："在第三个五年计划中，在苏联各地区分布新建设时，必须根据工业接近原料产地和消费地区的原则进行，其目的在于消灭不合理的和过度长距离的运输，以及进一步提高苏联过去那些在经济上落后的地区"，同时强调"在最大的城市中——不仅在莫斯科和列宁格勒，而且也在基辅、哈尔柯夫、罗斯托夫、高尔基和斯维尔德洛夫斯克——禁止建设新工业企业。"③

8.3　莫斯科改建规划：苏联"社会主义城市"规划建设的经典范例

《1931 年卡冈报告》指出："城市规划是个重大的问题。我们在这方面的科学知识是很有限的；我们这门学科是不高明的。革命后，我们在实际生活各方面的马克思主义的研究上都得到了很大的成绩，但在建筑或城市规划的范围内，我们仅仅碰到问题的边缘"，"科学的城市规划不仅仅是一个抽象的理论问题，它是一个重大的实际问题。以莫斯科为例，我们所拟定的关于建筑 50 万人的住宅及自来水、电车和地下铁道系统等巨大计划必须在一个统一的总计划中联系起来，我们必须明确在什么地方建造和如何建造的问题。"④《1931 年全会决议》中也明确指示："中央委员会全体会议认为，莫斯科没有一个五年的经济发展计划是不合适的。如没有一个建设总计划，莫斯科的建设将会产生混乱现象"，因此，"必须拟定一个认真

---

① 莫斯科和苏联其他城市的社会主义改造——卡冈诺维奇在 1931 年 6 月苏联共产党（布）中央委员会全体会议的报告［M］// 苏联城市建设问题 . 程应铨译 . 上海：龙门联合书局，1954：15.

② 一九三一年联共（布）中央委员会六月会议的决议［M］// 苏联中央执行委员会附设共产主义研究院 . 城市建设 . 建筑工程部城市建设总局译 . 北京：建筑工程出版社，1955：161.

③ B · L · 大维多维奇 . 城市规划：工程经济基础（上册）［M］. 程应铨译 . 北京：高等教育出版社，1955：26–27.

④ 莫斯科和苏联其他城市的社会主义改造——卡冈诺维奇在 1931 年 6 月苏联共产党（布）中央委员会全体会议的报告［M］// 苏联城市建设问题 . 程应铨译 . 上海：龙门联合书局，1954：12–14.

的、科学的、技术的和经济的发展莫斯科市政建设的计划，同时为了适应工业和人口的迅速增长，拟定实现计划的办法，将莫斯科计划成为无产阶级国家的社会主义首都。”[①] 由此，首都莫斯科的改建规划工作受到空前重视。

8.3.1 莫斯科改建规划工作情况

1931 年 6 月的联共（布）中央全会之后，莫斯科当局即遵照本次全会的有关指示，广泛开展了莫斯科的规划工作，并于 1932 年前后组织了关于《莫斯科改建总体规划》（又译《莫斯科改建总计划》）的设计竞赛[②]，大量建筑师和城市规划师，如 L·柯布西耶、M·金斯堡（Mosei Ginzburg）等均提交了设计方案。

1932 年，联共（布）莫斯科省委员会讨论莫斯科改建总体规划的相关问题，卡冈诺维奇在会上作《莫斯科布尔什维克为胜利完成五年计划而斗争》的报告（以下简称《1932 年卡冈报告》），阐述了莫斯科改建总体规划的指导思想和具体内容。联共（布）莫斯科省委员会和市委员会、莫斯科省执行委员会和市执行委员会主席团还曾召开联席会议讨论莫斯科改建有关问题，并通过《关于改善和发展莫斯科市政建设的实际措施》的决议[③]（以下简称《莫斯科市政决议》），该决议得到联共（布）中央委员会的基本同意。

经过两年左右的紧张工作，改建莫斯科的总体规划于 1935 年编制完成（彩图 8-2~ 彩图 8-5）。1935 年 7 月 10 日，苏联人民委员会和联共（布）中央委员会通过了《关于改建莫斯科的总体规划》的决议（以下简称《改建莫斯科决议》）。在前言部分，决议首先指出：“多少年来，莫斯科一直是自流地发展着的。街道狭窄、弯曲，街坊为无数街巷和死胡同所切断，城市中的建筑呈不平衡状态，市中心满是仓库和小的企业，破旧而低矮的房屋住着过多的人，工厂企业和铁路运输等的分布是混乱的，这一切都妨碍蓬勃发展着的城市的正常生活，特别是妨碍城市的交通。”[④] 在 1931 年联共（布）中央全会后莫斯科城市建设方面的各项工作进行总结的基础上，决议从“莫斯科市的规划”和“莫斯科市市政建设和改造”两个主要方面强调了改建莫斯科的指导思想、规划内容和具体措施。

其中，“莫斯科市的规划”共 16 条内容，包括发展定位与规模、用地扩展、市郊备用地与防护绿带、环城运河、街道与广场、居住街区、文化服务设施，以及污染企业、铁路与仓库的搬迁改建等 8 个主要方面的内容。[⑤]“莫斯科市市政建设和改造”部分则对住宅、旅馆、车辆、路面与下水道、桥梁、引水工程、自来水站、排水设施、供热、供气、地下管线、校舍、医院、文化机构、商贸与副食设施、拆迁机动房建设以及仓库搬迁等进行了详细规定，并明确了规划实施、建筑规章制度、计划安排及拨款等有关事项。[⑥]

---

① 苏联共产党（布）中央委员会关于卡冈诺维奇同志报告的决议［M］// 苏联城市建设问题 . 程应铨译 . 上海：龙门联合书局，1954：32-37.

② H·贝林金 . 斯大林的城市建设原则［M］// 苏联城市建设问题 . 程应铨译 . 上海：龙门联合书局，1954：45.

③ 该决议的具体日期不详，其部分内容可见：苏联中央执行委员会附设共产主义研究院 . 城市建设［M］. 建筑工程部城市建设总局译 . 北京：建筑工程出版社，1955：197-198.

④ 转引自：H·贝林金 . 斯大林的城市建设原则［M］// 苏联城市建设问题 . 程应铨译 . 上海：龙门联合书局，1954：43-44.

⑤ Генеральный план реконструкции города Москвы［M］. Московский：Московский рабочий，1936：3-13.

⑥ 同上，1936：13-20.

《改建莫斯科决议》"充分地反映了社会主义城市建设的原则","成为根据社会主义原则建设和改建苏联首都的具体行动纲领。"①

8.3.2 莫斯科改建规划的主要内容

在莫斯科改建工作过程中，上文所提及的"社会主义城市"建设思想中有关控制大城市规模的原则得到了积极的贯彻。《1932年卡冈报告》指出："在莫斯科停止继续进行工业建设，这就自然地制止像到目前为止的人口大量的增加（每年增加百分之六—百分之十二），这就为城市的增长和变为一个巨型城市的可能性加以限制。莫斯科基本上可预计发展为五百万人口的城市。"②《改建莫斯科决议》明确指示："在确定莫斯科市区规模和进行市区规划时，要以联共（布）中央1931年的决议为出发点，该决议提出，不宜建造特大城市，不宜在现有的大城市中心安置大量企业，不准在莫斯科继续建造新的工业企业"，"根据这一原则，要限制莫斯科的发展，把大约500万人口和为500万人口生活文化需要进行完善的服务（住宅、城市运输、供水、排污、学校、医院、商店、食堂等等）作为莫斯科市区发展的依据。"③进一步讨论，莫斯科改建规划的主要原则可具体归纳为如下3个方面。

1）尊重城市发展的历史基础，以务实而积极的态度推进既有城市的改建

如果说第8.2.2小节3个方面是对苏联城市建设具有普遍指导意义的宏观政策，那么接下来的几项指导思想则更加突出地体现为对莫斯科这一首都城市改建工作的具体针对性。在"莫斯科改建总体规划"方案征集过程中，既有在莫斯科城以外另建新城市的设想方案，也有提出对莫斯科城进行彻底性改造的建议方案（图8–7），而实际上，这两类较为激进的设计方案均未获得官方的认可。《1932年卡冈报告》指出："首先我们应该反对两种极端倾向：一方面是保守主义，企图将莫斯科圈在甲和乙两个环状路的范围内，保持其旧样子，以便把所有的新建筑物都修在现有的市区之外，或者在郊区；而另一方面，有些建筑师，特别是激进分子所表现的意图，他们不考虑城市现状，以及其建筑物和街道，企图一定要'坚决地''革命地'解决改建莫斯科的问题。他们为了建立新的街道系统，而不考虑历史上形成的城市。"④卡冈诺维奇提出："我们应该善于结合历史上形成的城市来处理改变莫斯科旧面貌的问题，必须指出，如果能更深入地、更详细地了解一下实际情况，不用彻底拆毁旧城，就可以将莫斯科的放射式街道和环行路改成统一的中央环状放射式的街道系统。不但如此，还可以把很多胡同并到系统统一的街道和环行路。"⑤

---

① B·B·巴布洛夫等．城市规划与修建［M］．都市规划委员会翻译组译．北京：建筑工程出版社，1959：10.

② 卡冈诺维奇．莫斯科布尔什维克为胜利完成五年计划而斗争（1932年）［M］// 苏联中央执行委员会附设共产主义研究院．城市建设．建筑工程部城市建设总局译．北京：建筑工程出版社，1955：193–197.

③ 苏联人民委员会和联共（布）中央决议：关于改建莫斯科的总体计划（1935年7月10日）[M]．苏联共产党和苏联政府经济问题决议汇编（第二卷）(1929–1940)．北京：中国人民大学出版社，1987：592–593.

④ 卡冈诺维奇．莫斯科布尔什维克为胜利完成五年计划而斗争（1932年）［M］// 苏联中央执行委员会附设共产主义研究院．城市建设．建筑工程部城市建设总局译．北京：建筑工程出版社，1955：193–197.

⑤ 同上，1955：193–197.

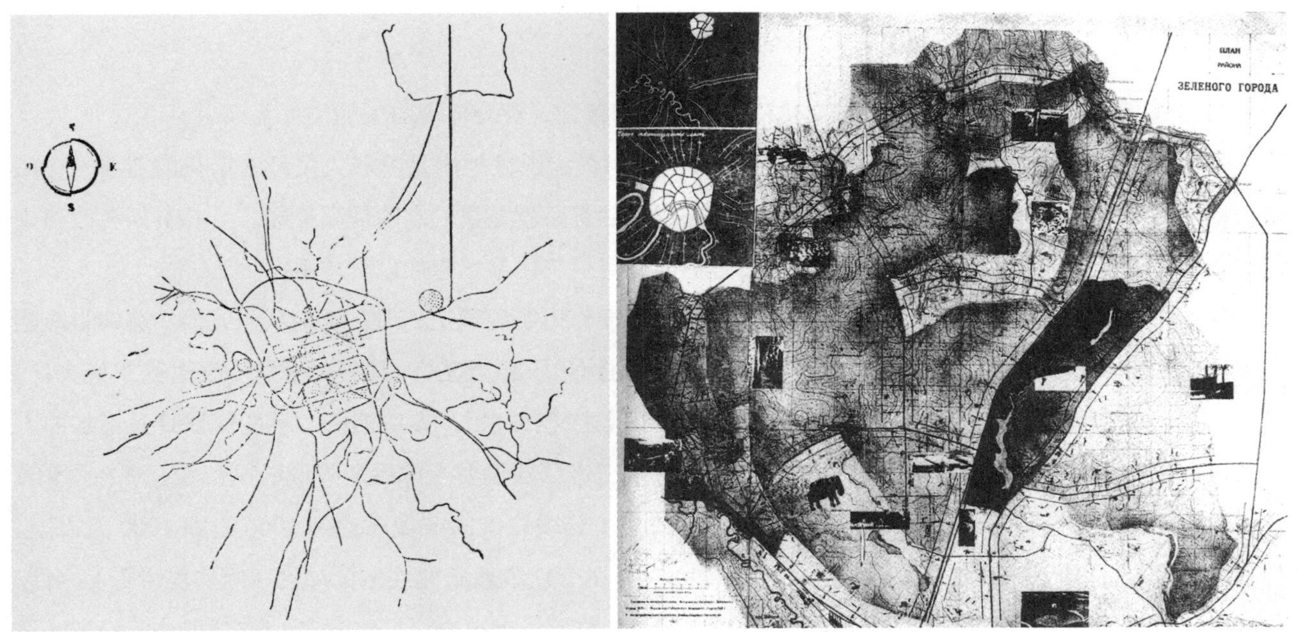

图 8-7　莫斯科改建征集的设计方案

左图为现代主义者 L·柯布西耶提交的设计方案，它展示了功能分区和运动轴线的设置，就好像城市生理肌体的一张切片；右图为反城市主义者 M·金斯堡提交的方案，方案将所有人口和工厂迁出莫斯科，旧城作为由公园环绕的行政中心。

资料来源：[1][法] L·柯布西耶．光辉城市 [M]．金秋野，王又佳译．北京：中国建筑工业出版社，2011：286-289.[2] http://www.oginoknauss.org/blog/?p=3034

1935 年的《改建莫斯科决议》明确指示："联共（布）中央和苏联人民委员会不同意把莫斯科作为古城博物馆保存下来而在莫斯科外面建造一个新城市的方案，也不同意毁掉现在的莫斯科市［而］按照全新的计划原地建市的意见"，"联共（布）中央和苏联人民委员会认为，在确定莫斯科的建设计划时，必须立足于保留这个在历史上形成起来的城市的基础，但要坚决整顿街道和广场网络，进行彻底的再规划［改建］"，"实行再规划［改建］的重要条件是：正确配置住房、工业、铁路和仓库，引水入市，疏松和合理组织住区，为市民创造正常的良好的生活条件。"① 这一决议"给予那些形式主义的和空洞无物的建议，给予 1932 年举行的竞赛设计草案中对改建莫斯科工作的偏向和曲解以决定性的打击。"②

苏联建筑科学院通讯院士 H·贝林金指出，关于《莫斯科改建总体规划》的决议"提出保留历史上形成的城市计划结构，指出必须对城市的民族特点及其建筑传统采取尊敬和爱护的态度，因为它们反映了俄罗斯国家许多世纪来的历史"，"同时要求改正它所有的缺点，使它完全适合现代城市在卫生、便利、美观方面的要求，为劳动人民创造最优良的居住条件"；"这个原则将建筑艺术中特别是城市建设中的优良传统与改造活动相结合的复杂问题作了辩证的解决"，"这个原则也成为建筑艺术的现实主义原则，同时继承了我们党的总路线，这个总路线经常要求我们与形式主义、脱离实际的作风和恶意宣传作无情的斗争。"③

① 苏联人民委员会和联共（布）中央决议：关于改建莫斯科的总体计划（1935 年 7 月 10 日）[M]．苏联共产党和苏联政府经济问题决议汇编（第二卷）(1929-1940)．北京：中国人民大学出版社，1987：592.

② H·贝林金．斯大林的城市建设原则 [M] // 苏联城市建设问题．程应铨译．上海：龙门联合书局，1954：45.

③ 同上，1954：42-53.

2）为居民的劳动、生活、休息和文化活动创造良好条件，充分体现对人的关怀

对人的关怀是斯大林所强调的一句名言："我们党对最大限度地满足苏联人民经常增长的需要，今后也仍将予以不倦的关怀，因为苏联人的幸福和苏联人民的繁荣就是我们党的最高准绳。"[①] 在莫斯科改建规划工作中，通过土地合理利用和"扩大街坊"等措施，对这一指导思想加以具体落实。

尽管《改建莫斯科决议》已对限制莫斯科的人口规模作出明确规定，但在土地利用方面，莫斯科改建仍强调以人口的合理分布为基本出发点，并对城市用地作出了相当充裕的扩充安排。《改建莫斯科决议》指出："鉴于莫斯科现有市区（2.85 万公顷）的个别区域建筑物过密，人口拥挤，不能保证日益增加的人口的正常分布，有必要逐步将市区扩大到 6 万公顷"[②]；"市区建设要考虑逐渐降低居民密度。现在虽然 1 公顷住区的平均密度是 350 人，但在花园环形路一带，1 公顷住区的密度已达到 1000 人和 1000 人以上。将来的密度要做到全市均衡，达到每公顷住区 400 人。在个别最适于建住宅的城区（例如堤岸街），可以加高楼层，每公顷住区的居民密度允许达到 500 人。"[③]《莫斯科市政决议》也强调："在开展公共设施、住宅、上下水道等建设时，应根据不再继续往市中心集中居民的愿望进行，而把居民平均分布于全市各个地区，适当地设置上下水道等网道，进行城市的福利设施工作"[④]（图 8–8）。

健康、卫生的原则是实现土地合理利用的一个重要方面。《改建莫斯科决议》要求："为了正确地安排莫斯科市的市区和保证居民有健康生活的条件，将所有易发生火灾和有碍卫生的企业以及座［坐］落地点妨碍城市街道和广场规划的个别企业（大部分是小企业）逐步迁出莫斯科市"，"将莫斯科市内的铁路编组站、技术站和沿线仓库逐步迁出市区。"[⑤] 不仅如此，"总体计划中为城市建设标出的全部市郊土地都划给莫斯科市作为后备土地……在这一区域的外面营造宽达 10 公里的园林防护带。防护带由等距离大片林区组成，从郊区林区开始营造，用作城市净化空气的储藏库和市民的休养场所。着手将这些大片林区用绿化带同市中心联结起来，走向是：（1）索科尔尼基和伊兹麦洛沃林区——雅乌扎河河岸；（2）列宁山和高尔基公园——莫斯科河堤岸；（3）从奥斯坦基诺林区到萨莫焦卡和涅格林大街。除大片林区外，要着手营造新的区级公园和街心绿地。"[⑥]

针对量大面广的住房建设，《改建莫斯科决议》明确提出了"扩大街坊"的住区建设原则："为了合理分布全市 500 万人口和合理组织住区，莫斯科市建设和居住应遵守如下基本原则：（1）在规划和建设新的莫斯科街区以及再规划［改造］现有街区时，消灭小房屋密集（占 50% ~ 60%）、被一条条与大干线相交

---

① 阿・库滋涅佐夫．恢复俄罗斯苏维埃联邦社会主义共和国城市的创作总结［J］．程应铨译．建筑学报，1954（1）：14–28.

② 苏联人民委员会和联共（布）中央决议：关于改建莫斯科的总体计划（1935 年 7 月 10 日）［M］．苏联共产党和苏联政府经济问题决议汇编（第二卷）(1929–1940)．北京：中国人民大学出版社，1987：593.

③ 同上，1987：599.

④ 联共（布）莫斯科省委员会和市委员会、莫斯科省执行委员会和市执行委员会主席团．关于改善和发展莫斯科市政建设的实际措施的决议［M］// 苏联中央执行委员会附设共产主义研究院．城市建设．建筑工程部城市建设总局译．北京：建筑工程出版社，1955：197–198.

⑤ 苏联人民委员会和联共（布）中央决议：关于改建莫斯科的总体计划（1935 年 7 月 10 日）［M］．苏联共产党和苏联政府经济问题决议汇编（第二卷）(1929–1940)．北京：中国人民大学出版社，1987：599.

⑥ 同上，1987：594.

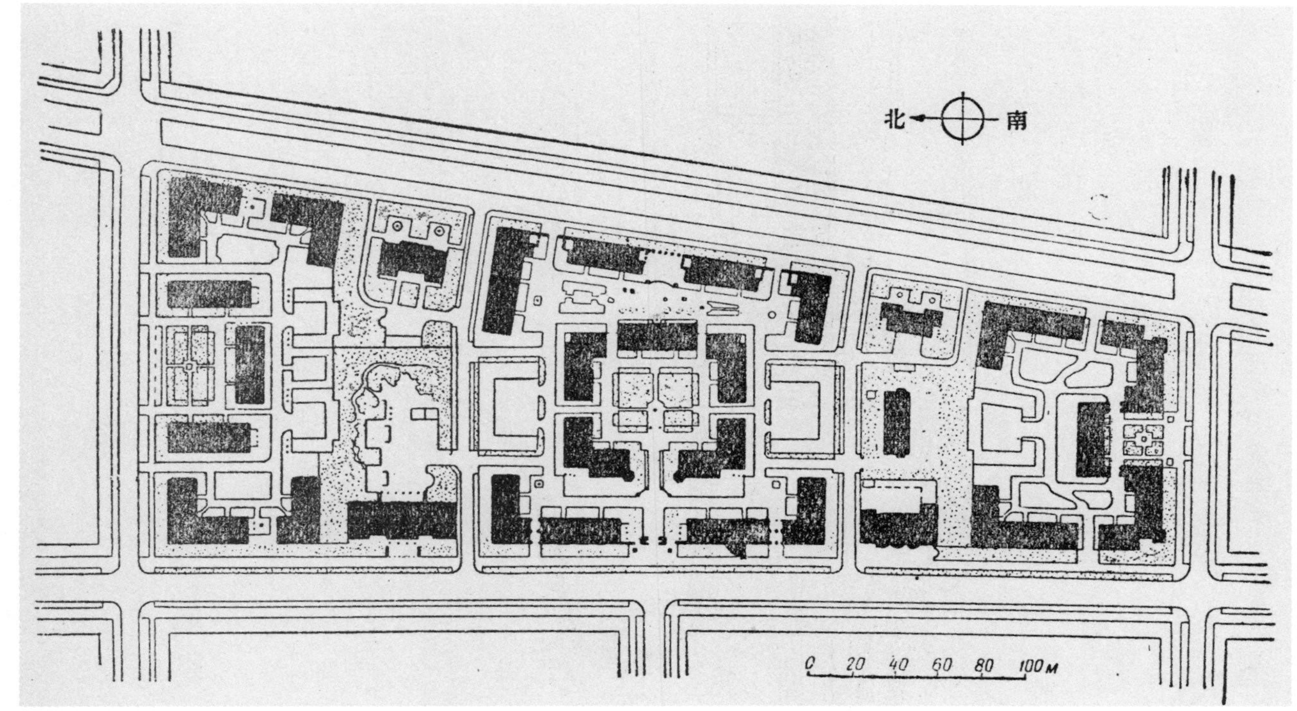

图 8-8 莫斯科柳勃利诺城低层街坊建筑平面图
资料来源：B·B·巴布洛夫等．城市规划与修建［M］．都市规划委员会翻译组译．北京：建筑工程出版社，1959：173.

错的小胡同所切割的 1.5 ~ 2 公顷的小住区，建设 9 ~ 15 公顷的大住区”，“联共（布）中央和苏联人民委员会认为，学校、诊疗所、食堂、幼儿园、托儿所、剧院、电影院、俱乐部、医院、体育场等文化生活服务单位应位于许多街区的中心地方，使之不是为一个而是为几十个楼房的居民服务。”① H·贝林金认为，“扩大街坊的思想可以解决三个重要的问题：(一) 保证有足够的空地面积，如小公园、儿童游戏场、停车场和运动场等所需要的面积，以适应居民日常生活的需要，并保持适当的人口密度；(二) 减少支路与干路的交叉路口，增加行人安全，便利交通；(三) 建立为劳动人民服务的具有文化生活设施的住宅区”②，“这个理想是要消灭现代城市的技术条件与居民生活要求之间的矛盾。街坊的建设是关于苏维埃城市建设中的有机部分，它保证满足全体居民的生活要求，同时为发展城市街道［、］广场［、］滨河路的艺术构图创造了可能性”③（图 8-9、图 8-10）。

3）加强城市整体建筑艺术的设计和塑造，充分表现社会主义时代的伟大和美丽

关于建设美丽的城市的学说是苏联城市建设中的重要理论原则之一。《改建莫斯科决议》中明确：“苏联人民委员会和联共（布）中央强调指出，莫斯科市党政组织的任务并不在于在形式上完成莫斯科市的改

① 苏联人民委员会和联共（布）中央决议：关于改建莫斯科的总体计划（1935 年 7 月 10 日）[M]. 苏联共产党和苏联政府经济问题决议汇编（第二卷）(1929–1940) . 北京：中国人民大学出版社，1987：598–599.

② H·贝林金 . 斯大林的城市建设原则［ M ］// 苏联城市建设问题 . 程应铨译 . 上海：龙门联合书局，1954：50.

③ 同上，1954：50–51.

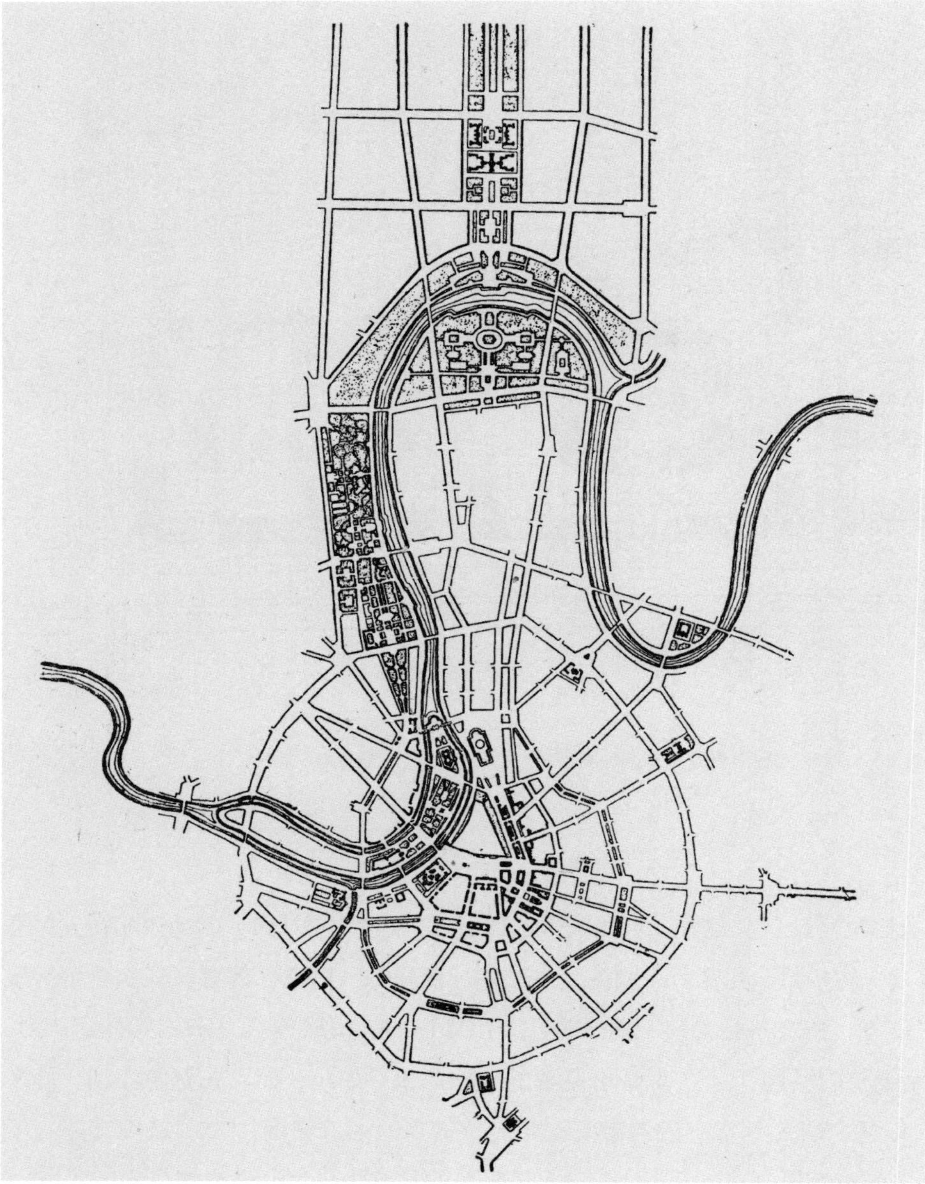

图 8-9　莫斯科市中心改建设计方案

资料来源：B·B·巴布洛夫等．城市规划与修建［M］．都市规划委员会翻译组译．北京：建筑工程出版社，1959：292．

图 8-10　莫斯科红场旧貌

资料来源：Генеральный план реконструкции города Москвы［М］. Московский：Московский рабочий，1936：97.

造计划，而是首先要为劳动人民建成高质量的建筑物，要使苏联首都的建设和首都建筑艺术景观完全表现出社会主义时代的伟大和社会主义时代的美”。①

苏联城市建设的这一原则，突出体现在街道和广场改造以及房屋建筑的艺术形式等方面（彩图 8–4）。《1932 年卡冈报告》指出：“我们城市规划带有原则性的基本方针，一直是，并且也应该是以下几点：（1）使日益增多的行人和车辆在街上易于通行，为居民本身创造最大限度的便利条件；（2）在建筑艺术上装饰城市，以美化城市；（3）保证居民生活上的卫生条件（绿地等）。”② 报告具体分析道：“如果从上空看一看莫斯科，就可以看到有十五条笔直的干道从市中心向四外放射”，“所有的放射式街道，在半路上都被各种性质的营造物所切断，笔直程度和宽度也不一样。它们在历史上是由城墙和土墙围起来的各段街道所形成的”；“交通频繁的新城市应该摆脱这种现象。主要干道应辟宽和展直，并拆除交通线上的小建筑物。这个工作应该马上就开始，划出加宽的红线，并禁止在红线外的地段进行建筑和上层的增建”，“所有这些整平和加宽的工程并不太大，就可使许多名称不同的街道合并为一个统一的干线。由此我们就可得出系统严整的放射式街道，这些街道从中心向外散射，并穿过所有的环行干线。”③

《1932 年卡冈报告》强调，“这个问题还包括整顿和利用莫斯科市一切混乱的次要街道、小巷及胡同”，“这个任务一定要配合消灭莫斯科广场少这一大缺点的工作进行。必须修建一系列的新广场，以及街心公园、新林荫路等绿地，同时也应该解决卫生问题。”④

就《改建莫斯科决议》而言，在其关于“莫斯科市的规划”这一部分的内容中，超过一半的篇幅是在论述街道与广场的有关问题，包括沿河堤岸大街、全市大街、新街道和调节性街道建设，中心广场、市区广场改造，交通环线和调节线路建设等多个方面。决议明确指示：“为了方便车辆和行人的交通，将现有的放射形和环形大干线拓直加宽，使宽度至少达到 30 ~ 40 米”，“把莫斯科河两边的堤岸建成莫斯科市的大干线，河堤用花岗岩铺砌，沿岸建起宽广的四通八达的街道”，“城市规划以历史形成的环形放射式街道为主，补充以新的街道，用以分担市中心的交通并能在各区之间建立直接的运输关系而不必穿越市中心区的大马路”；“将红场拓宽一倍，将诺金、捷尔任斯基、斯维尔德洛夫和革命等中心广场在 3 年之内改造完毕并形成它们的建筑景观”，“在 10 年内，开展三条贯通全市的大街的建设，办法是连接、拓直和加宽一些街道和小巷”，“除各中心广场外，还要改造一些市区广场并首先在这些广场建造有艺术观赏价值的建筑物。”⑤

---

① 苏联人民委员会和联共（布）中央决议：关于改建莫斯科的总体计划（1935 年 7 月 10 日）[M]. 苏联共产党和苏联政府经济问题决议汇编（第二卷）(1929 ~ 1940). 北京：中国人民大学出版社，1987：604.

② 卡冈诺维奇 . 莫斯科布尔什维克为胜利完成五年计划而斗争（1932 年）[M] // 苏联中央执行委员会附设共产主义研究院 . 城市建设 . 建筑工程部城市建设总局译 . 北京：建筑工程出版社，1955：193–197.

③ 同上，1955：193–197.

④ 同上，1955：193–197.

⑤ 苏联人民委员会和联共（布）中央决议：关于改建莫斯科的总体计划（1935 年 7 月 10 日）[M]. 苏联共产党和苏联政府经济问题决议汇编（第二卷）(1929–1940). 北京：中国人民大学出版社，1987：594–598.

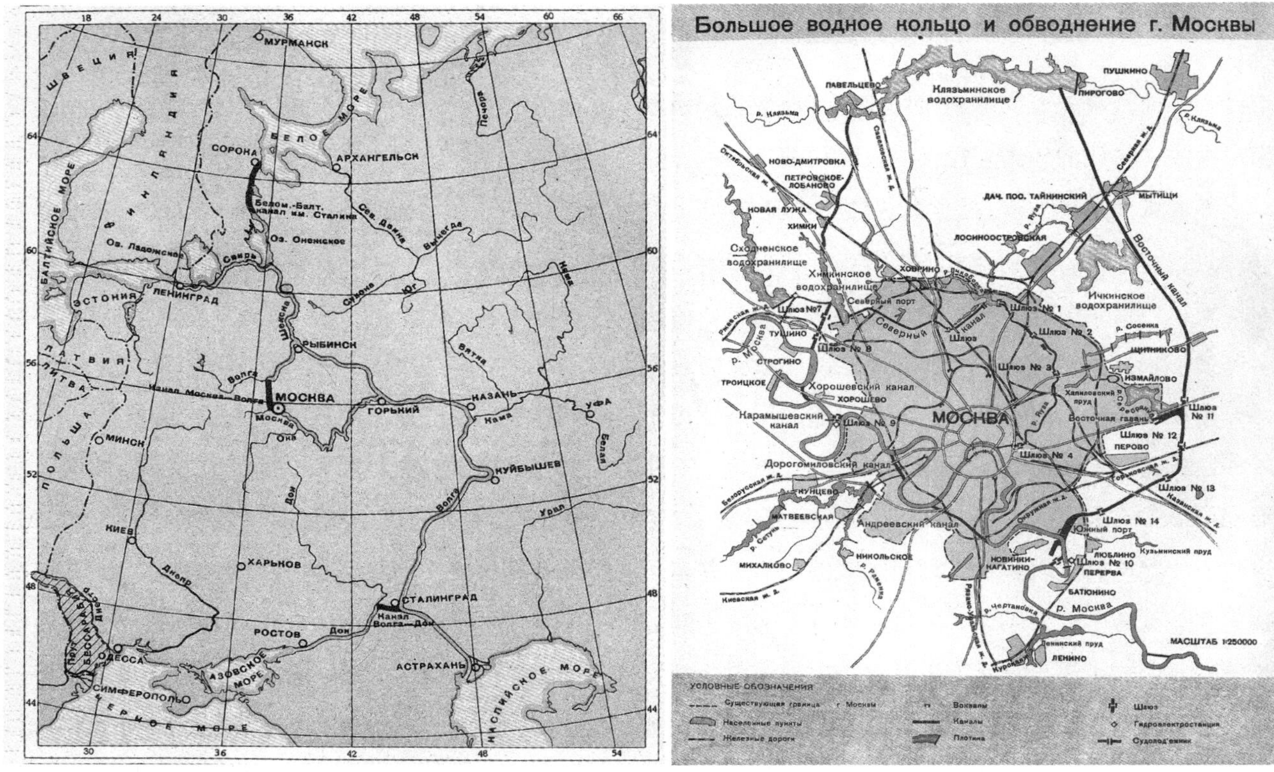

图 8–11　莫斯科运河系统建设示意图

注：左图为区域层面，右图为城市层面；黑色粗线表示主要的工程地段。资料来源：Генеральный план реконструкции города Москвы［M］. Московский：Московский рабочий，1936：75，83.

在莫斯科改建工作中，还首次开展了快速公共交通——地铁系统的建设（彩图 8–2）。莫斯科地铁第一期工程于 1932 年启动，共建两条线路，并于 1935 年 5 月正式开通，最早建成的车站以卡冈诺维奇的名字命名。莫斯科地铁已成为世界上规模最大的地铁系统之一，并被认为是世界上最漂亮的地铁。这一项目建设使“为居民本身创造最大限度的便利条件”的规划原则得到更充分的体现。

此外，莫斯科改建过程中还进行了运河系统的建设，将原本不经过莫斯科的伏尔加河引了过来，使莫斯科成为“通达五海①的城市”（图 8–11）。

在房屋建筑的艺术形式方面，《1932 年卡冈报告》指出：“房屋的建筑艺术形式问题，是有特别重要意义的。当然，现在我们是尽量修建房屋，以便尽快地满足对住宅的迫切需要，因而我们没有注意住宅、宫廷式建筑、机关建筑的建筑艺术问题。我们往往被迫匆匆忙忙地修建了某些不太大的、难看的房子；当然，我们所修建的基本上还是像样的大建筑物。不幸的是，这些大建筑物看不出什么建筑艺术形式，再过十年，可能就是五年，那时我们再看这些房子，就像我们现在看古老的房子一样了”，“如果我们拿出同样的力量，但是要更谨慎地、更热爱地对待建筑物，那么我们现在能够，而且应当是花同样多的钱，用同样

① 五海指波罗的海、黑海、白海、里海和亚速海。

的建筑材料，修建一些不仅能居住，而且还能美化城市的住宅"，"市中心必须适当地加以装饰，并减少过多的机关、仓库及商店。各区应该在经济上文化上为其全部居民服务而发展"，"应当拨出完整的地段，以便修建宫廷式建筑和新建筑物，而不要把新建筑抛得满城都是，应当美化城市，并使其建筑艺术性质彻底改变过来。"[①]

《改建莫斯科决议》指出："联共（布）中央和苏联人民委员会认为，在莫斯科市的全部再规划［改建］工作中，应当使广场、主要街道、堤岸和公园在建筑艺术上形成浑然一体的格局，在建造住宅楼和公用楼房时要运用古典建筑和新建筑艺术的优秀造型以及建筑技术的各项成就"，"莫斯科地形岗峦起伏，莫斯科河、雅乌扎河从莫斯科市区纵横流过，市内公园（列宁山、斯大林公园、索科尔尼基公园、奥斯坦基诺公园、希姆金水库所在地的波克罗夫 – 斯特列什涅沃公园）遍布，这一切可以把形形色色的各城区连成一片，建成一个真正的社会主义城市"[②]（彩图 8–5）。

在苏联强有力的政治经济体制的保障下，上述有关"社会主义城市"规划建设思想及莫斯科改建的基本原则得到了一定的落实。以城市均衡布局为例，在 1926 ~ 1939 年的 12 年时间内，苏联的城市中心数量从 834 个增加到 2370 个，增加了约 1.8 倍，其中总人口达 580 万的大量小城镇是在农村居民区的基础上发展而来；截至 1939 年时，彼得堡和莫斯科这两个城市的人口占全苏联城市人口的比重已从一战前夕的 19% 下降到 13%[③]（彩图 8–6、彩图 8–7）。

8.4　苏联城市规划工作的模式特征（1930 ~ 1940 年代）

8.4.1　苏联城市规划的发展情况

当我们把目光聚焦于苏联，其在城市规划方面的历史同样是相当悠久的。就近代而言，1703 年彼得一世开始规划建设彼得堡城，这一工作奠定了俄国城市规划事业的基础。[④] 18 世纪下半叶，叶卡杰林娜二世曾颁布法令，规定所有的城市都必须拟定规划方案，由她创立的"圣彼得堡和莫斯科城建设委员会"还拟定了除这两个城市之外的许多其他城市[⑤]的规划方案；尽管这些方案常常遭到破坏，它们还是在很大的程度上确定了这些城市的现代平面结构。[⑥] 1812 年，莫斯科在俄国人民反对拿破仑侵略的自卫战争中遭到大火烧毁，战后的"莫斯科重建委员会"领导了莫斯科的恢复重建和规划工作，由此新建起许多林荫大道、花园及美丽的房屋（彩图 8–8、彩图 8–9）。

---

① 冈诺维奇 . 莫斯科布尔什维克为胜利完成五年计划而斗争（1932 年）［ M ］// 苏联中央执行委员会附设共产主义研究院 . 城市建设 . 建筑工程部城市建设总局译 . 北京：建筑工程出版社，1955：193–197.

② 苏联人民委员会和联共（布）中央决议：关于改建莫斯科的总体计划（1935 年 7 月 10 日）［ M ］. 苏联共产党和苏联政府经济问题决议汇编（第二卷）（1929~1940）. 北京：中国人民大学出版社，1987：592.

③ B · L · 大维多维奇 . 城市规划：工程经济基础（上册）［ M ］. 程应铨译 . 北京：高等教育出版社，1955：20–30.

④ 同上，1955：17–18.

⑤ 如特维里、叶夫列莫夫、阿尔查玛斯、科斯特罗马、柳贝姆、格拉左夫、波哥列得斯克等。

⑥ B · L · 大维多维奇 . 城市规划：工程经济基础（上册）［ M ］. 程应铨译 . 北京：高等教育出版社，1955：20.

1922 年苏联正式成立后，城市规划工作得到空前的繁荣发展。在 1930 年代前后，除了首都莫斯科的改建规划外，苏联还开展了大量其他各类城市的规划工作。如在“一五”计划时期，开展了列宁格勒、玛格力托哥尔斯克、库滋涅次克（斯大林斯克）、查波罗什、罗斯托夫和高尔基等城市的规划工作；“二五”计划时期，拟定了数百个城市的规划方案，研究了阿普雪朗斯基半岛、顿巴斯煤区、克里木南海岸的区域规划要图；“三五”计划期间，城市规划工作得到进一步拓展，并在经济问题方面有所改进[①]（彩图 8-10）。

8.4.2 城市规划工作的模式特征

在这些为数众多的规划实践过程中，苏联的城市规划活动逐渐走向成熟，并形成一些与欧美国家相比而具有一定自身特色的模式特征。

1）与国民经济计划相配合，突出的计划性

“在苏联，决定城市发展的因素不是市场，而是有计划的工业的发展，在全国范围内大规模的社会主义经济的生长和全国生产力有系统的发展和分布。”[②]“城市规划是国民经济计划——生产力的均衡分布——工作的继续部分。按照国民经济计划，在这个或那个地区计划新的建设，发展或恢复工业、交通、行政文化机构、住宅、公用事业等等。在城市规划方案中拟定这些物质要素的布置，使它们之间取得有机的联系，保证它们有协调发展的可能性和对居民生活条件的改善。”[③]“苏联城市的‘总平面图’具有国家文件的意义，而且是必须按照它来实现的。因此，如果没有正确地确定城市的用途和它在国内分布生产力的系统中的位置以及它在国民经济中的意义，城市‘总平面图’是不可能正确地拟制的。”[④]

苏联城市规划活动的这一根本属性，决定了其与欧美等国家不同的一些运作情形。“在资本主义国家，城市规划方案的拟定和实现是跟许多无法克服的阻碍（国家或个别城市经济发展的无计划、土地私有、资本家不同的利益等）直接冲突的”，“资本主义国家的城市规划，虽然为了资本家的利益企图来控制城市的混乱发展，但由于与资本主义关系的混乱状态和矛盾发生冲突，因而是软弱无力的”[⑤]，“各资本主义国家的计划，则有的成为纸上空文，有的由于不能克服土地私有者的‘自由把戏’，把计划上指定做［作］为公用土地的地价漫无限制的提高，以致不能按计划实行建设。”[⑥]而在苏联，由于土地私有制的废除以及计划经济的实行，“一切都是要服从公共利益的，合理的规划决不会受到任何阻碍。因此建设新的城市与改建旧有的城市或恢复被破坏的城市，是完全可能的。”[⑦]

不可否认，由于苏联城市规划工作的计划性及相应的体制保障，为城市规划的实施创造了有利条件。

---

① B · L · 大维多维奇 . 城市规划：工程经济基础（上册）[M] . 程应铨译 . 北京：高等教育出版社，1955：3，16–18，20，34–35，344–348.

② 莫斯科和苏联其他城市的社会主义改造——卡冈诺维奇在 1931 年 6 月苏联共产党（布）中央委员会全体会议的报告 [M] // 苏联城市建设问题 . 程应铨译 . 上海：龙门联合书局，1954：16–17.

③ B · L · 大维多维奇 . 城市规划：工程经济基础（上册）[M] . 程应铨译 . 北京：高等教育出版社，1955：3.

④ A · A · 阿凡钦柯 . 苏联城市建设原理讲义（上册）[M] . 刘景鹤译 . 北京：高等教育出版社，1957：51.

⑤ B · L · 大维多维奇 . 城市规划：工程经济基础（上册）[M] . 程应铨译 . 北京：高等教育出版社，1955：16–17.

⑥ 雅 · 普 · 列甫琴柯 . 城市规划：技术经济指标和计算（原著 1947 年版）[M] . 刘宗唐译 . 北京：时代出版社，1953：3–4.

⑦ 同上 .

以莫斯科改建为例，《改建莫斯科决议》中即有对各项建筑工程的设计审查、施工和监督等严格程序的明确规定[①]；1934年，在克里姆林宫召开的关于莫斯科改建的会议[②]上，斯大林也曾明确指示："必须按照严谨的计划进行建设。任何人企图违反这个计划的话，就必须要他守规矩。对待反国家的倾向需要严厉的手段，需要坚强巩固的组织，需要严格的纪律。准确地规定的街道和广场计划，应该是不可违反的计划。"[③]

2）遵循"工业城市"理论和"劳动平衡"法，明确一系列具有标准规范性质的规划定额指标体系

"在苏联城市的发展中起着主导作用的是工业，工业是组织核心，围绕着它才产生国民经济及文化的其他部门。"[④]从苏联城镇化发展的特点来看，鲜明地表现为以一个或多个大型的生产基地为基础来建立起来的新型工业城市，如汽车工业城市陶里亚蒂、聂伯罗德尼、采思，石油化工城安加尔斯克、新波罗斯克以及科学城新西伯利亚等。更有西方学者直截了当地指出："城市是社会主义大生产的主战场，一切围绕工业生产而规划。所有的社会主义城市都是工业城市，或者简单的说就是一个大企业。"[⑤]特殊的体制和城市发展理论也就决定了城市规划的指导思想和理论基础：城市被看作是布置国家生产力的基地；工业是城市发展的主要因素和动力；城市的生活设施是因工业发展而建设的，也是为工业生产服务的；各种设施的规划和建设标准由国家制订；城市规划的主要任务是在空间上安排或布置好这些要素；选定适当标准，搞好规划布局等。[⑥]

除了工业项目这一主导因素之外，人口是苏联城市规划工作中的另一核心要素。苏联对城市人口的重视，是以对城市发展规律及其类型划分的科学认识为基础的："规划的任务就是要从城市对现代化设备的要求（应广义的了解这个名词）观点上来决定各组大中小城市的共同性，以便研究各组城市的类型，标准及规定等"[⑦]；"所有一般性的分类方案，都不可能包括这个复杂的社会有机体的城市所具有的多方面的特点"，"就城市分类说来，一个主导而且往往具有综合意义的特征，还是将来的人口数量"[⑧]（图8-22）。"根据人口数字，可以确定：（一）住宅所必须的用地面积，以及拨作企业及服务性质的机关所必需的用地面积；（二）一切文化福利机关的容纳能力；（三）城市技术设备和公用设施一切部分的组成及能力"，"决定未来的人口数字，是制定规划及建筑设计必要的先决条件。"[⑨]

---

① 《改建莫斯科决议》明确指出："为了在莫斯科的建设和规划中确保严格的纪律并使市区的建设完全符合批准的总体计划：（1）莫斯科市区内和市区外的后备区域（无论其隶属关系如何）的建筑工程必须经莫斯科市苏维埃主席团批准，并在它的监督下准确遵守莫斯科市苏维埃的各项要求，方可施工。（2）莫斯科市区内的任何建设，都必须在莫斯科市苏维埃批准或同意建筑计划和此项工程的建筑艺术方案之后，才能施工"。参见：苏联人民委员会和联共（布）中央决议：关于改建莫斯科的总体计划（1935年7月10日）[M].苏联共产党和苏联政府经济问题决议汇编（第二卷）(1929-1940).北京：中国人民大学出版社，1987：604.

② A·A·阿凡钦柯.苏联城市建设原理讲义（上册）[M].刘景鹤译.北京：高等教育出版社，1957：94-95.

③ 阿·库滋涅佐夫.恢复俄罗斯苏维埃联邦社会主义共和国城市的创作总结[J].程应铨译.建筑学报，1954（1）：14-28.

④ 雅·普·列甫琴柯.城市规划：技术经济指标和计算（原著1952年版）[M].岂文彬译.北京：建筑工程出版社，1954：4.

⑤ Castillo（2000）。转引自：侯丽.社会主义、计划经济与现代主义城市乌托邦——对20世纪上半叶苏联的建筑与城市规划历史的反思[J].城市规划学刊，2008（1）：102-110.

⑥ 邹德慈.中国现代城市规划发展和展望[J].城市，2002（4）：3-7.

⑦ 雅·普·列甫琴柯.城市规划：技术经济指标及计算（原著1947年版）[M].刘宗唐译.北京：时代出版社，1953：15.

⑧ 雅·普·列甫琴柯.城市规划：技术经济指标及计算（原著1952年版）[M].岂文彬译.北京：建筑工程出版社，1954：7-8.

⑨ 同上，1954：7-8.

就具体的规划工作而言，“苏联在城市建设实践中计算城市人口的方法，不是像在资本主义国家自由经济过程中通常发生的情形，靠着反映城市前一长久时期发展的统计材料来找寻城市发展规律，而是在研究城市形成部分的基础上，根据国民经济的利益，按照每一具体情况来规定人口总数量。”[①] 这一方法也就是所谓的“劳动平衡”法，即根据基本人口、服务人口和被抚养人口等各种居民间的比例关系来确定城市规模。其中基本人口是指在服务范围不是限于地方性的企业部门以及机关中的从业人员，它是决定城市规模的先决条件；服务人口是指为当地人口在文化福利方面服务的人员，其比重决定于所设计的城市的规模、意义和特征，如具有发达的公用事业机关及多样化的文化服务机关网的大城市具有较高的服务人口比重；被抚养人口是指未成年的以及没有劳动力的人口，其比重可以由分析居民年龄构成情形计算得到。[②] 三者的关系如下面的公式所示。

$$H=\frac{A\times 100}{100-(B+C)}$$

式中：H—总人口数量，A—基本人口数量，B—服务人口比重，C—被抚养人口比重

苏联城市规划工作的基本程序，首先以国民经济计划为依据，对城市性质、特征及各项组成部分进行综合分析；在此基础上，按照“劳动平衡”法计算城市人口数量，明确城市发展远景目标；进而对行政机关、文化教育机关等各类行政经济和文化福利机关进行详细计算，深入研究居住街坊规划与建筑的经济问题；然后结合自然条件分析，对城市的各项用地布局进行统筹安排；最后再研究城市规划的分期实施、城市造价，以及近期建设和投资计划等。这样的规划程序和方法，使苏联的城市规划在技术路线上也显著有别于欧美等国家。正如 H・贝林金指出的：“调节城市的发展是城市建设中的重要问题之一”，“城市用地的大小、建筑种类的选择、各种交通运输的组织以及生活文化服务设施的特点等问题，都是要根据城市人口数目来决定的”；“在资本主义国家，由于生产力的混乱发展和破坏，这种调节是不可能的”，“在资本主义国家城市建设的‘理论家’如恩温、沙理能［宁］、阿布［伯］克隆比和赖特等人的著作中，关于确定城市人口数目的问题，不是完全避而不谈便是认为绝对无法解决”；“只有在我们苏维埃社会主义的计划经济条件下，首都莫斯科和其他城市的人口数目才有可能预先加以确定。”[③]

3）从区域规划、城市规划到修建设计、技术设备设计和农业区设计等，多层次规划相互配合

苏联的规划体系涵盖了从宏观的区域规划到微观的修建设计和技术设备设计等各层次内容，并且对城市整体的建筑艺术设计及农业区设计等高度重视，而这些内容又都是在国民经济计划的统一前提下进行的，表现出相当完善的体系性。苏联《城市规划与修建》教科书[④] 指出：“内容复杂而又与多方面有关的苏联城市规划修建设计的编制工作，以及在这方面的科学研究工作，是在建筑师同其他许多专业的专家——

---

① 雅・普・列甫琴柯．城市规划：技术经济指标及计算（原著 1952 年版）[M]．岂文彬译．北京：建筑工程出版社，1954：16.

② 同上，1954：16.

③ H・贝林金．斯大林的城市建设原则［ M ］// 苏联城市建设问题．程应铨译．上海：龙门联合书局，1954：46–47.

④ 由苏联建筑科学院城市建设研究院和莫斯科建筑学院的专家学者编著完成，1956 年出版，中文译本于 1959 年由建筑工程出版社正式出版。

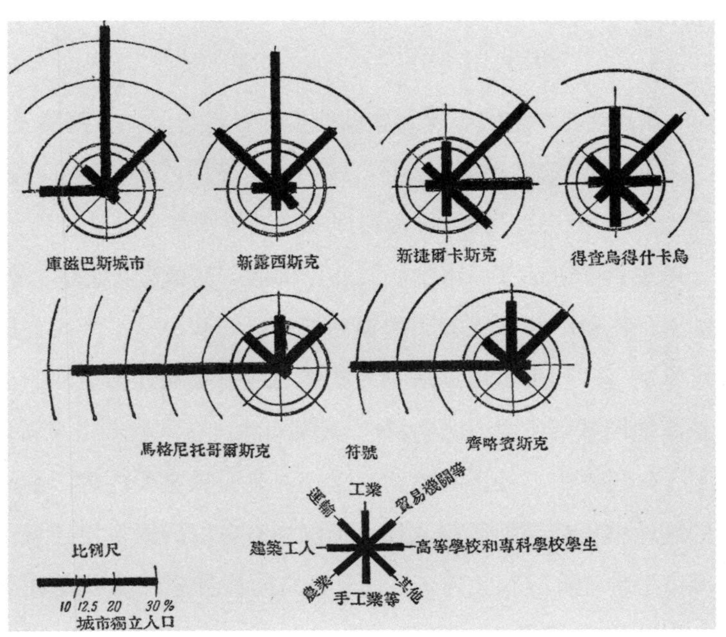

图 8-12 苏联“一五”中期不同职业人口的统计图
资料来源：B·L·大维多维奇．城市规划：工程经济基础（上册）[M]．程应铨译．北京：高等教育出版社，1955：48.

卫生医师、市政设施工程师、城市交通工程师、铁路运输工程师、水运和空运工程师、经济学家、公用事业专家、艺术家、雕塑家、林学家、地质学家及其他许多专家的密切合作下进行的。只有在这种业务相近的专家们之间取得创造性的紧密合作，才能全面综合地解决城市规划与修建上重要的科学问题与实践问题。”① H·贝林金也曾指出：“只有在苏维埃社会主义条件下，建筑艺术才有可能将各种各样的问题——工程技术的、建筑艺术的、卫生的——综合在一个统一的城市计划中，根据每个城市的历史特点和自然特点将各种各样的建筑群作三度空间的艺术处理。”②（图 8–12）

以“城市总建筑师”制度为代表的规划实施和管理体制的建立，是保证苏联各层次、多类型的规划内容具有高度的协调统一性的重要保证。1944 年 10 月 13 日，苏联人民委员会批准《城市总建筑师条例》，从而建立起城市总建筑师制度。城市总建筑师的主要职责是“对城市的规划、建筑和建筑艺术处理负责”，既可以在取得市苏维埃执委会的同意后布置城市中的建设，向建设单位提出设计建筑物和构筑物时必须遵守的建筑规划任务书，进行市区内建筑设计的协议和批准工作，可以对工程进行建筑监督，对房屋和整个建筑群的建筑艺术处理、外部的美化设施、绿化、地下构筑物埋设工程以及对古建筑物的保护工作进行监督；同时还可直接参加有关街道、广场和街坊建筑和整个城市规划的重大城市建设问题的处理，如果有关建设违反城市的规划建筑设计或建筑法规，则总建筑师有权制止建设并提出追究责任问题。③城市总建筑师制度的建立和实行，对于推进城市规划编制、实施管理和监督等各环节的协调统一，促进“静态的”规划蓝图与“动态的”社会经济发展的有效结合，具有积极意义。

---

① B·B·巴布洛夫等．城市规划与修建 [M]．都市规划委员会翻译组译．北京：建筑工程出版社，1959：14–15.
② H·贝林金．斯大林的城市建设原则 [M] // 苏联城市建设问题．程应铨译．上海：龙门联合书局，1954：51–52.
③ B·B·巴布洛夫等．城市规划与修建 [M]．都市规划委员会翻译组译．北京：建筑工程出版社，1959：334.

4）特别关注城市规划建设的投资和造价问题，高度重视工程经济问题

在苏联城市规划活动中，另一个显著特点即对经济问题高度关注，这在根本上是由于苏联的城市建设活动系国家计划、国家投资和国家推动等国家主导的行为特征所决定。“苏维埃城市建设中对人类的关怀这一思想意味着消灭‘市中心’和‘郊区’的概念（这是‘富裕’和‘贫穷’的同义字），并且要求为千万劳动人民提供一切现代城市的福利设施。要解决这一个人类历史上首次决定的巨大任务必须应用最经济的建筑方法”，“利用一切方法节约城市用地、缩减开拓土地的工程费用和减低居住面积的造作［价］——这就是苏维埃城市建设的法则。”①正因如此，在“社会主义城市”建设思想提出的肇始，在不同时期的城市规划工作过程中，经济和节约观念一直是一项重要内容。翻阅苏联城市规划方面的理论书籍或规划编制成果，不仅均有专门的篇章论述城市规划的经济问题和城市造价计算等相关内容，而且常常通篇贯穿着城市规划经济性的基本思想。

图 8–13　B·L·大维多维奇
资料来源：http：//demoscope.ru/weekly/2006/0251/nauka03.php

正是由于城市规划活动的这一特点，使得苏联在城市规划经济性的科学研究方面取得十分丰富的理论认识和实践经验。苏联著名城市规划专家B·L·大维多维奇（Владимир Георгиевич Давидович，1906 ~ 1978）（图 8–13）②所著《城市规划：工程经济基础》即是该方面最具权威的代表成果，“作者在本书中着重研究规划工作在技术经济方面的问题和规划方案的经济问题：城市用地的选择，建筑种类和用地标准的选择，街道网的规划，绿地的布置等（图 8–14）。同时也说明城市规划的其他问题：卫生问题、建筑艺术问题等。”③对于城市规划中工作十分核心的土地利用的经济问题，大维多维奇指出：

（1）城市用地必须是紧凑的形式，居住区之间距离过远、布置散漫、居住地区形状过长或过于曲折都将加长公共交通、自来水、下水道等的长度因而增加它们的造价；

（2）城市用地的分区—工业企业、居民区、全市性及市分区的行政文化中心、文化休息公园等等地区和中心的布置必须保证它们之间的距离为最短，以减少城市的交通运输量；

（3）行政及文化生活机构用地和大小不应过大（建议公共用地面积为 7 ~ 11 平方公尺 / 每人）。当布置这些机构时不应建立“公共建筑街坊”以增加街道面积。在接近广场和街道的街坊中划分公共建筑用地是适当的；

① H·贝林金．斯大林的城市建设原则［M］// 苏联城市建设问题．程应铨译．上海：龙门联合书局，1954：51.

② B·L·大维多维奇 1906 年出生于杰莫尔尼卡（Жмеринке）的一个教师家庭，1930 年毕业于列宁格勒理工学院，曾在列宁格勒土木工程师学院讲授城市和区域规划课程，1947 年以后在莫斯科工程经济研究所工作。1934 年出版《新城镇规划的问题》（Вопросы планировки новых городов），1947 年出版《城市规划：工程经济基础》（Планировка городов，инженерно-экономические основы），该书引起国内外专家的极大兴趣，并很快在波兰，捷克斯洛伐克和中国等翻译出版，1956 年获博士学位，他在城市规划和经济地理等方面有关思想的原创性为其赢得了声誉。

③ B·L·大维多维奇．城市规划：工程经济基础（上册）［M］．程应铨译．北京：高等教育出版社，1955：序言．

图 8-14 大维多维奇名著《城市规划工程经济基础》的中文译本
资料来源：[1] B·L·大维多维奇．城市规划：工程经济基础（上册）[M]．程应铨译．北京：高等教育出版社，1955.
[2] B·L·大维多维奇．城市规划：工程经济基础（下册）[M]．程应铨译．北京：高等教育出版社，1956.

（4）划作市内绿地用的土地不应太大。不要用“绿海中点缀房屋”的方法来规划城市绿地系统；而应根据必要的绿地标准（建议市内绿地标准为 5 ~ 10 平方公尺 / 每人）和加大郊区绿地（公园、森林公园）的原则来规划绿地系统。市内绿地面积过大必将加大居住用地的面积因而增加市内交通、路面、自来水和下水道的造价和经营管理费用；

（5）干路建设应保证有最短的距离，但能容纳全部交通量而不发生拥挤现象。干路的纵坡度最好为 3 [%] ~ 4%，最大不得超过 6 [%] ~ 7%。干路上使用的交通工具（电车、汽车、无轨电车）必须在经济上是合理的。干路宽度不应太大，建议宽度：人口 25000 以下的城市为 25 ~ 30 公尺，10 万至 50 万人口的城市为 35 ~ 40 公尺；

（6）建筑分区—根据建筑材料和层数的分区—应考虑到不同用地的地形和土壤条件。坡度大和土壤耐压力小的地区只可作为单层和双层房屋的建筑基地。在高地（不便于给水）和低地（不便于排水）只可建筑低层房屋。建筑分区同时应保证城市居民的合理分布，譬如接近工厂文化中心的居住区的人口密度应适当增高。这样不但便于居民到达工作地点，同时也减少了城市交通量；

（7）街道网必须明确分出干路和支路，减少干路路口交叉以免减低干路上的行车速度；居住街道网建设应适合地形条件：纵坡度应小于 8% 大于 0.5%，路线最好开在低处，街坊建于高处（分水线上）。住宅街道网和街坊的建设必须保证最小的土方工程，住宅街道宽度不要大于两旁建筑物高度的两倍；

（8）街坊面积要设计得大一些，小街坊必然要增加街道面积因而增加公用设备如：路面、绿地、自来水、下水道等的管线。建议高层建筑区街坊面积为 7-10-12 公顷，低层建筑（没有独院建筑）从 [为] 4-6-7 公顷，独院建筑 3-5 公顷；

（9）街坊建筑在不妨碍卫生和文化生活要求的范围内尽可能紧凑一些。①

① 参见：B·L·大维多维奇．城市规划：工程经济基础（上册）[M]．程应铨译．北京：高等教育出版社，1955：345-347.

大维多维奇对城市规划经济问题的论述不仅是多方面、系统性的，而且深入到了规划设计的思想层面："在城市规划范围内经济问题具有重大的意义"，"应该记住不仅仅是用地的选择，就是规划草图本身的每根线每一'点'以及规划的标准和方式都要影响城市建设的造价和经济管理费用"；"在设计思想中必须与'好大'的思想作斗争，如大广场、宽街道……等等，大的作品不一定是好的作品，问题是在于设计得恰到好处，将人工建筑与自然环境适当地配合起来，将空间组织得使人感到舒适便利。"① 为了综合地评价规划总图的经济性，大维多维奇提出 3 个主要办法是："(a) 计算城市的建设，(b) 计算城市的经营管理费用，(c) 编制居住区用地平衡表，计算可以说明方案的指标"，并强调"在规划工作的实践中必须广泛运用经济核算，对于第一期建设方案来说特别是如此。"②

此外，苏联的建筑师对城市建设的经济性问题也有广泛的探讨："增高住宅房屋的层数对于缩减城市建筑用地具有更大的意义"，"在城市造价方面，绿地的布置方法较之绿地绝对数量具有更重要的意义"，"拨地过多将产生毫无理由地增加城市用地面积、延长交通路线以及形成空旷地的后果……应该严格规定第一期建设用地的范围，禁止在 [远期] 保留地上进行建设"③；等等。

由此，苏联在城市规划方面发展起来一门独具特色的学科：城市规划的工程经济学——与当前的"宏观经济学"和"微观经济学"等流行概念所不同，更加针对城市规划实际工作的特点，强调工程技术层面对城市建设经济问题的关注和应对。

8.4.3 关于城市规划工作的重要立法

大量的城市规划实践，也推动了苏联城市规划方面的政策制度和法规体系的逐步完善。在 1930 年代，苏联有两项十分重要的立法活动：1932 年 8 月 1 日，俄罗斯苏维埃联邦社会主义共和国人民委员会和全俄罗斯中央委员会作出《关于俄罗斯苏维埃联邦社会主义共和国居民区的组织》的决议（以下简称《俄罗斯居民区组织》）；1933 年 6 月 27 日，苏联中央执行委员会和人民委员会又作出《关于苏联各城市和其他 [他] 居民区的规划设计和社会主义改建设计的制定与批准》的决议（以下简称《苏联规划制定》）。这两份文件的颁布，初步建立起苏联独具特色的城市规划制度体系，堪称苏联最早的"城市规划法"。

这里之所以将两份文件并提，因为它们的内容有诸多相同之处，且第一签署人均为苏联中央执行委员会主席 M · 加里宁。显然，《苏联规划制定》是在《俄罗斯居民区组织》的基础上发展而来。就篇幅而言，《俄罗斯居民区组织》和《苏联规划制定》分别共有 18 条和 11 条，后者较前者更为精简；但就城市规划指导思想等的认识来说，内容相对具体的《俄罗斯居民区组织》则更具丰富的解析价值。两份文件涉及城市规划的编制计划、法律效应、规划体系、指导思想和编制内容、批准方式和程序，以及规划编制工作（含测量、规划和设计等）的组织协调、财政拨款和规章制度等多个方面的内容。

---

① B · L · 大维多维奇 . 城市规划：工程经济基础（下册）[M] . 程应铨译 . 北京：高等教育出版社，1956：344-345.

② 同上，1956：347-348.

③ B · 斯维特理奇莱依 . 争取经济的城市建设计划 [M] // 苏联城市建设问题 . 程应铨译 . 上海：龙门联合书局，1954：104-113.

《俄罗斯居民区组织》第3条规定："城市、工人区、疗养区及别墅区的设计，要根据地形测量图、地质、水文、气象、卫生调查及经济计划而制定，并由下列各种设计组成：（1）规划设计；（2）修建设计；（3）技术设备设计；（4）农业组织设计"[①]；第12条又明确"一个区域中，凡现有的和已决定在该区建设的（独立的或联合的）企业，以及为这些企业服务的居民区，如果它们之间由于共用统一的运输系统，共用电力基地，并且在生产、公用事业及文化生活福利设备上相互合作，其各种建设均须根据区域规划草图进行。"[②]苏联的城市规划体系，即主要由区域规划以及居民区的规划设计、修建设计、技术设备设计和农业组织设计等内容所构成。在《苏联规划制定》中，有关区域规划的相同内容规定被前置至第1条，可见对其更为重视，而修建设计、技术设备设计和农业组织设计的有关内容则有所简化。

关于区域规划草图，根据《俄罗斯居民区组织》的规定，其技术内容主要包括9个方面："区域规划草图应考虑下列几项：（1）工业企业、中央发电站和区发电站，中央热电站和动力运输网等的布置地点，以及设立和扩建的一般原则；（2）该区农业用地的组织（集体农庄和国营农场的布置）；（3）全国性或区域性的储藏所和仓库的布置地点，设立和扩建的一般原则；（4）交通路线网和通讯设备网的建立和发展；（5）区域性的上下水道系统；（6）土壤改良工程，以及疏乾、灌溉、疏浚河流、加固谷地等措施；（7）防护地带和禁止采伐区；（8）旧有的居民区的发展和新居民区的组织；（9）建设新的和改建旧的居民区、企业及建筑物的次序和一般的期限。"[③]

关于居民区的规划设计，《俄罗斯居民区组织》明确"应在生产、交通、电力供应、福利设施、生活、卫生、文化等部门相互联系、完全配合的基础上，并考虑发展远景而制定"，并从10个方面进行了具体规定，其指导思想突出体现在功能分区、方便和卫生原则以及国防、实施次序和造价等相关要求上。[④]与之相比，《苏联规划制定》对居民区规划设计的规定更加精炼，并增加了改造生活习惯和建筑艺术等方面的内容：

---

① 俄罗斯苏维埃联邦社会主义共和国人民委员会和全俄罗斯中央委员会的决议：关于俄罗斯苏维埃联邦社会主义共和国居民区的组织（1932年8月1日）[M] // 苏联中央执行委员会附设共产主义研究院．城市建设．建筑工程部城市建设总局译．北京：建筑工程出版社，1955：199.

② 同上，1955：202.

③ 《俄罗斯居民区组织》指出，"区域规划草图是否有必要编制，编制的期限，以及需要进行区域规划的地区界限的确定，须由自治共和国人民委员会、边区或州执行委员会决定；并由俄罗斯苏维埃联邦社会主义共和国公用事业人民委员部和各有关主管部门、机关取得协议之后，加以批准"。

参见：俄罗斯苏维埃联邦社会主义共和国人民委员会和全俄罗斯中央委员会的决议：关于俄罗斯苏维埃联邦社会主义共和国居民区的组织（1932年8月1日）[M] // 苏联中央执行委员会附设共产主义研究院．城市建设．建筑工程部城市建设总局译．北京：建筑工程出版社，1955：202.

④ 《俄罗斯居民区组织》规定："在居民区的用地上，各种区的组织应根据该居民区的类型和性质，并按各区的性能（工业区、交通区、住宅区、防护区及农业区）而进行，在适当的条件下，确定生产企业的位置，制定发展现有交通枢纽站或建立新交通枢纽站的草图，并说明理由"，"各种性能不同的地区的建立，首先应该为生产企业的业务活动和工作创造良好条件，为劳动者与生产地区之间建立距离最短而又方便的联系，以及为居民的生活和劳动创造必需的卫生条件"，"根据建筑物的性质，以及建筑和居住密度，把居民区划成几个建筑区，并为了保证第一期建设的实施，把这些建筑区划分为建筑街区"，"确定绿化系统，如居民区周围和其各个区之间，各区各部分之间的防护区：公园、林荫路、街心公园等"；"规定积极国防和地方性国防的措施"，"规定各种措施实现的次序和规划设计所拟定各种营造物的概略造价"。参见：俄罗斯苏维埃联邦社会主义共和国人民委员会和全俄罗斯中央委员会的决议：关于俄罗斯苏维埃联邦社会主义共和国居民区的组织（1932年8月1日）[M] // 苏联中央执行委员会附设共产主义研究院．城市建设．建筑工程部城市建设总局译．北京：建筑工程出版社，1955：109-200.

居民区的规划设计应当合乎下列各项基本要求：

（1）根据苏联国民经济总的发展远景，保证居民区有进一步发展和成长的可能；

（2）保证新建工业企业和运输企业的活动和发展，现有工业企业和运输企业的扩建有最方便的条件；

（3）保证为居民的生活和劳动创造最良好的条件；

（4）规定社会文化生活服务机关建设的地点，以求按照苏联国民经济发展的总进程，在社会主义的原则下有计划地改造生活习惯；

（5）遵守整个居民区和部分地区（街区、街道、广场等）的关于建筑艺术形式的指示；

（6）规定在居民区内和其四周建立互有联系的绿化系统（文化休息公园、林荫路、街心公园等）和防护林带；

（7）规定建立与居民区有直接联系的郊外农业区；

（8）保证防火措施的实行。①

上述这八项要求是法律层面对苏联城市规划建设指导思想的最权威规定。对照第3章苏联专家谈话记录的内容，巴拉金1953年在武汉所作报告中对苏联城市建设八项基本原则的介绍，与《苏联规划制定》的这八项规定是完全对应的，只不过措辞略有差异而已，这种差异在很大程度上又是受翻译工作的影响所致。由此也可看出，直到1950年代初，苏联的城市规划建设活动仍然是主要遵循《苏联规划制定》。

修建设计和技术设备设计也主要是针对“居民区”而言。前者大致相当于我国的修建性详细规划②，后者则基本上对应于我国的市政设施规划、竖向规划和综合交通规划等。③

除了上述主要规划层次之外，农业区的组织设计是苏联规划体系中独具特色的一项内容。《俄罗斯居

---

① 苏联中央执行委员会和人民委员会决议：关于苏联各城市和其他［他］居民区的规划设计和社会主义改建设计的制定与批准（1933年6月27日）［M］// 苏联中央执行委员会附设共产主义研究院．城市建设．建筑工程部城市建设总局译．北京：建筑工程出版社，1955：205-206.

② 《俄罗斯居民区组织》规定：“制定居民区修建设计，应保证以下几点：（1）保证规划设计所规定的建筑街区的建筑有一定次序和计划性，以便每个街区的系统内部都包括居民福利设备网的必需部分：食堂、托儿所、幼儿园、洗衣房、体育场等；（2）为居民创造必需的卫生条件，建筑物之间应有足够的间隔、适当的日光照度、过堂通风、绿地等等；（3）应用当地充足的建筑材料；应用轻便而简单的结构，以及利用能保证建筑物、房屋内设备及公用营造物达到经济程度的其他条件；（4）防火安全”。参见：俄罗斯苏维埃联邦社会主义共和国人民委员会和全俄罗斯中央委员会的决议：关于俄罗斯苏维埃联邦社会主义共和国居民区的组织（1932年8月1日）［M］// 苏联中央执行委员会附设共产主义研究院．城市建设．建筑工程部城市建设总局译．北京：建筑工程出版社，1955：201.

③ 《俄罗斯居民区组织》提出“建立居民区技术设备的一般基础，并同时制定下面各种草图：供水、净化、电力供应、排水、街道布置、立体规划、土壤改良（疏乾、疏浚河流、整理谷地）、防火等；对大居民区来说，上述草图内还要增制下水道设备、暖气设备、瓦斯设备、现代化交通等草图”，“居民区的技术设备（第五条戊项），应根据专门的技术设计实施；而技术设计应按照该居民区的建设计划单独制定，并依法定程序加以批准。在制定本条中所提到的设计时，应考虑到城镇的一般要求，以及其企业和机关在生产上的特殊需要，以便在有可能而且合理的情况下，必须保证在供水、净化、电气化方面组织联合的设备”。参见：俄罗斯苏维埃联邦社会主义共和国人民委员会和全俄罗斯中央委员会的决议：关于俄罗斯苏维埃联邦社会主义共和国居民区的组织（1932年8月1日）［M］// 苏联中央执行委员会附设共产主义研究院．城市建设．建筑工程部城市建设总局译．北京：建筑工程出版社，1955：200-201.

民区组织》在关于居民区规划设计的规定中强调："制定居民区附近，直接为居民区供应各种农业产品的农业区组织的总示意图。"① 而第 11 条则对"农业区设计"进行了专门的要求："根据规划设计而制定的农业区设计，应考虑建立供应农产品的基地，其设计内容包括：（1）在农业用地内布置各种农业，并规定它们的类型、能力及生产上的相互联系；（2）把居民区的废弃物、粪污、污水利用到农田作肥料的计划；而对以发展畜牧业为方针的农场来说，除此之外，还要有利用公共食品企业的废弃物和废品，作为牲畜饲料的计划；（3）灌溉和供水系统；（4）为农业企业生产需要，并为农业企业与居民区之间的联系而服务的道路网草图"，同时明确"农业区设计要按俄罗斯苏维埃联邦社会主义共和国公用事业人民委员部规定的程序批准，并须取得俄罗斯苏维埃联邦社会主义共和国农业人民委员部的同意。"②

上述就苏联"社会主义城市"规划建设和城市规划工作的讨论，主要以 1930 年代为重点。进入 1940 年代以后，由于 1941 年 6 月德军的入侵，苏联的第三个"五年计划"被迫中断，城市建设也基本陷于停滞。1945 年二战结束后，苏联又开展了被战争破坏地区的恢复重建及发展国民经济的第四个"五年计划"（1946 ~ 1950 年），城市规划建设方面的理论和实践又有一些新的发展（彩图 8-11），但在总体上，仍基本延续了 1930 年代所形成的社会主义城市规划建设的理论思想。由于苏联的"社会主义城市"规划建设主要形成和发展于斯大林主政时期（1924 ~ 1953 年），又被称为"斯大林的城市建设原则"。③

8.5 关于"苏联规划模式"源头的初步认识

正如上文所指出的，1929 年前后有关社会主义聚居方式的一场思想交锋，是苏联社会主义城市规划建设思想得以形成的重要诱因，它要求来自各领域的讨论者回到一些基本原则上去。对于在这场争论中居主导地位的政治家而言，其有关社会主义的基本原则，无疑正是马克思、恩格斯和列宁等的理论观点。《1931 年卡冈报告》明确指出："我们建设城市的科学和技术是落后的。我们的责任便是如何在这方面努力提高技术，以达到现代科学的水平。但这还是不够的。我们必须在马克思、恩格斯、列宁的理论基础上发展整个城市建设工作"，"这个问题不仅仅是抽象的科学理论。像其他各种建设的问题一样，理论是作为破坏旧的无用的同时建设新事物的一种工具"，"我们必须根据科学的马克思、列宁的方法来深刻地研究苏联旧城发展和新城建设的总路线问题。"④

反观苏联社会主义城市规划建设思想的主要内容，与马克思、恩格斯和列宁等有关共产主义的理论思想具有显著的内在联系。仅以城市均衡布局和消灭城乡对立为例，在马克思与恩格斯合著的《德意志意识

① 俄罗斯苏维埃联邦社会主义共和国人民委员会和全俄罗斯中央委员会的决议：关于俄罗斯苏维埃联邦社会主义共和国居民区的组织（1932 年 8 月 1 日）[M] // 苏联中央执行委员会附设共产主义研究院 . 城市建设 . 建筑工程部城市建设总局译 . 北京：建筑工程出版社，1955：200.

② 同上，1955：201-202.

③ H · 贝林金 . 斯大林的城市建设原则 [M] // 苏联城市建设问题 . 程应铨译 . 上海：龙门联合书局，1954：42-53.

④ 莫斯科和苏联其他城市的社会主义改造——卡冈诺维奇在 1931 年 6 月苏联共产党（布）中央委员会全体会议的报告 [M] // 苏联城市建设问题 . 程应铨译 . 上海：龙门联合书局，1954：3-21.

形态》以及恩格斯的《反杜林论》等文献中，均有关于消除城乡对立、促进生产力均衡发展的重要论述。[①]《共产国际纲领与章程》呼吁："有计划地组织最科学的劳动；采用最完善的统计方法以及有计划的经济调度"，"最合理地使用自然力和世界上个别地区的自然生产条件，消除城乡对立以及与农业一贯落后和其低下的技术水平有关的对立；最大限度地使科学与技术的结合、研究工作和其在最广泛的社会范围内的实际应用。"[②] 1919 年苏联联共（布）的党纲中也明确指出："城市与乡村之间的对立，是乡村在经济上、文化上落后的根深蒂固的基础之一；而在今天危机如此加深，将城市和乡村直接置于退化和消灭的危险面前的时代，联共（布）认为消灭二者之间的对立是共产主义建设的根本任务之一。"[③]

当然，就科学技术层面的内容而言，苏联的城市规划与欧美等国的规划活动显然又是共通和互动的。早在苏联社会主义城市建设理论思想形成之前，莫斯科的城市管理部门就曾于 1920 年初派遣重要官员到柏林、巴黎和伦敦等城市学习地铁和排水系统等事物，他们完成的题为《西欧大城市》的考察报告成为当时最新技术信息和比较数据的权威书籍。[④] 在苏联推进社会主义城市建设的早期，欧洲众多的现代主义建筑师和规划师们都与苏联的城市规划活动保持着密切的联系，如法国的 L·柯布西耶（Le Corbusier）、德国的 E·梅（Ernstmay）、瑞士的 H·梅耶（Hannesmeyer）以及荷兰的 M·施泰姆（Mart Stam）等都曾受邀赴苏联参与规划设计。[⑤] 以柯布西耶为例，他曾于 1928 年 10 月、1929 年 6 月和 1930 年 3 月三次前往莫斯科，他为莫斯科所做的规划设计方案成为后来的规划名著《光辉城市》（1933 年）的重要基础；而他为莫斯科苏维埃宫所提交的设计方案未能入选（图 8-15、图 8-16），也成为 1932 年国际现代建筑协会（CIAM）取消将其关于"功能城市"的第四次会议安排在莫斯科举行这一原定计划的一个重要因素。[⑥]

再就城市规划建设思想的具体内容而言，仅从 1932 年莫斯科改建的设计竞赛所使用的"绿色都市"主题，即可体会到其是受到了英国和德国"田园城市"建设的某种影响。莫斯科改建中对城市街道、广场及建筑艺术的高度关注，不能不说是受到了巴黎城市改建活动的重要影响：作为 19 世纪领先的首都城市，巴黎为宏大的国家以及宏大的城市规划提供了范例，是 1850 ~ 1914 年期间伦敦、布达佩斯、布鲁塞尔和

---

① 马克思与恩格斯合著的《德意志意识形态》中指出："体力劳动与智力劳动最粗大的划分，就是城市与乡村的分离。城市与乡村的对立，是从野蛮到文明、从氏族制到国家、从地方割据到民族的过渡开始，经过全部文明的历史而演变到我们的时代。"参见：转引自：苏联中央执行委员会附设共产主义研究院．城市建设．建筑工程部城市建设总局译．北京：建筑工程出版社，1955：50.

在《反杜林论》中，恩格斯指出："只有根据统一的总计划来协调地配合生产力的那种社会，方能允许工业在全国作这样的分配，使之最能适合于它自身的发展以及其他生产要素的保持与发展。所以，城市与乡村的对立的消灭，不但是可能的；它甚至是工业生产本身以及农业生产的直接的必要，而且在社会卫生上，更是必要的，只有用融合城市及乡村的方法，才能除去现在的空气、水及土地的污毒，只有在这样的条件之下，现在衰弱的城市居民，方能达到这样的地位，使他们的粪尿不是生产疾病，而是成为植物生产的肥料"，"大工业在全国的尽可能平衡的分配，是消灭城市与乡村分裂底［的］条件，所以就从这方面来说，城市及乡村的分裂的消灭，也不是什么空想"。参见：转引自：苏联中央执行委员会附设共产主义研究院．城市建设．建筑工程部城市建设总局译．北京：建筑工程出版社，1955：62.

② 转引自：苏联中央执行委员会附设共产主义研究院．城市建设．建筑工程部城市建设总局译．北京：建筑工程出版社，1955：70.

③ 苏联中央执行委员会附设共产主义研究院．城市建设．建筑工程部城市建设总局译．北京：建筑工程出版社，1955：50，62，70–71.

④ ［英］凯瑟琳·库克．社会主义城市：1920 年代苏联的技术与意识形态［J］．郭磊贤译，吴唯佳校．城市与区域规划研究，2013（1）：213–240.

⑤ 侯丽．社会主义、计划经济与现代主义城市乌托邦——对 20 世纪上半叶苏联的建筑与城市规划历史的反思［J］．城市规划学刊，2008（1）：102–110.

⑥ 后来国际现代建筑协会大会临时改在去雅典的一艘游船上举行，并在那里发表了著名的《雅典宪章》。参见：侯丽．社会主义、计划经济与现代主义城市乌托邦——对 20 世纪上半叶苏联的建筑与城市规划历史的反思［J］．城市规划学刊，2008（1）：102–110.

图 8-15　柯布西耶的苏维埃宫设计方案
资料来源：http：//imgkid.com/palace-of-the-soviets-le-corbusier.shtml

图 8-16　苏联苏维埃宫入选方案
在 272 个建筑方案中，设计师鲍里斯·伊奥凡提出的设计方案脱颖而出，其最为独特的结构是——“摩天大楼顶部有列宁雕像”。苏维埃宫的建造开始于 1937 年。如果成功建造，它将成为世界上最高的建筑物（415 米）。事实上，由于德国入侵而停止。1942 年最初的钢铁建筑结构被拆除，用于战争防御和桥梁建设。
资料来源：http：//www.darkroastedblend.com /2013/01/totalitarian-architecture-of-soviet.html

阿姆斯特丹等城市塑造大都市形象的典范；同时，世界上的第一个工人政权——巴黎公社，也正是在巴黎诞生的。苏联的“扩大街坊”思想，与美国的“邻里单位”概念（1929 年 C·佩里［Clarence Perry］提出）相比，尽管它们的产生背景存在差异，所主张的规模大小也不尽相同①，但两者在规划设计手法和技术策略上则是相近的。

由此可见，苏联有关社会主义城市规划建设的思想理念，正是以国际（特别是欧洲）城市规划的技术发展为基础，将马克思、恩格斯和列宁等有关科学社会主义的理论思想与苏联城市建设的具体实践进一步

① “邻里单位”是在美国高速发展的机动化这一时代背景下出现的，主张按小学的服务半径（0.8 ~ 1.2km）来控制其规模；“扩大街坊”更多地基于塑造城市街道风貌［改变原有过于狭小的街巷空间］和提高城市建设的经济性等初衷，先是主张 9 ~ 15 公顷的较小规模，后发展到以城市干道所围合的“小区”规模。

相结合的产物。在这个意义上，苏联H·贝林金院士的评价或许并非“自吹自擂”而已：“苏维埃城市建设的学说是富有革命性的，本质上是崭新的；它的基础是伟大的十月社会主义革命、我国胜利的社会主义建设、斯大林对劳动人民的关怀和伟大的马克思、恩格斯、列宁、斯大林学说。”①

回顾1930年代苏联城市建设和城市规划发展的历程，不得不承认，这也是世界城市规划建设发展的重要脉络之一。显然，“社会主义城市”建设是苏联城市规划活动的鲜明特色或重要“标签”，这使得苏联规划模式具有深刻的政治或意识形态特征。一旦所依托的体制环境发生改变，苏联规划模式的不适应性也就会自然涌现，这是1950年代以后苏联规划模式出现新的变化的重要内因所在。另一方面也应注意到，在突出的意识形态因素之下，苏联城市规划模式仍有一些属于科学技术方面的内容，可供不同的体制条件所借鉴。仅以近年来我国规划理论研究②中较多提及的“规划中的理论”(theory in planning）和“规划的理论”（theory of planning）概念为例，不少研究将其描述为荷兰城市规划学者A·法吕迪（Andreas Faludi）在1973年所编《规划理论读本》(A Reader in Planning Theory）一书中所提出，其重要价值在于帮助人们理清了规划理论的两种不同性质；而翻阅苏联的规划文献，早在1947年，大维多维奇即已分析过城市规划活动所具有的“作为城市规划的过程”和“作为城市一定的状态（事实上的或是设计上的)”两种不同含义③，相关认识与法吕迪的观点有异曲同工之妙。此例足以表明，在对苏联城市规划科学体系的认识方面，“还有许多未被认识的必然王国。”④

自1960年中苏关系恶化以来，特别是1978年改革开放和1991年苏联解体以后，中国的城市规划理论与实践领域已将兴趣更多地转向欧美规划理论，随之衍生所谓“去苏联化”的思潮。这一思潮发展至今，已形成对苏联规划模式不能客观认识和理性评价的问题，乃至于一旦谈及苏联规划模式，无形中总有一种认为其陈旧或过时等的偏见思想。⑤诚然，任何一种理论思想的提出，总有其生长和发展的特定土壤，同时也必然有其固有的缺陷，苏联规划模式必然也有诸多并不能使之应用于中国当代城市规划建设实践的缺点和问题所在，对此我们要有客观的分析，但这决不能影响到我们对于城市规划科学问题所应具有的正确态度。

当历史的脚步进入1949年，苏联的城市规划工作已经走过“黑暗”的摸索期而步入发展的成熟期，

---

① H·贝林金.斯大林的城市建设原则［M］// 苏联城市建设问题.程应铨译.上海：龙门联合书局，1954：53.

② ［1］张兵.城市规划学科的规范化问题——就《城市规划的实践与实效》所思［J］.城市规划，2004（10）：81-84.
［2］邹德慈.发展中的城市规划［J］.城市规划，2010（1）：24-28.
［3］张庭伟.梳理城市规划理论——城市规划作为一级学科的理论问题［J］.城市规划，2012（4）：9-17，41.

③ 大维多维奇指出：城市规划这一名词在使用时有两种意义：(一）作为城市规划的过程；(二）作为城市一定的状态（事实上的或是设计上的)。第一个意义是指：确定城市物质要素的成分和数量——工业企业、市政交通设施、居住建筑和公共建筑、绿地、街道和广场、桥梁和城市运输线、自来水、下水道、热力供应的主要建筑物和网线等；选择城市用地并将上述物质要素作适当的布置，以使它们之间取得有机的紧密联系。第二个意义是指：城市现有的物质要素及其在城市土地上的布置。大维多维奇还进一步深入讨论了城市规划作为一个设计过程的一些基本特点。参见：B·L·大维多维奇.城市规划：工程经济基础（上册)［M］.程应铨译.北京：高等教育出版社，1955：1.

④ 引自毛泽东1962年1月30日在中央工作扩大会议上的讲话。

⑤ 以城市规划历史分期为例，既有将1950年代的城市规划描述为“‘行政性照搬型’规划模式”，又有将改革开放初期的城市规划形容为“摆脱计划经济约束的过程”，字里行间流露出对计划经济时期借鉴苏联规划模式的歧视。

图 8-17　建国初期翻译引入的部分苏联规划类相关著作（以出版先后为序）

此时，一个新生的共和国正涌现规划活动的诉求，并面临着城市规划科学技术方面的巨大困境。由于中国与苏联缔结政治的联盟，并在社会经济体制上采取“一边倒”的战略方针，苏联社会主义城市规划建设的理论思想也就顺理成章地成为新中国城市建设和规划活动的理论指南（图 8-17）。

新中国对苏联规划模式的借鉴，固然规避了理论模式探索的艰辛和“阵痛”，并形成某种跨越式发展的独特优势，然而，也正是由于其外部舶来，缺乏一定“内生”机制或“磨炼”等原因，为后续城市规划事业发展的波动（如“反四过”和“三年不搞城市规划”事件）埋下了隐患。而 1932 年前后苏联首都莫斯科改建规划过程中曾经出现过的对于不同规划模式（旧城内改建或另建新城）的争议，在新中国刚刚成立的 1950 年前后，又出现了别样的历史再现（“梁陈方案”事件）。这，或许正是历史发展的戏剧性所在。

第9章

八大重点城市规划工作方法：是照搬“苏联模式”吗？

Does Planning Method Of Eight Key Cities Copy From The Soviet Model?

新中国的城市规划工作是借鉴苏联经验创立和发展起来的，八大重点城市规划编制过程中更是受到苏联专家的大力指导和帮助，在此情形下，城市规划工作必然主要借鉴自苏联的一些规划理论和方法，这是毋庸置疑的。尽管如此，八大重点城市规划工作在学习借鉴苏联经验的肇始，即同步伴随着对中国现实国情条件的认识，在十分薄弱的技术力量状况和至为紧迫的形势要求下，还进行了一些有针对性的“适应性改造”，并且不乏根植于中国本土的创新性探索和努力。虽然这些创新探索和努力可能是局部的和不系统的，仍然是弥足珍贵的，这是认识八大重点城市规划工作特点应有的基本史实及科学态度。而为改善城市条件的科学规划愿景与极度困难的财政经济状况之间的矛盾对立，则是造成对这一时期规划工作产生“高标准规划”或“照搬‘苏联模式’”等“误识”的症结所在。

以八大重点城市规划为标志的“一五”时期，是新中国城市规划事业的开端，是各项规划政策和制度得以逐步建立的初创期，在新中国规划史中占据十分重要的地位。然而，在对这段时期规划工作的认识上，却存在着两种并不“和谐”的论调：一方面，老一辈规划师认为城市规划在“一五”时期为国家重视，在城市建设中起到了重要作用①，并将这段时期赞誉为新中国城市规划的“第一个春天”②；另一方面，一些文献中则不时评价“‘一五’计划时期，城市规划的编制原则、技术经济分析的方法、构图的手法，以至编制的程序，基本上是照搬苏联的作法”③，“照搬苏联的规划建设模式”④，“照抄苏联和东欧一些国家的作法”⑤，“行政性照搬型”规划模式⑥，等等。两种论调的分歧，主要集中在城市规划工作与“苏联模式”的相互关系方面。鉴于“一五”时期在我国城市规划发展历史中的特殊重要地位，有必要就此问题作专门的讨论。

建国初期国家采取“重点建设城市”的方针，西安、太原等八大重点城市，既是工业项目比较集中的重点建设城市，也是当时城市规划工作的焦点所在，其规划编制的主要内容和技术特点，集中反映了“一五”时期城市规划活动的一些科学技术特征。因此，八大重点城市规划是解析城市规划工作与苏联模式相互关系的一个重要切入点。本章通过查阅早年的规划技术文件及规划编制过程中的一些历史档案，结合对部分老专家的访谈，试就八大重点城市规划工作与苏联模式的相互关系问题做初步的探讨。

9.1 八大重点城市规划与“苏联模式”的关系：整体认知

新中国的城市规划工作是借鉴苏联经验创立和发展起来的，八大重点城市规划更是在穆欣、巴拉金和

---

① 曹洪涛．与城市规划结缘的年月［M］// 中国城市规划学会．五十年回眸——新中国的城市规划．北京：商务印书馆，1999：33-42.

② 周干峙．迎接城市规划的第三个春天［J］．城市规划，2002（1）：9-10.

③《当代中国》丛书编辑部．当代中国的城市建设［M］．北京：中国社会科学出版社，1990：147.

④ 张宜轩，侯丽．计划经济指标体系下的“生产”与“生活”关系调整：对1957年反“四过”的历史回顾［M］// 董卫．城市规划历史与理论01，南京：东南大学出版社，2014：119-137.

⑤《当代山西城市建设》编辑委员会．当代山西城市建设［M］．太原：山西科学教育出版社，1990：12.

⑥ 李芸．迈向现代化的中国城市规划［J］．中国市场，2002(1)：66.

克拉夫秋克等苏联专家的大力指导乃至亲自参与（如亲手绘制规划草图）下进行的，在此情形下，城市规划工作必然主要借鉴自苏联的一些规划理论和方法，这是毋庸置疑的。然而，这只是一种宏观的抽象性概念，并不足以反映规划工作与苏联模式相互关系问题的实质。对八大城市规划编制具体工作的进一步讨论，有助于相关认识逐步走向深化。

正如第 2 章所讨论的，广泛开展各类基础资料的搜集和整理工作，落实工业项目建设和国民经济发展计划，遵循"劳动平衡法"分析城市人口并按定额指标确定用地规模，以道路广场、绿化水系和重要建筑物等的布置为重点进行城市建筑艺术设计，编制多阶段的分期规划，开展郊区规划并估算城市造价，是八大重点城市规划的主要技术特点。总的来看，就八大重点城市规划的编制工作而言，其中的某些规划技术方法，如重视基础资料研究、城市用地的功能分区、城市和郊区统筹规划等，是国际上城市规划工作所普遍通用的，这些规划技术方法并不为苏联所独有，也就谈不上是什么苏联模式。而苏联规划工作中突出强调并在八大重点城市规划中得以重视的"劳动平衡法"和城市建筑艺术设计，前者是源自法国的一个人文地理学概念，并非苏联所首创[①]，后者则是巴黎城市改建和芝加哥城市美化运动等建设活动中经常采取的规划设计手法。因此，在实质意义上，八大重点城市规划编制工作对苏联规划模式的借鉴，更突出地表现在城市规划与国民经济计划的配合关系、编制分期规划并估算城市造价，以及对有关规划定额指标等规划标准的选用等方面。其中，前两项因素又可归结到计划经济体制这一条主线上。实际上，考察苏联规划模式的形成过程及主要特征，城市规划的计划性也为其根本特征所在（参见第 8 章的有关讨论）。那么，应当如何认识八大重点城市规划所具有的"计划经济"特征？

在新中国成立之初，国家已经明确了建设社会主义社会的基本政治方向，并在军事、外交和社会经济等方面采取全面向苏联学习的"一边倒"战略，从而形成了一套类似于苏联的高度集中的计划经济体制，这是新中国城市规划活动产生的重要社会条件。这样的一种时代背景，本身就决定了城市规划工作必然要走向与计划经济体制的高度契合，此乃新中国城市规划工作的前提所在，绝非规划工作者可以有任何其他不同选择的问题。正如郭增荣先生所指出的："当时整个国家特别是经济建设领域都是按照'苏联模式'运作，作为国民经济的继续和具体化的城市规划只能按照'苏联模式'才能适应需要，这是无可非议的。"[②]

另一方面，考察 1930 年代苏联本土"社会主义城市"规划建设思想的形成过程，国民经济五年计划在实施中的一些基本缺陷[③]，实际上正是苏联规划模式得以形成的重要诱因，正因如此，城市规划工作具有"国民经济计划的继续和具体化"的内在属性。由此，我们完全也可以做出这样的推断：假使在新中国成立之初，苏联并未发展出较为成熟的规划模式可供中国借鉴，那么，在中国不断推进社会主义社会建设

---

① 邹德慈先生口述历史之"苏联模式"，2014 年 12 月 11 日。

② 据郭增荣先生 2015 年 10 月 6 日对本书初稿的书面意见。

③ "第一，它实际上并不基于任何清晰的社会目标，也就是说它是一份没有任何关于人们将如何生活，或将以怎样的生活方式（byt）进行生活的计划。第二，作为一个巨大的建设计划，它缺乏有关怎样塑造'新城'，尤其是有关新城应该怎样有别于苏联接手的资本主义城镇的基础性理论探讨"。参见：[英] 凯瑟琳·库克 . 社会主义城市：1920 年代苏联的技术与意识形态 [J] . 郭磊贤译，吴唯佳校 . 城市与区域规划研究，2013（1）：213-240.

以及实行计划经济的探索过程中，也同样会发展起来一套类似于苏联规划模式的城市规划理论与方法。这一点，是我们不应对建国初期城市规划工作的计划经济特征妄加批判的一个重要认识前提。

由上分析不难理解，关于八大重点城市规划工作与苏联模式的关系，就实际的学术讨论价值而言，其实主要集中在有关规划定额指标等规划标准的选用方面。这也正如一些文献中对当年规划工作的具体指责："由于对大规模的经济建设和城市发展缺乏经验，城市规划在选用建设用地和住房面积标准上，搬用了苏联的'高定额'标准，与中国的国情不相适应。"① 以下就此问题作进一步的讨论。

9.2 城市规划工作对苏联标准的借鉴：若干基本事实

9.2.1 规划工作中选用规划标准的总体情况

仔细阅读早年八大重点城市规划的编制成果，不难发现，规划工作中有关规划定额指标或规划标准的内容不胜枚举，如人均居住面积定额、人均公共绿化面积、带眷系数、平面系数、层数分配比例、建筑密度、人口密度、城市利用率以及大量的公共建筑指标等（以下统称规划标准）。就当时广为流传的苏联规划名著《城市规划：技术经济之指标及计算》而言，也是以大量的规划标准为其主要内容。而在实际规划工作方面，对一系列规划标准的了解和实际运用的能力，也在一定程度上反映出规划工作者对苏联规划理论的学习掌握情况及其专业技术水平。

从规划编制程序来看，八大重点城市规划对有关苏联规划标准的借鉴，主要集中在城市用地规模的计算和第一期（近期）建设计划这两个环节（图 9-1）。就前者而言，由于工业用地大多已有明确的建设计划或要求，规划工作的重点主要是对生活居住用地规模的确定，另外服务性工业用地、城市发展备用地等规模的确定也涉及到一些规划标准的选用。② 就后者而言，出于对各类建筑进行层数分区的需要及利用旧城原则的落实，规划工作主要涉及到层数分配比例（即低层、多层和高层等建筑的比重）和城市利用率 ③ 等规划标准。

---

① 《当代中国》丛书编辑部 . 当代中国的城市建设［M］. 北京：中国社会科学出版社，1990：147-148.

② 以服务性工业用地为例，《城市规划：技术经济之指标及计算》一书指出："除市区其他组成部分外，编制工业依城市规模而定的综合指标，应对具有形成城市意义的企业和主要具有服务性质的企业，分别予以考虑"，"后一组的工业用地面积，毫无例外，几乎是一切城市所具有的，它应根据服务企业供应本城居民各种必要产品量的能力来计算"，"根据为当地居民服务的企业所编制的一览表的计算证明：规定它们在用地上的一般需要量，对每一千居民大致为零点五公顷。这个指标内还包括了一部分备用土地，作为扩充企业时之用。特别是在大城市中，这种企业往往还需要为城市直接毗连地区的居民服务。"参见：雅・普・列甫琴柯 . 城市规划：技术经济之指标及计算（原著 1952 年版）［M］. 岂文彬译 . 北京：建筑工程出版社，1954：62.

在八大重点城市规划中，服务性工业用地即通常选用 $5m^2$/ 人的规划定额。

③ 如洛阳和武汉两市第一期（1953 ~ 1960 年）的城市利用率分别为 7% 和 10%，两市在第二期（1961 ~ 1972 年）的城市利用率均采用 5% 的标准。

参见：［1］洛阳市人民政府城市建设委员会 . 洛阳市涧西区总体规划说明书（1954 年 10 月 25 日）［Z］. 中国城市规划设计研究院档案室，案卷号：0834：40-41.

［2］武汉市城市总体规划说明书（1954 年 10 月）［Z］. 中国城市规划设计研究院档案室，案卷号：1046：72.

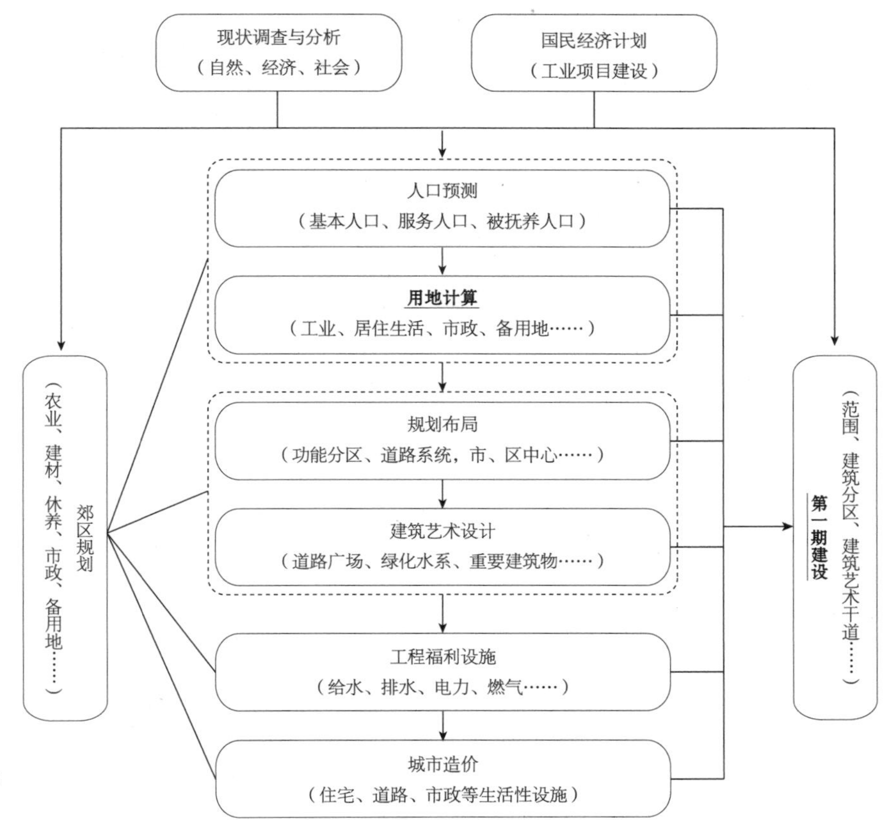

图 9–1　八大重点城市规划的编制程序和技术路线

作为规划编制工作的重点对象，生活居住用地主要由居住街坊用地（当时又有称居住用地、住宅用地）、公共建筑用地（当时又有称公共福利设施用地或公共机关用地）、绿化用地（当时又有称公共绿地）和道路广场用地（当时又有称街道广场用地）4 类构成，其规模确定涉及到大量的人均规划定额，如人均居住面积、人均公共绿地面积和人均道路广场用地等。通过选用人均居住面积定额，辅以平面系数①、层数分配比例②、建筑密度和人口密度等指标，即可推算出居住街坊用地的面积。此外，考虑到用地范围内实际存在的一些“不可建设”因素，居住街坊用地还有一定的备用地指标；为了保障各类用地分配的合理性，规划工作中还使用到用地平衡表这一工具，根据城市规模的不同，对于各类用地的所占比重以及人均面积等也有一定的规划标准予以规范。

9.2.2　关于人均居住面积定额的讨论

无疑，八大重点城市的规划编制工作中最核心的一项规划标准即人均居住面积定额（属建筑面积范畴），它是决定城市居住用地面积，进而影响城市规模大小的一个重要指标。在苏联，主要依据公共卫生

① 住宅内除了居住功能外，还有厨房、卫生间等其他功能，平面系数及居住面积占住宅建筑面积的比重。

② 即低层（通常为一层）、二层和高层（三层以及上）住宅所占比重。

学的原则，考虑空气容积和居室高度等因素，确定每人 $9m^2$ 左右的卫生居住面积标准。① 而在八大重点城市中，西安市的 156 项工程分布最多，规划编制工作起步最早并具有试点的性质 ②，其规划编制工作情况具有重要的解析价值。以下以西安为例，针对其人均居住面积规划定额的确定情况加以具体讨论。

翻阅西安市的规划文本 ③，第六章“市区用地面积计算”中关于居住用地的具体说明为：“居住用地：规定每人用地三十三平方公尺，共四〇平方公里。这是依据人口密度、建筑密度、建筑层数三者相互关系算出的。人口密度是依据卫生标准要求每人居住面积九平方公尺和建筑密度及居住面积占建筑面积百分比计算的。” ④ 就此而言，人均居住面积定额与 $9m^2$/ 人的苏联规划标准是相同的。

然而，需要注意的是，这一定额仅仅是针对城市发展远景而言。文本第十二章“城市造价估算”中明确“西安市总体规划实施采取分期扩建与逐步改造的方针。大体分为三大时期”；第一期“七年计划：(一九五三年至一九五九年)”“每人平均居住面积约三点二平方公尺” ⑤，第二期“七年至十五年计划：(一九六〇年至一九七二年)”“将总人口内七八万人的居住水平提高到每人六平方公尺”，第三期“远景计划：(一九七二年以后)”“每人九平方公尺”。⑥

其中，就第一期而言，除了保留城区现状住宅外，“新建住宅居住面积”“定为每人四点五平方公尺”，“并根据新增人口的不同情况，居住面积分别定为基本工业单身工人每人三至三点五平方公尺，有眷属工人每人四点五至五平方公尺，其他新增人口居住面积定为每人四平方公尺。全市居住面积平均三点二平方公尺。” ⑦ 可见，对于不同的规划期限和不同的住房类型，规划工作所确定的规划标准是各不相同的，如果简单说城市规划采用 $9m^2$/ 人的人均居住面积定额，其实并不够准确。

---

① 苏联《公共卫生学》教科书指出：“最有实际意义的住宅之重要卫生标准就是每 1 个人的居住面积。这种标准是根据下两项因素：空气容积和居室高度。当空气容积为 25 ~ $30m^3$ 而居室高为 3m 时每个人的卫生居住面积应为 8.25 ~ $9m^2$”；“作为居住面积最小卫生标准的 8.25，首先是由于 1919 年 12 月 17 日保健人民委员会的临时规则所规定，随后就由于 1920 年 10 月 25 日列宁所签名的俄罗斯苏维埃联邦社会主义共和国人民委员会的法令所批准”；“其后，于许多的官方公文中，特别是在 1929 年 12 月 20 日俄罗斯苏维埃联邦社会主义共和国保健人民委员会取得俄罗斯苏维埃联邦社会主义共和国建筑委员会的同意而批准的《住宅建筑之卫生规则》中，居住面积的卫生标准规定为 $9m^2$。这种标准于苏联全境内当新建筑住宅时皆适用之。这是一种最低限度的卫生标准并且用它来保证：a）在生理上所必须的空气容积；b）于居室中配备最小限度的必需家具；c）居住场所中的活动不至于不方便”。《公共卫生学》中还指出“谈住宅中的居住面积时，不能单从必要的空气容积（$9m^2$）的生理标准出发，还必须考虑住宅的社会意义，居住的物资财力的增长和文化需要的增长”，“因此，目前所采用的每人平均 9 的居住面积标准并非最高的也不能最大限度地保证卫生条件和居住的方便、充分地舒适”。参见：(苏）马尔捷夫等 . 公共卫生学 [M] . 霍儒学等译 . 沈阳：东北医学图书出版社，1953：401–402.

② 据赵瑾先生口述（2014 年 8 月 21 日赵瑾、常颖存和张贤利等先生与笔者的谈话）。

③ 即 1954 年 8 月 29 日的《西安市城市总体规划设计说明书》，当年的规划说明书兼具规划文本的属性，并具有法律效力。

④ 西安市人民政府城市建设委员会 . 西安市城市总体规划设计说明书（1954 年 8 月 29 日）[Z] . 中国城市规划设计研究院档案室，案卷号：0925：24.

⑤ 文本中的内容详细如下：“住宅建筑，计划全部保留现有居住面积一九五点五万平方公尺，维持现有居住水准。新增的二五万人（不包括利用率人数），每人居住面积四点五平方公尺，则需新建建筑面积二二五万平方公尺，建成后，全市建筑总面积将达五四二点七五万平方公尺，每人平均居住面积约三点二平方公尺”。参见：西安市人民政府城市建设委员会 . 西安市城市总体规划设计说明书（1954 年 8 月 29 日）[Z] . 中国城市规划设计研究院档案室，案卷号：0925：49.

⑥ 西安市人民政府城市建设委员会 . 西安市城市总体规划设计说明书（1954 年 8 月 29 日）[Z] . 中国城市规划设计研究院档案室，案卷号：0925：47–49.

⑦ 西安市人民政府城市建设委员会 . 西安市总体规划设计工作总结（1954 年 9 月）[Z] // 西安市总体规划设计说明书附件 . 中国城市规划设计研究院档案室，案卷号：0970：76.

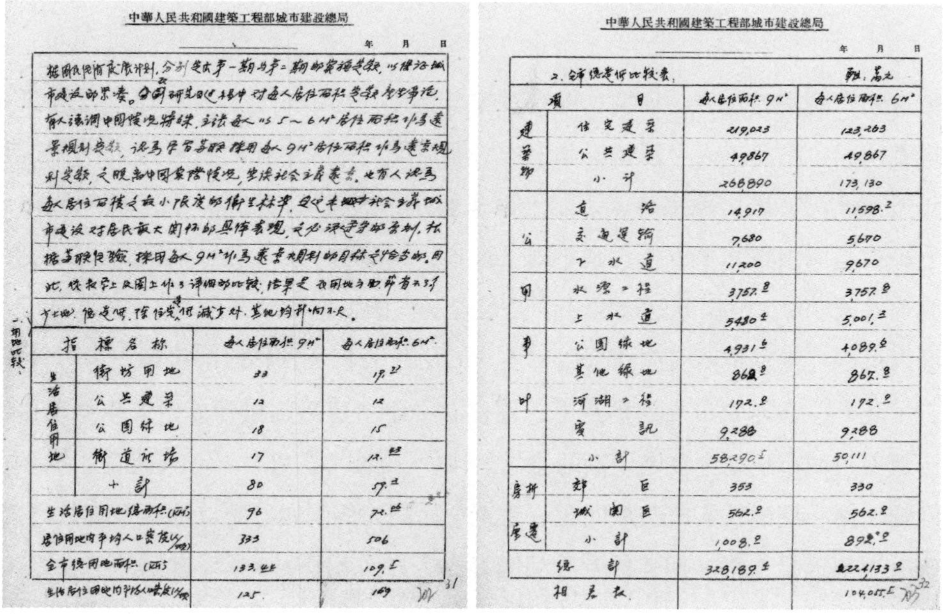

图 9-2　人均居住面积 $6m^2$ 和 $9m^2$ 两种方案的比较分析

资料来源：西安市规划工作情况汇报［Z］// 1953 ~ 1956 年西安市城市规划总结及专家建议汇集 . 中国城市规划设计研究院档案室，案卷号：0946：202-203.

在早年的规划文本中，对西安市当时的现状人均居住水平也有一定的统计和分析："居住情况，据不完全的统计，人口毛密度最大约每公顷六〇〇人，每人占建筑面积约五平方公尺"，"房子矮小拥挤，水、电、交通等公共设施不全，工厂与住宅混杂，均极影响着居民的生活与健康。这种情况反映了旧城市是不能满足人民的需要的，必须有计划有步骤的［地］逐渐改善……"① 规划文本中的这些内容，表明规划工作者对实际的城市现状情况是有一定程度的认识的。

除了规划文本之外，还可查到一些关于规划工作过程的记录资料，有助于对人均居住面积定额确定情况的进一步认识。

档案显示，在西安市规划编制工作过程中，曾对人均居住面积定额产生过争论："有人强调中国情况特殊，主张每人以 5 ~ $6m^2$ 居住面积作为远景规划定额，认为学习苏联采用每人 $9m^2$ 居住面积作为远景规划定额，是脱离中国实际情况，空谈社会主义远景"，"也有人认为每人居住面积是最小限度的卫生标准，这是社会主义城市建设对居民最大关怀的具体表现，是必须遵守的原则。"② 为此，规划工作人员针对 $6m^2$ 和 $9m^2$ 两种方案，"从数字上及图上作了详细的比较"，"结果是在用地方面，［$6m^2$ 方案］节省不了多少土地，总造价，除住宅造价减少外，其他均影响不大"（图 9-2），从而提出"从经济意义及政治意义方面讲，采用 $9m^2$ 作为远景规划定额是恰当的。"③

根据中共中央西北局常委会议的一份记录材料，1953 年 12 月前后，国家计委工作组曾对西安市的城

① 西安市人民政府城市建设委员会 . 西安市城市总体规划设计说明书（1954 年 8 月 29 日）［Z］. 中国城市规划设计研究院档案室，案卷号：0925：5.

② 西安市规划工作情况汇报［Z］// 1953 ~ 1956 年西安市城市规划总结及专家建议汇集 . 中国城市规划设计研究院档案室，案卷号：0946：202.

③ 同上，案卷号：0946：202-204.

市规划问题进行过专门研究，时任国家计委副主席的李富春主持了这次会议。会议记录显示，“根据本市现有情况，东北工人生活情况和全国一般情况，每人居住面积不到 4m^2，甚至在 3m^2 以下，因此第一个五年按 4m^2 为标准，原来计画［划］也是如此，这大家都同意。（东北新建 4.5m^2，有些工人住不起）”，“但争论数是应该按几平方米规画［划］远景，原计画［划］是 9m^2，大家认为大了，有说逐步发展到二十年为 5、6 或 7m^2，但据苏联经验 9m^2 是最合乎人的卫生健康条件的，作为远景不能不以 9m^2 为定额。”① 这次会议最终“肯定了西安应该采用每人 9m^2 居住面积及其相应的定额作为远景规划定额。”②

此外，在西安市规划档案中，还存有一份由建工部城建局西安规划工作组于 1954 年 2 月完成的《关于西安市城市规划中住宅定额的意见》（以下简称《意见》）。该《意见》共 16 页，主要内容包括规划基数问题、第一期建筑实施基数问题、建筑中面积比例问题、第二期建筑基数问题、其他生活居住用地问题和解决规划远景与第一期建筑矛盾问题等 6 个方面（图 9–3）。《意见》不仅综述了苏联关于人均居住面积定额的立法及演变情况，还统计分析了苏联不同时期内的平均居住水平情况，较为详细地阐述了规划工作的指导思想、具体方案及近、远期规划实施等有关问题。对于住宅的保留、拆除和新建等对居住水平的影响，《意见》还作出了不同方案的对比分析。

《意见》中指出：“目前苏联的平均居住面积还不到 9 平方米的水准，但城市规划一般均以 9 平方公尺为基础，规划的期限一般为 15 至 20 至 25 年，但也可能延长或缩短［，］如因战争爆发就会使时间延长”，“根据我国经济情况及工业化的速度看来，在 15 年至 20 年内是不可能达到每人居住面积 9 平方米的水准，但西安似仍应以 9 平方米的居住面积……作为远景的目标为宜”，“因为这只是表明城市发展的方向和规模，而并不是一定在短期内实现［，］也不是作为决定国家投资的依据，在我国具体条件下，逐步达到这个远景的时间会比苏联更长一些，但若不以 9 平方米来规划，则可能妨害城市的远景建设。”③

另外，“根据总的经济发展，以西安一个城市和苏联城市总平均作比较，15 至 20 年后，每人居住面积是可能达到 5 平方公尺左右”；据此，“有必要在进行城市总体设计时分三个时期来实施，以七年为第一期实施计划，以 15 年至 20 年为第二期计划时期，以合理标准作为远景计划”，“所以考虑远景的合理，注意逐步建设的经济投资［，］力求这三个时期发展的有机衔接，就成为城市计划中必需考虑的问题。”④

从性质上看，这份文件大致相当于当前城市总体规划编制中经常采取的“重点专题研究”工作，这明确反映出当时规划工作对居住面积标准问题的高度重视。

由此可见，在西安市规划编制工作过程中，对于人均居住面积定额的确定，既有对西安市现状情况的调查，也有对指标内涵及苏联本土情况的分析，并作出了分期规划、逐步实施的规划安排。

---

① 关于国家计委工作组对西安城市规划及有关问题研究情况的汇报提纲——抄录西北局常委会议讨论材料（1953 年 12 月 17 日）［Z］// 1953 ~ 1956 年西安市城市规划总结及专家建议汇集 . 中国城市规划设计研究院档案室，案卷号：0946：7.

② 西安市规划工作情况汇报［Z］// 1953 ~ 1956 年西安市城市规划总结及专家建议汇集 . 中国城市规划设计研究院档案室，案卷号：0946：204.

③ 建筑工程部城市建设局西安工作组 . 关于西安市城市规划中住宅定额的意见（1954 年 2 月 18 日）［Z］// 1953 ~ 1956 年西安市城市规划总结及专家建议汇集 . 中国城市规划设计研究院档案室，案卷号：0946：14–15.

④ 同上，案卷号：0946：14–15.

關於西安市城市規劃中住宅定額的意見

目錄：

(一)規劃基數問題

(二)第一期建築實施基數問題

(三)建築中面積比例問題

(四)第二期建築基數問題

(五)其他生活用地問題

(六)解決規劃遠景與第一期建築矛盾問題

(四)第二期（15至20年）計劃期間居住定額指標，對於15年至20年後的居住定額指標，主要根據社會主義工業化的發展來估計。

按照國家第一個五年計劃，在1959年我國工業主要產品產量大約相當蘇聯第一個五年計劃末期（1932年）的水準，在15年左右將應為過渡時期的結束，假設相當於蘇聯第二個五年計劃的末期或第三個五年計劃的初期。我國在第三個五年計劃以後工業總產量在絕對數值上雖可能超過1937年的蘇聯，但在每人平均值上還將因人口眾多而低於蘇聯，當時人民的居住水準最高也不會超過1936—1937年的蘇聯。

根據所收集的不完全的資料，蘇聯在第一及第二個五年計劃期間所有城市平均居住情況的發展如下表：

統計時間	每人居住面積 m²		當時計劃		同時期城市人口總數	備註
	總平均	分標	年限	提高指標		
1923年3月	6·4					根據蘇聯城市經濟教科書"
1926年12月	5·85	工人4·8 職員6·8			2630萬	〃 〃
1928年	5·7		至1932	6·8		蘇聯第一個五年計劃
1932年	4·66				3970萬	蘇聯第二個
計劃至1937年	5·35				4610萬	五年計劃

(五)

估計方案	居住指標 m²／人		拆除現有住宅之比例	20年後居住人數（萬人）		1973年時全市平均居住指標 m²／人	1960年至1973年之逐年平均修建量 m²	共折舊住宅 m²（20年內）
	新建住宅	保留住宅		新住宅	舊住宅			
Ⅰ	6	3	1/3	88·8 萬	31·2 萬	5·22	58·97 萬	93·7 萬
Ⅱ	6	3	1/4	84·87 萬	35·13 萬	5·12	55·34 萬	70·25 萬
Ⅲ	6	2·5	1/3	82·54 萬	37·46 萬	4·91	53·19 萬	93·7 萬
Ⅳ	6	2·5	1/4	77·85 萬	42·15 萬	4·77	48·86 萬	70·25 萬
Ⅴ	5	3	1/3	88·8 萬	31·2 萬	4·48	45·3 萬	93·7 萬
Ⅵ	5	3	1/4	84·87 萬	35·13 萬	4·41	42·3 萬	70·25 萬
Ⅶ	5	2·5	1/3	82·54 萬	37·46 萬	4·22	40·5 萬	93·7 萬
Ⅷ	5	2·5	1/4	77·85 萬	42·15 萬	4·12	36·9 萬	70·25 萬

(五)各項生活用地原則上根據居住水準相應

(1)公共建築用地：

公共建築用地在遠景規劃時根據蘇聯城市規劃經驗，應為每人12 m²，（體積為每人14～16 m³）這個數字不因城市大小而變化，因為其中大部份是分佈在街坊內直接為居民服務的福利設施，而以每個人的標準計算。

按系統各種公共建築物體積和用地所佔總之百分比如下表：　（附表）

系統	建築體積比	系統	用地比	每人平方米數	備註
學校及文教系統	32%	學校	30%	3·77	
		文教	4%	0·5	
行政經濟機關	6%	行政經濟機關	2·4%	0·3	
商業及公共飲食系統	17%	商店	2·5%	0·31	
		公共飲食	8·6%	1·07	
保健系統	17%	保健系統	9·8%	1·22	
		體育	4·8%	0·59	
公共事業	28%	公用事業	16%	1·98	
		清潔衛生	2·9%	0·36	
		兒童	19%	2·5	
共計	100%	共計	100%	12·6	
蘇聯的比例數		系我們根據建築體積初步計算的結果。			

图 9–3 《关于西安市城市规划中住宅定额的意见》档案

注：上左页为《意见》的封面，上右页中的表格系对苏联居住水平情况的统计，下页中上方的表格是 8 个方案的对比分析。

资料来源：建筑工程部城市建设局西安工作组．关于西安市城市规划中住宅定额的意见（1954 年 2 月 18 日）［Z］// 1953 ~ 1956 年西安市城市规划总结及专家建议汇集．中国城市规划设计研究院档案室，案卷号：0946：13，22，25.

就其他几个城市而言，情况也大抵如此。如对于现状居住水平，各城市在基础资料搜集过程中均进行过典型调查和统计分析：成都市“每人占居住面积为3.72平方公尺”，“平均人口密度约为235人/公顷”①（图9-4）；武汉市“每人包括居住、工作、学习等在内，不过占九平方公尺左右的房屋面积”，“平均每人占居住面积2.6平方公尺”②；大同市“一般平面系数约在63%左右”，“平均每人居住面积为4.5平方公尺”③；太原市通过几项典型调查以及对旧城整体情况进行统计分析，得出现状人均居住面积大多高于4.5m^{2}的结论④，并就这一结果相对较高的原因进行了误差分析。⑤

另就规划方案而言，八个城市也大都采取的是近期4.5m^2/人、第二期（15-20年）5.0m^2/人和远景9.0m^2/人的分步骤实施方案，并在规划说明书中有较明确的相关说明。⑥兰州等城市还制定了专门的“居住用地定额草案”说明文件，作为规划成果文件之一予以上报（图9-5）。

上述情况表明，对于建国初期各城市的居住水平状况，八大重点城市的规划工作者必然是有相当程度的认识和了解的；对于苏联规划标准的内涵及苏联本土的现实情况等，规划工作者也有一定的清醒认识。规划编制工作中对人均居住面积规划定额的确定，不能不说是经过一定的周密分析并谨慎决定的；而设定分期规划目标的多步骤实施安排，一方面兼顾了城市规划的现实可能性，另一方面则又使远景的城市发展目标合乎于社会主义社会的建设原则，即满足了城市规划的政治性要求。

就人均居住面积定额而言，尽管八大重点城市在规划编制工作中有一定程度的分析和研究，然而就规划编制的结果而言，特别是简化到城市发展远景这一个规划期限，9.0m^2/人的定额和苏联的规划标准却又是完全相同的。如果就此而论，评价城市规划工作“照搬苏联模式”也是无可争辩的“事实”。然而，在

---

① 成都市城市建设委员会．成都市城市初步规划说明书（1956年5月）[Z]//成都市1954～1956年城市规划说明书及专家意见．中国城市规划设计研究院档案室，案卷号：0792：12.

② 武汉市城市总体规划说明书（1954年10月）[Z]．中国城市规划设计研究院档案室，案卷号：1046：59.

③ 该数据系根据1954年上半年大同市公私房产调查结果统计，与另几个城市的现状年份（1953年或1952年）略有不同。参见：大同市城市规划说明书（1955年）[Z]．大同市城乡规划局藏，1955：28.

④ “从太原钢厂尖草坪宿舍及第20宿舍和旧城区四处家属宿舍调查的材料，平均每人居住面积约为4.4，4.6，4.75，5.1，5.15平方公尺。目前旧城区住宅建筑面积约为1526678平方公尺，平面系数为65%，则居住面积为1526678×65%=993340m^2，旧城内现住人口213844人，平均每人居住面积4.63平方公尺。从以上两种情况看，目前每人居住面积都大于4.5m^2”。参见：太原市人民政府城市建设委员会．山西省太原市城市初步规划说明书（1954年10月5日）[Z]//太原市初步规划说明书及有关文件．中国城市规划设计研究院档案室，案卷号：0195：47.

⑤ “我们考虑有一部分单身宿舍未进行调查，其次太原市的居住情况的特点是辅助面积太少，一般的一个院子除大门及一间小厕所外，其余房间都作了居住用，大多数人家都在院里做饭，因此实际的居住情况是很不合理的。如果将这两个因素考虑进去，应采用比较低的数字”。参见：太原市人民政府城市建设委员会．山西省太原市城市初步规划说明书（1954年10月5日）[Z]//太原市初步规划说明书及有关文件．中国城市规划设计研究院档案室，案卷号：0195：47.

⑥ 譬如：洛阳“第一期居住用地定额：在此期间，国家的主要投资用于工业建设上去，对人民的生活只能相应的加以提高，居住定额必须适当降低，根据计委的指示，采用每人4.5m^{2}的定额……第二期祖国工业化已经提高到相当高的水平，在居民生活福利上也就相应的予以提高，这一期将居住定额提高到6m^2”；成都“15～20年的居住面积以6m^2/每人计算，这只是作为规划目标及用地控制范围，实际至15～20年，全市每人平均居住面积是否能到达6m^2/每人，尚待整个国民经济情况的发展而定，因此我们是以6m^2/每人，作为我们15～20年的规划指标与控制范围”。

参见：[1]洛阳市人民政府城市建设委员会．洛阳市涧西区总体规划说明书（1954年10月25日）[Z]．中国城市规划设计研究院档案室，案卷号：0834：40-41.

[2]成都市城市建设委员会．成都市城市初步规划说明书（1956年5月）[Z]//成都市1954～1956年城市规划说明书及专家意见．中国城市规划设计研究院档案室，案卷号：0792：28-29.

-9-

(三) 典型地區 西馬棚街派出所轄區人口密度

段別	人數	佔地面積(公頃)	人/公頃數	平方公尺/人
西大街(甲段)	798	3.201	249	40.1
西大街(乙段)	1,123	2.929	383	26.1
八寶街(甲段)	799	1.607	497	20.1
八寶街(乙段)	826	1,352	610	16.3
三道街 (段)	773	3.636	212	49.0
四道街	775	2.700	287	36.1
東二道街	1,071	3,971	269	37.1
西二道街	1,141	2,473	461	21.7
東西馬棚街	2,463	7,623	323	30.9
上同仁路街	747	1,550	482	20.8
長順下街	1,655	2.784	559	16.7
紅牆巷	1,059	3.140	337	29.6
焦家巷	1,199	4.725	253	39.4
過街樓街	787	3.175	248	40.3

編製日期 1954年1月7日

-10-

(3) 淨密度

街道名稱	某号至某号
春熙西段	22—26
春熙北段	1—27
新街後巷子	2—7

人數	佔地面積(公頃)	人/公頃	建築基地面積(平方公尺)	平方公尺/人	空地面積(公頃)	人/公頃
268	1.18	227	9,154	34	0.27	[illegible]

街道名稱	某号至某号
吉祥街	14—18
奎星樓	2—26
長順中街	121—146

人數	佔地面積(公頃)	人/公頃	建築基地面積(平方公尺)	平方公尺/人	空地面積(公頃)	人/公頃
429	1.45	290	4,761	11	0.97	442

图 9-4　成都市现状人口密度调查档案（1954 年）

资料来源：成都市人民政府城市建设委员会 . 成都市城市规划资料第二集：经济情况［Z］. 中国城市规划设计研究院档案室，案卷号：0789：13-14.

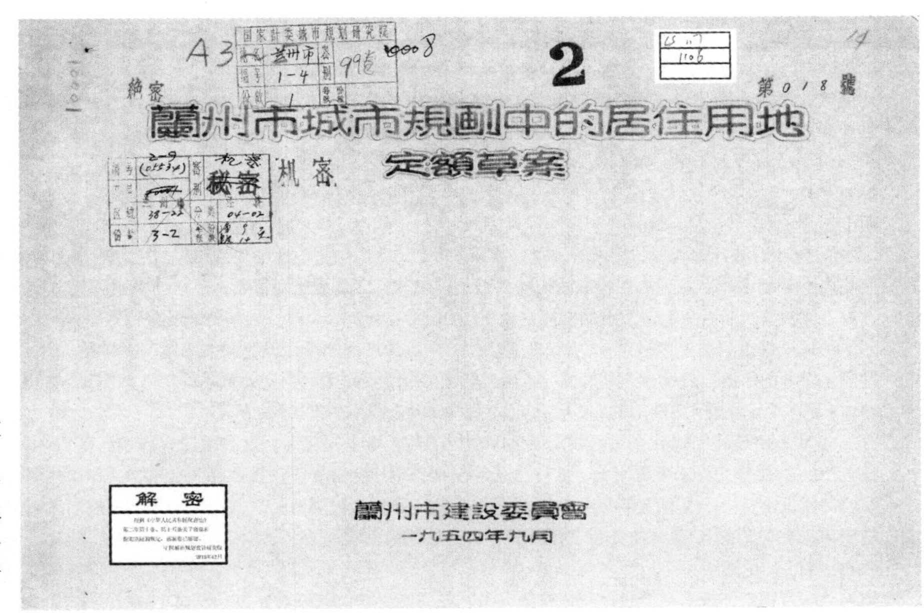

绝密 第018號

2

蘭州市城市規劃中的居住用地定額草案

解密

蘭州市建設委員會

一九五四年九月

图 9-5　兰州市城市规划中的居住用地定额草案（1954 年）

资料来源：兰州市建设委员会 . 兰州市城市规划中的居住用地定额草案（1954 年 9 月）［Z］// 兰州市城市规划中的居住用地定额草案 . 中国城市规划设计研究院档案室，案卷号：1106.

貌似简单、明确的规划方案的“结果”之下，往往隐藏着十分复杂的规划工作过程中的诸多事实，这是一个容易被规划研究所忽视的常识，也是认识城市规划工作与苏联模式相互关系需要特别警惕之处。为了对有关情况进一步澄清，有必要就其他的一些规划标准加以讨论。

9.2.3 关于其他一些规划标准的讨论

以居住街坊用地规模的确定为例，苏联规划标准中的备用地指标通常按居住街坊用地的10%选用[①]，其目的是“在建造街坊时，为避免有些地方因工程上的问题不适于建筑，而以备用地补充。”[②]在八大重点城市规划中，对此规划标准具有一定的灵活处理。

譬如，洛阳市在对备用地指标的内涵进行认识的基础上，结合涧西区的实际情况进行了具体研究：“就洛阳涧河西地区来说，在住宅区内地势平坦，虽然沿秦岭地势稍有起伏，可是坡度一般都不超过8%，完全可以被容许建造住宅，基本上都不需要特殊的工程处理。”[③]而从居住街坊的规划建设来看，“备用地的保留基本上有两种方式：一种是分散在街坊内，这样的作用并不大[④]……或者是按街坊建筑密度把房子都建造起来……等于把备用地从街坊内除去，也有前者所说的弊病”，“另外一种是集中的把备用地放在边缘地区，这样也有不少困难。”[⑤]根据对保留备用地各种情景的全面分析，洛阳市规划提出“备用地不需要，可以减去”，相反“如果不把被［备］用地从街坊中除去，将造成一些麻烦”，从而最终“决定将备用地除去变为实际的居住用地”。[⑥]

层数分配比例是八大重点城市规划工作中的一项重要指标，在实际上，它主要是究竟选择平房或楼房的问题。[⑦]苏联规划建设经验中对一层住宅比较慎重：“庭园式建筑在市区用地方面是最不经济的，因为它的密度很低而占用空地很大。因此无论在计算庭园式建筑总量抑［或］在城市平面上配置它们时，都需要

---

① “应该注意，在建筑中的许多情形下，必须考虑当地用地的自然特点（地形、土壤承重力、喀尔斯特现象等）。这一点将使与上表［各类居住建筑的用地面积与建筑性质的关系表］所举的指标多少有些出入。因此，实际上对于居住街坊应保留大致为百分之十的备用地”。参见：雅・普・列甫琴柯．城市规划：技术经济之指标及计算（原著1952年版）[M]．岂文彬译．北京：建筑工程出版社，1954：52.

② 洛阳市人民政府城市建设委员会．洛阳市涧西区总体规划说明书（1954年10月25日）[Z]．中国城市规划设计研究院档案室，案卷号：0834：47.

③ 同上.

④ “因为考虑没有特殊工程上的要求时，这些地较［多］只能被当作空地被保留起来，或者是按街坊建筑密度把房子都建造起来”，这种方式“使街坊内空地很多，而又无法在建成的街坊内增加多幢建筑，造成土地浪费，纵然能勉强把建筑加进去，势必造成人口加多现象，在上、下水方面就无法解决（因为上、下水的供应是依133000人［城市总人口］来作设计根据的）”。参见：洛阳市人民政府城市建设委员会．洛阳市涧西区总体规划说明书（1954年10月25日）[Z]．中国城市规划设计研究院档案室，案卷号：0834：47–48.

⑤ “（甲）除去备用地以外剩余地较［多］依133000人作层数分区，备用地将来的层数就很难和原来的层数分区协调，因为备用地里面包括有75%［的］3～4层，20%［的］2层和5%［的］1层住宅，在旧层数分区边缘地带多均为低层建筑，这样二者就很难衔接起来称为整体。（乙）这些备用地将来作什么用。如前所述不需要工程上准备措施时，这些地区只能永远保留下去，造成这个［地］区在平面结构上的不完整。（丙）如果作为将来发展用地，实际上就等于把备用地除去，应该按实际能居住的人口来作为控制数字分配土地”。参见：洛阳市人民政府城市建设委员会．洛阳市涧西区总体规划说明书（1954年10月25日）[Z]．中国城市规划设计研究院档案室，案卷号：0834：48.

⑥ 洛阳市人民政府城市建设委员会．洛阳市涧西区总体规划说明书（1954年10月25日）[Z]．中国城市规划设计研究院档案室，案卷号：0834：48.

⑦ 根据《城市规划：技术经济指标和计算》一书，住宅的层数大致被划分为庭园式（一层）、两层和高层（三层以上）等3种类型。

仔细缜密地决定”[①]，但就当时的一些主管部门而言，却倾向于多修建低层（一层）住宅，其原因应主要在一层住宅的技术要求低、建设速度快等方面。[②]各地城市在规划工作中结合具体情况有不同的考虑。如成都即考虑到外围地区农田情况，“因规划的住宅区发展用地均系高产农田，为了增产粮食，提高住宅建筑层数甚为必要，新建住宅一般均不低于三层。”[③] 1955 年 12 月，《国家建设委员会对成都市初步规划的审查意见》指出“成都市土地肥沃，农作物产量较大，为节省土地，成都市的房屋层数，在不超过中央规定的建筑造价指标下，可以修建楼房为主，并适当修建一部分平房，具体层数比例和房屋修建标准，请成都市根据当地土地使用及建筑材料供应情况，与建设单位协商后报四川省人民委员会决定。”[④]

再就公共建筑配置而言，八大重点城市规划在借鉴苏联规划标准时，也结合当地的实际情况进行了相应的处理。仍以洛阳为例，一方面，规划工作将苏联标准中的公共建筑分类——即全市性的、市区性的和街坊性的等不同层次[⑤]，调整为独立性公共建筑、供一个街坊用的附设于建筑底层的公共建筑和全市性的附属于建筑底层的公共建筑等 3 种类型，这样的分类更加适合于城市规划建设和管理的实际操作（图 9–6）。另一方面，对于具体的公共建筑项目清单，洛阳市规划也作了适当的调整：“根据洛阳地区的特点，将一些项删除，如赛马场、溜冰场在洛阳的条件下可能性比较少，所以予以删除，另外，如蔬菜场，在苏联定额中没有详细列出，所以我们在定额中增添伙食房来供应蔬菜及调味原料等”。[⑥]

上述情况足以表明，八大重点城市规划编制工作对苏联规划标准的借鉴，绝非简单的照搬照抄，而是具有诸多结合实际情况的具体处理。实际上，仅仅就规划工作者的构成情况而言，就已经从根本上决定了规划工作不可能不考虑中国的一些实际问题。当时的城市规划工作尽管是在苏联专家的指导下进行，但实际上，指导规划工作的苏联专家只有寥寥几个而已[⑦]，并且正如曾担任当年西安规划工作组组长的万列风先生所指出，苏联专家“一般都很尊重中国的意见，很注重中国的实际情况。”[⑧]而规划工作的主体，仍然是中国本土的一些工程技术人员，这样的一种人员结构也就决定了，在学习借鉴苏联规划经验之时，规划人员不可能全部采取“拿来主义”。

---

① 雅・普・列甫琴柯 . 城市规划：技术经济之指标及计算（原著 1952 年版）[M] . 岂文彬译 . 北京：建筑工程出版社，1954：35.

② “近期为了赶上工叶［业］基建要求，势必得修建相当数量的低层建筑。低层建筑修建速度快，造价可以大大降低，在近期时间紧迫［、］投资不多的情况下是很值得考虑的”。参见：包头市总体规划设计说明书（1955 年 5 月）[Z] // 包头市城市规划文件 . 中国城市规划设计研究院档案室，案卷号：0504：170.

③ 成都市城市建设委员会 . 成都市城市初步规划说明书（1956 年 5 月）[Z] // 成都市 1954 ~ 1956 年城市规划说明书及专家意见 . 中国城市规划设计研究院档案室，案卷号：0792：126.

④ 国家建设委员会 . 国家建设委员会对成都市初步规划的审查意见（1955 年 12 月）[Z] // 成都市 1954 ~ 1956 年城市规划说明书及专家意见 . 中国城市规划设计研究院档案室，案卷号：0792：84–85.

⑤ 具体包括行政经济机关、文化教育机关、学校、儿童机关、体育网、保健网、公共饮食供应网、贸易及仓库网、清洁卫生网和其他公用设施等十大方面和数十类具体建筑设施。参见：雅・普・列甫琴柯 . 城市规划：技术经济之指标及计算（原著 1952 年版）[M] . 岂文彬译 . 北京：建筑工程出版社，1954：18–27.

⑥ 洛阳市人民政府城市建设委员会 . 洛阳市涧西区总体规划说明书（1954 年 10 月 25 日）[Z] . 中国城市规划设计研究院档案室，案卷号：0834：41–45.

⑦ 据档案显示及老专家回忆，对八大重点城市规划工作进行指导的主要是穆欣、巴拉金和克拉夫秋克等 3 位苏联专家。

⑧ 2014 年 9 月 18 日万列风先生与笔者的谈话。

獨立性公共建築表：

系統	層數	建築密度	建築項目	定額：個數/千人	定額：體積/每個M³	定額：體積/千人M³	建築體積	基底面積	用地面積	分個記數	備註
	5	40%	區政府			200	31200M³	1950M²	4875M²	1	
行	4	40	公安局法院			80	[illegible]	960	2,400	1	
政	4	40	郵電機構			80	12,480	960	2,400	1	
系	4	40	信貸機構			80	12,480	960	2,400	1	
統	4	40	公用事業機構			100	15,600	1,200	3,000	1	
	4	40	工會			50	7,800	600	1,500	1	
	4	40	旅館	5床位/千人	80M³/每床	400	62,400	4,800	12,000	3	
	15M²	40	劇院	10座位/千人	50M³/每座	500	78,000	5,200	13,000	2	
	10M²	40	電影院	15座位/千人	16M³/每座	240	37,440	3,744	9,360	3	
	3	15	文化宮	20座位/千人	40M³/每座	800	124800	12,480	83,200	2	
	3	15	少年宮						30,000	1	

独立性公共建筑表（部分）

按照總定額200座位/千人，總的座位[illegible]除了，部分三次用餐，因之用地變少，用地按有效面積90M²/千人計，90M²中10M²作為附屬於旅館內之飯館，80M²附於住宅建築底層，每座位面積2.5M²。

供一個街坊用的附設于建築底層的公共建築表

建築項目	千人定額M²	3—4層 117,000 75%：千人基底	基底	用地	2層 32,000 20%：千人基地	基地	用地	1層 7,800 5%：千人基底	基底	用地	合計用地
郵政代辦所	34	21.6	2,530	10,120	37.8	1,210	4,840	75.6	590	2,360	17,320
儲蓄所	10	6.35	744	2,976	11	352	1,408	22.1	172.2	6,844	11,228
理髮店	12	7.62	893	3,572	13.3	424	1,696	26.6	208	833	6,100
[illegible]售處	60	38.95	4,560	18,240	68.1	2,180	8,720	136.3	1062	4,248	26,208
小商店	150	95.3	11170	44,680	166.6	534	2,136	333.2	2600	10,400	56,216
生活用小工場	54	35.3	4,020	16,080	60	1,920	7,680	120	936	3,740	27,504
[illegible]	90	57.2	6,700	26,800	100	3,200	12,800	200	1560	6,240	45,840
俱樂部	43	27.3	3,200	12,800	47.8	1,562	6,248	95.6	740	2,984	22,032
食堂	90	57.2	6,700	26,800	100	3,200	12,800	200	1560	6,240	45,840
合計											258,288

供一个街坊用的附设于建筑底层的公共建筑表

全市性的附屬於建築底層的公共建築表：

建築項目	單位有效面積	全區個數	三~四層：個數	每個基底	基底	用地	二層：每個基底	個數	基底	用地	一層：每個基底	個數	基底	用地
咖啡館	160M³/每個	19	16	101.5	1.625	6,500	178	2	356	1424	356	1	356	1424
飲食房	40M³/每個	49	30	25.4	762	3,048	44.4	13	576	2304	88.9	6	533.4	2123.6
派出所	60M³/每個	7	5	38.1	190.5	762	68.1	2	136.2	544.4	136.8			
廁所	30M³/每個	25	16	19.1	305.4	1,221.6	38.3	7	233.1	932.4	66.7	2	133.4	533.6
藥房	23.7M³/每個	10	10	52.6	526	2,104								
書店	17.5M³/每個	10	10	89	890	1,560								
衛生防疫站	31.8M³/每個	5	5	695	1390	5,560								

全市性的附属于建筑底层的公共建筑表

图 9-6　洛阳市规划公共建筑配置表（部分）

资料来源：洛阳市人民政府城市建设委员会．洛阳市涧西区总体规划说明书（1954年10月25日）［Z］．中国城市规划设计研究院档案室，案卷号：0834：42，44，45.

仅仅就基本人口的分类这一技术细节而言，虽然同样是借鉴苏联经验，并在同样的苏联专家的指导下进行，但洛阳、包头、成都和武汉等各个城市就有从7类到10类等各不相同的分类方案及表述（表9–1）。另就八大重点城市的规划说明书而言，其结构和内容也是各不相同的（见第2章中的表2–2）。由此，也可窥得八大重点城市规划所具有的一些“本土化”特点。

城市基本人口的分类情况　　表9–1

序号	洛阳	包头	成都	武汉
1	工业职工	工业职工	工业人员	工业职工
2	建筑业职工	建筑业职工	手工业人员	建筑业职工
3	手工业职工	对外交通运输职工	建筑业职工	手工业职工
4	对外交通运输业职工	大学、专科及中等技术学校教职员工	对外交通运输职工	对外交通运输职工
5	专科学校教职员工	军事机关工作人员	大专、中技校师生员工	高等学校及中等技术学校师生员工
6	非地方性行政机关工作人员	非地方性商业人员	省级以上机关、团体工作人员	非地方性行政机关工作人员
7	非地方性企业机关工作人员	其他基本人口	省级以上金融、贸易、邮电、合作部门职工	文化艺术机关团体工作人员
8	非地方性医疗卫生工作人员	—	非本市机关、团体、企业驻蓉人员	科学及农、林、牧场研究机关工作人员
9	军事机关工作人员	—	—	中南及湖北省行政性学校师生员工
10	—	—	—	军事系统工作人员

注：包头市的规划成果因缺乏1954年10月版本，特采取1955年5月版规划说明书的有关资料。

资料来源：[1]洛阳市人民政府城市建设委员会．洛阳市涧西区总体规划说明书（1954年10月25日）[Z]．中国城市规划设计研究院档案室，案卷号：0834：12.

[2]包头市总体规划设计说明书（1955年5月）[Z]// 包头市城市规划文件．中国城市规划设计研究院档案室，案卷号：0504：95.

[3]成都市城市建设委员会．成都市城市初步规划说明书（1956年5月）[Z]// 成都市1954 ~ 1956年城市规划说明书及专家意见．中国城市规划设计研究院档案室，案卷号：0792：26.

[4]武汉市城市总体规划说明书（1954年10月）[Z]．中国城市规划设计研究院档案室，案卷号：1046：63.

9.3 对八大重点城市规划编制工作的再认识

9.3.1 规划编制工作的时代条件

任何一种工作的开展，脱离不开它所依托的时代背景和客观条件。对八大城市规划编制工作的认识，同样不能仅仅着眼于规划编制的成果或规划工作过程，还应对当时的技术力量状况和工作条件有所了解。

就建国初期城市规划的技术力量而言，透过60年前中央城市设计院的成立过程，已经表明其整体上极为薄弱的状况（详见第7章的讨论）。无疑，八大重点城市是城市规划技术力量投入的重点对象，然而这只是相对而言，与城市规划工作的艰巨任务和复杂要求相比，八大重点城市实际的规划技术力量状况依然是相当有限的。以重点工业项目较多的太原市为例，据1955年2月规划工作组的总结："城市本身在规划力量上是缺乏的。小组开始从太原来，只有六个人，其中只有一个学过城市规划，三个学过土木工程，以后派来刚从学校毕业四个建筑系学生并向市里要了些人，最多时增至十八人，却始终没有各工种的人材［才］和经济工作者。这就是市里尽力抽调组成的全部的规划力量。以这样的力量来完成城市规划的繁重任务是不称任的。"①

正如老一辈规划师所指出的②，八大重点城市规划工作的技术力量即"苏联专家＋儿童团"这样的一种格局，大量刚从学校毕业的大中专学生是规划工作的主力。而城市规划却又是"一项带有综合性的科学的极其复杂繁重的任务，而且在中国是个崭新的工作"③，"由于缺乏知识、缺乏经验，而工业建设刻不容缓，参加工作的大学生、老干部和工程师就必需［须］由一点不懂或懂的［得］不多就开始工作，一边建设、一边学习，向苏联专家学习，整个工作过程就是学习过程。"④

不仅如此，建国初期国家工业化建设的紧迫要求，进一步加剧了规划工作的难度："由于工业建设的紧迫性，问题一经发现，为工业建设创造条件的城市规划便不能不更具有紧迫性，这就增加了城市规划任务的繁重程度，使城市规划在目前带有较大的突击性"，"城市规划一经提出，便需突击完成。于是，为事先所未预计的，突击任务一个以后又一个"；"我们的工作是只有分段的而没有长期的计划，工作时松时紧时停时进，是摸一步走一步看一步的"，"这是我们的工作特点，也是我们的工作规律。"⑤

由此可见，在八大重点城市规划编制工作中，存在着薄弱的技术力量、繁重的规划任务与紧迫的形势要求之间的内在矛盾。不得不承认，这样的一种时代背景和客观条件，使得规划工作者根本没有足够的时间、人力、物力和技术条件等，来保证规划任务以最高水准和最完善的考虑来加以完成。

9.3.2 规划编制工作中的一些本土化"创新"探索

然而，正是在新中国成立初期十分有限的时代条件下，八大重点城市规划编制工作中却仍然不乏一些本土化的创新探索和努力。譬如，在规划体系方面，将苏联的"区域规划——城市总体规划——城市详细规划"等规划阶段简化为"城市总体规划——城市详细规划"等主要阶段，并针对不同城市做出了不同规定，城市规划程序可以变通处理。在规划方法方面，采取初步规划作为对城市总体规划的变通和代替，对基础资料、图纸内容和数量、规划深度等方面的编制要求进行适当简化，初步规划具有简化规划程序、突出关键内容等鲜明特色，在应对紧急情况、加强城市规划的实效性等方面迄今仍有积极的现实意义。

---

① 太原市城市规划小组工作总结报告（1955年2月19日）［Z］. 太原市规划工作情况及总结. 中国城市规划设计研究院档案室，案卷号：0194：4.

② 2014年8月21日赵瑾、常颖存和张贤利等先生与笔者的谈话。

③ 太原市城市规划小组工作总结报告（1955年2月19日）［Z］. 太原市规划工作情况及总结. 中国城市规划设计研究院档案室，案卷号：0194：9.

④ 城市设计院第一个五年计划工作总结提纲（第一次稿）［Z］. 中央档案馆档案，档案号259-3-17：7.

⑤ 太原市城市规划小组工作总结报告（1955年2月19日）［Z］. 太原市规划工作情况及总结. 中国城市规划设计研究院档案室，案卷号：0194：14.

在城市规划编制的具体实践中，各个城市也有结合自身情况的不同考虑。如洛阳市针对涧西地区建厂任务紧迫、城市规划设计力量不足的情况，采取了在全市范围内仅作规划示意图布置，而在涧河西工业区作重点的总平面布置及各项工程的详细规划安排等这种“点面结合”“粗细结合”的方式①，显著提高了城市规划工作的适应性。

再就具体的规划技术方法而言，八大重点城市规划工作中也有一些创新探索。譬如，为解决城市远景发展依据方面的困难而发展出来的经济假定分析的方法，即为中国本土的创新探索。在“一五”时期，国民经济计划是城市发展和城市规划的主要依据，但国民经济计划的年限只有5年时间，而城市规划则需要考虑更长时间以后的城市发展情况，这就带来城市发展远景的依据确定上的困难。为了应对这一情况，八大重点城市规划编制工作中所探索出的一项应对措施，即经济假定分析和项目用地预留的方法。“经济假定者，就是根据这个城市的情况考虑一点预留，做一点未来的假定。特别是对工业，对产业发展。”②

以洛阳市为例，规划工作在明确近期建设项目厂址（涧河西地区）的基础上，通过对城市发展基础条件的综合分析，提出城市远景发展的假定经济依据，即：“（1）洛阳附近有南伊阳铁矿和宜洛煤矿，质量都具有一定基础；（2）洛阳居河南西北地区，位于陇海路中段，面对广大的农业区，盛产棉花烟草等；（3）洛阳在第一期的机械工业的基础上有可能继续发展同样性质的工业。”③这些经济假定因素表明，“洛阳市有建立钢铁工业的可能”“发展纺织工业及其他轻工业的可能”以及“继续发展机械工业的可能”④，进而通过对几种可能情形的不同意义和影响⑤进行分析，规划明确城市远景发展的定位为“以实现纺织工业和机械工业的发展作为城市规划远景的构成部分，而不能把建立依据不大的钢铁工业作为经济远景的可靠构成部分，在规划时只能为建立钢铁工业在城市建设方面保留可能，并不进行具体规划”⑥，最后在用地布局等方面加以具体落实。⑦

---

① 洛阳市规划资料辑要［Z］// 洛阳市规划综合资料．中国城市规划设计研究院档案室，案卷号：0829：9.

② 邹德慈先生口述历史之“苏联模式”，2014年12月11日。

③ 洛阳市人民政府城市建设委员会．洛阳市涧西区总体规划说明书（1954年10月25日）［Z］．中国城市规划设计研究院档案室，案卷号：0834：32-33.

④ 3个方面的经济假定因素表明：“（1）洛阳市有建立钢铁工业的可能；（2）洛阳市有发展纺织工业及其他轻工业的可能；（3）洛阳有继续发展机械工业的可能”。参见：洛阳市人民政府城市建设委员会．洛阳市涧西区总体规划说明书（1954年10月25日）［Z］．中国城市规划设计研究院档案室，案卷号：0834：32-33.

⑤ “纺织工业的建立和机械工业的继续发展可能很大，钢铁工业在洛阳的建立依据并不充分，而钢铁工业的建立与否，会在城市规模和面貌上具有极大影响”。

⑥ 洛阳市人民政府城市建设委员会．洛阳市涧西区总体规划说明书（1954年10月25日）［Z］．中国城市规划设计研究院档案室，案卷号：0834：33.

⑦ “以第一期建立的工业区为基础，在以后纺织和机械工业发展的情况下，将涧河西地区和洛阳旧城之间发展和填充起来，紧凑的构成一座新城”；同时，“基于以上假定经济依据和规划示意图，为纺织和机械工业保留涧河西谷水以南，西工北部和铁路以北地区三块工业留用地”，“如果钢铁工业在洛阳建立，可以在白马寺和洛河南选择厂址，但规划远景却将以现在所定规划依据为基础而有更大扩展”。参见：洛阳市人民政府城市建设委员会．洛阳市涧西区总体规划说明书（1954年10月25日）［Z］．中国城市规划设计研究院档案室，案卷号：0834：33.

再以西安为例，规划编制工作中也曾提出 8 个方面的经济假定依据[①]，结合对城市经济发展形势的分析[②]，从而判断西安市在 20 年内“不可能成为新的钢铁基地和重型机器制造基地”，而是“将发展成为一个轻型的、精密的，具有重大国防意义的机械加工业和棉纺织业的新型工业城市。”[③] 据此，规划工作“既不应过分估大，也不应一下圈死，而应从实际出发，适当照顾发展，留下发展余地”，“第一个五年计划［期间］城市人口估计从六十五万增至一百万，廿年增至一百廿万。”[④]

据邹德慈先生的口述，经济假定分析方法是中国规划工作者在实践中发展出来的一个概念。“苏联的城市规划里没有提到过，或者苏联专家也没提到过这些问题”，“这件事情其实是一个创新”，“中国的创新。”[⑤] 而对这一方法做出重要贡献的，即曾在中央城市设计院经济室工作的陶家旺（其照片见图 7-14［城市设计院经济室成立时的留影］）。[⑥]

9.4 城市规划的“高标准”：症结之所在

以上对八大重点城市规划编制工作中借鉴苏联经验并结合地方条件的实际情况进行了讨论，值得进一步追问的是：“一五”时期的八大重点城市规划，究竟是不是“高标准”的规划？如何才是“适合中国国情的城市规划”？

对此，首先值得我们设身处地加以换位思考的是：假设我们是“一五”初期的规划工作者，除了前文所指出的城市现状调查、了解苏联状况、开展专项研究、进行多方案比较等规划工作的方法和应对措施之外，我们还能怎么样更好地开展城市规划？若非近期 4.5m^2/ 人、第二期 6.0m^2/ 人和远景 9.0m^2/ 人这样的一种分期规划方案，究竟采取什么样的一种规划标准才是适合中国国情的规划标准？深入思考，这些问题似乎又是无解的。

反思“一五”时期的八大重点城市规划工作，具有另一项较为突出的特点，这就是：在为改善城市条

---

① “（1）为远距海岸一千公里的大后方，地势平坦；（2）有陇海线及若干公路交通方便，特别兰包、宝成、兰新铁路通车后与西南、西北［，］与全国交通会更加发展；（3）已有若干工商业与城市公用事业的基础；（4）附近为产棉之区，年产三百一十万担；（5）渭北煤很多，据现在所知质量中常，尚未发现炼焦煤；（6）附近尚未发现铁矿，陕南亦未查出，即便查出，非短期内所可利用。［；］（7）陕北石油据初步结论，希望不大；（8）地下资源不明，迄今目前未有新的发现”。参见：关于国家计委工作组对西安城市规划及有关问题研究情况的汇报提纲（1953 年 12 月 17 日）[Z] // 1953 ~ 1956 年西安市城市规划总结及专家建议汇集 . 中国城市规划设计研究院档案室，案卷号：0946：4.

② “目前国外设计的一百四十一项新型工业中，计委已决定在西安设厂的有十四个；纺织将增加卅五万个锭（共达四十万锭），一万台布机与一个相应的印染厂，电力亦适应此种发展扩建原有第二电站和新建电站”；“第二个五年计划时，这些新建厂还有若干扩充，还有已确定几个厂的新建，以及可能有同类工厂的建设”。参见：关于国家计委工作组对西安城市规划及有关问题研究情况的汇报提纲（1953 年 12 月 17 日）［ Z ］// 1953 ~ 1956 年西安市城市规划总结及专家建议汇集 . 中国城市规划设计研究院档案室，案卷号：0946：5.

③ 关于国家计委工作组对西安城市规划及有关问题研究情况的汇报提纲（1953 年 12 月 17 日）［ Z ］// 1953 ~ 1956 年西安市城市规划总结及专家建议汇集 . 中国城市规划设计研究院档案室，案卷号：0946：4-5.

④ 同上，案卷号：0946：5.

⑤ 邹德慈先生口述历史之“苏联模式”，2014 年 12 月 11 日。

⑥ 据邹德慈先生口述（2014 年 12 月 11 日）。陶家旺为同济大学 1956 届城市建设与经营专业毕业生（参见：同济大学建筑与城市规划学院本科生名录〈1953 届〉[E/OL] . 同济大学建筑与城市规划学院本科生网。http：//student.tongji-caup.org/news/detail/827），后曾在长安大学任教。

件的一些科学合理的规划愿景与财政经济极度困难的现实状况之间，存在着尖锐的矛盾对立。这一对不可调和的固有矛盾，无疑正是批判城市规划“高标准”的症结所在。

就旧城利用问题而论，八大重点城市之所以大都是一些历史文化古城，正是希望对其相对较好的城市基础设施条件加以利用，从而节约国家的财政经济和投资计划——“旧城市新工业的发展，本身就包含着利用和改造旧城市的重要意义。”[①] 但各城市的实际条件究竟如何呢？以洛阳为例，当年的规划说明书曾作如下描述：“洛阳城区面积约为四平方公里，现城周皆为土垣，垣外为深 3 ~ 4 公尺深的壕沟，宽约十余公尺；城内东、西、南、北四条大街成一‘十’字交叉，将城分为四等分，除南大街解放后进行翻修路面较宽外其余三条大街均狭窄，路下原有污、雨水合流的下水道 [，] 其他小街背巷均无排水设施，道路结构除少数碎石煤渣及个别水泥路面外，大部分均为土路。全市房屋建筑仅个别机关及公共事业建筑为砖木结构二层楼房外，居民住宅大部分均为土墙瓦面……部分地区尚有窑洞，阴暗不堪，在抗日战争时期市民为了防空，街道及住宅内大多均有地下室，目前一遇久雨即有地面下陷现象，地面建筑因之遭受很大的损失，给将来城区改建工作增加很大困难。城区内无自来水设备 [，] 居民饮水及用水，均系井水供给，全城内共有公私井 2347 眼……”[②]

洛阳旧城的这种情况，进行适当的建设和改造是理所应当的，然而，国家建委关于洛阳市初步规划的批复文件中则明确指示：“根据国家第一个五年计划内在洛阳市的工业建设，洛阳市近期内应集中力量重点建设涧河西区，对于旧市区，除为配合工业建设需要，可整修联系涧河西的主要干道外，应维持现状。”[③] 由此，不难理解城市规划建设的诉求与经济实现可能之矛盾的鲜明对立。

建国初期国家“一穷二白”，财政经济极度困难，加上抗美援朝等的影响，能够用之于城市建设的财力、物力实在甚为有限，而城市规划工作中的任何一项举措，哪怕是极微小的改善措施，或者规划设计中的一条线、一个点，对于实际的城市建设而言，都意味着极为高昂的经济代价，更不要说一些大型的建设工程。[④] 在 1954 年 10 月各重点城市上报国家建委审查的规划方案中，武汉、包头、太原和大同等城市曾提出“铁路或车站搬家”，西安、兰州和太原等城市曾要求“机场搬家”，在审查方看来，“对这些要大批花钱的事，在今后尤其在近期，除造成工业建设与重大建设有不可克服的困难可考虑外，一般应加利用。即使远景要搬而现在能利用的还应充分利用。只有这样才能为社会主义工业化而积累充分的资金”[⑤]；而从

---

① 规划处 . 关于参与建委对西安等十一个城市初步规划审查工作报告（1954 年 12 月 20 日）[Z] // 1953 ~ 1956 年西安市城市规划总结及专家建议汇集 . 中国城市规划设计研究院档案室，案卷号：0946：34.

② 洛阳市人民政府城市建设委员会 . 洛阳市涧西区总体规划说明书（1954 年 10 月）[Z] . 中国城市规划设计研究院档案室，案卷号：0834：5-6.

③ 国家建设委员会 . 国家建设委员会对洛阳市涧河西工业区初步规划的审查意见（1954 年 12 月 17 日）[Z] // 洛阳市规划综合资料 . 中国城市规划设计研究院档案室，案卷号：0829：21.

④ 以成都市为例，据郭增荣先生回忆，当年“在重点建设的带动下，成都市在旧城道路网改造方面取得了重大成绩，最突出的是人民北路和人民南路的建设。记得为了打通人民南路，把有名的川西医大一分为二从中间通过，其难度可想而知。至今这两条路仍是城市骨干路，有如北京的长安街”(据郭增荣先生 2015 年 10 月 6 日对本书初稿的书面意见，标点为笔者所加)。

⑤ 规划处 . 关于参与建委对西安等十一个城市初步规划审查工作报告（1954 年 12 月 20 日）[Z] // 1953 ~ 1956 年西安市城市规划总结及专家建议汇集 . 中国城市规划设计研究院档案室，案卷号：0946：35.

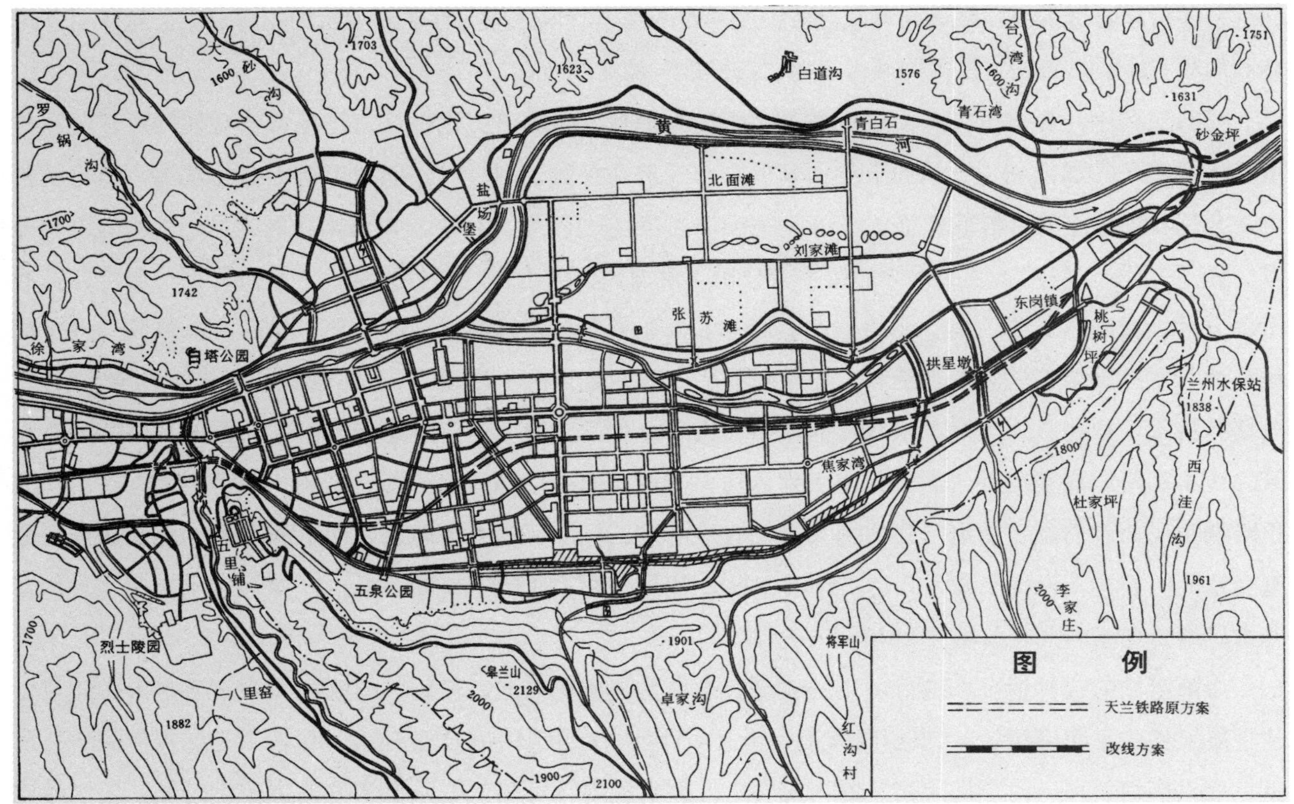

图 9-7 兰州市天兰铁路改线示意图

注：1951 年下半年兰州市提出天兰铁路改线方案，1952 年建成。通过铁路改线，为兰州东市区土地的合理利用创造了难得的有利条件。

资料来源：兰州市地方志编纂委员会，兰州市城市规划志编纂委员会．兰州市志·第 6 卷·城市规划志［M］．兰州：兰州大学出版社，2001：80.

城市规划的角度看，这些工作无疑又往往是对城市长远发展具有深刻影响的一些“战略”选择，特别是避免铁路对城市的分割或城市布局的不合理等“结构性”问题，并且，大规模工业化建设之初，正是实现城市理想规划方案之绝佳机遇[①]，正所谓机不可失、失不再来，规划工作当然要加以努力争取。在城市规划的科学性和现实的经济条件这两方面矛盾尖锐对立的情况下，任何的一种规划作为，都极容易被赋予“高标准”规划的色彩，或批判为“照搬‘苏联模式’！”——1960 年中苏关系恶化后，这成为一个更加流行的说法（图 9-7）。

① 以大同市规划为例，1954 年版规划方案中曾提出的将位于大同旧城西侧的铁路（两者最近处距离不足 1km）向西迁移的设想（参见第 4 章中的图 4-19），但却由于种种原因，未能获得铁道部的同意而“流产”，由此造成大同市数十年来城市建设和发展的长期隐患和巨大矛盾，即为惨痛的历史教训之一（2015 年 5 月 27 日，与大同市规划老专家李丁、张呈富、李东明、张瀚、张晓菲、孟庆华等座谈时提出的问题，地点在大同市城乡规划局）。此外，最新关于大同市综合交通系统的一份研究报告也指出：“铁路干线形成一环线将大同中心城区包围在内，限制了城市用地向外拓展”，“由于铁路分割，铁西地区与老城区联系十分不便，联系通道很少，其中拥军路最窄处单向只有 1 车道”。参见：大同市城市总体规划（2006-2020）（2014 年修改）“关于完善综合交通系统的论证”［R］. 2015-04-07. 10，16.

正因如此，对各城市规划编制过程的动态分析可以发现，早期规划工作中一些较为科学、理想的观念，在后续规划编制工作过程中，往往会不断地因各种“经济”的缘由，而不断妥协、让步或被逐渐“蚕食”。再来讨论城市规划工作，如果真正按照“适合中国国情”的要求，极端的做法，恐怕只能是“不搞规划”——联系到1960年的“三年不搞城市规划”事件，这是一个多么可怕的念想！在这个意义上，所谓“适合中国国情的城市规划”，是否又是一个伪命题呢？

综上所述，“一五”时期的八大重点城市规划工作，固然在很大程度上受到苏联城市规划理论与方法的重要影响，乃至于我国的规划工作中迄今仍有显著的苏联模式的烙印，这是不可否认的，但是，八大重点城市规划编制工作的一系列事实表明，城市规划工作对苏联模式的学习和借鉴，绝非简单的“拿来主义”或“照搬照抄”。规划工作在学习借鉴苏联经验的肇始，即同步伴随着对中国现实国情条件的认识，并在十分薄弱的技术力量状况和紧迫的形势要求下，进行了一些有针对的“适应性改造”，且不乏根植于中国本土的创新性探索和努力。尽管这些创新探索和努力可能是局部的和不系统的，仍然是弥足珍贵的。而为改善城市条件的科学规划愿景与极度困难的财政经济状况之间的矛盾对立，则是造成“高标准规划”或“照搬‘苏联模式’”这些“误识”的症结所在。这一点，既是认识建国初期城市规划工作特点应有的基本史实及科学态度，也应当是对当年的规划工作者——新中国第一代城市规划师应有的最起码的尊重。

第 10 章

“洛阳模式”与“梁陈方案”：新旧城规划模式的对比分析与启示

Comparison And Inspiration Of Liang-Chen Project And Luoyang Mode

“洛阳模式”和“梁陈方案”一样，均为 1950 年代所形成的以避开旧城建新城（或新区）为主旨思想的城市空间结构模式，二者的对比分析具有重要科学意义。从渊源来看，梁陈方案是规划师意志主导的城市规划理想模式，但在遭遇社会现实矛盾时受到“重创”，而洛阳模式则属于联合选厂过程中由现实条件制约而促成的一种自然结果，反而获得进一步发展。两者都有很强烈的历史文化保护因素，但洛阳历史文化以悠久的“地下”遗址形态为主，而北京历史文化则较多属于近现代的“地上”实物形态且保存相对完好，由此导致洛阳的历史文化保护具有比较“硬”的“红线”，而对北京旧城则存在保护或利用方式的分歧。就新城的职能而言，洛阳涧西区作为新兴工业区，在国家大规模工业化建设条件下容易获得政策支持，而梁陈方案所提出的中央行政区建设，则由于国内经济条件极为困难等原因难以获得社会各方面的支持。通过对比分析，启示我们应提高对城市规划理论与实践相互关系的科学认识，更加理性地看待城市规划的理想模式及其局限性，并强化城市规划师综合协调能力的培养。

制定城市空间（或用地）布局方案是城市规划的一项核心工作内容，也是体现城市规划科学性和艺术性的重要方面。就八大重点城市规划而言，广为流传的“洛阳模式”可能是最著名的案例之一，其规划方案的核心思想，即避开旧城建新城的布局模式。当我们对这样一个规划布局模式稍作深入思考时，极容易引发与其他一些城市规划方案的类似联想，譬如：大同市 1954 年作出的“第一次总平面图”（彩图 4–10），在空间布局上就与“洛阳模式”十分相像——同样是避开旧城建新城，同时选择在旧城以西的地区；如果考察西安市规划工作的发展演变，在其 1954 年版规划工作之前，曾于 1950 年下半年绘制出新中国成立后的第一张城市规划总图，这一方案也提出在旧城以外的西郊建立新市区，其空间布局特点同样可概括为避开旧城建新城（图 10–1）；如果把目光跳出八大重点城市，建国初期另一个十分著名的规划案例——“梁陈方案”，同样也是以避开旧城建新城为鲜明特色的：在北京旧城之外的西郊建设一座新城，主要承担行政中心职能，以避免中心城过度拥挤，同时使旧城的历史文化得到整体保护（图 10–2、图 10–3）。

这是一个颇具趣味的重要发现，且不免让人产生困惑的是：为什么这些城市都不约而同地提出较为类似的避开旧城建新城的规划布局方案？它们之间是否有什么关联？莫非此乃建国初期城市规划界的一种“潮流”？由于这些困惑，笔者自然产生了将这些规划方案进行相互比较的想法。

另一方面，对于新中国城市规划史而言，“梁陈方案”本身就是一个颇具研究价值的重大事件。历史研究者应如何看待这段历史？这必然涉及对梁陈方案的认识和评价问题，而它又是十分敏感且困难重重之事。近年来，随着北京城市发展矛盾的日益凸显及城市规划历史研究的逐步兴起，有关梁陈方案的讨论掀起一股小高潮，不仅经常出现在学术期刊中，报纸、电视等新闻媒体也多有涉及，乃至进入社会公众的日常话题。然而，从现有的讨论来看，较多限于梁陈方案及北京城建自身的范畴，其认识的广度和深度必然受到一定的制约。古罗马历史学家塔西陀曾说过：“要想认识自己，就要把自己同别人进行比较。”比较是鉴别事物异同关系的思维过程，是从分析、综合到抽象、概括的桥梁，是揭示事物矛盾，把握事物内部联系从而认识事物本质的有效方法。[①]“不识庐山真面目，只缘身在此山中”。对梁陈方案进行科学探讨和评

① 宁裕先 . 略论比较史学［J］. 河南大学学报（社会科学版），1986（1）：115–118.

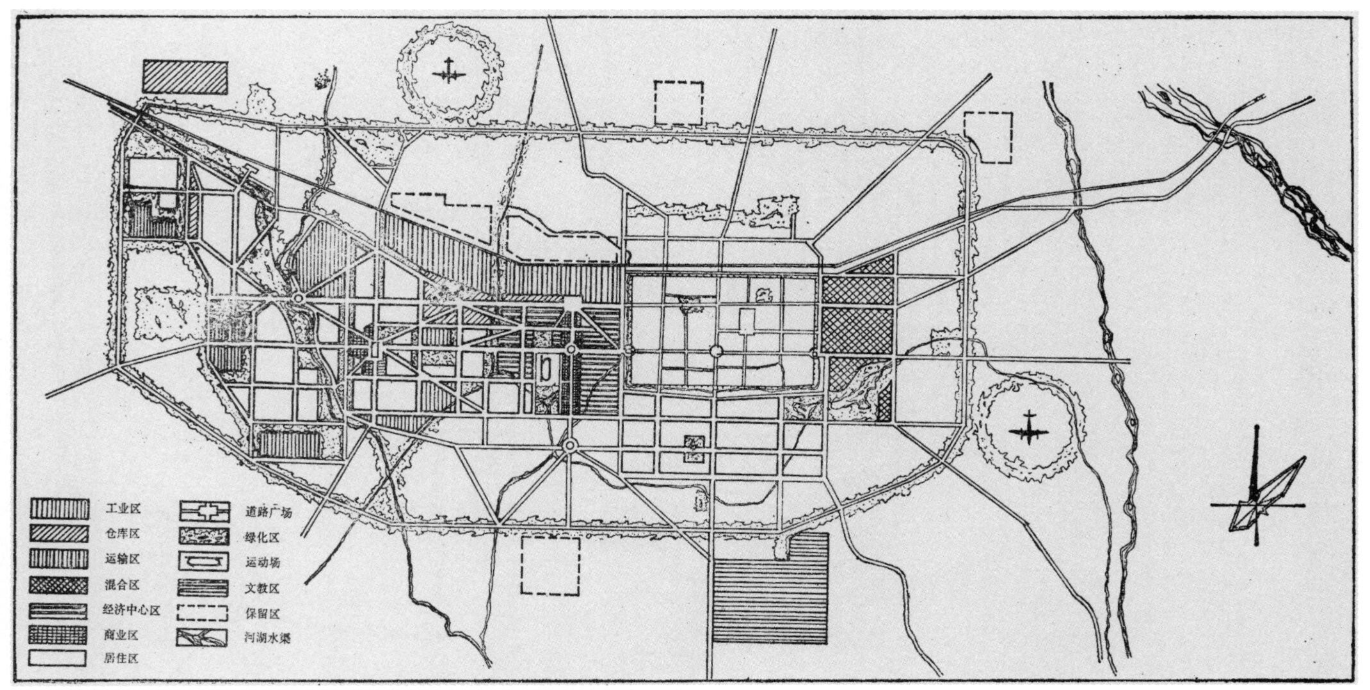

图 10-1　新中国成立后西安市的第一张城市规划总图

资料来源：《当代西安城市建设》编辑委员会．当代西安城市建设［M］．西安：陕西人民出版社，1988：28.

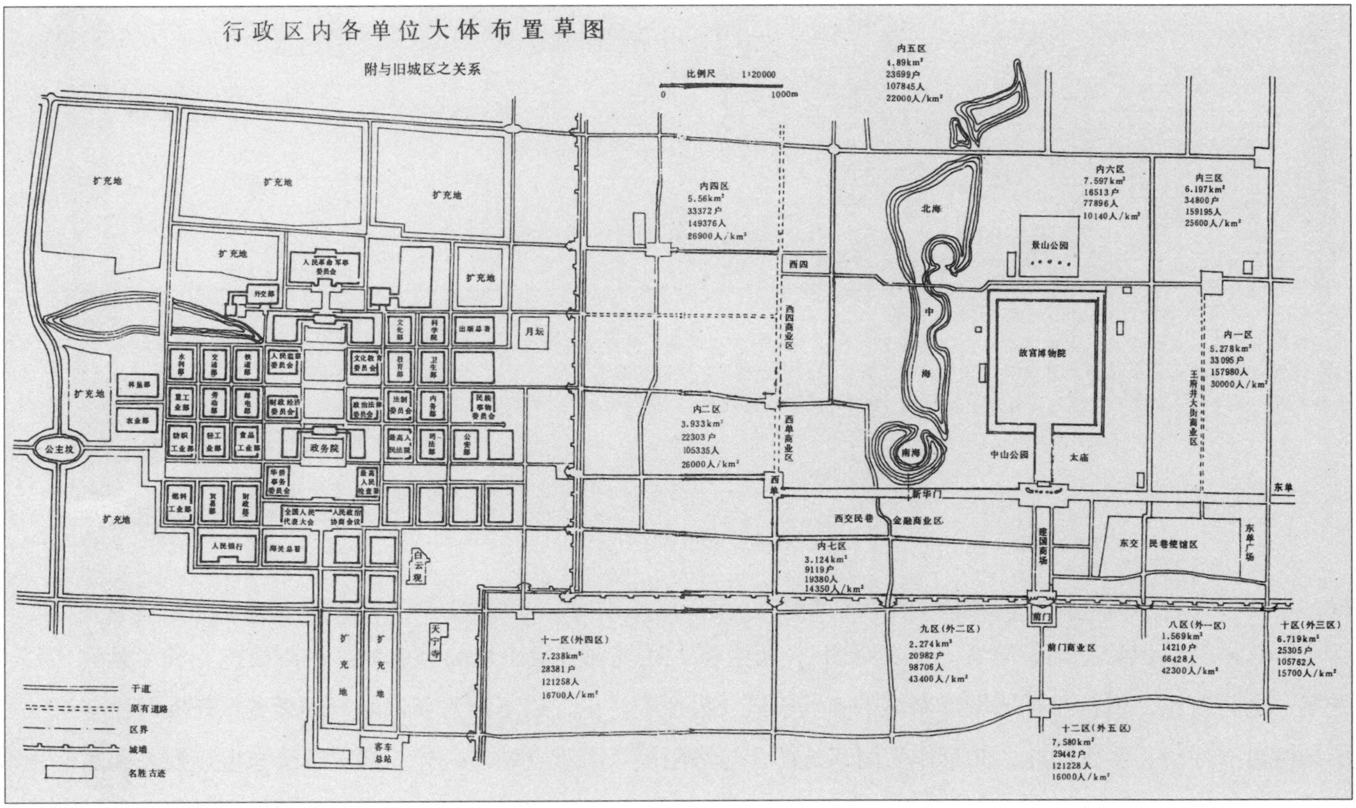

行政区内各单位大体布置草图

附与旧城区之关系

比例尺 1:20000

0　1000m

干道
原有道路
区界
城墙
名胜古迹

图 10-2　梁陈方案提出的行政区规划布局草图

注：该图系根据《关于中央人民政府行政中心区位置的建议》所附蓝图重绘，引自《梁思成文集（四）》，电子文件由清华大学左川教授提供；较原始版本的蓝图可参见《梁陈方案与北京》一书（梁思成，陈占祥等．梁陈方案与北京［M］．沈阳：辽宁教育出版社，2005：58-59.）。

资料来源：梁思成．梁思成文集（四）［M］．北京：中国建筑工业出版社，1986：2-3.

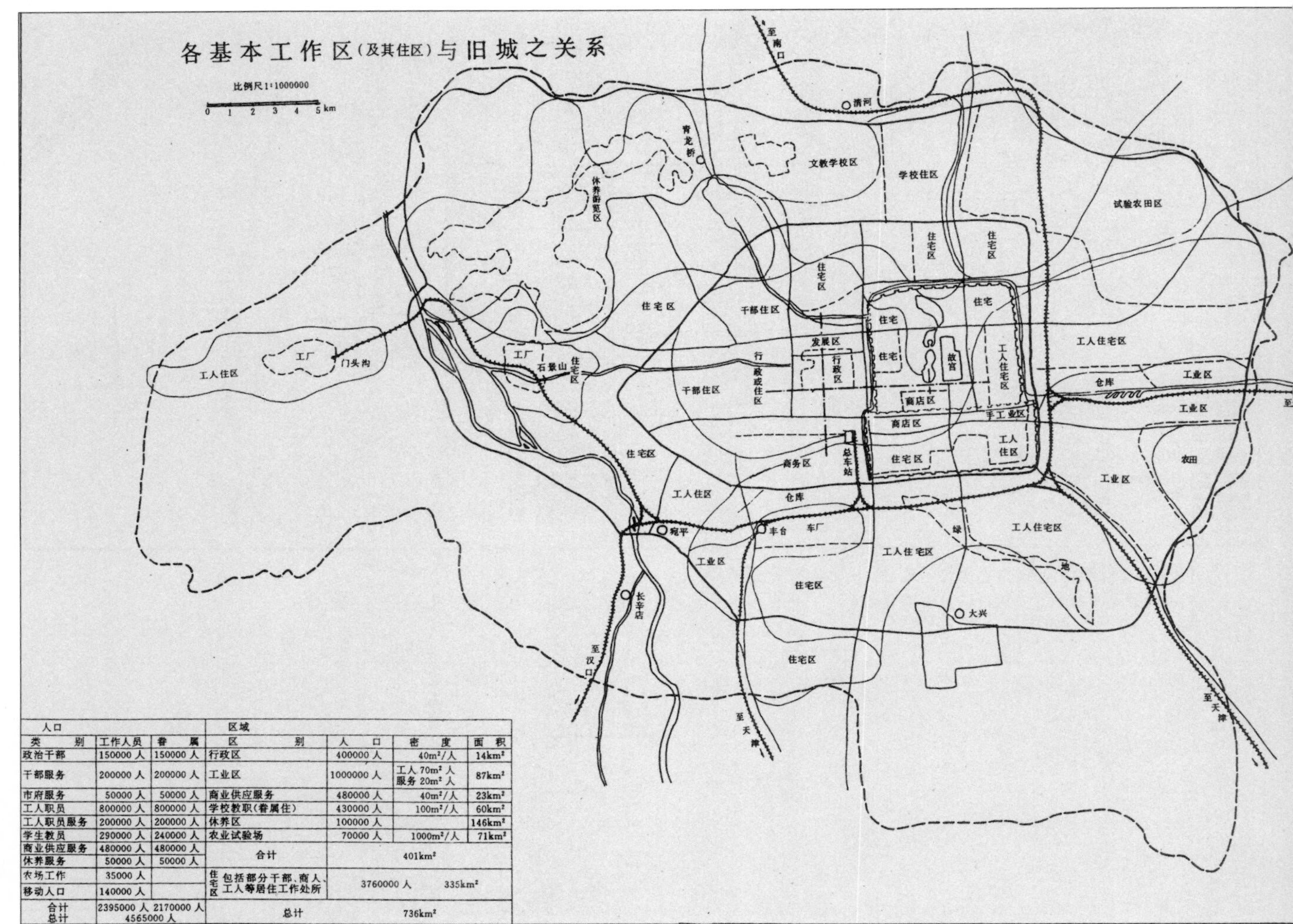

人口			区域			
类别	工作人员	眷属	区别	人口	密度	面积
政治干部	150000 人	150000 人	行政区	400000 人	40m²/人	14km²
干部服务	200000 人	200000 人	工业区	1000000 人	工人 70m² 人 服务 20m² 人	87km²
市府服务	50000 人	50000 人	商业供应服务	480000 人	40m²/人	23km²
工人职员	800000 人	800000 人	学校教职（眷属住）	430000 人	100m²/人	60km²
工人职员服务	200000 人	200000 人	休养区	100000 人		146km²
学生教员	290000 人	240000 人	农业试验场	70000 人	1000m²/人	71km²
商业供应服务	480000 人	480000 人	合计	401km²		
休养服务	50000 人	50000 人				
农场工作	35000 人		住宅区 包括部分干部、商人、工人等居住工作处所	3760000 人	335km²	
移动人口	140000 人					
合计 总计	2395000 人 4565000 人	2170000 人	总计	736km²		

图 10-3 梁陈方案提出的新市区与旧城的关系

注：该图系根据《关于中央人民政府行政中心区位置的建议》所附蓝图重绘，引自《梁思成文集（四）》，电子文件由清华大学左川教授提供；较原始版本的蓝图可参见《梁陈方案与北京》一书（梁思成，陈占祥等．梁陈方案与北京［M］．沈阳：辽宁教育出版社，2005：60-61.）。

资料来源：梁思成．梁思成文集（四）[M]．北京：中国建筑工业出版社，1986：18-19.

价，采用一个更广阔的视野自然是十分必要的。

以这样的认识为基础，笔者“突发奇想”，萌生将上述规划方案中最为著名的“洛阳模式”和“梁陈方案”进行对比，就其避开旧城建新城的布局模式（为便于讨论，以下简称新旧城规划模式）开展对比分析与讨论的冲动。不仅如此，北京作为国家首都，与洛阳等八大重点城市一样，都属于国家重点投入和建设的城市类型；“洛阳模式”和“梁陈方案”均产生于新中国成立之初的 1950 年代，在同样的时代背景条件下，两者城市建设活动的技术经济条件也较为相当；北京和洛阳同样都是十分重要的历史文化名城，城市建设与历史文化保护的矛盾都十分突出……这就为比较研究工作提供了良好的逻辑基础。

鉴于梁陈方案的内容在相关文献中已有较多记述①，本章首先通过史料整理，对业界了解较少的“一五”时期洛阳城市规划建设的情况加以具体概述，然后将其与北京的规划建设情况进行比较分析和讨论，期望能够对更加全面、客观地认识城市规划的空间模式问题有所启发。

10.1 洛阳城市规划建设历程的简要回顾

洛阳位于河南省西北部，具有4000年的建城史，1500多年的建都史，是我国七大古都之一，也是建都最早、朝代最多、历史最长的古都，素有“十三朝古都”之称。1954年6月，在建筑工程部召开的全国第一次城市建设会议上，洛阳被列入“有重要工业建设的新工业城市”行列，成为著名的八大重点工业城市之一。由于大规模工业化建设的推进，洛阳开始了从著名文化古都向以机械工业为主的社会主义新兴工业城市的转变历程。

洛阳之所以能够成为“一五”时期国家重点建设的城市，直接原因在于国家计委牵头的联合选厂组决定在洛阳地区建立拖拉机制造厂、滚珠轴承厂、矿山机械厂、热电厂及铜加工厂等重型工厂，它们均为国家156项重点工程，其中又以第一拖拉机制造厂为核心。进一步分析，促使联合选厂组在洛阳选厂的因素，则又主要在于以下方面：洛阳为著名古都，中华文明的发祥地之一，历来受到政治、军事方面的重视，早在1932年南京国民政府还曾一度决定迁都洛阳②；洛阳地处中原，横跨黄河中游两岸，陇海、焦枝铁路在此交会，具有承东启西、迎南送北的纽带作用，区域位置得天独厚；根据国家工业建设计划，第一拖拉机制造厂产品主要为农业机械，中原地区是我国主要的农业区和粮食主产区之一，工业机械的生产地与消费地临近，有利于形成合理的生产力布局。

---

① 参见：

[1] 吴良镛．历史文化名城的规划布局结构［J］．建筑学报，1984（1）：22-26.

[2] 梁思成．梁思成文集（第四卷）［M］．北京：中国建筑工业出版社，1986：18-19.

[3] 高亦兰，王蒙徽．梁思成的古城保护及城市规划思想研究［J］．世界建筑，1991（1）：60-69.

[4] 高亦兰，王蒙徽．梁思成的古城保护及城市规划思想研究（二）［J］．世界建筑，1991（2）：60-64.

[5] 高亦兰，王蒙徽．梁思成的古城保护及城市规划思想研究（三）［J］．世界建筑，1991（3）：64-70.

[6] 高亦兰，王蒙徽．梁思成的古城保护及城市规划思想研究（四）［J］．世界建筑，1991（4）：54-59，53.

[7] 高亦兰，王蒙徽．梁思成的古城保护及城市规划思想研究（五）［J］．世界建筑，1991（5）：62-67.

[8] 王军．梁陈方案的历史考察——谨以此文纪念梁思成诞辰100周年并悼念陈占祥逝世［J］．城市规划，2001（6）：50-59.

[9] 王军．城记［M］．北京：三联书店，2003：86.

[10] 梁思成，陈占祥等．梁陈方案与北京［M］．沈阳：辽宁教育出版社，2005：5-7，41.

[11] 陈占祥等．建筑师不是描图机器——一个不该被遗忘的城市规划师陈占祥［M］．沈阳：辽宁教育出版社，2005.

[12] 董光器．古都北京五十年演变录［M］．南京：东南大学出版社，2006.

[13] 侯震．千年遗产和一纸规划——55年北京城建是与非［J］．中国作家，2006（13）：172-219.

[14] 左川．首都行政中心位置确定的历史回顾［J］．城市与区域规划研究，2008（3）：34-53.

② 1932年1月30日，南京国民政府发表《国民政府移驻洛阳办公宣言》，同年2月行政院成立洛阳行政设备委员会，3月国民党四届二中全会通过《确定行都和陪都地点案》（将洛阳定为“行都”，西安定为“西京”），5月通过《中央还都南京之后繁荣行都计划》，11月20日国民党中央决定“于12月1日由洛阳迁回南京”。参见：阎宏斌．洛阳近现代城市规划历史研究［D］．武汉：武汉理工大学，2012：49-50.

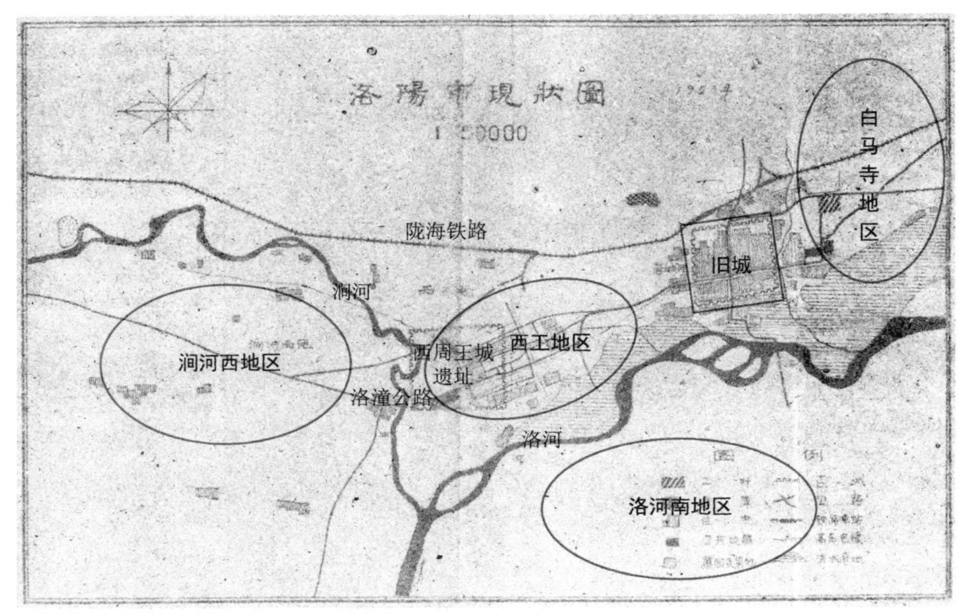

图 10–4 洛阳联合选厂方案示意图

注：工作底图为“洛阳市现状图（1953年）”。资料来源：洛阳市规划资料辑要［Z］// 洛阳市规划综合资料．中国城市规划设计研究院档案室．案卷号：0829：16.

1953 年 5 月，由国家计委牵头组织，以第一机械工业部为主，在建筑工程部城建总局的配合及上海市市政建设委员会的支援下，开始在洛阳地区进行联合选厂。联合选厂工作组先后提出西工、白马寺、洛河南及涧河西 4 个厂址方案（图 10–4）。在 4 个方案中：西工厂址为西周王城遗址所在地点，白马寺厂址为唐、宋古墓区，地下墓葬极多，为了保存具有重要历史意义的文物古迹，并且因为探查、整理文物古迹在力量及时间上有所不及，因此放弃上述两个方案；洛河南厂址与铁路相隔洛河，建设工业需先筹建洛河大桥，需要大量投资且推迟建厂进度，该方案也被放弃。① 最后，综合 4 个厂址方案中地形、地质、交通运输和城市条件等多方面因素，决定新厂厂址选在涧河西地区。

涧河西地区在洛潼公路以北，谷水镇以东，东、北方向各至涧河，其选厂的优点主要包括：（1）厂区地形平坦，土方工程很少，且有排水之自然坡度；（2）厂区地质较好，土壤承载力与地下水位能满足工厂要求；（3）包括以后工厂扩建部分，工厂与住宅区有足够修建地段；（4）工厂与住宅区联系方便，铁路专用线接轨便利。② 1953 年 12 月 16 日，国家计委副主席李富春率领联合选厂有关部门负责人及专家，再次对洛阳地区进行实地勘察，经反复讨论后提出厂址意见。1954 年 1 月 8 日，国家计委讨论通过洛阳地区联合选厂方案，经毛泽东主席批准后，决定在洛阳同时兴建第一拖拉机厂、矿山机械厂、轴承厂、热电厂和铜加工厂。

由于涧河西地区的工业建设在第一期就有较大规模，随着大规模工业建设而出现的工业人口在 10 万人以上，这就对城市建设活动提出了如何以新建工业区和旧城为基础进行合理的城市规划的形势发展要

① 洛阳市人民政府城市建设委员会．洛阳市涧西区总体规划说明书（1954 年 10 月 25 日）［Z］．中国城市规划设计研究院档案室．案卷号：0834：30.

② 同上．

求。1953 年 9 月，建工部城建局成立由刘学海任组长的洛阳城市规划组，成员 6 人[①]，开始搜集有关资料，组织地形测量，为规划工作进行前期准备。[②]1954 年 3 月前后，开始对各类基础资料进行整编。[③]1954 年 4 月[④]，程世抚、谭璟等一批来自上海、天津等地的老工程师加入规划工作组[⑤]，洛阳规划组充实至 13 人，改由程先生担任组长、刘学海先生任副组长[⑥]，在建工部城建局的支援和苏联专家巴拉金和马霍夫等的指导[⑦]下，城市规划工作得以大力推进。

当时规划工作的具体任务，主要是配合第一拖拉机制造厂等工厂的建设，由于涧河西地区建厂任务紧迫，城市规划设计力量不足，洛阳的城市规划工作采取了在全市范围内仅作规划示意图布置，而在涧河西工业区作重点的总平面布置[⑧]这种“点面结合”“粗细结合”的方式。规划确定洛阳的城市性质是一个以机械工业为主的工业城市，预测全市远期人口约 37 万人，其中涧西区约 13.3 万人。在用地布局方面，整个城市呈东西绵长（12km）、南北狭窄（最宽 2.9km，最窄 1km）的带状，由东部的旧城、西部的涧西区以及中间的西工地区等三部分组成，三者之间用两条 50 ~ 60m 宽的干道相联系。涧西区为全市的一部分，与整个城市形成整体的有机联系，但又具有一定的独立完整性；其总平面布置主要以横穿本区的洛（阳）潼（关）公路为界，公路以北为工厂区，约 3.5km^2，公路以南为生活居住区，面积约 10km^2；另外，西侧古水镇以南为保留工业区，面积约 1km^2。工业用地与住宅用地互相平衡，生活居住区规划则以街坊为基本单元。[⑨]

1954 年 10 月，《洛阳市涧西区总体规划》正式编制完成。同年 9 月，规划组开始编制涧西工业区近期建设规划和上下水、道路、绿化、供电和供热等专项工程的初步设计，并于 11 月完成。[⑩]11 月 13 日，国家计委和国家建委组织召开规划审查会，原则同意规划方案（彩图 10–1 ~ 彩图 10–5）。12 月 17 日，国家建委正式下发《国家建设委员会对洛阳市涧河西工业区初步规划的审查意见》，“原则同意作为当前厂外工程和第一期住宅区修建的依据。”[⑪] 1955 年国家开展增产节约运动以后，在定额标准方面对该规划进行

---

① 据《当代洛阳城市建设》一书记载，当时洛阳规划组为 7 人。（参见：《当代洛阳城市建设》编委会 . 当代洛阳城市建设［M］. 北京：农村读物出版社，1990：68.）但据参加洛阳规划组的魏士衡先生回忆（2015 年 10 月 9 日与笔者的谈话），应该为 6 人，包括刘学海、魏士衡、刘茂楚和许保春等。

② 2014 年 8 月 27 日刘学海先生与笔者的谈话。

③ 洛阳初步规划所依循的一些基础资料，如“设计基础资料（气象）”和“‘水文’资料”等，大多在 1954 年 3 月前后完成整编和审核工作。参见：洛阳市规划资料汇集［Z］. 中国城市规划设计研究院档案室，案卷号：0828：1–3.

④《当代洛阳城市建设》编委会 . 当代洛阳城市建设［M］. 北京：农村读物出版社，1990：68.

⑤ 2014 年 8 月 27 日刘学海先生与笔者的谈话。

⑥ 据刘学海先生回忆（2014 年 8 月 27 日与笔者谈话）。

⑦ 洛阳市的初步规划在巴拉金指导下进行，管线综合工作在苏联专家马霍夫的指导下进行。参见：洛阳市规划资料辑要［Z］// 洛阳市规划综合资料 . 中国城市规划设计研究院档案室，案卷号：0829：1.

⑧ 洛阳市人民政府城市建设委员会 . 洛阳市涧西区总体规划说明书（1954 年 10 月 25 日）［Z］. 中国城市规划设计研究院档案室 . 案卷号：0834：32.

⑨ 同上 . 案卷号：0834：37.

⑩《当代洛阳城市建设》编委会 . 当代洛阳城市建设［M］. 北京：农村读物出版社，1990：430.

⑪ 国家建设委员会 . 国家建设委员会对洛阳市涧河西工业区初步规划的审查意见［A］. 1954：1–2 // 洛阳市规划综合资料［R］. 1955.

了修改。[①] 1956 年又组织编制了《洛阳市涧东区总体规划》（又称“涧东区涧西区城市总体规划”），并于 1956 年 7 月完成最终规划成果，该规划是在涧西区规划示意图的基础上进行修改补充形成的，实际上主要是对西工地区[②]进行了规划布局，并对国家已确定建设的棉纺织印染联合工厂和玻璃制造厂进行了重点安排[③]（彩图 10–6）。

在总体规划及详细规划的指导下，至 1957 年末“一五”计划结束时，洛阳涧西工业区第一批建设的 4 个大型机械厂基本完成建设（铜加工厂推迟进度），28 座大型厂房已建起 20 座，65 个车间已先后投产 27 个，共安装 5300 多台设备。[④] 洛阳市的城市人口从解放前夕的不足 7 万，增长到 23.29 万；城市建成区面积从解放前夕的 4.5km^2，扩展到 28.92km^2（其中涧西区约 10km^2）。[⑤]1959 年 9 月建国十周年大庆前夕，新中国第一台东方红拖拉机正式下线。洛阳市离开老城建新区，新区和老城滚动开发，形成完整城市的方法，受到国内外城市规划专家、学者的好评，被誉为“洛阳模式”并载入城市规划教科书。[⑥]

10.2 “洛阳模式”与“梁陈方案”的对比分析

10.2.1 “花开两朵，各表一枝”——规划模式渊源之不同

由上所述不难认识到，洛阳的新旧城规划模式，是在联合选厂的过程中，由于地下文物探查、保护与城市建设活动存在客观的制约性矛盾而形成的，是一种自然而朴素的现实选择。这一模式的形成甚至早先于专门的城市规划工作的具体展开。从现有的相关史料来看，也未见有关城市规划师的相关影响。反过来审视“梁陈方案”，其形成过程显然与“洛阳模式”有着明显的差别。

1949 年 1 月 31 日北平和平解放后，随着中央有关机构的进驻，首都行政中心建设提到议事日程，中直机关供给部即委托梁思成组织清华大学建筑系师生进行西郊新市区内的中央领导同志的住宅规划设计。[⑦] 同年 3 ~ 4 月份，北平市建设局曾召开两次专家座谈会讨论城市建设问题，梁思成提出“即将成立的中央人民政府，应在西郊选址建设，与中共中央在一起。”[⑧] 5 月 22 日，北平市都市计划委员会成立，第六项议程为梁思成报告新市区设计草案，会议“授权清华大学梁思成先生暨建筑系全体师生设计西郊新市

---

① 城市设计院 . 洛阳涧西区根据中央节约精神规划修改总结报告［A］. 1955：1–8. // 洛阳市规划综合资料［R］. 1955.

② 1914 年，袁世凯在洛阳城西 2.5km 处修建营房 5000 多间，因兵营工地在城西，人们将该区域称为西工。参见：《当代洛阳城市建设》编委会 . 当代洛阳城市建设［M］. 北京：农村读物出版社，1990：420.

③ 洛阳市城市建设委员会 . 洛阳市涧东区总体规划说明书（1956 年 12 月）［Z］. 中国城市规划设计研究院档案室，案卷号：0835：7.

④ 《当代洛阳城市建设》编委会 . 当代洛阳城市建设［M］. 北京：农村读物出版社，1990：39.

⑤ 洛阳市规划资料辑要［Z］// 洛阳市规划综合资料 . 中国城市规划设计研究院档案室，案卷号：0829：5.

⑥ 朱兆雄 . 脱开旧城建新城——洛阳模式［A］. 中国城市规划学会 . 五十年回眸——新中国的城市规划［M］. 北京：中国建筑工业出版社，1999：344–348.

⑦ 左川 . 首都行政中心位置确定的历史回顾［J］. 城市与区域规划研究，2008（3）：34–53.

⑧ 张汝良 . 市建设局时期的都委会［A］// 北京市城市规划管理局，北京市城市规划设计研究院党史征集办公室 . 规划春秋［R］. 1995. 转引自：王军 . 城记［M］. 北京：三联书店，2003：62.

区草图。”[①]6 ~ 9 月，北平市都市计划委员会各次会议几乎都要讨论新市区设计和建设问题，中直机关供给部范离部长曾在 8 月 21 日的会议上明确要求“新市区总计划要先搞起来。”[②]9 月，中直机关供给部修建处企划组成立，办公地点暂时设在清华大学工字厅，在梁思成领导下进行西郊新六所和新市区设计工作，北平市都市计划委员会开始草拟规划方案。[③]10 月 26 日，陈占祥受梁思成的邀请到北京参加都市计划委员会工作，针对梁思成拟在北京旧城以西约 7km 的五棵松一带（今西三环附近）建设新市区的规划设想，陈占祥“完全赞成梁先生的这一指导思想”，并“主张把新市区移到复兴门外，将长安街西端延伸到公主坟，以西郊三里河作为新的行政中心，象［像］城内的‘三海’之于故宫那样；把钓鱼台、八一湖等组织成新的绿地和公园，同时把南面的莲花池组织到新中心的规划中来。”[④]这个建议得到了梁思成的认可。

而在另一方面，1949 年 8 ~ 9 月，中共中央访苏代表团与苏联达成贷款援助初步协议并携 220 名苏联专家一起回国，9 月 16 日成立由阿布拉莫夫为组长的 17 人市政专家小组，主要帮助研究北京的市政建设，草拟城市规划方案。经考察研究，苏联专家提出了一份关于北京市未来发展计划的报告，内容包括首都建设目标、用地面积、行政中心位置等。11 月 14 日，北京市在六部口市政府大楼召开会议，苏联专家巴兰尼克夫作《关于建设局、清管局、地政局业务及将来发展和对北京市都市计划编制建议》的报告，苏联专家团提出《关于改善北京市市政的建议》。与已经进行了半年多的、在西郊新建行政区的规划建设方案不同，巴兰尼可夫提出将行政中心设于原有城区以内、天安门及长安街东单至府右街的设想，会上即引起了梁思成、陈占祥与苏联专家的争论。[⑤]

这次会议结束后，梁思成、陈占祥感到必须立即拿出一个具体的方案，阐述自己的观点。[⑥]“我（陈占祥）与梁思成先生商量，他说他的，我说我的，开会以后我做规划，梁先生写文章。”[⑦]1950 年 2 月，梁思成、陈占祥完成《关于中央人民政府行政中心区位置的建议》（史称“梁陈方案”），明确“建议展拓城外西面郊区公主坟以东、月坛以西的适中地点，有计划的［地］为政府行政工作开辟政府行政机关所必需足用的地址，定为首都的行政中心区域”，“这整个机构所需要的地址面积，按工作人口平均所需地区面积计算，要大过旧城内的皇城”，“单计算干部工作区的面积……共需约 10 平方公里”[⑧]（彩图 10–7）。

这份建议全文 1.6 万余字，印刷了 100 余份，经由北京市政府送中央人民政府、北京市委、北京市人民政府有关领导同志，并且为向中央和市领导当面汇报准备了 12 张彩色图纸。[⑨]1950 年 4 月 10 日和 9 月

---

① 建设人民的新北平！［北］平人民政府邀请专家成立都市计划委员会［N］. 人民日报，1949–5–23.
② 左川 . 首都行政中心位置确定的历史回顾［J］. 城市与区域规划研究，2008（3）：34–53.
③ 同上 .
④ 陈占祥 . 忆梁思成教授［A］// 陈占祥等 . 建筑师不是描图机器——一个不该被遗忘的城市规划师陈占祥［M］. 沈阳：辽宁教育出版社，2005：59.
⑤ 左川 . 首都行政中心位置确定的历史回顾［J］. 城市与区域规划研究，2008（3）：34–53.
⑥ 王军 . 城记［M］. 北京：三联书店，2003：86.
⑦ 陈占祥晚年口述［A］// 陈占祥等 . 建筑师不是描图机器——一个不该被遗忘的城市规划师陈占祥［M］. 沈阳：辽宁教育出版社，2005：34.
⑧ 梁思成，陈占祥等 . 梁陈方案与北京［M］. 沈阳：辽宁教育出版社，2005：5–7，41.
⑨ 左川 . 首都行政中心位置确定的历史回顾［J］. 城市与区域规划研究，2008（3）：34–53.

19 日，梁思成分别致信周恩来总理和聂荣臻市长，10 月 27 日再次致信彭真、聂荣臻、张友渔、吴晗、薛子正等北京市领导，呼吁早日确定中央政府行政区方位。“对于梁思成先生和我［陈占祥］的建议，领导一直没有表态，但实际的工作却是按照苏联专家的设想做的。”[①] 1950 ~ 1953 年期间，一些政府机构领导和专家学者对首都行政中心位置问题发表多种意见。1953 年 12 月 9 日，北京市委向中央上报《改建与扩建北京市规划草案的要点》，首次以市委文件的形式对行政中心区的位置明确表态，此后关于行政中心位置的讨论自然结束。[②]

由上可见，梁陈方案关于北京新旧城规划模式的设想，正是梁思成、陈占祥作为建筑学和城市规划专家，从专业研究和技术分析的角度，立足于北京市的长远发展而提出的规划构想。如果我们把北京与洛阳的新旧城规划模式比作两朵盛开的鲜花，那么，一朵正是理想之花，一朵则为现实之花。而理想之花遭遇挫折，现实之花却越开越艳——1990 年代中期，面对强大的投资开发压力，洛阳市第三期城市总体规划明确将隋唐都城南半部的 22km^2 遗址作为绿地保护，新市区跨越隋唐都城遗址向南发展（彩图 10–8），从而创造了在城市中心区黄金地段保存超大面积文化遗址的范例，被称为“真正的‘远离旧城建新城’的‘洛阳模式’。”[③] 对比北京与洛阳的案例，反映出以规划师意志主导的城市规划理想模式在遭遇社会现实时所受到的“重创”，而无规划意识下由现实条件的发展则促成了规划模式的诞生、发展乃至繁荣。正所谓“有心栽花花不开，无心插柳柳成荫”。那么，我们能否因此而否定梁陈方案及其提出者的规划理想？当然不能简单地妄下结论。梁陈方案与洛阳模式还有其他方面的可兹对比之处，进一步的讨论有助于我们的认识逐步走向深入。

10.2.2 “地下”遗址与“地上”实物——历史文化保护对象之差异

不难理解，北京与洛阳新旧城规划模式的形成，都有着很强烈的历史文化保护的思想意识。梁思成认为“北京是在全盘的处理上才完整地表现出伟大的中华民族建筑的传统手法和都市计划方面的智慧与气魄”“它（北京）所特具的优点主要就在它那具有计划性的城市的整体，那宏伟而庄严的布局。”[④] 因此，“在新建设的计划上，必须兼顾北京原来的布局及体形的作风”[⑤]，应“把北京建设成象［像］华盛顿那样禁止办工厂的行政中心，并象［像］罗马、雅典那样的‘古迹城’。”[⑥] 正是基于这样的思想认识，梁陈方案提出了有利于北京旧城整体保护的城市规划布局结构。就“洛阳模式”的形成而言，早期联合选厂最理想的地区是西工地区，但却遭到文化部的坚决反对，时任文化部社会文化事业管理局局长的郑振铎先生（图 10–5）明确指出：“你们要在洛阳涧河东边建工厂是不行的，郭老（郭沫若）也不会同意，因为在那里，

---

① 陈占祥晚年口述［A］// 陈占祥等 . 建筑师不是描图机器——一个不该被遗忘的城市规划师陈占祥［M］. 沈阳：辽宁教育出版社，2005：35.

② 左川 . 首都行政中心位置确定的历史回顾［J］. 城市与区域规划研究，2008（3）：34–53.

③ 杨茹萍等 .“洛阳模式”述评：城市规划与大遗址保护的经验与教训［J］. 建筑学报，2006（12）：30–33.

④ 梁思成 . 北京——都市计划的无比杰作［A］// 梁思成 . 梁思成文集［M］. 北京：中国建筑工业出版社，1986：51–62.

⑤ 梁思成，陈占祥等 . 梁陈方案与北京［M］. 沈阳：辽宁教育出版社，2005：15.

⑥ 梁思成日记。转引自：高亦兰，王蒙徽 . 梁思成的古城保护及城市规划思想研究［J］. 世界建筑，1991（1）：60–69.

图 10-5 主持明定陵发掘工作的郑振铎

注：该照片为明定陵开棺后的一瞬间，左 1 为郑振铎，中为夏鼐。资料来源：郑振铎纪念馆 [N/OL] . [2015-1-17] . http://photo.netor.cn/photo/mempic_45673.html

地下有周王城的遗迹，是无价之宝。”① 郑振铎先生的意见得到了国务院（时称政务院）领导的支持，这样才有了“洛阳模式”。

然而，细究起来，北京、洛阳这两个城市的历史文化保护对象却存在很大的差异，并且这种差异深刻地影响到了城市的总体规划与建设。

虽然北京和洛阳都是我国历史最为悠久的文化名城之一，但是，北京城最为精华的历史文化主要是元、明、清时期的都城建设，而洛阳则在夏、东周、东汉、曹魏、西晋、北魏、隋、唐等十三个王朝时期作为国都，沿洛河排列的夏、商、周、汉魏、隋唐五大都城遗址举世罕见，被誉为“五都荟洛”。比较而言，洛阳作为国都的时期更为久远，具有一定的“远古、中古”特征，而北京作为国都的时期则相对较近，“近现代”的特征更为突出（图 10-6 ~ 图 10-10）。这种差异的直接影响是，对于洛阳的历史文化遗产而言，大量属于地下的都城遗址、古墓葬等，不仅难以进行实际的开发建设和利用，而且其具体情况存在诸多的不确定性和待挖掘性。从 1953 年 11 月到 1955 年 3 月，国家在洛阳地区进行了长达 16 个月的探墓工作，探墓工最多时达到 1226 人，场面十分壮观。② 正因如此，在联合选厂和城市建设活动中，洛阳旧城附近的大片区域由于“地下墓葬极多”“探查、整理文物古迹在力量及时间上有所不及”等原因而得以避开（图 10-11 ~ 图 10-13）。

对于北京的历史文化遗产而言，较多则属于现实的实物状态。“北京旧城区是保留着中国古代规制，具有都市计划传统的完整艺术实物。”③ 这种情况必然造成，对于北京的历史文化保护而言，并没有像洛阳的都城遗址、古墓葬等比较“硬”的“红线”，对历史文化的保护或利用方式存在科学认知的模糊性。即使在专家层面，有关认识也并不统一，如著名作家朱自清提出“照道理衣食足再来保存文物不算晚；万一晚了也只好遗憾，衣食总是根本。笔者不同意过分的［地］强调保存古物，过分的［地］强调北平这个文化城”④；

① 杨茹萍等 .“洛阳模式”述评：城市规划与大遗址保护的经验与教训［ J ］. 建筑学报，2006（12）：30-33.

② 王梦 . 从“洛阳模式”和“洛阳方式”看城市发展与文物保护［ J ］. 当代经济，2010（12）：48-49.

③ 梁思成，陈占祥等 . 梁陈方案与北京［ M ］. 沈阳：辽宁教育出版社，2005：17.

④ 王军 . 城记［ M ］. 北京：三联书店，2003：52.

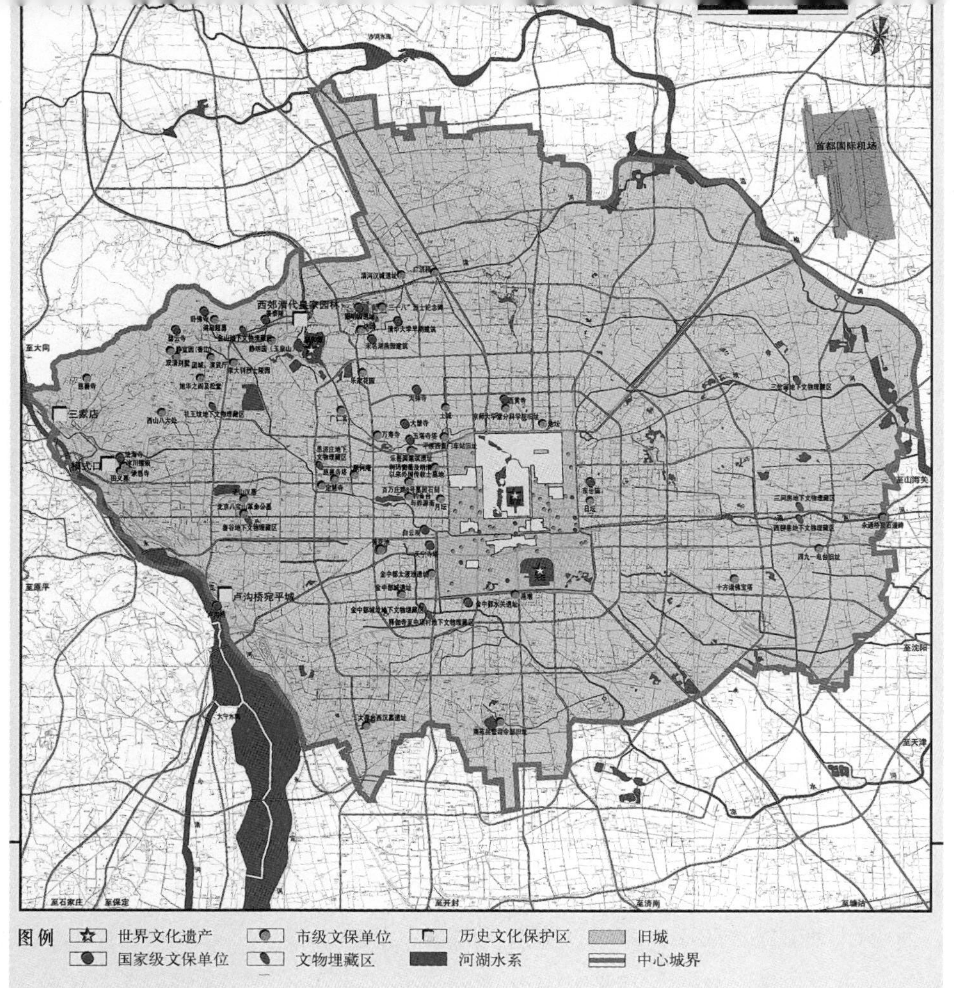

图 10-6　北京中心城历史文化遗产保护规划图

资料来源：北京市人民政府．北京城市总体规划（2004-2020）［R］．2004，12.

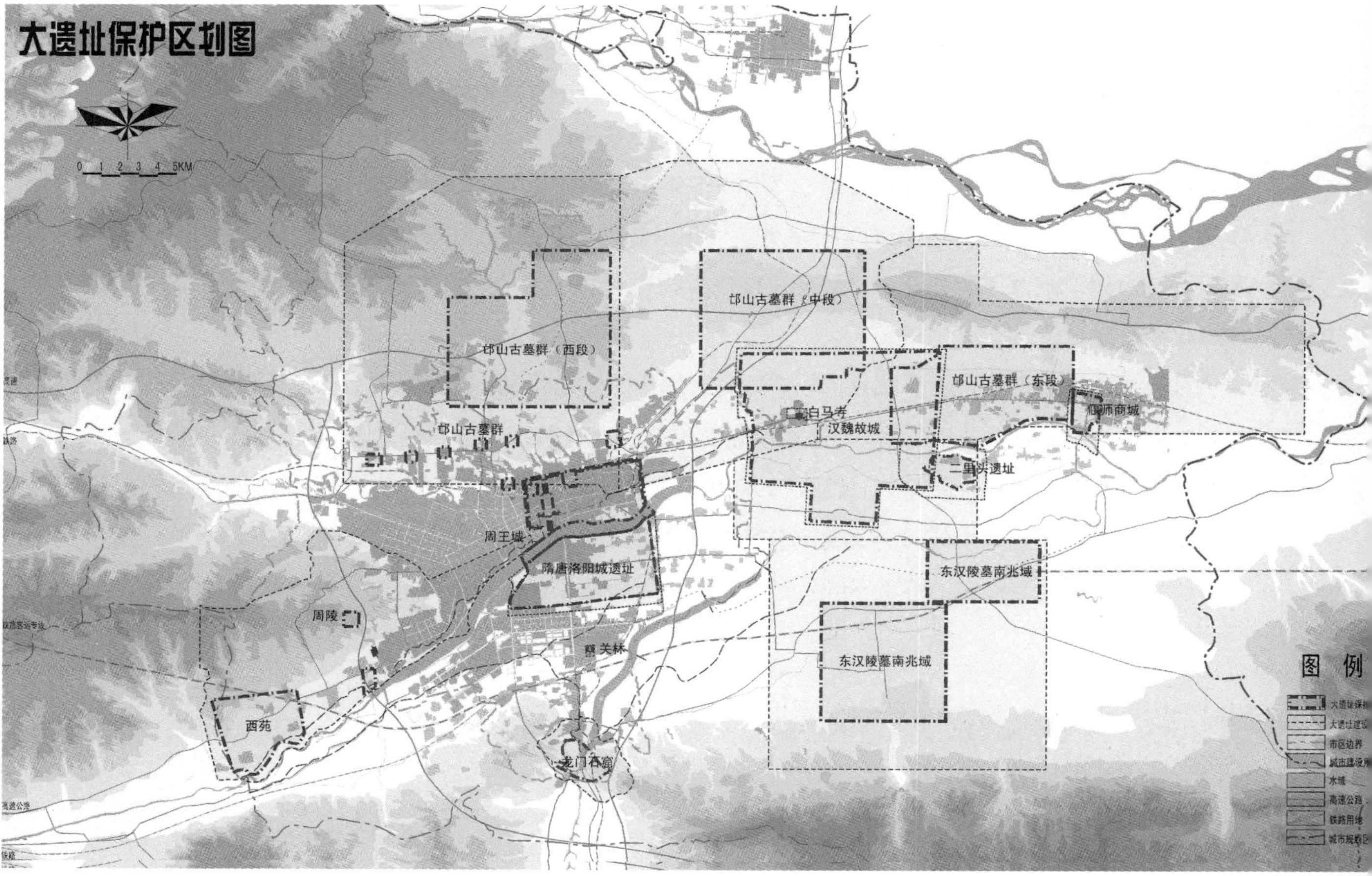

图 10-7　洛阳市大遗址保护区划分布图

资料来源：中国城市规划设计研究院．洛阳市城市总体规划（2008-2020 年）[R]．2008，04.

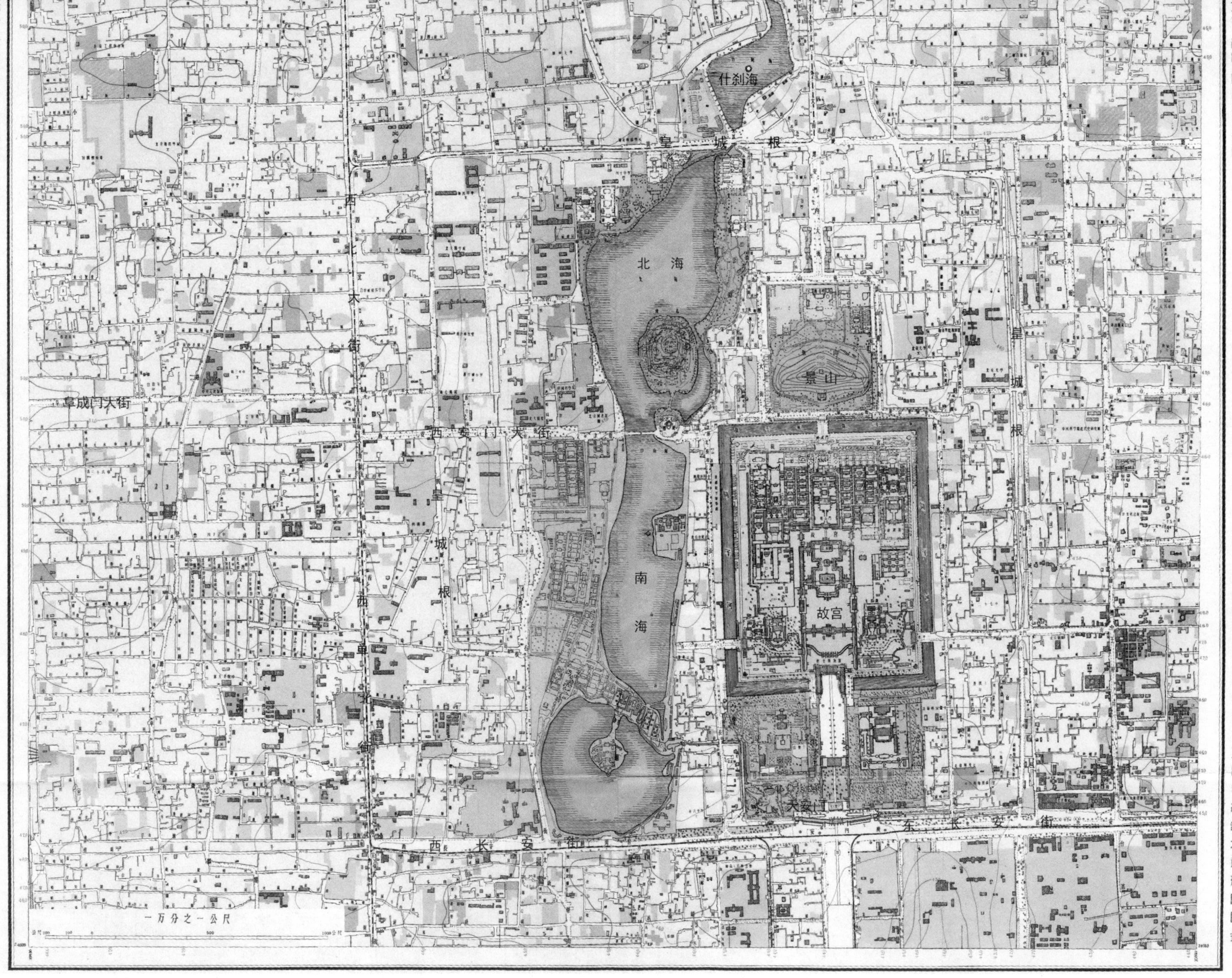

图 10-8　北京故宫周边地区土地使用现状图（1955 年）

注：为便于阅读，对比例尺的位置略有调整。资料来源：北京市土地使用现状图：天安门［Z］. 中国城市规划设计研究院档案室，案卷号：0283.

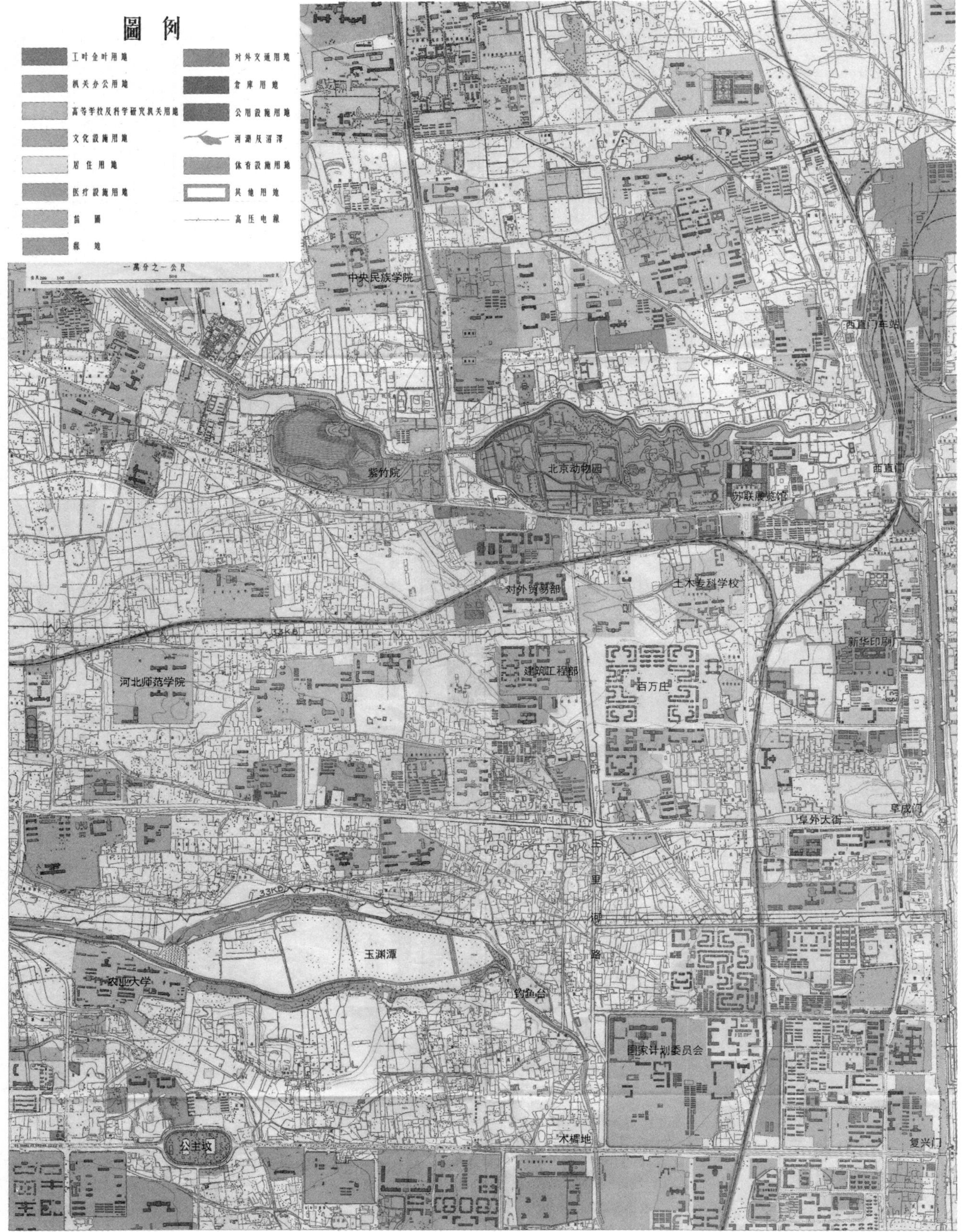

图 10-9　北京西郊地区土地使用现状图（1955 年）

注：本图系由西直门和复兴门两幅地形图拼合，部分文字为笔者所加。

资料来源：北京市土地使用现状图：西直门、复兴门［Z］. 中国城市规划设计研究院档案室，案卷号：0282，0284.

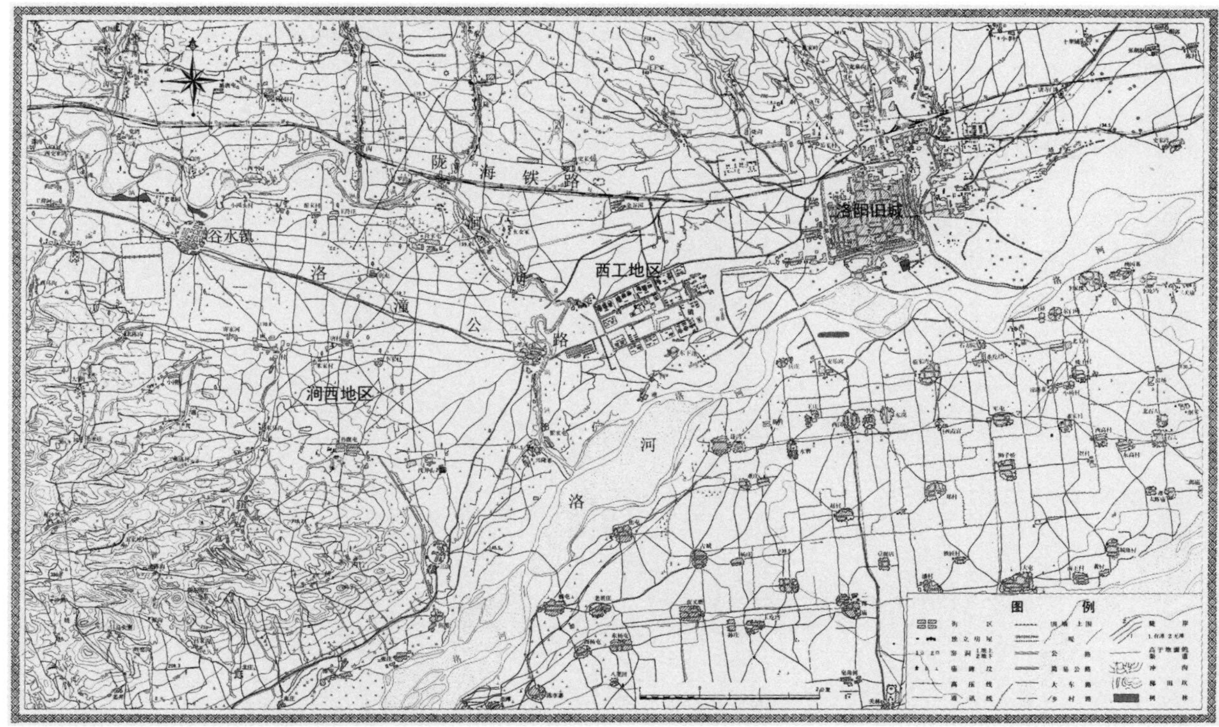

图 10-10　洛阳市 1954 年现状图

资料来源：洛阳市 1954 年现状图［Z］// 洛阳市城市规划委员会．洛阳市总体规划（1981-2000）．中国城市规划设计研究院档案室，案卷号：1867：7.

—107—　　地点及号数　白馬寺工区

鉆孔号数　乙—3

探井号数　/　　記錄整理結果表

层次	深度 由M	深度 至M	地层描述 名称	地层描述 其他描述	密度	湿度
1.	0.	5	耕土（壚坶）	黄色可塑性含植物根	稍密	湿
2.	5.	1.5	砂質粘土	棕色可塑性	密	〃
3.	1.5	4.5	砂質壚坶	黄色可塑性 1.5—3 M 含白色斑点 3—4 M 含僵石（4—4.5 M 軟塑性）	密	〃
4.	4.5	5	砂質粘土	棕色可塑性含黑色斑点	密	〃
5.	5	7.5	砂質壚坶	5—6 M 黄色 6—7.5 M 淺黄色可塑性含僵石 7—7.5 M 含黑色斑点（5.5—6 M 含砂質粘土）	〃	〃
6.	7.5	8	砂質粘土	黄色可塑性含僵石含黑色斑点	〃	〃
7.	8	9.5	砂質壚坶	淺黄色軟塑性（8—8.5 M 可塑性）	〃	很湿
				含僵石（8.5—9 M 不含）含黄色斑点		8-8.5 M 湿
8.	9.5	10.5	砂質粘土	黄色軟塑性含僵石（7.5—10 M 含壚坶）	密	很湿
9.	10.5	12	砂質壚坶	黄色軟塑性 10.5—11 M 含僵石、11.5—12 M 含砂質粘土	〃	很湿
				初見水位 10 M　靜止水位 9.35 M	(11-11.5 m) 稍密	

53年10月30日

—113—

古墓处理經驗

根据洛阳市城市建設委員会对於第一机械部的矿山机械厰工地所了解的情况記述如下：

一、墓穴回填方法：

古墓掘开后，每一公尺高度做一个階段，每个階段的寬度为20公分，逐漸向中心及深部收縮，防止陷落，挖到墓底后，再加深挖入20～30公分。

挖好后卽开始回填，要分层回填，30公分做为一层，每一层再以人工夯实，夯实后厚度降低到15公分，普通要打夯5～8遍，就可达到这个程度。

回填的土可利用挖出來的土，但需經过篩、篩孔为1～2公分，含有植物質的土或耕土不能回填，砂質壚坶也不能回填，不够的部份应填加新土，土壤含水量一般为17～18%，有时达到19～20%

夯的重量为80～90公斤，底面积为20×30公分的，以人工打夯，八个人一組，夯法可採用打一夯压半夯，或打一夯压一夯。

夯后要取試样試驗，孔隙比在0.6左右，耐压应达到2公斤/平方公分，以上，每层都要採取試样。

土全部填完后，要在現場做載荷試驗，載荷压力为5公斤/平方公分，一般情况降下0.95公分，夯的不好时降下2公分。据矿山机械厰負責同志談，这样做好后已超过一般土壤的耐压力，設計时採取的数字为2公斤/平方公分，故已超过一倍多。

二、几項定額：

矿山机械厰的古墓最深的为10.2公尺，一般的为4～7公尺。

該厰佔地面積为326×1100公尺，共有古墓435个，6公尺以下的佔30%，一般都是在4公尺左右。

全厰总填方量为31,000方；拖拉机厰57,000方（厰佔地面積为1,700×1,100公尺）。

每个工填1.3立方公尺，最高曾达到3.1立方公尺，但格别效率低的仅

图 10-11　洛阳古墓钻探情况及古墓处理经验的总结报告

资料来源：河南省地区选厂调查资料：洛阳市（第九卷）(一)［Z］．中国城市规划设计研究院档案室，案卷号：0884：108，114.

—91—

白馬寺第一批16个点的探墓数字統計表　　1953年11月10日制

区	劃探区（点号）	地下物：古墓数：周	战國	秦	汉	明	宋	唐	近代	不明	小計	古墓可疑点	河道	水沟	古井	灰坑	磚坑	土坑	窑	不明情况	地面物：大道	菜地	地面井	地上墳	附註
南厰区	7				14	1					15									2	1				
	2				45	1	2		1		49		1		2	4									
	8		1	1	23	1	1	4	1	1	33			1	4	7	4	4	2		1			1	
	13				9						9			2		3	8				1		1		
	4				22				1		23				2	6		1			1			23	
	9				16				2		18				2			8	1		1			36	
	6				3		1				4	48													
	3	5		74	159				2		240	35				4	2				1			5	
	12				8		2	1			11								1		1				
	小計	5	1	75	299	3	6	5	7	1	402	83	1	3	10	24	14	13	4	2	7		1	64	
北厰区	18	1	1		7				3		12		2			1	3							3	
	22	2			3						5		1			6	15	1	1		1		2	15	
	28				6						6		1												
	23				18			1			19				4	18	9		2		1	1	3		
	27			2	3	2		1	3		11	2				3	1							2	
	21				1						1	32	1		1										
	24				4						4		1		1		4				1		4		
	小計	3	1	2	42	2		2	6		58	34	6		6	28	32	1	3		3	1	9	20	
	总計	8	2	77	341	5	6	7	13	1	460	117	7	3	16	52	46	14	7	2	10	1	10	84	

洛城建委复制1956年1月4日

图 10–12　洛阳白马寺地区探墓情况统计表

资料来源：河南省地区选厂调查资料：洛阳市（第九卷）(一)［Z］. 中国城市规划设计研究院档案室，案卷号：0884：92.

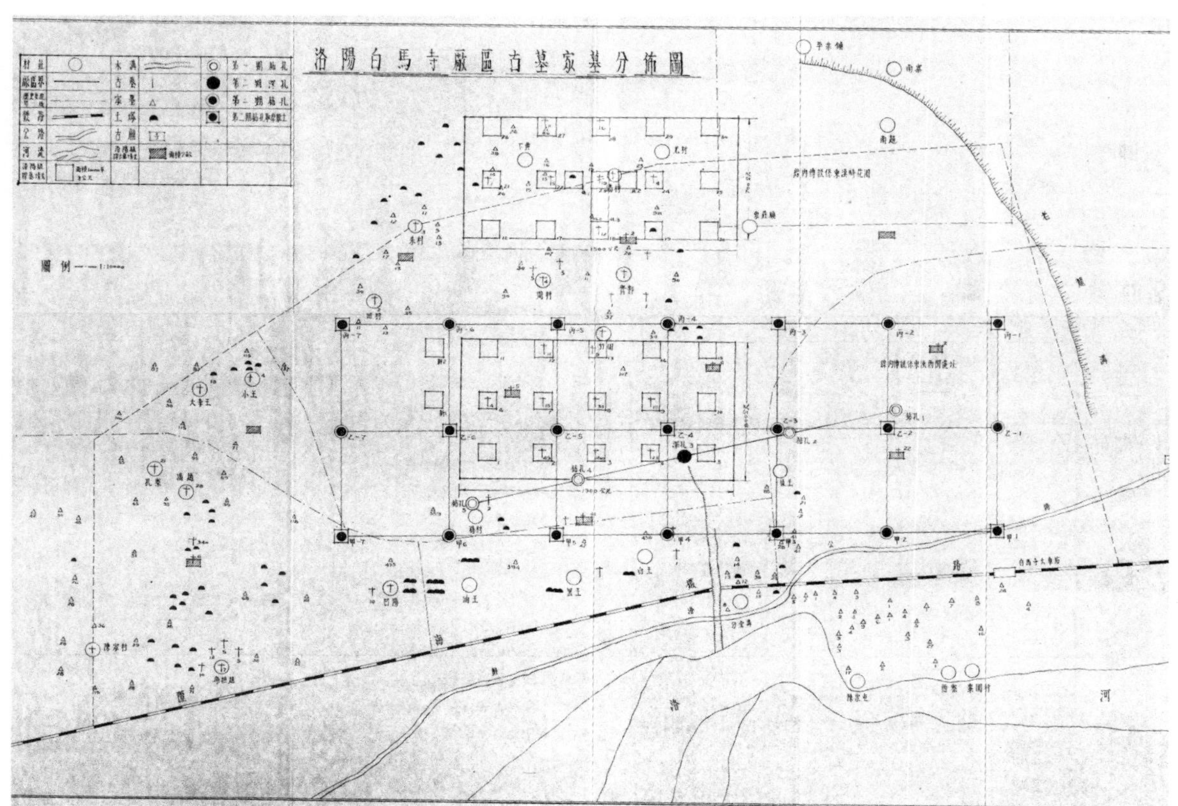

图 10–13　洛阳白马寺地区古墓家墓分布图

注：为便于阅读，对图例做了放大处理。

资料来源：河南省地区选厂调查资料：洛阳市（第九卷）(二)［Z］. 中国城市规划设计研究院档案室，案卷号：0885：12.

同样在北京都市计划委员会任职的华南圭认为“对待遗产应区别精华与糟粕，如（故宫）三大殿和颐和园等是精华应该保留，而砖土堆成的城墙则不能与颐和园同日而语。”[①] 即使到了今天，关于北京胡同的保护与利用仍然是一个颇具争议的话题[②]，尤其对于提倡文化遗产保护的专家学者和在胡同中日常生活的居民而言，二者有着截然不同的生存体验和价值取向。[③] 不仅如此，正是由于北京旧城保存的完好性，“北京在平面上及立体上的秩序尚完善的大体保存，未受半殖民地时代作风的割裂破坏”[④]，以致对北京旧城区进行“合理利用”的倾向要更甚于文化保护的意识。苏联专家提出“北京是好城，没有弃掉的必要，而且需要几十年时间，才能将新市区建设得如同北京市内现有的故宫、公园、河海等的建设规模”[⑤]，不能不说是迎合了当时社会上人们的一般心理。

梁陈方案所倡导的，是一种对旧城进行系统性保护的整体观念。这种整体观念，即使以历史文化保护的专业眼光，在当今的社会条件下，也是极为超前的。回顾新中国 60 多年历史文化保护事业的发展，经历了从“单体”层面的文物保护单位，发展到“整体”层面的历史文化名城，再到“中观”层面的历史街区的演变历程；如果说从文物保护单位向历史文化名城的转变突出体现出整体保护观念的强化和“跃进”，那么从历史文化名城向历史街区的发展，则折射出文化保护工作与“实践”和“操作”的更紧密融合，在某种程度上是整体保护观念的一种“现实化”回归或折中。早在新中国成立之初即提出整体保护的观念，可想而知其在实际上难以被人们切实理解和接受的程度。

另外，在北京历史文化遗产中，较多属于王城、宫殿等皇权建筑以及王府大院、达官贵人的宅邸等，由于意识形态的影响，容易使人们将其与封建朝代相联系。故而，对于梁陈方案，甚至还有意见指出“把旧区撇在一边，另搞新中心，实际上是在保护文物建筑的借口下连同一切旧社会遗留下来的落后、甚至破烂不堪的劳动人民居住区一起保存下来，由古代的文物建筑来束缚今天的社会主义建设。”[⑥]

10.2.3 “新兴工业区”与“中央行政区”——新城（新区）职能类型之不同

就梁陈方案或洛阳模式而言，其最核心的规划内容即避开（或脱离）原有的旧城，建设一个新城或新区，以形成城市空间相对合理的布局结构。仅从城市空间结构形态来看，梁陈方案与洛阳模式极为相似。但若深入比较，二者关于新城（区）的职能是有显著差异的：梁陈方案力主建设的是一个新的行政中心区，而洛阳涧西区则是一个新兴的工业区。

---

① 以市人民代表身份视察北京城市总体规划，华南圭认为北京城墙应该拆除［N］. 北京日报，1957-06-03. 转引自：王军 . 城记［M］. 北京：三联书店，2003：64.

② 北京旧城区胡同拆迁引发争议［N/OL］. 新华网，2007-05-24.
http：//news.xinhuanet.com/society/2007-05/24/content_6147723.htm

③ 北京八大胡同曾是花街柳巷 拆迁还是保护引争议［N/OL］. 中国经济网，2010-05-06.
http：//news.china.com.cn/rollnews/2010-05/06/content_1973324.htm

④ 梁思成，陈占祥等 . 梁陈方案与北京［M］. 沈阳：辽宁教育出版社，2005：21.

⑤ 董光器 . 古都北京五十年演变录［M］. 南京：东南大学出版社，2006：4.

⑥ 同上：11.

图 10-14　洛阳涧西工人住宅区及城市干道（1958 年前后）
资料来源：中华人民共和国建筑工程部，中国建筑学会．建筑设计十年（1949-1959）[R]．1959：60.

就涧西工业区而言，不难理解，它主要是在洛阳特定的地形地貌等环境条件下，为了工业项目布局的需要而形成的一种城市功能分区，是城市用地选择的自然结果。新中国成立后，国家确立了以重工业优先发展为主导的新中国工业化发展的主要方向，1954 年全国第一次城市建设会议明确提出城市建设必须贯彻为工业化、为生产、为劳动人民服务以及采取与工业建设相适应的“重点建设，稳步前进”的方针。① 在这样的时代背景下，作为国家战略与政策重点支持的新兴工业区，洛阳涧西区的规划建设自然“水到渠成”（图 10-14、图 10-15）。而对于梁陈方案，由于其作为中央行政区的特殊性质，则使各方面的问题要复杂得多。

梁陈方案的规划思想，显然是受到了西方“有机疏散”和“新城”理论的重要影响。“沙里宁的‘有机分散’论对梁思成影响至深，这一论点是梁思成在北京规划中提出依托旧城建设新城方案的重要理论依据。”②“沙里宁认为，为了根除种种让人头痛和咀［诅］咒的‘城市病’，必须对已畸形发展的城市进行大手术……为了达到上述的目标，城市必将走向分散”“所谓‘有机分散’即‘对日常活动进行功能性的集中’和‘对这些集中点进行有机的分散’。”③ 而陈占祥曾协助世界著名城市规划大师阿伯克隆比编制大伦敦区域规划的经历，则显著增加了他对西方大都市发展状况的现实体验和规划思考。“一些城市根本的问题就是拥挤。一个城市最怕拥挤，它像个容器，不能什么东西都放进去，不然就撑了。所以，有的功能要换个地方，摆在周围的地区分散发展，这是伦敦规划的经验。”④“伦敦除了当时需要疏散人口外，另一目的是为了保护伦敦古城，所以才有了大伦敦计划。”⑤ 为此，梁陈方案提出“我们要为繁重的政府行政工作计划

---

① 《当代中国》丛书编辑部．当代中国的城市建设［ M ］．北京：中国社会科学出版社，1990：43.
② 高亦兰，王蒙徽．梁思成的古城保护及城市规划思想研究（五）[J]．世界建筑，1991（5）：62-67.
③ 同上．
④ 陈占祥晚年口述［ A ］// 陈占祥等．建筑师不是描图机器——一个不该被遗忘的城市规划师陈占祥［ M ］．沈阳：辽宁教育出版社，2005：33.
⑤ 陈占祥教授谈城市设计［ J ］．城市规划，1991（1）：51-54.

图 10-15 洛阳第一拖拉机制造厂（1958 年前后）
资料来源：中华人民共和国建筑工程部，中国建筑学会．建筑设计十年（1949-1959）[R]．1959：59-60.

一合理位置的区域，来建造政府行政各机关单位，成立一个有现代效率的政治中心”[①]，“目的在不费周折的［地］平衡发展大北京市……这样可以解决政府办公，也逐渐疏散城中密度已过高的人口，并便利其他区域，因工业的推进，与行政区在合理的关系中同时或先后的发展。”[②]

在世界城市规划发展史上，“有机疏散”和“新城”理论是十分重要的理论思潮之一，有关规划实践也并不鲜见，如二战后以英国伦敦、法国巴黎、日本东京等地区为代表的新城运动。然而需要注意的是，世界各国的新城建设，其职能定位较多属于职住平衡、自给自足的综合型，这也是新城与规模较小、功能单一、依赖中心城市（母城）的“卫星城”概念的重要区别之一。即使有一些具有明确主导功能的案例，如日本东京地区以大学、商业职能主导的多摩新城，作为科学城的茨城新城等，但明确以行政中心区为主要职能的案例却较为罕见。人们常常提及的巴黎拉德方斯、伦敦道克兰等城市新区，也都并不是行政中心区。也就是说，梁陈方案的规划思想虽然源自西方，但却因新城职能的截然不同，与西方的建设实践存在着迥异之处，可资借鉴的国际经验也就十分有限。

行政中心区，特别是中央行政区（或称政治中心区），往往既有政府办公的基本功能需要，又有体现邦交礼仪、巩固政治权力和彰显民族尊严等多方面的诉求，不仅要有宏伟严整的规划和高水平的建筑设计，还要在文化、特色上独具魅力，其规划建设是一项十分庞大的系统工程。因此，世界各国首都，如伦敦、罗马等，其行政中心区大多是经过长期演变、发展和改造而逐步形成的。[③] 只有极少数首都是按规划设计而新建，如美国华盛顿、巴西巴西利亚和印度新德里。其中，华盛顿和巴西利亚都属于在新的选址上建设新城市，不存在与既有旧城的相互关系问题；新德里虽然毗邻于德里古城而建，与梁陈方案有相似之

① 梁思成，陈占祥等．梁陈方案与北京［M］．沈阳：辽宁教育出版社，2005：5-7，41.
② 同上，2005：5.
③ 关肇邺．新德里的政治中心区［J］．世界建筑，1992（6）：19-21.

处，但它的兴建主要是由殖民帝国——英国所主导，为了加强对印度的殖民统治和控制等特殊目的。[①]新德里自 1911 年开始动工兴建，1929 年初具规模，直到 1947 年印度独立之后才成为印度首都。[②]

就中国的城市建设而言，行政中心区的规划建设也是极为敏感的。特别是自古就有“官不修衙”的文化传统。1930 年代任四川省主席的刘文辉曾明确要求“如果县政府的房子比学校好，县长就地正法！”[③]新中国建立以后，中央曾多次发文，明令禁止全国各地的楼堂馆所建设；作为国务院（政务院）总理，周恩来也曾多次在不同场合一再表明，在他任总理时不建国务院办公楼，所有这些都表明了人民政权的政治性质，反映了与群众同甘苦的基本精神。[④]在“一五”时期，城市建设强调“先生产、后生活”，“因陋就简”，正是为了集中力量，把有限的物力、财力用于生产建设，以加速国家工业化和现代化建设进程。不仅如此，1950 年 6 月朝鲜战争爆发，面对国内十分薄弱的经济形势和亟待稳定的社会形势，中央毅然作出“抗美援朝、保家卫国”的重大决策，而同年 11 月召开的第二次全国财经会议则被迫提出“把财政经济工作放在抗美援朝战争的基础上，战争第一”“边打、边稳、边建”的方针。[⑤]在这样的时代背景下，提出规模庞大、标准较高的中央行政区建设，显然是不太合时宜的。“人民政府不可能像明成祖朱棣那样花十几年时间营建皇宫然后再迁都北京。”[⑥]

当然，中央行政区建设还涉及另一个十分敏感的话题，即国家的政治中心问题。1949 年 10 月 1 日，毛泽东主席已在天安门城楼上向全世界庄严宣告了中华人民共和国的成立，第一面五星红旗已在天安门广场冉冉升起，天安门城楼的形象也已反映在 1949 年 9 月第一届中国人民政治协商会议所通过的国徽图案中，天安门在广大人民的心中已成为新中国的重要象征。在开国大典之后仅隔数月，梁陈方案即提出在城市西郊另建政治中心，这对于很多人来说自然都是难以接受的。就该事件的后续发展来看，这也成为反对者批判梁陈方案的一个重要依据：“最严重的指责是‘梁陈方案’设计的新行政中心‘企图否定’天安门作为全国人民向往的政治中心。”[⑦]

关于梁陈方案的独特价值，建筑规划界乃至普通的社会大众均已有普遍的共识，对此无须赘述。但在人们的心目中，仍然有一个令人纠结的疑问：梁陈方案最终未能被采纳，其原因何在？对此，既有研究已经进行了大量的讨论，概括起来，主要包括：“在建都初期，不利用旧城，另辟新址建设行政中心，在当时国家财政十分困难的情况下是不可能的”[⑧]；“原新区的规划也不尽理想，偏于旧城一隅，过于从而属之，

① 关肇邺．新德里的政治中心区［J］．世界建筑，1992（6）：19-21.

② 新德里［R］．百度百科．http：//baike.baidu.com/link?url=GK4yoBYhhdvQ_h08Ud70WyDmKdEnHq4v_1HkdY9IRyUkACuQhaJSgsOZ6-ZDrRte

③ 佚名．政府房子比学校好，县长就地正法［J］．文史博览，2011（9）：41.

④ 董光器．古都北京五十年演变录［M］．南京：东南大学出版社，2006：14.

⑤ 金春明．中华人民共和国简史（1949-2007）［M］．北京：中共党史出版社，2008：26.

⑥ 董光器．古都北京五十年演变录［M］．南京：东南大学出版社，2006：13.

⑦ 陈占祥．忆梁思成教授［A］// 陈占祥等．建筑师不是描图机器——一个不该被遗忘的城市规划师陈占祥［M］．沈阳：辽宁教育出版社，2005：59.

⑧ 北京建设史书编辑委员会．建国以来的北京城市建设［R］．1985：64.

缺乏一个动人的宏伟布局"①；"在施工技术条件上，也不可能承担大规模的工程建设项目"②；"决策者已对行政中心区的位置有了明确意见"③；"当时人们不愿意出城"④；"在时间那样紧迫的情况下，中央首先要办的事不是要盖机关办公楼，而是要想如何'开张'！"⑤等等。高亦兰、王蒙徽在对各方面意见进行系统梳理的基础上，特别分析了梁陈方案被否定的主观因素，认为主观因素是导致否定以梁陈方案为核心的梁思成有关北京规划和古都保护设想的主要原因，具体包括"'斯大林的城市规划原则'的影响""人们（古城保护）认识水平的限制""片面强调天安门作为全城唯一中心的政治意义"等3个方面。⑥

通过以上关于北京与洛阳新旧城规划模式的比较分析，笔者认为，梁陈方案之所以未能实现，最为核心的原因正在于西郊新城作为中央行政中心区的职能定位方面，在当时的社会条件下，新建中央行政中心区存在诸多的现实矛盾和具体困难；同时，由于北京历史文化遗产的特殊性，对其进行整体性保护的建议在实际操作上缺乏类似"洛阳都城遗址、古墓等有待探查"这样比较"硬"的依据支撑。从这个角度，时任北京市卫生工程局局长曹言行和建设局局长赵鹏飞的相关评价或许是较为客观的："苏联专家所提出的方案，是在北京已有的基础上，考虑到整个国民经济的情况，及现实的需要与可能的条件，以达到建设新首都的合理的意见"，"于郊外另建新的行政中心的方案则偏重于主观的愿望，对实际可能条件估计不足，是不能采取的。"⑦

10.3 几点思考与启示

10.3.1 城市规划理论与实践的关系

"人的正确思想是从哪里来的？……只能从社会实践中来。"⑧透过梁陈方案不难认识到，在城市规划的理论与社会现实之间，存在着巨大的鸿沟，而若想使规划理论真正转化为对实际工作的现实指导，需要综合各方面的因素进行系统分析和论证，乃至于对原有规划理论或规划方案进行必要的修正与完善。正如邹德慈先生指出，"城市规划是人们在认识客观世界（即城市发展规律）的基础上提出的改造客观世界（即发展和建设城市）的设想和方案，属于认识、思想、精神范畴，是主观世界的东西"，"城市规划工作的性质

---

① 吴良镛 . 历史文化名城的规划布局结构［J］. 建筑学报，1984（1）：22-26.

② 北京市规划局总建筑师陈干谈话记录。转引自：高亦兰，王蒙徽 . 梁思成的古城保护及城市规划思想研究（三）［J］. 世界建筑，1991（3）：64-70.

③ 曾担任彭真秘书的马句回忆道："苏联专家提出第一份北京建设意见，聂荣臻见到后，非常高兴，送毛主席。毛主席说：照此方针。北京的规划就这样定下来了，即以旧城为基础进行扩建。"转引自：王军 . 城记［M］. 北京：三联书店，2003：101.

④ 北京市规划局总建筑师陈干谈话记录。转引自：高亦兰，王蒙徽 . 梁思成的古城保护及城市规划思想研究（三）［J］. 世界建筑，1991（3）：64-70.

⑤ 候震 . 千年遗产和一纸规划——55年北京城建是与非［J］. 中国作家，2006（13）：172-219.

⑥ 高亦兰，王蒙徽 . 梁思成的古城保护及城市规划思想研究（三）[J]. 世界建筑，1991（3）：64-70.

⑦ 曹言行、赵鹏飞联名提交《对于北京将来发展计划的意见》，1949年12月19日。转引自：北京建设史编辑委员会编辑部 . 建国以来的北京城市建设资料（第1卷"城市规划"）[R]. 1987：108.

⑧ 中共中央文献研究室 . 建国以来重要文献选编（第十六册）[M]. 北京：中共党史出版社，1997：310-311.

图 10–16　参与联合国总部设计讨论时的梁思成（1947 年）
资料来源：朱涛．梁思成与他的时代［M］．桂林：广西师范大学出版社，2014：230.

图 10–17　正在翻译《论建筑》的陈占祥（1955 年）
资料来源：陈占祥等．建筑师不是描图机器——一个不该被遗忘的城市规划师陈占祥［M］．沈阳：辽宁教育出版社，2005：23.

和特点，决定了一个好的规划方案，必须首先要有一个正确的规划思想。每个具体城市的规划思想是否正确，关键看它是否符合这个城市自身发展的客观规律。规划方案的优与劣，正确与错误，只能通过具体城市发展与建设的实践来检验。”① 梁陈方案和洛阳模式给我们的启示在于：规划师的理想信念固然十分重要且弥足珍贵，但更应当具有立足社会实际的现实主义精神，要提高理论与实践相结合的规划意识及统筹协调能力，这是由城市规划作为实践性学科的基本特点所决定的。

就梁思成、陈占祥对北京的规划思考和研究而言，其实并不止于梁陈方案（图 10–16、图 10–17）。当梁陈方案备受指责时，梁思成冷静地考虑到方案突出了新行政中心的规划，但没有注意到旧城区中心改建的可能性，于是又开始着手研究以天安门为中心的皇城周围规划。② 1952 年，北京都市计划委员会责成陈占祥和华揽洪按照行政中心区在旧城的原则编制规划方案，两人于 1953 年春提出甲、乙两个方案，其中，陈占祥主持的乙方案完全保持了旧城棋盘式道路格局，对旧城格局做了尽可能的保护，并主张集中在平安里、东四十条、菜市口、磁器口围合的范围内形成行政中心。③ 1953 年 8 月，梁思成奉命代表都市计划委员会向北京市人民代表汇报了甲、乙两个方案，他接受了中央行政区在天安门广场附近建设的“事实”，并转而提出，为了形成城市优美的空间秩序，应保持和发展旧城中轴线，向南延伸至南苑，在永定门外建设一个特别客车分站，主要任务是“作为各地和全国来北京的贵宾和代表团的出入站。贵宾代表们在永定门下了火车，或从南苑下了飞机，可以坐着汽车，顺着笔直的马路，直达天安门广场。这样的计划就更加强调了现有的伟大的南、北中轴线。”④ 这个主张后来被苏联专家巴拉金画入北京城市规划总体构图之中，成为北京坚持至今的一项市区布局原则，被认为“这是找出了既保护好旧城原有格局又发展原有规

---

① 邹德慈．城市发展根据问题的研究［J］．城市规划，1981（4）.

② 陈占祥．忆梁思成教授［A］// 陈占祥等．建筑师不是描图机器——一个不该被遗忘的城市规划师陈占祥［M］．沈阳：辽宁教育出版社，2005：59.

③ 王军．城记［M］．北京：三联书店，2003：112–114.

④ 梁思成．关于首都建设计划的初步意见。转引自：王军．城记［M］．北京：三联书店，2003：118.

划思想的关键所在。"① 由此不难看出，梁思成、陈占祥等专家学者的思想并不是僵化不变的，他们也具有一定的现实主义的态度。

从另一个方面来讲，对于梁陈方案的认识而言，也不能仅仅关注于梁陈方案自身。梁陈方案面对复杂社会现实所经历的各种质疑和考验，规划理论对城市建设实践的作用，建设实践对规划理论的反馈，以及规划方案的相应衍变，都与梁陈方案一样，具有同等重要的科学认知价值和规划解析意义。

10.3.2 理想规划模式及其局限性

由于这样那样的原因，规划师、建筑师乃至社会大众，往往对城市的理想模式充满着敬仰、期待甚至幻想。例如，针对北京当前发展所面临的种种弊端和"大城市病"，特别是旧城保护方面的突出问题，人们都会自觉不自觉地联想到梁陈方案。"如今，五十年已经逝去，新老北京仍在你争我夺的悲剧中不能自拔，由此带来的城市问题已波及这个城市里的每一个人。看看身边的北京，我们似乎就生活在'梁陈方案'的'谶语'里面"②；"今天，人们已经清楚地看见1950年代未采纳'梁陈方案'所带来的不良后果，不能不感叹梁思成等人当年的远见卓识。"③

然而，洛阳的城市规划建设实践则给我们以重要启示：理想的规划模式尽管对城市的长远发展至关重要，但也绝不可能一劳永逸地解决城市发展的所有问题。在"一五"时期的洛阳城市规划工作中，处于旧城和涧西工业区之间的西工地区，作为西周王城遗址所在地，因文化部的反对而得以保留。但是，当时的规划却并没有将西工地区作为文化遗产地加以保护，而是将"全市的市中心地区建在西工地区"④，"作为城市远期发展用地，将布置纺织工业和其他地方工业。"⑤ 1956年初，洛阳玻璃厂在西工区的东半部（正好压在隋唐都城的精华宫城、皇城遗址上）选址，同年10月9日动工兴建；1956年7月，洛阳棉纺织印染联合工厂在西工地区的西半部（在周王城遗址北部）选址，同年8月11日动工兴建。⑥ 早在1953年9月被迫放弃的厂址，三年后竟然被另外两个工厂（不属于156项工程，并非广为人知）堂而皇之地占据，而没有任何人提出异议（早期文化部反对专家郑振铎先生，不幸于出国访问途中因飞机失事而遇难）；如今大遗址所在的西工区和涧西区一样，全部为现代工业建筑和民用建筑所覆盖，在中华文明发展史上有重大意义和巨大价值的西工区隋唐城的宫城、皇城遗址与周王城遗址，除个别地点之外，几乎被占压殆尽。⑦ 与此同时，自1990年代以来，在房地产开发的冲击下，洛阳旧城已大部分改造，传统面貌不足

---

① 李准．"中轴线"赞——旧事新议京城规划之一［J］．北京规划建设，1995（3）：13-15. 转引自：王军．城记［M］．北京：三联书店，2003：118.

② 李岩．50年代关于北京旧城改造的"梁陈方案"［N/OL］．搜狐网，2010-08-03. http：//cul.sohu.com/20100803/n273951527.shtml

③ 方可．从城市设计角度对北京旧城保护问题的几点思考［J］．世界建筑，2000（10）：32-35.

④ 洛阳市人民政府城市建设委员会．洛阳市涧西区总体规划说明书（1954年10月25日）［Z］．中国城市规划设计研究院档案室，案卷号：0834：33.

⑤ 洛阳市规划资料辑要［Z］// 洛阳市规划综合资料．中国城市规划设计研究院档案室，案卷号：0829：11.

⑥ 杨茹萍等．"洛阳模式"述评：城市规划与大遗址保护的经验与教训［J］．建筑学报，2006（12）：30-33.

⑦ 同上．

四分之一[①]；随着城市规模的不断扩张，摊大饼蔓延、交通拥堵等北京的大城市病也开始在洛阳显现，这也是最新一版《洛阳市城市总体规划（2008—2020）》所面对的基本形势。这就不难理解，理想的城市空间结构模式在促进城市健康发展方面的作用也是有限的。那些将当前北京城市发展的种种问题，全部归结于数十年前未能采纳梁陈方案的观点，显然是不够理性的。[②]

另外，就北京城市建设而言，自 1950 年代开始，中央行政机构除了半数略多一点在旧城内建设之外，在西郊以三里河路为中心的 25km^2 范围内，新建了不少部级机关，如三里河“四部一会”[③]，以及建设部、建材部、外贸部、物资部和商业部等，军事单位的各军兵种司令部也大部分集中西郊[④]（图 10-12）。可见，梁陈方案的设想也得到了一定程度的实现。如果说梁陈方案完全失败或者没有发挥任何作用，实际也并不恰当。而今天北京城市用地格局的形成，“并不是最初城市规划的安排，即虽然否定了在西郊另建行政区的规划方案，也没有采取在旧城中心区集中建设的规划方案，而是‘更像是未经统一规划的、随意发展的’的结果。”[⑤]

对于理想规划模式还需要认识到的是，不少理想模式是在城市经历一定的规划建设阶段后，经有关专家学者的总结、归纳、提升而最终形成的。这也正如许多“大师草图”一样，不少乃“事后之作”。就洛阳模式而言，“当时设计者在主观上并没有十分明确的文化遗产保护思想和意识，而这种思想也并没有为各级领导和各级政府部门所真正理解，洛阳市第一期规划是带有偶然性和不自觉性的。”[⑥]对此，一方面我们要认识到，正如艺术作品一样，理想模式“源于实践，高于实践”，因此不能将理想规划模式与具体的城市规划建设实践相提并论，混为一谈；另一方面，正如人的指纹一样，世界上每个城市的情况都是各不相同的，而在从城市发展战略选择、政策制定，到城市规划、设计及实施管理的复杂过程中，每个城市的具体情况及社会现实又充满着固有的不确定性，即便是在城市规划初期选择了较为正确或合理的规划方案，实际上不一定就能达到预期效果，也很难说是否就比当初没有采用的规划方案更好。在某种程度上，城市规划的理想模式也是可遇而不可求的。

10.3.3 城市规划师综合协调能力的培养

对比梁陈方案与洛阳模式，充分表明了城市规划工作的综合性、复杂性乃至矛盾性。城市发展涉及社会、经济、自然等多个方面的因素，各种因素相互牵制；同时，城市的规划建设又是一个长期的过程，需要经过复杂的程序和阶段，可谓“环环相扣”，一旦某一环节出了问题，势必会导致城市规划“事与愿违”。

---

① 董光器 . 古都北京五十年演变录［M］. 南京：东南大学出版社，2006：15.

② 正如郭增荣先生的感悟：“任何时代城市规划都不可能按照理想模式进行”，城市规划的理想模式“都有其局限性，关键还是要从实际出发，规划虽然有期限，但不断完善是永无止境的”（2015 年 10 月 6 日对本书初稿的书面意见）。

③ 四部指第一机械工业部、第二机械工业部、重工业部和财政部，一会指国家计划委员会。

④ 董光器 . 古都北京五十年演变录［M］. 南京：东南大学出版社，2006：14.

⑤ 北京城市总体规划（2004-2020）研究专题之六：《首都北京中央国家机关空间布局研究》，2003 年。转引自：左川 . 首都行政中心位置确定的历史回顾［J］. 城市与区域规划研究，2008（3）：34-53.

⑥ 杨茹萍等 .“洛阳模式”述评：城市规划与大遗址保护的经验与教训［J］. 建筑学报，2006（12）：30-33.

梁思成、陈占祥等先贤，无疑是在世界范围内具有重要影响力的建筑规划大师，然而，他们辛苦完成的规划方案却惨遭厄运。这一案例带给我们以不尽的哀叹。

高亦兰、王蒙徽研究指出“（梁思成）过分偏爱于古建筑和古城的保存和保护，对于城市新的发展认识不足”①，“他在城市规划的实践中（却）始终没有摆脱学院派思想的束缚。在规划中，梁思成更多注意的是城市空间构图、景观和艺术性，如平面之道路、立体之形式与空间。而对于现代城市的其他问题，相对考虑较少，特别是对于经济问题，他是缺乏认识的。”②陈占祥先生则曾回忆“说实在的，我不过是搬用英国城乡计划理论，而且当时自己也不能说吃透到多大深度”③，“说到底我是以建筑专业为主”④，“我对中国建筑与城市设计并无系统地学习过。”⑤从这些言语中，我们可以真切感受到一代宗师的谦逊态度和坦荡胸襟，而另一方面，也不得不承认，规划师作为单一的个体，在面对庞杂的城市规划复杂系统工作之时所具有的不可避免的局限性。吴良镛先生曾指出“西方规划者……鉴于城市现实问题之复杂性，变量太多，变化莫测，因而有一种‘不可知论’的思潮。”⑥对此，应当引起我们的深刻反思。由于城市规划的复杂性，广大城市规划师不仅要在较为明确的专业职责范畴内有所专注，专攻某一方面问题，同时，也应加强对城市规划综合属性和复杂过程的全方位认识，提高系统工程的思维认识和统筹协调能力，从而做到“广而博”与“专而精”的有效结合。只有这样，才有利于从整体上驾驭城市发展的各类要素，才能更加有效地做好具体的城市规划工作。

另一方面，对于城市规划师的认识和评价，也要充分立足于城市规划所具有的复杂学科性质，不能一味苛求其尽善尽美。在这个意义上，高亦兰、王蒙徽有关梁思成古城保护及城市规划思想的总结，于本章讨论同样是极为适用的：“限于当时的历史条件和他本人的条件，梁思成对现代城市的许多复杂问题尚缺乏认识。他的有些观点当时从理论上分析还未必成熟完善，有些表达方式有缺陷，引起了人们的误解。但这些并不能抹杀他对中国现代古城保护和城市规划所作的贡献！”⑦

---

① 高亦兰，王蒙徽．梁思成的古城保护及城市规划思想研究（四）[J]．世界建筑，1991（4）：54-59，53.

② 高亦兰，王蒙徽．梁思成的古城保护及城市规划思想研究（五）[J]．世界建筑，1991（5）：62-67.

③ 王军．梁陈方案的历史考察——谨以此文纪念梁思成诞辰100周年并悼念陈占祥逝世 [J]．城市规划，2001（6）：50-59.

④ 陈占祥．陈占祥自传 [A] // 陈占祥等．建筑师不是描图机器—— 一个不该被遗忘的城市规划师陈占祥 [M]．沈阳：辽宁教育出版社，2005：13.

⑤ 同上，2005：9.

⑥ 吴良镛．论城市规划的哲学 [J]．城市规划，1990（1）：3-6.

⑦ 高亦兰，王蒙徽．梁思成的古城保护及城市规划思想研究（五）[J]．世界建筑，1991（5）：62-67.

第 11 章

1957 年的“反四过”：再论八大重点城市规划的实施问题

The Anti-Four-Excesses Movement In 1957

1957 年的“反四过”运动，是八大重点城市规划实施过程中的一个重大历史事件。这一事件的诱因，即建国初期的增产节约运动。“反四过”批判对象实际指向整个基本建设领域，并非由城市规划工作所造成，但在其整改措施中，城市规划却扮演了“替罪羊”的角色；其原因，主要是在特殊的社会形势下，过于强调政治性和政策性，而对城市规划科学性的认识明显不足。“反四过”运动的发生，成为“三年不搞城市规划”的重要导火索之一，为 1960 年代城市规划事业走向衰败产生了深刻的不良影响。城市规划界应当将其作为重要的警示教育题材之一，经常性地开展自省和自律，务实寻求城市规划工作的合理定位，从而谋划城市规划事业健康与可持续发展之道。

在八大重点城市规划的实施过程中，1957年的“反四过”运动是与之密切相关的一个重大历史事件。对于八大重点城市规划实施情况的深入认识，离不开对这一事件来龙去脉及有关影响情况的了解。

近年来，随着新中国城市规划历史研究的兴起，有关“反四过”的话题不断引起热议，且有为之“平反”的强烈呼吁。[①]那么，“四过”究竟指什么内容？为什么会出现对“四过”的反对乃至成为一种“运动”？它的发生对新中国城市规划事业的发展有何影响？对于广大中青年规划师而言，这无疑还是相当陌生的话题。

需要指出的，“反四过”并非单纯发生的孤立事件。许多老一辈规划专家在谈论此事时，往往将其与1960年发生的“三年不搞城市规划”相联系，如周干峙先生2010年即曾指出：“‘三年不搞规划’以前还有一个大事，就是‘反四过’，‘反’城市规划的‘四过’，‘占地过多’‘规模过大’等等，然后紧接着才是这个。”[②]换言之，“反四过”运动对新中国城市规划发展的影响，并不是一时的或局部的，而具有一定的“连锁反应”。作为新中国城市规划发展历程中的重大事件之一，对“反四过”运动历史本貌的还原及合理评价是规划史研究工作不可或缺的重要一环。新近的一些相关研究，对此事件已多有提及[③]，但尚未见相对深入的专门研究，诸多问题仍待进一步厘清。本章通过对当年的一些新闻报道、领导讲话、政府文件及检查报告等进行梳理，结合对有关规划文件和档案资料的查阅，以及老一辈规划专家的访谈，就此论题作初步的探讨。

---

① 2013年1月25日，在“新中国城市规划发展史（1949-2009）”课题成果专家评议会上，老一辈规划专家、原建设部规划司司长赵士修先生指出：“我不太赞成把‘四过’说成是规划造成的，我觉得这是冤案，求新过急、标准过高、占地过多、规模过大，这都是规划（造成）的吗？”

2014年1月22日，在中国城市规划设计研究院组织的老干部座谈会上，同样是老一辈规划专家、原建筑工程部1953年成立城市建设局时最早的规划科科长万列风先生也提出了极为相似的观点。

② 2010年11月7日，周干峙先生就“三年不搞城市规划”事件与笔者进行的一次谈话。

③ [1] 王文克．关于城市建设“四过”和“三年不搞城市规划”的问题[M]// 中国城市规划学会．五十年回眸——新中国的城市规划．北京：商务印书馆，1999：43-46.

[2] 张宜轩，侯丽．计划经济指标体系下的“生产”与“生活”关系调整：对1957年反“四过”的历史回顾[M]// 董卫．城市规划历史与理论01．南京：东南大学出版社，2014：119-137.

人民日報

社论 城市建设必须符合节约原则

在科学工作中贯彻"百家争鸣"的方针

中国科学院学部委员会第二次全体会议开幕

广州合营企业工人说 定息时间不应延长 公方代表不能撤出

拉萨、日喀则各族人民 隆重庆祝西藏解放六周年

政协全国委员会举行酒会 欢迎锡兰新平等社会党代表团

毛主席接见锡兰大使

法国前总理富尔表示 法国应该同中国建立外交关系

李富春在青年团代表大会上号召团员 团结全国青年勤俭建国

图 11-1　1957 年 5 月 24 日《人民日报》社论
资料来源：城市建设必须符合节约原则［N］．人民日报，1957-05-24（1）．

11.1 "反四过"运动的社会诱因与渐进过程

11.1.1 "增产节约"和反对浪费："反四过"的社会诱因

正如计划经济时期的许多其他事件一样，"反四过"在社会上产生重大影响，主要是通过《人民日报》这一舆论窗口来释放出信号的。1957 年 5 月 24 日，《人民日报》头版头条刊发题为"城市建设必须符合节约原则"的社论（图 11-1），明确指出"在城市建设和城市规划中，存在着规模过大、标准过高、占地过多等现象"，"在旧城市的改建、扩建中，许多地方存在着求新过急的现象。"① 所谓"四过"，即社论中所指"规模过大""标准过高""占地过多"和"求新过急"等现象。

对"四过"的反对，显然是出于"节约"的目的。《人民日报》社论指出，"四过"造成了一系列不良后果：浪费了一些建设资金，使国家不能用同样的投资办更多的事情；在一定程度上增加了职工生活方面的困难，使职工生活中迫切需要解决的问题不能更好地解决；不必要地占用过多的土地，对于农业生产不利，也引起一些农民的不满；使一些人误认为国家已经没有什么困难，因而容易提出一些过高的生活要求；不利于培养干部、群众的艰苦朴素的思想作风。② 建国初期国家所倡导的"增产节约"运动，正是导致"反四过"发生的社会诱因。

增产节约和反对浪费，既是新中国成立初期提出的一项应急之策，更是当时确立的国家建设的一个根本方针，通过这场运动，不仅有效地促进了生产的恢复和发展，克服了当时的财政经济困难，保证了抗美援朝的顺利进行，而且有力地推动了党的自身建设，净化了社会风气。③

11.1.2 1951 ~ 1952 年和 1955 年：增产节约运动的前两次高潮

其实，针对"四过"现象的批评早已有之，并不是直到 1957 年才开始出现的问题。1951 年 7 月，中财委主任陈云在"一九五二年财经工作的方针和任务"报告中指出"基本建设中已暴露了很大的浪

① 城市建设必须符合节约原则［N］．人民日报，1957-05-24（1）．
② 同上．
③ 王先俊．新中国成立初期的增产节约和反浪费运动［J］．中国延安干部学院学报，2013（5）：110-116.

费。”[①] 纺织工业部所属经纬纺织机器制造厂自1951年正式施工，到1952年初即暴露出“地基过大，住宅、福利、办公楼、家具及绿化工程计划等非事业设施，标准过高；追求外表，讲究形式，不顾国家财政来源困难”等“铺张浪费的情形”。[②] 在1953～1954年间，《人民日报》即有文章批评“不少城市在编制城市公用事业基本建设计划时……企图百废俱兴”[③]，“过高估计人口的增长数目，盲目扩大市区”[④]，“在城市的规划上，一心想搞得大，搞得新”[⑤] 等现象。城市建设和城市规划之所以在1957年成为增产节约运动的重点，有一个逐步发展的过程。

新中国成立后，面对百废待兴的经济困难局面及1950年6月爆发的朝鲜战争，1951年10月召开的中央政治局扩大会议作出开展增产节约运动的决议，当时增产节约的重点首先在整训部队、精简机关和清理财政等方面[⑥]，于1952年11月基本宣告结束。1953年“一五”计划开始后，随着大规模工业化建设的启动，基本建设领域逐渐成为国家投资和各项工作的重点，同时也就必然成为增产节约的焦点。

“一五”计划中提出“必须实行极严格的节约制度，消除一切多余的开支和不适当的非生产的开支，不能容许任何微小的浪费。”[⑦] 1955年6月13日，国务院副总理兼国家计委主任李富春在中央各机关、党派、团体的高级干部会议上作了“厉行节约，为完成社会主义建设而奋斗”的报告，特别强调“基本建设的每一个环节，从筹建起到竣工投入生产止，都要实行严格的节约。”[⑧] 7月3日和7月4日，国务院和中共中央相继发出《国务院关于一九五五年下半年在基本建设中如何贯彻节约方针的指示》和《中共中央关于厉行节约的决定》。在此情形下，以1955年3月28日《人民日报》“反对建筑中的浪费现象”的社论为标志，掀开了以基本建设领域为重点的又一个增产节约运动的高潮（图11-2）。但在这一时期，“反浪费的重点是在纠正民用建筑的造价过高方面”[⑨]，对城市规划工作的影响尚不显著。

11.1.3 1957年的增产节约运动：“反四过”的特殊时代背景

我国“一五”计划的实施总体上较为顺利，但在1956年却产生了急于求成、急躁冒进的问题，主要表现在基本建设不断追加项目和扩大投资，致使国民经济各部门的比例关系失去平衡，造成一种相当紧

---

① 陈云：一九五二年财经工作的方针和任务［M］// 中国社会科学院，中央档案馆．1949～1952中华人民共和国经济档案选编（基本建设投资和建筑业卷）．北京：中国城市经济社会出版社，1989：271.

② 钱之光等．关于经纬纺织机器制造厂基本建设中发生巨大浪费的检讨［N］．人民日报，1952-01-29（2）.

③ 改进和加强城市建设工作［N］．人民日报，1953～11-12（2）.

④ 蓝田．按照经济、适用、美观的原则建设城市［N］．人民日报，1954-01-07（3）.

⑤ 贯彻重点建设城市的方针［N］．人民日报，1954-08-11（1）.

⑥ 薄一波．若干重大决策与事件的回顾（上）［M］．北京：中共中央党校出版社，1991：99.

⑦ 关于发展国民经济的第一个五年计划的报告［M］// 中共中央文献研究室．建国以来重要文献选编（第六册）．北京：中央文献出版社，1994：249-311.

⑧ 李富春．厉行节约，为完成社会主义建设而奋斗——1955年6月13日在中央各机关、党派、团体的高级干部会议上的报告［R］// 城市建设部办公厅．城市建设文件汇编（1953～1958）．北京，1958：51-74.

⑨ 中共中央关于一九五七年开展增产节约运动的指示［A］．中共中央文献研究室．建国以来重要文献选编（第十册）［M］．北京：中央文献出版社，1994：24-38.

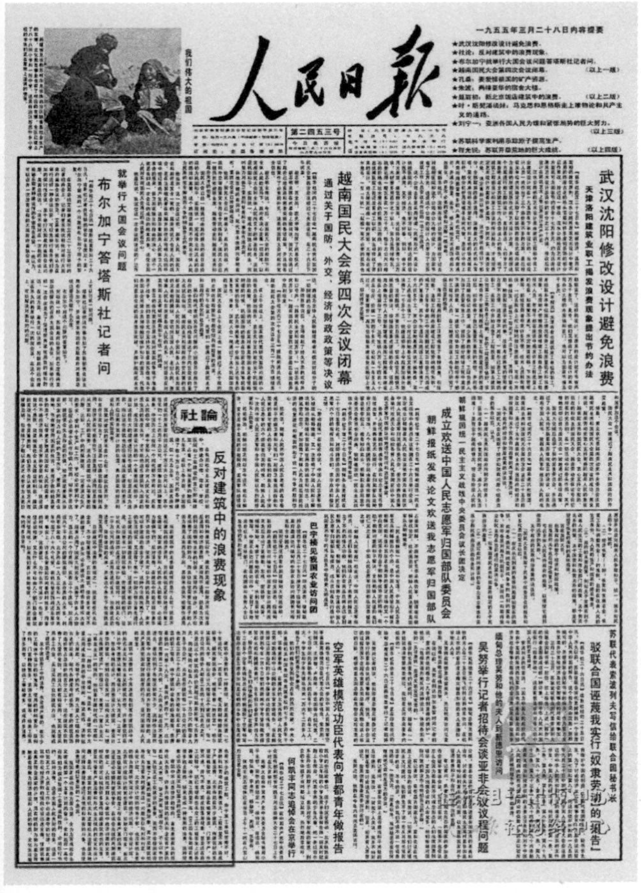

人民日报

一九五五年三月二十八日内容提要

第二四五三号

武汉沈阳修改设计避免浪费

天津洛阳建筑业职工揭发浪费现象提出节约办法

越南国民大会第四次会议闭幕

通过关于国防、外交、经济财政政策等决议

就举行大国会议问题 布尔加宁答塔斯社记者问

社論

反对建筑中的浪费现象

成立欢送中国人民志愿军归国部队委员会

朝鲜祖国统一民主主义战线中央委员会议长团决定

朝鲜报纸发表论文欢送我志愿军归国部队

巴宇接见我国农业访问团

空军英雄模范功臣代表向首都青年做报告

何凯丰同志追悼会在京举行

缅甸总理吴努和他的夫人到新德里访问

吴努举行记者招待会谈亚非会议议程问题

苏联代表索波列夫写信给联合国秘书长

驳联合国诬蔑我实行「奴隶劳动」的「报告」

图 11-2　1955 年 3 月 28 日《人民日报》社论

资料来源：城市建设必须符合节约原则［N］. 人民日报，1957-05-24（1）.

张的局面，国家为此而大力压缩基本建设投资[①]，这是 1957 年前夕的一个基本社会背景。就城市建设活动而言，不少城市已完成初步规划的编制而进入规划实施阶段，相应地，城市建设和管理中的各类问题和矛盾日益凸显。由于 1955 年建筑领域"反浪费"的高潮已经过去，增产节约运动的矛头也就自然转向城市建设方面。不仅如此，1957 年"是我国第一个五年计划的最后一年，在这一年不但要完成第一个五年计划，而且要为第二个五年计划作好准备，因此开展一个普遍的、深入的增产节约运动，就更具有特殊重大的意义"。[②]

1957 年 1 月，在全国人大代表、政协委员和国务院参事等参加的调研座谈会上，城市建设即为核心议题之一。[③] 1 月 18 日，中央政治局常委、国务院副总理陈云发表著名的《建设规模要和国力相适应》一文，指出"建设规模的大小必须和国家的财力物力相适应。适应还是不适应，这是经济稳定或不稳定的界限。"[④] 2 月 8 日，中央政治局通过《中共中央关于一九五七年开展增产节约运动的指示》，长达近万字的《指示》中明确提出"在城市规划和城市建设中，目前存在着规模过大、标准过高、占地过多、求新过急的严重现象。"[⑤] 3 月 20 日，全国政协二届三次全会作出《关于增产节约问题的决议》，号召全国人民响应政府大力开展增产节约运动。

1957 年 3 ~ 4 月，中央政治局常委、中共中央总书记、国务院副总理邓小平在城市建设部部长万里的陪同下到兰州、西安、太原等地考察调研，对城市建设工作发表一系列重要讲话，特别强调了城市规划建设的指导思想问题。[⑥] 5 月 1 日，国务院副总理李富春和薄一波联名向中央和主席报告《关于解决目前经济建设和文化建筑方面存在的一些问题的意见》，中共中央于 5 月 19 日批转该报告："报告中所揭发的各种不合理现象，在全国带有普遍性，如建设用地过大，建设标准过高，各搞一套，等等。这些巨大浪费的

---

① 金春明 . 中华人民共和国简史（1949 ~ 2007）[M]. 北京：中共党史出版社，2008：45.

② 国务院关于进一步开展增产节约运动的指示［R］// 城市建设部办公厅 . 城市建设文件汇编（1953 ~ 1958）. 北京，1958：236-241.

③ 全国人民代表、政协委员和国务院参事座谈视察工作中发现的问题［N］. 人民日报，1957-01-16（1）.

④ 陈云 . 建设规模要和国力相适应［M］// 中共中央文献研究室 . 建国以来重要文献选编（第十册）. 北京：中央文献出版社，1994：1-10.

⑤ 中共中央关于一九五七年开展增产节约运动的指示［A］. 中共中央文献研究室 . 建国以来重要文献选编（第十册）［M］. 北京：中央文献出版社，1994：24-38.

⑥ 邓小平 . 今后的主要任务是搞建设［M］// 邓小平文选（第 1 卷）. 北京：人民出版社，2005：261-269.

现象，必须坚决加以纠正。"[①] 6月3日，国务院发布《关于进一步开展增产节约运动的指示》，明确要求"城市规划和城市建设工作，应该纠正那种规模过大、标准过高、占地过多和大量拆除民房的浪费现象。"[②] 与此同时，《人民日报》刊发了一系列相关文章[③]，其中不乏一些颇具'煽情'色彩的内容，如4月26日的"勤俭建国"长篇文章，以"从女儿国说起""水向高处流""'违章'建筑""锦上添花还是雪里送炭"和"大搬家所带来的"等"生动、形象"的标题，鲜明批判了西安市"纺织城"布局、市政工程规划等城市建设问题。[④] 在这样的情况下，以"反四过"为中心的又一个增产节约运动的高潮来临了。

11.2 "反四过"批判对象及其成因分析

11.2.1 "反四过"批判对象的实际指向

就上述有关"反四过"的报道、讲话、报告和指示等而言，李富春和薄一波两位副总理《关于解决目前经济建设和文化建筑方面存在的一些问题的意见》的报告（以下简称《报告》）对"反四过"运动的影响可谓举足轻重，两人既能够在一定程度上影响中央的有关决议，同时又是城市建设和城市规划方面的最高领导人，对城市规划建设工作中的一些重大部署具有直接决策权。该报告是两人在1957年4 ~ 5月期间到成都、重庆、西安等地考察调研的基础上完成，与一些政治性、指令性色彩较浓的行政文件及新闻媒体上的舆论性文章不同，报告系对地方实际情况深入了解后的认识和总结，表现出一般调研报告所常有的客观、实在特点。对此报告作进一步的解读，有助于对"反四过"批判对象实际指向的正确认识。

《报告》全文约5000字，内容包括问题、建议和小结等三大板块，其中问题板块为主体（篇幅约占60%)，共反映了"建设用地过大""建设标准过高""每个建设单位都要求'全能''单干'""中等技术学校发展过多和建设标准过高"和"经济部门基层干部过弱"等5个方面。[⑤] 深入研读报告内容，这5个方面的问题可进一步归纳为18项具体表现（表11-1）。

由表11-1不难看出，《报告》所反映的问题，主要集中在各种定额或标准方面，它们有的与规划工作有一定联系，如用地、住宅、绿化和公共建筑标准等；有的与规划工作的关系是十分间接的，如属于建设方自行决定的厂房设计标准、学校建筑标准等；有的则与规划工作基本无关，如厂房设备过多、过好等。

《报告》中与规划工作关系最紧密的问题，当属防护、绿化和预留用地过多（第2项)，以及城市公共

---

① 中共中央批转李富春、薄一波《关于解决目前经济建设和文化建筑方面存在的一些问题的意见》[M] // 中共中央文献研究室. 建国以来重要文献选编（第十册）. 北京：中央文献出版社，1994：243-251.

② 国务院关于进一步开展增产节约运动的指示 [R] // 城市建设部办公厅. 城市建设文件汇编（1953 ~ 1958）. 北京，1958：236-241.

③ 如"谈城市建设中的'文教区'"（1月11日)、"在基本建设中节约用地""勤俭建国"（4月26日、5月1日[两篇，题目相同])、"再论基本建设中节约用地的问题"（5月8日)、"基本建设的十个政策问题"（5月18日)、"怎样建设社会主义城市——从西安看今后的城市建设工作"（6月23日)、"必须坚持多快好省的建设方针"（12月12日）等。

④ 勤俭建国 [N]. 人民日报，1957-04-26（2）.

⑤ 中共中央批转李富春、薄一波《关于解决目前经济建设和文化建筑方面存在的一些问题的意见》[M] // 中共中央文献研究室. 建国以来重要文献选编（第十册）. 北京：中央文献出版社，1994：243-251.

《报告》中的问题指向解析 表 11-1

序号	主要问题	具体表现	规划工作相关性 *
1	建设用地过大	1）拨地过多	□
		2）工厂之间及与住宅区间“人防”距离过大，绿化和预留用地过多	■■■
		3）厂区建筑物摆得太稀	×
		4）学校用地标准过高，且留有发展余地	□
		5）人均居住、用地和绿化面积定额过高	■
		6）荒芜土地现象严重	□
2	建设标准过高	7）厂房设计标准过高	×
		8）厂房设备过多、过好	×
		9）各类学校和医院的建筑面积过高，设备也太好	□
		10）住宅建设造价过高	□
		11）未区别集体宿舍或家庭宿舍，过多地修建了职工家属住宅	□
3	每个建设单位都要求“全能”“单干”	12）各建设单位都建设同样的辅助车间和试验室	×
		13）试验室建设未利用当地资源而另搞一套	×
4	中等技术学校发展过多和建设标准过高	14）中等技术学校发展过多，规模宏大	□
		15）技工学校建筑和设备建设标准过高，而教学质量很差	×
		16）城市公共服务建筑修建过多过大，标准过高，布置在城市中心利用率很低	■■■
5	经济部门，特别是工业企业的基层干部过弱	17）职工文化素质偏低	×
		18）企业领导力量不强	×

* 表中图例：■■■——与规划工作密切相关（用地布局、规划设计等）；■——与规划工作有一定联系（选定定额标准、人口和用地计算规模等）；□——与规划工作有一定间接联系（规划管理、城市管理或政策规定等）；×——与规划工作基本无关。

服务建筑标准和布局（第 16 项）这两项表现。关于前者，《报告》中指出：“由于‘人防’标准规定的不适当，厂与厂之间的距离一般是六百公尺，工厂和住宅区之间的距离则在数百公尺到一公里以上”，“在住宅区的建设用地方面，西安城市远景规划采用的定额是每人居住面积九平方公尺，用地面积每人平均七十六平方公尺，其中绿化用地十五平方公尺”，报告认为“在我们这样一个地少人多的国家里，这样的标准，不仅现在是不适当的，在将来肯定也是不适当的。”① 可见，这些内容很大程度上是针对城市规划的一些定额标准而言，下文拟作进一步讨论。这里首先值得注意的是，《报告》中所批评的西安市规划，实际上是经过李富春的亲自审查同意才确定的②；关于城市规划的定额标准，《报告》中更有明确的说明：“这些标准定额许多都是由中央有关部门规定或者批准的，应予审查修改或者取消。”③

① 中共中央批转李富春、薄一波《关于解决目前经济建设和文化建筑方面存在的一些问题的意见》[M] // 中共中央文献研究室 . 建国以来重要文献选编（第十册）. 北京：中央文献出版社，1994：243–251.

② 据《西安市规划工作情况汇报》，“1953 年第四季度，以计委李富春副主席为首的中央工作组最后肯定了西安城市总体规划方案，之后即与各有关部门就城市规划有关问题取得协议，并开始准备总图呈报工作。1954 年 9 月呈报［国家］建委”。参见：1953 ~ 1956 年西安市城市规划总结及专家建议汇集［ Z ］. 中国城市规划设计研究院档案室，案卷号：0946：195.

③ 中共中央批转李富春、薄一波《关于解决目前经济建设和文化建筑方面存在的一些问题的意见》[M] // 中共中央文献研究室 . 建国以来重要文献选编（第十册）. 北京：中央文献出版社，1994：243–251.

图 11-3　包头红星影剧院（1950 年代）
资料来源：耿志强主编．包头城市建设志［M］．呼和浩特：内蒙古大学出版社，2007：53（彩页）．

图 11-4　武汉第二医院第一期工程（1950 年代）
资料来源：中华人民共和国建筑工程部，中国建筑学会．建筑设计十年（1949-1959）［R］．1959：238.

关于后者（城市公共服务建筑标准和布局），《报告》中指出："新的电影院、商店等也修建过多过大，标准过高，均远远超过国民党时代的建筑标准，而最不合理的是把许多电影院、剧院、商店等都建筑在远离工人住宅区的城市中心（如西安），利用率很低。"① 标准问题暂且不论，这里所批评的公共建筑集中布局，显然属于城市规划工作的一项核心内容，有必要作进一步讨论。这样的布局，是否是城市规划工作的刻意安排呢？（图 11-3、图 11-4 为包头、武汉公共建筑旧貌）

翻阅西安市的规划档案，1954 年正式的规划文本中明确指出："社会主义的城市不同于资本主义城市中心与边区的对立，福利设施只为少数人服务，今后市内的各种文化福利设施必需［须］平均分布于居住地区内"②，可见，规划工作并不是主张将各类公共建筑集中于一地的指导思想。进一步认识城市中心和公共建筑的规划布局："社会广场有全市的中心广场和各居住区及工业区的区中心广场"；"市中心区内东西七〇公尺的行政大街，是为节日游行集会及行政机关日常服务的"；"区中心广场位置是根据接近居民方便与地理形势均匀分布的，将全市分为十二个区，每个区居民十至十五万人。区中心有区人民政府及党委的办公楼。区中心位置一般均邻主要干道，以取得交通上的便利"，"区中心广场形式是多种多样的，以便居住区内建筑群体的内容丰富而协调"；"各工业区内也有中心广场，其位置是按地位大概划分的；在各工业区中心广场周围将建有工厂的对外办事机关，工会组织以及为居民服务的各种福利设施。"③ 可见，对于公共建筑的均衡布局，规划工作有具体而细致的安排。即使从当年的规划总图上，也可明显看出城市中心及各个分区中心的具体位置（参见第 2 章的有关内容）。

那么，《报告》中所批评的电影院、剧院、商店等集中在城市中心，又是怎么回事呢？其实并不难理解，它只是城市建设和城市发展初期的一种阶段性表现，在建国初期经济十分困难以及"先生产、后生

① 中共中央批转李富春、薄一波《关于解决目前经济建设和文化建筑方面存在的一些问题的意见》［M］// 中共中央文献研究室．建国以来重要文献选编（第十册）．北京：中央文献出版社，1994：243-251.

② 西安市人民政府城市建设委员会．西安市城市总体规划设计说明书（1954 年 8 月 29 日）［Z］．中国城市规划设计研究院档案室，案卷号：0970：32.

③ 同上，案卷号：0970：32，34，36-38.

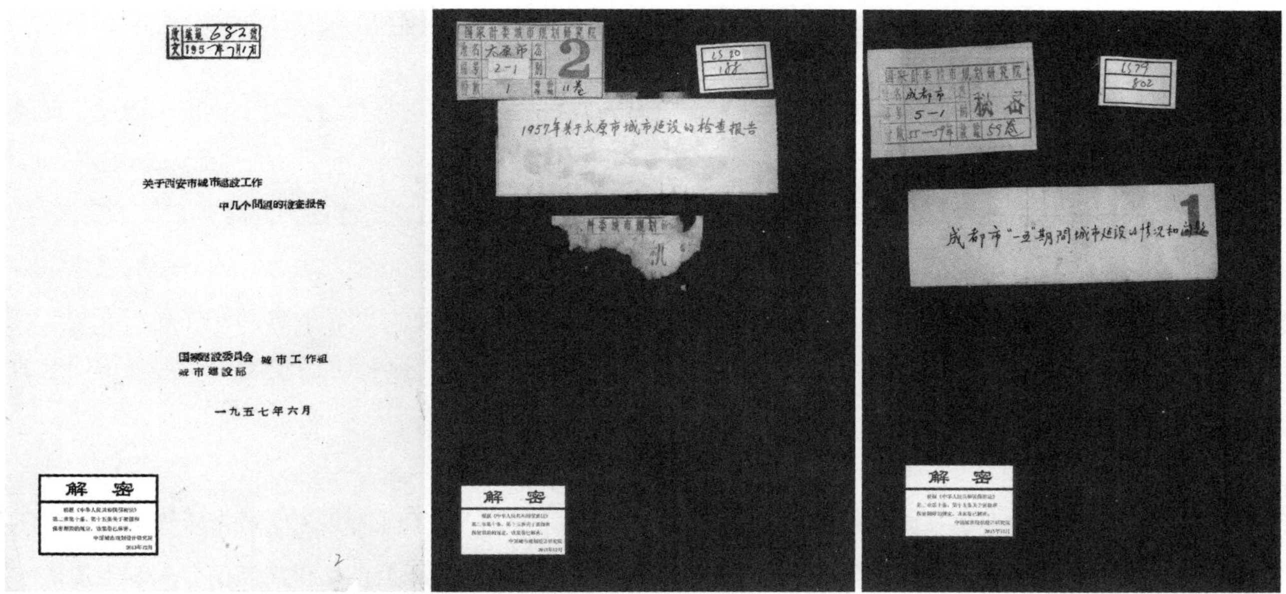

图 11-5 “反四过”运动期间西安、太原和成都的检查报告档案（部分）

资料来源：[1] 国家建设委员会、城市建设部城市工作组．关于西安市城市建设工作几个问题的检查报告（1957 年 6 月）[Z]．中国城市规划设计研究院档案室，案卷号：0948：1.

[2] 1957 年关于太原市城市建设的检查报告 [Z]．中国城市规划设计研究院档案室，案卷号：0188：1.

[3] 成都市“一五”期间城市建设的情况和问题 [Z]．中国城市规划设计研究院档案室，案卷号：0802：1.

活”的财经方针下，各个区中心偏重于“生活设施”类别的公共建筑建设，必然会因财政投资的缺乏而造成建设相对滞后的局面——这实际上也就是所谓的“骨头”与“肉”① 的关系问题。

由上分析可见，《报告》所论及的问题是相当广泛的，是针对整个基本建设领域而言的，这些问题并非都属城市建设工作，更谈不上专门针对城市规划工作。即使就《报告》题目来说，也主要指向“经济建设和文化建筑方面”。

需要进一步讨论的是，“四过”现象究竟是因何发生的？其中哪些方面是城市规划工作所造成的呢？

11.2.2 “四过”现象的成因分析——以城市规划相关问题为中心

在“反四过”运动期间，不少地区开展了大量较为深入的检查整改工作，其中，西安、太原、成都和兰州等重点工业城市作为“反四过”批判的主要对象，也是有关部门和领导考察调研的重点地区。在本章研究过程中，笔者有幸查阅到当年的一些检查总结报告，如国家建委和城市建设部城市工作组《关于西安市城市建设工作中几个问题的检查报告》（1957 年 6 月）、国家经委太原工作组和山西省设计工作太原检查组《1957 年关于太原市城市建设的检查报告》（1957 年 11 月）以及成都市城市建设委员会《成都市第一个五年计划城市规划管理工作的总结》（1958 年 6 月）（以下分别简称《西安检查报告》《太原检查报告》和《成都总结报告》）等（图 11-5），这些珍贵的历史档案大多属于国家城市规划建设主管部门和地方政府联合完

① “骨头”指生产性建设，“肉”指非生产性建设。

成，对有关问题的分析相对系统、全面，且紧密结合城市规划建设工作进行检讨，对于认识“四过”现象的成因具有重要的分析价值。

当然，与前文的《报告》一样，上述检查报告所讨论的内容也是相当广泛的。同时，有关“反四过”的一些批判内容并没有清晰的界限，“四过”相互之间也存在着互为影响的制约关系，如“标准过高”会导致“占地过多”，而“规模过大”和“占地过多”具有一致性等，因而对四者的批判往往存在着交叉或重复。基于规划工作“自省”的视角，以下重点聚焦于城市规划工作，分别从四个方面对一些典型问题的成因作进一步的讨论。

1）“规模过大”

规模过大，自然的理解是城市规模过大。“太原、西安、兰州、洛阳等新兴工业城市规划都过大，不但现代化，而且是社会主义的标准”①；“据说现在西安市城市规划的图纸上已摆得满满的，实际上里边空的地方很多，不知道哪一年才能填起来。”②从统计数据来看，1949 ~ 1956 年期间，西安市城市人口从 46 万人增长到 106.9 万人（不含纺织、洪庆、渭浜 3 个区的共 102 万人）③；太原市从 20.9 万人增加到 91 万人④；成都市从 60.9 万人增加到 110.7 万人⑤；兰州市从 21 万人增加到 60 多万人⑥。城市规模的快速增长是客观事实（图 11-6）。为进一步认识其成因，让我们对受批评较多的西安市加以具体讨论。

据《西安检查报告》，西安市人口发展过多过快的原因主要有 5 个方面：1）工业和文教建设项目过多，过分集中（截至 1957 年 6 月已有新建工业企业 42 个，大专学校 14 所，中等技术学校 24 所，干部学校和训练班 31 所，工业职工和学校师生员工达 17.7 万多人）；2）缺乏职工调配，有集中过多过早的情况；3）工人外调比重较大，利用城市现有的劳动力不够；4）行政、经济和事业管理机构过多过大（仅中央各部门在西安的派出机构即达 57 个、工作人员近 2 万人）；5）职工带眷属较多，中央有关部门对职工家属发路费、安家费等福利政策实际上鼓励了职工带家进城。⑦可见，西安市人口规模的快速增长，是多方面社会因素共同作用的结果，而其中工业项目及各类配套建设又是最为核心的影响要素。

实际上，早在西安市规划编制过程中，城市规模的确定即为中心议题之一。根据 1953 年 12 月西北局常委和国家计委工作组对西安市规划的讨论记录，“目前国外设计的一百四十一项新型工业中，计委已决定在西安设厂的有十四个；纺织将增加卅五万个锭（共达四十万锭），一万台布机与一个相应的印染厂，

---

① 基本建设的十个政策问题——李富春、薄一波在重庆谈勤俭建国方针［N］. 人民日报，1957-05-18（1）.

② 邓小平 . 今后的主要任务是搞建设［M］// 邓小平文选（第 1 卷）. 北京：人民出版社，2005：261-269.

③ 关于西安市人口问题的检查报告［Z］// 国家建设委员会、城市建设部城市工作组 . 关于西安市城市建设工作几个问题的检查报告（1957 年 6 月）. 中国城市规划设计研究院档案室，案卷号：0948：62.

④ 山西省设计工作太原检查组 . 关于在城市规划管理工作上贯彻勤俭建国方针的检查报告（1958 年 1 月 11 日）［Z］// 1957 年关于太原市城市建设的检查报告 . 中国城市规划设计研究院档案室，案卷号：0188：46-68.

⑤ 成都市城市建设委员会 . 成都市第一个五年计划城市规划管理工作的总结（初稿）（1958 年 6 月）［Z］// 成都市“一五”期间城市建设的情况和问题 . 中国城市规划设计研究院档案室，案卷号：0802：50-84.

⑥ 兰州市城市建设工作报告（1956 年 9 月）［Z］// 兰州市城市建设文件汇编（一）. 中国城市规划设计研究院档案室，案卷号：1114：45.

⑦ 国家建委、城市建设部城市工作组 . 关于西安市城市建设工作中几个问题的检查报告［Z］. 中国城市规划设计研究院档案室，案卷号：0948：1-17.

电力也适应此种发展扩建原有第二电站和新建电站。第二个五年计划时，这些新建厂还有若干扩充，还有已确定几个厂的新建，以及可能有同类工厂的建设”，“我们既不应过份［分］估大，也不应一下圈死，而应从实际出发，适当照顾发展，留下发展余地”，“因此，第一个五年计划城市人口估计从六十五万增至一百万，廿年增至一百廿万（另有估算统计）。较原估算数，五年差不多，廿年减少了廿万人。”①

这次会议讨论认为：“在这个问题上，较原来的分析和估计更具体了一些，原先是笼统一些（事实上也很难具体），在人口的估算上，现在对廿年可能估紧了。”② 不难理解，西安市规划方案对于城市人口规模的估算实际上是偏于保守的。

在西安市规划实施过程中，有关部门对城市规模问题也有持续关注。据 1956 年 8 月建工部城建局《关于西安、兰州两市规划与建设情况的资料汇报提纲》，“西安、兰州两市的人口规模从现在的资料来看都要突破原规定的控制数字，主要原因是在确定两市的人口规模时对其所处的地区形势估计不足；另一方面对原批准的人口规模，在具体执行中缺乏明确的方针。”③ 就西安而言，“西安市远景规划人口 120 万，当时除了工叶［业］④ 人口是根据已定工厂的发展数字计算而外，其他数字都是粗估的，这些粗估的数字都发生了很大的变化。如在规划时考虑只一、二所大学，而现在已经开始动工兴建及已正在开课的就有十一所了（新增学校的学生一般是七、八千人）……在工厂方面也有增加，据了解已确定在西安建厂的有：仪表厂、混凝土加工联合企叶［业］、水暖卫用具厂、养［氧］气厂、机械化屠宰场与冰冻厂等；对铁路的发展原来只考虑了陇海路，而据现在资料又增加了四条（西安－重庆，西安－武汉，西安－中卫－武威，西安－包头）。由于上述原因，原来规定的远景总人口 120 万人估计至 1962 年即可达到。”⑤ 报告同时指出“城市人口在原规划的控制数字的范围以外继续增加，给规划本身带来了很大的被动局面，同时产生了某些重大不合理的现象。”⑥ 由此可见，城市发展中的许多不确定因素是导致城市规模增长的重要原因，而规划的控制作用则实在有限。

以上只是就城市层面的讨论，如果从更大的视角来看，国家对工业建设项目和生产力布局的相对集中安排，更是导致八大重点工业城市等的人口规模快速增长的重要原因。仅就苏联援助的“156 项”重点工业项目而言，其中即有 14 项和 11 项分别安排在西安和太原，数量居全国之最，这无疑也是造成这些城市的规模增长最显著并成为“反四过”批判重点的原因所在。《关于西安、兰州两市规划与建设情况的资料汇报提纲》分析认为，“从现在看来，［西安、兰州］两市的远景总人口仍有继续增加的可能。主要因为两

---

① 关于国家计委工作组对西安城市规划及有关问题研究情况的汇报提纲（1953 年 12 月 17 日）［Z］// 1953 ~ 1956 年西安市城市规划总结及专家建议汇集．中国城市规划设计研究院档案室，案卷号：0946：5.

② 同上．

③ 关于西安、兰州两市规划与建设情况的资料汇报提纲（1956 年 8 月 15 日）［Z］// 1953 ~ 1956 年西安市城市规划总结及专家建议汇集．中国城市规划设计研究院档案室，案卷号：0946：103.

④ 方括号内文字为笔者所加。下同。

⑤ 关于西安、兰州两市规划与建设情况的资料汇报提纲（1956 年 8 月 15 日）［Z］// 1953 ~ 1956 年西安市城市规划总结及专家建议汇集．中国城市规划设计研究院档案室，案卷号：0946：103–104.

⑥ 同上，案卷号：0946：104–105.

成都市土地使用現状圖

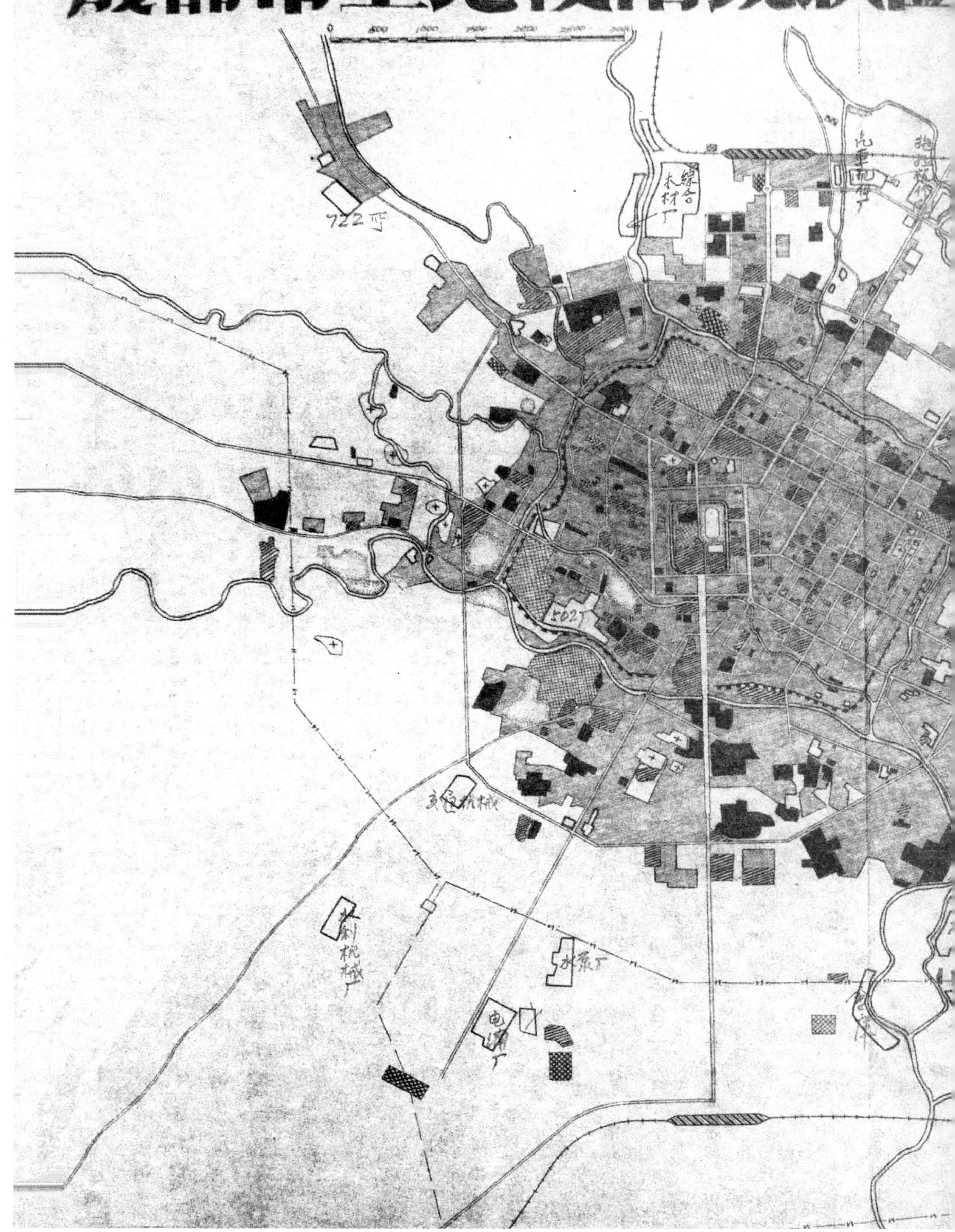

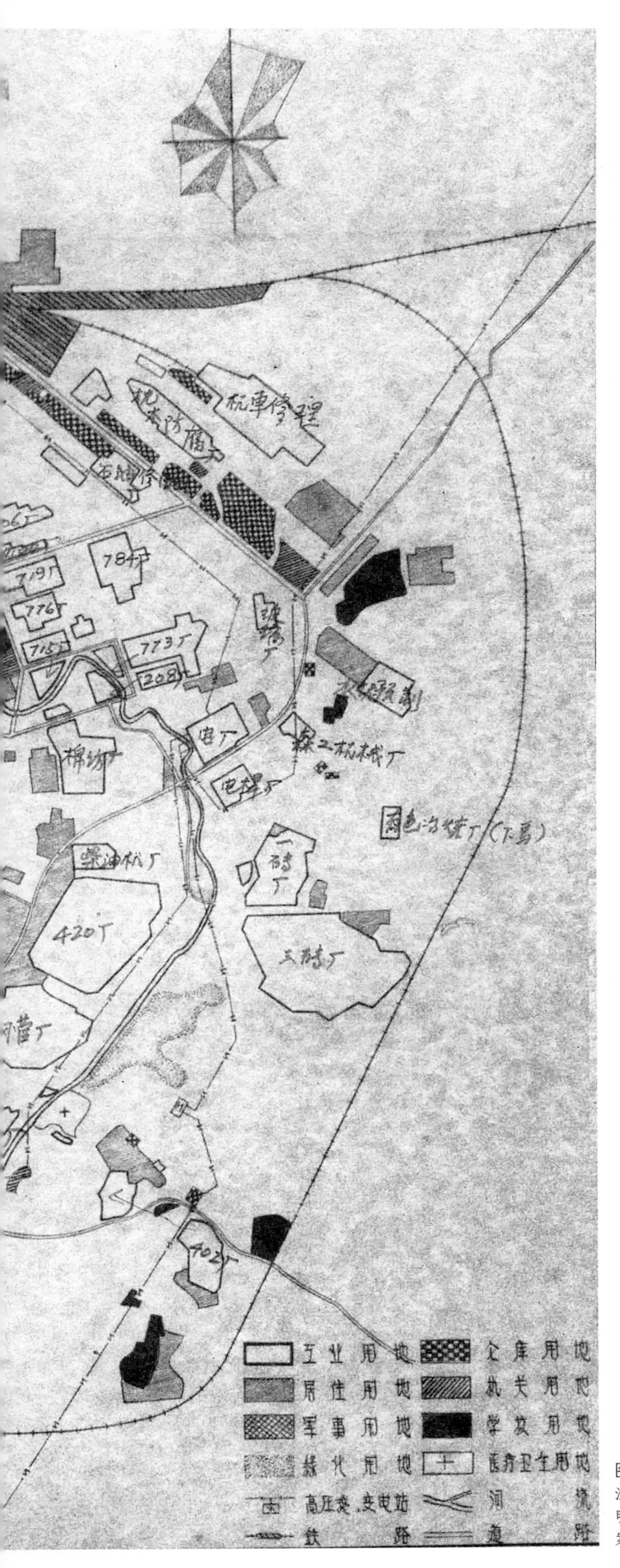

图 11–6　成都市土地使用现状图（1963 年）

注：本图进行了修补处理。资料来源：成都市总体规划调整意见说明书（初稿）（1963 年 12 月）[Z]. 中国城市规划设计研究院档案室. 案卷号：0775：20.

图 11-7 兰州新兰面粉厂（1950 年代）
资料来源：中华人民共和国建筑工程部，中国建筑学会．建筑设计十年（1949-1959）[R]．1959：113.

市的基础好（水、电、交通、人力、物力齐备），建设进度可以加快，投资可以节省，在中央提前加速的要求下，各建设单位均愿到此进行建设。”① 而这样的局面，又是国家采取“与工业建设相适应的重点建设、稳步推进”的城市建设方针的一种必然结果。也正是基于这种原因，以 1956 年 5 月国务院作出《关于加强新工业区和新工业城市建设工作几个问题的决定》等为标志，国家的政策导向开始逐步转向对中小企业发展和中小城市建设的支持。②

2）“标准过高”

在对“四过”现象的批判中，“标准过高”是一项较为突出的内容，因为各类标准为数众多，自然就占据了较大篇幅。“有些建设单位片面追求所谓‘社会主义标准’，对卫生、防火、绿化等等要求提得过高，建筑密度安排得过高，对远景发展的用地圈得过大，因此占用了过多的土地，并且增大了道路、水管、输电线等等的投资”③；“在各项城市生活福利设施上，企图在近期就‘迎头赶上’苏联经过几十年社会主义建设而获得的最新水平”④；“公用事业工程有的也标准过高”⑤；“城市规划，工业、文教、行政、生产等指标均大；卫生、人防、消防、防护等标准均高”⑥（图 11-7 ~ 图 11-9）。

---

① 关于西安、兰州两市规划与建设情况的资料汇报提纲（1956 年 8 月 15 日）[Z] // 1953 ~ 1956 年西安市城市规划总结及专家建议汇集．中国城市规划设计研究院档案室，案卷号：0946：104-105.

② 国务院关于加强新工业区和新工业城市建设工作几个问题的决定 [R] // 城市建设部办公厅．城市建设文件汇编（1953 ~ 1958）．北京，1958：180-186.

③ 在基本建设中节约用地 [N]．人民日报，1957-03-31（1）.

④ 城市建设总局关于在城市建设工作方面贯彻中央厉行节约指示向国务院的报告 [M] // 中国社会科学院，中央档案馆．1953 ~ 1957 中华人民共和国经济档案选编（固定资产投资和建筑业卷）．北京：中国物价出版社，1998：1098-1103.

⑤ 怎样建设社会主义城市——从西安看今后的城市建设工作 [N]．人民日报，1957-06-23（4）.

⑥ 国家建委、城市建设部城市工作组．关于西安市城市建设工作中几个问题的检查报告 [Z]．中国城市规划设计研究院档案室，案卷号：0948：1-17.

图 11-8　包头市人民委员会办公楼（1950 年代）
资料来源：中华人民共和国建筑工程部，中国建筑学会．建筑设计十年（1949-1959）[R]．1959：175-176.

图 11-9　洛阳市人民委员会办公楼（1950 年代）
资料来源：中华人民共和国建筑工程部，中国建筑学会．建筑设计十年（1949-1959）[R]．1959：176.

具体而言，“反四过”运动中对有关标准或定额指标的批判涉及人均居住面积、公共绿地面积、卫生防护标准、建筑密度标准、道路建设标准、民用建筑楼房和平房的比例、高等学校用地标准、公共建筑（如学校、医院、影剧院等）造价标准以及防震、防火、防空标准等诸多方面。其中，与规划设计工作关系最为密切的，主要是人均居住面积、公共绿地面积和卫生防护标准等。

人均居住面积定额是决定城市居住用地面积，进而影响城市规模大小的一个重要指标，在“一五”时期的城市规划工作中，较多采用人均 $9m^2$ 的规划标准。在第 9 章中，已经结合西安市规划的案例进行了讨论。总的来说，规划编制工作中对于人均居住面积定额的确定，既有对西安市现状情况的调查，也有对指标内涵及苏联本土情况的分析，并作出了分期规划、逐步实施的规划安排。

与人均居住面积一样，人均公共绿地面积也是影响城市规模的重要标准之一。在“一五”时期的城市规划工作中，不少城市大多采取 $12m^2$（如太原、成都）或 $15m^2$（如西安）的标准。选用这一标准的原因与人均居住面积较为类似，也主要是借鉴苏联经验。而苏联的标准甚至更高："许多苏联城市之居住区的卫生绿化标准为每名居民平均 50m²，其中 30m² 为公用绿化地带，10 ~ 20m² 为住宅街区内的绿化。"①

由于地理气候和绿化条件等情况的不同，各地对绿化标准的总结检查态度不尽一致。《西安检查报告》认为"旧城内仅有公园三个……就现有城关 60 万人计算，每人只合 0.39 平方公尺……原有总体规划每人绿地 15m²，这一指标是太高了，达不到的。"②《成都总结报告》则指出，"[19] 54 年规划时提出远景公共绿地定额每人 12 平方公尺，当时认为成都市是南方的城市，气候较热对绿化的需要大，而成都实现绿化的条件很好，河流多不利于修建却有利于绿化，但未对绿化定额大多占良田进行深入考虑，同时也会增大绿化投资"③，可见对绿化标准的认识是有所保留的。

卫生防护标准也是"反四过"运动中受批评较多的一项内容。"工厂之间的人防距离过大，卫生防护距离过宽"④；"有的工厂，还在厂区周围圈出五十公尺的所谓'警戒地带'，一百五十公尺的'防护地带'"⑤；"这种做法，不但一般工厂没有必要，就是国防工厂也是不必要的。"⑥

"一五"时期城市规划工作中的卫生防护标准，主要依据"工业企业设计暂行卫生标准"（标准 101-1956）——我国第一个劳动卫生方面的国家标准，这一标准同样是以苏联的标准为蓝本编制而成的⑦，它规定具有生产性毒害的工业企业应设卫生防护地带，一级至五级的宽度分别为 1000m、500m、300m、100m 和 50m⑧。自然，卫生防护标准主要是为了保障城市居民健康这一良好的目的。经实地调查研究，《太原检查报告》认为，"（市内）这些工厂据实际观察及其不同程度的危害性，亦应设卫生防护地带，不过应适当缩短距离。如：山西化学厂其按照 101 — 56 要求是属于一级 [,] 即 1000 米防护带，据实际调查在 500 米处氯气浓度已降至国家允许浓度以下。"⑨ 这一认识坚持了卫生防护标准的必要性，对具体标准的设定则有所折中。

总的讲，"一五"时期城市规划的一些标准或定额，大多都与借鉴苏联经验有关，这是建国初期"一边倒"政治外交形势下"全面向苏联学习"的自然结果。就这些标准本身而言，也大多是基于卫生、健康等原则及"对人的关怀"等良好的初衷，并具有一定的科学依据，只不过相对于当时的现实经济条件显得

---

① （苏）马尔捷夫等 . 公共卫生学 [M] . 霍儒学等译 . 沈阳：东北医学图书出版社，1953：120.

② 国家建委、城市建设部城市工作组 . 关于西安市城市建设工作中几个问题的检查报告 [Z] . 中国城市规划设计研究院档案室，案卷号：0948：1-17.

③ 成都市城市建设委员会 . 成都市第一个五年计划城市规划管理工作的总结（初稿）（1958 年 6 月）[Z] // 成都市"一五"期间城市建设的情况和问题 . 中国城市规划设计研究院档案室，案卷号：0802：50-84.

④ 国家建委、城市建设部城市工作组 . 关于西安市城市建设工作中几个问题的检查报告 [Z] . 中国城市规划设计研究院档案室，案卷号：0948：1-17.

⑤ 勤俭建国 [N] . 人民日报，1957-04-26（2）.

⑥ 整掉大少爷作风，学会勤俭建国本领——薄一波副总理谈在基本建设工作中如何进行整风 [N] . 人民日报，1957-05-11（1）.

⑦ 谷京宇等 . 工业企业设计卫生标准亟待修订 [J] . 中华劳动卫生职业病杂志，1999（4）：253-254.

⑧ 关于太原市第一个五年计划"卫生监督"工作检查材料（初稿）（1957 年 12 月 23 日）[Z] // 国家经委太原工作组、山西省设计工作太原检查组 . 1957 年关于太原市城市建设的检查报告 . 中国城市规划设计研究院档案室，案卷号：0188：209-212.

⑨ 同上 .

图 11-10 武汉歌剧院（1950 年代）
资料来源：中华人民共和国建筑工程部，中国建筑学会．建筑设计十年（1949-1959）[R]. 1959：102.

有些理想化罢了。而在新中国成立之初，在中国共产党领导全国各族人民终于摆脱百余年来外国殖民统治屈辱历史的伟大时刻，每个国民不都是满怀着追求共产主义和建设美好家园的理想主义情结吗？“我们都有那么一股建设社会主义城市的热情，但是对社会主义城市是个什么样子，却没有一个完整的具体的概念。而是懵懵懂懂地认为，社会主义城市总是一切比过去好的［得］多。一想就是大呀，好呀，高标准呀，现代化呀，好象［像］只有这样才是社会主义城市。”① 即使就苏联专家而言，“也明确是把他们最先进的东西拿来支援中国”②，其科学化、合理化的善意动机并无可厚非。不仅如此，在“一五”时期，城市规划作为“国民经济计划的延续和具体化”，主要是一种设计性质的工作，具体的城市规划工作只不过是“选用”或“套用”相关标准罢了。在实际工作中，城市规划师并没有太多的自主性或灵活性可言，对于标准本身的一些问题并没有太多的责任可言（图 11-10 为武汉歌剧院旧貌）。

3）“占地过多”

以上“规模过大”和“标准过高”的很多方面，其实都与城市用地密切相关，如人口规模过大、道路过宽、人均居住和绿化防护面积过高等，都会造成“占地过多”的结果。因此，上面的一些内容也常常出现在对“占地过多”的批判中。除此之外，城市用地方面还有其他一些批判内容，特别是土地荒芜和城市用地布局等问题（图 11-11）。

就土地荒芜而言，“四川省委最近检查了十四个建设单位用地的情况，其中多征少用，早征迟用，征而不用，荒芜浪费的土地，即占全部征用的建设用地的百分之四十”③；太原市“根据对 105 个建设单位的

① 怎样建设社会主义城市——从西安看今后的城市建设工作［N］. 人民日报，1957-06-23（4）.
② 邹德慈．“城市规划口述历史”系列之“反四过”［R］. 2013-03-14.
③ 中共中央批转李富春、薄一波《关于解决目前经济建设和文化建筑方面存在的一些问题的意见》［M］// 中共中央文献研究室．建国以来重要文献选编（第十册）. 北京：中央文献出版社，1994：243-251.

图 11-11　包钢大街旧貌

资料来源：黄建华主编．包头规划 50 年［R］．包头市规划局，2006：40.

调查，征用和接管的土地共达 4362 公顷，至今未使用的达 1036 公顷，占全部占地的 24%。其中因多征少用、早征迟用或占而不用的为最多，占到全部浪费土地的 67.7%。”[①] 在批判土地荒芜问题时，还时常与农业发展相联系：“一般说来，建设用地都是当地最肥沃的土地，浪费建设用地，不仅减少农业产量，引起农民群众的严重不满（农民说：‘土地像豆腐，他们［指建设单位］像菜刀，想切那［哪］块，就切那［哪］块’）”[②]，这就显著增强了批判的情感色彩。

如果说土地荒芜问题主要由于土地管理方面所造成的，那么城市用地布局问题就与城市规划编制工作密切相关了。“许多新建工厂在选择厂址的时候就没有很好地注意紧凑发展的原则，布置得过于分散，而且往往距离旧市区很远”，“不少城市都在市区周围几十里路以内，东也建设，西也建设，到处是建设工程，到处是空地，形成星罗棋布，遍地开花的状态”[③]；“西安市新建的工厂，绝大多数都是分散在四郊的”[④]，“这样分散的情况，一切市政建设投资都要增大，如整个区域的道路，上下水道，电力网及其他管线以及公共交通线等也要相应的加长。因此造成很大的浪费。”[⑤]

---

① 国家经委太原工作组、山西省设计工作太原检查组．1957 年关于太原市城市建设的检查报告［Z］．中国城市规划设计研究院档案室，案卷号：0188：29.

② 中共中央批转李富春、薄一波《关于解决目前经济建设和文化建筑方面存在的一些问题的意见》［M］// 中共中央文献研究室．建国以来重要文献选编（第十册）．北京：中央文献出版社，1994：243-251.

③ 城市建设必须符合节约原则［N］．人民日报，1957-05-24（1）.

④ 勤俭建国［N］．人民日报，1957-04-26（2）.

⑤ 我们视察的印象和建议——罗明燏、林克明的联合发言［N］．人民日报，1957-07-23（12）.

分析“一五”时期西安市的空间规划，主要体现保留旧城、避开汉唐遗址，形成以旧城行政和商贸居住区为中心、两翼发展工业的格局（参见第4章的有关讨论）。据负责当时总图工作的周干峙先生回忆，形成这一布局的决定性因素主要包括：陇海铁路横贯城北，城市不宜跨越铁路分割布局；从城市卫生要求出发，有危害性的工厂要远离市区；分设工业区有利于平衡上下班交通流量。① 查阅《西安市规划工作情况汇报》，“工业用地的分布主要是考虑以下几点：1）符合卫生要求：有害工厂远离了城市……2）符合防空要求：较有危险性的工厂布置于较为隐蔽地区……3）满足各企业本身的一般要求。”②

实际上，对于城市用地布局的集中或分散方式，在西安市的规划编制过程中曾一直有争论，“防空要求分散，而城市规划则要求集中。因此，往往发生冲突。”③ 据西北局常委会议就西安市“厂子的摆法问题”的讨论记录，“原来的摆法［早期规划方案］基本上是对的，但不够紧凑。但全部摆在东郊看来也不可能，地方不够，大变动会推迟建设，纺织厂也不好再动。”④ 这里所谓“纺织厂”（即西安市规划中位于灞河以东右侧的独立地块，参见第2章中西安市规划的有关图纸），即前文《人民日报》中提到的“女儿国”，它是1950年纺织部选厂时由国棉三四五厂“企业意志”主导而形成的⑤，就城市规划而言，它属于既成事实的现状条件，并不是城市规划工作所造成的。

对于城市建设的集中或分散问题，《成都市城市建设工作总结》指出：“几年来成都的城市建设，基本上是按照城市规划进行建设的，但在整个工作中，集中与分散，个体与整体的矛盾是比较突出的”，“某些修建单位过分强调本单位的要求，很少从整体考虑，甚至不管城市规划不规划。有的建设单位上级主管部门没有按照国家规定的用地定额批准了建设用地数字。其次是建设投资不统一，这样就引起了很多争执，虽然大部分经过解释、说服、协商的办法得到了解决，但也给工作带来了不少困难。有时争得面红耳赤，相持不下，影响了相互关系和建设进度。”⑥

总之，城市用地格局的形成原因相当复杂，绝不是规划布局选择集中或分散模式这么简单的问题，正如西安市的总结分析：“厂址的选择是城市规划中最重要的问题之一，也是一个错综复杂的问题，它的任务在于从城市整体利益出发，解决因个别部门的利益与整个城市利益发生抵触而产生的一系列的矛盾，在西安也不例外”⑦；“在工厂布置的分散或集中，整齐或交叉的不同处理上，防空原则和城市规划以及建设的经济便利有着显著的矛盾。要慎密的根据工业及城市的特点具体研究才能决定。”⑧

---

① 周干峙 . 西安首轮城市总体规划回忆［C］// 城市规划面对面——2005 城市规划年会论文集 . 2005：1-7.

② 西安市规划工作情况汇报［Z］// 1953 ~ 1956 年西安市城市规划总结及专家建议汇集 . 中国城市规划设计研究院档案室，案卷号：0946：185.

③ 同上，案卷号：0946：198-199.

④ 关于国家计委工作组对西安城市规划及有关问题研究情况的汇报提纲（1953 年 12 月 17 日）［Z］// 1953 ~ 1956 年西安市城市规划总结及专家建议汇集 . 中国城市规划设计研究院档案室，案卷号：0946：9.

⑤ 西安市规划工作情况汇报［Z］// 1953 ~ 1956 年西安市城市规划总结及专家建议汇集 . 中国城市规划设计研究院档案室，案卷号：0946：198-199.

⑥ 成都市城市建设工作总结（1956 年 10 月）［Z］// 成都市“一五”期间城市建设的情况和问题 . 中国城市规划设计研究院档案室，案卷号：0802：40-41.

⑦ 西安市规划工作情况汇报［Z］// 1953 ~ 1956 年西安市城市规划总结及专家建议汇集 . 中国城市规划设计研究院档案室，案卷号：0946：198-199.

⑧ 西安市规划设计的初步总结［Z］// 1953 ~ 1956 年西安市城市规划总结及专家建议汇集 . 中国城市规划设计研究院档案室，案卷号：0946：46.

图 11-12 兰州西北民族学院（1950 年代）
资料来源：中华人民共和国建筑工程部，中国建筑学会．建筑设计十年（1949-1959）[R]．1959：223.

4）"求新过急"

就城市规划工作而言，求新过急主要涉及旧城改建或扩建问题。"这主要表现在不注意充分利用原有的建筑物、道路和其他公用设施，而希望短期内就使旧城市的面目焕然改观"①，"不注意利用旧城市现有的基础，甚至企图把旧城市完全撇开，一切从平地上新建"②；"兰州市近几年来拆房三万三千余间，除大部分由于修建工厂与公共建筑应该拆的以外，有一部分是不应该拆除的。同时有些不应该建设的建了，应该缓建的建早了"③（图 11-12）。

这里所批评的兰州市拆房现象，据《兰州市城市建设工作报告》，主要是工业项目建设所造成的："因工业建设又拆除了旧有房屋 24 万多平方米，因之形成目前的严重房荒"④，并非急于改变旧城面貌的"求新"之举。现代化的工业建设则属于大机器生产，如在旧城内布局必然造成大规模的房屋拆迁。《成都市城市建设工作总结》指出："在城区内大量的成片集中修建，因为空地很少，必然要拆除很多房屋，影响市民的居住和生活问题不好解决。"⑤但毫无疑问的是，即便在城市附近的一些郊区或新区建设，同样存在

① 城市建设必须符合节约原则［N］. 人民日报，1957-05-24（1）.

② 贯彻重点建设城市的方针［N］. 人民日报，1954-08-11（1）.

③ 城市建设总局关于在城市建设工作方面贯彻中央厉行节约指示向国务院的报告［M］// 中国社会科学院，中央档案馆 . 1953 ~ 1957 中华人民共和国经济档案选编（固定资产投资和建筑业卷）. 北京：中国物价出版社，1998：1098-1103.

④ 兰州市城市建设工作报告（1956 年 9 月）[Z] // 兰州市城市建设文件汇编（一）. 中国城市规划设计研究院档案室，案卷号：1114：45.

⑤ 成都市城市建设工作总结（1956 年 10 月）[Z] // 成都市"一五"期间城市建设的情况和问题 . 中国城市规划设计研究院档案室，案卷号：0802：43.

着拆迁问题，因为工业用地一般对地形地质条件有着较高的要求，而满足这些要求的，通常正是城区附近的农业及农村居民点用地。

应当说，“一五”时期城市建设主要配合工业项目建设进行，“充分利用旧城”是一项十分明确的指导方针。八大重点城市中大都是历史悠久的文化名城，选择它们作重点建设，正是因为其城市建设基础相对较好，有利于与工业建设相配套而节省各方面的投资。而一些新建的地方工业，由于缺乏资金，几乎是全部利用旧城的生活服务设施，通过采取“填空补实”的办法，在旧城区内的空地和旧城区边缘建设工厂。①

但在另一方面，就建国初期各个城市的建设水平而言，却又是十分有限的，以成都市为例，“旧城基础很差，解放前道路几乎没有高级路面，都是崎岖不平的碎石路，市内没有公共汽车。除了几所影剧院外公共集会的地方很少，在解放后为满足市民的需要不能不进行一些改建。”② 相对于规模庞大的工业建设而言，旧城所能承载的功能实在有限。

对于八大重点新工业城市而言，由于工业项目布局过多，建设量过大，仅仅依靠旧城不可能解决所需的城市建设配套，这就出现了靠近旧城的一些新工业区和配套居住区，典型的如洛阳涧西区、包头新市区、西安东郊工业区、兰州西固工业区和七里河工业区等，这些地区大多基础条件落后，必然要进行相关配套建设。以兰州市为例，“国家计委曾规定新建工业企业必须利用城市原有住宅，并规定西固区工业企业原有住宅利用率为15%，七里河为20%，按此控制投资，实际上西固住宅区居民只有三家，土房十余间，公共福利设施根本没有，附近村庄虽人较多，但大部因工业建设已拆除迁出，更谈不上让企业利用了，七里河的情况也大致相同。”③ 这些“新区”及其配套设施的出现，自然会形成一种“全新”的城市面貌，与其他地区相比，难免会造成一定的视觉乃至心理“落差”(图 11-13、图 11-14)。

5）简要小结

由上分析可见，“四过”现象的成因往往是错综复杂的，它们是城市建设工作中各建设单位之间，建设单位与上级部门及城市管理机构之间，社会、经济、管理和政策之间等的各种制约因素相互影响和作用所造成的。可以讲，在建国初期特定的社会经济和制度条件下，“四过”是城市建设活动的一种正常现象和社会发展的必然结果，它们绝非城市规划工作所造成，更不能说规划工作有这样的错误思想。

实际上，城市规划作为一种政府活动的特殊性质，国家对城市规划编制和审批所规定的严格程序，为保证规划实施而签订“部门协议”④ 等的制度约束；等等，本身就决定了在城市发展的许多方面，城市规划不可能“独善其身”或“肆意作为”。这也正如万列风先生对城市规模过大问题的质疑：“城市规模是

---

① 《当代中国》丛书编辑部．当代中国的城市建设［M］．北京：中国社会科学出版社，1990：58–59.

② 成都市城市建设委员会．成都市第一个五年计划城市规划管理工作的总结（初稿）（1958 年 6 月）［Z］// 成都市“一五”期间城市建设的情况和问题．中国城市规划设计研究院档案室，案卷号：0802：50–84.

③ 兰州市城市建设工作报告（1956 年 9 月）［Z］// 兰州市城市建设文件汇编（一）．中国城市规划设计研究院档案室，案卷号：1114：45.

④ 1954 年 10 月 22 日，国家计委下发《关于办理城市规划中重大问题协议文件的通知》(五四计发西 116 号)，明确指出：“因城市规划关系到许多部门的建设问题，根据苏联的经验，在规划设计及审批过程中应由城市与各有关部门取得协议文件，与报审城市规划草案同时上报。”参见：国家计划委员会．关于办理城市规划中重大问题协议文件的通知（1954 年 10 月 22 日）［Z］．建筑工程部档案．中央档案馆，档案号 259–3–256：4.

图 11-13　兰州七里河居住区（1957 年）(左
资料来源：兰州市规划建设及现状（照片）[Z]．中
城市规划设计研究院档案室，案卷号：1113：22.

图 11-14　兰州东市区铁路住宅（1957 年）(
资料来源：兰州市规划建设及现状（照片）[Z]．中
城市规划设计研究院档案室，案卷号：1113：22.

根据国家在城市中的建设计划、新增城市人口和城市现有人口的现状情况、社会经济情况做一些详细调查以后而确定的，并且广泛征求了地方党委的意见，是请地方党委同意了的，最后报国家建委［、国家计委等］批准，城市规划部门怎么能独自来个'规模过大'呢？"①

11.3　城市规划工作与"反四过"运动相互关系的再认识

11.3.1　城市规划："反四过"整改措施的矛头所向

综上所述，"反四过"批判对象的实际指向是相当广泛的，整个基本建设领域都在受批判之列，并非专门针对城市规划工作；就与城市规划密切相关的一些"四过"现象而论，其成因也在于复杂的社会经济和管理、政策等因素，绝非城市规划工作所造成。但是，就"反四过"运动所提出的一些整改措施而言，却是这种情况："'反四过'就是专指城市规划，专指'城市设计院'［中规院的前身］。"②

回头再来看两位副总理《报告》中的有关建议："严格控制建设用地。今后在城市规划、建筑设计和建筑用地管理等方面，必须严格注意节约土地"，"鉴于目前各城市所拟的城市规划草案，普遍存在规模过大和标准过高的缺点，必须加以修订，才能再拨新的基建用地。在新的城市规划未定之前，某些单位急需建设用地时，则由当地人民委员会在现有的建筑空地中拨给"，"城市的公共和服务性的建筑（包括商店、电影院、旅馆、银行、邮电局等等）应该大大的［地］降低建筑标准，因陋就简面向群众，如果须新建的时候，亦应注意分布均匀，不要完全建在市中心，而应分别建筑在工厂区域"③……这些"整改"措施显然是

① 2014 年 9 月 11 日万列风先生与笔者的谈话。

② 同上．

③ 中共中央批转李富春、薄一波《关于解决目前经济建设和文化建筑方面存在的一些问题的意见》[M]//中共中央文献研究室．建国以来重要文献选编（第十册）．北京：中央文献出版社，1994：243-251.

图 11-15　包钢招待所旧貌
资料来源：黄建华主编．包头规划 50 年［R］．包头市规划局，2006：40.

针对城市规划工作的。

在《中共中央关于一九五七年开展增产节约运动的指示》和国务院 1957 年《关于进一步开展增产节约运动的指示》文件中，也有类似的内容："国家建设委员会和各省、直辖市应当重新审查所有改建城市和新建城市的建设方案，适当地节减和合理地使用城市建设的投资，首先解决人民和企业迫切需要解决的问题，坚决地纠正上述脱离实际和脱离群众的不良偏向"①；"城市规划和城市建设工作，应该纠正那种规模过大、标准过高、占地过多和大量拆除民房的浪费现象。凡是不依托大城市而在小城市、小集镇或者野外单独建立一两个工厂的地方，不要单独做城市规划"，"城市规划应该作必要的修改，大城市应该作出控制性的规划"②（图 11-15）。

由此可见，"四过"的问题指向、"四过"现象的成因与"反四过"运动的对策措施之间，存在着明显的逻辑错位，城市规划在"反四过"运动中扮演了"替罪羊"的角色。1957 年 6 月，万里曾在全国各省（市、自治区）城市建设厅（局）长座谈会上这样强调："国务院作的是增产节约运动指示，不是城市规划工作的指示。要领会精神，个别字句不要追究它"③，由此也折射出"反四过"运动矛头所向之偏差。正因如此，"规划工作者就感到吃了一棒"④；"规划人员认为板子打错了屁股"，"实际上'四过'基本上规划人员都不认同，只不过这是从上面下来的，就只好接受。"⑤ 这也就是老一辈规划工作者感到十分冤屈之所在。那么，为什么会出现这样的"社会生病""规划吃药"的逻辑错位？

---

① 中共中央关于一九五七年开展增产节约运动的指示［A］. 中共中央文献研究室 . 建国以来重要文献选编（第十册）［M］. 北京：中央文献出版社，1994：24-38.

② 国务院关于进一步开展增产节约运动的指示［R］// 城市建设部办公厅 . 城市建设文件汇编（1953 ~ 1958）. 北京，1958：236-241.

③ 万里 . 在 1957 年 6 月省、市、自治区城市建设厅（局）长座谈会结束时的发言摘要记录稿［R］// 城市建设部办公厅 . 城市建设文件汇编（1953 ~ 1958）. 北京，1958：479-488.

④ 同上 . 北京，1958：482.

⑤ 2014 年 9 月 18 日赵瑾先生与笔者的谈话。

图 11-16　太原市五一广场（1960 年前后）
资料来源：太原市城市建设现状图集（1961 年）[Z]. 中国城市规划设计研究院档案室，案卷号：0189：41.

11.3.2 "整风"运动和"反右派"斗争："反四过"运动的另一时代背景

对于 1957 年的"反四过"运动而言，除了前文所讨论的社会诱因外，还有另一个十分重要的时代背景，这就是：1957 年的增产节约运动是同影响深远的"整风"运动和"反右派"斗争结合进行的。1957 年中共中央作出《中国共产党中央委员会关于整风运动的指示》的日期是 4 月 27 日，《指示》全文于 5 月 1 日在《人民日报》公开发表，正是在同一天，《人民日报》刊发题为"勤俭建国"的社论，社论指出："中共中央今天发表了关于整风运动的指示……指示对各级领导机关和干部的要求之一，就是检查对于党的勤俭建国的方针的执行情况"，"我们在领导经济建设中还有不少的主观主义、教条主义和形式主义的缺点和错误。这些缺点和错误使我们在许多方面离开了勤俭建国的方针。比如：新的工业基地偏大，事事求新求全；工厂设计标准过高，常常要求都是全能厂，不善于组织厂际协作；城市规划上的大城市思想，脱离实际地强调远景规划，只求美观，不讲经济；对于原有的企业和城市建筑，常常看成是'烂摊子'，想统统换掉才称心；认为新的建设，一定要是大型的、现代化的、自动化的、富丽堂皇的才象［像］个样子"，"在欢庆这个节日［国际劳动节］的时候，在检阅我们自己的力量的时候，我们要更加清醒地认识我国人民当前的中心任务：勤俭建国，学会建设的本领，把我国尽快地由落后的农业国变成先进的工业国！"①（图 11-16）

1957 年的整风和"反右"运动，是发生在建国初期的一个重大事件，也是新中国成立以来第一个重要的历史转折点。②中国共产党《关于建国以来党的若干历史问题的决议》曾明确指出："（1957 年的）反右派斗争被严重地扩大化了，把一批知识分子、爱国人士和党内干部错划为'右派分子'，造成了不幸的

① 勤俭建国［N］. 人民日报，1957-05-01（2）.
② 孙其明 . 毛泽东为什么要发动整风运动——论 1957 年的整风"反右"运动［J］. 同济大学学报（社会科学版），2004（2）：29-37.

后果”，“党的工作在指导方针上有过严重失误。”[①] 由于1957年整风运动和“反右”斗争的这种特殊性质，相伴进行的“反四过”运动势必也就充满了“政治”色彩和“运动”内涵。在这样的一种政治气候和斗争形势下，“四过”的问题指向、现象成因与其对策措施之间出现逻辑错位，就不难理解了，这也正是对“四过”现象的反对之所以成为一种“运动”的原因所在。而“反四过”批判和政治运动必然需要“抓手”或树立“典型”，国家级的城市设计院也就在劫难逃了。

11.3.3 “复杂问题简单化”：“反四过”运动显著的固有缺陷

“过犹不及”，这是一个浅显易懂的普通哲学命题。不论什么内容，只要过头，必然不对。因此，反对规模过大、标准过高、占地过多和求新过急等提法本身并没有什么问题。与之相反，“反四过”命题一经提出，就已占据道德和正义的高地，这也是城市规划“有口难辩”的根本症结之所在。

但是，由于城市规划建设活动的复杂性和矛盾性，在极不正常的社会环境下，“反四过”批判必然存在着“复杂问题简单化”这一显著的固有缺陷。无论增产节约或“反四过”，其着眼点无非即节约这一单纯目的。对于城市规划而言，由于工作对象（城市建设活动）的庞大及规划工作突出的社会影响，节约必然是应当坚持的一个重要原则，然而，城市规划同时又是综合性和社会性很强的一项工作，需要统筹整体与局部、需要与可能、近期与远期等多方面的问题和矛盾，如果仅仅从“节约”的单一原则出发，难免顾此失彼、有失偏颇。

就民用建筑的“楼房－平房”比例这一问题而论，“反四过”运动中批判“楼房修建多了，平房修建少了”，其主要考虑是“平房每平方公尺的造价比楼房少14到18元”[②]，而一个显然的道理是，平房要比楼房占更多的用地，因此，平房建造上的节约可能是与住宅区用地上的浪费相并存的。此外，住宅建设还涉及地理气候、土壤情况、地基工程和防护设施等诸多方面，合理的选择必然应当综合分析、统筹决策。

据太原市的检查总结，1955 ~ 1957年该市河西南部化工区的居住区建设坚持修建平房，但“地下水位高，盖一房屋也需要加强基础和防潮设施，结果是土坯砖柱平房造价最低达到46元；两三年的时间内就有倒塌的危险，砖木结构的平房造价竟高达57元……厂房和职工对我们要求盖平房很有意见”，因此太原市认为“从国家投资及维护上则应分别不同地区，在取土方便，地势干燥的地方，平房较便宜，如在丰产地区，地下水位高，基础及室内地坪需加以处理的，一律修建平房，是不够妥当的。”[③]“反四过”运动中所提出的一些整改措施，如“今后对一般民用建筑和不列级的工厂在一般情况下可不考虑人防

---

① 中国共产党中央委员会关于建国以来党的若干历史问题的决议［M］. 北京：人民出版社，2009.

② 李富春同志在全国设计工作会议上的报告（1957年5月31日）［R］// 城市建设部办公厅 . 城市建设文件汇编（1953 ~ 1958）. 北京，1958：213-236.

③ 山西省设计工作太原检查组 . 关于在城市规划管理工作上贯彻勤俭建国方针的检查报告（1958年1月11日）［Z］// 1957年关于太原市城市建设的检查报告 . 中国城市规划设计研究院档案室，案卷号：0188：46-68.

图 11-17 包头旧城区旧貌

资料来源：黄建华主编．包头规划50年［R］．包头市规划局，2006：40.

的要求"①，"旧城区在五年甚至十年内基本上不进行改建"②，"每人居住面积的指标，远期应为4平［方］米"③等，显然是过于极端了（图11-17）。

这样的一种"偏差"，其实并非1957年"反四过"运动时才出现的。早在1955年的增产节约运动以后，这种偏差即已出现。1956年8月，在建工部城建局所作《关于西安、兰州两市规划与建设情况的资料汇报提纲》中，曾就"全面的体现城市建设的方针问题"作如下描述：

在规划实施中［，］特别是中央1956年6月降低非生产建筑造价的指示下达以后，在贯彻城市建设的方针上也即是执行中央的节约指示方面是有些偏差的。建筑设计部门的主要着眼点不是"适用"而是"经济"；特别在美观问题上根本没人提了。西安、兰州两市去年建起的一些房子［，］不管是楼房还是平房质量都很坏［差］，许多楼房没有封檐板，外墙不拘［勾］缝，窗子矮小，立面阶梯式（第一层是"三八"墙，第二、三层是"二四"墙），非常难看；房屋内部问题也很多，隔墙采用代用品（如泥巴墙）谈不到隔音；争取平面系数弄的走廊狭窄，四家合用一个厨房，转不开人，一个小厕所，住户每天早晨要排队。一层楼房外墙不拘［勾］缝，屋面只一板一瓦，不隔热也不防寒，特别为了单纯争取"经济"在平面设计上搞的很坏：一进门是厨房，主要房间见不到阳光、一户二室和三室者有一个房间仅8、9m^2［，］当了过道［，］放不下床；搞的烟筒矮小出不去烟……

① 山西省设计工作太原检查组．关于太原市第一个五年计划非生产性建设设计工作检查总结报告（草稿）（1958年1月13日）［Z］// 1957年关于太原市城市建设的检查报告．中国城市规划设计研究院档案室，案卷号：0188：21-44.

② 国家建委、城市建设部城市工作组．关于西安市城市建设工作中几个问题的检查报告［Z］．中国城市规划设计研究院档案室，案卷号：0948：1-17.

③ 山西省设计工作太原检查组关于太原市第一个五年计划［期间］非生产性建设设计工作检查总结报告（草稿）（1958年1月13日）［Z］．1957年关于太原市城市建设的检查报告．中国城市规划设计研究院档案室，案卷号：0188：37.

在标准设计的种类上只［有］一种，造成街坊平面布置困难，留了院落没有通院落的门，房子建完后另开一间卧室当过道。

总之从长远看来，特别从房屋本身寿命看来，这样的房子也不见得是经济。①

11.3.4 城市规划成为“替罪羊”：原因之所在？

我们不禁要进一步追问的是，为什么是城市规划，而非其他一些工作，成为“反四过”的众矢之的？这是一个值得规划界深刻反思的论题。笔者粗浅理解，对此不妨可从两个“混淆”和一个“龙头”的角度加以认识。

所谓两个“混淆”，其一，将城市建设、城市发展与城市规划混为一谈。城市建设涉及城市自然、社会、经济、文化等方方面面，城市发展是一个漫长的、充满着不确定性的持续过程，两者所涉及到的诸多影响因素又往往是互为制约乃至相互矛盾的，而它们或多或少又都能与城市规划扯上点联系。在外界对城市规划缺乏深入了解，而城市规划自身业务工作的内涵又缺乏清晰界定的情况下，人们在习惯上都会自觉或不自觉地将本来是由复杂的人类社会系统所产生的各类城市建设和城市发展问题，统统地与城市规划相联系。这也正如近来微博上的一段戏言：“曾有报道，某女着超短裙走过某商厦中庭钢化玻璃地面，楼下顾客抬头皆愕然。报纸吐槽：城市规划怎么搞的？”② 其二，将作为一种政府行为的城市规划活动与城市规划师的专业技术工作混为一谈。把规划研究、规划论证、规划决策、规划审批、规划实施和规划监督等复杂系统链条的各环节中所出现的种种问题，统统归结为规划人员“没有规划好”，或者是规划管理部门“没有管理好”。

所谓一个“龙头”，即城市规划在城市建设和城市管理中的地位。“规划是龙头”，这是改革开放以后各级政府对城市工作反复加以强调的一句名言，它生动地表明了城市规划工作的极端重要性，也是城市规划行业得以蓬勃发展的重要舆论基础所在。在“一五”时期，虽然还曾未有“龙头”的提法，但是，国家耗费大量人力、物力和财力开展重点工业城市的规划编制，在技术力量极为薄弱的情况下克服重重困难组建中央“城市设计院”③，由国家计委（国家建委）和建筑工程部等多部门共同管理城市规划工作……这一系列的事实，足以表明国家对城市规划工作的高度重视。而事物总是体现为矛盾的对立和统一这一辩证法则，城市规划既然这么重要，地位如此之高，那么，它所要担负的责任，必然也要同样“显赫”才能“相称”。一旦城市发展和城市建设出现问题之时，矛头自然就要指向城市规划。

讨论至此，周干峙先生的一段谈话或许可以作为本环节讨论的一个小结：“我的看法，主要是那个时候光强调了政治性、政策性，忽视了它的科学性跟长远性”，“城市规划从重视来讲，倒是以前受到重视，不是

① 关于西安、兰州两市规划与建设情况的资料汇报提纲（1956 年 8 月 15 日）[Z] // 1953 ~ 1956 年西安市城市规划总结及专家建议汇集 . 中国城市规划设计研究院档案室，案卷号：0946：118-119.

② 规划师石楠微博 . http：//weibo.com/2127817111/B12V79mWx?mod=weibotime

③ 李浩 .“一五”时期城市规划技术力量状况之管窥——60 年前国家“城市设计院”成立过程的历史考察 [J]. 城市发展研究，2014（10）.

越来越重视，是一开始就重视，但对它的科学性的认识不够，出了问题都以为是城市规划出了问题。”[①]

11.4 “反四过”运动对新中国城市规划发展的影响

11.4.1 积极因素

1）开创了城市规划调查研究的新风，引发了有关城市规划科学问题的讨论

在“反四过”运动期间，有关部门及各地城市开展了大量调查研究和检查工作，这对于总结城市规划建设活动的经验和教训，及改进城市规划工作，具有积极意义。同时，“反四过”运动的发生适逢国家提出“向科学进军”的口号（1956年）及“百花齐放，百家争鸣”的方针（1957年），在此情形下，对有关城市规划科学问题的讨论自然是一项重要内容。翻阅当年的一些历史档案，此类线索不胜枚举。

以城市规划定额为例，兰州市检查后认为：“绿地、道路、服务人口定额，不能做机械的规定，因为每个城市都有其特殊情况，例如兰州是大小不等九块河谷平地组成的，区与区之间的联系有0.5～6km的走廊地带，山地、台地、平原之间均有联系的道路，因此道路面积的比例要大一些。”[②] 关于绿地标准，成都市研究提出：“过去我们对绿化的理解纯粹为消费性公园、花园、林荫路等。是否也可以作些生产性的绿地，比如作些果园、菜地呢？据说西安市已作此考虑了，这是值得我们学习的，这样可以减少多占良田的矛盾，同样起绿地的作用，城区内多作些果园菜地，郊区中即可少作一些。”[③] 反观当前首都北京的绿化隔离带建设，直到近年来才“觉悟”到必须加强绿地的“功能”建设[④]，实际上早在半个世纪之前，城市规划工作中已有类似的观念。

在有关城市规划科学问题的讨论中，不乏一些深层次的思考内容。西安市总结认识到，“城市规划和建设工作涉及范围甚广，无论城市人口规模和用地的控制或降低标准定额等等，均须工业、城市建设、教育、卫生、人防及其他有关部门的密切配合，才能够收到成效。”[⑤] 城市建设部部长万里则曾发出这样的感慨：“城市规划，一般地说，不可能是尽善尽美、天衣无缝的，只有经过建设过程的不断充实和不断修正，才能使城市规划比较地臻于完善”，“编制城市规划，在实践中检验和修正规划，再实践，再修正，这应该看作是一个合规律的过程。”[⑥]

1957年4月，在西安市干部大会的一次讲话中，邓小平特别强调了城市规划建设的指导思想要实现“两个面对”：“一、面对国家的现实。我们不要脱离国家的现实……我们的国家很穷，很困难，任何时候

① 2010年11月7日周干峙先生与笔者进行的一次谈话。

② 兰州市城市建设工作报告（1956年9月）[Z] // 兰州市城市建设文件汇编（一）. 中国城市规划设计研究院档案室，案卷号：1114：45.

③ 成都市城市建设委员会. 成都市第一个五年计划城市规划管理工作的总结（初稿）（1958年6月）[Z] // 成都市“一五”期间城市建设的情况和问题. 中国城市规划设计研究院档案室，案卷号：0802：50–84.

④ 张永仲. 创建绿色宜居北京——北京第二道绿化隔离地区的规划与建设[J]. 北京规划建设，2007（6）：88–91.

⑤ 国家建委、城市建设部城市工作组. 关于西安市城市建设工作中几个问题的检查报告[Z]. 中国城市规划设计研究院档案室，案卷号：0948：1–17.

⑥ 万里. 在城市建设工作会议上的报告[R] // 城市建设部办公厅. 城市建设文件汇编（1953～1958）. 北京，1958：364–403.

图 11-18 兰州盘旋路广场风貌（1960 年前后）
资料来源：兰州市基本建设资料汇编［Z］. 中国城市规划设计研究院档案室，案卷号：1116：130

不要忽略这个问题。不是讲增产节约吗？就是因为我们穷。我们要面对国家的现实，在建设当中考虑经济、实用、美观。这个问题周恩来总理在一九五三年就讲过。有些同志讲美，美当然是好的，大家都是愿意美的，但是应该在经济实用的条件下，在可能的情况下照顾美观，实在不大美也就算了，等到将来富裕了再来讲美，今天主要讲经济讲实用"；"二、面对群众的需要。我们考虑问题常常忽略了群众的需要。现在有各种观点，追求这个化那个化，连共产主义化也有了，就是缺乏群众观点，容易解决的问题不去解决，宁肯把更多的钱用在不适当的地方。对于花很少的钱就可以解决群众需要的问题，甚至有些不花钱也能解决的问题，却注意得不够。我们的建设工作应该面对群众，发现问题，解决问题，修建学校如此，修建文化娱乐场所如此，解决'骨头'和'肉'的关系问题也是如此。"① 这些论述，即使在今天来看，仍然充满着哲理并具有重要的现实指导意义（图 11-18）。

2）推动了对"苏联规划模式"的总结反思，促进了"中国特色"城乡规划理论的早期探索

建国初期的城市规划工作主要借鉴苏联经验，尤其规划定额大量"套用"苏联标准，关于城市规划工作的总结检查必然会形成对"苏联规划模式"的反思。包头市总结提出："包头市的初步规划，由于任务紧迫，经验不足，对调查研究工作是很缺乏的"，"这样使之在实施过程中发生很多问题，使规划不能指导实践。"② 成都市检查认识到："过去对公共建筑的项目基本上是借用苏联的，甚至每项公共建筑的内容也照苏联的考虑，而未注意到我国的风俗习惯与苏联不同，有很多公共建筑项目我们有苏联没有，或者苏联有而我们不一定需要，甚至我国各地的城市由于地理条件和风俗习惯也不尽相同，公共建筑项目也不可能一

① 邓小平. 今后的主要任务是搞建设［M］// 邓小平文选（第 1 卷）. 北京：人民出版社，2005：261-269.

② 包头市新市区初步规划工作总结（初稿）（1956 年 7 月 28 日）［Z］. 包头市城市规划经验总结. 中国城市规划设计研究院档案室，案卷号：0505：2-15.

样。例如就成都说市区内茶馆很多，而北方城市就没有。”①

就城市规划建设方面的高层领导人李富春而言，早在 1953 年 9 月即针对“一五”计划编制工作提出“学习苏联是必要的，但更重要的还是要总结我们自己在建设中的实际经验。”② 在 1957 年 5 月的全国设计工作会议上，他又指出“我们有主观主义的毛病，我们计委、经委、建委和各主管部门还不善于很好地学习，还不善于把兄弟国家的先进经验和我国实际相结合”，因此，“需要依靠全体设计人员，认真地总结过去的工作经验，善于从我国的不同地区、不同气候、不同资源的具体情况出发，检查和研究基本建设的技术经济政策，以及各种标准、规范和定额，从各种工程的设计中贯彻执行勤俭建国的方针”，“我们要求除了技术特殊、确定自己不能设计的以外，其他的一般项目我们都要争取自己设计。”③

对“苏联规划模式”的总结和反思，也推动了基于我国国情的城乡规划法规建设。1957 年 10 月 8 日，国家计委、国家经委和国家建委联合发出《关于一九五八年住宅、宿舍经济指标的几项规定（草案）》；1958 年 1 月 31 日，国家建委和城市建设部发出《关于城市规划几项控制指标的通知》。以后者为例，这是我国第一个有关城市规划定额指标的文件，它指出“过去我们所发的有关城市规划定额的参考资料，有很多地方与我国实际情况不甚符合，不能作为编制城市规划时计算用地的参考”④，进而从近期规划（5 年以内）和远期规划（10 ~ 15 年）两个方面，提出了城市规划的各项定额标准及规划控制原则；同时明确“在规划时，不宜机械地规定楼房平房的比例和地区，各地可根据具体情况安排修建”⑤ 等。这些法规文件虽然还并不成熟，但毫无疑问，它们与苏联规划模式相比已具有了一定的“中国化”特征，堪称“中国特色”城乡规划理论的早期探索。

11.4.2 严重后果

1）城市建设“极左”思想进一步发展，“骨头”与“肉”比例关系失调问题扩大化

“反四过”运动开始后，各地城市建设纷纷采取降低规划设计标准、压缩城市建设投资等措施，以实现节省国家建设资金的目标。譬如，兰州市把正在修建的皋兰路宽度从 75m 压缩到 33m，郑州市把正在施工的建设路和中州路从 50m 缩减为 30m，洛阳市把住宅的外墙厚度从 24cm 改为 18cm⑥，等等。这种“以形而上学的思想方法来指导工作”，“导致了城市建设标准越低越好，住宅、市政公用设施和文化生活

---

① 成都市城市建设委员会 . 成都市第一个五年计划城市规划管理工作的总结（初稿）（1958 年 6 月）[Z] // 成都市“一五”期间城市建设的情况和问题 . 中国城市规划设计研究院档案室，案卷号：0802：50-84.

② 李富春 . 编制第一个五年计划应注意的问题 [M] // 李富春选集 . 北京：中国计划出版社，1992：104-108.

③ 李富春同志在全国设计工作会议上的报告（1957 年 5 月 31 日）[R] // 城市建设部办公厅 . 城市建设文件汇编（1953 ~ 1958）. 北京，1958：213-236.

④ 中华人民共和国国家建设委员会，中华人民共和国城市建设部 . 关于城市规划几项控制指标的通知（1958 年 1 月 31 日）[Z] . 中央档案馆档案，档案号 114A-20-111：1.

⑤ 同上 .

⑥《当代中国》丛书编辑部 . 当代中国的城市建设 [M] . 北京：中国社会科学出版社，1990：69.

服务设施越简单越好的偏向"[①]，从而使"一五"计划早期形成的只重视城市生产性建设、忽视非生产性建设，"骨头"与"肉"比例关系失调问题进一步扩大化，"为后来的城市建设留下了很多长期难以解决的隐患。"[②]

以西安市为例，由于道路规划宽度被缩窄，城市道路管理和市政管线管理很快陷入混乱状况，到1975年，交通日趋拥挤的状况迫使规划部门不得不对部分道路恢复原定宽度，1980年修改规划时又决定全部恢复原定的道路宽度，经过这一调整，主要街道上大量房屋占压红线，有的占压达10m而不得不拆除，有些地段市政管线因管径过小而不得不重新敷设，造成了重复建设的巨大浪费。[③]

2）意识形态主导的"高压"态势制约了科学研讨活动应有的深入，规划设计工作者的思想受到严重禁锢

"反四过"运动中"整风""反右"等特殊政治形势，一方面制约了有关城市规划科学问题讨论应有的深入，另一方面，则对规划设计工作者的思想产生了禁锢的作用。"在反对了浪费以后，许多设计人员产生了'只顾节约，忽视适用，不敢讲美观'的思想，也有些建筑师感到苦闷，觉得结构主义反掉了，形式主义也反掉了，不知怎样才好。"[④]"在批判了教条主义、形式主义以后，又走向另一个极端，如定额过于偏低；远景规划也不搞或很少搞了，不是强调近期规划和远景规划相结合，而是只强调从近期出发，只安排当前建设；甚至有些人束手束脚，不敢想，不敢说，不敢做了。"[⑤]

也正是有了这样的思想状况的基础，才有了1958年"大跃进"开始后青岛、桂林两次城市规划座谈会所提出的一些"反弹性"思想观念："凡是有建设的城市都要进行规划"[⑥]；"无论搞城市规划或者搞农村规划，都应具有共产主义的远大理想，要敢于设想20年或者更长一些时间的发展前景"[⑦]；"要在十年到十五年左右的时间内，把我国的城市基本建设成为社会主义现代化的新城市。"[⑧] 这些观点的提出，岂不正是一种具有"反""反四过"意味的"思想解放"运动？

3）使尚处幼稚期的城市规划工作蒙上沉重的社会阴影，为1960年代城市规划事业遭受重创埋下了隐患

建国初期的城市规划工作，是"缺乏干部、缺乏知识、缺乏经验"的情况下，"从无到有、白手起家"发展起来的，"整个工作过程就是学习过程"。[⑨] 对于刚刚发展起来、尚处幼稚期的新中国城市规划事业而言，"反四过"运动无疑是极为沉重的打击。而在技术力量极为薄弱的情况下于1954年10月组建起来的

---

① 《当代中国》丛书编辑部．当代中国的城市建设［M］．北京：中国社会科学出版社，1990：69.，1990：70.

② 同上，1990：70.

③ 《当代西安城市建设》编辑委员会．当代西安城市建设［M］．西安：陕西人民出版社，1988：7.

④ 刘秀峰．三年来的回顾和今后的工作［M］．袁镜身，王弗．建筑业的创业年代．北京：中国建筑工业出版社，1988：94-129.

⑤ 一九五八年七月三日刘秀峰部长在青岛城市规划工作座谈会上的总结报告［Z］．中央档案馆档案，档案号255-7-125：2.

⑥ 同上．

⑦ 1960年5月3日刘秀峰部长在桂林全国城市规划座谈会上的总结报告［Z］．中国城市规划设计研究院文书档案，案卷号：172-5.

⑧ 同上．

⑨ 城市设计院第一个五年计划工作总结提纲［Z］．中央档案馆档案，档案号259-3-17：7.

中央城市设计院，各项工作还没步入正轨即经历 1955 年的增产节约运动，1957 年又遭遇“反四过”运动，“针对城市设计院进行批判，最后导致‘三年不搞规划’，导致城市设计院休克［1964 年被撤销］。”① 借用城市设计院的重要筹建人史克宁副院长的话：“反四过”运动等于是给城市设计院“判处死刑，缓期执行。”② 固然“三年不搞城市规划”和城市设计院被撤销等还有另外的社会背景和诱因（如“大跃进”、发生“三年困难”和中苏关系恶化等），但 1957 年“反四过”已形成“惯性思维”的“前置性”作用也是毋庸置疑的。

1956 年 4 月，在城市规划训练班上的讲话中，城市建设部部长万里已指出对待规划工作的两种态度：“规划工作太难，不搞了”；“我搞不了，让别人搞吧。”③1957 年 6 月，万里的讲话中又谈道：“要不要规划？”“国务院的指示和两位副总理报告中都没有说不要规划。规划是门科学，是一项工作，根本取消不了的。社会主义国家和资本主义国家都要，我们难道不要？连这种企图或倾向也没有，更没有这种思想与说法”，“不是不要规划，是如何规划，如何接受教训，贯彻勤俭建国方针的问题。”④ 由此不难判断，早在 1956 ~ 1957 年，实际工作中已经有“要不要搞城市规划”的争论，并且到了一定的影响程度，以至于需要城市建设部的部长在讲话中反复强调和“纠偏”。反观李富春 1957 年 5 月在全国设计工作会议上的讲话，对于城市规划的基本态度是“对新建工程较多的城市进行适当的规划是需要的”⑤，言辞中流露出对城市规划工作的一些保留意见，这也就为他后来（1960 年 11 月）在第九次全国计划工作会议上宣布“三年不搞城市规划”埋下了隐患。而城市规划的“三年不搞”，实际上不止三年，其负面影响（包括工作停滞、机构撤销和人员解散等）则一直持续了 10 多年的时间。⑥

由此可见，1957 年的“反四过”运动，尽管也有一定的积极因素，但正是由于其对城市规划工作的“误识”和“误判”，形成“三年不搞城市规划”的重要导火索之一，从而为 1960 年代城市规划事业走向衰败产生了深刻的、奠基性的不良影响，造成新中国城市规划事业无可估量的重大损失。

另外，就早年对“反四过”决策具有重要影响的一些领导人而言，在长期历史发展的过程中，对“反四过”问题的思想认识实际上也有一些变化乃至转折。据赵瑾先生回忆，在 1980 年全国城市规划工作会议（这是 1978 年第三次全国城市工作会议以后首次专门研究城市规划工作的一次重要会议，具体时间为 10 月 5 ~ 15 日⑦）期间，他曾当面听到过早年担任国家计委委员、城市建设计划局局长的曹言行先生对于“反四过”问题的反思。通过查找到当年的工作日记，赵先生的这一回忆得到进一步的佐证。赵先生的

---

① 2014 年 9 月 18 日万列风先生与笔者的谈话。

② 2014 年 8 月 21 日赵瑾、常颖存、张贤利等先生与笔者的座谈，以及 2014 年 9 月 18 日万列风先生与笔者的谈话。

③ 万里 . 城市规划工作的几个问题［R］// 城市建设部办公厅 . 城市建设文件汇编（1953 ~ 1958）. 北京，1958：238-348.

④ 万里 . 在 1957 年 6 月省、市、自治区城市建设厅（局）长座谈会结束时的发言摘要记录稿［R］// 城市建设部办公厅 . 城市建设文件汇编（1953 ~ 1958）. 北京，1958：479-488.

⑤ 李富春同志在全国设计工作会议上的报告（1957 年 5 月 31 日）［R］// 城市建设部办公厅 . 城市建设文件汇编（1953 ~ 1958）. 北京，1958：213-236.

⑥ 2014 年 5 月 23 日，赵士修先生阅读本章初稿后所提的意见。

⑦ 邹德慈等 . 新中国城市规划发展史研究——总报告及大事记［M］. 北京：中国建筑工业出版社，2014：228.

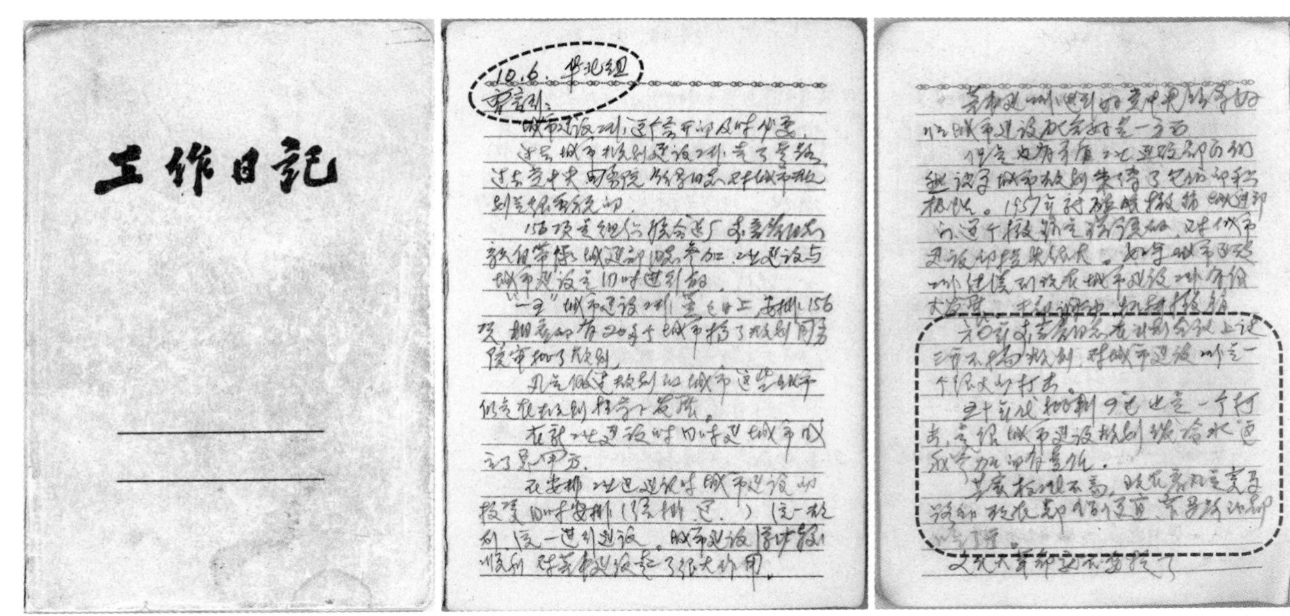

图 11-19　赵瑾先生关于 1980 年全国城市规划工作会议的工作日记

注：左图为工作日记的封面，中图和右图为这次笔记内容的前两页，其中虚线为笔者所加。资料来源：赵瑾提供。

日记显示，在这次会议的第 2 天（即 1980 年 10 月 6 日），曹言行先生在参与华北组讨论时首先作了发言，对新中国成立后的城市规划建设工作进行了回顾，其中谈道："六〇年李富春同志在计划会议上说三年不搞规划，对城市建设工作是一个很大的打击。五十年代批判'四过'也是一个打击，是给城市建设规划泼冷水。这［件事］我［是］参加［了］的［，］有责任。其实标准不高，现在看［，］凡是宽马路的现在都占便宜，窄马路的都吃了亏"（笔记文字，图 11-19）。此次发言中还提到："现在开这个会是一个转折点，如果能按韩光同志［国家建委主任］和［城市］规划法是个大事"，"现在城市建设落后［，］就浪费［，］现在算不出账，算出账是不得了。开展好规划就［会］少浪费一点"（笔记文字）。①

11.5　应当吸取的历史教训

1957 年的"反四过"运动，是新中国城市规划发展历程的一个重要转折点，它和"三年不搞城市规划"一样，是城市规划发展中最为惨痛的历史悲剧之一。城市规划界应当将"反四过"运动作为重要的警示教育题材之一，痛定思痛，深刻反思，从中吸取历史教训，积极谋划未来城市规划事业健康与可持续发展之道（图 11-20 为兰州旧城风貌）。

① 这次城市规划工作会议讨论制定了《中华人民共和国城市规划法（草案）》《城市规划编制审批暂行办法（草案）》和《城市规划定额指标暂行规定（草案）》。这次会议后，国务院于同年 12 月 9 日批转《全国城市规划工作会议纪要》，国家建委于同月 16 日颁发《城市规划编制审批暂行办法》和《城市规划定额指标暂行规定》。1984 年 1 月 5 日，国务院颁发《城市规划条例》。1989 年 12 月 26 日，七届全国人大常委会第十一次会议正式通过《中华人民共和国城市规划法》(自 1990 年 4 月 1 日起施行)。

图 11–20　从北塔山巅眺望兰州旧城（1957 年）

资料来源：兰州市规划建设及现状（照片）[Z]. 中国城市规划设计研究院档案室，案卷号：1113：25.

11.5.1　坚持调查研究的优良传统，经常性地自省、自重和自律

“反四过”运动虽然已成为历史，但与“四过”类似的现象迄今仍屡见不鲜，只不过其表现内容和形式有所变化而已。譬如工业园区和城市新区的土地浪费，旧城区的大拆大建等，更有以“节地”的名义争建“摩天楼”、大搞“城镇上山”之举。因此，当年的一些调查研究的作风，今天仍有重新提倡和坚持践行之必要。正如邹德慈先生所言：“以前的很多做法今天都没有了，当然情况不同了，计划经济过渡到市场经济了，但是国家好像倒反而啥也不管了似的，今天到底有多少浪费呀？可能很具体的问题并不很清

楚，谁也说不清。”[①] 当前，全国上下正在掀起“反四风”[②] 的群众路线教育实践活动，而所谓“四风”，如果对照城市建设活动来讲，无非也就是“四过”等诸如此类。对此，城市规划工作应予以警觉。

11.5.2 冷静认识城市规划的责任范畴，客观、务实地谋求规划工作的合理定位

“一五”初期国家之所以重视并开展城市规划工作，很大一个初衷正在于避免城市建设的盲目、分散、混乱及其严重浪费后果[③]，而整个“五年计划”执行下来，城市规划工作反倒恰恰“栽”在了城市建设的“巨大浪费”上，这实在是极大的讽刺。城市规划并非是万能的，城市规划师、城市规划部门以及城市规划管理的能力都是有限的，即使就城市政府而言，在某一时期内能够为城市发展“有所作为”的工作方面也是十分局限的。近些年来，面对多个政府部门之间利益纷争的局面，规划界时常有包揽一切、以城乡规划统领其他一切规划、争取规划“龙头”地位等的某种情结。冷静思考，立足城市规划工作能力、责任和义务相匹配的专业技术范畴，有所为、有所不为，未尝不是可供选择的现实策略之一，正所谓“退一步海阔天空”。在城市规划社会关注度及学科地位不断提升的今天，尤其应有清醒的认识。图虚名而招实祸的教训，实在太多。

11.5.3 加强对规划工作的系统性总结，努力构建城乡规划的科学体系

本章就“四过”及城市规划工作的若干讨论，旨在厘清“反四过”事件的历史本貌，为正确认识八大重点城市规划的实施情况，以及进一步认识新中国城市规划发展的复杂进程提供启示。“一五”初期的八大重点城市规划工作，是借鉴苏联经验而一步步发展起来的，具有一定的缺点乃至错误必然在所难免。即使就今天而言，城市规划工作尚不能完全适应社会经济发展的问题仍是显而易见的。“打铁还需自身硬”。尽管由于工作性质的不同，城市规划具有与自然科学、社会科学等相差异的诸多方面，但在一定的专业范畴内，城市规划必然也有自身的学科特点，具有一定的科学规律可循。“反四过”运动的惨痛教训警示我们，必须把构建城乡规划的科学体系作为一项长期性的目标和工作常抓不懈，尤其应加强国家有关方针政策的常态化学习，重视规划实施相关问题的跟踪研究，建立城乡规划动态化的长效作用机制。只有当适应我国国情的城乡规划科学体系真正建立起来的时候，当社会上对城乡规划的科学性具有一定程度的认识并认同的时候，类似“反四过”这样的历史悲剧方能真正得以避免。

---

① 邹德慈.“城市规划口述历史”系列之“反四过”[R].2013-03-14.

② “四风”即形式主义、官僚主义、享乐主义和奢靡之风。

③ 1953 年 9 月 4 日《中共中央关于城市建设中几个问题的指示》中指出：“不少重要工业城市，因为没有城市总体规划，对城市发展缺乏整体布局和统一领导，已影响了工厂、住宅、交通运输等方面的合理布置和建筑用地的正确分配，以至产生建设单位各自为政，分散建筑，造成了建设中的盲目、分散、混乱的现象。这种情况如再继续下去，就会造成将来建设中的更大困难和严重浪费。为适应国家工业建设的需要及便于城市建设工作的管理，重要工业城市规划工作必须加紧进行，对于工业建设比重较大的城市更应迅速组织力量，加强城市规划设计工作。”这一指示对“一五”时期城市规划工作的普遍展开具有重要指导意义。参见：中国社会科学院，中央档案馆.1953 ~ 1957 中华人民共和国经济档案选编（固定资产投资和建筑业卷）.北京：中国物价出版社，1998：766.

第12章

60年回望：八大重点城市规划工作的评价

Evaluation Of Eight-Key-City's Planning

回望60多年来新中国城市规划的发展历程，“一五”时期的八大重点城市规划工作，不仅保障了建国初期大规模工业化建设的顺利进行，为八个重点城市的长远发展奠定了基本框架，创造了新中国的首批规划设计经典范例，更重要的则是为新中国城市规划事业的创立发挥了十分重要的奠基性作用：通过城市规划工作的开展，在全社会初步建立了规划观念；积累了大量城市规划工作经验，逐步建立起一些城市规划制度；培养出一大批具有实战能力的规划师队伍，奠定了新中国城市规划事业的人才基础；对适合中国国情的规划方法进行了尝试探索，在借鉴苏联规划经验的同时同步开启“中国特色城市规划理论”的建设进程。不可避免地，八大重点城市规划也存在一些缺陷之处，如偏重于大工业安排而全面性不足、城市用地布局不尽合理并存在一定程度的“形式主义”问题等，这是城市规划工作的时代局限性之所在。在建国初期极为有限的时代条件下，城市规划工作的根本使命在于为规模庞大、关系复杂而又时间紧迫的工业项目建设提供配套服务，八大重点城市规划全都圆满并出色履行了自己的历史使命。

自 1954 ~ 1955 年大部分城市的规划获得正式批准以来，八大重点城市规划工作已经走过整整 60 年的光阴。这 60 年，按中国传统文化的观念来讲，正所谓“一个甲子”的轮回。对八大重点城市规划的历史回顾，必然涉及从“60 年回望”的视角，如何从整体上来对八大重点城市规划工作的这段历史加以认识的问题，这实际上也就是历史评价问题，但这又是一个相当敏感且困难重重之事。受自身阅历、学识及眼界所限，笔者自感难以承担。但规划历史研究工作本身又不能回避评价问题，因而只能勉力而为，提出一些粗浅认识。

关于八大重点城市规划的评价，首先需要对基本概念加以梳理。在讨论对象所指不明确的情况下，难免张冠李戴，产生混淆。仔细分析起来，关于城市规划的评价，其实有着各不相同的一些概念和范畴，它们关于规划评价的目的、意义，评价的内容，以及应当采取的评价方法和评价标准等，都是各不相同的。通过对不同的规划评价活动的认识和比较，将有助于更加清晰地认识八大重点城市规划评价的基本性质和任务。

12.1　关于规划评价的认识与讨论

12.1.1　规划评价的不同情形

概括起来，城市规划的评价不外乎有如下几种主要情形：

其一，规划成果的评价。较常见者如各类规划成果在正式批准之前的规划评审活动。以某些专家学者和有关部门为主，组成评审委员会，对规划编制成果进行评价，给出较为明确的评审意见。高校中在学生完成规划设计课程任务之后的评图，与之有类似之处。

这种类型的规划评价，首先需要对规划设计的任务与要求有充分的了解，结合规划编制成果的内容、方法和措施等，判断其完成情况和规划方案的可行性，规划设计任务书（或合同等）是规划评价的主要依据；其次，需要对规划编制的有关内容是否符合国家的有关方针政策，是否满足城市规划方面的规划编制要求以及有关规划标准和技术规范等，给予审查和评定，属于法定规划类型的规划项目尤其如此；再者，这种规划评价的标准较为综合和全面，需要从规划成果的科学合理性、政策合法性、技术合规性和现实操作性等多个方面，综合评价其是否成熟和完善，通过评审鉴定者则可在进行局部修改完善后予以批准实施。

其二，规划方案的评价。这种情况较多出现在规划编制的方案阶段。某一城市或地区的发展存在着多种可能性，因此相应的城市规划工作也会存在多种不同的选择，通过对区域发展条件的综合分析，结合对未来发展趋势的预测和研判，提出若干个可供选择的规划方案，然后进行多方案的比选，确定最优方案。

这一类规划评价是保证城市规划工作科学性的重要手段，评价内容较多侧重于城市用地的功能组织及空间布局的结构性安排，评价标准往往以包括工程地质等在内的自然条件为基础，考虑是否符合区域空间发展趋向及相互协调要求，各类用地功能的组织和布局方式是否合理，是否有利于功能协作、交通便捷以及近远期目标统筹等目标的实现，以及工程和技术经济效益等。经过方案比选，通常会进一步提出能够最大限度地兼顾各方案优点的综合方案，这种综合方案尽管在某些方面仍然会存在一些局限或缺点，但整体上能够体现出相对的最优，符合科学的基本原则。

其三，规划实施过程中的动态评估，或称规划实施评估。这种规划评价大多在规划获得批准之后的实施过程中进行，具体又可区分为两种情况。

一种情况是在规划刚刚获得批复的较短时间内进行的评价，规划评价工作以近期建设实施情况为重点，评价内容较多针对近期的土地使用以及住房、交通、公共设施等各类建设项目情况，规划评价的目的旨在为规划实施工作提供动态监测，分析其具体绩效；同时，及早发现原规划技术文件所存在的实施问题，并进行相应的修正与维护。总的来讲，这种规划评价工作实质上是为更好地进行规划管理工作所服务。

规划实施评估的另一种情况，主要发生在规划编制成果付诸实施之后的较长一段时期内，或者地方及城市发展中出现了一些较为重大的新情况或新变化，需要对原规划的实施情况进行回顾和总结，分析并检讨其成效与不足，进而为规划成果的局部修改或再次的规划修编工作提供思路或建议。在总规修编工作中，大都需要对上一版规划的实施情况进行回顾和评价，即属于这一规划评价类型。总的来说，这一类型的规划评价，评价内容较多侧重于对城市发展和城市建设影响较大的一些发展方向、结构性调整或战略选择等问题，并以规划成果是否适应于新情况的发展需要为主要的评价标准。近年来规划界所流行的城市空间发展战略规划研究工作，实际上正是应对这一类规划评价的需求而出现的。

那么，八大重点城市规划的评价究竟属于哪一种情形呢？应当依据什么样的评价标准呢？是规划方案的科学性，规划理论思想的先进性或独创性、规划技术方法的科学性，还是城市规划的前瞻性？

不难理解，笔者这里所讨论的对八大重点城市规划的评价，其目的和任务，与上面几种规划评价的情形是完全不同的，既非规划方案比选的需要，也不是规划修编的任务，严格地说，也不是为了评论八大重点城市的规划成果编制得是好是坏。因此，上面几种规划评价的评价内容、评价方法和评价标准等，并不能简单套用于对八大重点城市规划的评价。

12.1.2 关于八大重点城市规划评价的追问

关于八大重点城市规划的评价，很容易联想到的一个切入点，即规划的实施情况及其对城市发展的实际影响。这一认识思路已逼近于本书的研究目的，但仔细深究起来，仍存在着不少问题。首先，正如

第 6 章所讨论的，八大重点城市规划的实施情况是相当复杂的，可以讲是“显著成效”与“突出问题”并存，很难得出一个基本的结论。进一步讨论，就“突出问题”而言，都有着十分复杂的成因，尽管有原规划存在缺陷等因素的存在，但规划实施中所出现的一系列问题，更多地是由城市规划以外的其他因素，特别是计划的多变和体制环境所致，绝非城市规划单一方面的责任；如果对当时规划编制和实施管理的客观条件有所了解，又会认识到，各种问题的产生也是自然现象，规划的缺陷并无可厚非。就“显著成效”来说，如果没有各建设单位和有关部门有效配合的“功劳”，若非较强的计划经济体制的环境条件所“保障”，城市规划能取得突出成效吗？那么，该如何予以评价？能否因规划实施中“突出问题”而对八大重点城市规划给出否定性评价？不考虑外部条件因素的影响而一味肯定城市规划“突出成效”的做法是否可取？

其次，如何判断规划实施对城市发展的实际影响？具体依据什么标准？考虑到“一五”时期的八大重点城市规划具有指导城市建设活动的“终极蓝图”的鲜明特点和属性，是否就应当以规划建设实际图景与原规划图纸的实现程度，或“规划 – 建设”的空间一致性来作为规划评价标准呢？如果这样的话，是否容易招致“形式主义”的质疑及规划理论研究者所谓的“伪评价”批判呢？同时，原规划图本身是否科学、可靠又是一个问题，况且在“相似或相同的图纸”的背后，可能会有“完全不同的故事”，这些情况如何考虑呢？

再者，规划实施评价应选取什么样的时间段？因为规划的实施是一个长期的渐进过程，特别是规划实施过程中还有不少规划修改工作——譬如，洛阳市 1954 年以涧西区为主并对全市作示意性布置的规划成果，到 1956 年即修正为覆盖涧西、涧东及旧城全部范围的规划方案——在某一时间节点上城市建设与城市发展的状态，实际上是多轮规划工作共同叠加和复合作用的一种结果。那么，如何对不同版本的规划成果的实际影响作出应有的合理区分呢？

除此之外，还有其他一些需要讨论的问题。规划实施既与规划编制成果密切相关，与规划管理工作也有着不可分割的联系，是否需要对原规划编制成果及规划管理工作的不同影响作出区分？如何加以区分？如何在准确理解原规划的指导思想的前提下进行规划评价？以洛阳市涧西区规划的绿地布置为例，原规划工作者在规划设计时曾出于尊重现状等考虑，以现状村庄的保留为主要策略①，但到了规划实施阶段，却又出现不同的观点：“涧西区绿化分布上，存在着很大的问题，忽视了照顾服务半径，而过分地强调结合现状，结果造成在分布与使用上极不合里［理］的现象，如高层区绿化极少，相反的人口稀少的低层区绿化分布过多。”② 鱼和熊掌不能兼得，城市规划不可能是完美无缺的，选择某一种规划模式的同时就必然要正视与之相伴而生的缺点或不足，这虽是一个浅显的道理，却是规划实施评价中极容易犯的低级错误……

---

① 据洛阳市的规划说明书，“本地区是一个由农田基础发展起来的地区，树木集中于村子上，而且都很浓密，所以考虑把村子作为发展公园的基础，这样作显得在某些地方绿地是比较多些，不够平均”。参见：洛阳市人民政府城市建设委员会 . 洛阳市涧西区总体规划说明书（1954 年 10 月 25 日）[Z] . 中国城市规划设计研究院档案室，案卷号：0834：39.

② 洛阳市城市建设工作总结（草稿）(1956 年 7 月 28 日)[Z] // 洛阳市规划综合资料 . 中国城市规划设计研究院档案室 . 案卷号：0829：99.

讨论至此，值得反问的一个基本问题在于：为什么要对八大重点城市规划进行评价？这是一种什么性质的评价工作？

关于八大重点城市规划的评价，最终还是要回到规划史研究工作上来。对八大重点城市规划的评价，显然是为新中国规划史研究工作服务。从根本上讲，城市规划发展史是以城市规划发展的兴衰变迁过程为主要对象，以城市规划的指导思想、方针政策、工作内容、技术方法和行政法制等方面的发展状况为重点内容，以揭示城市规划发展的演变规律、为推动城市规划事业健康发展提供历史借鉴为基本宗旨。[①] 在此背景下的八大重点城市规划的评价工作，正是为了深入认识建国初期城市规划工作及其内在特点和发展规律的需要，因而主要是基于历史研究的科学工作目的，是对规划工作进行的评价，而并非对规划方案或规划成果的一种评价。在本质上，八大重点城市规划的评价是一种历史评价。

12.1.3 城市规划工作的历史评价及其基本观念

所谓历史评价，通常指人们对历史人物、事件等一切历史现象从价值角度所做的认识。历史评价的目的，是要评判认识客体在认识主体的历史与现实的实践中存在的意义与作用，也就是要回答对于主体需要来说历史事物与历史发展意味着什么、应该怎样。[②] 历史评价与历史认识密切相关，历史叙述者不可避免地会在其认知结果的表达中作出历史评价，历史评价是主体的各种意识形态综合性地反映客观历史过程的活动及其结果，指导人们按照认识主体自身的需要有目的地去认识历史。历史评价是历史认知的目标与动力[③]，正是在评价的基础上，主体才可能产生新的意向，从反映世界向改造世界过渡。[④]

历史评价立场和观点的不同，评价所得出的结果会完全不同。从科学哲学的角度，历史研究的正确立场或观点，也就是历史唯物主义的基本思想。所谓历史唯物主义，其指导思想概括起来主要是：一切社会历史因素都具有相互作用，但最终是物质生活的生产方式制约着整个社会生活、政治生活和精神生活的一般过程；社会历史是不以人们意志为转移的客观发展过程，社会历史是运动、发展、变化的，变化的根本原因是社会矛盾运动；社会历史是主客体相互作用的辩证过程等。[⑤]

以历史唯物主义观念为指导，可以为我们正确地评价八大重点城市规划工作提供一些基本的思路。笔者初步思考有如下 3 个方面的认识。

首先，全面、综合地认识八大重点城市规划工作在我国城市规划事业发展过程中的意义和影响。历史评价关注的对象是历史价值[⑥]，或者说是以探求价值为其认识的最高目标。[⑦] 八大重点城市规划的评价，作

---

① 李浩．新中国城市规划发展史研究思考［J］．规划师，2011（9）：102-107.

② 邓京力．事实与价值的纠葛——试析历史认知与历史评价的关系问题［J］．求是学刊，2004（1）：112-116.

③ 同上．

④ 朱智文．论历史评价［J］．甘肃社会科学，1991（2）：61-67.

⑤ 同上．

⑥ 王学川．历史价值论研究的意义和任务［J］．理论与现代化，2008（4）：23-28.

⑦ 邓京力．事实与价值的纠葛——试析历史认知与历史评价的关系问题［J］．求是学刊，2004（1）：112-116.

为对“一五”时期标志性城市规划活动的历史价值的认识，重在给出城市规划工作的历史作用、意义、局限等等的认识。由于单一的历史主线观容易产生简单片面的历史认知[①]，而城市规划突出的综合性，八大重点城市规划的影响和作用也不仅仅限于8个城市的建设活动本身，因此，需要将八大重点城市规划置于城市规划事业发展的整体视角，全面、综合地对其历史价值和深远影响作出评价。

其次，实事求是，将规划工作的成绩、问题或不足，置于规划事业发展的特定时代背景和客观条件中予以辩证分析，同时也要提出应当汲取的历史教训。实事求是是历史唯物主义的基本精神，对八大重点城市规划的评价，不能只看到其历史价值和积极影响而回避问题和矛盾，应当同时客观如实地反映其缺陷和不足。为了做到历史评价的客观和辩证，历史主义地看问题，即发展变化地看问题、设身处地地看问题是必需的，这就需要把问题提到一定的历史范围之内，用具体的历史条件和人们行为的客观基础来解释他们的行为并进行评价。这就是说，对于规划工作的缺陷或不足不能简单地看到问题本身，而需要将之置于规划事业发展的时代背景和客观条件中，予以辩证分析，作出客观的评价。

最后，“宜粗不宜细”，将城市规划工作社会作用的实现情况作为规划工作评价的基本标准。“宜粗不宜细’是处理历史问题的一个基本原则[②]，该原则的基础是实事求是，基本精神是抓大放小，即抓主要矛盾和矛盾的主要方面，不可纠缠细节[③]。作为一门实践性学科，城市规划本质上是为社会发展所服务的，合理的规划评价必然要抓住规划工作的内在本质或主要矛盾。城市规划的社会功能与作用，亦即城市规划编制成果背后所承载的规划工作的时代任务及其实现程度，应当是规划评价的根本标准。

12.2　八大重点城市规划的重要历史地位：新中国城市规划事业的奠基石

从新中国城市规划的发展历程来看，“一五”时期的八大重点城市规划工作，为新中国城市规划事业的创立和发展发挥了十分重要的奠基性作用，其积极成效和历史意义突出体现在以下5个方面。

12.2.1　为一系列重点工业项目和市政建设提供了积极的配套服务，有力保障了国家大规模工业化建设的顺利进行

“为国家的社会主义工业化，为生产、为劳动人民服务”，是八大重点城市规划工作十分明确的指导思想。八大重点城市规划工作最直接的成效，首先表现在为大规模的工业化建设提供的配套服务方面。城市规划以工业项目建设和国民经济计划为依据，城市发展的经济依据和重点工程项目的确定比较可靠，规划

---

① 赵娜.历史评价系统中价值向度的转变与反思［J］.经济师，2014（6）：42-43.

② 这一原则是1980年3月邓小平在主持《关于建国以来党的若干历史问题的决议》起草工作时提出的：“对历史问题，还是要粗一点、概括一点，不要搞得太细。”参见：邓小平.对起草《关于建国以来党的若干历史问题的决议》的意见［A］.邓小平文选（第二卷）［M］.北京：人民出版社，1994：292-298.

③ 张世飞.关于新时期历史阶段划分的几点思考［J］.当代中国史研究，2004（3）：50-58.

工作对城市空间的组织安排也比较落实，城市生活居住区、公共建筑、市政设施以及近期建设安排基本上做到了有利生产、方便生活。通过八大重点城市规划工作，“从城市整体出发，处理城市建设，加强了城市建设的计划性，克服了城市建设中的盲目、分散、混乱现象。”[①] 正如《当代中国的城市建设》所指出，“一五”时期八大重点城市规划的质量和效果都是比较好的。[②]

进一步具体而言，以成都市为例，各项规划工作的完成，“首先满足了工业建设的需要，保证了建设的进度”，同时也“使城市有了总的轮廓布局［、］功能分区的原则，城市建设工作有所遵循，不致成为发展的障碍”，“对工业交通运输、供电、供水，以及住宅建筑、公共建筑、市市政工程等作了统一的安排，避免了彼此的矛盾，给城市劳动力的转化也提供了资料。”[③] 此外，还“按照规划进行了市政工程［建设］。东北郊的道路工程都及时满足了工厂基本建设的交通运输要求，保证北郊和东郊工业区的水源和排水防洪的沙河整修工程已完成了第一期［1956 年 10 月前后］，基本上解决了供水问题。”[④]

正是在科学规划的指导下，一系列重点城市的工业建设和城市建设得以顺利推进，为国家社会主义建设奠定了重要的物质基础。城市规划工作发挥了为国家社会主义工业化建设的配套服务和有效支撑作用。

就“156 项工程”分布数量最多的西安市而言，“一五”期间基本建设投资共 12.6 亿元，建设单位达 542 个，其中限额以上的单位共 52 个，“在短短的五年中，工业厂房拔地而起，建筑群体很快形成，道路系统不断延伸，给水排水不断扩展，园林绿化面貌一新”，“如此宏大繁重的建设工程量，在一个城市内同时形成而有条不紊，协调进展，首要原因是科学的城市总体规划的及时编制，为大规模的经济建设创造了先决条件”[⑤]（图 12-1）。

“156 项工程”投资额居全国前列的包头市，在“一五”时期进行了大规模的城市建设，在这一过程中，“［城市］规划对于［包头］新［市］区在组织生产、安排生活、处理好城市各项建设的关系［等方面］，起到了良好的指导作用”，“特别是在新［市］区大规模建设的时期，从 1953 年至 1960 年的 7 年间，新区人口增长了 49 万。在人口激增、建设量大、投资大量集中，各项建设齐头并进的错综复杂情况下，没有这个规划，后果将是不堪设想的。”[⑥] 正是在规划的指引下，包头市在较短时间内建起一座现代化的高炉，塑造了中国钢铁产业“铁三角”（鞍钢、包钢和武钢）的新格局。1959 年 10 月 15 日，包钢一号高炉提前出铁，周恩来总理亲自赴包头剪彩（图 12-2）。

再就城市规模相对较小的洛阳市而言，至 1957 年末“一五”计划结束时，洛阳涧西工业区第一批建设的 4 个大型机械厂基本完成建设，28 座大型厂房已建起 20 座，65 个车间已先后投产 27 个，共安装

---

① 高峰．关于去成都、武汉等市的工作报告（1955 年 8 月 6 日）［Z］// 成都市“一五”期间城市建设的情况和问题．中国城市规划设计研究院档案室，案卷号：0802：4.

② 《当代中国》丛书编辑部．当代中国的城市建设［M］．北京：中国社会科学出版社，1990：150.

③ 成都市城市建设委员会．成都市第一个五年计划［期间］城市规划管理工作的总结（初稿）（1958 年 6 月）［Z］// 成都市“一五”期间城市建设的情况和问题．中国城市规划设计研究院档案室，案卷号：0802：51.

④ 成都市城市建设工作总结（1956 年 10 月）［Z］// 成都市“一五”期间城市建设的情况和问题．中国城市规划设计研究院档案室，案卷号：0802：33.

⑤ 《当代西安城市建设》编辑委员会．当代西安城市建设［M］．西安：陕西人民出版社，1988：35.

⑥ 沈复芸．“一五”时期包头规划回顾［J］．城市规划，1984（5）：26-28.

图 12-1 中国的“西雅图”——西安阎良飞机工业基地的制造车间

资料来源:《当代西安城市建设》编辑委员会 . 当代西安城市建设 [M]. 西安：陕西人民出版社，1988：7（彩页）.

图 12-2 周恩来总理为包钢一号高炉出铁剪彩（1959）

资料来源：耿志强主编 . 包头城市建设志 [M]. 呼和浩特：内蒙古大学出版社，2007：1.

5300 多台设备①，其中仅拖拉机厂即有 2.2 万多名职工；地方工业也获得蓬勃发展，如洛阳钢铁厂、汽车制造厂、机床厂等。②在城市建设方面，新建住宅建筑面积 97 万 m^2，新办两所高等学校，新建医院和疗养院 3 处，图书馆、百货大楼等公共建筑 10 余处；修建道路 89.22km，新建 5 个水源地，埋设给水管网 60.5km，雨水管及明沟 41.4km，污水管线 29.3km，并兴建了容量为 3 万 m^3 的污水处理厂。③洛阳市的城市人口从新中国成立前夕的不足 7 万，增长到 23.29 万；城市建成区面积从新中国成立前夕的 4.5km^2，扩展到 28.92km^2（其中涧西区约 10km^2）。④ 1959 年 9 月建国十周年大庆前夕，新中国第一批东方红拖拉机正式下线（图 12-3）。

12.2.2 为八个重点城市的长远发展奠定了基本框架，创造了新中国的首批规划设计经典范例

八大重点城市规划以对远景（20 年甚至更远时间）城市发展的长远目标的展望为基础和根本立足点，具有“终极蓝图”的特征。城市规划工作在对第一期的近期建设进行重点安排的同时，较鲜明地体现出前瞻性的特点。更为重要的是，八大重点城市规划工作发生在各个城市的大规模建设以及从“消费城市”向“生产城市”这一“历史巨变”的“前夜”，城市规划工作的开展，为八个城市的长远可持续发展奠定了基本的框架。

就城市土地利用的基本格局而言，60 多年来，包头、兰州、洛阳、大同和太原等城市的建设与发展，基本上仍未突破“一五”时期城市规划工作所确定的城市发展的总体格局（彩图 12-1 ~ 彩图 12-5）。即

① 《当代洛阳城市建设》编委会 . 当代洛阳城市建设 [M] . 北京：农村读物出版社，1990：39.

② 洛阳市规划资料辑要 [Z] // 洛阳市规划综合资料 . 中国城市规划设计研究院档案室 . 案卷号：0829：6.

③ 同上，案卷号：0829：6-7.

④ 同上，案卷号：0829：5.

图 12-3　新中国第一批“东方红”拖拉机

资料来源：中华人民共和国建筑工程部，中国建筑学会．建筑设计十年（1949 ~ 1959）[R] . 1959：138.

使就城市规模有较大扩张的成都、西安和武汉而言，也可发现受“一五”时期规划深刻影响的鲜明烙印（彩图 12-6 ~ 彩图 12-8）。譬如，成都市环形加放射的路网格局，就是“一五”时期城市规划的结果，这一结果的影响一直延续至今，成为成都城市空间最为突出甚至难以改变的结构性特征。这一点，也说明了“城市规划一经形成，便很难改变”的规律。

八大重点城市规划按照适用、经济、美观等规划原则，注重自然、经济和社会等现实条件的综合分析，强调多方案比较的科学方法，并关注城市规划空间设计的艺术性。在城市的功能布局、用地划分、内外部联系，对自然环境的结合、利用和再创造以及城市整体的建筑艺术水平等方面，八大重点城市规划都达到了较好的处理水平。譬如，洛阳市规划保留旧城，在西部的涧西区建设新的工业区，被誉为避开旧城建新区的“洛阳模式”并载入城乡规划教科书；西安市规划避开汉唐遗址，形成以旧城行政和商贸居住区为中心、两翼发展工业的格局；兰州市规划沿着黄河谷地把城市划分为 4 个片区，形成带状布局、组团发展的独特空间结构。八大重点城市规划已成为新中国首批最具典型性和代表性，甚至具有一定国际影响力的城市规划经典范例，成为争相传颂的佳话。

此外，在“一五”之后相当长的历史时期内，八大重点城市所开展的其他几版城市总体规划（或修编）工作，正是建立在“一五”时期初步规划工作的良好基础之上。特别是改革开放以后的第二轮城市总体规划工作，具有显著的“恢复”性质，其所予以“恢复”的，实质上正是早年规划工作所确定的城市发展的基本格局和秩序，不论城市规划工作的指导思想、规划程序和技术方法，甚至规划空间布局方案本身，在很大程度上是对“一五”时期规划传统的延续和规划权威的重新确立（彩图 12-9 ~ 彩图 12-14）。换言之，也可以说，“一五”时期的八大重点城市规划工作，为八个城市数十年以来的城市规划工作奠定了重要基础。

建国初期城市规划工作的重要领导人万里同志，1991 年回顾这段历史时曾经指出：“‘一五’时期，我们搞了一批重点城市，就因为当时有一点远见，至今看来大体不错。兰州、西安、洛阳等城市的规划，都是这个情况。包头当时被批评规划得规模过大，现在也已经连起来了。50 年代我去苏联考察他们城市规划和建设的情况，印象很深，当时就感到搞城市规划要有长远打算，才能形成良好的城市格局。城市规划就是要讲科学，有远见，不能只顾眼前。要看到下一个世纪，要看到子孙后代。”①

12.2.3 培养出一大批具有实战能力的规划师队伍，奠定了新中国城市规划事业的人才基础

人才是事业发展的根本。八大重点城市规划工作的历史价值和意义，还突出地反映在规划专业人才队伍的发展方面。正如老一辈规划专家所指出②，八大重点城市规划工作的技术团队具有“苏联专家 + 儿童团”的特点，刚从学校毕业的青年学生是规划工作的主力。通过八大重点城市规划工作的实际锻炼，新中国的第一代城市规划师得以较快成长起来，并逐渐能够相对独立地承担规划工作任务。据不完全统计，截至“一五”末期，全国从事城市规划的工作人员已达到 5000 多人。③

多方援助是八大重点城市规划工作的重要组织特点，其中，国家城市设计院④发挥了至为关键的核心作用。根据 1961 ~ 1962 年前后该院对全国各主要城市汇编的“规划资料辑要”，参加八个重点城市规划工作的人员情况大致如表 12-1 所示。

下表的统计严格依据档案资料，需要作出如下说明：(1) 该表只是在一定程度上（而非全部）反映了国家城市设计院参与八大重点城市规划的人员情况，如西安的名单中“等 30 人左右”即省略了一大批的参与者；(2) 一些城市的名单并不完全准确，如据老专家回忆及有关文献的记载，何瑞华也是包头市规划工作的重要参与者⑤，但下表中包头一栏中却未列入；(3) 有关人员的排序不完全反映实际情况，以武汉为例，“武汉市城市规划资料辑要”系由“吴纯、张叔君”整编，下表武汉一栏中吴纯列于最后，有一定的“自谦”因素。

据老专家回忆，在“一五”早期，城市设计院曾设立支援西安⑥、洛阳、包头、太原、武汉和大同等城市的规划工作小组，各小组分别由万列风 / 周干峙、程世抚 / 刘学海 / 魏士衡、贺雨 / 赵师愈、孙栋家 /

① 这是 1991 年 9 月 13 日万里同志与建设部副部长周干峙和规划专家任震英同志的一次谈话。转引自：周干峙，储传亨 . 万里论城市建设 [M]. 北京：中国城市出版社，1994：284.

② 2014 年 8 月 21 日赵瑾、常颖存和张贤利等先生与笔者的谈话。

③《当代中国》丛书编辑部 . 当代中国的城市建设 [M]. 北京：中国社会科学出版社，1990：147.

④ 中规院的前身，正式成立以前是以建工部城建局的名义，正式成立后曾隶属于建工部、国家城建总局、国家计委和国家经委等多个不同部门。

⑤ 据 2014 年 8 月 27 日刘学海先生与笔者的谈话，何瑞华参加了包头的规划工作。另外，《包头城市建设志》指出，包头市新市区的规划方案是“在苏联专家指导下，由赵师愈、何瑞华、沈复芸三位规划师主笔设计”。参见：耿志强主编 . 包头城市建设志 [M]. 呼和浩特：内蒙古大学出版社，2007：20.

⑥ 据赵瑾先生回忆（2014 年 8 月 21 日赵瑾、常颖存和张贤利等先生与笔者的谈话），西安的规划开展较早，具有试点性质，最初的工作组主要有周干峙、何瑞华、赵瑾等，赵瑾先生主要承担经济工作。

国家城市设计院参与八大重点城市规划工作的人员情况（部分） 表 12-1

城市	工作内容	主要参加人员
西安	初步规划（1953 年 3 月至 1954 年 1 月）	万列风、周干峙、何瑞华、张友良、胡开华、魏士衡、徐巨洲、陆时协、唐天佑、赵瑾、姜伯正等 30 人左右
	详细规划（1954 年至 1955 年 10 月）	万列风、张友良、胡开华、周干峙、李济宪、赵垂齐、董绍统、申文成、赵淑梅等 30 人左右
洛阳	初步规划（包括选厂、总体规划、详细规划和市政工程规划等）	程世抚、万列风、谭璟、陶振铭、柴桐凤、陈达文、刘学海、刘茂楚、许保春、何瑞华、凌振家、谢维荣、雷佑康、魏士衡、沈远翔、陈鉴民、沈振智、王福庆、黄士珂、陆时协、杨承熏、刘玉丽、冯友棣、夏素英、伍开山、任端阳、利存仁、廖舜耕、胡绍英、胡泰荣、郭增荣、赵砚州、李择武等
包头	选厂（1953 年 7 月至 1954 年 5 月）	万列风、范天修、贺雨、史克宁等
	初步规划（1954 年 6 月至 1955 年 9 月）	史克宁、贺雨、范天修、夏宗玕、刘德涵等
	市政管线综合（1955 年 11 月至 1958 年 3 月）	归善继、李士达、廖可芹、沈广范、凌振家、何文裕、陈庭钧、夏素英等
太原	初步规划	袁士兴、谭璟、孙栋家、陈慧君、凌振家、何瑞华等
武汉	初步规划	刘学海、刘欣泰、许保春、陈声海、潘芝英、吴纯等
兰州	选厂	周干峙等
	详细规划	周干峙、申文成等
	工程管线综合	王天任、王福庆等
成都	初步规划（1954 年）	陈声海等
	选厂、详细规划和管线综合（1955 年）	金广之、陈声海、何其中、黄智民、郭增荣、刘国祥、杨锡鹤、谢维荣、方文斌、刘荣多、夏宁初、朱贤芬、董兴茂等
大同	初步规划	马熙成等

注：本表中西安、洛阳、包头、太原、武汉、兰州和成都等 7 个城市人员名单均根据 1961 ~ 1962 年前后国家计委城市规划研究院对全国各主要城市所汇编的“规划资料辑要”进行整理，人员排序严格依据档案资料；大同市规划参加人员系根据老专家口述补列。

资料来源：

[1] 陕西省西安市规划资料辑要（1961 年 5 月）[Z]. 中国城市规划设计研究院档案室，案卷号：0972：11.

[2] 洛阳市规划资料辑要 [Z] // 洛阳市规划综合资料 . 中国城市规划设计研究院档案室，案卷号：0829：16.

[3] 内蒙古自治区包头市规划资料辑要 [Z] // 包头市城市规划文件 . 中国城市规划设计研究院档案室，案卷号：0504：22-23.

[4] 太原市规划资料辑要 [Z] // 太原市初步规划说明书及有关文件 . 中国城市规划设计研究院档案室，案卷号：0195：12.

[5] 武汉市城市规划资料辑要 [Z] // 武汉市历次城市建设规划 . 中国城市规划设计研究院档案室，案卷号：1049：191.

[6] 甘肃省兰州市规划资料辑要 [Z] // 兰州市西固区建设情况及总体规划说明 . 中国城市规划设计研究院档案室，案卷号：1110：47.

[7] 四川省成都市规划资料辑要（1962 年 5 月）[Z] // 成都市 1954 ~ 1956 年城市规划说明书及专家意见 . 中国城市规划设计研究院档案室，案卷号：0792：143.

陈慧君、刘学海 / 吴纯和马熙成等担任主要组织责任（组长）。① 兰州和成都两市的规划主要由地方完成，其中兰州的规划工作在任震英的主持下完成，成都的规划工作则由一个从美国留学归国的工程师主要

① 据万列风先生回忆（2014 年 9 月 11 日与笔者的谈话），“包头是赵师愈，太原是孙栋家，洛阳是程世抚、魏士衡，西安是我和周干峙，包括兰州，武汉是吴纯，成都是朱贤芬，大同是马熙成。这都是八个城市规划里面的小组长，在地方政府统一领导下进行城市规划，和地方城市建设部门的同志一块工作，同吃同住同劳动”。

据刘德涵先生回忆（2014 年 8 月 15 日与笔者的谈话），西安、包头、洛阳、兰州、太原、大同、武汉、株洲等城市的规划工作组组长分别是万列风、贺雨、程世抚、任震英、陈慧君、马熙成、吴纯和胡绍英（其中株洲实际不在八大重点城市之列），兰州和成都的规划以地方为主，城市设计院参与不多。2014 年 8 月 21 日赵瑾、常颖存和张贤利等先生与笔者谈话时，又作了进一步核实。

另据据刘学海先生回忆（2014 年 8 月 27 日与笔者谈话），在规划工作的早期，他担任中南组的组长，具体负责洛阳和武汉两个城市的规划工作，后来程世抚先生加入洛阳规划工作组，改由程先生担任组长，他任副组长。《当代洛阳城市建设》也记载：“（1953 年）9 月，成立洛阳市城市规划组，刘雪［学］海任组长，成员 7 人。1954 年 4 月，规划组扩大，程世抚任组长，刘雪［学］海任副组长”。参见：《当代洛阳城市建设》编委会 . 当代洛阳城市建设 [M]. 北京：农村读物出版社，1990：427.

图 12-4 参加包头总规批准 40 周年纪念会的“一五”城市规划工作者留影（1995 年）

注：摄于 1995 年 10 月 15 日，包头。（前排）左起：迟顺芝、沈复芸、夏宗玕、刘德涵、赵师愈。资料来源：刘德涵提供。

苏联专家指导规划工作的参会人员名单（部分） 表 12-2

谈话内容	谈话时间	苏联专家	主持人	参会人员	翻译
包头市规划	1954.12.2	巴拉金	—	李正冠等	靳君达
	1954.12.13	巴拉金	李正冠	李红、贺雨、曹振海、余庆康、杨谷化、赵师愈、沈复芸、陈建东、沈奎绪、王璲、□［沈］远翔、陈慧君、刘济华、孟昭麟、何瑞华、宋汉卿、任念祖等 20 人左右	靳君达
成都市规划	1955.7.27	巴拉金	史克宁	高仪、朱贤芬、金广之、何成中、郭增荣、刘德伦、刘国祥	靳君达
	1955.11.11	巴拉金、马霍夫	李蕴华	（城市设计院）董兴茂、金广之、黄智民、郭增荣、刘国祥、郭亮、董瑞华、张贺；（城建局规划处）高仪、金经元、娄伯雄；（成都市建委）孙克钻	高殿珠
太原市规划	1955.9.27	巴拉金	史克宁	高仪、贺雨、石成球、孙栋家、董绍、何其中等 9 人（包括国家建委 1 人）	靳君达
	1955.12.9	马霍夫	史克宁	（城市设计院）袁士兴、谭璟、陈慧君、郭亮等 9 人；（总局规划局）石成球；（太原市建委）史吉祥、孙家顺、崔先庆；（给排水院）张奇林；（二部太原总甲方）张兴西	高殿珠
	1955.12.23	马霍夫、扎巴罗夫斯基	李蕴华	袁士兴、谭璟、陈慧君、凌振家、孙家顺、崔先庆、唐炽昌	高殿珠

资料来源：

［1］苏联专家建议与谈话摘要［Z］// 包头市城市规划文件 . 中国城市规划设计研究院档案室，案卷号：0504：213.

［2］专家谈话记录［Z］// 成都市 1954 ~ 1956 年城市规划说明书及专家意见 . 中国城市规划设计研究院档案室，案卷号：0792：113，115.

［3］专家建议记录［Z］// 太原市初步规划说明书及有关文件 . 中国城市规划设计研究院档案室，案卷号：0195：159，164，173.

负责[①]（图 12-4）。

另外，透过当年苏联专家谈话记录的档案信息，也可从一个侧面对八大重点城市规划的参与人员有所管窥（表 12-2）。但遗憾的是，目前可以查到的苏联专家谈话记录已残缺不全，各个城市的情况不一，并且时间较早的一些记录文件，如 1953 年 3 月至 8 月期间穆欣和巴拉金等指导西安、成都等市规划工作谈话的手写稿，其中并没有记录参加人员方面的有关信息。

① 据赵瑾先生回忆（2014 年 8 月 21 日赵瑾、常颖存和张贤利等先生与笔者的谈话）。

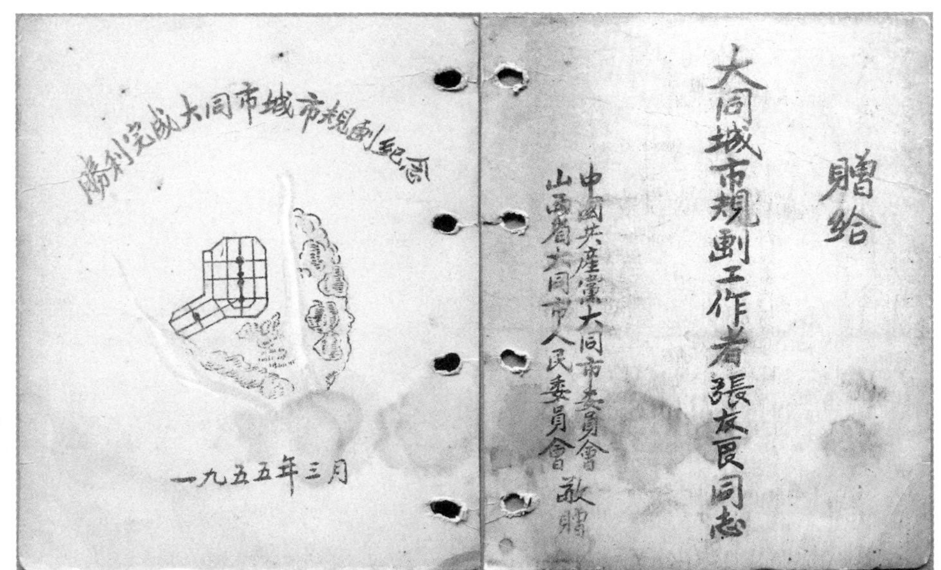

图 12–5　城市规划工作者参加大同城市规划纪念册（1955 年 3 月）
注：该纪念册系由大同市赠送给当时在城市设计院工作、曾支援大同市城市规划的张友良先生，右图为封面，左图为封底。
资料来源：张友良提供。

图 12–6　60 年前的小青年
左起：赵士修（左 2），何瑞华（左 4），陈声海（左 5），吴纯（右 2），徐巨洲（右 1）。吴纯提供。
转引自：流金岁月——中国城市规划设计研究院五十周年纪念征文集［R］. 北京，2004：153.

除了表 12–1 和表 12–2 提供的信息之外，通过部分老专家的回顾或访谈，也透露出八大重点城市规划工作参与人员的一些情况。同时，由于八大重点城市规划涉及不同层次的工作内容，如 1955 年夏季进入城市设计院工作的邹德慈先生和夏宁初先生，分别参加了大同市规划的施工组织设计和兰州市规划的竖向设计（土方平衡），实际参与八大重点城市规划工作的人员是相当广泛的（图 12–5）。而建工部城建局和国家城市设计院是一种“局院一家”的关系，还有一些在建工部城建局的人员，如赵士修先生和徐巨洲先生等，实际也参与了八大重点城市的一些规划工作（图 12–6）。

以上所列，主要是国家层面的一些参与人员，除此之外，还有为数更多的地方规划人员，也参与了八大重点城市的规划工作。譬如：

图 12-7　任震英与规划工作者一起讨论工作
资料来源：兰州市地方志编纂委员会，兰州市城市规划志编纂委员会. 兰州市志·第6卷·城市规划志［M］. 兰州：兰州大学出版社，2001：6（前彩页）.

据《武汉市城市规划志》一书，参与 1953 年武汉市城市规划草图工作的，行政技术领导有“王克文、鲍鼎”，主要工程技术人员包括“史青、陈正权、彭文森、梁述贤、孙宗汾”；参与 1954 年武汉市城市总体规划工作的，行政技术领导有“王克文、鲍鼎、刘正平”，主要工程技术人员包括“陈正权、彭文森、孙宗汾、梁述贤、叶传浩、陈仁熟、凌春溦、兰毓柱、张正彬、胡秉泽、黄竹筠、胡德典、杜贤锦、刘美卿、杨惠民、刘知一、刘国美、姜维弟、饶寿坤”等。[①]

据《任震英与兰州市 1954 版城市总体规划》一文，参与兰州市规划工作的除任震英外，还有“徐则劲、娄文画、梁鸿年、刘眷祖、刘家骧、贺止祥、郝卓然和宋海亮 8 名技术人员”，以及从哈尔滨等地请来的数名中高级技术人员，“包括杨正宇、周树人、叶先民、孟杰超、柳亚溪、范长荣、杨维衡和杨志远等”[②]（图 12-7）。

据《规划经济探索》一书，太原市参加规划工作组的人员主要有“沈重、张桂山、李振兴、胡伟功、臧筱珊、乔含玉、胡丛桂、丁舜、张希升、于佩琴、吴俊芳、张钟祥、赵秉钧等。”[③]

据迟顺芝先生回忆，早年的包头规划组，“由城市设计院，包头市城建委，包钢、617 厂、447 厂总甲方 40 多人组成”，其中国家城市设计院共计 14 人，“包头市城市建设委员［会］的人员先后有 18 人，三个厂矿总甲方的人员有十余名。”[④]

据郭增荣先生回忆，参加成都市规划的成都市城市建设委员会的人员主要有工程师刘昌诚和唐健等。[⑤]

---

① 武汉市城市规划管理局. 武汉市城市规划志［M］. 武汉：武汉出版社，1999：232.

② 唐相龙. 任震英与兰州市 1954 版城市总体规划——谨以此文纪念我国城市规划大师任震英先生［J］.《规划师》论丛，2014：205-212.

③ 转引自任致远先生审阅书稿后撰写的书面材料。资料来源：张春祥. 规划经济探索［M］. 太原：山西经济出版社，1994.

④ 迟顺芝先生早年在包头市建委工作、改革开放后调至中规院工作。据迟先生的回忆，早年城市设计院参加包头规划的有贺雨（组长）、赵师愈、何瑞华、夏宗玕、刘德涵、范天修、黄智民、常启发、吕长青、吴明清、康树仁、黄采霞、董绍统、李余芳等共计 14 人。参见：迟顺芝. 包头市“一五”时期城市规划工作回顾——祝贺中国城市规划设计研究院建院五十周年［R］. 流金岁月——中国城市规划设计研究院五十周年纪念征文集. 北京，2004：24.

⑤ 其中刘昌诚为吴良镛先生的大学同学，唐健为邹德慈先生的大学同学。据郭增荣先生 2015 年 10 月 6 日对本书初稿的书面意见。

据1955年到大同参加工作、曾任大同市城市规划院院长的李丁先生回忆，早年参与大同市规划工作的主要有孙国嘉、董大新、陈以慧、李加林、董太福和袁学贤等人。①

如果考虑到协助开展规划工作等因素，对八大重点城市规划做出贡献的人员，更是不计其数。以武汉市现状图的绘制这一具体工作为例，据吴纯先生回忆，许多内容都是一大批“武汉通”等当地人员逐一辨识或确认的。②

另外还应指出的是，在当年全面向苏联学习、大批苏联专家来华对城市规划工作进行技术援助的时代背景下，广大的翻译人员（包括口译和笔译等不同角色）作为十分重要的桥梁和纽带，他们对新中国成立初期城市规划工作的特殊贡献也是不可磨灭的。根据高殿珠先生（曾任苏联工程专家马霍夫的专职秘书）的回忆，“一五”时期建工部（国家城建总局 / 城建部）系统城市规划方面的翻译人员情况大致如表12-3所示。据统计，1953 ~ 1960年在建工部编译科从事城市规划编译工作过的，有康润生（科长）、刘达容、陈永宁、赵和才、董殿臣、钟继光、尉迟坚松、靳君达、高殿珠、王凤琴、李树杰、李树江、常连贵、谢志斌、林连奎、陈义章、刘循一、臧凤祥、陆家喆、钱辉焴和费士琪等；1955年，中央城市设计院成立了专家工作科，其翻译人员有李增（科长）、韩振华、王进益、周润爱、王慧贞、高殿珠和赵允若等，笔译人员包括马洪基、莫肇瑞、熊德辉、黄永长、杨昌华和徐永强等③。

“一五”时期建工部（国家城建总局 / 城建部）系统翻译人员情况　　表12-3

调入工作时间	翻译人员及教育背景（来源）
1952年 （由中财委直接转入）	刘达容、陈永宁（北京外国语专科学校）；赵和才、董殿臣（哈尔滨外国语专科学校）； 钟继光、吴梦光、尉迟坚松（哈尔滨农业大学）
1953年	靳君达、高殿珠、李树杰、李树江（哈尔滨外国语专科学校）；王凤琴（沈阳师范学院）； 常连贵、林连奎、谢志斌、陈义章（建筑工程部干训班）；刘循一、臧凤祥、陆家喆（中直修建办）
1954年	韩振华、马洪基、钱辉焴、费士琪（上海外国语专科学校）
1955年	王进益、周润爱、王慧贞（北京外国语专科学校）
1956年	赵允若（上海外国语专科学校）；莫肇瑞、熊德辉、王霭玲、黄永长、杨昌华（成都外国语专科学校）

注：根据高殿珠先生提供的书面文件“建工部城建局翻译人员情况”整理。

参与八大重点城市规划工作的有关人员，是新中国的第一代城市规划工作者。经过八大重点城市的规划编制工作，广大规划工作人员对城市规划工作的目的和意义，规划内容和程序，规划设计方法、绘图方法和表现技法等，以及苏联“社会主义”城市规划的理论方法等，进行了较为系统、深入的学习和应用实

① 2015年5月27日，大同市规划老专家李丁、张呈富、李东明、张瀚、张晓菲、孟庆华等与笔者座谈，地点在大同市城乡规划局。

② 据吴纯先生回忆，在早年武汉规划工作时，“经过将近半年的时间，我们到市区里踏勘了解现状，当时市区里没有现状图，那个地方一般都是沿着长江的，不像北京正南正北，下去以后找不到方向”，“当初我们调查现状，本来是到现场调查，但太慢了，什么也不知道，现状图怎么画？使用性质根本不知道，调查了半天只是一部分，工作任务肯定完不成。后来孙主任（即孙宗汾，当时任武汉城市建设委员会办公室主任）就想办法，找熟悉的人到咱们这儿来，‘咱们别跑了，咱们跑效率太低’。他就从各个行业按系统找，‘武汉通’，找来告诉我们哪栋房子是干什么用的，几层的，什么结构的，他来告诉我们，这样的话就快多了”。吴纯先生2015年10月11日与笔者的谈话。

③ 2015年10月14日高殿珠先生与笔者的谈话，同时提供书面文件“建工部城建局翻译人员情况”。

图 12-8　中国同志、苏联专家与保加利亚城市规划代表团合影（1956 年 10 月）
前排：史克宁（左 1）、李蕴华（左 4）、托涅夫（左 5，保加利亚城市建筑科学研究所所长）、鹿渠清（右 4）、汪季琦（右 3）、任震英（右 2）、赵师愈（右 1）；第二排：周干峙（左 1）、何瑞华（左 3）、易峰（左 4）、什基别里曼（左 6）、万列风（右 1）；第三排：贺雨（左 2）、玛诺霍娃（左 3）、库维尔金（左 4）、王文克（右 5）、谭璟（右 4）、蓝田（右 2）、刘达容（右 1）；后排：安永瑜（右 4）、王申正（右 2）、张友良（右 1），本排中高者为扎巴罗夫斯基，其左次高者为马霍夫。资料来源：中规院离退休办 .

践，规划工作的实际业务水平得以提高。尤其是广大青年规划师，从在学校时偏重于理论知识的学习和对规划工作"朦朦胧胧"的认识状态，经过八大重点城市规划工作的实践锻炼，逐渐成长为具有承担实际规划业务的"实战"能力的职业规划师，充实了新中国城市规划工作的专业技术力量。

回顾 60 多年来新中国城市规划发展的历程，参与八大重点城市规划工作的有关人员，有的长期在国家城市设计院工作，有的则是在（或调动到）北京、上海、武汉、杭州等地方城市工作，有的坚守在规划设计工作的第一线，有的则担任了规划院院长 / 总规划师、规划 / 建设局局长、建设厅厅长或城市领导等重要职务，绝大多数成为我国城市规划事业的重要骨干力量，为我国城市规划事业发展做出了巨大贡献（图 12-8）。挂一漏万，难以列出具体名单。但若非要举例一二，任震英先生和周干峙先生无疑就是其中的重要代表。

任震英先生毕生致力于兰州市城市规划工作，历任兰州市城市建设局局长、总工程师，兰州市城市规划管理局局长、总工程师、高级工程师，兰州市副市长，中国建筑学会第五届副理事长，第六届全国人大代表，1950年代初和1970年代末两次主持了兰州市城市总体规划的编制工作，在城市规划理论和实践结合方面具有突出成就和重要影响。1990年12月，全国设计工作大会授予任先生首批中华人民共和国工程设计大师称号。在1954年全国第一次城市建设会议上，苏联专家巴拉金曾对兰州市规划及任震英先生作如此评价："兰州城市的自然条件以及布置工业和住宅的条件，都是非常困难的。虽然是这样，这个城市的建筑工程师任震英同志，却以其特殊的工作能力，以及对自己事业的热爱，作出了生动而有内容的城市规划设计。当我们看到这个规划时，就会发现：城市艺术组织首先是依据自然条件，规划上的布局处理是与自然条件相吻合的。因而就使规划设计既能生动优美，又能够得到实现。全市中心，各区域中心，以及绿化系统，也都处理得很好。"①

周干峙先生是"一五"时期西安城市规划的主要参加者之一，1970～1980年代又指导参与了唐山和天津的重建规划以及深圳经济特区总体规划等重大规划项目，曾任国家建委城市规划局副处长、处长，国家城市建设总局城市规划研究所副所长兼国家建委支援天津工作组组长，天津市规划局副局长、代局长，中国城市规划设计研究院院长，城乡建设环境保护部副部长，政协第八届全国委员会副秘书长、第九届全国委员会教科文卫体委员会副主任。1991年和1994年，周先生先后当选为中国科学院院士（学部委员）和中国工程院院士。据早年担任苏联专家巴拉金翻译的靳君达先生回忆，"周干峙同志，何瑞华同志，这些刚刚出学门，一年两年后就变成老同志了"，"在这帮人里面比较突出的就是周干峙、何瑞华，尽管有些排名都排后头了，实际他俩是很受巴拉金欣赏的两个人，脑子活，学东西快，搞的东西灵活，没少当着我们的面或者领导的面给予赞扬，他们也不负众望，后来担的担子确实都是很不错的。"②

需要指出的是，参与八大重点城市的规划工作，不仅仅只是一项工作经历而已，对于年轻的新中国第一代城市规划师而言，更重要的是奠定了其从事城市规划工作的基本理念和规划思想意识的基础。以周干峙先生为例，改革开放后在深圳等市城市规划工作中，对于城市空间组织和艺术设计的重视，显然是继承了早年八大重点城市规划中建筑艺术设计的工作传统（图12-9）；在他晚年从事苏州等地规划编制实践工作中，对于从总体规划、详细规划到建筑设计的体系极为重视，很多规划内容甚至要求做到施工图深度，也不能不说是受到了"一五"时期总体规划、详细规划和建筑设计三位一体的规划体系的深刻影响。

因此，正是在苏联专家的指导和言传身教下，新中国第一代年轻的城市规划师得以成长起来。改革开放后，已经步入职业成熟期的第一代城市规划师，又领导和带领着一批新的年轻同志（或可称为新中国的第二代城市规划师），继承早年苏联专家所传授的一些规划知识和工作经验，投入到新的规划任务之中。

---

① 据任致远先生审阅书稿后撰写的书面材料，摘自任致远《金城魂——任震英纪事》(1994年)。

② 2015年10月12日靳君达先生与笔者的谈话。

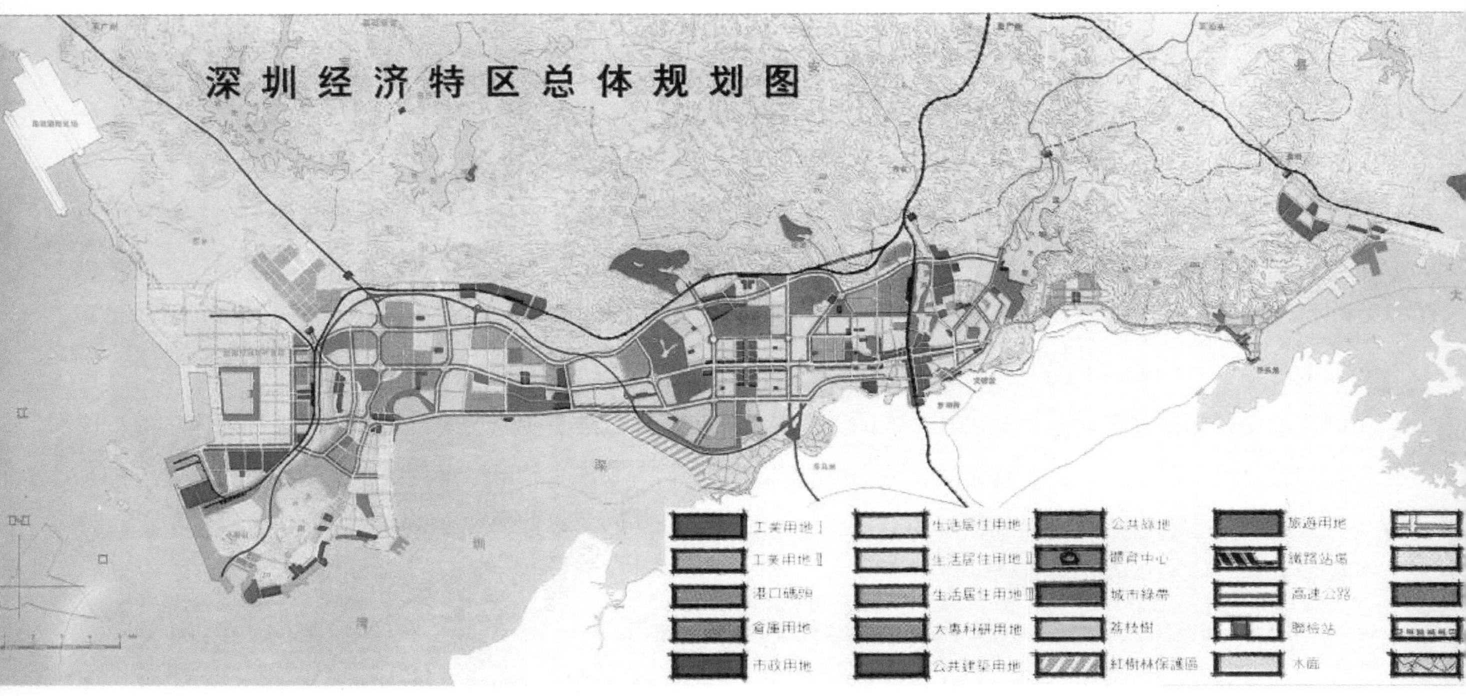

图 12-9 深圳市总体规划图（1985 年）

资料来源：中国城市规划设计研究院深圳咨询中心．深圳经济特区总体规划（1985 年版）[M] // 深圳市城市规划委员会，深圳市建设局．深圳城市规划．深圳：海天出版社，1990：16.

而改革开放初期的一批新青年，到今天也早已成为中国城市规划事业的中流砥柱，在他们的专业思想中，仍然继承和延续了新中国第一代、第二代城市规划师的一些思想传统或文化脉络。以中国城市规划设计研究院为例，在近些年来的规划实践中，诸多领导和专家对于规划总图布局的艺术性始终有着特殊的强调和要求，难道不正是“一五”时期八大重点城市规划工作传统的延续吗？

12.2.4 初步建立了规划观念，积累了大量城市规划工作经验，逐步建立起一些城市规划制度

八大重点城市规划工作的过程，不只是完成规划编制任务的专业技术工作而已，同时也是传播城市规划基础知识和科学理念，进而不断统一规划观念、取得规划共识的过程。在八大重点城市规划工作的现状调查、资料搜集、方案设计、征求意见、签订部门协议等各个环节，包括重点工业企业和有关政府部门等在内的社会各方面得以广泛参与，规划成果在上报审批过程中大都经过了当地党委、政府的多次研究和讨论，一些重要的国家领导人（如刘少奇和周恩来等）还亲自听取了西安等城市的规划工作汇报。① 通过八大重点城市的规划工作，在社会各方面初步建立起了规划观念，奠定了城市规划工作重要的社会基础。

以 1954 年 10 ~ 12 月的规划审查工作为例，据建工部城建局的总结，即起到了如下重要作用：“对各个审查过的城市来说，进一步批判了大城市思想及规划上的盲目，不现实性，并使之进一步明确了协议工作的重要性，主动的［地］加强了与各方面的联系”；“对各有关建设单位实际上进行了一次城市规划的重

① 《当代中国》丛书编辑部．当代中国的城市建设［M］．北京：中国社会科学出版社，1990：49.

要意义的宣传，批判了其本位主义。对协议工作由不重视到主动的与市进行联系，同时奠定了审查工作的组织基础"；"对审查机关与审查参加干部来说，吸取了审查工作的经验，系统的［地］了解了十一个城市的情况，训练了干部。每一个参加审查的人进一步体会到城市规划工作的综合性与复杂性以及审查工作的重要性，初步克服了没啥可审查的思想。"①

通过八大重点城市的规划工作，规划工作者积累了大量宝贵的工作经验。以基础资料的搜集为例，洛阳市规划工作者"深深的［地］体会到资料工作是项艰巨复杂而又必须细致进行的工作"②，"资料是设计的唯一根据，设计质量的好坏直接关系着资料的实际性和准确性，所以资料工作必须要作［做］到齐和准"，"所谓齐，指的是种类齐、项目前［齐］、年份齐、地区齐；所谓准，指的是时间准、地点准、高程准、距离准"，"无论是不准不全、只全不准或只准不全均不能作为设计之依据。"③基于这一认识，洛阳市总结出收集资料前必须熟悉收集内容④、在资料收集过程中应和有关单位密切联系并争取支持⑤、注意点滴资料的收集⑥、资料收集与整理补充同步进行⑦、做好资料的鉴定工作⑧等工作经验。

就城市规划工作的组织而言，各个城市深刻体会到城市建设在工业建设之前先行一步的重要性。"从工作实践中证明，在工业建设开工之前，首先就要求城市供给测好的准确地形图，修好通向工业区的道路，以解决建厂的交通运输。工厂要进行设计［，］要求城市提出各种管线的走向。［，］特别是给排水管网的布置、标高、坐标、接管位置等一系列的资料"，"城市建设如不在工业建设之前进行，就无法适应工业建设的需要，就会使自己陷于被动局面。"⑨

在对八大重点城市规划成果进行审查的过程中，国家城市规划主管部门（国家计委 / 国家建委和建筑

---

① 规划处．关于参与建委对西安等十一个城市初步规划审查工作报告（1954 年 12 月 20 日）［Z］// 1953 ~ 1956 年西安市城市规划总结及专家建议汇集．中国城市规划设计研究院档案室，案卷号：0946：39-40.

② 洛阳市城市建设工作总结（草稿）（1956 年 7 月 28 日）［Z］// 洛阳市规划综合资料．中国城市规划设计研究院档案室，案卷号：0829：95.

③ 洛阳市城市建设委员会．洛阳市城市建设工作总结（草案）（1956 年 7 月 28 日）［Z］// 洛阳市规划综合资料．中国城市规划设计研究院档案室，案卷号：0829：106.

④ "了解其用途、范围，以免工作中发生盲目性和无头无尾的乱抓现象"，"如五四年我们收集水文资料时，由于没有熟悉资料内容和了解其使用性质，结果费了很长长时间搜集来的资料却用途不大，造成人力和时间上的很大浪费"。参见：洛阳市城市建设工作总结（草稿）（1956 年 7 月 28 日）［Z］// 洛阳市规划综合资料．中国城市规划设计研究院档案室，案卷号：0829：95.

⑤ "应和有关单位取得密切联系，请其帮助和支持，就可较快地完成收集任务。如在搜集人口资料时，印发了表格，请有关单位填写，工作进行得又快又顺利"。参见：洛阳市城市建设工作总结（草稿）（1956 年 7 月 28 日）［Z］// 洛阳市规划综合资料．中国城市规划设计研究院档案室，案卷号：0829：95.

⑥ 这样"可使资料收集得更全面一些，因为任何一种完整的资料都是由点滴资料积累起来的"。参见：洛阳市城市建设工作总结（草稿）（1956 年 7 月 28 日）［Z］// 洛阳市规划综合资料．中国城市规划设计研究院档案室，案卷号：0829：95.

⑦ "必须随［时］搜集，随［时］整里［理］，缺啥补啥。"参见：洛阳市城市建设工作总结（草稿）（1956 年 7 月 28 日）［Z］// 洛阳市规划综合资料．中国城市规划设计研究院档案室，案卷号：0829：95.

⑧ "鉴定的方法要灵活，一般说对每项资料均应进行一次鉴定，在鉴定之前要很好整里［理］和写出文字说明，先在内部进行研究分析，提出意见，交领导审查，然后再召集各有关单位共同进行研究分析，做出结论。但有些资料仅在内部进行研究分析即可。"参见：洛阳市城市建设工作总结（草稿）（1956 年 7 月 28 日）［Z］// 洛阳市规划综合资料．中国城市规划设计研究院档案室，案卷号：0829：95.

⑨ "城市建设的方针是为工业为生产服务，这就是说明城市建设的各项工作必须走在工业建设和其他建设之前，才能主动的进行计划安排［，］配合适应工业建设的进度要求"；"城市的规划设计是其他厂外工程设计的依据，因此城市规划就必须提前在其他单项工程设计之前完成"，"为了有计划的［地］对城市进行规划布置，城市的初步规划还应当提在选择厂址之前"，"因为有了城市的初步规划，对城市的基本布局有了原则的规定。这就可以避免在选择厂址时造成规划布局上不合理，也就不致造成工业和其他建设的冲突"。参见：成都市城市建设工作总结（1956 年 10 月）［Z］// 成都市"一五"期间城市建设的情况和问题．中国城市规划设计研究院档案室，案卷号：0802：33-34，36-37.

工程部等）也积累了规划审查工作的一些经验。据建工部城建局的总结，“审查会议的活动一般可召开以下几个会即：预备会议（主要是暴露问题），各种专题研究会议，向专家汇报审查意见及审查会议”，“每一次会议都要有设计人员出席”；就审查内容而言，“主要应根据经济区的特点与自然现状抓住以下几点即：城市性质、规模、布局、经济定额，第一期修建范围以及协议文件的检查”①；“在审查时必须掌握与检查协议文件”，审查意见书一般应包括同意内容、提出研究的问题和对今后的意见等内容。②

就规划审查小组的工作而言，具体经验包括：“（1）要摸清城市性质，了解经济根据，实地掌握现状，弄清规划意图及规划过程中曾经发现的问题，总之要熟悉各种有关的资料。（2）从具体计算入手，进行多方面的比较，特别是经济比较。（3）一点入手，全局着眼，进行深入的考虑，找其根据，即使是自己认为最小的问题也要提出研究。（4）紧紧的［地］与设计者联系，了解其与每一点的设计思想及根据。（5）在领导的意图下，督促检查协议工作进展情况。（6）把审查出的问题在小组会上反复进行研究，提出解决意见，及时的［地］向领导同志汇报。（7）作好审查意见书的起草工作。”③ 总之，“审查工作者必须树立从整体出发，从国家的经济可能出发，无限的在工作和生活上关怀劳动人民的观点”，“审查工作者所负的政治责任与经济责任比设计者更为严重，因而要求他在政治思想上及业务水平上更积极努力的［地］提高自己。”④

在规划工作经验积累的过程中，关于城市规划编制、审批等的一些基本制度也得以逐步建立。譬如：1954 年 9 月，国家计委颁发《关于新工业城市规划审查工作的几项暂行规定》；1954 年 10 月 22 日，国家计委发出《关于办理城市规划中重大问题协议文件的通知》（五四计发西 116 号）。以后者为例，“因城市规划关系到许多部门的建设问题”，“在规划设计及审批过程中应由城市与各有关部门取得协议文件，与报审城市规划草案同时上报”，通知分三种情形对办理规划协议的要求作出了规定⑤，并明确要求“为使城市规划有所根据，避免与各方面发生矛盾，请中央有关部门对上述协议予以重视，对与城市规划有关的重大问题，协助有关城市办理协议的手续”（图 12-10）。包头市与铁道、防空部门签订规划协议的情况如图 12-11 所示。部门规划协议制度的建立，为城市规划工作与各相关部门有效沟通，及时应对和解决规划工作中的一些重大问题，保障城市规划较强的实施性等，奠定了重要的制度基础。

---

① “根据这段工作我们感到初步审查抓住以上几点是适宜的，重要的，因为：（1）只有从以上各点才能检验规划上是否贯彻了国家城市建设的方针原则，是否现实。（2）因为以上各点特别是城市的自然条件，现状、性质和规模关联着布局上的各个部分及其内部相互地有机联系。”参见：规划处．关于参与建委对西安等十一个城市初步规划审查工作报告（1954 年 12 月 20 日）［Z］// 1953 ~ 1956 年西安市城市规划总结及专家建议汇集．中国城市规划设计研究院档案室，案卷号：0946：40.

② 规划处．关于参与建委对西安等十一个城市初步规划审查工作报告（1954 年 12 月 20 日）［Z］// 1953 ~ 1956 年西安市城市规划总结及专家建议汇集．中国城市规划设计研究院档案室，案卷号：0946：40.

③ 同上，案卷号：0946：40-41.

④ 同上，案卷号：0946：40.

⑤ “（一）城市规划有关卫生、防空、铁道、工业及拆迁部门有关问题，凡过去城市与有关部门已有协议文件或会议记录的，应作为城市规划的附件，由城市上报本委查考。（二）凡与城市规划有关的重大问题，过去曾经口头协议但未有协议文件者，应由城市与各有关部门补办文字的协议。（三）过去未作任何协议，应在此次报审城市规划时取得协议文件。为便利此项工作的进行，请各城市在向本委报送城市规划草案时，即派具体领导城市规划编制工作的负责干部（如建设局长、城建委副主任）来京负责与中央各有关部门办理协议文件”。参见：国家计划委员会．关于办理城市规划中重大问题协议文件的通知（1954 年 10 月 22 日）［Z］．城市建设部档案，中央档案馆，档案号 259-3-256：4.

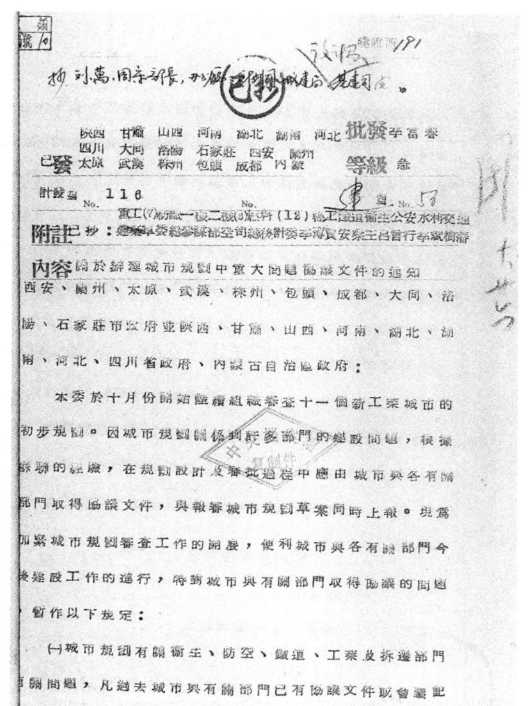
陝西 甘肅 山西 河南 湖北 湖南 河北
四川 大同 洛陽 石家莊 西安 蘭州
已發 太原 武漢 株州 包頭 成都 內蒙

批發 等級 急

計發 No. 116

附註

內容 關於辦理城市規劃中重大問題協議文件的通知

西安、蘭州、太原、武漢、株州、包頭、成都、大同、洛陽、石家莊市政府並陝西、甘肅、山西、河南、湖北、湖南、河北、四川省政府、內蒙古自治區政府：

本委於十月份開始陸續組織審查十一個新工業城市的初步規劃。因城市規劃關係到許多部門的建設問題，根據蘇聯的經驗，在規劃設計及審批過程中應由城市與各有關部門取得協議文件，與報審城市規劃草案同時上報。現為加緊城市規劃審查工作的開展，便利城市與各有關部門今後建設工作的進行，特對城市與有關部門取得協議的問題，暫作以下規定：

(一)城市規劃有關衛生、防空、鐵道、工業及拆遷部門等有關問題，凡過去城市與有關部門已有協議文件或會議記

图 12-10 国家计委关于部门规划协议的通知
资料来源：国家计划委员会. 关于办理城市规划中重大问题协议文件的通知（1954 年 10 月 22 日）[Z]. 建筑工程部档案. 中央档案馆，档案号 259-3-256：4.

12.2.5 对适合中国国情的规划方法进行了尝试探索，在借鉴苏联规划经验的肇始同步开启“中国特色城市规划理论”的建设进程

八大重点城市规划主要在苏联专家的直接指导下完成，规划工作的技术方法主要借鉴自苏联的规划理论和实践经验。尽管如此，参与规划工作的人员绝大多数仍然是中国本土的一些知识分子，规划工作在一定程度上也考虑到了与中国现实国情条件相结合的问题。譬如，采取初步规划的工作方法，对基础资料、图纸内容和数量、规划深度等方面的编制要求进行适当简化，作为对城市总体规划的变通和代替办法①，初步规划具有简化规划程序、突出关键内容等鲜明特色，在某种程度上也可称之为“规划纲要”或“结构规划”的规划方法。在灵活应对紧急情况、解决突出矛盾、加强城市规划的实效性等方面，这一工作方法迄今仍有一定的科学意义。另外，在规划体系、规划标准等方面，八大重点城市规划工作也有诸多结合国

---

① 1956 年 7 月国家建委颁布的《城市规划编制暂行办法》，曾对初步规划的相关技术要求进行了明确规定。暂行办法的第二十五条指出：“编制初步规划时，应包括下列内容：一、城市现状图（比例尺 1 ： 25000–1 ： 5000），其内容可参考第二十一条总体规划的城市现状图；二、城市初步规划总平面图（比例尺 1 ： 25000–1 ： 5000 ），图纸上应标明：(一) 工业、仓库和对外交通运输（铁路、公路、水运、航空）用地，客站、编组站、码头、飞机场的位置和高压线的走向；(二) 生活居住用地、市、区中心的位置；(三) 干道和广场系统，绿化和河湖系统；(四) 其它［他］。三、城市主要工程综合平面示意图（比例尺与总平面图同），图纸上应分别标明现有的、近期和远期修建的城市干道、供水、电力、铁路等网道的走向和建筑物的位置及其主要点的座［坐］标和标高。如管线过多，综合表示不够明确时，可同时附送各单项工程布置示意图。四、近期建设计划图（比例尺与总平面图同）图纸上应标明近期修建地区的范围，街道的宽度和建筑层数等。五、城市郊区规划示意图（比例尺 1 ： 50000–1 ： 25000），图纸上应标明郊区现状，城市初步规划略图，工业区和生活居住区的备用地、城市防护林带、对外交通路线，为城市服务的专业用地、公共事业设施用地、地方建筑材料产地等。六、城市初步规划说明书，其内容可参考第二十三条总体规划说明书的内容”。

参见：中华人民共和国国家建设委员会 . 城市规划编制暂行办法［S］. 1956.

城市總體規劃設計協議概況表　五

序號	單位	協議方式及簡要經過	協議主要內容	尚未達成協議的問題	附註
一	鐵道部	先後與中央鐵道部設計總局副總工程師參堯同志及工業運輸設計處處長朱惠源同志面談，並達成口頭協議。	1.包寧計劃線及包白計劃線走向（即包頭城市總體規劃圖中之包寧計劃線及包白計劃線）不再改變。 2.關於工廠專用線 (1)包頭鋼廠、447廠、617廠，北郊熱電站之鐵路專用線，分別由包頭鋼鐵公司，第二機械工業部，燃料工業部與鐵道部單另簽訂協議。 (2)其他工業備用地鐵路專用線原則上盡可能從而甲亥車站及包頭舊車站兩側新建編組站出線。 (3)客車總站不出工廠專用線。 (4)萬水泉車站、會議站、昆崙召車站是否出工廠專用線，將來根據工業要求，專用線設備等各面的具體情況，再進一步研究。 (5)所有工廠專用線盡可能不穿過工業備用地。 3.鐵路管理局其幹部宿舍建在包頭新市區。	鐵路管理分局及而甲亥編組站的辦公室職工宿舍位置尚未達成協議。 城市規劃工作組意見：鐵路管理分局及其幹部宿舍應建在新市區。而甲亥編組站房屋除站上辦公室及少數值班人員單身宿舍必須建在而甲亥編組站外，其餘的大部職工宿舍均應建在新市區。 鐵道部意見：鐵道管理分局及而甲亥編組站的辦公室職工宿舍都要求建在而甲亥車站。	

70　-9-

六

序號	單位	協議方式及簡要過程	協議主要內容	尚未達成協議的問題	附註
二	人民防空委員會	先後與人民防空委員會工技處林科長及蔣俊興等同志面商，並於1954年9月9日中聯(54)城市第42號函及1954年11月12日城設(54)業密字第二號函提供了包頭市總體規劃設計有關防空部份的資料。1954年11月15日人民防空委員會(54)公防工字第414號函復提出了對包頭城市總體規劃設計會關防空部份的意見。	關於包頭市城市總體規劃設計中有關防空部份基本上同意。 同意所提出來的三個新建水源地和一個舊有水源。 同意所提的兩個新建電源和擴建一個舊有的電廠。		人民防空委員會對今後城市規劃工作及城市部份福利設施設計尚有以下幾點意見： 1.為了保證工業生產和城市生活緊急用水，需將主要水源的供水管道聯係起來成為環形。重大工廠應有兩個水源供水。 2.須將三個電廠的主要供電線路聯成環形，以保證城市重要用戶和重大工業生產的備份緊急用電。 3.昆都崙河上游擬新建之水庫或水壩須考慮到人民防空措施，當水壩萬一遭到敵机空襲破壞時，保證城市和工業的安全。 4.新建東北郊電廠位置應與已確定的447和617兩廠的距離保持600公尺。 5.工業備用地與確定的工廠及工業備用地與工業備用地之間距離均較小（250—500公尺，）如為新建工廠將不適合防空要求。因此今後如何使用工業備用地的問題，尚需要進一步考慮。

71　-10-

图 12-11　包头市与铁道、防空部门签订规划协议情况

资料来源：包头市总体规划设计说明书（1955 年 5 月）[Z]// 包头市城市规划文件．中国城市规划设计研究院档案室，案卷号：0504：70-72.

情的考虑和应对，并在实践中提出经济假定分析方法等创新措施。种种事实表明，城市规划工作对苏联模式的学习和借鉴，绝非简单的“拿来主义”或“照搬照抄”。规划工作在学习借鉴苏联经验的肇始，即同步伴随着对中国现实国情条件的认识，并在十分薄弱的技术力量状况和紧迫的形势要求下，进行了一些有针对的“适应性改造”，且不乏根植于中国本土的创新性探索和努力。尽管这些创新探索和努力可能是局部的和不系统的，仍然是弥足珍贵的（参见第 9 章的有关讨论）。

在八大重点城市规划工作的后期，“根据城市建设部的要求，[国家] 城市设计院组织技术力量，及时总结了 8 个重点城市的经验，提出了城市规划编制办法初稿，供国家建委制订城市规划编制程序办法参考。1956 年 [7 月] 国家建委颁布了新中国第一个《城市规划编制 [暂行] 办法》。”①《城市规划编制暂行办法》对城市规划工作的目的意义、指导思想、规划程序、成果内容和技术要求等进行了明确规定，对于强化城市规划编制的规范化、提高城市规划的科学性具有重要意义，堪称新中国最早的“城市规划法”。1961 年，新中国的第一本《城乡规划》教科书正式出版。

总的来说，八大重点城市规划的工作过程，“是学习和运用苏联城市规划原理和方法，与中国实际密切结合，深入探索，有所发现，有所创造的过程”，“这是我们制订适合中国国情的城市规划设计程序和方法，以及相关的技术经济指标必不可少的一步。在探索具有中国特色的城市规划道路上迈出了极有意义的一步。”② 甚至也可以说，经过“一五”时期以及其后几年的规划实践，新中国的城市规划工作者已经走出一条具有中国特色的城市规划道路。对于当前规划界大力呼吁的建立中国特色的城市规划理论而言，建国初期的八大重点城市规划有着不可或缺的总结研究意义。

12.3 八大重点城市规划的时代局限性

尽管八大重点城市规划在我国城市规划事业发展中占据十分重要的历史地位，但必须承认的是，它们并不是完美无缺的，其局限性主要表现在：

首先，规划工作大多偏重于对大工业的服务，未对城市发展作全面安排。以洛阳为例，“规划只着重于安排大工业，对全市的发展未作全面分析，对大厂的附属企业和全市性的中小型工业企业未进行安排”③，“近几年 [1954 ~ 1960 年] 来城市发展证明了对整个城市的发展作充分估计是必要的。”④ 太原市“重视大的厂矿（这一点不能说不对），而不重视地方工业厂矿，地方工业至今 [1957 年底] 仍无一定全盘安

① 中国城市规划设计研究院部分离退休老同志．艰苦创业，成绩卓越的十年——贺中国城市规划设计研究院建院五十周年 [R] // 流金岁月——中国城市规划设计研究院五十周年纪念征文集．北京，2004：7.

② 同上．北京，2004：8.

③ “洛阳规划以涧西新建区为重点，安排了三大厂及其居住区的建筑，做了详细的分区规划。但对整个城市未作充分估计，对中小型工业企业没有进行安排”，“涧西区虽建了三大厂，但未考虑其附属企业，以致后来放在涧东区造成协作不便，而涧西区工业与工业之间还有大片空地存在”。参见：洛阳市规划资料辑要 [Z] // 洛阳市规划综合资料．中国城市规划设计研究院档案室，案卷号：0829：2，15.

④ 洛阳市规划资料辑要 [Z] // 洛阳市规划综合资料．中国城市规划设计研究院档案室，案卷号：0829：15.

排。”[①] 兰州市规划在“工业布局上，对大型、新型的工厂安排上比较重视，而对中、小型及原有旧工厂则重视不足”，“如规划中把原有的文化造纸厂、红星铁厂、水烟厂［、］共和卷烟厂等都列为搬家或合并、淘汰之列。但几年的实际建设表明，这些工厂都要求发展、扩大。所以在执行中就造成了一些被动局面。”[②]

其次，在城市建筑艺术设计方面投入很大精力，但作为城市规划工作核心任务的土地使用规划却往往“无能为力”。这一点，主要是由于重点工业项目的厂址选择主要由工业部门主导，且大多在规划工作之前进行所造成的。以包头为例，“过去规划中考虑城市布局建筑艺术较多，而对城市的根本问题考虑不够。当然由于包钢与二［机］部厂址确定后局面已定［，］也是一个主要原因。”[③] 此外，也有一些其他原因，如太原市对规划工作进行总结时曾指出：“由于思想上存在着脱离实际的片面的‘关怀人’的观点和形式主义，所以在近期的详细规划中，较多注意建筑艺术和平面布局问题，而忽视了真正需要关怀人的街坊服务设施的安排问题，如对蔬菜、煤场、食粮供应、付［副］食品供应、存车场、公厕，所有这些设施，都是关系到居民的切身利益的［，］却没有被重视和好好解决，常常采取临时提出，临时处理［的办法］，而常感兴趣的则是托儿所幼儿园，象［像］这些设施差不多每个街坊都有，而按我市目前人民生活水平，却没有那么迫切。”[④]

再者，一些规划理论思想存在着偶然性和不自觉性。譬如：避开旧城建新区的“洛阳模式”，其实是在联合选厂的过程中，由于地下文物探查、保护与城市建设活动存在客观的制约性矛盾而形成的[⑤]；兰州市规划的多中心组团结构，更多的是受地形地貌等自然条件的限制所致；包头市规划具有超前特征的分散式布局，也主要是由包钢和二机部工厂等的选址所决定……这些较为“经典”并广为传颂的规划模式，其实并非城市规划方面十分明确的思想观念所主导。

另外，就具体的城市规划方案而言，八大重点城市规划也存在一些缺陷之处，如武汉、太原的城市发展被铁路分割，洛阳涧西区的工人住宅区位于工业区的下风向，太原北郊居住用地[⑥] 的四周被工业所包围，部分城市的一些规划布局方案中存在一定程度的“形式主义”问题等等。

正如国家有关部门对八大重点城市规划进行集中审查工作所分析指出的，八大重点城市规划的一些缺点之所以存在，往往有着十分复杂的原因，以铁路与规划的矛盾为例，即有“现状存在”“计划不周”以及“本身的经济利益和技术条件的限制”[⑦] 等多种情形（详见第 5 章的有关讨论）。

---

① 山西省设计工作太原检查组 . 关于在城市规划管理工作上贯彻勤俭建国方针的检查报告（1958 年 1 月 11 日）［Z］// 1957 年关于太原市城市建设的检查报告 . 中国城市规划设计研究院档案室，案卷号：0188：49.

② 甘肃省兰州市规划资料辑要［Z］// 兰州市西固区建设情况及总体规划说明 . 中国城市规划设计研究院档案室，案卷号：1110：46.

③ 包头市新市区初步规划工作总结（初稿）（1956 年 7 月 28 日）［Z］// 包头市城市规划经验总结 . 中国城市规划设计研究院档案室 . 案卷号：0505：10–11.

④ 山西省设计工作太原检查组 . 关于在城市规划管理工作上贯彻勤俭建国方针的检查报告（1958 年 1 月 11 日）［Z］// 1957 年关于太原市城市建设的检查报告 . 中国城市规划设计研究院档案室，案卷号：0188：48–49.

⑤ 李浩 .“梁陈方案”与“洛阳模式”——新旧城规划模式的对比分析与启示［J］. 国际城市规划，2015（03）：104–114.

⑥ 主要是指位于城北工业区和北郊工业区中间的居住区。

⑦ 规划处 . 关于参与建委对西安等十一个城市初步规划审查工作报告（1954 年 12 月 20 日）［Z］// 1953 ~ 1956 年西安市城市规划总结及专家建议汇集 . 中国城市规划设计研究院档案室，案卷号：0946：38.

以历史唯物主义的观念为指导，对于八大重点城市规划的缺陷或不足之处，必须放在“一五”时期的特定时代背景以及各个城市当时城市建设发展的实际条件中，加以客观分析与辩证认识。据 1956 年 8 月城市建设部的一份报告，在“一五”早期的规划工作中，“[甘肃省武威市] 黄洋镇由省作了初步规划示意图，但当地拿到图纸到现场，不知道那 [哪] 里是所规划的位置，结果丢开图纸正在一片荒野上修建约 1500 平方公尺的房屋，所建的位置可能建在了将来的铁路上或道路上。”① 这一有点“荒唐”但却又是真实发生的案例，今天或许已很难想象，然而，它却生动地向我们传递出当时城市规划工作的一些时代条件的信息。

概括起来，八大重点城市规划工作受到当时城市发展的现状条件、城市规划的技术力量、时间的紧迫及行政管理体制等多种因素的制约。同时，不同的规划原则或规划目标之间也常常存在着难以调和的内在矛盾，以用地布局为例，集中、紧凑的节约土地原则与分散、隔离的防空和卫生要求即是相悖的；兰州市由于主导风向（向西）与河流流向（向东）的冲突，造成相应的排水困难和卫生问题，也属于无法从根本上加以调和的固有矛盾。这些，正是八大重点城市规划的时代局限性之所在，由此也反映出“一五”时期城市规划工作的一些“初创”特征。

12.4 整体认识

城市规划是一项社会实践工作。不论城市规划的指导思想、理论方法、技术标准，或者规划的布局方案，规划的审查、批准与实施、管理等等，从根本上讲，都是为了规划工作背后所承载的特定的社会功能所服务。因此，对规划工作的评价，应当透过较为表象或具手段意义的规划图纸、文本等技术文件，而深入到其背后的社会因素和城市发展条件等，明辨规划工作的时代使命与责任，以此作为规划评价的基本准绳。在建国初期极为有限的时代条件下，城市规划工作的根本使命在于为规模庞大、关系复杂而又时间紧迫的工业项目建设提供配套服务，包括制定出作为核心规划内容的空间协调方案（规划总图）在内。就此而言，八大重点城市规划全都圆满并出色履行了自己的历史使命。因而，它们必然都是无愧于那个时代的杰作！

回顾八大重点城市规划的历史，回望 60 多年来新中国的城市规划发展，“一五”时期的八大重点城市规划工作发挥了城市规划事业“奠基石”的重要作用。这种奠基性作用，有着更为长远的影响和更深层次的意义，这就是：通过这一批具有摸索性、开创性、引导性、先验性、推广性和经典性的重大规划活动，在较短时间内和较大范围内推广和普及了有关城市规划工作的一些科学知识，在社会上建立起了城市发展和建设应当“先规划、后建设”“按规划蓝图建设施工”“城市各项建设和发展必须服从城市规划的统一安排”等基本认识和思想观念，确立起了城市规划工作在国民经济和社会发展中的先导性作用和不可或缺的重要地位，开创了新中国独具特色的多元文化交融的城市规划理论与实践的先河。“一五”时期重视城市规划，

① 关于西安、兰州两市规划与建设情况的资料汇报提纲（1956 年 8 月 15 日）[Z] // 1953 ~ 1956 年西安市城市规划总结及专家建议汇集 . 中国城市规划设计研究院档案室，案卷号：0946：129.

从而取得显著的成绩，1960年代后较长一段时期内“荒废”城市规划，从而导致严重的损失，分别从正反两个方面，以铁的事实证明了城市规划无可争辩的重要地位与作用。一句话，以八大重点城市规划为典型代表及重要标志，塑造出了新中国城市规划的文化。

2014年5月4日，习近平总书记在北京大学考察时，曾用“扣扣子”的生动比喻寄语青年人价值观的养成。历史事实证明，作为新中国城市规划工作的起步，作为“第一颗纽扣”，八大重点城市规划是成功的、出色的，乃至是伟大的。这是一个划时代的突破，是一个不应缺失的史记，是一个不能忘却的纪念！

不仅如此，在新中国第一代城市规划工作者“白手起家”开创城市规划事业的时代，始终贯穿和凝聚着一种不畏艰苦、不怀私心、不讲条件、不计报酬的奋斗奉献精神，一种激情澎湃、一腔热血、团结一心、豪情万丈的乐观创业精神，以及充满理想、勇于探索、乐于学习、追求真理的科学实践精神。一大批“满怀激情、充满朝气的年轻人”，“把宝贵的青春都奉献给了社会主义建设事业，献给了城市规划事业。”[①] 早年城市规划工作者的这种精神，尤其值得当代城市规划工作者永远铭记，并传承及发扬光大！

回顾历史，可以深刻地认识到，在八大重点城市规划工作的过程中，在开创城市规划事业的过程中，苏联专家的技术援助发挥了“灵魂性”的核心作用，做出了十分重大的突出贡献，是新中国城市规划事业的“领路人”。尽管苏联政府对中国的援助并非无偿的，但苏联专家对于开创新中国城市规划工作的巨大贡献，又岂能是用金钱来衡量的？这，是一种伟大的友谊，一种多彩的文化，一种文明的史诗！

必然，通过对八大重点城市规划工作的历史回顾，也为我们提供出一些值得反思、自省及引以为戒的重要历史教训：应当冷静认识城市规划的责任范畴，客观、务实地谋求城市规划工作的合理定位；应当加强城市规划的经济工作，提升城市规划科学论证的能力；应当积极开展区域研究，提升在城市以上层面协调和解决有关问题的能力；应当加强对城乡规划工作的系统性总结，尤其是规划管理经验的科学化提升等等。这些历史教训中的有些方面，透过“一五”中期以后城市规划事业的发展情况，已经能够观察到其部分的明显改进，如1955年开始加强城市规划的经济工作（包括在苏联专家团队中配备专门的经济工种在内），并启动区域规划的实践探索。但就有些方面而言，如冷静认识城市规划的责任范畴、推动规划管理经验的科学化提升等，直到今天，仍然是我们应当努力改革和攻坚的症结所在。

---

① 据老一辈规划工作者回忆，早年开展规划工作时的场所大多是旧的民房，“房间进深很小，空间狭窄，画总体规划平面图时，要用好几张桌子拼在一起，人只能站着操作，采光又很差，开着灯画图都很吃力”，“尽管工作和居住条件都很差，但那时的年轻人怀着满腔热情，一门心思扑在工作上。不论严寒和酷暑，也不管沙尘暴等恶劣天气，只要组织上一声令下，规划人员就奔赴各地”，“自带被褥行装”，“与当地城建部门的同志一道，同吃、同住、同劳动，工作时间少则一年多，多则二、三年”，“每当需要向苏联专家汇报规划方案时，规划小组总要事先多加几个通宵班，努力把资料准备得最充分、把图画得最好，既希望专家提出指导性意见，以便尽快做好总体规划方案，又希望通过汇报向专家多学习一点运用苏联城市规划设计原理解决实际问题的本领”，“尽管工作确实艰苦，生活也实在艰辛，但是在那火红的年代”，规划工作者是一个“团结、融洽的集体，没有什么克服不了的困难”，“大家干劲十足，心甘情愿。遇到调资定级，互相推让，没有争名争利现象”，所有这一切都是为了一个共同的目标，这就是通过大家的“辛勤劳动，艰苦创业，尽快把我国建设成为繁荣富强的社会主义新中国”。参见：中国城市规划设计研究院部分离退休老同志．艰苦创业，成绩卓越的十年——贺中国城市规划设计研究院建院五十周年［R］// 流金岁月——中国城市规划设计研究院五十周年纪念征文集．北京，2004：3，11.

结语

Closing

从城市规划发展史来看，本书所讨论的八大重点城市规划，只是新中国极其丰富的规划实践之冰山一角，甚至还不能代表“一五”时期城市规划工作的全部，但是，它们却发生在城市规划事业“初创”的关键时刻，对60多年来新中国城市规划发展的影响极为深刻，在某种程度上也是计划经济时期城市规划工作的一个缩影。通过本书的历史回顾，可以引发诸多值得进一步讨论的话题，譬如：如何认识建国初期城市规划与近代城市规划活动的源流关系，如何辨别当前城市规划工作中所存在的一些历史“基因”，历史研究对未来规划事业发展有何借鉴等等。不同的人，基于不同的视角，可以获得不同的感悟。对于笔者而言，感触最深的莫过于如何看待城市规划的历史发展这一最基本的思想观念问题。

长期以来，学术研究领域或思想界业已形成一种主导性的观念：新中国的城市发展与规划建设主要经历了计划经济和改革开放两个不同的时期，在这一“两段论”的思维下，自然衍生出对于前后两个时期截然不同的倾向性态度：改革开放以后的“30年”，是不断创新、锐意进取、与世界接轨、繁荣进步并取得伟大成就的30年，计划经济时期的“30年”，则是照搬苏联模式、幼稚、僵化、不值得一提的30年。甚至于说，改革开放已成为进步、先进、成功的代名词，而计划经济和苏联模式则充满着负面、落后甚至否定的色彩。事实果真如此吗？

在本项研究开展之前，笔者未曾就新中国城市规划发展的“两分法”进行过深入的思考。在研究工作进行之中，却时不时地感受到，这恰恰正是横在新中国规划史研究面前的，甚至有些牢不可破的阻碍之门。

然而，在八大重点城市规划研究日趋明朗化之际，笔者却也隐约感受到，似乎已经到了推开这扇大门的时刻了。

在大量的文献中，不难发现一系列的对于计划经济时期和借鉴苏联条件下的城市规划工作的批判之词：规划理论与方法“行政”“照搬”苏联模式，存在严重的形式主义和“形而上学”的弊端；采用苏联规划的“高标准”，与中国国情不适应，从而出现“四过”的问题；以“工业城市”为主导的建设模式，形成对城市发展的“桎梏”，城市的可持续发展无从谈起；城市规划建设缺乏对自然环境和历史文化保护的思想，从而形成严重的环境污染问题和文化遗产的大破坏……

可是，一旦走进历史场域，一旦了解背景情况，一旦进行整体思考，上述批判的一些偏颇之处便开始显露。譬如：新中国对苏联城市规划理论的借鉴有其时代必然性，规划工作者在借鉴苏联经验的过程中，也有着一系列的结合中国国情的考量，并不乏一些本土性的创新探索；就苏联城市规划理论而言，尽管具有鲜明的意识形态特征，但在这一较为表象的特征之下，却蕴含着诸多的对规划实践经验总结而形成的科学体系；就新中国早期的城市规划工作而言，实际上也有较为突出的环境卫生和文化保护的观念，如考虑风向和河流流向等自然条件、进行明确的功能分区、设置卫生防护地带、避免对旧城大拆大建、结合文物遗迹开展建筑艺术设计等种种努力，只不过当时的思想意识还不够深刻、环境保护的手段较为“低级”、对旧城的保护更多是出于“加以利用”的现实目的罢了；再就城市建设和发展中的一些问题而论，许多方面其实并不属于城市规划工作的专业范畴，某些批判实际上是把数十年来累积起来的各种社会矛盾，特别是近些年来快速城镇化进程中的一些突出问题，不加区分地统统算在了城市规划或“历史”的账上。

总的来讲，对于计划经济时期和苏联规划模式的种种负面评价，或者是站在“现代”的立场、态度或观念去加以认识，或者是凭着主观判断、感情化地甚至“想象化”地加以讨论，抑或只是从一个侧面或局部、出于功利化科研动机而进行的“学术批判”……借用当前历史学界正在热议的一个话题，存在着“历史虚无主义”的倾向。

作为一种流行思潮，“历史虚无主义”不仅在史学领域弥漫，向文学、影视、网络传媒流传，而且以“理论化”“学术化”等新姿态出现。[①] 2014 年 10 月，习近平总书记在中共中央政治局第十八次集体学习时强调指出：“怎样对待本国历史？怎样对待本国传统文化？这是任何国家在实现现代化过程中都必须解决好的问题”，“我们不是历史虚无主义者，也不是文化虚无主义者，不能数典忘祖、妄自菲薄。”[②] 历史虚无主义者“以‘反思’、‘解放思想’、‘重新评价’、‘理性思考’、‘范式转换’、‘还原真相’等为名头，肢解、曲解中国传统文化，否定、歪曲近现代以来的中国历史发展道路”[③]，或者“否认历史的客观存在”，“虚无和歪曲历史，不能公正地分析和认识历史，不能客观地描述和表现历史、任意践踏、随意评说、肆意消费历史。”[④]。就城市规划议题而言，也有相似的表现。更为严重的是，由于历史研究的滞后，由于诸多历史事实的鲜为人知，许多对于计划经济时期和借鉴苏联经验条件下的城市规划工作的负面性批判，完全是建立在对有关历史情况缺乏必要了解甚至对历史一无所知的基础之上。

---

① 卜宪群．历史唯物主义与历史虚无主义琐谈［J］．历史研究，2015（3）：4-9.

② 习近平在中共中央政治局第十八次集体学习时强调牢记历史经验历史教训历史警示为国家治理能力现代化提供有益借鉴［N］．人民日报，2014-10-14（1）.

③ 卜宪群．历史唯物主义与历史虚无主义琐谈［J］．历史研究，2015（3）：4-9.

④ 张江．文学“虚无”历史的本质［N］．光明日报，2014-04-04（1）.

尽管笔者关于新中国规划史的研究工作刚刚起步，还有大量的规划实践需要作更深入的梳理，目前尚不能列举出足够令人信服的证据，但能否以“假设”的方式作出这样的推断：新中国成立60多年来，包括实行改革开放的重大变革时期在内，我国城市规划的理论方法、实践模式和文化制度等，其实并未发生剧烈的“突变”，而是呈现出以历史传统为基础，新元素和新思想不断涌现，“新”“旧”互动与融合的潜移默化的发展进程；数十年来的城市规划发展，绝不是一种简单的直线上升式的逻辑进程，而是有着曲折、波动，乃至迂回甚或倒退等多种复杂情形的演替模式。因而，“新的”不一定就比“旧的”好。

作出这样一个推断，当然不是为了宣扬“旧的”传统，而仅仅旨在发出一个呼吁：对于城市规划的历史发展，应该采取一种实事求是、客观公正的理智态度，应该遵循一种整体思考、辩证分析的科学路线。

如果能够摆脱简单化的“两段论”思维，如果能够“历史主义”地看问题，我们就能认识到，当前我们城市规划工作的许多做法，不少方面依然是承袭了早期城市规划工作的内在传统所致，尤其当前的规划体系在很大程度上仍然表现出借鉴苏联经验的深刻烙印，而我们对于规划历史的一些批判，深究起来，其实不过只是对“自我”的一种批判而已。同时，在早年的城市规划工作中，在规划编制、规划审批和规划实施管理的各个环节，都始终贯穿着城市规划的科学精神、科学态度和科学方法，譬如对调查研究的高度重视，对规划依据的反复强调，采取多方案比选与实验设计的规划方法，规划修改中对于原则问题的坚守，处理重大规划问题的多部门联合调研途径等等，都是值得继承和发扬的优良传统。仅就一个具体问题而言，“一五”时期城市规划工作中所运用的劳动平衡法，其关于三类人口的划分方法在今天固然已不足取，但其从人口就业（劳动力）的角度出发来解析城市内在特征的做法，与现在通常所强调的城市用地或产业经济等分析方法相比，无疑是抓住了城市更为本质的内涵。这些足以表明，过去并非一无是处，历史需要科学对待。作为一门实践性学科，城市规划的科学性只能建立在对各种实践经验进行充分总结的基础之上。

总之，通过本项历史研究，期望能够对重新认识城市规划的历史发展，重新认识计划经济条件下的城市规划工作，有所启迪。

大事纪要

Events

1950 年

2 月 14 日，中苏两国签订苏联援建的首批“156 项工程”共 50 个项目。

6 月，朝鲜战争爆发。中国人民志愿军于 10 月赴朝参战。

1951 年

2 月 18 日，中共中央发出《政治局扩大会议决议要点》的党内通报，强调在城市建设计划中，应贯彻为生产、为工人服务的观点。

1952 年

4 月，中财委聘请苏联专家穆欣（苏联建筑科学院通讯院士）等来华工作。同年 12 月转聘至建筑工程部。

8 月 7 日，中央人民政府委员会第十七次会议决定成立中央人民政府建筑工程部（简称建工部），作为政务院财政经济委员会（简称中财委）下属部门之一。9 月 1 日建工部正式成立。

9 月 1 ~ 9 日，建工部以中财委名义召开第一次全国城市建设座谈会。会议对我国城市进行了分类，其中第一类重工业城市包括“北京、包头、大同、齐齐哈尔、大冶、兰州、成都、西安八个城市”，这是国家政策层面首次出现的“八大重点城市”概念。根据这次会议讨论的《中华人民共和国编制城市规划设计与修建设计程序（草案）》，各新工业城市陆续开始城市规划编制工作。

11 月 15 日，中央人民政府委员会第十九次会议通过任命陈正人为建筑工程部部长，万里为副部长。同时决定设立国家计划委员会（简称国家计委），任命高岗为国家计委主席。

1953 年

3 月，建工部城市建设局成立，孙敬文任局长。局下设城市规划处，主管全国的城市规划工作。

3 月，苏联专家穆欣对西安市规划编制工作进行指导。

4 月，东北医学机构霍儒学等翻译的《苏联公共卫生学》（原著 1951 年版）由东北医学图书出版社正式出版。

5 月 15 日，中苏两国签订第二批“156 项工程”共 91 目。前两批“156 项工程”合计 141 项。

5 月，苏联专家穆欣对成都市规划编制工作进行指导。

注：本纪要主要反映与八大重点城市规划工作相关的一些重点信息，时间范围以“一五”时期为主。

6月，苏联专家巴拉金（原在列宁格勒城市设计院工作）来华，受聘于建筑工程部。

7月4日至8月7日，中共中央召开关于城市工作问题的大城市市委书记座谈会。

7月13日，国家计委设立城市建设计划局，曹言行任局长。局下设城市规划处。

7月，苏联专家穆欣对成都市规划编制工作进行指导。

7月，苏联专家巴拉金对西安市规划编制工作进行指导。

8月，苏联专家巴拉金对西安市规划编制工作进行指导。

9月4日，中共中央发出《关于城市建设中几个问题的指示》。

9月9日，中共中央印发了《关于加强发挥苏联专家作用的几项规定》，掀起了向苏联学习的新高潮。

9月中旬前后，苏联专家巴拉金应邀赴武汉指导规划工作。

10月前后，苏联专家穆欣结束协议回苏。

11月22日，《人民日报》发表《改进和加强城市建设工作》的社论。

11月，刘宗唐翻译的雅·普·列甫琴柯所著《城市规划：技术经济之指标及计算》（原著1947年版）一书由时代出版社正式出版。

1954年

3月1日，国家计委办公厅下发《关于建议建筑工程部城市建设局应成立城市规划设计院、上下水道设计院和城市勘察测量队的报告》的通知。

4月，苏联专家巴拉金对太原市规划编制工作进行指导。

4～5月，在国家计委主持下，组织了包头钢铁公司的联合选厂工作，最终确定厂址在昆都仑河以西的宋家壕方案。

6月10～28日，经中共中央批准，建筑工程部和国家计委共同主持召开全国第一次城市建设会议。国家计委副主席李富春在会上所作总结报告中，对全国城市重新进行了分类排队，除北京系首都特殊重要外，其他城市又被划分为4种类型，其中第一类有重要工业建设的新工业城市包括西安、太原、包头、兰州、洛阳、武汉、成都和大同等8个城市，即八大重点城市。这次会议明确了城市建设必须为国家社会主义工业化、为生产、为劳动人民服务，采取与工业建设相适应的重点建设、稳步前进的方针，并印发《城市规划编制程序试行办法（草案）》《城市规划批准程序（草案）》《关于城市建设中几项定额问题（草稿）》和《城市建筑管理暂行条例（草案）》等文件。会后八大重点城市规划编制工作加快推进。

6月，苏联专家克拉夫秋克（莫斯科城市设计院副院长）来华，首先受聘于国家计委，同年11月国家建委成立后转聘至国家建委。

6月，程应铨编译的《苏联城市建设问题》一书由龙门联合书局正式出版。

7月，岂文彬翻译的雅·普·列甫琴柯所著《城市规划：技术经济之指标及计算》（原著1952年版）一书由建筑工程出版社正式出版。

7月前后，苏联专家克拉夫秋克和巴拉金对成都市规划编制工作进行指导。

8月11日，《人民日报》发表《贯彻重点建设城市的方针》的社论。

8月22日，《人民日报》发表《迅速做好城市规划工作》的社论。

8月，刘秀峰任建筑工程部副部长并代理部长，9月29日正式任建筑工程部部长。

8月，建工部城市建设局改为建工部城市建设总局。

9月8日，国家计委下发《关于新工业城市规划审查工作的几项暂行规定》（五四计发申十二号）。

9月15～28日，第一届全国人民代表大会第一次会议通过《中华人民共和国宪法》，原政务院改为国务院。中央人民政府建筑工程部改称为中华人民共和国建筑工程部。同时决定成立国家建设委员会。

9月底前后，八大重点城市陆续完成初步规划编制成果并上报审查。

10月10日～12月10日，国家计委/国家建委和建工部共同组织，对西安、太原、包头、兰州、洛阳、武汉、成都和大同等重点新工业城市的规划编制成果进行了集中审查。

10月12日，中苏两国签订第三批“156项工程”共15项。至此，中苏两国共签署了156个援建项目。此后“156项工程”又有补充和调整。

10月18日，建筑工程部城市建设总局城市设计院（中规院的前身）正式成立。

10月22日，国家计委发出《关于办理城市规划中重大问题协议文件的通知》（五四计发西116号）。

10月25日～11月7日，建工部城市建设局召开了成都、武汉、兰州、大同、洛阳、包头、西安、太原等八个重点城市座谈会。

10月29日，国家计委召开西安市规划和兰州市规划的审查会议。

10月，苏联专家克拉夫秋克和巴拉金对太原市规划编制工作进行指导。

11月8日，国家建设委员会（简称国家建委）正式成立，薄一波任主任。国家计委城市建设计划局划归国家建委领导。

11月8日，国家建委召开包头市初步规划的审查会议。

11月13日，国家建委召开洛阳市涧河区初步规划的审查会议。

11月，苏联专家克拉夫秋克和巴拉金对太原市规划编制工作进行指导。

12月11日，国家建委正式批复兰州市初步规划。

12月17日，国家建委正式批复洛阳市（涧西区）初步规划。

12月，国家建委正式批复西安市初步规划。

12月，苏联专家巴拉金对包头市规划编制工作进行指导。

1955年

1月，程应铨翻译的B・L・大维多维奇所著《城市规划：工程经济基础》上册由高等教育出版社正式出版。该书下册于1956年4月由高等教育出版社正式出版。

3月28日，《人民日报》发表题为《反对建筑中的浪费现象》的社论。

4月9日，第一届全国人民代表大会常务委员会第十一次会议批准国务院设立城市建设总局，作为国务院的一个直属机构。21日，国务院任命万里为城市建设总局局长。

6月13日，国务院副总理兼国家计委主任李富春在中央各机关、党派、团体的高级干部会议上作“厉行节约，为完成社会主义建设而奋斗”的报告。

6月，中共中央发出《坚决降低非生产性建筑标准》的指示，要求“在城市规划和建筑设计中，应做到适用、经济、在可能条件下美观”。

7月3日，国务院发出《国务院关于一九五五年下半年在基本建设中如何贯彻节约方针的指示》。

7月4日，中共中央发出《中共中央关于厉行节约的决定》。

7月30日，第一届全国人大第二次会议正式通过国民经济发展的第一个五年计划。

7月，苏联专家巴拉金对成都市规划编制工作进行指导。

8月上旬，由国家建委孔祥祯副主任和城市建设总局万里局长牵头的联合工作组，对包钢住宅区的选址等问题进行了调查研究。

8月中旬，由国家建委孔祥祯副主任和城市建设总局万里局长牵头的联合工作组，对大同市第二拖拉机厂选址等规划问题进行了调查研究。

9月7日，中央以电报方式对大同市“二拖”厂址问题正式作出批示。

9月，苏联专家巴拉金对太原市规划编制工作进行指导。

10月7日，国家建设委员会党组向中央呈报《对包头市委“请审核包头城市规划的请示”的审查意见并转报孔祥祯、万里两同志“关于在包头市工作情况的报告”》。

10月19日，国家城建总局邀请受聘于有关部门的15位苏联专家，集体讨论太原市规划的有关问题。

10月24日至11月1日，国家城市建设总局召开兰州、西安、洛阳、太原、包头、武汉、大同、成都八个重点工业城市会议。

11月19日，中共中央以电报方式正式批复包头市初步规划。

11月，苏联专家巴拉金、马霍夫对成都市规划编制工作进行指导。

12月16日，国家城建总局正式批复大同市初步规划。

12月，国家建委正式批复成都市初步规划。

12月，苏联专家马霍夫、扎巴罗夫斯基对太原市规划编制工作进行指导。

1956 年

5 月 12 日，第一届全国人民代表大会常务委员会第四十次会议决定成立中华人民共和国城市建设部，撤销国家城市建设总局。同月，任命万里为城市建设部部长。

5 月 30 日，城市建设部颁发《城市建筑管理试行条例》。

5 月，苏联专家巴拉金结束协议回苏。

7 月，国家建委正式颁发《城市规划编制暂行办法》。

9 月 30 日，武汉市委批复“武汉市城市建设 12 年规划（草案）”“汉阳地区总体规划（1956 ~ 1967）”和“解放大道中段（黄浦路至利济北路）干道规划”。

1957 年

1 月 18 日，中共中央经济工作 5 人小组组长陈云在全国省市自治区党委书记会议上发表题为《建设规模要与国力相适应》的讲话。

2 月 8 日，中央政治局通过《中共中央关于一九五七年开展增产节约运动的指示》。

3 ~ 4 月，国务院副总理邓小平在城市建设部部长万里的陪同下到兰州、西安、太原等地考察调研，对城市建设工作发表一系列重要讲话。

5 月 1 日，国务院副总理李富春和薄一波联名向中央和主席报告《关于解决目前经济建设和文化建筑方面存在的一些问题的意见》。中共中央于 5 月 19 日批转该报告。

5 月 24 日，《人民日报》发表“城市建设必须符合节约原则”的社论，批评城市建设规模过大、标准过高、占地过多及城市改扩建中的“求新过急”现象，即“反四过”。

5 月 31 日 ~ 6 月 7 日，国家计委、国家建委、国家经委联合召开全国设计工作会议。

6 月 3 日，国务院发出《关于进一步开展增产节约运动的指示》。

6 月，苏联专家克拉夫秋克结束协议回苏。

附录

Appendix

按：作为新中国首批重大城市规划设计项目，八大重点城市规划的技术成果是十分珍贵的历史文献。根据有关专家和读者的建议，特将西安、洛阳和兰州 3 个城市于 1954 年 9 月前后上报国家计委 / 国家建委审查的初步规划说明书附录于后。之所以选择这 3 个城市的规划文件，主要有如下两方面的考虑：

1）西安、洛阳和兰州 3 市的初步规划于 1954 年 12 月中旬获得国家建委的批复，是新中国首批获得国家正式批准的仅有的 3 个规划项目，在某种意义上也可以说是成熟最早的规划成果。

2）3 个城市的规划编制工作各不相同，其规划技术文件也有鲜明的个性特色，是新中国成立初期最具代表性的规划成果（之一）。其中，西安规划是八大重点城市规划中的试点项目，规划工作起步时间最早，也是苏联专家技术援助的重中之重，从规划说明书内容来看也最为严谨、精炼和规范，更接近于今天的规划文本；洛阳规划在八大重点城市规划中其技术力量最为雄厚，以中央城市设计院为主的规划人员中有一大批是来自上海等地的老工程师（如程世抚、谭璟等），其规划说明书内容更具说理和论证的特点；兰州规划是以地方规划人员为主而完成，虽然苏联专家也对其进行过指导、中央城市设计院也有所援助，但其规划成果更多地表现为地方规划人员学习苏联规划经验的一种自我探索，更具地方特点。

本附录使这一珍贵历史文献完整呈现，目的也在于提供窥得规划成果全貌一可能。

衷心感谢中国城市规划设计研究院档案室和图书馆的大力支持。

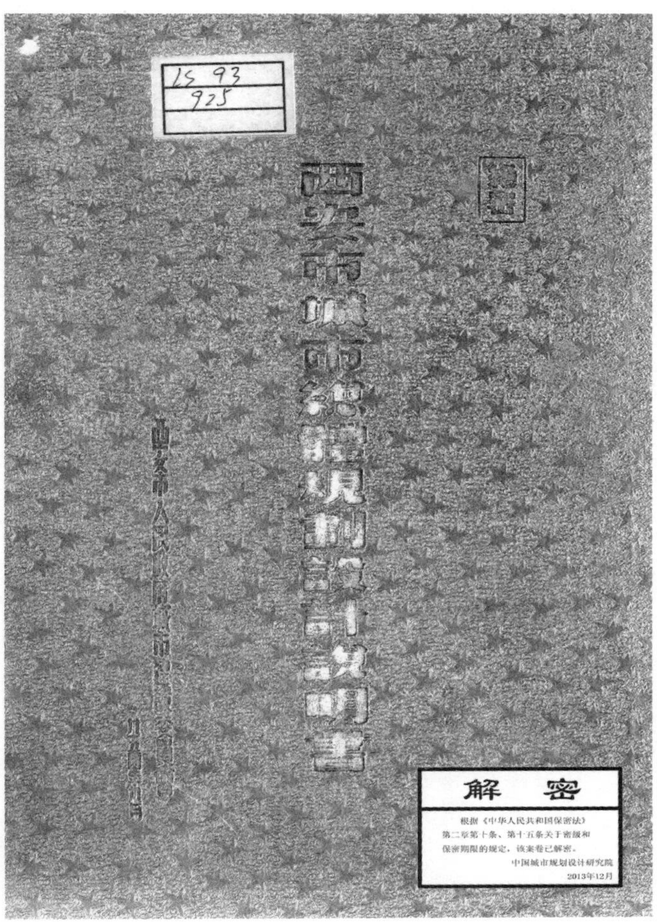

西安市城市總體規劃設計說明書

西安市人民政府城市建設委員會

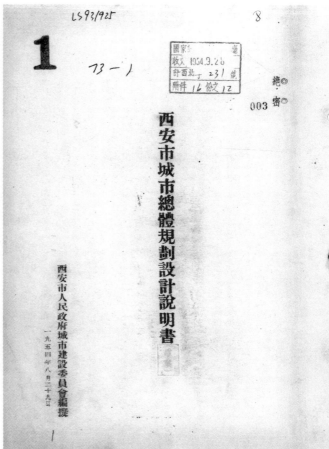

西安市城市總體規劃設計說明書

西安市人民政府城市建設委員會編撰

一九五四年八月二十九日

附　件

一、西安市現況

西安是一座古城，位於關中平原，北濱渭河，南臨終南山，東有滻、灞河，西有涇、灃河，形勢優美，歷代在此建都的有周（鎬京）、秦（咸陽）、西漢、前趙、前秦、後秦、西魏、北周、隋、唐等九朝。現在西安城爲公元五八二年（隋文帝開皇二年）創設之「大興城」，公元九〇四年（唐宣帝天佑元年）唐遷都於洛陽後，駐宮佑國軍節度使韓廷以唐皇城爲基礎重建爲「奉元城」，一三九〇年（明太祖洪武三年）加以修整，改名爲「西安」，至今約一三七一年。

西安現轄市區，東至滻河，西至涇河長一八公里，南至曲江池，北至十里舖寬約十三公里，面積二三四平方公里，其中建城區爲一六點八七平方公里，佔總面積百分之七，郊區爲二一七點一三平方公里，佔總面積百分之九三。

市區內人口一九四九年爲五五六、九四四人，解放後由於工業的恢復和發展，人民生活條件的改善與提高，衛生保健事業的發展，一九五四年增至八〇〇、〇〇〇人，五年內增加二四三、〇五六人，比一九四九年增加百分之四四。其中城市人口約六八七、〇〇〇人，佔全市總人口百分之八六。市民多爲漢族，約佔百分之九七，回、藏、滿等族佔百分之三。

甲、工業：

總的情況是手工業比重大，大工業基礎薄弱。

（一）大工業：根據調查統計，全市現有十六人以上國營、私營、公私合營的工業企業約八九戶，職工二九、五二四人。其中化學業一六戶，二、三一四人；建築材料業五戶，四、三三八人；金屬加工業二五戶，四、三〇〇人；印刷業九戶，一、六七五人；木材加工業五戶，一、三一九人；動力二戶，七二八人；動物製品加工業二戶，二、三五三人；紡織業十七戶，七、二八九人；食品加工業十戶，一、五一五人；其他工業二戶，三、六九五人。其產品多銷往陝、甘、寧等地城市與農村牧區。

(二)手工業：全市共六、三七〇戶，從業人員二六、四二六人。其中大型三七戶，小型一、一〇三戶，個體五、二三〇戶。包括冶煉二〇戶，一七八人；金屬加工一、二七二戶，三、六九〇人；化學七戶，三四人；玻璃八戶，一三九人；橡膠加工一〇六戶，二二一人；建築材料二八一戶，五、四〇八人；木材加工七〇三戶，二、二六九人；手紡一、七八三戶，七、七八八人；縫紉一、一八三戶，三、一二七人；皮革及皮毛一五六戶，四七四人；油脂肥皂、香料化粧品八二戶，二三八人；食品二〇三戶，八三五人；印刷五四戶，三九六人；科學藝術製品一九一戶，七九一人；其他生產部門三二一戶，八四八人。其特點是個體比重大，佔總戶數百分之八二點一，零星分散，資金薄弱，加之工具簡單，技術落後，產品質量差，經營管理不善，保守性大，成本高，價錢貴，所以發展極不平衡，動盪性大。其產品約一、〇〇〇多種，多係日用必須品，服務於本市及陝、甘、寧等農村及牧區。

乙、商業：

西安爲西北之貿易中心，區域廣闊，西至新疆，東至沿海各地，南至四川，輸入大於輸出，

據鐵路局統計一九五三年輸入一、二〇九、九四九噸，主要爲燃料、工業品、建築材料、布疋等，輸出爲二八六、七一二噸，主要爲棉花、粮食、植物油、布疋、農具等。

丙、交通運輸：

西安是西北和全國各地聯系的重要交通樞紐。鐵路有隴海路橫貫東西，西至蘭州，東至華東、華北、中南各地。公路有川陝路經寶鷄通成都；長坪路通至河南西坪；西蘭路直達蘭州；咸榆路經咸陽至榆林。空運有北京至西安綫；西安經蘭州至蘇聯阿拉木圖綫；西安至重慶綫。

丁、居民情況：

居民職業大體分爲四類：一爲國營、公私合營與私營企業、建築業、運輸業中的職工，中央與省級黨政羣系統中的工作人員及專科以上學校學習的學生和教職員工等約佔百分之二十一點二。二爲本市居民服務的小工業、手工業工人，零散的泥、木、瓦工；公用事業、文化、教育、衛生事業中的職工與市級機關工作人員；國營百貨公司、貿易公司、合作社、私人商店及一部分小攤販的從業人員；公安部隊人民警察等共約佔百分之十七點三。三爲十八歲以下兒童與六十歲以上的老人及殘廢者共約佔百分之四六點五。四爲有勞動力而無充分工作者約佔百分之十五，其中家庭婦女約九八、二〇四人，半失業人口約五、七八五人。

居住情況，據不完全的統計，人口毛密度最大約每公頃六〇〇人，每人佔建築面積約五平方公尺。房子矮小擁擠，水、電、交通等公共設施不全，工廠與住宅混雜，均極影響着居民的生活與健康。這種情況反映了舊城市是不能滿足人民的需要的，必須有計劃有步驟的逐漸改善，增加

住房，以滿足勞動人民日愈增長的要求。

二、西安市地理氣候特點

(一)西安位東經一〇八度五五分五四秒，北緯三四度一五分二四秒。市區高度以大沽中等海平面爲準，一般拔海四〇〇公尺左右，爲西北各省最低地區。市區內大體東南高，西北與西南低，呈箕狀，最高處拔海六九〇公尺，最低處拔海三〇七公尺。

(二)氣候：據西北氣象處資料：

1雨量：西安地區雨量稀少，多集中在七、八、九三個月，據一九三二年至一九五一年記載：年總平均五六一點二公厘，最高年份一九三八年達八一七點八公厘，最低年份一九三二年爲二八五點二公厘，歷年月總平均爲：

月份	一	二	三	四	五	六	七	八	九	十	十一	十二
公厘	四·五	一一·二	二二·〇	三八·七	五六·三	四四·七	八三·〇	九五·八	一一八·九	五六·三	二二·三	六·八

2溫度：西安屬大陸性氣候，氣溫變化大。據一九三二年至一九五一年記載：年取暖日數平均約八七日，年平均溫度攝氏一四點〇度，最高年份一九三四年七月達攝氏四五點二度，最低年份一九四八年一月攝氏零下一九點一度，月平均爲：

月份	一	二	三	四	五	六	七	八	九	十	十一	十二
OC	負〇·八	二·五	八·七	一四·九	二〇·八	二五·九	二八·一	二六·二	二〇·一	一四·三	六·九	〇·八

3濕度：據一九三二年至一九五一年記載：歷年平均相對濕度爲百分之六七，歷年最小相對濕度一九四四年三月爲百分之六點三，歷年月平均爲：

月份	一	二	三	四	五	六	七	八	九	十	十一	十二
%	六七	六七	六二	六三	六〇	五六	六四	七〇	七七	七五	七四	七二

4霜、雪、冰期：據一九三二年至一九五一年記載：初霜最早爲一九四五年十月二日，終霜最晚爲一九四一年四月二十九日。初冰期最早爲一九五一年十一月六日，終冰期最晚爲一九五一年三月二十九日，初雪期最早爲一九五〇年十一月四日，終雪期最晚爲一九三四年四月十二日。降雪日數年平均八點三日。降雪厚度除一九二九年達三公寸外，一般二公寸左右。

5日照及降霧：據一九三三年至一九五一年記載：年平均日照一七一八小時，一日內最大日照一三小時。歷年最多降霧日數一九四八年達三十一日，最少一九三六年僅一日。

6風向與風速：一年中常風向爲東北與西南風，據一九五一年至一九五三年記載：東北風佔百分之十八點三二，西南風佔百分之十三點三六，據一九四〇年至一九五一年記載（一九四〇年以前風速係按風級估計）：最大風速爲一九四一年四月每秒二二點六公尺。

7地層凍結深度：市區凍結深度距地面很淺，地層凍結深度一般約一公寸，一九二九年最深達五公寸。

(三)河流：據黃河水利委員會、西北水利局、陝西省水利局資料（各河流水文站基點不統

一，省水利局正在校正中）：

1渭河：據一九四〇年至一九五二年咸陽水文站記載：歷年平均流量一六三秒立方公尺，最大流量一九四〇年八月三、六九〇秒立方公尺，最小流量一九四一年六月四秒立方公尺。最低水位一九四〇年六月三八三點三二公尺，最高水位一九五一年九月三八五點四四公尺，平均水位三八三點二七公尺。據一九五三年記載：最高水溫攝氏三三點八度，最低零下二度。

2灞河：河床沙底，寬〇點七至一點五公里，兩岸有堤，河床未發生過變更。據一九四七年至一九五二年灞橋水文站記載：歷年平均流量約十七點〇三秒立方公尺，最大流量一九五一年九月約達二五七秒立方公尺，在五、六月間常乾涸。平均水位三八六點三公尺，最高水位一九四六年七月三八八點六〇公尺，最低水位時卽斷流。平均最大流速每秒二點七公尺，平均最小流速每秒〇點二三公尺。結冰期多在十二月、一月，歷年結冰最大厚度一九二九年達〇點五公尺，最小〇點一〇公尺，最大凌速〇點八七秒公尺，最小〇點六〇秒公尺。據一九五三年記載：最高水溫攝氏三十六度，最低零下〇點二度。

3滻河：河床沙石底，兩岸雜草蘆葦，冲刷不大，水深一般約〇點六公尺，乾涸期多在五、六月長達二十天。歷年洪水以五三年爲最大，五十公尺內秋苗菜蔬被冲，淹沒地區兩岸達一公里左右（詳如附圖）。據一九三六年至一九五二年滻橋水文站記載：最高水位一九四八年十月三八五點一五公尺，最低時水卽斷流，平均水位三八三點三五公尺，平均最大流速一點二四秒公尺，平均最小流速〇點三六秒公尺，據一九四七年至一九五三年記載：最高水溫攝氏四二點五度，最

低一九四八年爲零下一八點二度。

4灃河；據水寨村和秦渡鎭水文站一九四二年至一九五三年記載：最高水位一九四九年九月三九八點一三公尺，最低水位一九四三年一月三九五點二六公尺，平均水位三九五點七六公尺。最大流量一九四九年九月二七三點四秒立方公尺，最小流量一九五一年六月〇點一〇秒立方公尺，年平均流量一二點九秒立方公尺。

5潏河：據秦渡鎭水文站一九三六年至一九五二年記載：最高水位一九三七年八月三九八點九五公尺，最低水位一九四二年七月三九三點九五公尺，平均水位三九六點八四公尺。流量一九四二年前無記載，最大流量一九四九年七月一九〇點六二秒立方公尺，最小流量一九五二年五月〇點一〇秒立方公尺，平均流量一〇點八四秒立方公尺。

6滈河：無水文記載，河寬五至六公尺，深二至三公尺，河床粘土底，部份地方含有少量砂礫，兩岸爲農田、草木叢生，不易冲刷，河道未發生過變更，歷年洪水以一九三五年爲最大，漁化寨下游地區，兩岸淹沒地約二〇〇至三〇〇公尺左右（詳如附圖），天旱時水卽乾涸，約七、八個月。一般凍結約〇點七公寸左右，一九二九年凍結，河水凍乾。

（四）地質及地下水：根據市建設局勘測隊資料：

1西郊區：地層屬第四紀次生黃土沉積地帶，經新老河流多次冲刷沉積，地表爲新冲積層。由地面起厚約十公尺，土粒細緻均勻，有柱狀節理，能形成懸崖絕壁，次爲砂土層，夾雜於黃土層中，接近於河流渠道，砂徑約三分之一米厘，體積佔百分之二十，厚度不一，約在〇點三至九

公尺之間，土質鬆軟，遇水卽散，挖掘後陡坎多呈豎立破裂現象。據部份地區試驗資料：土壤最大承壓力一般約在三點一五至八點九平方公分公斤，地下水流向與地面大體相同，距地面最深者一〇點五公尺，最淺者〇點七公尺，大部份地區距地面三公尺以下。

2東郊區：該地區大部爲黃土層。厚十公尺以上，無冲積層次，土粒均勻，不含砂粒，富柱狀節理，能形成土涯懸崖絕壁。次爲冲積層。多於滻、灞河附近，土粒結構與原生黃土無異，唯成份中含有大量砂粒。土壤據部份地區試驗資料：最大承壓力約在三點三七至五點二平方公分公斤。地下水位除滻、灞河較淺在三公尺左右，一般均在十公尺以下。

3南郊區：該地區大部爲黃土層，厚十公尺左右，另外極少部份夾有一至五公尺砂土層。土壤據部份地區試驗資料最大承壓力一般約在二點九至七點五平方公分公斤。

4城關區：大部爲黃土層，厚十公尺左右，唯地面內三公尺左右土壤大部不甚規則，多爲碎磚瓦及垃圾。土壤據部份地區試驗資料最大承壓力一般約爲三點五八至六點〇五平方公分公斤，地下水位多在七至十四點五〇公尺內。

市區內地下水質，據市自來水廠化驗資料：總硬度一〇至三〇〇，永久硬度普通〇至六〇，鹼度二〇〇至三〇〇。部份地方含硫化氫，西部尤甚。

（五）地震：據歷史記載與中央科學院研究資料，西安地區一五五六年（明嘉靖三十四年）地震較烈。烈度暫定爲七度。

三、西安市發展的經濟根據

甲、經濟資源概况：

（一）礦藏：西安附近地區，渭北有煤，儲煤量約爲七一、九五〇、〇〇〇、〇〇〇噸，陝南蘊藏有鐵，陝北蘊藏有石油，現正在大力進行勘測鑽探，將繼續有新的發現。由於過去工業不發展，地下資源情况不淸，現勘查工作正在進行，將來定會發現豐富寶貴的礦藏。

（二）農作物與經濟作物：

1棉：關中平原，棉花產量高、質量好，爲全國著名棉產區。一九五三年統計，陝西省年產一七〇、八三四、七六二市斤。

2麥：關中平原爲渭河冲積平原，土質肥美，爲陝西省之農業豐產地，據陝西省農業廳統計一九五三年全省產麥量爲三、四八五、〇一五、八五六市斤。

乙、五年工業發展計劃：

從一九五三年開始有計劃的經濟建設。根據第一個五年計劃的基本任務，西安工業建設的任務是巨大的。根據各工業部門供給資料，在西安新建二十一個大企業，其中屬於一四一項的十五項，（佔百分之十點六三），均要在第一個五年計劃期內完成或基本完成，西安是國家第一個五年計劃中的重點城市。

（一）中央工業部門建廠計劃：

1第一機械工業部新建四個大型機械製造廠如左表：

廠名	建設年限	生產小時	職工人數（人）	廠區用電量（瓩）	廠區用水量（噸/日）	廠區排水量（噸/日）	運輸量（噸/年）	備註
開關整流廠	五六—五七	十六	五、七〇〇	一〇、〇〇〇	四、八一〇	四、六〇〇	九五、〇〇〇	
絕緣材料廠	五六—五七	十六	一、五〇〇	一、一五〇	七〇〇	六七〇	三四、五〇〇	
電力電容器廠	五六—五八	十六	六〇〇	一、三五〇	三五〇	三三〇	二〇、〇〇〇	
高壓電瓷廠	五六—五八	十六	一、八五〇	一、八〇〇	九〇〇	九〇〇	七〇、〇〇〇	內附避雷器車間
合計			一〇、〇〇六	一九、三〇〇	六、七六〇	六、五〇〇	二一九、五〇〇	職工人數內包括技工學校教職員三五六人

2第二機械工業部新建一〇個大型機械製造廠如左表：

廠名	建設年限	生產小時	職工人數（人）	廠區用電量（瓩）	廠區用水量（噸/日）	廠區排水量（噸/日）	廠區運輸量（噸/年）	備註
八四四	五五—五八	十六	一六五〇	五〇〇〇	八一〇〇	三二〇〇	七七〇〇〇〇	
八〇三	五五—五七	十六	五一〇〇	五二〇〇	一八一八〇	三五八〇	一三〇〇〇〇	
八四三	五五—五八	十六	五五〇〇	一二〇〇〇	二七〇五〇	九〇五〇	二一〇〇〇〇	
八五三	五五—五八	十六	三九〇〇	一五〇〇	三〇〇〇	缺	三五〇〇〇〇	
七八六	五五—五七	十六	八三〇〇	一七〇〇	一三〇〇〇	九〇〇	七〇〇〇〇	
二四八	五五—五七	十六	七二〇〇	一三〇〇	一三〇〇	七〇〇	缺	
八四七	五五—五七	十六	三〇〇〇	一六〇〇	九〇〇	五〇〇	九〇〇〇〇	
八〇四	五五—五八	十六	六六〇〇	一八〇〇	六〇〇〇	缺	一四〇〇〇〇	
一一三	五五—五六	十六	二五〇〇	七六〇〇	一三〇〇	四五〇	一五〇〇〇	
一一四	五五—五六	十六	三七〇〇		一五〇〇	五五〇	二五〇〇〇	
合計			六二三〇〇	三九七〇〇	五九六三〇	一八九三〇	一八〇〇〇〇〇	

3中央燃料工業部新建電廠一個，擴建一個。

4中央紡織工業部新建七個紡織廠如左表：

廠名	建設年限	紗錠（枚）布機（台）	職工人數	廠區用電量（瓩）	廠區用水量（噸/日）	廠區排水量（噸/日）	廠區運輸量（噸/年）	備註
國棉三廠	五二—五四	六〇、五六〇 一、五八四	三一一六	三三〇〇	一九三〇		二三四一二	
國棉四廠	五三—五四	九五、七六〇 二、三六四	六四八〇	六五〇〇	一八七〇		四一九〇〇	
國棉五廠	五四—五五	九五、七六〇 二、三六四	六四八〇	六〇〇〇	二一四〇		四一九〇〇	
國棉六廠	五五—五六	九五、七六〇 二、三六四	六四八〇	六〇〇〇	二一四〇		四一九〇〇	
國棉七廠	五六—五七	九五、七六〇 二、三六四	六四八〇	六〇〇〇	二一四〇		四一九〇〇	
印染廠	五四—五六	日產二萬疋	二〇二六	二〇〇〇	一〇八二		一九八三一二	
印染廠	五五—五六	日產二萬疋	二〇二六	二〇〇〇	一〇八二		一九八三一二	
合計		紗錠四四三、六〇〇 布機一一、二二七	三三〇八八	三一八〇〇	一二、三八四（不包括空調用水）		五八七六三六	

（二）地方工業建廠計劃：

根據市財委等單位供給資料，在五年內新建和擴建九個企業，如左表：

廠名	廠區面積	職工人數	用電量	用水量（噸/日）	排水量（噸/日）	運輸量（噸/年）	備註
黃河棉織廠	一四六〇〇	九〇〇		三〇〇		三二〇〇	新建
小五金廠		幹部六〇人		一三		三六〇〇	新建
水暖衛廠	一五〇〇〇	六九〇		二〇		一〇〇〇〇	新建
熱水瓶廠	七七〇〇	一二〇					新建
西秦機器紙廠	六二〇〇	二四五		一一八四	二六一	一六〇〇〇	新建
人民搪瓷廠	三八一五〇	一〇九三（增加）		一二〇		一五八四〇〇	擴建
玻璃製造廠		六〇〇					新建
西北金屬結構廠		一六一〇					新建
西安紡織廠		七五〇（增加）					擴建
合計		六〇六八					

（三）手工業計劃：

在國民經濟中，手工業佔着不小的比重，除一部分將被大工業代替外，還有很大部分仍要存在與發展；在國民經濟建設的初期和發展大工業的同時，必須相應的發展與改造手工業，以滿足農民需要；凡是供應城鄉廣大人民生產和生活必需品的手工業，在目前都有存在與發展的前途。

根據國家對手工業的方針，結合西安具體情況分析，全市手工業六、三七〇戶那些爲農民生產所需，那些爲城市居民生活所需，那些爲工業建設所需，大體劃分爲該發展、該維持、該淘汰三類：

1需要存在與發展的共一五個行業，三、三七五戶，其中爲工業建設服務者有蔴繩、竹籐、棕草著品、骨粉、皮膠等行業佔百分之一二點七。爲城市居民服務者有熟棉、餅乾糖菓，體育用品、調味、豆腐粉條、榨油、木器、鞋帽、縫紉等行業佔百分之五六點七。爲農民生產服務者有生鐵鑄造，手工金屬品，黑皮坊等行業佔百分之三〇點六。

2需要存在與維持的，爲目前需要、將來則被大工業所代替，或有潛在能力、將來一定時期內亦不被大工業所代替的手工業共二十四個行業一、三六四戶，其中爲工業建設服務的有染料、染媒、橡膠修理、蔴袋、耐火材料、化學等行業佔百分之十三點一。爲農民生產服務者有工農交通用具等行業佔百分之五點四。爲城市居民生活服務者有針織、油脂加工、肥皂、皮件、玻璃製品、刺繡、文具、印刷、牙刷、紐扣、壽枋、化粧品、精鹽製造、土磨坊、手工紙製造、特種手工藝品、度量衡、手工金屬修理等行業佔百分之八一點五。

3由於被大工業代替，或缺乏原料，不爲城市居民生活所需而被淘汰的約有印染、手工銅、化學藥品、洗毛彈毛、製毡、石灰、水泥瓦、猪鬃腸衣、繅絲、毛織等共一〇個行業，一、六三一戶。

丙、未來發展估計：

西安市第一個五年工業建設計劃與將來發展估計，成爲城市規劃設計的經濟基礎。

西安位於全國中心，是西北五省樞紐，地勢廣闊平坦，距離國防綫約一千公里，與全國各地有方便的公路、鐵路連系，有條件發展成爲輕型的精密的機械製造與紡織工業城市，在第一個五年計劃完成後，二十年期內將會繼續發展。

在工業發展的同時，動力的需要也增加了，巨型的火力發電廠將隨着工業的日愈擴大而建立起來。

由於大規模的工業建設，隨之而來的交通、文化等建設亦將有相當的發展，由於需要大量的建築材料，因此建築材料工業也將擴大。

在第一個五年計劃實施後，估計爲人民生活必需的手工業如調味、副食品、傢俱、碗盞、衣服修理、縫紉等及特種工藝品的刺繡、雕刻、玩具製作等，將以合作社形式組織起來，隨着勞動人民日益增長的需要而存在與一定發展。

四、西安市發展的基本指標

根據國家在過渡時期的總路綫與第一個五年計劃的基本任務，根據現在國家已決定在西安建設的項目與規模，根據蘇聯城市建設經驗，確定西安市建設計劃從一九五三年開始至一九七二年止，期限爲二十年。並考慮到發展遠景。其規模的大小，與用地範圍是由以下各項基本指標決定的。

甲、工業：根據中央各工業部門資料。

（一）機器工業：五年內西安有十五個新建機械工廠，這些工廠完成後，機械工人將從現在的四、三〇〇人增至七九、〇〇〇人。估計五七年至七二年內機械工業還會增長百分之二五以上，職工人數增至一〇〇、〇〇〇人。

（二）動力工業：現有發電廠二座，發電總量爲一八、〇〇〇瓩（紡織、麵粉廠自備電五、〇〇〇瓩不計算在內），至五七年末，機械、紡織各廠每年用電量達九五、〇〇〇瓩，加上居民生活與城市照明用電，發電量將達一〇五、〇〇〇瓩以上，電業職工將從現有七二六人增至一、五〇〇人。五年後至一九七二年隨着工業的發展，人民生活水平日益提高，發電量將增加一倍左右，電業職工約達二、〇〇〇人。

（三）紡織工業：據紡織工業部資料，五年內將在西安設置紗錠約四十五萬枚，布機一一、二二七台，印染廠二個。再加上現有幾個紡織廠的擴大和改組，五年末紡織業職工將從現在的七、二八九人增至四三、〇〇〇人，至一九七二年末紡織業還會增加一倍以上，職工約達八六、〇〇〇人。

（四）其他工業：化學、印刷、動物製品加工、被服等類工業是隨着重工業發展和人民生活水平提高相應發展的。五年內各項服務工業職工從現有的一〇、〇三七人增至一一、〇〇〇人至一九七二年內將再發展現在一倍左右，估計職工約達二〇、〇〇〇人。屬於此類性質的手工業還會存在與發展，但大部分手紡業、迷信製品等則將被淘汰，職工將由現在一一、七三四人減至七、〇〇〇人。

乙、交通運輸事業：

據西安鐵路局、省交通廳、西安民用航空站等單位資料：

（一）鐵路運輸：目前西安僅有鐵路綫用地一點一二平方公里，站場一點二六平方公里，一九五三年貨運量一、四九六、六六一噸。五年內各大工廠已開工生產，每年貨運量卽達二、八〇〇、〇〇〇餘噸，加之西蘭鐵路及寶成鐵路通車，西北資源開發和農村經濟作物普遍高漲，五年內貨運總量將達六、七〇〇、〇〇〇噸。因之，需增闢西貨站和工業區編組站。估計五年內職工將由現有四、八五三人增至六、六〇〇人。二十年內增至一〇、八〇〇人。

（二）公路運輸：公路對農業改造，提高農業生產，促進城鄉交流起着重要作用，今後發展估計公路職工將從現有一、二七四人增至一、八〇〇人。二十年內公路運輸事業將更有發展，估計職工約達二、〇〇〇人。

（三）空運事業：西安民用航空事業目前尙在萌芽時期，五年內將有發展，估計職工約達一〇〇人，二十年內至二〇〇人。

丙、非地方性機關幹部：

包括中央所屬事業行政單位、陝西省級行政、黨羣、事業、軍事系統在西安的機關幹部：

（一）中央在西安的事業行政單位現有幹部三〇、〇六一人，據中央「撤銷大區合併省市建制」的決定，除中央直屬系統幹部二、二〇〇人及軍事部門幹部一二、〇〇〇人原數不動外，其他幹部將全部轉至中央、省、市、工廠等部門。

（二）陝西省級系統在西安幹部：根據中央「擴大省市級」的幹部編制原則和省人事廳意見，省級幹部五年內將從現有六、七六四人增至九、〇〇〇人，二十年內事業會有很大發展，但幹部業務水平日益提高，故爲一〇、〇〇〇人。

丁、中等專業以上學校，根據中央教育部和高等教育部資料：

（一）高等學校：五年發展計劃是：西北大學增到約四、〇〇〇人，西北俄專增到約六七〇人，西北師範學院增到約三、〇〇〇人，西北醫學院增到三、〇〇〇人，陝西省師專增加到約二、〇〇〇人，共計由現有六、七〇七人增至約一三、〇〇〇人。隨着工業建設的發展，文教事業更有大規模的發展，估計至二十年內高等學校學生員工將發展至二六、〇〇〇人。

（二）中等技術學校：根據政務院指示「五年內全國需中等技術幹部五十萬左右，現有中等技術學校數量與質量，均不能適應此要求，爲此，須積極整頓發展中等技術學校」的精神，和現有幾個學校五年內的發展比例數字，估計五年內各中等技術學校將從現有九、五八二人增至約一七、〇〇〇人。二十年內估計還會增加，約達三四、〇〇〇人。

（三）幹部學校：幹部問題是工業建設重要關鍵之一。隨着工業建設的發展，提高幹部政治業務水平是非常必要的，五年內行政幹部學校學工人員將從現有八、九〇一人增至一〇、〇〇〇人。二十年增至一一、〇〇〇人。軍事學校估計仍維持原狀。

戊、建築工業：

五年內全市建築面積約四、六〇〇、〇〇〇平方公尺，其中：一機部各廠約五七七、九五〇平方公尺，二機部一、五六一、七二九平方公尺，紡織、燃料部、文教、衛生系統及其他建築二、五〇〇、〇〇〇平方公尺，依此任務估計，每年內約需建築工人五〇、〇〇〇左右（不包括臨時工），二十年內建築任務將會縮減，並實行機械化操作，勞動效率提高，建築業工人將減至三〇、〇〇〇人左右。

五、市區人口發展計算與推算

城市人口計算是採用蘇聯「勞動平衡法」，這種方法不是從城市過去的統計資料找尋人口發展規律，而是按照國民經濟發展的原則，對城市人口進行研究，把城市人口按工作性質分爲基本、服務、被撫養三組，基本人口係指非爲市服務的企業、機關的工作人員、高等學校學生。服務人口是指爲城市文化、生活服務的人口。被撫養人口是指十八歲以下的兒童與六十歲以上的老人。三組人口爲一有機組合整體。根據構成城市各項基本指標，求出基本人口數量再依基本、服務、被撫養人口相互關係，求出全市人口數量。

甲、現有人口情況：

現有城市人口六八七、〇〇〇人，按勞動平衡法大體分爲四類：1基本人口：約一四四、三五三人，佔全市人口百分之二一點二，由於工業不夠發展，其中工業職工、建築職工佔基本人口

百分之三五點五。2服務人口：約一一九、九二一人，佔全市人口百分之一七點三，可見市政、文教、公用事業趕不上城市發展，不能適應市民生活、文化日益增長的要求。3其他人口：約一〇三、九八九人，佔全市人口百分之一五，這些是有勞動力而沒有充分就業的人口。4被撫養人口：約三一八、七三七人，佔全市人口百分之四六點五。總之，現在人口構成情況，說明工業不很發展是消費城市的特點。

乙、五年（一九五三年至一九五七年）人口增長情況：

五年內根據工業、交通運輸、高等學校等發展數字，和勞動平衡法計算結果，全市人口總數將增至一、〇〇〇、〇〇〇人左右。

1基本人口：是決定城市規模大小的首要條件。據統計五年內增至約二七八、二〇〇人，因建設開始階段，工業建設爲重，工業職工大量增加，且大多數爲單身，因而基本人口比重較大，佔全市人口百分之二十八。

2服務人口：由於工業、文化大發展，市政、文教公用事業將有相應設施，在城市發展初期市政公用事業雖然不能按計劃全部建立起來，但因基礎差，技術落後，人力勞動多，結果服務人口比重還是需要提高。蘇聯城市建設經驗，一般大城市服務人口約佔百分之二十至二十三。因此估計五年內服務人口增至一八〇、〇〇〇人，約佔全市人口百分之十八。

3被撫養人口：五年內由於人民生活的提高，被撫養人口會有增加。蘇聯大城市一般被撫養人口佔百分之四五至四八。我們確定被撫養人口佔百分之四六，約增爲四六〇、〇〇〇人。

4其他人口：由於工業發展提供了勞動就業的有利條件。大工廠除技術工人外，一般工人要靠當地解決，因而半失業者、家庭婦女有可能就業，但由於工業性質及家庭婦女文化、年齡等具體條件限制，仍不能充分就業，估計五年內就業者約二〇、〇〇〇人，尙有約八〇、〇〇〇人不能就業，約佔百分之八。

丙、二十年人口推算：

根據二十年後對工業發展估計與基本指標，製定出基本人口、服務人口、被撫養人口間相互比例關係，推算出全市人口總數將增至一、二二〇、〇〇〇人左右。

1基本人口：估計中國經濟發展至一九七二年還不會接近蘇聯一九五二年水平。蘇聯城市規劃專家巴拉金建議：中國城市規劃定額五年內可採用蘇聯四七年標準，二十年可採用蘇聯五二年最低標準，即基本人口佔全市人口百分之三〇至三三。我們採用了佔全市人口百分之三〇，約增至三六七、〇〇〇人。

2服務人口：二十年內由於城市發展已趨於正常，市政公用事業機構、文化、生活服務設施已按計劃建立起來。蘇聯城市建設實踐已證明了這點。因而確定二十年內服務人口佔百分之二十二，約增至二六八、〇〇〇人。

3被撫養人口：估計因人民生活顯著提高，職工家屬日漸增多，社會主義人口迅速增長等因素，確定被撫養人口爲百分之四八，約增至五八五、〇〇〇人。

4其他人口：由於社會主義工業不斷增長，有勞動條件的人已全部就業，不能就業者已轉爲

被撫養人口。所以不再有其他人口存在。

「附」一：西安市人口發展平衡表。

六、市區用地面積計算

西安市用地是根據自然條件、城市性質與規模大小，採用社會主義城市用地標準計算的，共計約一三一平方公里。

甲、生活用地：

包括居住、公共建築、公共綠地、街道廣場用地四類，規定每人共七六平方公尺，全市共約九二平方公里。

（一）居住用地：規定每人用地三十三平方公尺，共四〇平方公里。這是依據人口密度、建築密度、建築層數三者相互關係算出的。人口密度是依據衛生標準要求每人居住面積九平方公尺和建築密度及居住面積佔建築面積百分比計算的。三層及三層以上建築每公頃五〇〇人；二層建築每公頃二五〇人；田園式與單層建築平均每公頃一二五人。建築層數高低對城市經濟關係很大，適當地提高建築層數可以降低城市造價和管理費用。建築層數是在地質條件許可，符合經濟方便與建築藝術要求、並不妨礙市民健康的原則下規定的。市民百分之七〇住三層及三層以上建築，百分之二十住二層建築，百分之十住田園式單層住宅。根據確定之人口密度與建築層數計算：三層及三層以上建築用地佔一七平方公里，二層建築用地佔九點六平方公里，田園式單層建築用地

佔九點六平方公里。共計用地約三六平方公里。另加保留地百分之十，共計約四〇平方公里。

（二）公共建築用地：指爲市民服務的行政、經濟、文教、生活福利設施。是根據每人佔用學校、托兒所、幼兒園、醫院、診療所、浴室、洗衣房等標準計算的。西安是文化中心，省級學校，行政機關很多，影響公共建築比重提高，故採用公共建築用地每人十二平方公尺，共一四點六平方公里。

（三）公共綠地：是指中央公園、區公園、花園、街心花園、林蔭道等。公共綠地是市區內重要組成部分，對城市環境衛生、氣候和市容影響很大，用地比重是隨着城市規模的擴大而增高。西安屬大陸性氣候，乾燥而多變化，所以綠地採用每人一五平方公尺，共計一八平方公里。

（四）街道廣場：因街道系統採用棋盤式佈置，街坊面積一般是六至九公頃，所以影響道路面積所佔比重降低，估算結果共計一九點五平方公里，約佔生活用地百分之二十一點三，每人平均佔一六平方公尺。

乙、工業用地及其他用地：

分爲基本工業、服務工業、鐵路、倉庫、衛生防護地帶等用地，根據西安發展的工業性質和蘇聯用地定額採用如左標準：

（一）工業用地：工業用地標準與城市規模大小無關，是由工業種類性質決定的。根據蘇聯城市建設經驗證明一般城市冶煉工業用地每市民佔二十平方公尺，紡織工業用地每市民十平方公尺。西安大部爲機械與紡織工業，用地面積較小，因而基本工業採用每市民十五平方公尺，共計

約十八平方公里。服務性工業是爲本市工業與市民生活服務的，根據蘇聯經驗服務工業用地每市民約五平方公尺，計約六平方公里。共計工業用地面積二四平方公里（不包括備用地）。

（二）鐵路用地：是指車站站場、工廠專用綫、信號站等用地，據中央鐵道部站場設計局資料和蘇聯鐵路用地標準計算，鐵路用地約佔生活用地百分之八，共計面積七點四平方公里。

（三）倉庫防護帶用地：是指國家基本倉庫、工廠防護地帶、自來水源、汚水處理場防護帶用地。西安大部爲機械、紡織工廠，對居民有害影響不大，根據蘇聯經驗研究後，製定倉庫防護帶用地約佔生活用地面積百分之八，共計面積七點四平方公里。

「附」一：西安市土地使用平衡表（以一、二二〇、〇〇〇人計）

分類	項目	每市民佔地面積（方平公尺）	用地總面積 平分公里	用地總面積 %	備註
工業用地	基本工業	一五	一八·〇〇	七五	
	服務工業	五	六·〇〇	二五	
	小計	二〇	二四·〇〇	一〇〇	未包括備用地
生活用地	居住用地	三三	四〇·〇〇	四三·五	包括有備用地
	公共建築	一二	一四·六〇	一五·九	
	公共綠地	一五	一八·三〇	一九·九	
	街道廣場	一六	一九·一〇	二〇·七	
	小計	七六	九二·〇〇	一〇〇·〇	
其他用地	鐵路用地	佔生活用地8%	七·四〇		
	倉庫及防護帶	佔生活用地8%	七·四〇		
	小計		一四·八〇		
總計			約一三一		

七、市區發展地區選擇的根據

西安市總體規劃設計主要是基於下列五個原則：

（一）在城市原有基礎上發展，並在市區擴建過程中對舊城逐步加以改造，使適合於新的社會生活要求。

（二）要保證工業、企業有良好的生產活動和發展條件，同時要有方便合理的居住地區。

（三）爲居民規劃最美好的生活居住地區，有可能建設足夠的社會生活和公共福利設施。

（四）爲爭取城市建設投資的充分經濟合理。

（五）要能充分利用自然條件和建築藝術來建設美麗的城市。

西安是有悠久歷史的古城，隴海鐵路橫貫城北，市區向北發展受到阻礙，因爲城市若被鐵路幹綫分割是極不方便的，也不經濟的。且城北偏西部分爲漢城遺址，中央文化部決定在未發掘清理前，不得進行建築，在城南東自滻河西至浐河一六〇平方公里廣大地區內，地形平坦，土壤最大承壓力在每平方公分二點九公斤至八點九公斤，很適合於工業及住宅建設。且該地區處於東、南、北徵有起伏的龍首原、少陵原、與神禾原的環抱之內，並南向終南山，前後左右都有良好的自然地形可利用作爲園林風景地帶。唐時長安城卽建於此地區內。因此，確定市區在原有基礎上首先在鐵路與城區以南發展，東自滻河西至浐河之間爲擴建地區，城北則作爲發展備用地區。

八、工業區與土地使用分區

全市土地的合理使用是社會主義城市建設的一個重要原則。工業區與工廠的佈置對於城市規劃關係最大，影響其他用地的佈置，也關連到城市長遠發展方向。因此在佈置工業同時就研究確定了城市遠景規模與不同性質用地的分區。

甲、廠址選擇與工業區：

第一個五年計劃期內決定建設紡織印染廠七個、電廠一個、機械製造大型工廠十四個。除二機八〇四廠位於城東十七公里灞河濱與八五三廠位於城北十三公里渭河濱外，其餘各廠均位於城市附近，分佈於東郊工業區內有二四八、七八六、八四四、八四七、八〇三、八四三等廠；分佈於西郊工業區有一一三、一一四廠，與一機高壓開關、絕緣材料、電容器、電瓷與避雷器五個電工器材廠。這些均屬精密儀器、精密機械、金屬加工及電器製造工業。紡織、印染廠三個位於東郊工業區北部，四個與電廠則位於滻、灞河間地區內。如此佈置的優點是：

（一）首先均能滿足各企業本身的一般要求：1地形平坦易於排水，各廠區坡度均在百分之一至二以下，基本上沒有平整土方工程，都有足夠的排水坡度。2地質條件良好，土壤最大承壓力每平方公分五至六公斤左右。地下水一般均在地面六公尺以下，即在西郊皂河附近的廠區也在四公尺以下，無地下水過淺的危害。3工廠引接專用綫方便，東郊由田家街附近編組站引出，西郊由西貨站引出。4工廠與市內外公路交通便利。5工廠附近有良好的居住地區，工廠有害氣體

不能侵入，並靠近城市，能獲得福利設施及公用事業的便利。6工廠有發展餘地。

（二）滿足了企業與企業間相互生產與服務協作的要求。西郊工業區五個電工器材廠當作一個聯合工廠佈置在一起；一一三與一一四也佈置在一起。東郊工業區二四八、八四七、七八六、八〇三、八四三、八四四等廠因服務與生產協作的關係而佈置在相鄰地段。

（三）合於城市衛生規定。精密機器製造廠本身高度淨潔，則佈置於居住區上風。二四八廠不需用鐵路支綫並建築精美，則佈置於居住區內。有為害性的工廠佈置則遠離市區。按照蘇聯標準三級工廠防護林帶最大只需三〇〇公尺，一般不需防護林帶。

（四）合於防空安全規定。較有危險性工廠則佈置於較為隱蔽地段，防空間距一般都有六〇〇公尺，至少也有三〇〇公尺，個別危險性較大的工廠則佈置於市區外十六、七公里的邊緣地區。

（五）合於城市建設緊湊經濟的原則。除滻、灞河間紡織區距市內較遠外，其餘大部分較平均的分佈於東西工業區內。工人住宅區佈置也較平衡而與城市相連，減少公用事業投資並能滿足工業與工人生活的需要。

乙、工業發展備用地區：

全市工業用地面積共三二平方公里（內包括有少許低窪不能建築地段），由於第一期廠址的決定，東西工業區已經形成，東西郊工業區面積各為十三平方公里，工業發展備用地區則有城東北郊工業區約二點五平方公里和西南郊工業區約四平方公里。東北郊工業區靠近城市中心部分，

地區內地形略有起伏，但地質優良，地下水位在十公尺以下，鐵路支綫便於從東編組站引出。該區內已有大華紗廠。西南郊工業區有良好的自然條件，地形平整無起伏，地下水位在地面下五公尺左右，鐵路支綫由西郊工業區內便於延伸引入。西南郊工業區與其相應的住宅區，使城市組合完整，使上、下水道等公用事業設備佈置有可能成為完整的系統，合於城市建設緊湊經濟的原則。且工業區與住宅區有向南並行發展的餘地，在發展上具有伸縮性。其缺點是地處下風向，在該工業區內只允許佈置散佈有害物質較少的企業，並在不同企業的具體排列上避免對住宅區的影響，必要時則佈置衛生防護林與居住區保持一定的間隔。

工業區的佈置是為第一期建設及以後新建企業準備適當的地段。在今後佈置重要企業時要在現有基礎上按照防空規定分散佈置，但將沒有嚴格防空規定而需用鐵路支綫的中型工廠則分別佈置於大企業間的空隙地段，使工業區保持緊湊，在建設上達到經濟。將為城市服務的而對居住區無危害的小型工廠則分別佈置於居住區內街坊地段。

丙、交通運輸地區：

城市工業與居民數量的增加，城市交通運輸事業則需相應的發展。

（一）鐵路用地：是與鐵道部設計局共同計劃的。根據東西郊工業區具體佈置與運輸量的增加，並估計到隴海路有可能將改為雙軌，通往陝北的咸銅支綫有必要在西安入站，因此計劃將旅客站和運貨站分開。現在東站稍加發展，作為旅客總站，能服務於一百幾十萬人口的需要。現在西站將擴建為大貨站，設有編組站、調車場、貨站、機務段等部分。其用地範圍，東西長約四點六

公里，南北寬約四〇〇至六〇〇公尺，面積約二點三平方公里。並為了東郊工業區運輸及鐵路管理上的便利設東編組站，長三公里寬一五〇公尺，面積約〇點五平方公里。工業區內並須設小編組站或信號站，其具體位置與用地大小須根據工廠企業設計後再行確定。西郊工業區的專用綫直接由西站引出，所經地區地形平坦，均在專用綫的允許坡度百分之一以內，基本上無大的土方填挖工程。東郊工業區專用綫將由東編組站引出，所經地區內有局部土方工程。鐵路用地除站場外，並包括幹綫兩旁各二五公尺及專用綫兩旁各二〇公尺地帶。工廠企業專用支綫的位置原則上沿工業區外緣，避免與城市幹道交叉妨礙交通。

（二）公路交通用地：對外公路保存利用原有公路，西向有西蘭路，東向有西潼路，都是有長久歷史的公路。北向有公路通陝北，南向有公路通南山及休養地區。西南向有西鄠路通鄠縣。但路基均很差，將來需要加以整修。計劃中公路旅客總站位置於城北與火車站相對的地段。

（三）空運方面：現有西關外機場係軍民合用，距市中心區極近，彼此妨礙發展，起飛及降落均低越城市上空，且現有設備很差，無永久性的跑道等，所以計劃遷出。計劃中的民用機場保留北郊與西郊兩處，北郊的距城區八至九公里左右，地形平坦，村莊稀少，並位於灞河與渭河交會地帶，有最顯著的起落方位。軍用機場則另設他處。

丁、居住用地區

居住地區是城市用地中最大的一部分，關係着全市居民的全部生活。全市生活用地共九十平方公里，分佈於舊城區及東、南、西三個方向，所佔地段大致在唐長安城的位置上。居住地區是

30

集中而構成整體，公用事業及福利設施有可能取得最經濟合理的佈置。居住區內地形地質都宜於建築，並可利用歷史上的名勝古蹟及自然地形建設爲居民服務的公園綠地和各項文化設施。

居住區分佈要便於居民和工作地點連系。東西郊工業區與居住區的規模大致平衡，東郊住宅區約二十三平方公里，西郊住宅區約二十六平方公里。舊城區爲全市中心，爲行政機關與軍事機關集中地區，城內與城南地區卽爲工作人員住宅區。南郊爲文教區。鐵路北主要爲北郊的工業倉庫及鐵路職工住宅區。

在北郊與滻灞河以東的三個工人村爲西安市的一部分。滻灞河間紡織工人村，人口約四、五萬，面積約三點四平方公里。四周景色美好，地處高爽，是良好的住宅區。灞河以東洪慶區工人村人口約一點五萬餘，面積約一點五平方公里。北郊渭濱區工人村人口一〇、八〇〇人，面積約一平方公里。工人村內公共福利事業自成獨立系統。

社會主義的城市不同於資本主義城市中心與邊區的對立，福利設施只爲少數人服務，今後市內的各種文化福利設施必需平均分佈於居住地區內。

戊、倉庫及磚窰用地：

除上述地區外，因其特殊需要自成一區的有倉庫區及磚窰區。倉庫區內只准佈置不直接供應城市需要的大型倉庫，如國家物資儲備性質的與轉運存放的專用倉庫；屬於居民日常用品的小型倉庫則分佈於居住區內。倉庫區主要靠近車站，位於西站北部及東西工業編組站旁，共計用地面積約四點五平方公里。

磚窰用地按其性質是屬於服務性工業用地，以往磚窰廠是散建於地區四周，破壞了很多平整地形，不能進行建築。計劃的磚瓦窰廠用地大都分佈於城區的東北、西北、東南高原地區，土質可以製坯，挖平後可進行建築。此外部分瓦廠用地因需粘土則佈置於灞滻地區。

九、總平面佈置及其建築藝術的根據

總平面佈置是將組成城市的各個基本部分——道路、廣場、公園綠地、水道池沼及建築地段綜合設計，以構成統一協調的整體；並力求藝術形式上的完美和富有民族氣魄，以充分反映社會主義的生活內容。

甲、道路系統：

在進行全市土地使用分區時，對市內道路結構卽作了初步研究。道路系統是總平面設計的主要骨幹，是全市藝術佈局的主要表現之一。

在規劃道路網時，曾研究過唐長安城的佈局，根據文獻記載唐長安城在南北八點四公里，東西九點七公里的廣大地區內，街道的佈置是左右均稱的棋盤格局，主要幹路的寬度自七一公尺至一五〇公尺，這些南北及東西向的極度寬廣的街道將市區分割成面積約二十公頃至四十公頃的一一〇個街坊。整個佈局是爲統治階級服務的，表現着封建帝王的權威。社會主義城市不能和古長安採取同樣的形式。但古時城市佈局和建築羣體佈置的雄偉氣魄是應被保留和發展的。

31

規劃中的幹路網以舊城區爲中心，連結着各個地區，爲了與東西郊工業區及南北住宅區間的交通連系，保留與引伸城內的東西與南北向的十字大街，並將南北大街作爲全市中軸綫大街，東有從客站經解放路至大雁塔的幹道，西有從計劃的公路總站經西北三路甜水井街至烈士陵園的幹道，兩條幹路有起有終，遙遙相對。除東西向與南北向幹道外並在市區中部計劃有若干環路以連系各區，在大環路以外東南地區有斜向幹道直指大雁塔。幹道均連系着各個廣場社會活動場所。

32

道路系統除了表現城市藝術結構的意義外，主要是滿足人民日常活動和現代繁重的交通需要。路綫走向一般依附地形，避免土方工程，並給各種公用事業取得經濟、合理佈置的條件。計劃中的幹路縱坡一般均在百分之一至五的標準限度內。

道路系統與綠地水系是協調的整體，林蔭道及林帶的佈置除連系各個公園綠地外，並與路網密切結合而比較均衡分佈。市區中部的環形幹路是幹路與水系及綠地組合的重點，在環路上水道綠地及街心公園貫穿於全綫，配合着兩旁的高層建築物成爲市內美麗的腰環。

市中心區內東西七〇公尺的行政大街，是爲節日遊行集會及行政機關日常服務的，不是貫穿東西的交通要路，需要寬廣、壯觀和安靜；其橫斷面的組成也根據這個特點來製定，不能爲多條的車道所分割；並爲了視界的開闊，綠地應多植灌木花草而少用樹木。與此類似的還有文教區的中央大街也是優美寬闊而交通量很小的大街。

市區邊緣的路網是採用較靈活的方式，具有邊區的「性格」。東南地區以自然地形而多變化；西南地區路網沿着水道與圍繞一條軸綫上的跑馬場，以達到靈活而完整的效果。邊區的道路並符合於市區發展，使將來擴展地區與原有市區結合能保持完整；所以南端和北端的道路採用較整齊的排列。

道路系統按蘇聯的一般標準分爲幹路及局部交通道兩類：幹路與幹路間的間距均在六〇〇至一二〇〇公尺以內；局部交通道的位置及走向主要是根據街坊的大小及建築層數的不同而確定的。局部交通道與幹路網結合成整個系統，避免凌亂的組合，並照顧到建築藝術的效果，避免綿延數千公尺的狹窄通路。

道路寬度根據蘇聯大城市規定標準，一般幹路不超過五〇公尺，局部道路在十五至二十五公尺間（指沿街建築綫與建築綫之間）。這是由以下幾種因素決定的：1路上交通量的多少；2兩旁建築物的高度；3道路上綠化的程度；4街道本身具有的意義。在市內一般道路上交通量是決定路寬的主要因素，其計算有專門的方法。在規劃路網及决定路寬時，因缺乏這方面的知識，沒有經過全面的科學的計算，而是根據一般的研究加以確定的。居住區的街道總面積約一六點七平方公里，平均每平方公里約有一點九一公里之交通幹道，是能滿足將來交通量需要的。

最後，在規劃道路時特別注意到街道建築的藝術佈置，在全市的道路系統中着重美化幾條街道，給人以直接的印象。這樣的街道有：市中心的行政大街，兩旁的建築物一定要有整條街道的協調的設計，保持一定的藝術水準。南北的中軸綫大街要佈置多種多樣的建築物，從市中心圖書館、博物館、南城樓、區中心、大醫院、大運動場以至文教區的中心大廈，成爲全市最有表現性的街道。中心環路兩旁要有四至五層以上住宅及其他公共建築物，街心花園與綠地的佈置也有其重點。文教區東西大街要成爲優美而富有文化氣息的大街。道路與建築的重點佈置使建設投資集

33

中而適當的表現出來，愈益能增加人們勞動的信心。在一般幹路兩旁的建築也要注意藝術形式，講究「街景」的設計，使建築統一協調而富於變化，不使人感到單調枯燥。這方面以後要作更多的工作，更要學習和吸收蘇聯城市及古典建築中的優秀範例。

社會主義城市的街道完全不同於舊城市的擁擠、喧嚷和令人不安；要使居民在日常生活中能得到愉快、便利、和豐富的美感。

乙、廣場系統：

廣場及其周圍的建築物是城市人民社會活動的重要場所。廣場系統和道路系統是密切連系着的，廣場和幹道組合構成城市建築藝術的首要部分，廣場周圍的建築羣尤其是全市藝術結構的精華所在，它在居民社會活動及文化藝術上有着極重要的價值。和蘇聯城市一樣，廣場有系統的分佈於城市各處，反映着社會主義的生活內容。

規劃中的廣場有以下幾種基本類型：1社會廣場有全市的中心廣場和各居住區及工業區的區中心廣場；2交通廣場有主要幹道交叉口及大停車場前的空場等；3集散廣場有火車站、大劇院、大體育場、公園及工廠前的廣場；4貿易廣場有大百貨商店及市場前的廣場，還需視城市與鄉村的交易情况而定；5表現建築美的廣場，爲了襯托建築藝術或表現某紀念物，如烈士紀念塔前廣場。在總體設計階段中主要考慮了各個社會廣場的佈置，其他類型的廣場須在詳細規劃中再作具體佈置。

廣場系統中的首腦是全市中心廣場，其位置選擇是非常愼重的。計劃中的市中心廣場在城內

北大街的中部，位於全市南北的主要中軸綫上，也處於寬廣的行政大街的正中。全市性的羣衆遊行集會將在中心廣場上市政大廈前舉行。市中心廣場北面有放射路與城市的大門——車站廣場及公路總站相連接。現在北大街中部尙無永久性大建築物，僅拆除電信局二層樓房一座，進行改造尙是經濟合理的。市中心的位置處於全市中心之中心，有條件在建築設計上達到雄偉壯觀的效果；它的形成宛如城市的皇冠，成爲全市的焦點。

區中心廣場位置是根據接近居民方便與地理形勢均勻分佈的，將全市分爲十二個區，每個區居民十至十五萬人。區中心有區人民政府及黨委的辦公樓。區中心位置一般均鄰主要幹道，以取得交通上的便利，但也不爲交通綫所割裂。

在舊城區內計劃有兩個區中心，位於行政大街的東西兩端，與大街兩旁建築物配合成整體，並與市中心廣場連成一個系統而陪襯着市中心廣場。兩個廣場位置現均無有礙的建築物，容易改造。在城南地區將有兩個區中心：一在南門外居住區內的南北中軸綫兩旁，成爲不過份突出的中軸綫上的一個內容。一在中軸綫南端文教區內，與市中心相對峙，作爲中軸綫的結尾。

在東郊住宅區有兩個區中心：一位於金花落村韓森塚大公園前的坡上，與東城樓相對，以取得建築與自然氣勢相依附的效果。一位於幾條幹道的轉折點與大環路的中部。在西郊住宅區內同樣的也有兩個區中心，與東郊區中心遙遙相對。這四個區中心廣場均有大環路連系着。

在東南住宅區有一個區中心位於地形較複雜的高坡上，西向對着大雁塔頂，廣場採用較活潑的圓形形式，與附近的低層建築物相結合。在西南住宅區因人口較多，面積較廣，有兩個區中

心，位於幹路相連系的地點，城北部住宅區有一個區中心位於中軸綫的底端。這一類接近邊緣地區的區中心廣場都有放射狀幹道直接與大環路或其他中心相連系。

區中心廣場形式是多種多樣的，以便居住區內建築羣體的內容豐富而諧調。廣場周圍建築物設計必須要能表現出我國的民族氣魄和地方風格。每一個社會廣場的設計都須經過愼密的選擇以保證質量。社會廣場周圍建築羣一般地應採用閉合的形式，構成內部空間造成沉靜和明顯的輪廓，廣場內還可適當的配以彫像，噴泉等。總之，要在各方面使廣場具有吸引人的力量。

各個社會廣場的規模是根據現有有名的廣場實例和蘇聯的一般設計標準而定的。現在我國的天安門廣場約六公頃；莫斯科的紅場爲四點九六公頃，規劃中的市中心廣場爲四點五公頃；一般區中心廣場在二至三公頃之間，以廣場周圍公共建築物的多少及建築層數的不同而異。要避免過大的廣場設計，因太大的廣場在建築藝術佈置上得不到良好的效果反而使建設費及經常管理費用增大。

各工業區內也均有中心廣場，其位置是按地位大概劃分的；在各工業區中心廣場周圍將建有工廠的對外辦事機關，工會組織以及爲居民服務的各種福利設施。此外很多交通廣場、集散、貿易等廣場均須滿足其本身的各種要求，在詳細規劃時要個別的研究和設計。

丙、水道系統和綠地系統：

（一）水面分佈：西安氣候乾燥，對於水面的需要是殷切的。古長安曾是渠道池沼很多的城市，文獻記載唐城內曾有一百餘條渠道和一百餘處水池。但這些水利是建築在剝削農民及爲帝王

服務的基礎上的。今後引水要根據國家的計劃及城市與農業的需要同時合理解決。

規劃中水源有多處，均從南部引入市內。第一東南區水渠有三個水源：一是南山大峪水源由古代黃渠道或用管子引來；二是滻河支流鯨魚溝水源；三是灞河水庫爲最大水源，沿白鹿原跨滻河引入市區。三個水源引入市區後均經中央大環路，一北向注入興慶池遺址而造成新的興慶公園，再流入城河使成爲活水，供人遊覽；一西向流入機場南端窪地形成小湖公園，再經灃惠渠排入渭河。第二曲江池水源來自南山與雨水蓄積，恢復有名的曲江池公園，北經大雁塔注入中央大環路渠道。第三爲現在的龍渠，在潏河碌碡堰架壩引入西南住宅區內窪地造成小湖。再流入灃惠渠，估計可引入的總水量將有每秒一立方公尺，可能開闢的水面面積約一點四平方公里。

在規劃水道走向時主要根據下列各點：1水面在全市平均分佈，要使多數人能夠享受；2渠道和道路走向相符合，不穿過街坊內部；3要符合地形條件，開渠時少挖土方；4水道能同時排洩雨水，省去排雨管道的龐大設備。

（二）綠地佈置：具有多方面意義：一能調節氣溫、濕度，並可以減低烟塵燥音與風速，對城市衛生有直接重要的作用；一能點綴城市，增加美麗，沒有綠化的城市是枯燥的。三爲現代戰爭證明，綠化有防禦及防火的作用。

城市綠地有公共綠地、專用綠地、衛生防護綠地、郊區綠地等類別，西安市現有公園綠地面積三三公頃，每人平均〇點五平方公尺。規劃中公共綠地每人十五平方公尺，其佈置分爲五種：

1文化休息公園：每居民佔八平方公尺，每個面積三三公頃至四八二公頃，文化休息公園爲居民的休息、運動、文化教育、科學普及創造條件，滿足其文化生活上的要求，公園內設有俱樂部、科學館、展覽室、劇場、運動場、食堂等，有活躍的文娛區、兒童遊戲區、也有安靜的休息室。公園內容是多樣的。規劃中共有大雁塔、小雁塔、興慶池、韓森塚等十個大型公園。而大雁塔公園將成爲全市的最大的中央文化休息公園；2區公園：每居民佔四平方公尺，每個四至三三公頃。和文化休息公園相似而面積較小設施較少，全市共二四個分佈於各個居民區內；3小遊園與街心花園：每居民佔二平方公尺每個面積〇．五至八公頃，全市共五四個，均勻的分佈於居民區內，供老人與小孩休息散步；4兒童公園：有單獨設立的或附設於大公園內；5林蔭道：每人一平方公尺（不包括行道樹）。

公園綠地的選擇是根據：1歷史上名園或宮庭所在地，如曲江池、含元殿等等；2地形別緻不宜於建築的地段，如舊城東、西磚窰低窪地區，綠化後改爲公園；3可能有水面的地區，如興慶池；4原有公園及樹木較多的地區，如擴大城內革命、蓮湖、建國等公園，並將城外多樹木與地形多變化地段闢爲公園；5名勝古蹟或遺跡的地方，如大雁塔、小雁塔、韓森塚公園等。

各個主要公園綠地以林蔭路及林帶連接起來，形成綠地系統，與道路系統相協調，和街坊內綠地相連接，在伸展至市區邊緣時並和郊區綠地相連接。這樣，使人們隨處都能夠接近綠地，在綠樹下散步可以直到郊外，這樣的綠地建設爲一切資本主義城市所不能具備的。

丁、建築街坊：

街坊是居住地區的基本單位。街坊內一般包括有居民日常生活必需的托兒所、小學校、食堂、商店、小體育場等等。街坊的組合保證了社會福利事業最有效的爲居民服務。街坊設計是複雜的，在總體規劃時只能根據蘇聯經驗作一般的規定。

街坊因不同種類的建築物而多種多樣，在市中心、區中心及學校集中地區有單獨辦公或公共活動用的街坊，最普通的是居住街坊，只有居住建築及一些必須分散在街坊內的福利設施。街坊的種類雖很多，但均須按照規定的合理人口密度和建築密度來進行設計。

街坊大小的劃分主要由建築層數來決定，根據蘇聯一九五二年標準，三層及三層以上建築的街坊爲六至九公頃，二層建築爲四至六公頃，一層建築爲二至五公頃。田園式住宅街坊爲十公頃，這個規定是根據福利設施的服務範圍以及衛生、防火規定而製定的。街坊的大小還因建築物的平面佈置而變動。街坊面積的合理擴大是經濟的，如九公頃的街坊較之六點七五公頃的街坊要省去百分之二十的局部道路面積。所以規劃中的三層、二層及一層建築的街坊都是採用最大的允許面積。

街坊設計必須要考慮到我國人民的生活習慣。街坊內建築物的平面佈置，要注意周圍環境，在幹路兩旁的建築要沿着街道，並需爲高層建築，且底層一般作爲公共建築；只有在支路兩旁才允許退後建築。街坊平面要藝術，要充分利用地形，將建築物分別佈置，組成主軸與次軸，主樓與配樓，並構成不同的寬大院落，內院作爲家務用，外院作爲綠地、小運動場等。在改建地區街坊佈置要儘可能的保留永久性舊建築。街坊內部要加以綠化，和街道樹木連接起來成爲全市綠化

系統中的一部分。街坊內的建築物設計要依防火標準及實用原則適當加大房屋的深度和長度，因在同一建築密度的比例下，長寬的建築較之窄短的建築要優越，可以有更寬廣的空間，且公用事業設備也很經濟。

設計得良好的街坊，將是城市人民生活幸福的一個重要物質基礎。

戊、總平面佈置中的建築藝術問題：

建築藝術是一個複雜而具有原則性的問題，將在長期的建設過程中逐步形成。但在這方面的主要思想及由此而形成的城市羣體佈置則要加以明確規定。

西安市近幾年建築在藝術質量上是低劣的。要改變這種情况，首先要糾正修建房屋僅僅爲滿足居住的看法，必須把建築當作藝術來處理。其次要糾正藉口任務緊迫而草率從事，將數量和質量對立起來的看法。建築物的實用、經濟、美觀是統一的。美觀表現着人對於勞動的加工，反映着當代的社會思想意識，同樣是爲了滿足人民的物質和文化的需要。這是關係人民生活的事，要以嚴肅的態度來處理。

建築藝術要堅決採取社會主義現實主義的方針。要能反映社會主義的思想內容，並起其教育人民羣衆的作用，不容許建設那些由資本主義國家搬來的沒有思想內容的建築物。要貫徹毛主席民族的、科學的、大衆的文化藝術思想，反對資本主義的功能主義、結構主義思想；同時反對民族風格中的保守復古的形式主義傾向。

市內原有的古建築物是我國人民長期勞動所創造的寶貴遺產，規劃中對它採取非常尊敬和愛

護的態度，保留一切有歷史意義和藝術價值的文物古蹟，保存和維護古建築物將像項圈和飾物一樣，增加城市的華美。在保存古建築物的地方，如城樓、鐘樓附近進行建築要與古建築物融洽調合，取得風格上的一致。

建築物的外貌和裝飾要有地方特點，建築色彩不同於北京與南方，應採取鮮明和淨潔的色調，新的建築物要給人以明朗、豐富的感覺。

創造優秀的民族建築藝術是長期的、艱苦的過程，要研究我國古典建築與外國建築成就。要按照毛主席指示：「在中國長期封建社會中創造了燦爛的古代文化，清理古代文化的發展過程，剔除封建糟粕，吸取其民主精華，是發展民族新文化和提高民族自信心的必要條件。」今後應努力進行許多深入的學習研究工作，以創造出優秀的建築藝術成品。

十、居住地區建築分區

建築層數是由下列七個條件決定的：1城市的大小和意義；2建設的規模和速度；3當地建築材料和建築工業的條件；4土壤及地震的條件；5現有及計劃中的公用事業種類；6現有建築的情況；7居民的文化生活要求和習慣。根據這些條件確定西安市建築層數等級與使用人口的比例爲：一層建築佔百分之十，二層建築佔百分之二十，三層及三層以上佔百分之七十。依此比例並考慮到公共建築用地的分佈劃分地區指標爲：

層數	人口密度（每公頃人數）	使用人數佔總人口之%	所佔居住用地		分佈在居住街坊內的公共建築用地（平方公里）	總用地（平方公里）
			總面積（平方公里）	%		
三層及三層以上	五〇〇	七十	一六·八	四六·五	一二·五	二九·三
二層建築	二五〇	二十	一〇·六	二八·五	二·六〇	一三·二
一層建築	一二五	五	四·八	一二·五	〇·九〇	五·七
田園式住宅	一二五	五	四·八	一二·五	〇·九〇	五·七

全市從經濟、實用和美觀原則出發確定建築層數分區，市中心最高，往外依次減低。大環路、中軸大路等主要大路附近，一般爲三層及四層以上之高層建築。舊城區爲全市中心，爲黨政機關集中地區，人口最密，公用事業設備完備，且要拆除原有低矮平房改建，一般要修建三至四層建築才合於經濟原則。在市中心部分多爲公共建築，一般爲五至六層建築物，廣場前要爲十層以上的建築物。在東西工人住宅區要修建三層住宅，使居民更多的接近工作地點，減少交通費用和上下工時間。在城南建築一般爲二層。南郊文教區中央及教學地區爲高層建築，而在居住地區內則爲低層建築。西南住宅區靠近工廠區爲三層建築，接近市區邊緣則爲一層住宅。東南住宅區因地形起伏多爲田園式建築。環城與鐵路綫附近爲低層建築住宅區。低層住宅區可有簡單的衛生設備。

建築層數分區的界綫在支路而不在幹路，在高低層建築分區交接的街坊內同時有高層及低層，高層要面臨道路，低層則在中間，這對居民方便，對城市是經濟、美觀。

建築層數分區在規劃時作爲人口密度分佈的控制指標，在實施時允許有伸縮，高層街坊內可有個別的低層建築，低層街坊內也可有稍高的建築。所定的分區不是完全機械的，但基本的變動則是不允許的。

十一、市郊規劃

市郊爲全市一個組成部分。市郊規劃在於製定一個輪廓，避免建設時因無計劃而引起的不合理現象。郊區規劃和城市其他各區是有機的連系，利用自然條件，合理的解決種種和城市居民生活密切關連的問題。市郊有供應居民一定數量蔬菜等的農業用地，有供休息日娛樂及休養地帶，有其他必要的市政設施用地，並保留城市發展用地等等；茲佈置如下：

（一）農業用地：主要爲蔬菜瓜菓地及牧場。蔬菜乳肉一般易於腐爛不便運輸，應盡量自給自足，避免遠地運輸。蔬菜供應地以每人每天所需蔬菜、瓜菓一公斤，每畝年產量平均二〇〇〇至二五〇〇公斤計，共需蔬菜地區爲一九〇平方公里，分佈在滻河與浐河兩岸及潏河上游與滻、灞河間地區。牧場與牛奶場分佈在西南郊和東郊。由於沒有關於城市牧場的定額標準，所以牧場規模均未具體確定。

（二）城市發展保留用地：根據自然條件和社會主義遠景，保留市區以北發展用地約七〇平方公里，

工業區保留於灞河西岸與漢城遺址一帶，居住區則位於中間地段，均能與市區緊密結合。保留區內不准隨意取土和建永久性的建築物。

（三）文化、休養及森林地帶：西安附近有很多歷史遺跡及風景地區，可以建成爲森林和休養及遊覽地區。南郊五台山、翠華山、湯峪等均是很好的遊覽及休養地區。少陵原的杜曲、韋曲一帶是歷史上的風景地區，還留有一些古建築遺跡，可作爲離城較遠的休養院及少年夏令營用地。這些休養、遊覽地區都爲森林綠帶與城市住宅區連接。西郊浐河中游的魚化寨及丈八溝有條件發展爲郊區公園，北郊未央宮遺跡可築成郊區公園，郊區公園將由市環城林帶連接起來，爲市區造成良好的氣候和風景地帶。

（四）市政工程設施用地：有水廠、污水廠。南山網峪、大峪、石白峪等水源地及引水管道經過地區均爲保護地區。儲水庫位於狄寨區高地上。全市污水處理廠的位置在漢城、周家河灣附近，污水經處理後排入浐河。在東郊獨立工業區分設小型污水處理廠，處理後分別排入滻、灞河。

（五）郊區的建築用地：有電台、兵營、飛機場等。電台佈置因其規模與性質不同，一般都需要空曠開闊的地區並要遠離南山，因此確定在北郊、南郊大雁塔南高地及西郊三橋鎭南爲發訊台區域。兵營位置選擇在城北住宅區外及灞橋車站南部交通方便的地區。軍事幹部學校則設在南郊接近住宅區的地區。民用飛機場位置在北郊或西郊。

（六）公墓用地：按每千居民佔地〇點一二公頃計算（每墓約五平方公尺），共需用地二一〇公頃，

爲了居民便利，分設三處，北郊公墓在未央宮北的地區；南郊公墓在韋曲北的高地上；東南公墓在膠家寨以東的高地上，這些地點都是地勢高爽視界遠闊。

（七）建築材料供應地區：沙子來源主要在滻河、潏河，有公路直運市內各地。石料的來源現爲華縣蓮花寺，將來可在南山峪口，選擇質量堅硬的峪口闢作採石廠，用輕便鐵軌，運往市區。這將視建築需要而有計劃的開闢。

（八）市區界綫：市界是根據城市本身的大小、郊區的範圍、周圍的自然條件以及行政管理而確定的。蘇聯城市郊區的面積與建成區的比例一般爲四比一或五比一。規劃中市界爲：北至渭河、東至灞河並包括灞河以東的一個工人村、西至澧惠渠以西約一點五公里、南至南山，包括部分山地，總面積約爲九四〇平方公里。

十二、城市造價估算

西安市總體規劃實施採取分期擴建與逐步改造的方針。大體分爲三大時期，每期還需根據國民經濟計劃詳細製訂。

（一）遠景計劃：（一九七二年以後）

1全市建築面積一九五二年底爲三五一點七八萬平方公尺，一九五三年新建四五點四萬平方公尺，共計爲三九七點一八萬平方公尺（除軍隊住房及少數草房未計外，包括一切建築在內）。其中住宅建築估計佔百分之八〇，爲三一七點七五萬平方公尺，每人平均建築面積約五平方公

尺。估計居住面積佔建築面積百分之六〇強，有居住面積一九五點五萬平方公尺。遠景計劃每人九平方公尺，保留原有居住面積三分之一，需新增加一、〇一四萬平方公尺，合計居住面積一、〇八〇點八萬平方公尺，建築面積二、〇二九點六萬平方公尺。

2公共建築，根據調查及對公共建築與住宅建築比例關係推算，全市現有公共建築面積約八八點八萬平方公尺。遠景計劃保留現有公共建築百分之六十，約有五二點三萬平方公尺。遠景計劃每人四平方公尺，需新建公共建築四三六萬平方公尺。

3各種公共事業工程設施，是根據總體規劃方案進行規劃的。

總造價爲三三七、八五二點一億。住宅、公共建築佔百分之八十二，其他各項公用事業工程設施佔百分之十八。

（二）七年至十五年計劃：（一九六〇至一九七二年）

1住宅建築計劃保留現有居住面積的三分之二，並將總人口內八七萬人的居住水平提高到每人六平方公尺，共需新建建築總面積共爲一、〇五〇萬平方公尺，逐年修建量爲五二點五至七〇萬平方公尺。

2公共建築計劃保留現有公共建築八八點八萬平方公尺的百分之七十，約六二點一萬平方公尺。根據公共建築與住宅相適應發展的比例關係，確定每人公共建築爲二點二平方公尺。新建公共建築總量爲二〇六點三萬平方公尺。逐年修建量爲一〇點二三至一三點五萬平方公尺。

3各種公共事業設施是根據十五至二十年市區發展範圍進行佈置的。

總造價爲一八三、九四三點三億元，住宅、公共建築佔總造價的百分之七八點一八，其他各項公用事業設施佔百分之二一點八二。

（三）七年計劃：（一九五三年至一九五九年）

1住宅建築，計劃全部保留現有居住面積一九五點五萬平方公尺，維持現有居住水準。新增的二五萬人（不包括利用率人數），每人居住面積四點五平方公尺，則需新建建築面積二二五萬平方公尺，建成後，全市建築總面積將達五四二點七五萬平方公尺，每人平均居住面積約三點二一平方公尺。

2公共建築計劃全部保留現有面積八八點八萬平方公尺，新增的二五萬人，每人平均增加〇點九平方公尺，共需新建公共建築面積二二點五萬平方公尺，建成後，全市將達一一一點三萬平方公尺，每人平均一點二二平方公尺。

3各項公用事業工程設施是根據第一期修建範圍進行建設的。

總造價爲五〇、五九二點九億元，住宅與公共建築佔總造價的百分之七十三點八，其他各項公用事業工程設施佔百分之二十六點二。

附　件

一、西安地區自然資料一份
二、西安地區經濟資料一份

三、西安市給水工程計劃說明書一份
四、西安市排水工程計劃說明書一份
五、西安市交通運輸計劃說明書一份
六、西安市電訊管綫計劃說明書一份
七、西安市供電計劃說明書一份
八、西安市居住區第一期實施計劃說明書一份
九、西安市人口發展平衡表一份
十、西安市造價估算表一份
十一、西安市與有關單位協議文件一份

附　圖

一、西安市遠景規劃圖一份
二、西安市第二期規劃圖一份
三、西安市第一期實施計劃圖一份
四、西安市建築層數分區圖一份
五、西安市郊區規劃圖一份
六、西安市現狀圖一份

七、西安市歷史沿革圖一份
八、西安市給水系統現狀圖一份
九、西安市給水管道系統總平面佈置圖一份
十、西安市排水系統現狀圖一份
十一、西安市雨水系統平面佈置圖一份
十二、西安市污水系統平面佈置圖一份
十三、西安市交通運輸現狀圖一份
十四、西安市交通運輸綫路圖一份
十五、西安市人口流動方向圖一份
十六、西安市電訊管綫現狀圖一份
十七、西安市電訊管道佈置圖一份
十八、西安市電力綫現狀圖一份
十九、西安市配電管綫佈置圖一份
二十、西安市中心廣場及主要大街設計示意圖
二十一、西安市東、西郊新建區詳細規劃示意圖
二十二、西安市現有建築物密度圖一份

目　錄

1

第一章　洛陽市城市發展沿革及城市現狀

(一)歷史發展沿革及名勝古蹟：

洛陽為歷史上古都，有九朝都會之稱。洛陽稱都自周公（旦）營洛、平王東遷開始、在瀍東澗西地區建王城（尚書洛誥篇）。嗣後周敬王於周王城東三十里建下都，亦即成周城、察於此設河南縣。後歷東漢、曹魏、西晉、後魏皆於下都而都之；至隋煬帝大業元年西移故城（下都）十八里而營新城、新城之範圍東逾瀍水，西拒王城，南直伊闕之口、北倚邙山之塞、洛水貫城中。以象河漢（見 洛陽縣誌卷二 洛陽古今歷郡縣沿革）周圍七十三里一百五十步；備極一時之盛、唐、五代（梁、唐、晉）均因而都之。自周迄後晉在洛陽建都之朝代達九朝以上共歷九百三十九年。其後宋以洛陽為西京，金稱中京。（元，明，清三代洛陽無都）及至反動的偽「國民政府」曾以洛陽為行都。我國歷史上有六大都市（長沙、北京、開封、南京、杭州、洛陽）尤以洛陽建都之年代為最長。洛陽位於我國中原腹心地帶。歷代滄桑變化尤甚。特別在宋金以後洛陽千年來之[illegible]，均蕩掃地隋唐宮闕。遂不復見、至於今城、仍在隋唐洛陽城之範圍內修建，然較之周都已縮五分之四、較之隋唐則東南一隅耳。（見[illegible]）

洛陽夙稱九朝古都，晉漢、魏、隋、唐之時、城廓巍峨 宮闕壯麗，為當時政治經濟、文化之中心，而遺留至今的名蹟古勝，諸多頹廢，或非舊觀。現就目前古蹟尚存者及名勝之可傳者，經本會實地觀察結合考據史料，簡述如下：

(1)龍門：龍門亦稱伊闕。距今城南二十五華里，東、西兩山對峙。伊水縱流其間東山有香山寺，西山有潛溪寺，奉先寺及賓陽，古陽諸石洞。龍門全山遍琢石佛像；石佛的建造、始於公元四九三年北魏、唐以及歷代王朝均有增修共建大小佛像九萬多尊與建造石佛像的同時，歷代王朝在龍門立石作碑，鐫字為造像記者亦復不少，近市售之龍門一百品、三十品、二十品、等書帖皆出自龍門石窟，極為名貴。為世界聞名的文化藝術寶庫，惜反動統治時期遭破壞，許多石像，多已殘缺不全，為了保護古物，解放後已由洛陽文物保管委員會派專職幹部保護。

(2)白馬寺：在今城東二十五華里，建於東漢明帝永平十一年。（公元68年）為佛教入中國後第一座佛寺歷代均有[illegible]有八景：(一)清涼台。(二)夜半鐘，(三)斷文碑。(四)騰蘭墓。(五)齊雲塔。(六)焚經台。(七)狄仁傑墓。(八)宋魏咸信墓。目前均依然存在，但多非舊貌，寺內現除有塑像外，尚有[illegible]白玉佛及木雕佛像各一座。藝術造價極高，該寺亦係世界聞名古蹟之一。

(3)周公廟：在今洛陽市西關外傳為唐貞觀時「分祀周、孔處」建造於公元一一〇

2

年左右明萬曆，清康熙及民國間均有重修，大殿名定鼎堂，殿後有屋數十間，內置唐人墓誌數百方，目前廟宇尚完整，為洛市的古蹟之一。

(4)關林：在今洛陽市南十五華里洛伊公路東側，明時創建，重建於清康熙三十一年（公元一六九二年），有正殿，後殿、寢殿，及廊房數百間，廟後並有關羽之墓，傳為羽首葬處，廟內建築皆為我國古代宮殿式，廟內遍植柏木，蔚茂成林，為洛市近代古蹟

(5)天津橋：在今城南關，為隋唐洛陽天津橋舊址，建於隋大業初年（公元605年）唐貞觀十四年改修，至宋建隆二年（公元961年）重修，現僅存一孔，屹峙河中，傳為洛陽八大景之一，即所謂「天津曉月」，民國二十一年偽國民政府在洛於其旁築林森橋，並於天津橋上築一小亭，目前該橋因年久失修部份破爛，解放後由市文管會代管。

(6)上清宮：在今市北八里邙山山嶺上，傳老子李耳曾修煉於此唐武則天曾在此作避暑宮，元。明清歷代王朝均有重修，原有大殿五座，現僅有玉皇門及翠雲洞，餘皆殘斷壁，登臨該閣，可俯瞰洛市全貌。

(7)老子故宅及孔子入周問禮處：東關大通街北，有老子故宅，係清時修葺，額題「瀍東寺老子故宅」。（現市立東關完小設於內）。東關大街東頭北路有碑豎立，上書：「孔子入周問禮樂至此」係周敬王二年孔丘入周問禮於李耳，問樂於長弘。說明當時洛陽為禮樂之中心地。

(8)夾馬營：洛陽東關爽明街北首有一石碑大書「夾馬營」係宋太祖趙匡胤誕生地，其旁現仍有宋太祖廟；

(9)安樂窩：在現今洛市南關外河南、距市二里，現為安樂窩村，村中有邵公祠，係宋理學家邵康節故里，祠係清代重修，廟宇現尚完整；

(10)文峯塔：在城東南隅。有磚砌方形九層塔一座。傳係清嘉慶年間修建，現尚完整；

(11)鐘樓：在今市內東大街中間，樓上懸巨鐘一個，傳與白馬寺大鐘遙相呼應，為洛陽八大景之一。

(二)城市現狀：

洛陽城區面積約為四平方公里，現城垣皆為土垣，垣外為深3－4公尺深的壕溝，寬約十餘公尺；城內東、西南北四條大街成一「十」字交叉，將城分為四等分，除南大街解放後進行翻修路面較寬外其餘三條大街均狹窄，路下原有污，雨水合流的下水道其他小街背巷均無排水設施，道路結構除少數碎石煤渣及個別水泥路面外，大部份均為土路。全市房屋建築僅個別機關及公共事業建築為磚木結構二層樓房外，居民住宅大部份均為土墻瓦面，同時由於反動統治的結果均破爛不堪，部份地區尚有窯洞，陰暗不堪，

3

在抗日戰爭時期市民爲了防空，街道及住宅內大多均有地下室，目前一遇久雨即有地面下陷現象，地面建築因之遭受很大的損失，給將來城區改建工作增加很大困難。城區內無自來水設備居民飲水及用水，均係井水供給，全城內共有公私井2347眼，城外東、南關地勢較低大部份種植蔬菜，城南及城內各有小型公園一處，因範圍較小，，佈置設施亦不够完善。

西工鎮係一九一七年軍閥段祺瑞所建，面積有二平方公里，地勢平坦，道路較寬闊，建築結構全爲磚墻瓦面的兵營式排列，營房與營房之間及營房內的道路結構爲水泥及碎石兩種路面。目前西工仍爲軍事駐地及倉庫，有上水及下水設施，地下情況較城區更爲複雜，有防空洞，地下室，隧道，埋炮彈大坑及埋人坑等，據說西工東面靠洛潼公路附近有一個地下室，能容一師人，再者日本降投時及蔣匪逃跑時曾將大批軍用品埋置地下，現因洞口倒塌，不易尋找，待以後組織力量再進行調查，西工西北，五女塚及小屯村附近墓地很多，有一條大引河（乾溝）長約2200公尺，深約11公尺寬約12公尺另外還有100多公尺的防空溝壕，兩邊還有許多洞現在大部倒塌又有兩條活沙槽，一條長約850公尺，另一條長約200多公尺（地下情況亦未弄清楚）此外有兩個地下隧道，高射砲陣地及地下工事等，西工東面尚有部份土墻瓦面平房及零散民用建築，亦因年久失修大部破壞不堪。在西工及城區之間有一條大旱溝寬約10公尺，深約3公尺（由西工北至周公廟）爲將來市中心區主要工程綠地地帶，西工東南原汽油庫處，南北地形高低相差很大，並有窰洞建築，西工南面西下池起到城東南塔灣止，沿河邊均築寬窄不一結構不同（部份有磚砌，石砌護岸）的防洪堤壩。

澗西區爲一廣闊平原，除大小的村屯有十餘處散佈外，大部均係麥地惟地下古墓古坑很多部份土壤爲大孔性（詳見地質資料）各村屯的房屋建築均農村式的土墻瓦面平房，大部破舊，經濟價值很低，村裡道路窄狹高低不平一遇天雨泥濘不堪，七里河村北面有一條大旱溝，爲七里河村西北地區的雨水經此排洩入澗河區內有洛潼及洛宜公路爲洛陽與西邊外縣聯系運輸的主要公路。

金谷園以東鐵路以北地區係古墓地區並有很多的旱溝橫貫其間使整個地形變成複雜，很多的磚瓦窰散佈在那裡，近年來該地區建有很多磚墻瓦面平房但部份營造物建築在旱溝及古墓上大大影響其堅固，今年雨後就有部份地面下陷，[illegible]傾斜及破裂。

(1)商業基本情況——

據一九五四年四月份市工商局統計，全市私營工商業共分九類行業4931戶

4

其中工業1171戶，工業中手工業佔1151戶其他修配性質的小型工廠21戶商業3749戶，其中攤販[illegible]戶，佔商業總數的70.17%情況說明洛陽市的私營工商業是手工業多工業少小販與商少[illegible]國營公司及合作社。

(二)交通運輸情況：

鐵路：隴海路橫貫東西爲主要的，也是唯一的鐵路運輸綫，五三年據鄭 鐵路局統計，輸入貨量爲151294.9公噸，客運量達876236人。

公路：共八條，見附表

1953年交通運輸情況

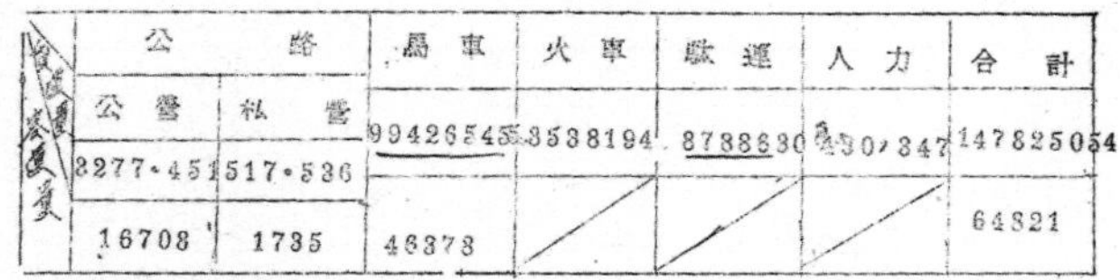

	公路		畜車	火車	獸運	人力	合計
	公營	私營					
貨運量	8277.451	517.536	99426545	3538194	8788830	430,347	147825054
客運量	16708	1735	46378	/	/	/	64821

市內搬運力量：見附表。

(5)農業：見附表。

(4)農業：

洛陽附近地區的主要農作物爲小麥、穀子、玉米，及薯類、主要經濟作物爲棉花；洛陽市郊區耕地總面積爲41869畝被市 渠道灌溉系統，僅有水井564眼能澆土地佔耕地面積16.67%畝，秋夏作物總產量爲9,765,542市斤，菜蔬生產一九五三年統計年產量爲24,593,119市斤，按每人每日平均半斤計算可供134,756人一年食用，目前洛市除菜蔬僅能自給外，其餘糧作物還需靠外地運來，洛陽附近十六個縣統計，棉花產量很大五一年總產量爲3848,3165市斤，因本區內無棉紡設備大部運往外地。

洛陽專區主要農產品統計表　　單位：千市斤

種類 / 生產量 / 年份	棉花	小麥	玉米	谷子	豆類	芝麻	紅薯
1951	38.483	512.176	325.694	161.892	74.590	3.764	183.216
1952	53.499	392.434	338696	1140129	94993	2498	305973
1953	50.133	564853	403419	185929	[illegible]	15319	301905

5

(4)文化教育事業：

市內文化娛樂設備12處；其中戲院5處容納5000人，係臨時建築（席棚影院一所容納1000人，雖多固定性建築，但太多不够需要，俱樂部1個容400人，文化館1個容50人，　書館一個容100人，文化站2個容30——40人，有綫廣播台一個收音站一個。

洛陽的教育機構及有高等學校，僅有中等技術學校一所，即洛陽林業學校，學生職工共440人，佔地面積42,823.8M²另有師範學校一所學生職工共465人，佔地面積133333M²臨時性的幹部學校四所，佔地面積3224M² 中學四個，學生教職員工3243人，佔地面積158509M² 小學共38所，學生職工共14280人，佔地面積171,473M²

(5)行政：

五二年洛陽、專區與陝州專區合并後，專署地委仍設洛陽市於原洛陽縣城爲豫西十五縣政治、文化經濟中心，五四年取消大區及縣級由將洛陽市直屬於省領導，（下列數字是在改變前，因此有些出入）。

洛陽市地方機關，包括企業、行政、衛生、群團、文娛共151個佔地面積402341M²共3796人，軍事機關佔地面積392823M²，人口5784人總的說來機關地區分散，用地擁擠。

(6)附近出產及建築材料出產情況：

建築材料詳見附表。

(三)人口分析：

見城市條件統計表。

(四)公用事業設施：

(1)電力及電訊設備：

電廠設備情況表見附表。

電話機約280門（手搖式）電報電訊除專區縣外其他大城市須由鄭州轉發（見現狀圖）

(2)衛生機構：

設備很簡陋，僅可診療一般疾病，機構雖多但規模太小醫療上衛生組織情況見附表。

(3)給水排水設備：

洛陽現無上下水道設施，唯洛陽空軍幹校，東郊打包廠及洛陽車站，等均

6

自設有11.9至22.7公尺之深井抽水，其他採用　井打水路甩污水或廢水的方法；城內大街有暗溝系污水雨水合流的系統，污水或雨水匯流入城東南角城河，而最大時流入瀍河，再入洛河，另有部分窪低窪地區則採，滲井的辦法處理。

(6)消防設備：

有群衆性防火小組33個，及市公安局、消防隊一處，設備上僅救火車一部其他以人力排水爲主，力量也很薄弱，消防設備概況見附表。

土地使用平衡表

分類	項目	土地使用現狀 m²	合計
工業用地（廠礦工業）	公營電廠	30600	
	公營其他礦工業	172417	
	公營農業礦工業	12526	
	私營礦工廠	14070	
	私營肥皂廠	820	36433
生活居住用地（僅公共建築）	機關辦公用地	775090	
	中小學校用地	308730	
	專科以上學校用地	65433.8	
	醫療衛生用地	173676	
	文藝設施用地	47747	1370376.8

7

洛陽市各階層人口職業統計表

分類	項目	合計 小計	合計 男	合計 女	十八歲以下者 小計	十八歲以下者 男	十八歲以下者 女	十八歲至六十歲 小計	十八歲至六十歲 男	十八歲至六十歲 女	六十歲以上者 小計	六十歲以上者 男	六十歲以上者 女
獨立人口	總計	110304	62653	47651	41533	22004	19529	62183	37850	24333	6588	2799	3791
基本人口	小計	17327	16442	885	177	122	55	17115	16287	828	35	33	2
基本人口	佔總計 %	15.7											
基本人口	工業職工	1010	822	188	12	7	5	998	815	183			
基本人口	建築業職工	1650	1644	6	4	4		1646	1640	6			
基本人口	手工業職工	1374	1218	156	37	31	6	1316	1168	148	21	19	2
基本人口	對外交通運輸業職工	2116	1992	124	9	1	8	2097	1987	116	10	10	
基本人口	專科學校教職員生	1041	959	82	96	69	27	944	889	55	1	1	
基本人口	非地方性行政机关工作人員	1100	1009	91	4	3	1	1096	1006	90			
基本人口	非地方性企業机关工作人員	1367	1272	95	6	4	2	1360	1267	93	1	1	
基本人口	非地方性医療衛生工作人員	659	516	143	9	3	6	648	511	137	2	2	
基本人口	軍事机关工作人員	7010	7010					7010	7010				
服務人口	小計	9205	8094	1111	158	113	45	8779	7732	1047			
服務人口	佔總計 %	8.3											
服務人口	服務性工業職工	298	281	17	1		1	297	281	16			
服務人口	搬運工人	961	961					961	961				
服務人口	服務性手工業職工	1631	1497	134	52	45	7	1482	1364	118	97	88	9
服務人口	中小學校教職員工	700	527	173				699	526	173	1	1	
服務人口	市級行政机关工作人員	1004	917	87	1	1		1003	916	87			
服務人口	市級企業机关工作人員	1040	966	74	2	1	1	1038	965	73			
服務人口	地方性医療衛生工作人員	353	284	69	4	1	3	321	255	66	28	28	
服務人口	城市公共事業工作人員	275	206	69	17	7	10	241	182	59	17	17	
服務人口	商店店員	2773	2338	435	81	58	23	2567	2165	402	125	115	10
服務人口	公安部隊、人民警察	128	117	11				128	117	11			
服務人口	其它	42		42				42		42			
其它人口	小計	51501	21282	30219	13295	6904	6391	35306	13114	22282	2810	1264	1546
其它人口	佔總計 %	46.7											
其它人口	家庭婦女	14795		14795				14795		14795			
其它人口	宗教職業者	57	48	9				42	37	5	15	11	4
其它人口	無固定職業者												
其它人口	失業人員	3868	3868		278	278		3536	3536		54	54	
其它人口	市區農民	22719	11694	11025	9283	4723	4560	11445	6085	5360	1991	886	1105
其它人口	市區菜農	8574	4184	4390	3734	1903	1831	4090	1968	2122	750	313	437
其它人口	其它	1488	1488					1488	1488				
被撫養人口	小計	32271	16835	15436	27903	14865	13038	893	717	176	3475	1253	2222
被撫養人口	佔總計 %	29.4											
被撫養人口	十八歲以下者	27903	14865	13038	27903	14865	13038						
被撫養人口	六十歲以上者	3475	1253	2222							3475	1253	2222
被撫養人口	殘廢失去勞動力者	73	53	20				73	53	20			
被撫養人口	十八歲以上的中小學生	820	664	156				820	664	156			

備註：

1.表中所列基本人口、服務人口及其它人口中的宗教職業者、市區菜農、失業人員，被撫養人口中的殘廢失去勞動力者，十八歲以上的中小學生等人數係實際調查數字。

2.其它人口及被撫養人口中其餘人口係以普選人口調查基礎推算數字。

3.無固定職業者的界線不易劃分故未作調查。

4.調查整理時間1954年1月下旬至4月上旬

洛陽市現有電廠設備情況表

現有設備情況

設備名稱	蒸汽透平發電機	設備名稱	蒸汽機用鍋爐	設備名稱	變壓器
型式	英制B·T·H	受熱面積	每座2010M²	規格	6930 380/220伏
數量	一套	數量	兩套	數量	33具
容量	500千瓦	發熱量	每小時3.4噸		
電壓	6900伏	蒸汽壓力	22.5磅/平方吋		
週波	50	設備名稱	烟囱		
透平機轉速	3·000R·P·M	高度	72呎		
發電機轉速	1·000R·P·M	數量	1		

季度	總發電能力（千瓦）	季度		負荷情況 最高	負荷情況 平均	電價（元/度）		輸電線路			煤水消耗量（噸/日）	
五四年第二季度	500	五四年第二季度	日	200	180	電力	1·500	高壓線	電壓	6900伏	煤	98
			夜	500	400				線徑	7 12號3根		
五四年第三季度	1·220	五四年第三季度	日	700	650	照明	4·300	低壓線	電壓	380至220伏	水	100
			夜	1·200	1·100				三相四線			

說　明：一、資料來源：洛陽電廠。

二、廠址位於洛陽市西關，距城3公里。

三、設備鍋爐兩座，其中一座作備用。

四、洛陽電廠變電方式，無總變電所，僅用變電板接一路三相高壓線至城區，再用小型變電器（380——220伏）降低電壓至各用電區。

五、照明用電戶，一律以220——20W燈頭爲度。

六、1954年第三季度，添裝750千瓦，汽輪發電機一座，總發電能力（連現有設備合計，將爲1250千瓦）。

9

洛陽市對外交通公路幹支線表

公路名稱	起迄點	全長（公里）	路面性質	路面寬度（m²）	路面可載重（T）
洛盧公路	洛陽至盧氏		碎石	7—7.5—8.5	8—8 10
洛嵩公路	洛陽至嵩縣	78.628	碎石	〃	〃
洛潼公路	洛陽至潼關	257	〃	〃	〃
洛臨公路	洛陽至臨汝		〃	〃	〃
洛登公路	洛陽至登封		〃	〃	〃
洛孟公路	洛陽至孟津		〃	〃	〃
洛南公路	洛陽至南陽	283	〃	〃	〃
洛鄭公路	洛陽至鄭州	126	黃土	〃	〃

說明：資料來源：市訓規科

二、目前通車僅洛鄭、洛寧、洛潼三線，表中所列各線，皆因年久失修，已破爛不堪，每下雨就泥濘難行。

同時沿線橋樑也係臨時修建，載重量小亦係形成交通不暢的原因。

三、路面載重一欄，不包括橋樑。

四、搜集日期：五四年四月三十日。

洛陽市內搬運力量表

車輛名稱	數量輛	單位載重	總載重量	每日行(公里)	備考
汽車	17	$3\frac{1}{2}$噸	59.5噸	100	在搬運公司的車輛能投入裝運用的約6輛
膠輪車	286	1噸	286噸	夏季60 冬季35—40	可以投入裝運用
牛車	500	$\frac{1}{8}$噸	168噸	25	估計可以應調的力量
架子車	1815	300公噸	544.5噸		包括裝卸組的架子車輛在內

註：1.貨物每件在3噸以下者可以人力裝卸。

2.上述資料由財委秘書口述。

洛陽市附近建築材料產量統計表

(一) 磚

機製/手製紅磚萬/年	手製青磚萬塊/年 適合國家規格	手製青磚萬塊/年 不適合國家規格	空心磚萬塊/年	石棉磚噸/年
6950	10.700	6.284.	42	480—600

(二) 瓦

機製紅平瓦萬塊/年	手製土青瓦萬塊/年	機製洋灰瓦萬塊/年
944	12.986	200

(三) 石灰沙

片石灰噸/年	卵石灰噸/年	細沙（蘊藏量立方公尺）	粗沙（蘊藏量立方公尺）
154.140	160、000	518、500	1、149、270

(四) 石料

礫石（蘊藏量立方公尺）	碎礫石（產量）立方公尺/年	碎石立方公尺/年
425.000	100、000	755、500

10

洛陽市現有衛生組織調查分統表

名稱	現有技術人員																							行政幹部			重要設備											
	医師												一般医務技術人員																									
	中医						西医																															
	小計	外科	內科	婦科	針灸	五官科	小計	外科	內科	婦科	小兒科	五官科	小計	医士	護士	助產士	保健員	化驗員	調劑員	司藥	練習生	藥劑士	其它	小計	行政人員	勤雜人員	小計	病床	顯微鏡	冰箱	血压計	高压消毒器	蒸餾消毒器	X光鏡	萬能手術台	外科器械	運動雜器	其它
合計	123	5	95	6	4	6	42	10	30	1		1	468	59	193	22	5	13	26	16	15		119	203	110	93	777	718	14	3	17	12	1	3	2	3	3	1
康福医院							18	1	17				248	15	107			6	10	2			108	110	69	41	525	500	6	2	4	4		1	2	3	3	
洛專人民医院	7						9	4	4	1			72	6	49	5		3	6	3				51	23	28	139	130	2	1	3	2		1				
市人民医院	2	1	1				4	1	3				45	11	13	5		1	6				9	17	7	10	36	30	2		2	2						
工人医院							4	2	2				12	1	5	1		1		1	3			6	3	3	20	16	1		2	1						
洛市幹部医療门診部							2	1	1				18	2	10			2	2		2			13	5	8	26	20	1		2	1	1	1				
第三保健站													5			3	2										10	10										
第二区衛生所							2	1	1				4		2		1			1				1	1													
私人医院	110	3	91	6	4	6	3		2			1	42	22	4	3			1	5	5		2				15	12	1		2							
紅十字会洛市中医门診部	2	1	1										3							3				1	1													
紅十字会洛市西工门診部													3	1	1	1											1				1							
紅十字会洛市分会医院	2		2										10	1	2		1		1	1	4			3	1	2	3		1		1	1						
紅十字会洛市婦幼保健站													6			4	1				1			1		1	2					1						

說明

1. 該資料由各部门搜集而來綜合整理的
2. 医師欄內包括院長及科主任在內者；有①洛市幹部医療门診部 ②工人医院 ③康福医院 ④洛專人民医院
3. 洛專人民医院人員包括有：中医门診部和公費医療门診，另外護士包括有護理員在內，調劑員內有四個是中医調劑員
4. 康福医院，一般医務技術人員其它項內有護理員101名 X光技士一名 技術員3名 配製者2名
5. 私人医院包括部门有，現有联合中医医院1個 中医联合診所2個 西医联合診所1個，中西医联合診所2個 眼科助產診所1個 獨營西医診所6個 中医診所32個，牙科診所1個
6. "外科器械"單位套
7. 私人医院"正骨科"另有医師2人未統計在內
8. 調查日期1954年5月份

明

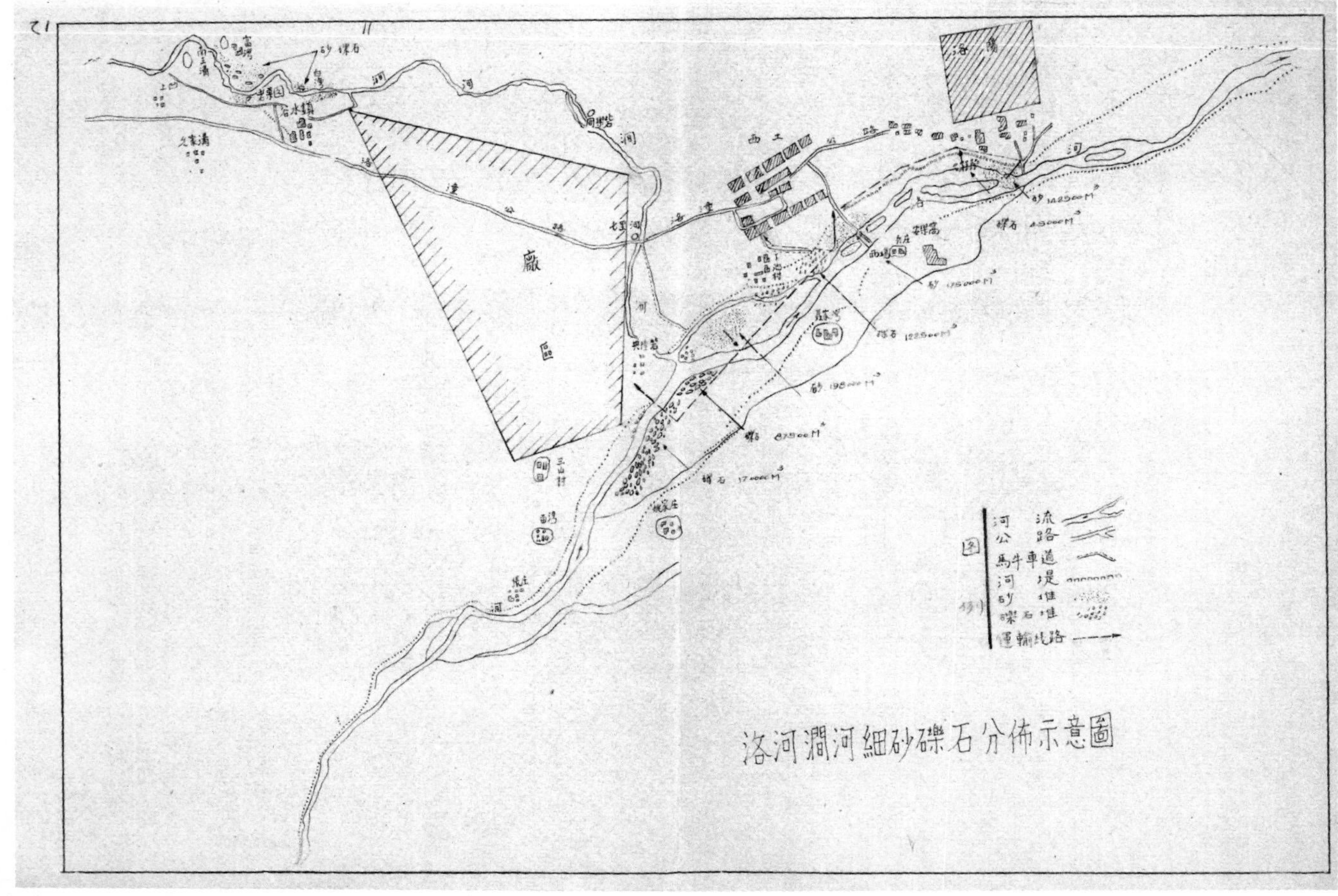

洛河澗河細砂礫石分佈示意圖

00013

第二章　自然條件

一、位置、地形、面積

洛陽市位於我國河南省西北部，東經112°36′北緯34°40′，拔海136.8公尺，係黄河流域黄土高原之豫西山區，北枕邙山，西鄰秦嶺，南臨伊洛諸水成一狹長之帶形，西北部較高，標高約自180M至150M，東南部則低，標高約自133M至130M

工業區係新闢的澗西區，距洛陽舊城中心約8公里，北傍澗河上游及隴海鐵路，西南鄰秦嶺，地形由東向西作緩步傾斜，西南部標高爲170～180M南部標高爲162M，北部標高爲136M東南部標高爲134M，中部標高爲160M，平均坡度爲千分之三。

全市現有面積約爲28，6平方公里，澗河西工業區爲10平方公里，澗河東舊城區爲18.6平方公里。

二、地下水及地質：

澗西工廠區地下靜止水位一般在地面下15M，東部較深約19M，南部爲7 6 5M

澗東舊城區一般水位約10M，沿洛河低地水位2M～3M。

澗河西根据二處探井的抽水試驗資料（王府莊與李村）井深均約40公尺，地下靜水止位在地面下17M～19M出水量每小時爲70M³動水位降至地面下3.3M估計每井每天出水量1000M³影響半徑約爲130M。

澗河東城區無鑽探資料，据洛陽鐵路分局、打包廠、空軍幹校等調查報告。

洛陽車站一號水井直徑2M，井深119M每小時出水量3.7M³

洛陽車站一號水井直徑2.5M井深10.5M每小時出水量18M³

打包廠水井直徑1　水深21.05　每小時出水量336M³

空軍幹校水井直徑2.5～3M井深22.7M每小時出水量45M³

澗河西區土壤根据鑽探資料在縱橫間距600M的56個探井中，26個爲非下沉性大孔土，15個爲一級大孔土，5個爲二級大孔土。地質在已鑽探之範圍和深度內均爲第四世紀地層，地質變化較複雜，且層次較多，構成各層之土壤，以砂質粘土爲主，地層成因，爲山洪沉積及風成層，每次沉積將地面逐漸升高，植物即被埋於土中，腐爛後即成大孔隙。

標準黄土層土壤中含有肉眼可見的孔隙，孔隙的大小又遠較土壤顆粒爲大，故爲大孔性土。

秦嶺附近以結構緊密之紅色粘土爲主，並含有大量石灰質結核。

廠區內普遍分佈具有浸水下沉性質之第一級大孔土，其分佈無甚規則，沉陷量均不大，可利用作爲天然地基，但需有防水措施。

14

廠址東部以七里河爲中心，沿澗河地帶普遍分佈具有浸水下沉性質之第二級大孔土，估計[illegible]沉陷量大達3.35公

澗西區土壤之耐壓力在1.35kg/cm²～48.5kg/cm²之間，一般土壤許可耐壓力爲2kg/cm²

三、氣象水文

(一)氣温

洛陽位於北温帶，[illegible]大陸性氣候的城市，

項目	數值	出現年份	觀察年代
年平均氣温	14.7°C		1931～1933.
最熱月（七月）平均氣温	27.6°C	1935年7月	1931～1933.
絕對最高温度	42.5°C		1935～1937
最冷月（一月）平均氣温	－0.2°C		1931～1933.
絕對最低温度	－20°C	1936年1月	1935～1933.
歷年平均氣温	≦－5°C之日數4天		1931～1933.
歷年平均氣温	≦＋5°C之日數89天		1931～1933.

取暖期（≦＋5°C初終期間）平均温度3.4°C

歷年最低温度在0°C以下之平均日期11月12日～3月29日

(二)雨量

項目	數值	出現年份	觀察年份
歷年平均降水量	547.5公厘		1935～1943. 1944～1947 1951～1933.
一年最大降水量	83.8公厘	1937	
一年最小降水量	293.4公厘	1941	同上
最大雨降水量	4093公厘	1937年8月	同上
最大日（24小時）降水量	1090公厘	1939年8月	同上
小時最大降水量	265公厘	1951年5月	同上
一次最大降水量	243公厘（30分鐘內）1943年8月歷時1113小時		

(三)濕度

項目	數值	出現年代	觀察年代
歷年平均相對濕度	66%		1936 1931～1933.
歷年平均絕對濕度	9123		1931～1933. 1935.7～1937.5

(四)風速風向

項目	數值	出現年代	觀察年代
歷年平均風速	1.4M/秒		1931～1933.

15

歷年最大風速　　19.6M/秒

歷年最多風向　　東北(頻率13%)　　同上

附凡家風速玫瑰圖(1951—1953.—)　　南(頻率12%)　　同上

(1951—1953.7 8 9月共三個)

(五)土壤凍結深度：

根据調查，洛河平常每年河邊結冰，河心不結冰僅在1936年1月全河封凍13日1953年1月封凍3日，1920年洛陽下游曾凍結能行人行車達時20餘日近30年來澗河曾全凍兩次，一次在1930年1月冰凍厚度約3.0公分，可行人行車另一次在1944年情况較前次爲輕，但亦可行人，平常每年僅河邊凍結，厚10公分左右，河中不凍。

地面冰凍一般厚度爲30—40公分(據來調查資料)

(六)積雪深度：

歷年最大積雪深度173.0公厘，出現年月1948年1月觀察年代1940—1948年

歷年各月平均集雪深度，120公厘觀察年代1940—1948年

(七)地溫：

深度	平均溫度	最高溫度	最低溫度	備註
40公分	3.3,	4.9	2.1	1954年1月20日至1月31日共12天資料
30公分	3.1	5.1	1.6	1952年各月平均數
20公分	16.6	22.7	12.4	
10公分	16.8	24.9	11.1	
5公分	17.3.	29.4	9.7	

(八)蒸發量：

全年總量1758.1公厘　一日最大20.7公厘　一月最大總量3,53.7公厘(1931—1933.)

四、河流：

(一)澗河：

1流域概况：

澗河係本廠區北邊，發源於河南陝縣觀音堂西北。其上游蜿蜒流行於崤山與嶕山峽谷中途經澠池，千秋、鐵門、新安、磁澗、及谷水六個城鎮，於洛陽西南之興隆寨注入洛河，幹流長約一百〇三公里，主要支流有五：馬口河、石河、北澗河、磁河及金水河等，流域面積約一百六十九平方公里。　16

河床在谷水以上全部爲大小卵石，以下爲砂，該河槽自谷水以下靠廠區其斷面成梯形，

兩岸陡直如刀削，高達二十公尺，其土質表層爲黄土厚五公尺以上，下層爲紅土層夾有礫石，河床一般尚寬窄適，在急灣處間有塌岸現象(此爲土壤情况須参考試探資料較爲可靠)。

澗河流域目前使用河水情况爲灌溉，沿河共有大小渠道一百七十條，灌地面積据統計有四萬七千八百四十畝。目前計劃灌溉面積尚有一萬一千〇八十五畝，且灌溉面積日有擴展之趨勢。

2流速：

澗河流域尚無水文站，缺乏科學記載資料，据最近所測，廠區附近斷面瞭解目前澗河平均流速，河面寬處爲0.26公尺/秒河面窄處爲0.5公尺/秒

3流量：

根据調查，推算全年各月流量如下

月份	1	2	3.	4	5	6	7	8	9	10	11	12	平均
流速公尺/秒	4.5	4	4	3.	3.	0	0	7	7	6	5	4.5	3.92
流量公尺/秒	1163	103,8	1038	778	779	0	0	1815	1815	1299	1299	1165	1016

註：上表數字是以二郎廟爲標準，其來水量已除去灌溉用水，汛期之洪水量不包括在內。

4洪水情况：

由於澗河幹支流控制之面積較廣，又因各支流均出自山間，河床坡度陡急沿岸山嶺上樹木稀少，沿山耕作方式欠佳，一遇暴雨即匯集而成巨流，水位驟漲有達六至七公尺漲落時間上游一般小於十二小時

澗河上游因河流坡度陡水量集中流速快而猛，新安以上尤甚山洪漲落時間在十小時左右。

澗河洪水雖猛而急，但因河槽深闊足以宣洩全部洪水流量，故尚未溢出河槽危害兩岸，僅河灘耕地有被冲刷之情形。

5枯水情况：

澗河因幹支流不長，僅百餘公里，除雨季流量較大並宣洩山洪外，枯水時間僅靠各幹支流及附近之泉水維持流量，故流量不大。

澗河每年在六、七月份爲枯水時期，由於上流截流灌溉，下游河水几近斷流，流量僅0.05立方公尺/秒以下，根据調查近五十年来曾經斷流三次，其時期及持續如下：

年份	月份	[illegible]
[illegible]	七	[illegible]
[illegible]	四	[illegible]
[illegible]	六	[illegible]

17

6水質分析：

澗河水樣經過北京自來水公司及中南工業試驗所等機關化驗，證明水質尚好，經過處理後，可供飲水及工業用水。

(二)洛河：

1流域情况：洛河發源於陝西省雒南縣冢嶺山，經河南省盧氏、洛寧及宜陽三縣，流入洛陽境，再由東北流經洛陽偃師冲積平原在鞏縣北部神堤村注入黄河。洛河經廠區東南距東南方外均有渠傾與廠區相隔。

洛河幹流長約401公里，流域面積約17697平方公里，河床比降上游陡而下游平洛陽以下至河口1/1100—1/13,000，洛陽至洛寧西繇和村附近爲1/400—1/650再上游大部1/300左右，局部平原地段爲1/400—1/500。

洛河在偃師以下河床大部爲砂土層，偃師以上爲砂卵石，卵石直徑愈向上游逐漸增大，河流兩岸一般爲次生黄土高出河面6—20公尺以上，流經山區沿岸岩層多爲火成岩及變質岩，洛寧以下兩岸爲台地及灘地，多爲耕地集中區，洛陽附近及下游偃鞏二縣部份地段有防洪河堤。

洛河支流較大者有澗河，水峪河、澗河及伊河，較小支流較多均流短而陡、水流多集中於夏秋暴雨之後，來時甚驟，歸時甚暫，目前水的使用情况，在上游無廠礦企業排入污水及糞便污物，僅沿河居民築渠道引水灌地，水渠大部份在長水及洛陽間，較大而有名稱之渠有24條灌溉面積22萬9千餘畝，加上支流較小渠道(多在洛寧及宜陽境)灌溉面積約達26萬畝，又加計劃擴充灌溉面積3萬畝，總計灌溉面積29萬畝。

2流量：　最大流量　5210立方公尺/秒(1954年8月4日13時)

最小流量　0.4立方公尺/秒

53年平均流量　711立方公尺/秒　(53年)

3水位：最高水位134.64M(1954年8月4日13時)

最低水位128.15

平均水位130.12

4流速1951年—1953年水位最高時(132.00M)之平均最大流速2.40公尺/秒

水位最低時(127.60M)之平均最小流速0.10公尺/秒

5含沙量：最大含沙量134.67公斤/立方公尺(1936)

全年平均含沙量，最大　42.07公斤/立方公尺　18

最小　1.70　公斤/立方公尺

6洪水情况：由於洛河及各支流均發源於山澗間河流均短，上游每年夏秋暴雨時期中洪水來勢甚猛如53年8月洪水流量爲5,450立方公尺/秒爲近十年來所罕見，歷年最大洪水未溢出河岸更不會淹没廠區。

7枯水情况：洛河枯水情况有時甚爲嚴重歷年記錄資料最小流量爲0.4立方公尺/秒

8水質分析洛河水質經化驗結果，水質甚佳經沉淀消毒後可供飲用，經處理後鍋爐用亦可。

五、山洪：

甲、山洪之來源：

澗河西地區：秦嶺山脈靠廠區西部和南部，廠區曾數度遭受其山嶺之山洪淹没廠區西部和南部山嶺計有五條大溝——東馬溝、陳家溝、過潮溝、尤溝、大溝其中以東馬溝、過潮溝、陳家溝等三溝山洪直接淹没廠區，茲將各溝情况分述如下：

(一)東馬溝：東馬溝位於南村之南，係由沙坡溝，前五龍溝後五龍溝等三道支溝組成，溝道於每次山洪後流量甚厚三道支溝有小泉眼數個，大部爲山孔中的滲透水溝內平時有細小水流，南村爲修一蓄水池，蓄積溝水爲灌溉之用，溝道達辛家村東約0.5公里處，水即散開滲入地中，全溝受水面積約爲八平方公里(根据五萬分之一軍用地形圖量出)山洪流量，根据實測山溝過去洪水位比降及過水斷面計算爲2.1公方/秒

(二)陳家溝：陳家溝位於谷水南略偏西，平時無水爲一乾溝，長約2—2.5公里受水面積爲2.29方平公里，山洪流量因斷面未測用荷夫曼經驗公式推算約爲7公方/秒

(三)過潮溝：過潮溝位於南村西南，該溝係由兩道溝組成，一爲過潮溝，一爲小溝，二溝在符家河西南角會合，受水面積共計3.07平方公里，山洪流量，因斷面未測亦用荷夫曼經驗公式推算，約爲8公方/秒

乙、歷年來廠區山洪泛濫情况：

(一)1928年古曆6月24日下午5時天降暴雨，東馬溝山洪暴發，流入平地，此次降雨匯洪共歷兩小時，山洪從南村東南小橋處分東，北兩股流去，主股流向東，泛濫至後井頭村以北窪地，小股向北，經南村與于家村之間漫過公路，沿公路向東流入澗河。朱家村街內最西底門口水深約0.26公尺(地面拔海高度爲168.278公尺)。

(二)1933年古曆5月某日午飯後，天降暴雨，持續兩小時，陳家溝及過潮溝山洪同時暴發，近洸水退期後共歷36小時爲1912年以來各溝山洪對廠區威脅最大的一次，兩溝山洪出溝後均向東奔騰屯，經七里河村北面溝內流入澗河。山洪泛濫經平地後曾冲動符家河村南王家的二百斤石碾，抬起雷屯與𠂆家村一帶麥禾。泛濫範圍，南至符家河村南，西至谷水鎮，北達𠂆家村，符家屯東。洪水深度：符家河村東面小　19

……0.972公尺（該處地面海拔高度爲175.857公尺）屠屯北面戲台前約爲0.960公尺（地面海拔高度爲160.042公尺），公路上茶站旁約爲0.621公尺（地面拔海高度162.873公尺）張家村南端角邊約爲0.280公尺（地面拔海高度爲162.636公尺）。

㈢1933年6月磁井頭村南部山洪亦曾泛濫平地，泛濫地區包括與鹽業與磁井頭村之間1½公里寬的狹長地帶，洪水流經與鹽業廠內入澗河。磁井頭村有水，趙修某門口水深0.242公尺（地面拔海161.037公尺）。

㈣1948年古曆7月初7日上午10時左右，東馬溝山洪暴發，流向平地山洪在南村東南小橋亦分東，北兩股流去，小股向東至李家村南水巷處小，受土堤所阻即止。主股向北經南村與唐村之間流向洛潼公路，順公路流入澗河。此次山洪曾沖毁東馬溝房屋80間窰洞40個平地漲者損失，朱家村街內段四成門口水深約0.26公尺（地面拔海高度168.278公尺）俞家村俞芳家門口西南角水深0.230公尺（地面拔海高度爲166.96公尺）。

70

00020

丁、洛陽空軍幹部學校、水井調查報告

項		目	空軍幹部學校水井調查	搜集日期	1953年7月21日
資料來源	單	單 名稱	空軍幹部學校	可靠程度	
	性	質	口述記錄	備考	
	根	據	該校水井負責人黃瑞清口述		

該校水井，自井口至水面20公尺，水面至井底2·7公尺，該井口徑2·523公尺，足閥至井底0.7—0·8公尺，[illegible]三級高壓水泵，每點鐘出水45噸，抽一小時許後水位降低2公尺，卽不再降，水泵停後，半小時，水位卽能復原。

該井每隔3層磚，卽有圈水眼，每圈有十七個眼，共有五圈，西南方水眼來水較多，其他方面來水較少。

今年開始時，足閥曾露出水面，以後將井淘深0·7公尺，現每天用水830—250噸水泵每天開6—8次，每次平均50分鐘。

21

打包廠水井情況

水井直徑	第一層 井口	4公尺
	第二層	3·25公尺
	第三層	2·50公尺
	第四層（井底）	1·50公尺
水井深度		21.05公尺
上水位至井底		4·55公尺
低落限度		1·20公尺

有三個主要泉源：(1)六吋口徑自西南來；(2)四吋口徑自西北來；(3)有四吋口徑自北面來，泉源至上水位1·6公尺，吹水管進水約1·8公尺。

原設計出水量600公升/分，實際出水量561公升/分

水泵用北京義利廠出品，吹水管與出水管均爲四吋口徑，用20匹馬力柴油機，水泵1250轉/分。

試驗結果：15分鐘出水量64·5噸，卽每小時出水33·6噸，日出水量806·4噸，水源主要從西南方來（估計可能從沿河來），往東北流。

地面12—13公尺以下土質與上層不同，有料礓（看像泥，但硬似石）越下越大至水位以下，土質更硬，硬如鐵。

22

二、關於二號水井及其湧水量之調查報告：　　1953年5月19日[illegible]天氣晴

項目	單位	數值
1.水井直徑	公尺	2·5
2.水井面積 $A=\pi D^2/4$	平方公尺	4·087
3.水井深度	公尺	10·5
4.足閥至井口距離	公尺	~~8·59~~ 10
5.常水面至井口距離	公尺	8·59
6.總水深	公尺	1·91
7.有效水深	公尺	1.41
8.湧水時間	時	266
9.水井[illegible] $Q=1.693\times\frac{A\cdot h}{T}$	立方公尺/時	18
10.一晝夜湧水量 Q×24	立方公尺/日	432

三、關於該兩水井所用水泵　　形式：VP、10×6×10

蒸汽抽水機共汽缸內徑10″衝程10″

水缸內徑6　吹水管內徑　150m/m　出水管內徑100m/m 每分鐘45次，揚程70M 每分鐘32次

揚程120M　出水量　592噸/小時

2.85　8.59　10　10.8　1.41　1.5

23

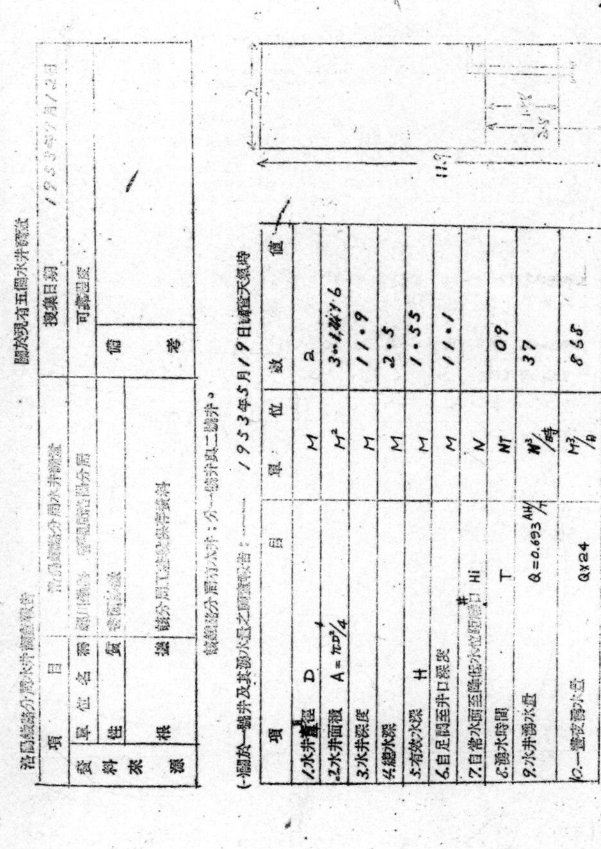

洛陽鐵路分局水井調查報告

關於現有五個水井調查

項目		洛陽鐵路分局水井調查	搜集日期	1953年7月12日
資料來源	單位名稱	[illegible]洛陽分局	可靠程度	
	性質	[illegible]	備考	
	根據	該分局工務段保存資料		

該鐵路分局有水井：分一號井與二號井。

(一)關於一號井及其湧水量之調查報告：—— 1953年5月19日調查天氣晴

項目		單位	數值
1.水井直徑	D	M	2
2.水井面積	$A=\pi D^2/4$	M^2	3.1416
3.水井深度		M	11.9
4.總水深		M	2.5
5.有效水深	H	M	1.55
6.自足閘至井口深度		M	11.1
7.自常水面至降低水位距離	Hi	M	
8.湧水時間	T	MT	09
9.水井湧水量	$Q=0.693\frac{AH}{T}$	M^3/時	37
10.一晝夜湧水量	Q×24	M^3/日	868

後李村確定流向三鑽孔情況表

井號	井深	地面標高	初見水位標高	靜止水位標高
1.	24.20	161.440	13.40	140.929
2.	22.80	161.331	139.537	140.795
3.	22.30	161.839	140.539	140.647

後李村與王府莊抽水試驗湧水量與水位下降對比表

抽水地點	抽水進行時間 小時	湧水量 噸／小時	靜止水位標高 M	計劃控制標高 M	實際控制線標高 M	抽水井水位下降 M
後李村	$40\frac{1}{3}$	79.612	144.664	127.706	130.379	10.258
王府莊第一次	$95\frac{2}{3}$	51.058	148.052	137.355	138.440	9.612
王府莊第二次	18	68.012	147.975	133.755	133.755	14.220

微生分析報告表

取水日期	取水深度 公尺	瓶次	取樣溫度	培養溫度	培養時間	每毫升含菌個數	每毫升含大腸菌個數
1954年6月24日20時	.35	1	17.5°	37°	24	620	0
				22°	24	110	0
同上	35	2	17.5°	37°	24	620	0
				22°	24	110	0
1954年6月25日10時	31.35	5	18°	37°	24	840	0
				22°	24	800	0
同上	31.35	6	18°	37°	24	140	0
				22°	24	730	0
化驗單位係洛陽人民醫院化驗室水質化學分析報告另附							

25

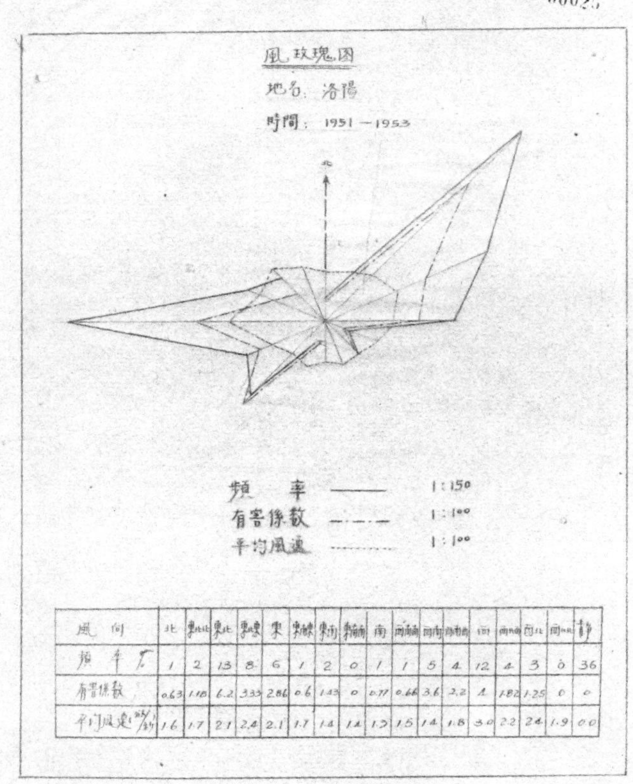

00025
風玫瑰圖
地名：洛陽
時間：1951—1953
頻率 1:150
有害係數 1:100
平均風速 1:100
風向 北 東北北 東北 東東北 東 東東南 東南 東南南 南 西南南 西南 西西南 西 西西北 西北 西北北 静
頻率% 1 2 13 8 6 1 2 0 1 1 5 4 12 4 3 0 36
有害係數 0.63 1.18 6.2 3.33 2.86 0.6 1.43 0 0.77 0.66 3.6 2.2 4 1.82 1.25 0 0
平均風速 米/秒 1.6 1.7 2.1 2.4 2.1 1.7 1.4 1.4 1.3 1.5 1.4 1.8 3.0 2.2 2.4 1.9 0.0
26

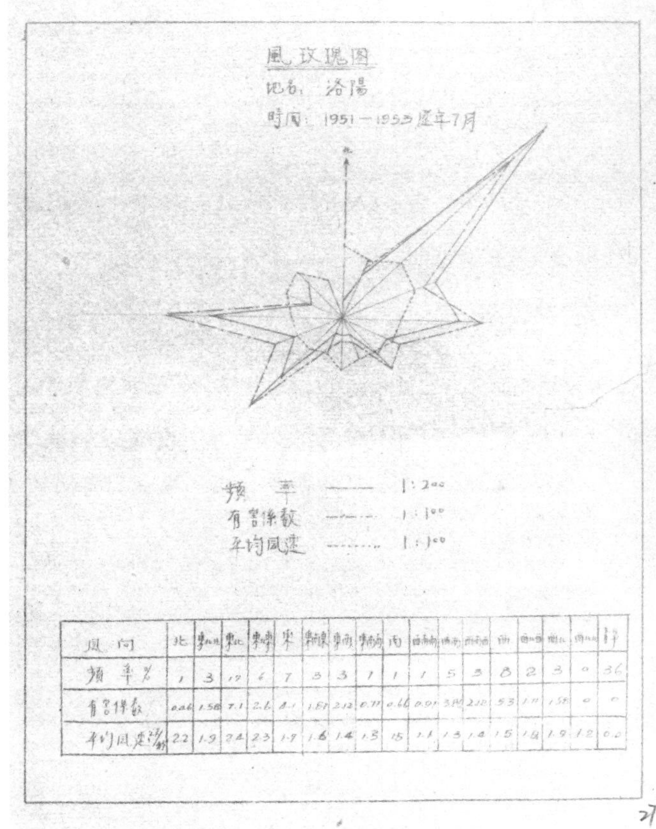

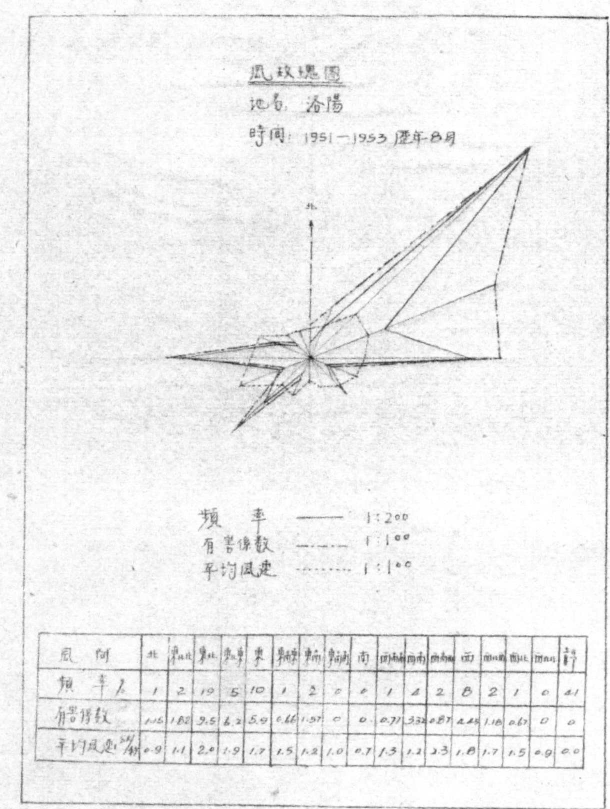

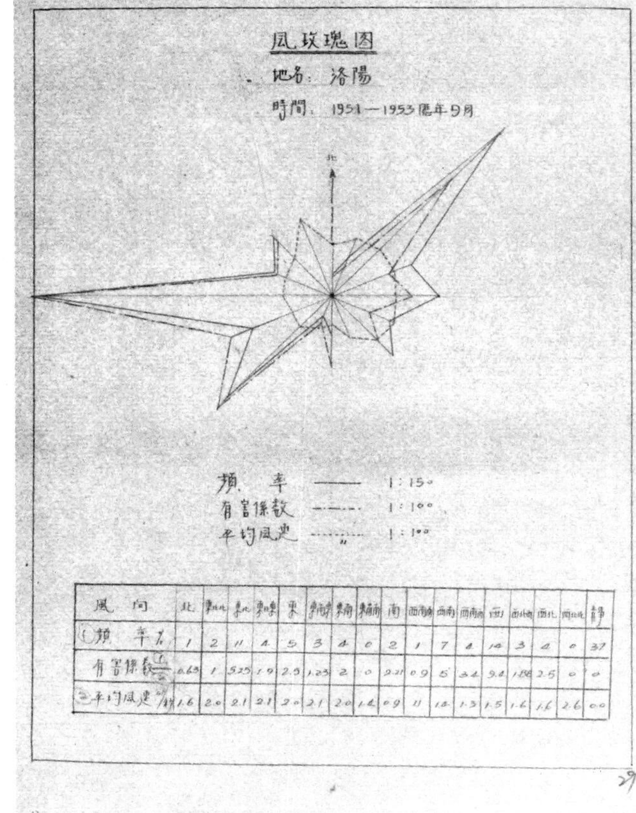

第三章 城市發展根據

㈠廠址選擇：

在第一個五年計劃中，國家計劃委員會決定在洛陽地區建立拖拉機製造廠、滾珠軸承廠、礦山機械廠熱電站及銅加工廠等重型工廠。第一機械工業部從一九五三年五月開始在洛陽進行廠址選擇，先後提出西工、白馬寺、洛河南及澗河西四個廠址方案。四個方案中：西工廠址爲西周王城遺址所在地點，白馬寺廠址爲唐、宋古墓區，地下墓葬極多，爲了保存具有重要歷史意義的文物古蹟，並且因爲探查、整理文物古蹟在力量及時間上有所不及，因此，放棄上述兩個方案。洛河南廠址與鐵路相隔洛河，建設工業需先籌建洛河大橋，需要大量投資建橋，而且推遲建廠進度，這個方案也被放棄。最後綜合四個廠址方案中地形、地質、交通運輸、城市條件等廠址選擇因素，決定新廠廠址建於澗河西地區。

澗河西廠區在洛公路以北，谷水鎮以東，北面東面各至澗河，廠區有如下優點：

⑴廠區地形平坦，土方工程很少，且有排水之自然坡度；

⑵廠區地質較好，土壤承載力與地下水位能滿足工廠要求；

⑶包括以後工廠擴建部份，工廠與住宅區有足夠發展地段；

⑷工廠與住宅區連系方便，鐵路專用綫接軌便利。

由於洛陽澗河西地區的工業建設，在第一期就具有較大規模，隨着第一期工業出現的工業人口在十餘萬人以上，因此，這就對城市建設方面提出如何以新建工業區和舊城爲基礎進行城市規劃的要求來。

㈡經濟根據（經濟建設遠景）：

城市經濟遠景的確定是城市建設中最初的而且是最主要的一個階段，只有在經濟遠景確定以後，才能決定城市發展規模，從而城市規劃工作才能在有較爲充分的經濟依據的基礎上進行。

城市經濟遠景應當依據國民經濟計劃來擬定，作爲15——20年城市發展的依據。由於很多原因，洛陽在第一個五年計劃中的經濟建設雖然是確定而具體的，但是擬定洛陽在較長時間的經濟發展遠景却有困難。在進行規劃示意圖的設計過程中，曾爲洛陽經濟建設遠景的各種可能擬定方案，經過各有關方面討論以後，同意以下假定爲洛陽城市發展經濟依據：

⑴洛陽附近有南伊陽鐵礦和宜洛煤礦，質量都具有一定基礎；

⑵洛陽居河南西北地區，位於隴海路中段，面對廣大的農業區，盛產棉花煙草等；

⑶洛陽在第一期的機械工業的基礎上有可能繼續發展同樣性質的工業。

以上情況指明：

1.洛陽市有建立鋼鐵工業的可能； 30

⑵洛陽市有發展紡織工業及其他輕工業的可能；

⑶洛陽有繼續發展機械工業的可能。

據此，洛陽在第一個五年計劃時期所建立的工業基礎上繼續發展工業是有可能的，但是上述三種的可能對洛陽市規劃又具有不同的意義和影響。紡織工業的建立和機械工業的繼續發展可能很大，鋼鐵工業在洛陽的建立依據並不充足，而鋼鐵工業的建立與否，會在城市規模和面貌上具有極大影響。因此針對這種洛陽城市發展遠景不易擬定的情況，慎重地決定城市規劃規模時，以實現紡織工業和機械工業的發展作爲城市規劃遠景的構成部份，而不能把建立依據不大的鋼鐵工業作爲經濟遠景的可靠構成部份，在規劃時只能爲建立鋼鐵工業在城市總設方面保留可能，並不進行具體規劃。

因此，洛陽的城市規劃的假定依據，即以第一期建立的工業區爲基礎，在以後紡織和機械工業發展的情況下，將澗河西地區和洛陽舊城之間發展和填充起來，緊湊的構成一座新城。

基於以上假定經濟依據和規劃示意圖，爲紡織和機械工業保留澗河西谷水以南，西工北部和鐵路以北地區三塊工業留用地。

如果鋼鐵工業在洛陽建立，可以在白馬寺和洛河南選擇廠址，但規劃遠景却將以現在所定規劃依據爲基礎而有更大擴展。

㈢發展人口與市區用地計算：

因爲洛陽開始工業建設就具有較大規模，並且估計以後城市可能有的較大發展，所以在進行規劃時，把洛陽作爲大城市來考慮，在決定居民生活用地定額時也採用蘇聯大城市的指標，即：

⑴每人居住用地定額指標：

建築街坊	33
公共建築	12
綠化	12
道路廣場	19
共計：	76

⑵全市用地面積和可居住人口：

在全市規劃範圍內，生活居住用地面積共計28.6平方公里，其中：澗河西爲10平方公里，澗河東爲18.6平方公里，按所採用的每人居住用地定額指標76M²計：

洛陽全市可居住：

28600000M²/76M²/人≒370,000人

31

00031

(3)澗河西用地面積和居住人口：

澗河西工廠遠期發展職工數共計44，300人，按基本人口佔總人口的百分比爲33%，即人口換算係數爲3計，遠期人口爲133，000人。

澗河西生活居住用地面積爲10平方公里，按每人居住用地指標爲76M²計，可居住全部人口，並且各工廠企業之住宅劃分範圍大致與廠址次序相適應，使工廠與居宅能維持在合理而且便利的步行距離之內。

第四章　　總平面圖佈置

由於目前澗河西地區建廠任務緊迫，城市規劃設計力量不足，尤其是洛陽在城市建設和規劃上所具有的特徵，即第一期經濟建設是確定而且具體的，遠期經濟依據變動的可能很大等原因，洛陽的城市規劃在全市範圍內作規劃示意圖佈置，而在澗河西工業部份作總平面佈置。

㈠全市規劃示意圖：

(1)用地範圍：

根據前章所述城市經濟發展依據，洛陽市規劃示意圖規劃範圍：西面以第一期所建工業區爲基礎，東面以舊城爲限，隨着以後紡織、機械工業的發展，逐漸佈滿西工部份，使城市發展組成澗河西礦山機械廠以南及鐵路以北爲保留工業區，西工西北部近期王城保留區，發掘以後如不須保存，即作爲城市發展用地。

(2)工廠區與住宅區：

澗河西區現在建設的工廠區面積：3·68平方公里。

保留工業用地面積：

澗河西礦山機械廠以南：	1·00平方公里。
西工區北部：	2·41平方公里。
鐵路以北：	2·56平方公里。
共　　計：	5·97平方公里。

可供以後紡織、機械及城市服務性工業的發展。

生活居住用地在澗河西區爲10平方公里，澗南東爲18·6平方公里，共28·6平方公里。

工廠區與住宅區平行自東向西發展，使用上相互平衡，並且工廠與住宅的關係能維持在合理而且便利的步行距離之內。

(3)交通系統：

1.鐵路：

隴海鐵路自西向東沿市區，北沿經過是洛陽對外交通的要道，目前的洛陽客貨站在舊城北部，爲了適應基建時期大量運輸需要和以後生產上鐵路運輸的編組方便，將金谷園車站擴展爲貨站，遠期成爲全市性的客貨站，而稱爲西站，現在的洛陽車站仍舊存在，而稱爲東站。

2.公路：

由於歷史的及經濟的原因，洛陽目前爲豫西地區物資集散樞紐，隨着以後工業的逐步建成，洛陽在經濟上的作用愈大，因此與洛陽發生直接運輸的或過境運輸的客貨量必然有大的發展。

洛陽的公路運輸基本上可分爲兩種，即平行隴海鐵路的和垂直隴海鐵路的。平行鐵路的多爲短程，而且運輸量不大；此公路如洛鄭、洛潼（洛陽至鄭州或至潼關間的城鎮相互進行交通運輸的公路），因而對城市作用不大；因爲大量和長途的客貨運輸，會利用行車迅速和運費較廉的鐵路；垂直鐵路的公路運輸，有以下三種情況：一種是客貨運至洛陽再經鐵路運輸他地的；另一種是垂直於鐵路的城鎮相互間的客貨運輸；另外一種是和洛陽發生直接運輸的。洛嵩，這些都是運輸量較大和交通頻率大的，因而在城市規劃中必須妥善處理。

在規劃中對待公路交通與城市有直接連系的交通運輸必須組織在道路網內，過境交通原則以盡快地與城市不發生騷擾的經過市區。

因此平行鐵路的，如洛潼公路直接組織在城市道路網內；垂直鐵路的公路，如洛嵩、洛宜公路，雖然也和城市道路網相聯，但是這些公路有較大過境交通，在規劃時儘量使過境交通在次要道路或市區邊緣道路通過，並且使其穿過市區部份爲最短。

(4)幹道和中心廣場的佈置：

幹道和中心廣場在城市生活上是人民交通和進行社會活動的場所，在建築藝術上是決定整個城市建築面貌的重要組成部份。洛陽由於其地形及規劃特徵，使得城市幹道、建築規劃分區等具有特點。

洛陽北有邙山，西有秦嶺，洛河沿市區南緣流過，隴海鐵路沿邙山由西向東橫貫而過，因此形成市區用地東西長12公里，南北最寬處2·9公里，最窄處1公里，平均2·4公里；長闊比約爲7·5：1的狹長地帶。

市區用地按規劃特徵來分爲：澗河西、西工和舊城三部份。其中澗河西部份，是城市新建部份；舊城是改建部份；而西工是遠景中的城市用地部份。三部份各有其建築規劃上的區域中心；而全市的市中心地區建立在西工地區。

澗河東的市中心、澗河西、西工、舊城區的區中心及車站廣場、重要公園前的廣場等是洛陽重要的建築規劃中心，這些建築規劃中心以及與之相連系的重要幹道基本上決定着洛陽市的建築面貌。

洛陽的城市生活用地和工廠區彼此平行由西向東發展，規劃中的南北向道路的主要作用在於聯系工廠與住宅區；而東西向的道路是聯系各區，並且把所有的南北道路溝通起來。因此洛陽道路規劃基本情況是東西向的道路貫穿全市，而南北向道路因用地形狀而與之不同相交。爲了交通上的或者是建築藝術上的效果，在市中心、東站、和澗河西區中心規劃了放射道路。

利用洛陽的自然條件結合洛河和澗河河岸自然景色，在規劃中沿澗河兩岸和洛河北岸修建濱河道路，這將成爲美化城市的主要道路。

澗河東市中心在城市的較爲中心地區，東西向通過兩條各寬六十、五十公尺的幹道貫穿全市，聯系各區中心；南北向通過六十公尺的幹道往北與車站聯系，往南與大公園連系。由環繞市中心的環狀道路放射出去的兩條道路在實用上作爲通向保留工業的道路。在建築藝術上與圍繞市中心的環狀道路的作用一樣，有着加強市中心的作用。

由於澗河西和澗河東在規劃依據和規劃深度的不同，因此澗河西的規劃就要具有以下特點：澗河西總體規劃與澗河東系成一個建築藝術嚴整的整體，但在澗河東規劃有改變時澗河西的規劃在建築藝術上又不能依附河東部份而獨立存在。經過區中心的東西向幹道是澗河西的建築藝術幹道由東區中心有兩條放射幹道，一條爲全市幹道，另一條爲通向公園的幹道，向東至文化宮前幹道中心。這樣澗河西的規劃能獨立而有其完整體型，但又能與河東聯系緊密而能形成一個整體。

西工及舊城的區中心在各區的適當地點選定，並且與城市幹道緊密聯系。

車站廣場放射三條幹道：一條道路通向澗河西區，一條道路通向舊城；而另外重要的一條道路通向市中心，再離南並可至濱河的文化休息公園而成爲全市的重要建築幹道。

這樣規劃在實用的效果上，可以使鐵路運輸的客貨可以儘快向車站集中或儘快自車站流散，而且重要的是通向市中心的道路，使將車站和中心的關係直接緊湊，並且能夠豐富這條幹道內容，而形成城市的輪廓。

綠化是增進居民健康的休憩場所，與建築物和道路結合起來有美化城市的重要作用。洛陽的綠化在全市規劃示意圖中的分佈是：沿河綠化、沿山綠化；在建築規劃分區的重要點，集中的重點的建造公園；在工廠與住宅區間和防護地帶等，種植防護林，這樣再與以後較深入規劃中的市區內的公園、遊園和林蔭道等連系起來，組成一個完整的綠化體統。

幹道中心廣場和綠化的佈置如此，這樣就構成了洛陽全市的藝術佈局。

㈡總平面圖佈置：

⑴總平面圖佈置是直接爲第一期在洛陽建設的工業服務的，因此總平面圖所及範圍爲洛陽澗河西地區，西自谷水鎮，東北至澗河，南面至秦嶺三山村，面積約15平方公里。形成東西約6公里，南北約五公里的長方形地帶，洛潼公路橫穿本區，公路以北爲工廠區，約3·5平方公里；公路以南爲居住區，面積約10平方公里。西面谷水鎮以南爲保留工業區，面積約一平方公里，按總圖階段所採用的城市用地定額指標計算，工業用地（包括保留工業用地）與住宅用地使用上相互平衡，各工廠企業之住宅劃分範圍大致與工廠址次序相適應，並能維持在便利而且合理的步行距離之內。

澗河西區對外交通向全市性規劃示意圖所考慮的：

⑴道路廣場：

道路廣場不僅在城市生活的實踐上具有重要意義，而且在建築藝術上是構成城市面貌的主要部份。

澗河西的幹道組成基本上是以下幾條：東西向的爲工廠區前的交通幹道和穿過區中心的全區性的建築藝術幹道；南北向的各工廠通向住宅區的幹道，另外還有在區中心前放射的一條通向大公園和一條通向河東市中心的兩條放射幹道，和圍繞市中心並通向保留工業區的環向道路。

這幹道的組成和在使用性質上的差別是因實用的目的和所需完成的規劃的建築藝術要求不同而有差別的。

以後城市生活中廠前區的幹道，每天將有三、四萬人，以及這些人所使用的交通工具交通往來，因此首先滿足交通要求，對這條道路來說具有重要意義。

設計過程中和其他城市規劃的經驗證明，在進行城市建築藝術佈局時，應該按照城市規模，集中的、有重點的形成一條或幾條建築藝術幹道，因爲對一般的建築來說，好的，經過個別設計的公共建築物和高層住宅畢竟有限，因此，如此更爲有效的運用這些建築物，集中的、有重點的美化一個地區的重要部份——例如中心幹道，這就是更重要的，任何的分散的"遍地開花"的設計思想是會減低城市建築藝術效果的，具體在澗河上的建築藝術佈局中選擇橫貫全區中心的這條幹道作爲全區建築藝術幹道把公共建築物重點的分佈在這條幹道上，並利用綠化把這條幹道裝飾起來。

貫穿全市的全市性幹道自東向西，過澗河以後至澗河西區中心廣場上轉接到河西的建築藝術幹道上來，這樣處理一方面可以完成這些幹道貫穿全市的要求，另一方面建築藝術體型上如此使得全市性幹道好像是由澗河西區中心放射出去，可以密切河東河西的聯系，使澗河兩岸的連系更爲直接。

通往大公園的放射道路，固然因爲交通上如此需要，另外還因爲是意圖平衡另一條放射道路。

南北向的各廠前的幹道，是爲了連系工廠和住宅的。因工廠規模大小幹道和其他城

市用地的關係不同，而在建築物佈置上和斷面寬度上有差別

環狀道路除了交通上的實際需要外，建築上還有加強市中心的作用。

澗河西的廣場按使用性質有以下幾種：區中心廣場、廠前區廣場、文化廣場和交通廣場。

區中心廣場在全區的建築藝術幹道上當通向河東市中心和通向大公園的兩條放射式道路交會處，環狀道路環拱其旁，這樣在建築藝術規劃的效果上是強烈的。區中心廣場面積包括綠化在內（13，215公頃），周圍的建築物爲區的行政信貸、郵電、司法等全區性重要機構。

區政府在廣場正中，面朝河東市中心並與幹道儘端的文化宮遙相呼應。

廠前區廣場：爲了交通及工人進行集會慶祝社會活動上的需要，在各工廠廠前設立廣場。

拖拉機廠前廣場	4·85公頃
滚珠廠前廣場	2·05公頃
礦山機械廠前廣場	1·5公頃

廠前區廣場在廠門一端的建築物爲工廠行政管理及福利機構與另一端在幹道路口的住宅或公共建築遙相呼應和配合。

(2)建築街坊：

建築街坊用地指標：

層數	建築密度%	居住面積與建築面積百分比	居住密度M²/公頃	人口密度人/公頃
4	25	45	4500	·500
3	26	47	3600	400
2	28	50	2800	310
1	20	54	1080	120

街坊的大小、形狀和層數等問題，應根據種種條件之每一具體情況下分別決定，但是基本的條件是：一方面應該滿足市政建設經濟要求，另一方面又能使居住便利。

澗西區是城市新建部份，因此澗西區的街坊規劃就一開始起就應該在完全合理的基礎上進行，而不像在舊城改建中所會遭遇到不合理的城市現狀對規劃所給予的限制和困難。

1.街坊的大小：

小街坊在居住內使用上是不好而且不經濟的，因爲街坊過小就不易組織兒童機構和其他福利機構的用地；另一方面小街坊都有過長邊界，造成街道及地下地上管綫過長，

26

並且由於街坊過小引起路口過多，而造成交通不便，相反街坊過大也會造成居住生活不便。

基於上述情況，在規劃時參考蘇聯經驗，採用以下標準爲依據：

3—4	227公頃
2	87公頃
1	56·25公頃

2.街坊形狀以正方形或接近正方形爲經濟，但長方形街坊內部較易佈置。

3.朝向：決定街坊朝向有以下幾原則：即儘量使街坊的長邊南北向，可以爭取南北向多蓋房子，使街坊的長邊與幹道平行，可以爭取減少通向幹道的路口，使幹道交通流暢。

澗西區地形平坦，地質、地下水情況亦較好，因此街坊分佈限制較少，由於層數分佈上是靠近工廠、靠近中心的地方分配3—4層房屋，1層分佈在較邊遠的地方與之相適系的，就大小街坊的分佈來看，北部靠近工廠地方、靠近中心的地方街坊較大，而南面靠近市區邊緣地方街坊較小。

4.綠化系統：綠化系統原則上照顧到分佈平均，利用方便，在兩層住宅區人口密度大的地方分佈比較多，邊緣地帶分佈比較少，但是因爲客觀條件上的要求和經濟城市造價在實際效果上並沒有完全堅持得本地區是一個由農田基礎發展起來的地區，樹木集中於村子上，而且都很濃密，所以考慮把村子作爲發展公園的基礎，這樣便顯得在某些地方綠地是比較多些，不夠平均；其次一種佈置方法，是在主要幹道上佈置公園綠地來加强這些道路的重要性。如區中心後面和對着拖拉機廠前面的綠地。除以上兩種佈置方法外，平均分佈的原則再把一些小面積的公園插入到街坊之間，使居民容易接近，根據道路上及綠地上的要求佈置幾條林蔭道，把大面積綠地聯系起來，使之成爲一個有機的組合。

37

00037

第五章　總體規劃圖中的區域組織設計

(一)洛陽市用地定額：

(1)居住用地：按不同層數建築的平面係數（居住面積佔建築面積用地的百分比），建築密度，每人遠景居住面積定額，求出不同層數中的每公頃人口密度，依據人口，層數分配比例，再推算出總的用地面積：

表一：

層數	建築密度%	居住面積與建築面積百分比	居住密度M²/公頃	人口密度人/公頃
4	25	45	4·500	500
3	26	47	3·600	400
2	28	50	2·800	310
1	20	54	1·080	120

表二：

層數	各種層數所佔的百分比	人口數目	居住面積(㎡)	用地(公頃)
4—3	75%	101·000	909·000	227
2	20%	27·000	243·000	87
1	5%	6·750	60·750	56·25
合計				370·25

1.遠景用地定額：按蘇聯經驗，居住面積中最低的衛生標準要求，當房屋的高度爲3M，室內空氣25～30M³時，每人居住應爲9M²，我們暫時依這個定額作爲遠景發展的指標。

2.第一期居住用地定額：在此期間，國家的主要投資用於工業建設上去，對人民的生活只能相應的加以提高，居住定額必須適當降低，根據計

58

委的指示，採用每人4·5M²的定額，最近期時舊城和附近鄉村暫時可以居住一部份，估計爲7%（佔第一期總人口），但是因爲有一個工廠還未確定，爲了照顧到確定後的居住問題，把第一期修建範圍擴大設計，按擴大範圍計算第一期每人4·5M²時可住九萬多人，比實際人數多兩萬人左右，第二期祖國工業化已經提高到相當高的水平，在居民生活福利上也就相應的予以提高，這一期將居住定額提高到6M²，舊城仍然可以暫時供給一部份人居住，城市利用率縮小到5%。

(2)公共建築定額：這項定額基本上是依據蘇聯定額，結合國情適當予以調整，並根據洛陽地區的特點，將一些項删除，如賽馬場，溜冰場在洛陽的條件下可能性比較少，所以予以删除，另外，如蔬菜場，在蘇聯定額中沒有詳細列出，所以我們在定額中增添伙食房來供應蔬菜及調味原料等，詳細情況見下表：

39

獨立性公共建築表：

系統	層數	建築密度	建築項目	定額 個數/千人	定額 體積/每個M³	定額 體積/千人M³	建築體積	基底面積	用地面積	分配個數	備註
	5	40%	區政府			200	31200M³	1,950M²	4,875M²	1	
行政系統	4	40	公安局法院			80	13,480	960	2,400	1	
	4	40	郵電機構			80	12,480	960	2,400	1	
	4	40	信貸機構			80	12,480	960	2,400	1	
	4	40	公用事業機構			100	15,600	1,200	3,000	1	
	4	40	工會			50	7,800	600	1,500	1	
	4	40	旅館	5床位/千人	80M³/每床	400	62,400	4,800	12,000	3	
	15M²	40	劇院	10座位/千人	50M³/每座	500	78,000	5,200	13,000	2 2	
	10M²	40	電影院	15座位/千人	16M³/每座	240	37,440	3,744	9,360	3	
	3	15	文化宮	20座位/千人	40M³/每座	800	124,800	12,480	83,200	2	
	3	15	少年宮						30,000	1	

40

00040

系統	層數	建築密度	建築項目	定額 個數/千人	定額 體積/每個M³	定額 體積/千人M³	建築體積M³	基底面積M²	用地面積	分配個數	備註
文教系統	3	25	圖書館			60	9,360	936	3,744	1	
	3	40	展覽館			100	15,600	1560	3,900	1	
學校系統	3	10	小學校	120人/千人	15M³/人	1,800	280800	28080	280,800	38	
	3·6	8	中學校	80人/千人	20M³/人	1,600	249600	20800	260,000	13	
	3·5		技術學校		40M³/每學生				90,000	1	
商業系統	4	40	百貨公司	3售貨員/千人	180M³/每員	540	84,240	6,480	16,200	3	
	4-5	40	糧食倉庫			300	46,800	10400	26,000	2	
	2	40	澡堂	8座位/千人	50M³/每座位	400	62,400	8,914	22,285	5	
	2	40	洗衣房	80Kg/千人	5M³/每Kg	400	62,400	8,914	22,285	2	
			蔬菜倉庫	1Kg/每人每日	16M²/每噸				1,600	2	
體育系統			區體育場						100,000	2	
			游泳池						10,000	2	
醫療系統	2	15	醫院	8床位/千人	180M³/每床	1,040	162,200	23,200	154,518	3	三個獨立，三個附屬於醫院內，獨立門診所設病床
	2	15	門診部	25患者/千人	20M³/每患者	500	78,000	11,142	74,205	6	
兒童系統			托兒所	40座位/千人	32M³/每座位	1,280	199,680	28,526	114,104		
			幼兒園	40座位/千人	23M³/每座位	920	143,520	20,503	102,515		17550M² 分配於街坊內和附屬於旅館內，其餘設於機關工廠內，後者無用地，前者用地由後表計算之
飲食系統		40	飯館	70座位/千人	10M³/每座位	700	109,200	27,800			
其他系統			消防站	1汽車/5千人	1200M³/每車	240	37,440	5,850	10,700	2	
	2	50	加油站	1油泵/每處	800M²/每泵				4,000	5	
			車庫			40	6,240	1,560	3,900	3	

41

挨蘇聯定額200座位/千人，總的座位數須要除了，部分三次用餐，因之用地變少，用地按有效面積90M²/千人計，90M²中10M²作為附屬於旅館內之飯館，80M²附於住宅建築底層，每座位面積2·5M²。

供一個街坊用的附設于建築底層的公共建築表

建築項目	千人定額M²	3—4層 117·000 75% 千人基底	基底	用地	2層 32·000 20% 千人基地	基地	用地	1層 7·800 5% 千人基底	基底	用地	合計用地
郵政代辦所	34	21·6	2,530	10,120	87·8	1,240	4,840	75.6	590	2,360	17,320
儲蓄所	10	6·3	744	2,976	11	352	1,408	22·1	172·2	6,844	11,228
理髮處	12	7·62	898	3,572	13·2	424	1,696	26·6	208	833	6,100
勞售處	60	38·9	4,560	18,240	68·1	2,180	8,720	136·3	1062	4,248	26,208
小商店	150	95·8	11,170	44,680	166.6	534	2,136	333·2	2600	10,400	56,216
生活用小工場	54	25·3	4,020	16,080	60	1,920	7,680	120	936	3,740	27,504
汽車庫	90	57·2	6,700	26,800	100	3,200	12,800	200	1560	6,240	45,840
俱樂部	48	27·8	3,200	12,800	47·8	1,562	6,248	95·6	740	2,984	22,032
食堂	90	57·2	6,700	26,800	100	3,200	12,800	200	1560	6,240	45,840
合計											258,288

42

全市性的附屬於建築底層的公共建築表：

建築項目	單位有效面積	全區個數	三—四層 個數	每個基底	基底	用地	二層 每個基底	個數	基底	用地	一層 每個基底	個數	基底	用地
咖啡館	160M³/每個	19	16	101·5	1·625	6,500	178	2	356	1424	356	1	356	1424
伙食房	40M³/每個	49	30	25·4	762	3,048	44·4	13	576	2304	88·9	6	583·4	2123·6
派出所	60M³/每個	7	5	38·1	190·5	762	68·1	2	136·2	544·4	136·3			
廁所	30M³/每個	25	16	19·1	305·4	1,221·6	38·3	7	233·1	932·4	66·7	2	133·4	533·6
藥房	28,7M³/每個	10	10	52·6	526	2,104								
書店	17,5M³/每個	10	10	39	390	1,560								
衛生防疫站	313M³/每個	5	5	695	1390	5,560								

43

(3)綠地定額：洛陽市地區屬大陸性氣候，乾燥而炎熱，雨量少，環境不好，缺乏優美風景地區，這一切都說明了洛陽需要有較大的綠化面積來改善環境，最初階段採用蘇聯較大的定額，建議用15M²，最後根據計委的意見，採用10M²的定額（不包括郊區綠地及防護林帶、森林公園等），第一期隨住宅建築的發展，開闢小公園三處，總面積11公頃，每人1・6M²・

(4)道路廣場：按蘇聯定額及專家的意見，不應少於每人19M²，但是經實際布置與多次的計算，只能達到15・6M²，我們考慮其原因如下：

①本規劃區是完全新的規劃，街坊佈置比較合理，減少了道路的面積・

②人口密度比較大・

③量的時候有誤差・

以上四項用地的比例如下表：

用地項目	每人所佔定額（M²）	這量用地總面積（KM²）	百分比
居住用地	27・2	42・4	42・47%
公共建築	11・36	17・73	17・76%
公共綠化	10	15・6	15・62%
道路廣場	15・54	21・4	24・1%
總計	64・1	99・83	99・95%

(二)人口計算：

(1)人口計算：城市人口計算，依據蘇聯經驗分為基本人口、服務人口和被撫養人口三類，依據這三種人口的比例，推算出全區的總人口，根據澗西區工業發展的速度和各廠工人數目，求算出初期和遠期人口總數字・

①第一期人口（1954—1960年），初期單身青年工人較多，住宅區服務人口不能很快增加，因為在人口的組成比例上服務人口佔的比重很小，而基本人口相對的佔比例就大，根據以上情況，換算係數採用2・5，即基本人口佔總人口的40%・

各廠第一期職工人數表如下：

廠名	職工人數	百分比	居民人口（職工數×2・5）
拖拉機廠	13500	41・8	31380
滾珠軸承廠	4900	15・2	11390
礦山機械廠	5000	15・5	11630
銅加工廠	3500	10・8	8140
熱電廠	500	1・6	1160
附屬廠站	4860	15・1	11,300
共計	32,860	100・0	75,000

44

各廠及建築單位的職工人數總數32860人，根據人口換算係數求得第一期的總人數為75000人・

②第二期人口（1960—1967或1972年），由於本區是個新工業城市，就業人口數字與日俱增，估計第二期（1972年）我們工業水平可以達到蘇聯1952年水平，人民生活水平隨着提高，需要服務性人口，就隨之加多，因之人口組成比例就也隨着變化，基本人口在此時期佔總人口33%，即人口換算係數為3・

第二期各工廠企業人口數目表

建設單位	職工人數	百分比%	居住人口
拖拉機廠	18900	42・6	56700
滾珠軸承廠	6900	15・3	20700
礦山機械廠	8000	18・1	24000
銅加工廠	4000	9・0	12000
熱電廠	800	1・8	2400
附屬廠站	5730	12・9	17200
共計	44330	100・0	133000

按人口換算係數，基本人口44330人，總人口133000人・

③河西規劃範圍內可容納的人口：按理論上的定額，當每人生活用地達到76M²時，河西區可以容納133000人，按每人76M²時四項用地的分配應該是居住用地佔33M²，公共用地佔12M²，綠化用地佔12M²，道路廣場佔19M²，但是具體的研究這幾項定額時，有一些是不恰當的：

1.居住用地33M²，裏面包括有10%的備用地，我們的理解，這10%備用地的是在建造街坊時，為避免有些地方因工程上的問題不適於建築，而以備用地補充，但就洛陽澗河西地區來說，在住宅區內地勢平坦，雖然沿秦嶺地勢稍有起伏，可是坡度一般都不超過8%，完全可以按容許建造住宅，基本上都不需要特殊的工程處理，所以考慮到備用地不需要，可以減去，如果不把該用地從街坊中除去，將造成一些麻煩，備用地的保留基本上有兩種方式：一種是分散在街坊內，這樣的作用並不大，因為考慮沒有特殊工程上的要求時，這些地塊只能被當作空地段保留起來，或者是按街坊某條街把房子都建造起來，前者使街坊內空地很多，而又無法在完成的街坊內增加多層建築，造成土地浪費，縱然能

45

勉強把建築加進去，勢必造成人口加多現象，在上、下水方面就無法解決（因為上、下水的供應是依133000人來作設計根據的），後者的毛病是等於把備用地從街坊內除去，也有前者所說的毛病，另外一種是集中的把備用地放在邊緣地區，這樣也有不少困難：

（甲）除去備用地以外剩餘地區依133000人作層數分區，備用地將來的層數就很難和原有的層數分區協調，因為備用地裏面包括有75%3—4層；20%2層和5%1層住宅，在低層數分區邊緣地帶多為低層建築，這樣二者就很難銜接起來成為整體・

（乙）這些備用地將來作甚麼用，如就現在不需要工程上準備措施時，這些地區只能永遠保留下去，造成這個區在平面結構上的不完整・

（丙）如果作為將來發展用地，實際上就等於把備用地除去，應該按實際能居住的人口來作為控制數字分配土地・

綜合上述各點，最後我們決定將備用地除去變為實際的居住用地・

2.綠地定額最初是依照12M²計算，但是經過計委最後研究決定用10M²，增加了其他用地面積・

3.公共建築和道路廣場在實際佈置時不能達到定額上要求數字・

根據實際的佈置和計算四項用地的新組合如下：街坊用地27・2，公共建築用地11・36，綠化用地10，道路廣場15・54，即每個人生活用地定額由76降低到64・12，在澗西區範圍內實際上應該居住156,000人，所以在最後控制各種定額和層數分區時均依156,000人作為依據・

(三)層數分區：

本地區層數分區根據：

(1)經濟條件

(2)生活習慣

(3)城市的大小

根據目前情況所作的規劃，只是一個十多萬人的分區，層數要求只能按照一個小城市來作，不能過高，從人民生活要求上來看，一般是不參加公共食堂，而使用煤氣還不十分普遍前，一般是希望燒煤，這樣層數高就會造成很多麻煩，從建築本身來看，四層以上必須裝置電梯，這樣在造價上就不經濟，一般建築最經濟的是3—4層建築，根據上述各點，在洛陽澗西區絕大部分採用3—4層，適當的把比較重要的街口和主要幹線上分佈一些五層建築，以增加城市面貌上的美觀，層數的具體分配上為了節省工人上下班的時間和豐富幹道的藝術面貌，所以在接近工廠區和主要幹道兩旁佈置一些3—4層建築分區，使大部

46

分工人居住在近工廠地區，在靠近南部秦嶺一面的邊緣地帶，由於地勢起伏則將1—2層建築分佈於此，這地區內一部分作為工人自己建住宅的地段，因為在工程設施上比較好，所以低層建築的需要比較少，而且低層建築也不經濟，因之，在層數分佈的比例，低層建築的比例就比較小・

居住街坊的層數和人口密度表

層數	建築密度%	居住面積佔建築面積%	居住密度	人口密度 人/公頃	層數分配%	全部居住街坊面積中各層數所佔%
4	25	45	4500	500	35	24・6
3	26	47	3600	400	40	35・4
2	28	50	2800	310	20	23・7
1	20	54	1080	120	5	16・3
合計					100	100・0

47

第六章　工程福利設施

㈠道路部份

(1)將澗西住宅區道路分爲主幹道、次幹道、服務性地方道路三大類。

(2)各種道路根據假定的交通特性、結合就地取材、以及洛陽氣候土壤等情況，設計

(3)最高路面標準，洛陽爲次高級路面，即大石塊基層級配面層，作三層有機結合料表面處治。

(4)道路排水採用雨水管道網，作平側石及人行道，個別無房屋建築地區的道路，考慮用明溝排水，並作路肩。

(5)廣場、涵洞均爲設計內容。

㈡給水部份：（水源部份不包括在內）

(1)淨水廠；廠址選在淺井頭西南秦嶺山坡上，標高200.000左右處，廠址佈置按照洛陽全市遠期需要供水300,000 M³/日，設計按照150,000 M³/日，初期施工按照100000 M³/日爲標準。

經過經濟比較，生產及生活用水統一供應，即全部水量均經混凝沉澱、快濾及三級處理。

在水源引水渠道終點設立閘機間，一次抽水經淨化處理後，儲水在清水池內，然後靠重力輸送至供水區域，清水池容量爲12小時，用水量以保證供水安全。

(2)管網：管網設計只限於澗河以西的工業區的範圍，輸水能力以該區遠期的需要爲準，爲了保證防空時期供水的安全，採用環形管網，有效供水壓力在工廠進口爲25公尺，在居住區三、四層房屋地區爲20至25公尺，一、二層房屋地區爲14至16 M。

㈢排水部份：

排水系統採用分流制，雨水管網收集雨水，及部份清淨的工廠廢水，分五個系統自西向東排入澗河，污水管網集集澗西區工廠污水及街坊工廠生活污水，由總管在興隆寨越澗河，至澗東靠南東行，再穿越洛河而達污水處理廠，污水總管的尺寸，以容納澗西的全部污水量爲限，在澗西區未全部發展前，澗東區污水可以暫時接入，將來再添建澗東污水總管，污水處理廠在洛陽舊城下游，其設計的容量考慮到整個澗西及澗東的發展。

排水管的佈置配合了規劃的分期發展初期中雨水先建二個系統，污水按配合必要的總支管線，污水處理廠採用活性污泥法，包括沉澱及曝氣二級處理廠全部容量爲每天十萬噸，初期先建三萬噸。

㈣郵電部份：

設計原則：洛陽市舊城區丁家街郵電局原有磁石交換機350門，架空電纜容量爲300對，長途電話12路，這些容量對將來河西工業區的發展是不能滿足的。

根據人口發展及河西規劃區面積估計遠期交換機約須6,000門，河東區以中繼線聯系之。

西區根據規劃發展情況，決定郵電局位置之分佈位置如圖所示，近期建設以地下電纜爲主，圖中用粗線表示遠期因考慮投資[illegible]，部份採用架空電纜，將來再改爲地下電纜，但地下管道佈置時，必須考慮預留地下電纜的管道容量，及廣播電線的管道容量。

街坊內的電話線路以不採用電桿架空爲原則，一般考慮用牆線。

西區電話網初期考慮採用共電式交換機與西宮舊城西區的磁石交換機，係以中繼線聯絡之。

遠期發展，考慮全市各區皆採用自動交換機。

規劃中管道全長約爲35孔公里（即一孔時爲35公里，二孔時減半），中繼電纜約4.39條公里。

㈤供電部份：

洛陽市舊有小型電廠，共有容量爲1,250 kw，不能供給本區需要，故必須建立大容量之熱電站，因澗河以西各廠要求不同，而熱電站又係國外設計，本規劃部份僅就廠外高壓電力網分配原則作一說明：

本區內高壓電力輸送：爲求城市整齊美觀永久耐用減少故障，計劃使用地下電纜，電壓使用10 KV，規劃圖示達至街坊變壓器爲止，變壓器以後之用戶（即高壓經變壓器變低後到街坊之用）如照明路燈，小型馬達等，低壓用電力[illegible]本規劃圖中表示，但低壓用電採用城市220/380通用電壓。

本區外之電力聯絡與外區聯系，電壓視情況採用35 kV及110 kV，一般使用架空線塔，具體規定應依照中央燃料工業部電業管理總局，對各城市電力系統網的總體設計之。

規劃圖中高壓電路係採用綜合環狀佈置，但經常供電則採用輻射式，環狀兩端平時用高壓油開關把電路中斷，若輻射系統中斷，接通環狀電路，而保持供電，以減少停電範圍。

無軌電車在河西區只靠近廠區一條路上設有[illegible]，但以其他資料不全，故整流站位置，容量不擬假定。

根據本區供電關係與連接情形，考慮在適當地點設置配電所，經費[illegible]，[illegible]與高壓電力網間之關係。

設計中考慮本區電力不能平衡（根據計劃在熱電中提供的[illegible]約[illegible]5,000 kw）需由外區受電，此受電變電所規劃上考慮在鐵路以北設置變電所作爲第二電源，另在熱電站及銅加工廠內附設降壓變電所，以便於本區電力不足時，充分接受外地來電，爲保證住宅區供電可靠，設於住宅區之第一配電所將由兩處電源受電，在新廠完成後開始供電時考慮將舊有小型電廠改爲配電所之用。

圖中實線表示初期建造之高壓電路，虛線表示遠期建築之高壓電路。

第七章　分期發展計劃

㈠第一期：（54—60年）

根據各廠建設情況，第一期職工人數帶各項基本人口爲32260人，人口換算係數爲2.5，總人口應爲75000人按每人居住面積定額爲4.5 M²時，居住用地爲831890.4 M²，公共建築、綠化和道路廣場用地是根據住宅建築的發展，經濟情況和人民文化生活上的要求，互相配合確定道路廣場第一期總面積596,000 M²，綠地147,125 M²，公共建築167,795.2 M²。

本期住宅區的發展是適應着工廠的建設而建設，在初期市內交通設施不完善的情況下，工人應住得接近工廠以利於上下班，所以第一期修建範圍是沿着廠前幹道修建、展開，並鑒於當前因爲考慮到工人盡量都能集中於工廠附近，這樣爲修建三、四層樓房經濟，所以在第一期修建中的房屋均爲3—4層建築，在分配土地時考慮到銅加工廠位置未定，必須予以足夠保留用地，作爲其修建住宅時用，除必要的用地以外，在發展計劃中多劃出20%土地作爲意外的預備用地。

㈡第二期（60—72）第二期結束時各廠基本上已經建設完成全國工業化基礎已經大大提高，人民生活水平也隨着提高，居住面積定額提高到6 M²，用地總面積344.55 M²確定發展範圍時考慮在本期建造完成後能夠把市區的輪廓大致上形成，把區中心和區中心的藝術幹道和鐵路廠前幹道建造完成，本期範圍內並包括有10%的二層住宅建築，爲了照顧到不可估計的情況，也同樣給以4.6%的保留用地。

第八章　造價

造價的項目包括民用建築，公共建築道路廣場，市內交通給水排水動力供應電訊等，全部工程的總造價遠期爲47478.6億元，近期爲12710.9億元。

㈠ 街坊造價：初期每人居住定額4.5 M²時75,000人需要建築面積爲675,000 M²造價6,750億元。

遠期每人居住面積定額9 M²時156,000人需要建築面積爲2,822,400 M²造價28,224億元。

㈡ 公共建築造價：初期有公共建築163,063 M²造價2034.9億元。

遠期公共建築面積698,650 M²造價12,325.6億元。

㈢ 綠地造價：初期有公園147125公頃（包括有露天劇場，露天舞場）造價80元。

遠期公園145公頃，林蔭道16公頃造價3.25億元。

㈣ 街道廣場造價：包括除去街坊內部和公園綠地和廠區內道路以外的全部澗河西區的全部道路廣場。

初期：686億元。

遠期：1,076億元。

㈤ 給水系統造價：初期水廠供應能力爲100,000 M³/日 管網只限於初期建築地區及相應的輸水總管施工部分造價爲1,076億元。

遠期水廠供應能力150,000 M³/日 包括澗河西全部的管網投資造價爲1,504億元。

㈥ 排水系統造價：初期1,339億（雨水管網568億，污水管網298億，污水處理廠473元）。

遠期2,110億元（雨水管網1,056億元，污水管網352億元，污水處理廠702億元）。

㈦ 公共汽車造價：估計營業包括汽車100輛，3T貨車2輛，吉普車2輛，救護車1輛及100輛汽車保養場設備全部投資，總造價950億元。

㈧ 供電造價：

初期：（指58年）配電、變電、電纜三部綜合造價427億元。

遠期：30KM長10KV 3/240 MM²，3/120 MM²，3/70 MM²，3/50 MM²須造價567億元。

變電所及配電所共須387億元，總計爲954億元。

㈨ 郵電造價：

此項投資只限於初期投資之最低額，包括500門共電交換機、電纜長約6公里，管道6公里，中繼線4·39公里與部份人孔暨井等建築物共約投資118億元。

遠期：因有局所機械設備等工作量未定無法估計。

(十) 橋梁：澗河共建四座，初期先建一座造價約計200億元。

第九章　洛陽市郊區規劃說明

(一)郊區規劃的目的和任務

郊區規劃和市區規劃有着緊密的聯系，因為郊區除了負有一般的國民經濟任務以外，它還是市區規劃的延伸部份，它補充和完成在市區範圍內所無法滿足的規劃要求。更具體的，是為市區的衛生，居民的休息，準備條件和創造環境，為居民所需食品組織供應，並滿足居民和市政經濟的其他需要。

規劃的任務就在於用適當的方法把郊區組織起來，以達到上述服務市區的要求。

(二)洛陽市郊區規劃

郊區規劃工作首先必須進行和足夠的調查，勘察工作，然後在進行了這項工作所積累的資料的基礎上，才可以進行具體設計。

洛陽市郊區規劃是在很短的時間內，進行的因此內容有些不足，所作郊區規劃僅能作為郊區發展方向的參考。

根據郊區規劃所應完成的任務，洛陽市郊區規劃具有以下內容：

(1) 市區保留用地：

洛陽市的經濟規劃遠景，在目前尚不能完全肯定，在總體規劃說明書中已經說明，現在所以經濟遠景，僅考慮到以後在洛陽的機械，紡織以及其他輕工業的可能發展。如果在洛陽發展鋼鐵工業以及其他重型工業，則應在洛陽以南或舊城以東選擇工業及市區用地。

洛河南，地勢平坦，地下水位高，工程地質一般情況良好，並且是原來第一期發展工業用地的廠址選擇方案之一，缺點是建廠之先需要建橋。

舊城以東一般建廠條件良好，也是第一期發展工業選廠方案之一，缺點是地下古墓較多。

綜合以上情況，洛河南，舊城以東作為以後工業及市區發展用地來說，是優點多，缺點少，並且隨着以後建設開展情況，這些缺點也將逐步消除。（較長時間後，地下文文物在已經發掘整理，洛河大橋已經建起。）

因此在洛河南及舊城東保留市區的發展用地：

分散於城市各部分內的各項工業、企業用地，按各企業所需要的面積，逐步擴大的可能性，與衛生有無危害，設於何處，與市際交通相聯繫的情況，貨物運轉等，擬在郊區詳細規劃中考慮之；

(2) 市政公用事業營造物及設備：

(1)水源保護地：

根據給水初步設計，水源及其保護地在洛河段村。

(2)污水處理廠：

根據排水初步設計，污水處理廠及其防護地帶在澗河東灘亭村南。

(3)垃圾處理：

設置於苗鳥以北近洛河處，垃圾經處理後，堆置於洛河中心的沙洲上遠期在墊起後的沙洲上可進行城市的綠化建設。

(4)排灰地：

白馬附近近澗河的低凹處：

關於郊區的公用事業營造物及其設備都需要保護及防護地帶。其中有的是因為這些營造物及其設備本身具有嚴格的清潔衛生要求，為了防止來自外界的污染，需要有保護林帶，例如水源保護地；有的是因為這些營造物及設備本身污穢，為了防止污染外界而需要防護林帶，例如排灰地，垃圾處理，污水處理廠。同樣的這也是這些公用事業營造物及其設備需要建於郊區的重要理由之一。

因所作郊區規劃係是示意性質，保護及防護林帶僅表示位置，不作更深考慮。

(3)名勝、遊覽地，及郊區的別墅，休養，療養用地：

洛陽是我國著名古都之一，在過去漫長的時間中形成了一些在藝術上或者是在歷史意義上具有重要價值的名勝古蹟，這些名勝古蹟在今後將成為豐富居民文化生活的重要遊覽地。

對於洛陽的重要名勝、古蹟，如龍門、白馬寺，關林等在更深入一步的郊區規劃工作中應該進行更詳細的調查，登記，並研究保護，改善和使用的辦法。

郊區的特點就是自然風景居多，因此如何利用郊區的自然風景及安靜環境作為居民的療養、休息、居住場所就成為郊區規劃的重要任務之一。

在洛陽郊區選擇自然景色美麗綠化條件良好，與市區保持一定隔離而且環境較幽靜的地帶如洛河南岸，秦嶺南北麓，因這些地帶彼此間條件不同在使用上作為療養、休息、居住地比較適宜秦嶺北麓離市區較近可作為別墅區，洛河南及秦嶺南麓因離市區較遠，並且面對廣闊河面景色可作為休養及療養用地。

在深入的規劃中應解決這些郊區用地的大小，位置的正確，規劃的方式等。

(4)供給城市肉乳、菜蔬、水菓用地：

郊區的農業組織是一個巨大複雜的問題，而在現在所作的洛陽郊區規劃中遠遠的不具備解決這個問題的條件。但是就供給城市居民食用的肉乳，菜蔬、水菓用地的組織問題而言，在初步了解洛陽當地情況以及參考其他城市關於這些供應品的生產和食用指標後可以初步的就這些用地組織作出概略的安排來。

(1)畜牧：

畜牧以牛、羊為限，豬及家禽雖然是食用肉的重要來源，但在今後主要為農業生產合作社或集體農莊所飼養，因為涉及更大的農業組織問題故不論。牧場以地形平坦為起伏，水草茂美的場地為佳土壤以沙質壤土最好土地不宜太肥，因為肥土除了因不能作為物產地在經濟上不利外，還因為這種土壤粘結質，不能吸收糞便，因此污染牛、羊蹄而引起疾病，牧場取水要便利，但又不能太近水源。

綜此，在洛陽選擇谷水鎮以西及洛河南塊牧場。

據北京調查了解資料。

蘇聯種牛　年產奶量(高)　16，000公斤

荷蘭牛　年產奶量　4，000—6，000公斤

黃　牛　"　"　2000

每公頃草地可放牧66條牛

估計遠期畜牧事業發展情況及奶牛品種的初步提高，採用每條牛年產奶量10，000公斤

按中國人民生活習慣，並預計以後生活提高，估計將來洛陽的約有10萬人食用牛奶，按營養標準每人半磅，則

每年需奶量　100000×0·17×365＝6，200，000公斤

需奶牛數　6200000/10000＝620頭

需牧場大小　620/66＝9·4公頃　每公頃放牧牛66頭

羊的牧地大體同放牧牛的牧地，羊的習性可以放牧在山地，牧地不宜有灌木，因為灌木對羊毛不利。

牧羊主要為供給肉及羊毛，羊奶產量

250——350公斤/每頭/每年　在決定奶牛牧場位置，大小時已拚入奶牛牧地計算。

供給肉食的牛羊，若以日食50，000斤，則需牧場5平方公里以上，在郊區

規劃 上表表示。

(2)菜蔬：

估計遠期人民生活提高後多食肉乳，水菓，因此菜蔬需要量並不會比目前現狀所需多，並且按現狀用地定額計，在遠期由農業技術提高，地產量提高，後多於市民所需菜蔬量可供輸出至其他城市。

洛陽採用北京現狀的菜田用地定額即每32人一畝菜田。

370，000/32/15=770公頃。

結合洛陽當地條件菜田分為兩塊，一塊在洛河北岸，沿洛宜 路側，一塊在洛河南。

(3)水菓：

水菓在洛陽設以蘋菓，梨菓、桃為主，每畝年產量

蘋菓 2000—3000 1000—2000公斤

梨 1800—2000 1000—1500公斤

桃 3000—4000 2000—3000公斤

綜上述各種水菓年產量平均為每畝3000公斤每人遠期日需水菓量半市斤則：

370000×0，25×365/3000 =5171畝 或

5171/15=344公頃

按現狀基礎及將來發展菓園的可能，菓園分為：

谷水鎮以北，東馬溝兩處。

(4)(5)苗圃，防風林森林公園及風景林。

苗圃為供應城市綠化部份所需苗木（街坊綠地尚不在內）據計算洛陽澗西區：

公共綠地：145，28公頃 需苗木141，900株

行道樹：（道路長81000M，每距5M種植一株，道路以二行種植計）需32400株。

防護林帶： 第一期廠所工廠與住宅區間的防護地帶，總面積117，5公頃 按每4M²種植一株計 需294，000株。

共需在苗圃培植苗木，141900+3240[illegible]+294000=423300株。

按每株苗木在苗圃內須佔地1M²，並加上苗圃內的管理機構，道路等所佔的20%用地，苗圃總需用地。

16

423300×1×120%＝506000M²或50•6公頃。

按比例推算，澗西區居住用地面積10KM²需苗圃50•6公頃則全市用地面積28•6KM²需苗圃160公頃

防風林：

洛陽主要風向為東北及西風，據解放以後，統計每年有相當多的天數有浮塵，揚沙，沙暴，為了防止或減少東北及西風挾灰沙俱來，因此在市郊北部及西部種植防風林帶，防風林形式，種植方式，樹種等應該在較深入的郊區規劃中解決。

森林 及風景林：

在緊靠城市的郊區，保護和發展大片森林地帶及有風景林點綴的曠野對於保證新鮮空氣的供應創造有益於健康的良好氣候，因而改善城市居住生活條件，還是完全必要的，洛陽在秦嶺，以及龍門兩側的山嶺在近期進行封山育林會使得遠期森林的成長具有無限寬闊的前途，風景林要達到改善和組織自然風景的目的，在郊區人口聚集和交通經過的處所進行重點佈置，現在的郊區規劃上沿道路及郊區居住用地重點進行佈置。

(6)對外交通用地及公墓等

對外交通大體依照現狀，因總體規劃要求，而有修改，洛、鄭公路在近市區部份此段與洛孟公路相併，澗西區增修一條公路與洛河南相通。

公墓用地按每10，000人口1。2公頃計算，全市需48公頃。按洛陽當地條件將公墓分佈在舊城北部邙山上及澗河西沿洛宜公路的秦嶺山麓二處。

選擇這兩處作為公墓不僅是因為地勢高爽，地下水位低，（在過去已經是因為這些條件而形成為地下古墓很多的地區）並且因為這兩處墓地與城市的關係上具有隔離又不遠，將來經過很好的綠化及佈置以後，使居民因對埋葬其中的親人的懷念和對那些埋葬在其中的對社會有卓越的貢獻的人的崇敬，而達到教育的效果。

17

5.

第十章 澗西區廠外工程修建原則

一分期：

1.按照我國目下經濟情況在初期（1960年以前）採用每人居住面積4•5平方公尺。

初期（1960年前）工程範圍按建廠任務要求所需住宅建築面積及鋼加工廠，熱電站，氧氣站，乙炔站等，預計增加面積10%共容75000人。

2.二期工程（至1967年）屆時我國國民經濟已是增長據採用每人居住面積6，0平方公尺可容135000人，在此一階段區中心及重要廣場部具有完整的體型。

遠期工程擬採用每人居住面積9，0平方公尺可容156000人。

澗西地區原則上由北向南緊湊發展使公用事業經濟合用。

二澗西與澗東及舊城的關係。

整個洛陽市區規劃澗東澗西作整個考慮，以工業的需要由西往東逐步發展因此澗東規劃應在最近期內繼續進行設計，西工軍事區不宜設在市區內應移至谷水鎮以西與第八步兵學校附近的軍事區內。

三建築管理：

1.澗西地區完全按社會主義新城市統一管理分區建設；

2.澗東需有總體規劃為建築管理的依據；

3.舊城的房屋多係破舊但目前還可利用將來擬逐步改建，有歷史價值者應盡量保留原有面貌，使人民對於古代文化具相當認識。

四公用事業及臨時措施：

給水，排水道路，綠化，電力，郵電等都配合着分期發展設計，在污水廠與自來水廠未完成以前，給水務由深井揚水輸送至工地及宿舍，排水作一級處理排入澗河至1956年底正式啓用水廠與污水廠，供電供熱由熱電站統一輸送，煤氣管道需留地位。

18

絕密

第007號

蘭州市城市總體初步規画說明

蘭州市建設委員會

一九五四年九月

目錄

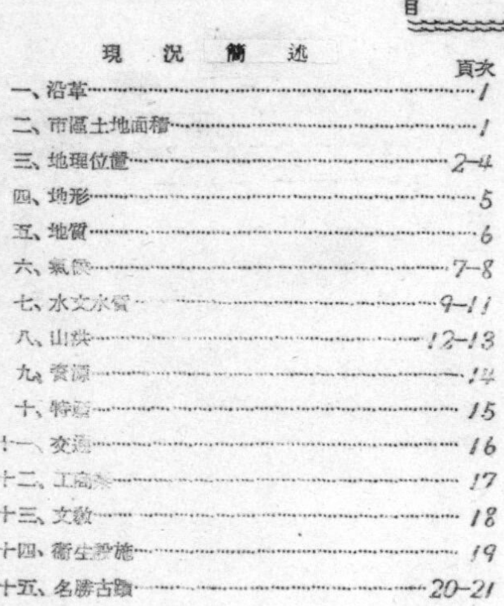

現況簡述

規劃說明

附中国科学院对于兰州地震烈度鑑定的意見书。

2

(一)、沿革：

蘭州古屬雍州地方，周時爲西羌，戰國秦昭王時（公元前１０５２年－１００２年）爲隴西郡（臨洮）金城縣境。蘭州在史籍上最早稱爲金城，後有子城，五泉、蘭泉等名。命名蘭州始於隋開皇元年（公元５８１年）。明肅王時就原有城郭擴展并修外城。清康熙六年（公元１６６７年）始定爲省會，乾隆三年更移「臨洮府治」於此。同時將首縣更名爲皋蘭縣，現在市區內殘留的古跡多係明清兩代的建築物。

民國後，蘭州仍爲省會。１９４１年成立了僞蘭州市政府。解放前蘭州城市公用事業和社會福利等設施，極少而且簡陋，而僅有的一些文物古跡也毀壞不堪。舊有街道曲折，路幅狹窄，行人車馬擁擠，晴則塵土飛揚，雨則泥濘載道。

主要街道的房屋建築，雖經改造，但大部爲磚木混合建築，式樣作風散弱。小巷內更多土房，矮小破敗，參差凌亂，樑脊密接，陰鬱暗淡。城關區現有建築面積約共１５０萬方公尺。

１９４９年秋解放後，建立了人民政府，於１９５０年又成立了「蘭州市建設委員會」，在黨和上級政府領導下根據社會主義建設原則，開始了新的初步城市規劃工作。

(二)、市區土地面積：

蘭州市區擴大後，東起東崗鎮以東的陽窪溝，西至西柳溝以西的崖門，東西市界距離長近四〇公里（東崗鎮至西柳溝直線距離爲３３公里）南至皋蘭山頂，北至最高山峰分水嶺，并包括雷壇至山寨河干旗地區的突出部份。總面積約４５０方公里，其中平原１０４。８９方公里，灘地２２。１５方公里，河流２３。８８方公里，高坪２４。８方公里，走廊地帶２。３５方公里，山地２７２。１３方公里。（在規劃工作中預計１９５４－１９７２年使用土地面積爲１２４。５７方公里，包括全部河谷平原，部份高坪和灘地）附土地面積表。

—1—

蘭州市擴大市區土地面積表：

類	別	面積（平方公里）	佔全市面積的%	附註
(一)河谷平原	西固區	29·80		東起深溝堡西至西柳溝南至山麓北至河邊
	七里河	16·51		東起雷壇河西至崔家崖南至高坪邊緣北至河邊
	東市區	26·05		東起東崗鎮西至雷壇河南至山麓北至河邊
	沙井驛	6·14		東起鹹水溝西至倪家營南至河邊北至山麓
	十里店	2·28		東起西溝西至浪溝南至河邊北至山麓
	廟灘子	3·12		東起大溝西至大沙溝南至河邊北至高坪邊緣
	安寧區	20·79		東起浪溝西至鹹水溝南至河邊北至山麓
	小計	104·69	23·27	
(二)灘地		22·15	4·92	
(三)高坪平原		24·80	5·51	
(四)走廊地帶		2·35	0·52	
(五)河流		23·88	5·31	
(六)山地		272·13	60·47	
總計		450·00	100·00	

-2-

5

灘地面積

名稱	面積（平方公里）	附註	名稱	面積（平方公里）	附註
雁灘	2·32	不包括張家灘及蒜家灘	馬灘	1·68	包括迎門灘丁家灘上下北灘
裹五灘	2·88		崔家大灘	3·64	包括趙家灘
段家灘	1·12		迎門灘	1·08	包括劉家灘朱家灘張家灘等
魯灘	0·28		西部其他灘	3·79	包括張家灘在內
東部其他灘	4·70	包括李家灘、劉家灘王家灘等	孫家灘	0·53	同上
小西湖附近灘	0·13		合計	22·15	

高坪平原面積

名稱	面積（平方公里）	附註	名稱	面積（平方公里）	附註
龍尾山坪	0·15		馬耳山	0·28	
華林山坪	1·55		雷家坪	0·32	
娘娘廟坪	0·30		龐家坪	0·60	
關工坪	1·10		大坪	3·68	
吳家坪	1·50		大沙坪	0·46	
[illegible]	3·40		劉家坪	0·70	
李、彭、蔣家坪	6·72	即李家坪、彭家坪、蔣家坪	徐家坪	0·20	
范家坪	2·04				
光家坪	1·80		合計	24·80	

走廊地帶面積

名稱	面積（平方公里）	附註	名稱	面積（平方公里）	附註
黃河橋至大沙溝	0·04		崔家崖至深溝堡	0·20	
黃河橋至十里店	0·66		西柳溝至岸門堡	0·30	
握橋至後五泉	1·15		合計	2·35	

-3-

6

(三)、地理位置：

蘭州是我國地理上的中心。位於東經１０３度５０分１０。５秒。北緯３６度０３分１０。１１秒。拔海１５０６。８３公尺（坎門標高。基點在本市鎮東路三叉路西蘭公路西北）偏於甘肅之西南居黃河上游。自古即爲東西及國際交通要道。現在仍是甘、青、新三省的交通樞紐與貨物集散地。東距沿海直線距離約１４２５公里。西至中蘇邊界直線距離約２２５０公里。南至中越邊界直線距離約１４７５公里。北至中蒙邊界約６７３公里；至全國各主要城市：北京鐵路距離１８７０公里。上海鐵路距離２１８７公里。廣州鐵路距離２７９０公里。西南至拉薩直線距離約１３８０公里與蘭州約居於同一緯度的城市：在國內有西寧、平涼、安陽、濟南、青島。

(四)、地形

蘭州市處於黃河河谷盆地中，東西長南北窄，另由雷壇河上逆直至山塞，爲本市向南突出部份，黃河自西向東縱貫全市，兩岸皋蘭山與北塔山高低起伏綿延曲折，自盆地仰望，均係黃土高原圓形山頂，但仍可尋出其高原綫。山坡地帶露出有紅層及老岩層。河谷平地則概爲冲積地層，是本市較好的建築基地。

在近山洪溝谷，部份的傍河地區，由於被洪水侵蝕的結果，常造成懸崖陡壁，并可見到洞穴和天生橋。

沿黃河兩岸有台地數級上下相連，以七里河和飛機場區保存比較完整，台地地面略向黃河傾斜，因兩岸有洪溝數十條分由南北注入黃河，所以台地被切割。各級台地高差不一，自上而下*1—3*級高差較大，*4—6*級高差較小，其中以第二級（高出河面*50—80*公尺）與第四級（高出河面*18—20*公尺）台地面積較大。

蘭州市區由於地形限制可分爲以下部份：東郊區（包括舊城關）平地、七里河區平地、西古城平地、安寧堡及飛機場區平地、雷壇河谷地、以及高坪、灘地、河流和山地。蘭州盆地的寬窄不一，是黃河流經軟硬不同的岩層上因抵抗力不同所致，如金城關附近係皋蘭系堅硬岩層，因侵蝕不易，河道收縮且發生急流。四墩坪和華林山坪，係雷壇河冲積扇形地，其所以向北突出的原因係雷壇河水的冲擊迫使流綫北移而遭侵者，坪端緊接黃河，形成東西郊走廊地帶，黃河自金城關以東，流速減低，泥沙大量沉積，兩岸形勢開展，造成了大小沙洲，至東崗鎮附近，黃河切蝕在南山系堅硬岩層中，形成峽谷 是爲「桑園峽」，金城關至西古城形勢亦較開濶。

（五）地質

蘭州市區地質情況一般說在盆地南北邊緣邱陵的頂部爲風成黃土所覆蓋，底部爲岩層，平地及灘地爲冲積層。茲分別簡述如下：

一、平地與高坪——市區內各級台地與河床灘地，皆爲冲積地層，黃土厚度極不一致，厚者達百公尺上下（如蘭工坪等高坪地帶），薄者僅一公尺餘（如西古區柳溝石崗及桃園一帶）一般說近河薄，傍山厚。其下的基本岩層，在西古區下部爲白堊紀灰色砂岩，七里河、舊城區及東郊最下爲第三紀紅色砂岩，及粘土層，岩層之上爲礫石層，再上爲粗細砂，上發的地表地層爲第四紀冲積層，表層多爲砂質粘土，少數地區並有粘土，於泥等夾層，在四級台地多數地方在九公尺以內卽可發現礫石，在五級台地多數地方在3—5公尺卽爲底礫層。

二、邱陵——蘭州市郊四圍崗嶺的頂部均爲很厚的風成黃土層所覆蓋，爲鈣質的礎性土。

三、邱陵底部——底部岩層比較複雜，河北岸露出者較南岸古老，各種岩層分佈如下：

皋蘭系：在黃河北岸西起安寧堡，東止於大沙溝，以片麻岩和片岩爲主，岩質堅硬可作建築材料，是市區內最古老的岩層。

南山系：爲桑園峽一帶造成峽谷的岩層，以變質砂岩，片岩和板岩爲主。

河口系：分佈在河口及岸門一帶，由雜色砂岩，泥質粘土砂質頁岩等互相重疊所組成，露出地面者估計厚達2,400公尺，全部岩層發生褶皺斷層，極爲複雜。

甘肅系：卽甘肅省分佈普遍的紅色砂岩與紅色粘土層，分佈在安寧堡以西，沙井驛以北虎頭崖以東，及紅山根等地，所有露頭中均含有石膏質並有成爲石膏層者屬第三紀岩層。

安寧系：以安寧堡以北分佈者較爲標準，主要以褐紅色砂土層及礫石層爲主，底部有泥質石灰岩。

桑園子系：厚僅十餘公尺，上部爲青灰色、雜土層，下部爲礫石層，局限於東崗等一帶。

（六）氣候：

(1)氣溫—蘭州夏季涼爽，冬季寒冷，年平均溫度9.7°C，一月平均溫度-6.5°C，七月份平均溫度22.8°C，絕對最高溫度39.1°C（1953.7.）絕對最低溫度-23.1°C，（1945.1.16.）年較差29.3°C，最大日較差30.2°C，（1942.4.6.），以七月爲最熱，其白晝8—20時13个小時的平均溫度爲25.5°C，以一月爲最冷月平均溫度爲-6.5°C，全年地面結冰天數148天。

蘭州地溫據1937—1952年之統計元月份最低地溫，深度30公分爲-5.8°C，60公分-3.5°C，一公尺爲-2.2°C，二月份30公分爲-3.1°C 60公分爲-1.4°C，一公尺爲0.1°C，三月份30公分爲4.0°C，60公分4.0°C，一公尺爲3.2°C，1954年元二月份在蘭州市區測得的凍土深度以西固區爲最大達59公分，惟短期的觀測紀錄不能代表一般情況僅供參考。根據季節分類原則蘭州夏季爲55天，冬季173天，春季74天，秋季63天，（每候平均溫度22°C以上爲夏季，10°C以下爲冬季，10°C—22°C爲春秋），蘭州的結凍期較長，平均結期爲175天，根據平均溫度0.0°C以上日數計算生長季最長可達263天。

(2)雨量—蘭州地位距海較遠，夏季東南季風爲雨水的主要來源至此已茫強弩之末且附近地面缺乏植物覆被，所以雨量少，暴雨多，強度大，變率大全年年雨量爲336.7公釐，大部集中於夏末秋初，七八九三个月雨量合計214.6公釐，佔全年的百分之六四（1933—1953平均數）。

冬季（12—2）僅百分之二點三，故季節分佈極不均勻而年雨量變化也很大，最多達471.9公釐（1951）最少僅210.8公釐（1941），年雨量336.7公釐，年變率百分之一九點六。

降雨強度大，且地面裸露，常造成山洪災害。例如1951年8月14日的日雨量達71.6公釐，其中一小時達27.0公釐（歷年最大強度曾達50.0公釐）這一次的連續雨量爲116.7公釐，佔全年1/3，是二十一年來的最大一次暴雨。

(3)濕度—蘭州因爲日照強降雨少空氣乾燥，所以濕度較小，年平均相對濕度百分之五八，絕對濕度爲5.97公釐，絕對濕度以八月最大，爲11.8公釐，一月最小值1.65公釐。

(4)風向風速—蘭州市區東西狹長，南北有高山阻隔，常年東風較多，尤其夏季東風更盛，各風向的頻率及煙污強度如下：

	東風	南風	西風	北風
全年頻率	16.84	2.64	4.71	3.96
夏季頻率	20.23	1.73	5.80	3.90
煙污強度	8.64	1.89	2.48	2.28

蘭州最大風速爲21.4秒公尺，（爲B.S.九級風），發生在1937年7月，一般冬季風力較小，春夏之交風力較大。

(5)氣壓—因高度關係，蘭州氣壓年平均值634.6.2公釐，最高爲652.05公釐（1947.12.18.）最低爲617.26公釐，（1936.4.25）最大日較差19.82公釐。

(6)日照與蒸發—全年平均日照時數爲2157.4小時，相對日照百分之四九，因日照關係，地面溫較氣溫爲高，年平均14.3℃，最高達68.4℃，（氣溫最高39.1℃，）由於雲量少日照強，所以蒸發強度，年平均蒸發量（室外）1576.7公釐，爲近年平均雨量4.7倍，最大月蒸發量374.0公釐，超過全年平均雨量。

—8—

㈦水文水質

(1)水文—根据1935—1953年黃河水文站觀測的黃河水文材料：

一水位—歷年最高水位爲1516.22，（1946.9.14），最低爲1510.66（1943.4.1.），平均爲1512.87公尺。水位最高峰在九月，十月以後漸趨下降，三月爲全年最低時期，四月以後又逐漸上昇。

二流量—歷年絕對最大爲5747.57（1946.9.14），最低爲269.74（1949.2.28.）秒公方，平均流量爲1133.65秒公方。

三流速—歷年絕對最大流速爲3.52（1946.9.14）最小爲0.45（1953.1.3.）秒公尺，平均爲1.5秒公尺。

四含沙量—歷年紀錄最大爲1942年8月21日的百分之一八點七五，（1950年8月11日也曾有百分之一八點三九的紀錄，据水文站負責同志說，黃委會最近即可作全面的整編，容後更正）最小爲百分之零點零零五，平均百分之零點二四。黃河的含沙量極不規則，一般十一月至三月不及千分之一，四月以後逐漸增大，以八月最大平均百分之一。

五水溫與結冰水位—黃河水溫平均十二月爲.2℃，一月爲-3.15℃，因河面結冰甚厚，水流熱不易發散所以較氣溫爲高（十二月氣溫爲-5℃，一月爲-6.5℃），二月至十一月均較氣溫爲低，年平均8.4℃。

黃河歷年約在十二月下旬結冰，次年二月下旬解冰。結冰期間最高水位爲1514.18公尺（1952.12.31.）最低水位爲1513.16公尺，（1952.1.），較未結冰前反高出1公尺以上，至解冰後水位驟降。

(2)黃河水質—綜合近年內物理，化學，細菌檢查結果：

㈠無色，無臭，味正常。

㈡水的反應—呈微鹼性，氫離子濃度爲7.4—8.2。

㈢濁度—一般爲7°—10°

㈣總硬度—平均爲10.3° 最高爲15° 最低爲6.8°，是中等硬水。

㈤二氧化矽—平均爲11.1毫克/公升。

㈥鈣離子—平均爲47.4毫克/公升。

㈦鎂離子—平均爲149毫克/公升。

—9—

(八)鎂離子一平均爲14.2毫克/公升。

(九)硫酸根離子一平均爲26.7毫克/公升。

(十)氯離子一平均爲20.4毫克/公升。

(十一)重碳酸離子——般爲178.0毫克/公升。

(十二)碳酸離子——般所含至微或無。

(十三)氫氧離子——般地不含有。

(十四)游離二氧化碳——般地不含有，亦不含有侵蝕性二氧化碳，爲非侵蝕性水。

(十五)耗氧量——般爲2毫克/公升。

(十六)溶解氧——般爲10.81毫克/公升。

(十七)氨——般 含量甚微約1.2毫克/公升。

(十八)硫化氫——般不含有，有時亦甚微，爲0.14毫克/公升

(十九)倍半氧化物一平均爲1.7毫克/公升。

(二十)細菌含量一點不一定，最高爲每毫升含80,000个有時完全沒有，其中多爲雜菌，間或有大腸菌。

(3)地下水：

(一)流向一黃河南岸由南向北，黃河北岸由北向南。

(二)地下水位一不等，受地形所支配最深爲80公尺，最淺爲0.5公尺。

(三)季節變化一以八九月最大，一二月較小。

(四)深度一一般地都較淺，爲0. — 公尺。

(五)水質一由於流經地域地質情況不同，各地區地下水水質有顯著的不同，一般地說：

1.硬度甚大，有的竟在60°以上爲很硬水。

2.懸浮物較少，但溶解性固體物含量甚多。

13

3.含硫酸鹽甚多，最高可達1819毫克/公升，最低爲37.7毫克/公升。

4.含氯甚多，最高可達1058毫克/公升，最低爲17.5毫克/公升。

5.含鈣離子甚多，最高可達306.7毫克/公升，最低爲52.5毫克/公升。

6.含鎂離子甚多，最高可達241.9毫克/公升，最低爲39.8毫克/公升。

7.含鈉離子甚多，最高可達781.2毫克/公升，最低爲11.1毫克/公升。

基於這些情況，可見靠近山足地區的地下水溶解土壤中的硫酸鈉（芒硝）硫酸鈣（石膏）氯化鈉（食鹽）碳酸鈣（石灰）等溶解鹽分增大了硬度，使水中帶有苦澀味，鹹味甘甜味等，並且增加了色度及透明度，以致細生活物很大，其中尤以爛泥溝，紅泥溝口，河干鎮鹹井，西固區孫家堡附近，安寧區鹽場堡區山足地區等地爲甚，五泉山及雷壇河七里河等泉水硬度不到40°尚可應用，此外，濱黃河兩岸的地下水因受黃河水的浸滲溶解鹽分較黃河水微有增加。

14

(八) 山洪情況：

市區內黃河兩岸各皆有由山地峽谷中流出很多山洪溝道，這對市區台地和平原破壞極大，造成交通上的障碍。

(1)成因 —— 蘭州山洪的成因不外：

一山坡陡峻雨水急流 —— 各洪溝一般比降都很大，甚至有超過百分之三三者，每逢暴雨，山洪驟發，携帶大量膠泥彈和泥沙冲淤平地。一九五一年八月十四日的暴雨曾將直徑2。5公尺的大膠泥彈冲至鐵東路南側。

二缺乏植物覆被 —— 四週崗嶺童山濯濯，雨水降落，大部份成爲逕流，據初步估計逕流量超過百分之六〇。

三有不透水層難於下滲 —— 各階崗嶺之下多爲紅粘土層，溝谷多下切到達這種不透水層不易滲透。

四黃土山頂易於崩塌 —— 是含泥量特別大的原因。

五缺乏洩洪道溝 —— 所有洪溝在山區中比降很大，衝入盆地後，因地勢平坦，流速驟減，在溝口造成冲積扇形地，阻塞流水除少數有曲折通暢的自然溝道外，多呈漫流。

六蘭州在八月份多短時暴雨 —— 由於以上原因加以降雨強度大，致造成山洪的災害。

(2)山洪災害 —— 蘭州市區受山洪的威脅極爲嚴重，較大的洪溝有35條之多，山洪暴發時或大或小都影響着下游台地和平原，山上的泥沙逐漸搬至盆地中，根據東郊實測的結果一九五一年八月十四日的一次山洪平均淤積達一公寸厚。

過去，山洪創裂了市區地形，平原因溝渠縱橫，每年八、九月暴雨季節，常釀成災害，冲毁房屋，淹沒農田，造成人民財產上極大損失。關於市區受災情況過去很少文字記載，根據在東郊區和西古區的調查結果略述如下：

一東郊區 —— 計有老狼溝、大洪溝、小洪溝、爛泥溝、魚兒溝等五條洪溝，其中以爛泥溝最大，泛濫面積約2,502,500方公尺，據在穆灣子村墻壁上測得的洪水綫，高出地面達1。4公尺，遺留在村中的泥圈直徑達0。5公尺。所有的洪水均係流經含有大量可溶鹽類的甘肅系紅層，給被災區土壤帶來了大量鹽分（一九五一年調查）。

二西古區 —— 共有白崖溝、寺溝、野人溝、紅水溝、園樁帽溝、雞頂溝等七條洪溝，其中以寺溝最大，近三十年來曾泛濫過三次，每次泛濫面積計有2，23方公里，（3345市畝），每逢洪水驟發可將直徑一公尺的石塊或泥團冲至下游，現在溝口尚有同治十四年冲下3．7×1．5×0．6公尺的大石，一九三五年的洪水在孫家莊穆墻上遺留有0．6公尺的洪水綫，一九四三年洪水滿槽出溝口漫流，高出溝口穫溝沿0．5公尺，洪水曾多

次衝破堤岸，漫流田間，居民的房屋田地大受災害。

解放後至今重點地新修或整修或整理了東區排洪道，西郊的七里河、黃峪溝、石炭子溝　排洪道、西古區的寺溝也正着手整理，爲了蘭州城市建設非消滅山洪的宿患不可。

(九) 資源情況：

甘肅是富有工業資源的省份，中央地質部及省工業廳正在進行普查和進行勘測工作石油、銅、煤勘探已進入大規模鑽探階段，根據已經了解的情況甘省有如下資源：

(1)石油據目前已經探清的甘肅藏量是較多的。

(2)銅礦已經探明的白銀廠銅礦是個有開採價值的富礦，祁連山麓又發現很多銅礦情報，民勤 和皋蘭之石青洞均爲有希望之銅礦。

(3)煤現已被發現的較大煤礦有阿干煤礦、窯街煤礦、沙金溝煤礦、青崗峽煤礦、磁窯區陰陽窰煤礦、安口窰煤礦、山丹煤礦、九條嶺煤礦。

(4)甘肅盛產食鹽。雅不賴鹽池、吉蘭泰花馬池，大池都是富有蘊藏鹽池。

(5)會寧產大量的芒硝。

(6)酒泉有大量自然硫黃。

(7)黃河在甘肅境內將近一千公里總落差一千四百餘公尺，蘊藏着約八百萬基羅瓦特水力發電資源。蘭州又居這些可發電場址的中心。

(8)其他礦藏也很多，如鉛、錳、汞、硼砂、金、石膏、石灰石等。

(9)蘭州附近產有花崗石、石灰石、砂子、和燒磚瓦的紅粘土，還有可作耐火材料的頁岩。

(10)甘肅盛產各種皮毛、亞麻、和油脂。

以上這些資源均可供本市工業用的原料，是本市發展的一個依據。

(十) 特產

蘭州的經濟作物中有：

(1)百合——盛產於蘭州西菓園地區，肥厚味美，少纖維是最好的品種，現有栽培面積有一千餘市畝，六年成熟，每畝產量3,000——7,000斤，可發展。

(2)醉瓜與白蘭瓜——醉瓜、甘美帶酒味、故名醉瓜、產於曉場堡白道濼坪等地，年產量約三萬斤。其次爲白蘭瓜、形狀如醉瓜、皮白色、味美耐藏，種植面亦較廣，年產量約27萬斤。有發展前途。

(3)水菓——蘭州水菓品種極多如棗、梨、桃、杏、蘋菓、沙菓、葡萄……，但梨一種又分，冬菓、長把、綿木、軟兒、馬奶頭、吊蛋兒等，其中以冬菓梨皮細味美，可儲藏至次年六月。軟兒梨，冬季糖化後皮呈黑色，內部成爲菓汁味極鮮美爲蘭州特有品種。也有其發展前途。

(4)水烟——蘭州水烟素爲甘肅出口貨的大宗，一九五四年已開始向國外輸出，市區及附近縣份均種植，但市區水烟種植面積，將隨建築的增加而日趨縮小。其他瓜菓蔬菜等品質均好，產量也不少。

(十一) 交通現狀

(1)公路——公路現有：西蘭路（蘭州至西安）、蘭新路（蘭州至新疆）、甘川路（經臨洮至武都）、蘭夏路（蘭州至夏河現正往西昌修築）、蘭青路（蘭州至西寧，正向西藏修築）、蘭寧路（蘭州經郝家川至銀川包頭），市內並有蘭阿路（至阿干鎮礦區）。

(2)鐵路——天蘭路於一九五二年十月通車，蘭州以東的運輸主要靠此鐵路。天蘭路自東崗鎮進入市區，在市區內主要的有三站（即東站、西站和西古區車站）。蘭新路自西站開始向西延築，自河口過河現已鋪軌至烏鞘嶺以西，蘭寧路（至包頭）業已完測，在東崗鎮附近過河與天蘭路市內一段合併，一止於蘭州西站，現已開始施工。將來寶成路修成後與西南區可間接連系。

(3)航空——目前機場在東郊區，通航的綫路有蘭州至北京、蘭州至烏魯木齊等綫。

(4)水上運輸——目前黃河僅能由牛皮筏順流至寧夏、包頭等地，因沿河險灘峽谷很多，尚不能由下游向上逆航，且運輸力極少，將來黃河整理後，預計可航行汽船。蘭州附近擺渡及短程小量運輸，有羊皮筏子，每筏可乘坐五一八人，載瓜菓蔬菜等可達千斤以上。

(5)鐵橋——現在市內僅有鐵橋一座，經本年加固後可常速度通過十二噸載重汽車，為市內惟一橋樑，該橋上的往來運輸極度擁擠。此外，河口有蘭新鐵路通過之鐵路橋一座，將來在市區內為適應需要需加建鐵橋數座。

(6)市內交通——市內交通工具現有三種：馬車、人力車、汽車，交通汽車由汽車公司經營，現有客車二一輛，開闢的綫路有：中央廣場至小西湖，中央廣場至東車站，小西湖至孔星教，中央廣場至十里店等綫，五四年五月份乘車人數為30，8萬人，交通馬車與三輪車無固定路綫。

市內貨物運輸力量，現已組織起來的計有運輸大車1339輛。人力車730輛，汽車14輛（市搬運公司數字）搬運工人3，000人，五四年五月份運輸量為190萬噸（包括汽車、國營馬車及有組織的馬車、人力車等）裝卸量為125、000噸，以上運輸量，裝卸量不包括鐵路運輸在內。

(十二) 工商業

(1)工業——國營工業有電廠，水電站生物製品所，生物製藥廠等4廠站，職工人數為960人，地方國營與公私合營有機器修配廠等21廠，職工人數為3931人。私營工業共4041戶從業人數9034人，（其中個體工業佔3555戶5336人）包括修配、燃料採掘、燃料加工、金屬加工、紡織、建築材料、玻璃、陶器、木材、縫紉、皮革、食品、印刷及其他生產部門。

(2)商業——國營商業有花紗布、百貨、醫藥、食品、畜產、交通器材、煤建、油脂、茶葉、貿易等15種，職工3760人。私營商業共6607戶13981人，其中純商業部門4695戶，從業人數8392人，包括：食品、飲食、紡織品、日用百貨、醫藥用品等部門，其他商業1912戶5589人，包括運輸，代售、旅遊、建築等部門。

以上國營工商係根據省工業廳、商業廳供給材料，（1954年7月底）。私營工商業係根據市工商局1954年8月份數字。

（十三）文教

(1) 本市範圍內現有蘭州大學、西北師範學院、獸醫學院、蘭州醫學院、民族學院等五所高等學校及蘭州高等職業學校、農業學校、護士學校等七所專門技術學校，學生教職員共15,416人。

(2) 普通中學計有蘭州第一、第二、女子中學等八校，學生3,155人，教職員388人，共3,543人。

(3) 小學共129所，學生42,172人，教職員1,506人，共43,678人。幼兒園兒童共1,438人。

以上學校不包括軍事系統，訓練班在內。

(4) 省市科學研究，文化藝術機關、計甘肅日報、廣播電台、新華印刷廠以及文化館博物館等二十餘單位工作人員計有1,380人（軍事系統及私營文化機構未計入）

（十四）衛生設施

市內現有醫院：省人民醫院。市人民醫院。蘭州醫學院附設醫院。工人醫院。省婦幼保健院。民族學院醫院。傳染病院。陸軍醫院及正建築中的綜合醫院。私人診療所等。除陸軍醫院傳染病院。私人診所外，現有病床518張。醫務工作人員518人。（不包括實習醫生）。

蘭州市醫院、病床、衛生人員一覽表

醫院名稱	甘肅省人民醫院	蘭州市人民醫院	蘭州大學醫院	蘭州市工人醫院	民族學院醫院	省婦幼保健院	合計
病床數	178	80	87	79	33	61	518
醫師	26	7	30	10	1	5	79
醫士	13	9		13	3		38
護士	42	14	31	10	3		90
護理員	21	22	23	28	5	7	106
助產士	28	2	3	11	2	29	75
藥劑人員	9	10	5	3	2	1	30
檢查人員	5	3	2	3	1	2	16
理療人員	4	2	2				8
其它衛生技術員	30	11	1	1	16	17	76
合計							

備考：
(1)陸軍醫院。私人診療所未計入。
(2)實習醫生未計入。
(3)新落成的傳染病院及正建築中的綜合醫院等未計入。

(十五) 名勝古蹟

蘭州市區以內有不少古蹟與風景名勝區，在反動統治時期不加管理且任意毀壞現多已破爛不堪茲就較著者分述於後：

(1) 五泉山——地處皋蘭山的北麓面向蘭州東部市區因有惠泉、甘露泉、掬月泉、摸子泉、蒙泉等五個泉源故名五泉廟的原名為崇慶寺初建於明朱元璋洪武七年（公元1374年），明清均有重修現存的建築多半為清末新建或改建的是蘭州市一處較大的古建築群也是古廟宇中比較完好的，山的中央部分殿宇層比西有西龍口山泉自紅層上部湧出後匯成溪流廊榭亭台點綴其間，又與西部嘛呢寺後通廟東的東龍口瀑布下瀉石澗水飛登五泉高處城樹山河盡收目中，五泉山東部有紅泥溝為一較小邱壑地帶，有泉水、有林木將來擬建為五泉公園。

(2) 北塔山與金山寺——黃河鐵橋北端有北塔山，上有七級寶塔及廟宇多係明代建築物，山下西部的金山寺南面黃河北倚高山，山腰有十數個民族形式的木構建築群，如加以整修可供市民登高遊覽及作為公共建築之用。

(3)、崔家崖槐樹山——位於七里河與西古區間高坪的北端懸崖上由上至下循自然形勢建有寺院（白雲觀）遠望上下層比形勢優美，也是蘭州地區較大的古建築群惟因無人管理已破舊不堪，整修後可為一遊覽地。槐樹山下則為崔家大崖可作綠化地區。

(4) 後五泉——在皋蘭山南麓為一小型山溝泉水自岩石縫隙中湧出溝中有林木並建有廟宇環境幽靜可供遊覽。

(5) 金天觀——介於雷壇河口公路與鐵路之間附近果樹甚多廟中有古柏建築古老建築藝術上很有價值。但多已毀壞，地點適中整修後擬闢為走廊地帶的遊憩公園（雷壇公園）

(6) 清真寺——蘭州市內各地區的清真寺表現了中國民族建築的優良傳統風格。如解放路、橋門街的清真寺走西路七里河的與北等很有氣魄砌造精緻。

(7) 雁灘與馬灘——雁灘在黃河鐵橋下游四邊環水林木茂盛果園相連農林區並設有國營試驗場距市區很近交通便利假日遊人甚多為目前本市最好遊覽地區，擬闢為雁灘文化遊憩公園馬灘為上游七里河區較大河心灘地南岸為鄭家莊北岸對十里店灘上盛產菜蔬葡萄自然環境更勝於雁灘惟因距舊市區較遠交通不便故遊人不多將來七里河工業區建成後稍加人工即可為極適宜的遊覽區。

(8) 安寧堡大果園——安寧堡位於十里店以西桃園面積萬餘畝桃樹數萬株並有杏梨果等品種，據調查約有四百年以上歷史不但是本市主要水果供給地每當桃花盛開時，形如一片花海擬為保留的園林區。

(9) 小西湖——在舊城關以西舊名蓮花池係明肅王別墅現湖水乾涸加以整修擴大做為小西湖公園可供市民遊憩。

(10) 水車——蘭州濱沿黃河明嘉靖時州人段續創製翻車利用水力倒挽河水灌田至今沿河水車彼此相望每輪灌田多者達200市畝為蘭州附近特有的灌溉工具和風景點綴物。

(11) 白衣寺——在和平路路北建有十三級寶塔，並有廟宇可闢為遊憩場所。

(一) 規劃原則

甲、概況：蘭州市有八個區，地形狹長，東西長，南北窄，南有皋蘭山，北有北塔山，黃河橫貫全市，兩側山岳連綿，溝渠相間，形成河谷盆地。兩岸有平川地五塊，并有台地，天蘭、蘭新鐵路、沿皋蘭山麓穿過全市。

乙、城市規劃須遵守的原則：

1.根據國家工業建設計劃，中央已將蘭州列為國家城市建設重點之一，我們要把蘭州市建設成為一個社會主義的現代化的工業城市，并以石油工業、化學工業、機器製造工業為城市的骨幹。社會主義工業和其他社會主義經濟是我們建設城市的物質基礎，這就是城市規劃的基本原則。

2.蘭州是甘肅省級領導機關所在地是全省政治中心，又是和即將是天蘭、蘭新、蘭包、蘭青四條鐵路與西蘭、甘新、蘭銀（銀川）、蘭夏（夏河）、蘭寧（西寧）甘川等公路的連接點或終點，是甘、青、新交通樞紐和貨物集散之地，城市規劃必須照顧這一特點。

3.必須充分利用舊城市，使其在建設中起應有的作用。同時必須有計劃逐步的改造舊城市。

4.根據自然條件和社會主義標準正確的合理的本經濟用地的原則佈置工廠、住宅、交通道路、共公建築使之相互配合，并能有滿足城市人民（首先是工人）生活需要及文化需要的足夠設備，（如自來水、下水道、商店、學校、醫院、療養院、影院、劇院、幼兒園、托兒所等）創造勞動人民正常和健全的生活條件。

5.保持蘭州風景的特點，必須劃一定數量的川地、灘地、台地，作為蔬菜和瓜果種植面積。保留與管領安寧區的桃林、菜園，并使成為新鮮空氣療養所，和森林公園。

6.規劃中的各項佈置和建築，必須具有整體性、和藝術性，創造美觀、實用的幹線廣場和建築群，以體現社會主義城市的氣魄。

丙、建設實施的原則、步驟：

1.根據工業建設計劃和國家投資能力，有重點的進行建設：第一期先建設西固城、七里河兩個工業區和大洪溝以西、舊城以東的地區，并逐漸將黃河以南三塊平地建設起來。

2.必須堅持城市建設的整體性，反對各種分散主義務使建築物集中緊湊。故今後街坊建築、公共建築和機關、學校的建築，應採取有計劃地成片、成條、成群的建設方針。

3.第一期公用事業建設的原則：應集中人力、財力、物力，先建設為基本建設服務、為生產服務、為工人服務的道路、橋樑、自來水、下水道，和保證安全的排洪道、河堤，相應的建設生活福利設施。

(二) 規劃區土地面積

(甲) 蘭州市規劃區的土地面積為126·66平方公里，包括：

(1)河谷平原104·69平方公里（計有東市區為26·05平方公里，西固區為29·80平方公里，七里河區為16·51平方公里，安寧區十里店區23·07平方公里，廟灘子鹽場堡區為3·12平方公里）

(2)高坪台地5·24平方公里（計有龍尾山坪為0·15平方公里，華林山坪為1·55平方公里，娘娘廟坪為0·30平方公里，蘭工坪為1·1平方公里，廟灘子高坪為1·36平方公里，西固住宅南坪用0·28平方公里）。

(3)綠地為13·38平方公里（雁灘、[illegible]、段家灘、馬灘、迎門灘等）

(4)走廊地帶為2·35平方公里。

(乙) 規劃區總的土地使用情況如下表：

-23-

蘭州市規劃區土地使用分類計算表（計劃建築年限1954年——1972年）

分類	摘要	各部份面積	分類面積總和	附註
		公頃	公頃	
工廠用地			2501·30	
	已確定之計劃工廠用地	1151·79		
	保留計劃工廠用地	1349·51		
鐵路用地			581·75	
	鐵路場站及沿綫用地	531·95		
	鐵路專用綫用地	49·80		
居住用地			4549·03	
	住宅及公共建築	2807·80		
	公共綠地	1242·84		合共綠地係總人口816313×14而得
	道路及廣場	598·39		
倉庫用地			93·90	
自來水水源地			78·00	
污水處理廠			99·00	
保留藥園			674·00	
已確定之計劃工業區道路			195·70	
保留計劃工業區道路			124·22	
全市性聯系道路	走廊地帶的道路		5·31	
蔬菜供應區			730·03	
公墓區			71·26	
防護帶			1160·68	
磚瓦製造區			614·00	
各區邊緣空地道及畸零地區			1187·82	
總計			12666·00	

-24-

(四) 具體區劃及土地使用

西固工業區——西固工業區位於黃河南岸，全區平原土地面積２９．８０平方公里，並有良好的水源地，蘭新鐵路縱貫而過，交通便利，距城市中心２１．００公里（西固城至規劃的市中心區即省府所在地）北有廣大河面，黃河是安寧堡的廣大園林，南依高山，東有崔家大灘計劃綠化區，自然的地形已將這塊重工業基地與其他地區自然地隔離了，該區工業建設項目如下：

1.中央燃料工業部石油管理局——煉油廠。

2.中央燃料工業部電業管理局——熱電站。

3.中央重工業部化學工業管理局——人造橡膠廠、氮肥廠。

4.中央鐵道部——洗罐站、輸管營車站、西固車站、編組站及旅客升降站。

5.地方國營——基建期間的加工廠。

6.工業職工居住區。

7.全市的總水源地。

8.在大企業區與廠間的空曠地帶，擬將服務大工業的地方國營或某工廠也建於西固，如：石腊廠、油桶製造廠、油漆廠、油毛毡廠、橡膠加工廠、電池廠（以上六廠所需土地面積僅約１５公頃，在不妨礙大廠的發展條件下擬佈置在這個工業區內。）

按國家計劃委員會所批准的在西固區建廠的各單位以及今後發展情況，加上地方國營工業區之用地面積，整個西固可建廠地區已近飽和了。（包括廠與廠間必要的防護帶）本區土地使用情況如下：

西固區土地使用分類計算表（計劃建築年限１９５４——１９７２年）

分類	摘要	各部份面積（公頃）	分類面積總和（公頃）	附註
居住用地		[illegible]	335.89	
	住宅及公共建築	252.52		
	公共綠地	34.68		
	道路及廣場	48.69		
工廠用地	已確定之計劃工廠用地		716.00	
鐵路用地			280.55	
	場站及沿綫用地	230.75		
	專用綫用地	49.80		
給水排水設備			109.00	
	全市性水源地	78.00		
	污水處理廠	31.00		
工廠區道路廣場			123.60	
防護林帶			870.67	
高壓線隔離帶			87.40	
預留工廠發展地			296.50	
其他用地			188.39	
總計			3008.00	

二七里河工業區——本區範圍，東起雷壇河，南至高坪邊緣，西至崔家崖，北至黃河，全部平原總面積16·51平方公里（不包括高坪及河中灘地）

計在這個工業區建設的項目如下：

1.中央第一機械工業部已決定在七里河地區建立石油機械廠和煉油設備製造廠。

2.鐵道部的鐵路機修廠，鐵路西客站，大編組站，技術站和物資站，都計劃佈置在這裏。

3.糧食部的麵粉廠和食品加工廠，甘肅省木材加工廠，也計劃在這裡，

4.蘭州木器廠、蘭州電廠（鐵部行擴建）蘭州毛紡廠、蘭州麵粉廠，通用機器廠、國家倉庫、第一修械廠等工廠，原來就在這裏。

5.新建的地方國營工廠（建築機器廠、蘭州煤工廠、聯營毛紡廠、小型軋鋼廠、消防器材廠、玩具廠）及建三師的鋼結構工廠，氧氣廠等）全部都計劃佈置在這個工業區內，本區平原地區整個工業用地和部分居住用地）土地使用情況已近飽和，因此，為工業服務的居民區不能全部建在該區內，應有計劃的向市中心區發展以促進對舊城市之改造。

本區土地使用情況如下表：

七里河土地使用分類計算表（計劃建築年限1954——1972）

分類	摘要	各部份面積（公頃）	分類面積總和（公頃）	附註
居住用地			634·99	
	住宅及公共建築	409·36		
	公共綠地	97·34		
	道路及廣場	128·29		
工廠用地			355·90	
	已確定之計劃工廠用地	310·50		
	保留計劃工廠用地	45·40		
倉庫用地			85·60	
鐵路用地	場站及沿綫用地		208·40	
居住區以外道路	已確定之計劃工廠區道路		61·10	
保留計劃果園區	[illegible]		74·00	
防護林帶			93·44	
其他用地	排洪溝及畸零地		137·57	
總計			1651·00	

三市中心區——東起大洪溝，西至雷壇河，北至河邊，南至山邊（包括舊城關區）這是規劃市中心區，是天蘭、蘭包兩條鐵路和五條公路的起終點都在這個區內，這裏土地平坦，蘭州的最高山嶺蜿蜒其南，北面是黃河和河心的灘(?)，南有五泉山，西有金天觀，小西湖等公園，這些天然佳景和遺留的古建築物都是規劃中的內容。

蘭州是甘肅省政治領導中心，省府領導機關及軍事領導機關高等教育學校、科學研究機關，大企業的領導機構，鐵路樞紐指揮機構市級領導機關文化、衛生領導機關、商業領導機構、企業指揮所，均集中這個中心區內。這些機關所需要的建築物，以及相適應共公建築公用事業，住宅建築，均將成群成片的建築起來了。

本區土地使用情況如下：

市中心區土地使用分類計算表（計劃建築年限1954——1972年）

分類	摘要	各部份面積（公頃）	分類面積總和（公頃）	附註
居住用地			1290·02	
	住宅及公共建築用地	897·30		
	公共綠地	173·77		
	道路廣場	218·95		
鐵路用地	場站及沿綫用地		67·00	沿綫寬度平均以30M計
全市性公園	五泉山公園		55·00	
其他用地	排洪溝及畸零地帶		162·18	
總計			1575·00	

四東部計劃工業區——西自大洪溝，東至東崗鎮，（包括將來擬遷移的飛機場）這是東部計劃工業區。隨着蘭州工業建設條件的進一步改善和人民生活日益提高，在第二期建設中（即國家第二第三個五年計劃中）在這個地區擬建立一兩個機器製造廠或金屬加工廠，并作爲地方工業及輕工業發展基地。

本區土地計劃使用情況如下：

東部大洪溝以東保留計劃工業區土地使用分類計算表

分類	摘要	各部份面積（公頃）	分類面積總和（公頃）	附註
保留工廠用地			269·61	
保留工廠道路廣場			54·22	
鐵路用地	沿綫用地		21·00	平均寬廣以30M計
保留居住區			291·98	
	住宅及公共建築用地	201·68		
	公共綠地	45·47		
	道路廣場	43·83		
防護林帶			130·26	
給水排水設備	污水處理場		58·00	
其他用地	排洪溝及畸零地帶		194·93	
總計			1030·00	

五安寧堡計劃工業區——黃河北岸十里店，安寧堡地區爲本市第二期工業建設基地，該區已建設的師範學院，省黨校，行政幹校，省工農速成中學已給予了足夠土地現留自十里店至安寧堡菓園邊緣的一塊面積較大的平原約9平方公里劃爲計劃工業區的基地。重工業部[illegible]計劃中之純鹼廠電石廠、計劃建在這裏。還有其他遠景計劃中的工廠也預擬[illegible]個，這塊較好工廠基地將在國家第二第三個五年建設計劃中全部利用起來。

本區土地使用計劃如附表：

安寧區土地使用分類計算表（計劃建築年限1954－1972年）

分類	摘要	部份面積（公頃）	分類面積總和（公頃）	附註
居住用地			757.94	（包括劉家堡 計劃住宅用地在內）
	住宅及公共建築	499.15		
	公共綠化	156.11		
	道路及廣場	102.68		
工廠用地	保留計劃工業用地		855.00	
保留計劃工業區道路			60.00	
保留計劃菓園桃林	保留桃林菓園地		600.00	
其他用地	邊緣空地及防護地		34.06	
總計			2307.00	（包括十里店在內）

36

六廟灘子工業區——廟灘子和鹽場堡位於黃河北岸的下遊，在舊市區的東北部，其平原地區面積爲3．12平方公里，是本市一個較小的工業區，這個地區內現有的菓園，擬保留作爲綠化地帶及遊覽地，並在此綠化地區內建立廟灘子區的行政機構，現有毛紡廠、皮革廠、化工廠和新建的中央衞生部的蘭州生物製品所及畜牧部的生物藥廠，地方國營工業擬在這裏建立玻璃廠、啤酒汽水廠、火柴廠、榨油廠等，這些個廠址所需用地約7.00餘公頃，這個平原地區可作建築基地的大部都已利用。現僅留廟灘子平原以北小高坪及一些畸零地帶了，這些地方可作低層建築基地使用。

本區土地使用情況如下表：

廟灘子區土地使用分類計算表（計劃建築年限1954－1972年）

分類	摘要	各部份面積（公頃）	分類面積總和（公頃）	附註
居住用地			276.77	
	住宅及公共建築	219.14		
	公共綠地	38.51		
	道路及廣場	19.12		
工廠用地	已確定之計劃工廠用地		115.29	
居住區以外道路			11.00	
給水排水設備	污水處理廠		10.00	
其他用地			34.94	
總計			448.00	

37

七高坪居住區——劃市中心區附近的較低的，交通便利的高坪地帶（華林山坪、龍尾山坪、硝工坪、宴家坪、娘娘廟坪）爲居住用地。其土地使用情況如

下表：

高坪土地使用分類計算表（計劃建築年限1954－1972年）

分類	摘要	各部份面積	分類面積總和	附註
		公頃	公頃	
居住用地			279·47	其中包括華林山坪83·74公頃，硝工坪35公頃，宴家坪87·51
	住宅及公共建築	251·25		公頃，龍尾山坪15公頃，娘娘廟坪30公頃
	公共綠地	11·03		
	道路及廣場	17·19		
倉庫用地			8·30	
鐵路用地			4·00	西阿支綫通過華林山坪所佔地係約計數因該綫尚未作最後定綫。
公墓區			71·26	華林山第一公墓。
其他用地	邊緣空地及畸零地帶		96·97	
總計			460·00	

段家灘—劃爲服務市中心區的居住用地及部份的公共衛生設施所在地其土地使用情況如下表：

土地使用分類計算表（計劃建築年限1954－1972年）

分類	摘要	各部份面積	分類面積總和	附註
		公頃	公頃	
居住用地			112·00	
	住宅及公共建築	77·40		
	公共綠地	14·96		
	道路及廣場	19·64		
總計			112·00	

八阿干鎮棋礦區——阿干鎮地區（包括山察）本區尚未進行規劃設計，擬於今冬搜集資料進行調查研究開始進行規劃。

九修養區——甲、近郊休養區：段家灘、馬灘。

乙、遠郊休養區：榆中的興隆山、天都山、吧米山等地帶。

十風景地區——甲、近郊風景區：擬逐步拓建或改建雁灘、五泉山、後五泉、安寧堡、榎壽山、馬灘、北塔山、三台閣、雷壇河爲風景區。

乙、遠郊風景區：臨家寺、興隆山、西菓園，興隆山距蘭州45公里，爲隴右名山之一，該地林木葱翠，古木參天，林區廣及十數平方公里，東南接馬啣山大草原，山頂積雪入夏不化，這兩塊地區可作爲蘭州郊區的遊覽地。西菓園地區有灌木林，有泉溪，有菓園菜畦，如加整理係一雅靜的風景區。

十一倉庫地區——計劃把西部魏家灣迄入黃峪溝及西固以西的新城土門墩林蔭大路以南鐵路以北西至崔家崖地帶及其他合適地點劃爲倉庫區。

十二蔬菜瓜菓供應區——爲了供應蘭州居民蔬菜瓜菓，擬在市東部的東五灘，西部的馬灘，安寧堡的菓園，窮灘子高坪上，白道溝坪，東崗鎮的桃樹坪，西固的大坪山麓，西部土門墩以西的高坪地區，雷壇河谷內，西部的柴家川，榆中的金家崖，東柳溝劃爲瓜菓蔬菜的產地，以供應城市居民的需要。

十三蘭州氣候乾燥，山上黄土堆積，缺乏植物被覆，擬有計劃植樹種草，以保持水土和逐漸改善自然面貌，并擬在各個盆地周圍的畸零地形地帶，走廊地帶和溝谷渠道的兩側，儘可能多植菓木林帶，藉以調節氣候，增加風景。

十四沙井驛土質良好，而臨黃河用水方便遠離市區，且在恒風下向，是一塊優良磚瓦製造之地，故計劃劃爲磚瓦製造地區。

(四) 交通系統

市區道路：蘭州市的街道系統，本「為生產建設服務」，「為工人階級服務」的原則結合本市實際情況和地形的特點，進行設計，保證市內各區之間，市區與郊區之間有最方便的聯系，並保證實現合理的大量客貨運輸。并要適合政治經濟文化活動的需要。從整個城市規劃觀點出發，把性質不同，速度不同的交通予以分開。

本市主要道路的走向及寬度計劃如下：

1.主要幹道：

甲、東崗鎮－西固區的主要幹道（在黃河南岸，是東西走向的林蔭幹道）：這是一條聯系全市各區的主要交通幹道，可通行各種車輛和行人保證市內各區間的聯系，這一幹道縱貫黃河南岸全部市區：東起東崗鎮，經東稍門，過萬里金湯牌坊，再向西過握橋至小西湖，越七里河，經崔家崖傍山的走廊地帶，穿西固區而至西柳溝，全長約33公里，寬度為30－50公尺。這是黃河南岸連串起三塊河谷平原的唯一主幹林蔭路。

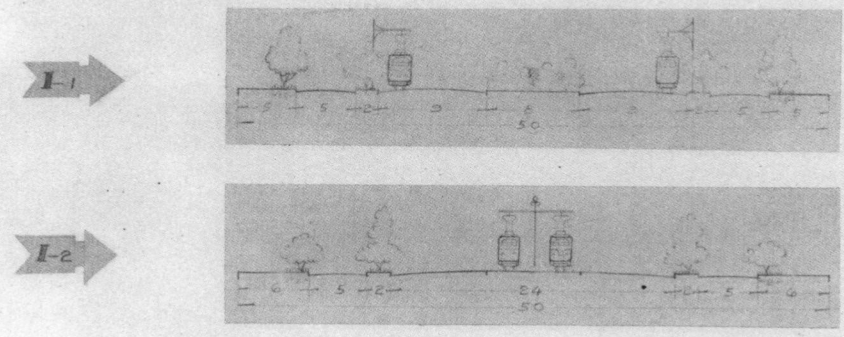

-35-

40

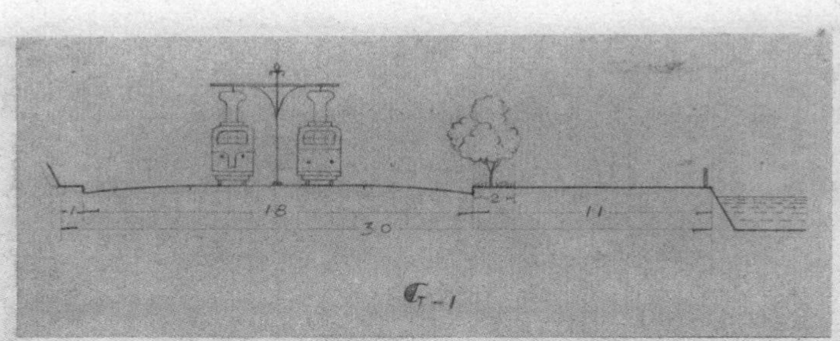

乙、自七里河越黃河至安寧堡的幹道：這條幹道也是一條林蔭路，可通行各種車輛及行人，從七里河西車站廣場起，向西北越七里河，黃河新橋，經十里店至安寧堡，長近10公里，寬度為50公尺。這條幹道使安寧區和市中心區密切聯接起來。（斷面同I－1）

丙、黃河鐵橋－鹽場堡的道路：從黃河鐵橋北端起，向東新建至鹽場堡的主要幹道。全長4公里，寬度為28－22公尺可通行車輛和行人。

丁、為了便利東部中心區的交通，並使中心市區能和全市的各個部分密切聯繫，除了拓建東西走向的主幹林蔭路外，東部地區又添下述各路。

(1)東車站廣場－盤旋路：寬50公尺，長1．6公里，從盤旋路到黃河邊一段長0．95公里（過黃河可達[illegible]公園及寨五廟）寬50公尺，

-36-

41

全部都是林蔭大路。（斷面同Ⅰ－１）

沿溝渠兩側，依實際情況可拓爲過輕車或通行人較窄的林蔭道。

⑵鐵路行政機關所在地——省領導機關所在地的河邊：長２。８公里，寬７０公尺，這是南北走向最寬的道路，是一條市中心區的幹道，路的中心擬建成一個帶形花園作爲中心區的主要軸綫。這條幹道上應分成不同段落構成彼此調協的幾個構圖中心，這些構圖中心是共公建築、居住建築、廣場、路心花園、公園、林蔭道以及個別突出的高層建築。在建築藝術上和質量上應有較高的要求。(斷面如圖Ⅱ)

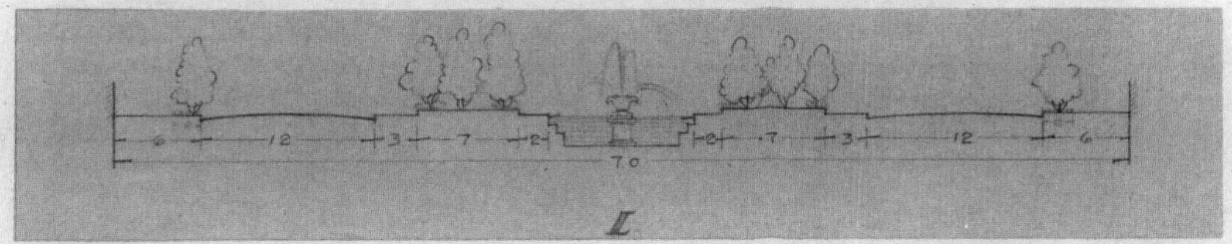

Ⅱ

⑶市府所在地（即現在的省政府所在地）直穿萬里金湯城樓，向南至五泉山麓的南北走向道路全長２。２公里，寬５０公尺。（斷面同Ⅰ－１）

⑷從市中心區向東南至東車站，向西南至五泉山，增設兩條放射式的幹道，平均寬度爲３８公尺，長度各約２。５公里。

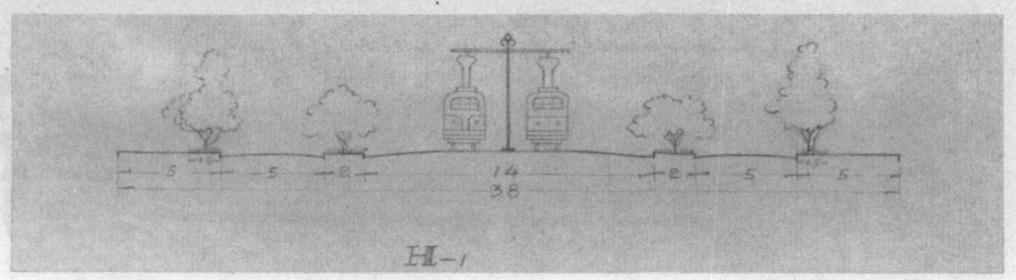

Ⅲ-1

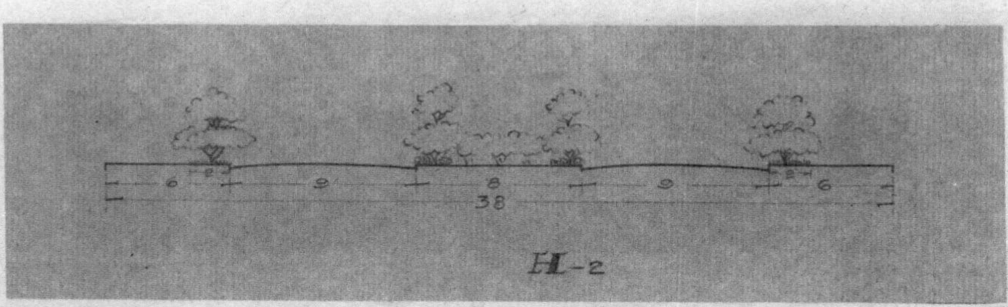

Ⅲ-2

⑸以東起雷泥溝經現在的飛機場中部，過大洪溝向西至西稍門，爲一內環狀幹道，使它擔負東部市區內部地面交通的主要任務，可通行各種車輛和行人其寬度一般爲３８公尺，長９公里。（斷面同Ⅲ－１）

2.濱河路：

蘭州依山帶水，爲了爭取河面，便利交通，美化城市，使街道系統能聯系風景區，名勝、古蹟、水面等以增進人民文化生活需要，擬在各區沿著黃河南岸拓建濱河路，在適當地區設置濱河小廣場、園林、河濱草地，濱河小公園等，使其成爲蘭州美麗道路的重要組成部份。其寬度爲２０－５０公尺不等爲了結合地形、地物、菓園、古建築，其道路斷面應按實際情況有所變化。同時計劃下水道主要管道大部份通過濱河路。

（如下圖Ⅰ－３，Ⅰ－４，　，G－４，　）

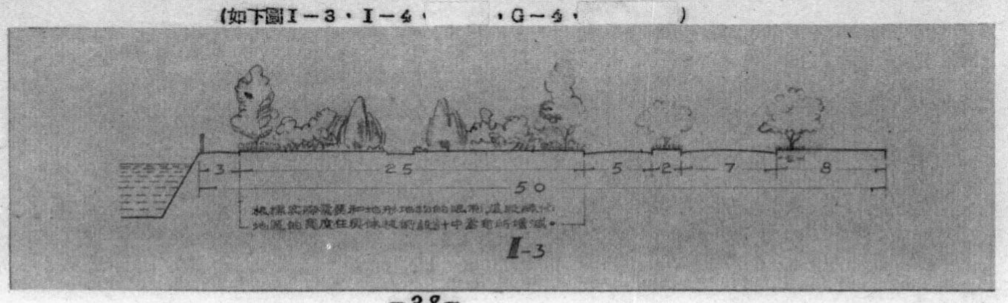

Ⅰ-3

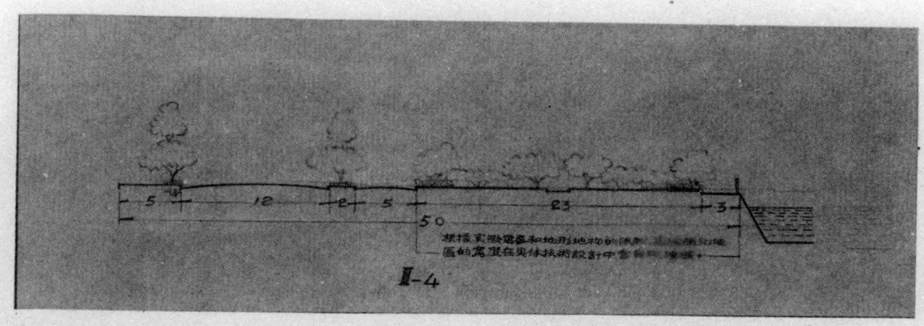

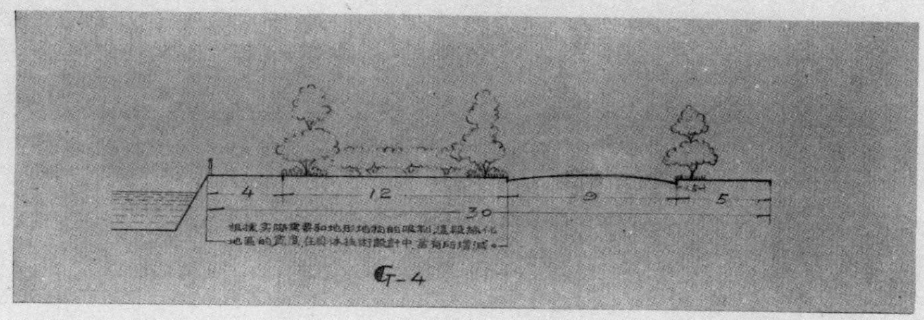

-39-

64

3.廟灘子地區廣場中軸線：

本區的中軸線南對對河的省中心區，北向北山的制高點，中與東西幹道交叉，寬爲南段爲38公尺，北段爲20公尺。（如圖Ⅱ-2，Ⅲ-1）

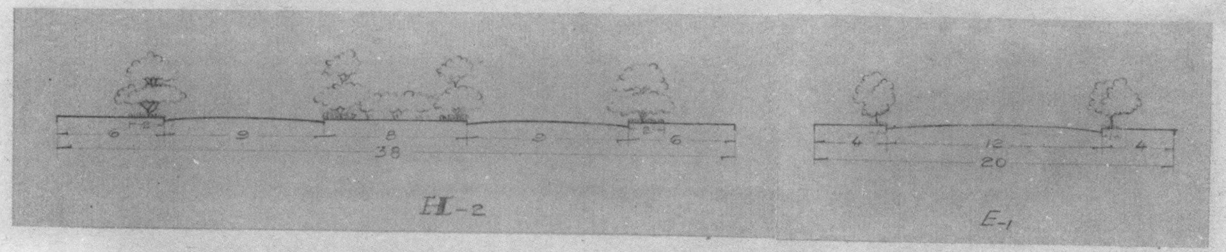

4.支路及輔助道路：

在各個區內增設若干支路，環路和輔助道路，其寬度一般的爲12-15-16-17-20公尺— 不通行電車。（如下圖）

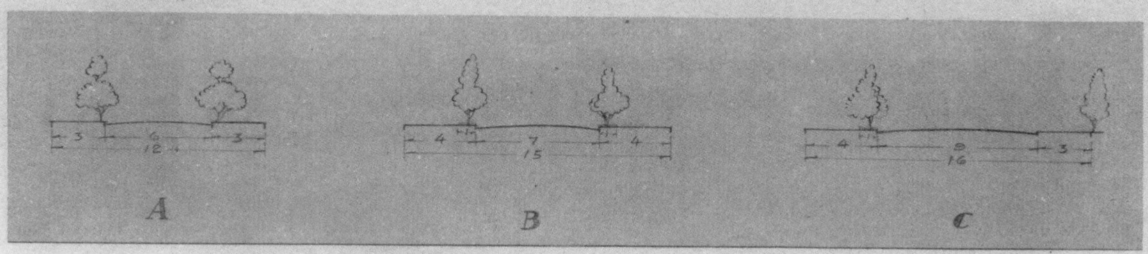

-40-

65

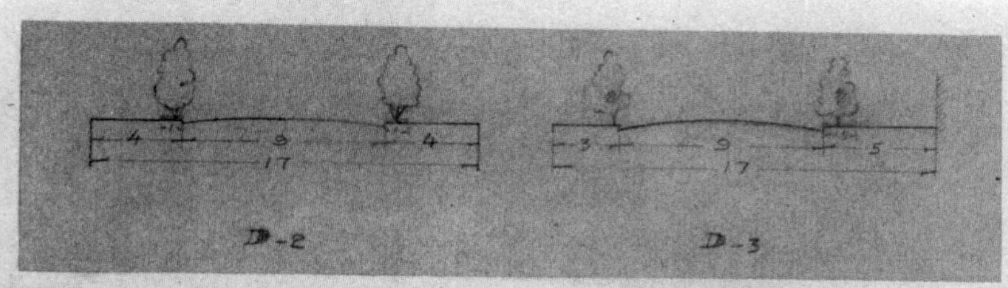

5.舊路改建：

舊城關區的道路過窄，小胡同多，又有城牆阻隔，不合現代城市交通需要，因此原有道路必須適當展寬，打通放直，並增設街道，以改善道路系統。

6.計劃的高坪聯絡道路：

為了高坪與市區的聯繫，從西郊新七里河洪溝西側南去龔家灣，上坪後縱貫全部西郊台地，越蔡家坪、蔣家坪、彭家坪、羅家莊、牟家坪、打柴坪、范家坪、下坪抵西固居民區，開闢一條東西走向的高坪幹道，全長16公里，寬30公尺（這條路的拓寬約計須在1972年之後）。

46

二廣場及美觀街區：

全市各區在規劃上擬建設之重要廣場如下：

1.市中心區廣場（即全市性的中心廣場）——這是省級黨政機關及西北軍區領導機關的公共建築及其居住建築所在地，座落黃河南岸，面向皋蘭山最高山峰的三台閣，形勢是面山背河，這裏將是表現建築藝術的廣場，為顯示出色的公共建築物，表現城市面貌，在建築藝術上應有較高的要求，大廈前的廣場擬作為全市性的人民集會用地。廣場南面，向着市中心公園（現在這塊地區已有不少果樹計劃在這個基礎上擴建為市中心區公園）公園四週皆為高層建築群。

(1)廣場面積為4.12公頃。廣場內的中心綠地為0.39公頃。空地為3.73公頃。可容納8萬人的大集會。

(2)這個廣場面河部份也有一塊小廣場，河岸救濟碼頭對岸為廟灘子「區域中心」和「廟灘子濱河公園」。

(3)這個廣場是五條街路進入和通過的廣場。

2.中心區前的街道綠化和建築群的美觀街區——這是東部市中心區東西走向主要幹道上的美觀街區，由三塊小廣場用幹道連成一線。北側為「市中心公園」南側是高層建築群，北望為省級黨政領導機關的建築群。

在這段街區上東西有兩個圓形小廣場，每個廣場都有五條街道進入通過，中央島的直徑各為75M，面積為0.56公頃（轉彎半徑為80M，）中央島上將設有草地樹叢和紀念像或紀念塔。

這段美觀街區的中部是一個一條70M的主幹路和兩條50M的主幹路通過的交通廣場面積為1.60公頃，中央島上也設有草地和紀念性的建築物。

3.萬里金場——全市性的遊行廣場：

這個廣場內不設花壇、草地，人行道的寬度由紅線至路旁道牙12-15M。廣場是長方形，隊伍沿長邊進行，使隊伍在檢閱台前的進行時間為6分鐘，（遊行隊伍通過速度每小時4公里）這個廣場面積為3.8公頃（100×380）有大小七條道路通過這個廣場。

對着檢閱台前有10,000M^2的空場，可容20,000-25,000人。（每人約佔地為0.4M^2）檢閱台外，廣場南北兩側高層建築物擬皆建露台，可做為觀禮台。

4.東車站站前廣場——這個廣場的性質是蘭州全市性的火車客運總升降站，有四條道路通過作東西走向的通過廣場的道路由於地形限制向前移挖土方太大，而鐵路站房又不能向北移動，並且為了照顧自車站通往市中心去的放射路的角度體形，和廣場本身的比例均衡結果造成廣場面積不易再行縮小，現有總面積為3.85公頃，為了改變這個廣場的空曠情況，所以把這個廣場在建築物的立體環境上和在園藝藝術上處理一下，把它改變成為一個交

47

通廣場和休息廣場的綜合性廣場即在站前開闢一處公共綠地，在綠地以南車站站房面向城市的空地上面積為0.94公頃分為左右兩側做為旅客的「來到場」和「出發場」專擔任運輸任務，綠地可供附近居民及旅客遊息。這個廣場或大四週的建築物，一般應不低於五層，這是蘭州的大門，建築群應有一定的建築藝術性。

5.盤旋路廣場——位於東車站至黃河邊的林蔭路與東部市區東西走向的林蔭路的交叉處，是四條主要路線繞行的交通廣場，中央島直徑為75M，盤旋路的四角皆為高層建築群，西北角為「蘭州賓館」九層大廈所在地（現已設計施工）東南角擬估為蘭州綜合大學校本部大廈建築基地。把高等學校的建築當做能夠美化城市最重要的建築物來處理。其他兩角街坊將為高層的公共建築區——這個廣場是一個交通廣場也是表現建築藝術的廣場。

6.七里河西車站站前廣場——這是七里河區的交通廣場和區域廣場的綜合廣場，站前交通廣場部份其面積為2.3公頃，這個廣場的四週和林蔭路通過的兩側均為高層建築，建築物除了「退邊式」的方式以外，在林蔭路北側留有一定護衛綠地的「集團式」的建築物，可以使得立體的空間構圖，具有豐富的表現力，因此這是一處表現建築藝術的廣場。

7.廟灘子、鹽場堡區的區域廣場——這個廣場位於廟灘子的濱河地帶，正在省中心區軸線上，將為區域性公共建築所在地。這個廣場隔河與省行政中心廣場相對，河邊將設有碼頭，可以航駛對岸及雁灘公園。

8.安寧區廣場——該區尚未做具體規劃，將來在該區將有一處區域廣場。

9.橋頭廣場及主要幹道路交叉處小廣場——蘭州橋頭及幹道路口交叉處小廣場很多，一般的在每座橋的兩端和幹道路口交叉處應開為小型廣場，一般都不大於0.5公頃。

城市廣場在便利交通上，和建築藝術中，都起着重大作用，在每個廣場及重要幹道上的「重點地段」的周邊和兩側應建築藝術上質量優良的高層建築，作為城市美觀的重點。

三市區鐵路：天蘭鐵路和蘭新鐵路作東西走向穿過市區。蘭包鐵路自東崗鎮的十里店越黃河，北上去包頭。因鐵路須與工廠和倉庫聯繫，勢使市區道路有多處要和鐵路交叉，為便利市內交通故應在必要的地點如東崗鎮、小西湖、西固區等與市區道路作立體交叉。將來到沙井驛，安寧堡去的鐵路支線，鐵路可由西固越過黃河，去阿干鎮的鐵路支線經駱駝巷車站，越上西園，華林坪，沿雷壇河兩岸至阿干鎮。

四民航機場：

本市東飛機場，位於大洪溝以東，現在的西蘭公路以南，南至山麓，東至紫泥溝，佔地面積為450公頃。

該場淨空不夠，由於地形及氣候的限制，全年關閉天數較多，沒什發展前途，因此我們的初步意見：

-43-

擬將現有機場，遷往榆中縣平原。

五黃河航運：在將來黃河根治之後，黃河水道可通航，故將來應在適當地點設備碼頭、站場、使其直接為工業區服務。現較大量之運輸為木材。

-44-

(五) 街坊建設的原則

一、為了合理的分佈居住人口，使勞動人民享有各種市政、文化、福利設施，在新建區擬採用較大的街坊，一般的為4－9公頃，個別的特殊街坊在十公頃以上。

二、街坊的建設應採取統一規劃，統一設計，綜合建築的原則，居住區內應有充分陽光，新鮮空氣，一定的綠地和兒童遊戲場所，同時區內要合理地分佈公共建築、學校、幼稚園和其他文化福利設施，以使之充分為全區居民服務。

三、為了節省城市用地和建設的投資並適應美觀的要求建築層數高低分佈，今後在主要地區應作高層建築，目前高度一般不應低於三層，在廣場周圍和主要街道兩旁，應有四、五層或更高層的建築，在城市邊緣的住宅還可降低至三層以下，在休養區內可建築二層以下的房舍或別墅建築。

四、舊城牆區內，按新規劃的街坊，應視條件成熟，把狹窄的街巷，逐步進行重劃改造為較大街坊。

五、主幹道及次幹道兩側的街坊建築物，除特殊性質的建築物外，一般的建築物，均按紅綫建築。但東西走向的支路，因其寬度一般的為20公尺，如建築高大建築物，其建築基綫，應按比例適當的退入紅綫以內。

六、街坊內建築物的佈置可用「周邊式」佈置方式，但也要留有一定缺口並適當地做「集團式」建築方式，可以使得房屋的空間構圖具有豐富的表現力，使整個街區變得莊嚴美麗。

七、市中心區、廣場、主幹道上的重點街坊地段，是城市建築藝術的主要表現所在，對這些重點地區的建築物，應該是完整協調的和具有完整的藝術結構，對一般建築物，目前不能作過份的要求。但也作到明朗、均稱、樸素、適用。對永久性的公共建築物應有建築藝術上的裝飾，但不能過份。

八、除規定作公共建築街區外，住宅街坊內，一般的不設公共建築。

(六) 河湖建設

蘭州雖有黃河縱貫全市，但在平川地上則池沼、河流很少，雷壇河和七里河的河水平常水量小，尚不足農田利用，且大量流失，泉水有五泉和紅泥溝，但泉水流失，滲漏情況也很嚴重，因而陸地上乾燥缺水，這種情況必須設法改變。

首先應在雷壇河和七里河源頭開掘水源，沿途減少蒸發與滲漏，並逐漸設法引上高坪，作農田灌溉和綠化之用。

其次應開發五泉山區（包括東西龍口、紅泥溝）泉系水源，使其匯入人工池沼作綠化灌溉之用，并藉以增加風景。

再我們計劃在雁灘、徐家灘、西郊的崔家大灘、安寧區的迎門灘等的灘地上，利用現在的窪地或已乾涸的河道開建人工湖，除美化環境供人遊覽外，并在這裏養魚。

再次雁灘與陸地間、段家灘與裏五灘、開建水上運動場，可作遊艇、划船地區。

(七) 綠化系統

蘭州地處高原，四週多為禿山，因此氣候乾燥風砂較大，而平川地土壤肥沃宜廣種樹木全市大小菓園很多小型私有花園也不少，但無公共綠地和供勞動人民遊覽的公園。因此必須有計劃的進行改造和建立公共綠地樹立綠化系統。現規劃如下：

(1) 定額：每市民遠景計劃平均佔用12—15平方公尺目前則以改造整修原有公私菓園花園為主。

(2) 計劃逐漸拓建以下公園：

五泉公園（包括五泉山，紅泥溝兩部份）。

雷壇河公園（包括金天觀的古建築群和沈家坡的現有菓園）。

小西湖公園。

崔家崖金壽山公園（包括崔家大灘綠化地帶）。

鹽場堡滾河公園。（在現有的大菓園內進行修建）。

省中心廣場前公園。

(3)防護林帶——根據需要在西固區、七里河區、東部市區、在工廠與工廠之間，工廠與住宅區之間，鐵路與住宅區之間，按標準劃出偽裝用的防護林帶

(4)森林公園——在安寧區原有的大菓園區的綠化基礎上，逐步改造為森林公園。

(5)積極領導群眾植樹在山地種植林草，綠化山谷，斜坡，把蘭州四週的山綠化起來是件艱巨而長期的工作，但必須有計劃的進行，首先應在山谷中斜坡上植樹種草以逐漸改變自然環境。

—47—

(八) 城市公用事業

(一) 給水工程（自來水）：

(1) 現無自來水的設備。

(2) 全市性的上水總水源地決定建於西固區西部石崗桃園地帶，為了保護水源，將水源以上黃河兩岸廣植林木，作為防護林帶。

(3) 全市市民生活用水，均由西固總水源地供給，離地居民飲水，因敷設管投資過大擬用挖井辦法分別解決。

(4) 安寧區，廟灘子區工業用水應另設立水場。

根據中央衛生部的指示：一九五四年三月二十一日提出對蘭州市西固，安寧堡，七里河、供水排水問題的結論，蘭州自來水的建設必須與工廠的建築及開工同時進行，這是准許在城市上游建築工廠的必需條件。

(二) 排水道：

(1) 本市原無排水道設備，為便於排洩工業污水，生活污水，雨水，排水道系統的建設應與本市新辟道路同時進行。

(2) 本市排水道系統，擬採用工業污水、生活污水、雨水、分管流出的方式。

(3) 工業有害污水、生活污水應有淨水設備，西固及七里河區工業有害污水的排除我們建議最好經排水管道流到東崗鎮地區然後排入黃河。

(4) 無害工業廢水、雨水、雪水可直接排入黃河。

(三) 防洪治河：

甲、防洪：市內各區的山洪必須拓建排洪溝首先使洪水流入黃河。這是治標辦法，因此從現在起應考慮治本之法應加強水土保持工作植樹種草在一個較長時期，逐步達到水不下山，泥不出溝。也必須採取封山、禁止濫伐、濫墾、濫牧的辦法，發動組織群衆搞水平溝梯田種草，防止水土流失。並有計劃的造林等。

完成上述任務須先從全面性調查研究工作開始；並進行必要的試驗工作，在逐步摸索經驗並創造一些條件之後，再重點試辦然後大力推廣，以根治山洪。

乙、治河：(1) 本市黃河兩岸，在每年洪泛時期多處河岸遭到剝蝕，以安寧區、東市區、段家灘、裏五鎮河岸最甚。在上游水電站建起以後，黃河保持了較固定的流量時，應進行河岸治理工作。以爭取灘地作為建築用地。

—48—

(2) 爲了保障工廠和全市人民的安全，並爲濱河路做好基礎工作。黃河兩岸必要處的河堤應結合遠景計劃先行加固或新修。

) 公共汽車和電車：

按交通需要，逐年，增設公共汽車路綫和建設無軌電車路綫。

) 給電：

(1)擴建現蘭州電廠，以供基建時期的電力照明 之用。並在西固區建立大火電站保證蘭州全市的電力供應，和部份供熱。

(2)電纜敷設地下管道時，應配合道路建設同時進行。

(3)高壓綫走向應從城市規劃和「送電的經濟方便」統一考慮。

(4)變壓器、變電站和電桿應力求安全整齊，以整市容。

) 電信：

(1)適當佈置電話、電報無線電台和廣播電台的位置。

(2)電話分局宜按區設立，便於話綫的分配。

(3)保證各種電台的設置，合理分佈使其彼此不相 干擾。

(4)電燈、電話綫 應統一規劃設計，以節約造價，避免互相衝突，並便於檢查和修理。

) 其他：

甲、垃圾處理：(1)減少垃圾量，增加運污能力和設備。

(2)可利用的垃圾如煤渣、骨頭、纖維、碎紙、糞便，應隨時應用，規定垃圾暫時放置地區。

(3)不能利用的垃圾一部分焚毀一部分運出郊外。

乙、黃河新鐵橋：蘭州現有原黃河鐵橋一座，全長200公尺，建於1907年，於1954年6月又重新加固，可勉強通行15－18噸車，橋面車行道甚窄，僅6公尺，人行道僅1公尺，爲現在黃河南北岸唯一橋樑，且擔負蘭銀（蘭州至銀川）甘新兩公路的交通任務。蘭州黃河北岸爲石料砂子、石灰、磚瓦的產地，全市建築材料，多仰賴河北供給，故目前交通已極繁雜，一座橋絕對不敷應用。請中央考慮提前投資再建一座黃河橋。並建議先修七里河通十里店的黃河新橋，橋長約300公尺。

(九)規劃的實施

(一)實施的原則：

(1)城市規劃實施的首要任務，是要保證新建與擴建工業和運輸企業獲得最有利的發展條件和業務活動條件，要先考慮道路，橋涵供水，排水，供電，交通運輸，防洪及住宅建築等建設，並相應的修建公共建築。

(2)在進行大規模的城市公用事業，及房屋修建時，要掌握重點建設緊湊發展的方針加強統一性，反對分散性，城市的住宅和公共建築應有重點有組織的集中建設，要「成羣」「成片」「成條」的發展，以使逐步形成若干街坊和街道。

(3)公用事業也要配合工業和住宅建設，在住宅區內的公共建築，應由城市和有關單位根據統一規劃。與第一期修建計劃同時進行詳細的計劃與技術設計，綜合佈置，調整管道與線路，決定道路斷面，確定各種管綫位置走向和高程，統一建設計劃，規定施工次序，以便有計劃有步驟的進行建設，以免各搞一套，浪費國家資金。

道路定測拓寬時，應一次按計劃寬度拓出，以便上下水道地上地上其他管綫安裝和確定房屋紅綫高程距離方向有明確依據。

(4)在舊城關區，採取逐步重點改造方針，避免大量拆除，但宜於在舊城關區建築的公共建築和住宅修建，在合乎建築層數及其他要求時可拆除少量舊有房屋，在城內修建，以達到逐步改造城市的目的，並保持城市規劃的完整性，在舊城關區拓寬的道路，因交通和管道需要者可一次拓寬，因建築物的需要可先按計劃中規定的紅綫建築俟必要時，再予拓寬，在舊城關區內，遇有有價值的建築物，要儘可能的予以保存和修整。

(二)實施的步驟：

(1) 根據國家第一期在蘭州工業建設的項目，在1960年左右，幾个大企業都正式投入生產，因此擬以1754年至1960年爲修建計劃的第一期，以1761年至1972年爲第二期，1973年以後爲遠景。

(2)第一期以西固及七里河區及東部大沙溝以西和舊城以東地區，爲重點修建區。

(3)城市公用事業的建設的重點，首先是爲工業建設直接服務的道路，橋涵，洪道，河堤，給水，排水和交通工具等。

索引

Indexes

主要参考文献

Reference

[1] Генеральный план реконструкции города Москвы [M]. Московский: Московский рабочий, 1936.

[2] A·A· 阿凡钦柯 . 苏联城市建设原理讲义 [M]. 刘景鹤译 . 北京：高等教育出版社，1957.

[3] B·B· 巴布洛夫等 . 城市规划与修建 [M]. 都市规划委员会翻译组译 . 北京：建筑工程出版社，1959.

[4] B·L· 大维多维奇 . 城市规划：工程经济基础（上册）[M]. 程应铨译 . 北京：高等教育出版社，1955.

[5] B·L· 大维多维奇 . 城市规划：工程经济基础（下册）[M]. 程应铨译 . 北京：高等教育出版社，1956.

[6] （苏）马尔捷夫等 . 公共卫生学 [M]. 霍儒学等译 . 沈阳：东北医学图书出版社，1953.

[7] （英）凯瑟琳·库克 . 社会主义城市：1920 年代苏联的技术与意识形态 [J]. 郭磊贤译，吴唯佳校 . 城市与区域规划研究，2013（1）：213-240.

[8] 《当代洛阳城市建设》编委会 . 当代洛阳城市建设 [M]. 北京：农村读物出版社，1990.

[9] 《当代山西城市建设》编辑委员会 . 当代山西城市建设 [M]. 太原：山西科学教育出版社，1990.

[10] 《当代西安城市建设》编辑委员会 . 当代西安城市建设 [M]. 西安：陕西人民出版社，1988.

[11] 《当代中国》丛书编辑部 . 当代中国的城市建设 [M]. 北京：中国社会科学出版社，1990.

[12] 薄一波 . 若干重大决策与事件的回顾 [M]. 北京：中共党史出版社，2008.

[13] 北京市城市规划管理局，北京市城市规划设计研究院党史征集办公室 . 规划春秋（规划局规划院老同志回忆录）（1949-1992）[R]. 北京，1995.

[14] 陈潮，陈洪玲 . 中华人民共和国行政区划沿革地图集 [M]. 北京：中国地图出版社，2003.

[15] 陈占祥等 . 建筑师不是描图机器 —— 一个不该被遗忘的城市规划师陈占祥 [M]. 沈阳：辽宁教育出版社，2005.

[16] 城建部办公厅 . 给各局、司负责同志送去全国城市建设基本情况资料汇集的函（1956 年 12 月 14 日）[Z]. 城市建设部档案 . 中央档案馆，档案号 259-2-34：1.

[17] 城市建设部办公厅 . 城市建设文件汇编（1953 ~ 1958）[R]. 北京，1958.

[18] 城市建设总局规划设计局 . 对大同市初步规划的意见（1955 年 12 月 16 日）[Z] // 大同市城市建设局 . 大同市城市总体规划说明书（1979 年 11 月）. 中国城市规划设计研究院档案室，案卷号：2082：1-5.

[19] 邓京力 . 事实与价值的纠葛 —— 试析历史认知与历史评价的关系问题 [J]. 求是学刊，2004（1）：112-116.

[20] 董菲 . 武汉现代城市规划历史研究 [D]. 武汉：武汉理工大学，2010.

[21] 董志凯，吴江 . 新中国工业的奠基石 ——156 项建设研究 [M]. 广州：广东经济出版社，2004.

[22] 高亦兰，王蒙徽 . 梁思成的古城保护及城市规划思想研究［J］. 世界建筑，1991（1）：60-69.

[23] 耿志强主编 . 包头城市建设志［M］. 呼和浩特：内蒙古大学出版社，2007.

[24] 郭德宏等 . 中华人民共和国专题史稿（第 I 卷）：开国创业［M］. 成都：四川人民出版社，2004.

[25] 国家计划委员会 . 关于办理城市规划中重大问题协议文件的通知(1954 年 10 月 22 日)［Z］. 建筑工程部档案 . 中央档案馆，档案号：259-3-256：4.

[26] 国家建委、城市建设部城市工作组 . 关于西安市城市建设工作中几个问题的检查报告［Z］. 中国城市规划设计研究院档案室，案卷号：0948.

[27] 国家统计局综合司 . 全国各省、自治区、直辖市历史统计资料汇编（1949 ～ 1989）［M］. 郑州：中国统计出版社，1990.

[28] 侯丽 . 社会主义、计划经济与现代主义城市乌托邦 —— 对 20 世纪上半叶苏联的建筑与城市规划历史的反思［J］. 城市规划学刊，2008（1）：102-110.

[29] 黄立 . 中国现代城市规划历史研究（1949 ～ 1965）［D］. 武汉：武汉理工大学，2006.

[30] 建工部城市建设局 . 有关城市建设方面的三章规范［Z］. 建筑工程部档案 . 中央档案馆 . 案卷号：255-2-115：8.

[31] 金春明 . 中华人民共和国简史（1949 ～ 2007）［M］. 北京：中共党史出版社，2008.

[32] 兰州市地方志编纂委员会，兰州市城市规划志编纂委员会 . 兰州市志 · 第 6 卷 · 城市规划志［M］. 兰州：兰州大学出版社，2001.

[33] 兰州市建设委员会 . 兰州市城市人口发展计划平衡表（1954 年 9 月）［Z］. 中国城市规划设计研究院，案卷号：1105.

[34] 兰州市建设委员会 . 兰州市城市总体初步规划说明（1954 年 9 月）［Z］. 中国城市规划设计研究院档案室，案卷号：1109.

[35] 李百浩等 . 中国现代新兴工业城市规划的历史研究 —— 以苏联援助的 156 项重点工程为中心［J］. 城市规划学刊，2006（4）：84-92.

[36] 李浩 ."24 国集团" 与 "三个梯队"—— 关于中国城镇化国际比较研究的思考［J］. 城市规划，2013（1）：17-23，44.

[37] 李浩 . 城镇化率首次超过 50% 的国际现象观察 —— 兼论中国城镇化发展现状及思考［J］. 城市规划学刊，2013（1）：43-50.

[38] 李浩，王婷琳 . 新中国城镇化发展的历史分期问题研究［J］. 城市规划学刊，2012（06）：4-13.

[39] 李浩 . 我国城市发展理念的四次转变［J］. 规划师，2015（10）：89-93.

[40] 李浩 . 新中国城市规划发展史研究思考［J］. 规划师，2011（9）：102-107.

[41] 李浩 . 我国空间规划发展演化的历史回顾［J］. 北京规划建设，2015（3）：163-170.

[42] 李浩 . 论新中国城市规划发展的历史分期［M］// 董卫等 . 城市规划历史与理论 01（2012 年中国城市规划学会城市规划历史与理论学术委员会成立大会论文集）. 南京：东南大学出版社，2014：87-97.

[43] 李浩 . 影响新中国城市规划发展的 15 次重要会议［J］. 北京规划建设，2015（4）：161-166.

[44] 李浩 . 重启规划改革议程断想 —— 兼论改革开放初期中国城市规划成功转轨的历史经验［J］. 规划师，2015（04）.

[45] 李浩 ."一五" 时期的城市规划是照搬 "苏联模式" 吗？ —— 以八大重点城市规划编制为讨论中心［J］. 城市发展研究，2015（9）：C1-C5.

[46] 李浩，胡文娜 . 苏联专家对新中国城市规划工作的帮助 —— 以西安市首轮总规的专家谈话记录为解析对象［J］. 城市规划，2015（7）：70-76.

[47] 李浩 . 苏联专家对 "一五" 时期成都市规划编制工作的技术援助［J］. 北京规划建设，2015（5）：155-161.

[48] 李浩 . "一五" 时期城市规划技术力量状况之管窥 ——60 年前中央 "城市设计院" 成立过程的历史考察［J］. 城市发展研究，2014（10）：72-83.

[49] 李浩 . "梁陈方案" 与 "洛阳模式"—— 新旧城规划模式的对比分析与启示［J］. 国际城市规划，2015（03）：104-114.

[50] 李浩 . 历史回眸与反思 —— 写在 "三年不搞城市规划" 提出 50 周年之际［J］. 城市规划，2012（1）：73-79.

[51] 李浩 . 周干峙院士谈 "三年不搞城市规划"［J］. 北京规划建设，2015（2）：166-171.

[52] 李浩 . 序曲：新中国城市规划发展的历史基础［J］. 北京规划建设，2014（3）：168-173.

[53] 李浩 . 城市规划工作的现实诉求［J］. 北京规划建设，2014（5）：160-163.

[54] 李浩 . 苏联规划理论引入中国，北京规划建设［J］. 2014（6）：165-168.

[55] 李浩 . 从乡村向城市的战略转变，北京规划建设［J］. 2014（4）：163-167.

[56] 梁思成、陈占祥等．梁陈方案与北京［M］．沈阳：辽宁教育出版社，2005.

[57] 梁思成．梁思成文集（第四卷）［M］．北京：中国建筑工业出版社，1986.

[58] 洛阳市人民政府城市建设委员会．洛阳市涧西区总体规划说明书（1954年10月25日）［Z］．中国城市规划设计研究院档案室，案卷号：0834.

[59] 毛泽东．毛泽东选集（第四卷）［M］．北京：人民出版社，1991.

[60] 沈复芸．"一五"时期包头规划回顾［J］．城市规划，1984（5）：26-28.

[61] 苏联中央执行委员会附设共产主义研究院．城市建设［M］．建筑工程部城市建设总局译．北京：建筑工程出版社，1955.

[62] 孙施文．现代城市规划理论［M］．北京：中国建筑工业出版社，2007.

[63] 孙施文．有关城市规划实施的基础研究［J］．城市规划，2000（7）：12-16.

[64] 唐相龙．任震英与兰州市1954版城市总体规划——谨以此文纪念我国城市规划大师任震英先生［J］．《规划师》论丛，2014：205-212.

[65] 王稼祥．城市工作大纲［M］．王稼祥选集，北京：人民出版社，1989.

[66] 王军．城记［M］．北京：三联书店，2003.

[67] 武汉市城市规划管理局．武汉市城市规划志［M］．武汉：武汉出版社，1999.

[68] 西安市人民政府城市建设委员会．西安市城市总体规划设计说明书（1954年8月29日）［Z］．中国城市规划设计研究院档案室，案卷号：0925.

[69] 西安市人民政府城市建设委员会．西安市总体规划设计说明书附件［Z］．中国城市规划设计研究院档案室，案卷号：0970.

[70] 雅·普·列甫琴柯．城市规划：技术经济指标和计算（原著1947年版）［M］．刘宗唐译．北京：时代出版社，1953.

[71] 雅·普·列甫琴柯．城市规划：技术经济指标及计算（原著1952年版）［M］．岂文彬译．北京：建筑工程出版社，1954.

[72] 阎宏斌．洛阳近现代城市规划历史研究［D］．武汉：武汉理工大学，2012.

[73] 杨茹萍等．"洛阳模式"述评：城市规划与大遗址保护的经验与教训［J］．建筑学报，2006（12）：30-33.

[74] 张兵．城市规划实效论——城市规划实践的分析理论［M］．北京：中国人民大学出版社，1998.

[75] 张兵．我国近现代城市规划史研究的方向［M］．城市与区域规划研究，北京：商务印书馆，2013（1）：1-12.

[76] 张庭伟．城市发展决策及规划实施问题［J］．城市规划汇刊，2000（3）：10-13，17.

[77] 赵晨等．"苏联规划"在中国：历史回溯与启示［J］．城市规划学刊，2013（2）：109-118.

[78] 中共中央文献研究室．建国以来重要文献选编（第二册）［M］．北京：中央文献出版社，1994.

[79] 中共中央文献研究室．建国以来重要文献选编（第六卷）［M］．北京：中央文献出版社，1994.

[80] 中共中央文献研究室．建国以来重要文献选编（第十册）［M］．北京：中央文献出版社，1994.

[81] 中国城市规划学会，全国市长培训中心．城市规划读本［M］．北京：中国建筑工业出版社，2002.

[82] 中国城市规划学会．五十年回眸——新中国的城市规划［M］．北京：商务印书馆，1999.

[83] 中国社会科学院，中央档案馆．1949-1952中华人民共和国经济档案资料选编（基本建设投资和建筑业卷）［M］．北京：中国城市经济社会出版社，1989.

[84] 中国社会科学院，中央档案馆．1953～1957中华人民共和国经济档案资料选编（固定资产投资和建筑业卷）［M］．北京：中国物价出版社，1998.

[85] 中华人民共和国国家建设委员会．城市规划编制暂行办法［S］．1956.

[86] 中华人民共和国建筑工程部，中国建筑学会．建筑设计十年（1949～1959）［R］．1959.

[87] 中央．对包头城市规划方案等问题的批示［Z］．城市建设部档案．中央档案馆，案卷号：259-1-20：2.

[88] 周干峙．西安首轮城市总体规划回忆［J］．城市发展研究，2014（3）：1-6（前彩页）.

[89] 朱智文．论历史评价［J］．甘肃社会科学，1991（2）：61-67.

[90] 邹德慈．中国现代城市规划发展和展望［J］．城市，2002（4）：3-7.

[91] 邹德慈等．新中国城市规划发展史研究——总报告及大事记［M］．北京：中国建筑工业出版社，2014.

[92] 左川．首都行政中心位置确定的历史回顾［J］．城市与区域规划研究，2008（3）：34-53.

[93] 1953 ~ 1956 年西安市城市规划总结及专家建议汇集［Z］．中国城市规划设计研究院档案室，案卷号：0946.

[94] 包头市城市规划经验总结［Z］．中国城市规划设计研究院档案室， 案卷号：0505.

[95] 包头市城市规划文件［Z］．中国城市规划设计研究院档案室，案卷号：0504.

[96] 成都市“一五”期间城市建设的情况和问题［Z］．中国城市规划设计研究院档案室，案卷号：0802.

[97] 成都市 1954 ~ 1956 年城市规划说明书及专家意见［Z］．中国城市规划设计研究院档案室，案卷号：0792.

[98] 城市建设工作座谈会纪要及城市工作问题简报［Z］．中国城市规划设计研究院档案室，案卷号：2326.

[99] 大同市城市规划说明书（1955 年）［Z］．大同市城乡规划局藏，1955.

[100] 大同市城市规划问题［Z］．国家城建总局档案．中国城市规划设计研究院档案室，案卷号：2341.

[101] 甘肃省兰州市规划资料辑要［Z］// 兰州市西固区建设情况及总体规划说明．中国城市规划设计研究院档案室，案卷号：1110.

[102] 经天纬地，图画江山 —— 中国城市规划设计研究院六十周年（1954-2014）［R］．北京，2014.

[103] 兰州市城市建设文件汇编（一）［Z］．中国城市规划设计研究院档案室，案卷号：1114.

[104] 流金岁月 —— 中国城市规划设计研究院五十周年纪念征文集［R］．北京，2004.

[105] 洛阳市规划综合资料［Z］．中国城市规划设计研究院档案室，案卷号：0829.

[106] 马克思、恩格斯、列宁、斯大林论城市 —— 纪念马克思逝世一百周年［R］．天津社会科学院经济研究所，1982.

[107] 卡冈诺维奇等．苏联城市建设问题［M］．程应铨译．上海：龙门联合书局，1954.

[108] 严敬敏等．苏联共产党和苏联政府经济问题决议汇编（第二卷）（1929-1940）［M］．北京：中国人民大学出版社，1987.

[109] 苏联国民经济建设计划文件汇编 —— 第一个五年计划［M］．北京：人民出版社，1955.

[110] 苏联专家来华登记表［Z］．建筑工程部档案，中央档案馆，档案号 255-9-178：1.

[111] 太原市初步规划说明书及有关文件［Z］．中国城市规划设计研究院档案室，案卷号：0195.

[112] 武汉市历次城市建设规划［Z］．中国城市规划设计研究院档案室，案卷号：1049.

[113] 中国城市规划设计研究院四十年（1954 ~ 1994）［R］．北京，1994.

[114] 中国共产党中央委员会关于建国以来党的若干历史问题的决议［M］．北京：人民出版社，2009.

[115] 城市规划编制程序试行办法（草案）（全国第一次城市建设会议文件，附件四）［Z］．建筑工程部档案．中央档案馆．案卷号：255-3-1：13.

[116] 城市规划批准程序（草案）（全国第一次城市建设会议文件“附件三”）（1954 年 6 月）［Z］．建筑工程部档案，中央档案馆．案卷号：255-3-1：12.

[117] 城市设计院第一个五年计划工作总结提纲［Z］．城市建设部档案，中央档案馆，档案号 259-3-17：7.

[118] 改进和加强城市建设工作［N］．人民日报，1953-11-22（1）.

[119] 巴拉金专家对太原城市规划工作小组汇报意见（1954 年 4 月 28 日于中建部）［Z］．城市建设部档案．中央档案馆，案卷号：259-1-31：10.

[120] 贯彻重点建设城市的方针［N］．人民日报，1954-08-11（1）.

[121] 迅速做好城市规划工作［N］．人民日报，1954-8-22（1）.

[122] 武汉市城市总体规划说明书（1954 年 10 月）［Z］．中国城市规划设计研究院档案室，案卷号：1046.

[123] 中共中央工业交通工作部．关于西安市城市建设工作中若干问题的调查报告（1956 年 5 月 4 日）［Z］．中国城市规划设计研究院档案室，案卷号：0947.

[124] 1957 年关于太原市城市建设的检查报告［Z］．中国城市规划设计研究院档案室，案卷号：0188.

[125] 城市建设必须符合节约原则［N］．人民日报，1957-05-24（1）.

[126] 大同市规划检查（设计工作检查第三次写出材料）（1957 年 12 月 23 日）［Z］．大同市城市建设档案馆，1957.

[127] 陕西省西安市规划资料辑要（1961 年 5 月）［Z］．中国城市规划设计研究院档案室，案卷号：0972.

后 记

Postscript

本书的撰写主要基于两方面的动机：规划史研究的一项尝试；为老专家口述历史所准备的背景素材。就后者而言，2010年参与"新中国城市规划发展史（1949 ~ 2009年）"课题研究时，曾提出过规模达数十人的老专家访谈计划，但具体实施中却遭遇挫折。一方面，由于老专家年事已高等原因，许多事情不可能仅仅依靠老专家去回忆；另一方面，在口述历史"主题"不明的情况下，老专家感到不知该如何谈起，因为城市规划涉及内容太多，其中有不少问题通过查询资料就能解决，不必要老专家来口述，而一些较为重大的议题，则又往往十分复杂，不是一两次口述所能够讲得清的。在此情况下，笔者逐渐"悟出"首先撰写一些主题较明确的小论文，再向老专家讨教并请口述有关情况的"参与式"口述历史方法。实践证明，这一方法是适合于城市规划口述历史工作的，如2014年关于国家城市设计院成立过程的专题讨论，就曾获得不少老专家的支持，取得良好成效。八大重点城市规划作为建国初期最为重要并具典型代表性的规划活动，想必能够引起老专家口述历史的兴趣。

本人对规划史研究产生向往，大致是2008年博士论文即将完成的前后。2009年初，在导师邹德慈先生支持下协助申请国家自然科学基金"新中国城市规划发展史（1949 ~ 2009年）"项目。2009年7月调入中规院工作前，也曾明确提出过结合该项目从事博士后科研工作的计划，但由于种种原因，博士后研究题目后改为"生态城市"方向（清华大学与中规院联合培养）。再加上当时还承担有一些"生产"任务，新中国规划史课题研究处于时断时续的状态。2012年博士后出站后，我面临着重新确定研究方向的问题，与此同时，2013年初我又被调入新成立的邹德慈院士工作室，在新的工作环境中，在邹先生的大力支持下，我逐渐明确了将规划史研究作为主攻学术方向。另外，2014年，我之前承担的一个国家自然科学基金项目即将结题（生态城市研究方向），与之延续，我结合新的研究方向提出了关于八大重点城市规划历史研究的申请项目①，有幸顺利获得批准，同行专家的鼓励更加坚定了我从事规划史研究的信心。本书即

---

① 城乡规划理论思想的源起、流变及实践响应机制研究——八大重点新工业城市多轮总体规划的实证（批准号：51478439）。

为该项研究的一个“试验品”。因为我从未接受过历史研究的专门训练，一切全凭个人兴趣和自学摸索，在规划史研究的内容、方法及观点、看法等方面必然存在着诸多幼稚之处。

因此，真心期待各位专家的指导教诲，以及广大读者的批评意见。

2015 年 9 月 22 日于北京

9 月下旬以来，我将本书稿（草稿）分别呈送 40 多位专家学者审阅。这两个月，是惊喜、感动、忙碌而又兴奋乃至亢奋，必将使我终生难忘的一段特殊时光。

首先是惊喜。本书所讨论的话题是 60 多年以前的往事，一般来讲，似乎已很难找到当年的一些亲历者，但在最近这两个月，以有关档案信息为基础，在中规院离退休办的具体帮助下，辅以采访老专家时进一步获得的一些线索，本人所联系和拜访到的专家学者中，属于当年八大重点城市规划工作亲历者的达 20 多位，这还只是北京地区的情况（因精力所限，尚未能广泛征求京外专家的意见）。各位老前辈多数已在八九十岁高龄（个别已九十多岁），大多身体还非常健康，头脑清醒，对 60 多年前的往事记忆犹新。这让我首先感到由衷的欣喜，各位老前辈是规划行业多么宝贵的财富啊！

惊喜之中包含着“意外”。且举一例。在院有关部门提供的一些资料中，我曾留意到一张有苏联专家在其中的老照片，并在书稿中加以引用（参见图 3–2），该照片系由张友良先生（现居杭州）提供，但却并无苏联专家的信息。在给王进益和周润爱先生（早年担任苏联专家翻译）呈送书稿时，周先生一眼看出照片下标注的“右 1 刘达容”有误，似乎应是“靳君达”。后给高殿珠先生（当年也是翻译）呈送书稿时，这一问题得到核实，高先生还进一步辨认出照片中的苏联专家很可能就是巴拉金，并向我提供了靳君达先生目前的住址和电话。在当面拜访到靳君达先生本人后，这张照片的有关信息得到进一步核实，不仅如此，靳先生还清楚地回忆起早年的诸多往事，包括一些重要俄语单词的译法（包括“城市规划”一词如何定名）、巴拉金的有关情况等，后来又进行了专门的访谈。在援助我国城市规划工作的苏联专家中，巴拉金是最为重要的专家之一，张友良先生保存的这张照片，是笔者迄今所看到的唯一一张有关巴拉金的照片；作为巴拉金的专职翻译（接替刘达容先生，工作时间自 1954 年春直至 1956 年 6 月巴拉金回苏），靳君达先生的角色也相当关键。这一照片信息确认的过程及联系到靳君达先生的经历，只能用“惊喜”来形容。

感动与惊喜同在。对于本书稿，各位专家学者都给予了极其认真的审阅和指导。有的专家在阅读过程中作了笔记，有的专家在正式谈话前准备了专门的谈话提纲或讲稿，有的专家专门撰写了详细的书面意见。要知道，由于年事已高等种种原因，不少专家是克服了许多困难才完成审阅的——有的是在养老院或福利院，有的在病榻上，有的需要借助放大镜，有的每读十几分钟就不得不暂停休息，而这份书稿又特别厚，据我了解，不少专家花了半个月以上的时间才读完一遍。后来在接受访谈的过程中，各位专家除了讲述对书稿内容的评价或修改意见之外，还对笔者的一些提问一一作答，并口述了不少当年的往事。除此之外，还有不少专家提供出一些珍贵的老照片、旧书籍甚至早年的工作日记等；为了更准确地反映有关信息，部分专家还专门联系过其他老专家作进一步的信息核对。

除了当年的亲历者之外，本书草稿还曾呈送给年纪稍轻的一些老专家、历史研究学者、部分中青年专家及年轻同事等听取意见。大家都从不同角度或以不同方式，给予了大力支持。因提供过帮助的人数量太多，实在不能一一列出。所有人的无私帮助，都令我深为感动。

最近两个月当然也是极为忙碌的。除了询问专家联系方式、当面呈送书稿、了解审阅进度、商约访谈时间，还要进行访谈前的准备、访谈后的整理并及时对书稿内容进行修改完善等。由于所送专家众多且在临近时间送出，后续访谈时间异常紧张，有时在一天内须与两三位专家访谈，而从各方面获得的有关信息也是“海量”的，这使我在后来逐渐有些“消化不了”的感受。

正是由于上述原因，这两个月也是我异常兴奋乃至亢奋的一段时间。近年来埋头于档案文献的过程已使我感到疲惫，而在专家访谈过程中的种种收获与感动，则又给我注入巨大的动力。不仅兴奋，而且有点亢奋，甚至影响到睡眠而不得不使用起了助眠药物。回想八九年前，在翻译勒·柯布西耶《明日之城市》一书时，我曾对其中第 3 章“激情洋溢”不甚理解，现在，似乎能感受到“激情”的一些含义了。

在惊喜、感动、忙碌和兴奋之外，还有遗憾。由于种种原因，早年亲历八大重点城市规划工作的个别老专家，现今或已不能阅读，或已失去记忆，或已神志不清。更有早已远去者，或刚刚离开者。无法征询他们的意见，或使他们理解到后辈对他们早年奋斗成果的整理，成为永远的遗憾。

本书封面书名特别采用周干峙先生的手迹（集），其原因，除了周先生是八大重点城市中西安市规划的主要完成者之一，还在于周先生对规划史研究高度重视，笔者至今保存有周先生生前关于新中国城市规划史谈话的一些珍贵录音（其中关于“三年不搞城市规划”的谈话已在《北京规划建设》2015 年第 2 期刊出）。另外，2008 年 12 月本人博士学位论文答辩时，周先生还曾是答辩委员会的主席。由于这些缘故，以一种特殊的方式表达对周先生的深切怀念。

最后，要再次特别说明，本项研究之所以能够完成阶段成果，在根本上得益于中国城市规划设计研究院，得益于院士工作室，得益于导师邹德慈先生。假若没有所在单位提供的平台、资源和支持，没有工作室的环境条件，没有邹先生的引导、指点以及所创造的各种便利因素，本书是不可能完成的。

2015 年 11 月 30 日增记

对本书的有关意见或建议，敬请反馈至：jianzu50@163.com

致谢

Acknowledgement

本项研究得以提出、推进并完成阶段成果，完全是导师邹德慈先生支持、鼓励并大力指导的结果。先生主持的“新中国城市规划发展史”课题，为本项研究提供了重要的工作基础，本项研究也是该课题的延续及重要组成部分；先生开展的“城市规划口述历史”活动迄今已完成八讲，鲜活、生动的讲述使学生增强了对早年时代环境的感性体验，历史研究不再是枯燥、乏味之事；本书每项专题讨论的初稿完成后，先生都是第一个读者，以鼓励为主的点评给学生以无限的精神动力；在研究工作遭遇瓶颈而向先生讨教之时，往往寥寥数语便能切中要害，使学生如获指路明灯……如果说本项研究可能还有些许价值的话，我愿意将之首先归功于先生的教诲。

感谢老一辈规划专家在本项研究过程中给予的指导和帮助。在部分章节的撰写过程中，曾向万列风、赵士修、刘学海、赵瑾、吴纯、魏士衡、郭增荣、刘德涵、常颖存和张贤利等诸先生讨教；全书初稿完成后，除再次送诸位先生指导外，又分别呈送贺雨、夏宗玕、徐巨洲、金经元、石成球、迟顺芝、赵淑梅、王伯森、夏宁初、瞿雪贞、王健平、张国华和王祖毅等老专家，以及当年担任苏联专家翻译的靳君达、高殿珠、王进益和周润爱等规划工作者审阅。各位前辈不辞辛劳，不仅指出本项研究中的一些问题，还热情洋溢地讲述早年参与规划工作的一些实际情况，纠正了笔者的许多误识或偏见，更有一些前辈的审阅和谈话是在强忍着病痛或其他困难条件下进行的，无私的帮助让后辈深为感动。特别指出，正是新中国第一代城市规划工作者的共同努力，才奠定了我国城市规划事业宏伟大厦之基础，然而，老一辈规划工作者却又是在近二十多年来规划事业发展中未曾分享有偿改革的“红利”，数十年来含辛茹苦、默默耕耘，始终过着朴素乃至简陋生活的特殊群体。“喝水不忘挖井人”，在城市规划事业蓬勃发展的今天，回顾历史，绝不能忘记老一辈规划工作者不可磨灭的巨大贡献！

除上述“一五”时期的城市规划工作者之外，本书初稿还特别呈送给年纪稍轻一些的城市规划老专家陈为邦、胡序威、王静霞、王凤武、任致远、甘伟林和冯利芳等先生，以及历史研究方面的学者或中青年专家王瑞珠、汪德华、毛其智、石楠、俞滨洋、李百浩、武廷海、汪科和王军等先生给予指导。在根据专家意见对初稿作进一步的调整完善后，笔者又专门将修改稿呈送吴良镛先生审阅，聆听教诲。诸位前辈、专家和学者对规划史研究给予热情无私的帮助和教导，也使笔者深深地感到历史研究工作的责任之重大，必须时刻以更严谨的态度和更高质量的标准来要求自己。

感谢国家自然科学基金委和同行评议专家对本项研究的鼓励。感谢《北京规划建设》杂志邀请笔者开设题为“规划 60 年”的个人专栏。感谢所在单位中国城市规划设计研究院，院领导李晓江、邵益生、李迅、杨保军、王凯和张兵等以不同方式给予支持，陈锋、刘仁根、官大雨、张菁和赵中枢等专家多次具体指导，总工室、科技处、人事处、离退休办、党委办和综合办等部门提供过各种帮助，《国际城市规划》编辑部对书稿中的英文翻译进行了校对，承担八个城市的一些规划编制任务的同事提供了规划资料，院士工作室王庆主任和各位同仁对本项研究给予了全力支持。诸多帮助者，恕不一一列出。

感谢中央档案馆档案资料利用部、住房和城乡建设部档案处、中规院档案室以及部分地方城市（大同、西安等）的规划和档案部门在查档方面给予的无私帮助。不能忘记，笔者赴中央档案馆的查档工作是在原住房和城乡建设部副部长仇保兴博士的支持下进行的，赴大同市的查档工作和老专家座谈是在大同市城乡规划局贺新荣副局长等的支持和参与下进行的。还要说明的是，在中规院领导的支持下，院信息中心由金晓春主任直接推动，投入大量精力开展了规划历史档案的电子化工作，既使档案资源的永久化保存成为可能，又为规划编制人员和历史研究者提供了相当便利的使用条件，可谓“功德无量”之举。另外，在书稿编辑加工过程中，国家测绘地理信息局卫星测绘应用中心党委书记刘小波先生、地图技术审查中心二处领导，以及北京市测绘设计研究院院长温宗勇先生，为地图审核与授权事宜而鼎力相助。在此，谨致以崇高的敬意。

最后，要特别感谢赵士修先生和李晓江先生为本书所作的序言，以及陈锋先生和刘仁根先生在本书交稿前所作的全面审查（中规院总工室主持）。对晚辈的关爱和支持，唯有化作继续前行的动力。

2015 年 11 月 30 日

本书第一版发行后，笔者曾赴中央档案馆及各有关城市的档案及规划部门补充调研和查档，住房城乡建设部办公厅档案处王秀娟处长，国家发展改革委办公厅档案处杨利萍处长、李秀娟老师，中央档案馆档案资料利用部接待处李大霞老师，西安市规划局王学超副局长、王成民副巡视员、路遥主任和丁战胜科长，兰州市规划局陈一夫局长、贾云鸿总规划师和张羽同志，武汉市规划局刘奇志副局长、胡忆东主任、张萍主任及王敏、刘媛同志，洛阳市规划局李松涛副局长、郝彦洁总规划师、田海红主任和熊睿智科长，包头市规划局王旭东局长、刘建华科长、张殿松科长及李昕、李媛同志，以及各市档案馆和城建档案馆等的有关同志，曾给予大力支持和帮助，在此谨致以诚挚的感谢！并感谢恩师田中禾先生（高中时的英语老师兼班主任）对书中有关英文的修订建议！

2018 年 9 月 9 日

封面题字注：

中国科学院院士、中国工程院院士、原建设部副部长、原中国城市规划设计研究院院长周干峙先生是“一五”时期西安市规划的主要完成人之一。经周先生夫人瞿雪贞先生许可并提供帮助，本书封面标题特别采用周先生手迹（集），以此表达对周先生的纪念。

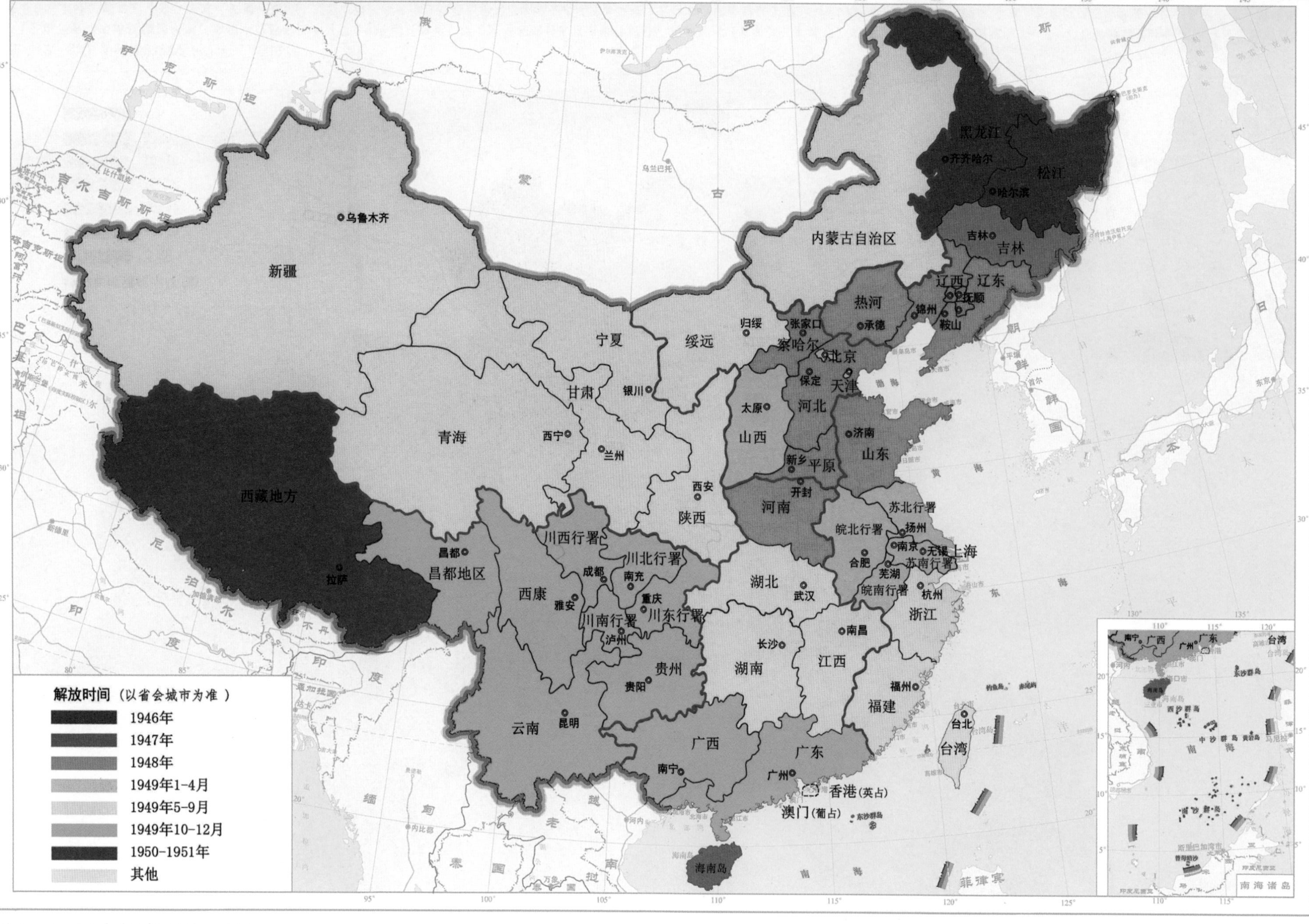

彩图 1-1　全国各省区解放时间示意图

注：1）以省级行政单元为基本统计单位，解放时间以省会城市的解放时间为准；2）图中行政区划采用 1949 ~ 1951 年全国行政区划。资料来源：陈潮，陈洪玲．中华人民共和国行政区划沿革地图集［M］．北京：中国地图出版社，2003：6. 3）图中灰色部分为工作底图，底图来源为国家测绘地理信息局网站“铁路交通版”中华人民共和国地图（1 ：1600 万）。资料来源：http://219.238.166.215/mcp/index.asp

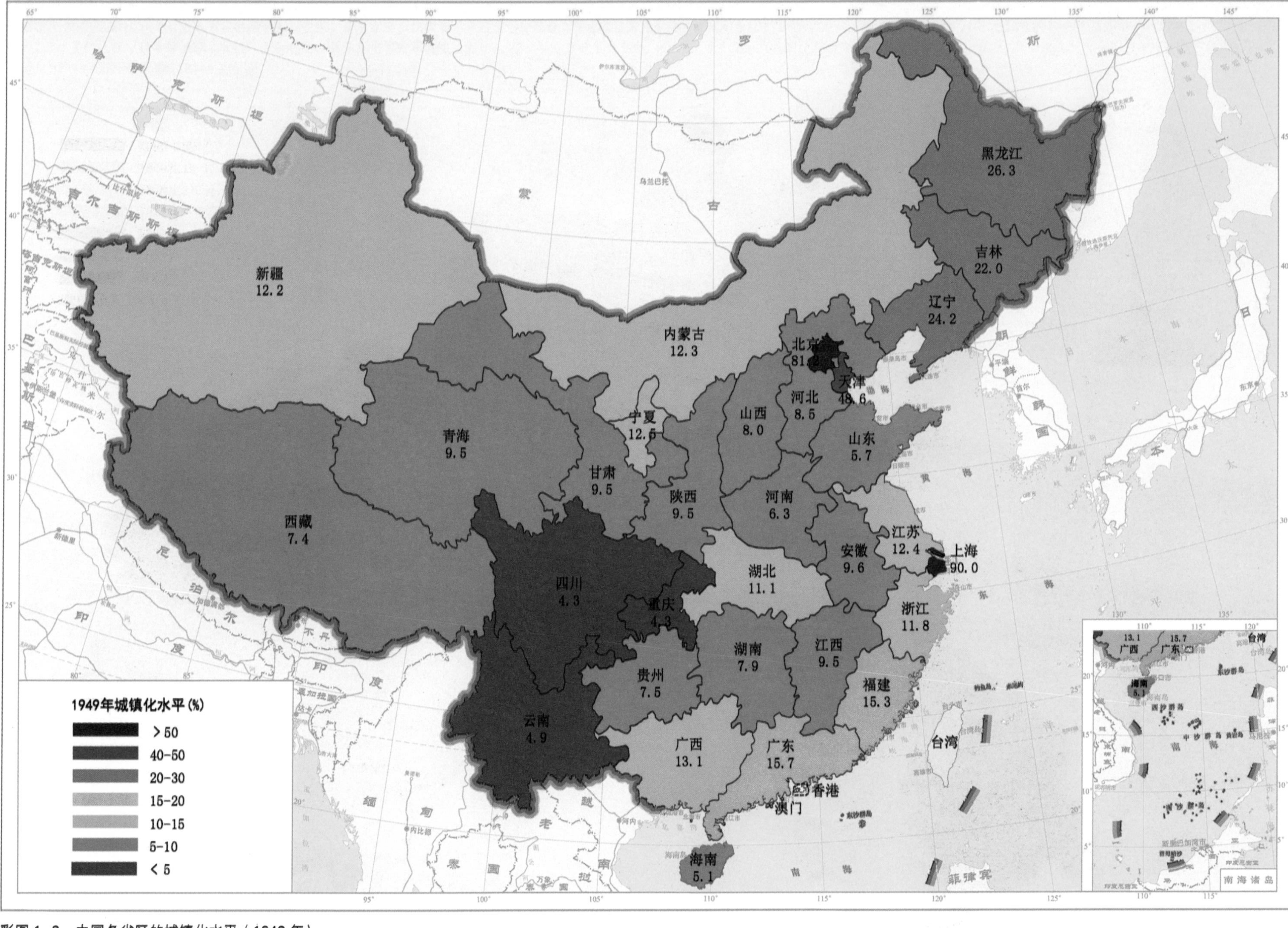

彩图 1–2　中国各省区的城镇化水平（1949 年）

注：1）由于数据来源渠道的限制，本图中的行政区划并非 1949 年的情况，而是按当前的行政区划进行统计，图中各省（自治区、直辖市）名称下方的数字为其城镇化率；2）因部分地区及年份的城镇人口数据缺乏，图中北京、天津、福建、山东、广东、安徽、湖北、广西、西藏和青海的城镇化率采用非农业人口计算口径，云南和西藏分别以 1950 年和 1958 年的数据加以代替。台湾、香港和澳门的数据暂缺。数据来源：国家统计

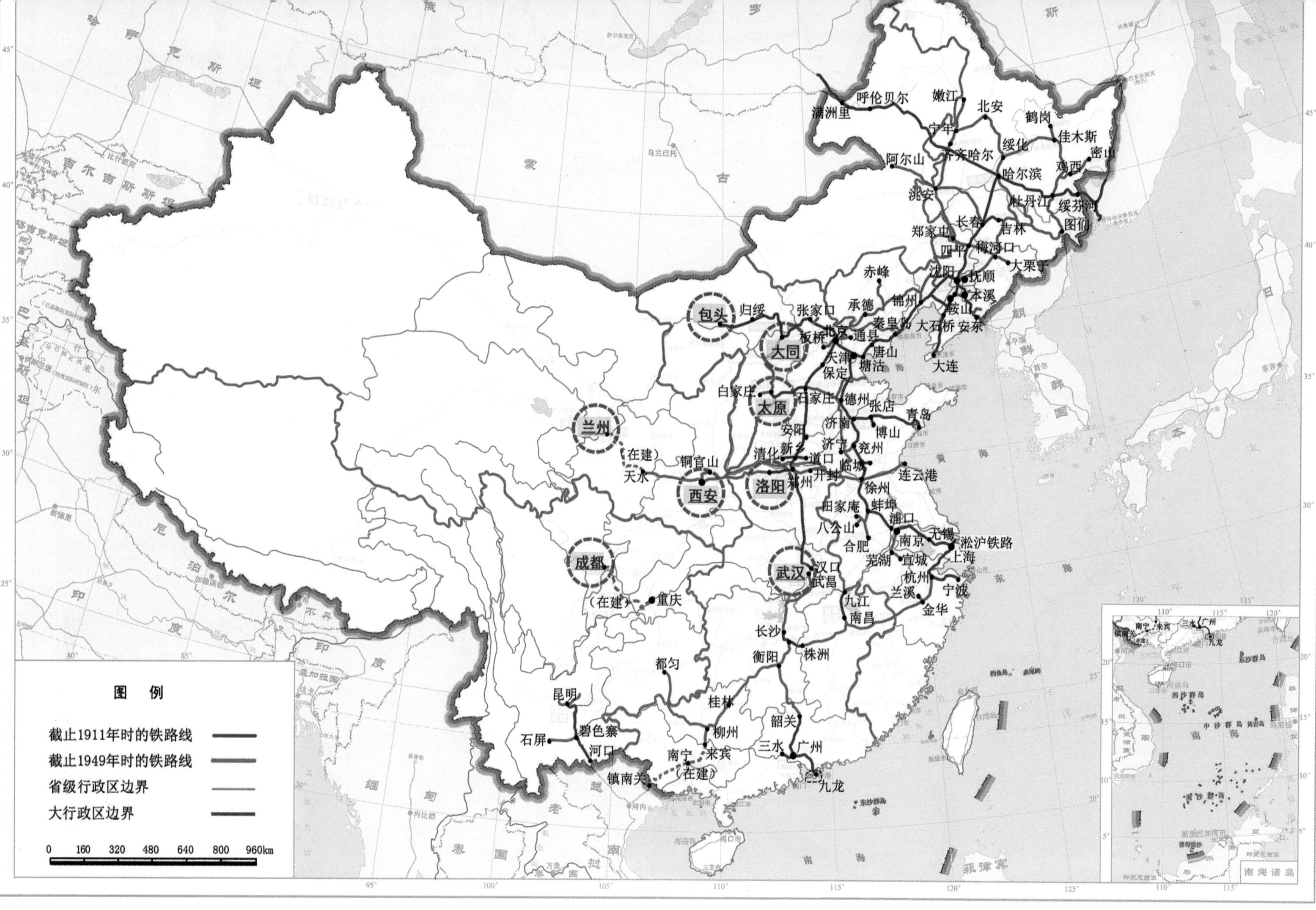

彩图 1-3 新中国成立初期全国主要铁路网示意图（1949 年）

注：1）本图主要反映截至 1911 年辛亥革命时和 1949 年新中国成立时全国主要铁路分布情况，有关铁路信息主要依据《中国铁路发展史》。

资料来源：金士宣．中国铁路发展史［M］．北京：中国铁道出版社，1986.

2）图中行政区划为 1949～1951 年全国行政区划情况。资料来源为：陈潮，陈洪玲．中华人民共和国行政区划沿革地图集［M］．北京：中国地图出版社，2003：6，217.

3）灰色部分为工作底图，底图来源为国家测绘地理信息局网站“铁路交通版”中华人民共和国地图（1：1600 万）。资料来源：http：//219.238.166.215/ mcp/index.asp

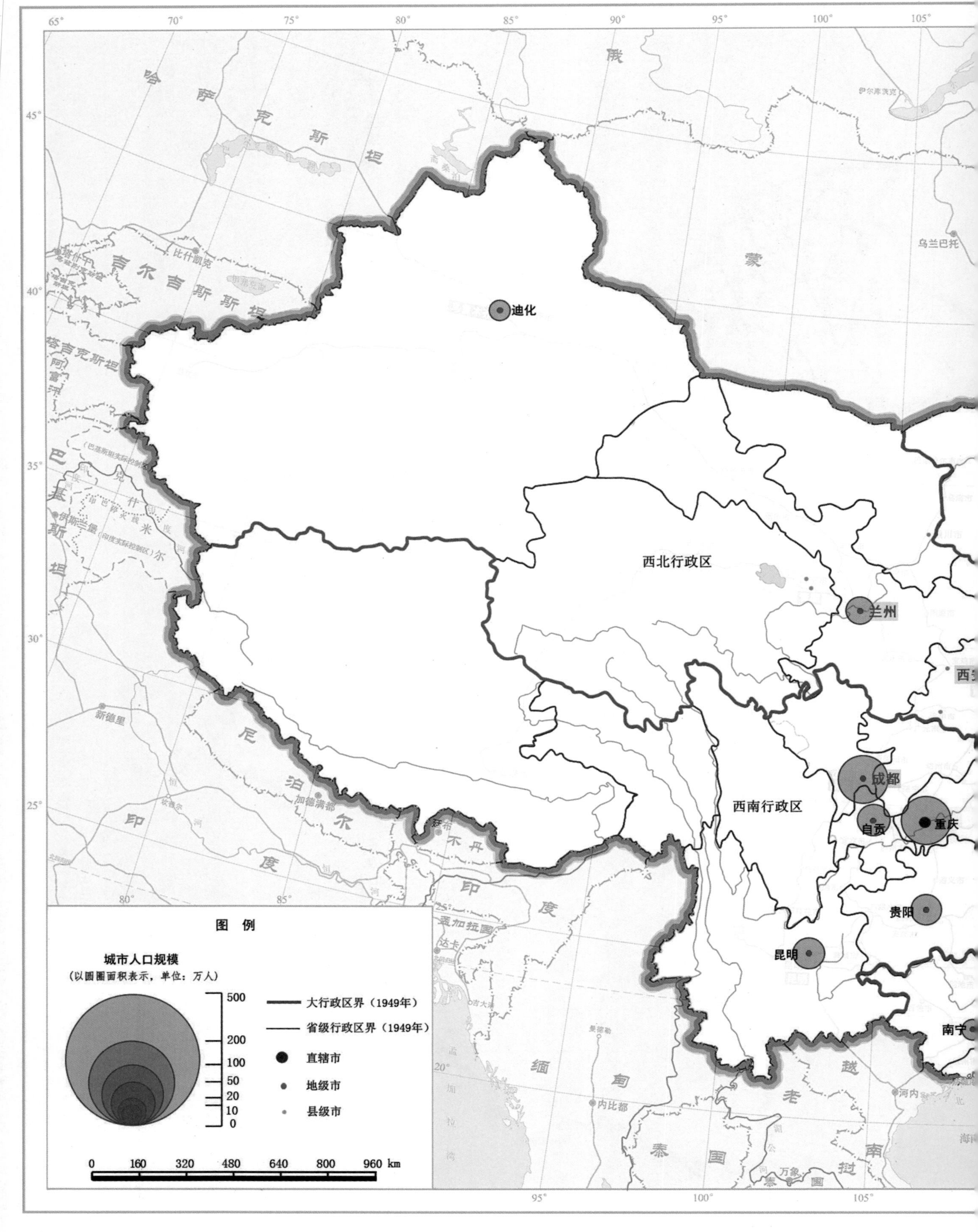

迪化
西北行政区
兰州
西南行政区
成都
自贡
重庆
贵阳
昆明
南宁
图 例
城市人口规模
（以圆圈面积表示，单位：万人）
500
200
100
50
20
10
0
大行政区界（1949年）
省级行政区界（1949年）
直辖市
地级市
县级市
0
160
320
480
640
800
960 km
哈萨克斯坦
吉尔吉斯斯坦
塔吉克斯坦
阿富汗
巴基斯坦
蒙
俄
尼泊尔
不丹
印度
缅甸
老挝
越南
泰国
乌兰巴托
比什凯克
新德里
加德满都
内比都
河内
万象

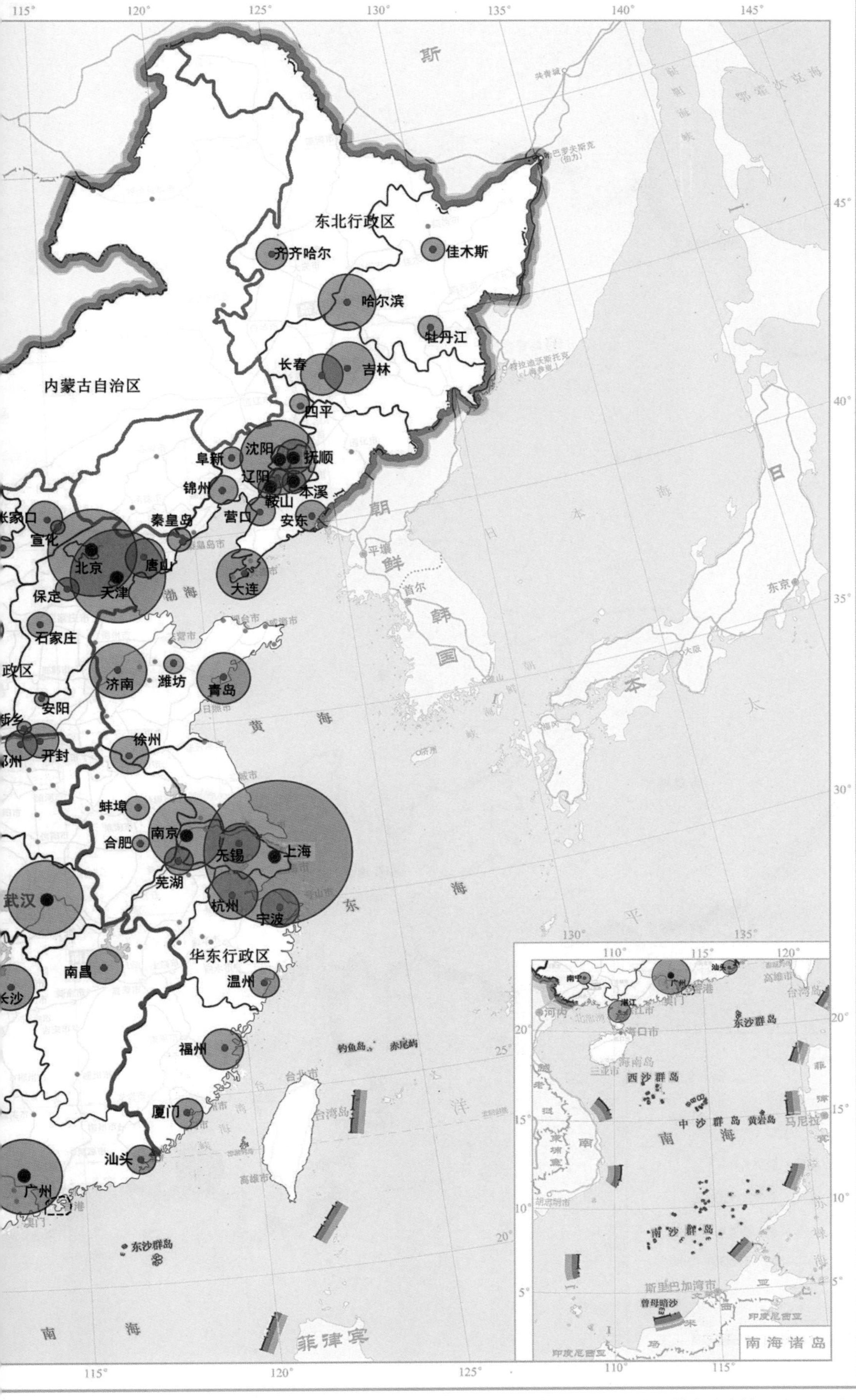

注：1）本图主要表示直辖市和地级市的分布及其城市人口规模情况，对于县级市只表示了位置（未表示其城市名称及人口规模）。图中行政区划为 1949 ~ 1951 年全国行政区划情况。各类城市的名单及行政区划的资料来源为：陈潮，陈洪玲．中华人民共和国行政区划沿革地图集［ M］．北京：中国地图出版社，2003：6，217.

2）图中城市人口规模的数据来源同表 1-1。因数据缺乏，我国台湾、香港和澳门地区的城市不在统计之列。

3）1949 年时，八大重点城市大部分属于地级市或直辖市，只有洛阳属于县级市，为便于相互比较，图中特别增加了对洛阳市及其城市人口规模情况的表示。

4）工作底图为国家测绘地理信息局网站“铁路交通版”中华人民共和国地图（1 ：1600 万）。资料来 源：http ：//219.238.166.215/mcp/index.asp

彩图 1–4　新中国成立时全国的主要城市分布情况（1949 年）

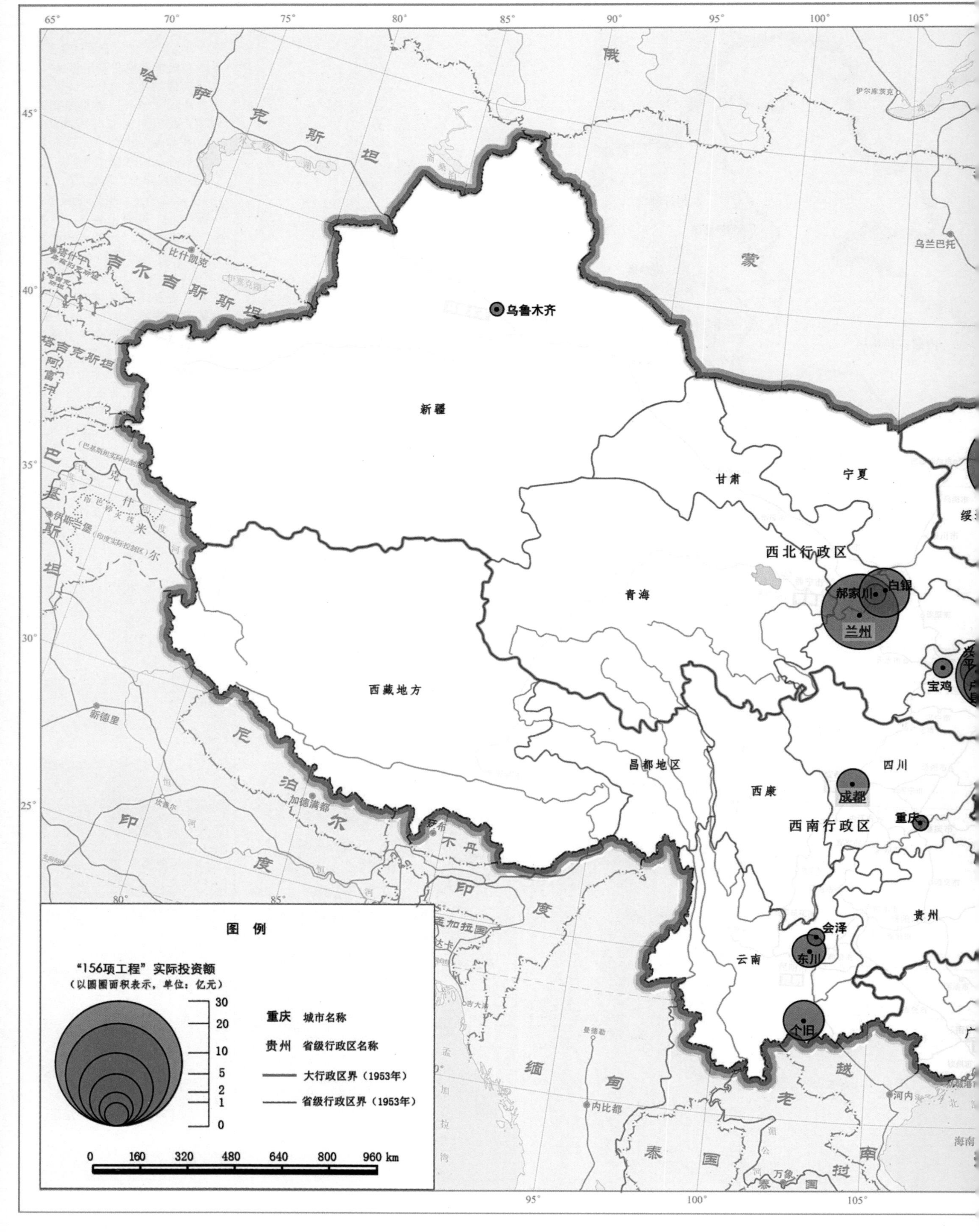
乌鲁木齐
新疆
西藏地方
青海
甘肃
宁夏
西北行政区
郝家川
白银
兰州
宝鸡
昌都地区
西康
四川
成都
重庆
西南行政区
贵州
云南
会泽
东川
个旧
哈萨克斯坦
俄
蒙
吉尔吉斯斯坦
塔吉克斯坦
阿富汗
巴基斯坦
印度
尼泊尔
不丹
缅甸
老挝
越南
泰国
乌兰巴托
比什凯克
伊斯兰堡
新德里
加德满都
廷布
达卡
内比都
河内
万象
图例
“156项工程”实际投资额
（以圆圈面积表示，单位：亿元）
30
20
10
5
2
1
0
重庆 城市名称
贵州 省级行政区名称
大行政区界（1953年）
省级行政区界（1953年）
0 160 320 480 640 800 960 km

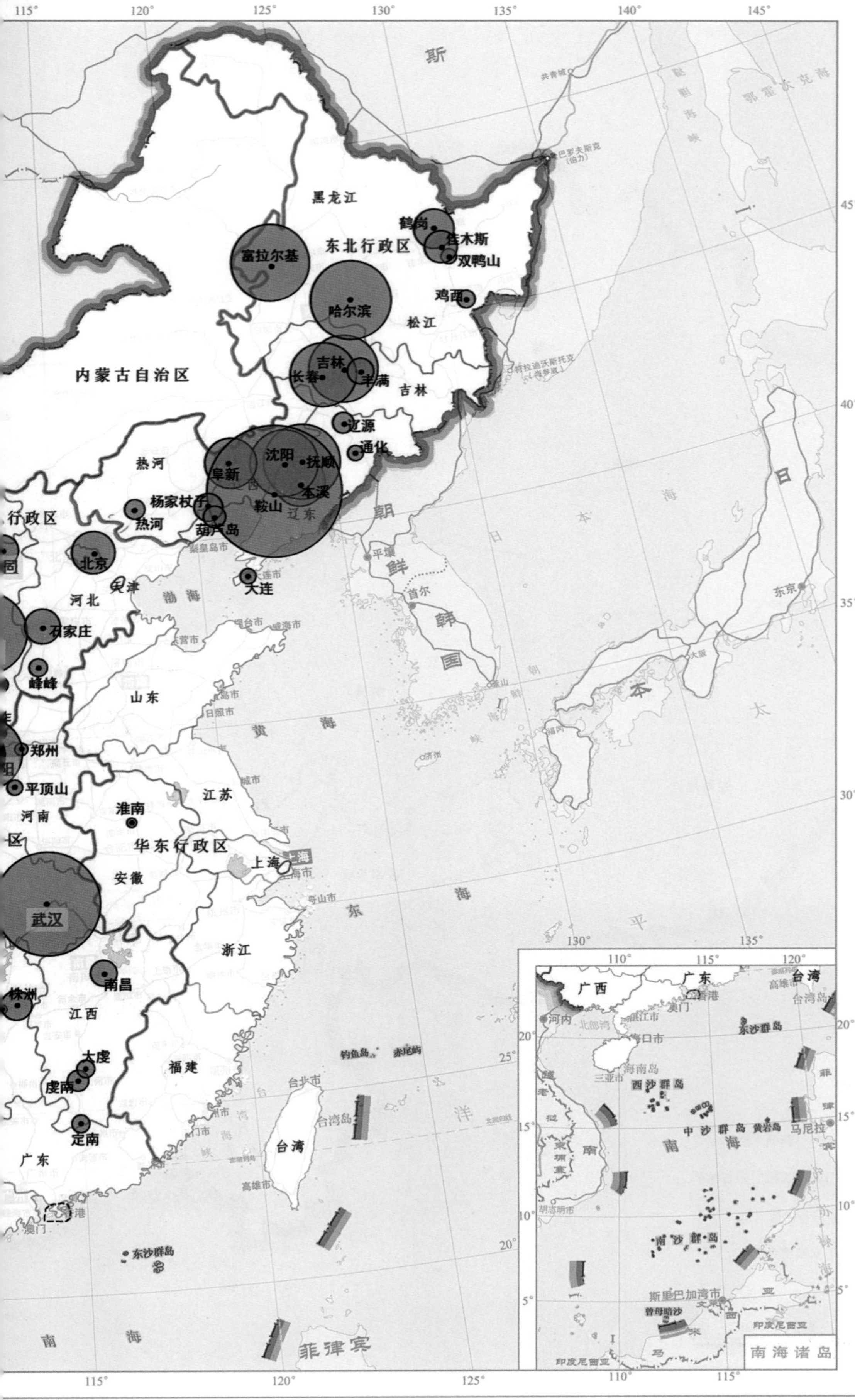

注：1）图中圆圈大小代表实际投资额，有关数据系根据《新中国工业的奠基石》所作统计。资料来源：董志凯，吴江．新中国工业的奠基石——156项建设研究［M］．广州：广东经济出版社，2004．

2）图中行政区划为1952～1953年全国行政区划情况。资料来源：陈潮，陈洪玲．中华人民共和国行政区划沿革地图集［M］．北京：中国地图出版社，2003：14-15．

3）灰色部分为工作底图，底图来源为国家测绘地理信息局网站“铁路交通版”中华人民共和国地图（1：1600万），审图号：GS(2008)1263号。资料来源：http：//219.238.166.215/mcp/index.asp

彩图 1-5 “156 项工程”在各城市的分布情况

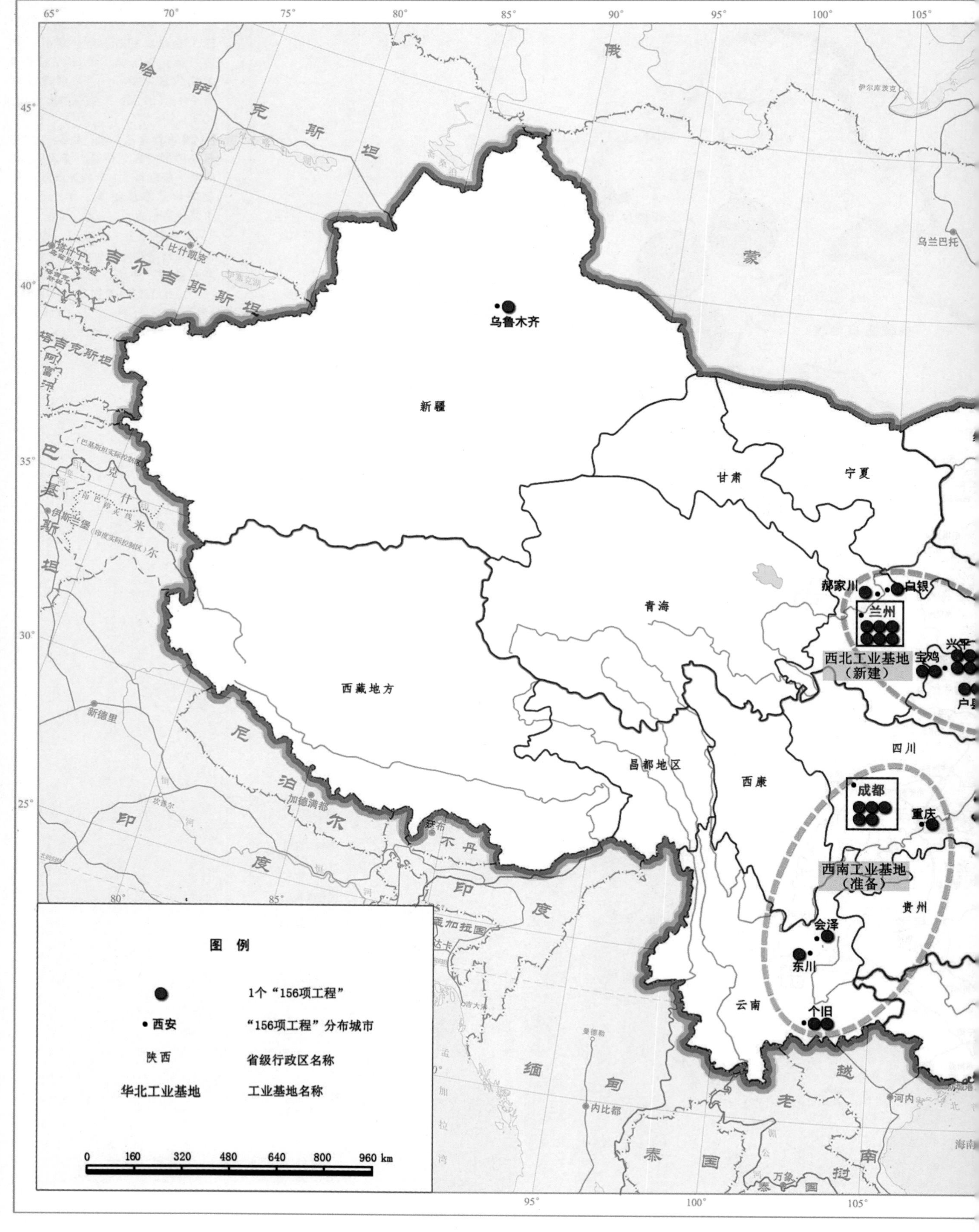

乌鲁木齐
新疆
甘肃
宁夏
青海
西藏地方
昌都地区
西康
四川
贵州
云南
郝家川
白银
兰州
西北工业基地
（新建）
宝鸡
兴平
户县
成都
重庆
西南工业基地
（准备）
会泽
东川
个旧
哈萨克斯坦
吉尔吉斯斯坦
塔吉克斯坦
阿富汗
巴基斯坦
俄
蒙
尼泊尔
不丹
印度
孟加拉国
缅甸
老挝
泰国
越南
新德里
加德满都
达卡
内比都
河内
万象
乌兰巴托
伊尔库茨克
比什凯克
图例
1个“156项工程”
• 西安
“156项工程”分布城市
陕西
省级行政区名称
华北工业基地
工业基地名称
0 160 320 480 640 800 960 km

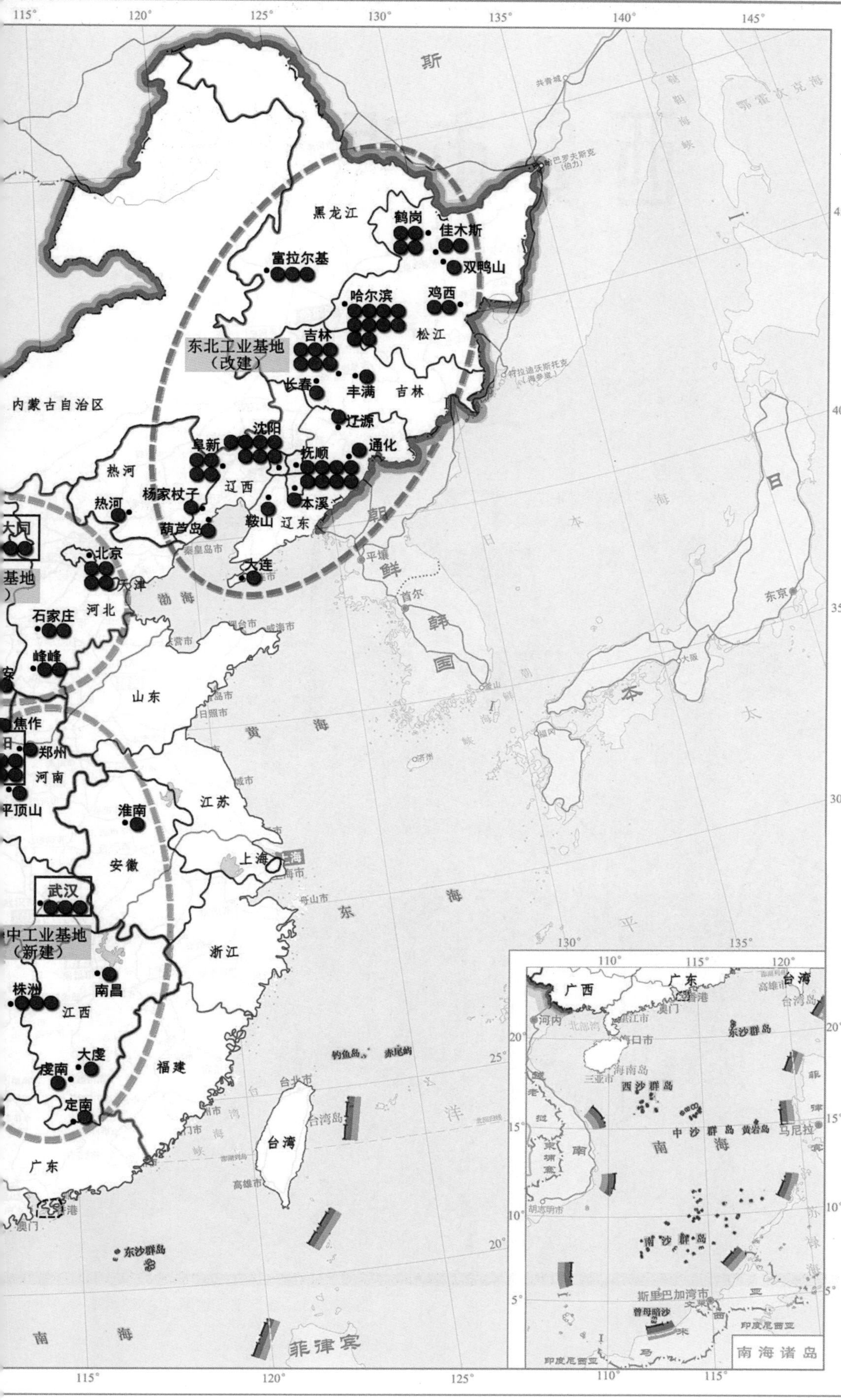

注：1）图中每个绿色圆点代表 1 个“156 项工程”，有关数据系根据《新中国工业的奠基石》所作统计。资料来源：董志凯，吴江．新中国工业的奠基石——156 项建设研究［M］．广州：广东经济出版社，2004.

2）图中行政区划为 1952 ~ 1953 年全国行政区划情况。资料来源：陈潮，陈洪玲．中华人民共和国行政区划沿革地图集［M］．北京：中国地图出版社，2003：14-15.

3）灰色部分为工作底图，底图来源为国家测绘地理信息局网站“铁路交通版”中华人民共和国地图（1 ： 1600 万）。资料来源：http : // 219.238.166.215/mcp/index.asp

彩图 1-6 “156 项工程”分布城市与各工业基地关系的示意图

彩图 2-1　西安市现状图（1953 年）

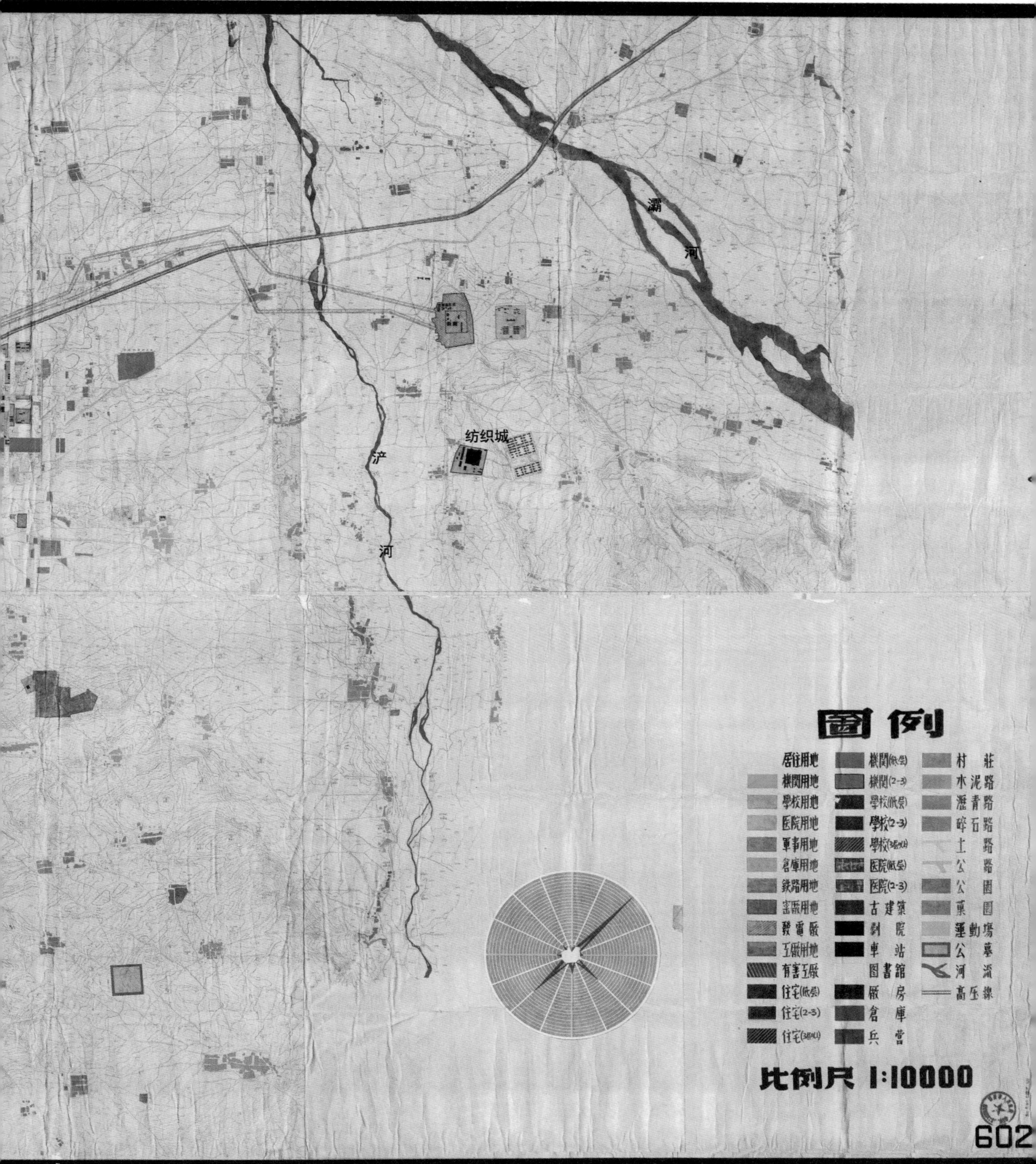

注：图中文字主要为笔者所加，为便于阅读，对图例做了放大处理。资料来源：西安市人民政府城市建设委员会．西安市现状图［Z］．中国城市规划设计研究院档案室，案卷号：0977，0978.

彩图 2-2　西安市现状图（1953 年）(旧城部分放大)

注：图中文字主要为笔者所加。资料来源：西安市人民政府城市建设委员会．西安市现状图［Z］．中国城市规划设计研究院档案室，案卷号：0977，0978.

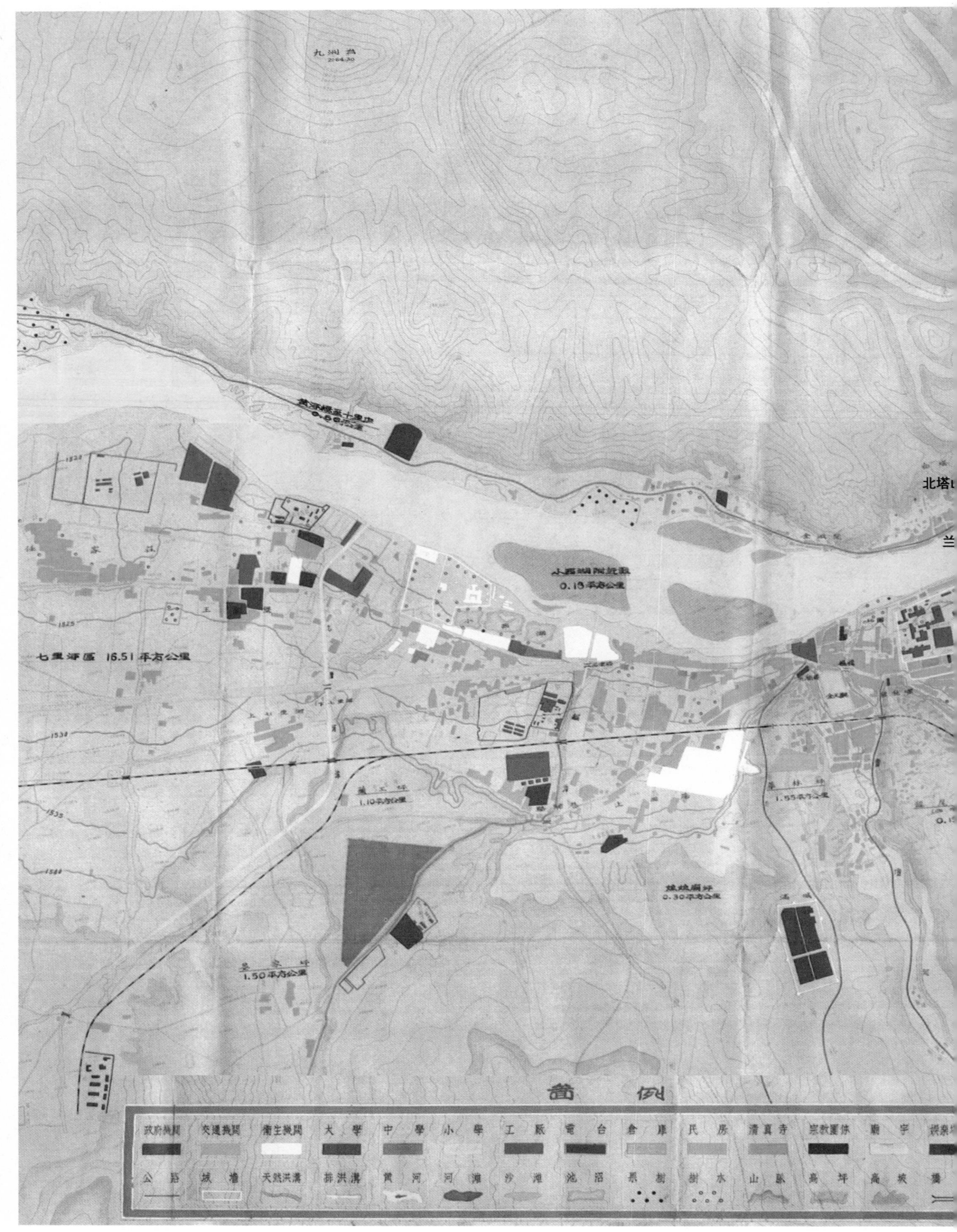

彩图 2–3　兰州市现况图（1954 年）(旧城部分放大）

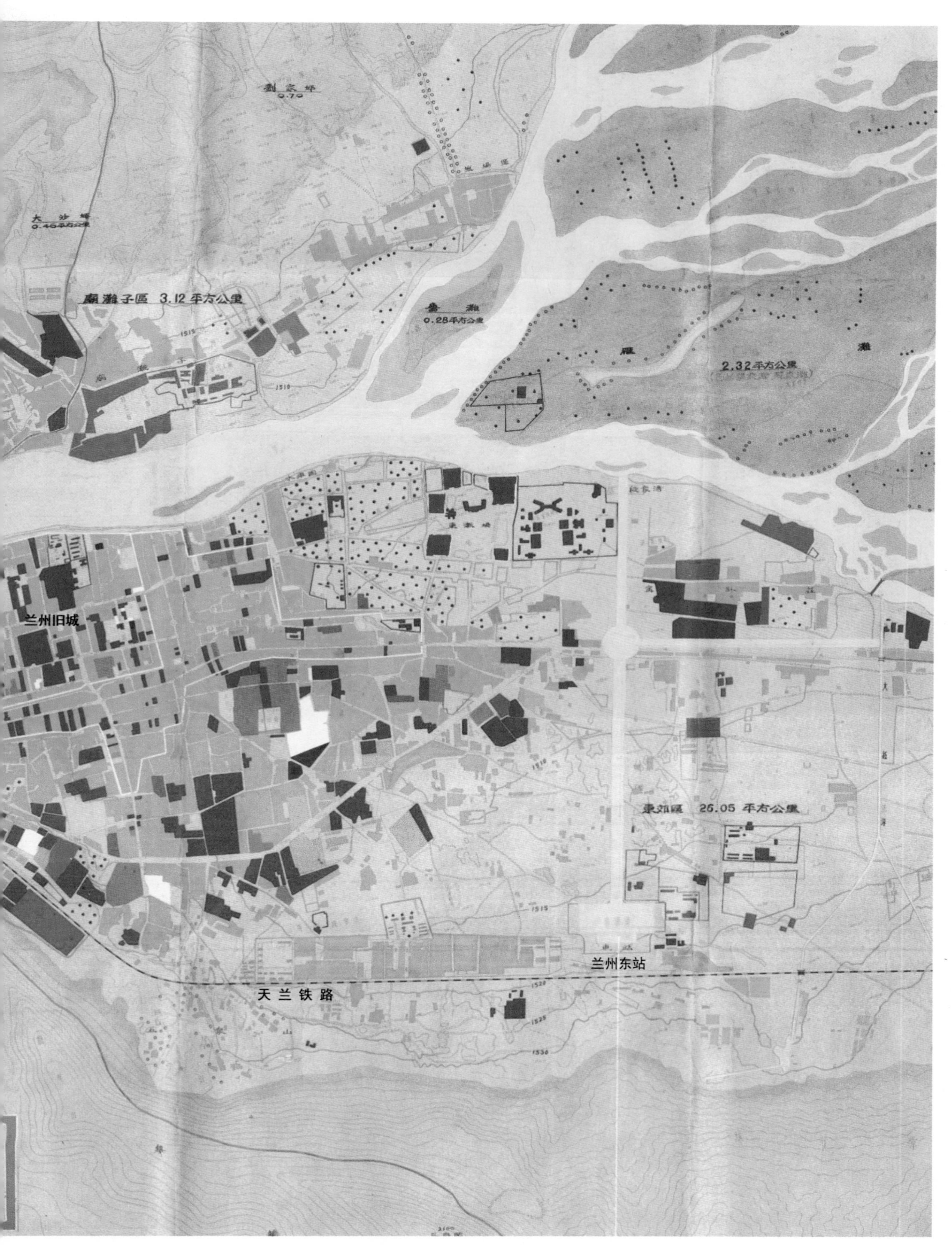

注：图中文字主要为笔者所加，完整幅面的图纸请见第4章相关内容。资料来源：兰州市建设委员会．兰州市现况图［Z］．中国城市规划设计研究院档案室，案卷号：1108.

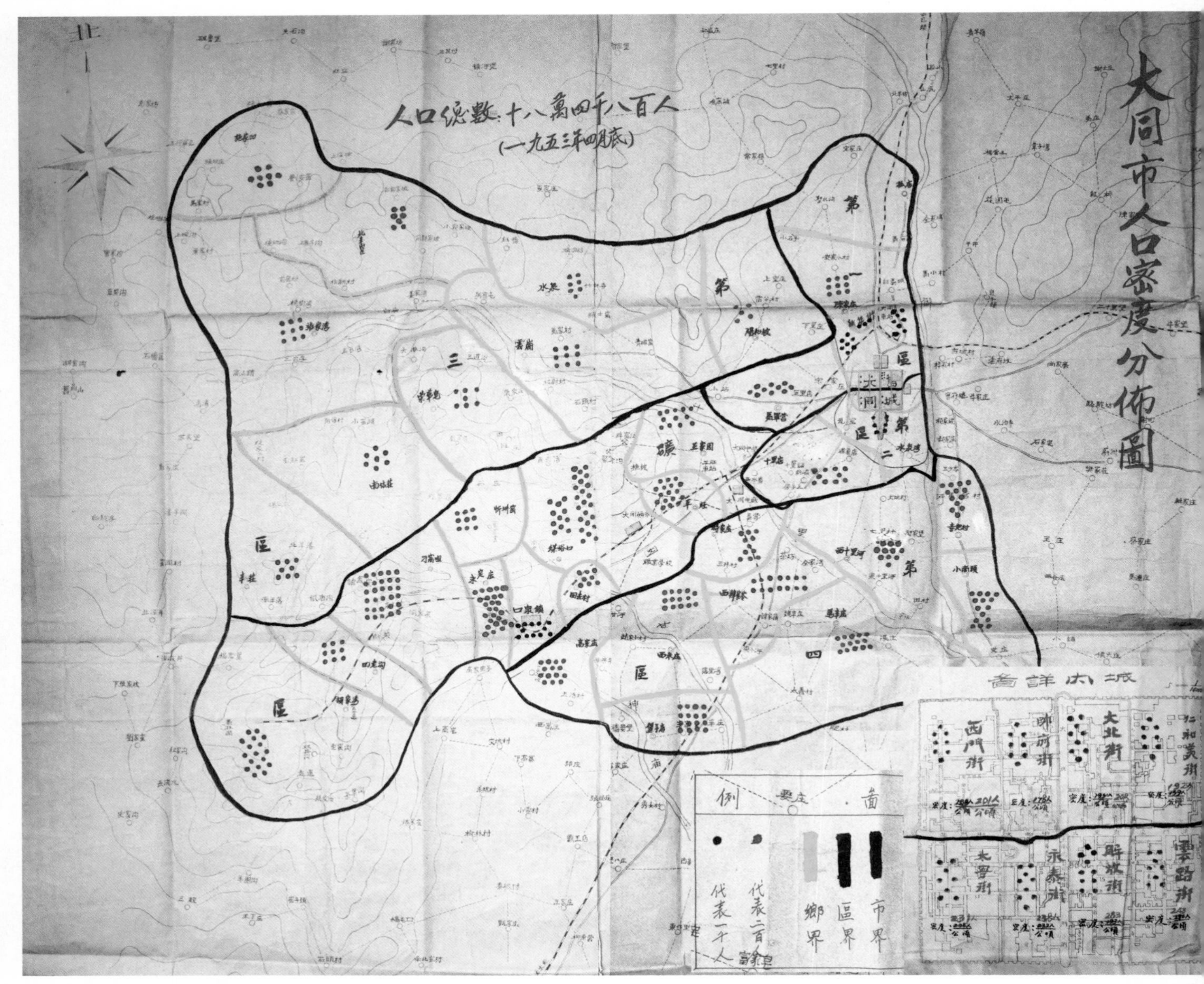

彩图 2–4　大同市人口密度分布图（1953 年）

注：为便于阅读，对右下方图例作了放大处理。资料来源：大同市人口密度分布图（1953 年）[Z]. 大同市城建档案馆藏，1954.

彩图 2–5　西安市商业网规划图（旧城内）（对页上）

资料来源：西安市商业网规划图 [Z]. 中国城市规划设计研究院档案室，案卷号：0952：4.

彩图 2–6　西安市商业网规划图（旧城外围地区）（对页下）

资料来源：西安市商业网规划图 [Z]. 中国城市规划设计研究院档案室，案卷号：0952：2.

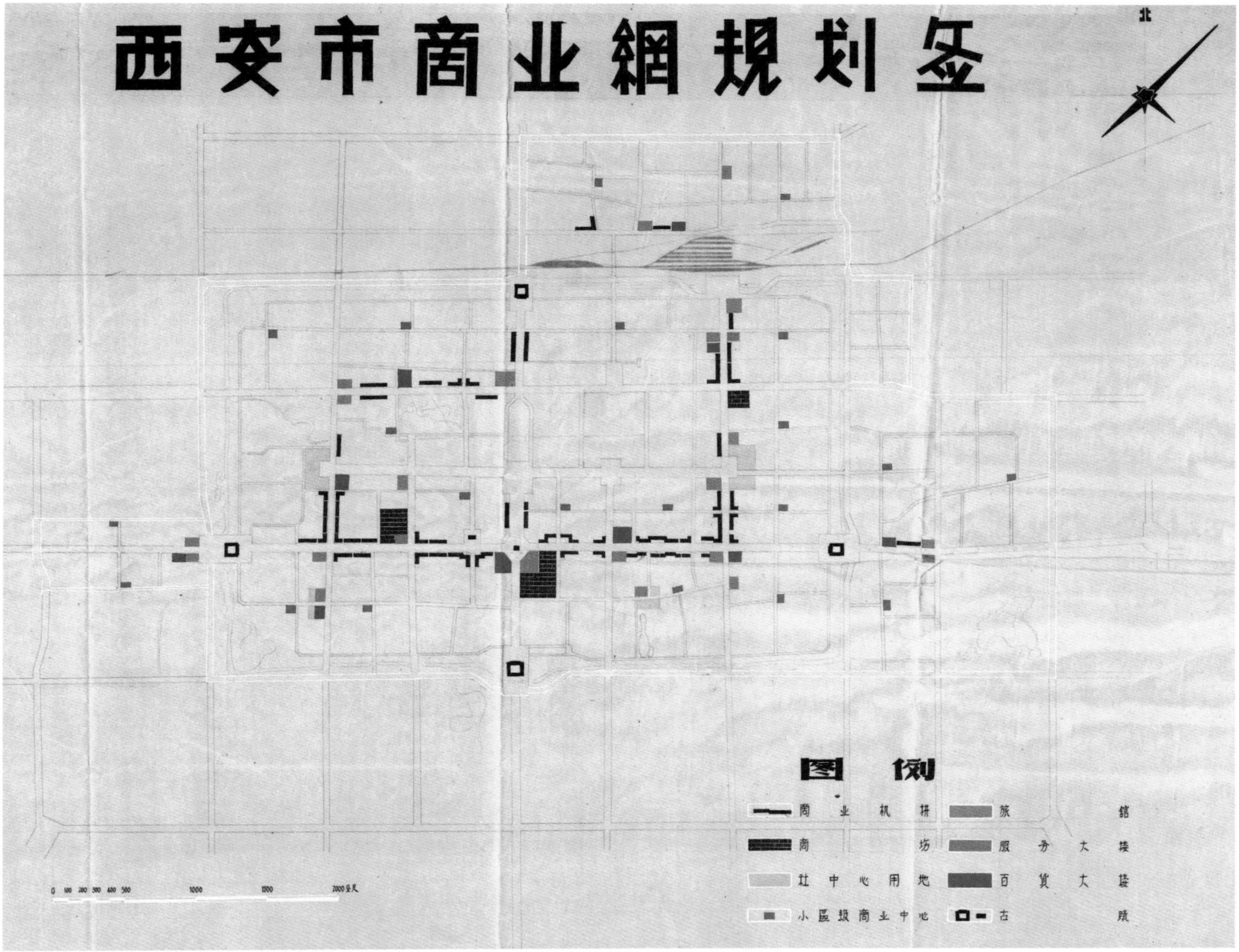

西安市商业網規划图

北

图例

商业机構	旅館
商场	服务大楼
社中心用地	百貨大楼
小區級商业中心	古蹟

0 100 200 300 400 500 1000 1500 2000公尺

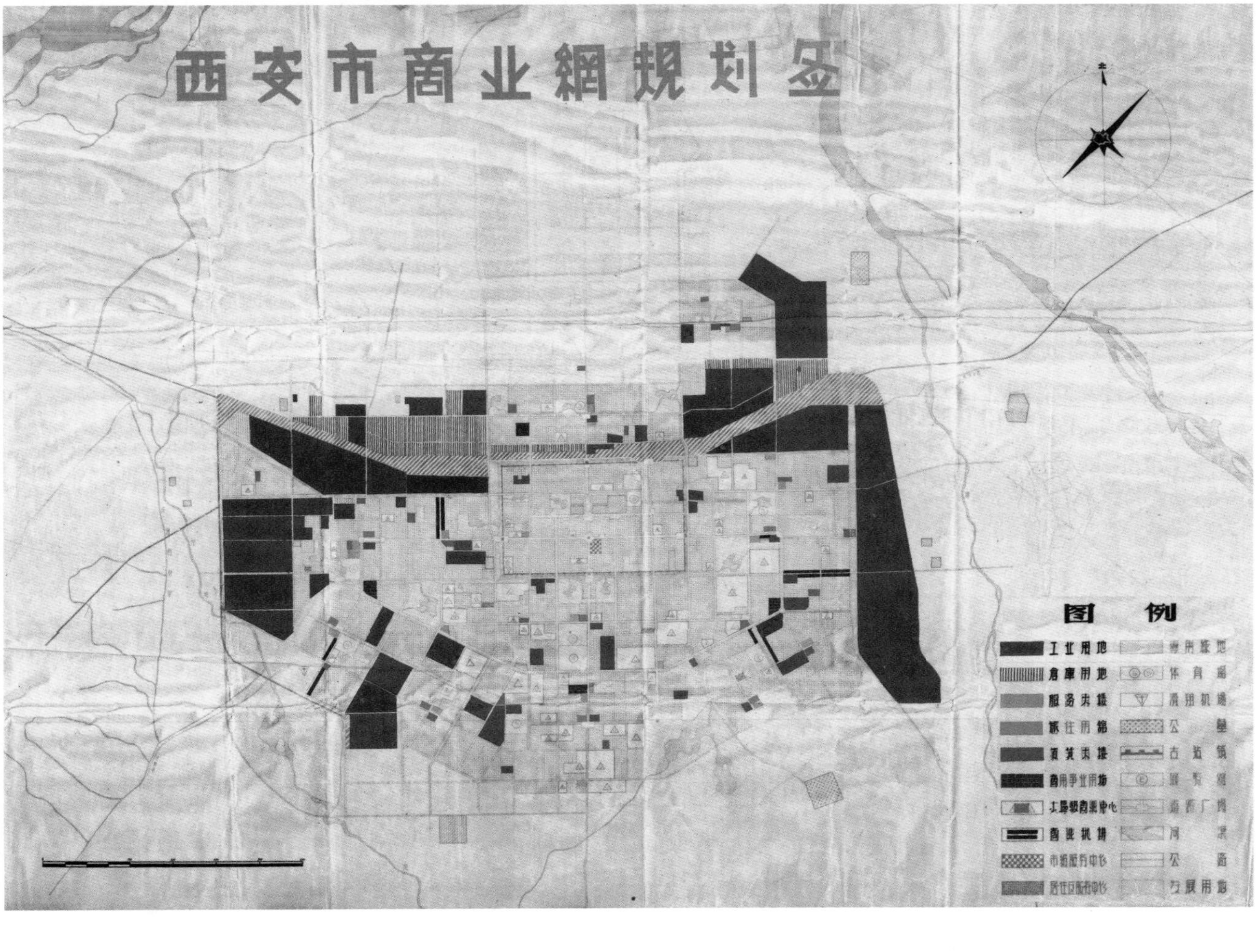

西安市商业網規划图

北

图例

工业用地	专用绿地
倉庫用地	体育場
服务大楼	滑翔机場
旅住用館	公墓
百貨大楼	古迹
商用事业用地	
小區級商业中心	
商业机構	河流
市级服务中心	公路
居住区服务中心	发展用地

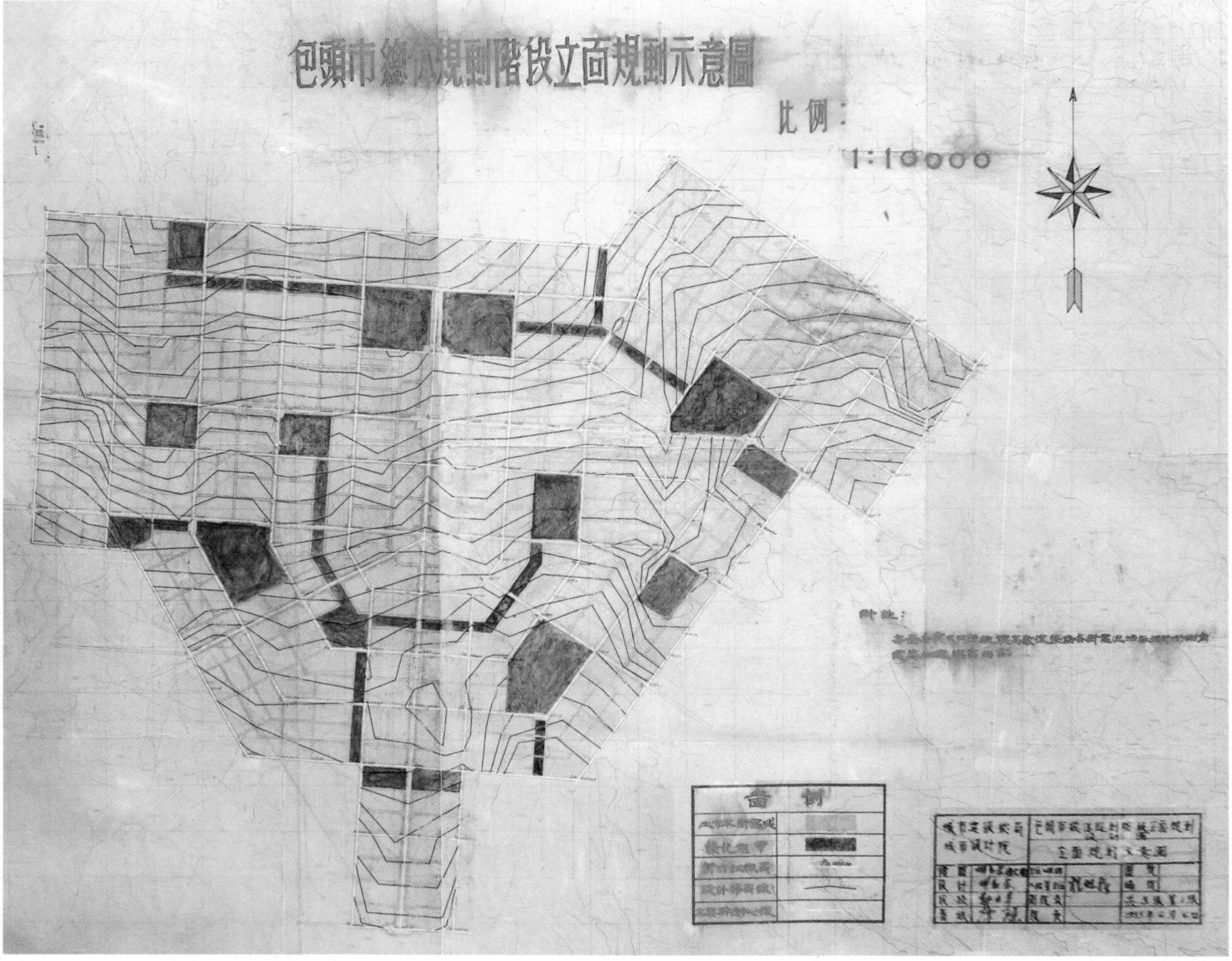

包頭市總體規劃階段立面規劃示意圖
比例：
1:10000
附註：
圖例

彩图 2-7　包头市总体规划阶段立面规划示意图（1955 年 6 月）

注：1）所谓立面规划即目前常说的竖向规划；2）为便于阅读，对图签做了放大处理，图例位置略有调整。资料来源：包头市城市规划展览馆．

三四層
一二層
一層
工廠
防護帶
綠地
運動場
醫院
1:10000
洛陽澗河西區層數分佈圖

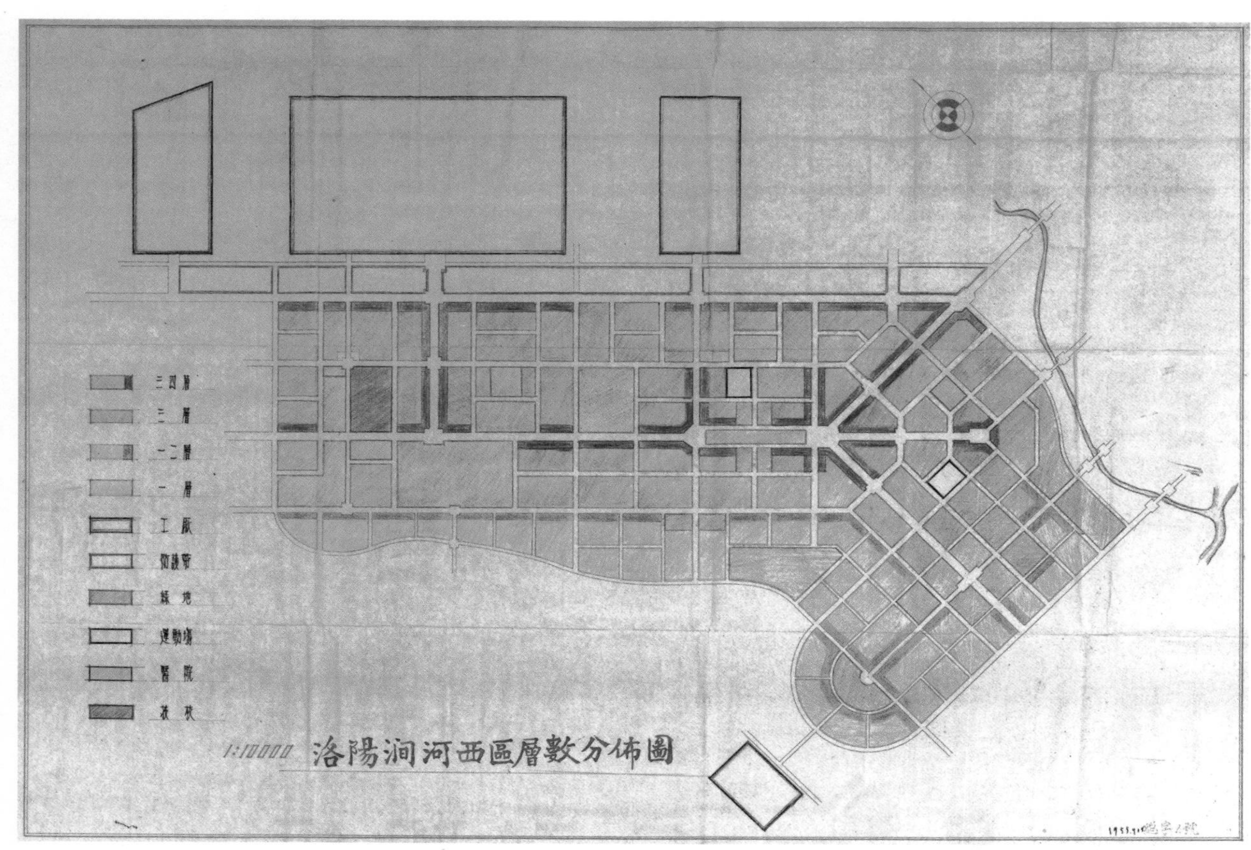

彩图 2-8　洛阳涧河西区层数分布图（1954 年）

资料来源：洛阳市规划局档案室．

彩图 2-9 大同市建筑层数分区图（1955 年）

资料来源：大同市建筑层数分区图（1955 年）[Z]. 大同市城建档案馆藏，1955.

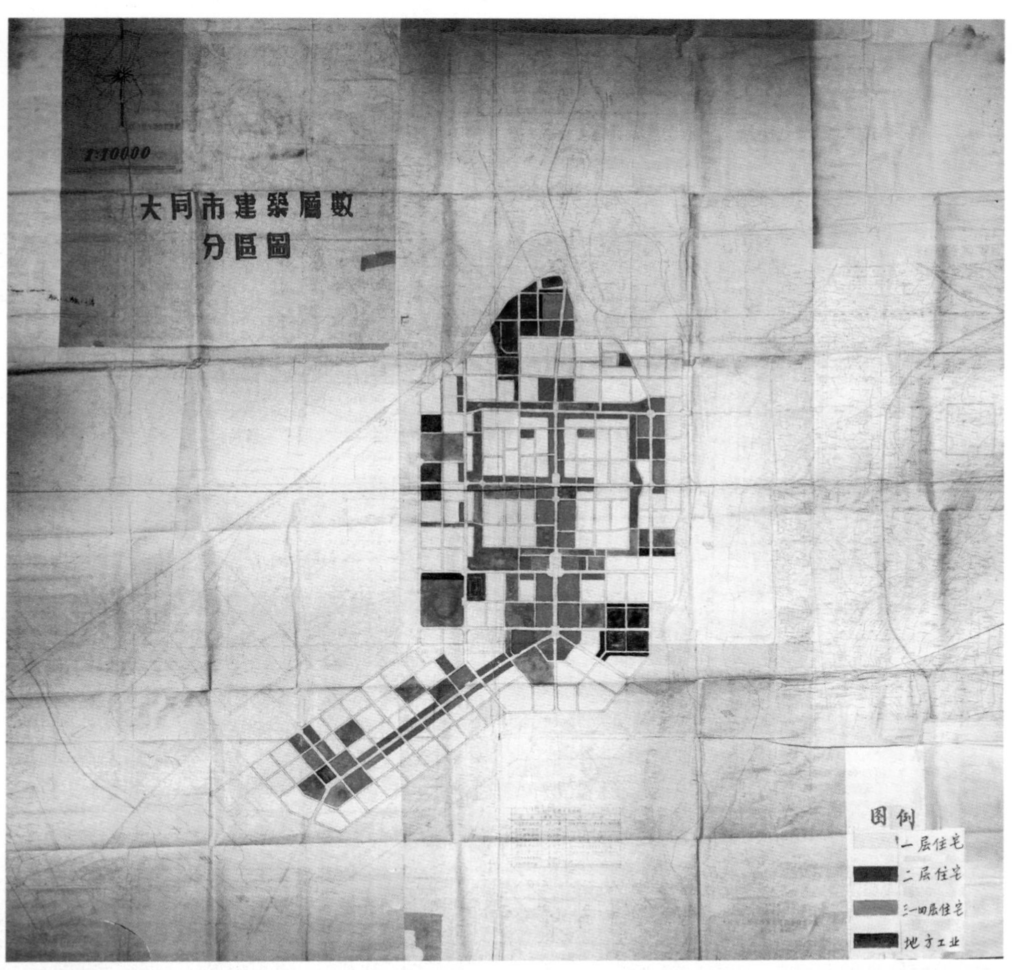

彩图 2-10 大同市公共建筑分布图（1955 年 12 月）

资料来源：大同市公共建筑分布图（1955 年 12 月 3 日）[Z]. 大同市城建档案馆藏，1955.

大同市公共建築分佈圖

1:10000

编	名称	用色
7	市級行政机関	
8	電影院	
9	劇院	
10	文化館及俱樂部	
11	市區圖書館	
15	中學校	
16	中學校	
17	高等學校	
18	市區体育场	
21	综合医院	
23	商店	
32	旅館招待所	
33	市场	
33	博物館	
33	少年宫	

1955.12.3 復製

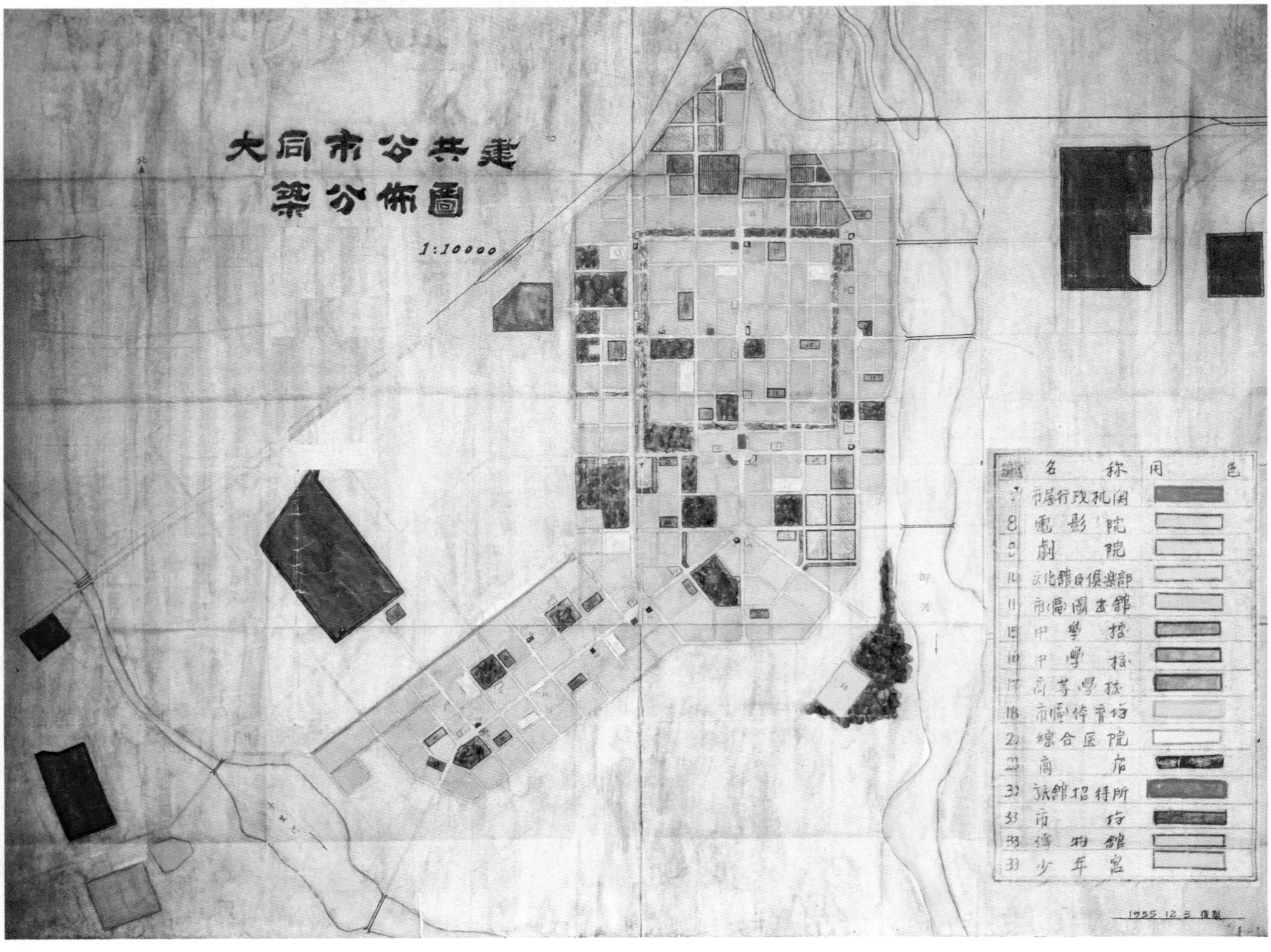

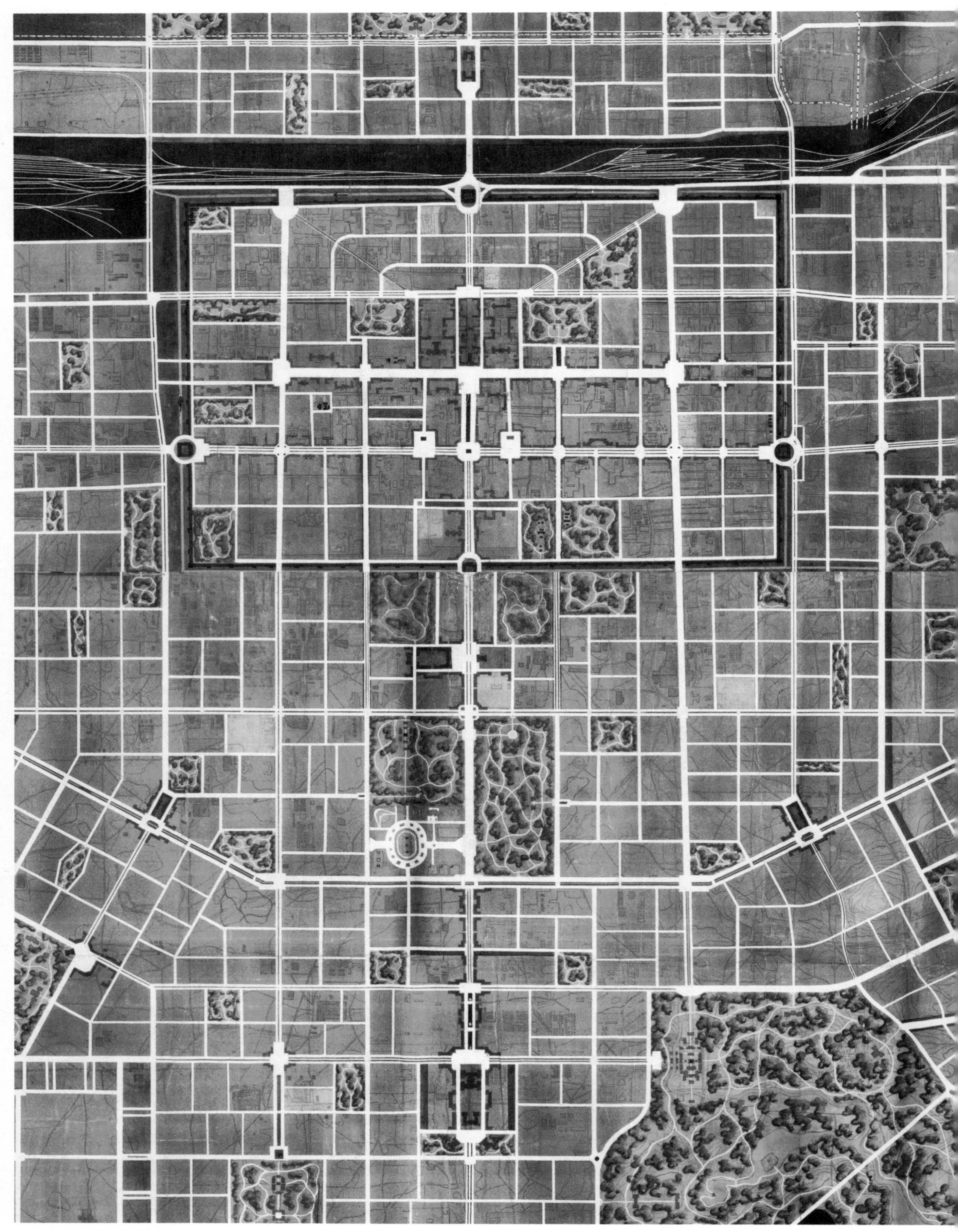

彩图 2–11 西安市规划的城市空间和建筑艺术设计（局部）

注：截取自“西安市总体规划图”。资料来源：西安市总体规划图［Z］．中国城市规划设计研究院档案室，案卷号：0967，0968.

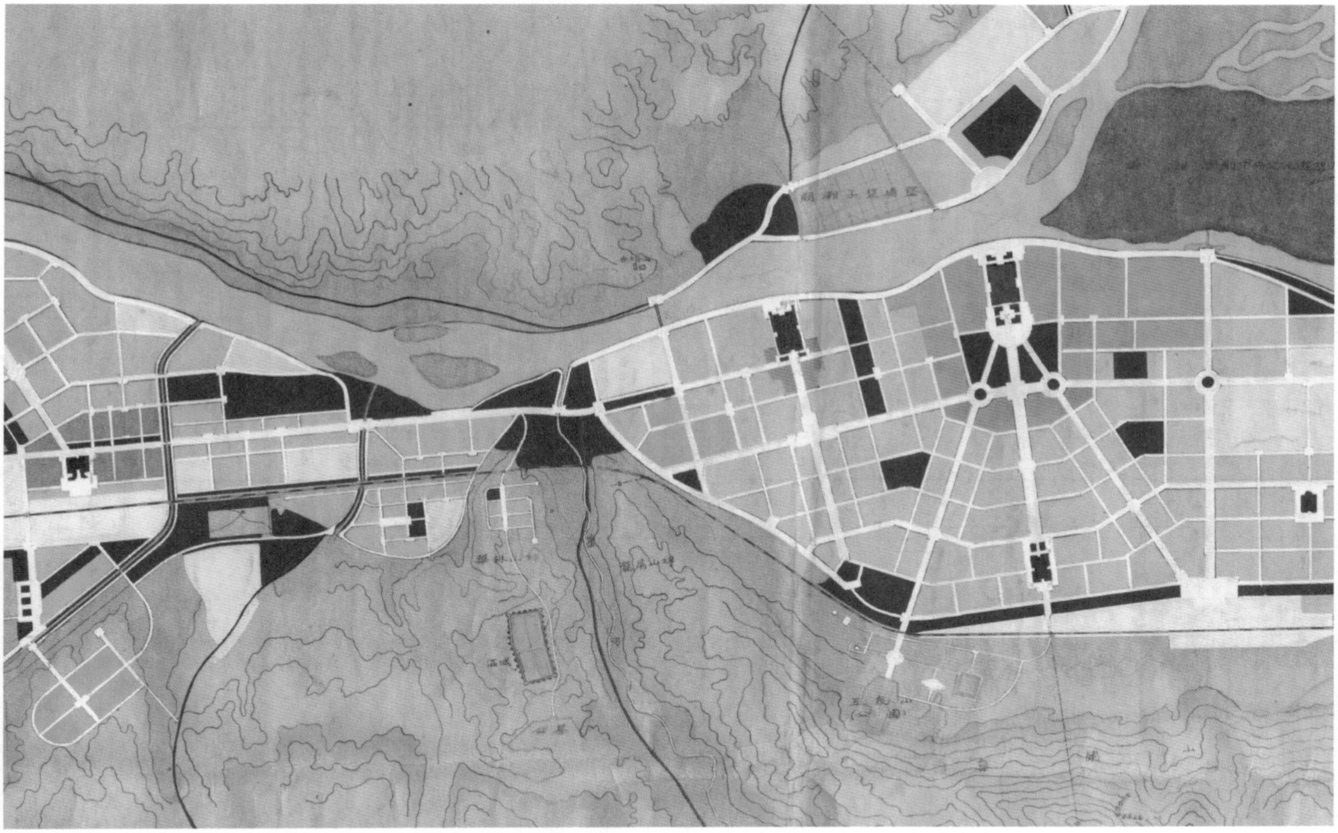

彩图 2-12　兰州市规划的城市空间和建筑艺术设计（局部）

注：截取自"兰州市城市总体规划示意图"（1954 年），完整图请见第 4 章相关内容。资料来源：兰州市建设委员会．兰州市城市总体规划示意图[Z]．中国城市规划设计研究院档案室，案卷号：1107.

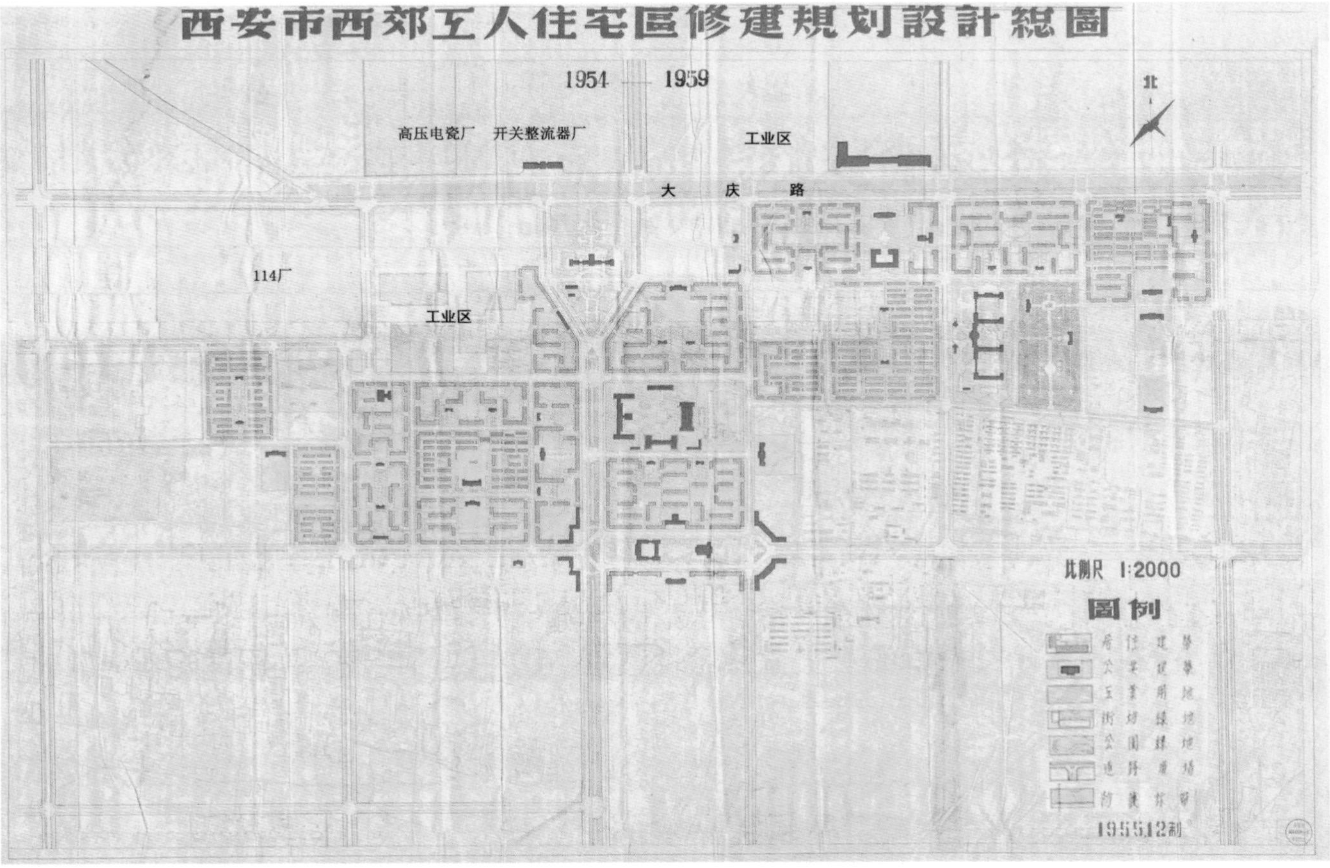

彩图 2-13　西安市西郊工人住宅区修建规划设计总图

注：图中部分文字为笔者所加。资料来源：西安市西郊工人住宅区修建规划设计总图[Z]．洛阳市规划综合资料．中国城市规划设计研究院档案室，案卷号：0959.

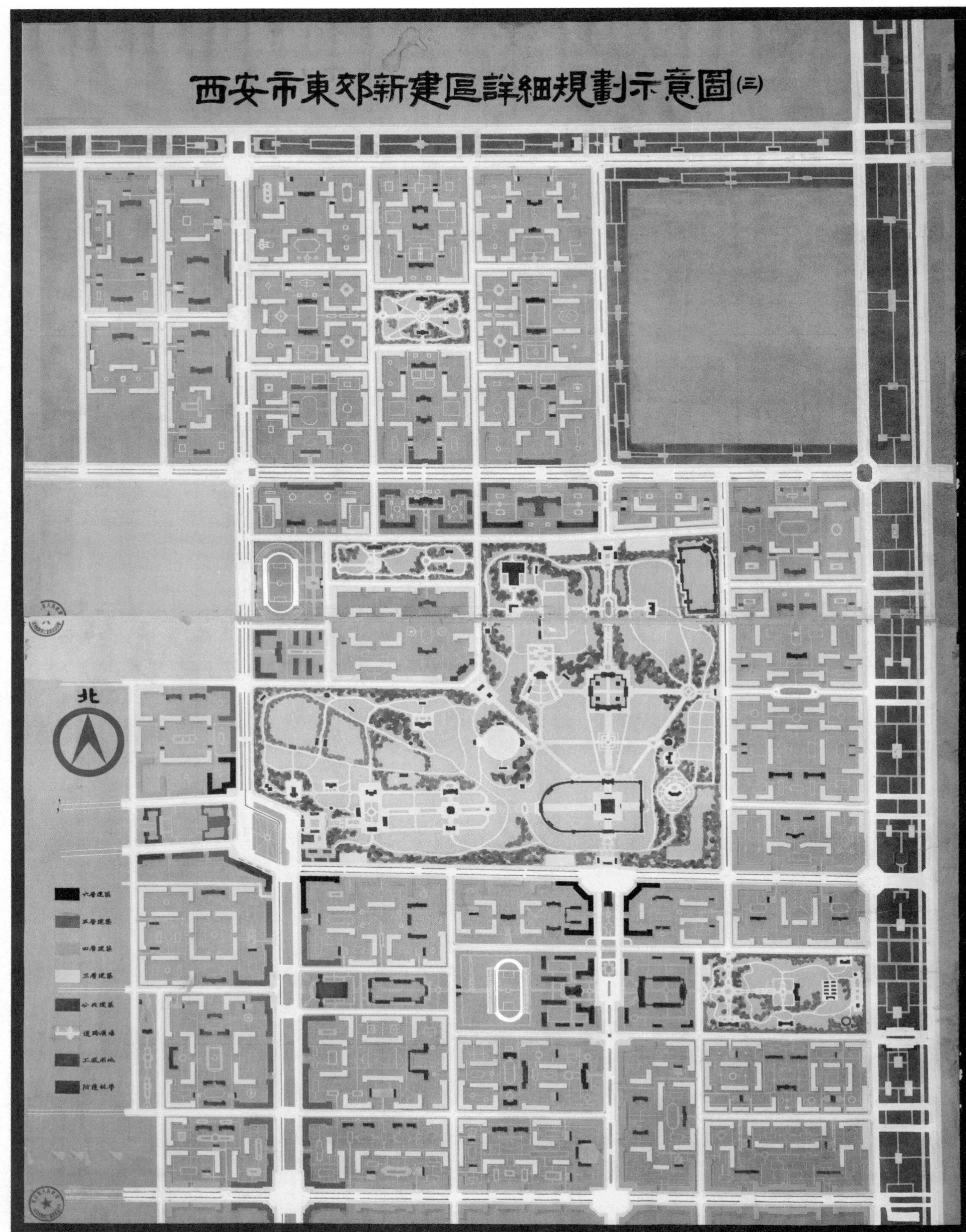

彩图 2-14　西安市东郊新建区详细规划示意图（三）(1954 年 9 月)

资料来源：西安市城市规划设计研究院档案室，案卷号：176.

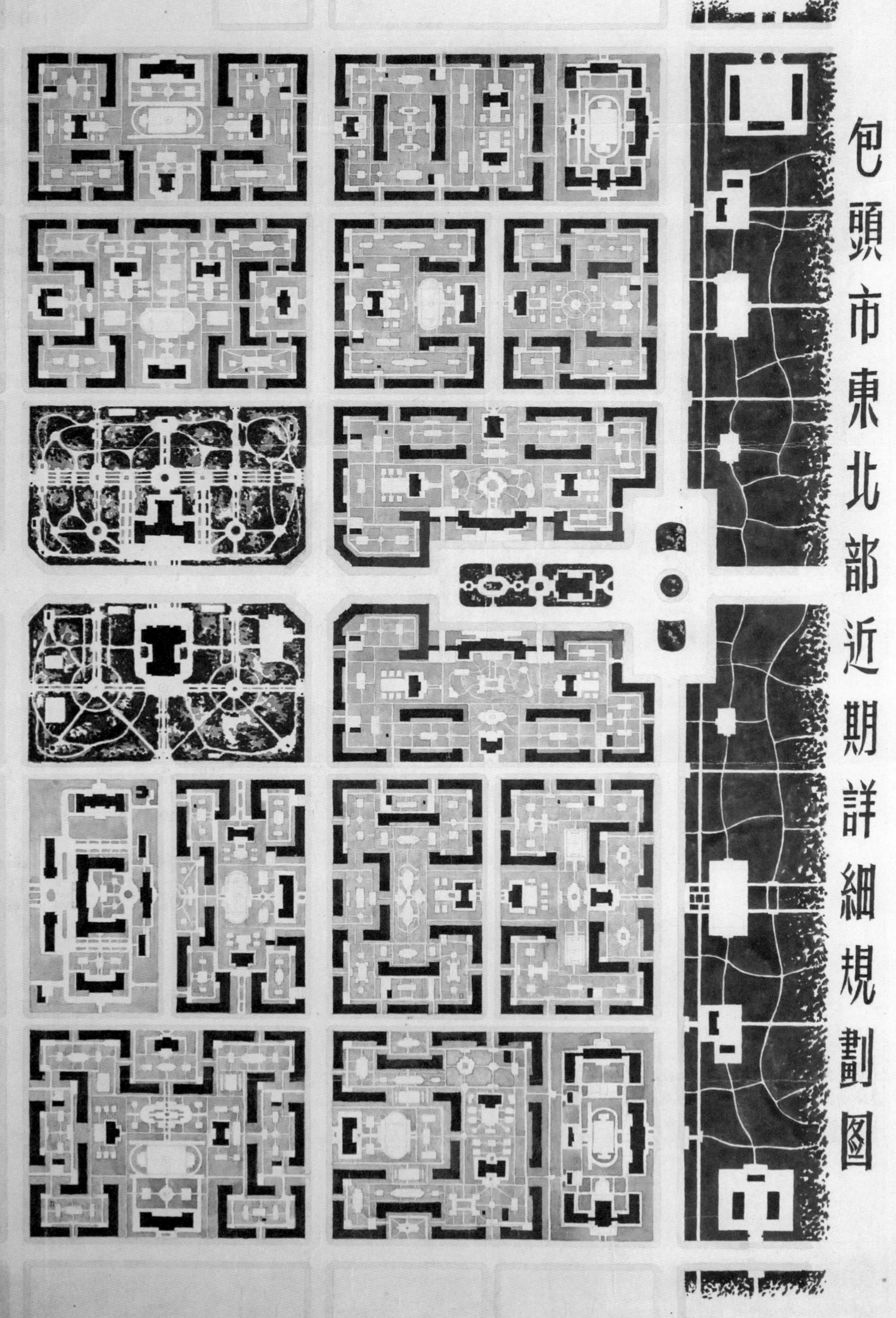

彩图 2-15　包头市东北部近期详细规划图（1954 年 12 月）
资料来源：包头市城市规划展览馆．

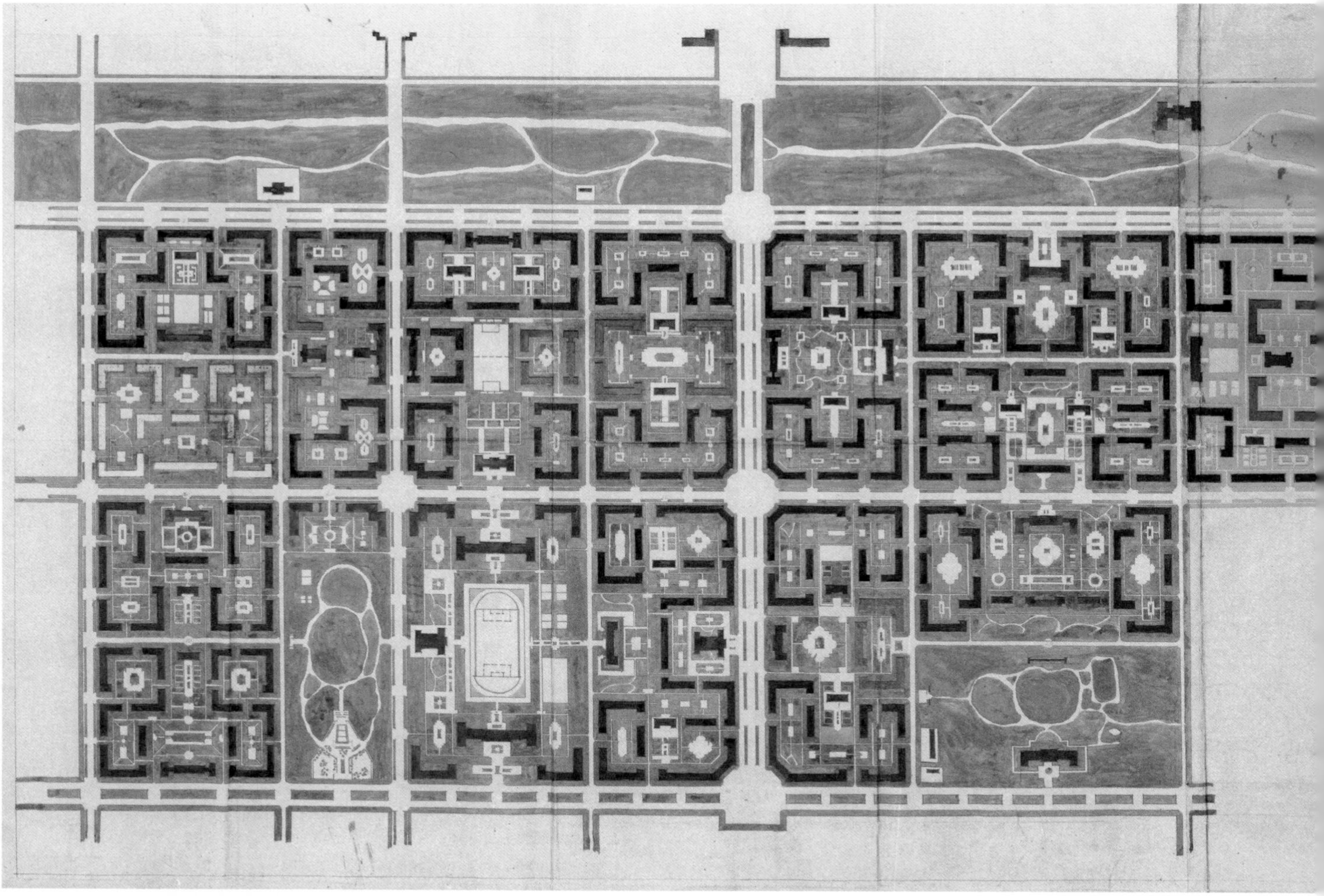

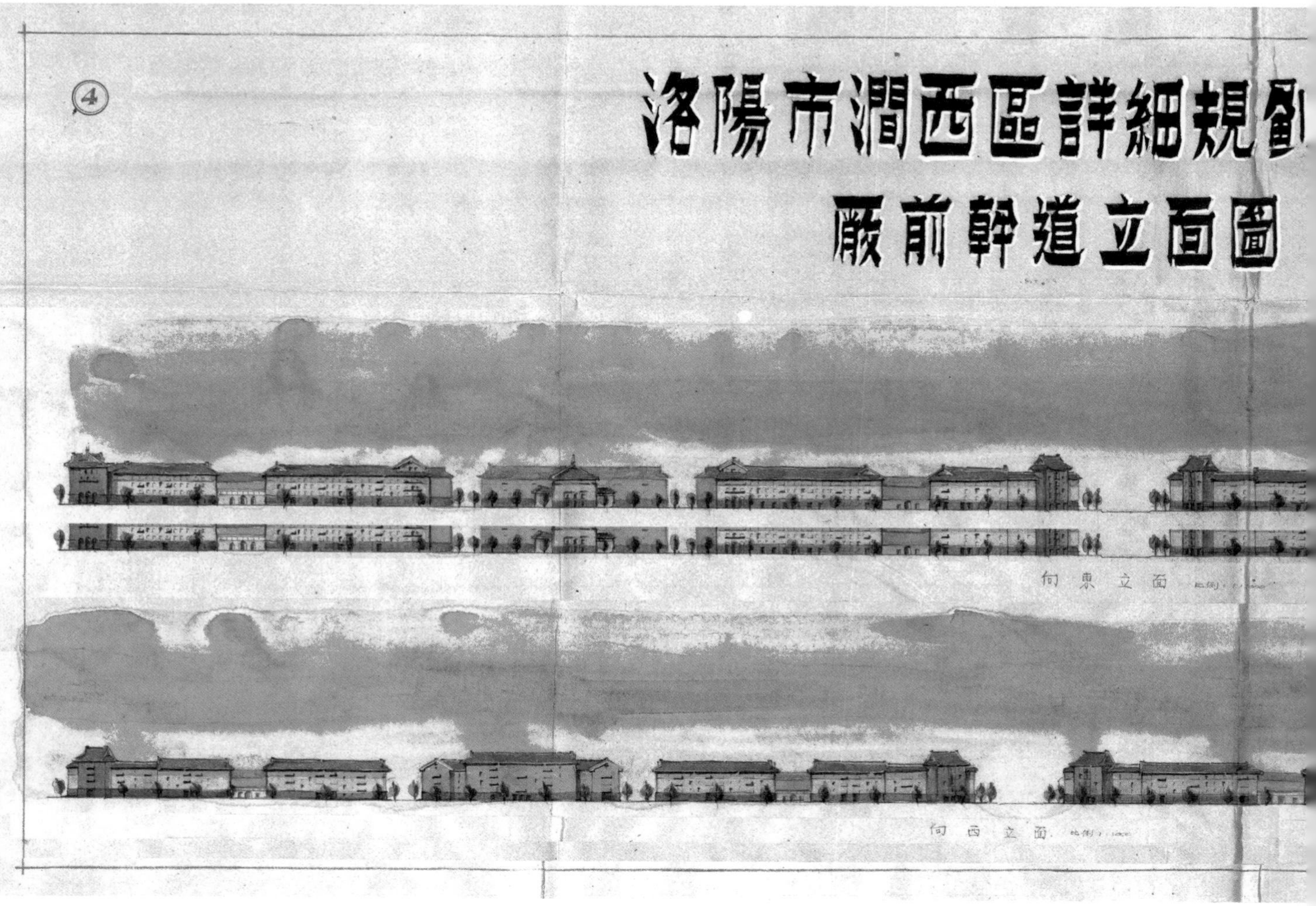

④

洛陽市澗西區詳細規劃

廠前幹道立面圖

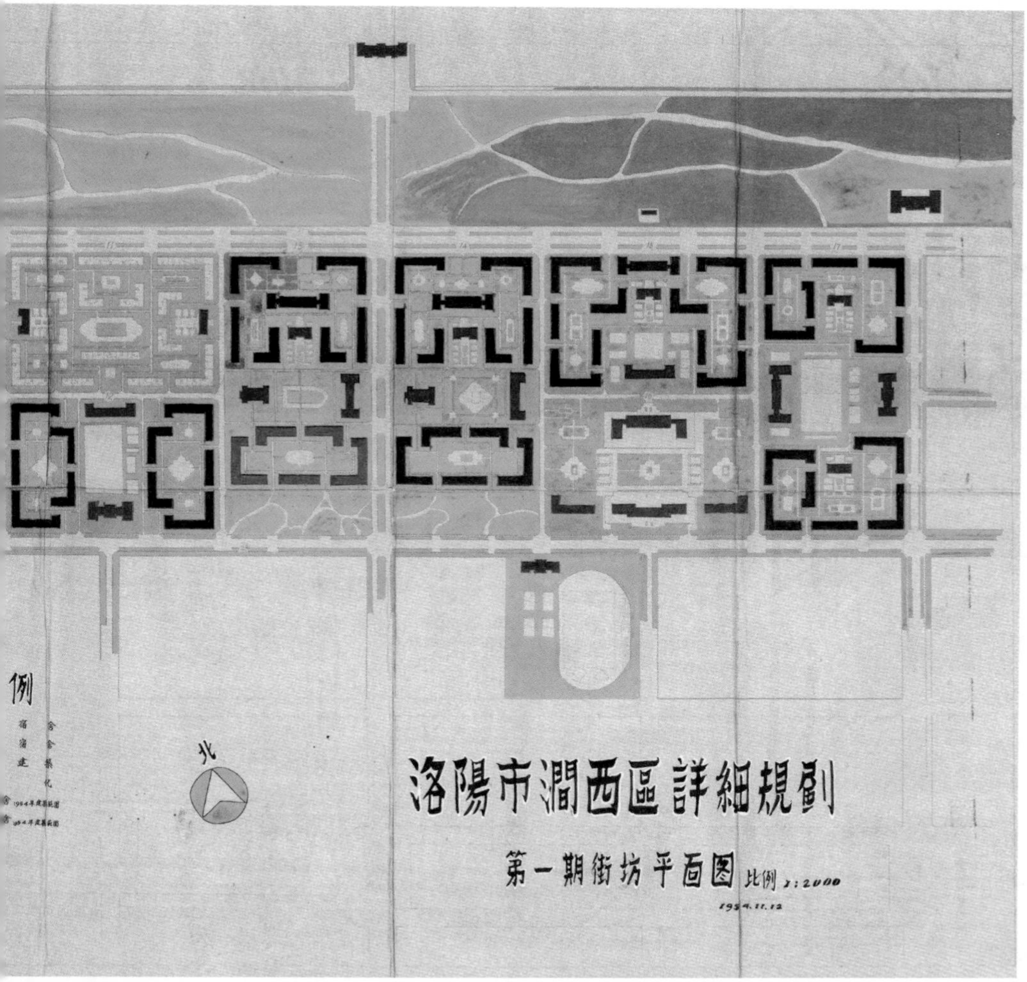

彩图 2–16 洛阳市涧西区详细规划——第一期街坊平面图（1954 年 11 月 12 日）
资料来源：洛阳市规划局档案室 .

彩图 2–17 洛阳市涧西区详细规划——第一期厂前干道立面图（1954 年 11 月 12 日）
资料来源：洛阳市规划局档案室 .

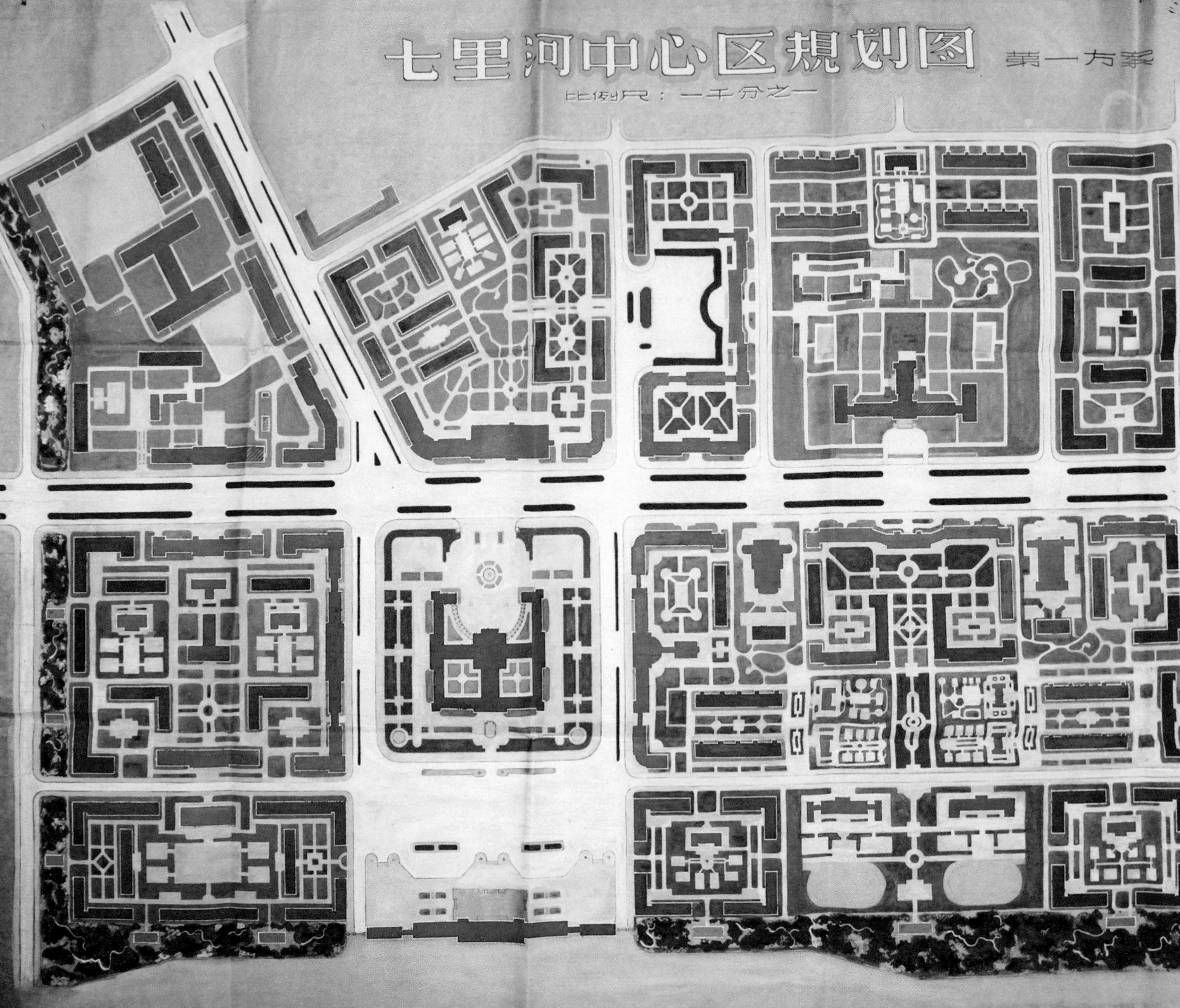
七里河中心区规划图
第一方案
比例尺：一千分之一

彩图 2-19　大同市郊区规划图（1955 年）

注：为便于阅读，对图例作了放大处理。资料来源：大同市郊区规划图［Z］. 大同市城建档案馆，1955 年 .

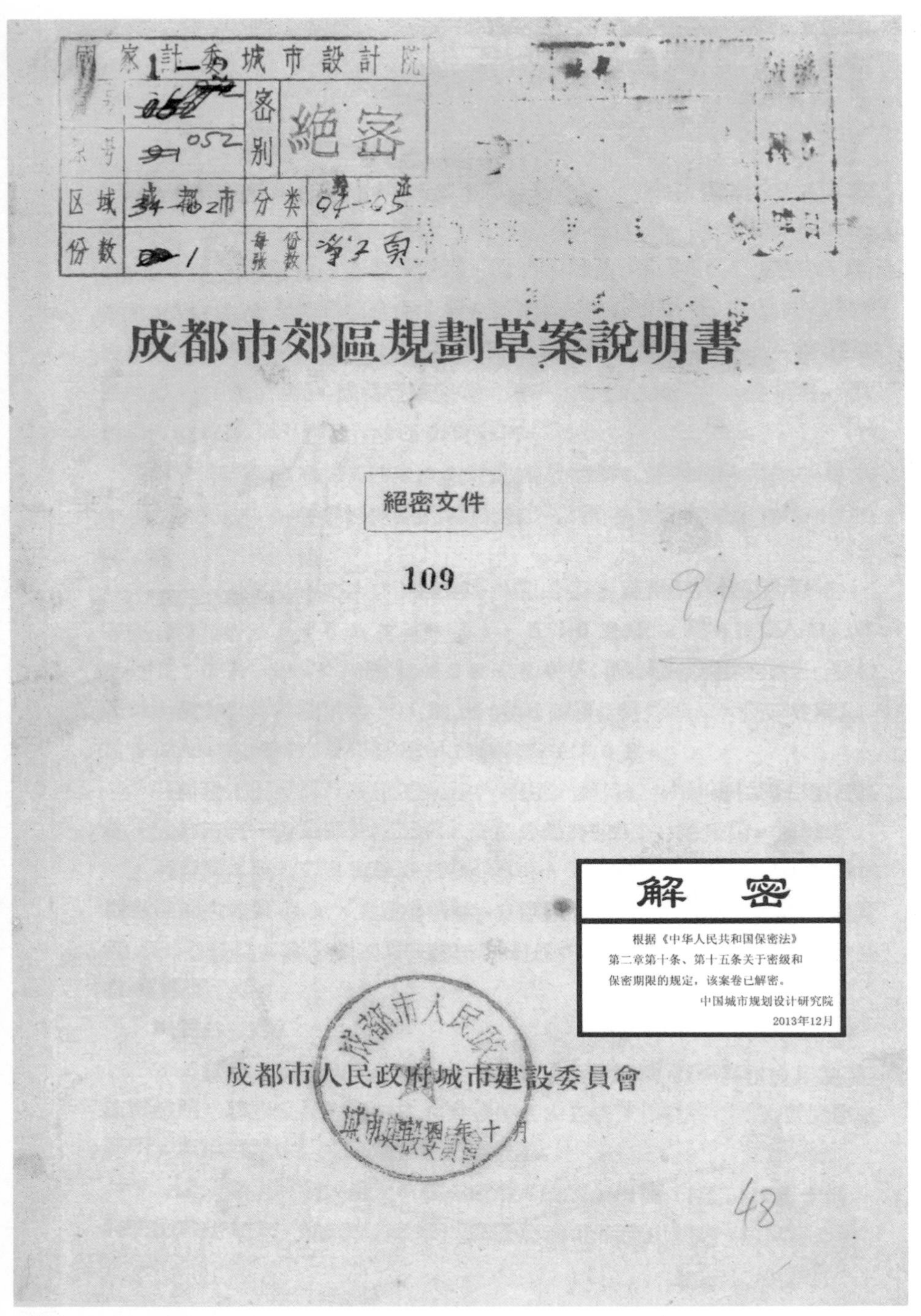

彩图 2-20　成都市郊区规划草案说明书

资料来源：成都市人民政府城市建设委员会．成都市郊区规划草案说明书（1954 年 10 月）[Z] // 成都市 1954 ~ 1956 年城市规划说明书及专家意见． 中国城市规划设计研究院档案室，案卷号：0792：48.

彩图 2-21　成都市郊区现状图（1954 年）(对页)

注：为便于阅读，图例做了放大处理。资料来源：成都市人民政府城市建设委员会．成都市郊区现状图（1954 年 9 月）[Z]．中国城市规划设计研究院档案室，案卷号：0794.

成都市
郊區現状图
比例尺 1:25000
图例
工廠用地
醫療用地
倉庫用地
牛奶場
學校
砂石產地
河流
森林
菓園
苗圃
成都市人民政府城市建設委員會製
一九五四年九月

彩图 2–22　包头市近郊规划平面示意图草图（80 万人口，1954 年）
资料来源：包头市城市规划展览馆 .

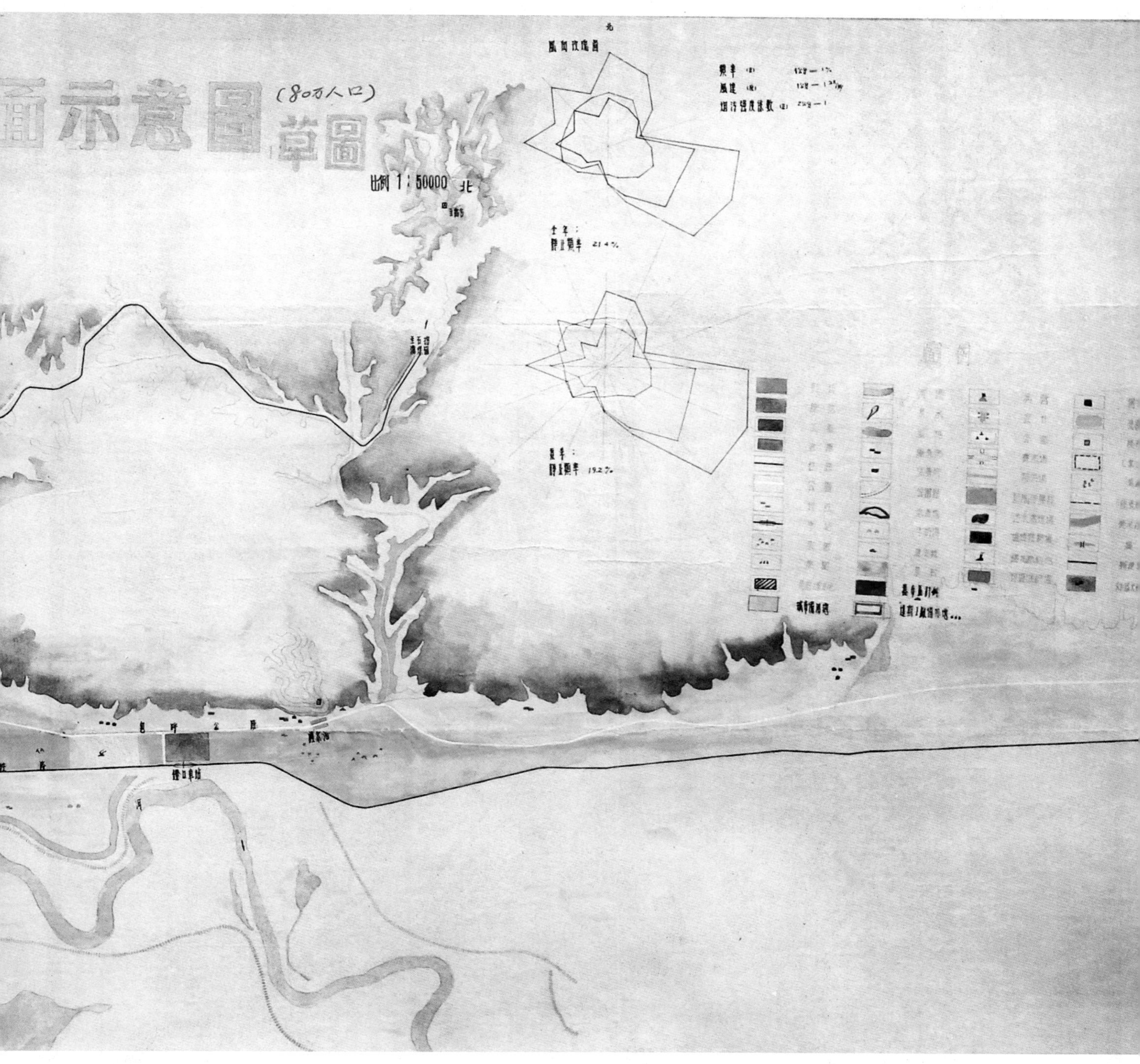

示意圖
（80万人口）
草圖
比例 1：50000
北
風向玫瑰圖
頻率
風速
全年：
静止頻率 21.4%
夏季：
静止頻率 19.2%

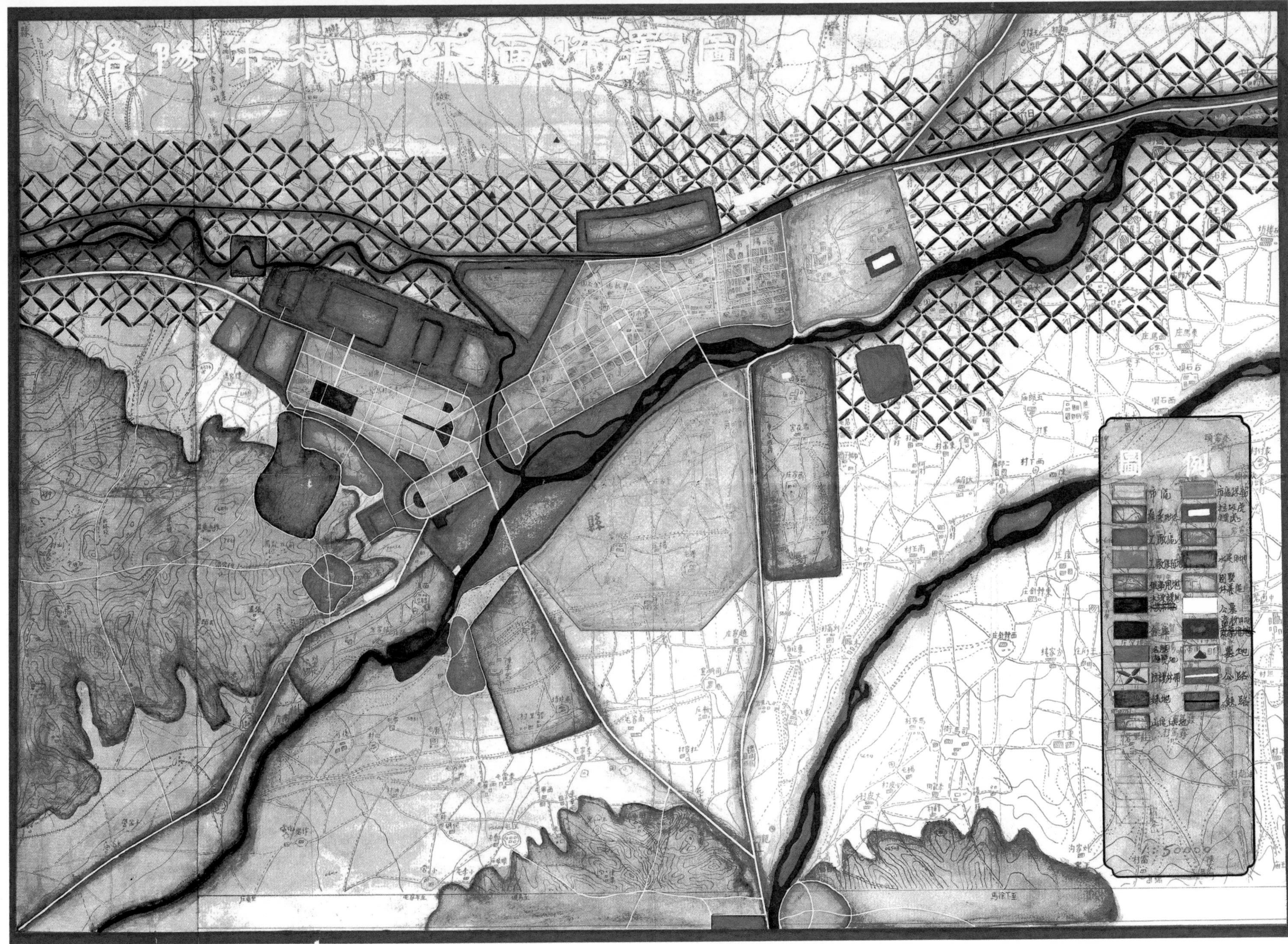

彩图 2-23　洛阳市郊区平面布置图（彩图，1954 年）
资料来源：洛阳市规划局档案室

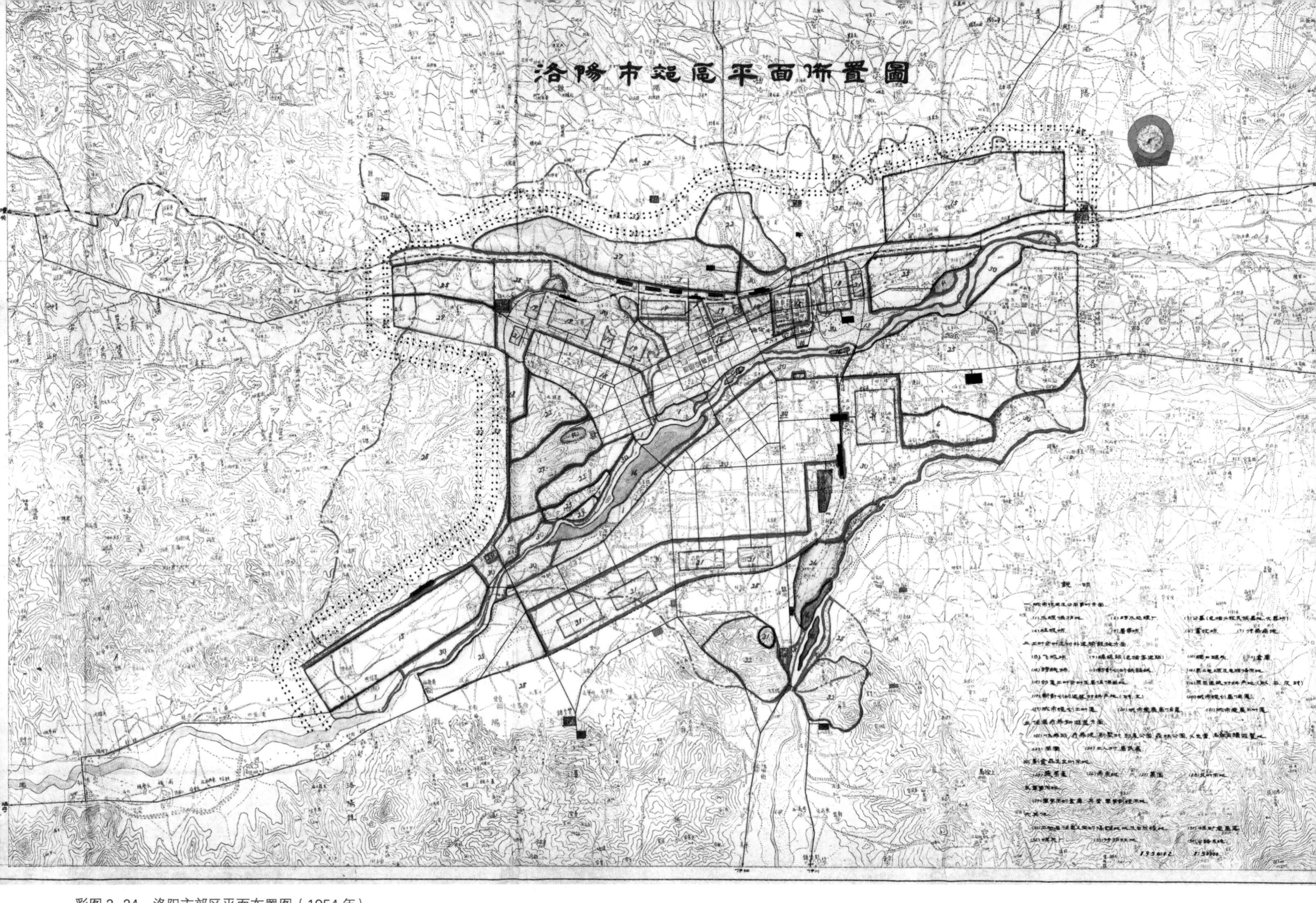

彩图 2-24　洛阳市郊区平面布置图（1954 年）

资料来源：洛阳市规划局档案室 .

比例：五萬分一之尺
公尺
圖例
工業廠址(現有)
工業廠址(計划)
工業廠址(保留)
村鎮
住宅區
城市發展用地
療養院
休養所
道路中心廣場
公路幹綫
飛機場
農地
森林公園
公墓
垃圾堆
名勝古跡
苗圃
公園綠地
倉庫碼頭
自來水水源地
大堤
畜牧場
菓園
防護林地帶
改良地帶
低洼地帶
河流湖泊
山脈
高壓綫 35KV
〃 66KV
〃 110KV
〃 電廠變電站
水源保護區
倉庫

彩图 2-25　武汉市近郊规划平面图（1954 年）
资料来源：武汉市国土资源和规划局档案室（武汉市国土资源和规划档案馆），案卷号：规郊 2.

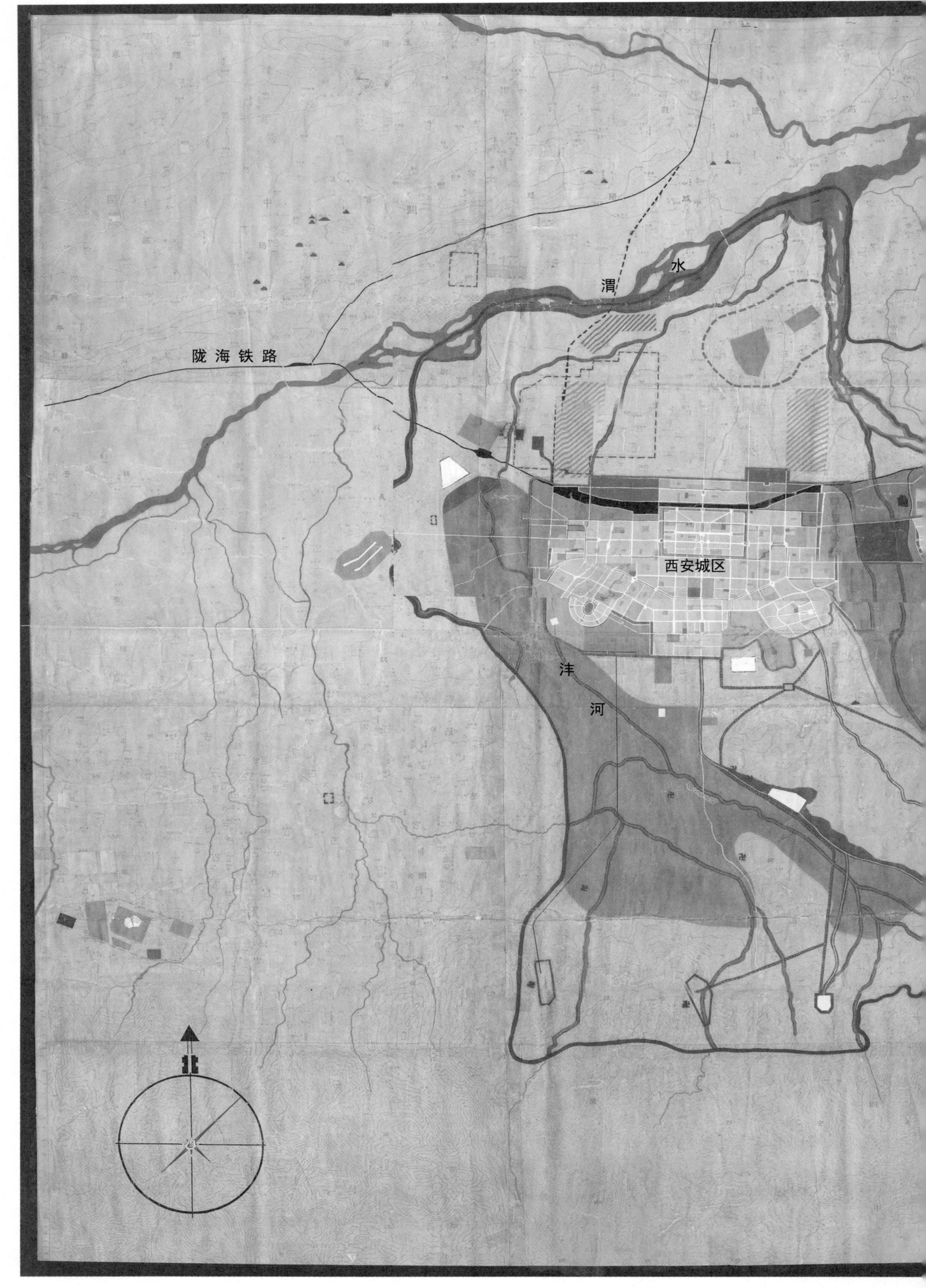

彩图 2–26　西安市郊区平面图

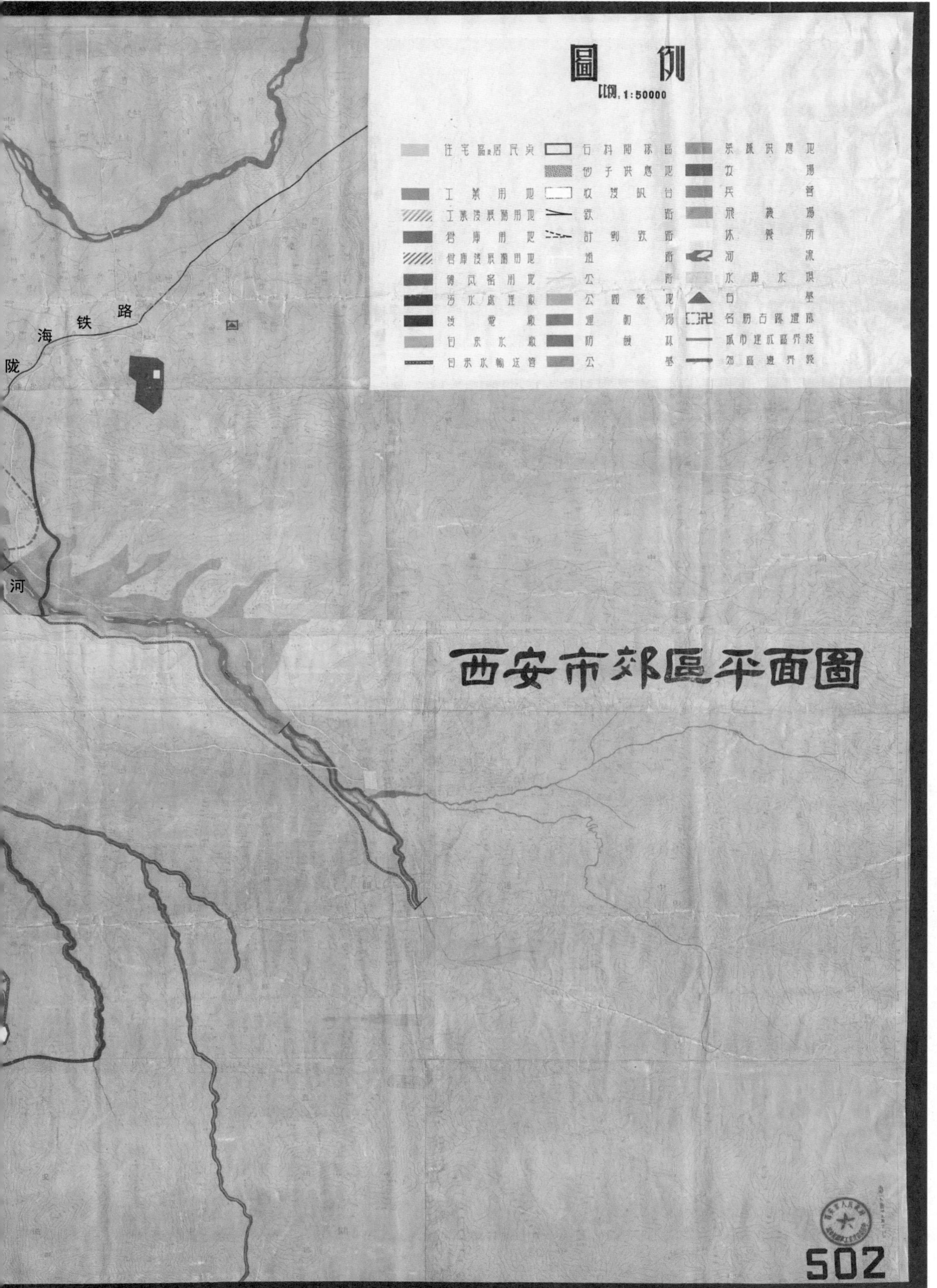

注：图中文字主要为笔者所加。资料来源：西安市郊区平面图［Z］. 中国城市规划设计研究院档案室，案卷号：0979.

彩图 2–27　西安市总体规划图（远景）

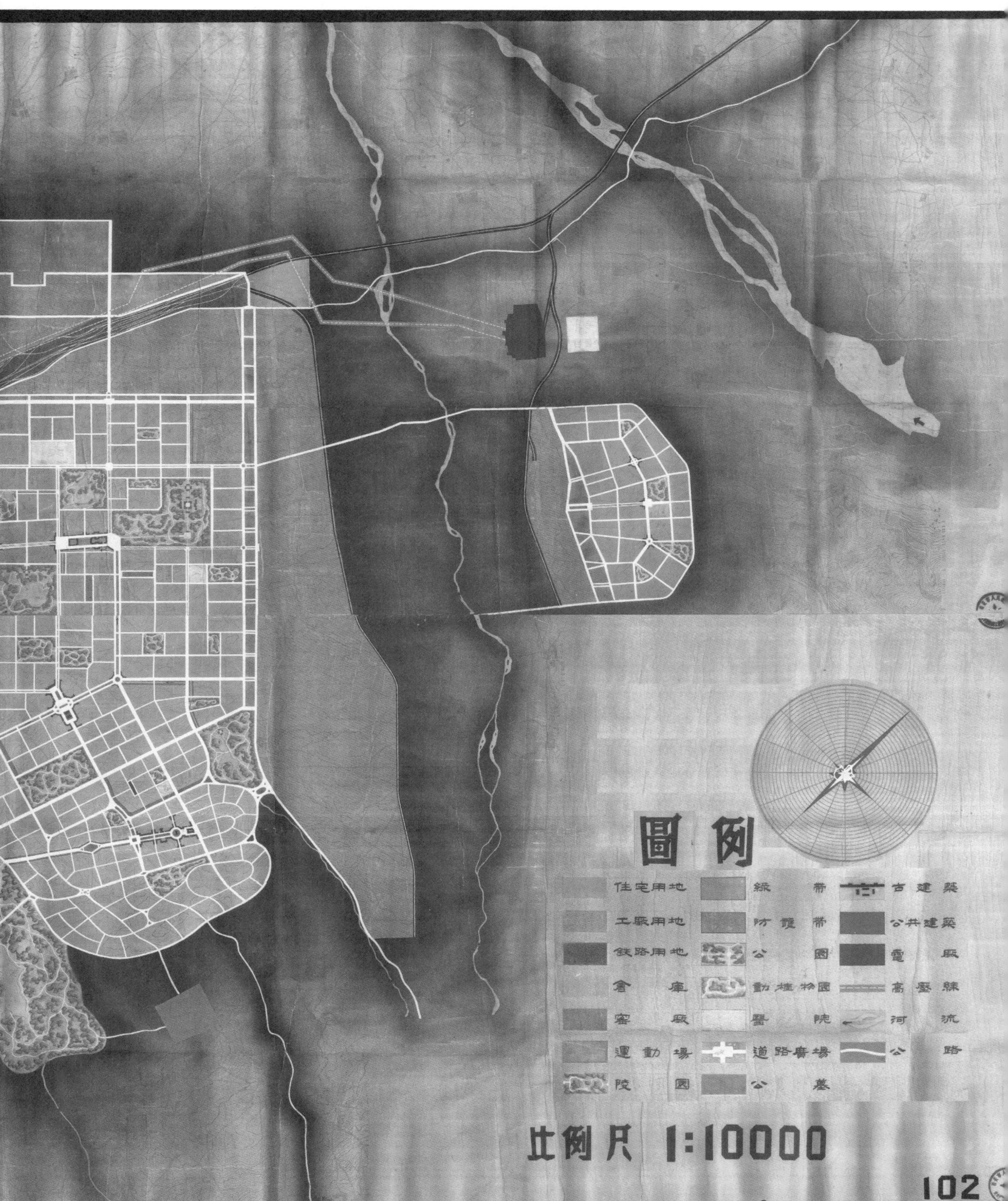

资料来源：西安市总体规划图（1954 年版）[Z]. 中国城市规划设计研究院档案室，案卷号：0967，0968.

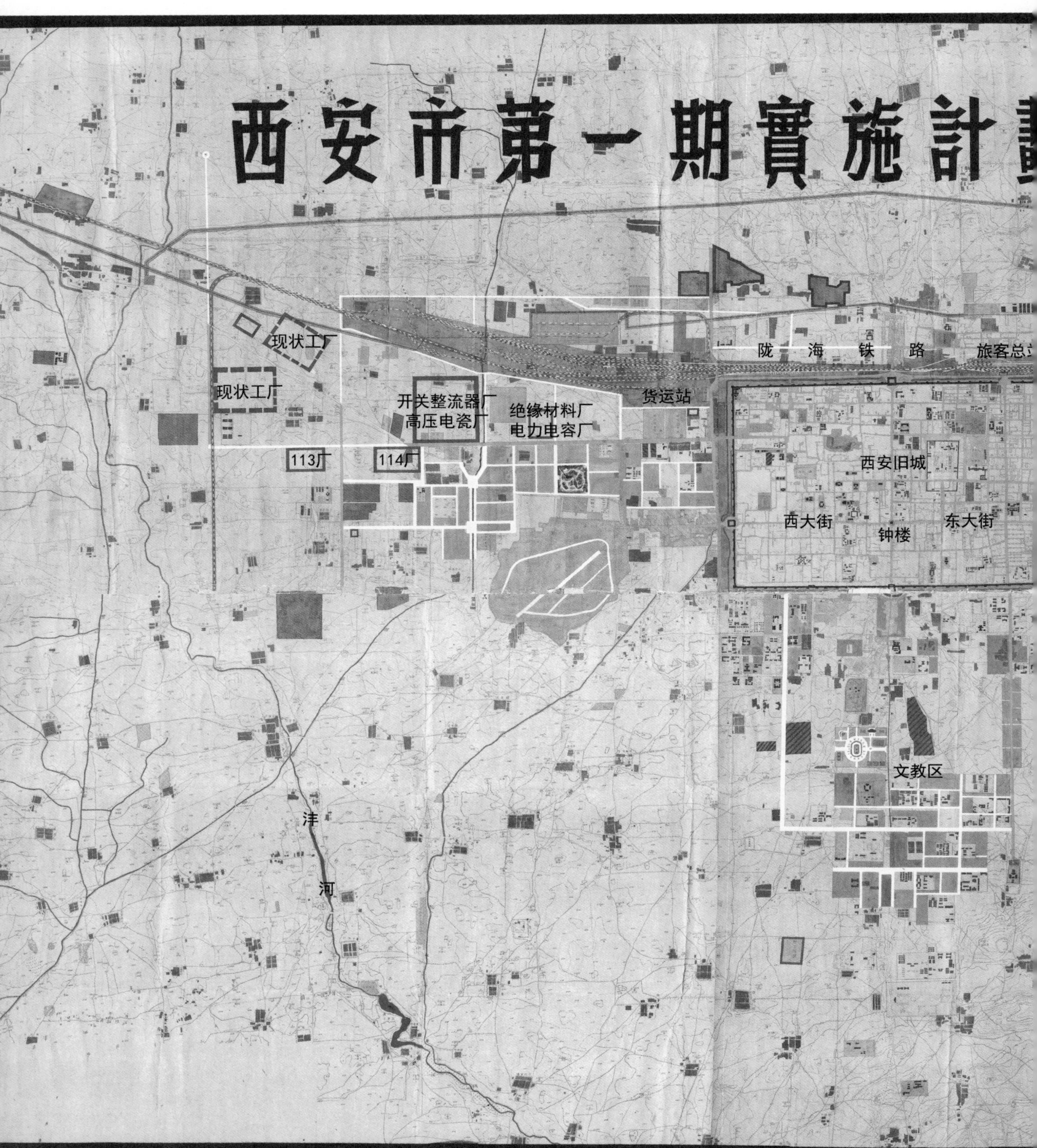

彩图 2-28　西安市第一期实施计划图

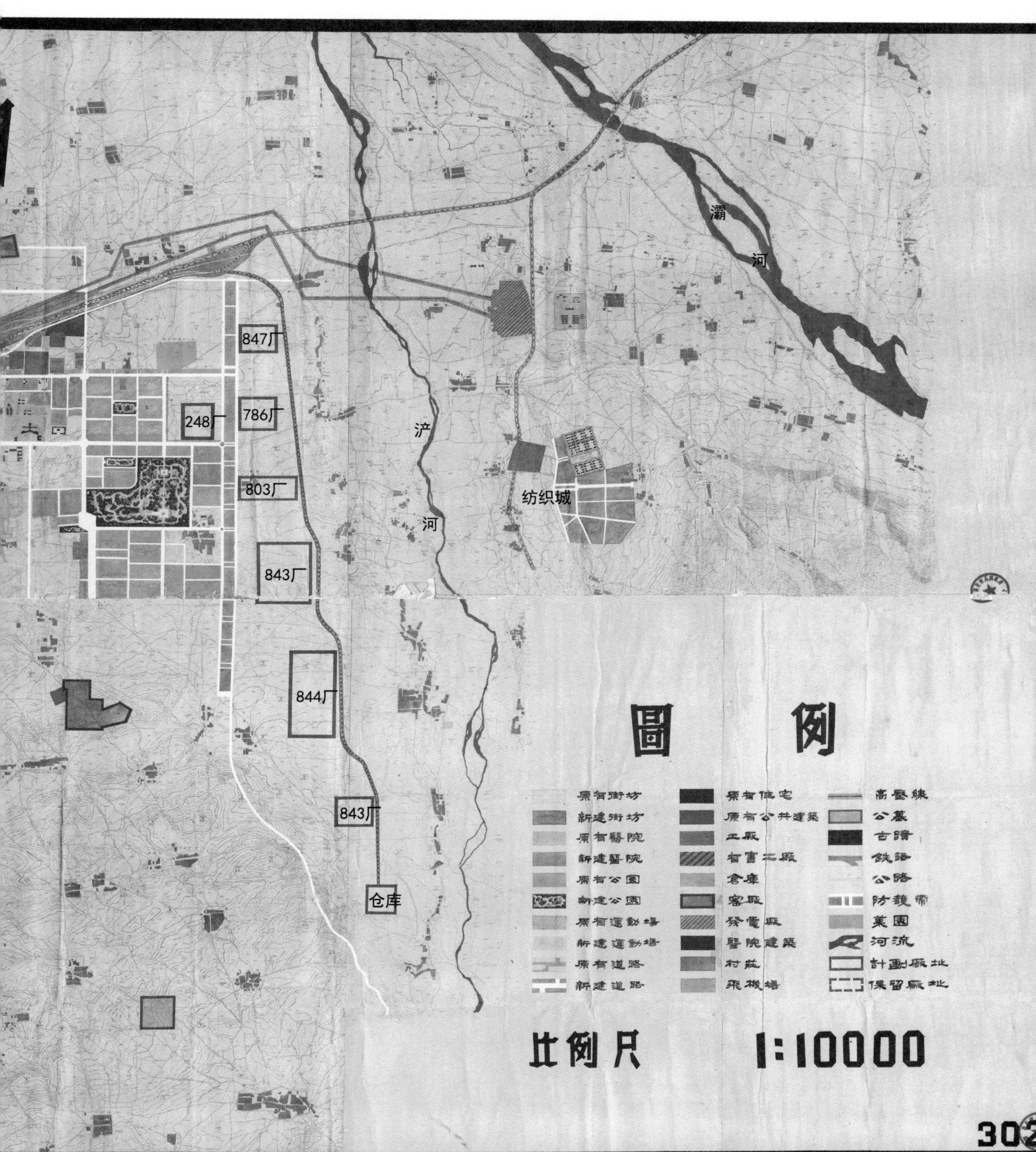

注：图中文字主要为笔者所加。资料来源：西安市第一期实施计划图［Z］．中国城市规划设计研究院档案室，案卷号：0975，0976.

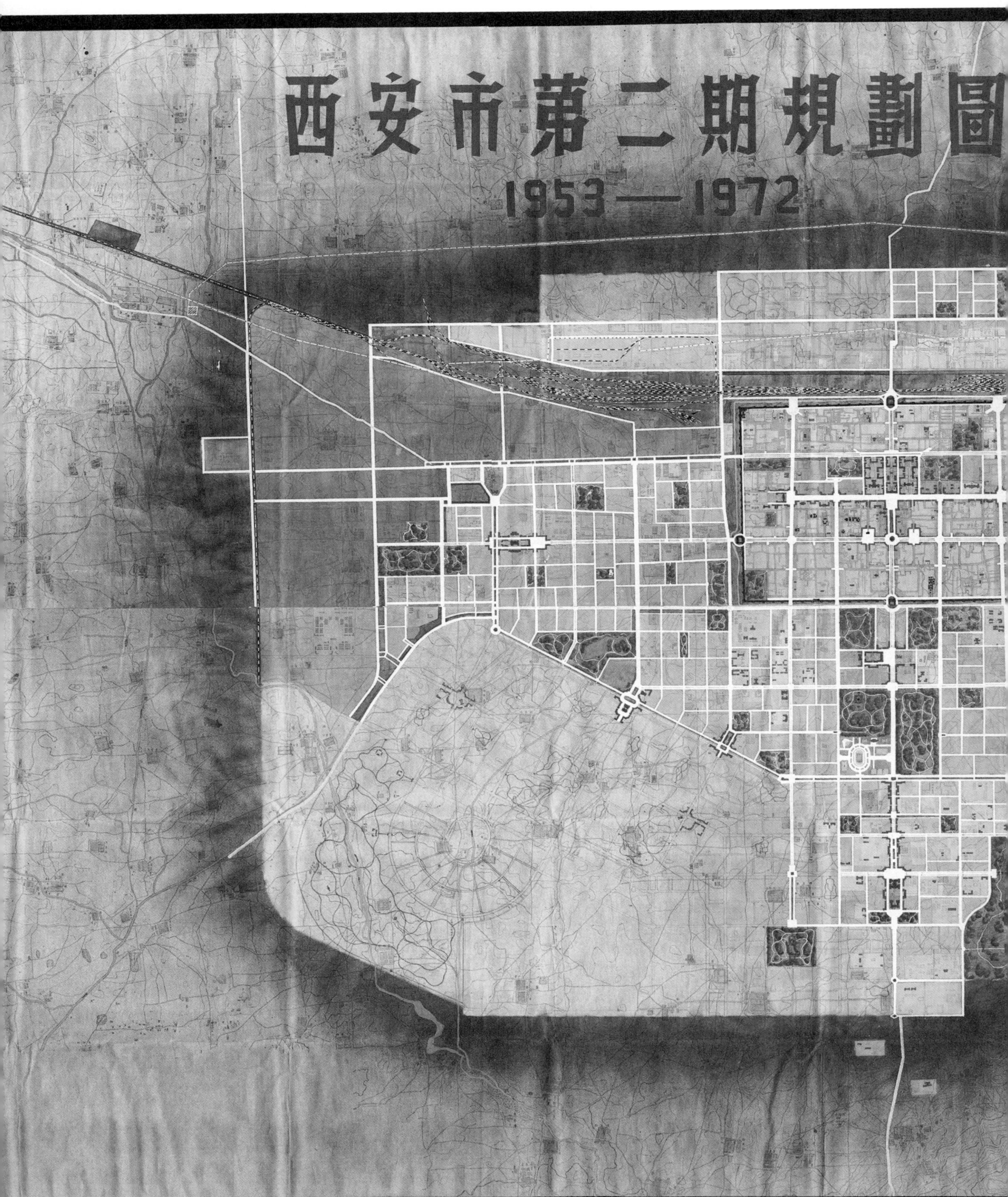

彩图 2-29　西安市第二期规划图（1953-1972 年）

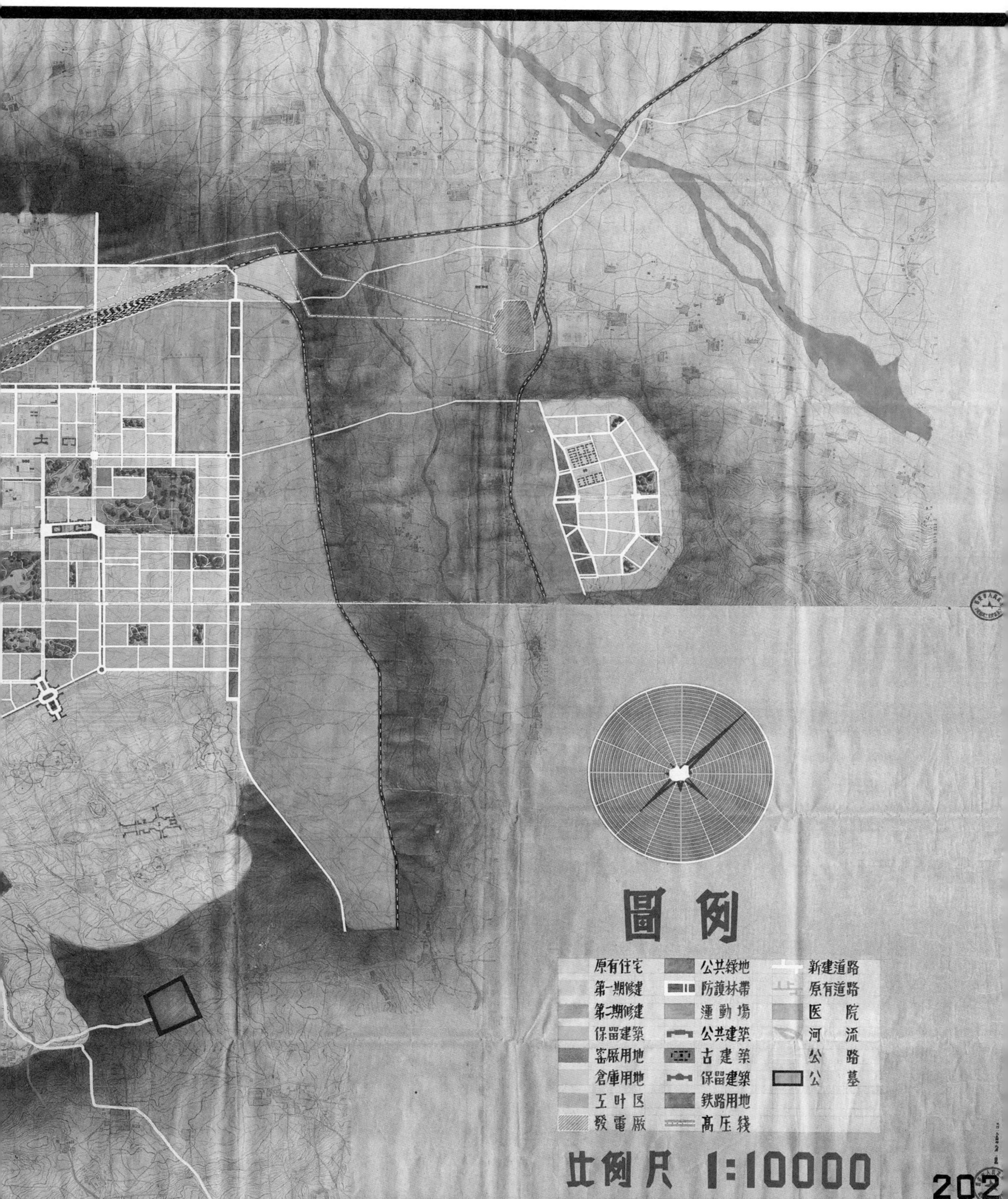

资料来源：西安市第二期规划图（1953-1972）[Z]．中国城市规划设计研究院档案室，案卷号：0980，0981.

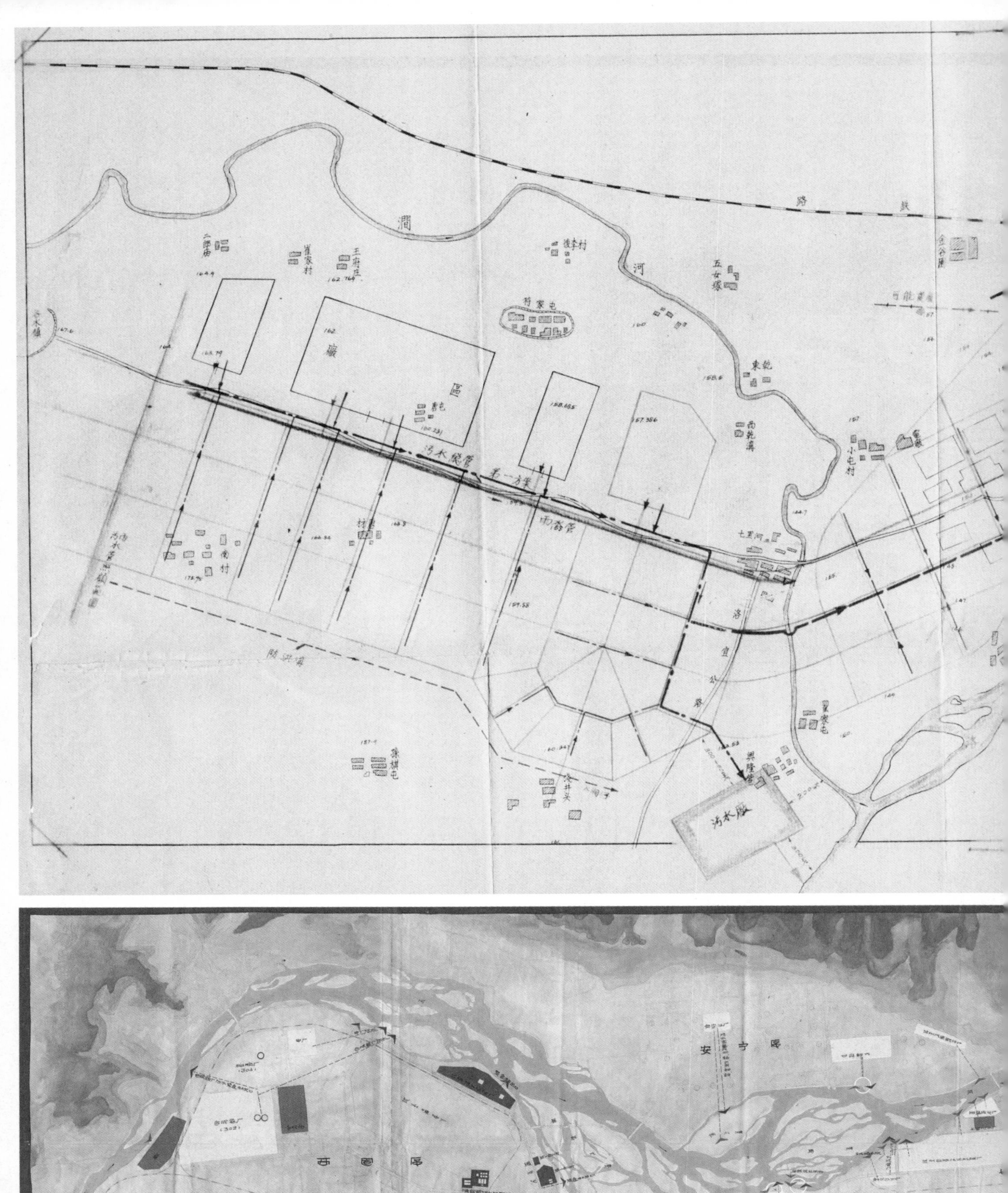

渭
河
路
铁
厂
区
污水总管
第一方案
雨水管
洛
宜
公
路
防洪堤
污水厂
崔家村
王府庄
后李村
五女冢
符家屯
东乾
西乾沟
小屯村
七里河
兴隆营
孙旗屯
金谷园
安宁区
西固区

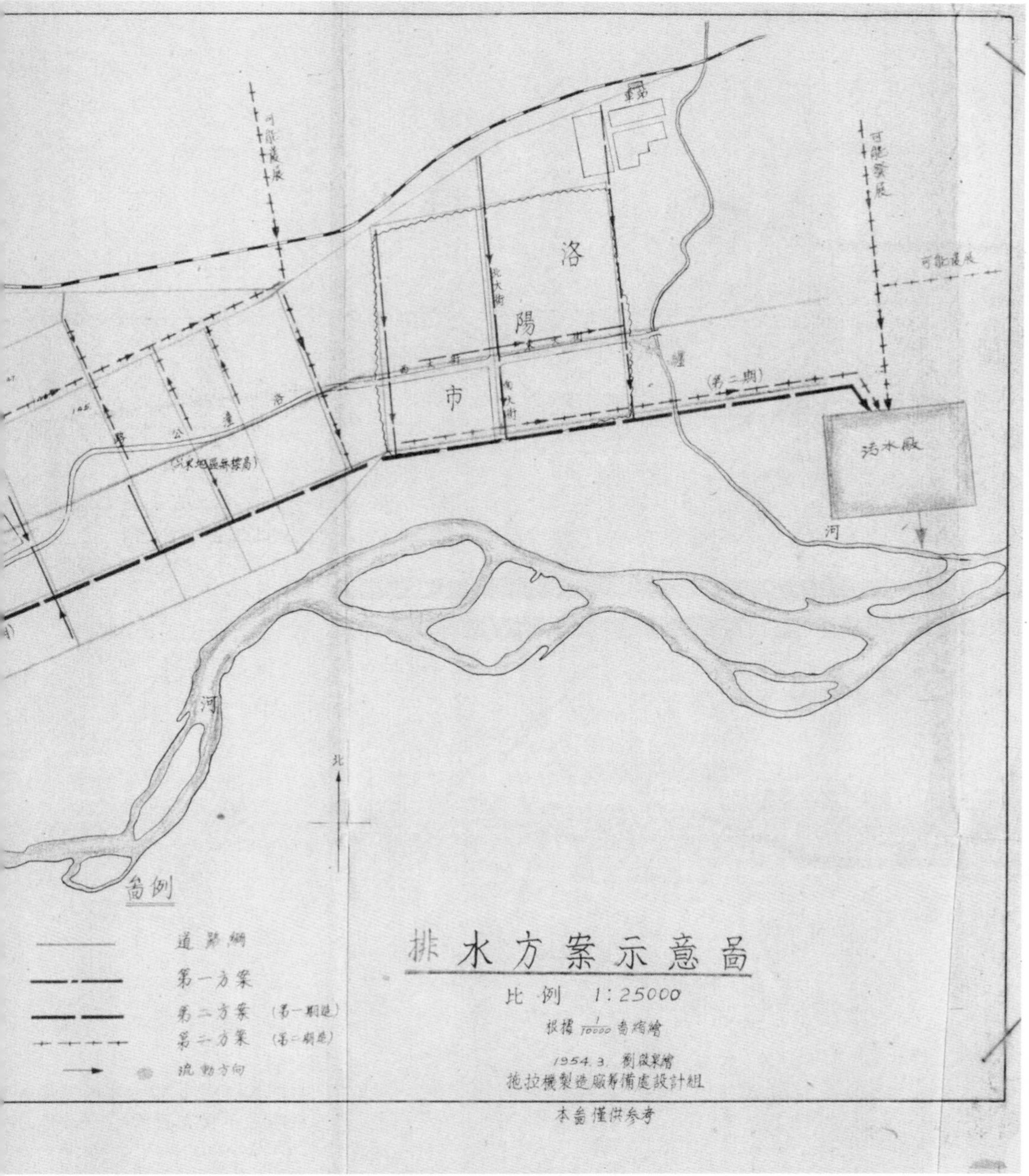

彩图 2-30　洛阳市排水方案示意图

资料来源：洛阳市规划资料汇集[Z]. 中国城市规划设计研究院档案室，案卷号：0828：119.

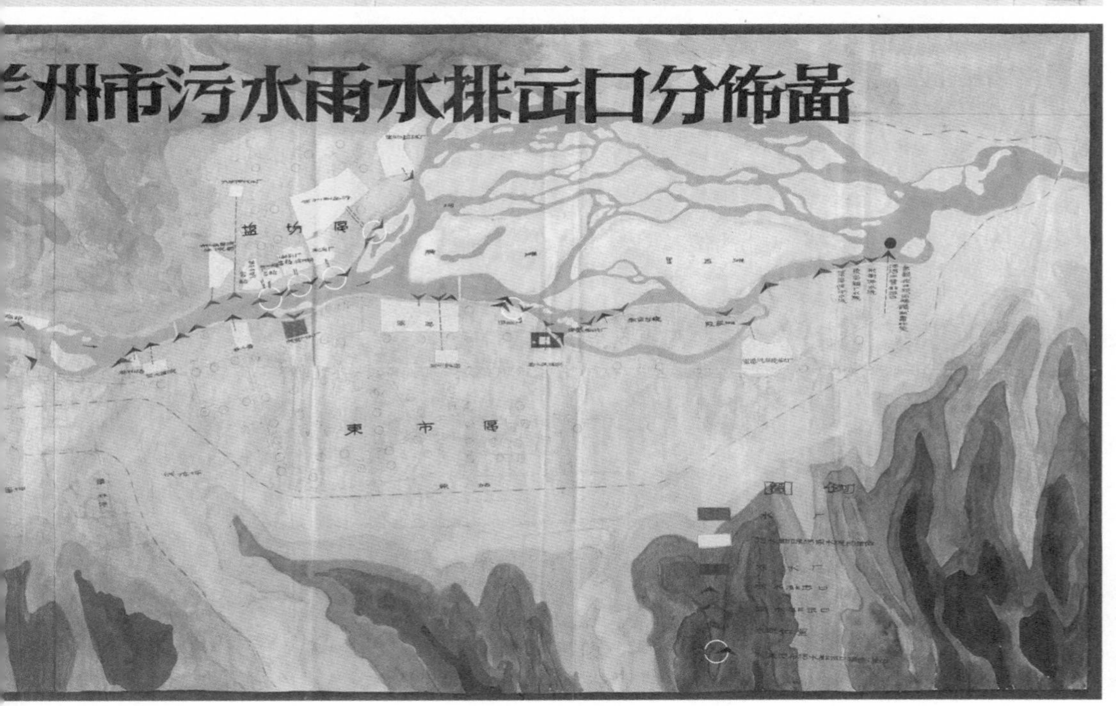

彩图 2-31　兰州市污水雨水排出口分布图

资料来源：兰州市污水雨水排出口分布图[Z]. 中国城市规划设计研究院档案室，案卷号：1120：42.

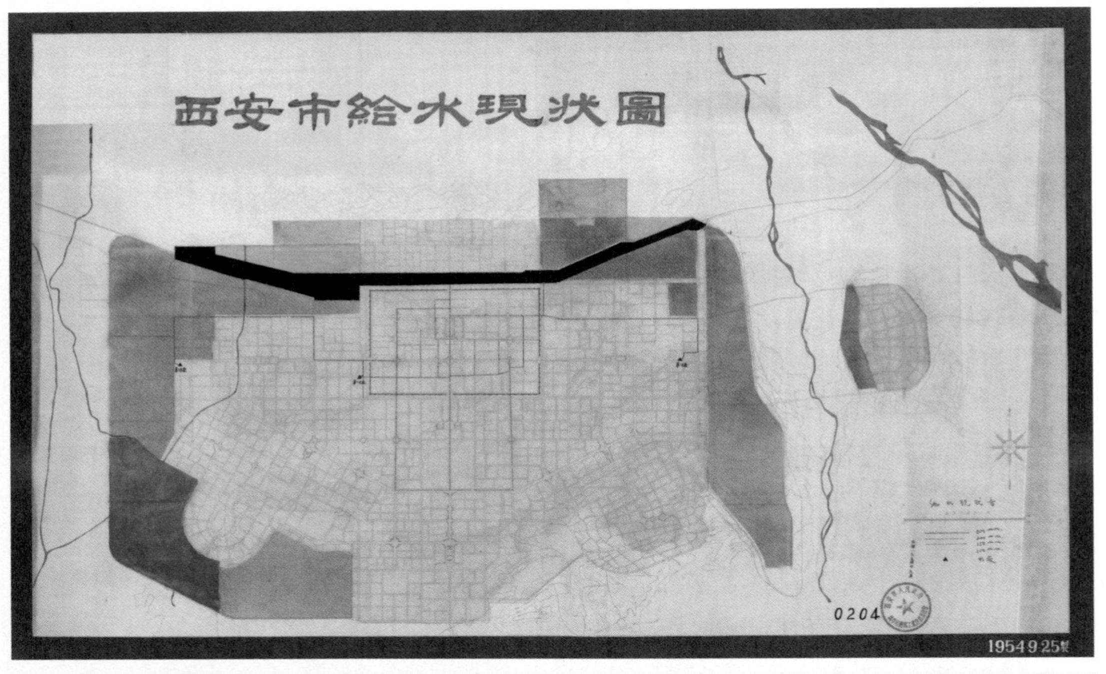

彩图 2–32　西安市给水现状图（1954 年 9 月 25 日）

资料来源：西安市城市规划设计研究院档案室，案卷号：89.

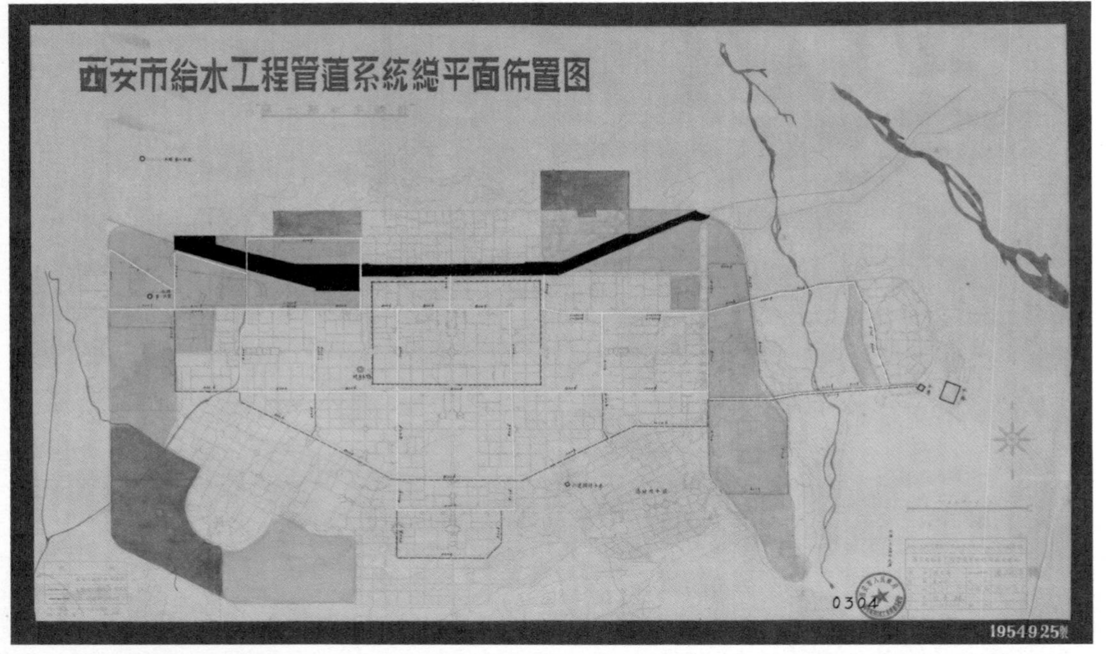

彩图 2–33　西安市给水工程管道系统总平面布置图（1954 年 9 月 25 日）

资料来源：西安市城市规划设计研究院档案室，案卷号：89.

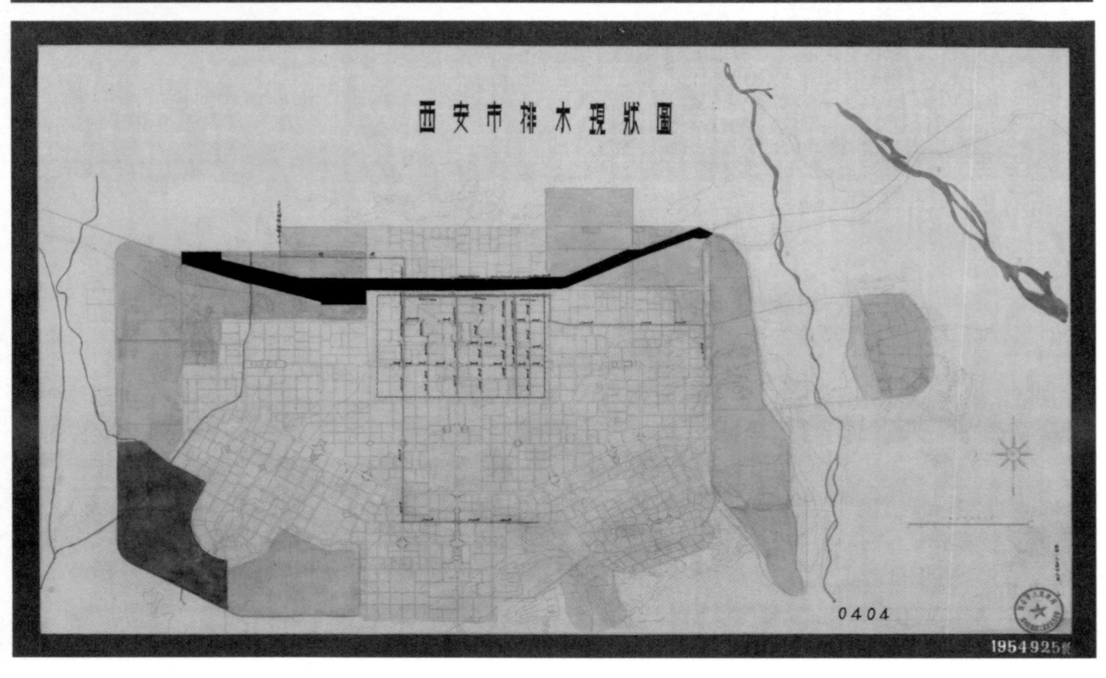

彩图 2–34　西安市排水现状图（1954 年 9 月 25 日）

资料来源：西安市城市规划设计研究院档案室，案卷号：89.

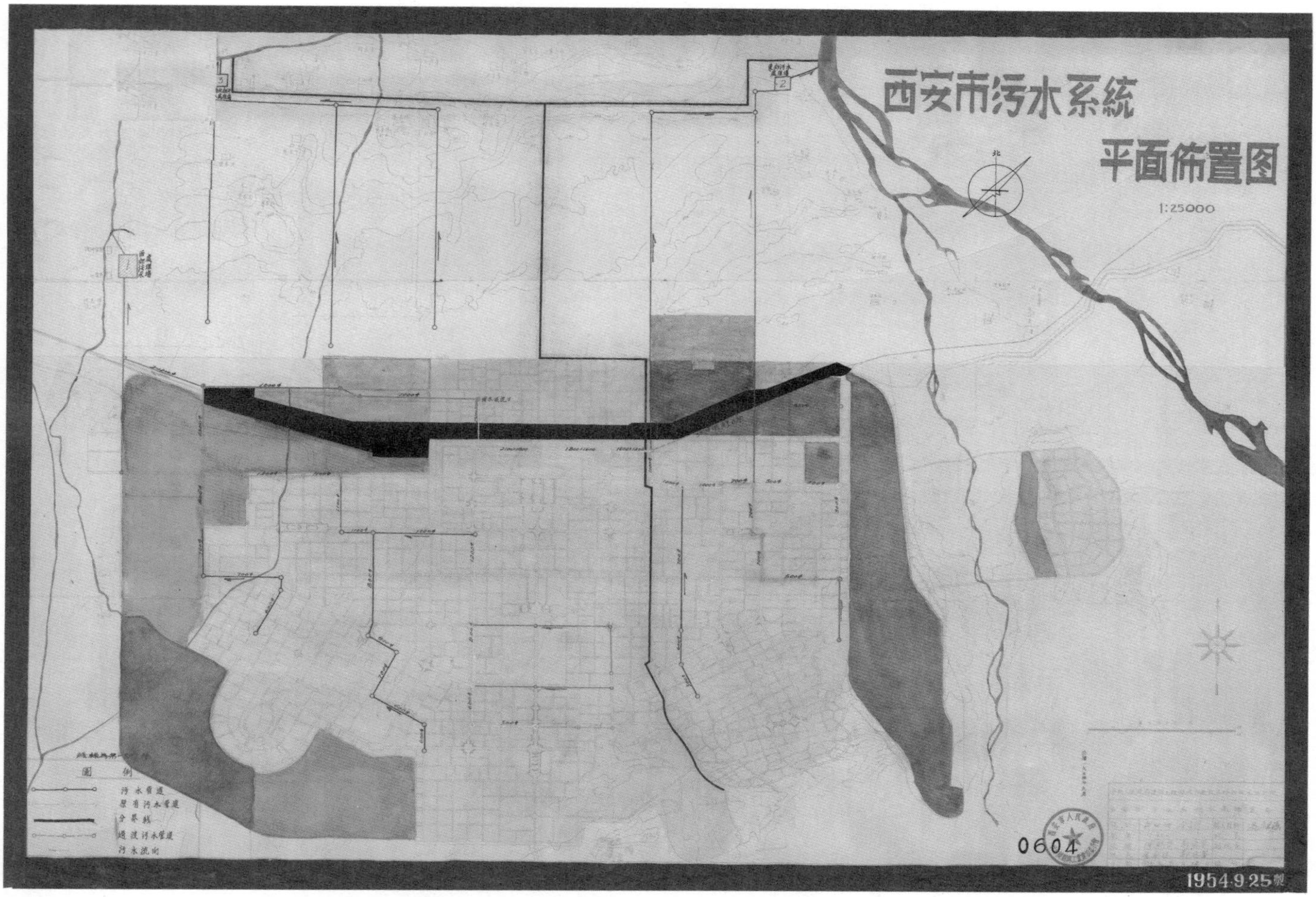

西安市污水系統平面佈置图

1:25000

0604

1954.9.25製

彩图 2–35　西安市污水系统平面布置图（1954 年 9 月 25 日）

资料来源：西安市城市规划设计研究院档案室，案卷号：89.

西安市雨水系統平面佈置图

0504

1954.9.25製

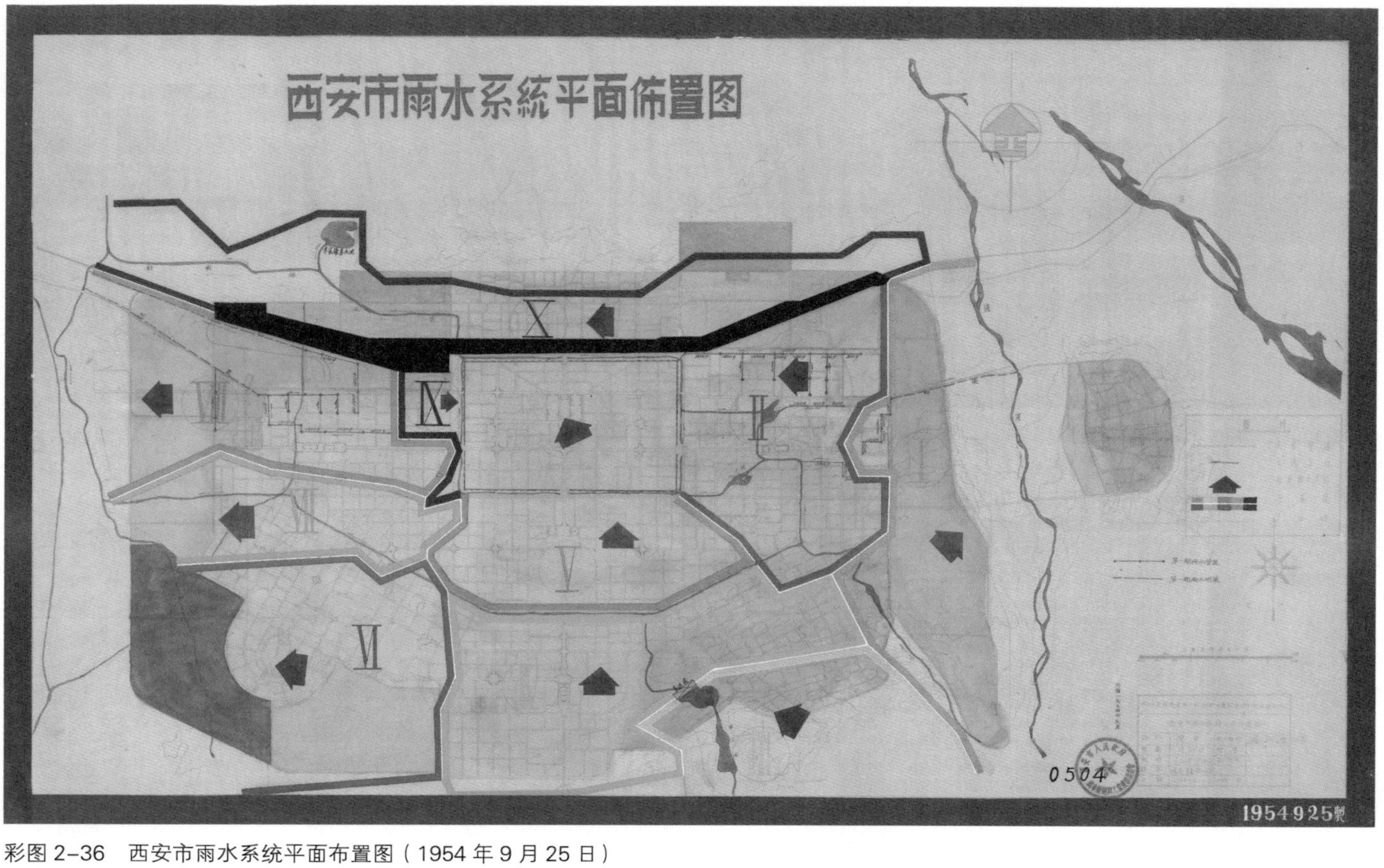

彩图 2–36　西安市雨水系统平面布置图（1954 年 9 月 25 日）

资料来源：西安市城市规划设计研究院档案室，案卷号：89.

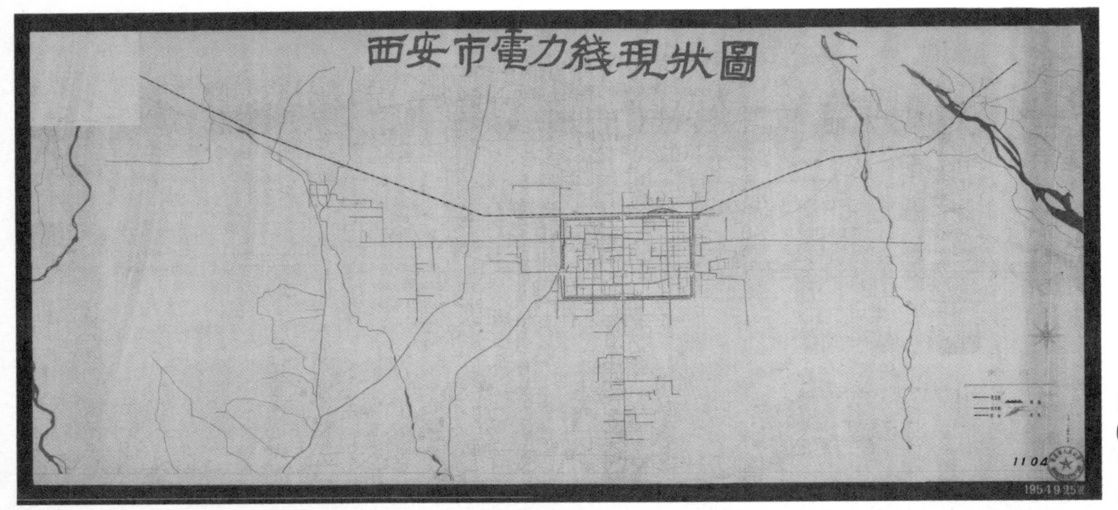

彩图 2-37 西安市电力线现状图（1954 年 9 月 25 日）
资料来源：西安市城市规划设计研究院档案室，案卷号：89.

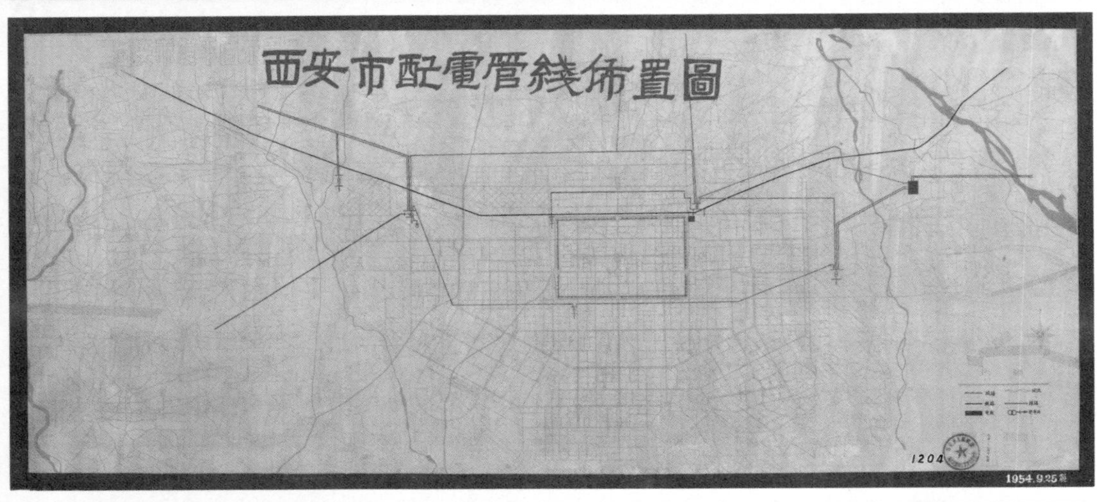

彩图 2-38 西安市配电管线布置图（1954 年 9 月 25 日）
资料来源：西安市城市规划设计研究院档案室，案卷号：89.

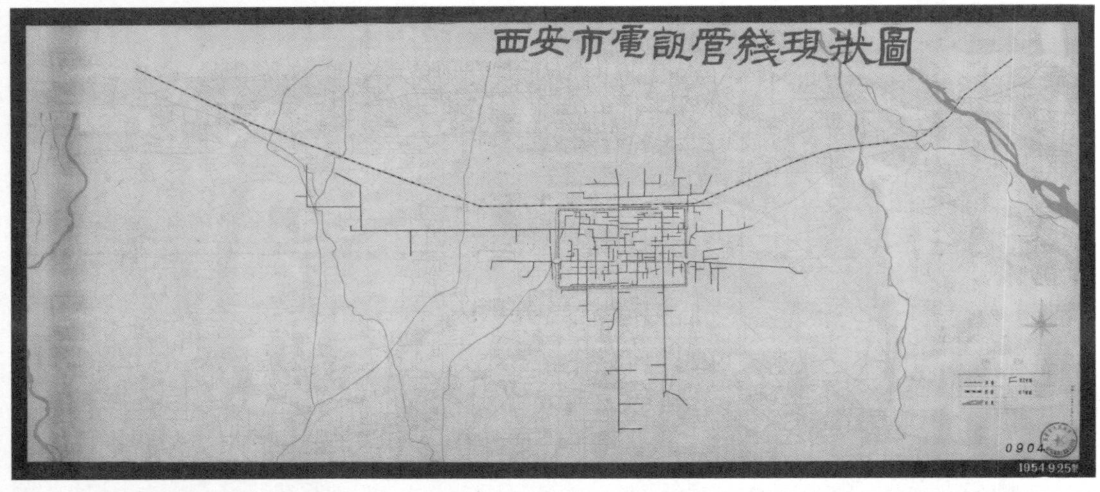

彩图 2-39 西安市电讯管线现状图（1954 年 9 月 25 日）
资料来源：西安市城市规划设计研究院档案室，案卷号：89.

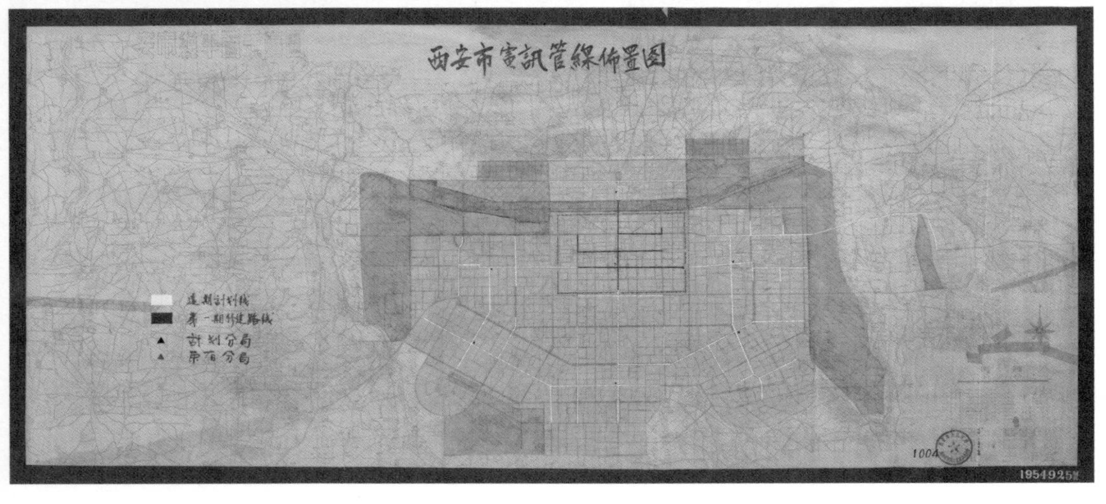

彩图 2-40 西安市电讯管线布置图（1954 年 9 月 25 日）
资料来源：西安市城市规划设计研究院档案室，案卷号：89.

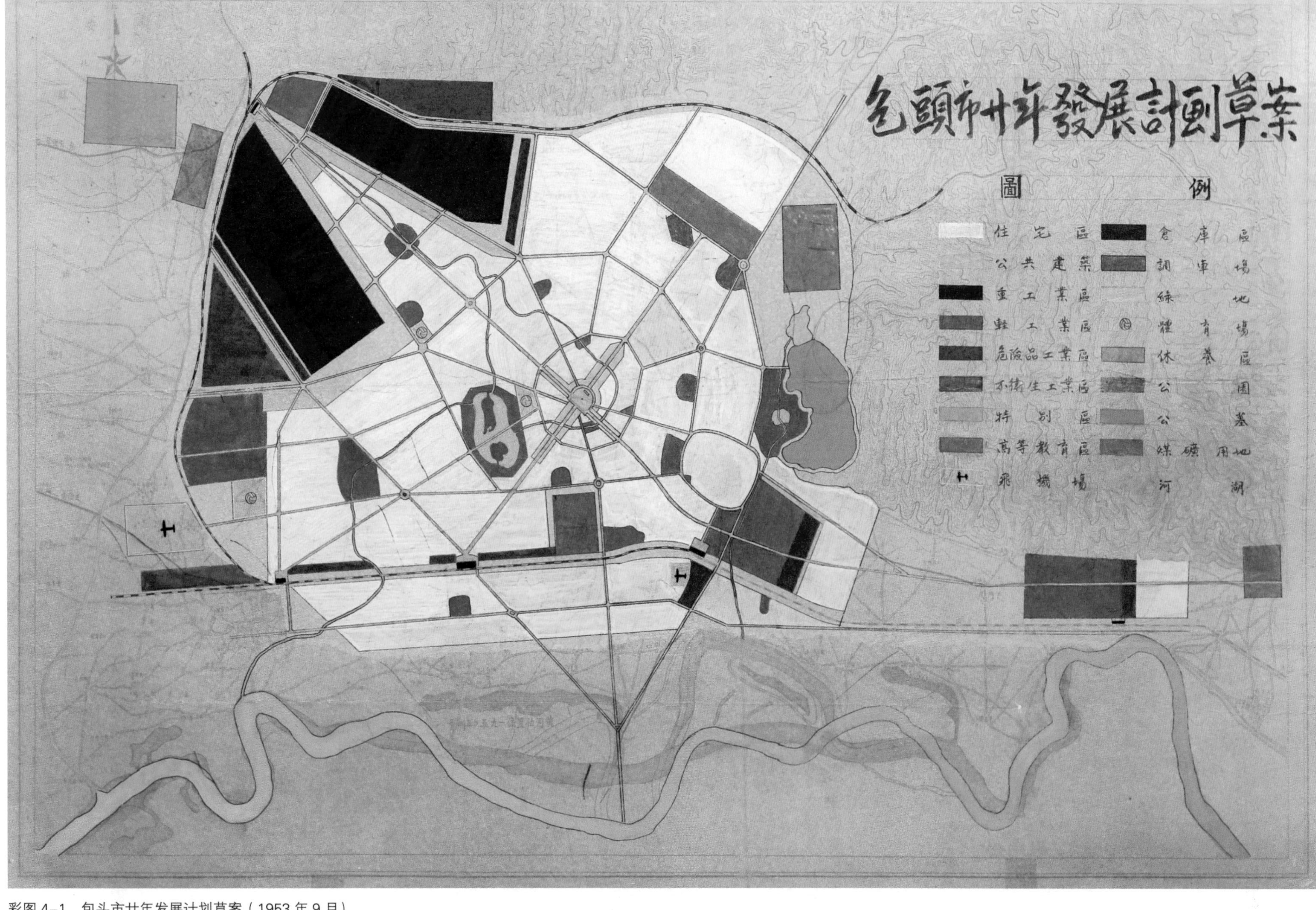

彩图 4-1　包头市廿年发展计划草案（1953 年 9 月）

资料来源：包头市城市规划展览馆 .

彩图 4-2　包头市初步规划总图（60 万人口，1955 年）

注：图中部分文字系笔者所加。资料来源：包头市城市规划展览馆．

包头市初步规划总图

比例 1:25000

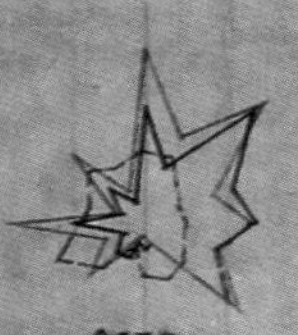

东市区

旧市区

河

图例

楼房住宅	仓库
平房住宅	公园及绿地
新农村	河流
工厂	铁路
高压线	公路
近期扩充范围	工业备用地
防洪沟	堆矿场
桥梁	地方工业

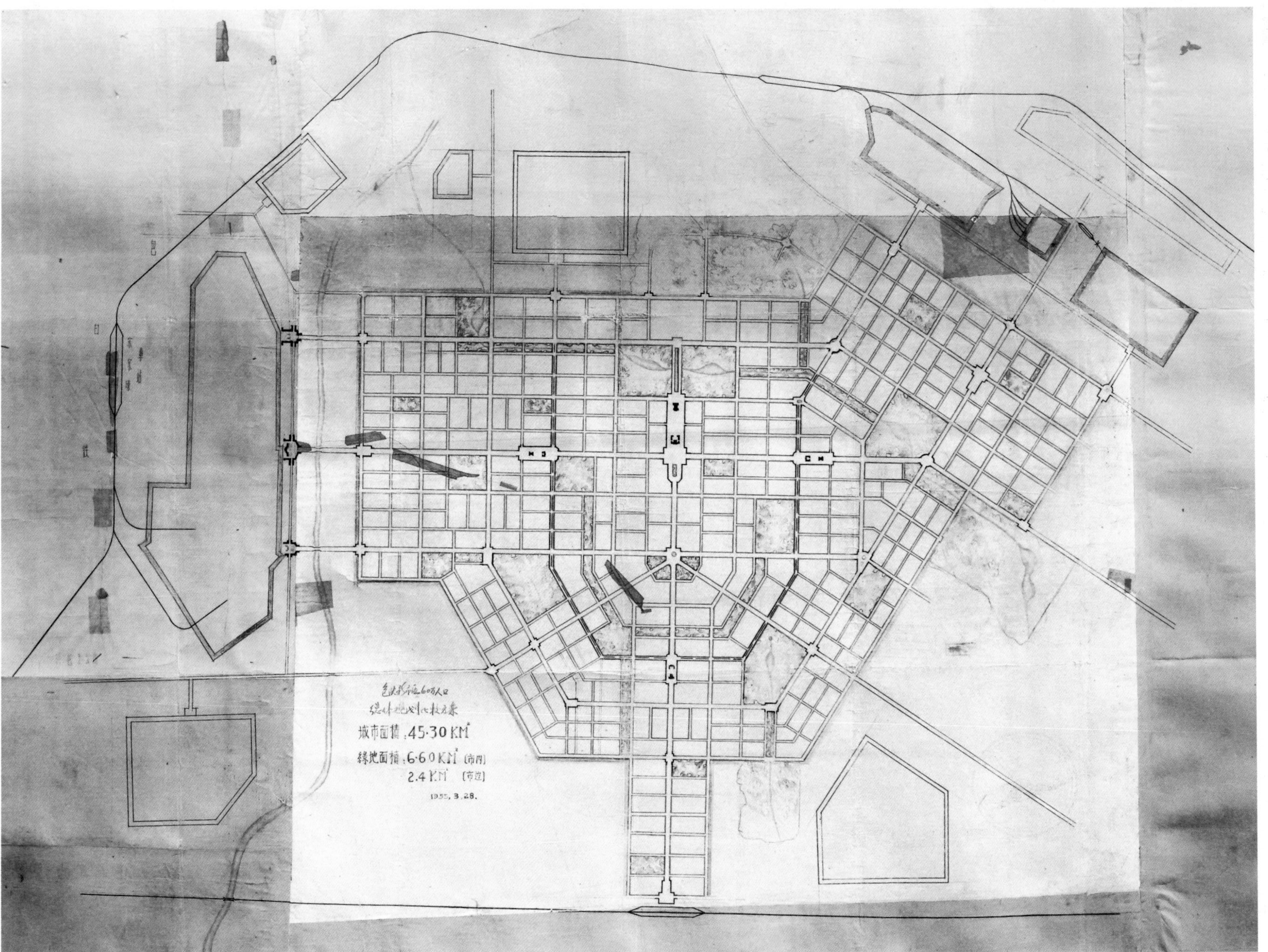

彩图 4-3　包头市新市区总体规划方案（60 万人口，1955 年 3 月 28 日）

资料来源：包头市城市规划展览馆 .

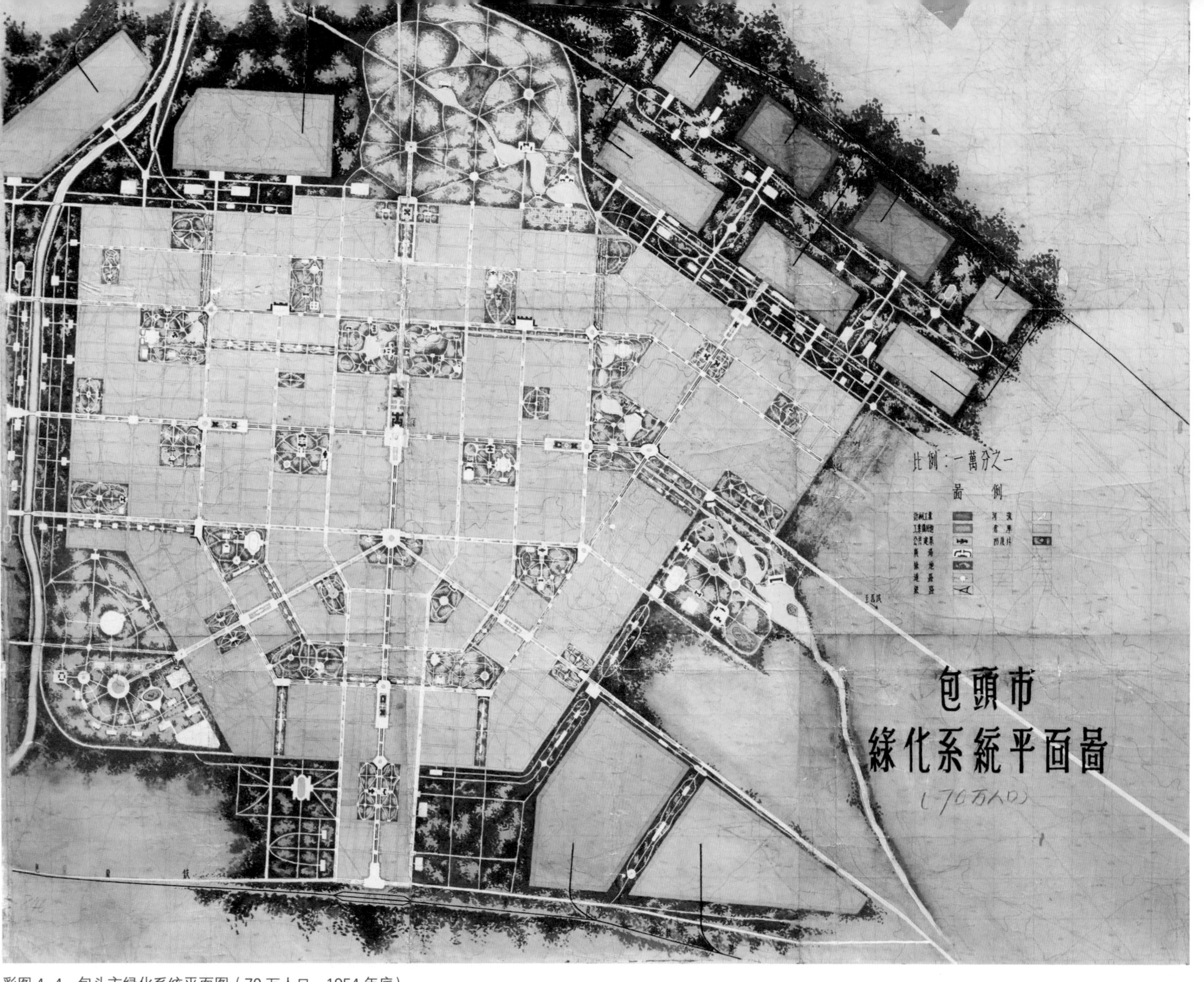

彩图 4-4　包头市绿化系统平面图（70 万人口，1954 年底）
资料来源：包头市城市规划展览馆.

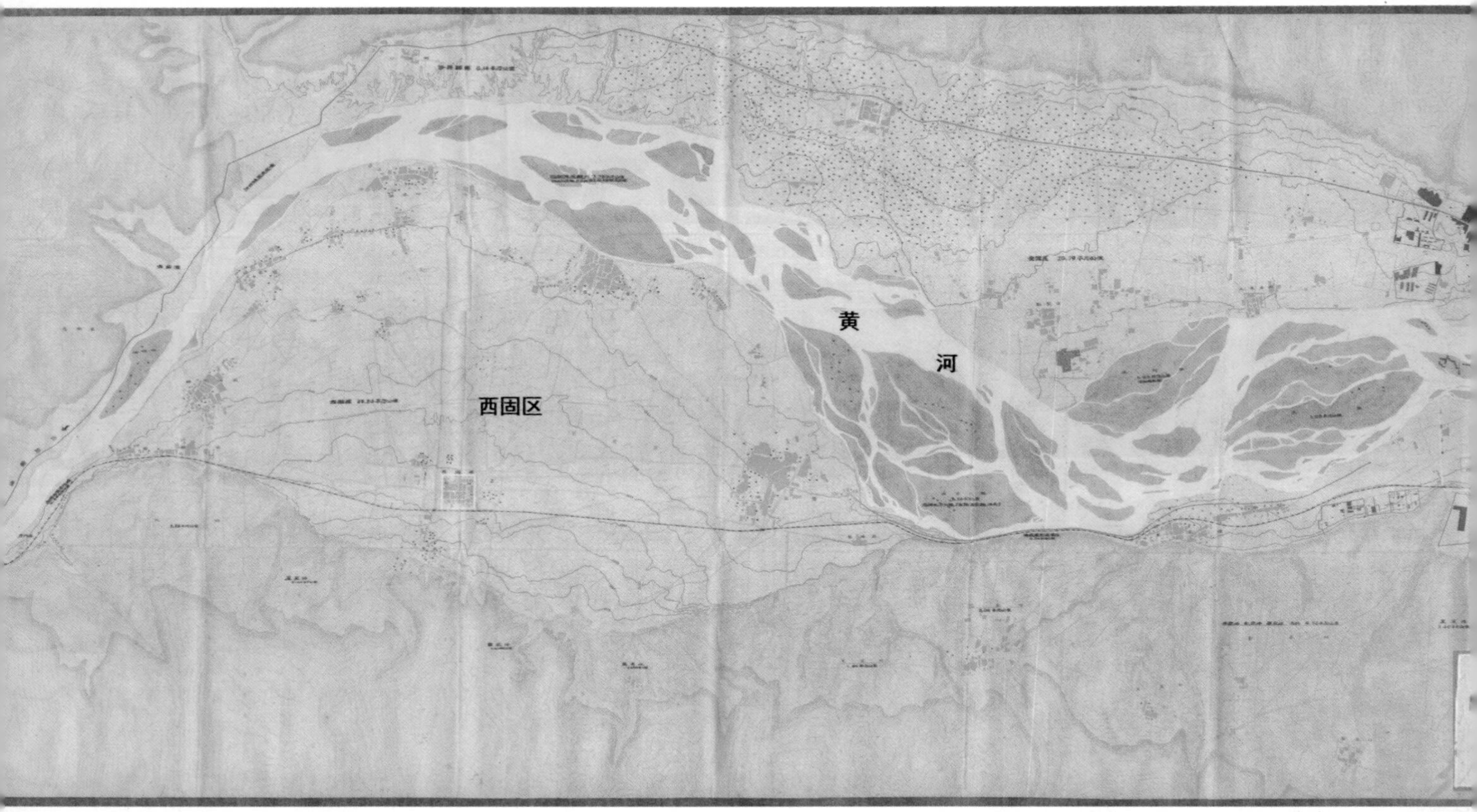

彩图 4-5　兰州市现况图（1954 年）

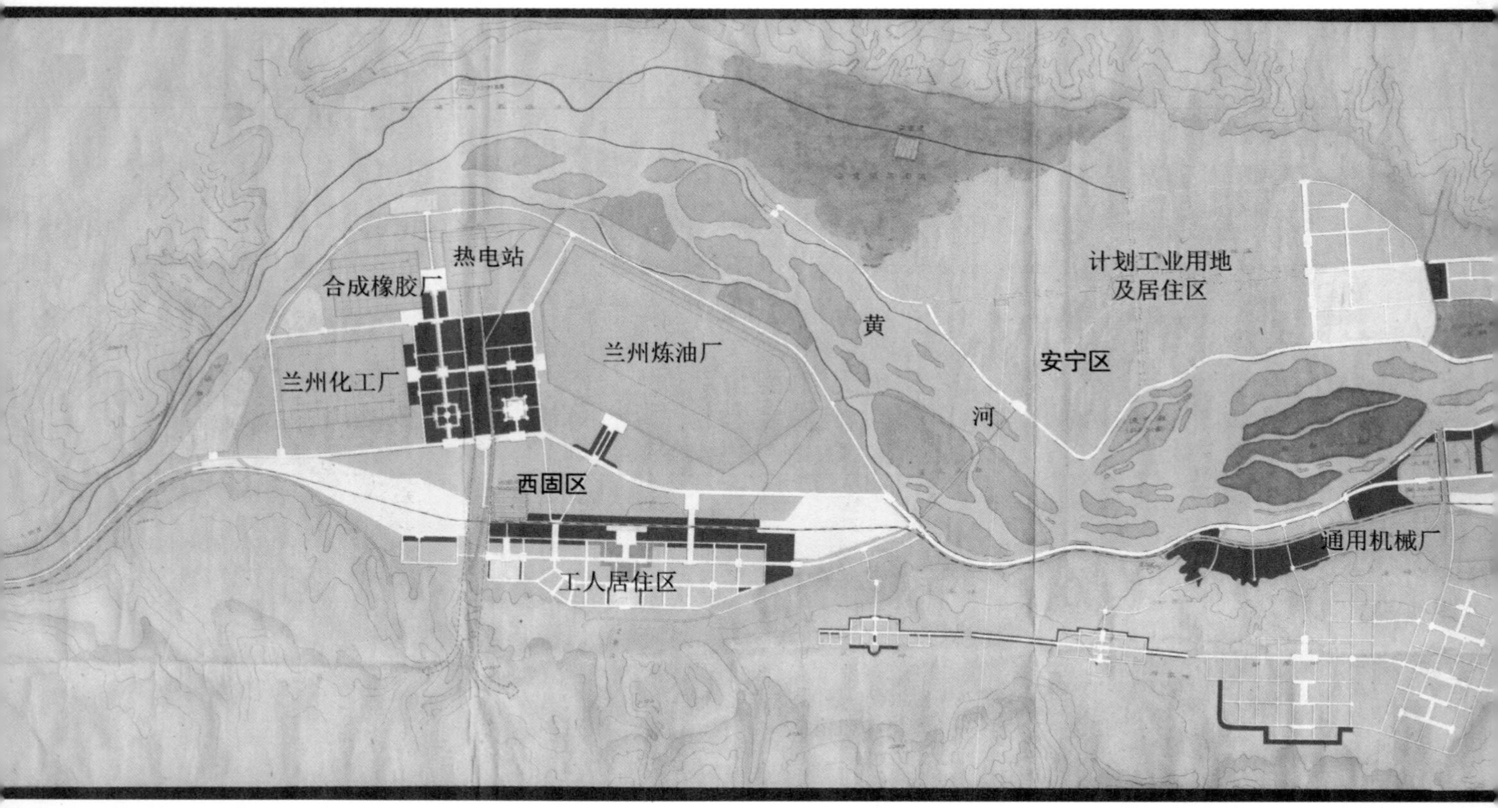

彩图 4-6　兰州市总体规划示意图（1954 年）

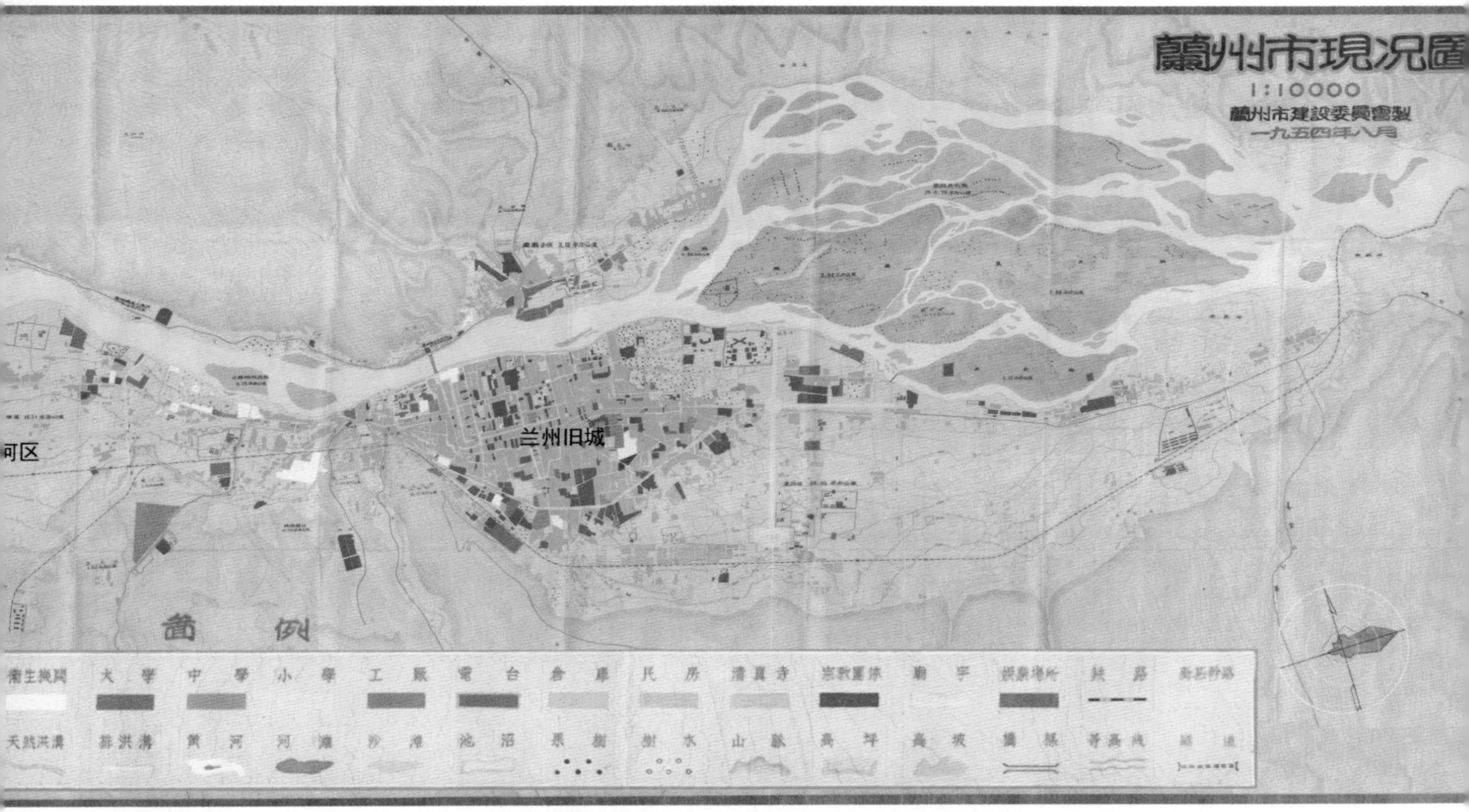
蘭州市現況圖
1:10000
蘭州市建設委員會製
一九五四年八月
兰州旧城
河区
圖例
大學
中學
小學
工廠
電台
倉庫
民房
清真寺
宗教團体
廟宇
鐵路
天然洪溝
排洪溝
黃河
河灘
沙灘
池沼
果樹
樹木
山脈
高坪
高坡
橋樑
等高線

注：图中文字主要为笔者所加，为便于阅读，对图例等作了放大处理。资料来源：兰州市建设委员会．兰州市现况图［Z］．中国城市规划设计研究院档案室，案卷号：1108.

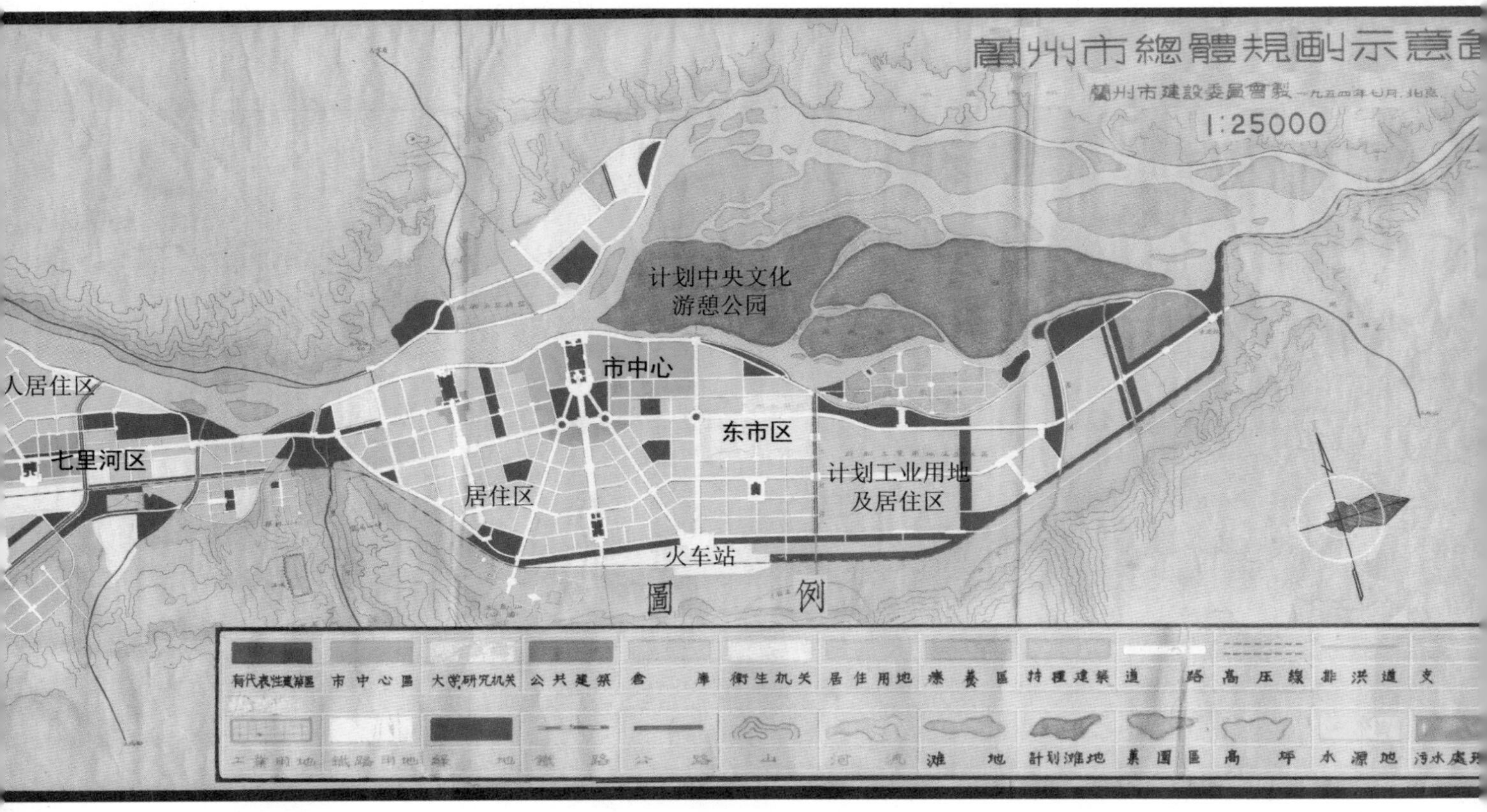
蘭州市總體規劃示意圖
蘭州市建設委員會製 一九五四年七月，北京
1:25000
计划中央文化
游憩公园
市中心
人居住区
七里河区
东市区
居住区
计划工业用地
及居住区
火车站
圖例
有代表性建築區
市中心區
大学研究机关
公共建築
倉庫
衛生机关
居住用地
療養區
特種建築
道路
高压線
排洪道
灘地
計划灘地
果園區
高坪
水源地
污水處理

注：图中文字主要为笔者所加，为便于阅读，对图例等作了放大处理。资料来源：兰州市建设委员会．兰州市城市总体规划示意图［Z］．中国城市规划设计研究院档案室，案卷号：1107.

火车站
成渝
木材
加工厂
府
河
中心广场
南
河
仓库区
制革
污水处理厂

彩图 4-7　成都市规划总平面图草案（1954 年）

注：图中部分文字为笔者所加，为便于阅读，对图例和比例尺作了放大处理，图名和指北针的位置作了微调，图幅略有裁剪。资料来源：成都市人民政府城市建设委员会．成都市规划总平面图草案［Z］．中国城市规划设计研究院档案室，案卷号：0793.

彩图 4-8　成都市现状图（1954 年）

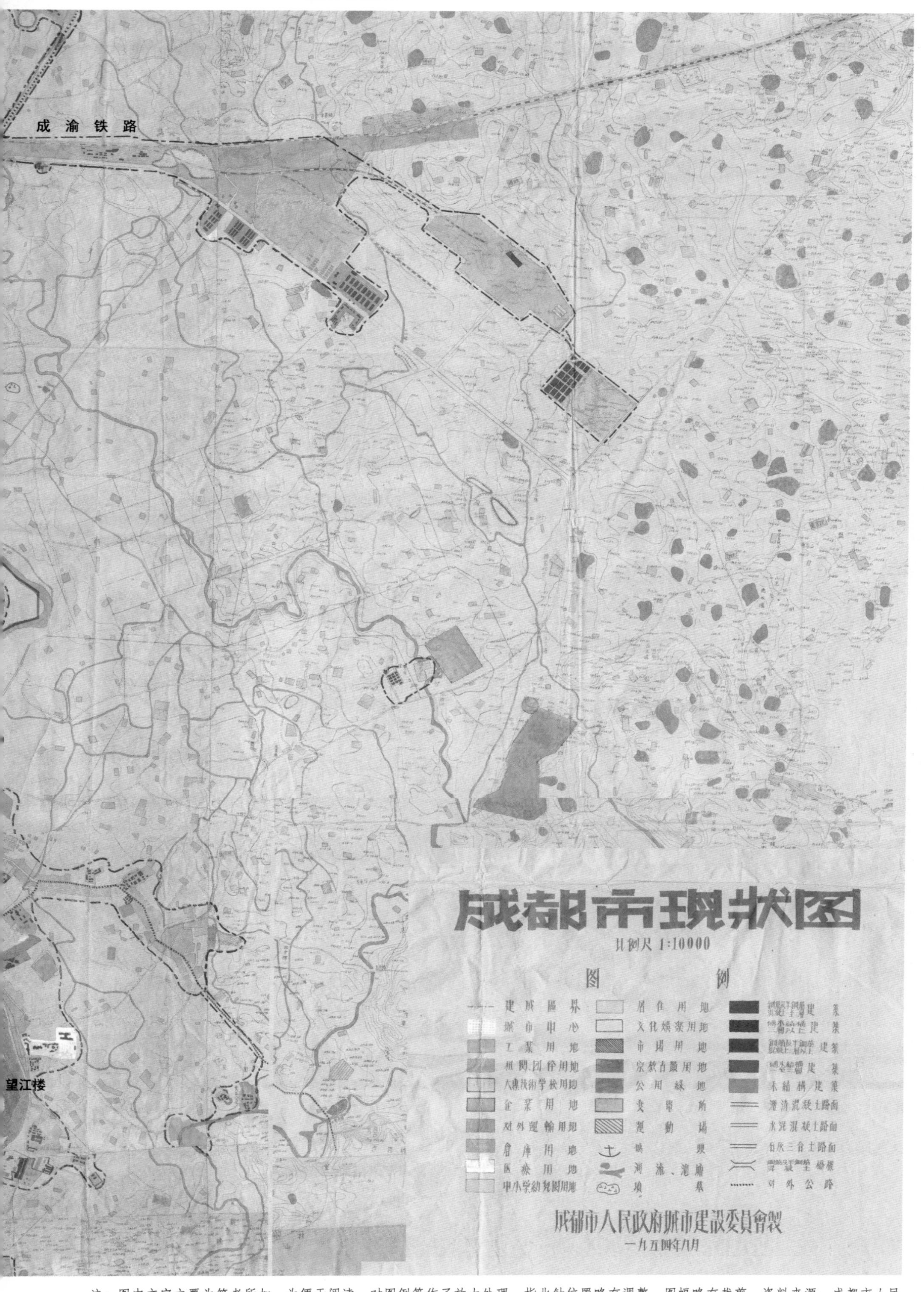

注：图中文字主要为笔者所加，为便于阅读，对图例等作了放大处理，指北针位置略有调整，图幅略有裁剪。资料来源：成都市人民政府城市建设委员会．成都市现状图（1954 年 9 月）[Z]．中国城市规划设计研究院档案室，案卷号：0795.

彩图 4-9　大同城区规划总平面图（1955 年）

注：图中部分文字为笔者所加，为便于阅读，对图例等内容作了缩放处理。资料来源：大同市城建局．大同城区规划总平面图（1955 年）[Z]．大同市城乡规划局藏，1955.

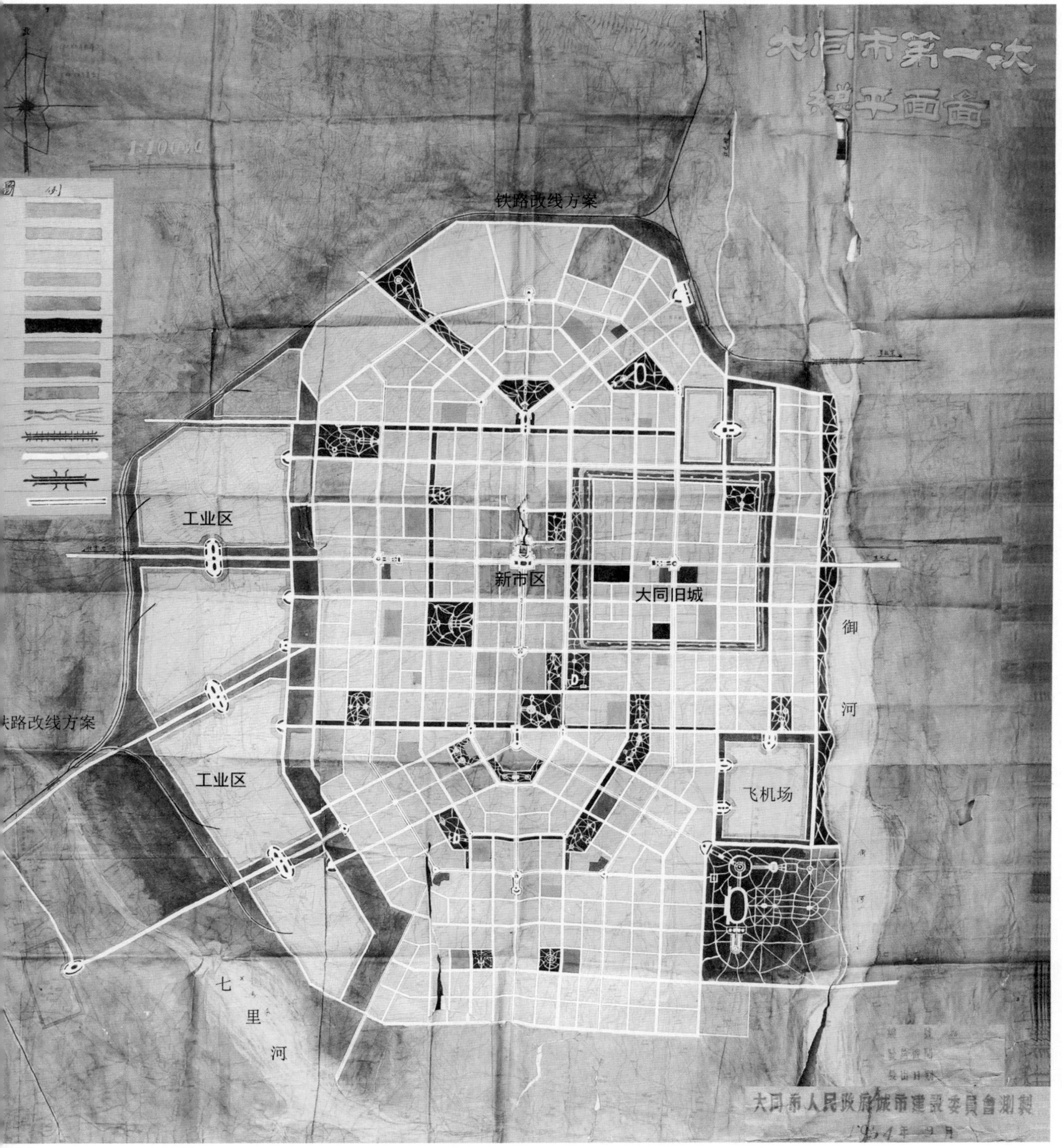

彩图 4-10　大同市第一次总平面图（1954 年）

注：为便于阅读，对图例等内容作了缩放处理。

资料来源：大同市第一次总平面图［Z］. 大同市城建档案馆藏，1954.

彩图 4-11　大同市地形图（1954 年）

注：为便于阅读，对图例和图名等内容作了缩放处理，位置也略有调整。资料来源：大同市地形图（1954 年）[Z]．大同市城乡规划局藏，1955.

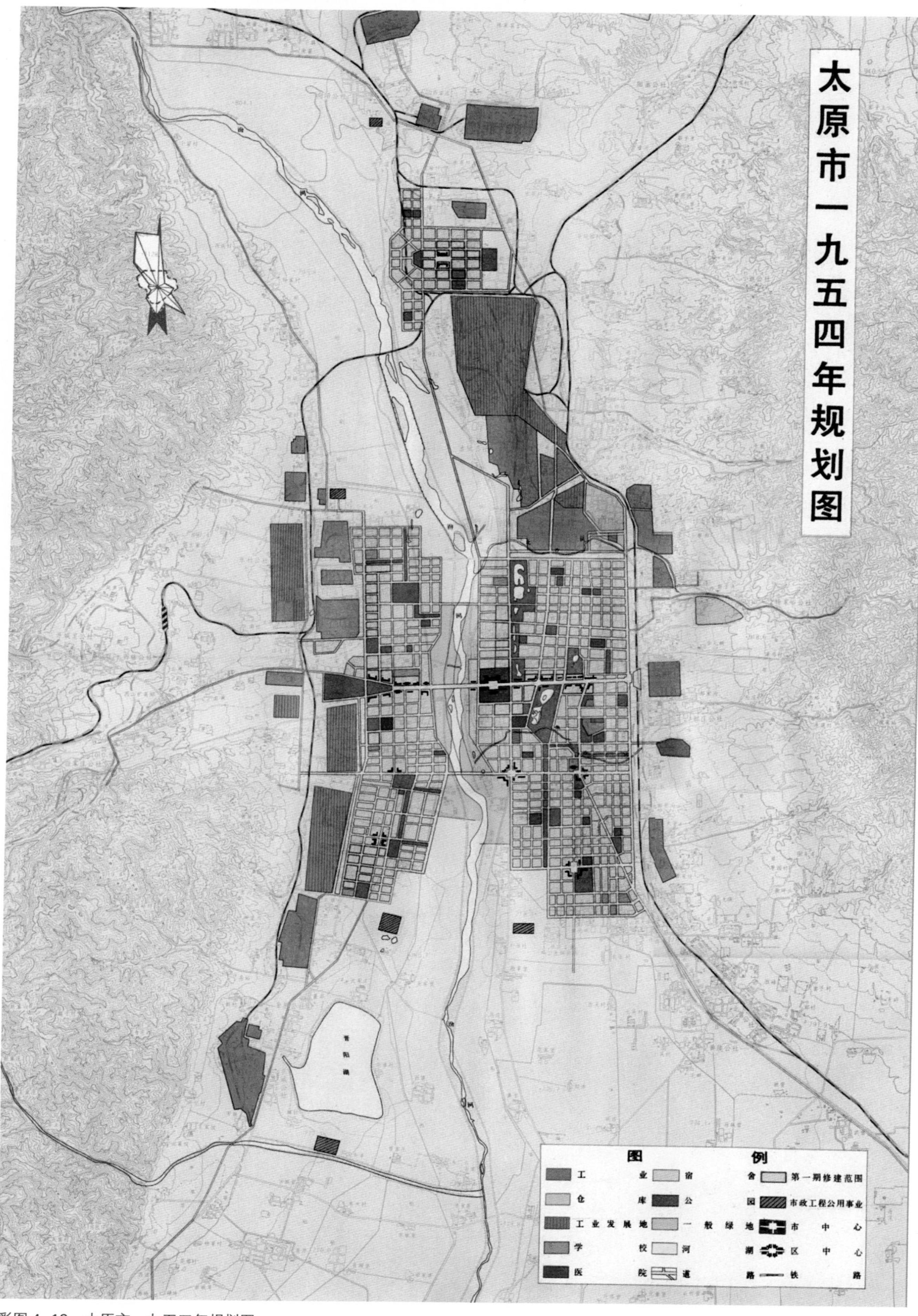

彩图 4-12　太原市一九五四年规划图

注：截取自“历版城市总体规划回顾分析图”。资料来源：历版城市总体规划回顾分析图［R］// 中国城市规划设计研究院．太原市城市总体规划（2012-2020），2012.

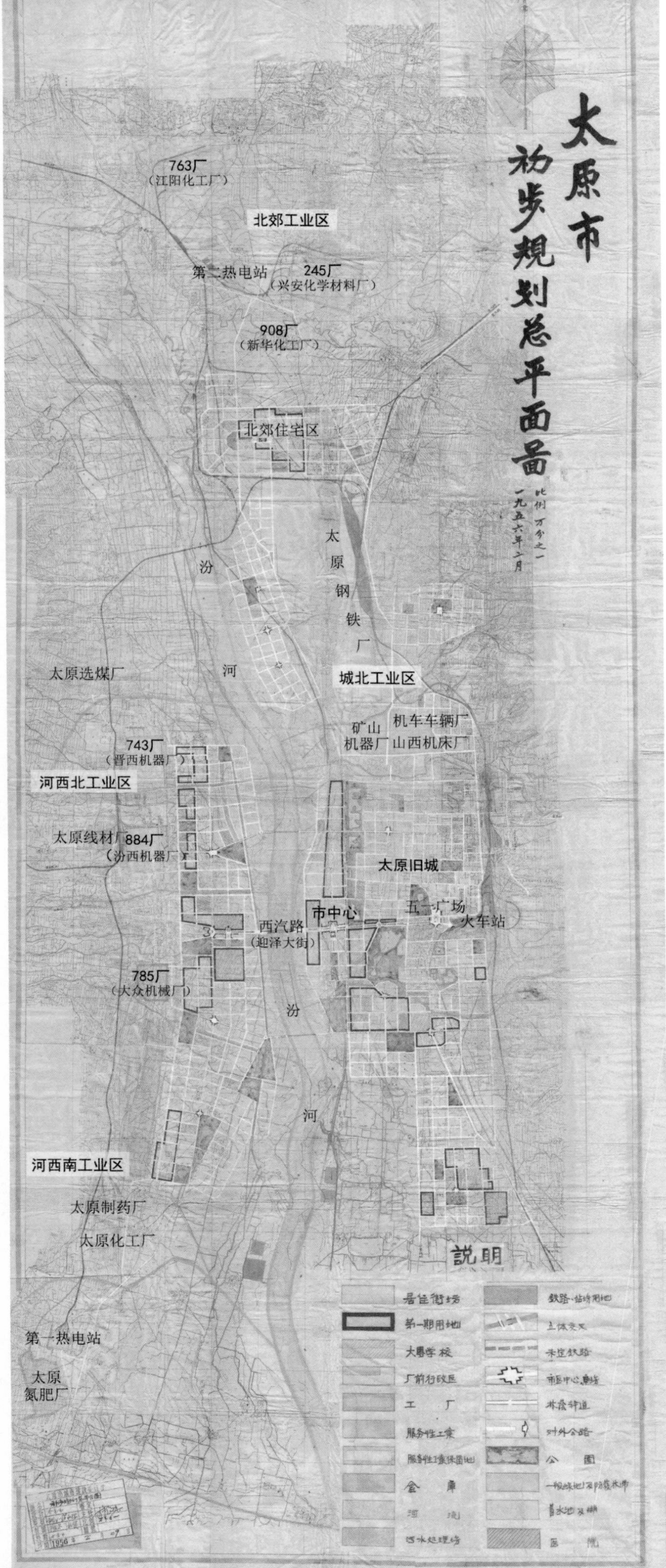

彩图 4-13　太原市初步规划总平面图（1956 年）

注：图中文字主要为笔者所加，为便于阅读，对图例和图名等内容作了缩放处理，位置也略有调整。资料来源：历版城市总体规划回顾分析图 [R] // 中国城市规划设计研究院 . 太原市城市总体规划（2012–2020），2012.

彩图 4-14　武汉市一九四九年实况图（对页上）

注：图中部分文字为笔者所加。资料来源：武汉市城市规划管理局 . 武汉市城市规划图册(1979 年)[Z]. 中国城市规划设计研究院档案室，案卷号：2117：1.

彩图 4-15　武汉市规划草图（示意图）（1953 年 9 月中旬前后，苏联专家巴拉金方案）（对页下）

资料来源：武汉市国土资源和规划局档案室（武汉市国土资源和规划档案馆），案卷号：规总 3.

武汉市一九四九年实况图

图例

工业用地	港埠码头
生活用地	铁路站场
仓库用地	道　路

汉口

汉阳

武昌

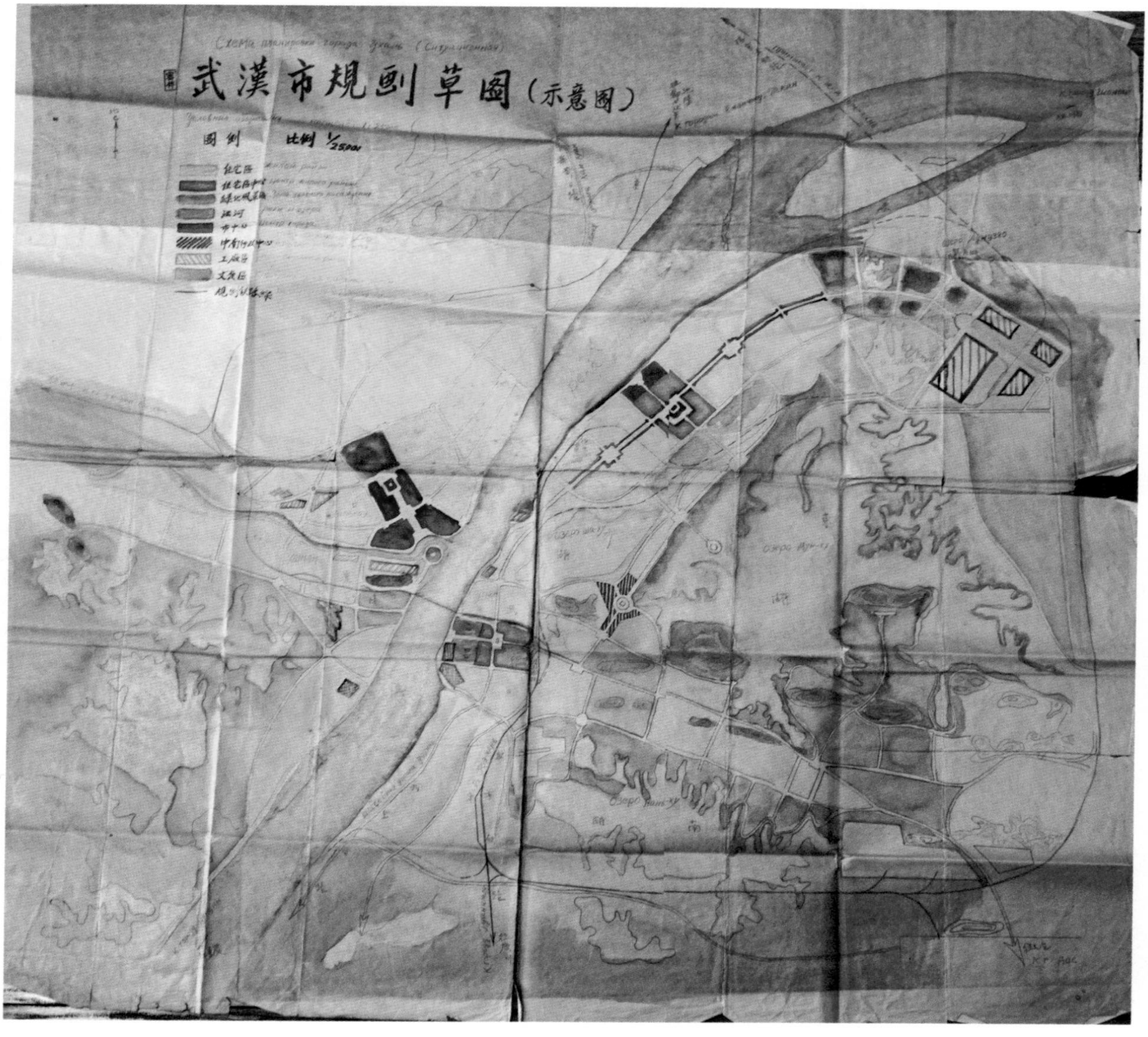

武漢市規劃草圖（示意圖）

圖例　比例

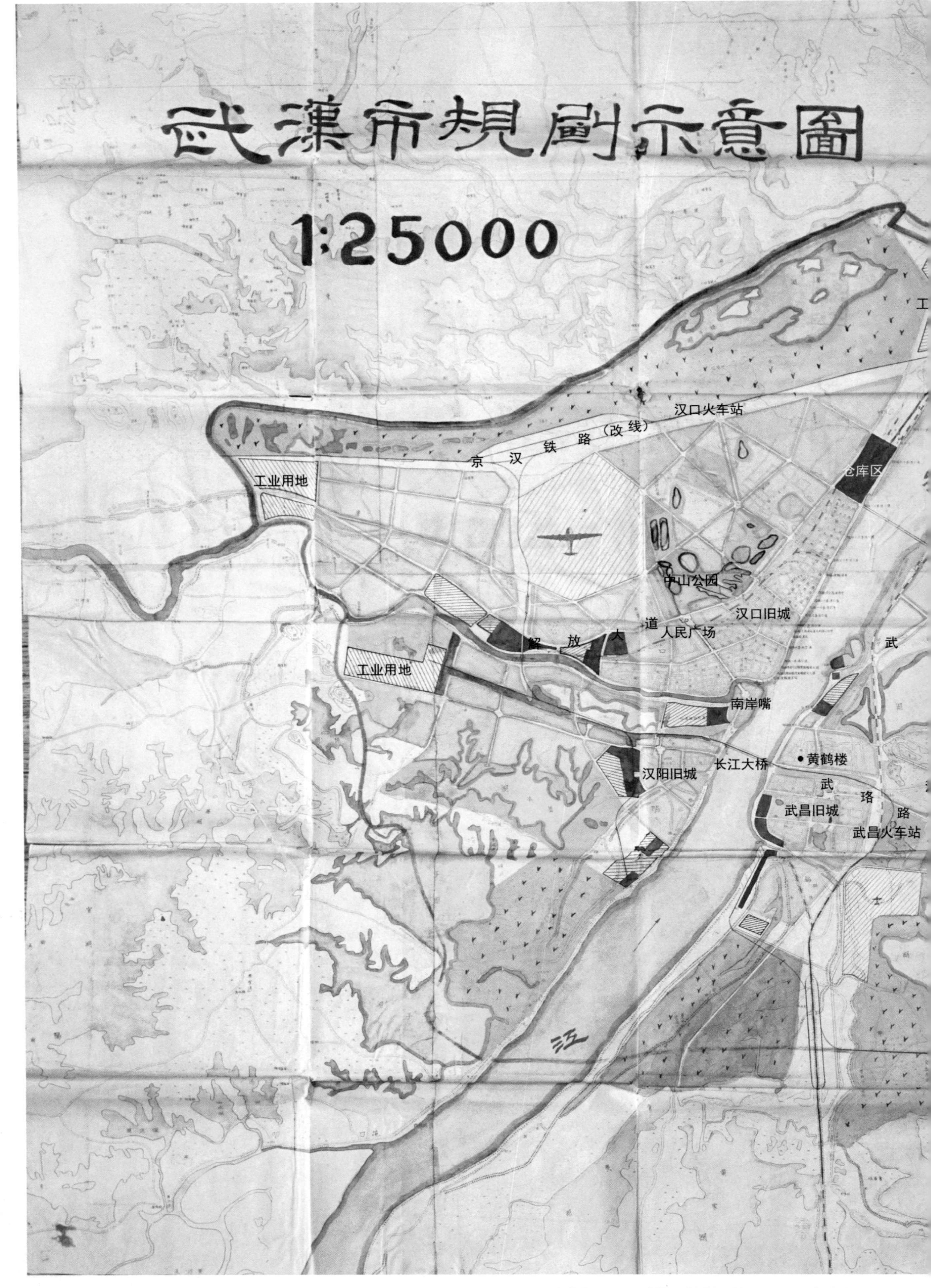

彩图 4–16　武汉市规划示意图（1954 年初）

注：图中文字主要为笔者所加。资料来源：武汉市国土资源和规划局档案室（武汉市国土资源和规划档案馆），案卷号：规总3.

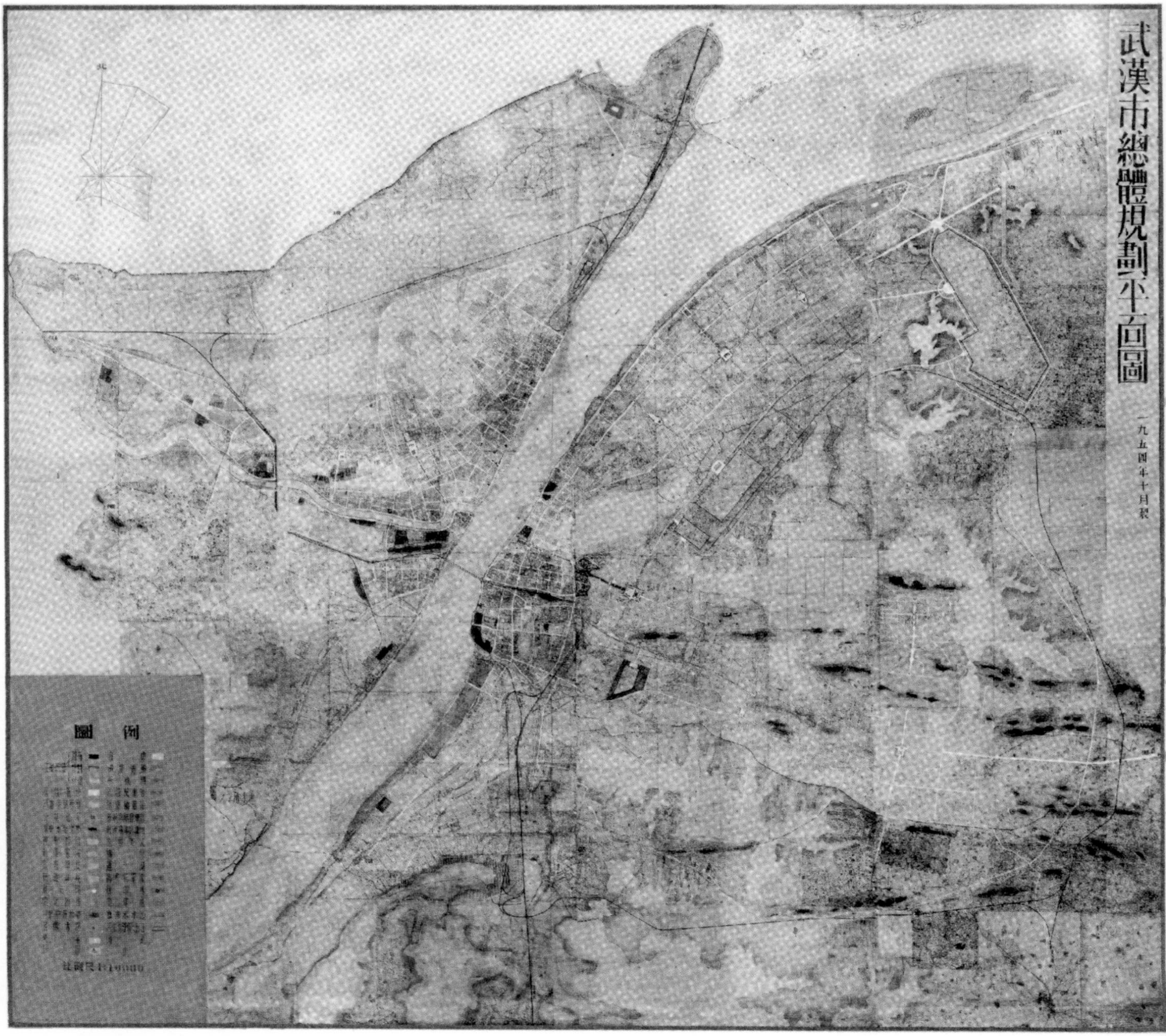

武漢市總體規劃平面圖

一九五四年十月製

北

圖　例

彩图 4-17　武汉市总体规划平面图（1954 年）

资料来源：吴之凌等．武汉百年规划图记 [M]．北京：中国建筑工业出版社，2009：75.

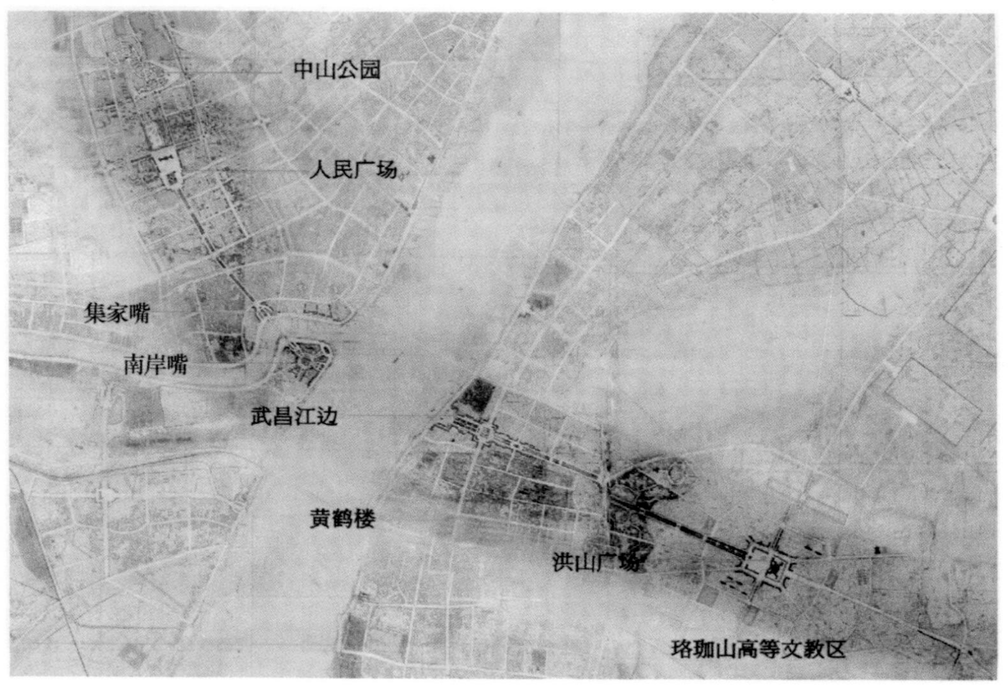

彩图 4-18　武汉城市轴线局部放大示意图（1954 年）

资料来源：吴之凌等．武汉百年规划图记 [M]．北京：中国建筑工业出版社，2009：92.

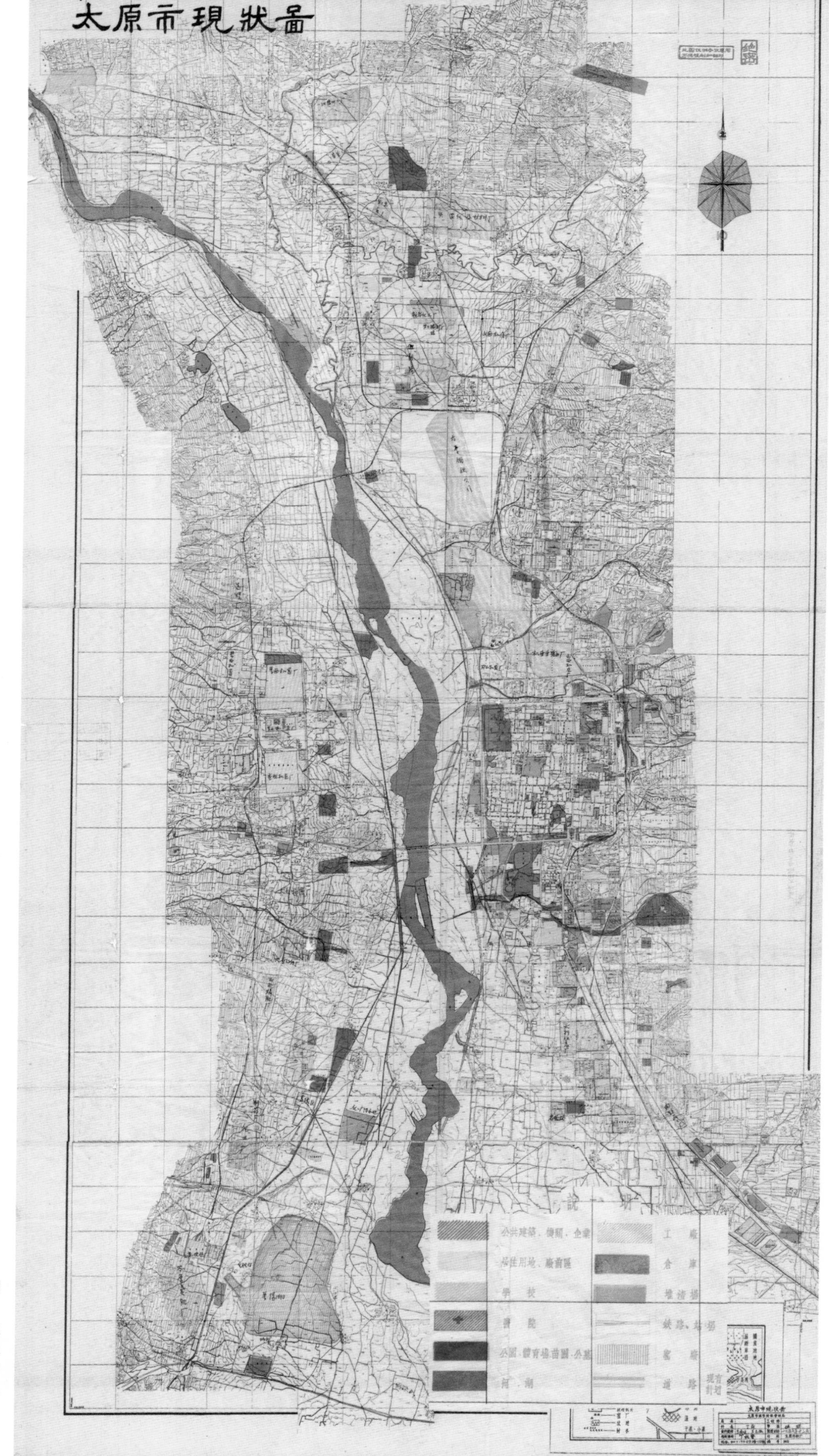

彩图6-1 太原市现状图（1957年）

注：为便于阅读，对图例做了放大处理。资料来源：山西省太原市现状图（1957年）[Z]．中国城市规划设计研究院档案室，案卷号：0187.

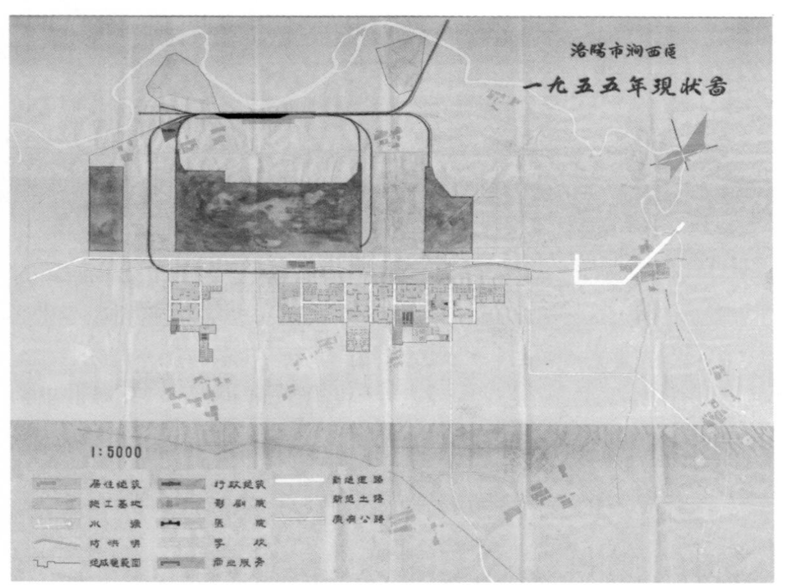

彩图 6-2　洛阳市涧西区 1955 年现状图

注：为便于阅读，对图例做了放大处理，图幅略有裁剪。资料来源：洛阳市涧西区一九五五年现状图［Z］. 中国城市规划设计研究院档案室，案卷号：0837.

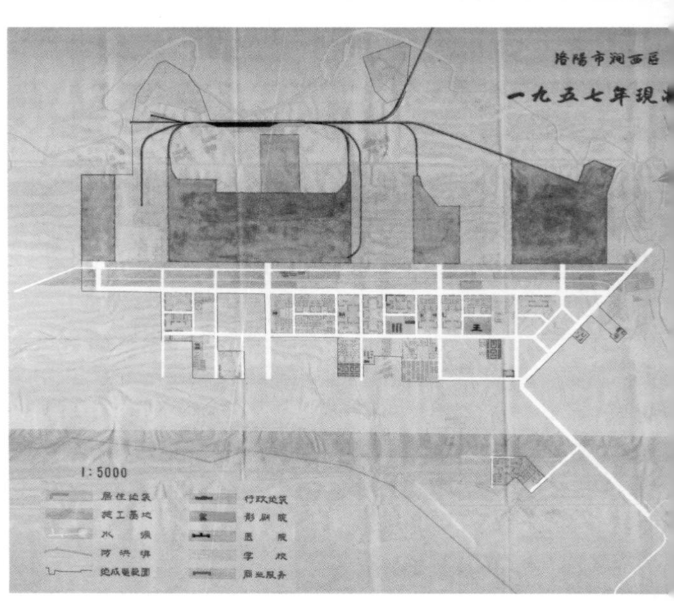

彩图 6-3　洛阳市涧西区 1957 年现状图

注：为便于阅读，对图例做了放大处理，图幅略有裁剪。资料来源：洛阳市涧西区一九五七年现状图［Z］. 中国城市规划设计研究院档案室，案卷号：0838.

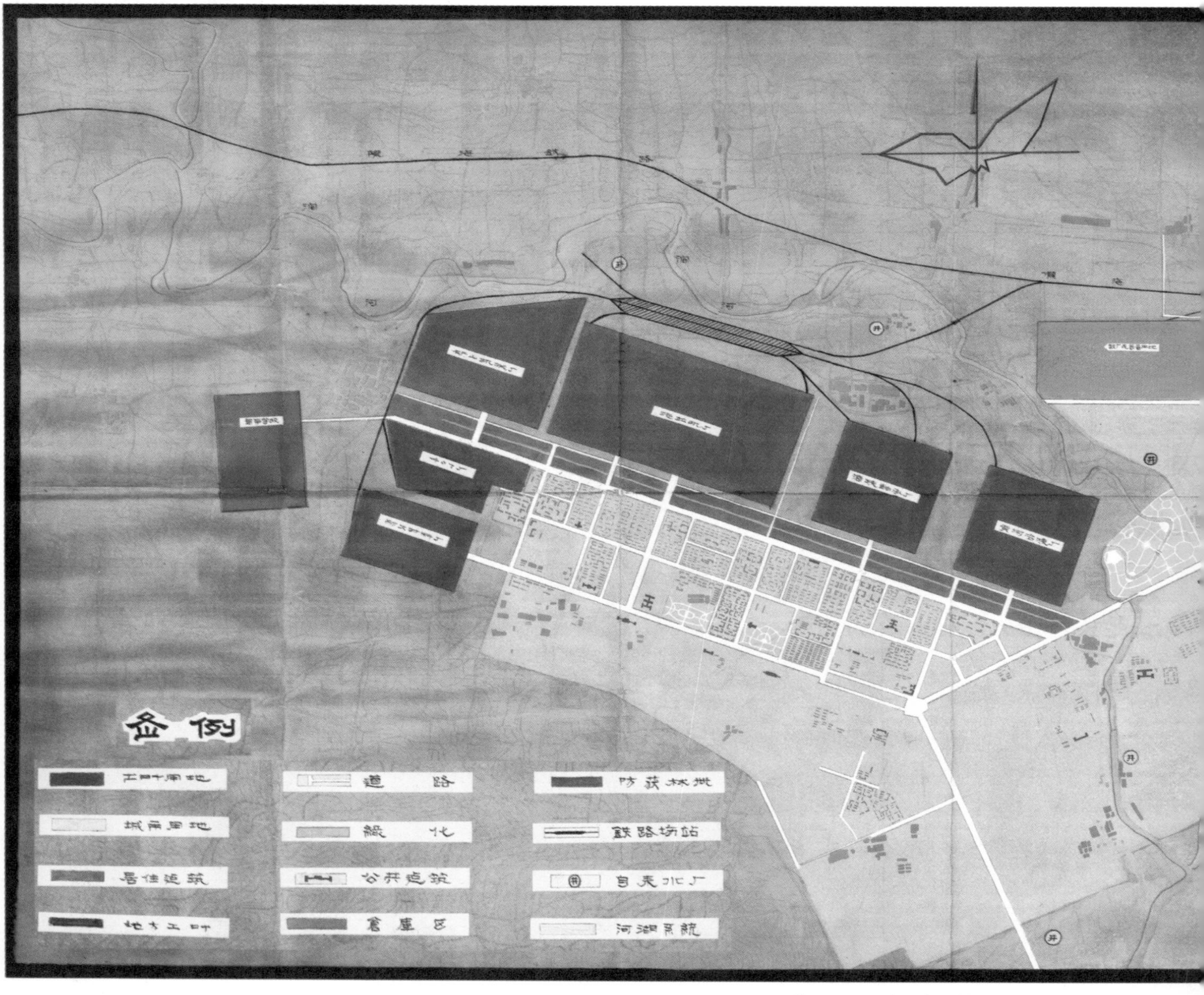

彩图 6-6　洛阳市现状图（1962 年）

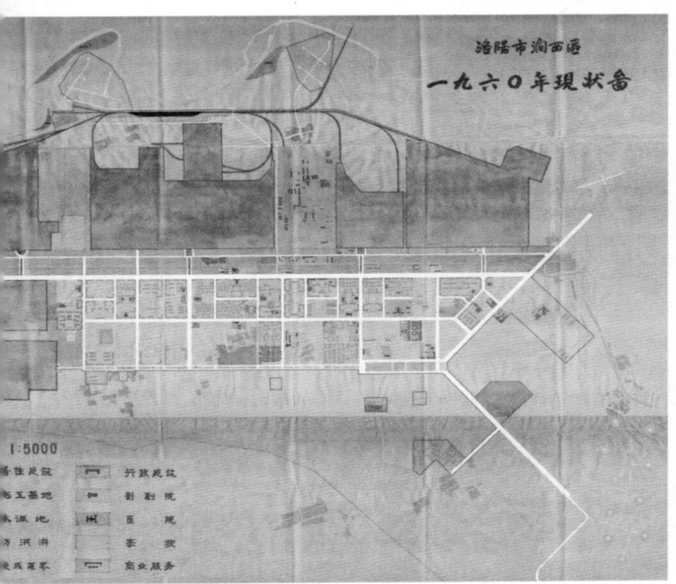

彩图 6-4　洛阳市涧西区 1960 年现状图

注：为便于阅读，对图例做了放大处理，图幅略有裁剪。资料来源：洛阳市涧西区一九六〇年现状图［Z］. 中国城市规划设计研究院档案室，案卷号：0839.

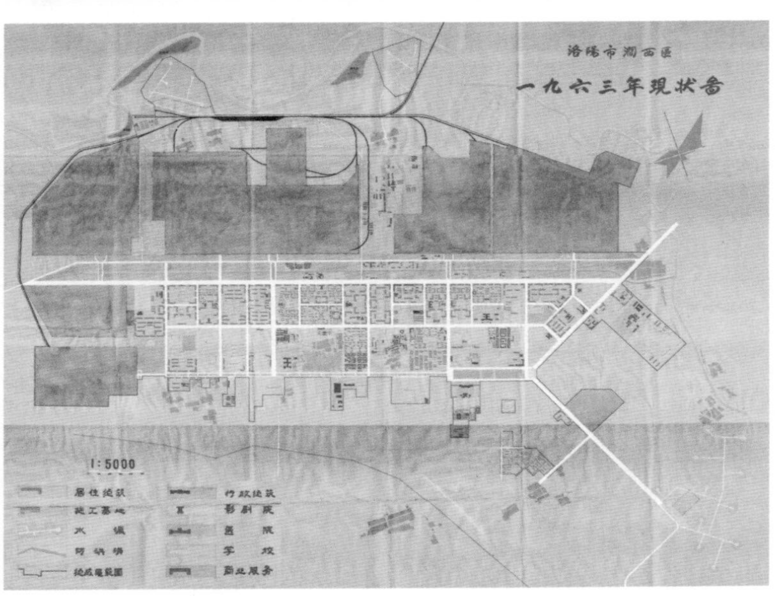

彩图 6-5　洛阳市涧西区 1963 年现状图

注：为便于阅读，对图例做了放大处理，图幅略有裁剪。资料来源：洛阳市涧西区一九六三年现状图［Z］. 中国城市规划设计研究院档案室，案卷号：0840.

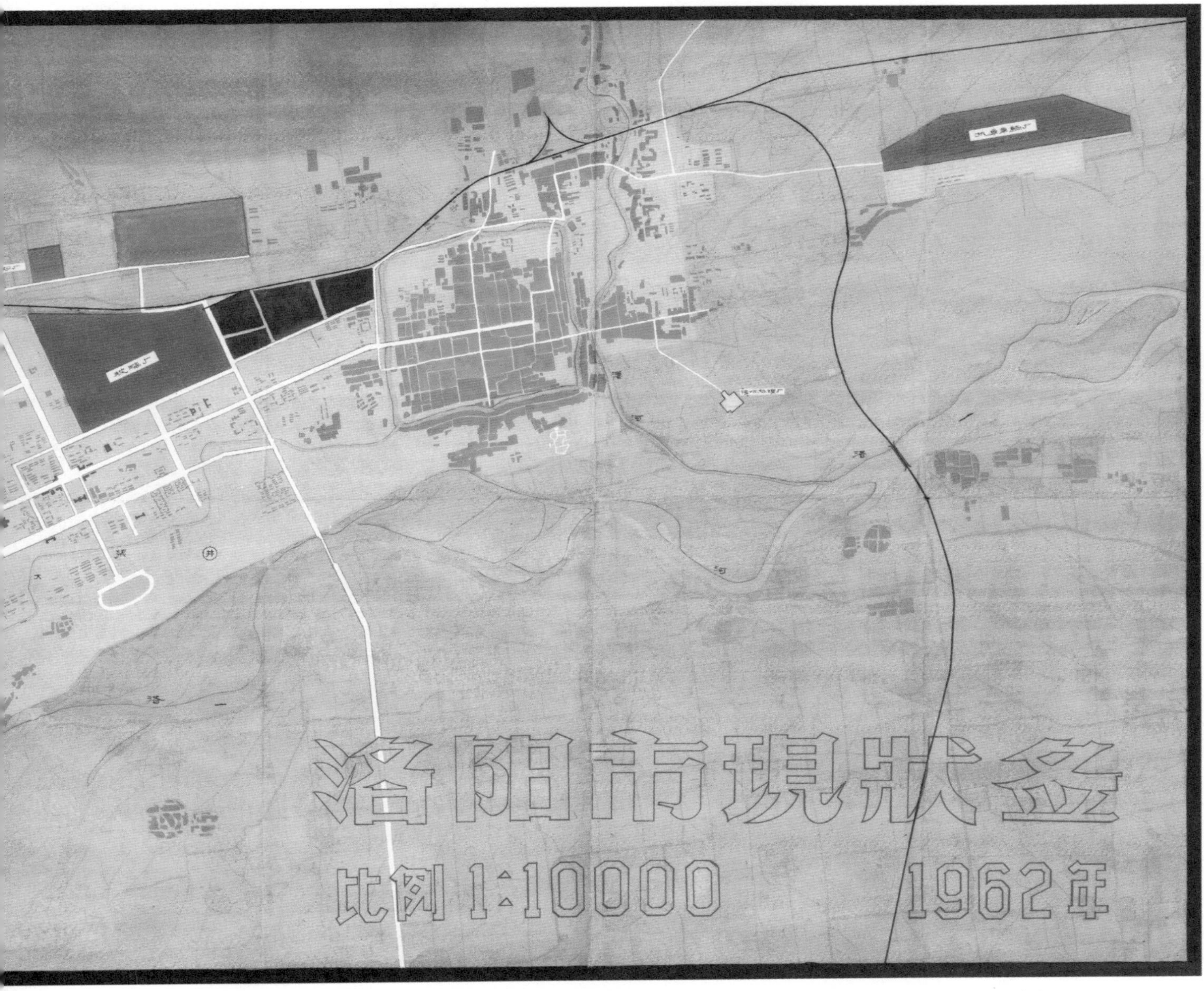

洛阳市現狀圖

比例 1:10000　1962年

注：为便于阅读，对图例做了放大处理。资料来源：洛阳市现状图（1962 年）［Z］. 中国城市规划设计研究院档案室，案卷号：0832.

彩图 6-7　西安市城市建设用地现状图（1963 年）

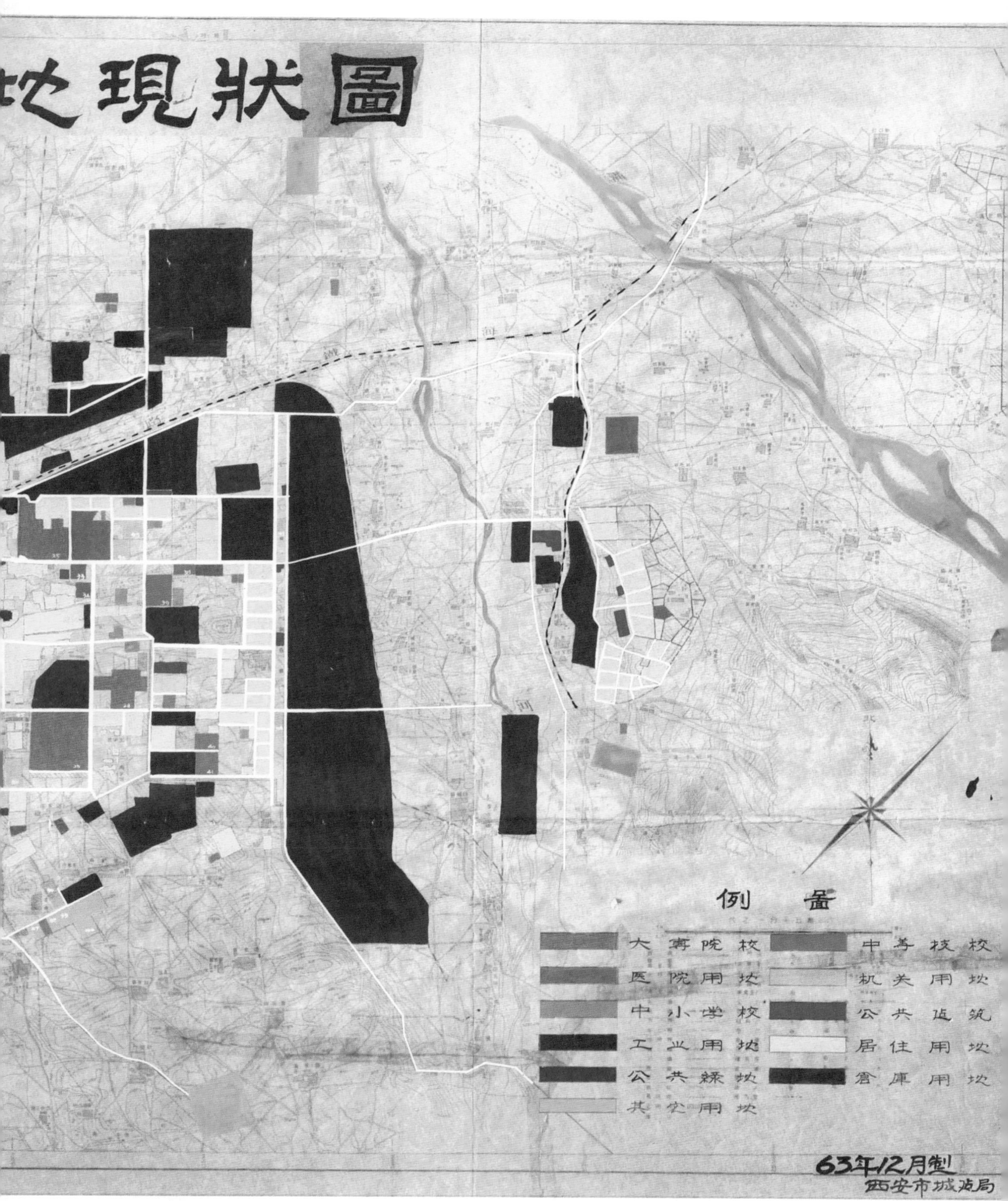

注：为便于阅读，图名等位置略有调整，图幅略有裁剪。资料来源：西安市城市建设用地现状图（1963年12月）[Z]. 中国城市规划设计研究院档案室，案卷号：0936.

包头市現状图

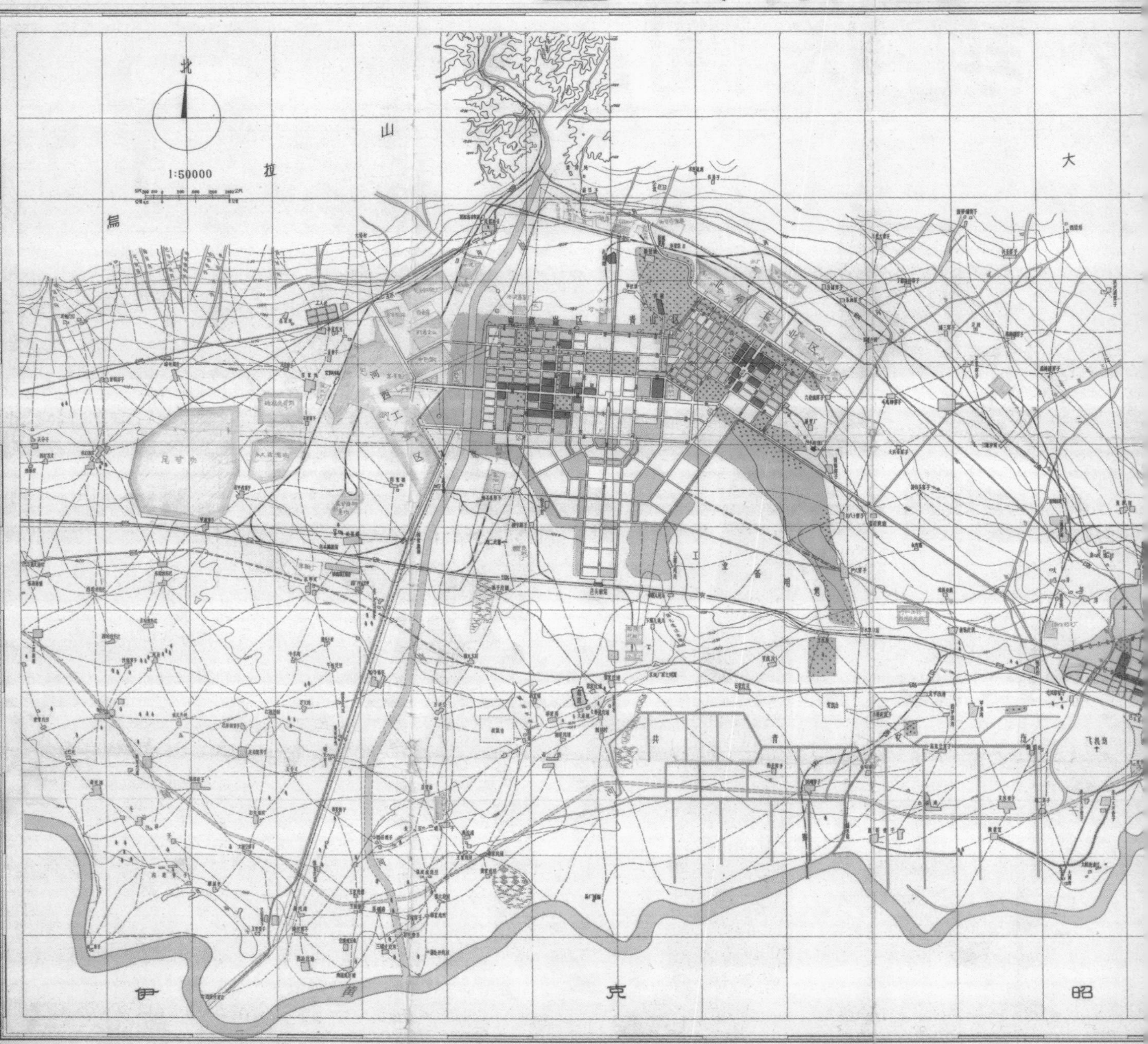

北

1:50000

包頭市城市建設局編制

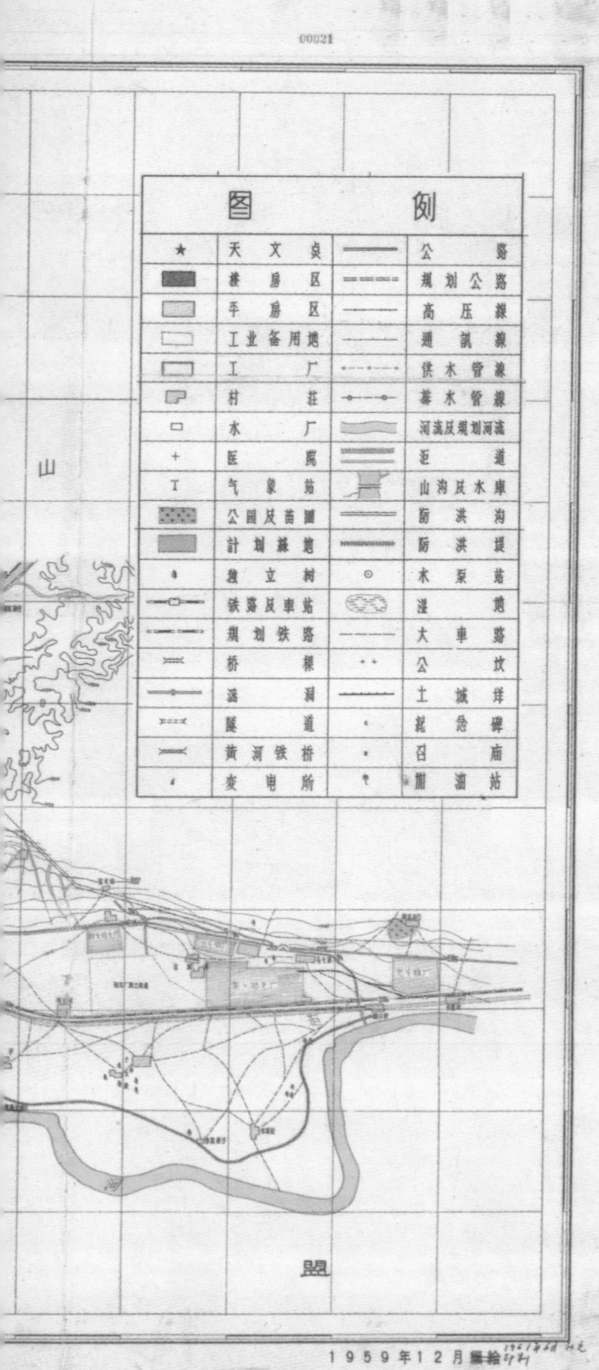

彩图 6-8　包头市现状图（1959 年）

注：为便于阅读，对图例做了放大处理，并隐去了原图中的“白云鄂博矿区”“石拐矿区”和“固阳区”示意图，图幅略有裁剪。资料来源：包头市城市建设局．包头市现状图（1959 年 12 月印制，1961 年 6 月补充）[Z]．中国城市规划设计研究院档案室，案卷号：0509.

彩图 6-9　兰州市现状图（1963 年）

注：为便于阅读，对图例做了放大处理。资料来源：兰州市城市建设局．兰州市现状图（1963 年 12 月）[Z]．中国城市规划设计研究院档案室，案卷号：1123.

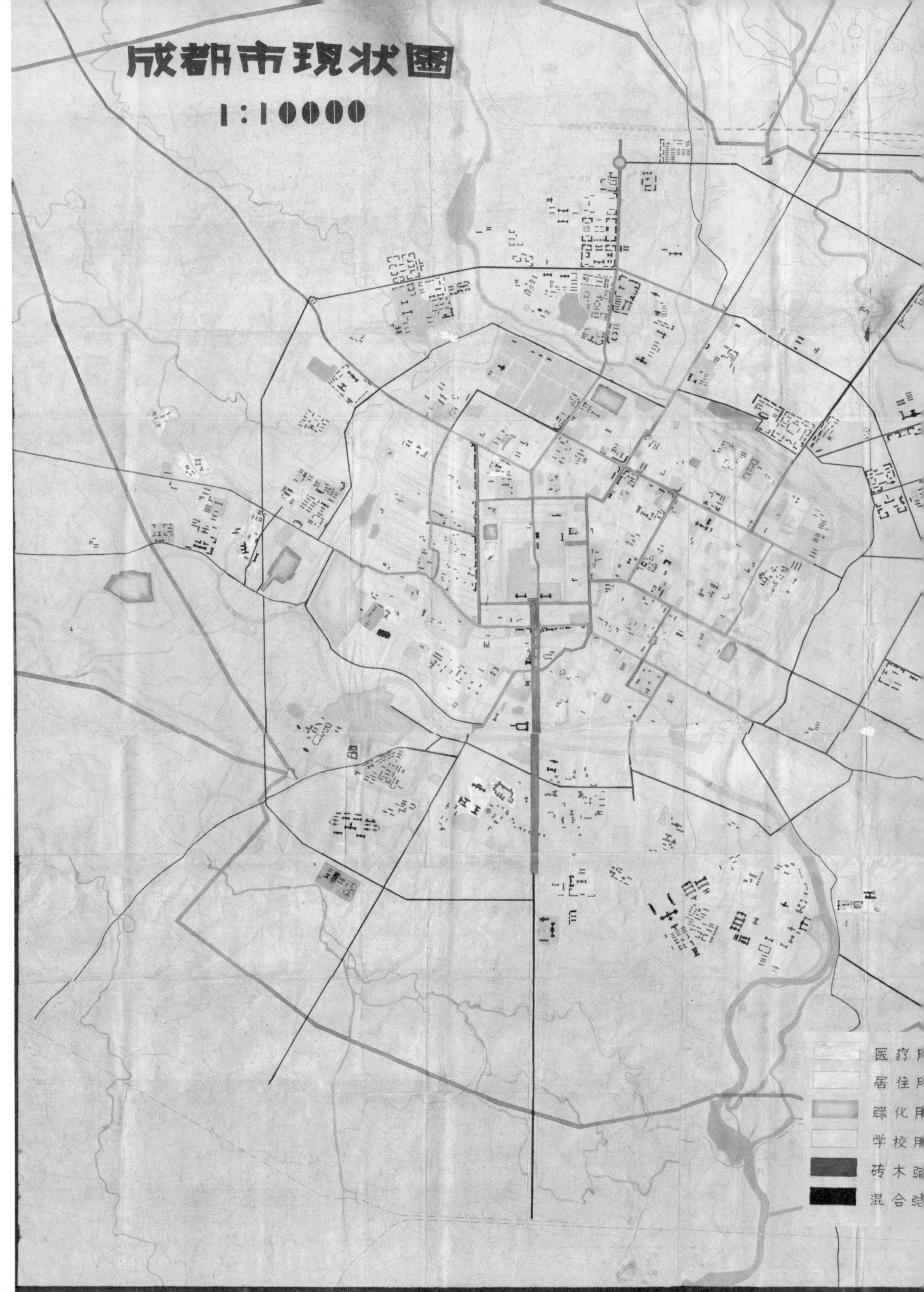
成都市現狀圖
1:10000
医疗
居住
绿化
学校
砖木
混合

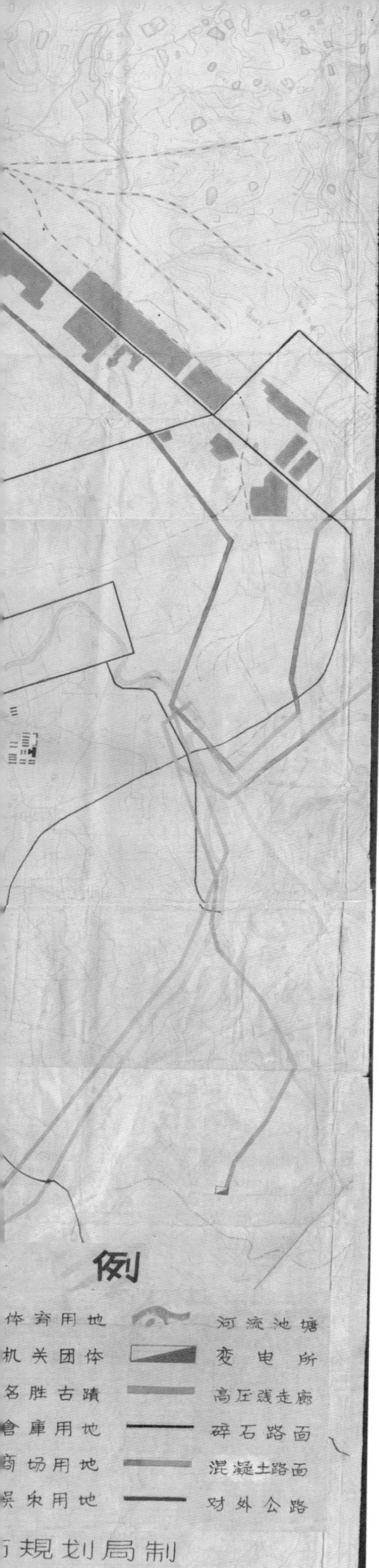

彩图 6–10　成都市现状图（1960 年）

注：为便于阅读，对图例做了放大处理，图幅略有裁剪。资料来源：成都市现状图（1960 年）[Z]．中国城市规划设计研究院档案室，案卷号：0766.

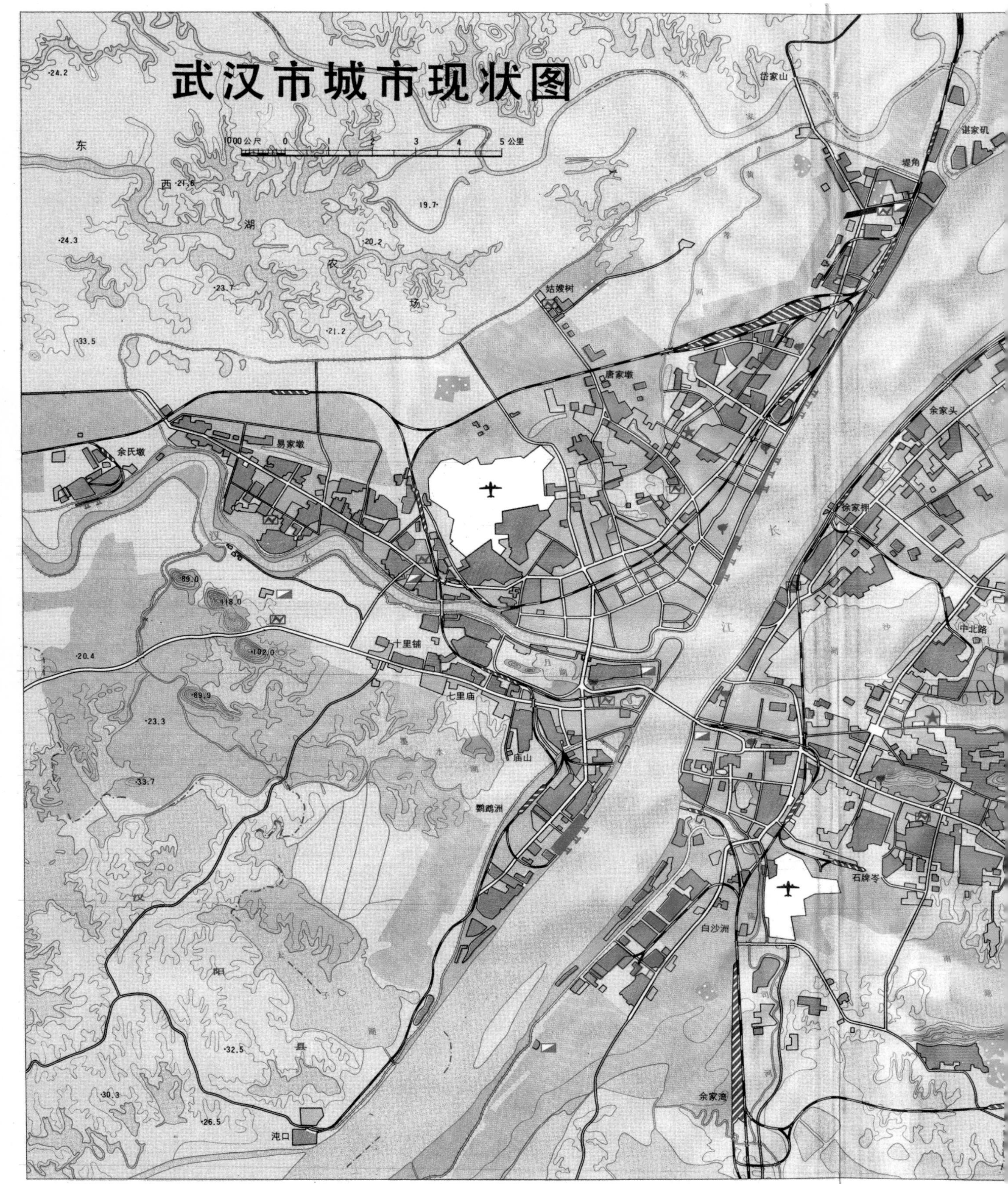

彩图 6-11　武汉市城市现状图（1978 年）

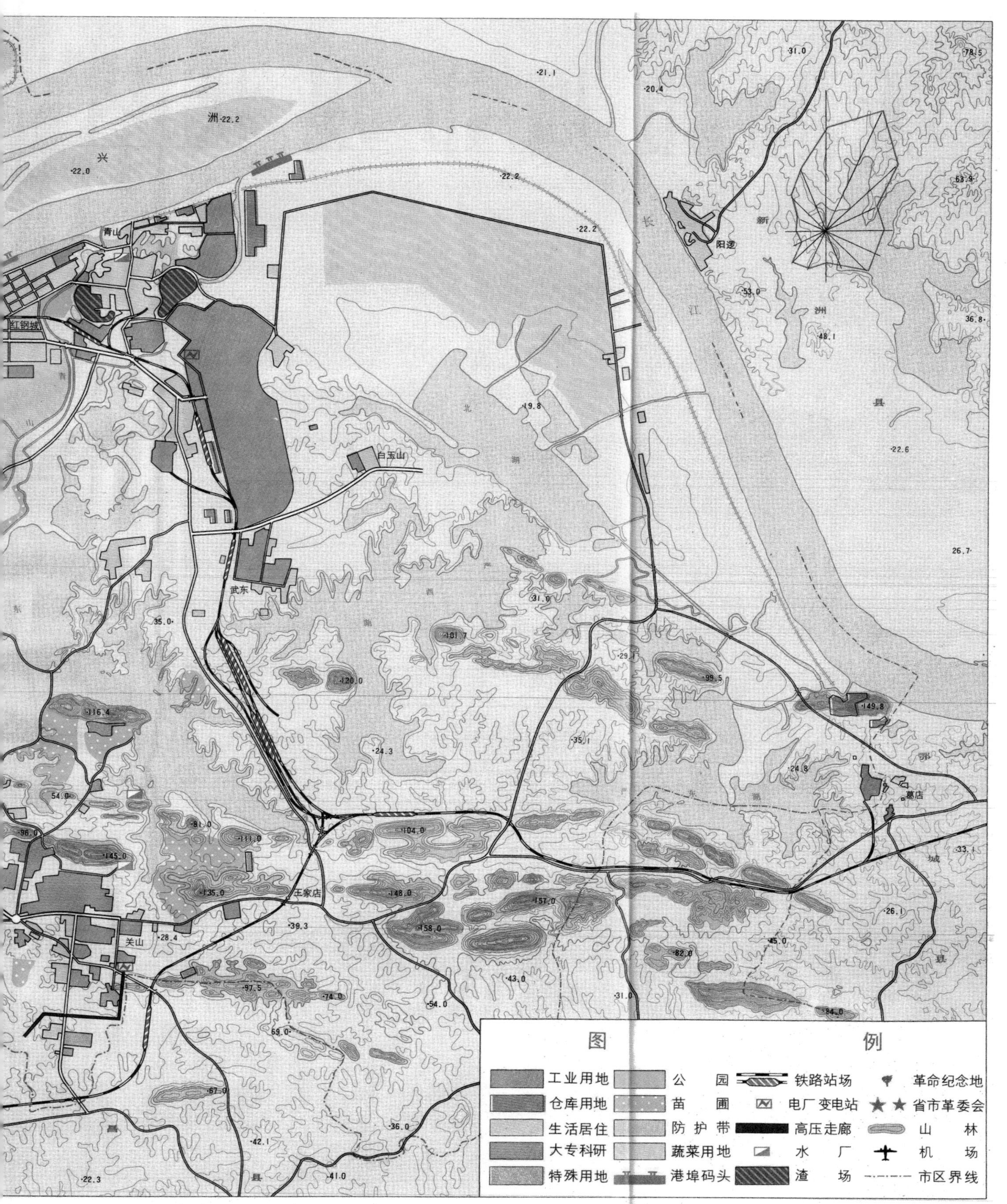

资料来源：武汉市城市规划管理局．武汉市城市规划图册（1979年）[Z]．中国城市规划设计研究院档案室，案卷号：2117：8.

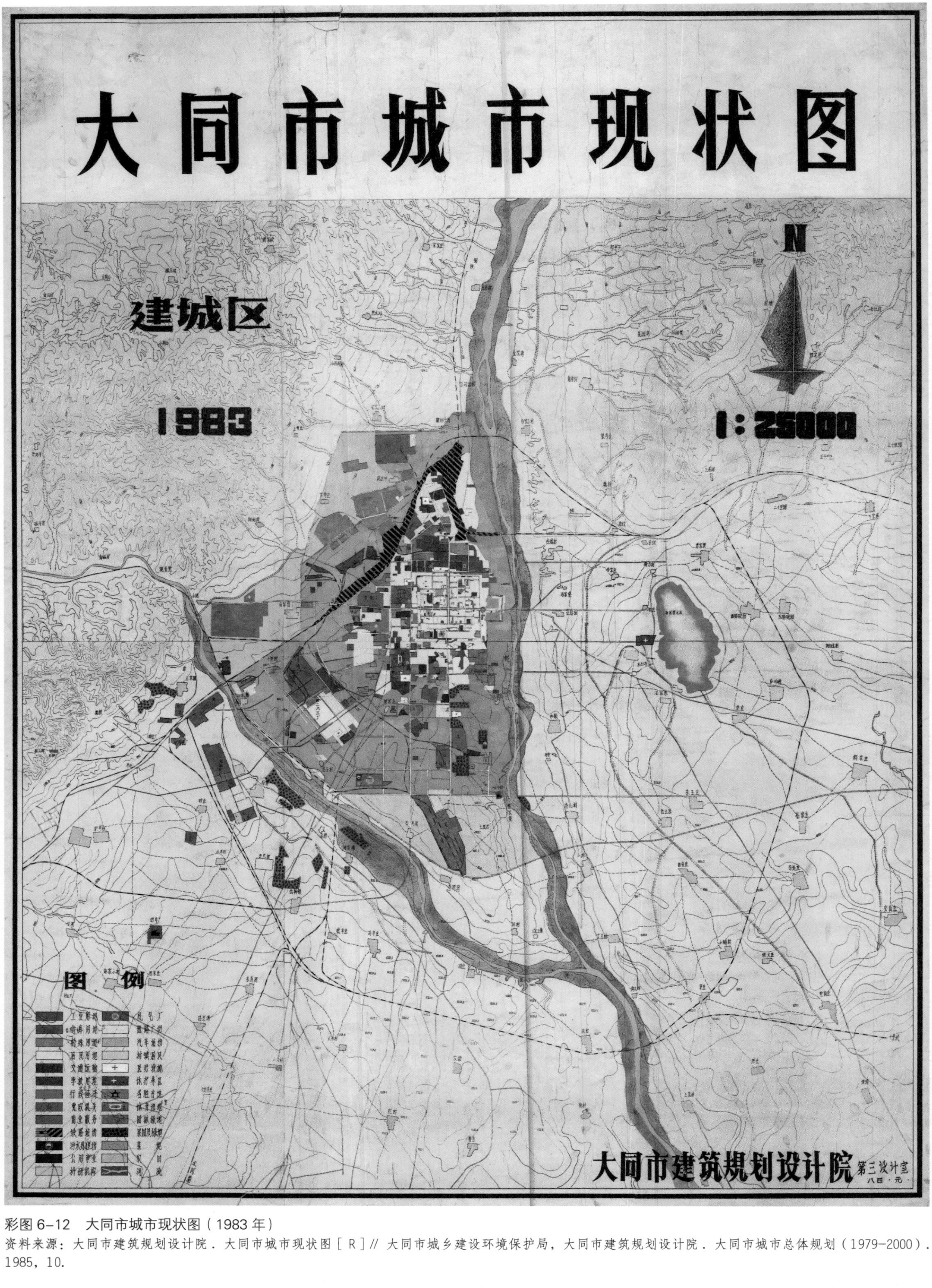

大同市城市现状图

建城区

1983

N

1：25000

图 例

大同市建筑规划设计院 第三设计室

八四·元

彩图 6-12　大同市城市现状图（1983 年）

资料来源：大同市建筑规划设计院．大同市城市现状图［R］// 大同市城乡建设环境保护局，大同市建筑规划设计院．大同市城市总体规划（1979-2000）．1985，10.

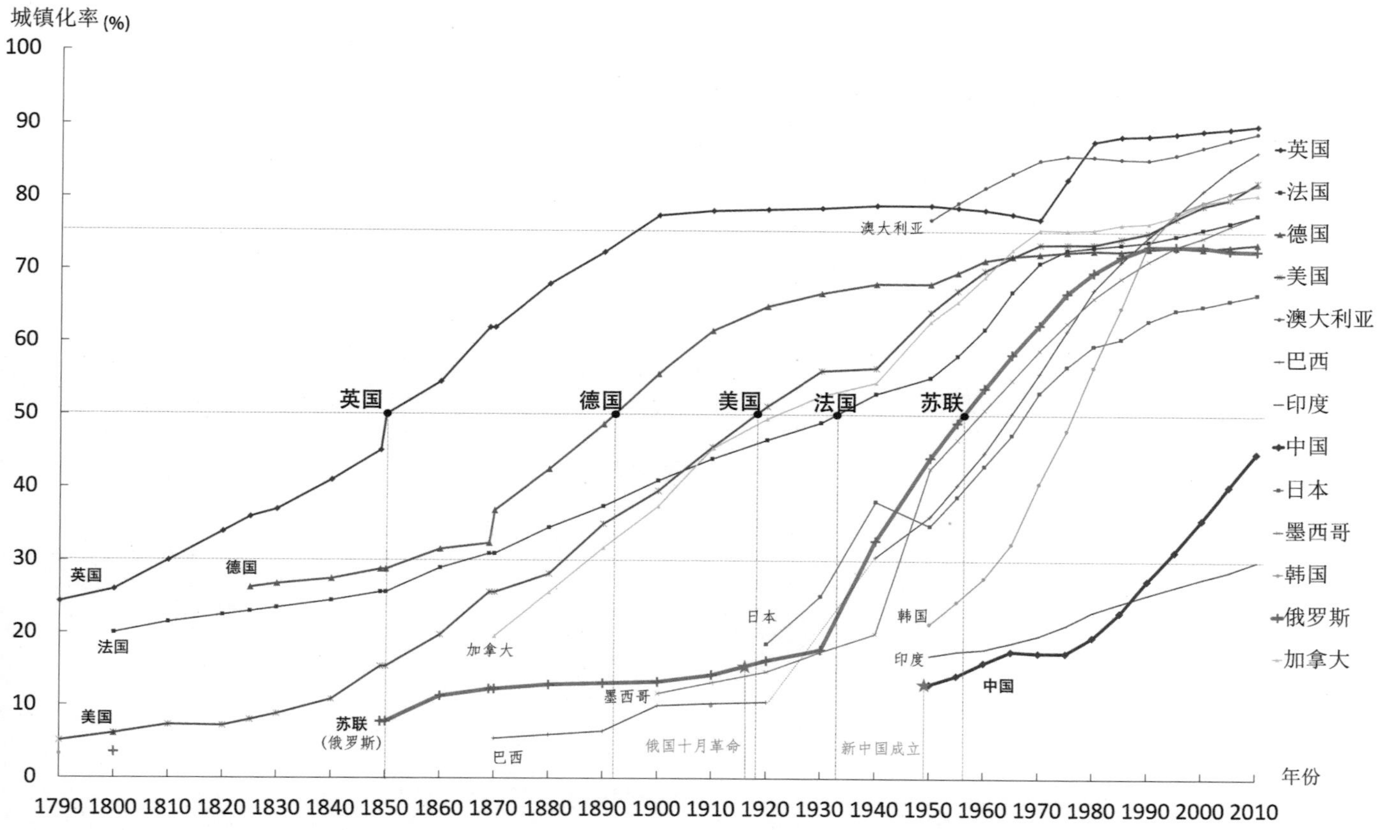

城镇化率 (%)
100
90
80
70
60
50
40
30
20
10
0
1790 1800 1810 1820 1830 1840 1850 1860 1870 1880 1890 1900 1910 1920 1930 1940 1950 1960 1970 1980 1990 2000 2010
年份
英国
德国
美国
法国
苏联
澳大利亚
英国
德国
法国
美国
苏联
(俄罗斯)
加拿大
墨西哥
巴西
日本
韩国
印度
中国
俄国十月革命
新中国成立
英国
法国
德国
美国
澳大利亚
巴西
印度
中国
日本
墨西哥
韩国
俄罗斯
加拿大

彩图 8–1　苏联及世界部分主要国家的城镇化历程

数据来源：1950 年以前的城镇化率数据，欧洲国家取自《The making of Urban Europe，1000–1994》（Paul Hohenberg，Lynn Lees，1995），苏联主要取自《城市规划：技术经济指标和计算》（原著 1947 年版）（雅・普・列甫琴柯著，刘宗唐译，1953），其他国家通过查询有关统计公报等多种方式经过甄别得到；1950 年以后城镇化率数据统一取自联合国《World Urbanization Prospects，the 2009 Revision》（United Nations，2010）。

ЕМА ЛИНИЙ МОСКОВСКОГО МЕТРОПОЛИТЕНА ИМЕНИ Л. М. КАГАНОВИЧА 1-й и 2-й ОЧЕРЕДЕ
УСЛОВНЫЕ ОБОЗНАЧЕ
Строющаяся линия 2-й очереди
н реконструкции города Москвы

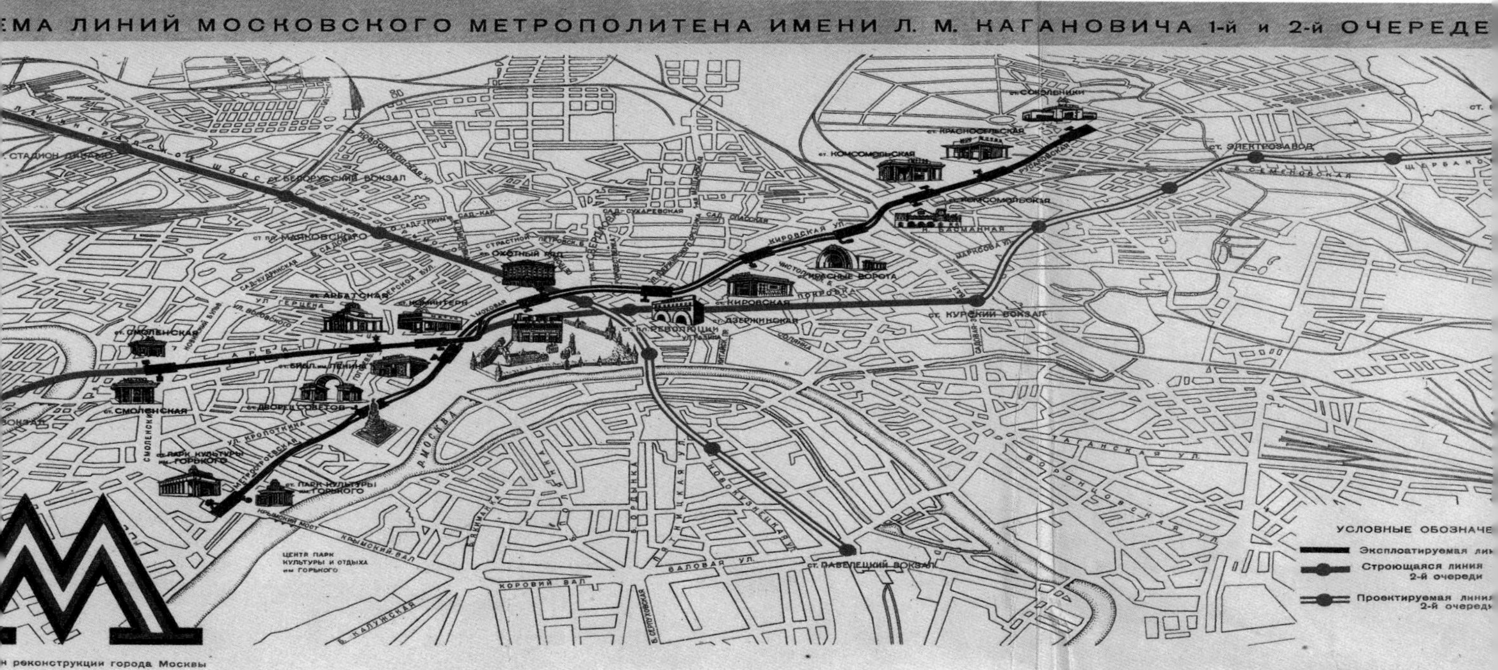

彩图 8–2　莫斯科的地铁系统建设

注：卡冈诺维奇主持的第一阶段和第二阶段建设计划。资料来源：Генеральный план реконструкции города Москвы［M］. Московский：Московский рабочий，1936：127.

СХЕМА ПЛАНИРОВКИ МО
ХИМКИ
ЛЕНИНГРАДСКОЕ ШОССЕ
ЛИХОБОРСКИЙ ПАРК
СЕВЕРНЫЙ ПОРТ
ОТРАДНОЕ
ЛОСИНООСТРОВСК
ОКТЯБРЬСКАЯ Ж. Д.
СЕВЕРНАЯ Ж. Д.
СХОДНЕНСКОЕ ВОДОХРАНИЛИЩЕ
РИЖСКАЯ Ж. Д.
ПАРК ОСТАНКИНО
ТИМИРЯЗЕВСКИЙ ПАРК
СЕВЕРНЫЙ КАНАЛ
ТУШИНО
ПАРКОВОЕ КОЛЬЦО
ПОКРОВСКОЕ СТРЕШНЕВО
СОКОЛЬНИЧЕСКИЙ ПАРК ИМ. БУБНОВА
Р. МОСКВА
ПЕТРОВСКИЙ ПАРК
НОВОЕ БУЛЬВАРНОЕ КОЛЬЦО
ЛЕНИНГРАДСКОЕ ШОССЕ
ХОРОШЕВСКИЙ СЕРЕБРЯНЫЙ БОР
ХОРОШЕВСКОЕ ШОССЕ
СЕМЕНОВСКАЯ
НОВАЯ МАГИСТРАЛЬ
САДОВОЕ КОЛЬЦО
УЛ. ГОРЬКОГО
УЛ. КИРОВА
ПАРК ФИЛИ-КУНЦЕВО
РУБЛЕВСКОЕ ШОССЕ
КРАСНОПРЕСНЕНСКИЙ ПАРК
БУЛЬВАРНОЕ КОЛЬЦО
НОВЫЙ АРБАТ
АРБАТ
ФИЛИ
КУНЦЕВО
ТАГАНСКАЯ
НОВОЕ БУЛЬВАРНОЕ
МОЖАЙСКОЕ ШОССЕ
НОВЫЙ ПРОСПЕКТ
ПАРК КУЛЬТУРЫ И ОТДЫХА ИМ. ГОРЬКОГО
Б. ОРДЫНКА
МАГИСТРАЛЬ З-ДА ИМ. СТАЛИНА
ПАРКОВОЕ КОЛЬЦО
ПАРК РЕКИ СЕТУНИ
ЛЕНИНСКИЕ ГОРЫ
НОВАЯ МАГИСТРАЛЬ
ЮГО-ЗАПАДНЫЙ РАЙОН
НАГАТИНСКИЙ ПАРК
ЧЕРЕМУШКИ
КОЛОМЕНСКОЕ
ПАРК КОЛОМЕНСКОЕ
КАШИРСКОЕ ШОССЕ
КИЕВСКАЯ Ж. Д.
ПАРК ТЕПЛЫЙ СТАН
ЮЖНЫЙ ПАРК
ЛЕНИНО
ПАРК ЛЕНИНО

彩图 8–3　莫斯科改建总体规划的规划总图

资料来源：Генеральный план реконструкции города Москвы［M］. Московский：Московский рабочий，1936：титульный лист.

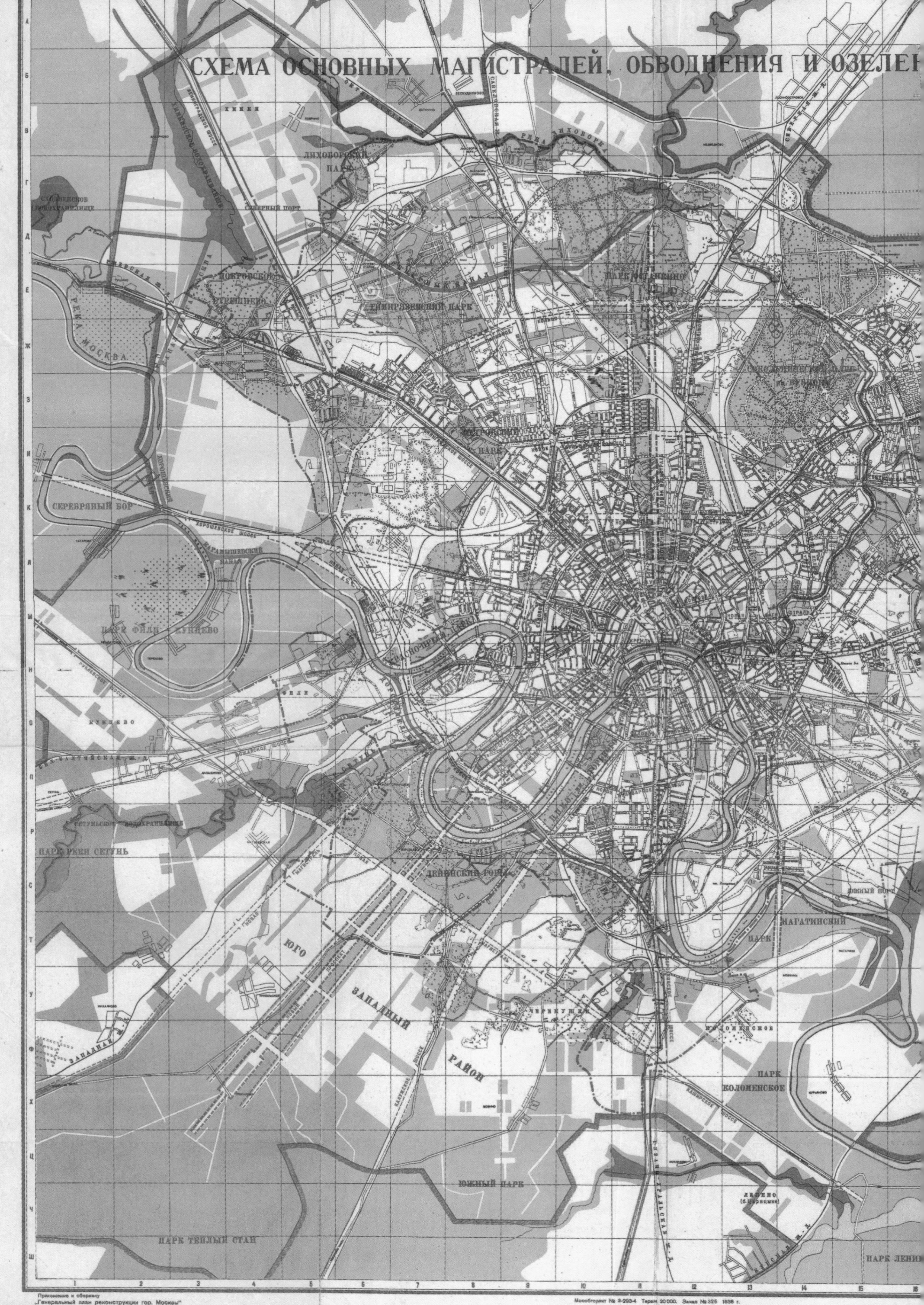
СХЕМА ОСНОВНЫХ МАГИСТРАЛЕЙ, ОБВОДНЕНИЯ И ОЗЕЛЕН
ЛИХОБОРСКИЙ ПАРК
СЕВЕРНЫЙ ПОРТ
РЕКА ЛИХОБОРКА
ПОКРОВСКОЕ СТРЕШНЕВО
ТИМИРЯЗЕВСКИЙ ПАРК
ПАРК ОСТАНКИНО
РЕКА МОСКВА
ПЕТРОВСКИЙ ПАРК
СЕРЕБРЯНЫЙ БОР
ПАРК ФИЛИ КУНЦЕВО
КРАСНОПРЕСНЕНСКИЙ ПАРК
КУНЦЕВО
ПАРК РЕКИ СЕТУНЬ
ЛЕНИНСКИЕ ГОРЫ
ЮГО ЗАПАДНЫЙ РАЙОН
ЮЖНЫЙ ПОРТ
НАГАТИНСКИЙ ПАРК
ПАРК КОЛОМЕНСКОЕ
ЮЖНЫЙ ПАРК
ПАРК ТЕПЛЫЙ СТАН
ПАРК ЛЕНИ
Приложение к сборнику
„Генеральный план реконструкции гор. Москвы"
Мособлгорлит № 3-293-4 Тираж 20000. Заказ № 326 1936 г.

彩图 8-4　莫斯科改建的干道系统规划

资料来源：Генеральный план реконструкции города Москвы［M］. Московский：Московский рабочий，1936. титульный лист.

彩图 8-5　莫斯科改建的城市空间艺术

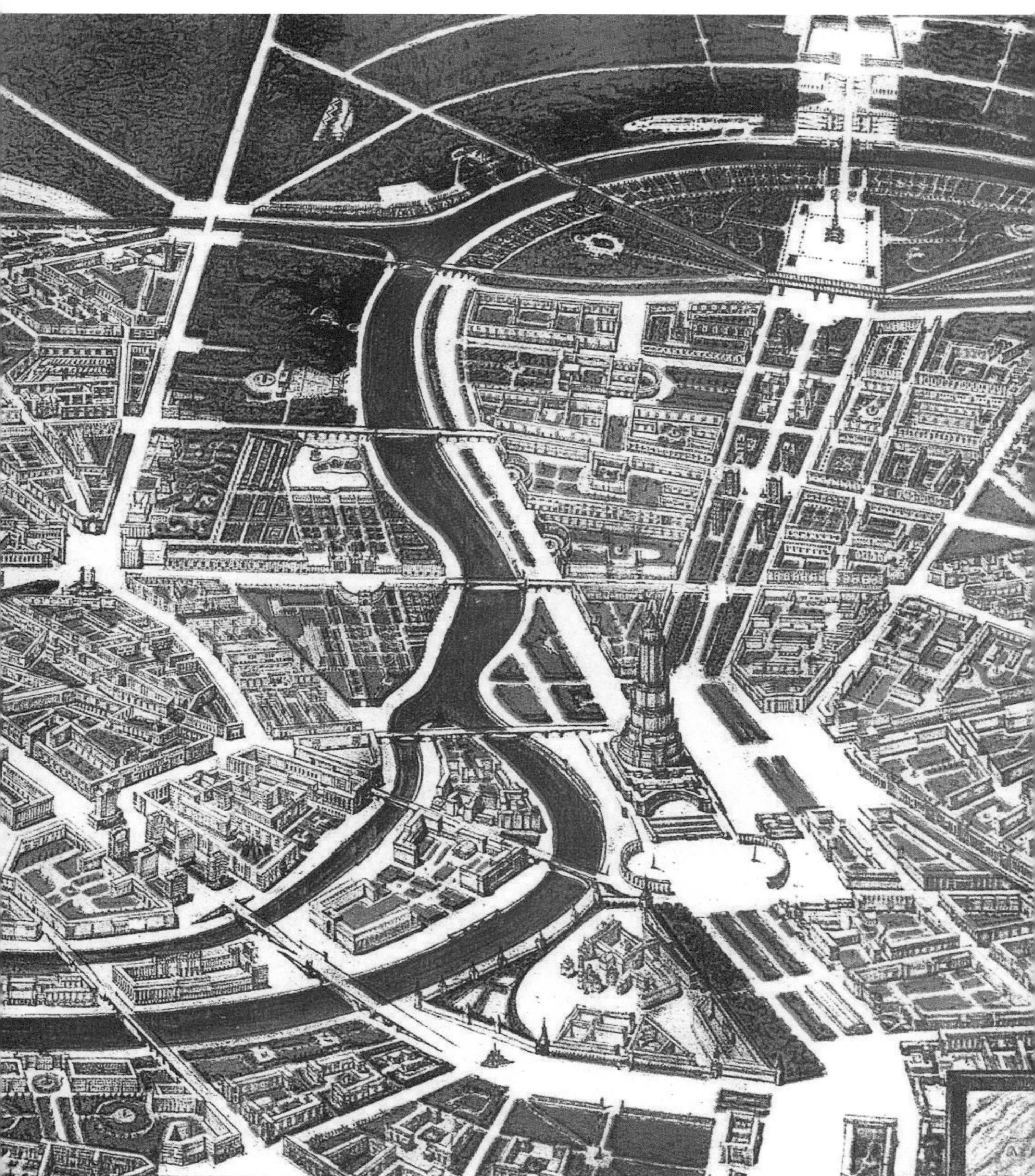

资料来源：Генеральный план реконструкции города Москвы［M］. Московский：Московский рабочий，1936：титульный лист.

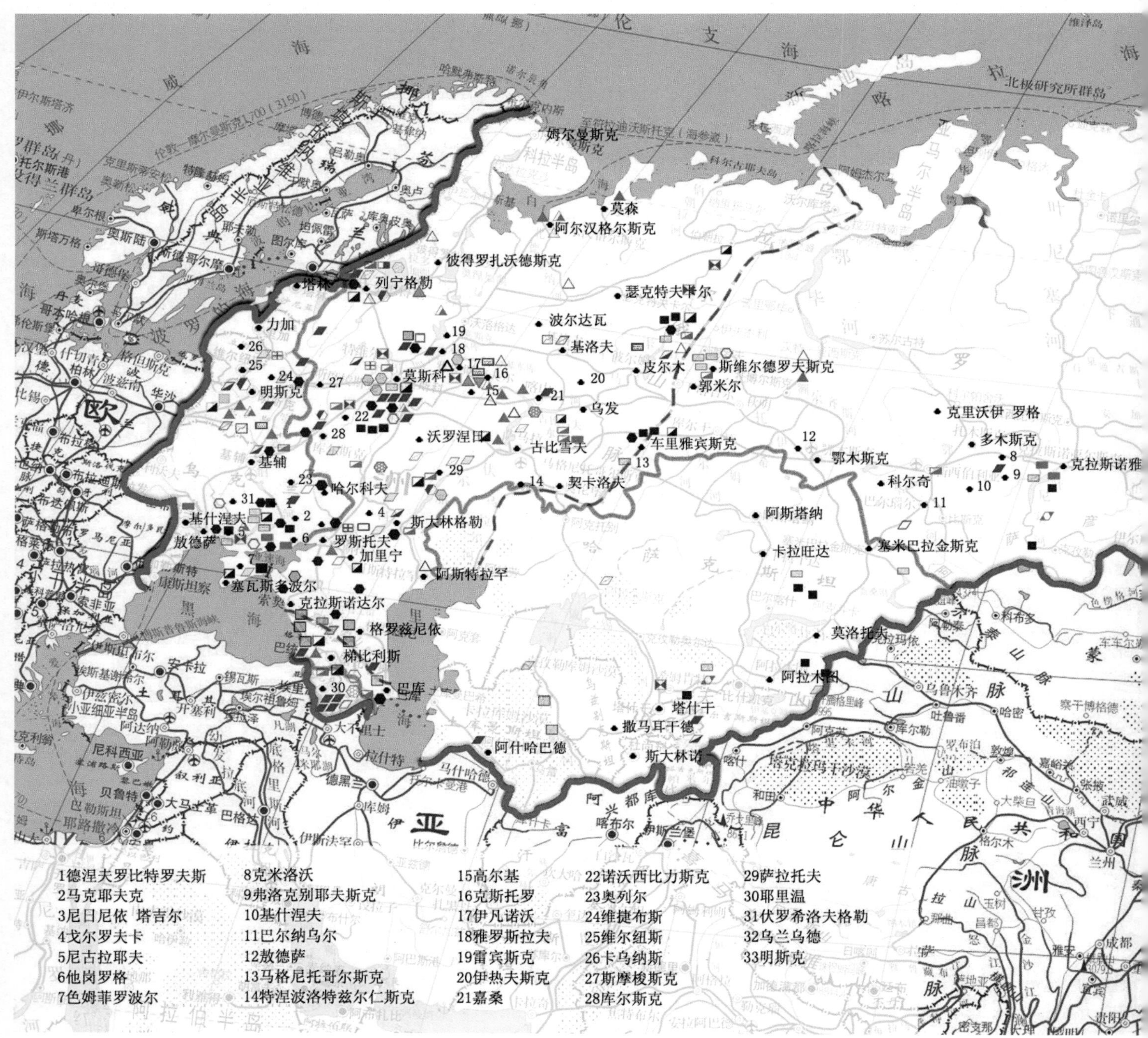

彩图 8-6　苏联“一五”时期的工业项目布局（1928 ~ 1929 年）

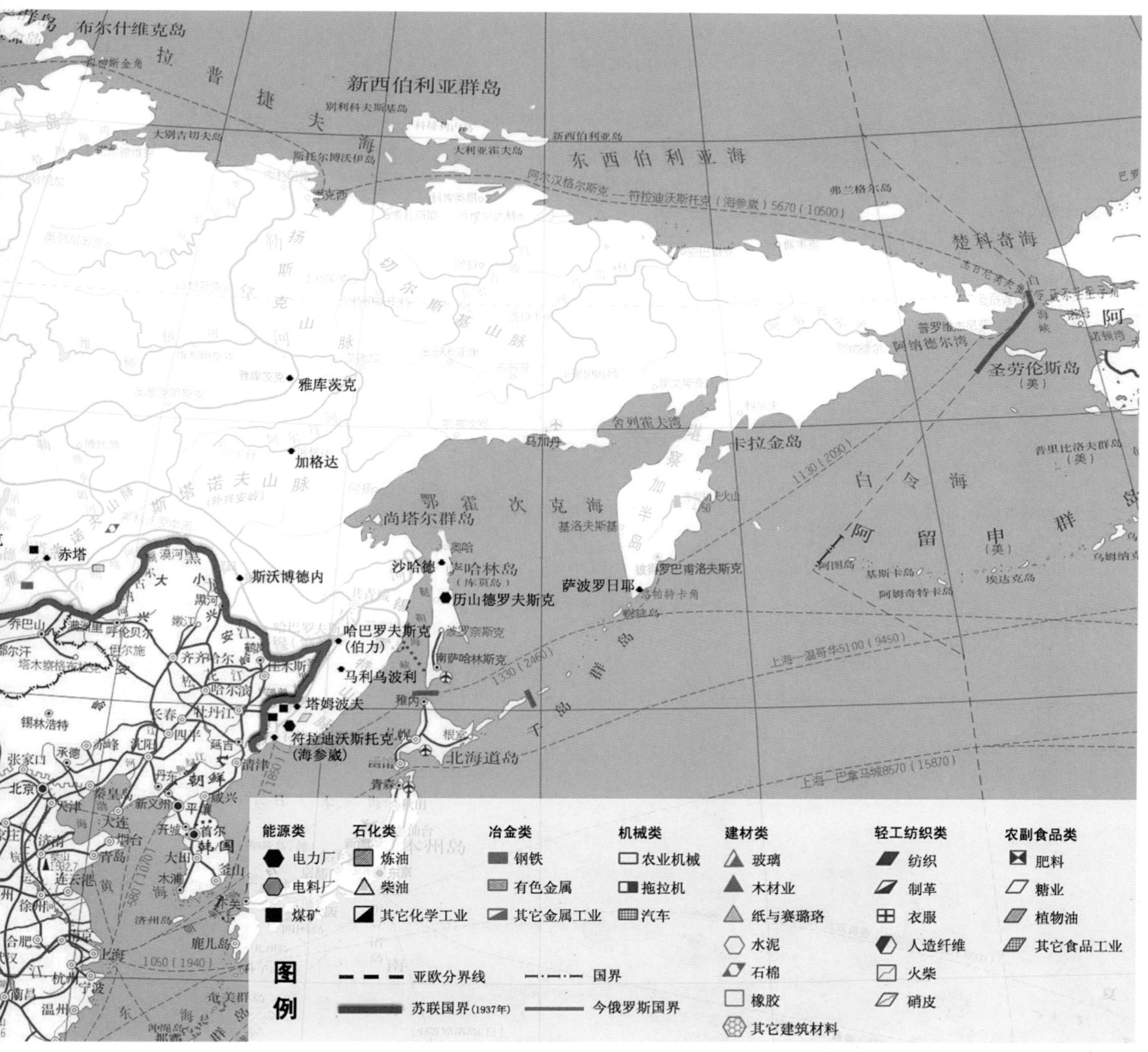

注：1）根据《苏联第一个五年经济建设计划》一书中的有关信息改绘。资料来源：苏联第一个五年经济建设计划［M］. 北京：人民出版社，1953：80-81.

2）工作底图采用国家测绘地理信息局网站“中文版全开”世界地图（因底图为“现实”版，故其中有“中华人民共和国”等字样）。资料来源：http://219.238.166.215/mcp/index.asp

3）图中苏联边界采用 1937 年的国界。原图来源：张芝联，刘学荣．世界历史地图集［M］. 北京：中国地图出版社，2002：139，154.

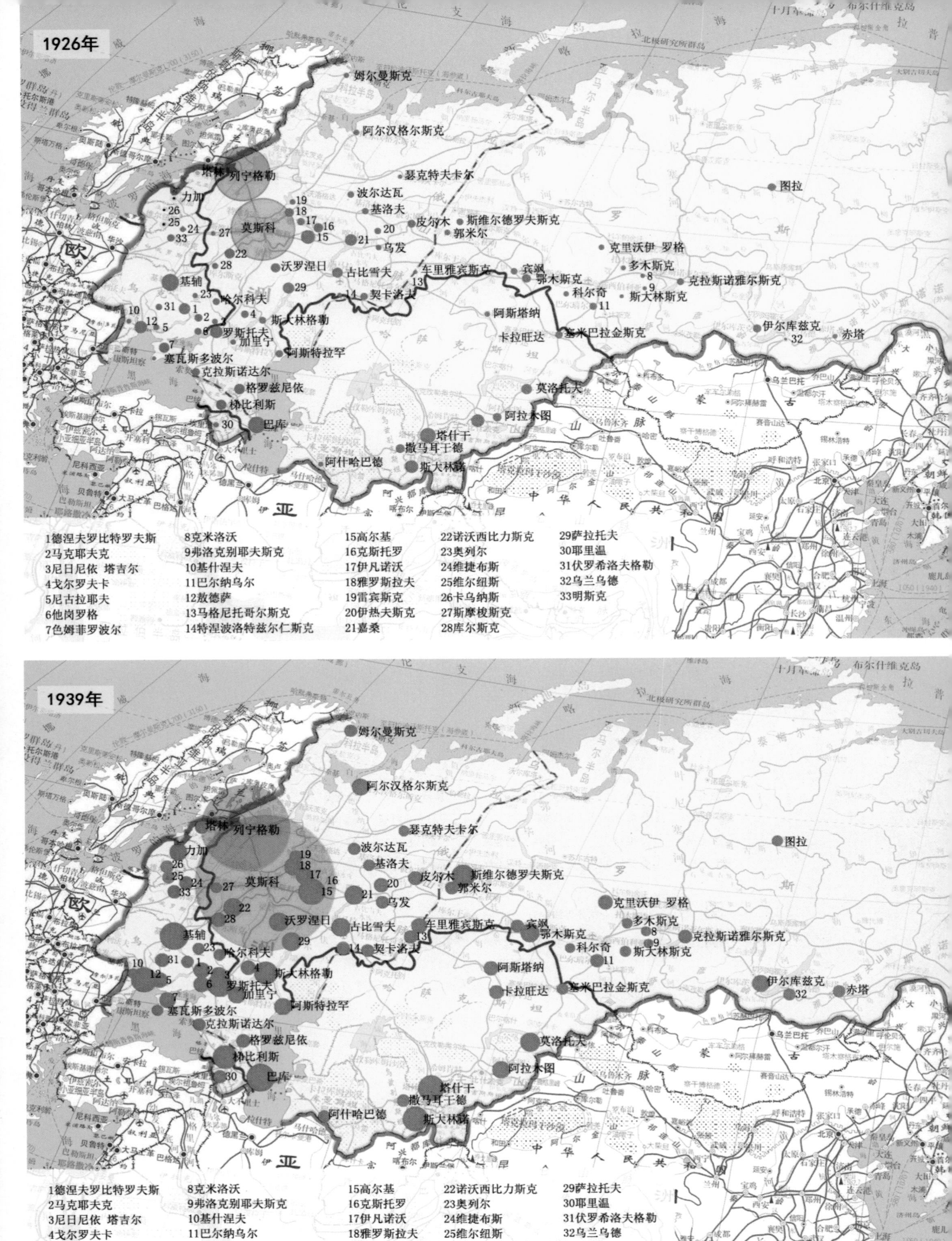

1926年
姆尔曼斯克
阿尔汉格尔斯克
塔林
列宁格勒
瑟克特夫卡尔
力加
波尔达瓦
基洛夫
莫斯科
皮尔木
斯维尔德罗夫斯克
郭米尔
乌发
图拉
克里沃伊 罗格
多木斯克
克拉斯诺雅尔斯克
斯大林斯克
科尔奇
沃罗涅日
古比雪夫
车里雅宾斯克
宾飒
鄂木斯克
基辅
哈尔科夫
契卡洛夫
阿斯塔纳
斯大林格勒
罗斯托夫
加里宁
阿斯特拉罕
卡拉旺达
塞米巴拉金斯克
伊尔库兹克
赤塔
塞瓦斯多波尔
克拉斯诺达尔
格罗兹尼依
梯比利斯
巴库
莫洛托夫
阿拉木图
塔什干
撒马耳干德
阿什哈巴德
斯大林纳
欧
亚
1德涅夫罗比特罗夫斯
2马克耶夫克
3尼日尼依 塔吉尔
4戈尔罗夫卡
5尼古拉耶夫
6他岗罗格
7色姆菲罗波尔
8克米洛沃
9弗洛克别耶夫斯克
10基什涅夫
11巴尔纳乌尔
12敖德萨
13马格尼托哥尔斯克
14特涅波洛特兹尔仁斯克
15高尔基
16克斯托罗
17伊凡诺沃
18雅罗斯拉夫
19雷宾斯克
20伊热夫斯克
21嘉桑
22诺沃西比力斯克
23奥列尔
24维捷布斯
25维尔纽斯
26卡乌纳斯
27斯摩梭斯克
28库尔斯克
29萨拉托夫
30耶里温
31伏罗希洛夫格勒
32乌兰乌德
33明斯克
1939年
1德涅夫罗比特罗夫斯
2马克耶夫克
3尼日尼依 塔吉尔
4戈尔罗夫卡
5尼古拉耶夫
6他岗罗格
7色姆菲罗波尔
8克米洛沃
9弗洛克别耶夫斯克
10基什涅夫
11巴尔纳乌尔
12敖德萨
13马格尼托哥尔斯克
14特涅波洛特兹尔仁斯克
15高尔基
16克斯托罗
17伊凡诺沃
18雅罗斯拉夫
19雷宾斯克
20伊热夫斯克
21嘉桑
22诺沃西比力斯克
23奥列尔
24维捷布斯
25维尔纽斯
26卡乌纳斯
27斯摩梭斯克
28库尔斯克
29萨拉托夫
30耶里温
31伏罗希洛夫格勒
32乌兰乌德
33明斯克

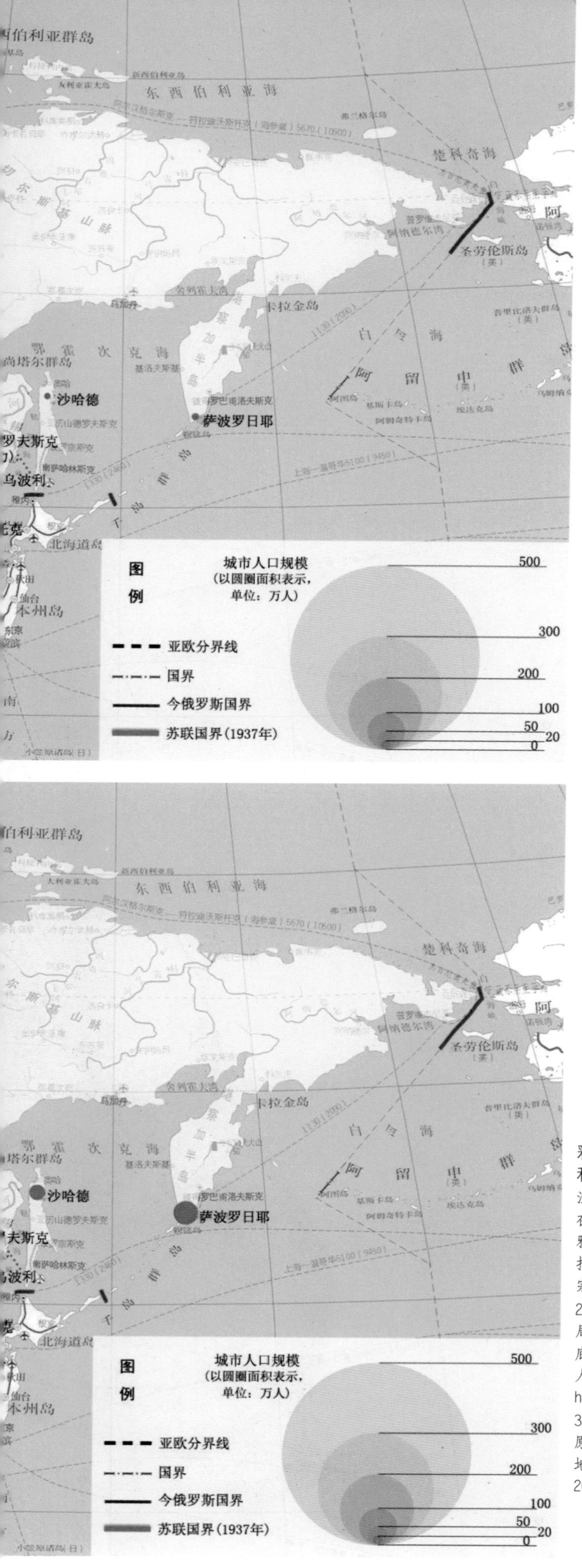

彩图 8-7　苏联主要城市的空间分布和增长情况（1926 ~ 1939 年）

注：1）图中所示为 1939 年人口规模在十万以上的城市情况，数据来源：雅·普·列甫琴柯．城市规划：技术经济指标和计算（原著 1947 年版）[M]．刘宗唐译．北京：时代出版社，1953：8-12．
2）工作底图采用国家测绘地理信息局网站“中文版全开”世界地图（因底图为“现实”版，故其中有“中华人民共和国”等字样）。资料来源：http://219.238.166.215/mcp/index.asp
3）图中苏联边界采用 1937 年的国界。原图来源：张芝联，刘学荣．世界历史地图集［ M ］．北京：中国地图出版社，2002：139，154.

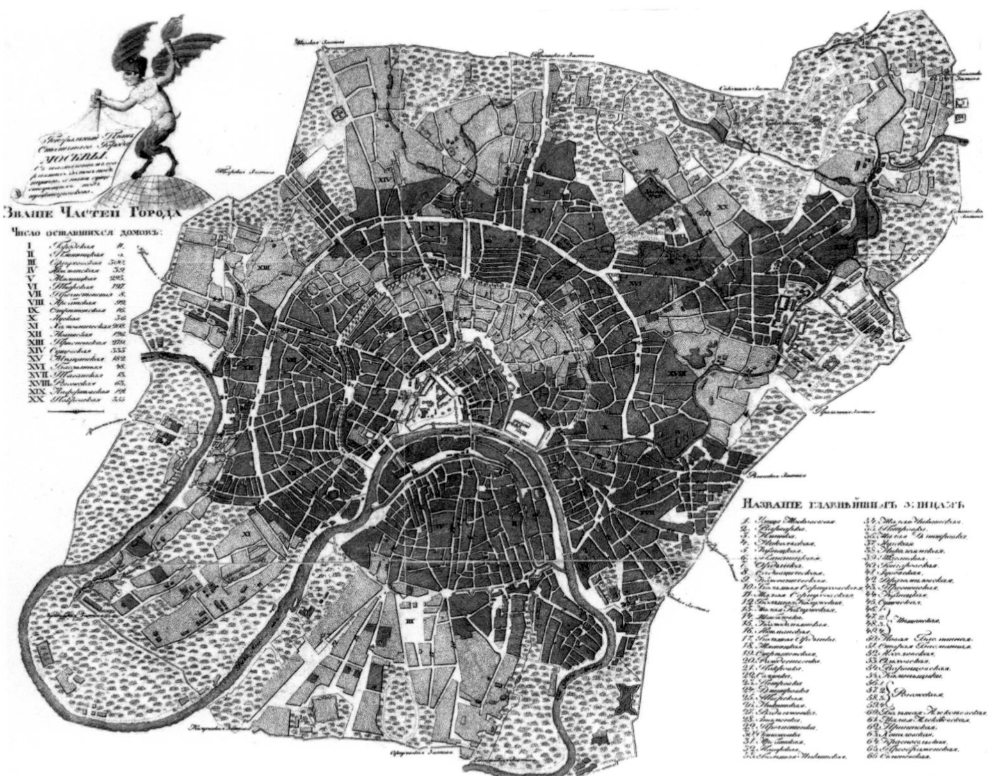

彩图 8-8　1812 年火灾莫斯科受损情况示意图
图中深色部分表示在 1812 年大火中受损毁的区域。
资料来源：http://map.etomesto.ru/base/77/mosfire1812.jpg

彩图 8-9　1819 年的莫斯科规划
该图为弗罗洛夫（Frolov）的规划方案。
资料来源：http://map.etomesto.ru/base/ 77/1819moscow.jpg

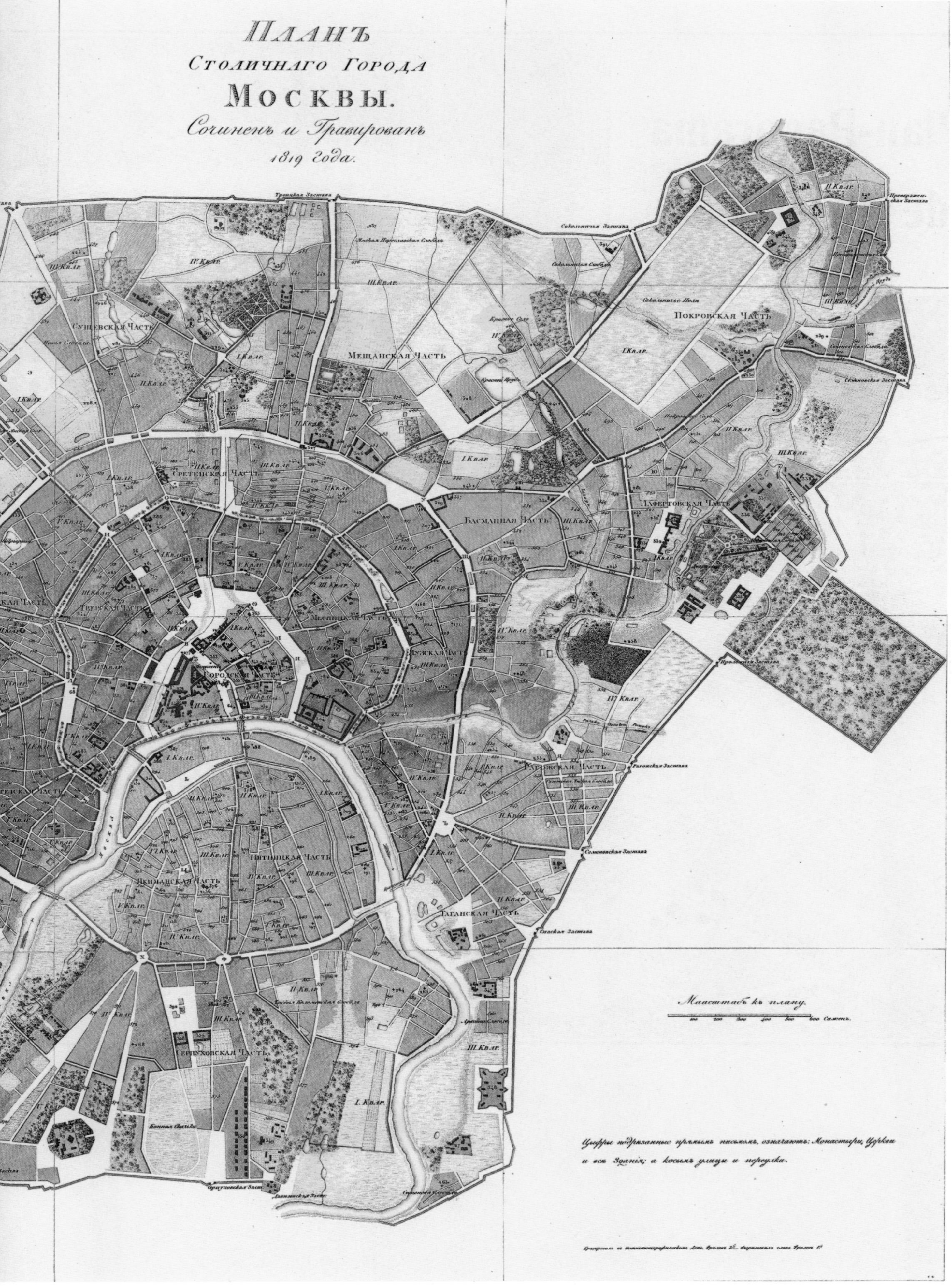
Планъ
Столичнаго Города
Москвы.
Сочиненъ и Гравированъ
1819 Года.
Троицкая Застава
Сокольничья Застава
Сущевская Часть
Мещанская Часть
Покровская Часть
Сретенская Часть
Басманная Часть
Лефортовская Часть
Тверская Часть
Мясницкая Часть
Городская Часть
Яузская Часть
Рогожская Часть
Рогожская Застава
Семеновская Застава
Пятницкая Часть
Якиманская Часть
Таганская Часть
Спасская Застава
Серпуховская Часть
Масштабъ къ плану.
Цыфры подрѣзанныя прямымъ письмомъ, означаютъ: Монастыри, Церкви и всѣ Зданія; а косымъ улицы и переулки.

Plan-Panorama
de Léningrad
Gulf de Finlande
INTOURIST GARE MARITIME
DETSKOÉ SÈLO
GATCHINA
1. La Poste Centrale
2. Banque d'Etat
GARES
3. Baltique
4. Finlande
5. Moscou
6. Vitebsk
7. Varsovie
HOTELS
8. Astoria
9. Europe
10. Intourist
LES CONSULATS ETRANGERS
11. Américain
12. Anglais
13. Danois
14. Esthonien
15. Finlandais
16. Allemand
17. Italien
18. Lathouanien
19. Norvègien
20. Polonais
21. Suèdois
THÉATRES
22. Théatre d'Etat dramatique
23. Le Grand Théatre Dramatique
24. Narodni Dom (théatre, jardin, attractions)
25. Petit Opéra. Théatre d'Etat
26. Grand Théatre d'Etat opéra et ballet
27. Philarmonie
28. Théatre d'enfants
29. Cinéma
30. Cinéma „Aux Masses"
GARDINS, STADIONS
31. Parc de Culture et de Répos
32. Jardin d'Eté

彩图 8–10　1934 年的列宁格勒规划

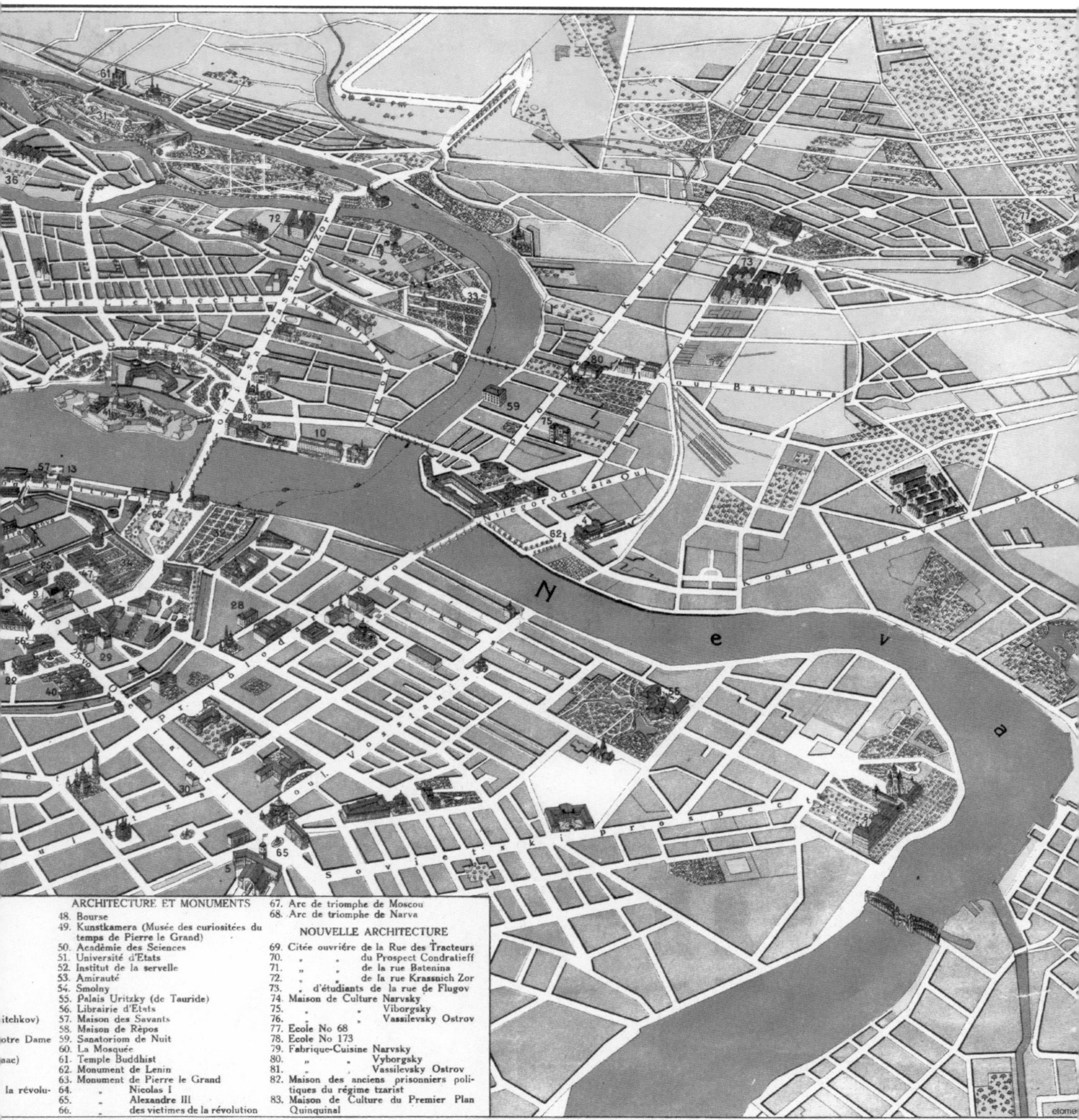

资料来源：http://map.etomesto.ru/base/78/1934-panorama-leningrada.pdf

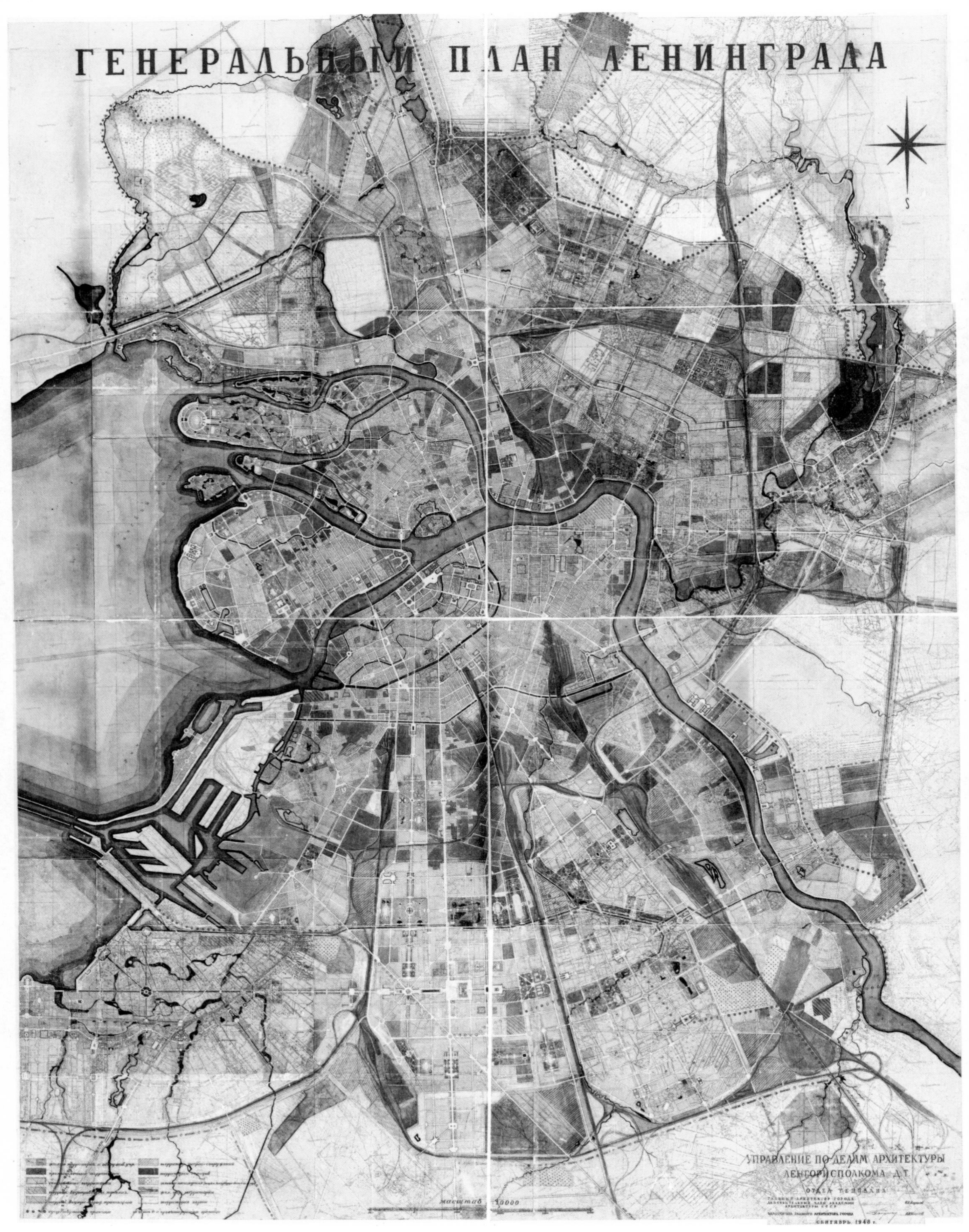

彩图 8-11　二战后列宁格勒的重建规划（1948 年）

资料来源：http://www.aroundspb.ru/uploads/maps/len_1948_plan/len_1948_plan.jpg

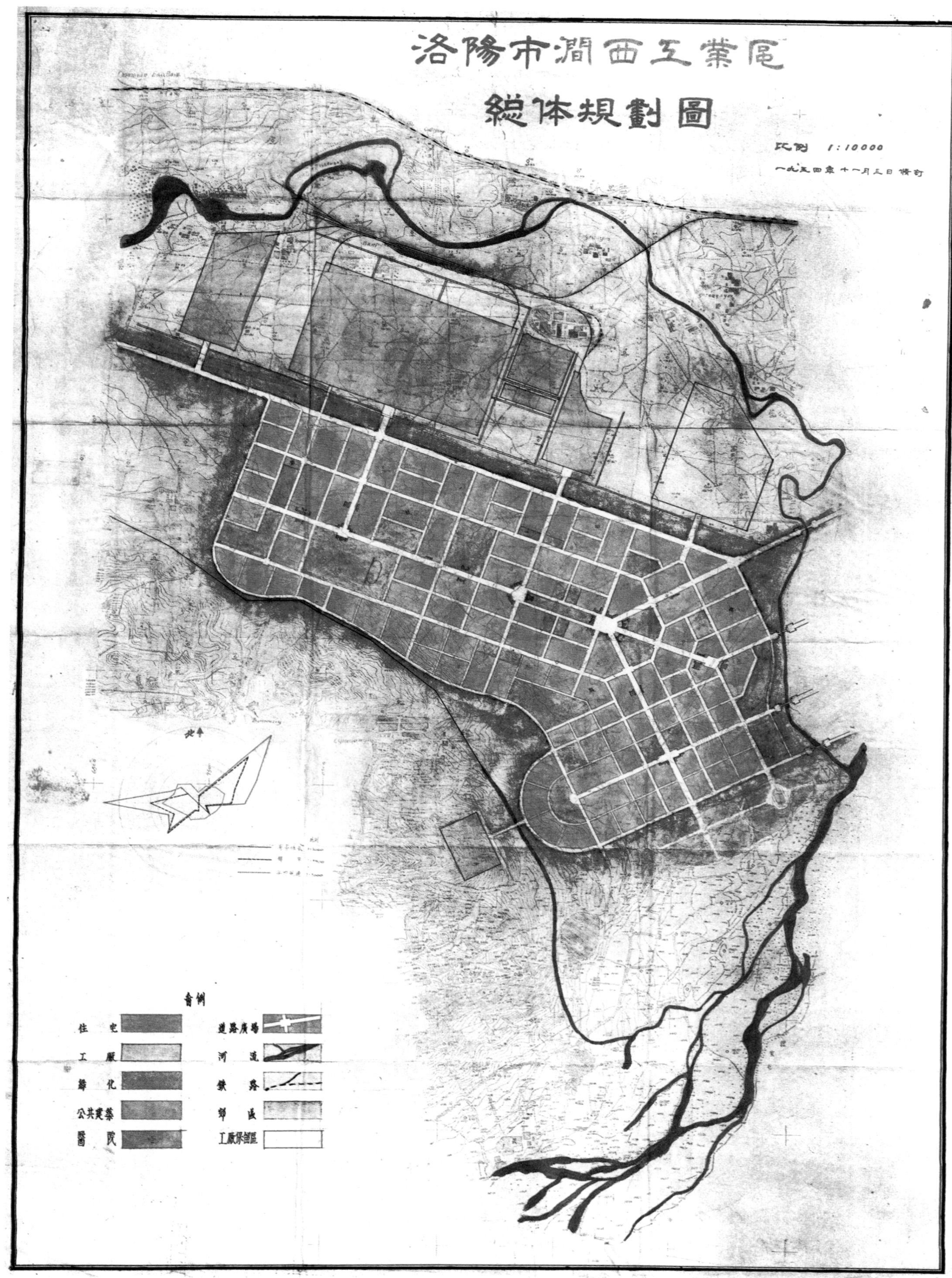

彩图 10–1　洛阳市涧西工业区总体规划图（1954 年 11 月 3 日，提交国家建委审查方案）

资料来源：洛阳市规划局档案室 .

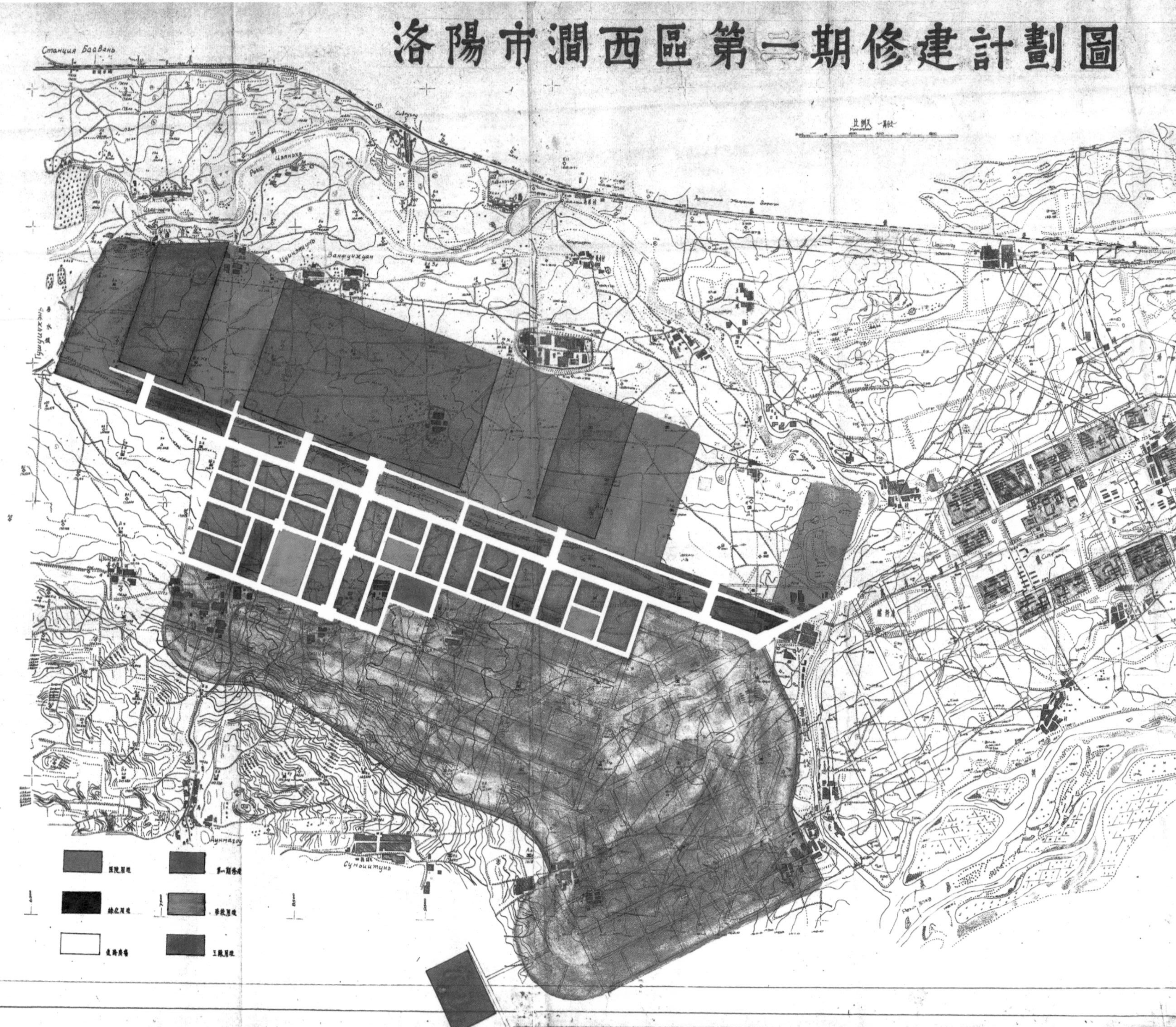

彩图10-3 洛阳市涧西区第一期修建计划图（1954年）

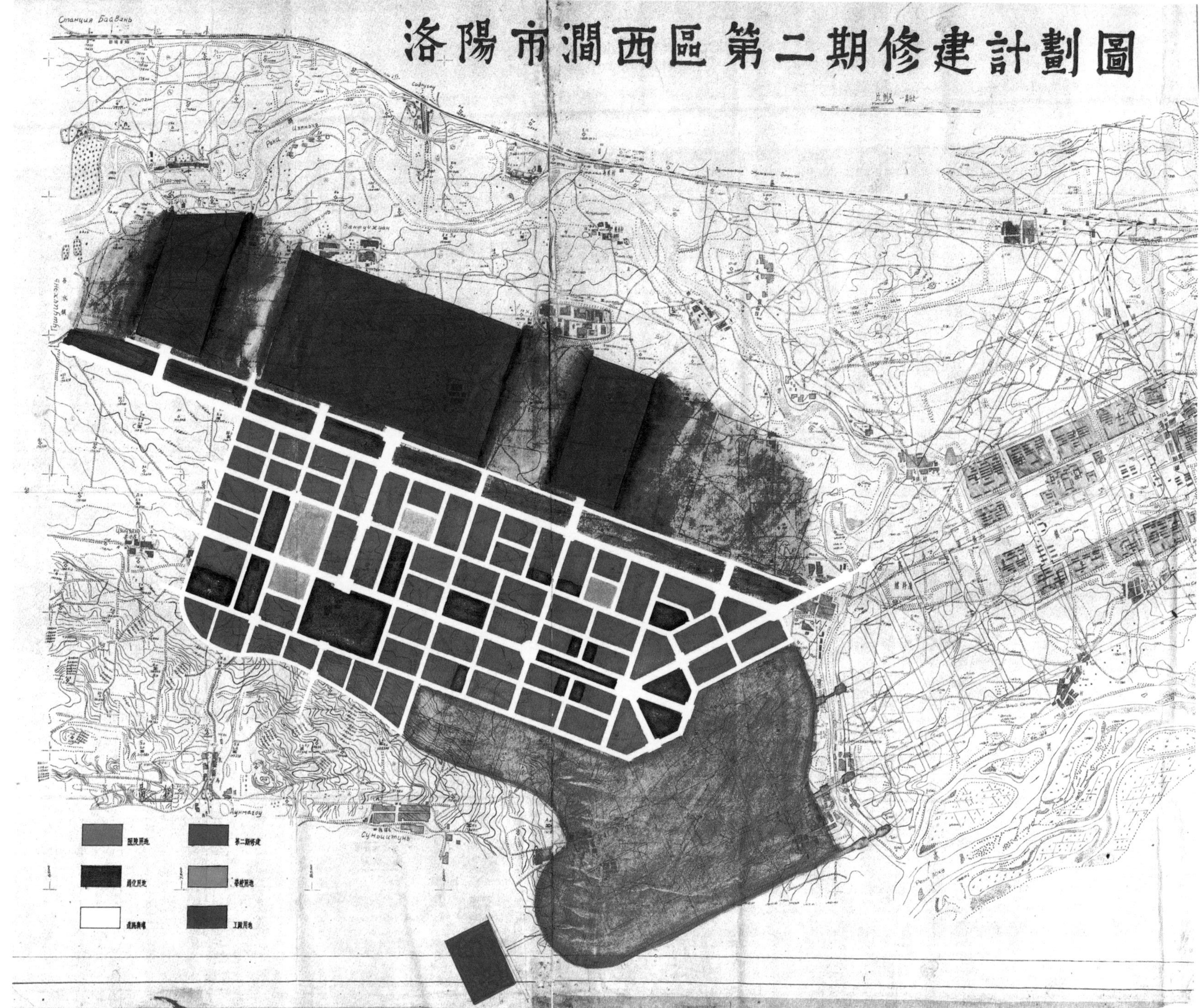

彩图 10-3　洛阳市涧西区第二期修建计划图（1954 年）

资料来源：洛阳市规划局档案室.

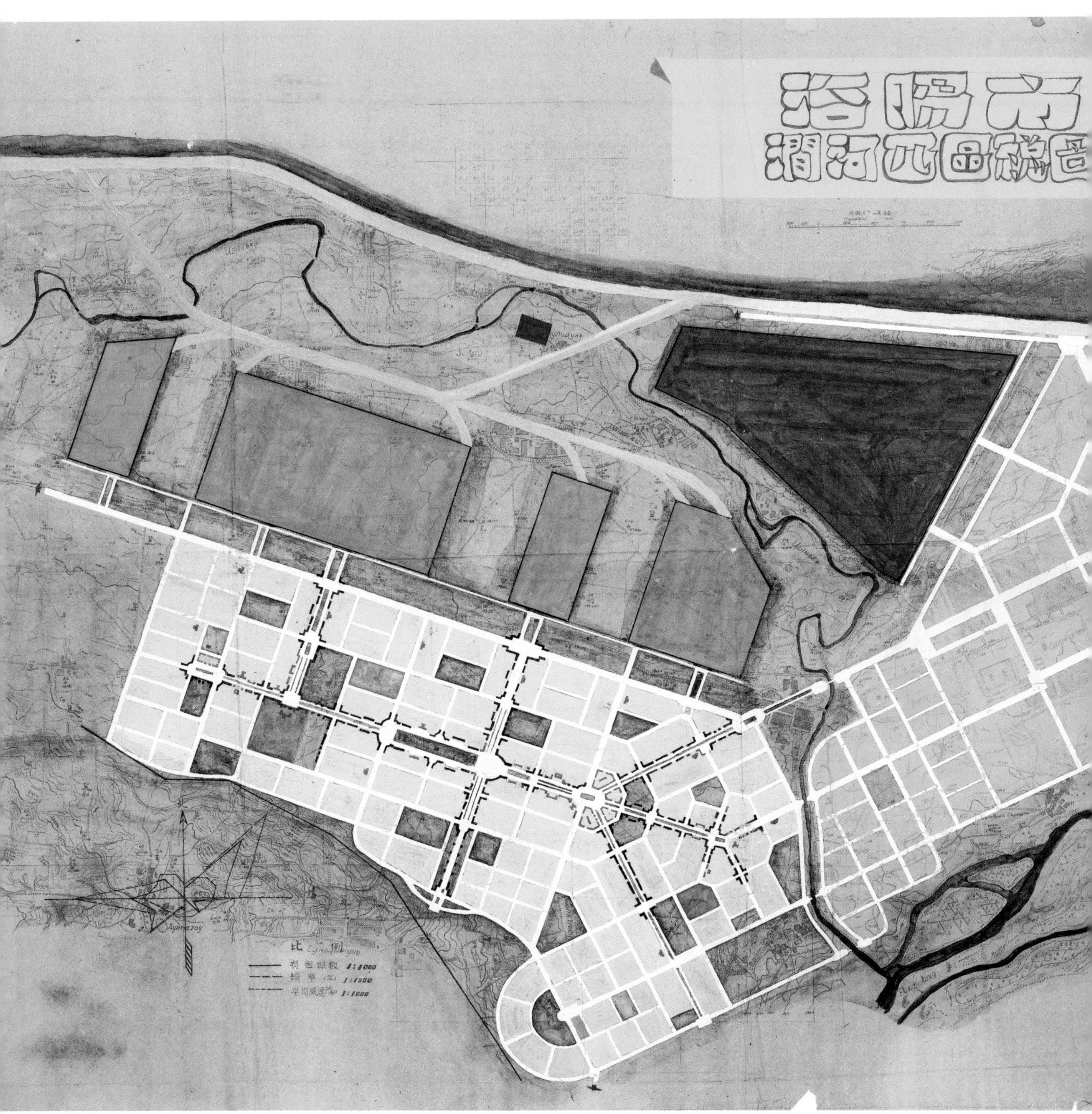

彩图 10-4　洛阳市涧河西区总图（1954 年）

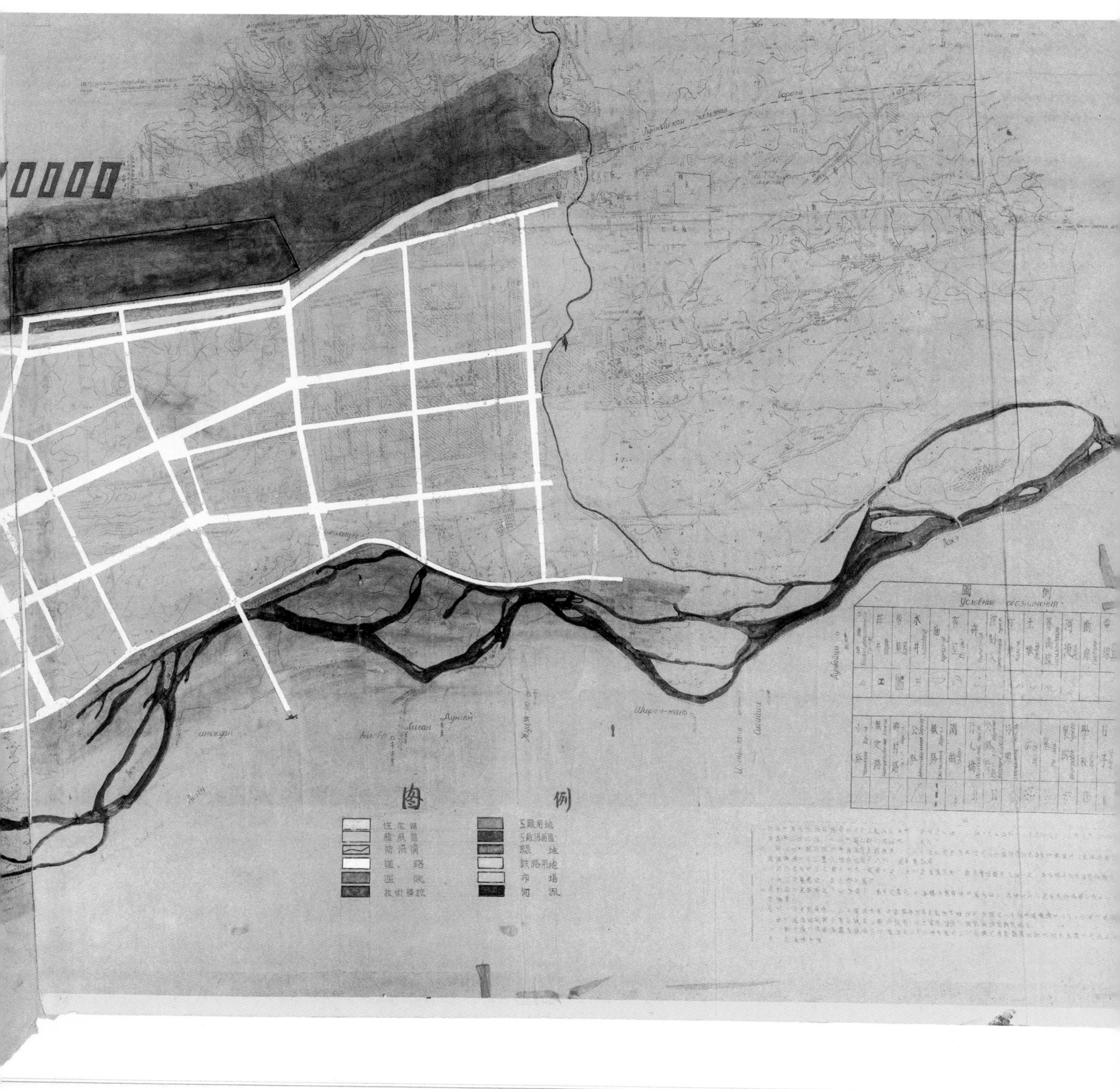

资料来源：洛阳市规划局档案室.

彩图 10-5　洛阳市涧西区总平面布置图（1954 年）

资料来源：洛阳市规划局档案室．

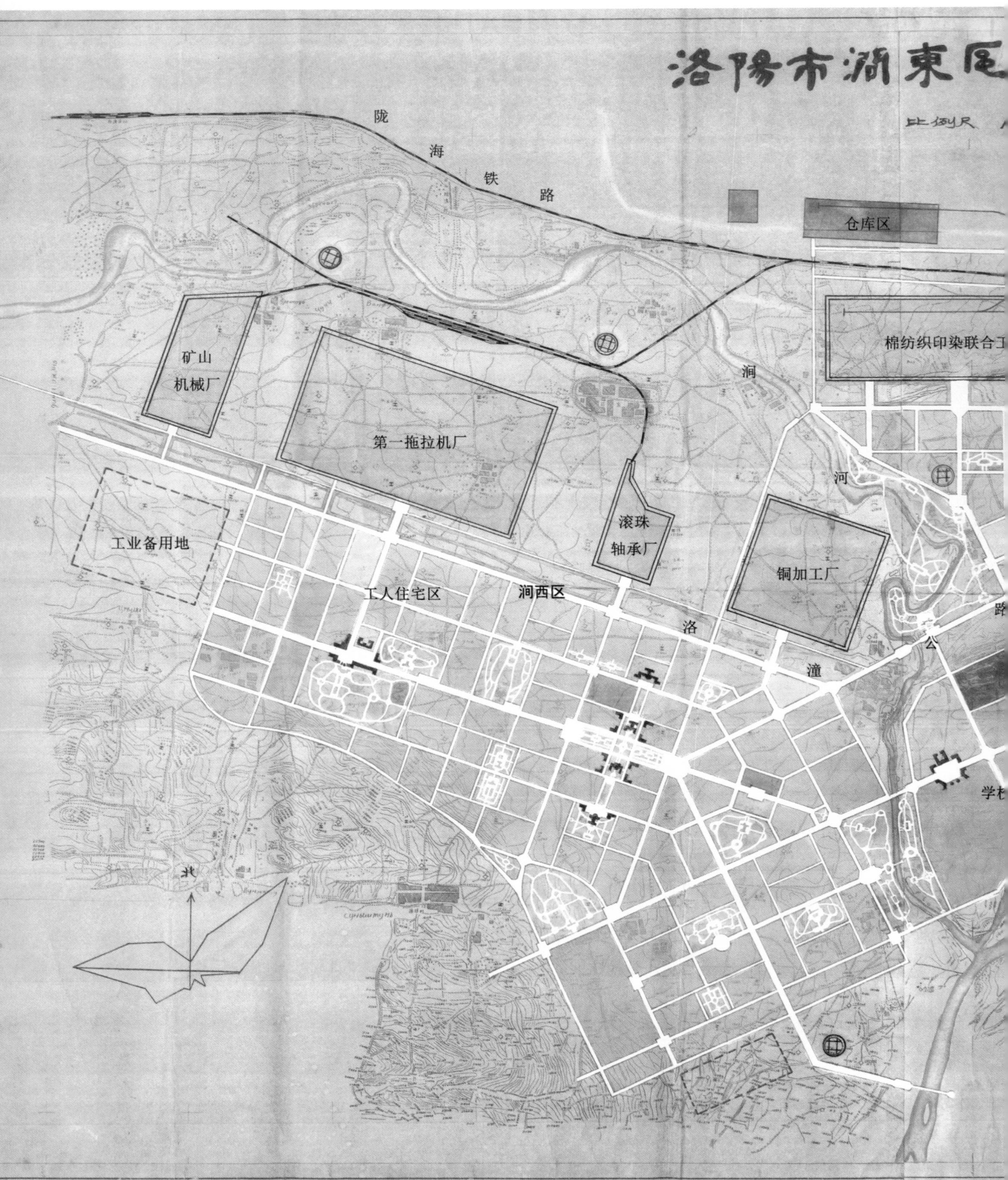

彩图 10-6　洛阳市涧东区涧西区总体规划图（1956 年）

注：图中部分文字为笔者所加。资料来源：洛阳市城市建设委员会．洛阳市涧东区、涧西区总体规划图［Z］．中国城市规划设计研究院档案室，案卷号：0836.

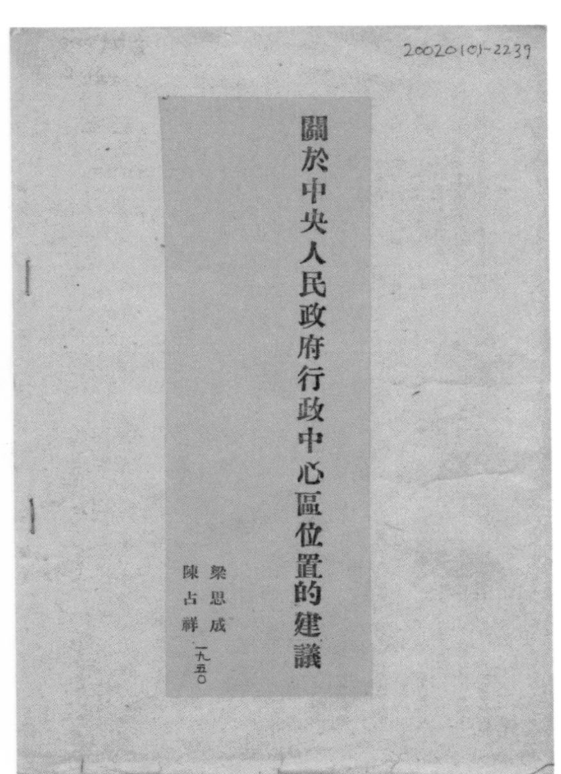

彩图 10-7　梁思成和陈占祥《关于中央人民政府行政中心区位置的建议》（1950 年）

资料来源：梁思成，陈占祥等．梁陈方案与北京［M］．沈阳：辽宁教育出版社，2005：3.

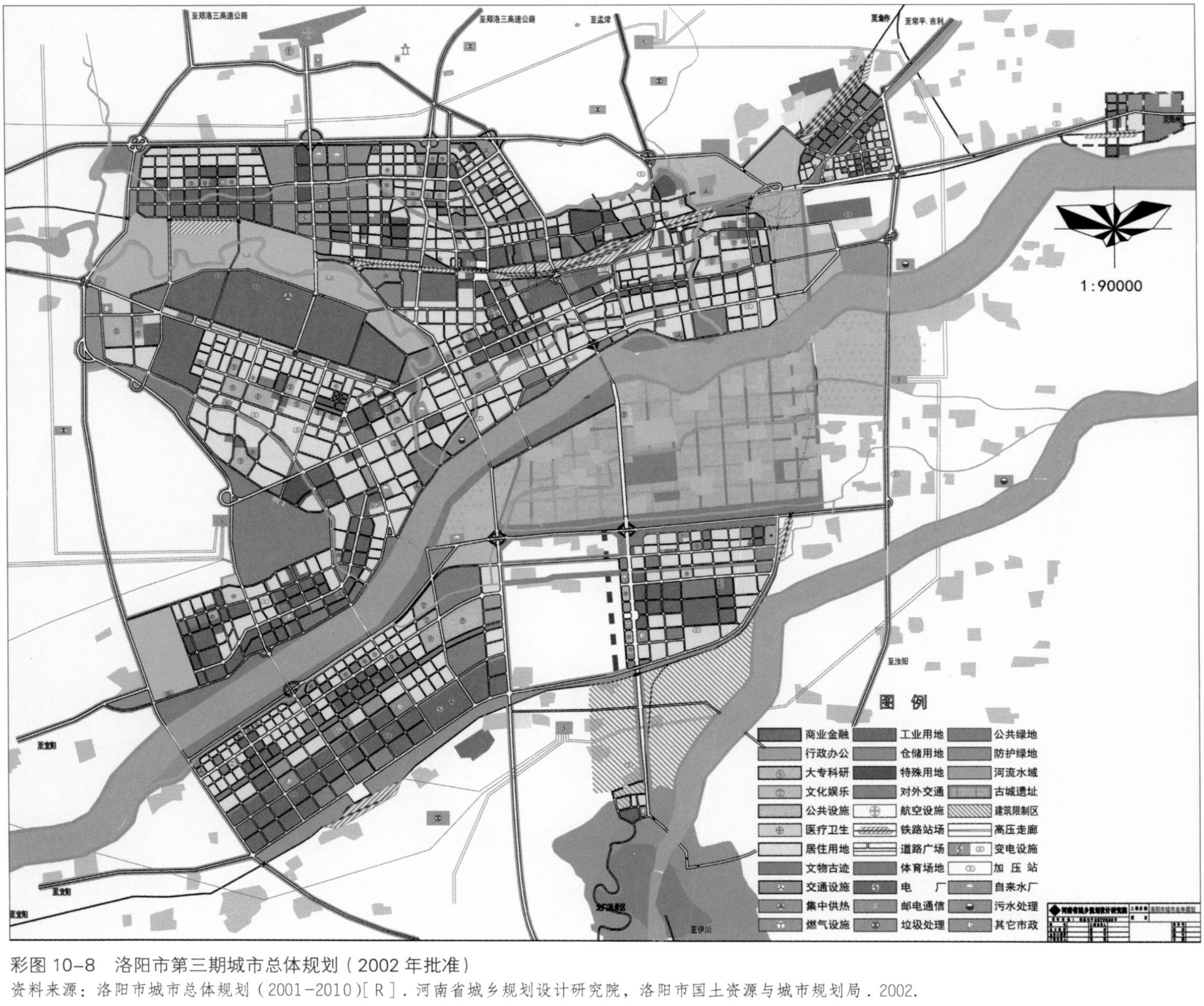

彩图 10-8　洛阳市第三期城市总体规划（2002 年批准）

资料来源：洛阳市城市总体规划（2001-2010）［R］．河南省城乡规划设计研究院，洛阳市国土资源与城市规划局．2002.

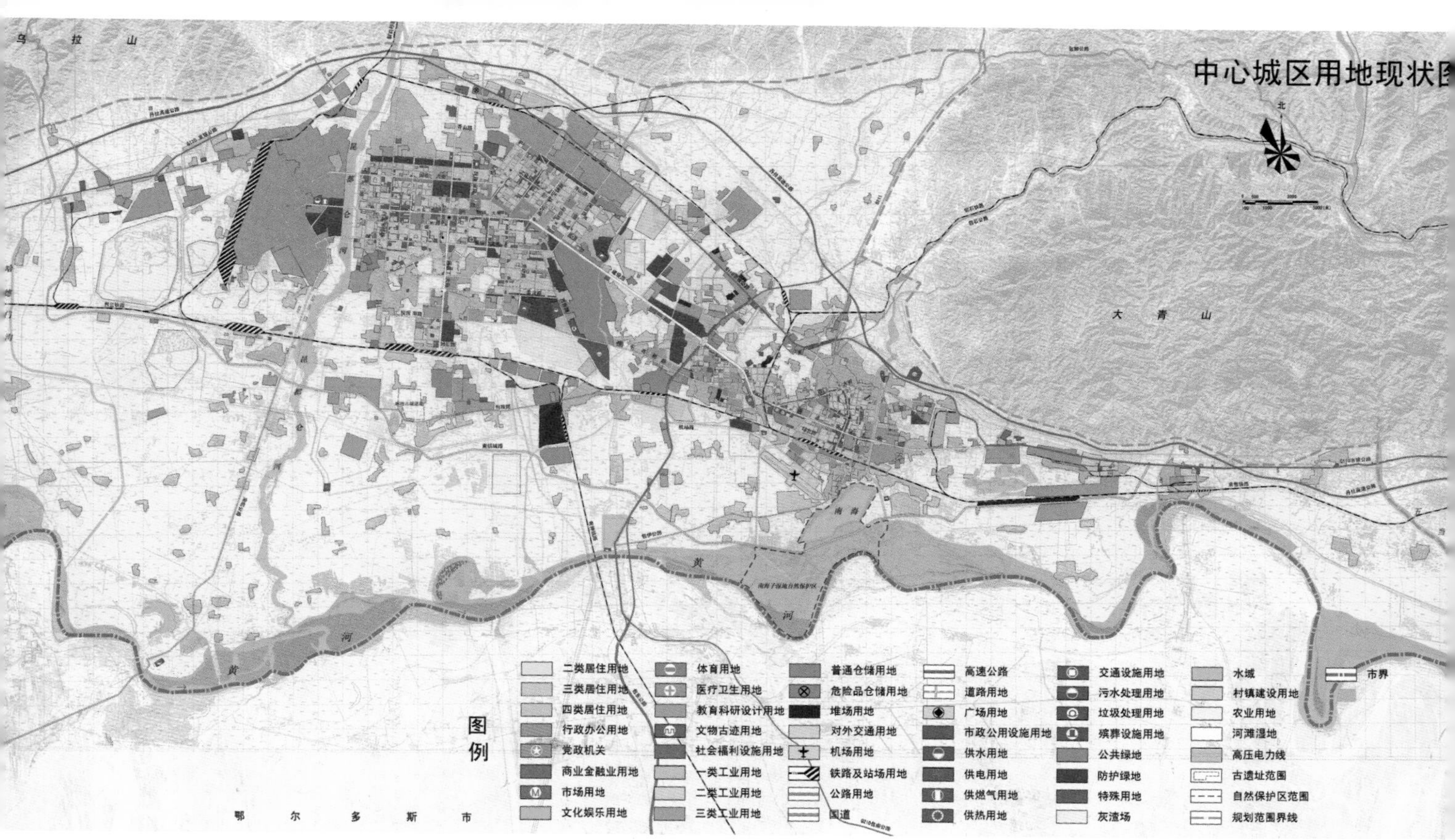

中心城区用地现状图
乌 拉 山
大 青 山
黄 河
鄂 尔 多 斯 市
图例
二类居住用地
三类居住用地
四类居住用地
行政办公用地
党政机关
商业金融业用地
市场用地
文化娱乐用地
体育用地
医疗卫生用地
教育科研设计用地
文物古迹用地
社会福利设施用地
一类工业用地
二类工业用地
三类工业用地
普通仓储用地
危险品仓储用地
堆场用地
对外交通用地
机场用地
铁路及站场用地
公路用地
国道
高速公路
道路用地
广场用地
市政公用设施用地
供水用地
供电用地
供燃气用地
供热用地
交通设施用地
污水处理用地
垃圾处理用地
殡葬设施用地
公共绿地
防护绿地
特殊用地
灰渣场
水域
村镇建设用地
农业用地
河滩湿地
高压电力线
古遗址范围
自然保护区范围
规划范围界线
市界

彩图 12–1　包头市现状图（2008 年）

资料来源：中国城市规划设计研究院．包头市城市总体规划（2008 ~ 2020）[R]．2008.

0
2500
1000
5000M
图 例
二类居住用地
三类居住用地
行政办公用地
商业金融业用地
文化娱乐用地
体育用地
医疗卫生用地
教育科研设计用地
文物古迹用地
一类工业用地
二类工业用地
三类工业用地
仓储用地
道路用地
广场用地
社会停车场库用地
对外交通用地
铁路用地
公路用地
高速公路用地
市政公用设施用地
公共绿地
防护绿地
特殊用地
水域
村镇建设用地
市域边界
市区边界
规划区边界
中心城区边界

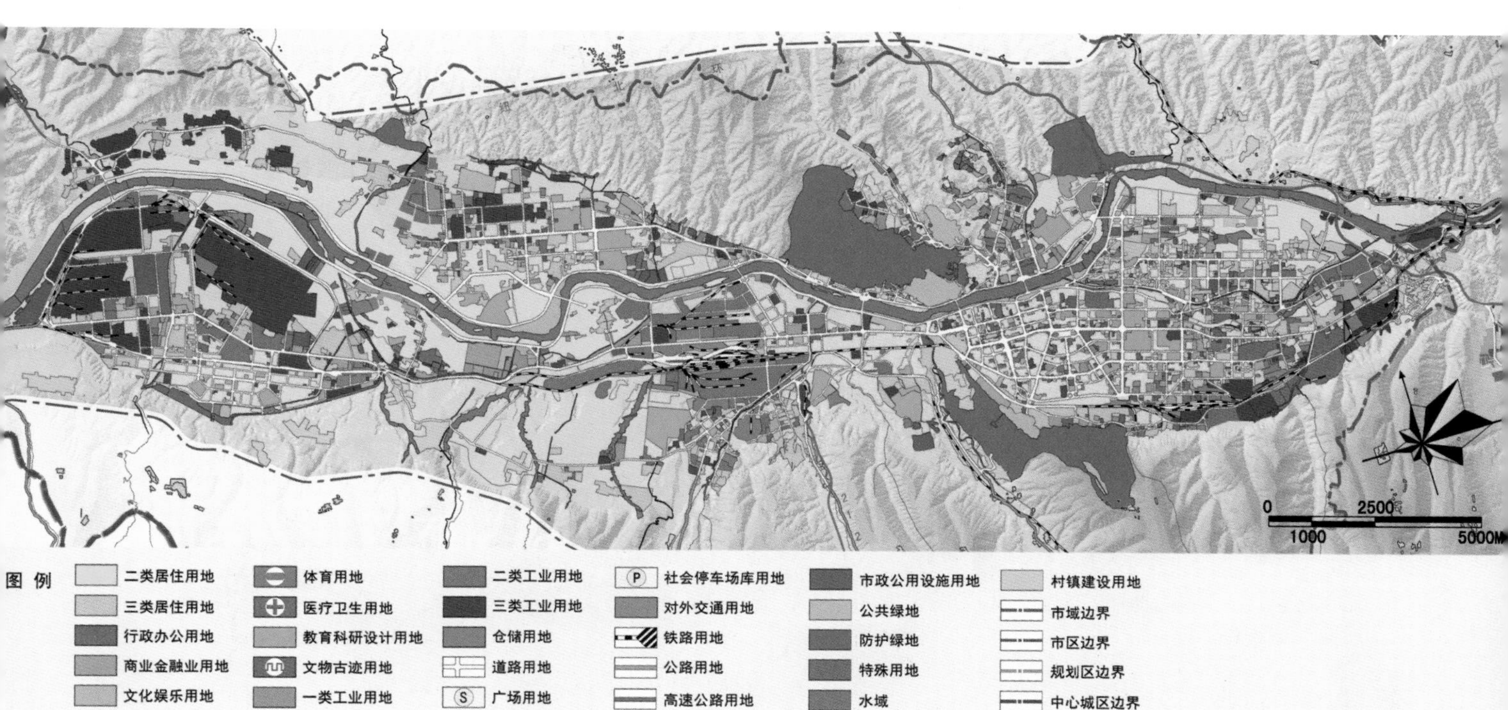

彩图 12–2　兰州市现状图（2011 年）

注：截取自 2014 年版兰州市总规“中心城区用地现状图”。

资料来源：中国城市规划设计研究院．兰州市城市总体规划（2011 ~ 2020）[R]．2015：9.

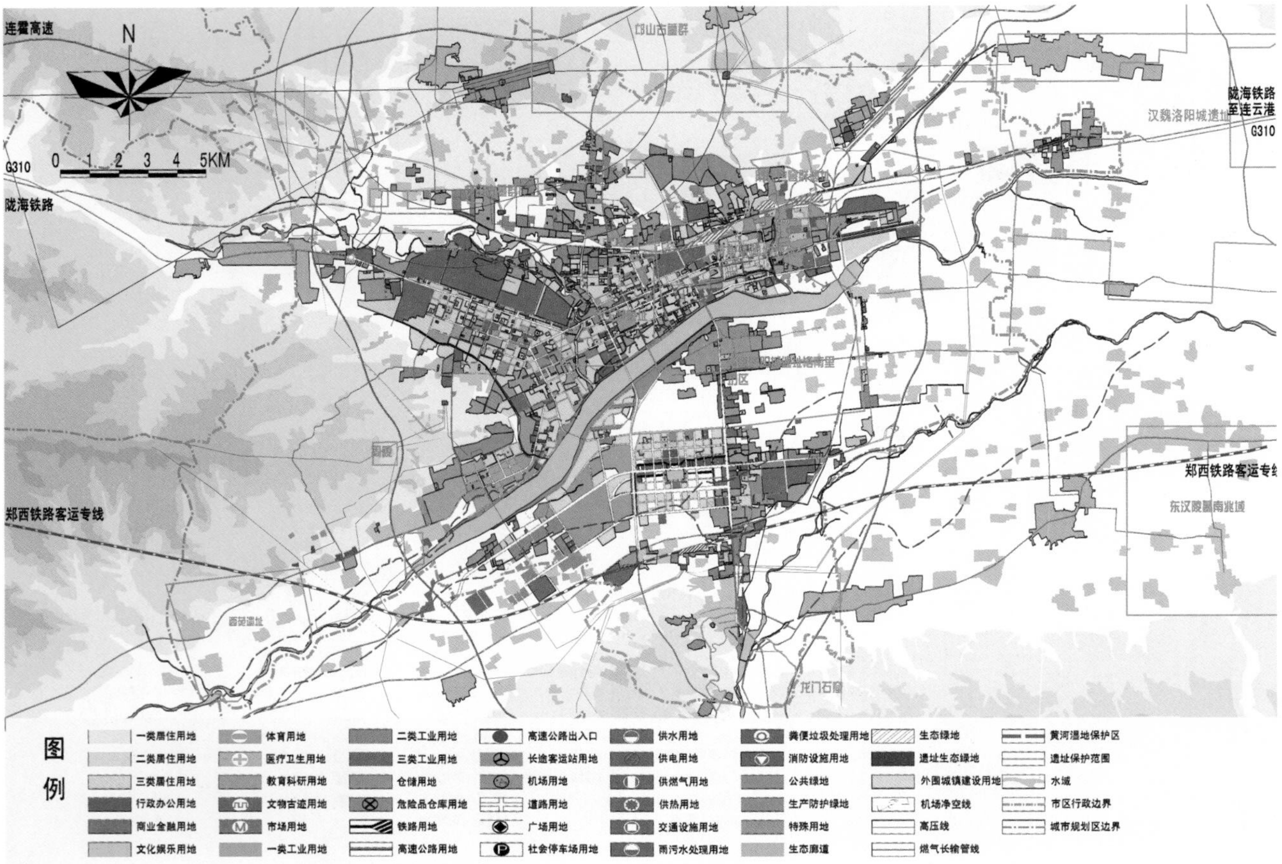

彩图 12-3　洛阳市现状图（2011 年）

注：截取自 2011 年版洛阳市总规“中心城区用地现状图”。资料来源：中国城市规划设计研究院．洛阳市城市总体规划（2011 ~ 2020 年）[R]．2011，6．

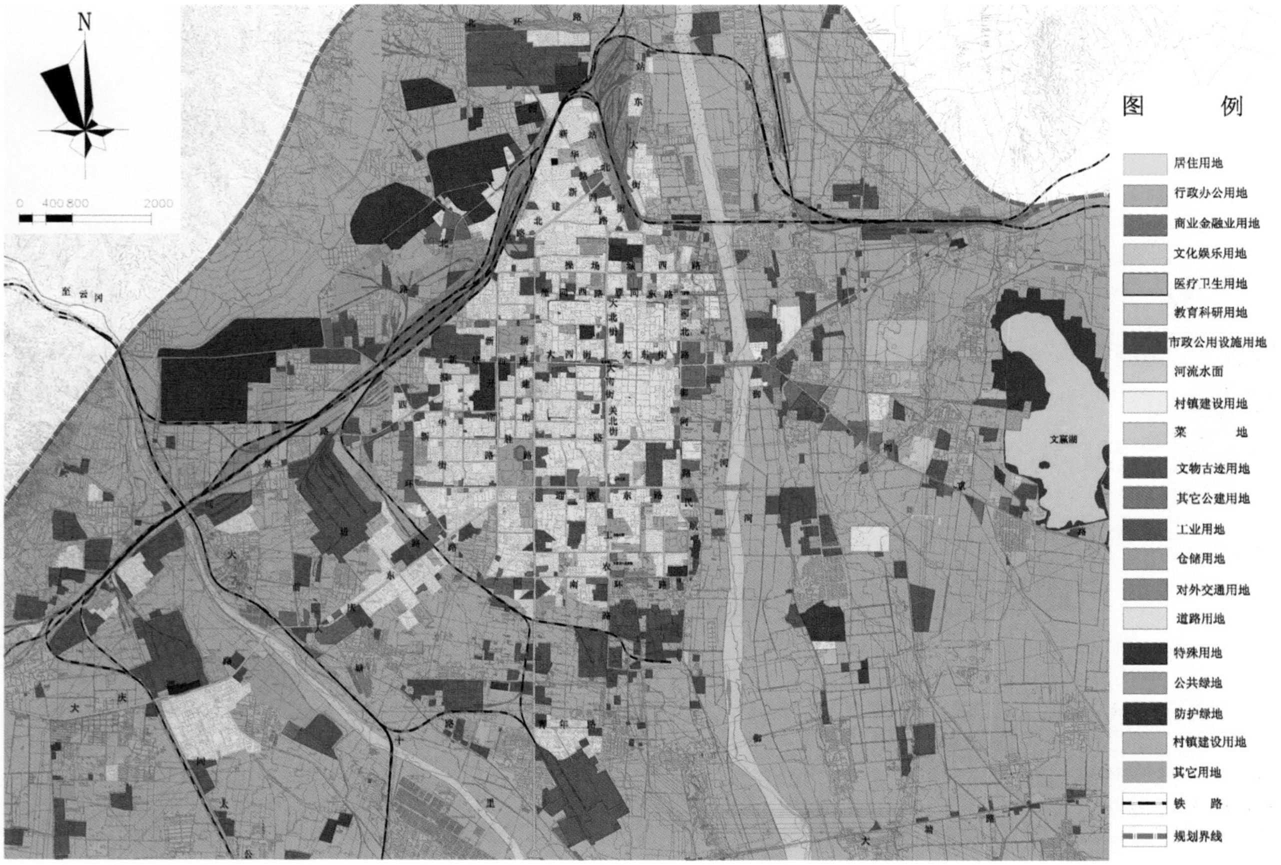

彩图 12-4　大同市现状图（2005 年）

注：截取自“大同市主城区现状图”。资料来源：大同市人民政府，天津市城市规划设计研究院．大同市主城区现状图 [R]．大同市城市总体规划修编（2006 ~ 2020）．2005，6．

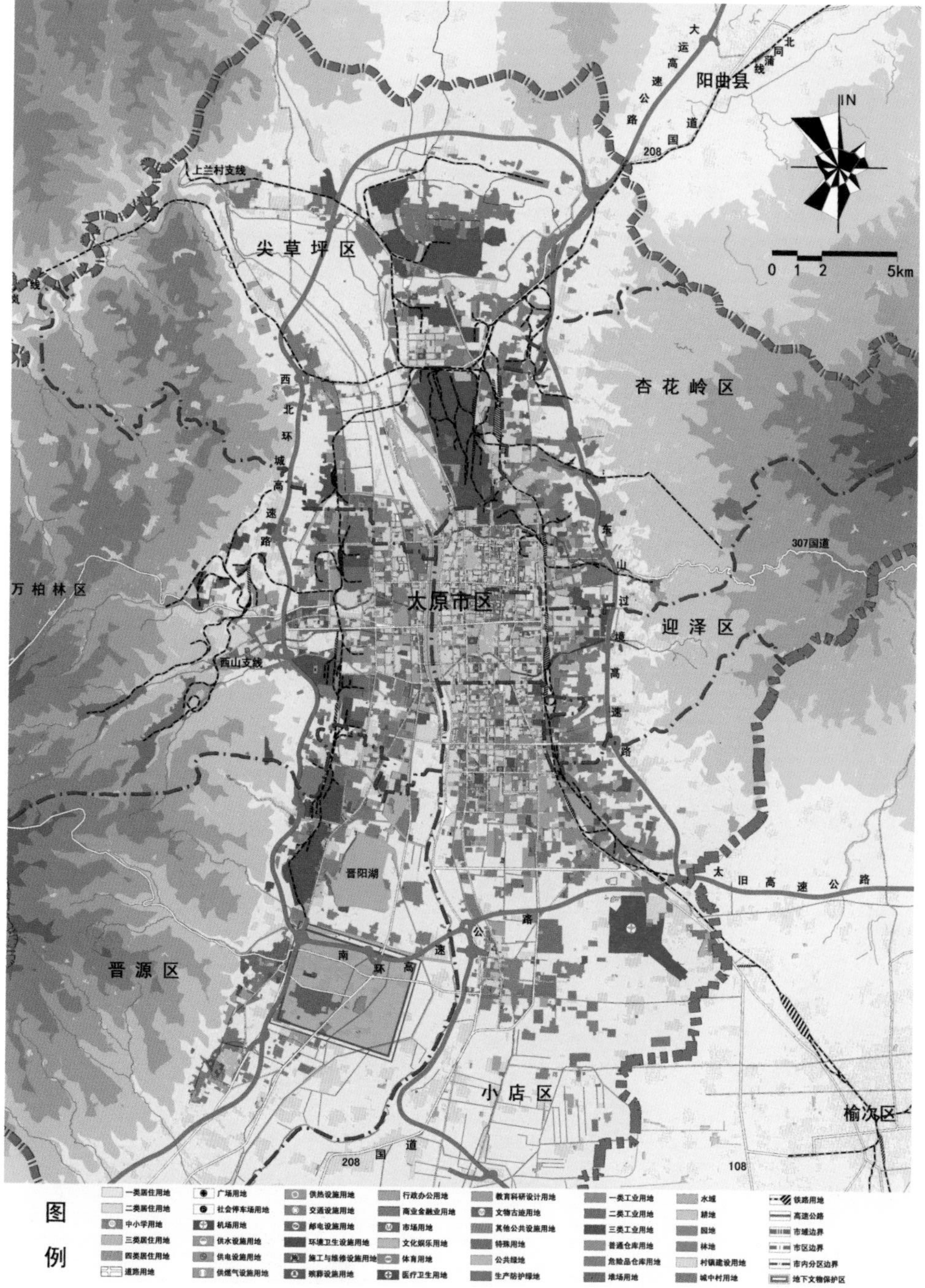

彩图 12-5　太原市现状图（2012 年）

注：截取自“太原市中心城区建设用地现状图”。资料来源：中国城市城市规划设计研究院．太原市城市总体规划（2012 ~ 2020）[R] . 2012，11.

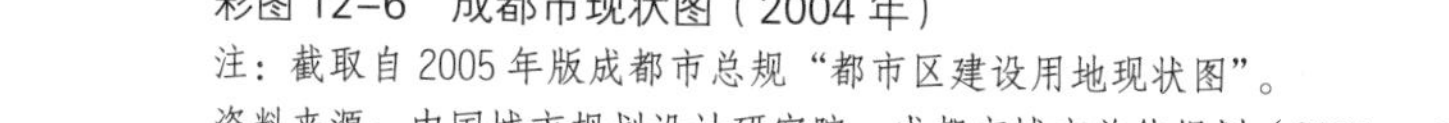

彩图 12-6　成都市现状图（2004 年）

注：截取自 2005 年版成都市总规“都市区建设用地现状图”。

资料来源：中国城市规划设计研究院．成都市城市总体规划（2004 ~ 2020 年）[R] . 2005，6.

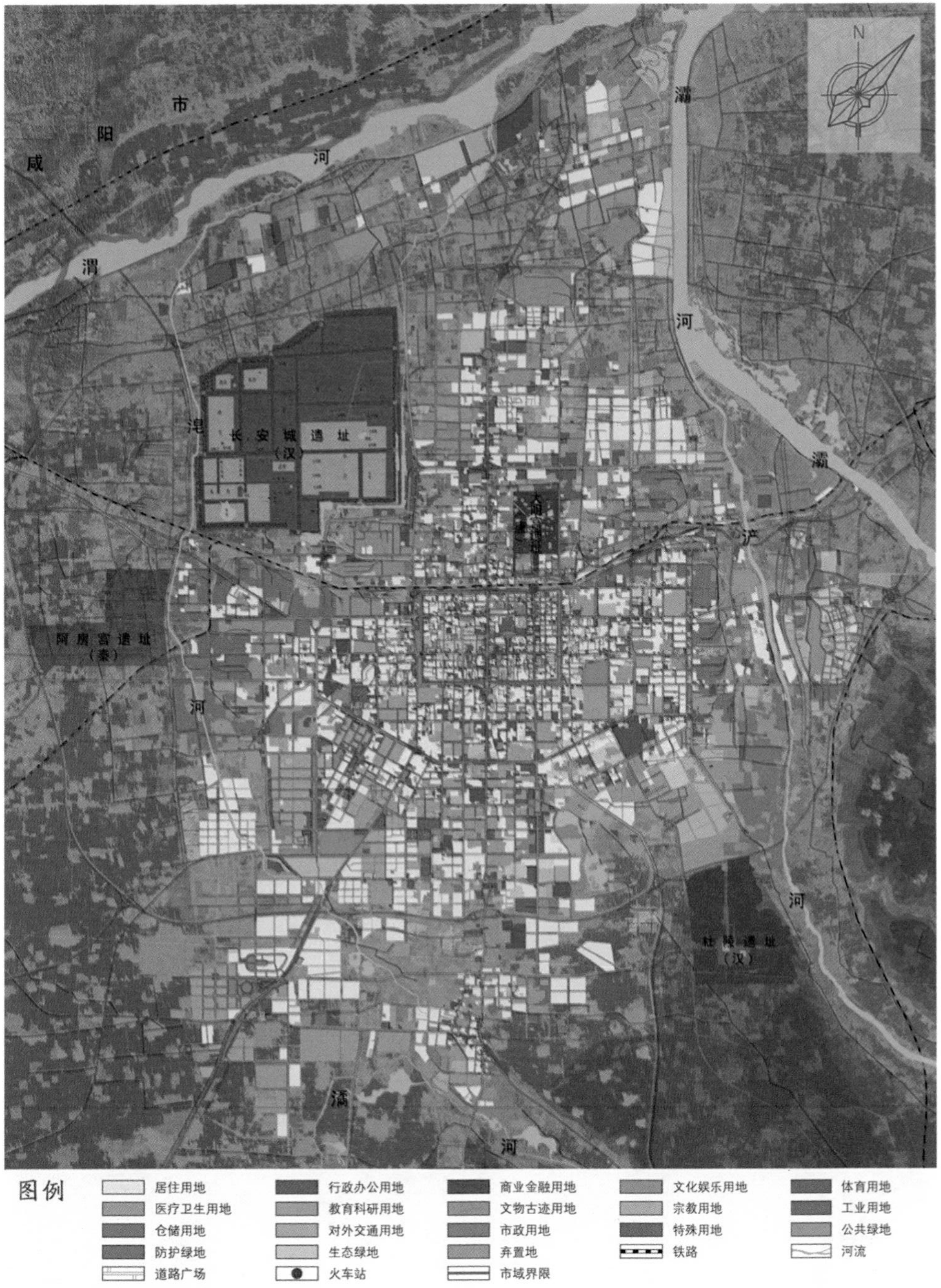

彩图 12-7　西安市现状图（2008 年）

注：截取自 2008 年版西安市总规“主城区用地现状图”。资料来源：西安市规划局．西安市城市总体规划（2008 ~ 2020 年）[R]．2008，4.

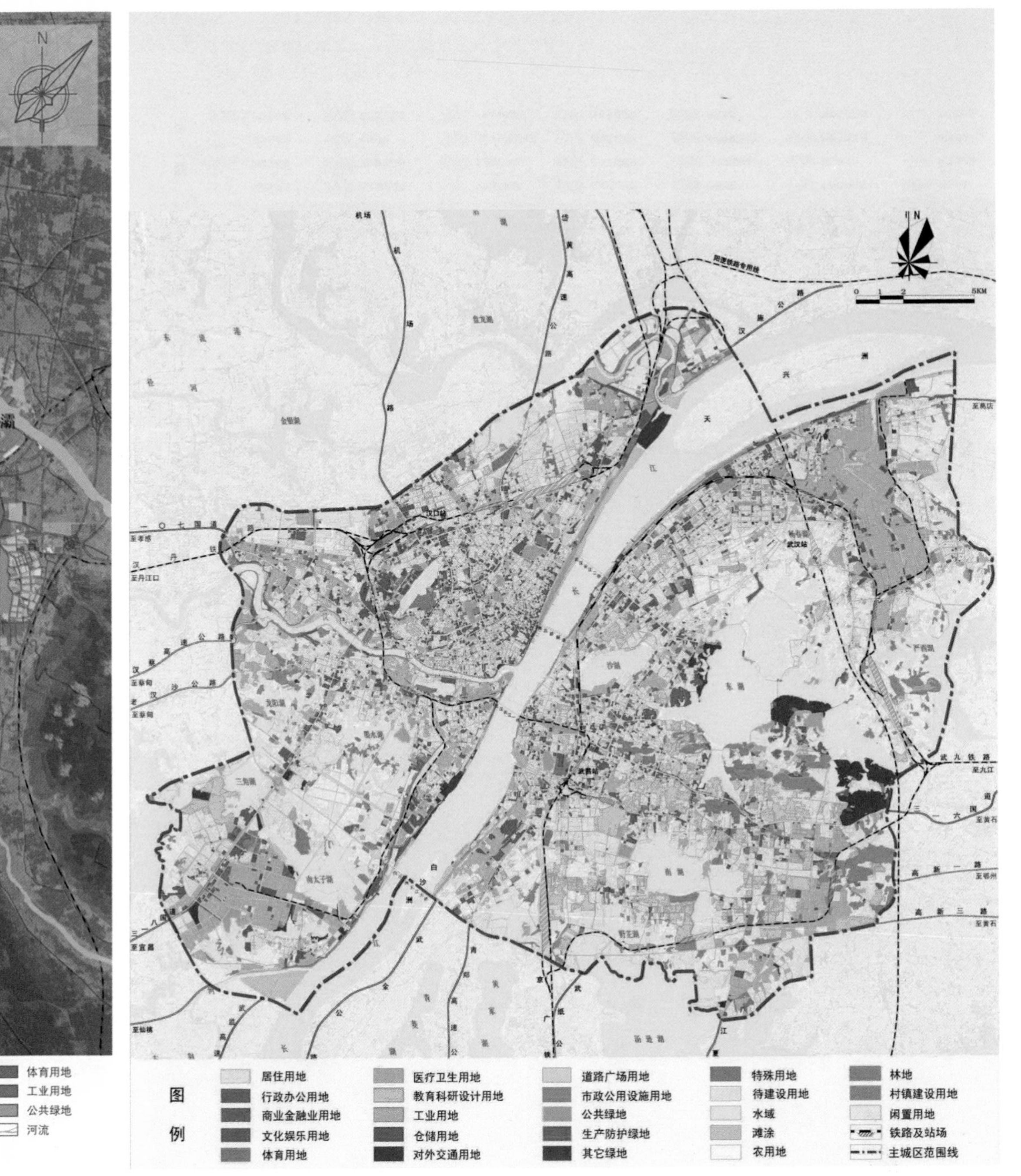

彩图 12-8　武汉市现状图（2009 年）

注：截取自 2009 年版武汉市总规“主城区用地现状图”。资料来源：武汉市规划局．武汉城市总体规划（2009 ~ 2020 年）[R]．2009，6.

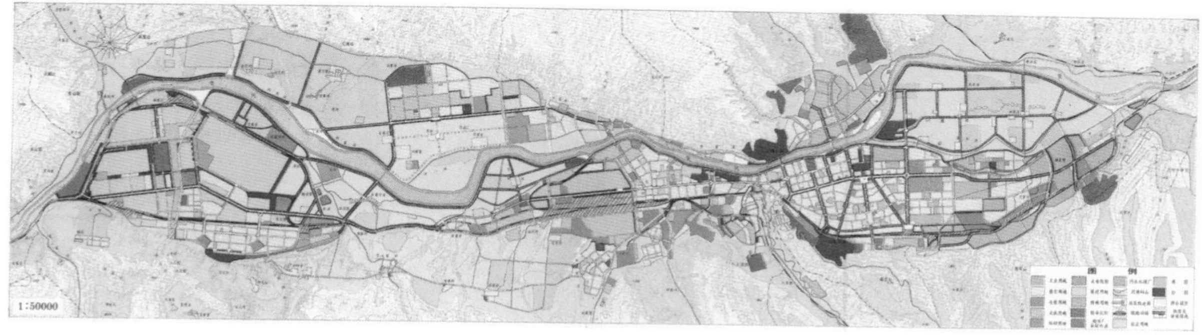

彩图 12-9　兰州市总体规划图（1979 年）
资料来源：兰州市总体规划图［Z］. 中国城市规划设计研究院档案室 . 案卷号：1460.

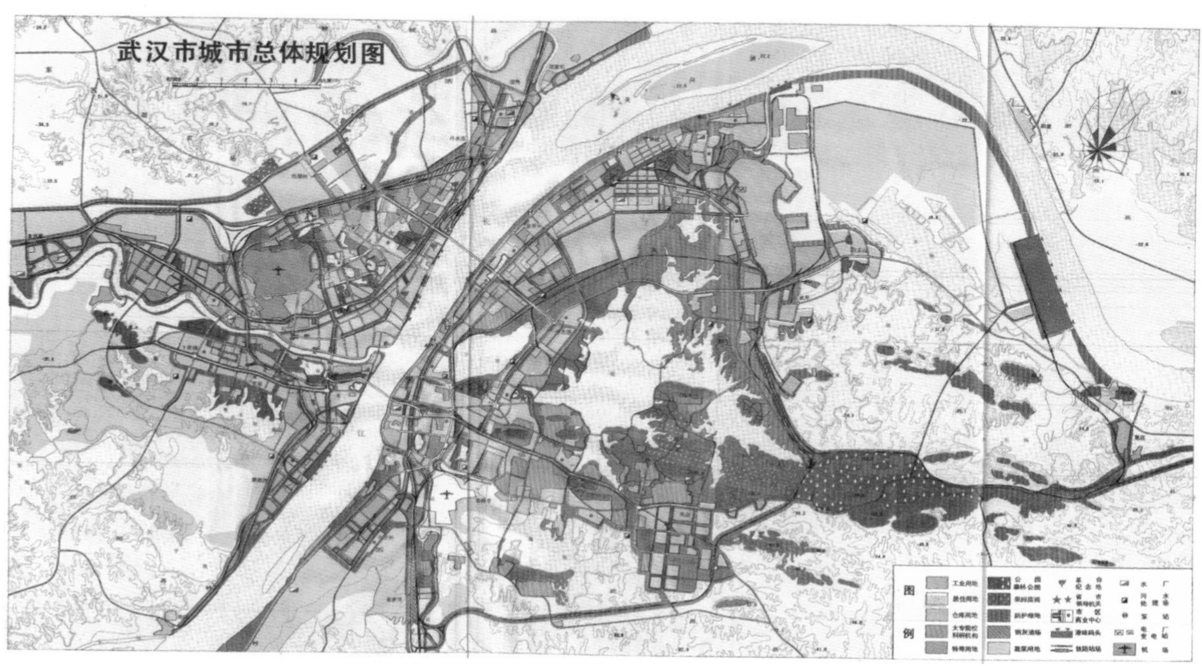

彩图 12-10　武汉市城市总体规划图（1979 年）
资料来源：武汉市城市规划管理局 . 武汉市城市规划图册（1979 年）［Z］. 中国城市规划设计研究院档案室，案卷号：2117：9.

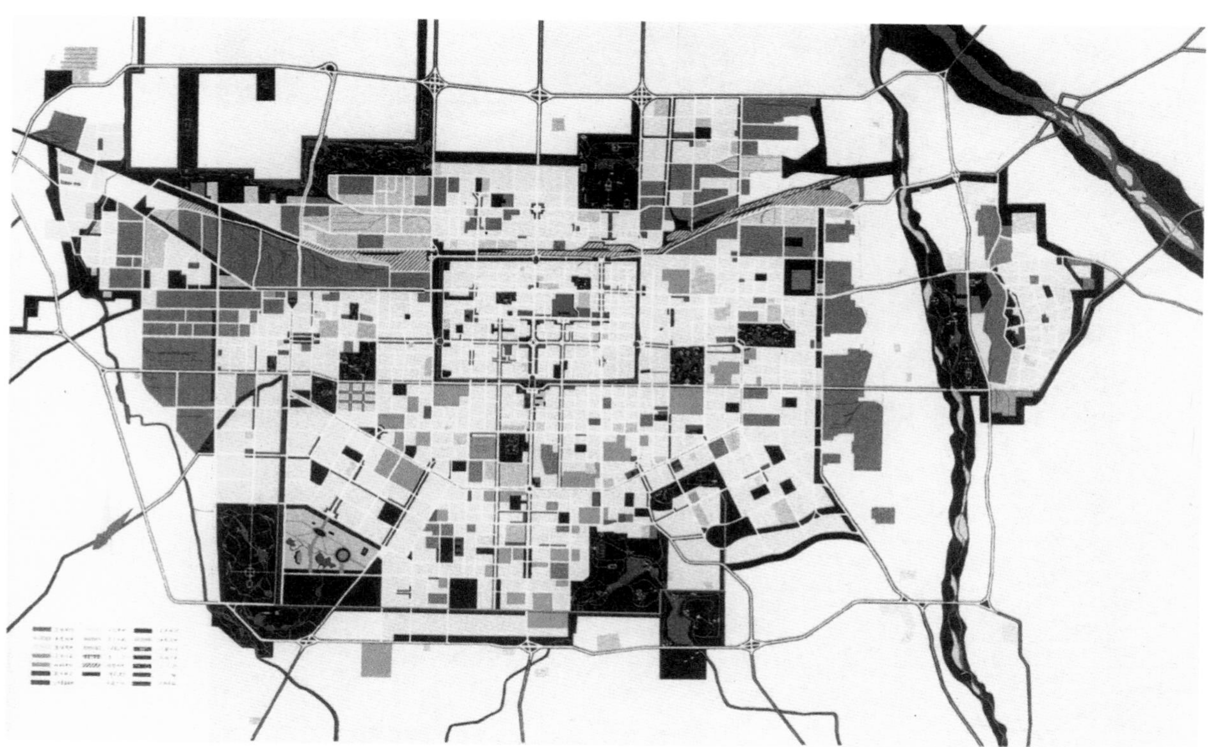

彩图 12-11　西安市总体规划图（1980 年）
资料来源：和红星 . 西安於我：一个规划师眼中的西安城市变迁（2 规划历程）［M］. 天津：天津大学出版社，2010：65.

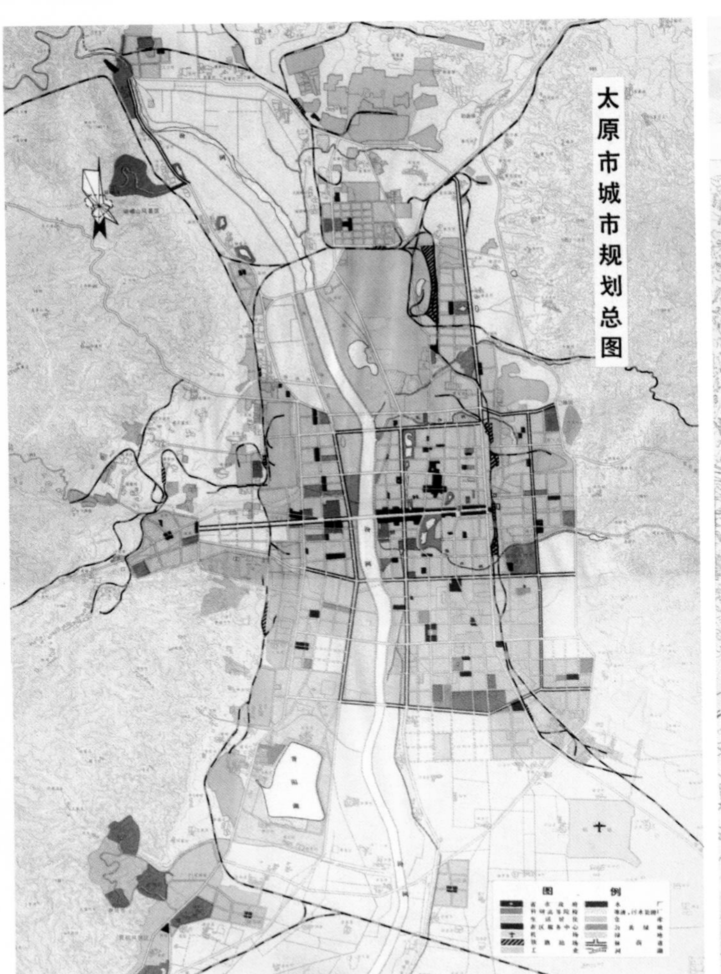

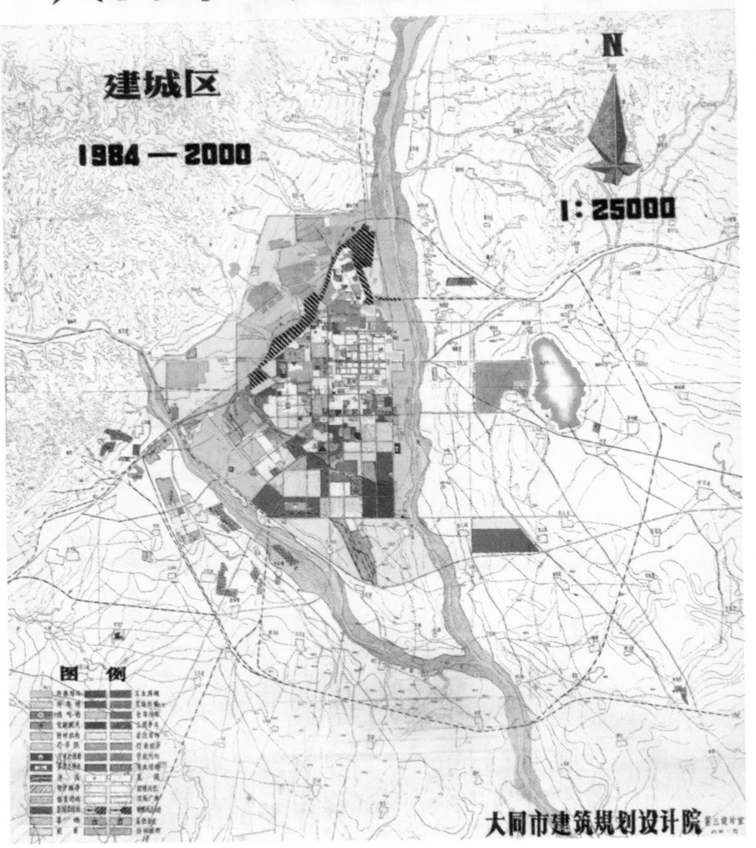

彩图 12-12 太原城市规划总图（1983 年）(左)

资料来源：太原市城市总体规划（1981～2000 年）[R]．太原市总体规划办公室．1983.

彩图 12-13 大同城市总体规划图（1984 年）(右)

资料来源：大同城市总体规划图［R］．大同市建筑规划设计院．1984.

成都市区规划总平面图

1:10000

图例

成都市规划管理局

1983.3.

彩图 12-14 成都市区规划总平面图（1983 年）

资料来源：成都市总体规划图册（照片）［Z］．中国城市规划设计研究院档案室，案卷号：1914：6.